ASSOCIATION FRANÇAISE

POUR

L'AVANCEMENT DES SCIENCES

Une table des matières et une table analytique, par ordre alphabétique, terminent le Volume des Comptes rendus de l'Association en 1912.

Dans la table analytique les nombres qui sont placés après la lettre *p* se rapportent aux pages de la brochure des Procès-Verbaux, ceux placés après l'astérisque (*) se rapportent aux pages du Volume des Comptes rendus.

50150   Paris. — Imprimerie GAUTHIER-VILLARS, 55, quai des Grands-Augustins.

ASSOCIATION FRANÇAISE

POUR

L'AVANCEMENT DES SCIENCES

FUSIONNÉE AVEC

L'ASSOCIATION SCIENTIFIQUE DE FRANCE

(Fondée par Le Verrier en 1864).

Reconnues d'utilité publique.

COMPTE RENDU DE LA 41ᵐᵉ SESSION.

NÎMES
— 1912 —

NOTES ET MÉMOIRES

PARIS,
AU SECRÉTARIAT DE L'ASSOCIATION
Rue Serpente, 28

ET CHEZ MM. MASSON ET Cⁱᵉ, LIBRAIRES DE L'ACADÉMIE DE MÉDECINE
Boulevard Saint-Germain, 120.

1913

LISTE DES CONGRÈS ET DE LEURS PRÉSIDENTS.
— VOLUMES —

ANNÉES.			VILLES.			PRÉSIDENTS.	
1872	1re Session.		Bordeaux........	1 volume.		Claude BERNARD............	(*Décédé.*)
1873	2e	—	Lyon............	1	—	DE QUATREFAGES...........	(*Décédé.*)
1874	3e	—	Lille............	1	—	Adolphe WURTZ...........	(*Décédé.*)
1875	4e	—	Nantes..........	1	—	Adolphe D'EICHTAL.........	(*Décédé.*)
1876	5e	—	Clermont-Ferrand.	1	—	J.-B. DUMAS..............	(*Décédé.*)
1877	6e	—	Le Havre........	1	—	Paul BROCA...............	(*Décédé.*)
1878	7e	—	Paris............	1	—	Edmond FRÉMY............	(*Décédé.*)
1879	8e	—	Montpellier......	1	—	Agénor BARDOUX..........	(*Décédé.*)
1880	9e	—	Reims...........	1	—	J.-B. KRANTZ............	(*Décédé.*)
1881	10e	—	Alger...........	1	—	Auguste CHAUVEAU.	
1882	11e	—	La Rochelle.....	1	—	Jules JANSSEN.............	(*Décédé.*)
1883	12e	—	Rouen...........	1	—	Frédéric PASSY.	
1884	13e	—	Blois...........	2 volumes (1).		Anatole BOUQUET DE LA GRYE.	(*Décédé.*)
1885	14e	—	Grenoble........	2	— (2).	Aristide VERNEUIL...........	(*Décédé.*)
1886	15e	—	Nancy...........	2	—	Charles FRIEDEL............	(*Décédé.*)
1887	16e	—	Toulouse........	2	—	Jules ROCHARD.............	(*Décédé.*)
1888	17e	—	Oran............	2	—	Aimé LAUSSEDAT...........	(*Décédé.*)
1889	18e	—	Paris............	2	—	Henri DE LACAZE-DUTHIERS..	(*Décédé.*)
1890	19e	—	Limoges.........	2	—	Alfred CORNU..............	(*Décédé.*)
1891	20e	—	Marseille........	2	—	P.-P. DEHÉRAIN............	(*Décédé.*)
1892	21e	—	Pau.............	2	—	Édouard COLLIGNON.	
1893	22e	—	Besançon........	2	—	Charles BOUCHARD.	
1894	23e	—	Caen............	2	—	É. MASCART..............	(*Décédé.*)
1895	24e	—	Bordeaux........	2	—	Émile TRÉLAT.............	(*Décédé.*)
1896	25e	—	Tunis...........	2	—	Paul DISLÈRE.	(*Décédé.*)
1897	26e	—	Saint-Étienne....	2	—	J.-E. MAREY..............	(*Décédé.*)
1898	27e	—	Nantes..........	2	—	Édouard GRIMAUX..........	(*Décédé.*)
1899	28e	—	Boulogne-sur-Mer.	2	—	Paul BROUARDEL...........	(*Décédé.*)
1900	29e	—	Paris............	2	—	Hippolyte SEBERT.	
1901	30e	—	Ajaccio.........	2	—	E.-T. HAMY..............	(*Décédé.*)
1902	31e	—	Montauban.......	2	—	Jules CARPENTIER.	
1903	32e	—	Angers..........	2	—	Émile LEVASSEUR.	(*Décédé.*)
1904	33e	—	Grenoble........	1 volume (3).		C.-A. LAISANT.	
1905	34e	—	Cherbourg.......	1	— (3).	Alfred GIARD..............	(*Décédé.*)
1906	35e	—	Lyon............	2 volumes.		Gabriel LIPPMANN.	
1907	36e	—	Reims...........	2	—	Henri HENROT.	
1908	37e	—	Clermont-Ferrand.	1 volume (4).		Paul APPELL.	
1909	38e	—	Lille............	1	— (5).	Louis LANDOUZY.	
1910	39e	—	Toulouse........	1	— (6).	C.-M. GARIEL.	
1911	40e	—	Dijon...........	1	— (6).	S. ARLOING.	(*Décédé.*)
1912	41e	—	Nîmes...........	1	— (5).	Charles LALLEMAND.	

(1) Reliés ensemble ou séparément.

(2) A partir de la 14e Session, les Tomes I et II sont reliés séparément.

(3) Pour le 33e Congrès de Grenoble, 1904, et le 34e, Cherbourg, 1905, le Tome I a été remplacé par un Bulletin mensuel dont les numéros 8 et 9 de chaque année ont été consacrés aux comptes rendus des séances générales et aux procès-verbaux des Sections.

(4) Le Tome I a été remplacé par deux brochures parues en septembre 1908.

(5) Le Tome I a été remplacé par une brochure parue en septembre 1909 et septembre 1912.

(6) Le Tome I a été remplacé par une brochure parue en septembre 1910. Le volume des Notes et Mémoires existe divisé en quatre Tomes, dont chacun comprend sa Table des matières et sa Table analytique par ordre alphabétique.

ASSOCIATION FRANÇAISE

POUR

L'AVANCEMENT DES SCIENCES

MATHÉMATIQUES, ASTRONOMIE, GÉODÉSIE ET MÉCANIQUE.

M. Ernest LEBON,

Lauréat de l'Institut (Ac. Fr. et Ac. des Sc.),
Président des Sections I et II.

**SUR HENRI POINCARÉ
ET SUR LA SECONDE ÉDITION DES SAVANTS DU JOUR : HENRI POINCARÉ.**

92 : 5 (Poincaré)

1er Août.

Le 1er août 1912, en ouvrant la première séance de la première Section, à Nîmes, de l'Association française pour l'Avancement des Sciences, j'ai prononcé l'allocution suivante :

Mesdames, Messieurs,

Permettez-moi d'exprimer la profonde douleur que j'éprouve à la pensée que notre éminent collègue Henri Poincaré n'est plus; il a succombé, le 17 juillet 1912, quelques jours après une difficile opération qu'une cruelle maladie rendait nécessaire.

Depuis 1882, date où j'entrais en relation avec lui, j'avais pu pénétrer son caractère. Je connaissais son obligeance et son absolue sincérité. Henri Poincaré ne perdait pas son temps en paroles oiseuses; mais, quand il promettait, on pouvait compter sur lui. Il s'intéressait aux jeunes gens de valeur qui lui étaient signalés, et, sans bruit, sans ostentation, il s'occupait activement de leur avenir. Nombreux sont ceux qui,

*1

au fond de leur cœur, garderont pieusement la mémoire de leur illustre protecteur.

Je ne lui avais pas demandé de présenter de Note à cette Session. En août 1909, il était venu à Lille où devait lui être remise la grande Médaille d'or de l'Association, votée en sa faveur sur la proposition de M. Paul APPELL. Nous avons encore présente à l'esprit la belle Conférence générale où il exposa si clairement, devant un public d'élite, peut-être plus mondain qu'initié, les principes hardis de la *Mécanique nouvelle*. A ma prière, il avait fait une Communication au début de la première séance de notre Section. Le titre en était : *Remarques diverses sur l'équation de Fredholm*. Le lendemain, il acceptait la présidence d'une séance à laquelle il était venu assister. Déjà en 1881, au Congrès d'Alger, il avait présenté deux importants Mémoires, l'un sur les *invariants arithmétiques*, l'autre sur l'*application de la Géométrie non euclidienne à la théorie des formes quadratiques*. Cette année, quoique très occupé, il aurait probablement participé à nos travaux si, comme en 1909, je l'en avais prié; mais il convenait de ne pas abuser.

Rien ne laissait prévoir que la mort dût saisir si tôt ce brillant génie. On savait que Henri POINCARÉ avait ressenti, en 1908, à Rome où il s'était rendu à l'occasion du Congrès des Mathématiciens, les premières atteintes d'une grave maladie et que sa Conférence philosophique sur l'*Avenir des Mathématiques* avait dû être lue par M. Gaston DARBOUX, son collègue à l'Académie des Sciences et son ami. Mais on croyait sa santé rétablie. Il avait pu, en effet, continuer sans interruption le cours élevé de Mécanique céleste que, depuis 1896, il professait chaque hiver à la Sorbonne. On ne pensait guère qu'il souffrait encore, lorsqu'il exposait, dans son cours de 1910-1911, les principales *Hypothèses cosmogoniques* émises depuis Kant et Laplace jusqu'à nos jours, qu'il les discutait ou que, par de nouveaux calculs, il les asseyait sur des bases plus solides.

Cette année, alors que je préparais la seconde édition de la *Notice biographique et bibliographique* que j'ai l'honneur de vous présenter, j'avais eu avec Henri POINCARÉ de nombreuses et quelquefois longues entrevues. Il eût désiré me voir écrire moi-même, au début de cet Opuscule, une Notice sur sa vie et ses travaux. Comme je lui expliquais que je n'avais pas encore réuni tous les documents nécessaires pour bien montrer l'influence exercée par lui sur les idées scientifiques de notre époque et que je lui promettais cette Notice pour la troisième édition, il me répondit : « C'est cela », et il parut satisfait. Brusquement, à la mi-juin, Henri POINCARÉ était violemment repris par la maladie.

L'œuvre de notre regretté Collègue, en Analyse mathématique, en Mécanique analytique, en Mécanique céleste, en Physique mathématique, en Philosophie scientifique, est si élevée, si étendue, si originale, qu'elle n'admet pas un succinct exposé. Qu'il me suffise ici de rappeler le trait capital du génie de Henri POINCARÉ, en citant les paroles qu'un savant

étranger, Sir George Darwin, prononçait, il y a douze ans, en remettant
au célèbre Auteur de l'Ouvrage sur *Les Méthodes nouvelles de la Mécanique céleste*, la Médaille d'or que la Société royale astronomique de
Londres lui avait décernée :

« Le caractère dominant du mode de travail de M. POINCARÉ, disait-il,
me semble consister en une immense ampleur des généralisations, de
sorte que le grand nombre des déductions possibles est quelquefois
presque troublant. Cette puissance de saisir les principes abstraits est
la marque de l'intellect du vrai mathématicien; mais pour celui qui est
plutôt habitué à traiter le concret, la difficulté de se rendre maître du
raisonnement est quelquefois grande. Pour cette seconde classe d'esprits,
le procédé le plus facile est l'examen de quelque cas simple et concret,
pour s'élever ensuite vers l'aspect plus général du problème. Je me
figure que M. POINCARÉ doit suivre dans son travail une autre route que
celle-là, et qu'il trouve plus facile de considérer d'abord les issues les
plus larges pour descendre de là vers des cas plus spéciaux. Il est rare
de posséder cette faculté à un haut degré, et l'on ne peut s'étonner que
celui qui la possède ait amassé un noble héritage pour les hommes de
science des générations futures (*). »

Ensuite, j'ai lu les Paroles suivantes prononcées par M. G. DARBOUX,
Secrétaire perpétuel, en signalant à l'Académie des Sciences, le 17 juin
1912, ma *Notice biographique et bibliographique sur* Henri POINCARÉ:

« Il y a seulement trois ans, je présentais à l'Académie la belle Notice
sur notre confrère Henri POINCARÉ qui inaugurait la série des *Savants du
jour*, entreprise par M. Ernest LEBON, Professeur honoraire de l'Université, lauréat de l'Académie française et de l'Académie des Sciences.

» Les travaux de notre Confrère ont une telle importance et ils touchent
à tant de sujets divers qu'il fallait s'attendre à ce que cette Notice fût
promptement épuisée. Sans tarder, M. LEBON s'est remis à l'ouvrage; il
l'a refondue, enrichie de Notes, d'Analyses et d'extraits nouveaux en y
faisant entrer les importants travaux que M. H. POINCARÉ a publiés
depuis 1909.

» Ainsi revue, complétée, et mise au courant, la seconde édition de la
Notice (**) qui contient plus de 30 pages nouvelles, est appelée au
même succès qui a accueilli la première. »

Cet Opuscule est le premier d'une Collection que j'ai entreprise sur
les *Savants du jour*. Il m'a paru convenable de mettre ma publication
sous l'égide d'un nom dont la réputation est mondiale.

J'ai cru qu'il serait attrayant de reproduire la partie biographique

---

(*) *Monthly Notices*, London, v. 60, Feb. 9, 1900, p. 415.

(**) Un volume in-8 (28-18) de IV-112 pages, papier de Hollande, avec un portrait
en héliogravure, 25 mai 1912.

du spirituel Discours prononcé par un profond historien en recevant M. Henri POINCARÉ à l'Académie Française.

Afin de donner une idée nette des profondes et multiples recherches de ce penseur, j'ai, d'une part, présenté les jugements portés en Science avec une haute compétence, par deux éminents savants dont le devoir a été d'en résumer, devant un public d'élite, les principales directions et les nombreuses conséquences; d'autre part, inséré, sur son récent Ouvrage relatif à la Philosophie scientifique, une fine analyse spécialement composée par l'un de ses collègues à la Sorbonne et à l'Académie Française.

En faisant précéder chacune des cinq principales Sections de mon travail d'appréciations dues à des hommes illustres, il me semble que j'y ai introduit des éléments qui font oublier la sécheresse inévitable de suites d'énumérations de titres d'Écrits, bien que les titres vagues soient accompagnés de sobres explications.

C'est pourquoi j'ose me flatter d'être parvenu à composer un Ouvrage qui soit à la fois intéressant pour les personnes qui désirent connaître, seulement dans son ensemble, l'Œuvre de M. Henri POINCARÉ, très utile à celles qui se livrent à d'ardues recherches dans quelqu'une des larges et nombreuses voies qu'il a ouvertes.

Je crois avoir signalé tous ses Écrits originaux et les principales analyses dont ils ont été le sujet. Ce n'est qu'après les avoir lus ou parcourus que j'ai donné les références et les renseignements qui s'y rapportent. On rendrait service à la Science en m'indiquant les omissions. Beaucoup de ces Écrits ont été reproduits en diverses langues : j'en ai cité les traductions que j'avais vues ou dont j'étais certain.

Il importe de faire remarquer que M. Henri POINCARÉ, après avoir lu mon manuscrit, a bien voulu me donner de précieux conseils pour le classement analytique des Mémoires et des Notes (*).

(*) Depuis cette Communication, M. R. DONGIER, dans la *Revue Scientifique*, et M. A. BOULANGER, dans le *Bulletin des Sciences mathématiques*, ont publié des Analyses de mon Ouvrage sur Henri POINCARÉ. Je tiens à les remercier ici au sujet de leurs aimables appréciations.

M. ÉMILE BELOT,

Directeur des Manufactures de l'État (Paris).

___

LES FORCES RÉPULSIVES A L'ORIGINE DES MONDES.

___

52.311

6 Août.

Plusieurs astronomes commencent à croire que les forces répulsives ont joué un rôle prépondérant dans certaines formations sidérales. Deslandres, dans le *Bulletin de la Société astronomique*, 1902, page 326, s'exprime ainsi :

« La forme spirale des nébuleuses implique une force répulsive émanée du noyau, comparable à la force répulsive qui forme les queues des comètes. Cette force, qu'on peut opposer à l'attraction newtonienne, doit jouer un rôle important dans l'évolution des mondes stellaires. »

P. Puiseux, dans le même *Bulletin* 1911, dit que :

« La Physique moderne nous a fait connaître un grand nombre de forces répulsives capables de dominer l'attraction : pression Maxwell-Bartoli, forces électro-magnétiques, rayons cathodiques. »

Cependant, à lire le Livre récent de H. Poincaré, *Les hypothèses cosmogoniques*, on constate que les auteurs s'abstiennent de mettre en œuvre les forces répulsives à l'origine des Mondes. Dans une Note présentée à l'Académie des Sciences, le 24 avril 1912, par H. Poincaré, j'ai montré qu'en introduisant une force répulsive $M\mu$ dans l'analyse par laquelle Roche a voulu justifier la formation des anneaux de la nébuleuse de Laplace, ceux-ci ne peuvent prendre naissance : en effet, la méridienne de la surface limitant théoriquement l'atmosphère du Soleil primitif a alors pour équation :

$$\frac{M(1-\mu)}{\sqrt{x^2 + y^2}} + \frac{\omega^2 y^2}{2} = \text{const.}$$

Si la force répulsive balance à peu près l'attraction de la masse solaire M, la méridienne ne peut plus avoir de points doubles à grande distance, quel que soit C : autrement dit l'atmosphère n'a plus d'arête équatoriale par laquelle puisse s'échapper la matière des anneaux. Ainsi, l'hypothèse de Laplace est inconciliable avec l'existence d'une force répulsive primitive à laquelle cependant croient les astronomes.

On peut apporter quelques précisions à l'idée des formations cosmiques par les forces répulsives. Si ce processus de formation paraît évident dans le cas des nébuleuses spirales, cela résulte de ce que les masses des spires arrivent à être au contact du noyau d'où elles semblent s'échapper soit par des forces thermiques (éruptions), soit par la force centrifuge.

Or, la Voie lactée, bien plus proche de nous que les nébuleuses spirales, est aussi, croit-on, une nébuleuse spirale dont les étoiles forment une écliptique de Soleils à peu près plane. Mais les planètes sont aussi dans le plan de l'écliptique solaire : si donc, les étoiles dans la nébuleuse spirale de la Voie lactée ont été projetées à leurs distances par des forces répulsives, une conséquence logique et conforme à l'ordre que nous constatons dans tout l'Univers est que *les planètes dans l'écliptique ont été amenées à leurs distances par des forces répulsives.*

Cette analogie paraîtra encore plus impérieuse si l'on observe que, dans une nébuleuse spirale, la forme des spires ne peut subsister que si elles ont un mouvement de rotation autour du noyau central, exactement comme les planètes ont un mouvement de révolution autour du Soleil.

L'analogie précédente permet encore de prévoir que *les masses planétaires, projetées à leurs distances par des forces répulsives ont suivi une trajectoire qui, en projection sur l'écliptique, est une spirale.*

C'est en effet une conséquence directe de la théorie que j'ai exposée dans mon *Essai de cosmogonie tourbillonnaire* (*). Dans le système solaire, la spirale décrite en projection sur l'écliptique par les masses planétaires a pour équation (p. 67)

$$R - a = \varepsilon\, e^{B\Omega},$$

où R_1 et Ω sont les coordonnées polaires d'une masse et a le rayon du tourbillon primitif solaire.

Puisque l'hypothèse de Laplace exclut les forces répulsives, et qu'au contraire la cosmogonie tourbillonnaire, concordant en cela avec les hypothèses régnantes au sujet de la formation des nébuleuses spirales, prévoit un mouvement radial divergent et spiral des masses, il faut maintenant préciser quelles sont les forces répulsives agissant à l'origine.

Les forces répulsives connues sont les suivantes :

1° La force centrifuge;

2° La force thermique de dilatation ou d'explosion analogue à celle qui agit dans les protubérances solaires. La chaleur peut agir soit pour combiner les corps, soit pour les dissocier suivant la température et la nature des corps en présence. Arrhénius a soutenu que le Soleil pouvait ainsi contenir de véritables corps explosifs;

3° *Pression de radiation Maxwell-Bartoli.* — Cette pression à la surface du Soleil équilibre l'attraction pour des corps opaques de la dimension du $\frac{1}{1000}$ de millimètre; mais comme elle est proportionnelle à la quatrième puissance de la température absolue, on peut concevoir des

---

(*) Paris, Gauthier-Villars, 1911.

Soleils ou des astres comme les Novæ où la température soit assez élevée pour repousser des corps liquides ou solides dont le diamètre atteindrait 1 mm;

4° *Forces électriques*. — Quand les gaz ou vapeurs sont ionisés, ils contiennent des particules électrisées qui obéissent aux lois des attractions ou répulsions électriques. Les particules ionisées négativement sont en particulier repoussées par le Soleil;

5° *Rayons cathodiques*. — Les corps frappés par les rayons X ou la lumière ultraviolette émettent des corpuscules cathodiques porteurs de charges négatives et doués de vitesses variant de 10 000 km à plus de 100 000 km par seconde, c'est-à-dire dépassant de beaucoup les vitesses des ions.

Le Soleil et les étoiles émettent de ces rayons cathodiques qui transportent au loin (et jusqu'aux nébuleuses d'après Arrhénius), avec un peu de matière, une partie de leur énergie.

Dans les Novæ dont le spectre ultraviolet est intense, les forces répulsives 2°, 3° et 5°, doivent être particulièrement marquées. Or, la nouvelle cosmogonie tourbillonnaire aboutit à la démonstration que le système solaire doit son origine au choc dualiste d'une Nova. Il importe donc de reconnaître dans les équations de cette théorie les forces répulsives et les forces antagonistes qui ont empêché les molécules primitives d'être dispersées au loin par les premières.

Si a désigne le rayon du tourbillon primitif, x la distance au centre d'une molécule, j'ai trouvé directement pour la vitesse de l'expansion radiale

$$(1) \qquad \frac{dx}{dt} = A(x-a)^{-\alpha} \qquad \left(\alpha = \frac{1}{b} - 1, \frac{2}{3} < b < 1\right);$$

d'où l'on déduit

$$(2) \qquad \frac{d^2x}{dt^2} = -A\alpha(x-a)^{-\alpha-1} = \frac{A\alpha}{(x-a)^{1+\alpha}} - \frac{A\alpha}{b}\frac{1}{(x-a)^{1+\alpha}}.$$

Le fait que l'accélération ne dépend que de $x-a$, montre que les phénomènes qui la produisent ont lieu à la distance $x = a$ du centre. Il ne peut donc s'agir ici de forces attractives. Dans un corps sphérique ou cylindrique (tube-tourbillon), l'attraction peut en effet être supposée concentrée au centre ou sur la ligne d'axe : il n'en saurait être de même de la *radiation* qui émane de la surface du tube de rayon a, et non du centre.

De même, si les molécules ont commencé à obéir aux forces répulsives, la *résistance du milieu* dépend du parcours dans la nébuleuse à partir de $x = a$, et non à partir de $x = 0$.

Les deux termes de la formule (2) expriment donc le premier la répulsion de la radiation, et le second la résistance du milieu. En effet, considérons le premier terme. S'il s'agissait d'une radiation située à la distance a du centre, la répulsion serait exprimée par $\dfrac{1}{(x-a^2)}$ pour un point situé à la distance x du centre. Mais en réalité ce point subit plutôt la radiation de la génératrice $x = a$ du tube-tourbillon et dans ce cas la répulsion aurait pour expression $\dfrac{1}{x-a}$. C'est ce qui explique qu'en réalité l'exposant de $x - a$ soit compris entre 1 et 2 et un peu variable d'une nappe à l'autre avec le coefficient b.

Considérons maintenant le second terme de (2); on peut l'écrire

$$ - \frac{\alpha}{\mathrm{A}\,b} \frac{1}{(x-a)^{1-\alpha}} \left(\frac{dx}{dt}\right)^2. $$

Sous cette forme, on voit qu'il s'agit d'une résistance de milieu proportionnelle au carré de la vitesse.

Mais pourquoi la résistance diminue-t-elle quand la distance augmente ? C'est que la densité des particules arrivant dans la région plus froide de la nébuleuse augmente et qu'elles présentent ainsi une moindre surface au milieu résistant. En même temps l'action de la pression de radiation proportionnelle à la surface des particules repoussées diminue.

Ainsi toutes les circonstances de l'action des forces répulsives à l'origine d'un Monde semblent élucidées.

Une question seulement reste à poser : comment l'attraction newtonienne est-elle insensible dans cette première phase d'expansion des molécules et comment s'empare-t-elle ensuite des masses ?

C'est que dans la première phase tourbillonnaire, la petitesse des molécules et l'intensité de la radiation sont telles que l'attraction ne peut agir efficacement sur les masses, d'autant que celles-ci sont alors animées de grandes vitesses. Quand ces vitesses se sont réduites, par la résistance du milieu, que la radiation est devenue moins intense et que la masse des molécules s'est augmentée au point de rendre insensibles les forces répulsives, c'est au contraire l'attraction qui s'empare définitivement de tout le système et qui continue à en régir tous les mouvements.

M. Émile BELOT.

LES POSTULATS DANS LA COSMOGONIE DE T. SEE.

6 *Août.*

La nouvelle Cosmogonie de l'astronome américain T. See (*) a été jugée assez sévèrement par les astronomes français, notamment par H. Poincaré et P. Puiseux et en dernier lieu par Ch. André, dans un article de *Scientia* (t. III, 1912). Ces auteurs se placent surtout à un point de vue comparatif avec l'hypothèse de Laplace, qui paraît, en effet, bien démonétisée en Angleterre et en Amérique. Nous voudrions juger la nouvelle théorie de l'*évolution cosmique par la capture* en nous plaçant sur le terrain des principes ou de la méthode et en dénonçant les postulats qui sont dissimulés dans les raisonnements de T. See.

D'abord, on peut se demander si cette théorie répond à la définition même contenue dans le mot *Cosmogonie*. Faire œuvre cosmogonique c'est expliquer comment des astres ont pu prendre corps avec tous leurs éléments caractéristiques à partir d'un état nébuleux composé soit de gaz, soit de molécules discrètes, et non pas seulement définir un processus qui aurait permis à des astres préexistants déjà condensés en masses sphéroïdales, doués de rotation autour d'axes antérieurement déterminés, de se grouper en orbites à peu près circulaires et concentriques pour former un système. T. See ne cherche à résoudre que la seconde partie de ce programme, de beaucoup la moins intéressante, puisqu'elle n'explique pas comment chaque astre s'est formé, et qu'elle fait jouer au hasard un rôle presque exclusif, chaque planète ou satellite, arrivant dans notre système avec sa masse, son inclinaison d'axe, sa rotation, et révolution directes ou rétrogrades; l'ensemble de ces corps est successivement capté par un Soleil préexistant dont on ne nous explique pas davantage l'origine.

On peut dire que dans cette théorie le problème cosmogonique n'existe plus, puisqu'il est vidé de toutes les données qui caractérisent chaque astre, et qu'une véritable science cosmogonique doit expliquer. D'ailleurs, le même reproche peut être adressé à Laplace en ce qui concerne le Soleil qu'il se donne tout formé avec sa rotation.

Nous allons successivement examiner les trois postulats, que suppose sans les expliciter la théorie de T. See.

(*) *The Capture Theory of Cosmical evolution.*

I. *Postulat newtonien.* — Ce postulat, qui est commun à T. See et à toute l'école de Laplace, est le suivant :

« L'attraction et la Mécanique newtonienne doivent expliquer, à elles seules, l'origine du système solaire qui s'est ainsi organisé par *formation centripète* plus ou moins modifiée par une résistance de milieu. » Ce postulat s'est introduit subrepticement dans la Science par l'effort des analystes acharnés à résoudre les difficultés inextricables de la Mécanique newtonienne. Il en est résulté que la Cosmogonie a été traitée comme une science exacte pratiquant la *méthode déductive* à partir de la loi de Newton.

Il est évident, au contraire, que la Cosmogonie ne peut être qu'une science physique pratiquant la *méthode inductive*, et qu'à ce titre, elle doit tenir compte des autres forces cosmiques connues et notamment des forces répulsives (pression de radiation, forces électriques et électromagnétiques). On trouve alors comme je l'ai montré dans mon *Essai de Cosmogonie tourbillonnaire* que le système solaire a dû sa *formation centrifuge* (semblable à celle des nébuleuses spirales) aux forces répulsives dont l'action domine complètement l'attraction dans la période nébuleuse originelle (*), grâce aux radiations puissantes de la Nova solaire.

II. *Postulat de la distribution des masses due au hasard.* — Il est bien inquiétant pour une théorie scientifique de réserver au hasard une part telle que la distribution des distances des planètes et satellites soit absolument quelconque. Si réellement il existe une loi des distances des planètes et satellites au centre de chaque système (loi déjà entrevue par Bode), le hasard n'est plus pour rien dans leur constitution, et la théorie de la capture de T. See croule par la base.

On est étonné que T. See n'ait pas défendu sa théorie contre cette objection capitale : la seule raison qu'il invoque contre l'existence d'une loi analogue à la loi de Bode est l'opinon véritablement puérile de Newcomb : « Depuis la découverte de Neptune, dit cet astronome, nous n'avons aucune raison de croire que les rapports de distances soient dans le système solaire l'expression numérique d'une loi simple et précise. Prenons 40 ou 50 nombres de n'importe quelle façon, par exemple, les numéros des maisons où habitent un groupe de personnes. On pourra trouver autant de relations entre ces nombres qu'entre ceux qui caractérisent le système planétaire. Personne ne pensera que de telles relations soient en rapport avec une loi profonde. Elles restent les jeux d'un esprit chercheur de combinaisons fantaisistes (**). »

Il faut voir dans cette boutade d'un grand astronome théoricien la preuve que l'esprit déductif du mathématicien est souvent incompatible avec la souplesse de l'imagination inductive du physicien cherchant .

(*) *Note* de M. E. Belot présentée à l'Académie des Sciences, le 18 mars 1912, par H. Poincaré.

(**) *Astronomie populaire de Newcomb.*

une loi de la Nature. Si Newcomb, avant de la nier, avait scruté en physicien la loi de Bode, il aurait vu que le rapport des distances de deux planètes éloignées y est pris égal à 2 (ce qui n'a aucune raison de correspondre à un rapport naturel), alors que le rapport des distances les plus immuables du système, celles des planètes géantes Jupiter et Saturne est 1,84. En second lieu, il aurait remarqué qu'en écrivant la loi de Bode

$$(1) \qquad x_n = 0,4 + 0,3 \times 2^n \qquad (x_n \text{ en unités astronomiques}),$$

il faut faire $n = -\infty$ et $n = 0$ pour obtenir les distances de Mercure et de Vénus, ce qui est aussi contraire à tout ordre naturel. Mais si dans (1) on substitue 1,883 (nombre voisin du rapport 1,84 ci-dessus), à 2 et qu'on ajuste les coefficients, on trouve de suite

$$(2) \qquad x_n = 0,28 + \frac{1,883^n}{214,45},$$

formule que j'ai démontrée en 1905 (*), et dont l'application aux planètes donne une précision inattendue avec les nombres entiers n successifs. Une recherche analogue donne les formules applicables avec une égale précision à la distribution en distance de tous les satellites.

Il n'y a plus alors moyen de nier l'existence d'une loi de distribution exponentielle où le hasard n'a plus aucun rôle à jouer, et la fragile théorie de T. See est renversée par la base.

III. *Postulat du triple mode seul possible pour la production des orbites circulaires.* — La circularité des orbites est ce qui frappe le plus T. See : il veut prouver qu'il n'y a que trois modes possibles de formation d'orbites circulaires :

1° Par le détachement de parties de l'atmosphère primitive du Soleil (théorie de Laplace).

2° Par l'adjonction d'éléments venus de l'extérieur, captés par un Soleil préexistant et arrondissant leurs orbites par la résistance du milieu (théorie de T. See).

3° Par la condensation *par attraction* de particules éparses de vapeurs ayant formé les planètes et satellites aux distances mêmes où sont ces (astres.

La proposition 3°, trop particulière, est encore une forme du postulat newtonien; ayant réfuté la théorie de Laplace, et refusé d'admettre la théorie 3°,

« à cause de la faiblesse de la force de gravitation »,

T. See ne voit plus que sa théorie possible.

(*) *Note* de M. E. Belot présentée à l'Académie des Sciences par H. Poincaré (*Comptes rendus*, 4 décembre 1905).

Mais un raisonnement par énumération n'est probant que si l'on épuise tous les cas possibles.

Or, il est facile de montrer à T. See que son énumération n'est pas exhaustive : il a omis au moins deux cas A et B dont nous allons détailler le premier en se servant de ses expressions mêmes (texte en italique).

A. *Premier cas omis par T. See, parce qu'il a supposé implicitement une formation moniste de chaque astre :*

1° Une partie m de *la masse planétaire faisait à l'origine partie intégrante* de la partie M *du Soleil primitif : les éléments m_1, m_2, ..., m_n de m se sont successivement séparés* de la partie M *du Soleil, leurs mouvements restant cependant sous sa dépendance.*

2° *Des corps extérieurs à* M *se sont successivement ajoutés au système solaire* pour une partie F à M $- m$ en formant le Soleil et pour une partie f à m en formant successivement les corps planétaires $m_1 f_1$, $m_2 f_2$, ..., $m_n f_n$.

Ainsi les processus 1 et 2 qui, dans la pensée de T. See, sont incompatibles, peuvent, en partant d'une origine dualiste du Soleil, se combiner pour donner un *quatrième processus mixte* qui a complètement échappé à T. See. Il est visible alors, puisque les planètes $m_1 f_1$, ..., ont alors comme le Soleil une origine dualiste, qu'elles pourront former par le même processus des satellites ayant eux-mêmes une double origine. La double proposition ci-dessus résume schématiquement la nouvelle Cosmogonie dualiste et tourbillonnaire où nous avons réussi à mettre en évidence les forces répulsives donnant la gravitation à l'origine.

B. Il suffit que nous puissions théoriquement réaliser la formation d'un seul satellite à orbite circulaire par un processus différent de ceux imaginés par T. See pour que son raisonnement tombe inexistant.

Or, voici comment on pourrait donner un tel satellite à la Terre : pointons un canon rayé donnant à son projectile une vitesse initiale de plus de 8 km : s, sous un angle tel qu'à la limite de l'atmosphère (200 km environ), la trajectoire soit horizontale. Le projectile, s'il a à cette hauteur une vitesse de 8 km : s, deviendra un satellite de la Terre. Un astronome de Mars qui viendrait à découvrir ce satellite pourra imaginer avec T. See un phénomène de capture, ou avec Laplace un phénomène de condensation d'un anneau nébuleux de l'atmosphère terrestre : il tombera dans une grossière erreur due en partie à ce fait que le plan de l'orbite du satellite n'a plus rien de commun avec le plan vertical de tir de notre canon. En effet, l'atmosphère terrestre ayant sa rotation propre, fera dériver le projectile dans un plan différent de celui du tir. Cependant un élément subsistera inchangé dans notre projectile supposé oblong : c'est sa direction d'axe. Ainsi l'astronome de Mars pourrait, connaissant cette direction, connaître celle de l'axe du canon qui a lancé le projectile.

Ici, l'hypothèse B imaginée uniquement pour mettre en défaut le raisonnement de T. See se rencontre admirablement avec notre théorie tourbillonnaire : car c'est par les directions d'axe des planètes que nous avons connu la direction d'axe du canon cosmique (tourbillon primitif), dont la balistique a formé le système solaire. La loi des inclinaisons des axes planétaires que nous avons démontrée en 1905 (*), peut s'énoncer en effet comme suit :

Le faisceau des axes planétaires primitifs concourt en un même point qui, joint au centre du système, donne la direction de l'apex (direction de translation du système solaire vers la Lyre).

Mais l'analogie entre la formation du satellite B, et la Cosmogonie tourbillonnaire va apparaître encore plus complète. Le satellite B est la résultante de l'application à une masse des forces successives suivantes : force répulsive R (celle de la poudre), résistance du milieu r rencontrée dans le sens centrifuge indiqué par le signe $+$, attraction A prédominante après l'action de R et r_+. En un mot le satellite B correspond schématiquement à

$$(1) \qquad R + r_+ + A \qquad \text{(formation centrifuge)}.$$

C'est exactement la même formule qui caractérise la Cosmogonie tourbillonnaire : R est la force répulsive (radiation, etc.) due au choc du tourbillon solaire sur la nébuleuse primitive, r_+ la résistance du milieu de cette nébuleuse, A l'attraction centrale seulement prédominante à la fin de la formation, quand les vitesses se sont réduites par r_+, et que les molécules plus massives sont devenues insensibles à R. La formule des forces de la Cosmogonie de T. See serait par comparaison avec (1)

$$A + r_- \qquad \text{(formation centripète)}.$$

En résumé, des erreurs de méthode et des postulats inadmissibles vicient par la base la Cosmogonie de T. See : en les mettant en évidence, il a été facile de montrer que notre Cosmogonie dualiste et tourbillonnaire échappe à toutes ces objections.

(*) *Comptes rendus du Congrès de l'Association française de Clermont-Ferrand* (1908).

M. Henri TRIPIER,

Ingénieur des Arts et Manufactures (Paris).

SUR L'APPLICATION DE LA MÉTHODE DES APPROXIMATIONS SUCCESSIVES A LA RÉSOLUTION DES ÉQUATIONS NUMÉRIQUES.

512.22

6 Août.

Soit donnée l'équation

$$x = \varphi(x).$$

Les nombres a et b, tels que $a < b$, comprenant une racine

$$a + h = b - k,$$

resserrer les limites de l'intervalle qui comprend cette racine.

On a

$$a + h = \varphi(a + h) = \varphi(a) + h\,\varphi'(a + \theta_1 h),$$
$$b - k = \varphi(b - k) = \varphi(b) - k\,\varphi'(b - \theta_2 k),$$

où h et k sont deux nombres positifs.

Si

$$|\varphi'(a + \theta_1 h)| < 1,$$

$\varphi(a)$ est une valeur approchée plus voisine que a,
et si

$$|\varphi'(b - \theta_2 k)| < 1,$$

$\varphi(b)$ est une valeur approchée plus voisine que b.

Si, à la fois

$$|\varphi'(a + \theta_1 h)| < 1 \qquad \text{et} \qquad |\varphi'(b - \theta_2 k)| < 1,$$

et si, en outre, ces deux valeurs de la dérivée φ' sont de même signe, $\varphi(a)$ et $\varphi(b)$ seront les limites d'un intervalle comprenant la racine considérée et plus étroit que celui qui a pour limites a et b. Enfin, M étant la valeur maxima du module de φ' dans l'intervalle $(a - b)$, les valeurs $\varphi(a)$ et $\varphi(b)$ sont des approximations à moins de

$$(b - a)\text{M},$$

puisque

$$|\varphi(a) - \varphi(b)| < (b - a)\text{M}.$$

Cherchons à étendre l'application de la méthode au cas où, entre a et b,

$$|\varphi'| > 1.$$

Nous en trouverons le moyen en considérant la représentation géométrique de ce qui vient d'être dit. La racine considérée est l'abscisse de l'un des points d'intersection de la droite $y = x$, et de la courbe

$$y = \varphi(x),$$

l'ordonnée de ce point étant comprise entre les ordonnées

$$x = a \quad \text{et} \quad x = b.$$

La valeur $\varphi(a)$ est l'ordonnée du point A, c'est donc l'abscisse du point α de la droite

$$y = x,$$

ce point ayant même ordonnée que A.

Traçons, en $A_2 I B_2$, la droite de coefficient angulaire -1 et passant par I.

L'abscisse de α sera plus voisine de celle de I que l'abscisse de A_1, si α est entre A_1 et A'_2, c'est-à-dire si A est entre A_1 et A_2, autrement dit, si le coefficient angulaire de IA est compris entre les coefficients angulaires de IA_1 et de IA_2, et cette condition est nécessaire et suffisante. Cela s'exprimera par les inégalités suivantes

$$-1 < \varphi'(a + \theta_1 h) < +1.$$

De même, la condition nécessaire et suffisante pour que B soit entre B_1 et B_2 s'exprimera par les inégalités

$$-1 < \varphi'(b - \theta_2 k) < +1.$$

Mais si ces conditions ne sont pas satisfaites avec la courbe $y = \varphi(x)$, elles pourront l'être avec une transformée de cette courbe, et pour que les racines cherchées soient respectées il faudra et suffira que les points d'intersection avec la droite $y = x$ le soient eux-mêmes. Il en sera ainsi en transformant par homologie avec la droite $y = x$ comme axe d'homologie. En prenant, pour simplifier, le centre d'homologie à l'infini dans la direction Oy, on est conduit à réduire les ordonnées $A_1 A$, $B_1 B$, dans un rapport constant; on remplace

$$[x - \varphi(x)]$$

par

$$k[x - \varphi(x)],$$

la courbe

$$y = \varphi(x) = x + [\varphi(x) - x]$$

se trouve transformée en la courbe

$$y = \psi(x) = x + k[\varphi(x) - x],$$

et φ' est remplacé par

$$\psi' = 1 - k + k\varphi'.$$

On prendra k de façon que x variant de a à b la dérivée ψ' conserve un signe constant, et qu'en même temps le maximum de son module soit aussi réduit que possible.

Sous une autre forme, on remplace la considération de l'équation

$$x - \varphi(x) = 0,$$

par celle de l'équation

$$k[x - \varphi(x)] = 0,$$

et l'on écrit cette dernière équation

$$x = (1 - k)x + k\varphi(x).$$

Exemple : Soit donnée l'équation $x = \tan x$.
On a
$$(\tan x)' = 1 + \tan^2 x > 1.$$
Prenons l'équation
$$x = (1 - k)x + k\tan x = \psi(x).$$
Nous avons
$$\psi' = 1 - k + k(1 + \tan^2 x) = 1 + k\tan^2 x.$$

Cherchons une valeur approchée de la racine comprise entre π et $3\dfrac{\pi}{2}$.
On a
$$\text{arc } 257^o = 4{,}4855, \qquad \tan 257^o = 4{,}3315,$$
et
$$\text{arc } 258^o = 4{,}5030, \qquad \tan 258^o = 4{,}7046,$$

d'après les aide-mémoire.
Par suite
$$a = 4{,}4855, \qquad b = 4{,}5030,$$
$$\psi'(a) = 1 + k(4{,}3315)^2, \qquad \psi'(b) = 1 + k(4{,}7046)^2.$$

Pour réduire M, le maximum du module de ψ' dans l'intervalle $(a - b)$, on est conduit à prendre pour k une valeur annulant ψ' dans le voisinage de l'intervalle $(a - b)$, et pas à l'intérieur de cet intervalle, puisque nous voulons que ψ'_y ait un signe constant.
La règle à calcul de 25 cm donne
$$18{,}6 < (4{,}3315)^2 < 18{,}8 \qquad 22 < (4{,}7046)^2 < 22{,}1.$$
Avec
$$k = \text{K}_1 = -\frac{1}{18{,}6},$$

on aura

dans l'intervalle $(a - b)$,

$$\psi' < 0$$

et avec

$$k = K_2 = - \frac{1}{22,1},$$

on aura

dans l'intervalle $(a - b)$.

$$\psi' > 0$$

Ces valeurs donnent

$$\psi_1(a) = a - K_1(a - \tang a) \leqq 4,4855 + \frac{1}{18,6}(4,4855 - 4,3315),$$

valeur par excès, soit

$$4,4855 + \frac{1}{18,6} 0,154 = 4,4855 + 0,0083 = 4,4938, \quad \text{valeur par excès,}$$

donnée par la règle de 25 cm,

$$\psi_1(b) = b - K_1(b - \tang b) \geqq 4,503 - \frac{1}{18,6}(4,705 - 4,503),$$

valeur par défaut, soit

$$4,503 - \frac{1}{18,6} 0,202 = 4,503 - 0,0109 = 4,4921, \quad \text{valeur par défaut,}$$

$$\psi_2(a) = a - K_2(a - \tang a) \geqq 4,4855 + \frac{1}{22,1}(4,4855 - 4,332),$$

valeur par défaut, soit

$$4,4855 + \frac{1}{22,1} 0,1535 > 4,4855 + 0,069 = 4,4924, \quad \text{valeur par défaut,}$$

$$\psi_2(b) = b - K_2(b - \tang b) \leqq 4,503 - \frac{1}{22,1}(4,704 - 4,503),$$

valeur par excès, soit

$$4,503 - \frac{1}{22,1} 0,201 = 4,503 - 0,0091 = 4,4939, \quad \text{valeur par excès.}$$

Ainsi nous trouvons que la racine considérée est comprise entre

$$4,4924 \quad \text{et} \quad 4,4938;$$

toutes les multiplications et divisions ayant été faites avec la règle à calcul de 25 cm.

Nous sommes partis d'un intervalle égal à

$$4,5030 - 4,4855 = 0,0175,$$

et nous arrivons à un intervalle égal à

$$4,4938 - 4,4924 = 0,0014 = \frac{0,0175}{12,5}.$$

D'après cela nous avons : 4,4931 comme valeur approchée de la racine à moins de $\frac{7}{10000}$, alors qu'en fait la valeur est 4,4934 à moins de $\frac{1}{100000}$.

M. A. AUBRY.

(Dijon).

LES PRINCIPES DE LA THÉORIE DES NOMBRES COMPLEXES.

512: 2

5 Août.

1. Appelons : *nombre complexe*, ou simplement *nombre*, une expression imaginaire de la forme $a + bi$;

nombre réel, un nombre dont le coefficient de i est nul;

les nombres réels a et b, les *éléments* du nombre $a + bi$;

le nombré réel $a^2 + b^2$, sa *norme;*

égalité de deux nombres $a + bi$, $c + di$, l'ensemble des égalités $a = c$, $b = d$, ce qu'on indique par la notation symbolique $a + bi = c + di$;

somme de plusieurs nombres $a + bi$, $a' + b'i$, ..., $a'' + b''i$, le nombre $(a + \ldots + a'') + (b + \ldots + b'')\, i$;

produit des deux nombres $a + bi$, $c + di$, le nombre

$$(ac - bd) + (ad + bc)i;$$

quotient des mêmes nombres, le nombre

$$\frac{ac + bd}{c^2 + d^2} + \frac{bc - ad}{c^2 + d^2}\, i.$$

Si $ac + bd$ et $bc - ad$ sont à la fois divisibles par la norme de $c + di$ on dit que $a + bi$ est *divisible* par $c + di$; tels sont les nombres 2, 13 et $4 + 19\, i$, qui sont respectivement divisibles par $1 + i$, $3 + 2i$ et $2 + 3i$; $a + bi$ est divisible par c si a et b le sont eux-mêmes. Par suite, on appellera :

entier complexe, un nombre dont les éléments sont des entiers réels;

nombre premier complexe, un entier complexe divisible seulement par lui-même et par l'une des quatre *unités complexes* ± 1, $\pm i$, qu'on désigne collectivement par la notation i^ρ, $\rho = 1, 2, 3, 4$;

nombre composé complexe, un entier complexe décomposable en deux ou plus de deux *facteurs complexes*.

On réservera, pour représenter les nombres complexes supposés connus les lettres m et n, et pour les nombres inconnus, la lettre z; les autres désigneront des nombres réels. Ainsi, les nombres

$$a + bi, \quad a' + b'i, \quad \ldots, \quad \alpha + \beta i, \quad \ldots, \quad c + di, \quad \ldots, \quad x + yi, \quad \ldots$$

seront désignés abréviativement par les lettres m, m', ..., μ, ..., n, ..., z, ...

La norme $a^2 + b^2$ de $m = a + bi$ s'indiquera ainsi $N(m)$ ou $N(a + bi)$.

2. *La norme d'un produit est égale au produit de celles des facteurs.* Cela vient de ce que

$$N(mn) = N[(ac - bd) + (ad + bc)i] = (ac - bd)^2 + (ad + bc)^2$$
$$= (a^2 + b^2)(c^2 + d^2) = N(m)N(n).$$

COROLLAIRE. — *Si m est un nombre composé m', m'', $N(m)$ sera un nombre réel composé*, puisqu'elle est égale à $N(m')\,N(m'')$.

3. *Tout codiviseur de deux entiers divise également leur somme et leur différence, et en général toute fonction entière de ces deux nombres.*

4. *Si le nombre $a + bi$ est divisible par $\alpha + \beta i$, $a - bi$ l'est par $\alpha - \beta i$.* Soit

$$a + bi = (\alpha + \beta i)(x + yi);$$

on aura

$$\alpha x - \beta y = a, \qquad \alpha y + \beta x = b,$$

d'où

$$(\alpha - \beta i)(x - yi) = (\alpha x - \beta y) - (\alpha y + \beta x)i = a - bi.$$

COROLLAIRES. — I. *Si $a + bi$ est premier, il en est de même de $a - bi$.*

II. *Si a est divisible par $\alpha + \beta i$, il l'est par $\alpha - \beta i$.*

III. Si a et b sont tous les deux des impairs réels, le nombre $a + bi$ peut se mettre sous la forme $2(a' + b') + 1 + i$: il est donc divisible par $1 + i$.

5. Soient α et β les entiers réels les plus voisins des suivants

$$A = \frac{ab' + a'b}{a'^2 + b'^2}, \qquad B = \frac{ba' - ab'}{a'^2 + b'^2};$$

on aura, en valeur absolue

$$A - \alpha \leqq \frac{1}{2}, \qquad B - \beta \leqq \frac{1}{2}.$$

La norme de $(A - \alpha) + (B - \beta)i$, sera donc $\leqq \left(\frac{1}{2}\right)^2 + \left(\frac{1}{2}\right)^2 = \frac{1}{2}$.

Mais en posant $a - a'\alpha + b'\beta = a''$, $b - a'\beta - b'\alpha = b''$, on a

$$(A - \alpha) + (B - \beta)i = \frac{a + bi}{a' + b'i} - \alpha - \beta i = \frac{a'' + b''i}{a' + b'i};$$

donc $N(a'' + b''i) \leqq \frac{1}{2} N(a' + b'i)$.

Ainsi, *étant donné deux nombres m, m', on peut toujours en trouver* *deux autres* μ *et* m'' *tels qu'on ait*

$$\frac{m}{m'} = \mu + \frac{m''}{m'} \qquad \text{et} \qquad N(m'') \leqq \frac{1}{2} N(m').$$

COROLLAIRE. — Opérant de même sur m' et m'', on obtiendra deux nouveaux entiers μ', m''' répondant à des conditions analogues, et ainsi de suite. On aura ainsi une suite de nombres m, m', m'', ..., dont les normes tendront rapidement vers zéro, norme de $o + o\,i = o$. On peut donc écrire

$$(\alpha) \qquad \begin{cases} m = m'\mu + m'', \\ m' = m''\mu' + m''', \\ \cdots\cdots\cdots\cdots, \\ m^{(k-1)} = m^{(k)}\mu^{(k-1)} + m^{(k+1)}, \\ m^{(k)} = m^{(k+1)}\mu^{(k)}, \end{cases}$$

m^k est donc un codiviseur de m et de m'. Dans le cas particulier où il est de la forme i^p, on dit que m et m' sont *premiers entre eux*.

6. Considérons les trois entiers m, n, m'; *si le produit* mn *est divisible par* m' *premier avec* m, m' *divise* n. Multiplions par n tous les termes des égalités (α); on verra que m' divise $m^{(k+1)}\mu^{(k)}n$, or $m^{(k+1)}$ est de la forme i^p.

COROLLAIRES. — I. *Si un entier premier divise le produit* mm' *sans diviser* m, *il divise* m'.

II. *Si un nombre premier ne divise aucun des facteurs d'un produit, il ne divise pas celui-ci.*

III. *Si un nombre premier divise un produit, il divise l'un des facteurs.*

IV. *Tout entier premier avec plusieurs autres l'est avec leur produit.*

V. *Tout entier est décomposable d'une seule manière en facteurs premiers.*

VI. *Si la norme de* $a + bi$ *est un nombre composé, il en est de même de* $a + bi$. Soit

$$fg = a^2 + b^2 = (a + bi)(a - bi);$$

si $a + bi$ était premier, $a - bi$ le serait aussi et les entiers réels f, g seraient égaux, à cause de V, à $a + bi$ et $a - bi$, à des multiples près de i^p, ce qui est absurde.

VII. Du *corollaire* de 2 et du *corollaire* précédent, on déduit que $a + bi$ et *sa norme sont ensemble des nombres premiers ou des nombres composés.*

7. *Tout nombre divisible par deux entiers premiers entre eux, l'est par leur produit.*

COROLLAIRES. — I. *Si* a *et* b *sont premiers entre eux, il en est de même de* $a + bi$ *et de* $a - bi$. Si ces deux derniers étaient divisibles par le nombre premier $\alpha + \beta i$, ils le seraient également par $\alpha - \beta i$ qui est également premier, et par conséquent par $\alpha^2 + \beta^2$, chose impossible, puisque a et b n'ont aucun diviseur réel commun.

II. *Si a et b sont premiers entre eux et que $a + bi$ soit divisible par $\alpha + \beta i$, $a^2 + b^2$ l'est par $\alpha^2 + \beta^2$.*

8. Deux nombres m, m' sont dits *congrus* par rapport au *module n*, si $m - m'$ est divisible par n; on représente ainsi cette relation

$$n \equiv m' \qquad (\mathrm{mod}\, n).$$

Corollaire. — I. Si m est divisible par n, on a

$$m \equiv 0 \qquad (\mathrm{mod}\, n).$$

II. Si l'on a

$$m \equiv m', \qquad \mu \equiv m' \qquad (\mathrm{mod}\, n),$$

on aura aussi

$$m \equiv \mu \qquad (\mathrm{mod}\, n).$$

III. Si

$$m \equiv m', \qquad \mu \equiv \mu', \qquad \ldots \qquad (\mathrm{mod}\, n),$$

on aura aussi

$$m + \mu + \ldots \equiv m' + \mu' + \ldots, \qquad m\mu \ldots \equiv m'\mu' \ldots, \qquad m^k \equiv \mu^k \qquad (\mathrm{mod}\, n)$$
$$F(m) \equiv F(\mu) \qquad (\mathrm{mod}\, n) \qquad (F \text{ fonction entière}).$$

9. On appelle *congruence* une expression de la forme

$$F(z) \equiv 0 \qquad (\mathrm{mod}\, n),$$

et *racine* de cette congruence, toute valeur de z qui y satisfait.

Soit

$$F(z) = z^k + m z^{k-1} + m' z^{k-2} + \ldots + m'';$$

les coefficients m, m', $\ldots$, m'' désignant des entiers complexes, et k un entier réel; la congruence de module premier $F(z) \equiv 0$ (mod n) ne saurait avoir plus de k racines incongrues. Autrement, si μ, μ', $\ldots$, μ'', μ''' désignaient ces $k + 1$ racines, on aurait

$$F(z) - F(\mu) \equiv 0 \qquad (\mathrm{mod}\, n).$$

Le premier membre est le produit de $z - \mu$ par une fonction $F_1(z)$, du degré $k - 1$, ayant 1 pour coefficient de z^{k-1} et des nombres entiers pour ceux des termes suivants.

On aura de même

$$F_1(\mu') \equiv 0 \qquad (\mathrm{mod}\, n),$$

puisque n est premier, et par suite

$$F_1(z) - F_1(\mu') \equiv 0 \qquad (\mathrm{mod}\, n).$$

Continuant de même, on arriverait à une congruence du premier degré de la forme $z + m_0 \equiv 0$ (mod n), laquelle aurait deux racines incongrues μ'', μ''', ce qui donnerait

$$z + \mu'' \equiv 0, \qquad z + \mu''' \equiv 0;$$

d'où

$$\mu'' - \mu''' \equiv 0 \qquad (\bmod\, n),$$

relation impossible, puisque μ'' et μ''' sont incongrus.

10. p désignant un nombre premier réel de forme $4 + 1$, on a, en développant par la formule du binome et se rappelant que

$$\frac{p(p-1)(p-2)\ldots(p-k+1)}{1.2\ldots k}$$

est un multiple de p, quand p est premier

$$\left.\begin{aligned}(x+1+bi)^p - (x+bi)^p \equiv (x+1)^p - x^p &\equiv 1 \\ (a+yi+i)^p - (a+yi)^p \equiv (yi+i)^p - (yi)^p &\equiv i\end{aligned}\right\} \quad (\bmod\, p).$$

Faisant successivement

$$x = 0, 1, 2, 3, \quad \ldots, \quad a-1, \quad y = 0, 1, 2, 3, \quad \ldots, \quad b-1,$$

et additionnant les deux groupes d'égalités ainsi produites, il vient

$$(a+bi)^p \equiv a^p + bi \equiv (a+bi)^p \equiv a + b^p i \qquad (\bmod\, p),$$

d'où aisément

$$(\alpha) \qquad (a+bi)^p \equiv a + bi \quad (^*) \qquad \text{ou} \qquad m^p \equiv m \qquad (\bmod\, p).$$

11. *Tout nombre premier réel de forme $4 + 1$ est décomposable en une somme de deux carrés* (Fermat). Démonstration de Lejeune-Dirichlet. La congruence de degré p, $(x+yi)^p \equiv x + yi$ a p^2 racines, qu'on obtiendra en donnant à x et y les valeurs $0, 1, 2, \ldots, p-1$, et les associant deux à deux. A cause de 9, p n'est donc pas un module premier complexe, et l'on peut écrire

$$p = (a+bi)(a'+b'i) = (aa'-bb') + (ab'+ba')i;$$

d'où

$$ab' + ba' = 0,$$

et par suite

$$p = aa' - bb' = \frac{(a^2+b^2)a'}{a}.$$

Le premier membre est entier et premier, ce qui ne peut avoir lieu que si $a' = a$.

(*) Lejeune-Dirichlet arrive à cette remarquable relation en démontrant préalablement le théorème de Fermat, comme Gauss, et écrivant $(a+bi)^p \equiv a^p + b^p i$, d'où il conclut (α).

La démonstration précédente semble plus directe.

Corollaires. — I. *Tout nombre premier réel de forme* $4 + 1$ *est la norme d'un entier premier.*

II. *Aucun nombre premier réel de forme* $4 - 1$ *ne peut être la norme d'un entier premier*, puisque ce nombre ne peut être la somme de deux carrés.

III. *Il n'y a que deux genres de nombres premiers : les nombres premiers réels de forme* $4 - 1$, *et les nombres complexes ayant pour norme un nombre premier réel de forme* $4 + 1$.

IV. *Tout nombre premier réel de forme* $4 + 1$ *est le produit de deux nombres premiers distincts* $a + bi$, $a - bi$, *et cela d'une seule manière.*

V. *Tout nombre premier réel de forme* $4 + 1$ *ne peut se décomposer que d'une seule manière en une somme de deux carrés.*

VI. *Si* a *et* b *sont premiers entre eux, tout facteur réel de* $a^2 + b^2$ *est lui-même une somme de deux carrés* (Fermat). Ce facteur ne peut diviser ni $a + bi$, ni $a - bi$, puisque a et b n'ont aucun facteur réel commun; cependant il divise leur produit $a^2 + b^2$: il faut donc qu'il soit décomposable en facteurs complexes, lesquels divisent respectivement $a + bi$ et $a - bi$. Donc $a + bi$ est divisible au moins par un certain entier $\alpha + \beta i$, et par suite $a - bi$ l'est par $\alpha \mp \beta i$; donc $a^2 + b^2$ l'est par $\alpha^2 + \beta^2$ (7, II).

VII. *Si un nombre premier* $4 - 1$ *divise* $a^2 + b^2$, a *et* b *sont divisibles par* q, *et* $a^2 + b^2$ *l'est par* q^2.

M. A. PELLET.

Professeur à la Faculté des Sciences (Clermont-Ferrand).

SUR LES ÉQUATIONS AUX DÉRIVÉES PARTIELLES (*).

517.38

2 *Août.*

1. Supposons les variables indépendantes au nombre de trois seulement ; et posons, u étant une fonction continue de ces variables dans le champ d'intégration

$$\int_0^x u \, dx = u^{(1)}, \qquad \int_0^x u^{(1)} \, dx = u^{(2)}, \qquad \ldots, \qquad \int_0^x u^{(\alpha)} \, dx = u^{(\alpha+1)};$$

α ne peut prendre que des valeurs entières positives et par extension $u^{(0)}$

(*) *Voir* mon Mémoire sur les équations dominantes, *Bull. de la Soc. Math.*, 1911.

sera u; puis

$$\int_0^y u^{(\alpha)}\, dy = u^{(\alpha,1)}, \qquad \int_0^y u^{(\alpha,1)}\, dy = u^{(\alpha,2)}, \qquad \dots, \qquad \int_0^y u^{(\alpha,\beta)}\, dy = u^{(\alpha,\beta+1)};$$

$$\int_0^z u^{(\alpha,\beta)}\, dz = u^{(\alpha,\beta,1)}, \qquad \int_0^z u^{(\alpha,\beta,1)}\, dz = u^{(\alpha,\beta,2)}, \qquad \dots \qquad \int_0^z u^{(\alpha,\beta,\gamma)}\, dz = u^{(\alpha,\beta,\gamma+1)}.$$

Les intégrales sont prises suivant les rayons vecteurs joignant l'origine aux affixes des quantités x, y, z.

Désignons par X, Y, Z les modules des quantités x, y, z; par U une fonction de X, Y, Z allant constamment en croissant avec X, Y, Z et dominant la fonction u, $U \geqq |u|$, on aura

$$\frac{X^\alpha Y^\beta Z^\gamma U}{\alpha!\,\beta!\,\gamma!} \geqq |u^{\alpha,\beta,\gamma}|;$$

Si U est infiniment petite d'ordre e_1 par rapport à X, e_2 par rapport à Y, e_3 par rapport à Z, on peut même écrire

$$\frac{X^\alpha Y^\beta Z^\gamma U}{(e_1+1)(e_1+2)\dots(e_1+\alpha)(e_2+1)\dots(e_2+\beta)(e_3+1)\dots(e_3+\gamma)} \geqq |u^{\alpha,\beta,\gamma}|.$$

Soit à déterminer les n fonctions $u_1, u_2, \dots, u_n$ par les n équations

$$(1) \qquad u_i = f_i \qquad (i = 1, 2, \dots, n);$$

où les seconds membres f_i sont des fonctions holomorphes des quantités $u_j^{(\alpha,\beta,\gamma)}$ $(j = 1, 2, \dots, n)$, $\alpha + \beta + \gamma > 1$, à coefficients fonctions continues de x, y, z. Remplaçons dans f_i les divers coefficients par des fonctions dominantes de ces coefficients, $u_j^{(\alpha,\beta,\gamma)}$ par $U_j \dfrac{Z^\gamma}{\alpha!\,\beta!\,\gamma!}$; et désignons par F_i la fonction obtenue; les n équations

$$U_i = F_i,$$

admettront un système de solutions positives pour des valeurs suffisamment petites de X, Y, Z, données par la série de Newton. U_i est une fonction dominante de la fonction u_i, obtenue en appliquant la méthode des approximations successives aux équations (1).

2. Des systèmes d'équations aux dérivées partielles se ramènent facilement au cas précédent, ceux étudiés par M. Darboux (Livre III des *Leçons sur les systèmes orthogonaux*). Ainsi soit l'équation

$$(2) \qquad \frac{d^{\alpha+\beta+\gamma}\theta}{dx^\alpha\, dy^\beta\, dz^\gamma} = f,$$

f étant une fonction entière de θ et de $\dfrac{d^{\alpha_1+\beta_1+\gamma_1}\theta}{dx^{\alpha_1}\, dy^{\beta_1}\, dz^{\gamma_1}}$,

$$(\alpha \geqq \alpha_1,\ b \geqq \beta_1,\ \gamma \geqq \gamma_1,\ \alpha + \beta + \gamma > \alpha_1 + \beta_1 + \gamma_1).$$

Posons

$$0 = 0_0 + A_1 x + \ldots + A_{\alpha-1} x^{\alpha-1} + B_1 y + \ldots$$
$$+ B_{\beta-1} y^{\beta-1} + C_1 z + \ldots + C_\gamma z^{\gamma-1} + u^{(\alpha, \beta, \gamma)},$$

les coefficients A étant des fonctions de y, z, les coefficients B de z et de r, ceux C de x, y, arbitraires mais continues, ainsi que celles de leurs dérivées qui entrent dans l'équation transformée de (2) par la substitution on a

$$\frac{d^{\alpha+\beta+\gamma} 0}{dx^\alpha \, dy^\beta \, dz^\gamma} = u,$$

et cette transformée est de la forme des équations (1) du numéro précédent.

M. PELLET.

SUR LES LIGNES ASYMPTOTIQUES.

517

5 Août.

Les coordonnées x, y, z d'une surface exprimées à l'aide des paramètres α, β des lignes asymptotiques satisfont à des équations de la forme

$$u''_{\alpha^2} = j u'_\alpha + j_1 u'_\beta, \qquad u''_{\beta^2} = k u'_\alpha + k_1 u'_\beta.$$

Posons

$$\delta = \begin{vmatrix} x''_{\alpha\beta} & x'_\alpha & x'_\beta \\ y''_{\alpha\beta} & y'_\alpha & y'_\beta \\ z''_{\alpha\beta} & z'_\alpha & z'_\beta \end{vmatrix} = l\, x''_{\alpha\beta} + m\, y''_{\alpha\beta} + n\, z''_{\alpha\beta},$$

$$0_1 = \frac{l}{\sqrt{\delta}}, \qquad 0_2 = \frac{m}{\sqrt{\delta}}, \qquad 0_3 = \frac{n}{\sqrt{\delta}}.$$

On trouve

$$\delta'_\alpha = 2 j \delta \qquad \text{ou} \qquad j = \frac{d l \sqrt{\delta}}{d\alpha} \qquad (l \sqrt{\delta} = \log.\ \text{nép. de } \sqrt{\delta}),$$

$$\delta''_\beta = 2 k_1 \delta \qquad \text{ou} \qquad k_1 = \frac{d l \sqrt{\delta}}{d\beta},$$

$$0'_{1\alpha} = \left(\frac{l}{\sqrt{\delta}}\right)'_\alpha = \frac{l'_\alpha - j l}{\sqrt{\delta}} = \frac{y'_\alpha z''_{\beta\alpha} - z'_\alpha y''_{\alpha\beta}}{\sqrt{\delta}},$$

$$0''_{1\alpha\beta} = \frac{(k \delta_1 + k'_{1\alpha}) l}{\sqrt{\delta}} = \left(k j_1 + \frac{d^2 l \sqrt{\delta}}{d\alpha \, d\beta}\right) 0_1.$$

Ainsi les trois fonctions satisfont à l'équation du second ordre

$$\theta''_{\alpha\beta} = \left[kj_1 + (l\sqrt{\delta})''_{\alpha\beta} \right]\theta.$$

Si l'une des deux quantités k ou j_1 est nulle, la surface est réglée ; soit par exemple $k = 0$; des équations

$$\frac{x''_{\beta_2}}{x'_\beta} = \frac{y''_{\beta_2}}{y'_\beta} = \frac{z''_{\beta_2}}{z'_\beta},$$

on tire

$$Ax + By + C = 0, \qquad A_1 x + B_1 z + C_1 = 0,$$

A, B, C, A_1, B_1, C_1 étant fonctions de α.

Soient

$$\frac{x - a_1}{c_1} = \frac{y - a_2}{c_2} = \frac{z - a_3}{c_3} = \rho$$

les équations d'une génératrice d'une surface réglée, les a et les c étant fonctions d'un paramètre t. Pour les lignes asymptotiques autres que $\rho = \text{const.}$, ρ est déterminé en fonction de t par l'équation

$$\begin{vmatrix} a''_1 + c''_1\rho + 2c'_1\rho' & a'_1 + c'_1\rho & c_1 \\ a''_2 + c''_2\rho + 2c'_2\rho' & a'_2 + c'_2\rho & c_2 \\ a''_3 + c''_3\rho + 2c'_3\rho' & a'_3 + c'_3\rho & c_3 \end{vmatrix} = 0,$$

équation linéaire si la surface est à plan directeur $\| c''_1, c'_1, c_1 \| = 0$, et de Riccatti dans tout autre cas.

Dans le premier cas, x, y, z sont de la forme $A\beta + B$, A et B fonctions de t qu'on peut prendre pour α ; elles satisfont à l'équation $u''_{\beta_2} = 0$; donc $k_1 = 0$, par suite $\theta''_{\alpha\beta} = 0$.

Dans le second cas, x, y, z sont de la forme $\dfrac{A_i}{B + C\beta} + D_i$, A_i, B, C, D_i fonctions de t ; en posant $\dfrac{B}{C} = \alpha$; elles prennent la forme $\dfrac{A_i}{\alpha + \beta} + D_i$, $(i = 1, 2, 3)$; $u''_{\beta_2} = -\dfrac{2}{\alpha + \beta} u_\beta$; il en résulte $\dfrac{d^2 l\sqrt{\delta}}{d\alpha\, d\beta} = \dfrac{2}{(\alpha + \beta)^2}$; et par suite $\theta''_{\alpha\beta} = \dfrac{2}{(\alpha + \beta)^2}\theta$. On a ainsi une autre manière pour établir les formules du n° 2 du Mémoire de M. J. Haag sur la déformation infiniment petite des surfaces réglées (*Nouvelles Annales de mathématiques*, 1912).

M. E.-N. BARISIEN.
Commandant en retraite (Paris).

SUR QUELQUES SOMMATIONS ET SÉRIES.

517.21

2 Août.

Nous allons étudier diverses sommes de fractions dans lesquelles se trouvent des termes en progression arithmétique.

Soient

$$a, \quad b, \quad c, \quad d, \quad e, \quad \ldots, \quad i, \quad j, \quad k, \quad l,$$

N termes en progression arithmétique croissante de raison r.

1. *Calcul de la somme*

$$S_2 = \frac{1}{ab} + \frac{1}{bc} + \frac{1}{cd} + \ldots + \frac{1}{jk} + \frac{1}{kl}.$$

On a

$$\frac{1}{a} - \frac{1}{b} = \frac{b-a}{ab} = \frac{r}{ab},$$

$$\frac{1}{b} - \frac{1}{c} = \frac{c-b}{bc} = \frac{r}{bc},$$

$$\frac{1}{c} - \frac{1}{d} = \frac{d-c}{cd} = \frac{r}{cd},$$

$$\ldots\ldots\ldots\ldots\ldots\ldots\ldots\ldots\ldots,$$

$$\frac{1}{j} - \frac{1}{k} = \frac{k-j}{jk} = \frac{r}{jk},$$

$$\frac{1}{k} - \frac{1}{l} = \frac{l-k}{kl} = \frac{r}{kl}.$$

Faisons la somme de ces relations, on a

$$\frac{1}{a} - \frac{1}{l} = r\left(\frac{1}{ab} + \frac{1}{ca} + \frac{1}{cd} + \ldots + \frac{1}{jk} + \frac{1}{kl} \right),$$

ou

$$\frac{1}{a} - \frac{1}{l} = rS_2.$$

Donc

$$(1) \qquad S_2 = \frac{1}{r}\left(\frac{1}{a} - \frac{1}{l} \right) = \frac{l-a}{ral}.$$

Soit n le nombre des fractions dont se compose S_2. On a

$$n = N - 1.$$

Par suite

$$l - a = nr.$$

Donc

$$(2) \qquad S_2 = \frac{n}{al}.$$

On a, par conséquent, la sommation très simple

$$(3) \qquad S_2 = \frac{1}{ab} + \frac{1}{bc} + \frac{1}{cd} + \ldots + \frac{1}{jk} + \frac{1}{kl} = \frac{n}{al}.$$

2. *Calcul de la somme*

$$S_3 = \frac{1}{abc} + \frac{1}{bcd} + \frac{1}{cde} + \ldots + \frac{1}{ijk} + \frac{1}{jkl}.$$

On a ici

$$\frac{1}{ab} - \frac{1}{bc} = \frac{c-a}{abc} = \frac{2r}{abc},$$

$$\frac{1}{bc} - \frac{1}{cd} = \frac{d-b}{bcd} = \frac{2r}{bcd},$$

$$\cdots\cdots\cdots\cdots\cdots\cdots\cdots,$$

$$\frac{1}{jk} - \frac{1}{kl} = \frac{l-j}{jkl} = \frac{2r}{jkl}.$$

En ajoutant ces relations membre à membre, on a

$$\frac{1}{ab} - \frac{1}{kl} = 2rS_3.$$

Donc, on a pour le nombre n des fractions de S_3, $n = N - 2$, et

$$(4) \qquad S_3 = \frac{1}{2r}\left(\frac{1}{ab} - \frac{1}{kl}\right).$$

3. *Calcul de la somme*

$$S_4 = \frac{1}{abcd} + \frac{1}{bcde} + \frac{1}{cdef} + \ldots + \frac{1}{ijkl}.$$

En employant des relations telles que

$$\frac{1}{abc} - \frac{1}{bcd} = \frac{d-a}{abcd} = \frac{3r}{abcd},$$

on aura, comme dans les cas précédents

$$(5) \qquad S_4 = \frac{1}{3r}\left(\frac{1}{abc} - \frac{1}{jkl}\right).$$

Et ici, $n = N - 3$.

4. *Calcul de la somme*

$$S_p = \frac{1}{(abc\ldots)} + \frac{1}{(bcd\ldots)} + \frac{1}{(cde\ldots)} + \ldots + \frac{1}{(\ldots ijk)} + \frac{1}{(\ldots jkl)},$$

les dénominateurs ayant p facteurs a, b, c, $\ldots$, et $p < N$.

On trouve comme précédemment

$$(6) \qquad S_p = \frac{1}{(p-1)r}\left[\frac{1}{(abc\ldots)} - \frac{1}{(\ldots jkl)}\right],$$

les nombres $(a, b, c, \ldots)$ et $(\ldots, jkl)$ ayant $(p-1)$ facteurs $a, b, c, \ldots$.
Si n est le nombre des fractions de S_p, on a

$$n = N - (p-1).$$

La somme S_p peut s'exprimer d'une façon plus explicite, en fonction de a, r et n, de la manière suivante

$$S_p = \frac{1}{a(a+r)(a+2r)\ldots[a+(p-1)r]} + \frac{1}{(a+r)(a+2r)\ldots(a+pr)} + \ldots$$
$$+ \frac{1}{[a+(n-1)r](a+nr)[a+(n+1)r]\ldots[a+(n+p-2)r]}$$
$$= \frac{1}{(p-1)r}\left\{\frac{1}{a(a+r)\ldots[a+(p-2)r]} - \frac{1}{(a+nr)\ldots[a+(n+p-2)r]}\right\}.$$

5. Une remarque assez curieuse, c'est que la formule (6) est en défaut pour $p = 1$.
D'ailleurs, il nous semble que la somme

$$S_1 = \frac{1}{a} + \frac{1}{b} + \frac{1}{c} + \ldots + \frac{1}{k} + \frac{1}{l},$$

ou *somme des inverses des termes d'une progression arithmétique* n'est pas connue.

6. La formule (4) de S_3 peut se mettre sous une autre forme.
On a

$$2r S_3 = \frac{1}{ab} - \frac{1}{kl} = \frac{1}{a(a+r)} - \frac{1}{[a+(N-2)r][a+(N-1)r]}$$
$$= \frac{(N-2)+(2a+(N-1)r]}{a(a+r)[a+(N-2)r][a+(N-1)r]}.$$

Or

$$2a + (N-1)r = a + l.$$

Donc

$$(7) \qquad S_3 = \frac{(N-2)(a+l)}{2abkl} = \frac{n(a+l)}{2abkl}.$$

En comparant les formules (4) et (7), il en résulte l'identité

$$(8) \qquad kl - ab = (N-2)(a+l)r.$$

7. *Sommes de la suite des nombres consécutifs*

$$1, \quad 2, \quad 3, \quad 4, \quad \ldots, \quad (N-1), \quad N.$$

Dans les formules précédentes, il faut faire

$$a = 1, \quad b = 2, \quad c = 3, \quad \ldots, \quad r = 1, \quad k = N - 1, \quad l = N.$$

Il en résulte les sommations

$$S_2 = \frac{1}{1.2} + \frac{1}{2.3} + \frac{1}{3.4} + \ldots + \frac{1}{(N-1)N} = \frac{N-1}{N}.$$

$$S_3 = \frac{1}{1.2.3} + \frac{1}{2.3.4} + \frac{1}{3.4.5} + \ldots$$
$$+ \frac{1}{(N-2)(N-1)N} = \frac{N(N-1)-2}{2[1.2.N(N-1)]}.$$

$$S_4 = \frac{1}{1.2.3.4} + \frac{1}{2.3.4.5} + \ldots$$
$$+ \frac{1}{(N-3)(N-2)(N-1)N} = \frac{N(N-1)(N-2)-1.2.3}{3[1.2.3.N(N-1)(N-2)]}.$$

A la limite, pour $N = \infty$, on obtient les séries

$$\frac{1}{1.2} + \frac{1}{2.3} + \frac{1}{3.4} + \ldots = 1,$$

$$\frac{1}{1.2.3} + \frac{1}{2.3.4} + \frac{1}{3.4.5} + \ldots = \frac{1}{2(1.2)} = \frac{1}{4},$$

$$\frac{1}{1.2.3.4} + \frac{1}{2.3.4.5} + \frac{1}{3.4.5.6} + \ldots = \frac{1}{3(1.2.3)} = \frac{1}{18},$$

$$\frac{1}{1.2.3.4.5} + \frac{1}{2.3.4.5.6} + \frac{1}{3.4.5.6.7} + \ldots = \frac{1}{4(1.2.3.4)} = \frac{1}{96}.$$

En général, on a

$$\frac{1}{1.2.3\ldots p} + \frac{1}{2.3.4\ldots(p+1)} + \frac{1}{3.4.5\ldots(p+2)} + \ldots$$
$$= \frac{1}{(p-1)[1.2.3\ldots(p-1)]}.$$

8. La sommation de S_3 dans le paragraphe 7, peut s'écrire

$$\frac{1}{1.2.3} + \frac{1}{2.3.4} + \frac{1}{3.4.5} + \ldots + \frac{1}{(N-2)(N-1)N} = \frac{(N-2)(N+1)}{4N(N-1)}.$$

On a aussi

$$\frac{1}{1.2.3} + \frac{1}{2.3.4} + \frac{1}{3.4.5} + \ldots + \frac{1}{N(N+1)(N+2)} = \frac{N(N+3)}{4(N+1)(N+2)}.$$

La sommation de S_4 dans le même paragraphe, s'écrit aussi

$$\frac{1}{1.2.3.4} + \frac{1}{2.3.4.5} + \frac{1}{(N-3)(N-2)(N-1)N} = \frac{(N-3)(N^2+2)}{18N(N-1)(N-2)}.$$

9. Voici quelques formules, conséquences des résultats précédents. Si n est le nombre des termes, on a les sommes suivantes

$$\frac{1}{1.3} + \frac{1}{3.5} + \frac{1}{5.7} + \ldots + \frac{1}{(2n-1)(2n+1)} = \frac{n}{2n+1},$$

$$\frac{1}{2^2-1} + \frac{1}{4^2-1} + \frac{1}{6^2-1} + \ldots + \frac{1}{4n^2-1} = \frac{n}{2n+1},$$

$$\frac{1}{3^2-1} + \frac{1}{5^2-1} + \frac{1}{7^2-1} + \ldots + \frac{1}{(2n+1)^2-1} = \frac{n}{4(n+1)},$$

$$\frac{1}{2^2-1} + \frac{1}{3^2-1} + \frac{1}{4^2-1} + \frac{1}{5^2-1} + \ldots + \frac{1}{n^2-1} = \frac{(n-1)(3n+2)}{4n(n^2+1)},$$

$$\frac{5}{1.2.3.4} + \frac{9}{3.4.5.6} + \frac{13}{5.6.7.8} + \ldots$$
$$+ \frac{4n+1}{(2n-1)2n(2n+1)(2n+2)} = \frac{n(2n+3)}{4(n+1)(2n+1)},$$

$$\frac{1}{2(2^2-1)} + \frac{1}{3(3^2-1)} + \frac{1}{4(4^2-1)} + \ldots + \frac{1}{n(n^2-1)} = \frac{(n-1)(n+2)}{4n(n+1)}.$$

Pour $n = \infty$, on en déduit les séries suivantes

$$\frac{1}{1.3} + \frac{1}{3.5} + \frac{1}{5.7} + \ldots = \frac{1}{2},$$

$$\frac{1}{2^2-1} + \frac{1}{4^2-1} + \frac{1}{6^2-1} + \ldots = \frac{1}{2},$$

$$\frac{1}{3^2-1} + \frac{1}{5^2-1} + \frac{1}{7^2-1} + \ldots = \frac{1}{4},$$

$$\frac{1}{2^2-1} + \frac{1}{3^2-1} + \frac{1}{4^2-1} + \frac{1}{5^2-1} + \ldots = \frac{3}{4},$$

$$\frac{5}{1.2.3.4} + \frac{9}{3.4.5.6} + \frac{13}{5.6.7.8} + \ldots = \frac{1}{4},$$

$$\frac{1}{2(2^2-1)} + \frac{1}{3(3^2-1)} + \frac{1}{4(4^2-1)} + \ldots = \frac{1}{4}.$$

10. Voici encore d'autres sommations intéressantes qui m'ont été communiquées par M. l'abbé Cassin, curé de Domqueur (Somme).

$$\frac{1}{ac} + \frac{1}{bd} + \frac{1}{ce} + \ldots + \frac{1}{jl} = \frac{n(ak+bl)}{2abkl},$$

$$\frac{a+d}{abcd} + \frac{c+f}{cdef} + \frac{e+h}{efgh} + \ldots + \frac{i+l}{ijkl} = \frac{n(a+l)}{abkl},$$

$$\frac{ac+bd}{abcd} + \frac{ce+df}{cdef} + \frac{eg+fh}{efgh} + \ldots + \frac{ik+jl}{ijkl} = \frac{n(ak+bl)}{abkl},$$

$$\frac{a+d}{abcd} + \frac{b+e}{bcde} + \frac{c+f}{cdef} + \ldots + \frac{i+l}{ijkl} = \frac{n(a+l)}{acjl},$$

$$\frac{ab+cd}{abcd} + \frac{bc+de}{bcde} + \frac{cd+ef}{cdef} + \ldots + \frac{ij+kl}{ijkl} = \frac{n(aj+cl)}{acjl},$$

n est le nombre des fractions du premier membre de chacune de ces relations.

On peut en déduire des cas particuliers pour

$$a = 1, \qquad b = 2, \qquad c = 3, \qquad \ldots, \qquad r = 1, \qquad k = N - 1, \qquad k = N.$$

La première de ces relations devient ainsi

$$\frac{1}{1.3} + \frac{1}{2.4} + \frac{1}{3.5} + \frac{1}{4.6} + \ldots + \frac{1}{(N-2)N} = \frac{(3N-1)(N-2)}{4(N-1)N}.$$

et à la limite, la série devient, pour $N = \infty$

$$\frac{1}{1.3} + \frac{1}{2.4} + \frac{1}{3.5} + \frac{1}{4.6} + \ldots = \frac{3}{4}.$$

M. C.-A. LAISANT.

Ancien examinateur d'admission à l'École Polytechnique.

SUR LES TABLES DE DIVISEURS.

511.9

3 Août.

1. *Préliminaires.* — Il y a déjà longtemps (Congrès de Marseille, 1891), j'avais indiqué les principes de la construction possible d'une Table de diviseurs premiers des nombres, jusqu'à une limite assez étendue, et reposant sur l'emploi de moyens graphiques. Si j'y reviens aujourd'hui, c'est parce que la question n'a pas cessé d'être liée aux progrès futurs de l'Arithmétique et qu'elle a provoqué de nouveaux travaux de la part de mathématiciens, parmi lesquels il me suffira de citer, en France, le Dr Deschamps, M. G. Tarry et M. E. Lebon. L'Association française a montré qu'elle en comprenait tout l'intérêt, par les encouragements accordés dans ce but à M. Lebon; c'est à la suite d'une conversation avec ce dernier, et sur son conseil amical, que je me suis décidé à présenter cette Note.

Les procédés que j'avais indiqués jadis laissaient à désirer au point de vue pratique. Ils étaient d'une exécution très facile; mais, en représentant chaque nombre par une case d'un quadrillage, je me trouvais conduit à un développement excessif de l'étendue des Tables. Le Dr Deschamps, en représentant chaque nombre par *un point*, et non plus par *une case*, fournit le moyen de réduire considérablement l'espace nécessaire.

Il est non moins utile de se débarrasser des nombres composés qui admettent des diviseurs à peu près évidents, et qui contribuent également à grossir démesurément les Tables, et c'est là une idée que préconisent avec beaucoup de raison M. Lebon et M. Tarry.

C'est donc en associant les moyens indiqués par les divers chercheurs, en m'attachant à en simplifier le plus possible la mise en œuvre, et en y ajoutant le principe de la figuration graphique, auquel je n'ai jamais renoncé, à cause de ses avantages d'économie typographique, que je suis arrivé au système dont on va trouver ici l'exposé, aussi bref que possible.

2. *Représentation graphique des nombres.* — Un nombre N étant donné, si on le divise par $330 = 2.3.5.11$, il peut s'écrire sous la forme $330 A + B$. Parmi les 330 valeurs, y compris 0, que peut prendre B, il y en a 250 admettant au moins l'un des diviseurs 2, 3, 5, 11 et 80 représentées par des nombres premiers avec 330. Appelons N_0 les nombres N correspondant à la première de ces catégories, et N_1 ceux de la seconde. Ce sont les nombres N_1 seulement que nous représenterons.

A cet effet, nous établirons 80 Tableaux, formés chacun d'un quadrillage d'une largeur uniforme de 100 unités, et d'une hauteur qui sera plus ou moins grande, suivant la limite que nous voulons atteindre. Ayant inscrit sur la première ligne horizontale les abscisses 0, 1, ..., 99, et sur la première ligne verticale, en descendant, les ordonnées 0, 1, 2, ..., jusqu'à la limite adoptée, un point quelconque du quadrillage, de coordonnées x, y, a pour rang $100\,y + x$.

Ceci posé, si nous appelons r les valeurs de B premières avec 30. il y a 80 valeurs de r. Soit $N_1 = 330 A + r_1$ un nombre quelconque premier avec 330. Dans le Tableau correspondant à r_1, il trouvera sa représentation au point de coordonnées x, y, si $100\,y + x = A$. Par exemple, soit le nombre $953\,349 = 330.2901 + 19$. Il sera représenté dans le Tableau d'indice 19 par le point de coordonnées $x = 1$, $y = 29$. Réciproquement, si nous prenons, dans le Tableau d'indice 97, un point ayant pour coordonnées $x = 14$, $y = 132$, le nombre que ce point représente est $330.13214 + 97 = 4360787$.

3. *Multiples des nombres premiers.* — Un nombre N, multiple du nombre premier p, étant représenté par un point O dans le Tableau d'indice r, il est aisé de construire tous les points du même Tableau qui représentent aussi des multiples de p, jusqu'à la limite qu'on aura fixée au Tableau. Ils formeront en effet un quinconce, auquel appartiendra le point O, et correspondront aux nombres $N + 330 \lambda p$; si $N = 330 A + r$, un point quelconque du quinconce représentera $330 (A + \lambda p) + r$, c'est-à-dire un multiple de p. La construction de ce quinconce se fera sans peine à partir de O par la détermination de deux points voisins O_1, O_2, de telle sorte que le parallélogramme construit sur OO_1, OO_2, soit la cellule du quinconce.

Au lieu d'effectuer la construction du quinconce tout entier, il est avantageux pratiquement de construire seulement les droites parallèles à l'une des deux directions OO_1 et OO_2, et toutes équidistantes entre elles. Ces droites passeront par tous les points du Tableau représentant des multiples de p, et par ceux là seulement; leur coefficient angulaire sera le même pour une valeur particulière de p, et pourra être positif ($\backslash$) ou négatif ($/$); il ne faut pas oublier que la direction positive des y est celle qui va de haut en bas. On peut toujours faire en sorte que l'un des segments OO_1, OO_2 ait un coefficient angulaire positif, l'autre un coefficient angulaire négatif, et choisir pour le tracé celui qui paraît le plus avantageux graphiquement.

Un exemple élucidera cette exposition. Soit $p = 271$, et, comptons les valeurs des coordonnées à partir du point O; nous pouvons prendre, pour coordonnées de O_1, $y = 8$, $x = 13$, et pour O_2, $y = 11$, $x = -16$, car $800 + 13 = 3.271$, et $1100 - 16 = 4.271$. Les coefficients angulaires sont $+ 8 : 13$ et $- 11 : 16$. Il est utile de remarquer aussi qu'on doit toujours avoir $8.16 + 13.11 = 271 = p$. Nous ne nous arrêtons pas à démontrer cette propriété, qu'il importe de vérifier.

On voit que pour chaque Tableau et pour chaque nombre premier p jusqu'à la limite fixée, il y a à construire : 1° un point O (en général correspondant au plus petit nombre possible); 2° en partant de ce point O, et comme nous venons de l'indiquer, le réseau de droites parallèles qui passeront par des points du quadrillage représentant des multiples de p.

4. *Éléments des Tables.* — Pour déterminer le point O, dans le Tableau d'indice r, il suffit de résoudre l'équation indéterminée $330 z + r = p u$, ou plutôt d'en trouver une solution, qui peut toujours être telle qu'on ait $z < p$.

Supposons qu'il s'agisse du premier Tableau ($r = 1$), et considérons d'abord un nombre premier p inférieur à 330; il y en a 63, en excluant, bien entendu, 2, 3, 5, 11.

Si pour chacune des valeurs r, nous avons déterminé sa valeur *inverse*, r', c'est-à-dire, telle que $rr' = $ mult. $330 + 1$, ce qui est facile, il est clair qu'en faisant $u = p'$, c'est-à-dire la valeur inverse de p, et $z = \dfrac{pp' - 1}{330}$, on a une solution qui détermine le point O.

Soit maintenant $p > 330$. On peut écrire $p = 330 q + \rho$, et l'équation à résoudre est $330 z + 1 = (330 q + \rho) u$. Or nous avons déjà, en appelant z_1 la solution obtenue précédemment, $330 z_1 + 1 = \rho \rho'$. Il s'ensuit qu'en faisant $z = z_1 + q \rho'$ et $u = \rho'$, on aura la solution cherchée.

L'équation $330 z + 1 = pu$ a donc une solution, telle que $u < 330$, pour toutes les valeurs de p.

Considérons un Tableau d'indice r, au lieu du premier. Multipliant par r l'équation précédente, et posant $zr = kp + z_1$, il est évident que $330 z_1 + r$ sera un multiple de p, si bien que les valeurs de z du premier

Tableau fourniront celles de tout autre, d'indice r, en multipliant par r, divisant par p, et prenant le reste de la division. On a donc, dans tous les cas, des valeurs de z inférieures à p, et de u inférieures à 330.

Les coefficients angulaires dont il a été question au numéro précédent sont évidemment applicables à tous les Tableaux. Il sera utile d'en dresser trois Tables :

Une (I) donnant pour tous les facteurs premiers employés, leurs coefficients angulaires, positifs, et négatifs;

Une seconde (II) donnant pour tous les coefficients angulaires positifs c, les nombres premiers correspondants p;

Une, enfin (III), remplissant le même but pour les coefficients angulaires négatifs c'.

Pour les deux dernières, il serait naturel de ranger par ordre de grandeurs croissantes les numérateurs (y); et, pour chaque numérateur, les dénominateurs (x) par ordre de grandeurs croissantes. Cela rendrait très facile la recherche d'un coefficient angulaire quelconque.

Suivraient les 80 Tableaux sur lesquels seraient dessinés les réseaux de droites indiqués précédemment. Sur ces Tableaux, en dehors des chiffres à gauche de la première colonne, et de ceux placés au-dessus de la première ligne, il n'y aurait *aucune écriture*.

5. *Emploi des Tables*. — Le problème qu'on se propose est le suivant : connaissant un nombre N, compris dans les limites indiquées, savoir s'il est premier ou non; et, s'il ne l'est pas, trouver au moins l'un de ses diviseurs premiers.

On vérifiera d'abord si N est divisible par 2, 3, 5 ou 11, ce qui est pour ainsi dire immédiat. S'il ne l'est pas, on le divisera par 330 et on l'écrira 330 A $+$ r; r sera l'un des 80 indices. Dans le Tableau d'indice r, on cherchera le point marqué A. Par ce point, s'il ne passe aucune droite des réseaux, le nombre N est premier. S'il en passe une, elle a un coefficient angulaire positif ou négatif de forme $\pm$ m : n, les deux nombres m, n étant premiers entre eux. On cherche ce coefficient dans la Table II ou dans la Table III, et on lit en regard le diviseur premier p qu'admet N. Naturellement, si par le point passent plusieurs droites, on a autant de diviseurs de N.

6. *Étendue des Tables*. — En admettant qu'on veuille atteindre 100 millions comme limite, il faudrait que chaque Tableau pût contenir la représentation de plus de 300 000 nombres A. Il semble qu'une page peut en représenter 20 000, sur un quadrillage ayant 100 unités de largeur et 200 de hauteur. En donnant à chaque Tableau 16 pages, on aurait ainsi 320 000 nombres, et le plus grand des nombres N représentés serait
$$320000 \times 330 + 329 = 105\ 600\ 329.$$

Il faudrait former les réseaux des nombres premiers inférieurs à 10 277.

La construction des minutes se ferait convenablement sur du papier quadrillé à 4 mm, en prenant cette longueur de 4 mm pour unité. La

36 MATHÉMATIQUES, ASTRONOMIE ET GÉODÉSIE. — MÉCANIQUE.

réduction photographique étant faite avec soin de 4 à 1, chaque page
présenterait 10 cm de largeur sur 20 cm de hauteur, soit 14 sur 22 en faisant la part des titres et des chiffres; et la lecture graphique, avec
1 mm comme unité ne serait par pénible.

Cela donnerait 16 × 80 ou 1280 pages. En consacrant 20 à 30 pages
aux Tables de coefficients angulaires, aux instructions, et peut-être à
quelques autres renseignements, on voit que dans un volume de 1300
et quelques pages on trouverait la possibilité de déterminer les diviseurs
premiers de tous les nombres entiers jusqu'au delà de 105 millions; et
cela sans calculs auxiliaires, d'une façon directe.

Un pareil résultat vaudrait bien le travail préparatoire nécessaire, qui
ne serait pas excessif. Il suffirait en effet, pour chaque Tableau, et pour
chaque diviseur premier, de déterminer un seul point O, c'est-à-dire une
valeur de z (n^{cs} 3, 4), et de dresser les Tables des coefficients angulaires.
Le tracé des droites dans les 80 Tableaux devrait être fait avec beaucoup
de soin et d'attention, mais ne présenterait aucune difficulté.

Je crois utile, pour une plus grande clarté des explications précédentes,
d'ajouter à cette Note trois Tableaux numériques, savoir :

1º Les inverses des 80 nombres r;

2º Les valeurs de z relatives aux nombres premiers inférieurs à 300,
pour le premier Tableau, d'indice 1;

3º Les coefficients angulaires, positifs et négatifs, correspondant aux
mêmes nombres premiers.

I. — *Inverses r' des nombres r, par rapport au module* 330.
(*Les nombres marqués d'un astérisque sont composés.*)

r	r'	r	r'	r	r'	r	r'
1	1	83	167	167	83	251	71
7	283	89	89	*169	*289	257	113
13	127	*91	*301	178	*227	*259	79
17	233	97	313	179	59	263	197
19	139	101	231	181	31	269	*119
23	*287	103	157	191	311	271	151
29	239	107	293	193	277	277	193
31	181	109	109	197	263	281	101
37	223	113	257	199	199	283	7
41	*161	*119	269	*203	317	*287	23
43	307	127	13	211	61	*289	*169
47	*323	131	131	*217	73	293	107
*49	229	*133	67	*221	*221	*299	139
53	137	137	53	223	37	*301	*91
59	179	139	19	277	173	307	43
61	211	149	*299	229	*49	311	191
67	*133	151	271	233	17	313	97
71	251	157	103	239	29	317	*203
73	*217	*161	41	241	241	*323	47
79	*259	163	*247	*247	163	*329	*329

II. — *Valeurs de z correspondant à p ($330\,z + 1 =$ mult. p).*

p	z	p	z	p	z	p	z
7	6	71	54	149	135	225	34
13	5	73	48	151	124	233	12
17	12	79	62	157	49	239	21
19	8	83	45	163	122	241	176
23	20	89	24	167	42	251	54
29	21	97	92	173	119	257	88
31	17	101	86	179	32	263	157
37	25	103	49	181	17	269	97
41	20	107	95	191	180	271	124
43	40	109	36	193	162	277	162
47	46	113	88	197	157	281	86
53	22	127	5	199	120	283	6
59	32	131	52	211	39	293	95
61	39	137	22	223	25		
67	27	139	8	227	119		

III. — *Coefficients angulaires c, c' relatifs aux nombres premiers c positif; c' négatif.*

p	c	c'	p	c	c'
7	1 : 5	1 : 2	139	4 : 17	7 : 5
13	1 : 4	3 : 1	149	7 : 45	3 : 2
17	1 : 2	3 : 11	151	3 : 2	8 : 45
19	2 : 9	1 : 5	157	3 : 14	8 : 15
23	2 : 7	1 : 8	163	8 : 15	5 : 11
29	2 : 3	3 : 10	167	5 : 1	17 : 30
31	4 : 3	1 : 7	173	5 : 19	7 : 8
37	4 : 7	3 : 4	179	7 : 16	9 : 5
41	2 : 5	3 : 13	181	9 : 5	11 : 14
43	3 : 1	4 : 13	191	19 : 10	2 : 9
47	7 : 5	1 : 6	193	23 : 16	2 : 7
53	1 : 6	8 : 5	197	47 : 28	2 : 3
59	7 : 8	3 : 5	199	41 : 79	2 : 1
61	3 : 5	3 : 12	211	2 : 11	17 : 12
67	2 : 1	17 : 25	223	11 : 15	9 : 8
71	7 : 10	5 : 3	227	9 : 8	7 : 19
73	8 : 3	3 : 8	229	9 : 16	7 : 13
79	7 : 11	4 : 5	233	9 : 32	7 : 1
83	9 : 13	5 : 2	239	7 : 17	12 : 5
89	8 : 1	9 : 10	241	12 : 5	5 : 18
97	19 : 40	1 : 3	251	5 : 2	13 : 45
101	1 : 1	55 : 46	257	5 : 14	13 : 15
103	1 : 3	31 : 10	263	13 : 15	8 : 11
107	1 : 7	11 : 30	269	8 : 7	19 : 17
109	1 : 9	11 : 10	271	8 : 13	11 : 16
113	9 : 4	17 : 5	277	11 : 8	14 : 15
127	5 : 8	4 : 19	281	14 : 5	17 : 14
131	9 : 17	4 : 7	283	14 : 15	3 : 17
137	4 : 11	11 : 4	293	29 : 30	3 : 7

M. Gaston TARRY.

(Le Havre).

TABLES A TRIPLE ENTRÉE DES DIVISEURS DES NOMBRES 1 A l.

511.9

2 *Août.*

Dans tout système de numération à deux bases A et B, la plus grande A étant un multiple de l'autre B, un nombre quelconque t est égal à $n\,A + q\,B + r$, et d'une seule manière sous les conditions $q\,B < A$ et $r < B$.

Par exemple, prenons pour bases 270 et 30, et pour limite $l = 2400$. Tout nombre inférieur à 2400 sera égal à $n\,270 + q\,30 + r$, n et q étant inférieurs à 9; et si l'on élimine les nombres divisibles par 2, 3 ou 5, comme d'usage, r ne pourra avoir que l'une des 8 valeurs 1, 7, 11, 13, 17, 19, 23, 29. Enfin, la limite l étant 2400, nous n'aurons à nous préoccuper pour la recherche des diviseurs que des 12 nombres premiers supérieurs à 5, et non supérieurs à $\sqrt[2]{2400}$.

Proposons-nous de trouver les diviseurs premiers p d'un nombre t inférieur à 2400, dans ce système de numération à deux bases.

A cet effet construisons les trois Tables suivantes :

I. *Table des unités.* — Cette Table comprend autant de lignes qu'il y a de valeurs différentes de r, et autant de colonnes qu'il y a de nombres premiers p non supérieurs à $\sqrt[2]{l}$ et qui ne divisent pas la petite base B; par conséquent 8 lignes et 12 colonnes, en tête desquelles nous ferons figurer les 12 valeurs de p.

Sur les 8 lignes des r plaçons, dans les colonnes des p, les résidus minimés *positifs* c correspondant à ces différents p.

Table des unités.

r	7	11	13	17	19	23	29	
1	1							
7	0	7						
11	4	0	11					
13	6	2	0	13				
17	3	6	4	0	17			
19	5	8	6	2	0	19		
23	2	1	10	6	4	0	23	
29	1	7	3	12	10	6	0	

Pour les valeurs de p supérieures à r le reste minimé positif est égal à r ; il est donc inutile de compléter les lignes en y répétant le même nombre, et de mettre les colonnes qui suivent celle d'en-tête 29. Il est à remarquer que l'étendue de cette Table est alors indépendante de la grandeur de la limite l.

11. *Table des multiples de* B. — Cette Table comprend 8 lignes, autant que de valeurs différentes de q, et 12 colonnes. Sur la ligne de chaque multiple q B nous avons mis, dans les colonnes des différents p, les résidus minimés *négatifs* b' afférents à ces p.

Table des multiples de B.

	B	7	11	13	17	19	23	29	31	37	41	43	47
30	1	5	3	9	4	8	16	28	1	7	11	13	17
60	2	3	6	5	8	16	9	27	2	14	22	26	34
90	3	1	9	1	12	5	2	26	3	21	33	39	4
120	4	6	1	10	16	13	18	25	4	28	3	9	21
150	5	4	4	6	3	2	11	24	5	35	14	22	38
180	6	2	7	2	7	10	4	23	6	5	25	35	8
210	7	0	10	11	11	18	20	22	7	12	36	5	25
240	8	5	2	7	15	7	13	21	8	19	6	18	42

III. *Table des multiples de* A. — Cette Table comprend 8 lignes doubles et 12 colonnes. Pour chaque valeur de n A, nous mettrons dans les colonnes des p les résidus minimés positifs a, et au-dessous les résidus minimés négatifs a'. Je ne fais figurer que les bandes des multiples pairs de A, parce que cela suffit, comme on le verra. Il sera avantageux de découper ces bandes en fiches.

Fiches des multiples de 2 A.

	2A	7	11	13	17	19	23	29	31	37	41	43	47
540	2A	1 6	1 10	7 6	13 4	8 11	11 12						
1080	4A	2 5	2 9	1 12	9 8	16 3	22 1	7 22	26 5				
1620	6A	3 4	3 8	8 5	5 12	5 14	10 13	25 4	8 23	29 8	21 20	29 14	
2160	8A	4 3	4 7	2 11	1 16	13 6	21 2	14 15	21 10	14 23	28 13	10 33	45 2

Usage des Tables. — Soit $t = 2329$ le nombre à examiner. Il est égal à $8\,A + 5\,B + 19$. Plaçons la fiche 8 A au-dessous de la ligne 5 B de la Table des multiples de B, et en regard de la ligne 19 de la Table des unités, puis examinons successivement les 12 colonnes des p pour savoir si l'un de ces p divise 2329.

Les nombres de la première ligne de la fiche 8 A sont des résidus positifs a, ceux de la seconde ligne des résidus négatifs a', puis ceux de la ligne 5 B des résidus négatifs b', enfin ceux de la ligne 19 des résidus positifs c.

Pour qu'un p divise 2329, il est clair qu'il faut et qu'il suffit qu'on ait

$$a - b' + c \equiv -a - b' + c \equiv 0 \qquad (\text{mod } p).$$

Deux cas se présentent :

1° $b' > a$. La somme $a - b' + c$ étant inférieure à p en valeur absolue, pour que p divise 2329, il faut et il suffit qu'on ait $b' - a = c$;

2° $b' < a$. C'est $-a' - b' + c = a - p - b' + c$ qui est plus petit que p en valeur absolue, et alors pour que p divise 2329, il faut et il suffit qu'on ait $b' + a' = c$.

Le Tableau suivant suffira pour expliquer le mécanisme des opérations.

		7	11	13	17	19	
150	5 B	4	4	6	3	2	b'
2160	8 A	4	4	2	1	13	a
		3	7	11	16	6	a'
		0	0	4	2	8	$b' - a$ ou $b' + a'$
19	19	5	8	6	2	0	c

On voit que 17 divise 2329, et il est inutile d'aller plus loin parce que 17 est plus grand que la racine cubique de 2329; ce qui se trouve indiqué par les points placés derrière les nombres 2 et 11 de la colonne antérieure 13 de la fiche, 13 étant le plus grand des nombres premiers dont le cube n'est pas supérieur à 2400.

Il est très important de constater qu'il n'est pas nécessaire d'écrire les nombres de la ligne $b' - a$ ou $b' + a'$, les opérations pouvant s'effectuer mentalement et très rapidement.

Réduction du nombre des fiches. — Si le nombre l est compris entre $2 h$ A et $(2 h + 1)$ A, on opérera comme dans l'exemple. Mais si le nombre l est compris entre $(2 h + 1)$ A et $2 (h + 1)$ A, on le mettra sous la forme $2 (h + 1)$ A $- (q$ B $+ r)$. Or si p divise $2 (h + 1)$ A $- (q$ B $+ r)$, il divise aussi $- 2 (h + 1)$ A $+ q$ B $+ r$ et réciproquement. D'où l'on conclut qu'il faudra opérer de même, en ayant soin de considérer les a et a' des fiches dans l'ordre inverse, c'est-à-dire les nombres de la première ligne comme résidus négatifs et ceux de la deuxième comme résidus positifs; ce qui réduit de moitié le nombre des fiches.

Dans les fiches on supprimera les nombres des colonnes des p dont les carrés sont supérieurs à $(2 h + 1)$ A, puisqu'il suffit d'essayer les diviseurs p non supérieurs à l, plus petit que $(2 h + 1)$ A. Cette réduction est d'une haute importance quand la limite l est très élevée. Pareillement, les positions des points derrière les résidus a et a' seront déterminées par la valeur de la racine cubique de $(2 h + 1)$ A.

APPLICATION A LA TABLE DE 1 A 100000000.

On choisira

$$B = 2310 = 2 \times 3 \times 5 \times 7 \times 11 \qquad \text{et} \qquad A = 462000 = 200 \times 2310,$$

d'où

$$2 A = 924000.$$

Tout nombre l inférieur à 100000000 et non divisible par l'un des nombres 2, 3, 5, 7, 11 sera égal à

$$l = n \times 924000 \pm (q \times 2310 + r),$$
$$n < 109, \qquad q < 200, \qquad r < 2310.$$

Les restes r sont inférieurs à 2310 et premiers avec ce nombre; par convention. Il en résulte que le nombre de ces restes est égal à

$$480 = 1 \times 2 \times 4 \times 6 \times 10.$$

D'autre part, dans nos Tables le nombre des colonnes est 1224, total des nombres premiers supérieurs à 11 et inférieurs à 10 000, racine carrée de 100 000 000. Remarquons, en passant, que si pour le nombre l le reste correspondant r ne se trouve pas dans la Table des unités, on sera avisé que ce nombre l est divisible par l'un des nombres 2, 3, 5, 7, 11; contrairement à la convention faite.

Calculons le total des nombres compris dans l'ensemble des trois Tables :

1° La Table des unités comprendra 480 lignes et 338 colonnes seulement, parce que les résidus de r par rapport aux p supérieurs à 2309 sont égaux à r. Cette Table, supposée remplie, renfermerait

$$480 \times 338 = 162240 \text{ nombres.}$$

Mais nous avons pu constater, par l'exemple de $l = 240$, qu'on pouvait opérer une réduction de presque moitié;

2° La Table des multiples de B comprendra 199 lignes et 1224 colonnes, soit

$$199 \times 1244 = 243576 \text{ nombres.}$$

3° Les fiches sont au nombre de 108, mais nous savons qu'il est inutile de remplir entièrement les lignes. J'ai calculé que le total des nombres qui se trouvent dans les fiches s'élève exactement à 187 350.

Ainsi nous avons 162 240 nombres pour la Table des unités, 243 576 pour celle des multiples de B et 187 350 pour les fiches. Total 593 166.

Le total exact n'atteindrait pas 520 000 si l'on tenait compte de la réduction de près de moitié afférente à la Table des unités.

Dans les Tables actuellement construites, un nombre premier se trouve indiqué par un tiret, tandis que dans notre procédé c'est l'absence de diviseurs de t qui nous apprend que ce nombre est premier. En outre, il ne nous est pas permis d'écrire les nombres portés dans les Tables avec un nombre moindre de caractères, à l'aide de lettres, comme le fait M. Ernest Lebon. En revanche, on démontre aisément que les volumes de nos Tables à triple entrée augmentent moins rapidement que les grandeurs des limites; il suffit de comparer les Tables correspondant aux limites 240 et 100 000 000 pour en être convaincu.

Quand le reste r est relativement peu élevé, les opérations mentales s'effectuent plus rapidement, parce que, dans la Table des unités, pour les colonnes des p supérieurs à r les résidus positifs sont égaux à r; ce qui dispense de suivre des yeux la ligne des r pour ces colonnes. En particulier, lorsque $r = 1$, il faut et il suffit qu'on ait $b' = a + 1$ pour que le nombre p divise l. C'est cette considération qui nous a fait rapprocher la fiche de la ligne des multiples de B, de préférence à la ligne des unités.

Construisons la Table allant jusqu'à 100 000 000 par le procédé perfectionné de M. Lebesgue. Pour une suite de 210 nombres entiers consécutifs, cette Table comprend exactement 48 nombres. Le quotient de 100 000 000 par 210 est 476 190, et le produit de ce quotient par 48 est 22 857 120. D'où cette conséquence.

Notre méthode fournit pour les 100 premiers millions une Table *quarante-quatre fois moins volumineuse* que celle qui serait construite par la méthode de M. Lebesgue.

Tout se paie : la nécessité d'effectuer de petites opérations mentales est la rançon de cette énorme économie de volume.

TABLES A DOUBLE ENTRÉE.

Entre le procédé employé dans les Tables parues à ce jour et celui que nous venons d'exposer, il en existe un autre intermédiaire, celui de double entrée à une seule base B. Dans ce système, un nombre quelconque l est égal à $q\,\mathrm{B} + r, r < \mathrm{B}$.

Construisons les Tables des unités et des multiples de B comme dans le procédé de triple entrée, en mettant dans les lignes r les résidus positifs c et dans les lignes $q\,\mathrm{B}$ les résidus négatifs b', par rapport aux différents p.

Pour que le nombre p divise le nombre considéré l, il faut et il suffit que dans la colonne p le résidu b' de $q\,\mathrm{B}$ soit égal au résidu c de r.

Plus de calcul mental. Il suffira de jeter un coup d'œil sur les nombres des lignes $q\,\mathrm{B}$ et r pour voir immédiatement tous les diviseurs de $l = q\mathrm{B} + r$.

En appliquant ce procédé au premier million et en comparant le résultat avec celui obtenu par le procédé de M. Lebesgue, on constatera que l'économie de volume dépasse la moitié. Ajoutons que plus la limite est élevée, et plus la réduction proportionnelle est forte.

Pour une Table allant jusqu'à 100 000 000, l'emploi de lettres permettrait de réduire de moitié la largeur des colonnes, en écrivant avec deux signes au plus tous les nombres qui s'y trouvent.

Cette méthode de double entrée se présente tout naturellement à l'esprit; je m'étonne qu'on ne l'ait pas choisie lorsqu'on a construit les Tables des 9 premiers millions.

M. Ernest LEBON,

Lauréat de l'Institut (Ac. Fr. et Ac. des Sc.),
Président des Sections I et II.

TABLE DES FACTEURS PREMIERS
DES NOMBRES COMPRIS ENTRE 1 ET 100 000 000 (DÉBUT D'UNE).

511.9

3 *Août.*

1. J'ai l'honneur de présenter le début de la *Table des facteurs premiers des nombres compris entre 1 et 100 000 000*. Les *caractéristiques* de cette Table ont été calculées grâce à la subvention que l'Association française pour l'Avancement des Sciences a bien voulu m'accorder en 1912 et dont je la remercie.

2. La valeur limite de la caractéristique K est 195 (K est le quotient obtenu en divisant le nombre donné N par la base B = 510510).

Les moindres diviseurs premiers des nombres ont au plus quatre chiffres. J'appelle K et K' les caractéristiques relatives respectivement à un indicateur I, inférieur à $\frac{1}{2}$ B, et à l'indicateur I', supplémentaire de I. (I et I' désignent des restes obtenus en divisant N par B.)

Chaque Tableau sert pour deux indicateurs supplémentaires et se compose de trois Tablettes.

Je vais donner les explications pour l'usage de chaque Tableau, en me servant du Tableau dont les trois Tablettes sont

19
510491,   19,   510491.

Quand K se rapporte à un nombre admettant un diviseur premier D, je le désigne par k et k', ces valeurs étant inférieures à D. Elles sont telles que $k + k' + 1 = D$.

19

3. La première Tablette se nomme **510491**. A **19** et à **510491** se rapportent respectivement les caractéristiques k et k' dont chacune ne dépasse pas 194. En allant de gauche à droite, on voit une première colonne renfermant les caractéristiques k et une seconde colonne renfermant les caractéristiques k', rangées de telle sorte que les sommes de deux caractéristiques, situées sur la même ligne, plus 1 soient égales aux diviseurs premiers D dans leur ordre croissant. Dans le premier groupe doivent se trouver tous les diviseurs premiers D de 19 à 193 compris.

La seconde Tablette se nomme **19**. Sous **19** se trouvent, à gauche les autres caractéristiques k en ordre croissant, à droite les diviseurs premiers D correspondants. Pour les caractéristiques qui ont trois chiffres on n'a inscrit que les chiffres des dizaines et des unités, le chiffre 1 des centaines étant supprimé : on a laissé un blanc entre ces nombres symboliques et les nombres exacts de deux chiffres.

La troisième Tablette se nomme **510491**. Sous **510491** se trouvent, à gauche les autres caractéristiques k en ordre croissant, à droite etc.

1
510509

k	D
1	17
11	11
5	23
15	15
7	29
28	12
3	39
12	34
34	18
7	51
60	0
38	28
30	31
66	6
46	32
65	17
74	14
1	95
9	91
76	26
74	32
64	44
33	79
72	54
87	43
117	19
124	14
120	28
36	114
32	124
136	26
130	36
40	132
89	89
2	178
110	80
54	138
178	18
130	68
94	116
35	191
73	155
133	99
164	76
69	187
119	149

1

k	D
4	1429
6	1451
13	677
14	1091
19	347
22	2647
23	3209
24	1693
30	509
31	421
41	991
47	373
48	4397
50	4217
51	3307
53	1367
56	811
61	3167
67	521
68	349
70	2087
78	457
83	1093
86	547
90	1669
95	331
99	1163
02	1021
11	571
13	1061
14	4177
28	7517
31	2027
37	4637
38	4231
41	659
43	1667
44	433
45	5023
52	479
59	4447
60	6361
62	1327
65	1193
69	3631
71	2399
74	691
80	6449
86	5209
90	8447
94	409

510509

k	D
2	1109
4	271
9	1237
24	1031
25	1181
27	439
30	293
35	719
38	263
41	683
49	2063
58	617
65	383
69	757
83	1627
85	1699
86	3221
97	1801
98	307
06	569
07	1301
09	2039
13	5297
15	1123
20	499
21	1889
23	3083
30	461
34	7039
36	7481
42	4783
43	971
44	1571
51	353
58	599
59	593
61	1319
80	2557
84	3253

19
510491

k	D
0	18
2	20
8	20
6	24
22	14
40	0
14	28
40	6
10	42
15	43
42	18
52	14
31	39
13	59
5	73
73	9
71	17
19	77
70	30
2	100
15	91
17	91
62	50
98	28
81	49
31	105
132	6
45	103
80	70
137	19
139	23
132	34
68	104
80	98
38	142
180	10
61	131
33	163
82	116
98	112
74	176
109	159
176	94
150	180

19

k	D
7	1609
21	2311
23	709
26	257
30	389
32	401
35	719
39	311
41	1669
43	659
46	1097
47	863
49	1531
50	797
51	3797
55	367
64	2713
65	1699
72	3491
79	827
89	443
04	907
06	1453
10	5689
11	457
13	617
25	7489
27	701
29	1307
38	433
41	1361
42	4259
45	7487
47	373
48	359
49	739
55	491
56	449
57	6737
65	613
66	1901
67	829
77	971
84	757
85	4861
91	647
95	2689

510491

k	D
2	293
8	673
11	283
15	227
16	241
25	599
35	233
38	307
46	2677
47	2113
60	1801
61	3529
63	353
64	983
67	3931
74	593
84	1201
90	487
97	3463
19	379
21	4723
22	4733
27	751
33	3617
34	5009
39	1657
44	1753
46	2749
49	2269
50	1129
54	8311
56	773
68	2969
83	461
92	5501

4. A la Table formée des Tableaux qui correspondent aux groupes de deux indicateurs supplémentaires sera jointe une *Table de Restes*, obtenus en divisant la valeur de k ou de k' par les nombres premiers de 1 à 193 compris. On a donné dans ce Mémoire (p. 53) la Tablette se rapportant à la valeur **122** de K.

5. Soit un nombre N non divisible par les nombres premiers de 2 à 17, dont le produit B égale la base 510510. En divisant N par B, on obtient un quotient K et un reste I ou I', qui est l'indicateur.

1° Lorsque K est égal à une des caractéristiques k ou k', soit de la

23 510487	
4	14
0	22
28	0
4	26
13	23
29	11
26	16
41	5
40	12
43	15
38	22
3	63
45	25
58	14
31	47
1	81
11	77
23	73
5	95
100	2
97	9
55	53
81	31
5	121
36	94
88	48
72	66
78	70
73	77
108	48
31	131
151	15
55	117
78	100
46	134
47	143
84	108
154	42
52	158
76	152
101	179
179	127
168	180

23	
7	1231
8	337
9	1753
12	947
14	383
15	967
16	2213
18	487
25	2081
27	2699
30	233
34	353
37	2719
51	769
68	5861
82	1213
90	347
91	2777
94	6491
95	647
09	1481
14	1283
17	887
23	5113
25	6907
29	1321
30	503
33	2243
34	379
39	5323
42	563
43	479
45	6089
47	3259
49	2659
53	2671
57	241
62	397
65	2521
66	1297
70	761
72	2503
74	5849
78	3449
80	983
81	509

510487	
6	1777
20	2309
21	521
36	409
37	373
41	3067
44	1303
46	2689
50	311
51	659
56	223
62	599
67	773
75	3541
76	1747
82	4349
86	4603
92	317
97	1049
01	4993
04	2663
06	389
10	431
13	6959
15	839
22	617
39	859
40	1931
41	449
42	787
48	1279
51	433
57	3169
59	1009
63	1033
72	1579
76	1459
78	661
84	569
87	673
90	3191
91	3823
94	953

29 510481	
10	8
20	2
0	28
1	29
18	18
33	7
1	41
19	27
32	20
26	32
32	28
30	36
66	4
16	56
70	8
59	23
10	78
20	67
59	41
41	61
6	100
3	105
53	59
56	70
34	96
105	31
121	17
53	95
138	12
143	13
32	130
96	70
122	50
75	103
58	122
134	56
22	170
40	156
194	16
107	119
177	63

29	
2	811
4	491
5	1123
13	1193
21	643
25	787
31	1447
35	239
37	1499
38	821
45	1399
47	4357
49	3989
57	421
62	2423
65	2749
71	2089
77	1171
78	1423
79	941
82	761
84	853
98	337
01	5443
02	2729
03	967
04	593
09	937
11	907
23	4091
27	4229
31	1553
40	617
41	1051
47	7459
48	683
55	877
61	2399
63	4957
70	1367
78	2843
82	6269
84	577
85	5209
90	1117
92	6197

510481	
3	223
5	1103
6	317
9	827
10	199
14	1949
15	499
19	293
21	1741
22	457
30	2069
35	769
40	2341
42	653
45	269
54	257
62	283
61	431
68	3229
80	1471
81	661
82	4157
88	823
93	2591
99	409
01	2003
02	1097
04	1021
08	997
09	1019
13	1009
25	2239
33	857
34	2557
35	7129
45	2879
47	509
54	3803
55	5147
59	1663
62	953
83	5581
85	503
87	5107
88	4099
91	1979
94	8929
95	1511

première Tablette et de la seconde, soit de la première Tablette et de la troisième, du Tableau II, suivant qu'on a I ou I', N admet le facteur premier D situé sur la ligne de cette caractéristique.

2° Lorsque K ne se trouve pas parmi ces caractéristiques k ou k', on cherche K dans la Tablette de Restes. On descend verticalement, ligne à ligne, dans la colonne k ou dans la colonne k' des caractéristiques de la première Tablette et dans la colonne r de la Tablette de Restes. Si, sur deux lignes de même rang de ces deux Tablettes, il y a égalité entre une caractéristique et un reste, on en conclut que N admet le diviseur pre-

| 31 | |
510479	
12	6
19	3
10	18
0	30
32	4
7	33
7	35
43	3
47	5
40	18
30	30
39	27
2	68
2	70
4	74
23	59
69	19
31	65
77	23
90	12
47	59
22	86
6	106
73	53
77	53
65	71
91	47
144	4
59	91
50	106
141	21
22	144
29	143
74	104
62	118
163	27
130	62
2	194
171	39
177	49
194	44
83	173
192	76
116	154
185	95

31	
1	307
8	389
14	349
15	571
16	601
20	1453
21	997
27	3583
28	1783
36	1997
37	2099
41	3947
44	503
45	4657
46	4831
51	1511
52	941
54	1303
58	1321
63	397
64	683
72	491
78	2011
79	2203
80	311
81	787
85	313
94	431
01	757
02	5483
10	773
14	811
17	2731
18	743
22	4079
23	2503
27	673
32	419
33	457
47	359
60	449
61	5417
67	367
70	1231
76	8059
87	541
88	5927
90	4909

510479	
0	631
9	823
14	1249
15	821
17	443
24	947
34	373
45	877
46	1811
48	3469
56	2939
64	769
81	293
83	317
87	509
90	653
96	647
98	3539
99	4357
02	1439
12	2609
13	7859
16	3833
25	2347
27	5333
30	383
31	4967
33	691
45	2659
51	5591
59	467
60	977
70	1297
72	6661
76	5197

| 37 | |
510473	
18	0
16	6
11	17
28	2
0	36
11	29
25	17
21	25
39	13
33	35
24	36
66	0
23	47
33	39
43	35
81	1
68	20
37	59
30	70
31	71
63	43
79	29
91	21
124	2
75	55
82	54
1	137
119	29
124	26
85	71
142	20
134	32
96	76
71	107
74	106
59	131
68	124
34	164
102	108
141	81
193	45
135	127
99	169
86	184

37	
2	317
9	347
12	251
27	3319
29	2251
35	467
36	1789
41	4177
42	4007
48	2797
50	2441
51	809
53	4993
55	4651
64	619
65	3529
72	2693
73	349
76	2957
78	1861
87	5101
88	397
95	857
01	6521
04	1747
07	599
09	1931
10	571
12	7193
16	1049
23	977
25	3373
30	2671
36	7963
49	7103
55	563
58	3181
60	587
66	853
67	2309
74	1163
76	1531
80	641
82	631
84	947
92	2179
95	673

510473	
3	577
7	1669
10	1657
15	2131
16	257
22	1453
23	1801
27	607
28	941
30	1459
48	1933
49	313
53	3109
56	1229
58	1697
61	5477
62	1061
80	3701
85	911
86	2879
87	2423
90	2789
92	1301
99	547
01	967
02	3709
20	5441
23	487
25	521
30	6491
35	601
40	1579
42	773
43	523
51	769
70	1613
73	1033
76	1901
80	863
82	5741
87	683
95	677

mier D situé sur la ligne de ce reste. Si une telle égalité ne se présente pas, on en conclut que N est premier.

6. *Exemple.* — Soit

$$N = 62\,282\,239;$$

on trouve

$$K = 122, \qquad I = 19.$$

La colonne à gauche des deux premières Tablettes ne contient pas la

41 510469	
3	15
14	8
2	26
26	4
28	8
0	40
37	5
22	24
16	36
51	7
20	40
17	49
37	33
5	67
69	9
9	73
8	80
41	55
66	34
26	76
38	68
48	100
110	2
31	95
30	100
2	134
80	58
3	145
117	33
56	100
34	128
1153	13
83	89
69	109
82	98
117	73
91	101
156	42
73	153
94	138
165	151

41	
24	797
25	1069
27	431
29	499
33	239
40	751
42	3761
46	1949
49	617
54	251
62	373
63	2003
70	599
72	1307
74	2539
75	1277
77	5683
85	347
00	4261
03	6359
04	1499
09	523
11	1583
12	661
13	2473
15	1181
24	1093
28	7937
30	2621
32	2221
37	1567
49	1741
54	2269
57	1097
59	3469
68	9241
70	887
71	3389
77	2803
84	6863
88	503
89	3691
90	2411

510469	
0	457
3	349
10	283
16	571
20	263
21	1009
23	241
25	1223
28	1553
32	3821
37	719
41	1901
43	2729
46	1319
51	2237
56	1201
57	701
61	907
62	3191
74	2447
78	491
79	3697
83	1259
87	3803
90	919
93	761
94	4831
02	5077
05	5449
17	733
27	1699
32	881
36	811
39	587
43	677
49	659
55	2371
66	1777
68	937
72	4003
73	877
78	1811
85	2399
89	1627
91	983

43 510467	
5	13
13	9
12	16
25	5
5	31
15	25
0	42
46	0
31	21
6	52
18	42
26	40
44	26
64	8
3	75
56	26
67	21
43	53
84	16
75	27
79	27
27	81
63	49
48	78
73	57
99	37
50	88
94	54
38	112
120	36
143	19
79	87
163	9
68	110
86	94
146	44
6	186
168	28
33	177
194	28
143	83
162	66
127	105
75	175
140	116
164	98
92	190
192	46
132	160
121	189
171	181

43	
8	463
22	1511
30	281
32	1657
39	2131
45	2789
53	3931
58	3517
69	2153
71	5849
76	487
77	2017
85	3833
88	317
91	3539
95	3559
96	3331
02	419
03	809
12	929
13	331
22	2239
23	347
30	433
34	1607
35	3461
42	643
48	7687
50	5693
54	2833
55	457
67	5843
88	431
93	1979

510467	
10	491
11	401
12	751
24	811
43	1031
48	569
62	1193
65	1453
72	1867
73	3527
77	1399
84	503
86	2063
91	1049
92	4861
95	1721
00	461
06	1433
18	691
20	1039
22	1103
25	3911
36	1153
44	577
51	4481
52	1601
56	383
67	9239
69	479
72	3359
87	2749
95	997

caractéristique 122. On descend, comme il vient d'être expliqué, dans la colonne k de la première Tablette et dans la colonne r de la Tablette de Restes; on trouve dans ces colonnes, sur deux lignes de même rang, une caractéristique k et un reste r égaux à 40; on en conclut que N admet le diviseur premier 41, qui est à droite du reste 40. Comme vérification, la première Tablette donne $40 + 0 + 1 = 41$. On continue à descendre de même; on trouve sur deux lignes de même rang une caractéristique k et un reste r égaux à 15; on en conclut que N admet aussi le diviseur premier 107, qui est à droite du reste 15. Comme vérification, la première

47 510463	
9	9
41	11
3	25
23	7
33	3
4	36
12	30
0	46
8	44
34	24
14	46
44	22
58	12
36	36
29	49
67	15
7	81
47	49
19	81
70	32
54	52
65	43
82	30
82	44
28	102
19	117
129	9
127	21
31	119
91	65
35	127
98	68
150	22
66	112
91	86
13	177
29	163
92	104
140	58
155	67
56	170
193	39
117	133

47	
1	439
10	457
15	283
21	613
24	1009
25	2503
26	359
37	659
38	313
40	1619
53	1667
62	4547
64	997
69	557
72	281
73	431
77	2909
78	571
83	1433
84	673
00	877
02	1609
10	2851
12	7001
13	1559
24	3319
25	491
28	1301
45	1759
46	8527
51	4057
62	331
63	1123
66	647
69	1201
70	6659
79	1223
89	593
94	367

510463.	
2	587
14	1151
16	1129
19	863
27	733
37	383
53	1487
55	269
59	911
60	5297
61	859
62	2591
63	2137
87	881
88	5987
91	3433
96	2549
99	3343
01	3361
06	467
08	1553
13	691
20	2371
24	2819
29	1601
32	3719
34	397
37	3121
47	347
57	853
66	709
67	1423
73	1709
74	2731
76	7219
86	4909
91	3019

53 510457	
15	3
8	14
4	24
20	10
1	35
8	32
30	12
25	21
0	52
17	41
8	52
4	62
8	62
67	5
68	10
42	40
6	82
53	43
73	27
11	91
70	36
13	95
54	58
6	120
26	104
36	100
39	99
102	46
96	54
126	30
36	126
43	123
44	128
63	115
106	74
100	90
160	32
129	81
59	173
180	70
115	177

53	
3	1087
9	563
10	743
12	677
16	241
18	1229
19	569
21	457
22	647
24	2749
27	1093
28	3361
37	263
41	283
52	2309
55	1439
57	409
58	1481
59	503
60	2437
61	839
64	2203
66	3167
74	499
88	467
97	883
01	1549
05	487
07	1949
09	1663
21	337
24	199
28	2411
31	449
34	587
36	971
37	2687
52	673
54	7187
55	443
61	2521
65	4871
68	8933
70	1571
71	1499
79	1151
82	547
83	6203
88	6343

510457	
4	727
13	1567
15	2207
16	557
20	2819
23	229
33	347
34	953
42	881
44	3967
45	3253
47	3989
48	1103
50	383
56	3359
63	2347
67	3923
71	1283
75	3623
77	929
85	2371
86	479
88	1049
93	4733
96	313
16	367
19	373
21	3061
22	1621
24	1297
25	4003
27	2069
32	1987
35	5281
38	643
44	829
50	6473
53	359
54	5717
56	1931
61	491
63	401
64	1907
66	439
76	683
85	2927
88	1553
89	2729
91	1117

Tablette donne $15 + 91 + 1 = 107$. En divisant N par 41 et le quotient obtenu par 107, on trouve 14 197 pour second quotient. Dans la suite des indicateurs de la Table, on voit que 14197 est premier. Donc

$$62282239 = 41 \times 107 \times 14197.$$

7. Jusqu'à 100 millions, cette Table, imprimée en caractères de corps 7 sur le format in-4° jésus, occuperait environ 2500 pages. Elle aurait une étendue cinq fois moindre environ qu'une Table de divi-

59 510451	
2	16
5	17
5	23
17	13
6	30
12	28
5	37
3	43
45	7
0	58
2	58
31	35
29	41
25	47
28	50
17	65
5	83
59	37
26	74
55	47
86	20
70	38
26	86
57	69
24	106
53	83
88	50
77	71
10	140
4	152
37	125
155	11
111	61
60	118
118	162
187	3
98	94
61	135
38	184

59	
16	1621
22	227
23	1699
27	269
30	239
32	457
33	719
35	2377
36	241
42	491
46	1993
49	821
56	577
58	883
62	419
65	3191
66	263
67	283
72	311
75	4751
81	313
82	857
83	2819
85	6611
90	677
95	563
02	1667
03	607
04	439
06	317
08	601
19	1831
22	1031
25	1231
26	2383
32	907
33	1301
38	8069
40	2953
45	421
46	379
47	2137
48	4643
52	733
53	7681
62	373
64	8161
74	3203
94	8543

510451	
2	953
4	829
5	409
8	1531
9	1459
21	331
22	859
27	809
29	2843
32	727
34	853
39	773
45	3457
53	569
55	2969
59	523
64	2099
70	293
77	1787
82	281
84	397
96	3313
98	691
05	1123
07	1021
21	647
28	463
31	2837
36	5101
42	353
59	6421
63	433
64	4297
65	3929
67	3851
71	863
74	401
86	1867
91	929
95	7043

61 510449	
4	14
4	18
15	13
16	14
20	16
27	13
11	31
27	19
7	45
14	44
0	60
40	26
36	34
11	61
41	37
64	18
64	24
61	35
44	56
1	101
20	86
89	19
92	20
74	52
67	63
13	123
58	80
19	129
82	68
68	88
146	16
81	85
18	154
59	119
122	58
25	165
13	179
169	29
37	173
130	92
189	49
170	112
187	195

61	
9	577
17	881
22	643
26	3301
28	1861
29	317
34	659
35	1187
45	883
48	439
52	3559
53	1117
71	4951
90	2879
98	4871
00	2281
01	307
03	617
05	1291
06	1087
10	491
12	1213
15	1423
16	677
23	241
24	433
34	787
35	1283
38	6607
39	1307
51	1871
52	8779
59	3853
61	1657
72	811
76	541
82	733
84	1721

510449	
3	269
4	821
9	1907
11	263
12	1277
22	997
38	719
39	349
43	4231
46	389
47	907
50	613
51	4663
57	1997
78	1823
79	2161
82	1301
94	3547
06	431
14	599
18	467
22	4133
25	4139
35	2971
40	1097
41	1231
42	601
43	6047
44	3407
46	7927
48	1699
49	2213
53	461
63	487
67	8861
70	641
81	7411
86	3527
88	1697
91	1361

seurs des nombres allant à la même limite et disposée comme les Tables jusqu'ici imprimées.

67 / 510443	
10	8
1	21
16	12
13	17
25	11
31	9
29	13
5	41
52	0
56	2
55	5
0	66
57	13
42	30
1	77
39	43
63	25
67	29
98	2
45	57
36	70
37	71
61	48
125	1
65	65
30	106
107	31
143	5
147	3
103	53
147	15
26	140
85	87
56	122
134	46
112	78
144	48
153	45
183	39
82	146
143	97
76	174
172	96

67	
3	859
6	883
11	1831
14	571
17	263
19	349
22	563
32	761
33	1423
34	463
40	1549
41	2927
50	4517
53	353
59	2539
60	5189
68	1933
69	3547
71	1567
73	1291
78	2407
81	4673
87	3299
89	1123
92	2089
96	1093
01	7109
02	751
08	6299
09	3623
10	3307
11	7309
20	3407
21	1733
27	5281
38	773
42	1553
57	2417
60	503
70	9283
71	2179
80	4481
82	769
94	677

510443	
7	911
10	1097
14	1601
19	2689
20	2267
23	1171
26	1823
33	1489
35	1511
42	4441
49	1753
54	3347
55	401
59	1609
60	431
63	271
69	1229
73	983
76	523
80	3019
81	683
82	3727
86	283
89	409
91	4637
98	313
12	1249
16	6871
18	1013
24	6427
29	2251
30	2687
31	577
34	1459
37	673
43	2659
47	757
49	4273
52	1091
58	1009
64	631
65	1103
66	821
71	5003
84	2683
87	7069
91	839
94	1217

71 / 510439	
14	4
22	0
7	21
11	19
16	20
20	20
41	1
6	40
29	23
25	33
51	9
18	48
0	70
14	58
27	51
50	32
3	85
71	25
33	67
40	62
11	95
75	33
83	29
32	94
20	110
87	49
47	91
27	121
140	10
74	82
39	123
45	121
72	100
54	124
142	38
170	20
167	25
76	122
133	77
144	78
145	83
124	138
110	158
119	163

71	
8	1601
19	2371
24	359
26	1447
28	239
30	197
35	2411
43	281
62	5171
66	1039
79	2281
80	1117
88	853
89	547
95	1021
96	421
07	2617
13	311
15	1583
17	503
25	331
26	659
30	617
38	1301
39	2663
46	2399
50	379
56	2269
62	2609
65	4019
69	2273
71	983
77	2711
79	3547
87	271
92	4421
95	1613

510439	
2	857
3	751
7	541
11	227
13	2417
18	2579
24	1217
34	397
35	2441
36	1087
41	587
42	631
52	827
55	4327
56	1277
60	1069
63	661
65	2557
68	3739
73	4583
75	823
84	4373
88	727
89	383
96	1091
04	1663
07	499
16	1913
17	6449
19	3617
25	449
27	1201
35	4007
50	2351
53	3299
55	2683
59	5563
60	1559
67	433
69	5413
70	6197
78	9337
79	919
87	2207
89	613

73 510437	
16	2
21	1
17	11
10	20
30	6
35	5
4	38
30	16
44	8
39	19
49	11
27	39
7	63
0	72
40	38
14	68
62	26
73	23
51	49
89	13
52	54
94	14
36	76
49	77
63	67
47	89
17	121
118	30
61	89
138	18
148	14
138	28
152	20
53	125
146	34
8	182
82	110
189	7
110	100
58	168
139	111
154	102

73	
3	823
12	617
13	233
18	631
20	991
24	1481
25	1823
33	811
37	2137
38	2113
41	523
45	1319
50	1801
56	1663
57	1709
59	1693
60	1217
64	281
65	1051
68	311
70	5737
71	2083
74	373
79	269
81	293
84	337
91	3221
95	769
99	1103
02	7103
07	881
08	563
09	571
12	6277
15	1193
16	1153
22	5939
23	1811
26	2036
27	5869
32	2969
43	619
44	727
47	2213
55	569
60	4297
63	487
69	971
74	3359
79	839
81	1753
86	3779

510437	
0	347
9	2017
15	331
22	3301
25	641
31	3911
32	883
33	1871
35	359
45	3671
48	1423
55	761
56	751
57	643
60	283
66	401
73	1733
75	4603
03	2903
05	1669
12	1009
18	2719
19	2389
22	6637
26	977
29	887
40	2707
43	4987
47	2617
48	2699
52	541
55	503
59	857
60	6659
71	5807
78	1619

79 510431	
3	15
18	4
18	10
7	23
35	1
39	1
22	20
8	38
36	16
22	36
43	17
54	12
28	42
31	41
0	78
72	10
61	27
79	17
4	96
30	72
68	38
42	66
8	104
100	26
61	69
64	72
66	72
93	55
126	24
16	140
149	13
83	83
46	126
50	128
158	22
95	95
30	172
75	121
41	169
186	52
147	123

79	
2	601
9	1291
12	419
15	1091
21	709
26	1013
32	719
33	479
45	647
48	4507
53	619
63	653
77	1823
82	569
85	743
86	1367
88	5881
92	2273
97	683
13	347
16	727
18	433
20	2239
22	1019
23	4523
24	797
27	281
29	1171
30	2351
35	5851
37	349
43	359
48	383
52	881
57	977
59	523
61	307
64	7207
69	1063
78	4679
80	5779

510431	
0	467
2	443
5	353
9	877
28	1039
29	317
37	1531
44	1579
46	541
48	251
56	5153
57	241
60	1621
64	1511
71	883
76	421
77	199
81	6361
82	1231
87	1193
88	6529
90	829
99	379
03	2329
07	331
08	607
09	1021
18	367
27	1627
30	1423
31	3499
33	397
36	3467
37	1907
43	761
50	1831
56	223
58	911
62	337
63	8287
70	2501
74	509
85	227
91	6961
95	8999

83 510427	
7	11
16	6
9	19
5	25
26	10
28	12
34	8
9	37
13	39
50	8
39	21
5	61
42	28
3	69
26	52
0	82
1	87
83	13
40	60
25	77
43	63
80	28
27	85
7	119
16	114
121	15
6	132
126	22
119	31
144	12
41	121
102	64
33	139
48	130
166	14
153	37
43	149
44	154
181	45
116	124
73	183
182	80
169 -	111

83	
2	419
11	613
15	397
22	2789
23	359
32	3313
47	421
51	761
52	1777
55	859
57	4483
60	349
71	1091
74	1279
82	1307
88	233
89	2371
92	353
94	4201
01	601
06	1187
18	1543
23	6043
27	271
30	661
32	5669
33	317
42	1439
43	1301
52	919
57	2521
62	479
67	313
70	7529
71	283
73	1103
76	1327
85	4283
86	1223
90	1783
93	269
94	3793

510427	
0	197
1	887
4	211
5	1129
9	877
18	599
23	2063
26	2411
27	3739
32	653
33	3919
36	787
38	2017
41	3011
50	647
54	509
58	331
62	499
66	4217
70	683
71	967
72	3011
73	4229
76	983
79	1049
81	431
83	4547
95	5179
97	883
01	5381
02	337
03	1019
07	1493
13	4363
15	383
22	1741
23	229
34	5849
41	7759
50	4993
56	311
57	347
60	1789
72	1931
75	9437
77	3259
79	4969
88	5209

Tablette des Restes.

122	
D	r
19	8
23	7
29	6
31	29
37	11
41	40
43	36
47	28
53	16
59	4
61	0
67	55
71	51
73	49
79	43
83	39
89	33
97	25
101	21
103	19
107	15
109	13
113	9

M. A. GÉRARDIN,

Directeur de la *Revue Sphinx-Œdipe* (Nancy).

RAPPORT SUR DIVERSES MÉTHODES DE SOLUTIONS EMPLOYÉES EN THÉORIE POUR LA DÉCOMPOSITION DES NOMBRES EN FACTEURS.

511.3

1ᵉʳ *Août.*

Combien de mathématiciens ignorent les résultats obtenus par leurs devanciers, qui souvent usent leur vie à la solution de certaines questions ardues,
parfois résolues en quelques heures par des méthodes nouvelles ou inédites.
Comme exemple topique, je citerai la décomposition de $2^{58} + 1$ qui a duré si
longtemps, et cependant Euler avait donné la décomposition générale de
$2^{4a+2} + 1$, retrouvée plus tard par Aurifeuille. Nous avons donc résolu d'entreprendre cette recherche en ce qui concerne la théorie des nombres, mais les
matériaux sont innombrables, et nous pourrons seulement citer ici quelques
types de questions.

Il y aurait aussi des recherches bien curieuses à faire, non plus sur les méthodes elles-mêmes, mais sur leurs auteurs; étudier les ressemblances et les
dissemblances de tempérament physiologique et moral, et combien d'autres
questions passionnantes; espérons que cette œuvre sera tentée un jour par un
de nos collègues; nous y applaudirons vivement.

DÉCOMPOSITION DES GRANDS NOMBRES.

L'historique de cette intéressante question serait beaucoup trop long pour
un Rapport; nous ne donnerons que de brèves indications pour compléter la
Note sur divers procédés de factorisation de notre collègue M. A. Aubry.

L'article de Seelhof, *Zur Analyse sehr grosser Zahlen*, paru en 1885, étudie la
question par l'analyse indéterminée, voie indiquée dans l'A. F. A. S. par Landry,
en 1859 et 1880.

Les procédés actuels, préférés à l'étranger, semblent se ramener à la méthode
de Lawrence, parfois bien longue; la méthode d'Euler a été utilisée en 1903
par Cole, mais quels formidables calculs ! La majorité des chercheurs contemporains préfère la solution en entiers, entre certaines limites, d'équations de
la forme

$$a x^2 + b x + c = y^2.$$

Comme recherches originales, nous pouvons citer le Mémoire de M. C.-A.
Laisant, (A. F. A. S., 1891) et une communication à Nîmes, reposant sur la
représentation graphique des nombres. Un espace de 26 m² rendrait possible,
sans calcul auxiliaire, la décomposition de tous les entiers inférieurs à
105 millions.

M. Ern. Lebon a publié, depuis plusieurs années, d'intéressants Mémoires sur ce sujet, et j'en ai déjà donné la liste. Il faudra voir spécialement celui de Clermont-Ferrand (A. F. A. S., 1908). M. Ern. Lebon vient de présenter au cinquantième Congrès des Sociétés savantes la première page imprimée de la Table qu'il se propose de publier et qui permettra de trouver très rapidement et très facilement les facteurs premiers des nombres inférieurs à 100 millions. Dans cette nouvelle Table, l'espace qu'occupent les nombres est beaucoup moindre que celui qu'ils occuperaient si l'on continuait, en gardant la même limite, à les disposer comme il a été fait pour les neuf premiers millions. La réduction d'espace est due principalement à des propriétés signalées par l'auteur, et au mode adopté pour représenter les nombres.

M. Gaston Tarry présentera à Nîmes ses Tables à triple entrée des diviseurs des nombres de 1 à N. Un nombre quelconque t s'écrit d'une seule manière sous la forme $t = n\,A + q\,B + r$, la base A étant multiple de la base B, et r inférieur à B. Pour reconnaître si p premier divise t, désignons par a et a' les valeurs absolues des résidus minimés positif et négatif de $n\,A$, pour le module p, et par b' la valeur absolue du résidu minimé négatif de $q\,B$. Pour que p divise t il faut et il suffit qu'on ait

$$a - b' + r \equiv 0 \qquad \text{ou} \qquad -a' - b' + r \equiv 0.$$

Deux cas se présentent; en résumé, il suffit de regarder si un résidu donné par la Table est égal à la somme de deux autres résidus donnés. En choisissant convenablement A et B, une Table allant à 100 millions, comprendrait bien moins d'un million de nombres de quatre chiffres au plus.

NOMBRES DE MERSENNE.

Les nombres de la forme $N = 2^x - 1$ où x est un nombre premier inférieur à 257 ont été étudiés depuis 1644 par de nombreux et illustres géomètres, tels que Fermat, Euler, Lagrange, Legendre, Gauss, Jacobi et tant d'autres... Cependant, le plus difficile reste à faire. Jusqu'à présent, sept méthodes plus ou moins intéressantes ont été proposées; nous en avons déjà parlé avec détails et je n'y reviendrai pas ici.

Nous avons trouvé de nouvelles méthodes permettant d'étudier ces nombres de 30 à 78 chiffres, de dire s'ils sont premiers; sinon, de les décomposer. L'une de ces méthodes simples est l'application du paragraphe suivant.

MACHINES A DÉCOMPOSER LES NOMBRES.

Le précurseur est Ed. Lucas (A. F. A. S., 1876); malheureusement, M. Genaille n'a rien construit, et puisque les archives de l'auteur ne contiennent rien à ce sujet, il faut en faire notre deuil. A notre humble avis, la machine de Lucas aurait indiqué ou bien que le nombre étudié était premier, ou bien qu'il était composé, mais sans donner ses facteurs.

M. Kraïtchik, un jeune ingénieur russe, veut construire une machine dont le principe est bien connu, et qui sera pratique pour des nombres inférieurs à douze chiffres. Nous donnons des détails complets dans *Sphinx-Œdipe* (avril 1912, p. 61-64).

Notre machine personnelle, établie comme modèle d'étude avant de connaître les résultats de M. Kraïtchik, est basée sur le même principe. Cependant nos modèles définitifs différeront beaucoup, car nous pouvons à volonté, soit obtenir un système plan, soit un système à roues égales et interchangeables, au lieu d'un groupe de roues inégales animées de vitesses différentes.

Nous n'indiquerons-ici que le moyen simple de remplacer notre machine par la juxtaposition de bandes de papier, variables avec chaque nombre, mais dont le prix de revient est pour ainsi dire nul.

Soit à décomposer 8 388 607, l'un des nombres de Mersenne. Nous avons à chercher une solution de

$$2s^2 + 5794s + 2001 = u^2.$$

En utilisant les modules 8, 5, 7, 11, 13, 17, 19 et 23, nous voyons que s doit être des formes suivantes

$$s = 4a + 0, 3 = 5b + 0, 3, 4 = 7c + 3, 4, 5 = 11d + 1, 2, 5, 6, 8, 10$$
$$= 13f + 0, 1, 2, 5, 7, 8, 10 = 23k + 0, 1, 2, 3, 4, 9, 11, 13, 15, 20, 21, 22$$
$$= 19h + 0, 1, 9, 10, 11, 12, 14, 15, 17, 18 = 17g + 3, 4, 5, 6, 7, 11; 12, 15, 16.$$

Il y a huit conditions à remplir; prenons huit bandes de papier de 1 unité de

large et de 92 unités de long, partagées en 92 carrés; ce nombre de 92 est arbitraire; c'est un multiple de l'exposant, et la bande doit être facile à manier. Nous représentons un non-résidu par un carré noir et un résidu par le simple carré blanc. Ainsi, pour le module 4, nous aurons une case blanche (résidu zéro) puis deux cases noires (non-résidus 1 et 2), enfin, une case blanche (résidu 3); mais, comme cette suite est périodique, nous aurons pour la bande de module 4, une case blanche, 2 noires, 2 blanches, 2 noires...

On peut aussi utiliser les cubes blancs et bruns de l'Initiateur mathématique de M. J. Camescasse, ou tout autre système bicolore.

D'après ces principes, construisons nos huit bandes; pour avoir la solution cherchée, il faut qu'une verticale soit entièrement blanche; c'est une *condition nécessaire*. La première bande représente les nombres de 0 à 91 inclus, et ne fournit pas de solution; pour passer aux nombres 92 à 183, il suffit d'ajouter 92 unités à chaque bande; or

mod 4 et 23	92 ≡	0	la bande reste fixe
mod 5	92 ≡	2	décocher *à gauche* de 2 crans
mod 7 et 13	92 ≡	1	» » de 1 cran
mod 11	92 ≡	4	» » de 4 crans
mod 17	92 ≡	7	» » de 7 crans
mod 19	92 ≡ — 3		» *à droite* de 3 crans

Nous donnons la partie de 162 à 183 qui montre la solution 164; on trouve alors les facteurs qui sont 47 et 178 481. Notre machine donnera ce résultat en *un* tour de manivelle.

Il est facile d'imaginer la machine automatique ou à main, à volonté, un simple tour de manivelle opérant le décochement à l'aide d'un système de va-et-vient par exemple. D'après mes calculs, on pourrait examiner 8 millions de nombres par jour et arriver à décomposer ainsi de très grands nombres; d'ailleurs le dernier mot n'est pas dit; nous nous contentons d'offrir ce modeste travail à la mémoire des mathématiciens qui se sont passionnés pour ces questions si ardues.

M. A. AUBRY.

(Dijon).

RAPPORT SUR LES ERREURS DE MATHÉMATICIENS.

1er *Août.*

51 (09)

Rapport sur les erreurs de mathématiciens. — La divulgation des erreurs où sont tombés des mathématiciens connus n'entraîne-t-elle pas avec elle une certaine déconsidération de grands hommes, qu'on fait ainsi descendre de la hauteur où l'estime générale les avait placés? N'est-elle pas le résultat d'un sentiment instinctif ou involontaire de jalousie envers ces géants, qui nous écrasent de leur génie? Par contre, le justifie-t-elle par une utilité quelconque?

Je ne crois pas qu'une personne de jugement sain et cultivé puisse moins estimer le diamant qui se trouve dans le travail d'un génie scientifique, parce qu'à côté se voient de simples pierres de construction et même quelques minéraux inutilisables ou soi-disant tels : ces taches dans son œuvre nous rendent le savant plus humain, plus près de nous, plus accessible; nous le font aimer davantage, en le dépouillant de son auréole d'infaillibilité qui nous inspirait peut-être encore plus de crainte que de respect. Au lieu d'être un demi-dieu, il redevient, il est vrai, un simple mortel comme nous, mais le plus grand d'entre nous; nous sommes fiers qu'un des nôtres ait donné des travaux que, sans de légers défauts, on eût pu croire une émanation de la divinité, et cela nous donne confiance pour mieux essayer de le comprendre et même de marcher sur ses traces. Une utilité plus grande encore de cette divulgation est de nous mettre sur nos gardes quand nous recherchons des vérités nouvelles : si ces créateurs de la Science se sont égarés parfois en traçant des sentiers nouveaux dans des régions qu'ils ont été souvent d'ailleurs les premiers à explorer, de quelle circonspection ne devons-nous pas faire montre pour ne pas dévier! Leurs erreurs nous enseignent donc la prudence et la modestie.

A ces titres divers, on reconnaîtra qu'il peut y avoir convenance et utilité à faire connaître quelques-unes des erreurs les plus célèbres ou les plus typiques des mathématiciens de toutes les époques.

Ces erreurs peuvent provenir surtout :

1° D'une mauvaise interprétation ou d'une connaissance insuffisante de la théorie, qu'on remplace par des observations ou des mesurages directs;. exemple, les tentatives de quadrature du cercle et de mouvement perpétuel, ainsi que nombre de solutions fausses de problèmes géométriques ou mécaniques cependant solubles : trisection de l'angle, duplication du cube, mesure de certaines figures, etc.

2° Du respect exagéré des idées reçues et des autorités suivies aveuglément. Il suffira de citer le fétichisme dont a bénéficié Aristote pendant tout le moyen âge, ainsi que la vogue des *Eléments* d'Euclide, plus propres cependant à former des logiciens que des mathématiciens; et de rappeler que l'autorité de Newton a fait rejeter longtemps la théorie optique des ondulations. On pourrait mentionner aussi cette admiration outrée des écrits des Anciens, qui faisait dédaigner aux Fermat, aux Pascal, aux Huygens, aux Newton, les simplifications algébriques, et, par là, a rendu souvent si difficile la lecture de leurs œuvres.

3° D'un examen trop précipité des conditions de la question, soit par prévention, soit qu'on ne les ait pas énumérées complètement ou envisagées sous toutes leurs faces. L'arithméticien Lebesgue dit, à ce sujet, qu'il ne faut pas à la légère remplacer une démonstration aisée, ou paraissant telle, par la locution commode : « on verra facilement que … ». On cite Laplace, comme n'ayant pu, à une demande d'explication sur un passage de ce genre, retrouver la succession des idées qui lui paraissaient, alors qu'il écrivait, trop faciles à rétablir pour les mentionner explicitement.

Newton a cru avoir trouvé le moyen de résoudre une équation quelconque par la méthode qui porte son nom, bien qu'elle ait été pratiquée longtemps avant lui; on sait de quels soins elle doit être accompagnée pour ne pas être illusoire. Il pensait également que, par des développements en séries, on pouvait traiter toute intégrale et même toute équation différentielle.

Leibniz a imaginé de développer les fonctions en série au moyen de la méthode des coefficients indéterminés et de la différenciation. Landen a repris le même procédé, mais d'une manière élémentaire; par exemple, pour la fonction $\log(1+x)$, en égalant les développements de $2\log(1+x)$ et de $\log(1+2x+x^2)$. Lagrange a généralisé cette méthode, en en faisant la base de l'analyse : son erreur est d'avoir supposé gratuitement que toute fonction peut se réduire à la forme $a + bx + cx^2 + \ldots$ et de ne pas avoir pensé à évaluer le reste de la série, précaution essentielle cependant et qui nous semble bien naturelle aujourd'hui, mais que, jusqu'à Cauchy, on avait délibérément laissée de côté.

Lagrange et Legendre ont même essayé de traiter par l'analyse les propriétés métriques des figures. Comme exemple simple, voici une démonstration de Legendre de la mesure du rectangle : soit $\varphi(a, b)$ l'expression de la surface du rectangle a, b; on aura

$$\varphi(k, ab) = k\varphi(a, b) \quad \text{d'où} \quad \frac{\varphi(ka, b)}{ka} = \frac{\varphi(a, b)}{a};$$

le second membre est donc indépendant de a, et ne doit renfermer que b; de même $\dfrac{\varphi(a, b)}{b}$ ne doit renfermer que a; donc, $\dfrac{\varphi(a, b)}{ab}$ ne peut être qu'une constante. Il est à peine besoin de s'arrêter aux inconséquences d'un tel raisonnement que Legendre trouve cependant établi sur des bases très solides:

A citer aussi, du même Legendré, sa si manifestement insuffisante démonstration de la *loi de réciprocité*, celle de sa formule donnant la quantité de nombres premiers existant entre deux limites données, et bien d'autres choses encore.

4° D'inductions non vérifiées *a posteriori*, généralisations ou assimilations hasardées de choses nouvelles à d'autres connues, assimilations qu'on sait valables dans une certaine région, mais qu'on étend à d'autres régions sans preuve de la légitimité de cette extension. Exemple : Descartes qui, de ce que la résolution de l'équation du quatrième degré se ramène à celle du troisième, avance que toute équation de degré pair se ramène à une autre d'un degré inférieur d'une unité.

Même remarque pour Wallis qui, de ce que la quadrature de la parabole $y = x^n$ est donnée par la formule $\dfrac{xy}{n+1}$, laquelle devient $\dfrac{xy}{0} = \infty$, dans le cas de l'hyperbole $y = x^{-1}$, conclut que celle de la courbe $yx^n = 1$, s'exprimant par la formule $- \dfrac{xy}{n+1}$, est plus qu'infinie.

Autres exemples dans l'extension aux *expressions* imaginaires des procédés de calcul utilisés pour les *quantités* réelles, aux séries divergentes de ceux des séries convergentes, aux quantités infinies ou infinitésimales de ceux des quantités finies, etc.

5° De conclusions qui paraissent évidentes *a priori*, parce qu'on s'est buté à cette idée : qu'un raisonnement fait sur des choses simples doit aboutir à des conséquences simples, idée souvent fausse, car telle chose exprimée par des mots simples est souvent en réalité très complexe. Par exemple, l'idée du nombre premier, idée toute négative, qui, arithmétiquement, se définit d'une manière très simple, est telle que l'expression analytique d'un tel nombre et celle de ses fonctions les plus simples ne peuvent s'indiquer qu'à l'aide de séries supertranscendantes. On peut citer aussi la courbe de Watt, si simple comme définition cinématique, si compliquée comme équation; et, en général, les courbes obtenues par des considérations optiques, dynamiques, etc.

6° De l'idée de système, dont les meilleurs esprits ne sont pas toujours exempts. Ainsi, Guldin, voulant démontrer le théorème qui, à tort, porte son nom, dit qu'il doit y avoir un certain point de la figure tournante, lequel doit jouir de la propriété énoncée dans le théorème, et que ce point ne peut être que le centre de gravité, à cause de la situation particulière qu'il occupe dans la figure.

De même, Leibniz tirait de la numération binaire la preuve de la création *ex nihilo*. On sait qu'il prétendait que la série, $1 - 1 + 1 - 1 + \ldots$ a pour somme $\dfrac{1}{2}$, parce qu'il y a égale probabilité qu'elle s'arrête à 1 qu'à -1, et qu'il y a lieu, dès lors, de prendre la moyenne des deux sommes également possibles, 1 et 0. Cette idée singulière a été étendue par Euler, qui sommait les séries indéterminées obtenues en faisant $x = 1$, dans le développement de $\dfrac{1}{(1 - x^n)}$, et même des séries manifestement divergentes.

On peut ajouter que, longtemps, on se refusa à croire à l'existence de plus de cinq planètes, ce nombre étant celui des polyèdres réguliers; et même Kepler, entre autres hypothèses bizarres, émit celle que les distances des planètes sont déterminées par l'inscription des polyèdres réguliers les uns dans les autres.

La place disponible pour le présent Rapport étant limitée, il n'a pas été possible de donner ici la liste d'erreurs annoncée : elle le sera dans une des prochaines séances du Congrès de Nîmes. Il ne sera, d'ailleurs, question que d'erreurs de raisonnements et non d'erreurs matérielles, telles que celles provenant des calculs, des mesurages, des transcriptions, des omissions, etc.

M. A. AUBRY.

ERREURS DE MATHÉMATICIENS (QUESTION A L'ORDRE DU JOUR).

5 Août.

Alors que la science mathématique, à peine sortie de l'empirisme de ses débuts, se bornait aux opérations les plus simples de l'Arithmétique, et aux descriptions des figures les plus élémentaires de la Géométrie, peut-on taxer d'erreur les Babyloniens qui parlaient de bassins circulaires ayant, par exemple, dix coudées de largeur et trente coudées de tour ? De même les Égyptiens, qui donnaient l'équivalent de la formule $\dfrac{9}{8}\mathrm{D}$ pour la surface du cercle, ab pour celle d'un triangle isoscèle de côtés a, b, b, et $\dfrac{a+b}{2}\,c$ pour celle du trapèze isoscèle a, c, b, c ?

Mais chez les Grecs, qui avaient fait une science de la Mathématique, comment expliquer la naissance des rêveries psychiques et cosmiques des pythagoriciens sur les nombres, sur le cercle, sur la division en moyenne et extrême raison, etc. ? Parlera-t-on du nombre nuptial de Platon et de cent autres fantaisies analogues ? simples symboles peut-être dans l'idée de leurs auteurs et devenus dogmes chez leurs disciples, qui avaient perdu de vue ou mal compris le symbolisme primitif.

Doit-on compter au nombre des erreurs de mathématiciens le célèbre sophisme de Zénon d'Elée, d'après qui, en admettant qu'Achille va dix fois plus vite qu'une tortue, ne l'atteindra jamais, si celle-ci a dix pas d'avance sur Achille ? En effet, disait-il, pendant qu'Achille fait dix pas, la tortue en fait un ; pendant qu'il fait ce pas, elle en fait un dixième ; et ainsi de suite : elle ne l'atteindra donc jamais. Ici l'erreur venait de ce que le raisonnement tendait à faire croire que la somme des temps est infinie : or, non seulement elle est finie, mais elle est même aisée à déterminer. Zénon voyait surtout de la difficulté à admettre la divisibilité à l'infini de l'espace et du temps, bien que cette division tout artificielle fût simplement supposée par lui. Ce sont surtout ces sophismes qui ont empêché la science infinitésimale de se faire jour dès cette époque, par la crainte qu'avaient les géomètres de s'égarer en raisonnant sur l'infini lui-même.

Antiphon, partant de polygones réguliers inscrits, dont on double successivement le nombre des côtés, concluait que les propriétés des polygones s'étendent au cercle, qui n'en est qu'un cas particulier, et par conséquent, qu'il est quarrable comme eux.

Bryson paraît avoir cru que la surface du cercle étant comprise entre les carrés inscrits et circonscrits, elle est égale à celle du carré inscrit à l'un et circonscrit à l'autre, puisque celle-ci est également comprise entre celles des deux premiers carrés.

Hippocrate a été accusé, à tort, semble-t-il, d'erreur dans ses essais d'extension au cercle de la quadrature de ses lunules.

Aristote, dans ses questions mécaniques, a abouti à de nombreuses erreurs; on signalera seulement les applications du principe du levier aux machines simples et sa théorie des vitesses en différents points d'une roue en mouvement. Cette nouvelle science qui, beaucoup plus que la Géométrie, vit d'expériences, devait fatalement conduire à des absurdités dès qu'on la traiterait comme une science *a priori*, au lieu d'en faire un simple recueil d'observations classées et coordonnées, qui devaient en suggérer de nouvelles et aboutir ainsi à un corps de doctrine cohérent et utile. Mais pouvait-on espérer que les théories physiques s'édifieraient aussi facilement à une époque où le rôle de l'expérience dans les sciences était loin d'être compris.

Les *Éléments* d'Euclide, malgré la renommée si méritée que leur a valu l'admirable logique qui a présidé à leur rédaction, ne sont pas exempts de défauts, de lacunes, et même de quelques légères erreurs. Ainsi, dès le début, ses définitions du point, de la droite, de l'angle et du plan sont absolument insuffisantes et autant dire insignifiantes; à ses hypothèses, il eût dû ajouter celle de l'invariabilité d'une figure plane transportée d'une façon quelconque dans son plan ou dans l'espace, et plusieurs autres qu'il admet implicitement dans ses démonstrations; dans sa construction d'un triangle équilatéral dont on donne deux sommets, il omet de faire voir que les deux arcs de cercle doivent nécessairement se couper; pour la construction d'un triangle dont on donne les trois côtés, il oublie de montrer que tout côté doit être plus petit que la somme des deux autres; il néglige un cas de la figure en démontrant qu'au plus grand angle correspond le plus grand côté. Ses définitions des solides égaux ou semblables sont tout à fait défectueuses (*), et les démonstrations de ces deux propositions : *si une partie d'une droite est dans un plan, elle y est toute entière*, et *deux droites qui se coupent déterminent un plan* constituent de vraies pétitions de principe. On lui reproche un défaut de

---

(*) Elles n'ont été éclaircies que par Cauchy.

méthode dans son exposition, l'usage abusif des figures et de ne pas toujours procéder du simple au composé.

La méthode infinitésimale des Anciens, créée par Démocrite et Eudoxe, perfectionnée par Euclide et Archimède, dissimulait l'infini sous des raisonnements qui ne s'appliquaient qu'en apparence à des quantités finies. Les écrits d'Archimède récemment découverts font connaître en même temps la véritable méthode de découverte suivie par les Anciens et celle que ce grand géomètre voulait lui substituer : celle des indivisibles.

Dans la *Catoptrique* attribuée à Euclide, le foyer d'un miroir sphérique convexe est supposé au centre de la sphère.

Euclide et Apollonius, au dire de Pappus, ont échoué dans leur tentative de solution du célèbre problème *ad quatuor lineas*, solution donnée généralement par Descartes.

Archimède, dans sa théorie des centres de gravité, fait parallèles tous les rayons terrestres. On lui reproche les longs détours et les difficultés de ses démonstrations de la spirale et des corps flottants, qu'il aurait grandement simplifiées en introduisant les transformations algébriques qu'il avait sûrement trouvées d'abord. Un reproche plus grave est d'avoir dit sans preuve que, comme dans le triangle, *le centre de gravité du segment parabolique divise l'axe dans un rapport constant*, ce qui est loin d'être évident; mais peut-être le texte a-t-il souffert en cet endroit. On voit avec peine que, contrairement à nombre de bons esprits de l'Antiquité, il plaçait la Terre au centre du Monde.

Les Anciens considéraient les deux branches de la conchoïde comme des courbes différentes; de même, ils croyaient la cissoïde terminée à la circonférence génératrice, d'où son nom; même observation pour la quadratrice; Archimède lui-même n'a considéré la spirale que dans la partie correspondant aux vecteurs positifs. Les lumières de l'algèbre leur manquaient pour qu'ils puissent voir tout ce que contenaient leurs découvertes. Cela est d'ailleurs d'autant plus à remarquer que l'ensemble des deux branches de l'hyperbole constituant une même courbe aurait dû les guider vers un examen plus approfondi de la question. Il convient d'ajouter que Descartes, Fermat, Roberval et d'autres croyaient de même que le folium est composé de quatre feuilles; et que les géomètres qui, peu après, imaginèrent la strophoïde, la croyaient formée de deux courbes à boucle adossées par leurs sommets.

Hypsiclès, qui le premier imagina d'utiliser les différences successives pour la construction des Tables astronomiques, semble avoir cru qu'il suffit pour cela de faire égales les différences secondes.

Ptolémée a essayé de démontrer l'axiome XI d'Euclide (*), et de

---

(*) Improprement appelé *postulatum* d'Euclide. On sait que, malgré tous ses efforts Legendre est arrivé seulement à prouver que *la somme des angles d'un triangle ne peut surpasser deux droits*. Tout ce qu'on a pu démontrer du reste du postulatum, c'est qu'il est indémontrable.

prouver qu'il ne peut y avoir de géométrie de plus de trois dimensions (*).

Pappus pensait pouvoir calculer la force nécessaire pour tirer un fardeau sur un plan incliné, connaissant celle qu'il faut pour le tirer sur un plan horizontal.

Eutocius a cru pouvoir démontrer qu'*un arc concave est plus petit que la somme des tangentes à ses extrémités*, en menant entre celles-ci une troisième tangente, puis deux autres comprises entre les trois premières, puis quatre autres comprises entre les précédentes, et ainsi de suite, ce qui fournit une série de polygones circonscrits de longueurs décroissantes, lesquelles paraissent tendre vers une limite qui ne peut être, disait-il, que la longueur de l'arc (**).

Aryabhatta a, pour le volume de la pyramide, donné la règle de multiplier la base par la moitié de la hauteur, et, pour la sphère, celle de multiplier la circonférence par le rayon, puis le produit par sa racine carrée.

Brahmegupta a indiqué $\sqrt{10}$ pour la valeur du nombre π. On doit rechercher l'origine de cette expression dans l'application de la formule

$$a + \frac{1}{2a} < \sqrt{a^2 + 1} < a + \frac{1}{2a + 1},$$

connue des Anciens, à la limite supérieure $3\frac{1}{7}$ du nombre π donnée par Archimède.

Aboul-Djoud a pensé résoudre l'équation cubique en étendant par induction à l'équation $x^3 + a = bx$, la règle connue pour la solution de $x^2 + a = bx$.

Alkayyami, qui le premier a résolu l'équation cubique en général à l'aide des sections coniques, n'admettait pas les racines égales, ni les racines négatives. Son erreur a été partagée par tous les algébristes jusqu'à Albert Girard et Descartes. Il négligeait même certaines racines positives, ce qui est d'autant plus surprenant que la méthode graphique qu'il employait eût dû les lui donner toutes : cette incomplète interprétation des résultats fournis provient, comme le remarque Wœpcke, de la mauvaise habitude qu'on avait alors de ne tracer dans les constructions géométriques que des demi-circonférences, des demi-paraboles, etc.

Aboul-Wefa a donné de fausses constructions de l'inscription du carré dans le pentagone régulier; de la division d'un triangle ou d'un trapèze en deux parties égales séparées par un chemin d'une largeur donnée;

(*) Cette question a été examinée bien des fois de nos jours, et on ne l'a encore ni prouvée ni improuvée rigoureusement.

(**) On voit bien que ces longueurs décroissent de plus en plus, tout en restant supérieures à la corde de l'arc, et tendent par conséquent vers une certaine limite; mais il faudrait prouver que la limite est indépendante du mode de doublement des côtés du secteur polygonal.

et de la division de la surface sphérique en six carrés ou vingt triangles équilatéraux.

Cusa prenait pour un arc de cercle la trajectoire (cycloïde) du point d'une circonférence roulant sur une droite.

Bungo croyait que *toùs* les nombres de la forme $2^{n-1} (2^n - 1)$ sont parfaits et cette erreur était encore partagée par Ozanam, cependant arithméticien de valeur.

Stifel a avancé que les nombres de la forme $2 . 4^n - 1$ sont premiers, amorce de cette irritante question des nombres premiers encore si peu avancée aujourd'hui malgré les travaux des plus illustres arithméticiens.

Cardan a cru que $+$ par $-$ peut être indifféremment $+$ ou $-$. C'est lui du reste qui a commencé les premières divagations sur les expressions imaginaires, divagations qui ont été suivies de tant d'autres jusqu'à ce qu'on se soit avisé de remonter à la source d'où elles proviennent, et qu'on ait analysé les conditions de leur apparition sur la scène mathématique.

Il serait aisé de grossir le présent article, mais ce qui y est dit paraît bien suffisant. Toutefois on pourrait désirer, au point de vue de l'enseignement à en tirer, une analyse plus complète des erreurs relevées, avec l'historique de certaines d'entre elles; mais ce serait peut-être hors de proportion avec l'importance du sujet, laquelle, bien que réelle, n'est que secondaire.

<hr>

M. Louis FAVRE,

Professeur (Paris).

<hr>

ERREURS DE MATHÉMATICIENS (QUESTION A L'ORDRE DU JOUR.)

51 (69)

6 Août.

Dans l'ensemble des erreurs commises par les mathématiciens, on peut distinguer les erreurs de solution (propositions fausses) et les erreurs de raisonnement (raisonnements défectueux). La distinction est non seulement admissible en logique, mais encore utile en pratique : on peut, en effet, donner d'une proposition vraie une démonstration fausse ou sans valeur (comme le professeur le voit faire parfois à ses élèves).

L'occasion d'appliquer cette distinction se présente dans le cas de la *démonstration de l'impossibilité du mouvement perpétuel.* Celui qui admet la vérité de la proposition correspondante ne peut manquer pourtant de trouver fausse ou sans valeur la démonstration qui en est parfois donnée.

Le raisonnement défectueux est celui qui se présente de la façon suivante. Après avoir constaté : 1° qu'il existe des ignorants qui cherchent le mouvement perpétuel, 2° qu'il est utile, pour empêcher ceux-ci de perdre leur temps, de démontrer l'impossibilité de ce qu'ils cherchent, on énonce la définition qui suit :

« Le mouvement perpétuel est une machine qui régénérerait en elle-même la force motrice qui a servi à la mettre en jeu »,
ou encore
« une machine dans laquelle le travail utile serait supérieur au travail moteur ».

Puis on démontre — ou l'on montre — avec raison, que les machines ne peuvent créer de l'énergie et ne font que transformer celle-ci, que T_u est toujours inférieur à T_m, que, par conséquent, le mouvement perpétuel tel qu'on l'a défini est impossible. Puis on conclut — plus ou moins explicitement et avec plus ou moins de clarté — que la démonstration s'applique à l'objet que les ignorants cherchent à réaliser.

Le raisonnement qui fait conclure ainsi est juste, si ce qui est cherché est bien ce que le mathématicien a défini arbitrairement. Mais il serait défectueux, si ce que les ignorants cherchent était autre chose. Or, l'expérience montre que c'est autre chose.

En effet, la considération théorique du rapport entre le travail moteur et le travail utile, dont le mathématicien a souci, laisse indifférent l'ignorant, dont les préoccupations sont exclusivement pratiques et économiques. Le mouvement perpétuel que ce dernier voudrait réaliser serait, non pas celui du mathématicien, mais

« une machine qui partout marcherait continuellement et utilement sans que l'homme ait à se soucier de l'approvisionnement en énergie »,
ou encore (comme dit Delaunay)
« une machine... qui ne nécessite aucune autre dépense habituelle que celle de son entretien ».

Et, par exemple, un mouvement perpétuel de seconde espèce avec intervention gratuite du milieu ambiant pourrait correspondre à cette définition et satisfaire le chercheur.

Il suffit de préciser les cas pour voir que la démonstration classique ne s'applique pas au dernier, et que le raisonnement qui prétend faire l'application est défectueux — même s'il est exprimé de façon assez obscure pour qu'on n'en saisisse pas immédiatement le défaut (*).

(*) Certains auteurs qui définissent assez exactement — à la manière de Delaunay — l'objet réellement cherché font un raisonnement qui est mauvais pour une autre raison que la précédente.

Alors que leur définition très large (par exemple : « machine qui... soit capable de

En résumé, nous devons examiner séparément (en mathématiques comme ailleurs) la valeur des solutions et celle des raisonnements qui y conduisent, une solution vraie pouvant être accompagnée d'un raisonnement faux. Dans certaines démonstrations classiques de l'impossibilité du mouvement perpétuel il y a une erreur de raisonnement, qui consiste — après qu'on a donné une définition arbitraire du mouvement perpétuel et démontré l'impossibilité de la chose ainsi définie — à conclure que, en vertu de la même démonstration, la chose, toute différente, que les ignorants cherchent en lui donnant le nom de *mouvement perpétuel*, est impossible aussi.

Le raisonnement erroné qui est signalé ne devrait plus figurer dans les livres classiques : il est d'une mauvaise pédagogie d'habituer les élèves aux mauvais raisonnements.

M. Le Commandant E. LITRE,

(Toulouse).

THÉORIE DU PENDULE DE FOUCAULT (suite) (*). LA GYRATION.

5?.536

1er Août.

1. Lorsqu'un mouvement de rotation se compose avec le mouvement terrestre, le mouvement composé est plan ; et la trajectoire est une ellipse qui pivote incessamment autour de l'intersection de l'axe terrestre avec le plan du mouvement. Ce plan est, d'ailleurs, le plan bissecteur extérieur de l'angle formé par les axes représentatifs des deux rotations composantes (**).

Soit (*fig.* 1) une coupe du plan méridien. Considérons d'abord le cas où

---

produire indéfiniment du travail utile ») n'exclut pas le cas de l'utilisation d'une énergie extérieure gratuite, ils concluent comme les premiers auteurs, qui l'avaient écarté. Or, dans le cas indiqué, la conclusion énoncée n'est plus vraie ou démontrée vraie.

Ainsi : ou bien la définition donnée correspond à l'objet réellement cherché par les ignorants, et alors on ne démontre pas — comme on croit le faire — que celui-ci est impossible ; ou bien on démontre que l'objet défini est impossible à réaliser, mais alors ce qu'on a défini n'est pas l'objet cherché, et l'application qu'on fait à l'objet cherché d'une démonstration qui ne le concerne pas résulte d'un raisonnement faux.

(*) *Voir* la première Partie de cette étude au Volume du Congrès de Dijon, p. 38.

(**) Ce théorème a été publié dans l'*Enseignement mathématique* du 15 janvier 1909, sous ce titre : *Un peu plus de cinématique.* Il a été présenté aussi au Congrès de Dijon et à celui de Nîmes.

l'axe d'oscillation du pendule est couché sur le méridien horizontal HH'
(disposition P ou du Panthéon). Dans le battement d'Est en Ouest,
l'axe représentatif doit être porté sur GH'; le plan du mouvement
composé est alors GE, et le centre de pivotement est P. Et puisque l'on
reporte le mouvement du pendule au plan horizontal HH', le point de
pivotement sur ce plan sera P_1, projection orthogonale de P. Dans le
battement d'Ouest en Est, le plan du mouvement composé est GE', le
pôle du pivotement P' et sa projection sur le plan horizontal P'_1.

En désignant par R le rayon terrestre, L la longueur du pendule,
λ la latitude du lieu, on a pour les rayons de pivotement

$$GP = \frac{R\cos\lambda}{\cos\frac{\lambda}{2}}, \qquad GP' = \frac{R\sin\lambda}{\sin\frac{\lambda}{2}};$$

$$GP_1 = R\cos\lambda\,\tan\frac{\lambda}{2}; \qquad GP'_1 = R\cos\lambda\,\cot\frac{\lambda}{2},$$

$$\frac{1}{2}(GP_1 + GP'_1) = R\cot\lambda = GH.$$

GH est donc la moyenne des rayons de pivotement des battements
pairs et impairs. Et c'est pourquoi la formule du sinus, donnée dès le
premier jour et qui correspond à un pivotement
dont le centre est supposé au point H (*) peut
être suffisamment approchée pour une expérience donnée.

Mais de ce que GH est la moyenne des
rayons, il ne s'ensuit pas que le pivotement
autour de H soit aussi la moyenne, parce
qu'il s'exerce, dans les deux battements, sur
des ellipses différentes et différemment disposées. Dans le battement d'Est en Ouest
l'ellipse est resserrée dans le sens du méridien. Son grand axe est L, son petit axe
$L\tan\frac{\lambda}{2}$; la gyration s'exerce sur un mobile

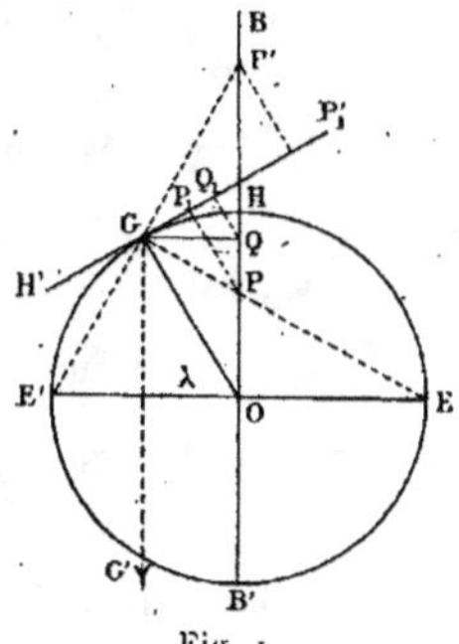

Fig. 1.

placé au sommet du petit axe de sa trajectoire. Dans le battement inverse, l'ellipse est dilatée dans le sens du méridien; son petit axe est L,
son grand axe $L\cot\frac{\lambda}{2}$; elle est semblable à l'ellipse du premier battement, mais le mobile se trouve au sommet du grand axe.

2. Considérons maintenant une disposition Q, où le pendule, ayant son
axe d'oscillation dans le sens du parallèle, bat dans le plan du méridien.
La perpendiculaire commune à l'axe d'oscillation et à l'axe terrestre

---

(*) *Voir* la première Partie de cette étude au Volume du Congrès de Dijon, p. 38.

est alors GQ. Le mouvement composé a lieu dans le plan mené par GQ et bissecteur de l'angle droit formé par les deux axes. Ce plan sera donc à 45° sur le plan du méridien, la partie supérieure penchant vers l'Est dans le battement Nord-Sud; et vers l'Ouest dans le battement Sud-Nord. Les ellipses décrites dans ces plans par le mobile sont égales : elles ont le petit axe sur GQ et égal à L; leur grand axe est $L\sqrt{2}$, et l'aire de l'ellipse $\pi L^2\sqrt{2}$. Projetons l'une de ces ellipses sur le plan horizontal GH (*fig.* 1). L'angle des deux plans sera le troisième dièdre (C) d'un trièdre, rectangle en GH, où le dièdre selon GQ est 45°, et la face HGQ $= 90° - \lambda$. On a donc

$$\cos(C) = \cos 45° \cos HGQ, \qquad \cos(C) = \frac{\sqrt{2}}{2}\sin\lambda;$$

et l'aire de l'ellipse projetée sera $\pi L^2 \sin\lambda$.

D'autre part le plan méridien, qui sera le plan projetant du petit axe, devra être un plan de symétrie des ellipses projetées. Ces ellipses auront,

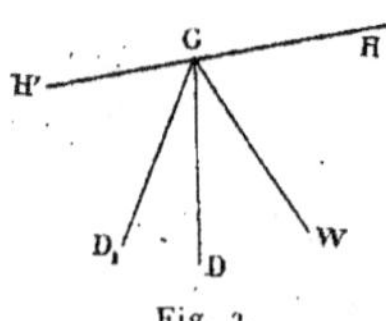

Fig. 2.

sur la projection, un diamètre commun, lequel sera la projection du petit axe, et aura comme longueur $L \sin\lambda$. La projection du grand axe sera, dans chaque ellipse, le diamètre conjugué du diamètre commun. Appelons f l'angle de ces diamètres. Soit (*fig.* 2) GH le méridien sur lequel sera le diamètre commun; GW le parallèle, GD_1 le diamètre conjugué, projection du grand axe GD. $GWDD_1$ est un trièdre rectangle selon GD_1, où la face hypoténuse WGD $= 45°$ et le dièdre selon GW égal à λ. On déduit

$$\tan WGD_1 = \tan DGW \cos\lambda, \qquad \text{soit} \qquad \cot f = \cos\lambda.$$

Pour la latitude de 45°, on a

$$f = 54°45'.$$

On a encore, dans le même trièdre, en appelant d l'angle DGD_1

$$\sin DGD_1 = \sin DGW \sin\lambda,$$

soit

$$\sin d = \frac{\sqrt{2}}{2}\sin\lambda;$$

On déduit de la valeur de cet angle d la longueur ρ de la projection du grand axe de l'ellipse de l'espace

$$\rho = L\sqrt{2}\sqrt{1 - \frac{1}{2}\sin^2\lambda} = L\sqrt{2 - \sin^2\lambda}.$$

Pour la latitude de 45°, $\rho = \sqrt{1,50}\,L = 1,22\,L$. A Paris, $\rho = 1,19\,L$; Genève (où $\lambda = 46°12'$), $\rho = 1,216\,L$.

Si, au lieu de supposer le plan horizontal mené par le point de suspension même, on l'abaisse à une position inférieure, les deux ellipses s'écartent symétriquement de la corde commune qui demeure sur le méridien. Le centre de l'ellipse du battement Nord-Sud est rejeté du côté où penche la partie supérieure du plan du mouvement réel, soit à l'Orient; et ce centre vient en même temps au sud du parallèle. Le centre de l'ellipse du battement Sud-Nord ira à l'Occident et encore au sud du parallèle. Il n'y a pour les deux ellipses qu'un pôle de pivotement, qui est (*fig.* 1) sur le méridien, au point Q; et la distance polaire est

$$GQ_1 = R \cos \lambda \sin \lambda.$$

Nous observerons que le pendule ne devrait, en toute rigueur, être supposé dans l'une des dispositions P ou Q que pendant une oscillation, puisque, dès que celle-ci a eu lieu, une déviation du plan d'oscillation s'est produite, et le mobile se trouve donc battre dans une disposition intermédiaire. On peut considérer cependant que les modifications demeurent insensibles durant un certain nombre d'oscillations après la première.

Nous reviendrons, d'ailleurs, plus loin sur les dispositions intermédiaires.

3. *Qu'est-ce au juste que la gyration?* — Provient-elle seulement, ainsi que Poinsot semble l'avoir pensé, de ce que les repérés tournent, en vertu du mouvement terrestre, pendant le temps que le pendule se balance? S'il en était exactement ainsi, les pôles de pivotement importeraient peu; le pivotement serait angulairement égal et il irait dans le même sens, en tout point d'un même plan horizontal.

Dans le fait, il n'en est pas ainsi, et on le sait depuis 1851. Les expériences du général Dufour à Genève ont établi qu'un même pendule exige, pour dévier son plan de 25°, savoir : en partant de la position P, 2 heures 6 minutes 55 secondes, et en partant de la position Q, 2 heures 22 minutes 33 secondes; d'où ressort une différence de plus de 15 minutes entre les deux dispositions. La règle du sinus donnerait 2 heures 18 minutes 22 secondes (*). D'autre part, les expériences de M. d'Oliveira à l'Observatoire de Rio-Janeiro ont mis en évidence le sens différent de la gyration dans les deux mêmes cas (**).

Il est permis, néanmoins, de dire, en un certain sens, que la gyration est l'affaire des repères et n'intéresse pour ainsi dire pas le pendule : car on peut concevoir distinctement les vitesses que le mobile possède dans son mouvement tropique, et les vitesses de pivotement de la trajectoire dans son plan, et attribuer celles-ci indifféremment à la trajectoire ou, en sens contraire, aux repères. Mais la mesure de la gyration n'en est pas moins fonction, elle aussi, du mouvement que le mobile possède en propre dans le système entraîné.

(*) *Comptes rendus de l'Académie des Sciences*, 2ᵉ sem. 1851, p. 13.
(**) *Ibid.*, p. 582.

Car tout corps compris dans le système terrestre, qu'il soit fixe ou mobile, participe au mouvement diurne. La mesure est seulement différente pour les points fixes et pour le point mobile, étant constante pour les premiers et variable pour le second. Il n'y a donc, à chaque instant, d'apparent dans le système entraîné que la différence entre l'effet produit sur les repères qui sont au repos relatif et l'effet qui peut être communiqué au point mobile. *La gyration est cet effet apparent et par conséquent différentiel.* La précision que nous apportons ainsi dans la définition de la gyration va nous rendre compte de toutes les particularités relevées dans les expériences de Foucault et de ses imitateurs.

4. La gyration étant la différence entre le pivotement des points et le pivotement spécial au mobile au repos, restera la même si nous attribuons aux uns et aux autres une translation commune. Or, menons par le point de suspension G (*fig.* 1) une parallèle GG' à l'axe terrestre : nous pourrons, à chaque instant, substituer à la rotation autour de OB, une rotation d'égale vitesse dièdre autour de GG', plus une certaine translation. Celle-ci pourra être négligée, et il suffira pour l'évaluation de la gyration de tenir compte de la vitesse dièdre β s'effectuant autour de GG'.

Cette vitesse se traduira par des vitesses angulaires différentes dans les différents plans que nous avons à envisager autour du point G. Sur nos plans EG et E'G les trajectoires sont des ellipses, et sur chacune les vitesses angulaires varient selon le point du pourtour qu'on considère. Mais on peut obtenir plus de régularité en envisageant les vitesses aréolaires.

La vitesse dièdre β, étant uniforme, détermine dans un plan normal à l'axe GG' des secteurs circulaires égaux dans des temps égaux. Il en résultera également sur les plans EG et E'G respectivement des secteurs elliptiques égaux dans des temps égaux, puisque, si on les projetait orthogonalement sur la section normale à l'axe, ils auraient pour projection unique les secteurs circulaires susdits. Et si nous projetons encore nos mouvements elliptiques sur un plan horizontal, soit mené par le point G, soit inférieur, la même propriété se conservera dans la nouvelle projection : nous aurons donc sur nos ellipses-trajectoires des secteurs égaux décrits dans des temps égaux, ces secteurs ayant pour sommet le centre de leur ellipse respective, en quelque point que ce centre se trouve rejeté par les combinaisons projectives.

Soit, sur l'une de ces ellipses, a et b les axes, e l'excentricité, ρ le rayon elliptique mené du centre, dt l'un des intervalles de temps infiniment petits égaux, et $d\beta_1$ l'angle du secteur infiniment petit décrit dans cet intervalle, C étant la constante des aires, T le jour sidéral et μ la vitesse angulaire moyenne; on aura

$$\frac{1}{2}\rho^2 \, d\beta_1 = C \, dt, \qquad C = \frac{\pi ab}{T}, \qquad \mu = \frac{2\pi}{T},$$

d'où

$$d\beta_1 = \frac{2\pi ab}{T\rho^2} \, dt = \mu \, dt \frac{ab}{\rho^2}.$$

La gyration, étant la différence entre le pivotement moyen $\mu\,dt$ qui convient aux repères et le pivotement imposé au mobile, sera

$$\gamma = \mu\,dt\left(1 - \frac{ab}{\rho^2}\right),$$

et pendant la durée θ d'un battement

$$\gamma = \mu\theta\left(1 - \frac{ab}{\rho^2}\right);$$

la durée θ n'est d'ailleurs que d'un petit nombre de secondes.

Nous observerons que tous les angles $d\beta$ sont décrits dans le sens de la rotation terrestre, que nous prendrons invariablement pour le sens positif, soit qu'on l'envisage dans le mouvement absolu ou dans le mouvement apparent. La gyration sera donc positive quand la fraction $\frac{ab}{\rho^2}$ sera moindre que l'unité et négative quand cette fraction dépassera l'unité.

5. Appliquons notre formule au cas de la disposition P.

Dans le premier battement en partant de l'Est, le mobile se trouve au sommet du petit axe de l'ellipse trajectoire; $\rho = b$, et l'on a, en tenant compte des valeurs de a et de b précédemment données

$$\gamma_1 = \mu\theta\left(1 - \frac{a}{b}\right) = \mu\theta\left(1 - \cot\frac{\lambda}{2}\right).$$

La gyration est négative, c'est-à-dire comme on a l'habitude de l'indiquer, dans le sens du mouvement de la sphère céleste. Dans le deuxième battement, le mobile est placé au sommet du grand axe de son ellipse; $\rho = a$, et l'on a

$$\gamma_2 = \mu\theta\left(1 - \operatorname{tang}\frac{\lambda}{2}\right);$$

cette gyration est positive. Mais si nous examinons l'effet produit au bout d'une oscillation complète, sur un tas de sable disposé au point de départ, nous constaterons une gyration totale égale à

$$\gamma_1 + \gamma_2 = \mu\theta\left(2 - \frac{2}{\sin\lambda}\right),$$

laquelle apparaitra dans le sens du premier battement.

Ainsi, la gyration parait s'exercer toujours dans ce même sens; mais on a bien remarqué que *la tranche de sable abattue sur le tas occidental était plus forte que sur le tas oriental*. Et cette observation témoigne qu'il y a dans le second battement un retardement de l'action terrestre et que la gyration n'est pas un effet identique partout.

La gyration moyenne par battement dans la disposition P sera donc

$$\gamma_p = \mu\theta \left(1 - \frac{1}{\sin\lambda} \right).$$

Dans la disposition Q, soit dans l'un, soit dans l'autre battement, le mobile se trouve à l'extrémité d'un diamètre également voisin du petit axe de son ellipse : la gyration aura donc le même sens dans les deux, et ce sera le sens positif. Sa valeur, d'après les données de l'ellipse (calculées § 2), où $ab = L^2 \sin\lambda$ et $\rho^2 = L^2 (2 - \sin^2\lambda)$, est

$$\gamma_q = \mu\theta \left(1 - \frac{\sin\lambda}{2 - \sin^2\lambda} \right).$$

Cette valeur est toujours plus faible que la précédente. Elle n'arrive à l'égalité qu'au pôle, où les deux gyrations sont également nulles. Car l'inégalité $\frac{1}{\sin\lambda} - 1 > 1 - \frac{\sin\lambda}{2 - \sin^2\lambda}$ équivaut à $\sin^3\lambda - 2\sin\lambda + 1 > 0$; or ce trinôme s'annule au pôle et a la valeur 1 à l'équateur. Et puisque γ_p est plus grand que γ_q, il faudra donc, pour atteindre un même angle de déviation du plan d'oscillation, plus de gyrations, ou d'oscillations ou de temps dans la disposition Q, et moins dans la disposition P.

Mais le rapport exact des temps ne saurait s'obtenir par celui des gyrations initiales de l'un et l'autre cas. Car dans la disposition P et le battement nº 1, le mobile étant à l'extrémité du petit axe, son pivotement élémentaire est un maximum et doit aller en se réduisant à mesure que ρ augmente. Au contraire, dans le battement nº 2, le mobile étant au sommet du grand axe, le pivotement est un minimum, qui doit aller en augmentant à mesure que ρ diminue. Pour les deux causes, simultanément, la gyration moyenne γ_p qui est au fond une demi-différence, ira en se réduisant aux oscillations ultérieures. Quant à la gyration γ_q partant du voisinage du grand axe, elle se maintient très voisine de son minimum, avec tendance à l'augmentation pour l'un des battements et à diminution pour l'autre; la moyenne par battement sera la demi-somme des valeurs des deux battements et, puisqu'elles sont de même sens, variera fort peu.

Le rapport de γ_p à γ_q ira donc en s'atténuant de l'oscillation initiale aux oscillations subséquentes. C'est pourquoi le rapport des temps qui, pour la latitude de Genève, est de $\frac{123}{171}$ ou $\frac{6,5}{9}$ à la première oscillation, devient à l'expérience, quand il s'agit d'obtenir la déviation de 25°, $\frac{126 \text{ min.}}{142 \text{ min.}}$ soit très peu plus que $\frac{6,5}{8}$, ou que $\frac{8}{9}$.

6. Les dispositions P et Q sont deux cas limites. Supposons que l'axe d'oscillation du pendule puisse librement pivoter dans un plan horizontal autour du point d'attache, le pendule, obéissant à la gyration, battra successivement dans différentes positions intermédiaires.

Sur notre plan horizontal de comparaison (mené par le point d'où part le pendule), les ellipses-trajectoires et les cordes communes pivoteront autour de la verticale. Et ces ellipses varieront en même temps : leurs centres tendent à passer de leurs positions sur le méridien à celle près du parallèle, ou inversement; et les positions de ces centres, aussi bien que les excentricités sont dissemblables aux deux limites. Mais un fait principal domine le détail de ces variations. C'est que si l'on part de la disposition Q, la gyration est *sinistrorsum* et si l'on part de la disposition P, *dextrorsum*. Les centres des ellipses des dispositions P ou Q marchent donc l'un vers l'autre et les déformations de ces ellipses tendent à les rapprocher d'un même type. Il existe donc entre méridien et parallèle une disposition intermédiaire, à partir de laquelle aucune gyration ne peut plus se poursuivre, car si l'on en supposait une d'un côté ou de l'autre, le plan d'oscillation serait rejeté vers la position qu'il serait supposé quitter. Et à cette position de gyration nulle l'ellipse-trajectoire prendra la forme intermédiaire qui est l'aboutissement commun de celles des dispositions P ou Q. Mais à travers toutes les variations le mobile reste soumis, pour son pivotement, à la loi des secteurs égaux dans des temps égaux, applicable à chaque battement sur l'ellipse de ce battement. Sur l'ellipse des battements de gyration nulle, il occupera donc la position neutre qui existe sur toute ellipse, celle en laquelle le pivotement du mobile est égal au pivotement moyen, $\mu\theta$, celui des repères.

De quelque position initiale qu'on parte, on est donc certain qu'*un pendule libre ne déviera jamais que d'une fraction d'un quart de tour* avant de se fixer en une position que son plan d'oscillation ne quittera plus. L'existence d'une position de gyration nulle a été établie, dès 1851, par les expériences de M. d'Oliveira à l'Observatoire de Rio-Janeiro.

7. *Étude des positions intermédiaires.* — Soit (*fig.* 3) GA, une position intermédiaire de l'axe d'oscillation, et FGF'G', le petit cercle de la sphère terrestre coupé par le plan AGG'. Les bissectrices de l'angle AGG' et de son supplément passent au milieu des axes GFG', GF'G'. Les points F et F' sont donc sur le plan mené perpendiculairement au milieu de GG', soit le plan de l'équateur. Les bissectrices des angles de toutes les positions sont donc les génératrices du cône oblique qui a pour sommet G et pour base le cercle équatorial EFE'F'.

Menons par le point G une droite GY perpendiculaire au plan AG'G : GY sera perpendiculaire commune aux deux axes de rotation GA et GG'. Le plan bissecteur desdits axes comprendra donc GY et une génératrice du cône, qui sera GF pour l'un des battements, GF' pour l'autre. L'ellipse-trajectoire de l'espace aura son petit axe égal à L, sur GY : les petits axes de toutes les ellipses analogues décrivent un cercle de rayon L, parallèle à l'équateur. Les grands axes des mêmes ellipses sont sur les génératrices du cône. La longueur de ces axes, en appelant Ψ l'angle

AGG', d'où FGI $= \dfrac{\Psi}{2}$, doit être $\dfrac{L}{\cos\dfrac{\Psi}{2}}$. Portons sur GG' une longueur

GI $=$ L, et menons par I un plan perpendiculaire à GI, soit parallèle à l'équateur : ce plan coupera toutes les génératrices du cône à la longueur voulue pour les grands axes et les extrémités de ceux-ci sont sur un cercle parallèle à l'équateur.

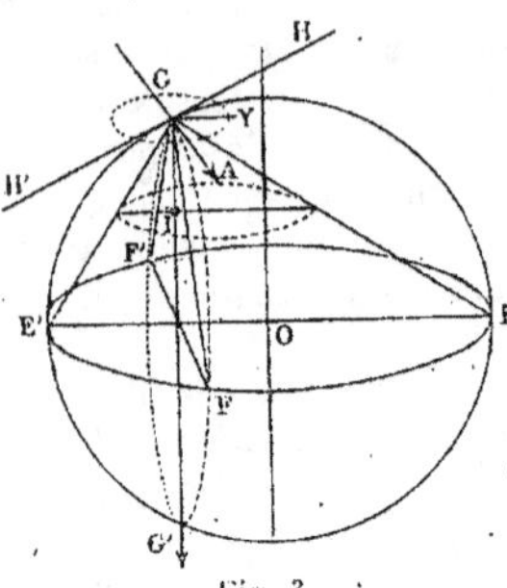

Fig. 3.

Projetons orthogonalement sur le plan horizontal le cercle des GY : la projection sera une ellipse ENWS (*fig.* 4) ayant son grand axe égal à L, sur le parallèle, et son petit axe égal à L sin λ, sur le méridien. Projetons de même le cercle qui limite les grands axes. La projection (non figurée) sera une ellipse homothétique à ENWS : la longueur de l'axe disposé sur le méridien sera L, et le rapport de similitude $\dfrac{1}{\sin\lambda}$. Les génératrices du cône qui correspondent

aux battements pair ou impair d'une même position, étant les bissectrices de deux angles supplémentaires, sont à angle droit l'une sur l'autre. Elles se projettent donc dans l'ellipse des grands axes selon deux diamètres conjugués. D'autre part (*fig.* 3), la corde qui joint les extrémités des grands axes de l'es-

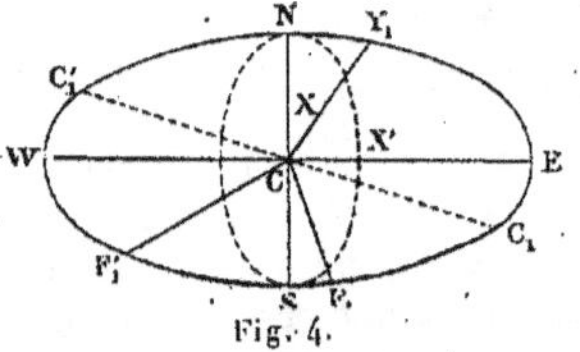

Fig. 4.

pace est parallèle à la ligne FF' du plan équatorial. Si nous lui menons une parallèle, du point G, celle-ci sera dans le plan des petits axes et perpendiculaire à GY : cette parallèle se projettera donc (*fig.* 4), dans l'ellipse ENWS selon le diamètre conjugué de GY_1, soit en $C_1 C'_1$. Des directions de $C_1 C'_1$ et de GY_1 on pourra déduire celles GF_1, GF'_1 de la projection des grands axes.

Tout se ramène donc à connaître la position de GY_1 : cette ligne est, d'ailleurs, parallèle à la corde qui sous-tend les portions de trajectoire tracées par le fil du pendule sur le plan horizontal de comparaison. Il est indifférent, au reste, qu'on construise l'ellipse ENWS sur tel plan horizontal qu'on voudra, ou à telle échelle qu'on voudra : le grand axe étant 1, le petit axe sera sin λ ; d'où l'excentricité $e = \cos\lambda$.

8. Suivons maintenant les déplacements de cette corde dans les battements successifs. A la position P et au premier battement, son pivotement est celui du mobile placé au sommet du petit axe de l'ellipse-trajectoire; il a lieu *dextrorsum*. Le deuxième battement ramène un peu la

corde en arrière. Au total, dans la première oscillation, la corde effectue son pivotement *dextrorsum*. La ligne GY_1 pivote d'autant et dans le même sens, et elle décrit ainsi un certain secteur de son ellipse à partir du petit axe. A l'oscillation suivante, la corde part de la position où l'a laissée la première et pivote derechef dans le même sens; la droite GY_1 décrira un nouveau secteur, contigu au premier, et ainsi de suite. Il en irait d'ailleurs de même dans un autre sens, si nous étions partis de la disposition Q. Les secteurs qui viennent se juxtaposer ainsi sont relatifs chaque fois à une ellipse-trajectoire différente; mais, reportés angulairement l'un à la suite de l'autre sur l'ellipse ENWS, du petit axe jusqu'au point neutre, d'une part, et de ce point neutre au grand axe, d'autre part, ils n'en décrivent pas moins toute l'ellipse ENWS. Et ainsi tout le mouvement du pendule peut être rattaché au déplacement d'un rayon GY_1 sur une seule et même ellipse. Mais, si nous voulons que le déplacement de ce rayon donne *en leur vraie place* les directions des plans d'oscillation successifs, il faut la disposer à angle droit sur la position de ENWS, puisqu'en la position P, le plan d'oscillation est sur le parallèle, et qu'au même moment GY_1 décrit son premier secteur en partant du petit axe; et, au contraire, en la position Q, le plan d'oscillation suit le méridien, et GY_1 décrit alors son premier secteur sur le grand axe.

Pour suivre les déplacements de GY_1 dans les battements successifs, il faudra donc se référer à l'ellipse indicatrice, tracée à l'intérieur de la figure 4. Mais cette ellipse indicatrice est, elle aussi, une certaine projection du cercle des petits axes. Car, si l'on projette à son tour cette ellipse sur leur plan, parallèlement à GI, la projection en sera un cercle; et les directions des GY_1, que nous avons déterminées par un report de secteurs, se projetteront suivant les GY mêmes qui conviennent aux diverses oscillations. Ceux-ci, étant perpendiculaires à GI, comprennent de l'un à l'autre les angles qui mesurent les dièdres décrits par la rotation diurne dans les oscillations successives. Les durées de ces oscillations sont égales, les dièdres sont donc égaux et, par suite, *l'ellipse indicatrice est décrite d'un mouvement aréolairement uniforme*.

9. Cette ellipse permet donc de résoudre tous les problèmes relatifs à la gyration, d'indiquer sa valeur, en même temps que son sens en une position donnée et la position des points neutres.

Nous voyons de suite que, partant de la position P, soit du parallèle, la gyration sera dans le sens négatif et que sa valeur, d'abord maximum, diminue rapidement en s'avançant dans le cadran Nord-Est. Et, en partant de la position Q, la gyration sera dans le sens positif, sa valeur étant encore un maximum qui diminue un peu moins vite. La coïncidence se produira au point neutre.

Calcul du point neutre. — En comptant les x sur le grand axe d'une ellipse, on a, en général, l'équation

$$\rho^2 = b^2 + e^2 x^2.$$

Le point neutre est déterminé par la relation $\rho^2 = ab$. D'où, dans l'espèce, les x se comptent sur le méridien (grand axe de l'ellipse indicatrice)

$$\rho^2 = \sin\lambda \qquad \text{et} \qquad \rho^2 = \sin^2\lambda + \cos^2\lambda\, x^2; \qquad \text{d'où} \qquad x^2 = \frac{\sin\lambda}{1 + \sin\lambda}.$$

Désignant par χ' l'angle que fait GY_1 avec le parallèle et χ avec le méridien, on a

$$\sin^2\chi' = \frac{x^2}{\rho^2} = \frac{1}{1 + \sin\lambda}, \qquad 1 + \sin\lambda = \frac{1}{\sin^2\chi'} = 1 + \cot^2\chi',$$

d'où enfin

$$\cot^2\chi' = \sin\lambda = \tan^2\chi.$$

Pour Paris, $\chi = 40^\circ\,56'\,57''$.

Il y a d'ailleurs, dans le cadran Nord-Ouest un point neutre symétrique de celui du Nord-Est

M. LE LIEUTENANT-COLONEL J. WELSCH,

Aigueperse (Puy-de-Dôme).

POLYGONES DE STEINER INSCRITS DANS UNE QUARTIQUE BINODALE.

516

6 Août.

On sait que lorsqu'une quartique binodale admet un polygone de Steiner inscrit de n côtés, elle en admet une infinité.

Deux cas sont à distinguer, suivant que n est impairement pair ou pairement pair.

PREMIER CAS. — *n est impairement pair.*

Les côtés opposés, issus des deux points doubles, se correspondent dans deux faisceaux en involution quadratique et, par suite, se coupent sur une conique (c) qui passe par les deux points doubles.

La ligne qui joint deux sommets opposés d'un de ces polygones passe par un point fixe P, pôle de la ligne des nœuds par rapport à la conique (c). Plus généralement, la droite qui joint le point d'intersection de deux droites menées par les points doubles à celui des côtés opposés des polygones de Steiner qu'elles déterminent, passe par le même point fixe P.

Deux sommets opposés d'un polygone de Steiner sont conjugués par rapport à la conique (c); il en est de même de deux points ayant entre eux la relation précédemment définie.

Les tangentes menées respectivement des deux nœuds à la quartique, ont leur point de contact sur une droite passant par P; elles sont elles-mêmes des côtés opposés d'un polygone de Steiner, ou plutôt des côtés évanouissants d'un demi-polygone double de Steiner, dont le sommet *moyen* (séparé par un même nombre de côtés de ces côtés évanouissants) est sur la conique (c); la tangente à la quartique en ce point passe par P.

De là, il résulte que les tangentes issues des nœuds se coupent deux à deux sur la conique (c) et forment deux faisceaux équianharmoniques.

Les tangentes en l'un des nœuds appartiennent au même polygone de Steiner sur le périmètre duquel ils ne sont séparés que par le côté évanouissant constitué par la ligne des nœuds; la tangente à la conique (c) en ce nœud est le côté *moyen* de ce polygone (séparé par un même nombre de côtés des tangentes au nœud).

D'autre part, de P partent deux tangentes doubles de la quartique dont les points de contact sont sur la conique conjuguée à (c) qui lui est bitangente suivant la ligne des nœuds.

Si la ligne des nœuds est un axe de symétrie, et que la conique (c) soit une hyperbole équilatère qui aura nécessairement cette ligne pour axe transverse, la quartique a quatre tangentes doubles perpendiculaires à cet axe.

C'est le cas de la quartique qui fait l'objet d'une question proposée par M. H. Brocard dans le journal *El Progreso mathematico* (t. I, année 1891), traitée depuis par l'auteur lui-même, et d'une correspondance très intéressante entre lui et M. V. Retali.

DEUXIÈME CAS. — *n est pairement pair.* — Ici, les côtés opposés sont issus du même point double : ils sont en involution.

Les tangentes qu'on peut mener à la quartique de chaque point double sont, deux par deux, les côtés évanouissants d'un même polygone de Steiner réduit à un demi polygone par la superposition des côtés qu'ils encadrent.

Le côté *moyen* de ce demi-polygone est un des rayons doubles de l'involution.

La lemniscate de Bernoulli, les lemniscates elliptique et hyperbolique, la Kreuzcurve, la Kohlenspitzencurve, et en général *toute* quartique *trinodale* où *binodale* dont les nœuds sont d'inflexion, possèdent, à l'exclusion de toute autre quartique, des quadrilatères inscrits de Steiner.

Il existe, en dehors de leur propriété caractéristique, une analogie frappante entre les polygones de Steiner et ceux de Poncelet.

Si le nombre des côtés de ceux-ci est pair, la diagonale qui joint deux sommets opposés pivote autour de l'un des pôles doubles des deux coniques génératrices. Dans le premier cas des polygones de Steiner, la diagonale joignant deux sommets opposés pivote autour du pôle P.

Les polygones de Poncelet, dont un côté touche la conique inscrite en l'un des points d'intersection des deux coniques, sont des demi-polygones doubles ayant, si le nombre des côtés est impair, un côté évanouissant tangent aux deux coniques; aboutissant, s'il est pair, à l'un des autres points communs à celles-ci. Nous avons vu qu'il y a également des demi-polygones doubles de Steiner.

M. le Lieutenant-Colonel J. WELSCH.

DES LIGNES DE FAITE ET DE THALWEG.

52.6

6 Août.

On définit dans certains cours de Topographie les lignes de faite et de thalweg comme lieux des sommets des courbes horizontales du terrain.

Pour se rendre compte que cette définition est inexacte, il suffit d'envisager le cas où les projections des courbes horizontales sont des ellipses homothétiques, non concentriques, ayant, par exemple, leur centre d'homothétie sur le petit axe.

Le lieu des sommets extrémités des grands axes se projette sur deux droites qui coupent les horizontales sous un angle constant, mais qui n'est pas un angle droit.

Ici, les lignes de faite ou de thalweg ont pour projections les normales autres que le petit axe menées par le centre d'homothétie, si celui-ci est à l'intérieur de la développée correspondante.

Du reste, le sommet d'une courbe est un point particulier de la courbe, qui ne dépend aucunement des courbes voisines, tandis que la ligne de faite ou de thalweg est une ligne particulière de la surface du sol où interviennent les situations relatives des horizontales successives, puisque ces lignes sont, parmi les trajectoires orthogonales des horizontales, celles de moindre pente.

$z = F(x, y)$ étant l'équation d'une surface géodésique, les lignes de faite ou de thalweg sont celles qui rendent minimum l'expression

$$\left(\frac{dF}{dx}\right)^2 + \left(\frac{dF}{dy}\right)^2 \quad \text{ou} \quad p^2 + q^2;$$

leur équation est donc

$$pr + qs + (ps + qt)\frac{dy}{dx},$$

dy et dx étant liés par la relation

$$p\, dx + q\, dy = 0,$$

'est-à-dire

$$(pr + qs)q - (ps + qt)p = 0,$$

avec la condition que la dérivée du premier membre soit positive.

Au contraire, on aurait le lieu des sommets des horizontales en exprimant que le rayon de courbure de ces courbes est maximum ou minimum, ce qui donnerait

$$\left[\frac{(1 + y'^2)^{\frac{3}{2}}}{y''}\right]' = 0$$

ou

$$3y'y''^2 = (1 + y'^2)y''' \qquad \left(y' = -\frac{p}{q}, \; y'' = -\frac{rq^2 - 2spq + tp^2}{q^3}, \ldots\right).$$

En résumé, il semble que le mieux est de s'en tenir à la définition physique, à la portée de tous, néanmoins très exacte, et de dire que les lignes de faîte sont les lignes de partage des eaux, et les thalwegs celles suivant lesquelles les eaux se réunissent : les gens qui connaissent les Mathématiques en déduiront sans peine que ce sont les lignes de plus grande pente dont la pente est minimum.

M. LE LIEUTENANT-COLONEL J. WELSCH.

THÉORÈME DE FUSS (POLYGONES ARTICULÉS).

531.25

6 Août.

L'aire d'un polygone plan articulé est maximum quand le polygone est inscriptible.

Steiner a montré que, dans le plan, de toutes les figures de même périmètre, le cercle est celle qui a la plus grande aire.

En conséquence, si un polygone est inscrit dans un cercle, toute déformation de la figure dans son plan ne modifiant pas les segments dont les côtés du polygone sont les cordes et qui leur restent fixés, aura pour effet de diminuer l'aire totale; l'aire du polygone sera diminuée de la même quantité.

Démonstration trigonométrique. — a, b, c, d étant les longueurs des côtés d'un quadrilatère plan, (a, b), (c, d) les angles formés par les côtés a et b, c et d, l'aire du quadrilatère est

$$\frac{1}{2}ab\sin(a, b) + \frac{1}{2}cd\sin(c, d).$$

On a d'autre part la relation

$$a^2 + b^2 - 2ab\cos(a, b) = c^2 + d^2 - 2cd\cos(c, d),$$

dont les deux membres expriment le carré d'une même diagonale.

La considération des différentielles montre que l'aire sera maximum quand on aura

$$\frac{\cos(a, b)}{\sin(a, b)} = -\frac{\cos(c, d)}{\sin(c, d)},$$

c'est-à-dire quand (a, b) et (c, d) seront supplémentaires.

On passe aisément du quadrilatère à un polygone d'un nombre quelconque de côtés.

M. L.-F.-J. GARDÈS,

Notaire honoraire (Montauban).

CONTRIBUTION A L'ÉTUDE DU SOLITAIRE.

794.5

6 *Août.*

Le jeu du *Solitaire* se pratique au moyen d'une planchette de forme octogonale régulière, contenant 37 *cases* (généralement des trous) placées sur sept lignes équidistantes, parallèles à l'un des côtés de cet octogone : la ligne la plus rapprochée de ce côté contient trois cases régulièrement espacées et successivement les autres en ont 5, 7, 7, 7, 5 et 3 ; ces cases sont disposées les unes sous les autres et à égale distance entre elles, de telle sorte que si l'on fait faire à la planchette, dans son plan, un quart de tour à droite ou à gauche ou un demi tour, l'aspect ne change pas.

La règle du jeu est très simple : on place des *fiches* sur toutes les cases et après en avoir enlevé une ou plusieurs suivant le problème à résoudre, il s'agit, *sans jamais faire marcher les fiches en diagonale*, d'en faire passer une de la case qu'elle occupe sur une case vide, en sautant par dessus une seule autre case garnie d'une fiche qu'on enlève ; on répète cette opération aussi souvent qu'il est nécessaire et il y a *réussite* lorsqu'il ne reste sur le jeu qu'une seule fiche, ou lorsqu'on est arrivé à n'y laisser que les fiches formant ensemble une figure déterminée qu'on s'est proposé de reproduire.

Je m'étais amusé à étudier certaines combinaisons de ce jeu, bien avant de me procurer les *Récréations mathématiques de E. Lucas*. Lorsque j'ai eu cet Ouvrage en mains, j'y ai vu une longue étude du jeu du *Solitaire*, et je me suis rendu compte que tout ce que j'avais pu trouver, ou à peu près tout, n'était qu'une faible partie du Chapitre consacré au *Solitaire* par ce savant professeur (Premier Volume de ses *Récréations*, p. 87 à 142).

Cependant j'ai cru voir dans cette étude une *apparence* d'erreur et une lacune que je me propose de mettre en évidence dans la présente Communication.

Je conserverai à peu près la notation habituelle : sur la ligne verticale de gauche sont, de bas en haut, trois cases portant les n°s 13, 14 et 15; sur la première ligne à droite de celle-ci on trouve les cases n°s 22 à 26, puis sur les autres lignes, successivement, jusqu'à la dernière ligne à droite, les cases portant les n°s 31 à 37, 41 à 47, 51 à 57, 62 à 66, et 73 à 75; ces numéros sont donc disposés de telle sorte que chacun d'eux diffère de dix unités du numéro de la case voisine à droite ou à gauche et d'une unité seulement avec le numéro de la case qui est au-dessus ou au-dessous. Et lorsqu'il s'agira de noter un coup, par exemple de prendre la fiche de la case 63 pour la poser sur la case vide 65, en enlevant la fiche 64, nous écrirons simplement $\dfrac{63}{65}$. Il se présente souvent la possibilité de faire un *coup triple*, c'est-à-dire d'enlever trois fiches en ligne droite : par exemple, si l'on a trois cases A, B, C en ligne droite avec, d'un côté de A une case vide E et, de l'autre côté de A une fiche D, il y aurait à jouer et à noter les deux coups $\dfrac{D}{E}$, $\dfrac{C}{A}$ qui permettraient d'enlever la fiche A, puis la fiche B; par un troisième coup $\dfrac{E}{D}$ on ramènerait en D la fiche qui y était primitivement, et l'on enlèverait la fiche C venue en A au second coup; on sortirait donc les trois fiches A, B et C, et la fiche D après avoir bougé serait revenue à sa place.

Il faudrait noter ces trois coups $\dfrac{D}{E}$, $\dfrac{C}{A}$, $\dfrac{E}{D}$; il sera plus simple d'enlever simplement les trois fiches A, B et C et de noter le coup triple comme ceci : — A.B.C, la fiche la première indiquée étant celle qui serait sortie la première si l'on avait joué les trois coups susindiqués.

Par leurs positions symétriques, les cases peuvent être rangées en huit groupes indiqués d'ailleurs par Lucas, mais dans un ordre un peu différent, savoir :

1er groupe	44		5e groupe (*b*)	56, 25, 32, 63
2e »	47, 14, 74, 41		6e »	64, 42, 46, 24
3e »	66, 26, 22, 62		7e »	45, 34, 43, 54
4e »	35, 33, 55, 53		8e » (*a*)	51, 75, 37, 13
5e » (*a*)	36, 23, 52, 65		8e » (*b*)	31, 73, 57, 15

On verra plus loin le mode d'établissement de ces groupes.

Le problème le plus général qu'on se propose est, en partant avec une seule case vide, d'arriver à enlever toutes les fiches, sauf une seule qui doit nécessairement rester puisqu'elle ne peut passer sur aucune autre. Lucas a démontré la possibilité de réussite pour le problème ainsi posé, toutes les fois que la première case vide, la *case initiale*, est prise dans l'un des trois derniers groupes, et l'impossibilité qu'il y a de réussir en partant d'une case initiale unique choisie dans les cinq premiers groupes (p. 131 et suiv.).

Il donne deux solutions avec 51 et 73 pour cases initiales, et, au moyen de considérations de *symétrie, de réciprocité ou d'échange*, il montre (p. 114) que l'une ou l'autre de ces solutions peut s'appliquer directement par symétrie, échange, ou réciprocité, à toutes les autres cases des trois derniers groupes prises successivement pour case initiale; il ajoute :

« *Nous avons donné les réussites possibles* du solitaire de 37 cases en prenant successivement pour case initiale toutes les cases convenables. »

C'est trop et aussi trop peu. Lucas n'a certainement pas cru, comme il semble le dire, qu'il donnait *toutes* les réussites possibles, et c'est pour cela que j'ai parlé d'une apparence d'erreur. En partant de l'une quelconque des cases des trois derniers groupes, on peut trouver un très grand nombre de solutions; par exemple, en partant de la case 51, j'en ai noté plus de vingt, et je n'ai pas la prétention de les avoir toutes trouvées. Toutes ces solutions aboutissent à l'une des trois cases finales 64 du sixième groupe, 34 du septième groupe ou 37 du huitième .

Réciproquement, en partant de l'une des cases 64, 34 ou 37, si l'on fait, à rebours, les coups joués pour arriver à celle de ces cases finales prise pour point de départ, on jouera pour premier, second coup et suivants, le dernier, l'avant-dernier et autres antérieurs de la solution prise à rebours, et l'on reviendra à 51 du huitième groupe si l'on veut, ou à une autre case, 54 du septième groupe par exemple, en changeant seulement le sens du dernier coup.

L'erreur, on le voit, n'est qu'apparente, car nulle part Lucas n'a dit : « *il n'y a pas d'autre solution* ». Quant à la lacune, elle est plus importante : Lucas ne s'est pas occupé des cases formant les cinq premiers groupes, si ce n'est pour dire que la réussite est impossible avec elles. Il est facile de comprendre cependant que la partie engagée avec une case initiale prise dans l'un de ces groupes conduisant à un nombre irréductible d'au moins deux fiches, il suffira de partir en enlevant une seconde fiche à choisir convenablement pour arriver à n'en laisser qu'une seule sur le jeu : c'est ce qui arrive en effet.

Au lieu d'avoir recours aux considérations théoriques sur lesquelles se fonde Lucas pour démontrer que les parties jouées avec les cases initiales 51 ou 73 suffisent à tous les cas, j'ai fait un tout petit appareil bien simple qui me permet de dire qu'avec la solution de la case 51, il y en a assez pour tous les cas à considérer dans les trois derniers groupes.

En effet, prenons un carton mince, de forme ortogonale régulière ayant les mêmes dimensions que la planchette du jeu et faisons dans ce carton des trous correspondant à ceux du jeu; affectons à ces trous les numéros mêmes que portent les trous correspondants de la planchette; retournons enfin ce carton et au verso inscrivons à côté de chaque trou le numéro qu'il porte sur le recto. Il est aisé de voir que, sur le recto du carton comme sur le jeu, les numéros allant en augmentant de gauche à droite, les numéros sur le verso iront en diminuant. Dans ces conditions, une solution partant de la case 51, s'appliquera exactement à la case 31, avec la plus grande facilité, car, si l'on a pris soin de mettre sur le jeu le carton retourné en plaçant le trou 31 du carton sur le trou 51 du jeu, la solution 51 jouée sur le carton ainsi retourné, telle qu'elle a été trouvée, s'appliquera à la case initiale 31 de la planchette, et il suffira de noter tous les coups joués avec les numéros de la planchette pour avoir une solution 31.

D'autre part, si le carton, sans être retourné, tourne autour de la fiche centrale 44, en lui faisant faire un quart de tour de gauche à droite, la case 51 du carton viendra sur la case 75 de la planchette, puis par d'autres quarts de tour sur 37 et sur 13. Si au contraire, le carton avait été retourné, la case 51 du carton placée à l'origine sur la case 31 du jeu serait venue, par des quarts de tour successifs, se superposer aux cases 73, 57 et 15. On voit donc que la solution 51 s'applique à toutes les cases du huitième groupe, savoir, directement aux cases 51, 75, 37 et 13 et par retournement du carton à 31, 73, 57 et 15.

Mais cette solution 51 conduit à une seule fiche qui est 64, 34 ou 37; si nous laissons de côté 37, qui fait partie du même groupe que 51, en partant de 64 et en jouant à rebours les coups qui conduisent de 51 à 64, nous reviendrons de 64 à 51; donc la solution 51 prise à rebours est une solution 64, et l'on voit aussi qu'elle peut conduire à 34, qu'elle est une solution 34. Or, si nous donnons des quarts de tour successifs au carton, le n° 64 du carton, partant de 64 du jeu, viendra se placer au-dessus de 46, de 24 et de 42; c'est-à-dire de toutes les cases du sixième groupe. De même 34 du carton pourra être amené successivement sur les cases 34, 43, 54 et 45, c'est-à-dire sur toutes les cases du septième groupe. Ainsi, de toutes les parties ayant 51 pour son initiale, il suffira d'en prendre une se terminant par 64 et une aboutissant à 34 pour être certain de pouvoir réussir toutes les parties ayant pour case initiale une quelconque des 16 cases renfermées dans les trois derniers groupes.

Lucas a donné (p. 103) avec la case initale 51, la très jolie solution qu'il nomme *le corsaire*; il n'y a pas lieu de la reproduire ici parce qu'elle aboutit à la case 37 du même groupe que 51. En voici une qui à elle seule permet, en modifiant seulement le dernier coup, d'arriver aux cases 64 et 34, et par suite, en faisant tourner ou en retournant le carton, de faire tous les autres problèmes possibles en partant d'une seule case initiale :

$$\frac{31}{51}, \quad -42.32.22, \quad -33.23.13, \quad -34.24.14, \quad -35.25.15, \quad \frac{37}{35}, \quad \frac{56}{36}, \quad \frac{54}{56},$$

et

$$-53.63.73, \quad \frac{75}{55}, \quad \frac{74}{54}, \quad \frac{51}{53}, \quad \frac{43}{63}, \quad \frac{62}{64}, \quad \frac{45}{65}, \quad -64.65.66,$$

$$\frac{26}{46}, \quad \frac{57}{55}, \quad \frac{47}{45}, \quad -55.45.35$$

et, pour finir, soit $\frac{44}{64}$, et il reste 64, soit $\frac{54}{34}$ et il reste 34.

Cette partie contient sept coups triples, et l'on remarquera aussi qu'en modifiant les trois derniers coups $\left(\text{la suppression de la fiche 55 étant}\right.$ faite par le coup $\left.\frac{54}{56}\right)$, on pourra terminer la partie comme suit : $\frac{44}{46}, \frac{56}{36}$ et, pour finir, soit $\frac{36}{34}$ et il reste 34, soit $\frac{35}{37}$ et il reste 37. On obtient ainsi les trois résultats annoncés 64, 34 et 37, par une seule partie.

Il est évident, d'ailleurs, qu'aucune partie engagée sur une case initiale des trois derniers groupes ne peut aboutir à une case appartenant aux cinq premiers groupes, sans quoi la solution obtenue, prise à rebours, donnerait une solution dont Lucas a démontré l'impossibilité; on doit aboutir forcément à une case des trois derniers groupes, et, en fait, en partant de la case 51, dans toutes les réussites que j'ai pu faire, je ne suis jamais arrivé à une case autre que 64, 34 ou 37.

Je donnerai, malgré son inutilité, une autre solution avec la case initiale 51, parce que c'est la plus rapide de toutes celles que j'ai pu trouver comme contenant plus de coups triples qu'aucune autre, soit huit coups triples :

Les treize premiers coups qui contiennent quatre coups triples, sont les mêmes que ci-dessus et l'on continue

$$\frac{62}{42}, \quad \frac{54}{52}, \quad \frac{73}{53}, \quad -53.52.51, \quad -55.65.75, \quad \frac{74}{54}, \quad -44.43.42, \quad \frac{57}{55}, \quad \frac{37}{57},$$

$$-46.36.26, \quad \frac{54}{56}, \quad \frac{57}{55}, \quad \frac{45}{65}, \quad \frac{66}{64} \quad \text{reste } 64.$$

Cases des cinq premiers groupes. — Nous avons dit qu'aucune des cases des cinq premiers groupes prise seule comme case initiale, ne pe. met la

```
        .  o  .
     o  o  .  o  o
  .  o  o  .  o  o  .
  o  .  .  o  .  .  o
  .  o  o  .  o  o  .
     o  o  .  o  o
        .  o  .
```

Fig. 1.

réussite : ces cases forment sur le solitaire une figure (*fig.* 1) dont on

peut facilement conserver la mémoire, et qui se réduit à la seule fiche 44
par la marche suivante :

$$\frac{22}{42}, \quad \frac{23}{43}, \quad \frac{65}{45}, \quad \frac{66}{46}, \quad \frac{62}{64}, \quad \frac{26}{24}, \quad \frac{74}{54}, \quad \frac{14}{34},$$

$$-43.42.41, \quad -45.46.47, \quad -54.53.52, \quad -34.35.36,$$

reste 44 qui n'a pas bougé.

La figure formée par les cases des cas possibles (des trois derniers
groupes) se déduit de la précédente : on l'obtient du reste par la réussite
suivante donnée par Lucas (p. 116, *Le Tricolet*), et qui a la case initiale 44,
savoir :

$$-45.35.25, \quad \frac{47}{45}, \quad \frac{26}{46}, \quad -34.33.32, \quad \frac{14}{34}, \quad \frac{22}{24},$$

$$-43.53.63, \quad \frac{41}{43}, \quad \frac{62}{42}, \quad -54.55.56, \quad \frac{74}{54}, \quad \frac{66}{64},$$

Il reste

$$41, \quad 22, \quad 32, \quad 52, \quad 62, \quad 23, \quad 33, \quad 53, \quad 63, \quad 14, \quad 44;$$

$$74, \quad 25, \quad 35, \quad 55, \quad 65, \quad 26, \quad 36, \quad 56; \quad 66 \text{ et } 47.$$

Mais si nous prenons deux cases initiales, l'impossibilité diparaîtra et
nous pourrons arriver à une seule fiche appartenant à n'importe quel
groupe, car la solution à rebours nous ramènera, soit à deux fiches irréductibles comme appartenant, l'une d'elles au moins, à l'un des cinq
premiers groupes, soit à une seule fiche qui sera nécessairement des trois
derniers groupes. Si l'on cherche en effet à faire la réussite en prenant une
seule case initiale prise dans l'un des cinq premiers groupes, on n'arrive
jamais à conserver moins de deux fiches irréductibles.

Pour partir d'une case quelconque des cinq premiers groupes, avec le
solitaire décentré, il suffira de considérer quatre solutions : par exemple,
en enlevant, avec la fiche 44, soit la fiche 47 du deuxième groupe, soit
la fiche 66 du troisième, soit la fiche 33 du quatrième, soit enfin la fiche 36
du cinquième groupe. Par des quarts de tour ou par le retournement du
carton ces solutions s'appliqueront, savoir : la première à 47, 14, 41 et 74,
la seconde à 66, 26, 22 et 62, la troisième à 33, 35, 53 et 55, et la quatrième,
directement à 36, 23, 52 et 65 et par retournement à 56, 25, 32 et 63.

Nous donnerons même trois solutions de plus en associant 44 avec
une case de chacun des trois derniers groupes, pour montrer que *dans le
solitaire décentré la réussite est toujours possible, quelle que soit la case
initiale considérée.* Par suite une case initiale quelconque étant donnée,
on pourra toujours réussir à la condition de se réserver le droit d'enlever
une seconde fiche (44 si la fiche indiquée n'est pas 44, et une autre
quelconque dans le cas contraire).

Voici les sept solutions annoncées :

1º *Cases initiales* 44 *et* 47. — On joue :

$$\frac{46}{44}, \quad -35.36.37, \quad -55.56.57, \quad \frac{15}{35}, \quad \frac{75}{55}, \quad \frac{34}{36}, \quad \frac{54}{56}, \quad \frac{43}{45}, \quad \frac{26}{46},$$

$$-46.56.66, \quad -33.23.13, \quad -53.63.73,$$

$$\frac{14}{34}, \quad \frac{74}{54}, \quad \frac{31}{33}, \quad \frac{51}{53}, \quad \frac{41}{43}, \quad \frac{43}{23}, \quad \frac{22}{24}, \quad \frac{24}{44}, \quad \frac{45}{43}, \quad \frac{43}{63}, \quad \frac{62}{64},$$

et pour finir $\dfrac{54}{74}$, il reste 74 du deuxième groupe, ou $\dfrac{64}{44}$, il reste 44 (case initiale) du premier groupe.

Cette solution est fermée et ne peut permettre de trouver de solutions que pour les premier et deuxième groupes dont 74 et 44 font partie.

2º *Cases initiales* 44 *et* 66. — On joue pour

commencer : $\dfrac{46}{66}$, —36.35.34.

3º *Cases initiales* 44 *et* 33. — On joue pour

commencer : $\dfrac{35}{33}$, —36.46.56.

Ces deux solutions se continuent comme la quatrième ci-après.

4º *Cases initiales* 44 *et* 36. — On joue pour commencer :

$$\frac{34}{36}, \quad -36.46.56.$$

Dans les trois cas (2º, 3º et 4º), les cases vides sont : 44, 34, 35, 36, 46 et 56, et l'on continue comme suit :

$$\frac{15}{35}, \quad \frac{32}{34}, \quad \frac{34}{36}, \quad \frac{37}{35}, \quad \frac{45}{25}, \quad \frac{14}{34}, \quad \frac{54}{56}, \quad \frac{66}{46}, \quad \frac{47}{45}, \quad \frac{74}{54}, \quad \frac{75}{55}, \quad \frac{54}{56}, \quad \frac{57}{55},$$

$$\frac{13}{33}, \quad \frac{43}{23}, \quad \frac{26}{24}, \quad -24.23.22, \quad \frac{62}{64}, \quad \frac{45}{65}, \quad \frac{65}{63}, \quad -53.63.73,$$

$$\frac{41}{43}, \quad \frac{51}{53}, \quad \frac{53}{33}, \quad \frac{34}{32} \quad \text{et} \quad \frac{31}{33};$$

il reste 33 de la quatrième série, case initiale de la troisième solution. Par d'autres solutions on arriverait aux cases initiales 66 ou 36.

5º *Cases initiales* 44 *et* 46. — On joue :

$$\frac{26}{46}, \quad \frac{34}{36}, \quad -33.23.13, \quad \frac{31}{33}, \quad \frac{43}{23}, \quad \frac{15}{35}, \quad \frac{45}{25}, \quad \frac{37}{35}, \quad -55.56.57, \quad \frac{47}{45},$$

$$-53.52.51, \quad \frac{41}{43}, \quad \frac{73}{53}, \quad \frac{75}{55}, \quad \frac{54}{52}, \quad \frac{62}{42}, \quad \frac{42}{44}, \quad \frac{74}{54}, \quad \frac{14}{34}, \quad \frac{22}{24}, \quad \frac{44}{46},$$

$$\frac{54}{56}, \quad \frac{24}{44}, \quad \frac{25}{45}, \quad -44.45.46. \quad \frac{66}{46};$$

reste 46 (case initiale) du sixième groupe.

6° *Cases initiales* 44 *et* 45. — On joue :

$$-35.36.37, \quad -55.56.57, \quad \frac{15}{35}, \quad \frac{75}{55}, \quad \frac{34}{36}, \quad \frac{54}{56}, \quad -33.23.13, \quad -53.63.73,$$

$$\frac{14}{34}, \quad \frac{74}{54}, \quad \frac{47}{45}, \quad \frac{26}{46}, \quad -46.56.66. \quad \frac{31}{33}, \quad \frac{51}{53}, \quad \frac{43}{23}, \quad \frac{41}{43}, \quad \frac{43}{63},$$

$$\frac{22}{24}, \quad \frac{62}{64}, \quad \frac{24}{44}, \quad -44.54.64;$$

reste 45 (case initiale) du septième groupe.

7° *Cases initiales* 44 *et* 37. — On joue :

$$-45.46.47, \quad -55.56.57, \quad \frac{75}{55}, \quad \frac{54}{56}, \quad -53.63.73, \quad \frac{74}{54}, \quad \frac{66}{46}, \quad \frac{51}{53},$$

$$\frac{43}{63}, \quad \frac{62}{64}, \quad -33.32.31, \quad \frac{41}{43}, \quad \frac{13}{33}, \quad \frac{34}{32}, \quad \frac{22}{42}, \quad \frac{64}{44}, \quad \frac{14}{34},$$

$$-44.43.42, \quad \frac{36}{56}, \quad \frac{34}{36}, \quad \frac{26}{46}, \quad \frac{56}{36}, \quad \frac{15}{35}, \quad \frac{35}{37};$$

reste 37 (case initiale) du huitième groupe.

Il n'est pas absolument nécessaire d'enlever la fiche 44 avec une autre quelconque pour que la réussite puisse toujours avoir lieu, et l'on peut enlever une seconde fiche autre que 44. Si l'on ne tient pas compte des cas qui peuvent être résolus, par un cas déjà vu, au moyen du carton, soit en faisant tourner ce carton successivement de trois quarts de tour, soit en le retournant, il y a 103 combinaisons possibles et distinctes des 37 fiches 2 à 2. Les sept cas du solitaire décentré indiqués ci-dessus étant compris dans ce total, il reste 96 autres combinaisons pour lesquelles j'ai trouvé 54 solutions. Le temps m'a fait défaut pour rechercher les 42 autres; peut-être y a-t-il d'ailleurs des cas d'impossibilité. En tout cas, en opérant avec le solitaire décentré, on pourra toujours arriver au résultat désiré.

Lucas a indiqué un très grand nombre de problèmes à résoudre sur le solitaire; il est inutile de les reproduire ici. Il est inutile aussi d'en indiquer d'autres, chacun en pouvant créer de nouveaux. En jouant, même au hasard, à un moment donné les fiches restant sur le jeu présenteront un aspect qu'on pourra trouver gracieux, régulier ou remarquable à un titre quelconque : la reproduction de cette figure constituera un nouveau problème.

M. MAIRE,

Bibliothécaire à la Sorbonne.

QUELQUES LETTRES ADRESSÉES A FRANÇOIS ARAGO.

(Mémoire hors série.)

NAVIGATION (AÉRONAUTIQUE),
GÉNIE CIVIL ET MILITAIRE.

M. Joseph EYSSÉRIC,

(Paris).

APPLICATIONS RÉCENTES DU « SAUTE-VENT » A L'AVIATION.

629.135.2 (078)

2 Août.

La protection de l'aviateur contre le courant d'air dû à la vitesse des appareils est une question accessoire qui se relie cependant au problème de la sécurité en aéroplane. Dès qu'on dépasse 60 à 70 km à l'heure, le vent de la vitesse devient insupportable, causant des troubles de la vue et de la respiration, qui s'aggravent à mesure que croissent la vitesse et la durée de l'envol. Il est évident que le bien-être du pilote constitue un facteur de la sécurité.

Le *saute-vent* (*voir* Congrès de Reims, 1907, p. 96) procure une protection très efficace, ainsi que le montrent les expériences entreprises à Villacoublay, par le Laboratoire d'aéronautique militaire de Chalais-Meudon.

Dans un essai fait sur le *Biplan du Laboratoire*, un saute-vent, placé dans de mauvaises conditions de calage, en arrière du moteur qui le masquait en partie, a donné une région abritée assez peu étendue en hauteur, mais très suffisante pour protéger le pilote contre le vent et *contre les projections d'huile du moteur* (*voir* la *Technique aéronautique*, numéros du 15 janvier et du 1er février 1912, Gauthier-Villars).

On s'est proposé ensuite de réduire le plus possible les surfaces qui dévient les filets d'air, pour diminuer les résistances à l'avancement, pourtant bien faibles.

Un saute-vent de 0,60 m seulement de largeur fut installé, dans de bonnes conditions d'attaque et de calage, sur un biplan Wright. Le pilote était placé de façon que ses yeux fussent situés à environ 0,12 m au-dessus du bord supérieur de l'appareil et à 0,55 m à 0,65 m en arrière du saute-vent (*fig.* 1).

L'essai de cette disposition a été fait en mai 1912, à Villacoublay.

D'après un Rapport, à la vitesse normale de l'appareil, soit 85 km à l'heure, M. le lieutenant Saunier

« a pu voler sans lunettes, sans avoir aucun souffle d'air dans la figure ».

« Il était très curieux de voir, lorsque l'appareil roulait, les herbes fauchées par la partie avant des skis passer, entraînées par les filets d'air, à environ 0,15 m *au-dessus de la tête du pilote* »,

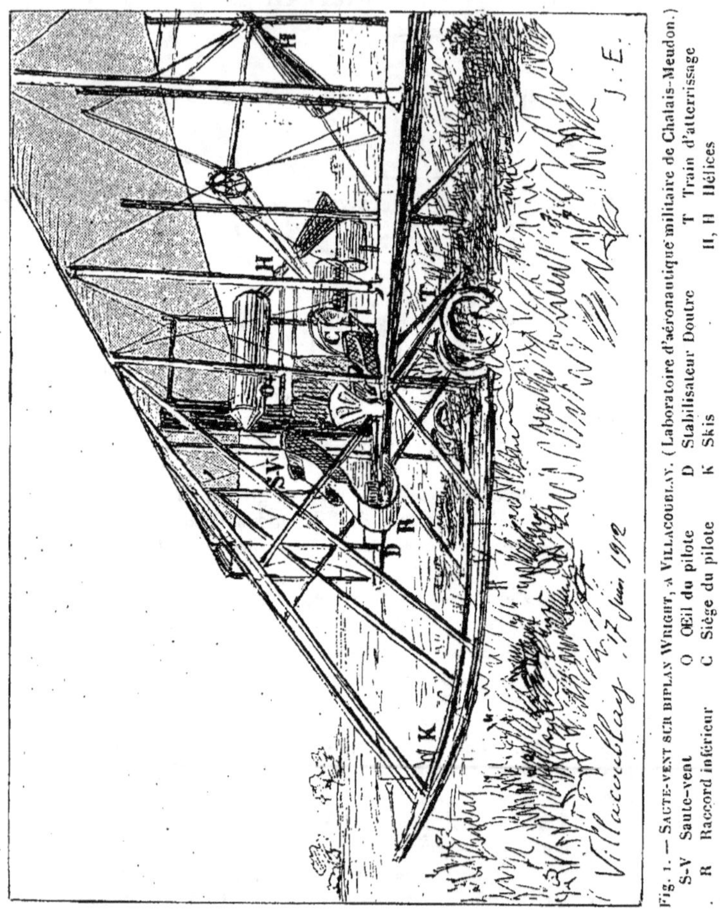

Fig. 1. — SAUTE-VENT SUR BIPLAN WRIGHT, A VILLACOUBLAY. (Laboratoire d'aéronautique militaire de Chalais-Meudon.)

S-V Saute-vent   O Œil du pilote   D Stabilisateur Doutre   T Train d'atterrissage
R   Raccord inférieur   C Siège du pilote   K Skis   H, H Hélices

(soit à environ 0,30 m à 0,35 m au-dessus du niveau du bord supérieur de l'appareil).

On a remarqué également que le saute-vent ne doit opposer qu'une résistance assez faible et qu'il ne gêne aucune manœuvre d'envol, de virage ou d'atterrissage.

Il n'est pas facile, dans bien des cas, de monter un saute-vent sur un aéro pour lequel cette installation n'a pas été prévue par le constructeur. Certaines formes de fuselage se prêtent, au contraire, à l'adaptation de l'appareil. C'est ainsi que des projets ont été établis pour des biplans Maurice Farman, pour des monoplans Clément-Bayard, Nieuport, etc.

Un saute-vent vient d'être construit pour biplan Gabriel Voisin, particulièrement bien disposé pour recevoir cet accessoire. Le profil (*fig.* 2) montre la disposition adoptée.

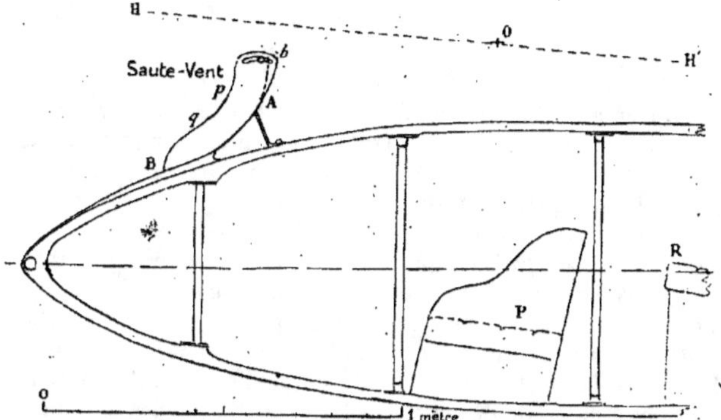

Fig. 2. — SAUTE-VENT SUR BIPLAN VOISIN (Profil).

H H'   Horizontale pendant l'envol   P   Siège du pilote
O   OEil du pilote   R   Siège du passager

Application aux dirigeables. — La Société de Constructions aéronautiques Astra a établi, d'après nos dessins, un saute-vent pour son dirigeable *Torrès*, mis en essais en juillet-août 1912.

[A la suite de cette expérience, la Société Astra a décidé la construction d'une série de *saute-vent*, destinés, soit aux passerelles, soit aux postes d'observation. Notamment, sur le nouveau croiseur aérien *Adjudant-Réau*, l'observateur est protégé par un saute-vent.]

M. LE Dr AMANS,

(Montpellier).

ÉTUDE DE DEUX PLANEURS,
L'UN A DISTUM RELEVÉ, L'AUTRE A DISTUM RETOMBANT.

629.135.1

2 Août.

Les ailes des oiseaux sont très mobiles, tandis que celles d'un aéroplane sont ankylosées. Il en résulte que la stabilité est plus grande chez les premiers; la multiplicité des articulations et des manœuvres permet de mieux se défendre contre les perturbations d'équilibre.

Les aviateurs ont une seule manœuvre pour les ailes, celle du gauchissement *distal* (*) *du wrightique*, qui a pour but de rétablir l'équilibre transversal; si l'aile droite baisse, par exemple, on gauchit le distum droit et l'on tourne en même temps le vireur à gauche. Les frères Wright ont, dans leurs brevets, revendiqué la combinaison de ces deux mouvements; bien qu'ils soient les premiers à l'avoir appliquée, on leur a contesté la paternité de cette idée. D'après les papiers exhumés au Caire, il semblerait que l'idée première de cette double manœuvre revient à Mouillard, vers 1892.

J'ai signalé récemment (**) un passage assez curieux de Barthez (***) où il parle d'un mouvement simultané de l'aile et de la queue. Barthez, il est vrai, ne parle pas d'aéroplane et n'emploie pas le terme de gauchissement. Il n'est pas non plus question d'aéroplane dans mes premiers Mémoires, où je traite du gauchissement (*Essais sur le vol des Insectes, Revue des Sc. nat.*, Montpellier, 1883) et je laisse la queue tranquille, mais je fais jouer un grand rôle au gauchissement, un rôle insoupçonné de Mouillard, et plus important pour la physiologie du vol : je montre qu'il y a à la fois des variations d'incidence des profils et variations de concavité du proximum au distum. Toutes les machines à vol animal ont un certain nombre de *muscles manœuvriers* ayant pour but de faire varier la concavité et la torsion de l'aile.

(*) *Proximum* signifie l'extrémité interne de l'aile; *Distum* signifie l'extrémité externe de l'aile; le *vireur* est le gouvernail vertical permettant d'aller à droite ou à gauche, le *plongeur* est le gouvernail horizontal pour faire monter ou descendre.

(**) *Sur le gauchissement intégral* in *Techn. aeron.* chez Gauthier-Villars, n°s 58 et 60.

(***) Nouvelle mécanique des mouvements de l'homme et des animaux (1778), p. 202-204.

Par ces variations, on peut rétablir l'équilibre, sans recourir à la queue, et j'ai montré comment, avec deux ailes en tandem placées dans une rivière aérienne (*). Le présent Mémoire est une contribution nouvelle à l'étude de la torsion. Je résumerai, comme Préface, quelques-uns des résultats antérieurs :

1º Les ailes concaves donnent un plus grand rapport $\dfrac{\text{montée}}{\text{traînée}}$ que les ailes planes, et qu'*a fortiori*, les convexes. Cela veut dire qu'un aérocave peut, toutes choses égales d'ailleurs, porter plus qu'un aéro à ailes planes de même vitesse, ou qu'à poids égal il peut aller plus vite, ou encore qu'à vitesse et poids égaux il dépense moins.

2º Les ailes concaves *isogones* (**) sont les plus instables des surfaces : le centre vélique ou de poussée a des grands déplacements et, ce qui est pire, à contre-sens; lorsque par exemple l'appareil tend à se cabrer, la résistance aérienne se porte en avant, ce qui tend à précipiter la chute sur le dos; elle se porte en arrière, si l'appareil commence à capoter, et accélère le capotage.

3º Les ailes planes sont plus stables que les concaves, moins que les convexes, mais les convexes sont celles qui portent le moins.

4º Une aile en bois zooptère (Mantis) m'a donné des résultats intermédiaires entre ceux du plan et du concave. Elle porte plus et résiste mieux à la rupture que le plan; elle donne, en outre, plus de stabilité que le concave, tout en ayant un aussi bon rapport de $\dfrac{\text{traînée}}{\text{montée}}$ (***).

Cette zooptère est caractérisée par un proximum à profils courbes, un distum à profils rectilignes, un front ondulé, un bord antérieur convexe en avant, et une torsion positive.

5º La torsion positive (****) donne une traînée relative moins forte que la torsion négative. La positive convient davantage au vol à *tire-d'aile ou d'hélice*, la négative à la descente tout moteur arrêté. La négative coïncide avec une concavité plus forte; l'aile en extension se creuse d'autant plus que la trajectoire de chute est plus voisine de la verticale.

Mes appels à la torsion sont restés longtemps sans écho. Dois-je citer l'ingénieur italien Piumatti qui a opéré sur des voilures pseudo-animales? Il déclare, lui aussi, que ces voilures sont plus stables que les voilures

---

(*) Études sur les *Zooptères* in *Mémoires de l'Acad. Montpellier*, 3ᵉ fasc. 1910.

(**) *Isogone* signifie même incidence des cordes de profil sur l'horizon. Les ailes d'aéroplanes sont isogones; les Zooptères sont allogones.

(***) Le colonel Renard employait les termes de *traînée* pour la composante horizontale de la résistance aérienne, et de *poussée* pour la composante verticale ou de sustentation. Je mets à la place le terme de *montée*, pour éviter toute confusion avec la poussée de l'hélice.

(****) La torsion est dite *positive*, lorsque l'incidence de profil distale est plus grande que l'incidence proximale; elle est négative si l'incidence distale est plus petite que la proximale.

habituelles; j'ignore si elles sont tordues. Par contre, M. Mallet a employé des ailes tordues à torsion négative; il les a expérimentées au laboratoire Eiffel, et les déclare bien supérieures aux isogones pour la stabilité, mais il fait, comme moi, remarquer que la trainée relative est plus grande.

L'aile Mallet est, à certains égards, une pale zooptère : front et profil courbes, proximum plus large que le distum, bord antérieur convexe, profils allogones. Ces caractères sont aussi ceux de la Mantis (*), mais celle-ci n'est pas une surface réglée; elle a, en outre, un front ondulé, le distum presque plat, et une torsion positive, trois caractères qui vont généralement ensemble et qui, je le répète, conviennent au vol à *tire-d'hélice*. La pale Mallet a une trainée relative trop grande pour un tel vol; c'est aussi ce que remarque M. Eiffel, mais frappé des bons effets de cette pale pour la stabilité, il croit qu'en diminuant la torsion on diminuerait la trainée, tout en ayant plus de stabilité que les voilures habituelles.

Les voilures habituelles sont souvent désignées sous le nom de pales cylindriques; elles sont, en effet découpées sur un cylindre, de manière que les sections de profil soient perpendiculaires aux génératrices, et fassent le même angle avec un plan quelconque parallèle aux génératrices; les sections frontales se confondent avec les génératrices. La pale Mallet est aussi découpée sur un cylindre, mais obliquement aux génératrices, de telle sorte que : 1º la section maîtresse frontale ou celle de l'axe proximo-distal est inclinée sur les génératrices; elle est courbe, et tourne sa concavité vers le bas; 2º la surface est tordue, à torsion négative.

En faisant varier l'inclinaison de l'axe proximo-distal sur les génératrices, on peut faire varier la courbure frontale, et le degré de torsion.

Le cylindre n'est pas la seule surface qui puisse donner des sections de profil et de front courbes et des incidences de profil variables; on pourrait obtenir ces trois facteurs avec une surface conique, avec une surface gauche ou avec une surface courbe plus ou moins compliquée (**). Il est difficile cependant avec une surface géométrique d'obtenir tous les caractères d'une pale animale, surtout si l'on part du plan et des surfaces réglées comme prototypes.

Voici, par exemple, deux types (*fig.* 1 et *fig.* 2) issus tous les deux d'un rectangle plan, et que je désignerai sous les noms de *pointe en l'air* et *pointe en bas*.

1º *Pointe en bas*. — Prenons un rectangle plan de papier *bcdg*. D'un coup de canif ou aux ciseaux, faisons sauter l'angle *d*, suivant une ligne

---

(*) Mantis est un orthoptère doué d'un vol très défectueux. Son élytre n'a de commun avec la pale en question que la forme du contour; j'emploie aussi les termes de Vespa, Libellule, Mouette, Perdrix, etc., suivant que je veux imiter tel ou tel caractère spécial à l'un quelconque de ces animaux.

(**) Dans *Géométrie comparée des ailes dures* (A. F. A. S., 1901) j'examine le cas d'un ovoïde.

courbe *amc*; appliquons la face inférieure du distum sur un cylindre
(pratiquement sur l'index, quand il s'agit de faire un jouet) dont les
génératrices seraient obliques au bord antérieur suivant une direction (*pq*).
On relève les deux moitiés du rectangle ainsi transformé autour de la

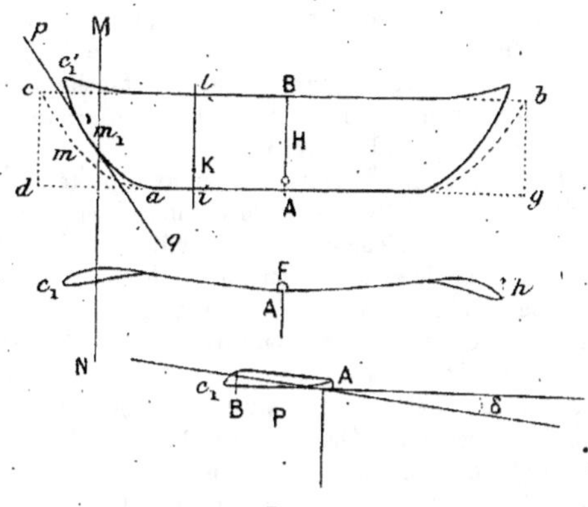

Fig. 1.

ligne médiane AB, si bien que nous avons l'aspect frontal F et le profil P ;
horizontalement, le distum se projette en $am_1 c_1$.

Le front montre la retombée du bout de l'aile, et le dièdre de stabilité

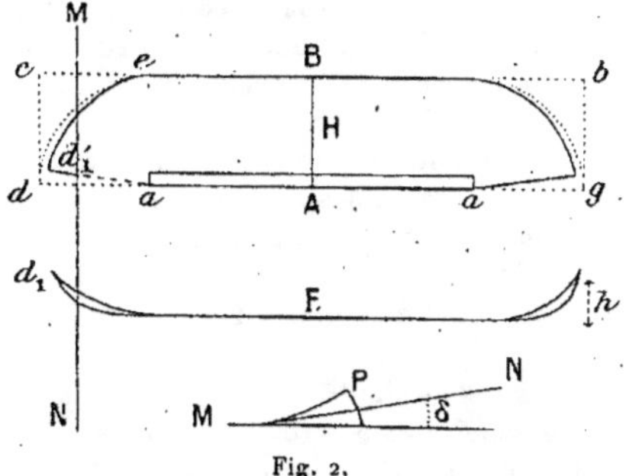

Fig. 2.

latérale; le distum a la face inférieure tournée vers l'arrière. On voit
encore que, d'après le profil, la torsion est négative ($\delta < 0$); δ est l'angle
d'une corde distale MN avec l'horizon. C'est une pale plan-cylindrique;
elle diffère de la pale Mallet, en ce que le proximum est plat; le cylindrage
ne s'applique qu'au distum.

2° *Pointe en l'air*. — On découpe aux ciseaux une courbe allant de d vers e, convexe en arrière, et l'on conifie le distum autour d'un cône ayant son sommet en a, et son axe dirigé vers ac. On prend ae perpendiculaire au bord antérieur et l'on fait $ad = ae$. D'après les fronts F et le profil P, on voit que le distum est retroussé vers le haut, avec la face inférieure tournée vers l'avant : la torsion est positive ($\delta > 0$); cet angle varie avec le profil MN; il va en augmentant à partir du profil ae, jusqu'à la pointe d_1. Le bord antérieur aa est renforcé par une lamelle mince et étroite de bambou ou simplement de roseau (système Barbaudy), ce qui porte le centre de gravité vers l'avant.

Le premier modèle est dû à M. Dausset : il a lui aussi porté le centre de gravité en avant, au moyen d'une épingle enfoncée perpendiculairement au voisinage du bord antérieur sur la ligne médiane AB.

En laissant tomber ces modèles d'une certaine hauteur, on les voit glisser sous un petit angle, et en parfait équilibre, quoique avec une allure différente. Ces deux modèles sont, en somme, tordus et courbés en sens contraire; néanmoins, leurs auteurs prétendent avoir puisé à la même source leur inspiration dans l'étude des oiseaux de proie. M. Dausset a longtemps habité les placers aurifères de la Californie; il a dû être frappé par l'aspect frontal du vautour à l'atterrissage (dièdre de stabilité, retombée du bout de l'aile) tandis que M. Barbaudy a surtout remarqué l'épaisseur du bord antérieur et le retroussement en haut des rémiges distales, si souvent observé dans le vol à voile.

Les deux modèles sont stables, mais leur trajectoire est différente; elle est presque rectiligne avec pointe en l'air; elle est ondulée en escalier avec pointe en bas. Ce dernier modèle a, en outre, une vitesse variable; il semble parfois qu'il va capoter, mais tout à coup, l'avant se relève, la vitesse est ralentie; il plonge de nouveau, accélère son mouvement, et ainsi de suite : c'est une descente en escalier; à mouvement périodiquement varié.

La position du centre de gravité, le rapport de la surface au poids modifient naturellement la vitesse de descente, et l'incidence de la trajectoire sur l'horizon. Pour faire une comparaison plus serrée de ces deux modèles, il faut éliminer ces deux facteurs et étudier, à part, la valeur de la résistance et son point d'application.

I. *Modèle à pointe en bas (plan-cylindrique)*. — Je prends une plaque d'aluminium AB cd rectangulaire 83×210; pour imiter une des ailes du petit modèle, je cylindre le distum ainsi qu'il a été dit, à partir du point a

$$A\,a = 120\,\text{mm}\quad \frac{h}{A\,c_1} = \frac{1}{10}.$$

Afin de pouvoir monter cette aile sur mes balances, je la fixe sur un manche cylindrique, sur une sorte d'humérus, qui, en tournant dans un palier approprié, pourra donner à la pale toutes les incidences sur le vent, de $0°$ à $90°$. Le plan proximal fait un certain angle avec l'axe du manche, de manière à reproduire le dièdre de stabilité transversale.

Dans l'aile naturelle en extension, j'ai distingué la *forme ondulée*, et la *forme calotte*. Dans celle-ci, les sections perpendiculaires à la ligne ac_1' (cinquième rémige chez les Corbeaux) ont un peu plus grand rayon de courbure vers l'extrémité c_1 que vers la base. On se rapprocherait donc davantage de l'animal, en incurvant le distum sur un tronc de cône ayant son petit bout en avant sur a.

J'ai conservé, néanmoins, à peu près la géométrie des petits modèles en papier, afin de donner à leurs auteurs une analyse adéquate, non contestable. Chacun d'eux est convaincu de l'excellence du modèle pour aéroplane, et se préoccupe peu des courbes dites *polaire et métacentrique*, courbes d'un aéro complet (ailes, fuselage, et autres organes). Dans les modèles en papier qu'on laisse tomber, le seul moteur est la pesanteur; dans le vol *tiré*, il y en a deux, le moteur proprement dit et la pesanteur; les conditions d'équilibre ne sont plus les mêmes et réclament des modifications spéciales dans la construction. Pour établir les meilleures conditions, il faut appliquer l'analyse aérodynamique d'abord à chacun des organes d'un aéro, et puis à leur ensemble, en faisant varier leurs positions réciproques.

Dans le Tableau qui suit, le $0°$ correspond au parallélisme du courant aérien horizontal et du plan proximal, c'est-à-dire que l'axe AB de la figure 1 est parallèle au courant

Incidence.	Montée.	Traînée.	Bordée (*).
$0°$			
0	0	19,25	0,5
10	7	3	
20	13	6	
30	15	10	
40	15	12	
50	15	15	
60	12	18	
70	9	21	
80	4,5		
90	1,5	27	1,5

Remarques. — 1° De $25°$ à $55°$ environ, la montée est constante. J'ai déjà noté ce phénomène dans l'aile de Macreuse, qui a une forte concavité et torsion négative.

On l'observe aussi dans les zooptères à torsion positive, si on les attaque

---

(*) La *bordée* est la composante horizontale perpendiculaire au plan *sagittal* (plan de symétrie bilatérale).

par la face dorsale et vent arrière. Mais, dans ce cas, la torsion change
de sens et devient négative.

*Il semblerait donc que la constante de montée pour des variations d'inci-
dence de 30° environ est un caractère de la torsion négative.* Mais il n'appartient pas exclusivement à cette torsion; on le trouve aussi dans les
fuselages ornithiques. J'ai montré que, sur une poitrine de mouette exposée à un vent debout de 30° à 60°, la montée ne change pas.

Par conséquent, si sur une telle poitrine on implante des ailes à torsion
négative, les deux influences se combinent dans le même sens. On peut
en conclure que, dans la bourrasque, la mouette peut reculer sans perdre
de hauteur, pourvu qu'elle tienne les ailes en forme calotte.

Dans la chute en vol plané, les variations accidentelles d'incidence
donneraient de très faibles oscillations verticales, si toutefois le centre
de gravité est bien placé; et de fait, le petit modèle en papier a l'air,
de temps en temps, de se recueillir au point fixe avant de descendre
une autre marche d'escalier.

2° La traînée relative est considérable. Ainsi, à 10°, le rapport $\dfrac{\text{traînée}}{\text{montée}}$
est près de 42 %, tandis que, dans le modèle en bois Mantis il est de 15 %
seulement.

Une telle forme est donc impropre au vol tiré (*); elle exigerait un
moteur beaucoup plus puissant que les voilures habituelles.

3° La bordée est centripète. C'est assez naturel, si l'on considère que
la plus grande partie de la surface attaquée regarde en dehors.

Dans la Macreuse, la bordée est centrifuge. Il en est ainsi dans toutes
les ailes à forte *griffe distale*. A 45° elle atteint son maximum ($\frac{1}{10}$ de la
résistance totale); elle n'est plus guère que $\frac{1}{100}$ à 90°.

Lorsqu'un auto ou un aéro dérape, c'est un accident involontaire.
L'oiseau pourrait déraper à volonté, à droite par exemple, si l'aile droite
ondule, et en même temps la gauche calotte. Je suis étonné qu'aucun
expérimentateur n'ait tenu compte de cette composante; elle est très
faible, j'en conviens, dans le vol tiré; théoriquement, il semblerait que
sa valeur doive être nulle, mais dans certains cas, elle peut être très
importante; elle peut dans les virages rapides, par exemple, modérer le
dérapage.

Étude du centre de poussée. — C'est le point d'application K de la
résistance sur la corde de profil *il.* Cette corde est plus près du proximum
que du distum $\left(\dfrac{i\mathrm{A}}{d\mathrm{A}} = \dfrac{42}{100}\right)$. Je ne donne qu'une valeur moyenne, n'ayant
pas recherché ce rapport pour toutes les incidences. En plaçant l'aile sur

---

(*) Tout au plus pourrait-on s'en inspirer, si l'on veut simplement faire du tourisme,
en flânant, ne pas lésiner sur la dépense, et sacrifier la vitesse à la sécurité.

ma balance de capotage (*), j'obtiens les valeurs suivantes, pour le rapport $\dfrac{ik}{il}$

$$
\begin{array}{ll}
0 \ldots\ldots\ldots\ldots\ldots\ldots\ldots\ldots\ldots\ldots & 25 \ ^o/_o \\
10 \ldots\ldots\ldots\ldots\ldots\ldots\ldots\ldots\ldots\ldots & 41,2 \\
20 \ldots\ldots\ldots\ldots\ldots\ldots\ldots\ldots\ldots\ldots & 42,2 \\
30 \ldots\ldots\ldots\ldots\ldots\ldots\ldots\ldots\ldots\ldots & 42,2 \\
40 \ldots\ldots\ldots\ldots\ldots\ldots\ldots\ldots\ldots\ldots & 40 \\
90 \ldots\ldots\ldots\ldots\ldots\ldots\ldots\ldots\ldots\ldots & 45
\end{array}
$$

On voit que, de 10° à 0°, le point d'application se porte rapidement en avant, et qu'au-dessus de 10°, il se déplace très peu. Cela signifie qu'une telle aile se défend bien contre toute tentative de capotage, ou de cabrage.

Un aéro qui, en cas de bourrasque, pourrait *calotter* (le calottage comprend à mon sens l'augmentation de torsion négative, et de concavité) serait *inchavirable*. Il descendrait tout moteur arrêté sans oscillations dangereuses.

II. *Modèle à pointe en l'air* (*plan-conique*). — Je pars comme précédemment du rectangle, mais c'est le bord postérieur du distum qui est découpé suivant une ligne convexe. Cette ligne est circulaire, car on prend $ae = ad = AB = 80$ mm

$Ad = 200$ mm $h = 28$. Surface maximum projetée $= 141$ cm².

Les voiliers à ailes très souples présentent un retroussement à concavité supérieure, mais chaque rémige prend une forme spéciale, et il n'est pas possible de représenter leur ensemble par une surface conique. Pour avoir une idée assez précise de ces déformations dans une rivière homogène, de vitesse connue, il faudrait marquer un certain nombre de points sur les extrémités des rémiges, et mesurer les coordonnées de ces points en air calme et en plein vent. Il faudrait viser ces points au moyen d'une lunette spéciale, ou les photographier, comme je l'ai déjà fait pour des pales d'hélices élastiques en rotation (**).

(*) J'ai trois balances ayant les axes de rotation suivant les trois directions rectangulaires $Ox \ Oy \ Oz$, et je les désigne par ces directions. Le courant d'air étant dirigé suivant Ox, la balance Oy est celle des capotages, la balance Ox est celle des roulis, la balance Oz celle des virages (*voir* du reste *Bulletin mensuel de l'Acad. Montpellier*, avril 1910).

(**) Mémoires de l'Académie de Montpellier.

Mesure des résistances et du rapport $\dfrac{ik}{il}$

Incidence.	Montée.	Traînée.	$\dfrac{ik}{il}$
0	0	1,25	
5			33 $^o/_o$
10	5,5	1,75	30
20	9,5	3,5	25
30	13,5	5,75	28
40	11,75	10	28
50	10	14	
70	7	18	
90	0		42

Remarques. — 1º Cette aile porte moins que la précédente, mais sa traînée relative est plus faible (elle est à 10º 30 % et non 42 %).

2º Si l'on construit les courbes du rapport $\dfrac{ik}{il}$ en fonction de l'incidence des deux modèles I (pointe en bas) et II (pointe en l'air), et qu'on les compare à celles de Mantis et d'un rectangle plan, on voit que II a même allure que Mantis, et I que le plan, mais I est bien plus stable et plus porteur que le plan; il se défend plus rapidement contre le capotage.

Le modèle II doit bien se défendre contre le renversement latéral, sans paraître toutefois, à ce point de vue, supérieur à I; celui-ci donne à la descente une vitesse moins dangereuse.

Je ne recommande aucun de ces modèles, puisque je suis partisan d'une autre forme; je suis partisan des profils et fronts courbes depuis l'époque lointaine où triomphait la théorie du plan; mais, j'ai le premier signalé l'influence de la torsion sur la stabilité, et ces deux petits modèles sont intéressants à ce point de vue.

D'une manière générale, la meilleure forme de voilure pour vol tiré n'est pas celle qui convient à la descente, moteur éteint.

La forme zooptère à front ondulé, avec légère torsion positive doit être préférée pour le vol tiré.

Un aéro qui, en cas de danger, pourrait calotter serait inchavirable (*).

(*) Au dernier moment, on m'écrit que A. Moreau, en plein vol, et avec des remous de 6 à 7 m à la seconde, avec le lieutenant Saulnier à bord, a pu rester 35 *minutes les bras croisés.* Sa voilure est du type *zooptère* (*proximum creux, distum plat à région postérieure très souple et vibrante, et torsion négative*). Ces 35 minutes de bras croisés dépassent les plus belles performances des hommes volants; cette stabilité est due à la fois à une nacelle oscillante et à la forme de la voilure.

M. BOILÈVE,

Président du Sud-Ouest navigable,
Membre secrétaire de la Chambre de Commerce de Béziers.

LIGNE OCÉAN-MÉDITERRANÉE.
(CANAL DU MIDI ET CANAL LATÉRAL A LA GARONNE).

626.1 (261-262)

3 *Août.*

La ligne Océan-Méditerranée est destinée à relier le port de Bordeaux avec le port de Cette. Elle comprend le canal latéral à la Garonne et le canal du Midi.

Le canal du Midi est séparé de Cette par l'étang de Thau, que les bateaux traversent, soit à la voile, soit à l'aide de remorqueurs. Il dessert plusieurs villes importantes des départements de l'Hérault, de l'Aude et de la Haute-Garonne. Il prend fin à Toulouse, où il se jette dans la Garonne, par le bassin de l'Embouchure.

Le canal du Midi est alimenté par le bassin de Naurouze et le bassin du Lampy, qui lui distribuent les eaux de la montagne noire. Cette alimentation est insuffisante et doit être augmentée. De l'étang de Thau à la Garonne, le canal du Midi mesure 240 km, dont la pente est rachetée par 95 écluses. Le canal du Midi, créé par Paul Riquet, il y a plus de deux siècles, se ressent de son ancienneté. Il demande de sérieuses améliorations, pour être adapté aux besoins économiques de notre époque et assurer les transports dans cette partie du Midi, lesquels sont insuffisants à certaines époques de l'année. Ses courbes sont trop accentuées. Ses ponts, très nombreux (il y en a 151), sont beaucoup trop bas et ne laissent qu'un tirant d'air de 2,60 m en général, et pour quelques-uns, 2 m seulement. Les écluses sont de dimension insuffisante. Quelques-unes ont moins de 30 m. Aussi, les bateaux qui le fréquentent sont d'un tonnage trop restreint et la batellerie, surchargée par ses frais généraux, ne parvient pas à y gagner sa vie. Tandis qu'il faudrait pour cela qu'elle pût employer des bateaux de 300 tonnes correspondant aux écluses de 38,50 m, elle ne peut aujourd'hui se servir que de barques de 150 tonnes environ.

Pour que le canal du Midi puisse répondre à l'état économique actuel des régions qu'il traverse, il faut qu'il reçoive le plus rapidement possible les améliorations qui ont été prévues par la loi de 1903, lesquelles comprennent surtout le redressement des courbes les plus accentuées, l'augmentation du tirant d'air des ponts, l'alimentation, l'augmentation du tirant d'eau, etc.

Ces travaux, votés depuis 9 ans, ont été à peine commencés et il serait à désirer que l'Administration se mît, énergiquement à l'œuvre pour les exécuter rapidement. Jusqu'ici les crédits accordés au Service ont été insignifiants. Les Pouvoirs publics nous laissent simplement espérer que les chiffres en seront considérablement augmentés : c'est insuffisant. Du reste, le programme de 1903 est insuffisant en ce qui concerne les écluses. Pour obtenir les bateaux de 300 tonnes, il est nécessaire que toutes les écluses soient portées à la longueur de 38,50 m. D'ailleurs, cette dimension est celle fixée par la loi de 1879, pour toute la ligne Océan-Méditerranée.

Ce que nous venons de dire pour les écluses du canal du Midi, est vrai également pour celles du canal latéral à la Garonne. Ce canal continue le canal du Midi depuis le bassin de l'Embouchure à Toulouse jusqu'à l'écluse Castets, qui lui donne accès dans la Garonne, à 50 km en amont de Bordeaux. Il est alimenté par les eaux de la Garonne, qui lui sont servies à Toulouse et à Agen. Il est d'une longueur de 213 km et compte 53 écluses. Lesdites écluses sont aussi défectueuses que celles du canal du Midi et ne permettent le passage qu'à des bateaux dont le tonnage ne dépasse pas 180 tonnes environ.

Pour le canal latéral à la Garonne, comme pour le canal du Midi, la nécessité s'impose de porter la longueur des écluses à 38,50 m. La dépense qui s'en suivrait serait peu importante, eu égard aux services que cette modification rendrait à tout le sud-ouest de la France. L'allongement de chaque écluse coûterait moins de 40 000 fr. Ce qui, pour les 148 écluses de toute la ligne, ferait un chiffre total de moins de 6 millions. Quand on aura terminé l'allongement de toutes les écluses, la ligne Océan-Méditerranée prendra une importance capitale pour notre région.

A partir de 1898, époque à laquelle ces deux canaux ont été rachetés par l'État, et dans les 5 années qui ont suivi, le tonnage s'est accru de 102 %. Cet accroissement est un sûr garant de l'intensité que prendra le trafic lorsque les courbes, les ponts et les écluses permettront le passage à des bateaux de 300 tonnes. Nous pouvons assurer que 2 ans après ces transformations, le canal transportera 1 million de tonnes. Toutes les populations de notre région, les Chambres de commerce, les Syndicats, les Associations agricoles et tous les groupements s'intéressant à l'avenir économique du pays demandent avec instance que les deux canaux du Midi et latéral à la Garonne reçoivent d'urgence les améliorations comprises dans le programme de 1903 et, qu'en outre, les 148 écluses qui les desservent soient, dans le plus bref délai, portées à la longueur minimum de 38,50 m, conformément à la loi de 1879.

Le Congrès a le devoir d'unir ses vœux à ceux de tous les intéressés et d'appuyer de son autorité les demandes que, depuis longtemps, ils adressent aux Pouvoirs publics.

Dans ces conditions, nous avons l'honneur de prier le Congrès de vouloir bien émettre le vœu suivant :

Le Congrès,

Considérant que la voie Océan-Méditerranée (canal du Midi et canal latéral à la Garonne) est de la plus grande utilité pour le commerce de toute la région du Midi; Qu'il y a urgence à ce que sa mise en état soit réalisée par l'application des lois de 1go3 et de 1879; Considérant que les sommes votées par le Parlement ont été jusqu'ici insignifiantes et que, depuis 1go3 on a à peine dépensé 1 million, sur les 11 millions votés par cette loi; Considérant que les besoins économiques de toute la région sont des plus pressants et qu'il importe, dès lors, de donner une marche plus active aux travaux, pour que les canaux puissent faire face aux besoins économiques de la région; Qu'il est indispensable qu'avant 10 ans lesdites voies soient entièrement remises en état; Qu'ainsi c'est une somme de 2 millions au moins qui est nécessaire annuellement;

Émet le vœu :

Que les Pouvoirs publics prennent d'urgence les dispositions pour la transformation des canaux du Midi et latéral à la Garonne, dans un délai maximum de dix ans.

A. Par l'application de la loi de 1go3 (redressement des courbes, relèvement du tirant d'air des ponts à 3,70 m, augmentation du tirant d'eau, alimentation supplémentaire, etc.);

B. Par l'application de la loi de 1879 (allongement de toutes les écluses à 38,5o m);

Que le Parlement vote, dans le plus bref délai, les sommes nécessaires à cet allongement.

M. Paul DESCOMBES,

Directeur honoraire des Manufactures de l'État (Bordeaux).

LA LUTTE CONTRE LES INONDATIONS ET LE REBOISEMENT RATIONNEL.
(*Rapport préparatoire.*)

627.141.1 : 63.195.7

2 Août.

La défense de notre belle France contre le fléau des inondations a constamment éveillé la sollicitude de l'Association française pour l'Avancement des Sciences, qui en a fait l'objet, le 22 février 1g1o, d'une de ses conférences publiques à Paris(*), dont la date était fixée bien avant l'inondation de la Seine, et a émis à son Congrès de Toulouse le vœu (**) :

(*) *La Lutte contre les inondations. L'Aménagement des montagnes et le reboisement* (*Revue Scientifique*, 28 mai 1910).

(**) *Les perturbations climatériques et le déboisement*, 39ᵉ Congrès de l'Asso-

« Que des études soient entreprises au sujet de l'influence météorologique des déboisements et reboisements américains sur le climat de l'Europe »;

en s'associant au vœu émis le 3 mai 1910 par la Société météorologique de France :

1° « Que des mesures préventives soient prises contre le déboisement des montagnes; 2° que des études soient entreprises en vue d'établir les bases d'un déboisement rationnel capable d'agir dans un sens favorable sur le régime des cours d'eau. »

Les causes d'inondation provenant de trois ordres distincts de faits :

Chute de pluies considérables;

Ruissellement précipité de l'eau jusqu'aux rivières;

Évacuation insuffisante par les rivières,

il y a lieu d'étudier les éléments de défense qui peuvent être mis en jeu pour :

Atténuer les pluies diluviennes;

Atténuer le ruissellement;

Accélérer l'évacuation des crues,

en commençant par la troisième partie.

Évacuation des crues. — L'attention publique s'est généralement concentrée sur les moyens de rendre les crues inoffensives bien plus que sur ceux de prévenir leur formation, car l'homme est toujours enclin à regarder près de lui plutôt qu'à distance, et cette partie du problème est exclusivement du ressort des ingénieurs; connue sous le nom *d'endiguement* dans l'Europe centrale, *d'hydraulique* en Italie, elle est rattachée en France aux services de la navigation intérieure qui ne cessent d'exécuter avec un inlassable dévouement de remarquables travaux.

Mais tous les travaux, calculés pour évacuer sans dommage une crue semblable à celle qui a produit des ravages, deviendront illusoires si le maintien des causes permanentes d'aggravation renforce de quelques dixièmes la quantité d'eau qu'amènera la crue suivante.

La Commission des inondations (*), présidée par M. Alfred Picard, s'en est bien rendue compte en envisageant, d'une part des travaux pour l'évacuation des eaux estimés à 222 millions, d'autre part des reboisements pour l'atténuation des crues évalués à 422 millions.

Atténuation du ruissellement. — On connaît depuis longtemps le concours que le reboisement devrait donner à la lutte contre les inondations.

L'académicien Babinet déclarait que toutes les collines devraient être boisées (**); Belgrand a fait à ce sujet des observations trop tôt interrompues (***). MM. Jeandel, Cantegril et Bellaud ont montré que le déboisement d'un bassin

ciation française, t. V, p. 1. — *L'influence du déboisement sur les inondations,* 39° Congrès de l'Association française, t. IV, p. 4.

(*) Ministère de l'Intérieur, Commission des inondations. Rapports et documents, t. IV, 710 pages. Paris, 1910, Imprimerie nationale.

(**) BABINET, *De la pluie et des inondations* (*Revue des Deux-Mondes,* 15 août 1856).

(***) BELGRAND, *Études hydrologiques* (*Ann. des Ponts et Chaussées,* 1er semestre 1852). — *La Seine, Études hydrologiques,* Paris 1872. Dunod, éditeur.

doublait son action inondante (*). Le maréchal Vaillant a fait à l'Académie des Sciences un rapport élogieux sur leurs expériences, et Césanne les a résumées avec celles de Belgrand dans le Volume ajouté à la seconde édition du Livre de Surell (**). D'autres auteurs ont indiqué la possibilité de renforcer encore le rôle protecteur du sol forestier par le maintien de sa couverture morte, importante source d'humus (***).

Divers procédés ont été proposés en outre pour diminuer le ruissellement. Des fossés parallèles aux lignes de niveau ont fait l'objet des expériences concluantes de Chevandier (****) et de Lambot-Miravel (*****); enfin des puits absorbants ont été mis à l'essai par M. de Beauchamp.

Tous les moyens d'atténuer le ruissellement devraient être employés simultanément ou séparément, suivant les conditions locales, et il est d'un intérêt capital que les règles générales devant présider à leur emploi soient fixées et connues de tous, conformément aux vues déjà émises par la Société Météorologique de France et par l'Association française pour l'Avancement des Sciences sur l'étude du reboisement rationnel.

Le reboisement est, en effet, la mesure préventive la moins onéreuse, car les sommes affectées à sa création seront ultérieurement productives de revenus, et leur emploi constitue une avance au lieu d'une dépense réelle. Cette avance devant atteindre un chiffre élevé, il importe qu'elle soit employée le plus utilement possible à compléter un réseau protecteur qui aurait pour base les bois existants, restes épars de l'antique forêt gauloise ou créations récentes inspirées par des considérations étrangères à la lutte contre l'inondation.

Atténuation des pluies diluviennes. — La plupart des pluies diluviennes proviennent de nuages animés d'un mouvement giratoire, cyclones, trombes, tornados ou typhons, qui suivent en général des itinéraires assez constants.

Un grand nombre de météorologistes ont remarqué que leur fréquence avait augmenté en Europe dans le cours du dernier siècle, et Gaston Lespiault a trouvé dans les déboisements américains l'explication de cette aggravation climatérique (******).

L'arrêt des cyclones par les forêts a d'ailleurs été mis en évidence par quelques observations relatées dans divers recueils (*******); leur atténuation par des

---

(*) Jeandel, Cantegril et Bellaud, *Études expérimentales sur les inondations* (*Annales des Eaux et Forêts*, 1861, p. 174).

(**) Surell et Césanne, *Étude sur les torrents des Alpes*, Paris 1872. Durand, éditeur.

(***) Chancerel, *L'année forestière* 1910. Paris 1911. Berger-Levrault, éditeur.

(****) Chevandier, *Recherches sur l'influence de l'eau sur la végétation des forêts* (*Comptes rendus de l'Académie des Sciences*).

(*****) Lambot-Miravel, *Observations sur les moyens de reverdir les montagnes et de prévenir les inondations.* Paris 1872. Libraire agricole de la Maison rustique.

(******) G. Lespiault, *Des déboisements américains et de leur influence météorologique* (*Procès-verbaux de la Société des Sciences Physiques et Naturelles de Bordeaux*, t. V, 3 mars 1883, p. 375).

(*******) *Pluies normales, pluies diluviennes et inondations* (*La Nature,*

lignes boisées fait l'objet d'importants essais en Suisse comme aux États-Unis, et l'on ne saurait passer sous silence que l'historien Alexandre attribuait au déboisement des Cévennes, opéré sous le règne d'Auguste, l'origine du mistral (*).

Nécessité d'une étude d'ensemble. — Le nombre des travaux partiels sur les divers éléments de la lutte contre les inondations est aujourd'hui suffisant pour nécessiter leur groupement dans une étude générale, qui est du ressort de la Section du Génie Civil, au même titre que l'endiguement avec lequel il se relie entièrement. Ce sont en effet les ingénieurs des Ponts et Chaussées Brémontier, Chambrelent, Surell, Cézanne, Monestier, Savignat (**), Belgrand, Alfred Picard qui ont montré l'utilité publique du reboisement, et c'est par les services d'annonce des crues, chargés des jaugeages, qu'on pourra être renseigné sur l'amélioration ou l'aggravation du régime des eaux dans les divers bassins.

Les sections de Physique du Globe (***), d'Agronomie (****) et d'Hygiène (*****) ont d'ailleurs traité, chacune en ce qui la concerne, les éléments de ce vaste problème qu'il y a maintenant lieu de relier au point de vue scientifique comme ils l'ont été déjà au point de vue économique (******).

Il appartient à l'Association française pour l'Avancement des Sciences de combiner d'après cette étude d'ensemble un programme de reboisement rationnel qui puisse servir de guide aux propriétaires impérissables que la loi « tendant à favoriser le reboisement » admettra bientôt à collaborer à la lutte contre les inondations, dont l'inexplicable ajournement a déjà causé tant de désastres.

---

10 décembre 1910). — *L'atténuation des bourrasques pour la sécurité des aéronautes* (*Revue aérienne*, 25 octobre et 10 décembre 1911). — *La lutte contre les inondations par le reboisement* (*Bull. de la Société de Géographie commerciale de Paris*, mars 1911). — Paul Descombes, *La Défense forestière et pastorale*. Paris 1911. Gauthier-Villars, éditeur.

(*) Hippolyte Dussard, *Des défrichements des forêts et de leur influence* (*Journal des Économistes*, juillet 1842). — *La lutte contre l'inondation dans le Gard et l'Hérault* (*Bulletin de la Société forestière de Franche-Comté*, juin 1912).

(**) Monestier-Savignat, *Études sur les phénomènes, l'aménagement et la législation des eaux au point de vue des inondations*, Paris 1858. Dunod, éditeur.

(***) *Les perturbations climatériques et déboisement.* Congrès de Toulouse, 1910, t. IV, p. 1.

(****) *La dégradation des terrains en montagne et la décadence de l'industrie pastorale.* Congrès de Grenoble, 1904, p. 130. — *Influence du déboisement sur les inondations.* Congrès de Toulouse 1910, t. IV, p. 4.

(*****) *Influence du reboisement sur la salubrité des eaux.* Congrès de Toulouse, 1910, t. IV, p. 167.

(******) P. Descombes, *La Défense forestière et pastorale*, XV, 410 pages. Paris, 1911, Gauthier-Villars, éditeur. — *La défense des forêts* (*Revue des Deux-Mondes*, 15 novembre 1911).

M. Jules HENRIET,

Ingénieur civil (Marseille).

LES TRANSPORTS PAR VOIE FERRÉE
ENTRE LE PORT MARITIME DE MARSEILLE, LA SUISSE ET L'ITALIE DU NORD.

656.2 (44.91) (45) (494)

1ᵉʳ Août.

Les passages au travers du massif des Alpes, entre la vallée du Rhône et la vallée du Pô, ont été utilisés depuis un nombre incalculable de siècles. Les relations entre les populations établies de chaque côté des versants alpestres paraissent avoir pris une grande extension à une époque, qu'on peut faire remonter à au moins deux mille ans avant l'ère vulgaire. C'est par le col du mont Genèvre (Jovis, Jupiter), que les anciens entrepreneurs de transports tracèrent la route principale qui reliait les centres miniers de l'Espagne aux importants marchés de répartition situés en Étrurie (Italie du Nord). Annibal choisit cette voie pour le transit de ses troupes et de son matériel, dans la guerre entreprise par les Carthaginois contre les Romains. César suivit le même chemin, pour amener d'Italie les légions qu'il envoyait au secours des Celtes transalpins, dans les campagnes successives organisées contre les envahissements germaniques.

Non loin de ce passage, se trouvait le col du mont Cenis, au travers duquel était construit le chemin venant de la Celtique du Nord. Les deux voies du mont Cenis et du mont Genèvre aboutissaient à Suze. Là, elles se soudaient, puis non loin de Plaisance, elles recevaient en passant la voie des Alpes Grées, doublure du chemin desservant les Celtiques transalpines. Un chemin unique, qui groupait ces voies, après avoir traversé le fleuve, se dirigeait sur Ravenne et Ancône, pour aboutir à Rome, en passant par les Apennins.

Les magnifiques voies construites par les Romains suivirent, en général, les directions tracées pour le service des transports organisés par les anciennes populations. La route du littoral, reliant la ville de Rome aux ports maritimes de Pise, de Gênes, de Fréjus, de Marseille et d'Arles était relativement récente, car sa construction, souvent abandonnée, présentait des difficultés d'exécution trop considérables, pour les avantages commerciaux qu'on pouvait en espérer. La route du littoral s'appelait officiellement la *voie Aurélienne;* elle avait son origine à Rome, au pont de Sublicius (pont de bois), entre le mont Aventin et le mont Janicule. Près de Nice, la voie Aurélienne rejoignait le vieux chemin du col de Tende, construit autrefois par les Phéniciens.

L'administration du corps des Ponts et Chaussées de l'empire romain (Pontifes) apportait les soins les plus scrupuleux à la conservation des voies publiques. Mais, après la grande perturbation sociale causée par les invasions germaniques du cinquième siècle, qui mirent au pillage toutes les provinces romaines de l'Italie et de la Celtique, l'entretien des chemins servant aux communications internationales fut complètement délaissé. Malgré l'activité des échanges entre les vallées du Rhône et les vallées du Pô, pendant la longue période du moyen âge et de la Renaissance, aucune entreprise sérieuse de consolidation des routes de montagne ne parvint à fixer l'attention des pouvoirs locaux. A la fin du dix-huitième siècle, pendant les guerres suscitées par la Révolution française, les anciennes voies romaines, qui avaient demandé autrefois de si pénibles efforts pour leur établissement, étaient réduites à l'état de misérables chemins de muletiers.

Sous la puissante impulsion de Napoléon Ier, toutes les routes des Alpes reçurent un remaniement total. Par des rectifications de tracés et de meilleures dispositions dans les déclivités, les routes nouvelles, construites en collaboration commune par les ingénieurs français et les ingénieurs italiens, purent promptement réaliser un idéal de circulation destiné à développer les transports entre les deux versants alpestres. L'amélioration des voies publiques a constamment été l'objet du plus grand intérêt de la part de l'administration impériale française.

Dans les premières années du dix-neuvième siècle, la question de l'établissement des chemins de fer commençait à passionner les hommes politiques de l'Angleterre. Napoléon Ier, par une prescience qu'on ne saurait trop signaler, comprit tout de suite l'importance du nouveau mode de transport, encore à l'état embryonnaire. En 1814, sur la demande de l'empereur, l'ingénieur Moisson-Desroches, un des premiers organisateurs de l'École des Mines de Saint-Étienne, prépare une étude ayant pour but de constituer un *réseau national de voies ferrées pour voyageurs*. Ce document, conservé à Paris, aux archives du Ministère des Travaux publics, est annoté par Napoléon Ier.

L'ingénieur Moisson-Desroches proposait la construction d'un réseau composé de sept grandes voies :

1° De Paris à Gênes par Lyon et Marseille (P.-L.-M.);
2° De Paris à Bordeaux (Orléans);
3° De Paris à Nantes (État);
4° De Paris au Havre, par Rouen (Ouest); .
5° De Paris à Calais, par Boulogne (Nord);
6° De Paris à Gand, par Lille (Nord);
7° De Paris à Mayence (Est).

Les désastres de 1815 ne permirent pas au gouvernement français de donner suite au projet étudié. Mais, dès les premières années de la Restauration, l'ingénieur Moisson-Desroches reprit seul les éléments qu'il avait préparés sous l'Empire; c'est sur son initiative personnelle que Louis XVIII, en 1823, accorda la concession du chemin de fer de Lyon à Saint-Étienne et à Roanne. La ligne directe de chemin de fer entre Paris et Gênes, projetée en 1814, ne fut complètement achevée qu'une cinquantaine d'années plus tard, par la suture de la voie ferrée entre Nice et Savone.

Sous Charles X, la question de l'exploitation des ports maritimes commençait à préoccuper les armateurs, les négociants et les ingénieurs. En 1829, M. Cordier, inspecteur divisionnaire des Ponts et Chaussées, député du Jura, dans un Mémoire développant des considérations sur les chemins de fer, demande que les grands travaux publics soient entrepris et administrés par les Compagnies financières, *que les ports maritimes soient autonomes* et que l'exploitation des voies navigables soit faite par des associations privées.

Les vœux émis dans les dernières années de la Restauration, pour une administration autonome des ports maritimes, n'ont encore reçu aucune application en France. Mais le gouvernement italien, mieux inspiré, a su donner au port de Gênes, sous la forme d'un *consorzio*, un mode de gérance locale, dont les services sont des plus appréciés.

Les premiers succès obtenus par l'établissement des chemins de fer autour des principales villes de l'Europe, impressionnèrent vivement les hommes d'État du royaume de Sardaigne. Le nouveau mode de locomotion fut considéré de suite comme l'instrument dont il était urgent d'essayer de se servir, dans le but d'entreprendre la réalisation de l'unité italienne, si longtemps espérée, si souvent ajournée et si difficile à réaliser. M. de Cavour eut le pressentiment de la puissance politique qu'on pourrait obtenir pour régénérer l'Italie en utilisant, avec méthode, la force que procureraient les transports rapides au travers des Alpes. Dès 1836, M. de Cavour se crée de grandes relations à Paris, d'abord dans le monde parlementaire, puis dans le monde financier, avec la perspective d'étudier les bases d'un réseau de voies ferrées à construire dans les provinces de Savoie et de Piémont.

Le programme de M. de Cavour était audacieux, on pouvait même le considérer comme chimérique à l'époque où il a été conçu. Cependant, il n'était qu'en avance sur son temps, car par le labeur, la ténacité et le bon sens de son auteur, il s'est complètement réalisé. Dans la première partie du dix-neuvième siècle, les économistes avaient remarqué que le commerce entre l'Angleterre, l'Égypte, les Indes et l'Extrême-Orient progressait tous les ans avec une régularité presque absolue. On pouvait très approximativement en déduire, que dans un temps donné, le montant des transactions arriverait à des chiffres déterminables à l'avance. En effet, des prévisions furent rédigées et toutes, même celles qui étaient considérées comme très optimistes, ont largement été dépassées. Depuis les temps les plus reculés, les marchandises de transit, de ou pour l'An-

gleterre, provenant ou à destination de l'Orient, transbordaient par le
port de Marseille. Les marchandises lourdes étaient rares autrefois, ón ne
trafiquait guère que sur des marchandises riches. Le programme de M. de
Cavour consistait à souder une suite de voies ferrées à construire en
France et en Italie, qui permettrait de relier le port de Liverpool au port
de Brindisi, en passant par Londres, Calais, Paris, Lyon, Chambéry,
le mont Cenis, Turin, Gênes, Florence, Rome et Naples. Au fond, le programme commercial qui était proposé n'était qu'une façade plus superficielle que réelle, destinée à masquer des vues politiques très ambitieuses,
mais trop téméraires pour être avouées en public. Les projets de chemins
de fer imaginés par M. de Cavour aboutissaient à un détournement de
trafic en faveur des provinces italiennes, au détriment du port de Marseille; ils ne furent pourtant pas combattus dans la région de Provence,
tellement ils paraissaient inexécutables.

Les projets de construction d'une voie ferrée au travers du massif des
Alpes, élaborés vers 1836, n'étaient qu'une conception purement théorique, qui aurait pu rester longtemps dans le domaine de la spéculation.
Ils sortirent cependant assez promptement du vague auquel ils semblaient
destinés. En 1839, le 10 août, M. Médail, ancien commissaire des douanes
du Gouvernement sarde, présente au Ministre des Travaux publics à
Turin, un Mémoire relatif au percement d'un tunnel au travers des Alpes,
destiné au passage d'une voie de chemin de fer. M. de Cavour s'empare
immédiatement des conclusions de ce Mémoire pour les adapter à ses
vues et, le 10 décembre, il présente au roi de Sardaigne une étude sur
la nécessité de relier le Piémont à la France par un tunnel au travers du
mont Cenis. La politique, en faisant alliance avec la technique, venait
de décupler sa puissance.

Au commencement de l'année 1840, le roi de Sardaigne, Charles-Albert,
approuve les études préparatoires destinées au percement des Alpes.
Dans le courant du mois de mai, M. Médail présente un second Mémoire
à son Gouvernement concernant le projet du tunnel. L'auteur, par des
déductions pleines de justesse, prévoit, au détriment de la vallée du
Rhône, un transfert de trafic en faveur de la vallée du Rhin; il signale
aussi, pour un avenir prochain, la concurrence des ports maritimes de la
mer du Nord contre les ports de Marseille et de Gênes. Le 20 juin et le
30 décembre 1841, M. Médail présente deux nouveaux Mémoires sur la
construction d'une voie ferrée au travers des Alpes. Au moment où les
Pouvoirs publics adoptent définitivement les conclusions qui lui sont
soumises pour la réunion du Piémont à la Savoie par un chemin de fer,
M. Médail, le véritable initiateur technique du tunnel du mont Cenis,
meurt le 5 novembre 1844.

A partir de 1845, l'agitation populaire ne cesse de croître en Sardaigne,
pour la prompte entreprise des travaux de percement du mont Cenis.
Le Gouvernement désigne M. Angelo Sismonda pour la rédaction d'un
Mémoire géologique du passage des Alpes au col de Fréjus, puis M. Maus,

ingénieur belge, et M. Porro, major de l'armée sarde, sont chargés de la rédaction d'un avant-projet d'exécution. Au mois de septembre de cette même année, le premier coup de pioche est donné dans les Apennins pour le percement du tunnel de Giovi, destiné à relier le port de Gênes à la ville de Turin.

Les sympathies accordées par le Gouvernement sarde au projet de réunion de Turin à Chambéry par les Alpes, suscitent de vives appréhensions en Allemagne. On prévoit avec crainte une alliance militaire entre la France et la Sardaigne, destinée à reprendre les idées d'unité italienne. Dans le but de combattre l'exécution des travaux du mont Cenis, un Consortium italo-germanique est créé à Milan le 27 septembre 1845 ; cette Association se propose de construire un tunnel au travers du Gothard pour relier le port de Gênes avec l'Allemagne du Nord.

C'est autour des hommes d'État du Piémont que se centralisent tous les projets de construction d'une voie internationale de transports. Au mois de mai 1846, M. de Cavour rédige un Mémoire sur les chemins de fer. Le travail prend la forme d'un manifeste politique : il constitue une violente attaque contre le Gouvernement autrichien. Tandis que, en France, l'opinion générale des conseillers de Louis-Philippe persiste à ne pas croire à l'avenir des chemins de fer, on remarque que, au delà des Alpes, on est convaincu que la suture des voies ferrées provoquera l'union populaire des régions italiennes. Sous la pression de l'opinion publique des États sardes, le roi Charles-Albert envoie les ingénieurs Sommeiller et Grandin dans les principaux centres industriels de la France et de la Belgique, pour étudier les procédés en usage pour le forage des tunnels. A la date du 21 octobre 1846, les études préliminaires des travaux relatifs au percement du mont Cenis sont complètement terminés. Ces études, malgré leur valeur, sont cependant, dans certaines sphères gouvernementales, considérées comme une audacieuse *folie*.

Dans le cours de l'année 1847, le Gouvernement autrichien suscite d'énergiques oppositions au projet de construction d'une voie ferrée au travers du massif des Alpes centrales. Les polémiques de presse amènent des froissements et des irritations entre l'Autriche et la Sardaigne, qui aboutissent à une rupture de relations et à la guerre de 1848. Au moment de partir en campagne, Charles-Albert fait rédiger un programme d'ensemble des chemins de fer à construire dans les provinces de son royaume. Le programme se subdivise en quatre parties : 1º ligne de Turin sur Chambéry par le mont Cenis ; 2º ligne de Turin sur Gênes, par Alexandrie ; 3º ligne de Turin sur l'Allemagne par le Gothard, et 4º ligne de Turin sur Nice, par Coni.

La guerre de 1848, dite de l'indépendance italienne, entreprise par Charles-Albert contre l'Autriche, ayant complètement échoué, un changement d'orientation se manifeste sous l'influence de l'Allemagne du Nord. Vers 1850, Victor-Emmanuel, le nouveau roi de Sardaigne, semble vouloir abandonner le percement du mont Cenis et les espérances d'al-

liance française, pour tourner ses vues exclusivement sur le percement
du Gothard, avec la perspective d'une alliance avec la Prusse. Mais, dès
1852, le rétablissement de l'empire français par Napoléon III opère un
revirement radical dans la direction politique des hommes d'État du
Piémont; ils font remarquer au Gouvernement que si le chemin de fer
des Alpes par le mont Cenis était construit, cela permettrait de reprendre
la guerre de l'indépendance, en recevant avec promptitude dans la
vallée du Pô une armée de 80 000 hommes de troupes françaises. Sur ces
nouvelles dispositions, le Parlement sarde décide l'exécution d'un premier
tronçon de voie ferrée entre Turin et Suze.

Au mois de juillet, l'ingénieur français Bourdaloue, envoyé de la part
de Napoléon III, procède à une étude excessivement précise de nivellement pour le tunnel du mont Cenis. Dans le cours de ses opérations géodésiques, Bourdaloue rédige un Mémoire pour la construction d'une voie
ferrée économique qui passerait par-dessus les Alpes, en évitant le percement du tunnel. Le projet de Bourdaloue ne reçoit aucune suite, car il est
reconnu immédiatement comme étant incompatible avec une exploitation destinée à un grand trafic.

Les relations cordiales qui se développent entre la France et la Sardaigne provoquent une certaine anxiété dans le monde diplomatique.
Sous l'influence des grandes puissances européennes, dirigées par une
entente occulte de l'Angleterre et de la Prusse, un Mémoire est présenté,
le 21 octobre 1852, au Gouvernement sarde, dans le but de faire renoncer
au percement du tunnel projeté au travers du mont Cenis.

Après leur enquête en France et en Belgique, les ingénieurs Sommeiller,
Grandin et Grattoni rédigent un Mémoire présenté le 20 novembre 1853
au Gouvernement sarde, où ils expliquent les moyens de tirer parti de la
force motrice procurée par l'eau des torrents. Malgré toutes les démonstrations techniques probantes qui sont publiées, le percement du tunnel du
mont Cenis semble toujours une entreprise des plus téméraires. Le succès
du percement des tunnels de la Nerthe, près de Marseille; de Blaisy, près
de Dijon, et de Giovi, près de Gênes, n'empêchent pas des oppositions
très énergiques de se manifester contre les travaux commencés pour la
traversée des Alpes.

Quatre inaugurations de voies ferrées eurent lieu en Sardaigne dans le
courant de l'année 1854. Le tronçon de Turin à Suze fut d'abord ouvert;
on pouvait considérer ce parcours, quoique d'une longueur bien restreinte,
comme le centre de la grande ligne internationale entre l'Angleterre et
le Sud de l'Italie, dont M. de Cavour poursuivait la réalisation depuis
une vingtaine d'années environ. On ouvrit ensuite la section de Turin
à Pignerol, puis celle de Turin à Savigliano, amorce de la ligne Coni-Nice,
destinée à relier les côtes de Provence jusqu'au port de Marseille. Enfin,
sur la fin de l'année, la section de Nice à Novi fut livrée à l'exploitation
en vue d'atteindre Turin par Alexandrie.

Les préoccupations de la campagne de Crimée, entreprise par l'Union anglo-française contre la Russie, offrirent l'occasion de rédiger un traité d'alliance offensive et défensive entre la France et la Sardaigne, qui fut signé le 26 janvier. L'année suivante, la Compagnie des Chemins de fer de Paris à Lyon et à la Méditerranée achevait la suture de tous ces tronçons de voies partielles et mettait en exploitation le parcours complet de la grande ligne de son réseau.

Comme conséquence de la collaboration militaire anglo-franco-sarde au siège de Sébastopol, une convention entre les trois Gouvernements anglais, français et sarde fut signée au mois de juin 1857, en vue d'accords internationaux destinés à l'adoption définitive du projet de percement de tunnel au travers du mont Ceins. L'intervention des troupes piémontaises dans la guerre d'Orient, inspirée par Napoléon III, sur l'initiative de Cavour, avait eu le privilège de faire évanouir, au moins momentanément, les préventions de l'Angleterre contre le chemin de fer du massif des Alpes, mais la Prusse restait irréductible dans son opposition. Cependant, malgré les antipathies de l'Allemagne du Nord, les travaux de percement du mont Cenis étaient inaugurés au mois de septembre 1857. La première pierre enlevée aux rochers situés du côté de Modane a servi de base aux fondations au pont de chemin de fer construit sur le Rhône entre Chambéry et Culoz. Les travaux de la galerie primitive d'avancement du tunnel se sont exécutés d'abord au modeste burin, à l'aide de la poudre noire ordinaire comme explosif.

Pendant les années 1858, 1859 et 1860, les travaux de percement du souterrain du mont Cenis se sont poursuivis avec persévérance, mais avec beaucoup de déceptions. A un moment donné, les obstacles parurent tellement énormes que les oppositions purent reprendre leurs critiques d'autrefois et provoquer des manifestations hostiles destinées à faire cesser la continuation de l'entreprise. Les hésitations de l'opinion publique commençaient même à inquiéter sérieusement les ingénieurs, quand une adaptation pratique des machines perforatrices aux travaux exécutés dans l'intérieur des galeries du tunnel vint rendre la confiance aux initiateurs de la traversée des Alpes.

En 1859, l'heureuse issue de la guerre franco-sarde contre l'Autriche, en même temps qu'elle libérait tous les petits États de la Péninsule, de l'impopulaire influence allemande, permettait d'élaborer un traité direct entre la France et le nouveau royaume d'Italie, pour la suture des voies ferrées amorcées de chaque côté des frontières récemment fortifiées. Une convention en date du 7 mai 1862, réglementa la participation des deux Gouvernements dans les travaux du tunnel du mont Cenis. Malgré l'impérieuse nécessité de réaliser promptement des moyens de transport à parcours rapide, une grande partie du monde politique français resta très pessimiste sur les espérances favorables de l'entreprise : dans certaines sphères, on préconise ardemment l'abandon des travaux, en invoquant les lenteurs du percement des galeries de direction, la moyenne de l'avancement ne donne guère que 1 m environ par jour. Dans la convention de 1862, les plénipotentiaires parlent pour la première fois d'un projet de voie ferrée à construire entre Nice et Vintimille, destiné à relier le port de Marseille au port de Gênes.

Après 35 ans de discussions, d'études, de travaux, de déceptions et souvent de découragements, les travaux de percement du tunnel du mont Cenis furent enfin achevés au commencement de 1871. L'inauguration de la voie ferrée qui traverse le souterrain eut lieu le 17 septembre de la même année. Il n'avait pas fallu moins de toute une génération d'efforts multiples, politiques et techniques, pour réaliser l'idée conçue en 1836 par Cavour : idée aussi grandiose par son audace que par les services sociaux qu'elle était appelée à rendre à l'Italie et à la France, on peut même ajouter sans exagération aucune : à l'univers entier.

Si le nouveau chemin de fer raccourcissait les distances entre le Piémont et les centres industriels de Lyon, de Paris et de Londres, il rapprochait aussi la ville de Turin de la ville de Marseille. Il est vrai qu'un détournement de trafic commercial allait s'opérer au détriment de la vallée inférieure du Rhône, mais cette défaveur était largement compensée par un accroissement de relations entre la Provence et l'Italie du Nord, par les facilités de communications rapides qui venaient d'être créées.

Depuis la construction de la ligne du chemin de fer qui traverse le mont Cenis et qui, pendant longtemps, a été l'unique voie ferrée disponible entre Marseille et Turin, d'autres lignes ont été établies, sont en cours d'exécution ou sont à l'étude pour obtenir des raccourcis kilométriques. Un examen comparé des différentes lignes en exploitation et en projet permettra de se rendre compte de la situation actuelle et des espérances qu'on peut fonder sur l'avenir.

Entre Marseille et Turin, et *vice versa*, huit voies ferrées sont susceptibles ou seront, dans un assez court délai, susceptibles d'être utilisées pour les transports internationaux. Ces voies ferrées sont constituées par trois lignes passant par la vallée du Rhône, deux lignes passant par les Alpes et trois lignes passant par le littoral maritime.

La première ligne de chemin de fer entre Marseille et Turin passe par Lyon et le mont Cenis; c'est la plus anciennement construite, sa capacité de débit est considérable; elle est utilisée pour les voyageurs et les marchandises, sa longueur totale d'exploitation est de 693 km, qui se répartissent suivant le détail ci-après :

	Altitude.	
	m	km
De Marseille : à Lyon	170	350
» Culoz	240	102
» Chambéry	270	36
» Modane, tunnel	1291	99
» Turin	240	106
Total		693

La seconde ligne entre Marseille et Turin suit le même tracé que la précédente, depuis la Méditerranée jusqu'à Lyon. Entre Lyon et Chambéry, elle suit un raccourci passant par Saint-André-le-Gas. Cette ligne n'est pas utilisable pour les voyageurs en provenance ou à destination de Marseille; elle ne peut servir qu'au transport des marchandises et seulement à titre de voie auxiliaire. Sa longueur d'exploitation n'est que de 662 km, soit 31 km plus courte que la précédente. Ses gares principales de bifurcation sont les suivantes :

		Altitude. m	km
De Marseille : à Lyon		170	350
»	Saint-André-le-Gas	170	64
»	Chambéry	270	43
»	Modane, tunnel	1291	99
»	Turin	240	106
	Total		662

La troisième ligne, en partant de Marseille, ne conserve la vallée du Rhône que jusqu'à Valence, prend un raccourci sur Chambéry par Grenoble. Actuellement, cette ligne est la plus pratiquée pour les voyageurs et les marchandises en transit direct sur l'Italie du Nord, surtout depuis le doublement de la voie ferrée entre Valence et Grenoble. La longueur totale d'exploitation est réduite à 609 km, c'est-à-dire 84 km plus courte que la ligne passant par Lyon. Les changements de direction sont les suivants :

		Altitude. m	km
De Marseille : à Valence		123	243
»	Grenoble	212	99
»	Chambéry	270	62
»	Modane, tunnel	1291	99
»	Turin	240	106
	Total		609

La quatrième ligne se dirige de Marseille sur Grenoble en passant par les Alpes de Provence. Cette voie offre un grand raccourci sur toutes les précédentes; mais, par son profil à déclivités très accentuées, elle n'est pas utilisable au trafic rapide; on ne peut en faire usage que pour les localités intermédiaires, car les transports à longue distance ne sont pas pratiques. La longueur totale d'exploitation est de 564 km. Les gares principales de bifurcation se répartissent ainsi :

		Altitude. m	km
De Marseille : à Veynes		814	196
»	Col de la Croix-Haute	1166	196
»	Grenoble	212	101
»	Chambéry	270	62
»	Modane, tunnel	1291	62
»	Turin	240	106
	Total		564

La cinquième ligne de chemin de fer, entre Marseille et Turin, par Briançon-Oulx, sera considérablement la plus courte comme distance kilométrique, quand elle sera terminée. Actuellement, elle présente un hiatus d'une trentaine de kilomètres entre le versant français et le versant italien. La construction d'un tunnel entre Briançon et Sézanne serait nécessaire pour réunir les deux versants. On hésite à entreprendre ce travail à cause du peu de rendement de la ligne des Alpes et des difficultés d'exploitation, onéreuses surtout par suite des fortes déclivités sur une grande partie du parcours. La longueur totale d'exploitation n'est que de 417 km, mais il y a à considérer qu'il faut transiter sur une trentaine de kilomètres par route de montagne. Cette voie n'est pas commerciale; elle ne peut être utilisée que par le tourisme. Les bifurcations principales sont :

		Altitude.	
		m	km
De Marseille : à Veynes		814	196
»	Briançon-Gare	1 204	108
»	Oulx, route de montagne	1.066	30
»	Turin	240	83
	Total		417

La sixième ligne passe par le littoral; elle relie Marseille à Turin par Gênes. C'est une des meilleures voies ferrées en exploitation; elle est beaucoup plus courte que les voies françaises de la vallée du Rhône, par Lyon ou par Grenoble. De plus, elle est plus praticable que le parcours par les Alpes. Malheureusement, cette ligne se trouve toujours encombrée entre Gênes et Alexandrie, par le trafic des marchandises lourdes qui transitent de la Méditerranée au centre de la Lombardie. La longueur totale d'exploitation de Marseille à Turin par Gênes est de 571 km. Les bifurcations principales sont les suivantes :

		Altitude.	
		m	km
De Marseille : à Nice, niveau de la mer			225
»	Vintimille, niveau de la mer		35
»	Gênes, niveau de la mer		151
»	Tunnel du Ronco, 8300ᵐ de longueur	325	151
»	Turin	240	160
	Total		571

La septième ligne est un raccourci sur celle de Gênes. A partir de Savone, elle suit une voie directe sur Turin. Ce chemin de fer est le plus pratique et le plus économique pour les relations commerciales entre Marseille et Turin. Cependant, il a le grand inconvénient de n'être qu'à une seule voie sur son parcours en Italie, de sorte qu'il est souvent encombré, car sa faculté de débit est actuellement à son maximum, avec plus de cent dix trains par jour. La longueur totale d'exploitation n'est que de 514 km. Les bifurcations principales sont les suivantes :

		Altitude.	km
De Marseille : à Nice, niveau de la mer..............			225
»	Vintimille, niveau de la mer..........		35
»	Savonne, niveau de la mer.............		108
»	Tunnel du Belbo, 4250^m de longueur..	350^m	108
»	Turin.............................	240	146
	Total.................		514

La huitième ligne de chemin de fer entre Marseille et Turin est en cours de construction ; elle ne sera très probablement pas livrée au public avant une dizaine d'années. Cette voie réalisera un nouveau raccourci sur les deux précédentes, par Gênes ou par Savone. Lorsqu'elle sera achevée, on pourra la considérer comme le chemin le plus pratique entre Marseille et Turin. Il est cependant à craindre que les fortes déclivités de son profil ne nuisent considérablement à la marche rapide de ses expéditions. La longueur totale d'exploitation sera de 426 km, lorsque les travaux auront reçu leur achèvement complet. Les bifurcations principales seront :

		Altitude.	km
De Marseille : à Nice, niveau de la mer................		^{m}	225
»	Vievola........................	979	70
»	Tunnel de Tende, 8099^m de longueur..	1301	70
»	Turin.............................	240	131
	Total.................		426

En résumé, les huit lignes de chemins de fer qui sont ou seront probablement construites entre Marseille et Turin présentent les longueurs totales d'exploitation ci-après :

1. Par Lyon............................. 693
2. Par Saint-André-le-Gas................. 662
3. Par Valence........................... 609
4. Par les Alpes de Grenoble............. 564
5. Par les Alpes de Briançon.............. 417
6. Par Gênes 571
7. Par Savone 514
8. Par Coni............................. 426

Les relations commerciales par chemin de fer entre Marseille et Turin se développeront, dans l'avenir, par la voie du littoral rejoignant celle du Piémont. En même temps qu'elles deviendront plus économiques, elles allégeront l'intensité du trafic passant par le mont Cenis, qui, avec sa voie unique, sur une grande partie du versant italien, est une préoccupation constante pour une exploitation rationnelle.

PHYSIQUE.

M. LE Dr Stéphane **LEDUC,**
Professeur à l'École de Médecine (Nantes).

LA STRUCTURE DYNAMIQUE.

531.35 : 539.

2 Août.

Jusqu'à présent, la notion et le mot de structure n'ont été appliqués qu'à l'état statique. Dans un corps, un objet, un être, on ne considère que les substances matérielles, dont on détermine l'association, le groupement, les rapports à l'état immobilisé, en état d'équilibre, à l'état statique. Il y a intérêt à contempler autrement la nature, à changer son point de vue, à cesser de ne voir que l'état statique de la matière immobile, et à s'appliquer à voir en toute chose la structure dynamique. Le point de vue dynamique est aussi étendu, aussi général, mais doit être plus fécond que le point de vue statique.

La structure dynamique d'un élément, d'un corps, d'un objet, d'un être, de l'univers, c'est la topographie des forces et de leurs champs dans l'espace de cet élément, de ce corps, de cet objet, de cet être, de l'univers. Un corps est mieux défini, plus complètement connu, par sa structure dynamique que par sa structure statique.

Lorsqu'on contemple ainsi la nature au point de vue de la structure dynamique, on aperçoit une structure générale d'une grande simplicité. L'univers paraît formé par des centres dynamiques, dont les actions décroissent en raison inverse du carré des distances. Les directions des forces émanées de ces centres sont rayonnantes, leurs sens sont centripète et centrifuge. Ces centres émettent en même temps des actions périodiques. Ainsi que je l'ai montré dans mon Ouvrage : *Théorie physicochimique de la vie,* l'émission rayonnante et l'émission périodique, bien loin d'être exclusives l'une de l'autre, comme on le considère, semblent être le plus souvent associées, et doivent être liées par une relation mécanique à découvrir.

Les soleils sont des centres dynamiques de forces rayonnantes, centripètes empêchant les planètes de s'envoler dans l'espace, centrifuges empêchant les planètes de tomber sur eux. Ils émettent, en même temps, l'effet périodique qui constitue la lumière. Chaque planète est un centre dynamique à l'égard de ses satellites. Ainsi que l'a montré Faraday, toute charge électrique est un centre de forces rayonnantes centripètes et centrifuges. Il est facile de faire de ce centre un foyer d'émission périodique. Les pôles magnétiques sont des centres dynamiques analogues aux pôles électriques. Chaque point d'électrode est un centre dynamique dans un électrolyte. Dans un liquide, un point de concentration plus forte ou de concentration plus faible, est un centre dynamique de forces rayonnantes centrifuges et centripètes et, ainsi que je l'ai montré dans mes Ouvrages : *Théorie physicochimique de la vie*, et *La Biologie synthétique*, ces centres, en même temps que leur émission centripète et centrifuge, rayonnent habituellement des effets périodiques faciles à constater. Un cristal en formation ou un cristal en dissolution dans un liquide est un centre de forces centripètes et centrifuges; les champs de cristallisation ont des formes différentes de celles des autres champs, on en trouvera des photographies dans mes Ouvrages.

Fig. 1. — Décharge électrique reproduisant la forme et les détails de constitution d'une feuille végétale.

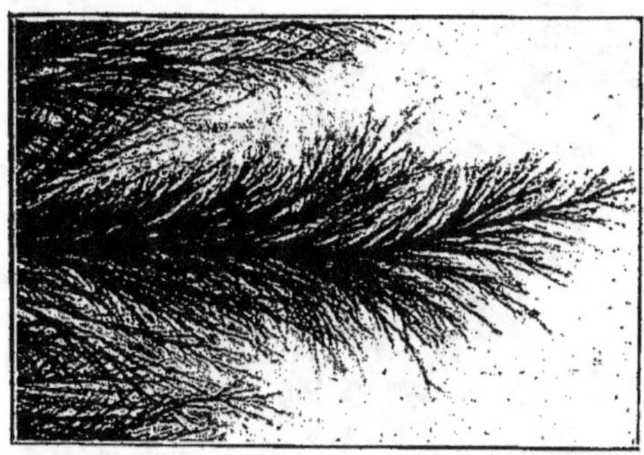

Fig. 2. — Photographie d'une décharge électrique ramifiée et arborescente.

Enfin, comme les soleils et les planètes, comme les pôles électriques, magnétiques et électrolytiques, comme les cristaux en formation ou en dissolution, comme une goutte de liquide dans une solution plus ou moins concentrée, la cellule vivante est un centre dynamique de forces centripètes et centrifuges; la vie est dans le jeu, dans l'action de ce centre. Toute cellule vivante absorbe et élimine, c'est l'expression même d'un centre dynamique de forces centripètes et centrifuges.

Fig. 3. — Image d'une décharge électrique ramifiée avec modifications terminales.

Ce point de vue des structures dynamiques jette une vive lumière sur un grand nombre de phénomènes. Jusqu'ici, la Science n'avait pas aperçu la transformation directe de l'énergie chimique en énergie mécanique, dans tous les Ouvrages écrits jusqu'à ce jour on ne mentionne cette transformation que par l'état intermédiaire de chaleur ou d'électricité. Cependant, cette transformation directe de l'énergie chimique en énergie mécanique, non seulement existe, mais est la plus répandue et peut-être la plus importante des transformations énergétiques. Qu'en un

Fig. 4. — Résultat de la cristallisation du sulfate de cuivre en milieu colloïdal.

point une molécule se divise en deux, trois ou quatre autres molécules, ou bien que plusieurs molécules se combinent entre elles pour en donner une seule, cè point devient un centre dynamique de forces centripètes et centrifugés, donnant lieu à des mouvements, et nous avons la

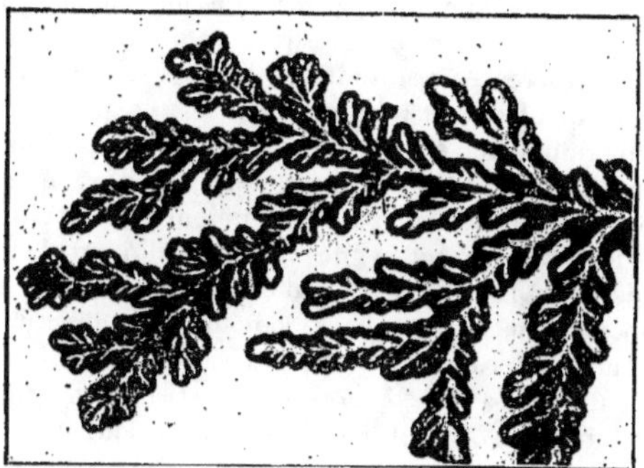

Fig. 5. — Azotate de potassium cristallisé dans la gélatine.

transformation directe de l'énergie chimique en énergie mécanique. Les phénomènes calorifiques qui accompagnent cette transformation ne sont,

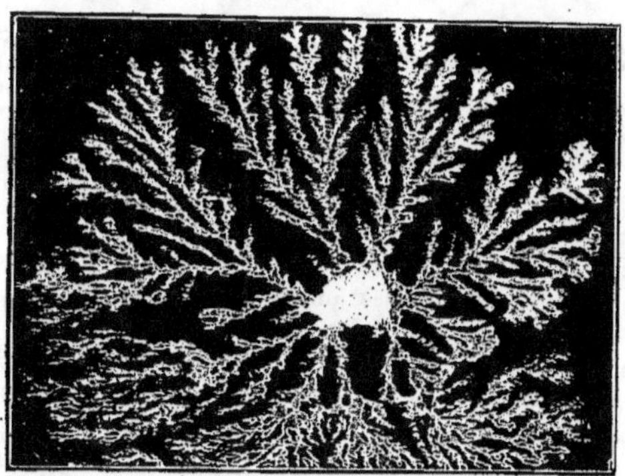

Fig. 6. — Dépôt électrolytique d'argent autour d'un centre cathodique.

qu'accessoires, comparables à l'échauffement d'une pile, d'une dynamo, ou d'une machine en fonction.

Toute forme, toute structure est l'expression des forces qui ont agi pour la produire. La structure statique n'est que la conséquence, que le résultat des influences dynamiques qui ont agi sur la substance, et des cinèses, des mouvements qu'elles ont causés. On doit donc savoir lire dans les formes et les structures statiques le dynamisme qui leur a

donné naissance. L'étude et la connaissance des forces qui ont agi sur
un objet ou sur un être, la détermination de la structure dynamique qui
lui a donné naissance, sont plus importantes que celles de sa substance,
et de sa composition chimique. Comprimez dans un moule de l'argile,
du plâtre, de la cire, du plomb, vous en retirerez toujours la même forme,
le même objet. Les différences résultant des diverses substances ne sont
qu'accessoires. Une montre n'est pas une montre parce qu'elle est en or,
en argent, en aluminium ou en acier, mais parce que des forces ont
exercé sur la substance des actions dirigées pour constituer une montre.
Pour connaître un objet ou un être, pour le représenter scientifiquement,
il faut arriver à déterminer la nature des forces qui lui ont donné naissance, marqué dans l'espace les centres d'émanation de ces forces, et
tracer leurs champs en menant des lignes suivant leurs directions.

Puisque les formes et les structures sont les résultantes des forces qui
les ont formées, puisqu'elles sont l'expression des structures dynamiques
qui les ont produites, des structures dynamiques similaires doivent
produire des formes et des structures semblables, quelle que soit la substance sur laquelle les forces agissent, les différences ne peuvent être que
secondaires, provenir surtout des résistances diverses que les différentes
substances opposent aux forces agissant dans des champs semblables;
ou bien des différences d'intensité des forces agissant dans les mêmes
directions.

Ce point de vue fait apercevoir dans la nature un grand nombre d'analogies de formes jusqu'à présent à peine remarquées; mais il fait bien plus
que de nous montrer ces analogies, il nous les fait comprendre, puisqu'il
nous en donne les raisons physiques et l'interprétation mécanique. Nous
avons trouvé des structures dynamiques identiques en électricité, magnétisme, électrolyse, diffusion, cristallisation, et, chez les êtres vivants, nous
devons y trouver des formes analogues; c'est, en effet, ce qui a lieu. On
peut, par la décharge électrique, par l'électrolyse, par la cristallisation,
par la diffusion, par l'osmose, réaliser un grand nombre de formes organiques, c'est-à-dire reproduire les formes que donne le dynamisme des
êtres vivants, en particulier les formes arborescentes analogues à celles
des végétaux. Pour montrer les remarquables analogies qui résultent
de la conformité des structures dynamiques, je présente quelques photographies.

Le point de vue de la structure dynamique représente une réforme de
la Biologie que j'ai développée surtout dans mon Ouvrage : *La Biologie
synthétique*. A part quelques mouvements considérés isolément comme
ceux de la respiration, de la circulation, de la locomotion, la mécanique
de la vie n'existe pas. On n'a considéré les êtres vivants qu'immobilisés,
coagulés, fixés; on s'imagine avoir étudié la vie, on n'a étudié que la mort.
L'être vivant est une association, un ensemble de centres dynamiques,
la vie est le jeu de ces centres, leurs actions réciproques, les actions sur
eux des forces extérieures, et leurs réactions à ces forces. L'activité des

centres dynamiques cellulaires est entretenue par les alternatives des
excitations assimilatrices ou synthétiques qui diminuent la concentration
moléculaire et la pression au centre, et les excitations désassimilatrices
qui élèvent la concentration et la pression intracellulaire. Les études
faites jusqu'ici des cellules fixées par des réactifs coagulants ne peuvent
renseigner sur leur état qu'à un instant de leur activité. Une cellule
vivante est le siège de mouvements incessants, ce qu'il faut arriver à
connaître, c'est le mécanisme de l'activité du centre dynamique cellulaire. L'étude des actions réciproques de centres dynamiques voisins
nous révèle aussitôt les raisons physiques et mécaniques des formes cellulaires polyédriques et, en général, de toutes les variétés de formes cellulaires. La connaissance des centres dynamiques, de leurs relations
entre eux et avec les forces extérieures donne la mécanique du développement et de l'organisation des êtres vivants.

La considération de la structure dynamique paraît si importante
pour le progrès général qu'on ne saurait trop appeler sur elle l'attention
de tout ceux qui s'intéressent à la connaissance de la nature.

M. C. DAUZÈRE,

Agrégé de l'Université, Professeur au Lycée (Toulouse).

LES TOURBILLONS CELLULAIRES ISOLÉS.

539.12

2 Août.

Les tourbillons cellulaires qui se forment dans une mince couche de
liquide de grande surface ont fait l'objet des belles recherches de M. Bénard, qui a découvert les lois du phénomène et obtenu la division, par
convection calorifique, d'une nappe de spermaceti en cellules hexago-
nales, d'une admirable régularité (*).

J'ai entrepris moi-même, depuis quelques années, une série de recherches
sur ce sujet, les résultats de mes expériences anciennes ont été communiquées aux précédents Congrès de l'Association française pour l'Avancement des Sciences en 1908 (p. 289); 1909 (p. 257); 1910 (p. 159). M. Deslandres (**) et M. Bénard (***) en ont fait d'intéressantes applications

---

(*) H. Bénard, *Les tourbillons cellulaires dans une nappe liquide* (*Revue générale des sciences* 1900, p. 1328).

(**) H. Deslandres, *Comptes rendus de l'Académie des Sciences*, t. CXLIX, 1909,
p. 493, et *Annales de l'Observatoire de Meudon*, t. IV, chap. VI.

(***) H. Bénard, *Sur la formation des cirques lunaires*, d'après les expériences
de C. Dauzère (*Comptes rendus de l'Académie des Sciences*, t. CLIV, 1912, p. 260).

aux phénomènes astronomiques. Je me propose, dans cette Note, de faire connaître les faits nouveaux que j'ai observés dans ces derniers mois. Ils sont relatifs à la cire blanche d'abeille du commerce dont le point de fusion est voisin de 60°. La substance préalablement fondue et filtrée est versée en couche mince sur un bain de mercure de 8 cm d'épaisseur et 20 cm de diamètre, chauffé au bain de sable. La surface du mercure reste parfaitement plane quand on la chauffe; elle forme un miroir d'une horizontalité parfaite qui permet l'observation et la photographie des tourbillons par les procédés optiques de M. Bénard.

A cet effet, la nappe est éclairée par une source punctiforme obtenue en projetant l'image d'un arc électrique sur un petit trou percé dans une plaque métallique. Le faisceau horizontal ainsi obtenu est réfléchi vers le bas par une glace plane et tombe sur la surface du mercure sous une incidence d'environ 30°. Les rayons réfléchis par le mercure traversent la nappe de cire liquide et sont reçus par un gros objectif dont l'axe est incliné de manière à avoir la direction moyenne du faisceau; cet objectif les fait converger sur un petit miroir plan qui les renvoie horizontalement dans un appareil photographique. Ce dernier est mis au point soit sur la surface du liquide, soit sur les foyers des cuvettes concaves qui occupent les parties centrales des cellules, soit sur les lignes focales des crêtes dessinant les contours des celulles (c'est cette dernière mise au point qui est réalisée dans les photographies jointes à cette Note). Un thermomètre plongé dans le bain de mercure donne la température; l'épaisseur est mesurée par un sphéromètre, dont les pieds reposent sur le rebord plan du bain de sable, et qui est enlevé pour l'observation et la photographie.

Dans cet appareil, les tourbillons s'établissent presque immédiatement dans toute la nappe, après qu'on a versé la cire et se régularisent peu à peu, en général, si l'on maintient la température constante, à 90° par exemple. La grande mobilité de la surface du mercure, qui est agitée par les trépidations du sol, ne diminue en rien la stabilité des tourbillons et ne trouble jamais leur formation et leur régularisation; elle semble, au contraire, la favoriser dans certains cas en donnant aux tourbillons des impulsions qui les aident à surmonter l'inertie qu'ils opposent à tout changement de forme.

Par contre, la stabilité varie beaucoup avec la composition de la substance et avec la température. Par exemple, il suffit de faire bouillir quelques minutes avec l'eau ou mieux avec une solution saline la cire blanche du commerce pour changer complètement les phénomènes bien que la composition de la substance ait été très peu modifiée. Dans la cire ainsi traitée, ou bien la division cellulaire met très longtemps à s'établir dans toute la nappe, ou bien une fois établie, elle se détruit peu à peu quand on maintient la température constante entre 80° et 100°. On voit les tourbillons se détacher les uns des autres en se contractant, leur image dans le champ devient de plus en plus pâle, et la plupart finissent par disparaître, la surface de la cire devenant plane. Au bout de 3o à 45 minutes de chauffe à 85°, il ne reste plus que quelques rares tourbillons isolés, disséminés dans la nappe; ces derniers, quoique bien affaiblis, peuvent subsister pendant plusieurs heures, sans que leur nombre augmente ou diminue, pourvu que la température reste constante. On peut, dans la nappe devenue homogène, dans presque toute son étendue, créer artificiellement d'autres tourbillons en agitant la cire avec une baguette de verre; mais ces tourbillons ne sont pas stables; ils ne tardent pas à disparaître quand on abandonne le liquide au repos.

La stabilité des tourbillons restants est en relation avec la température. Si la température baisse, les tourbillons se contractent et disparaissent les uns après les autres et la surface devient plane dans toute son étendue. Si la température s'élève les tourbillons grossissent et se multiplient par scissiparité, d'après le mécanisme qui a été décrit par M. Bénard, pour la modification de l'état permanent avec la température. Un tourbillon d'abord circulaire grossit, s'allonge dans une direction, s'étrangle en un point de sa longueur, puis une cloison s'établit en ce point, donnant deux cellules-filles contiguës, lesquelles grossissent à leur tour et se divisent comme la première. On obtient ainsi des colonies de cellules en chapelets ou en amas, provenant chacune de la multiplication d'une seule cellule-tourbillon initiale; les différentes colonies sont séparées les unes des autres par de larges espaces privés de tourbillons. L'aspect du champ est alors celui qu'on observe quand on examine au microscope une goutte d'un bouillon de culture où se développent des cellules de levure de bière de *mycoderma aceti*, ou d'autres ferments; le mode de croissance et de multiplication des cellules-tourbillons est le même que celui des celulles vivantes, il y a entre les deux une analogie remarquable déjà signalée par M. Bénard et réalisée ici à un degré élevé.

On peut se demander quel est l'état de la nappe dans les régions privées de tourbillons. La surface du liquide y est à peu près plane, mais pas complètement, car on y aperçoit des filaments parallèles peu apparents, appelés *coupures* par M. Bénard, et qui sont l'indice d'une certaine convection; mais cette dernière est très faible, car les poussières en suspension dans le liquide ne paraissent pas se déplacer sensiblement, quand on les observe à l'œil nu.

La nappe n'est jamais bien transparente dans ces régions, une sorte de voile s'étend sur la surface et, dans certains cas, j'ai pu observer nettement et photographier des amas très ténus de matières solides qui occupent ces espaces privés de tourbillons. L'élévation de température a pour effet de fondre ces parcelles solides et de permettre à la convection tourbillonnaire de s'établir progressivement dans toute la nappe. On voit alors les espaces vides diminuer d'étendue et les colonies de cellules grandir peu à peu, jusqu'à se rejoindre, et à envahir complètement le champ. Ceci arrive, en général, à une température comprise entre 100° et 110°, mais pouvant être quelquefois plus élevée.

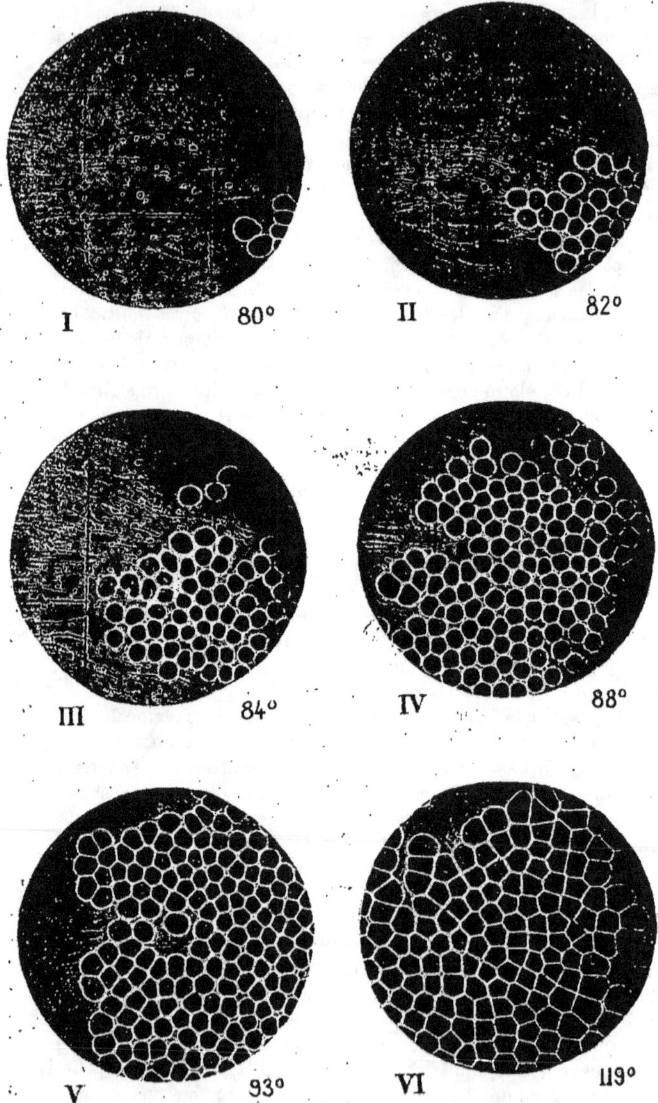

Fig. 1.

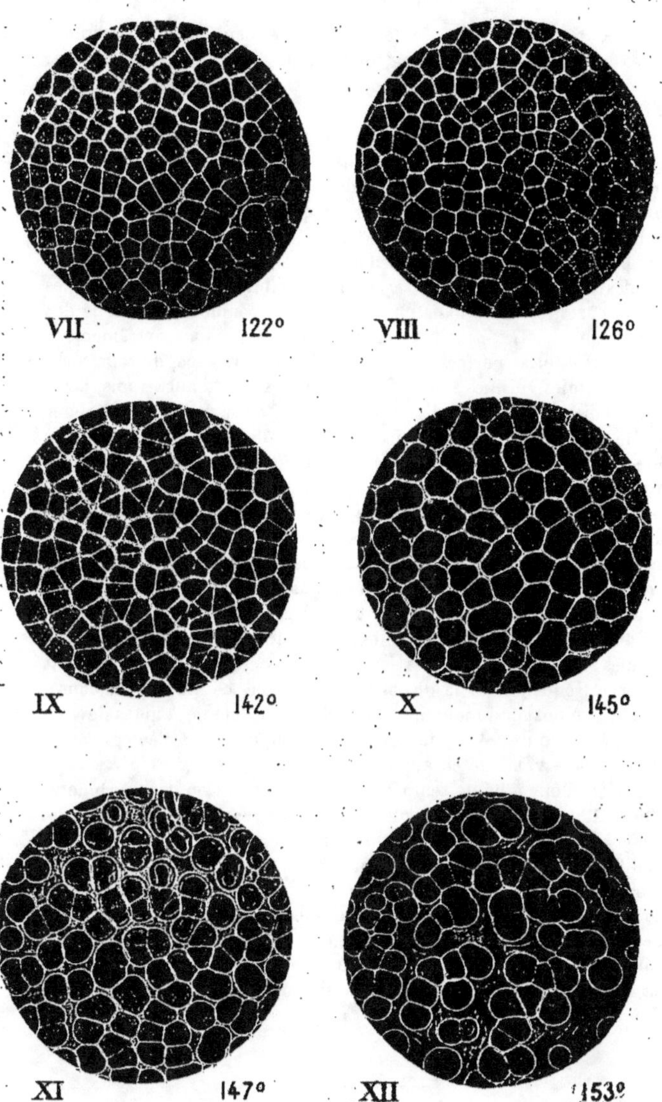

Fig. 2.

Si l'on continue à chauffer au-dessus de cette température, les dimensions des cellules augmentent rapidement et elles perdent leur régularité; celle-ci disparaît tout à fait entre 120° et 150° : les hexagones deviennent alors des quadrilatères irréguliers et des triangles à côtés inégaux qui dessinent un réseau très mobile, analogue à celui que M. Bénard a observé pour les liquides volatils tels que l'éther s'évaporant à la température ordinaire. Ce réseau est formé par des *grandes coupures*, nettes et brillantes, relativemeut stables, qui découpént la surface en une série de bandes irrégulières juxtaposées. Ces grandes coupures sont réunies par d'autres plus petites, beaucoup moins brillantes, qui divisent les bandes précédentes en une série d'articles formés par des triangles ou des trapèzes, allongés dans une direction perpendiculaire à celle des grandes coupures. Les *petites coupures* transversales sont extrêmement mobiles et instables; parfois, elles disparaissent sur place, de telle sorte que deux cellules voisines se réunissent en une seule, d'autres fois, deux coupures voisines marchent l'une vers l'autre, de manière à supprimer la cellule qu'elles délimitent; souvent même, d'autres petites coupures prennent naissance tout le long de la bande dont l'aspect change ainsi à chaque instant.

Vers 140°, les grandes coupures s'épaississent, puis les deux bords s'écartent et un vide s'établit entre deux cellules primitivement contiguës. Les espaces vides ainsi créés s'agrandissent peu à peu, et l'on a finalement, comme au début, soit des tourbillons isolés, soit des colonies de tourbillons en amas ou en chapelets, séparés les uns des autres par de larges espaces privés de cellules ou la convection est peu active. Dans chaque colonie les cellules sont séparées les unes des autres par des petites coupures dont on observe fréquemment la disparition sur place, ce qui a pour conséquence la diminution du nombre de cellulés de la colonie; l'amas devient ainsi de plus en plus petit, à mesure que la température s'élève et l'étendue des espaces vides va en augmentant.

On revient donc à haute température à la distribution des tourbillons, d'où l'on était parti ; mais la grosseur de ces nouveaux tourbillons isolés est beaucoup plus grande que celle des premiers et leur aspect complètement différent : avec la mise au point sur les contours des cellules, on y aperçoit au centre un noyau sombre entouré d'une enceinte claire et d'une zone grisâtre; ces apparences indiquent un relief tout à fait analogue à celui d'un plat à barbe: cuvette centrale profonde, séparée d'une couronne circulaire légèrement concave par un rebord saillant.

Les aspects que nous venons de décrire sont nettement indiqués par les figures jointes à cette Note.

C. CHÉNEVEAU,

Chef de Travaux pratiques de Physique à la Faculté des Sciences (Paris).

SUR LA VISCOSITÉ DES SOLUTIONS.

532.13

3 *Août.*

La recherche des combinaisons chimiques au sein des dissolutions peut se poursuivre par l'étude de plusieurs propriétés physiques de ces solutions. Parmi elles, nous citerons la densité, la chaleur de formation, l'indice de réfraction, le pouvoir rotatoire, la résistance électrique, la viscosité, etc.

Ces grandeurs ne mettent pas en jeu de la même façon les diverses propriétés caractéristiques de la matière, de sorte que, si la formation d'un composé est accusée par plusieurs propriétés physiques à la fois, on peut être à peu près certain de l'existence de ce composé.

J'ai moi-même montré antérieurement (*) comment on pouvait utiliser la réfraction des solutions pour y reconnaître une combinaison. En ne tenant compte que des combinaisons aqueuses des bases, acides ou sels minéraux, je suis arrivé à cette conclusion que les courbes représentant les indices de réfraction en fonction de la concentration ne sont pas des lignes droites; qu'il n'y a pas non plus de diagrammes représentatifs formés de portions de lignes droites dont les points de rencontre caractériseraient les hydrates.

Cependant, un certain nombre de corps minéraux (acides sulfurique, azotique, acétique) ou de corps organiques (alcool éthylique, aldéhyde, acétone, pyridine) solubles en toutes proportions dans l'eau, donnent une fonction $n = f$ (C) (dans laquelle n est l'indice et C est la concentration), représentée graphiquement par une courbe qui passe par un maximum. Ce maximum paraît correspondre, en général, à un hydrate assez bien défini du corps dissous.

De nombreux expérimentateurs ont déjà étudié la viscosité des solutions aqueuses de corps minéraux ou organiques. Si l'on résume leurs observations, beaucoup pensent trouver un certain nombre d'hydrates en représentant dans un diagramme la viscosité en fonction de la concentration.

A cause de l'analogie du problème avec celui que j'avais rencontré pour la réfraction, j'ai pensé que ces diagrammes n'étaient sans doute pas

(*) C. CHÉNEVEAU, *Recherches sur les propriétés optiques des solutions et des corps dissous* (*Ann. Chim. Phys.*, 8ᵉ série, t. XII, 1907, p. 218 et 289).

formés par un ensemble de lignes brisées aux points où se forment les hydrates, mais par des courbes, en considérant avec soin la limite des erreurs possibles.

J'ai alors entrepris l'étude de la viscosité de quelques solutions qui présentaient déjà des particularités pour la pesanteur ou pour la lumière.

Je vais tout d'abord indiquer le dispositif expérimental employé.

Dispositif expérimental. — Le viscosimètre utilisé fut celui de MM. Varenne et Godefroy (*), modifié par M. Kling (**) et par moi-même pour éviter autant que possible l'influence énorme d'une variation de température.

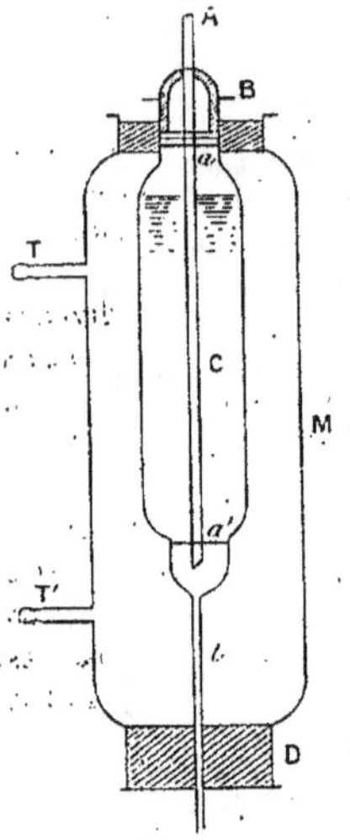

Cet appareil (*fig.* 1) est constitué en principe par un tube capillaire en verre à travers lequel on fait écouler un volume constant de liquide sous pression constante; on applique alors la loi de Poiseuille pour avoir le rapport entre la viscosité du liquide et celle de l'eau.

La loi de Poiseuille (***) donnera, par exemple, le volume v en centimètres cubes, écoulé par seconde en fonction :

Du rayon r, du tube d'écoulement, de la longueur l de ce tube, en centimètres, de la pression constante p, en baries, sous laquelle se fait l'écoulement du liquide, du coefficient de frottement interne η du liquide

$$(1) \qquad v = \frac{1}{\eta} \frac{\pi p r^4}{8 l}.$$

Fig. 1.

Pour faire intervenir le poids du liquide qui s'écoule par seconde, il suffit de multiplier les deux membres de l'égalité (1) par la densité ρ du liquide

$$(2) \qquad q = v\rho = \frac{1}{\eta} \frac{\pi p r^4}{8 l} \rho,$$

or, la pression

$$(3) \qquad p = h\rho g,$$

h étant la hauteur de la colonne liquide; si l'on tient compte de $r = \dfrac{d}{2}$, d étant le diamètre du tube capillaire, les égalités (2) et (3) donnent

$$(4) \qquad q = \frac{1}{\eta} \frac{\pi d^4}{128 l} h \rho^2 g$$

(*) Varenne et Godefroy, *C. R.*, t. CXXXVIII, 1904, p. 79.

(**) Kling, *Thèse*, 1905, p. 35, Paris.

(***) Poiseuille. *Ann. Chim. Phys.*, 3ᵉ série, t. VII, 1846, p. 50.

et, si V est le volume du liquide écoulé pendant le temps T

$$p = \frac{V}{T},$$

donc

$$(5) \qquad \frac{V p}{T} = \frac{1}{\eta} \cdot \frac{\pi d^4}{128\, l}\, h\, p^2\, g.$$

Dans le viscosimètre, faisons donc couler sous la même charge h :

1º Un volume V de liquide de densité ρ_1 dont l'écoulement durera un temps T_1 secondes.

2º Le même volume d'eau, ou d'un liquide type dont on connaît bien, à la même température, le coefficient de viscosité absolue η_2, la densité ρ_2 la durée d'écoulement T_2, on aura, d'après l'équation (5)

$$1° \qquad \frac{V \rho_1}{T_1} = \frac{1}{\eta_1} \cdot \frac{\pi d^4}{128\, l}\, h\, \rho_1^2\, g\,;$$

$$2° \qquad \frac{V \rho_2}{T_2} = \frac{1}{\eta_2} \cdot \frac{\pi d^4}{128\, l}\, h\, \rho_2^2\, g\,,$$

et en divisant membre à membre

$$(6) \qquad \frac{\eta_1}{\eta_2} = \frac{\rho_1}{\rho_2}\, \frac{T_1}{T_2}.$$

c'est la relation (6) qui permet de déterminer : ou bien la viscosité relative η_1, si l'on suppose $\eta_2 = 1$, ou bien la viscosité absolue η_1, si l'on se reporte aux tables de viscosité de l'eau ou à une détermination absolue pour avoir η_2.

Pour opérer avec le même volume de liquide, le tube capillaire t est soudé à l'extrémité d'un large tube rétréci à ses extrémités (fig. 1). Deux traits de repère a et a' sont gravés sur le verre dans ces régions extrêmes plus étroites, ce qui donne une précision plus grande sur l'estimation du passage de la surface du liquide aux traits de repère. Un tube A, convenablement fixé par un bouchon de verre rodé B, auquel il peut être soudé, plonge dans le réservoir C en-dessous du trait a', tandis que le liquide est versé initialement au-dessus du trait a.

Le tube de verre A a son extrémité fermée par un petit tube de caoutchouc serré à l'aide d'une pince de Mohr. On remplit le réservoir C de liquide, après avoir enlevé le tube A et le bouchon B au-dessus du trait a, puis on arrête l'écoulement en mettant le tube A en place. Ouvrant alors la pince de Mohr, on voit sortir des bulles d'air par la partie inférieure du tube A, le dispositif réalisé étant analogue à un vase de Mariotte, et l'on déclanche un chronomètre au moment du passage du niveau du liquide en a; on arrête le chronomètre quand le niveau passe en a' (*).

(*) Il y a lieu de remarquer que la pression doit être la même dans les deux cas et qu'il n'est pas nécessaire qu'elle soit constante dans tous les cas: l'appareil est simplement plus commode s'il réalise cette deuxième condition. Le flacon C et le tube t

Pour assurer la constance de la température, un manchon M entoure le réservoir C et porte deux tubes latéraux T et T', par lesquels on produit une circulation d'eau provenant d'un dispositif à écoulement constant. La même eau, empruntée aux conduites de la ville, circule autour d'une éprouvette qui contient le liquide en essai et dans laquelle on peut, par conséquent, disposer le flotteur d'une balance de Collot. Dans ces conditions, la température à laquelle on détermine la densité du liquide ne diffère pas de plus de $0°,1$ à $0°,2$, de celle à laquelle on détermine le temps d'écoulement T. On a donc de bonnes raisons de croire qu'ainsi les variations de température sont très sensiblement éliminées.

III. *Résultats expérimentaux.* — Dans les Tableaux suivants, on a résumé pour les trois corps suivants : alcool éthylique, acide sulfurique acide azotique, les valeurs des diverses constantes des dissolutions aqueuses de ces corps et principalement la viscosité (*) :

Alcool éthylique.

V_d	P_d	ρ	c	T.	$\frac{\eta_1}{\eta_2}$	t
100	99,0	0,7995	0	128^s	1,07	$11,8^0$
90	86,9	8335	1,75	179	1,555	»
80	75,4	8630	2,80	222	1,995	»
70	64,5	8866	3,30	261,5	2,41	»
60	54,0	9099	3,45	285	2,70	12,0
56	49,8	9204	3,60	292	2,80	11,9
53	46,9	9262	3,50	295	2,85	»
50	44,0	9301	3,40	296	2,87	12,0
46	40,1	9394	3,30	291	2,86	»
43	37,2	9464	3,20	288	2,84	12,1
40	34,4	9480	3,10	285	2,8,5	»
30	25,3	9630	2,50	246	2,465	12,0
20	16,5	9773	1,80	206	2,11	»
10	8,05	9876	0,70	151	1,55	»
0	0	0,9995	0	96	1,0	»

sont, à chaque opération, bien lavés et desséchés à l'alcool et avec l'air chaud. L'écoulement initial produit d'ailleurs un lavage du tube capillaire par la solution en étude, ce qui augmente encore la sécurité de la mesure.

(*) Dans ces Tableaux, V_d est le volume d'alcool ou de corps dissous pour 100^{cm^3} de solution, P_d le poids d'alcool absolu ou de corps dissous anhydre, pour 100^g de solution, ρ la densité, c la contraction en volume pour 100, T la durée d'écoulement, $\frac{\eta_1}{\eta_2}$ la viscosité relative à l'eau à la température t de l'expérience.

V_d.	P_d.	ρ.	T.	$\dfrac{\tau_{11}}{\tau_{12}}$.	t.

Acide sulfurique.

V_d.	P_d.	ρ.	T.	$\dfrac{\tau_{11}}{\tau_{12}}$.	t.
100	95,0	1,843	0	13.52,2	18,54	14°
90	89,7	1,822	3,5	16.15	22,18	»
85	86,7	1,809	5,2	17.27	23,67	»
83	85,0	1,794	5,6	17.42	24,00	»
80	83,5	1,781	6,0	18.25,2	24,58	14,2
78	82,4	1,765	6,2	17.47	23,54	»
75	80,4	1,747	6,5	16.24	21,43	»
70	76,9	1,707	6,8	13.25	17,15	14,4
63	72,1	1,627	7,2	—	—	14,2
60	69,7	1,620	7,1	7.40	9,92	14,4
50	61,6	1,526	6,9	5.10	5,91	13,6
40	52,6	1,428	6,5	3.35,4	3,84	13,0
30	41,7	1,329	5,4	2.38	2,63	13,2
20	30,0	1,226	4,7	2. 2,2	1,87	12,8
10	16,1	1,117	3,0	1.36,2	1,34	13,2
0	0	0,999	0	1.20	1,0	13,5

*Acide azotique (*).*

V_d.	P_d.	ρ.	T.	$\dfrac{\tau_{11}}{\tau_{12}}$.	t.
0	0	0,999	91	1	16,0°
10	14,8	1,082	90	1,07	»
20	22,0	1,165	92	1,165	16,8
30	38,7	1,243	111	1,52	16,7
40	49,6	1,304	112	1,71	16,6
50	59,2	1,369	120	1,80	»
56	64,8	1,390	121	1,83	16,2
60	68,5	1,413	117	1,82	16,3
70	76,8	1,447	107	1,70	16,8
80	84,5	1,475	89	1,42	16,0
90	91,5	1,500	71	1,18	16,7
100	98,5	1,515	61,5	1,02	17,5

IV. *Conclusions.* — Les courbes représentant les résultats numériques précédents, c'est-à-dire la *viscosité relative* en fonction de la teneur en poids de la solution ont été tracées en tenant compte des erreurs relatives

---

(*) Je tiens à signaler ici un point assez important :

L'écoulement du liquide se faisant dans l'air, la capillarité n'avait-elle pas une in-fluence sur la durée d'écoulement ?

Des expériences furent faites en plongeant très peu le tube capillaire dans le liquide

maximum possibles qui sont, en moyenne, de l'ordre de grandeur de 1 à 2 %. Ces courbes (*fig.* 2) ne montrent aucune discontinuité ni

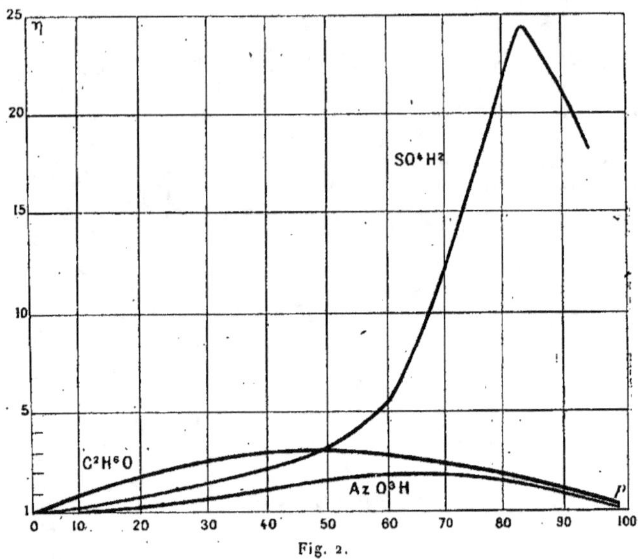

Fig. 2.

aucun point singulier, mais elles présentent toutes trois un point remar-

---

ou en le laissant dans l'air. On trouva ainsi :

Alcool à 95 %.

Écoulement dans l'air.	Écoulement dans l'alcool.
s	s
140,4	142,4
140,2	139,7
140,9	141,8
Moyenne.. 140,4	Moyenne.. 140,9

Eau.

Écoulement dans l'eau.	Écoulement dans l'air.
s	s
88,1	88,6
89,0	88,9
88,7	88,2
88,2	89,2
Moyenne.. 88,5	Moyenne.. 88,7

L'influence de la capillarité paraît donc assez faible pour pouvoir être négligée.

quable qui est un maximum correspondant très sensiblement pour :

L'alcool, à l'hydrate à 3 H^2O ;
L'acide sulfurique, à l'hydrate à 1 H^2O ;
L'acide azotique, à l'hydrate à 2 H^2O.

Ces maxima se déplacent un peu avec la température, mais pas assez pour que les formules ci-dessus changent beaucoup au point de vue chimique.

Il est intéressant de comparer ces résultats à ceux que peuvent donner d'autres constantes physiques ; c'est ce que permet de faire le Tableau suivant :

Corps.	Contraction de volume.	Indice de réfraction.	Contraction d'indice.	Viscosité.
C^2H^6O	3 H^2O	1 H^2O	3 H^2O	3 H^2O
SO^4H^2	2 H^2O	1 H^2O	2 H^2O	1 H^2O
AzO^3H		1,5 H^2O		2 H^2O

M. Tsakalatos (*) a trouvé pour les acides gras, à l'aide de la viscosité, des hydrates à 1^{mol} d'eau qui ne sont pas nécessairement indiqués par toutes les propriétés physiques.

De même, M. Baud (**) trouve, pour les solutions aqueuses de pyridine, les résultats suivants :

Température de congélation	$C^5H^5Az + 0,77\ H^2O$
Densité et contraction de volume	1,9
Indice de réfraction (contraction)	2,3
Mesures thermiques	2,0
Viscosité	2,5

Le fait que des propriétés physiques différentes ne mènent pas à un même résultat peut être le résultat d'un défaut de précision dans les moyens d'investigation nécessaires à la mesure des grandeurs mises en jeu ; il est certain, à ce point de vue, que l'indice de réfraction se détermine avec beaucoup plus de précision que la viscosité. Mais s'il peut y avoir une part de vérité dans la conclusion précédente, elle n'explique qu'incomplètement les résultats.

On peut alors admettre que les hydrates en solution ne sont, en réalité, que des mélanges ou des associations de molécules, ou bien, ce qui est aussi vraisemblable, que les divers agents physiques ne mettent pas en jeu les mêmes propriétés des molécules ; on se rend, en effet, facilement compte, par exemple, que la lumière et le frottement interne puissent agir différemment. Quoi qu'il en soit, en dehors de toute hypothèse, la viscosité, comme l'action de la lumière, ne paraît pas indiquer dans les solutions un grand nombre de composés du corps dissous. Je crois qu'à ce point

---

(*) *C. R.*, t. CXLVI, 1908, p. 1146 ; *Bull. Soc. Chim.*, t. III, 1908, p. 234 et 242.
(**) *C. R.*, t. CXLVIII, 1909, p. 96 ; *Bull. Soc. Chim.*, 2 novembre 1909, p. 1021.

de vue on a un peu abusé du nombre des combinaisons possibles en solution.

L'appareil précédent a été étudié également pour la détermination précise de la viscosité du latex, ou des solutions de divers caoutchoucs dans la benzine ou dans divers solvants organiques. Des études de ce genre peuvent présenter un grand intérêt pour certaines applications du caoutchouc et pour la détermination de la valeur industrielle de la matière pour ces applications.

M. A. LEDUC,

Professeur adjoint à la Faculté des Sciences (Paris).

DÉTERMINATION DES POIDS MOLÉCULAIRES EN GÉNÉRAL ET DE QUELQUES POIDS ATOMIQUES AU MOYEN DES DENSITÉS GAZEUSES.

541.2

2 *Août.*

J'écris la formule d'état des gaz parfaits

$$(1) \qquad M\, pv = RT$$

qui comprend les lois de Mariotte, de Gay-Lussac et d'Avogadro-Ampère. M désigne la masse moléculaire du gaz considéré et R est une constante absolue $= 832{,}0 \times 10^5$ C.G.S, si l'on prend $M = 32$ pour l'oxygène et $T = 273 + t$.

Pour représenter l'état des gaz réels, il suffit d'écrire

$$(2) \qquad M\, pv' = RT\varphi,$$

φ étant une fonction de la température et de la pression que j'ai appelée *volume moléculaire* relatif du gaz (par rapport au gaz parfait).

Pour justifier cette appellation il suffit de diviser membre à membre les équations (1) et (2).

J'ai d'ailleurs établi que, pour un grand nombre de gaz, φ est la même fonction de la *température* et de la *pression réduites*, c'est-à-dire que ces gaz obéissent très sensiblement à la loi des *états correspondants*, et j'ai donné des formules empiriques qui permettent de calculer φ avec une précision de l'ordre de $\frac{1}{10000}$ pour les températures réduites $\geq 0{,}6$ et pour les pressions réduites $\leq 0{,}03$ (*).

(*) Voici ces formules. — Soient $c = \dfrac{p}{\pi}$, p étant la pression en centimètres de mercure et π la pression critique en atmosphères (c'est-à-dire que $c = 76$ fois la

On voit donc que la formule (2) permet de calculer la masse moléculaire avec une précision du même ordre si le volume spécifique v (ou, ce qui revient au même, la densité) est connu avec cette même précision.

Mais il faut d'abord s'assurer de ce que le gaz (ou la vapeur) en question est *normal*, c'est-à-dire appartient au groupe considéré comme obéissant à la loi des *états correspondants*. A cet effet, il suffit de déterminer par une seule expérience précise la compressibilité dudit gaz à une température quelconque T et entre deux pressions quelconques p_1 et p_2 de l'ordre de l'atmosphère. On en déduit le coefficient moyen d'écart à la loi de Mariotte $A_1^2 = \dfrac{p_1 v_1 - p_2 v_2}{p_1 v_1 (p_2 - p_1)}$, qu'on peut calculer d'autre part au moyen des formules précitées.

S'il y a accord, le gaz est normal. Sinon, il ne l'est pas; mais on peut néanmoins lui appliquer le calcul en remplaçant la pression critique π par un nombre tel que le coefficient d'écart calculé coïncide avec le coefficient expérimental; j'ai appelé ce nombre la *pression critique apparente*.

Ce n'est évidemment là qu'un artifice; il se justifie par le fait qu'il conduit au résultat exact.

Prenons comme exemples, en dehors des corps que j'ai étudiés personnellement, l'*éther*, le *toluène* et la *benzine* :

1° D'après Ramsay et Young, on a pour l'éther à 50°, entre 90 cm et 120 cm de mercure $A_1^2 = 577 . 10^{-6}$ par centimètre de mercure. Mes formules donnent $578 . 10^{-6}$. On ne saurait souhaiter un meilleur accord, et je considère l'éther comme *normal*, bien que dans l'expérience devenue classique de la superposition des réseaux d'isothermes par M. Amagat, certaines lignes s'entrecoupent légèrement.

2° D'après Ramsay et Steele, on a pour le *toluène* à 129°,6 entre 27 cm et 60 cm : $A_1^2 = 474 . 10^{-6}$. Le calcul donne $463 . 10^{-6}$.

La vapeur de toluène ne semblerait donc pas tout à fait normale. Mais si on la considère comme telle, et si l'on calcule M d'après les expériences citées par les auteurs, on trouve en moyenne $M = 92,107$ qui coïncide pratiquement avec le nombre exact $92,095$.

Cette vapeur doit donc être considérée comme normale jusqu'à preuve du contraire.

3° Enfin, pour le *benzène*, d'après les mêmes auteurs, à 129°,6, entre

---

pression réduite) et $\chi = \dfrac{\theta}{T}$, θ étant la température critique et T la température considérée (températures absolues; χ est donc l'inverse de la température réduite).

On a dans les limites indiquées

$$(3) \qquad \varphi = 1 - cs - e^2 u,$$

avec

$$(4) \qquad s = 18,61 \times 10^{-4} \chi [2\chi^3 + 1,45 \chi (2 - \chi) - 1],$$

$$(5) \qquad u = 3,46 \times 10^{-4} \chi^3 (\chi - 1).$$

32 cm et 68 cm, on a $A_1^2 = 280 \cdot 10^{-6}$, tandis que le calcul donne $325 \cdot 10^{-6}$.

Il est donc certain que le *benzène n'est pas normal*, et pour retrouver le coefficient expérimental, il faut remplacer la pression critique expérimentale 48 atm par 55,8 atm.

Applications. — Il convient de rapporter les densités gazeuses à l'oxygène, ainsi que les masses moléculaires. Dans les conditions p et T (qui seront en général, et notamment dans les exemples ci-après, les conditions normales : $p = 76$ et $T = 273$) on a, en désignant par v_0 le volume spécifique de l'oxygène, et par $D_0 = \dfrac{v_0}{v}$ la densité du gaz par rapport à l'oxygène

$$M\,pv = RT\varphi, \qquad 32 \times pv_0 = RT\varphi_0,$$

d'où

$$(6) \qquad M = 32 \times D_0 \frac{\varphi}{\varphi_0},$$

et, comme dans les conditions normales

$$\varphi_0 = 0,99915, \qquad M = 32,027 \times \varphi \times D_0.$$

Azote. — On peut calculer le poids atomique de l'azote au moyen des poids moléculaires de l'azote lui-même, de l'oxyde nitrique, de l'oxyde nitreux, et même du gaz ammoniac :

1° Az. — Dans les conditions normales

$$D_0 = 0,87506 \qquad \text{et} \qquad \varphi = 0,9995,$$

d'où

$$M = 28,012.$$

La discussion des nombres utilisés montre que l'erreur sur M ne doit pas dépasser 0,004. On a donc

$$Az = 14,006 \pm 0,002.$$

2° Az O. — On a

$$D_0 = 0,9380 \qquad \text{et} \qquad \varphi = 0,9989,$$

d'où

$$M = 30,008,$$

et, après discussion

$$Az = 14,008 \pm 0,005.$$

3° Az² O. — On a

$$D_0 = 1,3844 \qquad \text{et} \qquad \varphi = 0,9925,$$

d'où

$$M = 44,006$$

et

$$Az = 14,003 \pm 0,006.$$

4° Enfin Az H³

$$D_0 = 0,5394 \qquad \text{et} \qquad \varphi = 0,9856$$

(calculé au moyen de l'artifice de la pression critique apparente, ce gaz n'étant pas normal).

De là

$$M = 17,026$$

et

$$Az = 14,004 \pm 0,006.$$

La moyenne probable est

c'est-à-dire

$$14,006 \pm 0,002,$$

$$Az < 14,01.$$

Carbone. — Les densités les plus sûres sont celles de l'*oxyde de carbone* et de l'*anhydride carbonique* :

1° Pour CO^2 on a

$$D_0 = 1,3832 \quad \text{et} \quad \varphi = 0,9934.$$

Donc

$$M = 44,008 \quad \text{et} \quad C = 12,008.$$

2° Avec CO

$$D_0 = 0,8749 \quad \text{et} \quad \varphi = 0,9994,$$

d'où

$$M = 28,004 \quad \text{et} \quad C = 12,004.$$

On peut donc admettre que

$$C = 12,006 \pm 0,002.$$

Les densités du méthane, de l'éthylène et même celle de la vapeur de toluène (*voir* plus haut), conduisent à des nombres compris entre ces mêmes limites; celles de la benzine d'après Ramsay et Travers conduiraient à 12,002. Mais ces déterminations sont beaucoup moins sûres.

Soufre. — 1° SO^2. — La densité de l'anhydride sulfureux apparaît comme difficile à déterminer avec précision. Cependant M. Ph. Guye a retrouvé exactement le nombre que j'avais publié antérieurement

$$D_0 = 2,0482.$$

D'autre part l'étude de sa compressibilité présente aussi quelque difficulté (influence des parois). Bref, je trouve $\varphi = 0,9773$.
De là

$$M = 64,108,$$

et je crois tenir compte largement des incertitudes en écrivant

$$S = 32,108 \pm 0,01.$$

2° $H^2 S$. — Ici la densité obtenue au Laboratoire de Genève ne concorde pas avec la mienne; mais, comme elle conduit à un résultat assez différent du précédent, je lui préfère la mienne

$$D_0 = 1,0762.$$

D'autre part ce gaz n'est pas normal, et je trouve, en opérant comme il est dit plus haut $\varphi = 0,9901$.

De là

$$M = 34,125,$$

et, en tenant compte des incertitudes

$$S = 32,110 \pm 0,01.$$

J'en conclus que le poids atomique (32,07) adopté par la Commission internationale est un peu faible, et qu'il conviendrait de prendre *au moins*

$$S = 32,10.$$

PREMIÈRE REMARQUE. — La Commission, après avoir maintenu longtemps le poids atomique de l'azote d'après Stas ($Az = 14,044$), a admis récemment sur les instances de M. Guye $14,01$, qui se trouve approché par excès. Elle a réduit au contraire celui du carbone à $12,00$, qui se trouve ainsi approché par défaut.

On voit par ce qui précède qu'il eût été logique, si l'on ne voulait pas garder la troisième décimale, qui est incertaine, de prendre $Az = 14,00$ avec $C = 12,00$, ou bien $14,01$ avec $C = 12,01$. On eût ainsi conservé le rapport *expérimental* entre l'azote et le carbone, *qui est exactement* $\dfrac{7}{6}$.

DEUXIÈME REMARQUE. — La même Commission prend pour l'hydrogène $H = 1,008$. J'ai trouvé expérimentalement (synthèse de l'eau, en poids, 1892).

$$H = 1,0075.$$

Le résultat obtenu par M. Morley est pratiquement identique au mien, et le confirme par conséquent. Mais j'ai fait observer à plusieurs reprises que la *méthode en volumes* de ce savant comporte une erreur systématique d'environ $\frac{1}{4000}$ due à l'application de la *loi du mélange des gaz* de Dalton.

Il apparaît que cette erreur s'est trouvée compensée par une ou plusieurs autres.

M. A. LEDUC.

SUR LE CYCLE DE LA MACHINE A VAPEUR.

**Rendement. — Effet de la surchauffe. — Machine à vapeur d'éther.
Application des cycles à l'étude de la détente des vapeurs saturantes
ou surchauffées.**

621.174

2 Août.

I. Rendement de la machine a vapeur d'eau. — Il est d'usage
de faire remarquer que le cycle théorique, dit *cycle de Rankine*, parcouru
par le fluide dans la machine ordinaire à piston ne diffère du cycle de
Carnot que par le remplacement de l'adiabatique inférieure par la ligne
qui représente le réchauffement de l'eau sous une pression variable,
égale à chaque instant à celle de sa vapeur saturante.

Et l'on ajoute quelquefois, sans discussion, que les rendements des
deux cycles sont très voisins. On peut, en effet, citer à l'appui le cas d'une
machine sans condenseur fonctionnant entre $200°$ et $100°$. On trouve,
en faisant les calculs convenables, et en supposant la chaudière alimentée par de l'eau à $100°$, que le rendement est $0,195$ (*), tandis que
le rendement du cycle de Carnot correspondant serait $0,211$.

Au premier abord, ces deux nombres apparaissent comme très voisins,
bien que leur écart soit de 8 °/₀.

Mais pour une machine à condenseur fonctionnant entre $160°$ et $40°$,
le rendement n'est que $0,240$, au lieu de $0,277$. L'écart est ici de 13 %
On voit qu'il y a déjà quelque intérêt à faire le calcul dans ce cas. Cela
devient plus important encore, comme on va le voir, dans le cas de
vapeur surchauffée.

Nous allons considérer une machine fonctionnant avec condenseur
à $60°$, utilisant d'abord de la vapeur saturante à $200°$, puis de la vapeur
produite dans une chaudière à $100°$ et surchauffée à $200°$ (**).

Dans le premier cas, si l'on désigne par T_0 et T_1 les températures des
isothermes, par x la chaleur spécifique vraie de l'eau à $T°$, par L_0 et L_1,
les chaleurs latentes de vaporisation à T_0 et T_1, et par x le titre de la
vapeur à la fin de la détente adiabatique (en supposant cette vapeur

---

(*) Le rendement diminuerait notablement, si la chaudière était alimentée d'eau
froide ; il n'est encore que $0,18$ si l'eau du tender est réchauffée à $60°$.

(**) Bien que ce cas ne soit pas réalisé dans la pratique, cela ne diminue en rien
l'intérêt théorique de cette considération.

saturée et sèche au départ), on a

$$(1) \qquad \int_{T_0}^{T_1} \varkappa \frac{dT}{T} + \frac{L_1}{T_1} = \frac{L_0}{T_0} x.$$

D'ailleurs les quantités de chaleur évaluées le long des isothermes sont

$$Q_1 = \int_{T_0}^{T_1} \varkappa \, dT + L_1, \qquad Q_0 = L_0 x.$$

Le calcul numérique effectué au moyen des chaleurs latentes de Regnault ou de Henning, en prenant pour $\varkappa$ la valeur moyenne 1,025. donne

$$x = 0,797 \qquad \text{et} \qquad R' = 1 - \frac{Q_0}{Q_1} = 0,266 \; (*).$$

Appliquons le calcul au **deuxième cas**. Désignant par T_1 la température ($100°$) à laquelle est produite la vapeur, et par T_2 ($200°$) celle à à laquelle elle est introduite dans le cylindre, et par C la chaleur spécifique de la vapeur d'eau sous la pression d'une atmosphère, on a

$$(2) \qquad \int_{T_0}^{T_1} \varkappa \frac{dT}{T} + \frac{L_1}{T_1} + \int_{T_1}^{T_2} C \frac{dT}{T} = \frac{L_0 x}{T_0},$$

$$Q_1 = \int_{T_0}^{T_1} \varkappa \, dT + L_1 + \int_{T_1}^{T_2} C \, dT, \qquad Q_0 = L_0 x.$$

On peut admettre $\varkappa = 1,01$ et $C = 0,46$, ce qui conduit à

$$x = 0,996 \qquad \text{et} \qquad R = 0,103,$$

c'est-à-dire un rendement inférieur à la moitié de celui du cycle sans surchauffe.

Le rendement du cycle de Carnot correspondant est 0,296. Le déficit relatif du cycle de Rankine est donc d'environ 10 %, et celui du cycle avec surchauffe de 65 %.

L'énorme infériorité de ce dernier tient à l'absence à peu près complète de condensation dans le cylindre, d'où résulte la restitution de

$$0,2 \times 563 = 112$$

calories supplémentaires qui échappent à la transformation en travail.

J'ai choisi à dessein ces conditions très mauvaises afin de faire ressortir, en l'exagérant, l'inconvénient de la surchauffe, et de mettre en garde contre l'application même à titre de première approximation, de la formule de Carnot au calcul du rendement.

Examinons maintenant deux cas de la *pratique industrielle*.

(*) La troisième décimale est très incertaine.

Premier cas. — La vapeur est produite saturante à 160°, et surchauffée à 300°; le condenseur est à 40°. La formule (2), dans laquelle nous ferons $z = 1,01$ et $C = 0,50$ donne

$$x = 0,873 \qquad \text{et} \qquad R^t = 0,265$$

au lieu de 0,24 (*voir* plus haut), lorsque la vapeur était employée sans surchauffe, c'est-à-dire saturante à 160°.

Certes, le rendement s'est accru d'environ 10 % ce, qui n'est pas sans intérêt. Mais on aurait pu s'attendre à mieux; car, grâce à l'élévation de T_1, le rendement du cycle de Carnot passerait de 0,277 à 0,454, c'est-à-dire augmenterait de 64 %.

Deuxième cas. — Plusieurs Compagnies de Chemins de fer ont trouvé avantageux, pour des raisons multiples dont la discussion ne saurait trouver place ici, d'abaisser la pression dans les chaudières à 12 kg environ (donc $t = 186°$), et de surchauffer la vapeur vers 300°.

Le rendement est-il amélioré ou amoindri par suite de cette double modification ?

Comme plus haut, nous considérerons d'abord le rendement du cycle, en supposant que la chaudière reçoit de l'eau à 100°. Mais, comme l'injecteur la lui fournit vers 60° seulement, il faudra tenir compte des 40 cal. à fournir pour l'amener à 100° aux dépens du combustible. Enfin nous supposerons, comme précédemment, la détente totale, bien qu'en général cette condition soit loin d'être réalisée dans la pratique.

D'autre part, il convient de tenir compte de ce que la surchauffe est à peu près gratuite, le surchauffeur, placé dans les carneaux, utilisant de la chaleur qui, autrement, serait perdue dans l'atmosphère.

Le calcul exécuté comme tout à l'heure donne $x = 0,95$. Il est fourni le long du cycle 622 cal environ, dont 509 sont rendues au condenseur, de sorte que le rendement est à peine supérieur à 0,18. Il tombe à 0,17 si l'on tient compte des 40 cal. à fournir à l'eau comme il a été dit plus haut, et se relève à 0,19 si la surchauffe est gratuite.

Si l'on compare ces nombres à celui que nous avons obtenu au début (0,18 pour une machine utilisant la vapeur saturante à 200°), on voit que le rendement ne s'est légèrement amélioré que grâce à la gratuité de la surchauffe. Il serait amoindri s'il fallait payer celle-ci.

Première remarque. — Le titre de la vapeur à la fin de la détente est 0,95 au lieu de 0,85. Si l'on tient compte de ce que la vapeur saturante entraîne en moyenne 5 % d'eau en gouttelettes, on voit qu'on réduit dans le rapport de 4 à 1 la quantité d'eau liquide dans les cylindres (0,05 au lieu de 0,20). C'est là le principal bienfait de la modification que nous venons d'examiner.

On voit bien sur cet exemple que la perte de travail résultant de ce qu'un dixième de la vapeur échappe à la condensation dans le cylindre

et apporte au condenseur sa chaleur de liquéfaction, compense à peu
près l'excédent de chaleur dû à la surchauffe.

Deuxième remarque. — Les mêmes Compagnies ont fait construire
des locomotives non compoundées, c'est-à-dire à simple expansion. Il
est clair que, même à égalité de détente finale, le rendement théorique se
trouve amoindri, et il est peu probable que le rendement organique se
trouve suffisamment relevé par la simplification du mécanisme pour
compenser cette perte. Mais il n'en résulte pas que cette autre modification soit fâcheuse au point de vue financier; car il faut tenir compte
du prix d'achat et des frais d'entretien des machines, sans compter
d'autres avantages résultant de la simplification des organes.

II. MACHINE A VAPEUR D'ÉTHER. — Comparaison avec une machine
à vapeur d'eau fonctionnant entre les mêmes limites de température.
Si l'on applique, sans y regarder de plus près, le principe de Carnot

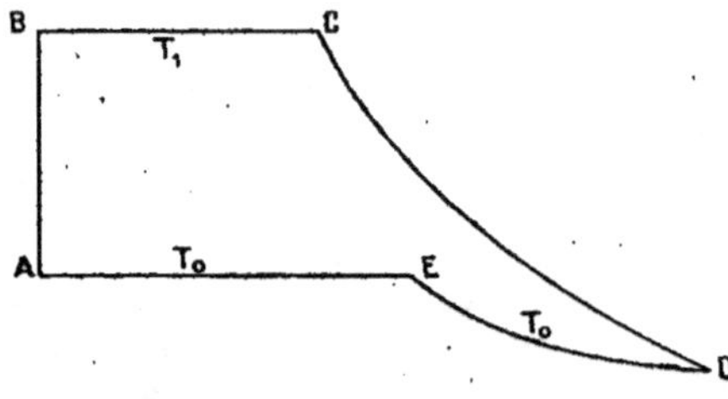

Fig. 1.

à nos deux machines, on est porté à croire que leurs rendements doivent
être très voisins. Voyons ce qu'il en est, et, pour nous mettre dans les
meilleures conditions de comparabilité, supposons que ces deux machines
utilisent de la vapeur saturée et sèche à 120°, leurs condenseurs étant
à 20°.

Pour la vapeur d'eau, les chaleurs latentes sont, d'après Régnault :
523,1 et 592,6, et l'on peut admettre $x = 1$. On obtient

$$R' = 0,236$$

et d'ailleurs

$$x = 0,80.$$

Le rendement est relativement élevé, malgré le faible intervalle des
températures $\left(\dfrac{T_1}{T_0} = 1,41\right)$, grâce à la condensation de 20 % dans le
cylindre (*fig.* 1).

Pour la vapeur d'éther, le diagramme se trouve modifié de la manière
suivante. La détente adiabatique amène le fluide de T_1 à T_0 à l'état de

vapeur surchauffée (D). L'isotherme inférieure se compose donc de deux parties : suivant DE la vapeur est ramenée à l'état saturant, puis suivant EA elle se liquéfie à pression constante.

La quantité de chaleur Q_0 restituée à la source froide se compose donc, de deux parties : L_0 correspondant à EA et q_0 dégagée par la compression isothermique.

L'application du principe de l'entropie fournit l'équation

$$\int_{T_0}^{T_1} \varkappa \frac{dT}{T} + \frac{L_1}{T_1} - \frac{Q_0}{T_0} = 0.$$

Or, pour l'éther liquide, contrairement à ce qui arrive pour l'eau, entre les mêmes limites des températures, la chaleur spécifique varie beaucoup : on peut la représenter très convenablement, entre les limites de notre application par $\varkappa = 0,00195\,T$, de sorte que

$$\int_{20}^{120} \varkappa \frac{dT}{T} = 0,195 \qquad \text{et} \qquad \int_{20}^{120} \varkappa\, dT = 66,9.$$

D'autre part, à 120°, $L = 73,27$. Avec ces données, l'équation ci-dessus donne

$$Q_0 = 111,6 \qquad \text{et} \qquad R' = 1 - \frac{111,6}{140,2} = 0,21.$$

Le rendement est donc inférieur au précédent de plus de 10 %. Il est inférieur de 17 % à celui du cycle de Carnot.

Remarque. — En raison des résultats obtenus plus haut concernant la vapeur d'eau surchauffée, l'absence de condensation dans le cylindre pouvait faire supposer que le rendement de la machine à vapeur d'éther serait encore plus faible. Mais il faut considérer que la chaleur latente de vaporisation de l'éther n'est qu'une centaine de fois la chaleur spécifique du liquide, tandis que le rapport des deux mêmes données est environ cinq fois plus grand pour l'eau.

De là, vient que la condensation dans le cylindre a moins d'importance.

III. ÉQUATION DE LA DÉTENTE ADIABATIQUE DES VAPEURS. — Nous avons déjà rappelé qu'il y a lieu de distinguer deux cas, suivant que la détente est, ou non, accompagnée de *condensation partielle*. Le premier cas est présenté par la vapeur d'eau saturante, le second par la vapeur saturante d'éther ou la vapeur d'eau convenablement surchauffée. Dans ce dernier cas, on peut appliquer, au moins à titre de première approximation, la formule de Laplace : $pv^\gamma = \text{const}$ qui convient au *gaz parfait idéal*, à condition de remplacer le rapport γ des deux chaleurs spécifiques C et c (variable d'ailleurs avec la température et la pression) par un nombre convenablement calculé, et généralement assez voisin.

Rankine a montré qu'on peut adopter encore la même représentation pour la détente de la vapeur d'eau saturante, mais en remplaçant γ par un nombre n très différent. A la vérité la valeur de n proposée par Rankine était trop faible. Nous allons voir que les valeurs proposées par Grashof et par Zeuner (1,140 et 1,135) sont très convenables pour l'application au cycle des machines à vapeur.

Je me suis proposé de calculer exactement n pour des intervalles successifs de 10° entre 80° et 160°.

A cet effet, considérant un cycle de Rankine entre T_0 et $T_1 = T_0 + 10$, je calcule d'abord, comme plus haut, le titre x de la vapeur à la fin de la détente adiabatique. Le volume spécifique qui était v_1 avant la détente sous la pression maxima p_1 à T_1^0, devient v_0 sous la pression p_0 à T_0^0. Mais v_0 ne renferme que la masse x à l'état gazeux et le reste $(1 - x)$, à l'état liquide, occupe un volume négligeable,

Usant de la représentation rappelée dans une autre Communication (*) on a donc

$$(3) \qquad M p_1 v_1 = R T_1 \varphi_1 \qquad \text{et} \qquad M p_0 v_0 = R T_0 \varphi_0 x$$

Or nous voulons déterminer n tel que

$$p_1 v_1^n = p_0 v_0^n,$$

et les deux relations précédentes donnent

$$x \frac{p_1 v_1}{T_1 \varphi_1} = \frac{p_0 v_0}{T_0 \varphi_0}.$$

En combinant ces deux équations, on obtient

$$x \left(\frac{p_1}{p_0}\right)^{\frac{n-1}{n}} = \frac{T_1 \varphi_1}{T_0 \varphi_0},$$

et finalement

$$\frac{n-1}{n} = \frac{\log T_1 - \log T_0 + \log \varphi_1 - \log \varphi_0 - \log x}{\log p_1 - \log p_0}.$$

J'ai effectué les calculs en utilisant :

1° Les données numériques de Holborn et Henning relatives aux pressions maxima.

2° Celles de Henning relatives aux chaleurs latentes; afin de calculer x.

3° Mes formules empiriques pour le calcul des φ (**).

(*) Détermination des poids moléculaires.

(**) Le calcul de φ est fait en supposant la vapeur d'eau *normale*. D'une part l'erreur pouvant provenir d'un excès, même important, de compressibilité serait très faible ; car il résulte de l'augmentation simultanée de p et T, et $\frac{\varphi_1}{\varphi_0}$ est très voisin de 1.

D'autre part, je suis fondé à admettre cette hypothèse; car, ayant calculé le volume spécifique u' de la vapeur d'eau saturante à 100°, j'en ai déduit, par la formule de Clapeyron, la variation de la pression maxima avec la température, et j'ai obtenu un nombre pratiquement identique à celui qui résulte des expériences de M. P. Chapuis.

Voici les résultats obtenus :

Entre.		$n.$	$x.$
160 et 150	....	1,142	0,9829
150 140	....	1,144	0,9824
140 130	....	1,144	0,9820
130 120	....	1,144	0,9815
120 110	....	1,142	0,9810
110 100	....	1,140	0,9805
100 90	....	1,137	0,9800
90 80	....	1,134	0,9794

La discussion des erreurs provenant des données numériques montre qu'on ne peut pas garantir la troisième décimale de n. Cependant si l'on utilise les données de Regnault, on trouve pour n des valeurs à peine différentes, comme on le voit ci-dessous.

Entre		D'après Regnault.		Au lieu de	
		$n.$	$x.$	$n.$	$x.$
160 et 140	....	1,141	0,9661	1,143	0,9656
140 120	....	1,144	0,9636	1,144	0,9638
120 100	....	1,143	0,9608	1,141	0,9619
100 80	....	1,139	0,9578	1,136	0,9598

Après cette confrontation, il est difficile de douter de la variation de n et même de l'existence d'un maximum vers 135°.

Nous pouvons donc conclure ainsi : l'exposant 1,135 convient aux machines fonctionnant à basse pression avec condenseur très bien refroidi; le nombre 1,140 est à peine suffisant dans le cas de la locomotive, fonctionnant sans surchauffe, bien entendu.

On remarquera que le titre x de la vapeur d'eau après une détente de 10° décroît très lentement et régulièrement à mesure que la température initiale s'abaisse. On peut traduire très exactement cet effet par la formule suivante : la détente ayant lieu depuis 160° jusqu'à t, posons $\theta = 160 - t$. Le titre a pour expression

$$x = (0,9983)^{\theta} \left[1 - \frac{\theta(\theta - 1)}{2} \times 5 \times 10^{-6} \right].$$

Si l'on n'a en vue que l'application aux machines à vapeur, on peut écrire plus simplement, quelle que soit la température initiale de la détente, mais plus spécialement entre 180° et 60°

$$x = (0,9981)^{\theta}.$$

La quantité d'eau condensée varie de 0,002 à 0,0016 par degré.

Détente sans condensation. — Je vais décrire sommairement la méthode que j'ai fondée pour calculer le rapport γ (*).

J'aurai en vue spécialement la vapeur d'eau; mais il suffit de modifier légèrement la méthode pour l'appliquer à la vapeur d'éther par exemple. Nous allons considérer deux cas.

I. *Vapeur au voisinage immédiat de la saturation.* — Faisons parcourir au fluide le cycle infiniment petit suivant (*fig.* 2).

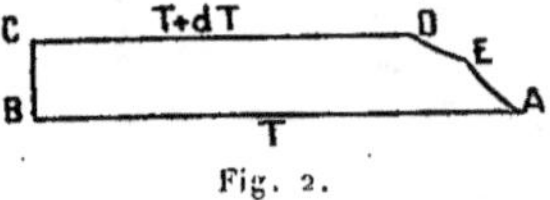

Fig. 2.

La vapeur étant prise à l'état saturant à T_0 (A) liquéfions-la (AB); échauffons le liquide de dT (BC) sous la pression de la vapeur saturante, puis transformons-le en vapeur saturante à $T + dT$ (CD). Enfin, produisons la détente isothermique dp_1 (DE) telle que par détente [adiabatique dp_2 (EA) consécutive la vapeur se trouvera menée à l'état saturant à T_0.

D'après la définition de γ la variation de pression est liée à dT pendant cette détente par la formule classique

$$\frac{\gamma - 1}{\gamma}\, dp_2 = \frac{\partial p}{\partial T}\, dT.$$

L'application du principe de l'entropie et de la formule exprimant la quantité de chaleur évaluée le long d'une isotherme font connaître dp_2. Les dérivées $\dfrac{dp}{dT}$ et $\dfrac{dv}{dT}$ étant calculées en partant de la formule (3), on obtient finalement

$$\frac{\gamma}{\gamma - 1} = \frac{1}{1 + \varepsilon_2}\left[\frac{T}{F}\frac{dF}{dT} - \frac{JM}{R(1 + \varepsilon_1)}\left(\frac{L}{T} - \frac{dQ}{dT}\right)\right],$$

ε_1 et ε_2 étant des termes correctifs faciles à calculer au moyen de mes formules empiriques, F désignant la pression maxima de la vapeur et Q la chaleur totale à T^0.

II. *Vapeur non saturante.* — On peut obtenir γ par la considération d'un cycle infiniment petit analogue au précédent. Mais ce calcul a l'inconvénient de faire intervenir non seulement les dérivées premières

---

(*) Le principe en a été indiqué dans deux Notes à l'Académie des Sciences; elle sera développée prochainement dans les *Annales de Chimie et de Physique*. Dans la seconde de ces Notes (3 juillet 1911), γ est calculé conformément à sa définition; dans la première (19 juin 1911), il est calculé de manière à relier la température et la pression par l'équation de la détente

$$\frac{T_1}{T_0} = \left(\frac{p_1}{p_0}\right)^{\frac{\gamma - 1}{\gamma}}.$$

de fonctions empiriques, mais aussi les dérivées secondes dés fonctions z et u (*voir* ma Communication sur les poids moléculaires).

Or, on sait que les dérivées premières de deux fonctions empiriques représentant avec une approximation suffisante le même phénomène peuvent avoir des valeurs numériques notablement différentes et que les dérivées secondes peuvent s'écarter encore bien davantage. Pour ce motif, je crois plus sûr de m'en tenir au cycle fini ci-après, qu'il convient d'appliquer, en général, à un intervalle de 10° au plus (*fig.* 3).

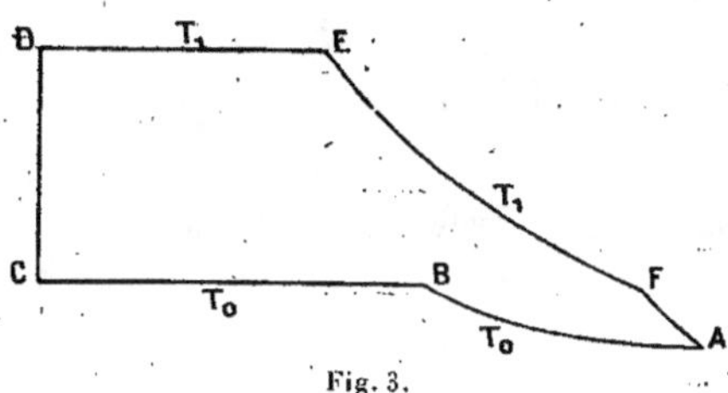

Fig. 3.

La vapeur étant prise à T_0^o sous la pression p_0 (A), on la comprime isothermiquement jusqu'à la pression maxima F_0 (AB), puis on la liquéfie à T_0^o (BC). Ensuite on chauffe le liquide jusqu'à T_1^o sous sa pression maxima (CD), on le transforme en vapeur saturante à T_0 (DE), et l'on détend celle-ci à cette température (EF) jusqu'à la pression p_1, telle que, par détente adiabatique (FA), on la ramène à l'état initial.

Désignons par q_0 et q_1 les quantités de chaleur évaluées le long des tronçons d'isothermes AB et EF. Le principe de l'entropie fournit l'équation

$$\frac{q_0 + L_0}{T_0} = \int_{T_2}^{T_1} \gamma \frac{dT}{T} + \frac{L_1 + q_1}{T_1}.$$

Or, p_1 étant choisi arbitrairement, on calcule aisément q_1; l'équation ci-dessus fournit alors q_1 et par conséquent p_1. Il suffit alors d'appliquer la formule de définition de γ et de l'intégrer en supposant γ constant dans l'intervalle considéré. Comme le développement du calcul m'entrainerait trop loin, je me contente d'indiquer quelques-uns des résultats obtenus par interpolation : ce sont les valeurs de γ entre 100° et 150° et sous diverses pressions.

Température.	1ᵃᵗᵐ.	2ᵃᵗᵐ.	3ᵃᵗᵐ.	4ᵃᵗᵐ.
150	1,332	1,344	1,356	1,369
140	1,346	1,359	1,371	»
130	1,357	1,370	»	»
120	1,365	»	»	»
110	1,372	»	»	»
100	1,374	»	»	»

Je suis porté à croire que l'erreur sur les nombres de ce Tableau ne dépasse pas une unité sur la seconde décimale. La détermination expérimentale directe ne comporte pas cette précision.

J'ai effectué des calculs semblables sur quelques autres vapeurs, et déterminé aussi les valeurs de C et c pour diverses vapeurs dans des conditions variées. On en trouvera le détail dans les *Annales*.

M. Ch. FÉRY,

Professeur à l'École municipale de Physique et de Chimie (Paris).

LES NOUVELLES MÉTHODES CALORIMÉTRIQUES.

536.62

2 Août.

I. La mesure des quantités de chaleur, forme précise de l'énergie, a en Physique une très grande importance; en Chimie le calorimètre a précisé la notion vague de l'affinité; la mesure des quantités de chaleur dégagées dans les réactions : la Thermochimie, due à Berthelot est d'une importance capitale.

Industriellement une question primordiale est celle de la mesure du pouvoir calorifique des combustibles.

Qu'il s'agisse du chauffage de fours, de chaudières, de machines à vapeur, de séchoirs, de production de gaz combustibles dans des gazogènes, etc., on se trouvera toujours ramené à la détermination du pouvoir calorifique du combustible employé dont la valeur marchande ne dépend guère que de cet élément.

Pour répondre à ces nombreux besoins on a imaginé un grand nombre de calorimètres.

Le principe général de ces instruments est de faire dégager la quantité de chaleur qu'on veut mesurer au sein d'une masse liquide assez considérable pour que l'élévation de température obtenue reste faible.

Dans ces conditions on peut admettre, d'une façon approchée, que la perte de chaleur de l'instrument par unité de temps, est proportionnelle à l'excès de la température du calorimètre sur l'air ambiant.

La mesure des quantités de chaleur ne va pas, en effet, sans des difficultés nombreuses parmi lesquelles se trouve en première ligne l'établissement de la correction à ajouter à la valeur fournie par l'instrument pour tenir compte des pertes inévitables que subit le calorimètre pendant la durée de l'expérience.

Dans tous les calorimètres la masse calorifique est constituée par de l'eau (*), ce liquide a le gros inconvénient de ne pas être conducteur de la chaleur, il ne s'échauffe que par des courants de convection et les calorimètres doivent être munis d'un agitateur pour faciliter l'égalisation de la température dans la masse liquide.

L'opération prend par cela même une durée assez grande, ce qui rend absolument indispensable la correction due au refroidissement.

Les pertes éprouvées par le vase calorimétrique sont de trois sortes

1º La conductibilité de ses supports;

2º Le refroidissement par l'air;

3º La perte par rayonnement.

Les pertes par conductibilité sont proportionnelles à la différence de température entre le calorimètre et son enceinte, on les rend aussi faibles que possible en faisant reposer le vase calorimétrique sur des pointes de liège.

On atténue beaucoup le refroidissement par l'air, et aussi le rayonnement par l'emploi d'une matière emprisonnant l'air en l'immobilisant : le duvet de cygne, par exemple.

La température de la masse d'eau, et celle de l'enceinte qui entoure l'appareil (**), sont connues au centième de degré, par des thermomètres de précision.

C'est au moyen de cet instrument que Berthelot a fait ses admirables recherches en Thermochimie.

Lorsqu'il s'agit de mesurer une *chaleur de combustion*, le corps à brûler soigneusement pesé est placé sur une coupelle suspendue au milieu d'une sorte de bouteille en acier renfermant de l'oxygène comprimé à 25 kg : cm². Par un procédé électrique on enflamme le combustible de l'extérieur. La bombe calorimétrique est immergée dans l'eau du calorimètre qui recueille la chaleur dégagée.

C'est ainsi que Berthelot a pu mesurer la chaleur de combustion du carbone pur, et d'une foule de composés organiques.

C'est aussi par ce procédé que sont mesurés industriellement, le plus souvent, les chaleurs de combustion ou pouvoirs calorifiques, dans la bombe Mahler, calquée sur celle de Berthelot.

D'autres fois, on se contente de faire un mélange intime du charbon à mesurer avec des comburants convenables (chlorate de potassium, nitrate de potassium), et la cartouche ainsi préparée est brûlée dans un vase métallique percé de trous à sa partie inférieure et plongeant dans une grande masse d'eau (calorimètre de Thomson).

II. C'est dans le but de rendre cette mesure du pouvoir calorifique

---

(*) Il faut cependant faire une exception pour le calorimètre à mercure de Fabre et Silbermann où l'eau est remplacée par du mercure ce qui dispense l'opérateur du brassage de la masse calorimétrique.

(**) Cette enceinte est, le plus souvent, un vase à double paroi, rempli d'eau.

tout à fait industrielle, tout en lui gardant la précision indispensable, que j'ai combiné le nouvel obus dont je vais donner la description :

La nouvelle bombe thermo-électrique présente sur les appareils similaires, bien qu'utilisant le même principe consistant à brûler le combustible dans de l'oxygène comprimé, un certain nombre de modifications ayant pour but d'en rendre l'emploi plus commode et plus rapide et de supprimer toute espèce de correction.

L'obus en acier A (*fig.* 1) peut recevoir par le pointeau p de l'oxygène à 25 kg par centimètre carré ; la coupelle C a été garnie au préalable de l'échantillon du combustible, très exactement pesé. Au moyen d'un accumulateur ou d'une pile extérieure P, on peut provoquer l'inflammation de l'échantillon (*).

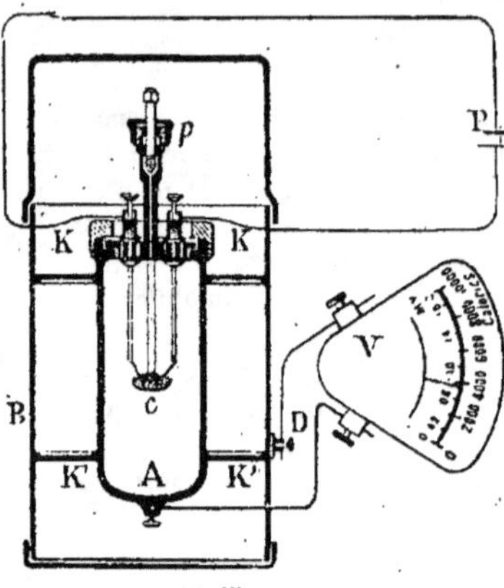

Fig. 1.

Dans les bombes généralement en usage, le poids de l'obus est de 3500 kg et le système est immergé dans un calorimètre de Berthelot contenant 2,5 l d'eau.

Le nouvel obus a été très allégé, il ne pèse que 1 kg, et l'on a supprimé la masse d'eau.

Dans ces conditions, l'élévation de température, qui n'était que de 2° à 3° en employant 1 g de charbons industriels ordinaires, est multiplié ici par le rapport inverse des masses calorifiques, soit

$$\frac{2850}{100}.$$

On obtient ainsi facilement, comme élévation de température, 50° à 60° et l'usage de thermomètres de précision n'est plus indispensable.

Cependant cette élévation de température pourrait ne pas être proportionnelle à la quantité de chaleur dégagée pendant la combustion si quelques précautions, sur lesquelles nous allons insister, n'avaient été prises.

L'obus A (*fig.* 1) est maintenu au centre d'une enveloppe métallique extérieure B, formant enceinte protectrice, par deux disques métalliques K, K ; il se trouve donc soumis par ce fait à une cause de refroidissement, due à la *conductibilité* de ces disques. La perte de chaleur par conductibilité est, on le sait, proportionnelle à la différence de température existant entre les deux extrémités du corps conducteur.

(*) Cet allumage se fait encore plus commodément par une petite magnéto du type servant à l'inflammation des mines.

Cette cause de refroidissement ne ferait donc, si elle était seule, que diminuer d'un certain pourcentage l'élévation qui serait obtenue si les supports de la bombe n'étaient pas conducteurs de la chaleur.

Il n'en est pas de même des deux autres causes de refroidissement :

La seconde est due à la *convection* qui s'exerce autour de tout corps chaud : des filets d'air s'élèvent autour de ce corps avec une vitesse qu'on peut supposer sensiblement proportionnelle à la différence de température entre le corps et l'air ambiant ; de plus, la quantité de chaleur ainsi enlevée est le produit de la chaleur spécifique de l'air par l'excès de température ainsi gagné. On peut donc dire, comme première approximation, que cette perte est proportionnelle au *carré* de l'excès de température de la bombe sur son enceinte.

La troisième et dernière cause de refroidissement est due au *rayonnement;* celui-ci, d'après la loi connue de Stefan, est proportionnel à $T^4 - t^4$, où T est la température absolue de la bombe et t celle de l'enceinte.

En désignant par Q les calories dissipées par unité de temps, on aura donc

$$Q = A(T - t) + B(T - t)^2 + C(T^4 - t^4).$$

Il est donc impossible, théoriquement, tout au moins, d'obtenir avec un tel système des élévations de température proportionnelles aux quantités de chaleur dégagées dans la bombe.

Pratiquement, on dispose des coefficients A, B et C et l'on peut, en particulier, rendre A extrêmement grand. Dans ces conditions, comme T et t ne sont pas très différents, le produit $B(T - t)^2$, peut devenir négligeable, il en est de même de $C(T^4 - t^4)$.

Nous indiquerons plus loin comment cette hypothèse a été vérifiée expérimentalement. Les disques supports de la bombe, K, K, sont en constantan, alliage utilisé couramment aujourd'hui pour la construction des éléments thermo-électriques. Il en résulte que la bombe constitue la soudure chaude d'un gros élément thermo-électrique, l'enceinte B (dont la température ne varie pas sensiblement pendant les quelques minutes qui suivent l'allumage), forme la soudure froide.

Le couple constantan-cuivre (*) ainsi réalisé donne 40 microvolts par degré. Un millivoltmètre industriel portatif donnant 200 mm pour 2 millivolts permet donc d'effectuer facilement la lecture de la température, puisqu'un millimètre lu sur l'échelle vaut $0°,25$, ce qui représente $\frac{1}{300}$ de la déviation obtenue avec la plupart des combustibles.

Pour s'assurer que le refroidissement est dû presque exclusivement à la conductibilité des disques-supports, on a suivi la marche du refroidissement de l'appareil pendant 20 minutes, afin de constater que la courbe de descente est bien une exponentielle.

Voici les résultats obtenus :

(*) La nature de la soudure n'a aucune influence sur la force thermo-électrique, la déviation ne dépend donc pas du métal dont est faite la bombe, mais bien des fils reliant le système au galvanomètre

Temps.	Déviation observée.	Différence de 2 en 2 minutes.	Quotient $\dfrac{d\mathrm{D}}{\mathrm{D\ moyen}}$ = constante.
0	0		
1	51,5		
2	51,0		
3	46,0	9,5	$\dfrac{9,5}{46} = 0,206$
4	41,5		
5	38,0	6,5	$\dfrac{6,5}{38} = 0,171$
6	35,0		
7	32,5	4,5	$\dfrac{4,5}{32,5} = 0,138$
8	30,5		
9	28,0	4,0	$\dfrac{4}{28} = 0,113$
10	26,5		
11	24,5	3,5	$\dfrac{3,5}{24,5} = 0,143$
12	23,0		
13	21,5	3,0	$\dfrac{3}{21,5} = 0,139$
14	20,0		
15	19,0	2,5	$\dfrac{2,5}{19} = 0,132$
16	17,5		
17	16,0	2,5	$\dfrac{2,5}{16,0} = 0,156$
18	13,0		
19	13,5	2,0	$\dfrac{2,0}{13,5} = 0,148$
20	13,0		

On voit qu'environ 1 minute 30 secondes, après l'inflammation, la déviation maxima est atteinte; c'est cette valeur, qui constitue la lecture, qui peut être effectuée dans d'excellentes conditions, car l'aiguille du millivoltmètre y reste pendant près de 20 secondes.

Ce n'est que vers la sixième minute que les gaz ayant cédé toute la chaleur aux parois de la bombe ne modifient plus l'allure du refroidissement. A ce moment l'expérience montre bien qu'on a $\dfrac{dq}{q} = \mathrm{K}\,dt$, c'est-à-dire $\dfrac{dq}{q}$, qui est proportionnel à $\dfrac{d\mathrm{D}}{\mathrm{D}}$ (déviations observées) = const. les intervalles de temps dt, séparant les mesures, étant eux-mêmes constants.

Il reste cependant encore une incertitude relative à la perte par conductibilité pendant la période séparant le moment de l'inflammation de celui où le millivoltmètre atteint sa déviation maxima. Que se passe-t-il pendant cette période où les gaz chauds de la combustion transmettent leur chaleur aux parois de la bombe ? Peut-on admettre que la somme des chaleurs perdues, pendant cette période variable, reste bien proportionnelle à la quantité totale de chaleur dégagée par l'échantillon ?

Il semble bien difficile de faire des hypothèses pour un régime aussi troublé et le plus simple est de s'adresser à l'expérience.

J'ai demandé dans ce but un essai au laboratoire d'essais des Arts et Métiers et voici les résultats obtenus en faisant varier le poids du combustible, qui est passé de 0,312 gr à 0,616 gr, et dont le pouvoir calorifique a été de 6,330 cal, pour l'acide benzoïque, 7,240 cal et 7960 cal pour deux charbons et 9690 cal pour la naphtaline :

CORPS BRÛLÉ.	ACIDE BENZOÏQUE (6330 cal).								NAPHTALINE (9600 cal).				CHARBONS			
													7240 cal.		7960 cal.	
de l'échantillon....	0,312	325	371	388	392	402	526	574	445	449	558	616	400	512	523	422
es dégagées........	1975	2057	2348	2456	2481	2544	3329	3639	4312	4351	5407	5969	2896	3707	4163	3359
ion après 0 seconde.	1	0	1	2	1	0	0	2	2	3	3	0	0	+1	−1	−3
» 30 secondes	44	43	50	45	55	58	70	80	65	70	70	75	45	69	69	70
» 1 minute.	49	50	57	60	62	62	82	88	100	104	100	110	68	89	100	80
» 1m,30s....	50	51	58,5	63	63	64	84	93	108	110	130	138	70,5	91	102	83
» 2 minutes.	48	50	57	58	60	61	81	90	107	108	135	142	68	85	101	80
» 3 minutes.	45	46	53	55	56	56	76	83	99	98	127	135	64	80	99	75
» 4 minutes.	42	45	49	52	53	52	69	77	92	95	126	125	59	74	93	70
» 5 minutes.	39	40	46	50	49	49	64	72	85	88	107	115	56	70	98	67
» 6 minutes.	36	37	43	47	45	46	61	68	79	82	99	106	53	66	80	65
on maximum (d...																

Ces résultats montrent que la constante de l'instrument est bien en effet invariable avec le poids de l'échantillon et son pouvoir calorifique. Les petites différences observées, tantôt positives ou négatives par rapport avec la moyenne 40,44 cal par division, n'ayant aucun rapport

Fig. 2.

systématique avec le poids de matière brûlé, son pouvoir calorifique ou même le produit de ces deux éléments donnant le nombre de calories dégagées dans la bombe.

Poids.	Chaleur dégagée.	Constante.	Différence avec la moyenne.
0,312 × 6330 = 1975		40,28	— 0,16
0,325	2050	40,33	— 0,11
0,371	2345	40,80	— 0,36
0,388	2450	40,26	— 0,18
0,392	2480	40,15	— 0,29
0,402	2550	39,75	— 0,69
0,526	3330	39,63	— 0,79
0,574	3630	39,99	— 0,45
0,445 × 9690 = 4310		40,68	+ 0,24
0,449	4350	40,66	+ 0,22
0,558	5400	40,96	+ 0,52
0,616	5960	42,00	+ 1,56
0,400 × 7240 = 2895		41,07	+ 0,53
0,512	3710	41,18	+ 0,74
0,422 × 7960 = 3360		39,06	— 0,38
0,523	4170	40,41	— 0,03

La déviation maxima est atteinte dans tous les cas entre 1 minute et 30 secondes et 2 minutes, ce retard semblant dû à la mauvaise conductibilité de l'oxygène remplissant l'appareil et ne paraissant pas influencé par la quantité de chaleur produite qui a varié de

$$0^s,312 \times 6330 = 1975 \text{ cal } (1^{re}\text{ expérience})$$
$$0^s,616 \times 9690 = 5960 \text{ cal } (12^e\text{ expérience}).$$

Il semble donc acquis que, dans les limites de l'emploi pratique, cet appareil présente les qualités de proportionnalité indispensable pour l'usage auquel il est spécialement destiné, et le bon accueil qu'il rencontre parmi les industriels confirme cette manière de voir. La figure 2 est une vue d'ensemble de l'appareil.

Bien que jusqu'ici aucune application n'en ait été faite pour des recherches de théorie pure, je pense qu'il suffirait de remplacer par un galvanomètre à miroir le millivoltmètre industriel servant à la lecture pour transformer ce calorimètre en un instrument de précision.

Il serait très facile de lire ainsi, sans fatigue, le millième de degré sans aucune correction, et avec une exactitude d'autant plus grande que l'élévation de température serait plus faible. Dans ce cas, en effet, les corrections deviendraient extrêmement petites et la mesure serait absolument rigoureuse.

M. Gabriel SIZES,

(Toulouse).

LA RÉSONANCE MULTIPLE DES CLOCHES.

534.42

? *Août.*

La résonance multiple des cloches. — Helmholtz a écrit :

« Les cloches, comme les diapasons, n'ont que des sons accessoires très élevés, non harmoniques et qui s'éteignent rapidement. »

En 1881, M. C. Saint-Saëns posa le principe : que les harmoniques partiels des cloches n'avaient qu'une relation secondaire avec le son prédominant, qu'on croyait être le fondamental, et que la véritable fondamentale de la manifestation harmonique vibrait à un intervalle inférieur si éloigné du son prédominant que notre oreille ne pouvait la percevoir.

Avec M. G. Massol, nous avons présenté au Congrès de Toulouse, en 1910, une nouvelle méthode expérimentale pour l'inscription des vibrations de tous les corps sonores. Cette méthode m'a permis de démontrer : que les diapasons vibrent une échelle harmonique de sons, dont les hauteurs varient dans une étendue de douze octaves environ (*). Le son prédominant occupe le centre de cette manifestation vibratoire; au lieu d'en être le son générateur, ou son fondamental, il n'est que l'harmonique le mieux favorisé par la manière d'être du corps sonore.

Je me propose aujourd'hui de démontrer qu'il en est de même avec les cloches, les gongs et les tam-tams.

Les quatre principales cloches de la cathédrale de Montpellier ont donné les résultats suivants : la plus importante mesure 1,72 m de diamètre et pèse 2800 kg. Elle vibre un son prédominant faisant 106 v $-d=$ La$_1$ Ce La$_1$ est *en fonction* de 6e harmonique; il est accompagné de sa *tierce mineure harmonique* $\frac{1}{6}$. La fondamentale réelle (non inscrite), ou son 1 est un Ré$_{-5}$ de 1^v,1. Ce qui donne au son prédominant le rang de 96e harmonique de l'échelle générale de cette cloche.

Deux accords de *septième mineure harmonique de dominante* caractérisent deux tonalités différentes en rapport de quinte; dans l'échelle inférieure, le ton de Sol majeur, par l'accord ré, fa♯, la, *ut*; dans l'échelle supérieure, le ton de Ré majeur, par l'accord la, ut♯, mi, *sol*. 21 harmoniques se sont inscrits : 6 inférieurs et 14 supérieurs au son prédominant; les lire dans l'ordre adopté : 1° noms des sons; 2° nombres de vibrations; 3° ordre des harmoniques et rapports à la fondamentale. Le trait placé sous un nom de note signifie que ce son est en fonction de 7e harmonique.

(ré$_{-5}$)	la$_{-3}$	ré$_{-1}$	ut$_0$	ré$_0$	mi$_0$	fa♯$_1$	la$_1$	ut$_2$	ré$_2$	ré♯$_2$	sol$_2$
(1^v,1	6^v,$\frac{2}{3}$	17^v,$\frac{2}{3}$	31^v	35^v,$\frac{1}{3}$	40^v	88^v,$\frac{1}{3}$	106^v	124^v	141^v,$\frac{1}{4}$	150^v	185^v,5
(1)	6	16	28	32	36	80	96	112	128	136	168

la$_2$	ut$_3$	ré$_3$	fa♯$_3$	la$_3$	mi$_4$	la$_4$	ut$_5$	ut♯$_5$	mi$_5$
212^v	248^v	282^v,$\frac{2}{3}$	353^v,$\frac{1}{3}$	424^v	640^v	848^v	992^v	1060^v	1280^v
192	224	256	320	384	576	768	896	960	1152

La seconde cloche mesure 1,52 m de diamètre et pèse 2400 kg. Le son prédominant

$$= 120\,v - d = \text{Si}_1.$$

Fondamentale réelle (non inscrite)

$$\text{Mi}_{-5} \text{ de } 1^v,25.$$

Mêmes considérations harmoniques que pour la précédente. Échelle

---

(*) Ces travaux ont fait l'ojet de six Notes présentées par M. J. Violle à l'Académie des Sciences, du 18 novembre 1907 au 8 août 1910.

inférieure, ton de La majeur. Échelle supérieure, ton de Mi majeur. 23 harmoniques inscrits : 9 inférieurs et 13 supérieurs :

(mi_{-5})	$fa\#_{-2}$	$sol\#_{-2}$	$sol\#_{-1}$	$ré_0$	mi_0	$fa\#_0$	$sol\#_0$	mi_1	la_1	$[si_1]$	$ré_2$
$(1^v,25)$	$11^v,\frac14$	$12^v,\frac12$	25^v	35^v	40^v	45^v	50^v	80^v	$112^v,5$	$[120^v]$	140^v
(1)	9	10	20	28	32	36	40	64	90	$[96]$	112

$fa\#_2$	$sol\#_2$	si_2	$ré_3$	mi_3	$fa\#_3$	si_3	$ut\#_4$	$ré_4$	$ré\#_4$	mi_4	$fa\#_4$
180^v	200^v	240^v	280^v	320^v	360^v	480^v	540^v	560^v	600^v	640^v	720^v
144	160	192	224	256	288	384	432	448	480	512	576

La troisième cloche mesure 1,375 m de diamètre et pèse 1400 kg. Le son prédominant

$$= 135^v - d = ut\#_2 ;$$

avec la particularité d'être *en fonction* de 9ᵉ harmonique (quinte supérieure du 6ᵉ harmonique). Fondamentale réelle (non inscrite)

$$Si_{-6} \text{ de } 0^v,9375 ;$$

ce qui donne au son prédominant le rang de 144ᵉ harmonique. A part cela, mêmes considérations harmoniques que pour les précédentes. Échelle inférieure, ton de Mi majeur. Échelle supérieure, ton de Si majeur. 23 harmoniques inscrits : 10 inférieurs et 12 supérieurs.

(si_{-6})	si_{-3}	$fa\#_{-2}$	$fa\#_{-1}$	$sol\#_{-1}$	$ut\#_0$	$fa\#$	$ut\#_1$	$fa\#_1$	la_1	si_1	$[ut\#_2]$
$(0^v,9375)$	$7^v,5$	$11^v,25$	$22^v,5$	$25^v,3$	$33^v,75$	45^v	$67^v,5$	90^v	105^v	120^v	$[135^v]$
(1)	8	12	24	27	36	48	72	96	112	128	$[144]$

mi_2	$sol\#_2$	si_2	$ut\#_3$	mi_3	si_3	$ut\#_4$	mi_4	$sol\#_4$	$la\#_4$	$ut\#_5$	$sol\#_5$
$175^v,5$	$202^v,5$	240^v	270^v	315^v	480^v	540^v	630^v	810^v	900^v	1080^v	1620^v
168	216	256	288	336	512	576	668	864	960	1152	1728

La quatrième cloche mesure 1,15 m de diamètre et pèse 750 kg. Le son prédominant

$$= 160^v - d = mi_2.$$

Fondamentale réelle (non inscrite)

$$Ré_{-5} \text{ de } 1^v,11.$$

Mêmes considérations harmoniques que la précédente. Échelle inférieure, ton de Sol majeur. Échelle supérieure, ton de Ré majeur. 15 harmoniques inscrits : 8 inférieurs et 6 supérieurs.

$(ré_{-5})$	la_{-2}	ut_{-1}	mi_{-1}	sol_{-1}	ut_0	la_0	mi_1	la_1	$[mi^2]$
$(1^v,11)$	$13^v,\frac13$	$15^v,5$	20^v	$23^v,\frac13$	31^v	$53^v,\frac13$	80^v	$106^v,6$	$[160^v]$
(1)	12	14	18	21	28	48	72	96	$[144]$

sol_2	si_2	mi_3	sol_3	mi_4	mi_5
$186^v,6$	240^v	320^v	$373^v,3$	640^v	1280^v
168	216	288	336	576	1152

Cette dernière cloche fut expérimentée lancée à toute volée. Les inscriptions se firent aussi normalement que lorsque le battant seul la faisait vibrer.

M. Gabriel SIZES.

LA RÉSONANCE MULTIPLE DES GONGS ET DES TAM-TAMS CHINOIS.

2 Août.

534.42

1° Le gong, à cause de sa surface plane, vibre une échelle d'harmoniques très importante. Lorsqu'il est d'une certaine dimension, son timbre est noble et puissant. Celui dont j'ai enregistré les vibrations avec la collaboration de M. Massol, mesure 0,51 m de diamètre et pèse 11 kg. Il a donné l'échelle remarquable suivante : 5 harmoniques inférieurs au son prédominant, qui est un $Mi\flat_1$ de 76,8 v — d; et 20 harmoniques supérieurs allant au $\underline{ré\flat_5}$ de 1075 v — d. Le son fondamental réel est un $Mi\flat_{-4}$, de $2^v,4$.

$mi\flat_{-4}$	$mi\flat_{-3}$	$mi\flat_{-2}$	$mi\flat_{-1}$	$\underline{ré\flat_{-1}}$	$[mi\flat_1]$	sol_1	ut_2	$\underline{ré\flat_{-2}}$	$ré\natural_2$	$mi\flat_2$	$si\flat_2$	$si\natural_2$
$2^v,4$	$4^v,8$	$9^v,6$	$19^v,2$	$67^v,2$	$[76^v,8]$	96^v	128^v	$134^v,4$	144^v	$153^v,6$	$230^v,4$	240^v
1	2	4	8	28	[32]	40	54	56	60	64	96	100

ut_3	$\underline{ré\flat_{-3}}$	$ré\natural_3$	sol_3	$si\flat_3$	$\underline{ré\flat_{-4}}$	$ré\natural_4$	$mi\flat_4$	sol_4	$si\flat_4$	$si\natural_4$	ut_5	$\underline{ré\flat_{-5}}$
256^v	$268^v,8$	288^v	384^v	$460^v,8$	$537^v,6$	576^v	$614^v,4$	768^v	$921^v,6$	960^v	1024^v	1075^v
108	112	120	160	192	224	240	256	320	384	400	432	448

A l'audition simple, la résonance générale est un vaste accord de *neuvième majeure harmoniqne de dominante*, mi♭, sol, si♭, ré♭, fa, dont la neuvième fa, ne s'est pas inscrite; tandis que dans les vibrations des cloches ce neuvième harmonique (ou ses octaves) s'est inscrit dans chaque échelle. Le septième harmonique *Ré♭* y figure cinq fois; de $\underline{Ré\flat_1}$ à $\underline{Ré\flat_5}$. Aucun autre son en fonction de septième harmonique ne figurant dans cette échelle, l'impression *tonale* qui en résulte est celle du ton de La♭ majeur. La présence des degrés chromatiques Si♮ et Ré♮ de l'échelle supérieure, est due à leur rapport respectif de tierce majeure avec Sol et Si♭, en fonction de tierce et quinte de fondamentale.

En résumé, le gong, n'ayant qu'un centre de vibrations, ne donne lieu qu'à une seule échelle tonale de sons. Il se rattache au mode de vibration d'une corde fixée aux deux extrémités. La fondamentale est en fonction de dominante, comme dans les cloches et les diapasons, mais le *son prédominant* est ici en fonction d'*octave* de fondamentale au lieu de *quinte*.

2° L'effet produit par le tam-tam est tout différent. Ses vibrations manquent d'éclat, à cause de la protubérance sphérique dont le centre est agrémenté et qui enlève toute souplesse à la partie vibrante. Ses vibrations se réduisent aux sons partiels supérieurs de premier ordre, en rapports de quinte et d'octave. Celui que je possède mesure 0,56 m de diamètre et pèse 5,500 kg. Il n'a vibré que sept sons. On n'en constate pas davantage à l'audition simple. Frappé sur le bord, il donne le son le plus grave, Ré$_0$, de 36 v — d, et au centre, La$_1$ de 108 v — d.

Ayant deux centres de vibrations, il donne deux impressions consonantes : ré$_0$, la$_1$, ré$_2$ au bord et la$_1$, mi$_3$, la$_4$ au centre, d'un effet sourd. Par sa constitution trop rigide, il ne peut vibrer d'harmoniques inférieurs, de là son manque d'intensité; il ne vibre pas non plus d'harmoniques relativement élevés, de là son manque d'éclat. Je donne ci-dessous les rapports au son le plus grave :

ré$_0$	la$_0$	la$_1$	ré$_2$	ré$_3$	mi$_3$	la$_4$
36^v	54^v	108^v	144^v	288^v	324^v	864^v
1	$\frac{3}{2}$	$\frac{3}{1}$	$\frac{4}{1}$	$\frac{8}{1}$	$\frac{9}{1}$	$\frac{24}{1}$

Remarques. — Il est intéressant de constater que la cloche, comme le tam-tam, a deux centres de vibrations, mais mieux favorisés par une élasticité plus complète. Le rebord, ou *pince*, vibre l'échelle inférieure. La *frappe*, qui est la base de l'échelle partielle supérieure, vibre le son prédominant, en relation de quinte avec le fondamental. La *faussure* vibre la tierce min. harmonique $\frac{7}{6}$, suivie de la quarte et de la quinte du son prédominant. Cette quinte est en fonction de neuvième harmonique de la fondamentale. Les sons suraigus vibrent de la *partie médiane* à la *calotte*. Comme cela se produit avec les cors et les trompettes, plus le corps vibrant est *court*, plus la *fonction* harmonique du son prédominant s'élève dans les degrés de l'échelle générale, favorisant ainsi l'étendue de l'échelle inférieure. Dans les quatre cloches examinées, cette fonction passe de la double quinte (ou son 6) dans les deux premières, à la neuvième (ou son 9) dans les deux autres. Le mode de vibration des cloches se rapproche donc de celui des cors et des trompettes. Nous verrons ultérieurement leur rapport avec les diapasons.

MM. MASSOL et FAUCON.

(Montpellier).

ABSORPTION DES RADIATIONS ULTRAVIOLETTES
PAR LES ALCOOLS DE LA SÉRIE GRASSE.

535.34-3 + 547

2 Août.

Nous publions les premiers résultats d'une étude générale que nous poursuivons sur les composés de la série grasse, en indiquant les observations que nous avons pu faire sur les alcools saturés.

Mode opératoire. — Nous nous sommes servis d'un spectrographe en quartz, muni d'une échelle en longueurs d'onde graduée sur quartz, que nous avons repérée sur les raies du cuivre.

Nous avons employé comme source lumineuse l'arc électrique jaillissant entre deux électrodes métalliques; l'une constituée par une tige de laiton (*cuivre* et *zinc*), l'autre par une vis en *fer* recouverte d'un alliage *étain, plomb* et *cadmium*. L'ensemble de ces métaux donne un spectre de raies très compliqué, qui correspond sensiblement à un spectre continu impressionnant la plaque photographique du $\lambda = 5015$ (vert) jusqu'à 2100 dans l'extrême ultraviolet.

Nous avons employé un courant continu d'une intensité de 3 ampères sous 110 volts, maintenu constant par des résistances appropriées.

Les liquides à observer étaient contenus dans un tube de verre de longueur variable, gradué en millimètres et obturé à ses deux extrémités par des disques de quartz.

Sur chaque plaque, nous avons photographié avec la même durée de pose : 1° le spectre témoin des électrodes; 2° l'échelle en longueurs d'onde; 3° onze spectres correspondant à des épaisseurs différentes de même liquide.

Les alcools employés provenaient de plusieurs laboratoires et avaient été fournis par différentes maisons; nous avons eu soin de les rectifier et de ne recueillir que les fractions passant à la température d'ébullition du liquide pur. Pour chaque alcool nous avons opéré sur plusieurs échantillons d'origine différente qui ont tous donné des résultats comparables (*).

(*) Nous nous faisons un devoir de remercier M. Astre, professeur à l'École supérieure de Pharmacie, directeur de l'Institut de Chimie de l'Université de Montpellier, qui a bien voulu mettre à notre disposition les nombreux échantillons de ses collections.

ALCOOLS PRIMAIRES NORMAUX.

Influence de l'épaisseur. — Nous avons constaté que les alcools méthylique et éthylique sont très transparents pour des épaisseurs pouvant atteindre jusqu'à 10 cm. Pour l'alcool propylique la transparence diminue progressivement et lentement avec l'épaisseur, elle est légèrement inférieure à celle des deux alcools précédents.

Pour les alcools butylique, amylique, hexylique, heptylique, octylique, éthalique et mélissique tous normaux, *l'absorption croît très rapidement* pour les épaisseurs variant de 1 mm à 10 mm, puis beaucoup plus lentement pour des épaisseurs plus grandes.

Les alcools contenant de 1 at à 8 at de carbone ont été examinés à l'état de pureté; les alcools en C^{16} et C^{30} étaient en dissolution saturée dans l'alcool éthylique absolu à la température de 18° C.; on a rapporté au produit pur.

Le Tableau ci-dessous indique la dernière raie transmise dans l'ultraviolet, en unités Angström :

TABLEAU I.

ÉPAISSEUR.	ALCOOLS.									
	Méthylique.	Éthylique.	Propylique.	Butylique.	Amylique.	Hexylique.	Heptylique.	Octylique.	Éthalique.	Mélissique.
mm										
1....	2140	2220	2240	2320	2465	2480	2510	2690	2720	2950
2....	2140	2220	2260	2330	2490	2695	2590	2810	2910	»
3....	2140	2220	2280	2380	2520	2700	2610	2880	2980	»
5....	2140	2220	2330	2480	2710	2795	2700	3000	3140	»
7....	2140	2225	2335	2690	2790	2830	»	3080	3200	»
10....	2140	2230	2345	2830	2870	2880	2900	3150	3260	»
20....	2140	»	»	»	2920	2945	2910	3200	»	»
30....	2140	2310	2460	2890	3000	3020	2925	3250	»	»
50....	2220	2330	2590	2910	3010	3155	3000	3370	»	»
70....	2345	2360	2690	»	»	3190	3170	3410	»	»
100....	2385	2440	2720	»	»	»	3190	3430	»	»

Influence du poids moléculaire. — Le Tableau précédent montre que la transparence pour les rayons ultraviolets diminue progressivement à mesure que le nombre d'atomes de carbone augmente dans la molécule. Hartley (*) et Huntington (**) ont déjà signalé ce fait que les composés

---

(*) HARTLEY, *Trans. Chim. Soc.*, t. XXXIX, 1881, p. 153 à 168.
(**) HARTLEY et HUNTINGTON, *Phil. Trans.*, t. CLXX, 1879. p. 275.

organiques appartenant à la série grasse, absorbent d'autant plus les rayons ultraviolets qu'ils contiennent un nombre plus élevé d'atomes de carbone.

Nous avons cependant trouvé une exception pour l'alcool heptylique qui s'est montré plus transparent que l'alcool hexylique et se comporte sensiblement comme l'alcool amylique n. Des expériences multiples effectuées sur trois échantillons différents, soigneusement rectifiés (point d'ébullition, $175°,2$ sous 761 mm; $175°,3$ sous 757,5 mm; $174°,4$ à $175°$ sous 755 mm) ont constamment donné les mêmes résultats.

ALCOOLS SECONDAIRES NORMAUX. — D'une manière générale les alcools secondaires normaux présentent une transparence analogue à celle des alcools primaires; cependant, dans l'ensemble et sous de faibles épaisseurs, l'alcool secondaire est un peu plus transparent.

ALCOOLS TERTIAIRES. — En comparant les spectrogrammes des alcools tertiaires avec ceux des alcools primaires n, nous avons constaté que les alcools tertiaires sont beaucoup plus transparents pour une même épaisseur.

TABLEAU II.

ÉPAISSEUR.	ALCOOLS BUTYLIQUES.		ALCOOLS AMYLIQUES.	
	Primaire normal.	Tertiaire.	Primaire normal.	Tertiaire.
mm 1............	$\lambda = 2320$	2190	2465	2180
2............	2330	2190	2490	2180
3............	2380	2190	2520	2180
5............	2480	2190	2710	2180
7............	2690	2190	2790	2180
10............	2830	2190	2870	2180
20............	»	2190	2920	2180
30............	2890	2190	3000	2180
50............	2910	2190	3010	2280
70............	»	2360	»	2320

Les deux alcools tertiaires étudiés se différencient très nettement des alcools primaires correspondants.

De plus, ils se comportent comme l'alcool méthylique, c'est-à-dire que leur transparence reste constante pour des épaisseurs pouvant atteindre jusqu'à 30 mm et 50 mm.

D'une manière générale leur transparence est remarquable, et ils se placent entre l'alcool méthylique et l'alcool éthylique.

ALCOOLS PRIMAIRES NON NORMAUX. — Nous avons étudié trois alcools primaires non normaux : l'alcool butylique (méthyl-propanol) et les alcools amyliques : méthyl-butanol 1 : 2 (actif), et méthyl-butanol 1 : 3 (inactif).

Ces trois alcools sont moins transparents que les alcools primaires correspondants.

En les examinant sous des épaisseurs inférieures à 10 mm, nous avons constaté sur nos spectrogrammes l'existence de deux bandes d'absorption, l'une située dans l'extrême ultraviolet (vers $\lambda = 2500$ à 2600 U. A.), l'autre aux environs de $\lambda = 3100$.

Ce résultat, que nous avons contrôlé sur plusieurs échantillons (7 pour le méthyl-butanol), nous paraît d'autant plus intéressant à signaler, qu'il résulte des recherches de Hartley que d'une manière générale les composés de la série grasse et notamment les alcools ne présentent pas de bandes d'absorption dans l'ultraviolet (tandis que c'est la règle pour les dérivés du benzène). Mais nous devons faire remarquer que ces bandes disparaissent, dès que l'épaisseur atteint 10 mm, parce que toutes les radiations inférieures à $\lambda = 3100$ U. A. sont absorbées. C'est probablement pour cela qu'elles ont échappé à la sagacité d'Hartley qui observait ses liquides dans une cuve d'épaisseur constante de 1 pouce anglais (25 mm).

Nous n'avons pas retrouvé ces bandes dans les spectrogrammes des aldéhydes et des acides correspondants; nous poursuivons en ce moment nos recherches sur ce sujet.

M. Ch. FÉRY.

LA SPECTROGRAPHIE ET SES APPLICATIONS.

535.33

2 *Août.*

I. Depuis quelques années le spectrographe a remplacé à peu près complètement, pour les recherches dans les laboratoires scientifiques, l'ancien spectroscope auquel on doit cependant déjà tant de merveilleuses découvertes.

Bien que toute récente, la nouvelle méthode fait naître les plus belles espérances. On connaît les remarquables études et les découvertes de M. Urbain poursuivies sur les terres rares par ce procédé. Citons aussi les beaux travaux de M. A. de Gramont sur les *raies ultimes* qui trouvent des applications même dans le domaine industriel.

Quels sont donc les avantages de la photographie spectrale par rapport à la spectroscopie oculaire ?

Il faut dire d'abord que certains métaux, ceux du groupe du fer en particulier, ont un spectre tellement riche que jamais la dispersion né semble suffisante pour isoler leurs raies les unes des autres. Le fer, en particulier, a un spectre total (visible et photographiable) ne renfermant pas moins de 5000 raies; 1500 de ces raies peuvent être retrouvées sur la plaque photographique.

Ce résultat peut paraître surprenant si l'on remarque que le spectre lumineux embrasse une bien plus grande étendue (6700 à 3500 U. A.) (*) que le spectre ultraviolet (3000 à 2000 U. A.).

Mais il faut se rappeler que la dispersion croît très vite lorsque la longueur d'onde diminue; on admet comme première approximation que la dispersion croît en raison inverse du carré de la longueur d'onde, de sorte que le spectre photographiable est 4 ou 5 fois plus étalé que le spectre lumineux.

Cet avantage n'est pas le seul que possède la nouvelle méthode; elle participe de tous les avantages de la photographie : fidélité absolue du résultat qui se trouve enregistré avec ses moindres détails.

Enfin le repérage des raies se fait avec une précision parfaite si, par un artifice facile à imaginer, on photographie tangentiellement au spectre étudié celui d'un métal ou d'un alliage à raies bien connues et pris comme étalon (spectre du fer ou de l'alliage plomb-cadmium).

Sur le cliché obtenu, on trouve toujours qu'une raie inconnue du spectre du corps étudié est encadrée par deux raies voisines étalonnées du spectre de comparaison qui sert ainsi de micromètre.

La mesure se fait par interpolation de la raie inconnue, le spectrogramme étant placé sur une petite machine à diviser à microscope dite *machine à mesurer*.

Cependant tous ces avantages ne vont pas sans quelques difficultés qui ont sans doute retardé quelque peu l'extension de la méthode dans le laboratoire scientifique et la rendaient tout à fait inapplicable pour les recherches industrielles.

Disons tout d'abord que le spectrographe, si l'on veut en tirer tout le parti possible, doit être construit entièrement en quartz, ce qui rend son prix élevé.

D'ailleurs, il est indispensable, comme l'a fait remarquer Cornu, de constituer son prisme par l'assemblage de deux prismes d'angle moitié et de rotations inverses (prisme de Cornu). Les lentilles (collimateur et lunette) doivent aussi être de rotations opposées et l'on ne peut les achromatiser. La fluorine et le spath d'Islande permettraient seuls

---

(*) Une unité d'Angström vaut 10 μμ. Elle a été adoptée à la suite des perfectionnements successifs apportés en spectroscopie, le μ ($\frac{1}{1000}$ de millimètre) étant devenu une trop grosse unité.

cet achromatisme, mais leur prix est très élevé et ils offrent en outre d'autres inconvénients sur lesquels nous ne pouvons insister ici.

Ce défaut d'achromatisme des lentilles se traduit naturellement par une forte inclinaison de la surface focale spectrale (diacaustique) et par la courbure de cette dernière.

La plaque ou la pellicule employée, qui doit épouser rigoureusement cette diacaustique, doit être portée par un châssis incliné de 63° sur l'axe de la lentille de mise au point et se trouver tendue sur un gabarit à courbure variable d'un point à l'autre.

II. Persuadé que la nouvelle méthode présente des avantages extrêmement marqués sur l'examen oculaire, je me suis proposé de transformer le spectrographe en un appareil robuste, d'un réglage stable et d'une manipulation facile, tout en diminuant son prix et son encombrement.

Le résultat semble atteint puisque, à peine deux ans après la création du nouveau dispositif, 18 instruments sont en fonctionnement dans des laboratoires appartenant pour la plupart à l'industrie.

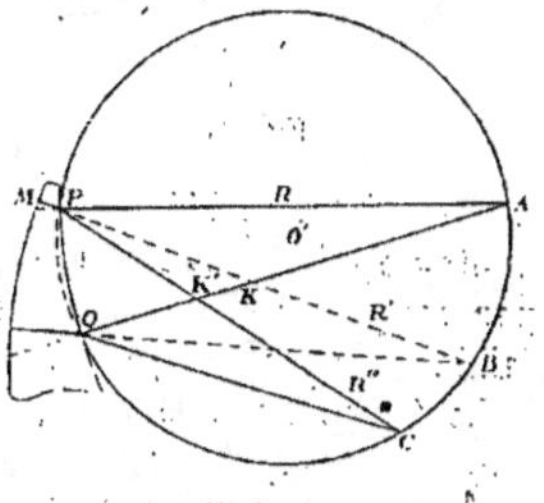

Fig. 1.

Il est classique de dire que, pour obtenir un spectre pur, il est indispensable de faire tomber un faisceau de rayons *parallèles* sur un prisme à faces *planes* placé au minimum de déviation.

Il serait beaucoup plus général de dire que tous les rayons constituant le faisceau incident doivent rencontrer la surface réfringente sous un *angle constant*.

Cette définition est plus générale, car elle permet l'emploi d'un faisceau *divergent*, ce qui supprime la lentille collimatrice, pourvu que la face du prisme soit *concave* (*).

La théorie du nouveau prisme dont une des faces est réfléchissante, pour appliquer l'autocollimation et satisfaire à la construction de Cornu, est tout à fait simple.

Considérons en effet (*fig.* 1) la surface réfringente sphérique dont le centre est en A; il est facile de trouver un point C tel que les angles d'incidence A, P, C et A, Q, C soient égaux. Après réfraction on obtiendra également pour ces deux rayons une déviation égale, et ces rayons sembleront provenir du point virtuel B.

C'est ce point qui est choisi comme centre de la seconde surface réfringente, de sorte que les rayons réfractés PM et QN tombent normalement

<hr>

(*) Les faces du nouveau prisme sont sphériques, seules possibles à exécuter; il faudrait théoriquement leur donner la forme de la courbe $r = ae^{b\theta}$, mais l'aberration qui résulte de ce fait est tout à fait négligeable.

sur la face courbe d'émergence MN qui est rendue réfléchissante (*). La radiation monochromatique considérée reviendrait donc former, par autocollimation, un foyer exact sur la fente C.

On voit facilement que *les points A, B, C, Q et P sont placés sur un même cercle* construit sur le rayon R de la face d'entrée pris comme diamètre.

Si l'on emploie une radiation hétérochrome pour éclairer la fente, on obtient un spectre, et *la diacaustique épouse le cercle* passant par les centres de courbure de surface du prisme et la surface d'incidence elle-même.

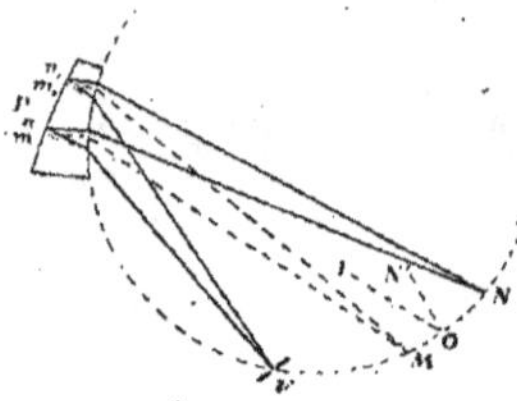

La figure 2 montre l'effet de la dispersion sur deux radiations extrêmes, dont les foyers se font en M et O, la fente F ayant été rapprochée du prisme pour éviter que le spectre ne vienne s'y superposer.

Fig. 2.

C'est donc en MO qu'on disposera le châssis renfermant la plaque photographique. L'angle mesurant la direction moyenne du faisceau par rapport à la normale est inférieur à 51°, inclinaison bien plus faible que celle des spectrographes ordinaires.

La figure 3 montre l'appareil réalisé sur ce principe et dont le cou-

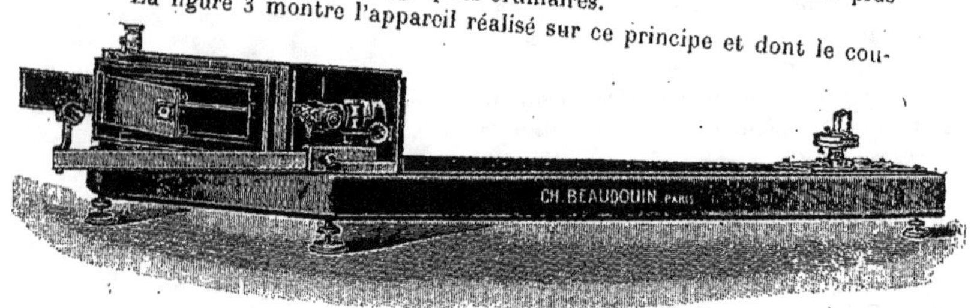

Fig. 3.

vercle a été enlevé : un socle massif de fonte, pesant environ 50 kg, supporte à une de ses extrémités le prisme P qui est muni de tous les réglages nécessaires à son orientation précise; le support du prisme peut coulisser également dans une glissière pour une mise au point grossière.

A l'autre extrémité du bâti, et faisant corps avec lui, est le porte-châssis solidaire du support de la fente; c'est par le déplacement longitudinal de cette dernière que la mise au point est achevée.

(*) Le pouvoir réflecteur est obtenu par une petite cuve à mercure appliquée sur la face extérieure du prisme, comme dans le procédé de photographie en couleurs de Lippmann. L'argenture en effet se laisse partiellement traverser par les rayons de courte longueur d'onde.

La largeur de la fente, qui est en nickel pur, est réglée par un tambour divisé en demi-centièmes de millimètre. Cette fente comporte en outre un mouvement de rotation autour de l'axe du tube qui la supporte, afin -d'être amenée à être parallèle à l'arête du prisme; elle peut être bloquée en position après réglage.

La mise au point s'effectue sur la partie visible du spectre, et le châssis peut être déplacé autour d'un axe passant par cette région (extrémité gauche); on peut donc, en prenant quelques photographies sur la même plaque et sous des orientations différentes, faire varier la mise au point dans l'ultraviolet sans altérer la netteté de la partie visible; le réglage est ainsi obtenu rapidement.

Un tambour déplace un écran intérieur muni d'une fenêtre horizontale qui limite à 5 mm la largeur de la plaque exposée. Un tour de tambour correspond exactement à 5 mm, de sorte que les différentes poses successives donnent des spectres tangents ayant 5 mm de largeur sur 215 mm

Fig. 4.

de longueur. On peut ainsi obtenir six poses sur une plaque 6 × 24, facile à découper dans le format industriel 18 × 24.

Le châssis porte-plaque est montré ouvert sur la figure 3; on voit en R le rideau de fermeture et en C la porte; il est entièrement métallique et porte un gabarit cylindrique du rayon de courbure de la surface focale, et sur lequel la plaque vient se cintrer.

L'éclairage de la fente est obtenu au moyen d'une petite lentille cylindro-sphérique L donnant sur la fente une image linéaire de la source (arc ou étincelle). Le temps de pose avec l'étincelle fournie par une bobine donnant 15 cm d'étincelle et munie de jarres et selfs convenables a été trouvé être de 30 secondes environ. La glissière G, qui porte la lentille d'éclairage, coulisse dans la direction même du prisme, ce qui assure l'éclairage de ce dernier dès que l'image de la source tombe sur la fente. Une fenêtre percée à l'extrémité du couvercle permet d'ailleurs de s'assurer facilement si cette condition est remplie.

La figure 4 est une section horizontale de l'appareil par un plan passant par l'axe du tube supportant la fente : D est le prisme monté sur un support à glissière, C la fente éclairée par la lentille cylindro-sphérique, B est la glissière supportant la lentille, H l'écran limitant les spectres successifs et G le volet de fermeture du châssis.

DIMENSIONS :

Prisme : largeur de la surface extérieure 58^{mm}, hauteur. 50^{mm}
Distance de la face du prisme au centre de la plaque
    photographique.. 1080^{mm}
Plaque photographique................................ 22^{cm} × 6^{cm}
Longueur totale de l'appareil........................ 1^{m},32
Plus grande largeur.................................. 0^{m},28
Plus petite largeur.................................. 0^{m},19
Hauteur totale...................................... 0^{m},23

Le spectre de 215^{mm} de long s'étend de $\lambda = 6700$ U.A. à 2200 U.A.

Il peut être important d'utiliser cet appareil comme spectroscope, soit pour repérer des raies dans la région visible, soit pour examiner rapidement le spectre lumineux et voir s'il est utile de tirer une épreuve photographique.

La longueur du spectre visible est de 45 mm, mais la netteté est telle que l'image aérienne peut supporter un grossissement de 20 diamètres. Un petit microscope coudé, porté par une plaque métallique qu'on peut glisser à la place du châssis photographique, permet de faire cet examen dans d'excellentes conditions. Un vernier, entraîné par le microscope et donnant $\frac{1}{50}$ de millimètre, permet de faire des pointés à 1 U. A. environ.

Le nouveau spectrographe s'applique naturellement à toutes les études pouvant être faites par les appareils ordinaires.

Parmi les applications spéciales qu'il a déjà reçues, citons : la recherche du radium et la conduite du traitement des minerais qui le renferment; l'examen des impuretés, en particulier du plomb, dans les métaux précieux et qui les rendent impropres à la frappe de monnaies; la recherche et le dosage par les raies ultimes de De Gramont de l'argent dans la galène; l'étude des sables monazités en vue de la recherche des terres rares; la mesure bactéricide des arcs à vapeur de mercure, l'étude des bandes d'absorption des composés organiques dans l'ultraviolet, etc.

M. E. ROTHÉ,

Professeur,

ET

M. Grégoire de BOLLEMONT,

Préparateur à la Faculté des Sciences (Nancy).

ÉTUDE SPECTROPHOGRAPHIQUE DE LA LUMIÉRE SOLAIRE PENDANT L'ÉCLIPSE DU 17 AVRIL 1912.

535.33

2 *Août.*

Nous nous sommes proposés de suivre, par la méthode spectrophotographique, les variations de la lumière solaire pendant l'éclipse du 17 avril 1912; l'appareil utilisé était le spectroscope de Hilger, qui présente l'avantage de donner directement les longueurs d'onde des radiations étudiées.

A l'aide d'un héliostat, on faisait tomber directement la lumière solaire sur la fente du collimateur; cette fente était très fine, de façon à obtenir les raies du spectre et à augmenter le temps de pose.

Tirage des clichés. — De 11 h à 1 h 30 m, 51 photographies du spectre solaire ont été faites, c'est-à-dire 17 clichés sur chacun desquels se trouvent trois spectres. Au début, entre 11 h et 12 h, les clichés ont été pris de 5 en 5 minutes; au moment du maximum de l'éclipse, de 12 h à 12 h 25 m toutes les minutes; puis, dans la dernière phase, de 12 h 25 m à 1 h 30 m, de 5 en 5 minutes.

Les plaques employées étaient des plaques Lumière panchromatiques.

La durée de pose, soigneusement déterminée par des essais préliminaires, était de 10 secondes. Cette pose a été rigoureusement la même pour chacun des spectres.

Développement. — Une difficulté se présentait pour le développement, car nous ne disposions pas d'une cuvette capable de contenir à la fois 17 clichés.

Voici comment nous avons opéré.

Les clichés ont été groupés par quatre, suivant les colonnes verticales du Tableau suivant :

1	2	3	4
5	6	7	8
9	10	11	12
13	14	15	16
			17

et placés dans quatre cuvettes.

De cette façon, chaque cuvette renfermait un cliché du début, un cliché tiré au moment du maximum de l'éclipse et un cliché de la fin.

Le révélateur (hydroquinone-iconogène) était très dilué et additionné de bromure de potassium, de façon que son action soit lente; la durée du développement a été de 10 minutes. Des essais ont montré qu'un écart de 1 à 2 minutes dans la durée de ce développement ne produisait aucune modification sur l'intensité de l'image. Étant données ces précautions, on peut admettre que tous ces clichés ont été développés dans les mêmes conditions et sont parfaitement comparables.

L'ensemble des clichés obtenus montre nettement l'affaiblissement progressif de la lumière au moment du maximum de l'éclipse suivi d'une augmentation.

Étude de la variation de la densité photographique pour les diverses radiations. — L'appareil que nous avons employé pour mesurer les densités photographiques a été construit sur les indications de M. Rothé.

C'est un polarimètre muni d'un collimateur.

Sur la moitié de la fente de ce collimateur, on place la plage de la plaque à étudier; sur l'autre moitié se trouve un petit prisme polariseur.

De l'autre côté, à l'aide d'une lunette, on reçoit à la fois dans l'œil la lumière transmise à travers la plaque et la lumière polarisée qui traverse préalablement un deuxième nicol; on agit sur cet analyseur jusqu'à obtenir égalité des deux plages. On lit l'angle α dont il a fallu tourner l'analyseur en prenant comme origine la position pour laquelle on a le maximum de lumière.

La densité est donnée par la relation

$$d = 2 \operatorname{colog} \cos \alpha.$$

Pour faire la mesure des densités de nos clichés, nous avons choisi, pour chacun d'eux, trois régions bien déterminées :

l'une à gauche du spectre, dans l'orangé;

l'autre vers le milieu, correspondant sensiblement au bleu;

et une troisième à la droite du spectre correspondant à l'ultraviolet.

Voici un Tableau résumant les résultats de nos mesures, et donnant en même temps les densités correspondant aux angles mesurés :

Numéros des clichés.	Temps.	Angles α			$d = 2\ \mathrm{colog}\ \cos \alpha$		
		O.	B.	U.V.	O.	B.	U.V.
	h m						
1......	11.00	69	77	71	0,90	1,03	0,98
3......	30	58	72	»	0,56	1,04	»
5......	55	46	63	53	0,32	0,70	0,46
8......	12.07	40	60	40	0,24	0,62	0,24
9......	15	31	40	28	0,16	0,24	0,12
10......	18	34	34	31	0,18	0,18	0,16
11......	23	35	51	37	0,18	0,42	0,20
12......	28	47	65	47	0,34	0,76	0,34
13......	37	48	70	59	0,36	0,94	0,58
15......	13.00	55	71	60	0,50	0,98	0,62
17......	13.30	61	72	65	0,64	1,04	0,76

Dautre part, l'examen des courbes obtenues en portant les temps en abscisses et les densités en ordonnées montre nettement que la densité photographique pour les radiations étudiées décroît rapidement et d'une façon régulière jusqu'au moment du maximum de l'éclipse, pour croître ensuite.

On voit de plus qu'au moment du maximum, cette densité diminue moins pour l'orangé que pour le bleu et l'ultraviolet, c'est-à-dire qu'à ce moment il y aurait eu émission, en plus grande quantité, des radiations situées vers la région rouge du spectre.

M. A.-E. SALMON,

Professeur au Lycée (Nîmes).

RÉACTIONS CHIMIQUES DANS L'ARC VOLTAIQUE.

537.832.2 : 54

2 Août.

On sait que la première réaction dans l'arc a été faite par Berthelot, qui a réalisé la synthèse de l'acétylène en faisant passer un courant d'hydrogène dans un œuf en verre où jaillissait l'arc voltaïque.

J'ai essayé de rendre, par un dispositif nouveau, les réactions dans l'arc plus faciles et plus complètes en faisant arriver les gaz, qui doivent réagir, par un canal percé dans l'un des charbons entre lesquels jaillit l'arc voltaïque.

Dans ces conditions, on est sûr que tout le gaz qui passe dans l'appareil traverse l'arc.

L'arc est produit dans un tube en quartz AB de 20 cm. de longueur et de 5 cm de diamètre, fermé par des bouchons en quartz EF qui sont percés d'une ouverture par laquelle passe le charbon correspondant.

Dans le bouchon E, luté au plâtre sur le tube en quartz, passe le charbon C percé d'un canal de 5 mm de diamètre et fixé sur ce bouchon par du papier d'amiante qui fait fermeture ; dans l'ouverture du bouchon F est luté un tube en verre dans lequel le charbon D, percé également d'un canal de 5 mm, se meut librement. Le charbon D porte un bouchon en liège K, sur lequel est fixé un tube en verre J jouant le rôle de cloche. La fermeture est obtenue par une masse de mercure contenue dans un tube H supporté par un bouchon en liège N qui est placé sur le tube en quartz.

Le charbon D est lié en L à un levier LM mobile autour de l'axe O.

On voit, par ce dispositif, qu'en agissant sur la ficelle MR, on peut soulever le charbon D, tandis que la fermeture parfaite de l'appareil est maintenue.

Le courant électrique arrive par deux bornes placées sur les charbons; le gaz pénètre par un tube en caoutchouc P lié au charbon D et les produits de la réaction sortent par le charbon C et le tube en verre G.

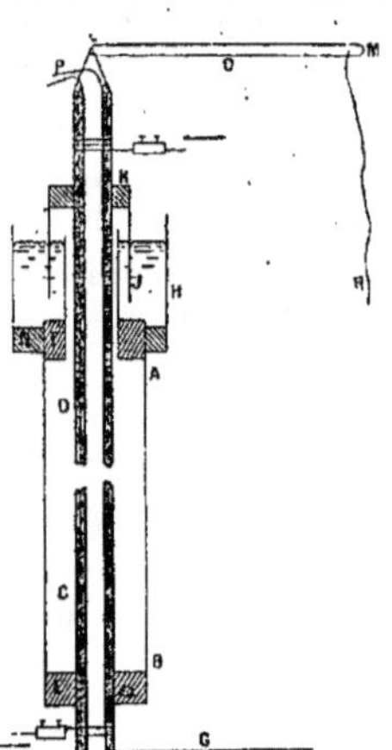

Les dimensions de la cloche J permettent de produire l'usure de 4 cm de charbon sans qu'il soit nécessaire de rien modifier dans l'appareil et cette usure représente une assez longue durée de réaction.

Lorsque l'usure a dépassé cette limite, on relève le bouchon K, avec la cloche J, et l'appareil fonctionne de nouveau.

Pour faire une expérience, on fait arriver le gaz par le charbon D et lorsque l'air est chassé, on relève un peu le charbon D; l'arc jaillit et les produits de la réaction sortent par le tube G.

Le sens du courant ne paraît pas modifier sensiblement les réactions, mais l'ampérage a une grande influence, et cela s'explique parce que la température de l'arc s'élève.

Voici quelques réactions réalisées dans l'appareil qui vient d'être décrit :

1° *Acétylène*. — C'est la répétition de l'expérience de Berthelot qui donne immédiatement, avec un courant d'hydrogène, des parcelles d'acétylure de cuivre, dans une solution ammoniacale de chlorure cuivreux.

2° *Décomposition de la vapeur d'eau.* — La vapeur d'eau est décomposée en hydrogène, anhydride carbonique et oxyde de carbone instantanément. On constate, avec une faible intensité, que l'anhydride carbonique domine, tandis que pour 10 ampères, c'est l'oxyde de carbone qui se forme à peu près seul.

3° *Décomposition de l'anhydride carbonique.* — La décomposition est partielle avec formation d'oxyde de carbone. La proportion de ce dernier gaz croît avec l'intensité de courant, et, pour 10 ampères, il y a environ $\frac{1}{4}$ de CO^2 et $\frac{3}{4}$ de CO, de telle sorte qu'en faisant barboter les gaz dans la potasse on obtient de l'oxyde de carbone pur bien plus facilement qu'en chauffant un mélange d'acide sulfurique et d'acide oxalique. On peut donc retenir cette réaction comme une préparation commode de l'oxyde de carbone.

4° *Cyanure d'ammonium.* — On l'obtient immédiatement en faisant passer un courant d'ammoniac.

5° *Cyanogène.* — On débarrasse les charbons de leur hydrogène, en les chauffant pendant environ 1 heure dans un courant de chlore; on chasse ensuite le chlore en chauffant dans un courant de CO^2. On place les charbons dans l'appareil et l'on fait passer un courant d'azote, préparé par l'action de l'air sur le cuivre chauffé. Les gaz qui sortent viennent barboter dans une solution de potasse qui donne, avec les sulfates ferreux et ferrique et une goutte d'acide chlorhydrique, un précipité de bleu de prusse. Il s'est donc produit du cyanogène par combinaison directe de l'azote et du carbone, sans l'intervention d'une base.

6° *Décomposition de la vapeur d'eau par le cuivre.* — On sait que la vapeur d'eau n'est pas décomposée par le cuivre chauffé à la température des fourneaux; mais il est facile de prévoir, qu'aux températures élevées, le cuivre fixera l'oxygène de l'eau dissociée avec mise en liberté d'hydrogène. Cette expérience se réalise très facilement dans l'appareil en remplaçant les tubes en charbon par des tubes en cuivre. Un courant de vapeur d'eau, produit dans un ballon en verre, donne, en quelques secondes, plusieurs centimètres cubes d'hydrogène et de l'oxyde de cuivre fondu.

7° *Préparation de l'azote.* — Cette préparation est extrêmement facile en faisant arriver un courant d'air dans l'appareil muni de tubes en cuivre.

Ces exemples montrent que l'appareil qui vient d'être décrit est un véritable four électrique pour les gaz, et que l'admission des gaz dans l'arc électrique même réalise les conditions les plus favorables pour les réactions.

On voit de plus qu'on peut obtenir immédiatement des décompositions et des préparations assez longues par les procédés ordinaires.

M. Paul JÉGOU,

Ingénieur, ancien Élève de l'École supérieure d'Électricité,
Préparateur à l'École radiotélégraphique, [Sablé (Sarthe)].

ÉTUDE DE LA VARIATION DE PUISSANCE
DES SIGNAUX RADIOTÉLÉGRAPHIQUES PERÇUS DANS LES RÉCEPTEURS
DE T.S.F.

654.25

3 Août.

Aujourd'hui les détecteurs utilisés révèlent l'action des ondes hertziennes en provoquant dans les écouteurs téléphoniques un son plus ou moins énergique, corrélatif évidemment de la puissance de l'action exercée par ces ondes sur l'organe sensible.

On conçoit dès lors facilement comment on est amené, au cours de recherches ayant pour but de se rendre compte du rôle d'un des nombreux éléments constitutifs de l'émission et de la réception, ou mieux de l'intérêt d'un dispositif nouveau, à comparer l'effet perçu dans les écouteurs, autrement dit à étudier la variation de puissance des sons perçus.

Si, pour ces opérations, on s'en tient aux indications fournies par l'oreille, il est alors nécessaire d'admettre que l'oreille peut garder fidèlement le souvenir de la force des sons perçus, puisque toute comparaison suppose deux opérations plus ou moins espacées.

Il est clair que c'est là accorder trop de confiance dans la sensibilité auditive qui, d'ailleurs, peut varier d'un moment à l'autre sans cause apparente. Les mesures ainsi faites seraient donc sans grande portée. Il fallait pouvoir se fixer des repères de comparaison : la meilleure des solutions consiste à rechercher le moment d'extinction de tout son perceptible dans les écouteurs en agissant sur un élément susceptible de faire varier graduellement ce son, sans que ce réglage ait une répercussion quelconque sur la sensibilité du détecteur ou de la réception en général.

L'oreille est d'ailleurs beaucoup plus délicate et plus constante dans le discernement de l'existence d'un son ou non. Si donc, par un réglage convenable, on a réalisé l'extinction, il sera aisé de savoir si le changement d'un élément à étudier, toutes choses égales d'ailleurs, a été favorable ou non, le son devant renaître dans les téléphones si le résultat est positif.

Si le mode opératoire est ainsi nettement posé, il importe d'examiner les moyens requis pour arriver au résultat.

Certains expérimentateurs ont proposé et utilisé la méthode du shunt qui consiste à shunter les écouteurs téléphoniques par une résistance variable.

Évidemment plus le son perçu dans les écouteurs est énergique, plus il faut diminuer la résistance shunt pour dériver le courant variable qui provoque par son passage les vibrations de la membrane téléphonique.

De sorte que, sur une boîte à pont, on peut lire à chaque mesure la

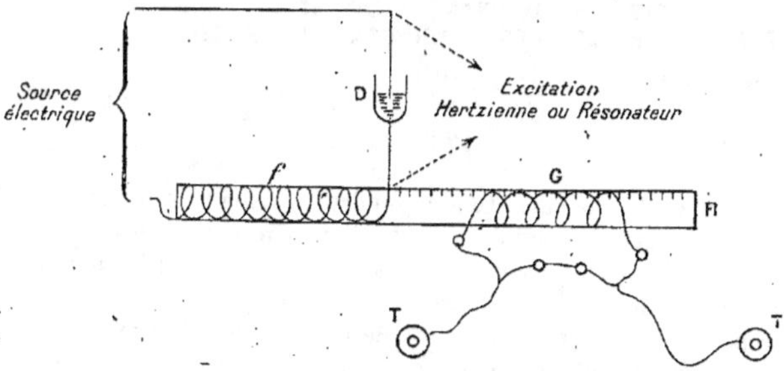

Schéma du dispositif de mesure avec bobines mobiles.
D, détecteur ; f, enroulement (fil fin) ; G, bobine avec enroulement (fil gros) ; R, règle graduée ; T, écouteurs téléphoniques.

valeur de la résistance qui annule le son. En agissant ainsi, il semble que la méthode ne soit pas très rigoureuse, car en modifiant la valeur de la résistance on modifie en même temps la résistance totale du circuit détecteur. Cette variation est évidemment susceptible d'agir sur la sensibilité du détecteur.

Étant donné l'usage qu'on a fait de cette méthode dans diverses circonstances, et notamment au moment de l'éclipse de Soleil de cette année pour rechercher l'action du jour et de la nuit sur la portée des ondes (Rothé, Turpain, Boutaric et Meslin), je crois pouvoir attirer l'attention sur un dispositif que j'utilise avantageusement, dispositif qui n'est pas tout à fait nouveau, puisque je l'ai indiqué à l'Académie des Sciences (séance du 15 juin 1908).

Il consiste tout simplement (*voir* la figure) à faire usage d'une bobine transformatrice dont l'un des enroulements (fil fin) F est en série avec le détecteur, tandis que les écouteurs téléphoniques sont aux bornes de l'autre enroulement induit (fil gros) G, et à rendre un des deux enroulements mobile pouvant se déplacer sur une règle graduée R. Ainsi on fait varier le degré d'accouplement des écouteurs avec la réception proprement dite, ce qui a pour effet de diminuer graduellement le son perçu dans les écouteurs sans que la résistance du circuit du détecteur soit modifiée, ni aucun élément actif de la réception. Les résultats sont donc susceptibles de donner des nombres intéressants et à l'abri des erreurs précédentes.

M. Paul JÉGOU.

EFFET DE RÉSONANCE SECONDAIRE
DANS LES RÉCEPTEURS DE TÉLÉGRAPHIE SANS FIL.

538.562

2 Août.

En principe, le problème consiste à adjoindre au réglage ordinaire de syntonie pour la longueur d'onde des oscillations à recevoir, un réglage de résonance sur la note acoustique émise par la membrane des écouteurs téléphoniques sous l'action des ondes sur le détecteur.

Le son rendu par les écouteurs étant déterminé par le nombre de trains d'ondes ou d'étincelles de l'émission, ce n'est qu'avec les émissions musicales que les vibrations des membranes donnent naissance à une note harmonique susceptible de résonner, si l'on a soin de choisir la membrane des écouteurs de façon qu'on puisse l'accorder et amener sa période propre de vibration en coïncidence avec les vibrations forcées qui y sont engendrées sous l'effet des ondes.

Bref, on réalise ainsi une résonance qui permet de mettre à profit les curieux et saisissants effets de sélection et de renforcement des sons que l'étude de l'acoustique nous fait rencontrer à chaque instant, soit sous la forme de diapasons ou tuyaux sonores accordés à l'unisson, soit sous la forme de résonateurs ou analyseurs de sons de Helmholtz. Ce qui constitue le grand intérêt de cette question, c'est le pouvoir sélectif qu'on est en droit d'en attendre pour le triage des diverses émissions hertziennes dispersées dans l'espace. En effet, il n'y a pas que la longueur d'onde qui puisse caractériser une émission hertzienne donnée, il y a aussi le son de l'étincelle ou, ce qui revient au même, le nombre de trains d'ondes émis par seconde. Aujourd'hui que la réalisation d'émissions à notes musicales est entrée dans la radiotechnique, il est évident qu'il est aisé de différencier les postes aussi bien par leurs notes musicales que par leur longueur d'onde.

A considérer le problème sous cette forme, il convient de dire qu'il n'est pas absolument nouveau et que l'intérêt de cette résonance n'a pas échappé aux chercheurs dès que l'usage des détecteurs à réception téléphonique se fût suffisamment répandu et que, par des moyens plus ou moins compliqués, on eût pu entrevoir la possibilité d'émettre des trains d'ondes rapides et tant soit peu musicaux. Aussi, dès 1908, nous assistons à la réalisation d'essais très intéressants de MM. Blondel et Abraham dans le but de créer des *monotéléphones* sensibles, c'est-à-dire des écouteurs téléphoniques, à membranes disposées de façon qu'on puisse régler facilement leur période de vibration jusqu'à les amener en résonance avec la note de l'émission reçue.

Ces écouteurs dérivent des principes du monotéléphone donnés par MM. Mercadier et Magunna, qui se sont adonnés depuis longtemps à la réalisation de la télégraphie multiplex en mettant précisément à profit la sélection harmonique de courants électriques vibrés et entretenus par des diapasons. Ces monotéléphones sont alors utilisés comme relais

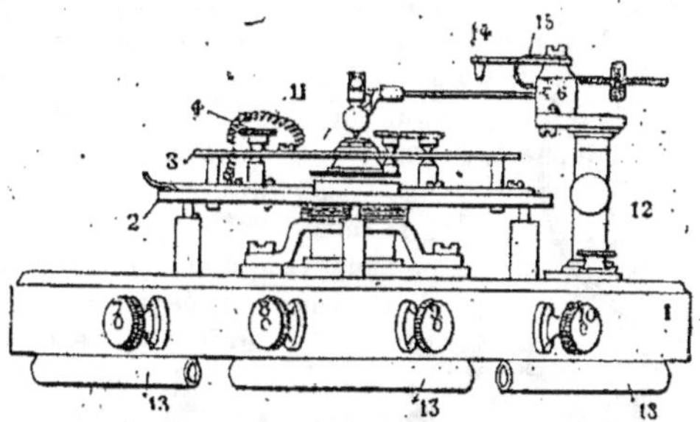

Fig. 1. — Vue en élévation du relais monophonique.

1, socle en bois; 2, plate-forme supportant la plaque; 3, plaque; 4, écrou de fixation de la plaque; 5, glissières; 6, levier; 7-8, bornes courant ondulatoire; 9-10, bornes courant continu; 11, boudinette assurant le contact à la masse; 12, colonne porte-levier; 13, caoutchouc amortisseur de vibrations mécaniques; 14, support d'immo-bilisation du levier; 15, lame assurant le contact à la masse.

pour commander le fonctionnement d'appareils Morse, Hughes, Baudot, ce qui est obtenu grâce à un petit levier qui repose très légèrement sur la membrane en établissant un léger contact électrique que les vibrations de la membrane modifient profondément. Tels quels, ces monotélé-phones ne pouvaient être utilisés pour la résonance acoustique recherchée en T. S. F., car s'ils possèdent bien une période de vibrations très pure, par contre ils n'ont pas la sensibilité désirable.

Il importe cependant de donner une description très succincte de ces monotéléphones (*voir* schéma, fig. 1, vue en élévation du relais mono-phonique), parce qu'ils renferment tous les éléments constitutifs d'un monotéléphone. La membrane a des dimensions rigoureusement déter-minées, suivant les résultats de délicates et sérieuses études, pour donner aux membranes une note harmonique très nette et pure. Pour poser cette membrane sur son boîtier sans altérer ses propriétés acoustiques, on a soin de la faire reposer sur trois pointes disposées suivant le cercle de sa ligne nodale.

« On vérifie alors que, dans ces conditions, quand on envoie dans la bobine un train d'ondes de période égale à celle du premier harmonique de la membrane, celle-ci résonne énergiquement, tandis qu'elle reste immobile si cette période diffère d'une quantité correspondante à un demi-ton au moins; donc la plaque n'est véritablement influencée que par un seul train d'ondes (*). »

Pour obtenir des monotéléphones très sensibles, M. Blondel a proposé un écouteur dans lequel la membrane est remplacée par une lame rectangulaire encastrée à une extrémité.

Dans le monotéléphone de M. Abraham, la plaque vibrante d'un téléphone très sensible de T. S. F. est remplacée par une petite lame très mince P (fig. 2) et de dimensions telles qu'elle ne recouvre seulement que les armatures de l'électro. Ce disque est maintenu de part et d'autre par deux fils d'acier C_1, C_2, fixés au boîtier et à la lame. Ces fils peuvent être plus ou moins tendus au moyen d'une vis V de rappel, ce qui permet de régler la période de vibration de la plaque pour réaliser la note monophonique recherchée.

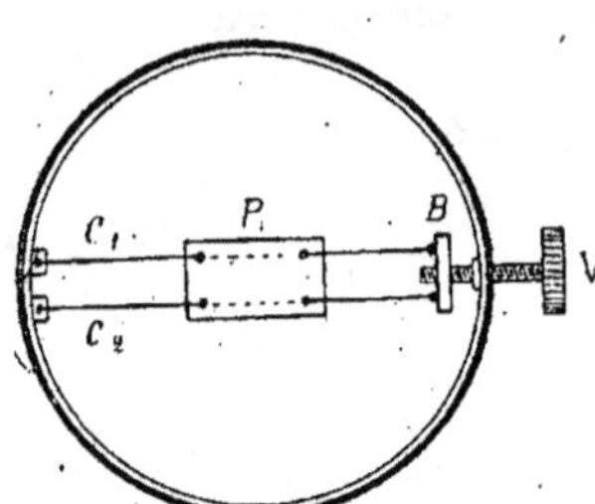

Fig. 2. — Multiphone pour résonance acoustique.

Malgré tout, ces monotéléphones n'ont pu entrer dans la pratique parce que, étant très sensibles et de période bien déterminée, il leur faut un certain temps pour acquérir l'amplitude correspondante à l'accord réalisé et parce que, d'autre part, étant entrés en vibration, ce n'est qu'au bout d'un certain laps de temps après la cause excitatrice que les vibrations s'éteignent. Il en résulte que l'effet monophonique n'est pas ou peu utilisé dans la réception des points du langage Morse et que, d'autre part, les traits risquent de ne plus se scinder avec netteté, ce qui forcerait à diminuer la vitesse de transmission des signaux.

Il m'a paru intéressant de rechercher si une résonance purement électrique, corrélative d'ailleurs de cette résonance acoustique par monotéléphones, ne pourrait pas être réalisée en faisant usage du montage de réception avec bobine transformatrice que j'ai utilisé avantageusement à plusieurs reprises dans certains dispositifs récepteurs (**): les écouteurs téléphoniques sont alors placés dans le circuit induit à gros fil, tandis que l'enroulement à fil fin et long est intercalé dans le circuit détecteur.

Évidemment, suivant le nombre de trains d'ondes des oscillations qui

---

(*) Mémoire de M. Magunna à la Société des Ingénieurs civils de France, février 1911.

(**) Comptes rendus de l'Académie des Sciences, séances du 15 juin 1908 et 5 décembre 1910.

frappent le détecteur, la bobine se trouve traversée par des courants alternatifs de fréquence correspondante qu'il y avait tout lieu de rechercher à faire résonner comme on le fait couramment pour l'émission par courants alternatifs et transformateurs.

Je suis arrivé à mettre en évidence l'exactitude de ces conjectures en adoptant le montage indiqué ci-contre (*fig. 3*) et en plaçant aux bornes de la bobine transformatrice un condensateur variable de o à o,o1 microfarad. En réglant convenablement ce condensateur, on arrive à faire vibrer les écouteurs téléphoniques avec une énergie maximum très supérieure à tout autre mode de fonctionnement, ce qui fait ressortir l'effet de résonance recherché. Suivant la note musicale reçue, le réglage du condensateur varie et ainsi, entre deux ou plusieurs émissions de même longueur d'onde, il est aisé de faire ressortir une de ces émissions aux dépens des autres chaque fois que ces émissions diffèrent suffisamment comme note musicale pour pouvoir être sélectionnées acoustiquement.

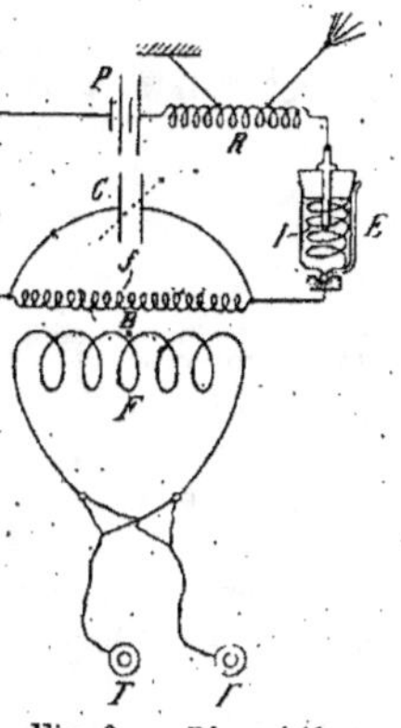

Fig. 3. — Dispositif de résonance électrique.

Sous cette forme, cet effet de résonance secondaire est utilisable pratiquement pour sélectionner les·messages; il est avantageux aussi pour diminuer l'action des parasites.

Il importe de préciser quel essor peut être donné à la radiotélégraphie par les progrès de cette résonance électrique et acoustique. Si, un jour, le principe du relais monophonique de MM. Mercadier et Magunna devenait applicable à la T. S. F., son rendement décuplerait, ce qui lui donnerait une puissance manifestement suffisante pour la rendre capable de surpasser les câbles.

La télémécanique elle-même a à profiter largement de ces recherches, puisque chaque note musicale pourrait commander un organe spécial sans avoir à s'adresser aux complications mécaniques des systèmes préconisés jusqu'à ce jour.

M. Albert TURPAIN,

Professeur de Physique à la Faculté des Sciences (Poitiers).

***

LES ANTENNES EN TÉLÉGRAPHIE SANS FIL ET LA SENSIBILITÉ DES RÉCEPTIONS. ANTENNES VERTICALES ET ANTENNES HORIZONTALES.

***

654.25

3 Août.

Dès les premiers essais de la Télégraphie sans fil on se rendit compte du rôle important de l'antenne. On peut dire que c'est l'antenne qui donna de l'essor aux ondes et leur conféra des portées d'abord étonnantes, bientôt audacieuses.

En réalité les premières antennes furent les fils de concentration du champ hertzien. Je citerai à cet égard l'une des expériences que je fis en 1894 dans les caves de la Faculté des Sciences de Bordeaux. Un champ hertzien réalisé dans une salle de 8 m à 10 m de longueur s'y trouvait concentré par deux fils parallèles ayant environ la même longueur. A 20 m et 25 m de l'excitateur *dans une direction opposée à celle des fils,* on pouvait entendre très distinctement les ondes rythmées de l'excitateur, à l'aide du résonateur à coupure que je venais alors d'imaginer et dans la coupure duquel je plaçais un téléphone. Cette réception s'effectuait malgré l'interposition de quatre murs de 50 cm d'épaisseur chacun.

Lors de ses premières expériences qui marquèrent le véritable essor de la Télégraphie sans fil, Marconi n'eut qu'à dresser verticalement les fils de concentration du champ de Hertz pour atteindre des portées qui assurèrent immédiatement à la Télégraphie hertzienne une valeur pratique.

Le succès des antennes verticales fit, bien à tort, délaisser l'étude des antennes horizontales. Déjà en 1897 et 1898, au cours des essais de multi-communication par ondes que je fis à l'Usine électrique des Chartrons dirigée alors par mon excellent ami, l'ingénieur Jean Renous, à qui je dois d'avoir pu naguère reprendre ces études, j'observais la sensibilité à la réception de fils télégraphiques horizontaux tendus autour des bâtiments de l'usine. A 50 m d'un oscillateur de médiocre puissance et non muni d'antenne, on obtenait au résonateur à coupure armé du téléphone une réception absolument parfaite.

En 1898 et 1899, M. Tissot, d'après mes indications et à la demande que je lui fis alors, effectua quelques expériences à l'aide d'antennes disposées horizontalement le long des falaises. Il obtint de cette façon de très bonnes réceptions.

En 1903 et en 1904, en employant un détecteur électrolytique constitué à la manière dont M. le commandant Ferrié (qui fut le premier à préconiser ce récepteur), l'indiqua dès 1900, j'ai reçu à Poitiers des ondes rythmées en me servant comme antenne d'un fil de 80 m environ, tendu autour du bâtiment du laboratoire de Physique de la Faculté, à la manière d'un fil télégraphique, à 9 m environ du sol. Ces ondes étaient vraisemblablement émises par la Tour Eiffel qui déjà à cette époque assurait à ses émissions des portées de 400 km.

En 1907 et en 1908, M. Marconi fit de très remarquables expériences en disposant des antennes parallèlement à la surface du sol. D'après ces expériences, la terre jouerait en Télégraphie sans fil un rôle capital. Il semble même qu'elle serait l'unique agent de transmission.

Avec un fil isolé de 230 m, directement posé sur le sol, on pouvait recevoir des communications d'une station éloignée de 500 km.

En 1910, à l'époque où le service des signaux de l'heure fut inauguré, et pendant la période d'essai durant laquelle (9-22 mai 1910) ces signaux furent émis à 8 h 30 m du soir, il m'est arrivé de les recevoir en ne me servant comme antenne que du fil horizontal tendu à 9 m du sol autour du laboratoire.

Les antennes horizontales sont donc aujourd'hui d'usage fréquent; leur emploi date de l'origine même de la Télégraphie sans fil, et l'on ne comprend guère les nombreuses et récentes publications faites concernant la prétendue découverte de leurs propriétés et de la possibilité qu'elles offrent concernant la réception des signaux hertziens de l'heure. Ce qui, concernant ces antennes, mérite, croyons-nous, une étude plus approfondie (bien qu'elle ait déjà naguère été tentée), c'est l'usage qu'on en pouvait faire avec succès pour la Télégraphie sans fil à longue portée et pour la Télégraphie sans fil dirigée.

Ainsi que nous l'avons montré ailleurs (*), les divers systèmes de Télégraphie sans fil dirigée (Brown, Artom, Magri, Bellini et Toni) s'inspirent tous des propriétés des champs hertziens interférents que nous avons signalé naguère (**).

La réalisation des antennes horizontales et l'étude des phénomènes qu'elles permettent offrent un intérêt d'autant plus grand que leur construction est bien plus aisée que la construction des antennes verticales. Leur prix est également bien moindre. La chute de la Tour de Nauen, supportant l'antenne verticale de 100 m de cette station ultra-puissante, ramène l'attention sur les antennes horizontales.

Il nous semble qu'en utilisant les antennes horizontales avec une con-

---

(*) *Les ondes dirigées en Télégraphie sans fil et le problème de la Syntonie*, (*Société des Sciences naturelles de La Rochelle*, 1909).

(**) *Soc Sc. phys. et nat. de Bordeaux*, 31 mars 1898; *C. R. Ac. des Sciences*, 28 mars 1898; *Recherches expérimentales sur les oscillations électriques*, p. 56 à 77, Paris, Hermann, 1899.

naissance complète des phénomènes qu'elles présentent, elles se mon-
treront capables, tant à la réception qu'à l'émission, des mêmes services
que les antennes verticales.

Nous avons profité d'un vaste terrain découvert attenant à la propriété de Mauroc que l'Université de Poitiers possède à Saint-Benoît pour
y établir une antenne horizontale de 400 m de longueur formée actuellement de trois brins parallèles à 25 cm les uns des autres et pouvant aisément être connectés entre eux de différentes manières. La ligne la moins
élevée est à 10 m du sol.

La prise de terre est assurée par l'immersion dans une mare qui de
mémoire d'homme n'a jamais tari, de deux plaques carrées de zinc de
40 cm, reliées chacune à un fil de cuivre de 2 mm de diamètre.

Au cours de réception de signaux hertziens nous avons comparé la
valeur de cette prise de terre sur laquelle l'imperméabilité du sol sous-
jacent nous donnait quelque crainte, avec celle d'une autre prise de terre
momentanément réalisée en prenant un contact franc sur la ligne du
chemin de fer de Poitiers à Saint-Martin-l'Ars qui borde notre terrain
d'expérience, à peu de distance de notre installation. Nous n'avons pu
déceler aucune amélioration de la réception en substituant l'une des
prises de terre à l'autre. Nous nous sommes donc contenté de la prise
de terre utilisant la mare toute voisine de notre poste de réception qui
est actuellement établi au bord même de la mare.

En utilisant un seul des fils horizontaux tendus nous avons pu obtenir
une réception excellente des signaux de l'heure émis par la Tour Eiffel.
Ces signaux étaient encore très distincts, alors que le téléphone récepteur
d'un dispositif à détecteur à cristaux était éloigné de l'oreille de 26 cm.
En utilisant les trois fils groupés en parallèle, la réception des mêmes
signaux restait distincte, alors que le téléphone était éloigné de l'oreille
de 33 cm.

En utilisant comme antenne horizontale un des fils seulement, il nous
a été possible de recevoir successivement les signaux que nous avons
reconnus être ceux émis par les postes radiotélégraphiques de Rochefort,
de Brest, de Bizerte. Les ondes émises par deux autres postes assez
lointains dont l'un d'eux pourrait être celui de Poldhu (la correspondance surprise était en effet formée de mots anglais) n'ont pu être iden-
tifiées.

Nous avons répété avec succès l'expérience de réception au moyen
d'un fil isolé étendu sur le sol. En donnant au conducteur isolé, posé directement sur le sol, des longueurs successives de 200 m, 300 m et enfin 400 m,
il nous a été possible de recevoir les signaux, en particulier les signaux de
l'heure. L'intensité du son perçu est toutefois bien moindre qu'avec
l'antenne verticale tendue à 10 m du sol. Cette réception est possible,
que le fil isolé soit dans la direction Est-Ouest ou dans la direction perpendiculaire.

Nous avons comparé la sensibilité de l'antenne horizontale de 400 m,

tendue à 10 m du sol à celle de l'antenne verticale établie depuis plus de
1 an à notre poste préviseur d'orages de Mauroc. Cette antenne, verticale,
est attachée au sommet d'un mât de 22 m de hauteur et présente 148,50 m
de longueur.

Voici les résultats d'une mesure faite à la réception des signaux de
l'heure, le même jour et avec le même détecteur à cristal.

En ne changeant pas l'accord de la self réglable, les sons cessent d'être
entendus lorsqu'on éloigne le téléphone de l'oreille :

Avec l'antenne horizontale à...................... 12 cm

Avec l'antenne verticale à .... 2 cm

En changeant la self réglable de manière à obtenir le maximum d'effet :

Avec l'antenne verticale à...................... 4 cm

Ce résultat marque nettement l'avantage de l'antenne horizontale
dont le coût d'établissement est, dans l'espèce, deux fois moindre que
celui de l'antenne verticale qui lui fut comparée.

Ces résultats nous ont paru assez intéressants pour être signalés ici.
Nous nous proposons d'ailleurs de poursuivre ces études et de déterminer
les conditions de fonctionnement optima des antennes horizontales.

Nous noterons en terminant que l'influence perturbatrice des ondes
parasites et des décharges atmosphériques est bien moindre avec l'antenne horizontale qu'avec l'antenne verticale.

M. Albert TURPAIN.

**INSCRIPTION GRAPHIQUE DES SIGNAUX ÉMIS PAR LA TOUR EIFFEL.
POSSIBILITÉ D'ENREGISTREMENT DES TÉLÉGRAMMES SANS FIL.**

654.25

3 Août.

Le problème de l'enregistrement graphique des émissions de la télégraphie sans fil fut résolu dès les débuts de ce nouveau mode de télé-
communication. Lorsque le cohéreur était l'organe sensible de réception, un délicat relais se chargeait d'actionner la palette d'un Morse en
y dirigeant le courant d'une pile double. A cette époque, il est vrai, la
portée des transmissions sans fil ne dépassait guère pratiquement quelque
100 km.

C'est l'utilisation des détecteurs extra-sensibles, en particulier du

détecteur électrolytique préconisé pour la première fois en 1900, par
M. le commandant Ferrié, qui permit aux sansfilistes de réaliser leurs
ambitions de communications intercontinentales. Mais alors toute
inscription de signaux dut disparaître. L'énergie que capte l'antenne
réceptrice suffit à entretenir les vibrations de la plaque d'un téléphone,
mais les vibrations sont extrêmement peu intenses. A 300 km, à Poitiers
par exemple, les ondes émises par la Tour Eiffel impressionnent bien le

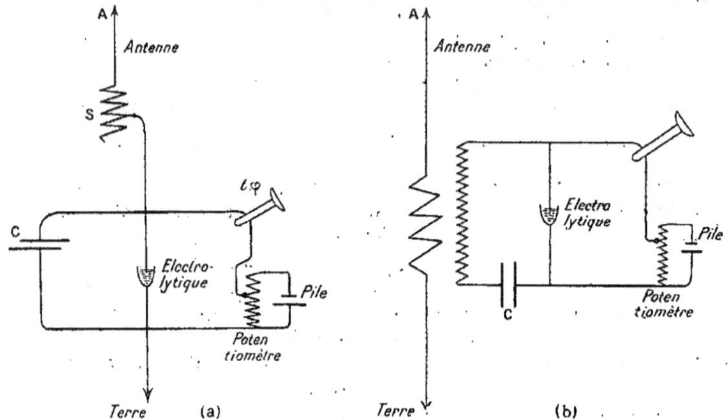

Fig. 1. — Schémas généraux des deux types de dispositifs récepteurs
des ondes électriques à détecteur électrolytique.

(a) Type à connexions directes.   (b) Type à connexions indirectes.

téléphone d'un dispositif récepteur à électrolytique, et cela sans pile
auxiliaire; mais on ne peut le constater qu'en observant le plus complet
silence. Dans la pratique, on utilise toujours une pile auxiliaire : la
réception des ondes déterminant l'admission momentanée du courant
d'une pile locale dans les solénoïdes du téléphone.

Depuis qu'on utilise ce dispositif de réception à détecteur électrolytique ou des variantes de ce dispositif qui toutes, d'ailleurs, se rapportent
aux deux types représentés (*fig.* 1), on a dû renoncer à l'inscription des
signaux de la télégraphie sans fil. On revient en somme, qu'on emprunte
le type à connexions directes ou à connexions indirectes, au principe
du dispositif de réception des ondes électriques à l'aide du téléphone
que j'ai le premier indiqué et mis en pratique dès 1894, 2 ans avant
les premières expériences de M. Marconi, en disposant un téléphone dans
un résonateur à coupure.

Le problème de l'enregistrement graphique des ondes électriques
reçues par les détecteurs électrolytiques et par tous les détecteurs extra-
sensibles qui empruntent le téléphone se pose donc à nouveau. On conçoit,

sans qu'il y ait lieu d'insister, tout l'intérêt que sa solution présente, si l'on songe qu'elle permettrait par surcroît l'enregistrement des signaux de l'heure, par suite la détermination de la position géographique d'un point. On peut même espérer simplifier assez notablement les dispositifs employant les signaux de l'heure aux opérations géodésiques si l'on parvient à enregistrer graphiquement lesdits signaux.

J'ai reçu au laboratoire de Poitiers les signaux de l'heure dès l'origine, à l'époque où ils étaient émis non pas à minuit, ni à 11 h du matin, mais à 8 h 30 m du soir. Cette réception se fait, soit au moyen de l'antenne de mes dispositifs préviseurs et enregistreurs d'orages, soit encore au moyen d'un conducteur horizontal fixé à la façon des lignes télégraphiques autour des murs extérieurs de mon laboratoire à 9 m environ du sol. L'envoi des signaux de l'heure effectué ainsi à 8 h 30 m du soir par la Tour Eiffel pendant une période d'essai d'une quinzaine de jours me permit même, en mai 1910 (du 9 au 22), de montrer ces signaux à l'auditoire d'un cours public d'électricité industrielle qui avait lieu à cette heure. Je dis : montrer, car dès cette époque, je suis arrivé à rendre sensibles les émissions de la Tour Eiffel en utilisant le spot lumineux d'un galvanomètre Thomson convenablement réglé.

Dès cette époque je me suis proposé l'enregistrement de ces signaux de l'heure qu'on reçoit d'une manière si nette dans un téléphone, bien qu'ils soient dus à l'arrivée sur l'antenne de réception d'une énergie extraordinairement faible.

Je passerai sous silence les nombreux essais suivis d'insuccès que j'ai tentés et me contenterai d'indiquer que c'est en partie dans l'espoir d'arriver à l'enregistrement dont j'apporte ici les premiers résultats que j'ai combiné le microampèremètre enregistreur exposé à la Société de Physique (séance de Pâques 1910).

L'état électrique de l'antenne dépend, me semble-t-il, des conditions atmosphériques, et il semble que l'arrivée d'ondes extérieures détermine un déséquilibre momentané d'un état statique de l'antenne en relation avec l'état du ciel. L'antenne serait analogue à un conducteur chargé; l'arrivée d'une onde ou d'un front d'onde déclancherait une décharge partielle de l'antenne. C'est l'énergie de cette décharge qui permettrait l'enregistrement de l'onde reçue comme elle permet d'ailleurs la mise en vibration de la plaque d'un téléphone récepteur. Ainsi s'explique, à mon sens, la grande difficulté que présente l'enregistrement des signaux, comme d'ailleurs la réception au téléphone, dès que l'atmosphère présente un état électrique variable. Aucun enregistrement n'est possible lorsque les nuages chargés couvrent le ciel et, d'une manière générale, lorsque mes dispositifs enregistreurs de l'état électrique de l'atmosphère fournissent des indications. Par contre, lorsque le ciel est serein, l'enregistrement se fait sinon avec facilité, du moins d'une manière fidèle. A ce propos je renvoie à ma communication sur les antennes (*Les antennes de télégraphie sans fil et la sensibilité des réceptions. Antennes verticales et antennes horizontales).*

Ayant reconnu que la variation de courant déterminée par une onde dans le circuit d'un électrolytique pouvait atteindre dans des conditions très favorables environ $0,1\ \mu\alpha$ j'ai eu l'idée, pour accroître la valeur du courant admis dans l'appareil enregistreur, de constituer une batterie

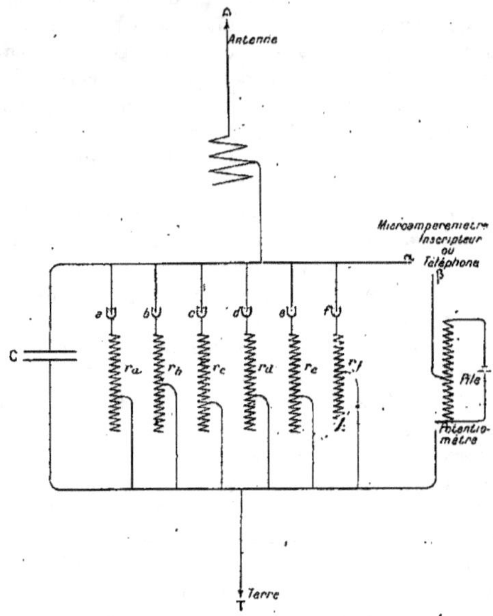

Fig. 2. — Enregistrement graphique des signaux de l'heure. Schéma du dispositif à connexions directes.

d'électrolytiques. J'espérais ainsi qu'à l'arrivée d'une onde, chaque électrolytique provoquerait pour sa part une décharge de l'antenne, et qu'à la faveur de ces décharges la variation du courant de la pile locale admis dans le circuit de l'enregistreur s'accroîtrait. Mais il y a assez loin de cette idée à sa réalisation. Dans la pratique, on se heurte à une difficulté de réglage qui m'a longtemps arrêté.

Le dispositif à réaliser est, en somme, le suivant : un certain nombre d'électrolytiques, six pointes par exemple, sont disposées en batterie entre l'antenne et la terre, comme le représente le schéma de la figure 2 qui est un type de connexions directes. Un potentiomètre unique entretient le courant convenable dans les électrolytiques. Chacun des électrolytiques a, b, c, d, e et f est d'ailleurs muni de résistances variables r_a,

r_b, r_c, r_d, r_e et r_f, qui permettront de parfaire le réglage. Voici la meilleure manière d'effectuer le réglage : on dispose le téléphone en $\alpha\beta$ et pendant que la Tour Eiffel émet des signaux on règle le potentiomètre de manière à entendre aussi distinctement que possible avec chaque électrolytique pris séparément. (Des ponts mobiles établis dans des godets de mercure permettent d'introduire ou d'enlever facilement chaque pointe d'électrolytique du circuit.) On adopte alors comme réglage du potentiomètre un réglage moyen entre ceux extrêmes que cette première audition a indiqués. Ceci fait, il s'agit de parfaire le réglage, c'est le point le plus délicat. On peut effectuer ce réglage de plusieurs façons, en particulier au moyen d'un galvanomètre à miroir, du Thomson par exemple. Quel que soit le moyen d'observation employé, ce à quoi il faut parvenir, c'est à régler chaque pointe de telle sorte qu'elles se trouvent toutes aussi identiques que possible, quant à la réception des ondes. On le reconnaît à ce que leur mise en série accroît effectivement l'intensité du son écouté au téléphone ou l'impulsion du spot lumineux du galvanomètre. On constate qu'il suffit d'une différence très faible de valeur entre deux pointes pour que l'introduction dans le circuit d'une nouvelle pointe n'accroisse en rien le courant total accepté en $\alpha\beta$. Parfois même l'introduction d'une pointe non parfaitement réglée diminue au lieu de l'accroître la valeur du courant total qui doit agir sur le microampèremètre enregistreur. Comme il faut évidemment subordonner ce réglage aux émissions que fait la Tour Eiffel, on conçoit sans peine qu'à la délicatesse de l'opération vient s'ajouter l'ennui d'une longue durée.

On peut chercher à rendre plus commode le réglage en adoptant un type de réception à connexions indirectes. Chaque pointe possède alors son potentiomètre, une résistance pour parfaire le réglage et même un condensateur réglable. Toutes les bornes réunies entre elles sont connectées à l'une des bornes du microampèremètre enregistreur, toutes les bornes β à la seconde borne du même appareil.

Malheureusement la transformation qu'impose l'adoption de ce dispositif fait certainement perdre un peu d'énergie.

Trois des meilleurs tracés obtenus jusqu'à ce jour sont présentés aux membres de la Section de Physique. Deux d'entre eux ont été obtenus au moyen d'une connexion directe avec l'antenne, le troisième est le résultat d'un réglage en connexions indirectes. Évidemment les tracés obtenus sont très faibles; cependant à la loupe on distingue parfaitement ceux dus à l'envoi des traits successifs – – – précédant le signal horaire de 10 h 45 matin, ceux dus à l'envoi des signaux —.., —. . précédant le signal horaire de 10 h 47 matin, et enfin ceux provenant de l'envoi des signaux —— – – –, —. – – – qui précèdent le signal horaire de 10 h 49 matin. On aperçoit même le commencement de la dépêche météorologique qui fait suite aux signaux de l'heure.

Il y avait évidemment lieu de perfectionner ces premiers résultats. J'y suis parvenu en diminuant l'amortissement de l'équipage du microampèremètre enregistreur, tout en augmentant la sensibilité de cet appareil. Un nouveau cadre que la maison J. Richard a construit sur mes données m'a permis de rendre plus sensible l'appareil. Par un artifice d'expérience que j'indiquerai plus tard, je suis arrivé à mieux dissocier les traits des points, et je pense pouvoir faire servir ce nouveau dispositif non seulement à l'enregistrement des signaux horaires, mais encore à l'inscription des télégrammes sans fil, et cela d'une manière lisible. C'est d'ailleurs en employant, non plus des détecteurs électrolytiques, mais des détecteurs à cristaux, que j'ai obtenu les plus encourageants graphiques.

L'emploi du détecteur à cristal présente le grand avantage de débarrasser le dispositif d'une pile auxiliaire; par contre le réglage d'un contact platine-cristal, bien constant et bien semblable à lui-même au cours d'une même réception, est extrêmement délicat. A cet égard l'électrolytique présente sur le cristal un incontestable avantage, reconnu de tous ceux qui s'occupent d'un peu près de réception hertzienne. Une pointe électrolytique reste identique à elle-même plusieurs heures, parfois plusieurs jours, alors même qu'elle fournit un service intensif.

Par contre, un détecteur à cristal admet un courant dans le téléphone beaucoup plus intense que celui dont l'électrolytique règle le débit; c'est ainsi que j'ai relevé, au cours des essais que je poursuis depuis 1910, des réceptions d'ondes hertziennes émises par la Tour Eiffel, et qui à Poitiers (300 km) pouvaient émouvoir dans un contact platine-galène ou dans des contacts d'autre nature des courants variant de $0,15\,\mu\alpha$ et $0,23\,\mu\alpha$. On peut d'ailleurs améliorer notablement et la sensibilité et la constance des détecteurs à cristal, soit en prenant des sulfures de plomb artificiels avec fil de contact de platine, et mieux encore de maillechort, soit encore en utilisant différents autres contacts métal-cristal ou mieux métal-alliage dont on me permettra de garder momentanément la description.

En ce qui concerne l'emploi du sulfure de plomb artificiel, j'indiquerai cependant que le procédé le plus pratique pour l'obtenir non friable et par suite utilisable consiste à faire fondre au fond d'un petit creuset de porcelaine, de préférence poreuse, un fragment de plomb. On nettoie avec soin la surface du culot ainsi obtenu. On le refond en ajoutant à la surface un peu de soufre; le creuset est soigneusement couvert. De cette façon, on obtient un morceau de plomb, assez solide pour être commodément pris dans une pince et qui présente une face assez profondément sulfurée. C'est au contact de cette face qu'on amène le fil métallique constituant la seconde électrode du détecteur. En utilisant d'autres contacts, j'ai pu obtenir une sensibilité s'élevant par détecteur à $0,25\,\mu\alpha$ et $0,3\,\mu\alpha$.

Un couple, malheureusement peu constant, a même fourni un courant de $0,4\,\mu\alpha$ à la réception d'ondes de la Tour, ondes qui sont toujours d'énergie à peu près constante.

C'est en associant quatre à six de ces détecteurs que j'ai pu obtenir des enregistrements de signaux hertziens bien meilleurs dont un exemplaire est présenté aux membres de la Section de Physique.

M. E. ROTHÉ.

RECHERCHES SUR L'INFLUENCE DES RADIATIONS SOLAIRES ET DES PERTURBATIONS ATMOSPHÉRIQUES SUR LA PROPAGATION DES ONDES HERTZIENNES.

538.56

3 Août.

On sait que les ondes hertziennes se propagent plus facilement pendant la nuit que pendant le jour. Tous ceux qui pratiquent la Télégraphie sans fil savent que la réception des radiotélégrammes est beaucoup plus aisée pendant la nuit. Ainsi, l'intensité de la réception peut varier du simple au double entre la matinée et le milieu de la nuit.

On a souvent attribué cette différence à l'influence des rayons solaires. C'est à leur action qu'on attribue l'ionisation de l'atmosphère, et il est vraisemblable que l'ionisation peut agir sur la propagation des ondes électromagnétiques.

D'autre part, on a souvent constaté des perturbations au voisinage du lever et du coucher du Soleil. Le plus généralement des minimums se manifestent après le lever et le coucher. L'heure de ces minimums varie avec la saison. Au printemps, ils ont lieu vers 8 h du matin et 9 h du soir.

J'ai pensé qu'il serait intéressant de profiter de l'éclipse du 17 avril pour essayer de mettre en évidence les influences solaires.

D'autre part, il est certain que l'état de l'atmosphère a un rôle important dans la propagation, ou en tout cas dans l'intensité de la réception. Il arrive que certains jours, sans cause apparente, il devient possible d'entendre nettement des stations très éloignées qu'on perçoit à peine en général. Des observations sur ce sujet sont certainement très longues et difficiles.

De celles que j'ai entreprises depuis plus d'un an avec la grande antenne de l'Institut de Physique, ou avec des antennes réduites toujours dans le même état d'isolement, il résulte que le temps sec de l'été est plutôt défavorable. La pluie ne semble pas nuire à la réception; mais les bourrasques de vent sont nuisibles. A différentes reprises, il m'a été possible, l'hiver dernier, d'entendre les dépêches météorologiques de la Tour Eiffel à l'aide d'une antenne de 7 m de longueur. La réception m'a surtout paru bonne pendant des éclaircies entre plusieurs averses.

Je ne crois pas douteux que l'état de l'atmosphère joue un rôle prépondérant.

Or, les éclipses précédentes ont permis de mettre en évidence un abaissement de température, un vent de l'éclipse, un changement dans l'état
hygrométrique, quelques-uns disent une variation brusque de pression.
Elles ont été accompagnées de modifications magnétiques.

Si donc on observe pendant une éclipse une variation dans l'intensité
de la réception, il faudra encore se demander si elle est due à l'occultation
du Soleil, ou aux phénomènes météorologiques qui en dérivent.

Quoi qu'il en soit, il m'a paru utile d'entreprendre des expériences
le 17 avril dernier.

J'ai fait part de mon projet à M. le commandant Ferrié qui, après y
avoir réfléchi, a bien voulu s'y associer et a proposé au Bureau des Longitudes d'organiser des expériences.

La proposition a été acceptée.

Mais il était nécessaire de faire des essais plusieurs semaines à l'avance
afin de choisir l'émission la plus convenable et la méthode de réception
la plus appropriée. Nous avons pu satisfaire à toutes ces exigences grâce
à la savante collaboration et à l'inlassable complaisance de M. le commandant Ferrié.

On peut comparer les intensités des réceptions à l'aide de trois méthodes.

1° *Le bolomètre ou le thermogalvanomètre.* — On fait passer les oscillations dans un fil fin qui s'échauffe proportionnellement au carré de
l'intensité.

La résistance du fil change. C'est la propriété utilisée dans le bolomètre. Le fil peut agir à distance sur un couple thermo-électrique, c'est
le dispositif adopté dans le thermogalvanomètre de Duddel.

Le fil traversé par le courant est suivant les cas en platine ou en quartz
platiné. La résistance varie suivant la sensibilité qu'on veut atteindre.
L'appareil dont nous disposons est muni de résistances de

$$4,1\,\omega, \quad 38,4\,\omega, \quad 96,7\,\omega \quad \text{et} \quad 411\,\omega.$$

On peut également faire varier la sensibilité en approchant plus ou
moins le fil du couple thermo-électrique.

Nous avons obtenu la plus grande sensibilité à l'aide du fil de 96,7 ω.
Le couple thermo-électrique bismúth-antimoine est aux deux extrémités
d'un petit cadre en fil d'argent suspendu par un fil de quartz dans le
champ d'un électro-aimant puissant. Un courant de 70 microampères,
donne une déviation de 10 mm à 1 m du miroir. Il faut que la température soit la même en tous les points : c'est pourquoi l'ensemble est protégé par une double enveloppe de cuivre constituant une enceinte isotherme. Malgré cette protection, il est nécessaire d'abriter tout l'appareil
contre les courants d'air, ce que nous avons réalisé avec trois enveloppes

de carton et de bois superposées séparées par du coton. On laisse seulement libre un passage pour la lumière, fermé extérieurement par une glace.

Le montage est extrêmement simple : l'antenne est en série avec une bobine de self à curseur, dont l'autre extrémité communique avec le sol par l'intermédiaire du thermogalvanomètre.

La self qui m'a servi dans toutes ces expériences a une longueur de 45 cm. 89 spires de 51,8 cm en fil de 1,4 mm recouvert de deux couches coton, self 0,0035 h; 202 spires de 51,8 cm en fil de 1,2 mm recouvert de la même manière. La résistance est 0,65 ω; la self 0,00057 h. La self totale vaut donc 0,0041 h.

2° *Téléphone shunté.* — On emploie un des montages quelconques de réception avec téléphone et l'on met une boîte de résistance en dérivation aux bornes du téléphone. On cherche pour chaque émission la valeur de la résistance qui produit l'extinction. En admettant même que cette méthode subjective puisse donner des résultats bien concordants, il faut reconnaître que c'est plutôt un procédé de comparaison que de mesure véritable. Elle donne pourtant *des renseignements précieux sur l'intensité de la réception à l'oreille.*

3° *Galvanomètre balistique.* — On se servira du galvanomètre balis-

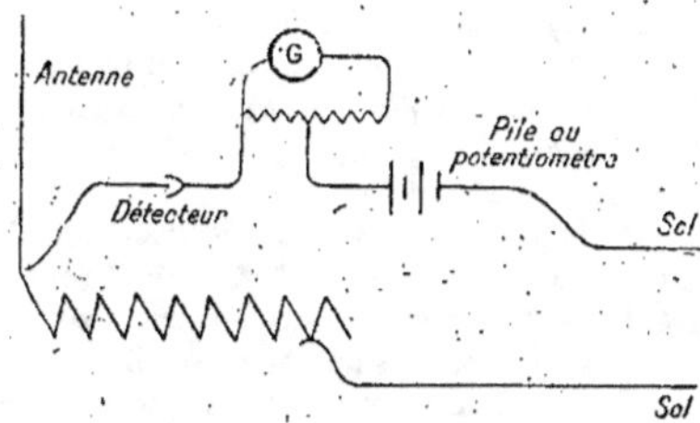

tique pour l'étude d'émissions d'une seule étincelle. Le train d'ondes correspondant produit une dépolarisation du détecteur électrolytique de Ferrié qui sera compensée par un courant fourni par les piles dans un sens bien déterminé. A chaque top de l'émission correspond une déviation brusque de l'équipage. Le galvanomètre dont j'ai fait usage est un galvanomètre Hartmann et Braun à deux enroulements (fil fin, 1000 ohms; gros fil 5,5 ohms).

On utilisait l'enroulement à fil fin 1000 ohms, avec shunt universel Carpentier de 5000 ohms.

Le galvanomètre était donc toujours fermé sur une résistance de 6000 ohms voisine de la résistance critique. Le circuit à gros fil était fermé sur une résistance convenable 6 ω environ, faisant partie de l'appareil.

La figure ci-dessus indique le montage utilisé.

J'ai été aidé dans l'installation de ces divers dispositifs par MM. Guéritot et Mamlok, préparateurs à la Faculté des Sciences, à qui je suis heureux d'adresser mes remerciements.

Expériences préliminaires du 4 mars.

Envoi de traits de 5 secondes séparés par des intervalles de 10 secondes. On compare deux émissions (*) de la Tour Eiffel. Le thermogalvanomètre indique des déviations moyennes de 29 et 17 divisions qui sont dans le rapport 1,7, rapport des énergies reçues. Or à la Tour Eiffel les énergies mises en jeu étaient 15 925 et 26 325 watts dont le rapport est 1,65. La concordance paraît satisfaisante.

Les mesures au téléphone shunté faites, en même temps qu'à Nancy, par M. Meslin de Montpellier montrent qu'il serait préférable d'envoyer des phrases de journal ou des V, signaux quelconques au lieu de traits.

Expériences du 11 mars.

On compare encore deux émissions. On trouve au Duddel 22 et 30 divisions. Rapport des énergies reçues 1,3. Le téléphone shunté donne l'extinction pour 220 et 110 ohms.

Ni le thermogalvanomètre, ni le galvanomètre balistique encore mal réglé n'ont permis de comparer les étincelles uniques.

Les énergies consommées étaient de 36 et 40 kilowatts. Rapport 1,1.

Il y a ici une différence dans les deux rapports. Mais il faut remarquer que le temps a changé pendant les deux émissions. Au commencement, à 3 h de l'après-midi, pas de pluie. Ciel couvert, gros nuages à Nancy.

A partir de 4 h la pluie tombait abondamment. Il y a eu à 3 h, pendant la première émission, de forts coups de vent. Le baromètre a monté continuellement de 2 h à 6 h. La température a baissé de 3°,5. A Paris le vent était de 4 m. La température a baissé de 1°. La pression est demeurée fixe. L'état hygrométrique a augmenté. Ciel nuageux, parfois un peu de soleil.

Ces expériences montrent une liaison entre l'intensité de la réception et l'état de l'atmosphère. Il sera nécessaire d'en tenir compte dans tous les essais suivants.

Expériences du 18 mars.

Comparaison de deux autres émissions, l'une à étincelles raréfiées, l'autre musicale.

On trouve au Duddel.............. 22 mm et 8,4 mm
Au téléphone shunté.............. 32 ohms et 235 ohms

Le rapport des déviations n'indique pas le rapport des énergies. On avait à Paris 58 et 10 kilowatts.

Mais il faut tenir compte aussi des données météorologiques.

Pluie à Paris comme à Nancy. Ciel très couvert.

(*) Je n'indique pas à dessein la nature de ces émissions dont la connaissance ne présente pas d'intérêt pour le but que nous nous proposons ici.

Paris, vent 14 m décroissant, direction S-SW.
Température et pression stationnaires.
Nancy, vent 10 m à 12 m. Bourrasques.
Pression variant de 725 à 720 mm, avec une montée brusque à 3 h.

Ce temps de tempête paraît tout à fait néfaste aux mesures de comparaison.

Expériences du 25 mars.

Les expériences précédentes ont permis de faire choix d'une émission pour le jour de l'éclipse, émission puissante de 50 chevaux à étincelles rares soufflées. On procède à des comparaisons de jour et de nuit.

On trouve au Duddel.................... Jour 32   Nuit 50
                                         3 h 15 m   10 heures
Téléphone shunté..................... Jour 52 ω   Nuit 15 ω

La différence est donc très appréciable.
Les conditions atmosphériques ont été bonnes.
Dans la journée ciel légèrement couvert. Température et pressions stationnaires, pas de pluie et pas de vent.

Expériences du 1er avril.

Elles ont été troublées à diverses reprises par la station allemande MAX.

On trouve au Duddel.................... Jour 38   Nuit 50
                                         3 h 15 m   10 h 15 m
Téléphone......................... Jour 30   Nuit 17

Les mesures ont été plus irrégulières que le lundi précédent.
Les données de l'émission étaient à Paris :

Jour.

Intensité dans l'antenne..................... 45 ampères
Puissance W.............................. 56 kw
Température.............................. 9"
Hygromètre.............................. 44
Baromètre.............................. 751
Vent 16 m croissant Nord-Est.

Nuit.

Intensité dans l'antenne..................... 45 ampères
Puissance W.............................. 57 kw
Température.............................. 6°
Hygromètre 61
Baromètre.............................. 760

Données de Nancy : de 14 h à 16 h, vent du NW modéré. Mais à 19 h, tempête de vent violente. Pluie. Accalmie vers 20 h. A 22 h nombreux coups de vent. La température a baissé de 2°. Vent de l'W-NW.

Malgré des conditions atmosphériques désavantageuses, on constate une augmentation nette de l'intensité de réception pendant la nuit.

Expériences du jeudi 4 avril.

A la suite de ces expériences préliminaires, il m'a semblé nécessaire de faire des mesures comparatives pendant une journée entière.

Le jeudi 4 avril, M. Ferrié a fait faire des émissions à partir de 6 h toutes les 2 heures. Nous avons obtenu les résultats suivants :

6 h	8 h	10 h	12 h.	14 h.	16 h.	18 h.	20 h	22 h.	24 h
Brume épaisse.	Brume persiste.	Soleil.							Ciel légèrem[t] brumeux.
38	36	41	45	48	44	45	»	61	69

On voit que l'intensité de la réception a varié régulièrement avec des minimums bien marqués après le lever et le coucher du Soleil.

Éclipse du 17 avril.

Le programme des émissions faites le 17 avril 1912 était le suivant :

1° *Envoi de signaux horaires supplémentaires.* — Des signaux horaires seront émis aux heures suivantes :

8 h 45, 10 h 45 (comme à l'ordinaire), 12 h 45, 14 h 45. Ces signaux horaires seront précédés d'une émission pendant 2 minutes d'une série de traits de 10 secondes, espacés de 10 secondes.

Ces séries seront donc émises à 8 h 40, 10 h 40, 12 h 40, 14 h 40.

2° Indépendamment des séries de traits indiquées ci-dessus, des séries analogues d'une durée totale de 2 minutes et composées de traits de 10 secondes espacés de 10 secondes également seront émises toutes les 15 minutes, de 11 h à 14 h.

De plus, pendant la durée de l'éclipse, c'est-à-dire de 11 h 45 à 12 h 45, les mêmes séries seront émises toutes les 5 minutes.

En résumé, les heures d'émission des séries de 2 minutes seront les suivantes :

8 h 40, 10 h 40, 11 h, 11 h 45, 11 h 30, 11 h 45, 11 h 50, 11 h 55, 12 h, 12 h 5, 12 h 10, 12 h 15, 12 h 20, 12 h 25, 12 h 30, 12 h 35, 12 h 40, 13 h, 13 h 15, 13 h 30, 13 h 45, 14 h, 14 h 40.

Nota. — Une série de traits, analogue aux précédents, sera émise le 16 et le 18 avril, avant les signaux horaires à 10 h 40 m.

RÉSULTATS : *Expériences de contrôle.*

Nous trouvons les déviations suivantes :

Lundi 15 à 10 h 45 m........................	36	36	36	36
Mardi 16 à 10 h 45 m........................	35	36	36	35
Jeudi 18 à 10 h 45 m........................	40	38	37	36

Éclipse.

h m							Moyenne.
8.40	41	41	41	41	41	41	41
10.40	35	35	35	35	38	38	36
11	46	44	45	44	45		45
11.15	42	43	43	45	43	45	44,5
11.30	44	44	44	43	43	43	43,5
11.45	42	40	42	43	43		42
11.50	42	42	48	46	44	42	44
11.55	42	40	42	43	41	41	41,5
12	41	40	42	42	42		41,5
12.5	41	45	44	42	42		43
12.10	42	45	45	43	41	41	43
12.15	43	42	42	45	42	42	43
12.20	43	45	45	45	43		44
12.25	44	45	43	43			44
12.30	45	44	45	45			45
12.35	43	43	45	43	42	43	43
12.40	44	45	48	46	45		45
13	39	36	36	37	37		37
13.15	38	38	38	37	37		37,5
13.30	40	40	40	43	42		41
13.45	44	41	41	43	44		42
14	43	43	43	45	45	43	44
14.40	40	41	41	41			41

Le temps a été superbe pendant toutes les mesures Ciel bleu, sans nuages. Un nuage seulement s'est formé devant le Soleil et l'a masqué 5 minutes.

Si l'on réunit sur un même diagramme les courbes représentant les variations de pression, de température, des coups de vent et aussi de l'intensité de réception des signaux F. L., on voit sur ce diagramme qu'il y a eu pendant l'éclipse une augmentation nette dans l'intensité de la réception.

Cette augmentation doit-elle être attribuée à l'influence directe des rayons solaires ou aux variations atmosphériques corrélatives du phénomène ? C'est ce qu'une étude approfondie des résultats obtenus dans les diverses stations, des heures auxquelles l'augmentation s'est produite aux différents postes pourra seule mettre en évidence.

Les détails des expériences et les Tableaux complets de mes mesures ont été communiqués par M. le commandant Ferrié, le lendemain même de l'éclipse, à MM. les Membres du Bureau des Longitudes.

M. Albert TURPAIN.

MICROAMPÈREMÈTRE ENREGISTREUR.

654.25 (0.8)

3 *Août.*

Dans le but d'enregistrer les courants de dispositifs bolométriques destinés à mesurer l'énergie des décharges orageuses, nous avons combiné un microampèremètre à inscription continue. Cet appareil n'utilise pas l'enregistrement photographique, qui présente le grand inconvénient de nécessiter un développement préalable et, par suite, ne permet pas de connaître la valeur de l'intensité du courant inscrit au moment même où elle se produit.

Notre microampèremètre est un galvanomètre à cadre mobile. Le circuit parcouru par le courant à enregistrer forme un cadre mobile dans le champ magnétique d'un électro-aimant de M. Weiss. Des pièces polaires, de profil spécial, concentrent le champ dans la partie de l'espace où le cadre mobile se déplace. Un ressort antagoniste ramène le cadre à sa position de zéro lorsqu'aucun courant ne parcourt le pont du bolomètre. Il suffit d'entretenir, dans l'électro-aimant de M. Weiss, un courant d'une intensité de $3\,\alpha$ pour développer un champ magnétique capable de produire un couple assez intense pour permettre l'inscription graphique. Une plume et un cylindre d'enregistreur J. Richard réalisent cette inscription. Dans le premier type de microampèremètre construit et destiné seulement aux études bolométriques, le cadre mobile n'avait que $3\,\omega$ de résistance. On obtenait alors un déplacement de l'aiguille de 100 mm pour 10 milliampères, ce qui permet déjà de mesurer un courant de 100 microampères pour un déplacement de l'aiguille de 1 mm. Comme on pouvait avec un peu d'habitude lire des variations d'inscription de $\frac{1}{5}$ de millimètre, on pouvait apprécier les 20 microampères.

Dans le but de faire servir cet appareil à l'inscription des signaux de l'heure émis par la Tour Eiffel (*voir* notre Communication : *Inscription graphique des signaux émis par la Tour Eiffel*, p. 185), en l'adaptant soit à une batterie de détecteurs électrolytiques convenablement réglés, soit encore en le reliant à une batterie de détecteurs à cristaux, nous lui avons donné une sensibilité plus grande.

En utilisant un cadre mobile présentant $260\,\omega$ de résistance, on obtient une sensibilité décuple. Un déplacement de l'aiguille de 100 mm correspond alors à 1 milliampère. La mesure de 10 microampères se fait alors par un déplacement de 1 mm et l'on peut apprécier, en lisant le $\frac{1}{5}$ de millimètre, une variation d'intensité de courant de 2 microampères.

En réalisant enfin un cadre de 6350 ω, on a pu constituer un assez grand nombre de spires au cadre mobile pour atteindre une sensibilité

Fig. 1. — Microampèremètre enregistreur de M. Turpain. Un électro-aimant (électro de M. Weiss) produit un champ magnétique de grande puissance. Un cadre mobile se déplace entre des pièces polaires de profil spécial qui concentrent le champ. On voit cet équipage à côté de l'électro-aimant, avec la plume d'inscription appuyant sur la surface d'un cylindre enregistreur.

telle que l'aiguille se déplace de 1 mm pour 1,2 $\mu\alpha$, soit l'appréciation de 0,24 $\mu\alpha$ pour un déplacement de $\frac{1}{5}$ de millimètre.

Ce dispositif nous paraît susceptible, en dehors de l'enregistrement dans le cas des diverses utilisations pour lesquelles nous l'avons combiné, de servir à l'inscription par le procédé extrêmement pratique de l'enregistrement graphique, de courants de l'ordre de 20 microampères en n'utilisant, à cet effet, qu'un circuit très peu résistant (3 ω). Si l'on peut sans inconvénient donner au circuit d'inscription une résistance de l'ordre de 300 ω, on peut obtenir l'inscription graphique de courants de l'ordre de 2 microampères. En acceptant dans le circuit d'inscription une grande résistance, on arrive enfin à inscrire des courants de l'ordre du $\frac{1}{10}$ de microampère.

On peut sans crainte d'échauffement exagéré maintenir pendant plusieurs heures un courant de 3 α dans l'enroulement de l'électro-aimant de M. Weiss. La dépense (3 α × 36 volts = 108 watts) ne représente que 7 à 8 centimes à l'heure au prix de 0,70 fr le kilowatt-heure. L'appareil constitue donc un enregistreur de courant d'une très grande sensibilité et d'un coût d'entretien très modique.

La figure 1 représente l'électro-aimant type Weiss, et à côté l'appareil constituant le microampèremètre enregistreur. Cet équipage comprend

Fig. 2. — Microampèremètre enregistreur de M. Turpain prêt à fonctionner. On peut inscrire par un déplacement de 1 mm de la plume d'inscription, des courants, dont l'intensité est de l'ordre :

De 100 $\mu\alpha$, le cadre mobile n'ayant que 3 ω de résistance.

De 10 $\mu\alpha$, le cadre mobile offrant 360 ω de résistance.

De 12 $\mu\alpha$, si le cadre mobile a 6350 ω de résistance.

En appréciant le $\frac{1}{4}$ de milimètre on peut donc inscrire soit 20 $\mu\alpha$, soit 2 $\mu\alpha$, soit même 0$^{\mu\alpha}$,24.

les pièces polaires concentrant le champ qui s'adaptent exactement sur les pôles de l'électro. Le cadre est mobile autour d'un axe chape de rubis ; il entraîne avec lui l'organe d'inscription qu'on aperçoit appuyant, par l'extrémité munie d'une plume, sur la surface du cylindre enregistreur.

La figure 2 montre l'appareil prêt à fonctionner ; tout le dispositif constituant le microampèremètre enregistreur est placé entre les pôles de l'électro-aimant.

M. Albert TURPAIN.

A PROPOS DE LA PRESSION DE LA LUMIÈRE. LÁ LUMIÈRE ENSEMENCE-T-ELLE LES MONDES ? LA THÉORIE PANSPER-MISTE ET L'HÉTÉROGÉNÈSE.

3 Août.

535.214

Maxwell a démontré que dans un milieu où se propage des ondes il existe, suivant la direction normale aux ondes, une pression numériquement égale à l'énergie lumineuse contenue dans l'unité de volume. Il déduit de son calcul qu'un rayon de soleil exerce sur une surface de 1 m² une répulsion de 0,00043 g. Bartoli est d'ailleurs arrivé au même résultat numérique en partant de considérations différentes.

Cette pression de la lumière a été mise expérimentalement en évidence par M. Lebedew, puis par MM. Nichols et Hull. L'expérience est délicate et le dispositif expérimental un peu compliqué.

Il faut en effet se débarrasser d'un grand nombre de causes perturbatrices. En principe il suffit de suspendre au sein d'une ampoule parfaitement vidée un équipage tel que celui de la figure 1. Un fil de torsion mince en verre supporte une ou deux paires d'ailettes en tôle de platine. Un miroir permettra d'observer si la projection d'un faisceau de lumière sur les ailettes de gauche détermine une torsion du système. On vise à cet effet l'image d'un repère éloigné réfléchie par le miroir, et l'on observe si cette image éprouve un déplacement.

En pratique, il faut éliminer les effets de convection dus aux mouvements du gaz raréfié restant dans l'ampoule, et aussi les effets radiométriques que M. Crookes mit en évidence vers 1879. Tout le monde connaît ces moulinets faits de quatre ailettes de tôle de platine mobiles autour d'un axe et disposées au sein d'une ampoule de verre vide. L'une des faces de chaque aile est brillante, la face opposée est noircie. Vient-on à éclairer l'appareil ou même à l'approcher d'une source chaude, poêle ou bouillotte qui émet des radiations calorifiques, l'équipage se met à tourner. Les forces radiométriques qui font ainsi tourner l'équipage dépendent de la différence de température entre le côté éclairé des ailettes et le côté dans l'ombre.

Ces effets de convection comme aussi les effets radiométriques peuvent être de beaucoup supérieurs à l'action de pression lumineuse que M. Lebedew voulait mesurer. C'est pour pouvoir éliminer ces actions perturbatrices que l'équipage dont il se servait (*fig.* 1) comportait deux paires d'ailettes en tôle de platine, l'une P, P' de 0,1 mm d'épaisseur, la seconde *pp'* de 0,02 mm seulement d'épaisseur. L'une des ailettes P, *p* de chaque

paire est polie sur les deux faces, l'autre est au contraire noircie. Sans
entrer dans les détails de l'expérience, nous indiquerons que pour réduire
au minimum l'effet des forces perturbatrices, l'équipage était suspendu
au centre d'une ampoule de 20 cm de diamètre dans lequel un vide aussi
poussé que possible a été réalisé. M. Lebedew a pu vérifier expérimen-

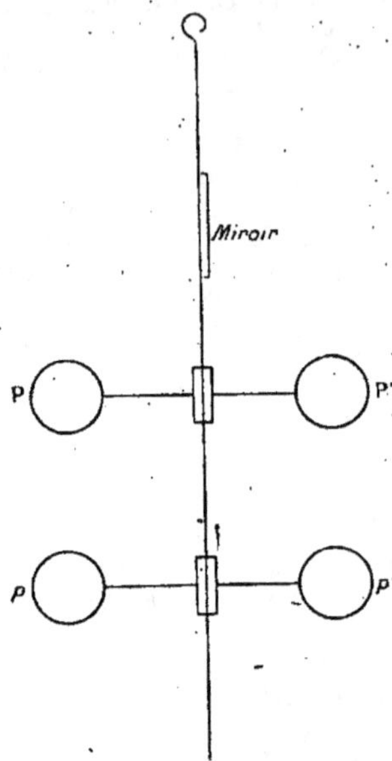

Fig. 1. — Équipage de M. Lebedew pour mesurer la pression de la lumière sur les
corps. La pression de radiation est extrêmement faible (0,4 mg pour 1 m² de surface
noire et 0,8 mg pour 1 m² de surface réfléchissante).

talement que la lumière exerce une pression sur les ailes de l'équipage,
pression double pour les ailettes réfléchissantes de ce qu'elle est pour
les ailettes noircies. Cette pression est de l'ordre de grandeur calculée
par Maxwell et par Bartoli.

J'ai répété moi-même vers 1901, puis en 1909, les expériences de
Lebedew, et j'ai pu mettre en évidence cette pression lumineuse. En
disposant l'équipage au centre d'une grande cloche de 40 cm de diamètre
et en réalisant des vides extrêmement poussés (*), on peut annuler à
peu près les effets de convections et les effets radiométriques. Un radio-

____

(*) Ces vides ne sont obtenus qu'avec des précautions spéciales et en faisant agir
les pompes les plus perfectionnées, pendant plusieurs heures et même plusieurs
journées.

mètre de Crookes disposé au-dessous de l'équipage de M. Lebedew cesse de tourner, bien qu'exposé à la lumière, lorsque le vide convenable est enfin atteint. On peut alors mesurer directement la pression lumineuse. Elle vérifie bien les calculs de Maxwell et de Bartoli.

Cette pression lumineuse est très faible. Il suffit cependant que de microscopiques particules réfléchissantes aient un diamètre inférieur à 0,00016 mm pour que la pression de Maxwell surpasse l'attraction que le Soleil exercerait sur ces particules supposées isolées dans l'espace. Existe-t-il des germes vivants d'aussi faible volume ? Oui. De nombreuses bactéries ont un diamètre qui ne dépasse pas 0,0002 mm. La fièvre aphteuse, la rage du chien, la maladie mozaïque des feuilles de tabac sont dues à des microbes invisibles au microscope. L'ultra-microscope vient seulement de permettre l'étude de certains d'entre eux.

En supposant à ces particules vivantes une densité égale à celle de l'eau, Swanthe Arrhénius calcule qu'en admettant une force répulsive de pression lumineuse quatre fois supérieure à celle de la gravitation (calcul de Schwarzschild) elles seraient transportées de la Terre à Mars en 20 jours, à Jupiter en 80 jours, à Neptune (dernière planète de notre monde) en 14 mois, elles atteindraient enfin le monde le plus proche du nôtre, qui a pour Soleil α du Centaure, en 9000 ans.

Au cours de tels voyages interstellaires les spores organiques ne risquent-elles pas d'être détruites par la sécheresse extrême, par le froid intense, par l'action microbicide des radiations ultraviolettes ? Arrhénius ne le croit pas, et il invoque à l'appui de sa conviction de nombreux travaux qui montrent que les bactéries et les spores n'ont rien à redouter des très basses températures obtenues au moyen de l'air ou de l'hydrogène liquide. D'autre part, M. Maquenne a démontré que des graines peuvent subir une dessiccation totale et séjourner dans le vide de Crookes pendant plusieurs années sans perdre leur pouvoir germinatif.

En laissant de côté le blé des momies, que les Arabes auraient pu faire germer, fait sujet à caution, Sw. Arrhénius invoque l'autorité des expériences d'un savant français, M. Baudoin, d'après lesquelles des bactéries reconnues dans une sépulture romaine datant de 1800 ans, auraient germé. M. Becquerel a récemment encore fait germer des graines de plantes d'ordre supérieur datant de là Restauration.

Seule l'action des radiations ultraviolettes est invoquée contre la théorie de la transmission de la vie de monde à monde et de planète à planète.

.M. Becquerel croit pouvoir affirmer l'impossibilité de l'ensemencement des mondes entre eux par suite de l'effet nocif de la lumière sur tous les photoplasmes. Il invoque à cet égard le résultat d'expériences récentes qu'il a faites.

On sait que les rayons ultraviolets, qu'émet une lampe à vapeur de mercure, tuent en quelques secondes les bactéries et les spores humides séjournant dans l'air et dans leur milieu de culture.

Dans trois séries d'expériences faites par M. Becquerel, des microbes (*Sterig-matoystis nigra, Aspergillus glaucus*) ont été exposés dans le vide, aux radiations ultraviolettes, à 10 cm d'une lampe à vapeur de mercure. La première série d'expériences montra que les germes avaient résisté à 3 heures d'insolation, les germes n'étaient pas encore tués puisqu'au bout de 5 à 6 jours ils germèrent (*Aspergillus*, charbon). La troisième série fut enfin couronnée de succès ; après 6 heures d'insolation les germes sont définitivement morts.

M. Becquerel s'appuie sur ces résultats pour rejeter la théorie de la panspermie en faveur de laquelle Arrhénius vient de grouper un si complet ensemble d'expériences probantes.

Il se rallie aux évolutionnistes partisans de l'hétérogénèse en s'appuyant, avec un grand nombre de physiologistes, sur les relations étroites qu'il y a entre les substances vivantes et la matière brute. Il y a quelques millions d'années, les premiers germes auraient trouvé au fond de l'océan toutes les causes et toutes les conditions physiques et chimiques nécessaires à leur formation. Par suite de la marche irréversible de l'évolution sur notre planète, ces conditions ont disparu. Il est fort peu probable qu'elles se reproduisent. Les admirables travaux de Pasteur ne contrediraient pas cette conception de l'origine de la vie qui ne serait pas imbue d'anthropocentrisme ou de géocentrisme. En effet, elle n'impliquerait pas que la Terre soit l'unique centre de vie dans l'univers. Le cycle des transformations que depuis son origine notre monde accomplit se rencontre dans les autres mondes. Les mêmes lois biologiques y évolueraient donc. De même que les Soleils, centres lumineux, se classent suivant leur âge en étoiles blanches, à l'aurore de leur vie stellaire, étoiles jaunes, dans l'âge mûr des Soleils, étoiles rouges, astres brillants à leur déclin, les mondes refroidis où la vie évolue présenteraient les divers stades de l'évolution organique. Les uns sont à l'heure actuelle le siège de la genèse des germes ; d'autres plus âgés sont parvenus au stade humain de la vie organique, d'autres enfin voient les conditions favorables à la vie disparaître de jour en jour. Et M. Becquerel y suppose des sortes de demi-dieux, contraints malgré toute leur science d'assister au déclin de leur race et de la vie organique autour d'eux.

« Dans l'infini, sur certaines terres du ciel, il y aurait toujours ou apparition, développement et destruction de la vie, comme il y a toujours eu commencement, transformation et anéantissement des mondes ! »

Et l'on retrouve ici cette idée de recommencement successif que M. Williams Crookes exposait il y a quelques années au cours d'une conférence célèbre (*).

(*) M. Crookes conçoit l'origine de la matière par la formation graduelle des éléments chimiques sous l'influence des trois formes de l'énergie (l'électricité, les

Cependant la science n'a pas dit son dernier mot contre le panspermisme.

Ces germes et ces spores si ténus que des courants aériens peuvent emporter à plus de 100 km d'altitude; ces particules vivantes, lancées ensuite dans l'espace interstellaire par la pression de radiations emportées dès lors de monde en monde sur l'aile de la vibration lumineuse, sont-elles bien irrémédiablement tuées par l'action microbicide des radiations ultraviolettes ?

Les expériences de M. Paul Becquerel à cet égard ne me paraissent pas probantes, pas plus d'ailleurs qu'à M. Matout qui y collabora. Tout ce qu'on peut en déduire c'est qu'un vide très poussé et la dessiccation qu'il réalise confère aux germes une très grande immunité. Alors que 3 minutes d'exposition à la lumière ultraviolette suffisent, dans les conditions terrestres habituelles de température et d'humidité, pour détruire les germes, ces particules vivantes résistent 6 heures à l'action nocive des mêmes radiations ultraviolettes pourvu que les germes soient fortement refroidis et placés dans le vide. Le milieu sidéral réalise des conditions plus parfaites de vide et des froids plus intenses que ceux que nos laboratoires nous permettent d'obtenir. Les expériences de M. Becquerel sont donc loin d'être complètement décisives. On n'en peut déduire qu'un résultat certain. C'est que le milieu sidéral vide et froid parait apte à conférer aux germes une immunité très-notable, à augmenter considérablement, en tout cas, leur résistance à l'action destructive des radiations solaires. D'autre part les expériences de M. Becquerel ne répondent point à deux objections immédiates. Dans l'espace interstellaire les germes seraient isolés et non supportés par une lame et en contact avec des traces du milieu de culture où ils se sont développés. Objection plus grave : alors même qu'il serait démontré que les radiations ultraviolettes provenant du Soleil atteignent dans l'espace intersidéral les germes qui y sont exposés avec une intensité aussi grande que celle qui leur vient d'une lampe à vapeur de mercure placée à quelques centimètres d'eux,

---

forces chimiques, la température) agissant sur le nuage informe, *protyle*, dans lequel se trouvait toute la matière dans son état préatomique.

Nous marquons, dit M. W. Crookes, d'un mot analogue à protoplasma pour exprimer l'idée de la matière originaire et primitive, telle qu'elle existait avant l'évolution des éléments chimiques. Le mot que je risque ici, ajoute l'éminent savant, est composé de προ (antérieur) et ϋλη (ce dont les choses sont faites).

« La dissociation atomique que le radium présente d'une manière si nette apparaît comme universelle. C'est une propriété fatale. Elle agit toutes les fois que nous frottons un morceau de verre avec de la soie; elle poursuit son travail dans la lumière du Soleil comme dans la goutte d'eau, dans les éclats de la foudre et dans la flamme; elle règne au milieu des cataractes et des mers déchaînées. L'étendue de l'expérience humaine est bien trop courte pour nous permettre de calculer la date de l'extinction de la matière. Le protyle, le nuage informe peut une fois de plus régner en maître. Alors l'aiguille de l'éternité aura achevé une de ses révolutions. »

il resterait à prouver que dans l'espace ces radiations sont aussi nuisibles qu'au laboratoire. Le fait que la particule exposée au rayonnement solaire obéit à la pression lumineuse qui la sollicite n'implique-t-il pas que cette radiation fût-elle ultraviolette perd déjà, de ce chef, une grande partie de son énergie à mouvoir la particule en état de vie latente ? L'expériencé pour être probante devrait être faite, en déposant le germe, isolé **autant que possible** et dénué de tout support organique, sur l'une des ailettes d'un radiomètre construit de façon que la pression de la lumière puisse s'exercer et mette en mouvement le germe à étudier. Si dans de telles conditions qui se rapprocheraient un peu de celles qui vraisemblablement se trouve réalisées dans la Nature, les radiations ultraviolettes conservaient leur puissance nocive, alors l'expérience pourrait être invoquée contre la théorie des panspermistes telle que Sw. Arrhénius vient de la rénover.

Si au contraire il faut encore plus de temps aux radiations ultra-violettes pour tuer le germe que de concert avec les autres radiations lumineuses elles meuvent, la théorie panspermiste se trouverait plutôt consolidée. L'expérience continuerait à montrer qu'à mesure qu'on se rapproche des conditions réelles connues, les germes ultra-microscopiques échappent de plus en plus à l'action nocive des radiations ultraviolettes.

———

M. O. BOUDOUARD,

Chef de laboratoire à l'École de Physique et de Chimie industrielles (Paris).

———

ESSAI DES MÉTAUX
PAR L'ÉTUDE DE L'AMORTISSEMENT DES MOUVEMENTS VIBRATOIRES.

———

620.123

6 Août.

La rupture d'un métal est provoquée, non seulement par l'application en une seule fois de la charge de rupture, mais aussi lorsqu'il est soumis à des tensions ou à des compressions notablement moindres, toutes de même sens et répétées un nombre suffisant de fois, ou bien lorsqu'il est soumis à des tensions ou à des compressions plus petites encore que les précédentes, pourvu qu'elles agissent alternativement en tension ou en compression. Or, la résistance des métaux aux efforts alternatifs est une qualité essentielle pour un grand nombre d'applications industrielles, en particulier pour les pièces de machines dans lesquelles les efforts changent à chaque instant de sens et de grandeur.

Il y a deux ans, M. A. Guillet, secrétaire de la Faculté des Sciences de Paris, en étudiant le mouvement vibratoire des métaux, mit en évidence les deux faits suivants : 1° dans les mêmes conditions d'expériences, l'amortissement d'un U de fer doux est environ trois fois plus grand que celui d'un U d'acier doux; 2° la viscosité du métal change, au fur et à mesure qu'il s'altère, par le fait de la répétition des efforts alternés. M. le professeur Henry Le Chatelier appela l'attention des savants et des ingénieurs sur le problème posé par M. Guillet : la mesure de l'amortissement

Fig. 1.

mettait en lumière une nouvelle propriété de la matière se rattachant d'une façon directe à sa constitution intime, et la nouvelle méthode d'essais, en dehors de ses qualités d'économie et de rapidité, devait présenter le très grand avantage de suivre l'altération du métal au fur et à mesure de sa progression, cette altération se manifestant par un accroissement rapide et très considérable de la vitesse d'amortissement du mouvement vibratoire.

Pour ce genre d'essais, l'emploi du diapason, tel qu'il est indiqué par M. Guillet, n'est pas absolument indispensable; il est préférable, au contraire, de pouvoir opérer sur des barres laminées rectangulaires, analogues à celles fournies par les usines. Le dispositif le plus simple consiste à encastrer des barres semblables de 20 à 30 cm de longueur dans un support massif et rigide, mais la difficulté pratique de ce procédé est de réaliser un encastrement sans aucun jeu apparent et n'ayant aucun rôle dans l'amortissement.

Description de l'appareil. — L'appareil est disposé pour produire des vibrations dans le sens horizontal (*fig.* 1). La tige de métal à étudier

(*fig.* 2) a les dimensions suivantes : 1 cm de largeur et 0,5 cm d'épaisseur;
elle vibre sur une longueur de 27 cm; elle est fixée par l'une de ses extrémités dans une sorte d'étau S s'élevant perpendiculairement à un banc B
muni d'une rainure longitudinale le long de laquelle peut coulisser

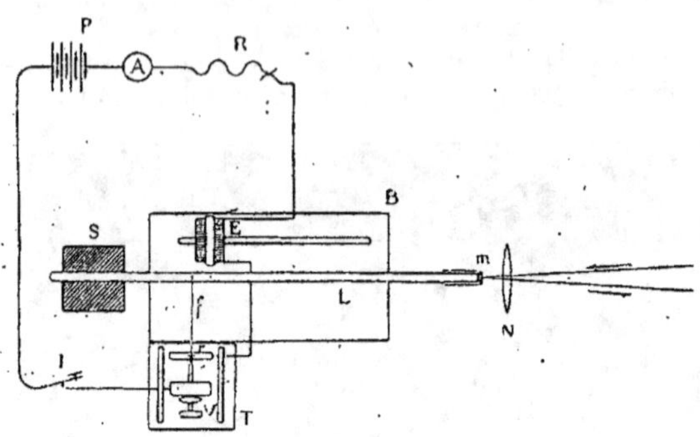

Fig. 2.

l'électro-aimant E destiné à l'attaque de la tige. Sur le côté du banc qui
est indépendant de l'étau est montée une petite tablette de laiton T
munie également de deux rainures longitudinales le long desquelles peut
se déplacer le contact d'entretien commandé par la tige vibrante.

L'étau dans lequel est encastrée la barre métallique est constitué par
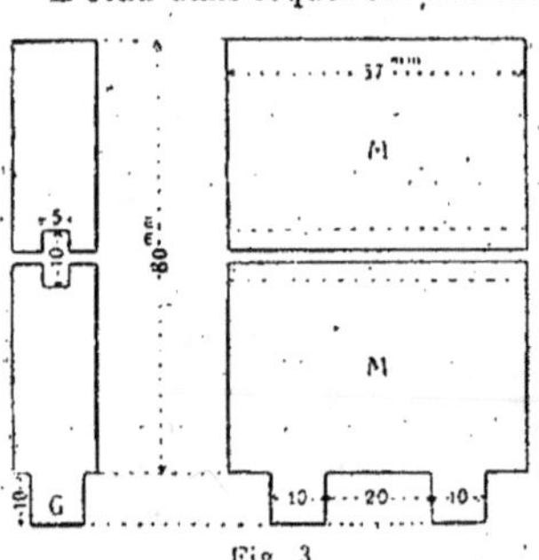
un petit laminoir à main dans lequel
les cylindres ont été remplacés par
deux mâchoires d'acier dur parfaitement ajustées, présentant le logement
de la barre à étudier (*fig.* 3); la mâchoire inférieure M présente deux gou-
jons G qui assurent sa fixité en pénétrant dans deux trous correspondants
percés dans le socle du laminoir, et
la mâchoire supérieure M' reçoit la
pression des deux vis du laminoir;
la tige vibrante est ainsi maintenue
immobile sur une longueur de 5,7 cm.

Fig. 3.

L'étau est fixé solidement à une table d'ardoise à l'aide de deux équerres
en fer doux munies d'écrous de serrage; il en est de même pour le
banc B, et la table fait corps avec les murs du bâtiment. Il importe,
en effet, de réaliser dans ce genre d'expériences une rigidité absolue du
support de la verge vibrante pour que le mouvement vibratoire de la
verge ne soit pas affecté par des causes étrangères. L'installation que
j'ai montée au Collège de France semble répondre à cette condition :

par l'examen d'une surface horizontale mercurielle, on n'arrive à
constater qu'un très léger entraînement du support sous l'influence de
mouvements vibratoires de très grande amplitude; toutefois, l'encastrement de la tige métallique dans les mâchoires de l'étau est sans
aucun jeu apparent, n'ayant ainsi aucun rôle dans l'amortissement du
mouvement vibratoire.

Le contact d'entretien est disposé à 9 cm environ de l'extrémité fixe
de la tige vibrante; il est constitué par une lame de ressort verticale r
reliée à la verge par un fil à coudre f (pôle mobile); sur le ressort peut
venir s'appuyer une vis V (pôle fixe). Les interruptions du courant sont
produites par la tige vibrante qui, tendant plus ou moins le fil f, commande ainsi la lame du ressort; la partie de la lame de ressort où jaillit
l'étincelle et l'extrémité de la vis sont garnies de platine; le platine disparaissant rapidement sur la lame de ressort, il est préférable de lui substituer une lame de fer de 2 à 3 mm d'épaisseur, qui est sans valeur et facilement remplaçable. L'attaque de la barre métallique par l'électro-
aimant se fait à 10,5 cm environ de l'extrémité fixe.

Un ampèremètre A permet de mesurer à chaque instant l'intensité du
courant, et une résistance R permet de faire varier cette intensité; le
courant est fourni par quatre accumulateurs. Un interrupteur de courant I placé dans le circuit permet de cesser l'excitation de l'électro-
aimant au moment où l'on veut étudier l'amortissement du mouvement vibratoire du métal en expérience.

La plus grande amplitude compatible avec une intensité statique
donnée s'obtient immédiatement en réglant le contact de façon qu'en
marche l'ampèremètre indique la moitié du courant statique. Quelques
centi-ampères suffisent pour avoir un mouvement vibratoire sensible;
mais si l'on veut obtenir un déplacement de l'extrémité libre de la verge
correspondant à quelques centimètres, il faut un courant d'une intensité
de plusieurs ampères. La distance entre la face latérale de la barre et
l'extrémité du noyau de l'électro-aimant est d'un demi-centimètre environ.

Pour la lecture des amplitudes, une fente étroite vivement éclairée
par une source lumineuse, ou mieux le filament même d'une lampe
à incandescence, est placé dans le plan focal d'une lentille N interposée
entre la règle transparente graduée et un petit miroir plan m fixé à l'extrémité de la verge vibrante. Les rayons issus de la source lumineuse traversent la lentille, se réfléchissent sur le miroir et, après avoir traversé
la lentille une seconde fois, viennent former une image sur la règle divisée
placée dans le même plan que la source lumineuse. Le miroir est porté par
une petite gaine de laiton rentrant à frottement dur sur l'extrémité libre
de la tige vibrante. La lentille est placée à 1 cm environ du miroir. On peut
ainsi obtenir des déplacements de l'image de 30 cm et plus, en employant
des lentilles de distances focales différentes et en faisant varier la distance
de la source lumineuse au miroir. Avec un chronomètre, il est possible

de mesurer les amplitudes à des temps différents, ou bien encore de mesurer la durée totale de l'amortissement; mais l'opération est très délicate. Pour avoir plus d'exactitude, et surtout pour éviter toute erreur personnelle, il est plus commode d'enregistrer photographiquement la courbe d'amortissement sur un cylindre tournant à une vitesse connue, un tour par minute par exemple. On peut enregistrer en même temps, ou une fois pour toutes, la courbe des vibrations d'un diapason au $\frac{1}{10}$ de seconde, ce qui permet de mesurer la durée totale de l'amortissement et le nombre de vibrations par seconde de la tige vibrante. J'ai utilisé un cylindre enregistreur modèle Richard de 12 cm de hauteur sur lequel on enroule une feuille de papier photographique au gélatinobromure très sensible; la fente lumineuse est constituée par le filament d'une lampe Nernst; l'intersection de l'image lumineuse verticale et de la fente horizontale ménagée suivant une génératrice du deuxième cylindre enveloppant le cylindre mobile détermine le point lumineux qui impressionne le papier photographique. Par suite de la rapidité des vibrations en régime normal et dans le commencement de la période d'amortissement, les sources lumineuses autres que la lampe Nernst ne sont pas suffisamment intenses pour enregistrer complètement le mouvement vibratoire normal et sa courbe d'amortissement.

Marche d'une expérience. — Dans chaque série d'essais, on enregistre la courbe d'amortissement de la barre avant de la faire vibrer, puis les courbes d'amortissement à des intervalles de temps variables jusqu'au moment de la rupture; on compare ensuite les divers diagrammes. Les essais de longue durée ont lieu par périodes d'inégale longueur, et quelquefois le métal reste au repos pendant un ou plusieurs jours entre l'enregistrement de deux courbes d'amortissement successives.

La courbe enregistrée sur un appareil Richard faisant un tour par minute ne permet pas de mesurer facilement et avec assez de précision les longueurs des élongations successives; on n'obtient en somme que la courbe-enveloppe du mouvement vibratoire sans distinguer chacune des vibrations, et l'on ne peut ainsi déterminer que la durée d'amortissement du mouvement vibratoire. Si l'on substitue alors au mouvement d'horlogerie qui règle la vitesse de rotation du cylindre à un tour par minute un dispositif d'entraînement tel que cette vitesse soit environ cinq fois plus grande, on enregistre intégralement le mouvement vibratoire, et sur la photographie obtenue, on peut déterminer les longueurs des élongations avec une précision suffisante, ainsi que le nombre des vibrations. Ce dispositif d'entraînement est très simple : une poulie d'aluminium est calée sur l'arbre de rotation du cylindre enregistreur; dans la gorge de cette poulie, passe un fil soutenant un disque de fer à l'une de ses extrémités, un contrepoids à l'autre; dans sa chute, ce disque entraîne le cylindre enregistreur et le mouvement est régularisé par le fait que la chute a lieu au sein d'une masse d'eau contenue dans une

éprouvette d'un diamètre légèrement supérieur à celui du disque. On
obtient ainsi un mouvement de rotation du cylindre enregistreur sensiblement uniforme et s'adaptant très bien aux expériences. Pour faire
une courbe d'enregistrement, on amène le disque à la partie supérieure
de sa course, et après avoir ouvert le volet de l'appareil Richard, on
l'abandonne à lui-même pendant quelques secondes, puis on coupe le

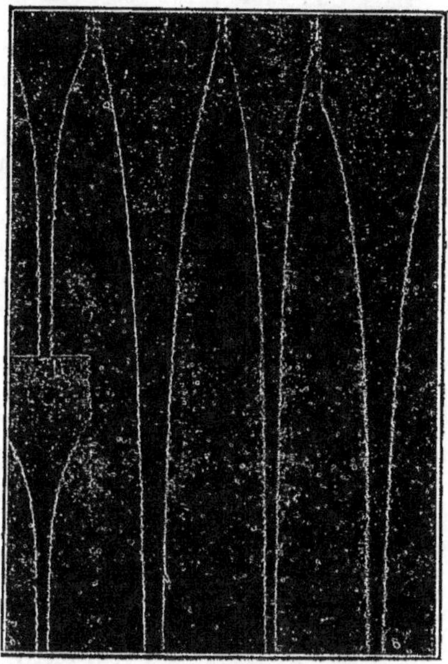

Fig. 4.

courant d'excitation de l'électro-aimant à l'aide de l'interrupteur I.
Lorsque la poulie a fait un tour, ce qu'on constate facilement à l'aide
d'un repère convenablement disposé, on abaisse le volet. Il n'y a plus
qu'à développer la feuille de papier photographique.

Dans les photographies ainsi obtenues, les distances entre les points
extrêmes des élongations constituent les amplitudes à mesurer, et c'est
en ces points que l'action de la lumière sur le papier sensible est maxima
puisque la vitesse de translation du miroir y est nulle. Les mesures des
amplitudes se font à l'aide d'une glace en verre sur laquelle est tracée
une division en demi-millimètres qu'on peut successivement amener sur
chacune des vibrations; on peut faire facilement les lectures au $\frac{1}{4}$ de
millimètre. Pour compter le nombre des vibrations, surtout vers la fin

de l'amortissement, la glace porte une série de lignes parallèles également distantes qui permettent de la déplacer d'une longueur connue et parallèlement à elle-même à partir d'un repère préalablement établi sur le diagramme.

L'élongation totale de l'extrémité libre de la verge vibrante est de 3,5 à 4 cm, ce qui correspond à un angle d'écartement de 6° à 7° environ entre les positions extrêmes. On compte environ 30 vibrations doubles par seconde; d'après Chladni, une tige vibrante ayant un bout fixe et un bout libre donne la note $ut_1 = 32,625$ vibrations doubles.

Tous les essais ont été faits dans l'air et à la température ordinaire. Il y a cependant lieu de se demander si la résistance des métaux aux efforts alternatifs n'est pas fonction de la température; très souvent les métaux travaillent à des températures plus ou moins élevées, et l'on sait que les ruptures des pièces chauffées par la vapeur dans les machines motrices ne peuvent pas s'expliquer par une diminution de ténacité. Des essais vibratoires à chaud sont en cours d'exécution, d'accord avec les aciéries d'Unieux.

Résultats expérimentaux. — Les essais ont eu lieu sur des aciers au carbone obligeamment mis à ma disposition par les établissements Schneider et Cie :

N^{os}
1............   Fer puddlé misé.
2............   Acier Martin extra-doux basique.
3............   Acier au creuset à 0,3 C environ.
4............   »   0,6 C   »
5............   »   1,0 C   »

Au point de vue du degré de précision de la méthode, j'ai recherché s'il était possible de se remettre toujours dans les mêmes conditions expérimentales, d'une part pour l'encastrement de la barrette entre les mâchoires de l'étau, d'autre part pour le serrage de l'étau sur la table. Les variations obtenues dans le premier cas sont notablement inférieures à celles obtenues dans les différentes courbes d'amortissement relatives à un même métal; dans le deuxième cas, un serrage défectueux est immédiatement reconnu parce que l'amortissement du mouvement vibratoire est presque immédiat. Quant à l'influence de la résistance de l'air sur le mouvement vibratoire, qui ne modifie pas d'ailleurs les conclusions générales de ce travail, elle se traduit par une augmentation de la valeur du décrément de 10 % environ; c'est le nombre généralement admis.

Dans les Tableaux de résultats numériques, qu'on trouvera dans le *Bulletin de la Société d'Encouragement pour l'Industrie nationale* (décembre 1910, janvier 1911), les différentes colonnes indiquent respectivement le nombre de vibrations, les longueurs des élongations mesurées sur les épreuves photographiques, les logarithmes naturels de ces élongations, les logarithmes naturels des rapports de deux élongations d'ordres différents, les décréments logarithmiques correspondants.

En général, on arrive à la rupture de la barrette d'essai :

Désignation du métal.	Durée du mouvement vibratoire jusqu'à la rupture.	Nombre de vibrations.
N^{os}	h m	
1. Recuit..............	18.45	1 995 000
2. Recuit..............	11.45	1 215 000
3. { Recuit...............	13.15	1 431 000
{ Trempé	14.15	1 512 000
4. { Recuit..............	6.15	648 000
{ Trempé	1.25	153 000
5. { Recuit	3.25	369 000
{ Trempé	5	9 000
{ Trempé et revenu..	pas de rupture après 26^{h}3o^m	> 2 862 000

Dans tous ces essais, la rupture du métal est produite par la répétition d'un grand nombre d'efforts alternatifs inférieurs à la charge de rupture. On sait que lorsqu'on soumet une pièce métallique à la répétition d'efforts alternants entre une charge inférieure nulle et une charge supérieure déterminée on ne produit pas la rupture, même après un nombre d'efforts illimité, si la charge supérieure n'atteint pas la limite d'élasticité primitive; tant que la limite d'élasticité n'est pas dépassée, la sécurité de la pièce n'est pas compromise. Il est facile de calculer approximativement la force correspondant à l'action de l'électro-aimant susceptible de donner à la barrette d'essai une flexion équivalente d'une part, de déterminer expérimentalement la limite élastique pratique des métaux essayés au mouvement vibratoire d'autre part; il ressort de cette étude que les barres se sont rompues quoique ayant travaillé au-dessous de leur limite élastique.

Enfin, si l'on envisage la question de l'amortissement du mouvement vibratoire, contrairement aux résultats qui pouvaient être espérés en entreprenant ce travail, les résultats d'ensemble ne paraissent pas établir très nettement que le métal subisse des transformations très notables avant sa rupture et que son altération puisse être suivie facilement par la comparaison de la vitesse d'amortissement du mouvement vibratoire à différents instants. On peut cependant se rendre compte de la variation de l'amortissement en déterminant dans chaque essai le décrément logarithmique moyen; on arrive aux mêmes résultats que par la considération des courbes d'amortissement construites en prenant comme coordonnées les nombres de vibrations et les logarithmes des élongations.

Conclusions. — I. Dans les essais des différentes éprouvettes, il est possible de se remettre très facilement dans les mêmes conditions d'expériences et d'obtenir des mesures comparables les unes avec les autres;

il n'y a pas à craindre un défaut de serrage des écrous fixant le support
d'encastrement à la table, car il se traduirait immédiatement par des
courbes d'amortissement complètement différentes des courbes généralement obtenues. Quant au temps nécessaire pour amener la rupture
d'un métal donné, soumis à un mouvement vibratoire continu, il est
pratiquement le même dans différents essais; pour des aciers à o,3 de
carbone, n'ayant pas la même origine, mais la même composition chimique, on a trouvé des durées respectivement égales à 12 heures 3o minutes
et 13 heures 15 minutes. La nouvelle méthode d'essai des métaux par
l'étude de l'amortissement du mouvement vibratoire est donc susceptible
d'être employée utilement pour déterminer leur résistance aux efforts
alternatifs.

II. Un mouvement vibratoire suffisamment prolongé conduit toujours
à la rupture du métal essayé, et le nombre de vibrations nécessaires varie
en raison inverse de la teneur en carbone pour les aciers demi-durs et durs
étudiés. Le fer puddlé et l'acier extra-doux qui ont une composition
chimique très voisine, sauf pour la teneur en manganèse qui varie de o,o5o
à o,4oo, et les mêmes constantes mécaniques, présentent une différence
très nette au point de vue du temps nécessaire pour les rompre, le fer
puddlé étant beaucoup plus résistant que l'acier extra-doux. L'acier
à o,3 de carbone, recuit ou trempé, n'accuse pas de différence sensible.
Pour les aciers durs, la trempe diminue très notablement la durée du
mouvement vibratoire nécessaire pour obtenir la rupture. Le revenu
améliore considérablement la qualité des métaux, puisqu'un acier à 1,o
de carbone qui se rompait après 3 heures 25 minutes à l'état recuit et
après 5 minutes à l'état trempé, ne l'est pas encore après 26 heures
3o minutes à l'état trempé et revenu.

III. Si l'on examine les cassures des métaux rompus, elles ont toutes
un aspect semblable; on y observe très nettement, même à l'œil nu, des
lignes de séparation suivant lesquelles semble s'être faite graduellement
la rupture; la grosseur du grain est variable suivant les zones, et elle
apparaît notablement exagérée dans les métaux trempés. De plus, perpendiculairement aux arêtes de la section de rupture, on voit des lignes
d'arrachement très apparentes qui ne dépassent pas en longueur la
moitié de la plus petite dimension des barrettes d'essai et ne présentent
aucune régularité.

IV. Au point de vue des propriétés mécaniques, il convient de retenir
la grande élévation de limite élastique que le fer puddlé et l'acier extra-
doux accusent après avoir été soumis à un mouvement vibratoire ayant
amené leur rupture. Il faut remarquer également que tous les métaux
essayés se sont rompus, quoique ayant travaillé notablement au-dessous
de leur limite élastique.

V. Les variations de l'amortissement du mouvement vibratoire sont, en général, trop faibles pour caractériser un métal à différents moments de l'essai. S'il était possible de prévoir exactement le moment de la rupture, la comparaison de la courbe obtenue quelques minutes avant cette rupture avec la courbe initiale fournirait un renseignement plus intéressant sur l'état du métal ayant vibré; cela paraît résulter des essais faits avec les métaux 1 recuit et 4 trempé, pour lesquels les courbes d'amortissement prises 15 et 25 minutes avant la rupture indiquent des amortissements ayant augmenté d'environ 50 % par rapport à l'amortissement initial. Mais on ne peut pas poser de règle fixe, car ce sera l'inconnu pour chaque métal nouveau, à moins dé multiplier les expériences à des intervalles très rapprochés; la méthode deviendrait alors fastidieuse. Je dois rappeler de plus que les essais de longue durée que j'ai effectués n'ont pas pu avoir lieu sans interruption, le métal restant au repos pendant un ou plusieurs jours entre l'enregistrement de deux courbes d'amortissement successives; peut-être y a-t-il là un facteur ayant une certaine influence sur le résultat final des essais?

Pour les aciers recuits, l'amortissement diminue lorsque la teneur en carbone augmente; si l'on compare l'acier extra-doux au fer puddlé de même composition chimique et des mêmes constantes mécaniques, pour des mêmes durées de mouvement vibratoire, l'amortissement du fer puddlé est inférieur d'environ 50 % à celui de l'acier extra-doux pour lui devenir presque égal 15 minutes avant la rupture de la barrette d'essai, c'est-à-dire 7 heures 30 minutes après que la barre d'acier extra-doux est déjà rompue. L'amortissement du métal n° 3 trempé est inférieur à celui du même métal recuit; on observe l'inverse pour les métaux n° 4 recuits et trempés. Enfin, l'amortissement du métal n° 5 trempé et revenu, quoique passant par un maximum, reste sensiblement le même que celui de métal recuit.

M. O. BOUDOUARD.

RÉSISTIVITÉ ÉLECTRIQUE DES ACIERS SPÉCIAUX.

537.733

6 Août.

Il y a quelques années, j'ai étudié les variations de la résistance électrique des aciers en fonction de la température, dans le but de déterminer les points de transformation du fer et de ses alliages; mes recherches portèrent sur des aciers au carbone, au chrome (2 % à 3,5 %), au tungstène (3 %), au manganèse (2 %), au nickel (3 % à 4 %). Ayant à ma disposition des séries d'aciers spéciaux dans lesquels la teneur en métal spécial s'élève jusqu'à plus de 30 %, je pense reprendre d'une manière systématique la question que j'avais déjà étudiée en 1902. La méthode que j'ai employée à cette époque ne me donnait pas la résistance électrique en valeur absolue; aussi la première question qui s'est posée pour moi a été de déterminer la résistivité électrique des aciers spéciaux à la température ordinaire. Des études semblables ont déjà été faites, en particulier par MM. Henry Le Chatelier, Barrett, Brown et Hadfield, Portevin.

J'ai étudié les aciers au nickel, au manganèse, au chrome, au tungstène; voici les nombres trouvés, les résistances ayant été mesurées par la méthode de lord Kelvin, montage Carpentier :

1° *Aciers au carbone.*

	Carbone.	Manganèse.	ρ micr.-cm.
Fer puddlé	0,150	0,050	11,6
Acier..............	0,090	0,400	13,4
Acier..............	0,290	0,400	15,7
Acier..............	0,570	0,400	17,5
Acier..............	0,920	0,400	18,6

2° *Aciers au nickel.*

A 0,100 de carbone.		A 0,800 de carbone.	
Teneur en Ni.	ρ.	Teneur en Ni.	ρ.
2,23......	15,8	2,20......	20,1
5,23......	22,1	4,90......	26,2
7,13......	24,6	7,09......	31,0
10,10......	27,8	9,79......	40,6
12,07......	30,0	12,27......	46,8
15,17......	31,3	15,04......	47,8
20,40......	33,7	20,01......	60,9
25,85......	39,8	25,06......	75,2
		29,96......	87,1

3° *Aciers au manganèse.*

Peu carburés (0,1-0,2 C).		Très carburés (0,8-0,9 C).	
Teneur en Mn.	ρ.	Teneur en Mn.	ρ.
0,432.....	15,5	0,461.....	27,9
2,150.....	25,4	1,031.....	31,0
6,139.....	59,8	1,972.....	38,4
10,512.....	73,1	3,084.....	40,3
12,920.....	75,8	5,112.....	51,8
14,400.....	72,5	7,200.....	63,5
		10,080.....	70,2
		12,096.....	71,2

4° *Aciers au chrome.*

Peu carburés (0,1-0,2 C).		Très carburés (0,8-0,9 C).	
Teneur en Cr.	ρ.	Teneur en Cr.	ρ.
0,703	16,2	0,986	25,4
1,207	22,5	2,141	28,2
4,502	33,2	4,570	29,2
7,835	51,7	7,279	39,0
9,145	48,1	9,376	61,6
10,136	66,2	11,521	48,3
13,603	62,0	14,538	65,0
14,532	62,5	18,650	71,3
22,060	55,5	26,541	67,2
25,306	58,5	32,560	66,4
31,746	65,8	36,340	86,1
		40,0	75,2

5° *Aciers au tungstène (aciers à 0,5-0,8 carbone).*

	Métal à l'état		
Teneur en W.	Trempé.	Recuit.	Naturel.
0,30	18,2	18,4	17,4
7,0	44,3	42,7	44,3
10,0	26,7	23,5	38,2
17,0	51,0	47,8	51,9
22,0	67,5	62,5	60,3

En résumé, on voit que :

1° Dans les aciers au carbone, la résistivité électrique croît avec la teneur en carbone;

2° Dans les aciers au nickel, à proportions égales de nickel, le carbone augmente considérablement ρ; la résistivité du nickel étant égale à 6,9, la courbe des variations passe certainement par un maximum qui correspond à une teneur en nickel comprise entre 30 % et 35 %, soit à la combinaison Ni Fe^2;

3° Dans les aciers au manganèse, la teneur en carbone semble ne pas intervenir; ρ passerait par un maximum correspondant à 12-13 % de manganèse;

4° Dans les aciers au chrome, on observe des irrégularités très importantes, qu'il y ait peu ou beaucoup de carbone;

5° Dans les aciers au tungstène, l'état du métal ne modifie pas sensiblement la résistivité qui passe cependant par un maximum, puis par un minimum, pour croître ensuite.

Je n'ai fait aucune détermination du coefficient de température de ces différents alliages; les nombres qu'on trouve à ce sujet dans les formu-

laires indiquent que ces coefficients sont notablement inférieurs à ceux
se rapportant aux métaux purs.

D'après M. Benedicks, la résistance électrique des aciers à la température ordinaire se laisse exprimer par une fonction linéaire de la somme
des valeurs en carbone des éléments dissous dans le fer, d'après la formule

$$\rho = 7,6 + 26,8\, \Sigma C \text{ micr.-cm},$$

$$\Sigma C = C + \frac{12,0}{28,4} Si + \frac{12,0}{55,0} Mn + \ldots.$$

cette formule reposant sur le fait capital que des quantités équivalentes
des éléments étrangers dissous dans le fer causent le même accroissement de résistance.

J'ai appliqué cette formule aux aciers au carbone que j'ai étudiés;
l'accord est très bon. Elle ne s'applique naturellement plus pour les
aciers spéciaux, mais elle permet alors de déterminer l'influence spécifique d'un métal sur la résistance électrique de l'acier considéré.

CHIMIE.

M. Ph. BARBIER,
Professeur à la Faculté des Sciences (Lyon),

ET

V. GRIGNARD,
Professeur à la Faculté des Sciences (Nancy).

SUR LES ACIDES CAMPHANE-CARBONIQUES STÉRÉOISOMÈRES.

547.785.22

6 Août.

Les recherches que nous avons entreprises, il y a longtemps déjà, sur le chlorhydrate liquide de pinène (*), nous ont obligés à une étude parallèle sur le chlorhydrate solide qui est, comme l'on sait, un des constituants principaux du chlorhydrate liquide.

Nos expériences (**) et celles de Hesse (***) ont montré que l'oxydation du magnésien du chlorhydrate solide conduit à un mélange de bornéol et d'isobornéol. Mais l'étude de la carbonatation du même magnésien, où nous nous sommes rencontrés avec Houben, a donné des résultats beaucoup moins nets, ce qui tient naturellement à ce que les acides obtenus n'avaient pu, comme les camphols, être étudiés auparavant.

Houben (****) décrit d'abord, sans les identifier, un acide hydropinène carbonique fusible à 72°-74°, dérivé du chlorhydrate solide et un acide fusible à 72°, dérivé du chlorure de bornyle.

Zelinsky (*****) avait préparé à peu près en même temps, au départ de l'iodure de bornyle, un acide fusible à 69°-71°. De notre côté (*loc. cit.*), en opérant sur le chlorhydrate solide de pinène français que nous obtenions à côté de notre chlorhydrate liquide, nous arrivions à un acide fusible à 76°-78°. Ces différents résultats n'étaient d'ailleurs pas comparables, en raison de la diversité des matières premières, les unes actives, les autres racémiques et certaines, comme l'iodure de bornyle, étant certainement des mélanges de stéréoisomères.

(*) *Bull. Soc. chim.*, 1904, p. 951.
(**) *Ibid.*, 1904, p. 840; 1910, p. 342.
(***) *D. ch. Ges.*, 1906, p. 1127.
(****) *Ibid.*, 1902, p. 3696; 1905, p. 3799.
(*****) *Ibid.*, 1902.

Au cours de nouvelles recherches, nous avons pu isoler en très petite
quantité un nouvel isomère cristallisé en petits prismes fusibles à 83°,
alors que les acides précédents sont en aiguilles. Nous avons fait figurer
cet acide dans l'Exposition collective de la Société chimique à Bruxelles
(mai 1910). Peu après, Houben et Doescher (*) obtiennent par oxydation de leur aldéhyde hydropinène-carbonique un acide fusible, sans
netteté, à 88°-90°, tandis qu'en saponifiant l'éther éthylique de leur
acide primitif, fusible à 72°-74°, ils aboutissent à un acide fusible à 82°;
enfin, en transformant le même acide en anhydride, ils régénèrent par
hydratation, un acide fusible à 78°. Ces résultats les amènent à la
conclusion que l'acide hydropinène carbonique doit être un mélange de
deux stéréoisomères; mais comme ils tiennent le chlorhydrate solide
de pinène pour un individu chimique et non un mélange de stéréoisomères baeyériens, ils pensent que l'isomérisation observée peut être due
à l'action du chlorure de magnésium dont il se forme toujours une certaine quantité dans la préparation du magnésien, en vertu de la réaction
secondaire

$$2\,R\,Cl + Mg = Mg\,Cl^2 + R - R.$$

Les recherches déjà très avancées, que nous avions en cours au moment de l'apparition de ce Mémoire, montrent, au contraire, que tout
au moins le chlorhydrate de pinène gauche peut conduire, suivant son
mode de préparation, à des isomères différents; elles mettent en évidence
l'existence pour les acides camphane-carboniques de deux formes *cis*
et *cis-trans* et élucident un certain nombre de conditions dans lesquelles
on peut passer de la forme instable à la forme stable.

Cette découverte tient d'ailleurs à cette circonstance particulière que
nous avons tout d'abord utilisé exclusivement le chlorhydrate solide
qu'on sépare accessoirement dans la préparation du chlorhydrate liquide.
Cette préparation s'effectue, comme l'un de nous (**) l'a indiqué, en saturant d'H Cl sec une solution alcoolique de pinène à 75°-80°. Le chlorhydrate liquide distille surtout à 80°-82° sous 13 mm; on isole ensuite
une portion 84°-90° sous 13 mm qui cristallise spontanément et au-dessus
des produits supérieurs constitués surtout par du dichlorhydrate de
dipentène. La portion moyenne refroidie et essorée à la trompe fournit
ainsi un chlorhydrate solide (A), plus blanc, plus friable, et qui se conserve mieux que celui du procédé habituel (B), duquel il ne paraît différer
que par un pouvoir rotatoire un peu plus faible. En effet, en partant d'un
pinène français pour lequel on avait

$$[\alpha_D] = -35°,17,$$

nous avons obtenu un chlorhydrate (A) fusible à 126° (de l'éther), et

---

(*) *D. ch. Ges.*, décembre, 1910, p. 3435.
(**) Ph. Barbier, *Comptes rendus*.

possédant comme pouvoir rotatoire

$$[\alpha_D] = -21^o,66.$$

Le chlorhydrate (B) préparé en saturant le même pinène, à froid, par H Cl fondait à 127° (de l'éther), et a donné

$$[\alpha_D] = -25^o,20.$$

Il résulte de nos recherches avec le chlorhydrate (A) et de celles de Hesse avec le chlorhydrate (B) qu'ils conduisent l'un et l'autre par oxydation de leurs magnésiens à un mélange de bornéol, en excès, et d'isobornéol, gauche dans les deux cas, mais notablement plus actif dans le second. Ces résultats sont en relation directe avec l'activité optique des chlorhydrates initiaux et n'ont, par suite, rien qui puisse surprendre.

Il n'en est plus de même quand on transforme les mêmes chlorhydrates en acides. Le magnésien du chlorhydrate (A) a été préparé, comme nous l'avons déjà indiqué pour le chlorhydrate liquide en présence de $\frac{1}{4}$ mol de $C^2 H^5$ Br destiné à activer la réaction et avec une quantité suffisante d'éther anhydre (environ 4 mol) pour que la température d'ébullition de la solution reste voisine de 35°. Après carbonatation on décompose sur la glace, on acidifie par l'acide chlorhydrique dilué et l'on épuise la solution éthérée par le carbonate de sodium additionné d'un peu de soude. On isole ainsi un acide qui cristallise spontanément avec l'aspect du camphre, et qui bout très nettement à $157^o\text{-}158^o$ sous 16 mm. Rendement 30 à 40 %. Il ne recristallise convenablement que dans l'alcool méthylique (ou éthylique) aqueux, d'où les deux tiers environ se séparent sous forme de longues aiguilles fusibles à $76^o\text{-}78^o$. Le reste de l'acide se dépose huileux et l'on ne réussit pas, en le purifiant à nouveau par son sel de Na, à le rendre cristallisable.

L'acide cristallisé répond à la formule prévue, $C^{10} H^{17} CO^2 H$, et il est nettement dextrogyre; dans l'alcool méthylique à la concentration $c = 14,75\%$, il a donné la rotation α 10 cm $= + 1^o 20'$, $\alpha_D^{10\ cm}$.

Sous des influences très variées, action de la chaleur seule, chauffage avec les acides forts, avec la potasse alcoolique, avec les amines aromatiques, cet acide s'isomérise plus ou moins rapidement en un acide gauche dont l'activité optique est sensiblement la même en valeur absolue, mais qui cristallise en aiguilles fusibles à $88^o\text{-}89^o$.

L'isomérisation se réalise au mieux par chauffage de l'acide au bain-marie bouillant, pendant 3 heures, avec environ 10 parties d'acide sulfurique à 90 %.

Dans ces conditions la transformation est sensiblement intégrale; en précipitant par l'eau la solution sulfurique et recristallisant dans l'alcool méthylique aqueux, on obtient surtout des aiguilles plus fines que celles de l'acide primitif et fusibles à $88^o\text{-}89^o$; les derniers dépôts fondent à

85°-86°. Ce nouvel acide dont l'analyse correspond toujours à $C^{10}H^{17}CO^2H$ a donné, en solution méthylique pour $c = 14,05\ \%$, $\alpha_D^{10\ cm} = -1°\ 30'$.

L'analogie d'aspect cristallin et d'activité optique entre les deux isomères permettait de se demander si l'on n'était pas en présence de deux inverses optiques dont l'un aurait eu son point de fusion abaissé par une trace d'impureté. Mais on ne réussit pas par recristallisation à modifier les points de fusion, ni à obtenir un racémique par mélange des deux acides.

Pour plus de sécurité, nous avons étudié directement l'acide racémique que nous avons obtenu en partant de pinène racémique. Du pinène américain faiblement droit a été racémisé avec un peu de pinène français, puis traité pour chlorhydrate liquide; nous avons ainsi obtenu accessoirement du chlorhydrate solide (A) racémique qui nous a fourni un acide racémique cristallisé en aiguilles fusibles à 78°-80°. Cet acide s'isomérise dans les mêmes conditions que précédemment en petits prismes fusibles à 93°-94°.

Il ne semble donc y avoir aucun doute que nous nous trouvons, dans chaque cas, en présence des deux isomères baeyériens prévus par la théorie, la forme la plus stable est celle qui fond le plus haut, conformément à la règle observée pour les séries ortho et para.

Nous voyons donc que notre chlorhydrate solide (A) conduit, d'une part, par oxydation de son magnésien à un mélange de bornéol gauche et d'isobornéol droit qui abaisse l'activité du mélange, mais c'est ici la forme stable qui prédomine. D'autre part, la carbonatation du même magnésien donne surtout un acide camphane-carbonique droit (la portion huileuse incristallisable dans les dissolvants et légèrement gauche est certainement un mélange des deux isomères). Et cet acide droit s'isomérise en un acide gauche, absolument comme l'isobornéol droit se transforme en bornéol gauche. Il y a ainsi parallélisme complet entre l'isomérisation des acides camphane-carboniques et celle des camphols, telle que l'ont mise particulièrement en évidence les belles recherches de M. Haller, et il est logique d'adopter dans les deux cas la même nomenclature.

Notre acide droit fusible à 76°-78° obtenu directement par carbonatation du magnésien de notre chlorhydrate (A) doit être considéré comme acide β ou *d-isocamphane-carbonique*; son produit d'isomérisation est l'acide α ou *l.-camphane-carbonique*, fusible à 88°-89°.

De même pour les acides racémiques, celui qui fond le plus bas (79°-80°) est l'acide *r-isocamphane-carbonique*, l'autre à point de fusion 93°-94°, est l'acide *r-camphane-carbonique*.

Si maintenant nous répétons les expériences précédentes sur le chlorhydrate gauche (B), en préparant le magnésien à froid, de façon à éviter autant que possible l'isomérisation, nous ne parvenons plus à isoler un acide droit, mais seulement un acide faiblement gauche, très bien cristallisé en aiguilles fusibles à 73°-74°, qui ont donné pour

$$c = 18,96 \%$$

$$\alpha_D^{10\,cm} = -\,0°22'.$$

Cet acide s'isomérise comme le premier, par chauffage avec l'acide sulfurique à 90 %, mais plus lentement, si bien qu'au bout de 3 heures on obtient un acide fusible à 85°-86°, à côté encore d'une certaine quantité d'aiguilles fusibles à 75°-76°. L'acide isomérisé est beaucoup plus gauche que l'acide primitif : pour $c = 13,25 \%$

$$\alpha_D^{10\,cm} = -\,1°34'.$$

(On ne peut d'ailleurs comparer cette activité optique à celle des acides déjà décrits préparés avec le chlorhydrate (A), car le pinène initial n'avait pas la même activité dans les deux cas. Il ne faut envisager ces nombres qu'au point de vue relatif.)

Le résultat précédent montre que l'acide obtenu avec le chlorhydrate (B) doit être considéré comme un mélange d'acide camphane carbonique gauche, en excès, et d'acide isocamphane-carbonique droit qui abaisse le pouvoir rotatoire apparent.

Malgré la différence des points de fusion entre les acides isomérisés provenant des chlorhydrates (A) et (B), il ne peut y avoir aucun doute que nous sommes toujours en présence des mêmes stéréoisomères, soit seuls, soit à l'état de mélanges en proportions diverses. En effet, tous ces acides, droits ou gauches, isomérisés ou non, conduisent, lorsqu'on les chauffe pendant 15 heures à 180° environ, avec un grand excès de p-toluidine, à une toluide unique gauche, qui cristallise dans l'éther en aiguilles fusibles à 185°. Ce résultat s'explique très bien par ce fait que l'acide instable, β, se transforme d'abord en acide stable, α, et qu'on obtient uniquement la toluide de ce dernier. De même avec l'aniline, on obtient une seule anilide fusible à 179° (*).

Remarquons toutefois que lorsqu'on saponifie la toluide par chauffage vers 140° avec la potasse alcoolique, on n'obtient pas, comme on pourrait s'y attendre, l'acide α fusible à 87°-89°, mais des aiguilles fusibles à 85°-86° accompagnées d'une faible quantité de petits prismes fusibles sensiblement à la même température. A la concentration $c = 15,76 \%$, les aiguilles ont donné $\alpha_D^{10\,cm} = -\,1°34'$, activité de très peu inférieure à celle de l'acide à point de fusion maximum.

Ceci permettrait de supposer que sous l'influence de certains réactifs isomérisants, il peut s'établir un équilibre entre les deux formes. Mais d'autres observations nous conduisent aussi à envisager la possibilité d'une racémisation partielle. Nous ne sommes pas encore en état de nous prononcer sur ce point.

Mais une conclusion résulte immédiatement de la comparaison des

---

(*) Les acides racémiques donnent également une seule anilide fusible à 151°, comme celle de Houben, et une seule toluide fusible à 168-169°.

différents acides obtenus. C'est que les deux stéréoisomères correspondants, $\bar{\alpha}$ et $\overset{+}{\beta}$ dans nos expériences, peuvent cristalliser ensemble en proportions variées, sans que l'aspect cristallin et l'aptitude à la cristallisation soient modifiés. En étudiant l'isomérisation progressive sous l'influence de divers réactifs, nous avons même observé d'autres formes que celles précédemment signalées : c'est ainsi que par chauffage de 1 heure avec l'acide chlorhydrique concentré, l'acide $\overset{+}{\beta}$ donne de magnifiques aiguilles fusibles à 81°. Ce phénomène est d'ailleurs analogue à celui que présentent les mélanges de bornéol et d'isobornéol.

Cette circonstance complique beaucoup, comme on le voit, l'étude de ces acides et, en particulier, elle doit nous mettre en garde dans la recherche des isomères purs. L'acide fusible à 88°-89°, qui ne se modifie plus par un nouveau chauffage avec l'acide sulfurique (sauf altération lente avec dégagement de SO^2), peut être sans doute regardé comme l'acide $\bar{\alpha}$, à l'état pur. Mais il n'en est plus de même pour l'acide droit fusible à 76°-78° qui peut fort bien être encore un complexe contenant surtout l'acide $\overset{+}{\beta}$, avec un peu d'acide $\bar{\alpha}$.

Enfin, les résultats si nettement différents obtenus en traitant de la même manière les chlorhydrates (A) et (B) établissent que les chlorures de bornyle *cis* et *cis-trans* cristallisent ensemble dans le chlorhydrate de pinène, et en proportions variables suivant le mode de préparation. Nous n'avons d'ailleurs pas encore recherché si les différences observées tiennent à la différence des conditions de saturation par l'HCl ou à ce que l'un des produits a été distillé.

Il ne peut être question, en effet, d'invoquer une isomérisation produite au cours de l'opération magnésienne, puisque le traitement a été le même dans tous les cas. Mais nous avons reconnu cependant que les conditions de préparation du magnésien peuvent aussi modifier les résultats.

Par exemple, si nous prenons le chlorhydrate (B) qui nous a servi tout à l'heure; nous avons vu qu'en préparant le magnésien à froid, on obtient un acide faiblement gauche, fusible à 73°-74°. Si maintenant nous préparons le magnésien par la méthode de Hesse qui emploie peu d'éther, la température atteint environ 60°, et l'on aboutit à un acide fusible à 81°, et beaucoup plus actif que le précédent : pour $c = 12,1 \%$, $\alpha_{\text{D}}^{10\,\text{cm}} = -1°\,20'$.

Et nous avons pu mettre en évidence l'action isomérisante du sel haloïde de magnésium, soupçonnée par Houben et Doescher, au moyen de l'expérience suivante. Nous avons préparé le magnésien du chlorhydrate (B) précédent, nous y avons ajouté une solution éthérée d'éthérobromure de magnésium et nous avons fait bouillir pendant 16 heures, avant de carbonater. Nous avons ainsi obtenu un acide cristallisé en petits prismes fusibles à 83°, et dont l'activité optique est encore plus grande que dans l'expérience précédente (pour $c = 12,87\%$, $\alpha_{\mathrm{D}}^{10\,cm} = -2^{\circ}2'$), ce qui prouve que la proportion de l'isomère stable a encore augmenté.

En résumé : Nous avons pu isolér l'acide camphane-carbonique sous deux formes *cis* et *cis-trans* correspondantes et de pouvoirs optiques inverses.

La forme instable fondant le plus bas s'isomérise en la stable sous des influences très diverses, mais les deux formes sont susceptibles de cristalliser ensemble et en proportions variées.

- Le chlorhydrate de pinène actif doit être considéré comme un mélange en proportions variables des deux stéréoisomères baeyériens, ces proportions dépendant du mode de préparation.

Dans une préparation d'acide camphane-carbonique, le résultat dépend non seulement du mode de préparation du chlorhydrate de pinène, mais encore de celui du dérivé magnésien.

M. Alexandre HÉBERT,

Chef adjoint des Travaux chimiques à l'École Centrale des Arts et Manufactures.

LA CHIMIE EN HORTICULTURE.

5 *Août.*

54 : 63

I. D'une façon générale, on peut dire que les végétaux trouvent dans toutes les atmosphères et dans la plupart des sols les matériaux qui sont nécessaires à l'élaboration de leurs tissus; mais ils peuvent les trouver, soit en quantité insuffisante ou surabondante, soit sous une forme qui ne leur convient pas, et qui ne permet pas leur assimilation facile. L'agriculture proprement dite, c'est-à-dire la culture rationnelle des champs, a profité largement des progrès de la Chimie; mais l'horticulture n'a encore mis cette science à contribution que dans des limites restreintes.

C'est que là, en effet, le problème est plus complexe et le but n'est pas identique à celui qu'on vise dans la grande culture. Cette dernière ne cherche qu'une production aussi élevée que possible de grains, de tubercules, de racines, de fourrage, etc., qui s'obtient en maintenant la plante entière en bon état de prospérité; de plus, les végétaux cultivés sur de grandes surfaces sont tous originaires de nos pays ou y sont acclimatés depuis longtemps, et n'exigent pas pour leur croissance de précautions particulières. Il en est tout autrement en horticulture; le but des praticiens varie suivant les genres de plantes : pour les unes, on cherche à obtenir un feuillage aussi beau et aussi touffu que possible en retardant la formation des fruits et des graines; pour les autres, on veut produire des fleurs belles comme formes et comme couleurs. De plus, ces divers végétaux exigent tous des sols différents dont les propriétés chimiques ne sont que récemment connues; enfin la plupart des productions horticoles proviennent de pays chauds et ne croissent que grâce à des précautions toutes spéciales.

Pendant longtemps, l'horticulture se contenta de suivre, au point de vue des engrais et des sols, des méthodes empiriques; l'étude botanique des diverses espèces horticoles fut, au contraire, beaucoup plus complète; la reproduction et la sélection des variétés les plus en faveur furent l'objet de recherches nombreuses et suivies. Depuis quelques années, cependant, une réaction tend à s'opérer, l'horticulture étant devenue une véritable industrie, par suite des demandes nombreuses dues à l'accroissement du bien-être et de la richesse publique; les praticiens ont été amenés à chercher à obtenir une plus grande production avec le moins de frais possible et à donner une importance primordiale aux questions de rendement.

II. Dans les expériences de chimie appliquée aux plantes dans le sens que nous indiquons, il y a trois facteurs à considérer : 1° les besoins de la plante en éléments fertilisants; 2° la quantité de ces éléments que le sol est susceptible de fournir à la plante; 3° les engrais qu'il sera nécessaire d'ajouter au sol pour la culture de la plante et qu'on déduira des deux résultats précédents. La constatation des résultats obtenus appelle une observation nécessaire. En agriculture, quand on soumet des plantes communes à l'action d'un engrais quelconque, dans un certain terrain et dans certaines conditions, on peut toujours facilement, pour rendre compte de l'expérience, couper ou enlever les plantes et les peser pour en déterminer le rendement et constater l'influence de l'engrais ou du sol. On ne peut procéder de même en horticulture où l'on se préoccupe souvent beaucoup plus de la beauté et de la pureté de race des végétaux que de la quantité qu'on en a obtenue; il y a là une question d'appréciation que les praticiens seuls peuvent trancher et pour laquelle il faut leur faire confiance.

Pour démontrer le bien-fondé des recherches que nous préconisons, et les profits qu'on en peut retirer, nous passerons rapidement en revue quelques études systématiques que nous avons effectuées seul ou avec divers collaborateurs et qui sont tout à fait démonstratives à cet égard.

Le *Vriesea splendens* (famille des Broméliacées) est une plante acaule, à feuilles engainantes striées de noir, ayant une floraison d'une inflorescence d'un beau rouge vermillon, très décorative; elle est cultivée en serre chaude dans une terre poreuse, humifère. L'analyse de ces plantes, d'une part; l'étude du terreau dans lequel elles sont cultivées, d'autre part, nous a montré que la nitrification de ce dernier est largement suffisante pour fournir tout l'azote nécessaire à la plante, que la potasse et la chaux sont aussi en quantités convenables, mais que l'acide phosphorique fait défaut. L'addition d'une dose de 25 g de phosphate de soude par mètre superficiel a donné les meilleurs résultats.

Les *Anthurium Scherzerianum* (Aroïdées) sont très répandues comme plantes à feuillage ornemental et à fleurs; elles sont cultivées aussi en serre chaude dans le terreau de feuilles. La même marche de recherches suivie pour ces plantes a indiqué que le terreau ne pouvait lui fournir la potasse et l'acide phosphorique exigés par une plante prospère; la distribution de 40 g de phosphate de potasse par mètre carré amène un développement considérable de ces végétaux.

Les *Chrysanthèmes* (Composées) sont des plantes bien connues pour leurs fleurs, et dont la culture a subi une extension considérable. On les cultive, au moment du rempotage définitif, dans un mélange de terre franche et de terreau de feuilles qui ne leur fournit, d'après nos analyses, ni assez d'azote, ni assez d'acide phosphorique.

Ces végétaux acquièrent une plus-value très importante quand on additionne leur sol de nitrate de soude ou de sulfate d'ammoniaque comme complément d'azote, et de phosphate ammoniaco-magnésien, ou de phosphate d'ammoniaque, comme complément d'acide phosphorique et d'azote. Ces engrais doivent être distribués en arrosages au millième.

Les *Cattleya* (Orchidées), exploitées pour leurs fleurs, paraissent rebelles à l'acclimatement et périssent au bout de quelques années. Étant cultivées dans des sols inertes composés de racines de fougères et de mousses (*Polypodium* et *Sphagnum*), leur affaiblissement doit provenir de la diminution de certains éléments nutritifs qu'on pourrait leur fournir sous forme d'engrais. Les analyses comparatives des plantes normales et des plantes dégénérées nous a montré que ces dernières contiennent moins de matière sèche, d'azote et de cendres; parmi celles-ci, la diminution porte sur la potasse, la chaux, la magnésie et l'acide phosphorique, c'est-à-dire sur les principaux éléments fertilisants. Cet appauvrissement est attribuable à l'exportation des fleurs chez lesquelles l'analyse a démontré la présence prédominante de ces mêmes éléments fertilisants. Il convient donc d'ajouter au sol inerte des aliments qui devront se composer d'un mélange de nitrates d'ammoniaque, de potasse, de chaux et de phosphate d'ammoniaque. Les expériences exécutées sur nos indications ont démontré le succès de la méthode que nous préconisons.

La culture des *Azalées* (Éricacées) est devenue industrielle; elle se continue sur les mêmes plantes pendant trois années consécutives. On les cultive dans un mélange de terreau de feuilles et de terre de bruyère. Ces végétaux, ainsi que le sol dans lequel ils sont cultivés, ont été suivis pendant trois années de culture au point de vue des éléments exigés et fournis. On a constaté que, pendant la première année, les azalées exigeaient un apport supplémentaire d'azote, de chaux, de potasse, et d'acide phosphorique; que, pendant la seconde année, l'azote seul fait défaut; et que, dans la troisième année, le terreau dans lequel elles étaient cultivées suffisait à leurs besoins. Les expériences faites en appliquant ce traitement ont pleinement réussi; les plantes obtenues se montrent identiques à celles cultivées dans les meilleurs terreaux avec addition d'engrais flamand; et ce résultat a été obtenu avec une dépense d'engrais presque insignifiante.

Les *Cyclamens* (Primulacées) sont des plantes bisannuelles, faisant la première année, dans des bulbes, des réserves nutritives qui ne sont utilisées qu'au printemps suivant pour la formation des fleurs et des fruits. Par la sélection et la culture, on parvient à les faire fleurir sans leur donner de repos, en les cultivant dans un mélange de terreau de feuilles et de terre siliceuse, peu riche, et additionné de petites quantités de bouse de vache, engrais faible, surtout azoté. D'après les analyses, les *Cyclamens* sont pauvres en azote, en acide phosphorique, en chaux, en magnésie, et riches en chlore, soude, silice et oxyde de fer. Elles sont peu exigéantes en éléments fertilisants. L'apport d'engrais non appropriés produit une influence néfaste sur ces végétaux; si on leur distribue un engrais riche, comme l'engrais humain, on obtient des sujets à feuilles abondantes, mais à fleurs rares. On ne peut réussir la culture de ces végétaux qu'en agissant surtout au point de vue physique, sur le sol dans lequel ils végètent. Nos recherches expliquent la non-réussite des essais d'addition de la plupart des engrais sur les *Cyclamens*.

III. Les expériences comparatives d'analyses, effectuées sur des plantes chétives ou vigoureuses, selon qu'elles ont été cultivées sans engrais ou avec addition d'engrais complet, nous ont toujours montré l'identité de composition des mêmes espèces végétales cultivées avec ou sans addition d'éléments fertilisants. L'étude systématique des *dracœna*; des *chrysanthèmes*, des *cyclamens*, des *menthes*, nous a permis d'énoncer ces conclusions que d'autres analyses, effectuées depuis, nous donnent le droit de généraliser. L'engrais, distribué d'une façon complète et rationnelle, n'influe pas sur la marche relative de l'assimilation, mais il l'augmente considérablement, de sorte que les rendements se trouvent accrus, sans que la composition des végétaux soit sensiblement modifiée.

IV. *Conclusions.* — Sans vouloir multiplier les exemples, on peut tirer de ces diverses études la conclusion que l'horticulture a tout intérêt à profiter des enseignements de la Chimie. Les nombreux résultats, obtenus depuis plusieurs années, par la mise en usage des méthodes que nous préconisons, démontrent leur bien-fondé. Des expériences particulières, basées sur l'étude chimique agricole et dirigées dans tel ou tel sens suivant le but pour lequel les végétaux sont exploités, renseigneront le praticien sur les meilleures terres et sur les engrais les plus efficaces à employer.

Les éléments utilisables apportés par les différents sols peuvent être déterminés par des méthodes bien fixées actuellement et indiquées dans les traités de chimie végétale. Les exigences des plantes en azote et éléments minéraux sont fournies par l'analyse chimique qui permet de déterminer la composition des principaux végétaux d'ornement de belle race et de bonne venue; c'est là une tâche ingrate, mais nécessaire, à laquelle se sont voués divers auteurs, parmi lesquels on doit citer surtout le Dr Griffith, en Angleterre; de notre côté, nous avons effectué aussi un grand nombre d'analyses de végétaux horticoles qui atteint actuellement près d'une centaine. Enfin, quand la différence entre les quantités d'élé-

ments exigées par les végétaux et celles fournies par le sol employé aura
indiqué la nature des engrais complémentaires qu'il y aurait lieu de
distribuer, il faudra encore déterminer la manière la plus efficace de
fournir ces éléments aux plantes. Ce sera là l'affaire des praticiens, à qui
appartiendra le dernier mot de ces essais.

M. Alexandre HÉBERT.

SUR UNE MODIFICATION DU PROCÉDÉ DE MARSH
POUR LE DOSAGE DE L'ARSENIC.

546.19 + 615.739.11.0.9

5 *Août.*

I. Jusqu'ici, pour doser l'arsenic en très petite quantité ou à l'état de
traces, les chimistes ont toujours eu recours à la méthode classique de
Marsh. Ce procédé, dans ces dernières années, a été perfectionné dans
tous ses détails par M. Armand Gautier et par M. Gabriel Bertrand, qui
sont arrivés à pousser sa sensibilité à un point tel qu'on peut déceler
jusqu'à un quart de millième de milligramme d'arsenic. Dans ces procédés, l'hydrogène est produit par la réaction de l'acide sulfurique sur
le zinc, et la sensibilité qu'on leur demande exige, non seulement la pureté
absolue au point de vue de l'arsenic de l'acide employé, mais aussi celle
du zinc et des autres adjuvants employés à la production de l'hydrogène.

Or, pour exécuter divers dosages d'antimoine, nous avons eu occasion
de mettre en œuvre un procédé assez peu répandu, dû à van Bylert (*),
basé sur la décomposition facile de l'hydrogène antimonié et destiné,
dans l'idée de son auteur, à déterminer l'antimoine dans un alliage. Il
consiste en principe à amalgamer d'abord l'alliage avec un grand excès
de mercure. Cet amalgame liquide était introduit dans un appareil monté,
comme celui de Marsh, au contact d'acide sulfurique étendu; l'attaque
de l'antimoine n'a pas lieu dans ces conditions. Mais si l'on ajoute, dans
l'appareil, de l'amalgame de sodium il se fait, par double décomposition, de
l'antimoniure de sodium qui, au contact de l'eau acidulée, dégage une
quantité équivalente d'hydrogène antimonié. L'auteur indique d'ailleurs
que sa méthode n'est pas parfaite, et qu'une petite portion de l'antimoine échappe à la réaction; il donne un mode opératoire à suivre pour
la récupérer.

(*) *Ber. d. deutsch. chem. Gesellsch.*, 1890, p. 2968.

II. L'hydrogène arsénié étant de décomposition plus facile et plus intégrale que l'hydrogène antimonié, nous avons pensé à appliquer le principe de la méthode de van Bylert au dosage de l'arsenic, et nous l'avons mis en œuvre de la façon suivante.

Un courant de gaz carbonique pur, produit par un appareil continu, et passant dans des flacons laveurs munis des dispositifs de sûreté habituels, se rend dans un flacon de Wolff tritubulé, où aura lieu la réaction, et dont la tubulure centrale est munie d'un bouchon traversé par un tube à entonnoir à robinet. Le gaz sort par la tubulure opposée à celle de son entrée et passe ensuite dans l'équipage habituel destiné à opérer la décomposition de l'hydrogène arsénié produit dans le flacon à réaction : tube large garni de tampons d'ouate, tube capillaire chauffé par une petite grille à gaz sur une partie de sa longueur, puis refroidi ensuite par une bande de papier mouillé ; ce dispositif étant celui recommandé ou perfectionné par les auteurs dont nous avons parlé au début de notre Note.

L'opération est conduite de la façon suivante : dans le fond du flacon à réaction, on met une petite couche de mercure pur, mais de façon que l'extrémité du tube-entonnoir à robinet ne plonge pas dans ce mercure, pour ne pas gêner par sa pression l'introduction ultérieure des autres liquides dans ce flacon. On balaye alors l'appareil par un courant d'acide carbonique pour ne pas y laisser de traces d'air qui contrarieraient la sensibilité de la réaction. On allume la petite rampe à gaz chauffant le tube capillaire, et quand la portion chauffée de celui-ci est portée au rouge, on introduit dans le flacon à réaction, par l'entonnoir à robinet, le liquide arsénical dans lequel on veut doser l'arsenic ; on rince ensuite cet entonnoir avec 40 cm³ d'acide sulfurique pur au dixième, en ayant soin dans ces dernières opérations de ne pas introduire d'air dans le flacon à réaction. A ce moment, on modère considérablement la vitesse du courant d'acide carbonique, qui peut être réglée par un robinet placé à la sortie de l'appareil à production continue de ce gaz. On verse alors dans l'entonnoir du flacon à réaction 100 g d'amalgame de sodium bien liquide (obtenu antérieurement en dissolvant peu à peu dans 100 g de mercure chaud 0,5 g de sodium bien décapé, coupé en petits morceaux). Cet amalgame est introduit goutte à goutte par le robinet dans le flacon à réaction.

Cette addition doit durer 30 minutes environ, et le robinet doit être fermé avant l'écoulement total, toujours pour éviter l'introduction d'air. On obtient ainsi, au sein de l'atmosphère carbonique qui remplit l'appareil, un dégagement très lent et très graduel d'hydrogène qui entraîne aussi l'hydrogène arsénié qui se forme dans ces conditions aux dépens du liquide arsénical qu'on a introduit au début de l'expérience. Cet hydrogène arsénié ainsi entraîné est décomposé par son passage dans la partie chauffée du tube capillaire, et l'arsenic libéré se dépose sous forme d'anneau dans la portion refroidie de ce même tube. Quand le dégagement d'hydrogène a cessé dans le flacon à réaction, on balaye l'atmosphère de l'appareil par un courant plus rapide de gaz carbonique qui entraine les dernières traces d'hydrogène arsénié. Après 15 minutes de ce balayage, on éteint la rampe à gaz, et, après refroidissement, on démonte l'appareil pour examiner ou peser l'anneau produit, selon son importance, et avec les précautions nécessaires.

Le flacon à réaction est vidé à chaque essai, et le mercure qu'il contenait est régénéré et purifié. Un semblable essai dure 1 heure environ.

III. Ce procédé, qui est au fond une combinaison de la méthode de van Bylert et des perfectionnements de A. Gautier et de G. Bertrand, nous a donné de bons résultats. En employant des réactifs que des dosages à blanc nous ont montré exempts de toute trace d'arsenic, nous avons retrouvé pondéralement les anneaux correspondant à des quantités d'arsenic introduites intentionnellement supérieures à 1 mg, et nous avons retrouvé les proportions d'arsenic inférieures à cette teneur par comparaison avec des anneaux obtenus avec des quantités d'arsenic données et obtenues par la méthode de Marsh, modifiée par A. Gautier et G. Bertrand. De même que ces derniers savants, nous avons pu déterminer des teneurs en arsenic descendant jusqu'au demi-millième, et même jusqu'au quart de millième de milligramme. La méthode que nous indiquons est assez rapide, met en œuvre des réactifs ou des produits qui ne contiennent généralement pas de traces d'arsenic et donne une sensibilité de même ordre que les anciens procédés. C'est pourquoi nous avons cru devoir la signaler.

M. ŒCHSNER DE CONINCK,

Professeur à l'Université (Montpellier).

NOUVELLES DÉTERMINATIONS DU POIDS MOLÉCULAIRE
DE L'OXYDE URANEUX (*).

.546.79-3

1er Août.

Les déterminations que j'ai publiées antérieurement ont été faites en partant de composés minéraux de l'uranium, tels que $UO^2 Cl^2$, UO^3, $H^2 O$, et $UO^3, 2 H^2 O$.

Je me suis proposé de les reprendre en me servant d'un sel d'uranium

---

(*) Institut de Chimie générale, Montpellier.
L'étude de ce sel paraîtra dans le *Bulletin de la Société chimique de Paris*.

à acide organique. Mon choix s'est porté sur l'oxalate d'uranyle, que j'ai obtenu dans un grand état de pureté, et qui a donné à l'analyse les nombres théoriques (*).

Ce sel, calciné en creuset fermé, se scinde nettement en oxyde uraneux et gaz carbonique; deux pesées fournissaient donc les éléments nécessaires au calcul du poids moléculaire de l'oxyde uraneux.

Voici les résultats des cinq déterminations qui ont été faites :

I. Oxalate (desséché à 100°)..................... $0^g,3625$
    UO^2 (résidu)............................... $0^g,2736$

d'où

$$\frac{0,3625}{0,2736} = \frac{358,5\ (*)}{x}$$

		Trouvé.
Théorie..............	270,50	270,58

			Trouvé.
II.	Oxalate sec...............	$0^g,2670$	»
	UO^2...................	$0^g,2015$	270,55

			Trouvé.
III.	Oxalate sec...............	$0^g,1723$	»
	UO^2...................	$0^g,1299$	270,28

			Trouvé.
IV.	Oxalate sec...............	$0^g,1896$	»
	UO^2...................	$0^g,143$	270,38

			Trouvé.
V.	Oxalate sec...............	$0^g,2072$	»
	UO^2...................	$0^g,1563$	270,43

La moyenne de ces cinq déterminations est 270,44; nombre qui se rapproche beaucoup de celui adopté par la Commission Internationale.

M. E. KAYSER,

Directeur du laboratoire de fermentation à l'Institut national agronomique.

CONTRIBUTION A L'ÉTUDE DES FERMENTATIONS VISQUEUSES.

576.838.2

5 Août.

Les fermentations visqueuses sont assez fréquentes, et ont fait l'objet de nombreux travaux dans les différents cas spéciaux; elles sont dues à l'envahissement d'espèces microbiennes de propriétés déterminées.

(*) 358,5 est le poids moléculaire théorique de l'oxalate d'uranyle anhydre.

Ainsi le jus de betteraves subit la fermentation visqueuse sous l'influence du leuconostoc mesenteroïdes ou d'autres espèces signalées, il y a seulement quelques années.

On connaît les fermentations visqueuses des infusions de bois, des jus tannants, de la fleur d'oranger, de l'encre, du pain; on sait également que les boissons fermentées comme la bière, le vin, le cidre ou encore le lait subissent des altérations qui rendent ces liquides huileux et filants.

Dans le vin, dans la bière et le cidre, on trouve des micro-organismes, ayant des propriétés très semblables et donnant lieu aux mêmes produits parmi lesquels il convient de signaler l'acide carbonique, l'alcool, l'acide acétique, l'acide lactique, la mannite.

M. Gayon a déjà étudié un ferment du vin qui forme de la mannite sans toutefois rendre le vin filant; cette mannite a été également signalée par M. Laborde dans la maladie de la tourne.

MM. Kayser et Manceau ont étudié avec beaucoup de détails la fermentation visqueuse des vins et ont trouvé que cette altération pouvait être produite par plusieurs espèces de micro-organismes, se présentant en chapelets, produisant les composés signalés en proportion variable.

Nous allons exposer dans cette Note les résultats principaux obtenus dans l'étude de la graisse des cidres.

La maladie a été attribuée à des causes très variées mais connexes : influence de la chaleur, emploi de certaines variétés de pommes, de pommes malades, gelées, de maturité trop avancée, manque de tanin, malpropreté de la vaisselle cidrière, etc.

Cette altération apparait, en général, dès que le printemps amène une élévation de température; elle se manifeste très différemment selon les constituants du cidre : richesse alcoolique, saccharine ou acidité, différemment selon sa défécation et selon les micro-organismes dominants.

Les espèces spécifiques isolées par nous se distinguent par leurs propriétés morphologiques, leurs dimensions, leur manière de se présenter dans les milieux de culture; elles affectent la forme de chapelets plus ou moins longs; leurs propriétés physiologiques : température optima, température mortelle, caractère aérobie ou anaérobie, résistance à l'alcool, à l'acidité, aliments hydrocarbonés ou azotés préférés, action des sels, du tanin, des antiseptiques, la proportion des produits formés, le caractère glaireux des liquides, etc.

On sait que l'alcool éthylique, l'acide acétique, l'acide lactique sont le résultat de trois diastases qu'on peut isoler aujourd'hui grâce aux travaux de Buchner et Meisenheimer.

Les équations suivantes rendent compte du phénomène, lorsqu'on opère dans le vide,

$$C^6 H^{12} O^6 = 2 C^3 H^6 O^3,$$
$$C^6 H^{12} O^6 = 3 C^2 H^4 O^2.$$

Pour la formation de la mannite, différentes équations peuvent être admises.

MM. Gayon et Dubourg expliquent cette production par les deux équations suivantes :

$$C^6 H^{12} O^6 + 6 H^2 O = 6 CO^2 + 12 H^2,$$
$$12(C^6 H^{12} O^6 + H^2) = 12 C^6 H^{14} O^6.$$

On voit que c'est l'hydrogène de l'eau qui sert à faire de la mannite aux dépens du lévulose ou de tout composé sucré renfermant ce sucre dans ses éléments.

MM. Mazé et Perrier ont indiqué une autre formule qui rend également compte des transformations constatées :

$$C^2 H^6 O + 2 C^6 H^{12} O^6 + H^2 O = C^2 H^4 O^2 + 2 C^6 H^{14} O^6.$$

La matière glaireuse a une composition variable avec les conditions de nutrition ; elle se forme, en général, aux dépens du sucre, mais elle peut encore se former aux dépens de la matière azotée. Il est même possible de renforcer cette faculté de rendre le milieu glaireux par des cultures prolongées dans des milieux appropriés.

L'absence ou la présence de la viscosité est connexe de la forme que présente le microbe ; on peut avoir le micro-organisme en amas ; en chaînes plus ou moins longues ou encore en diplobacilles.

La présence de cette matière glaireuse protège le microbe contre l'action de la chaleur et lui permet de supporter quelquefois 5 minutes de chauffage à 60°.

Ensemençons deux des espèces produisant le glaire dans un milieu peptoné additionné de lévulose ou de glucose.

Voici ce que l'analyse nous apprend :

A. — *Produits formés par* 100 g *de glucose utilisé.*

	Ferments	
	a.	*c.*
	g	g
Acide acétique................	6,92	9,14
Acide lactique................	9,83	7,70
Alcool éthylique..............	33,16	28,47
CO² et non dosés..............	50,09	52,69

B. — *Produits formés par* 100 g *de lévulose utilisé.*

	Ferments	
	a.	*c.*
	g	g
Acide acétique................	8,31	8,94
Acide lactique................	4,10	7,60
Mannite......................	57,36	47,73
Alcool éthylique..............	1,45	4,54
CO² et non dosés..............	28,78	35,15

On voit ainsi qu'avec le glucose ces microbes donnent de l'alcool en proportion sensible; avec le lévulose, par contre, de la mannite.

Lorsqu'on ensemence ces microbes dans un milieu peptoné additionné de sucre interverti, chaque sucre se comporte à sa façon, comme s'il était seul, et l'on obtient ainsi finalement les mêmes produits.

Si l'on fait varier dans un milieu artificiel la proportion de glucose et de lévulose, on constate que le glucose disparaît d'autant mieux que sa proportion est plus faible.

Si l'on ensemence ces ferments dans des cidres stérilisés à la bougie de porcelaine, on s'aperçoit vite que beaucoup ne prennent pas la graisse; c'est que la composition du cidre a une grande importance, et une condition essentielle, c'est qu'il *contienne encore du sucre non transformé*.

Voici les transformations constatées dans un cidre devenu gras par ensemencement de ces micro-organismes; il en est résulté une augmentation des trois principaux éléments comparés à leur proportion dans le cidre témoin.

Différence en plus par litre.

	Ferments		
	a.	*b.*	*c.*
Acide fixe	2,15	2,12	0,95
Acide volatil	0,68	1,15	0,39
Mannite	5,17	8,12	1,10

Les moyens pour lutter contre cette maladie sont préventifs ou curatifs.

Comme moyens préventifs, indiquons une très grande propreté, défécation rationnellement conduite, fermentation régulière, choix de pommes de même maturité, filtration, ouillages, soutirages judicieux et grande surveillance des cidres fabriqués pour enrayer la maladie au début.

Comme moyens curatifs signalons qu'un fouettage rigoureux du cidre, l'aération ont quelquefois donné de bons résultats.

M. ED. LASAUSSE.

FIXATION DU BISULFITE DE SOUDE PAR LES ACIDES ET PAR LES ÉTHERS-SELS ACÉTYLÉNIQUES.

547.715

5 *Août.*

Dans l'ensemble de ce travail, j'ai montré que les acides et les éthers-sels acétyléniques peuvent fixer selon les conditions où l'on opère, et grâce à la présence de la triple liaison, soit une, soit deux molécules de bisulfite de soude, en conduisant à des acides monosulfoniques ou disulfoniques.

I. *Action de $SO^3 Na^2$ sur l'acide phénylpropiolique. Préparation, caractères et constitution du β-sulfocinnamate de sodium.* — En chauffant pendant 8 heures à 100° en solution aqueuse, 1 mol d'acide phénylpropiolique avec 1,5 mol de sulfite neutre de sodium, j'ai constaté qu'il disparaît 1 mol de l'acide sulfureux total introduit, et j'ai isolé, par une méthode appropriée et avec de bons rendements, le produit de condensation formé.

Ce produit, recristallisé dans l'eau et soumis à l'analyse, répond à la formule

$$C^6 H^5 - C^2(SO^3 NaH) - CO^2 Na + H^2O.$$

Parmi les propriétés chimiques de ce corps, je ne citerai que les réactions qui m'ont permis de conclure que le groupement sulfoné est en β par rapport au carboxyle.

L'action de l'acide chlorhydrique concentré à 130° en tubes scellés libère de l'acide carbonique et de l'acide sulfureux, et j'ai pu caractériser aussi dans les produits de cette réaction la présence de l'acétophénone.

Sous l'influence de la soude fondue agissant à la température de 190° à 210° il se forme à partir du composé monosulfoné du benzoate et de l'acétate de soude. Si l'on considère pour ce dérivé monosulfoné les deux schémas possibles (α) et (β)

(α) $\qquad\qquad C^6 H^5 - C(SO^3 Na) = CH - CO^2 Na,$

(β) $\qquad\qquad C^6 H^5 - CH = C(SO^3 Na) - CO^2 Na,$

on s'aperçoit que le schéma (α) seul permet d'expliquer facilement les réactions indiquées. En particulier, sous l'influence de l'acide chlorhydrique concentré, l'acide

$$C^6 H^5 - C(SO^3 H) = CH - CO^2 H$$

perdant CO^2 et SO^2 doit conduire au corps

$$C^6 H^5 - C(OH) = CH^2,$$

qui s'isomérise en acétophénone

$$C^6 H^5 - CO - CH^3.$$

II. *Action de $SO^3 Na H$ sur le phénylpropiolate de méthyle.* — Selon les conditions où l'on opère, on obtient des mélanges de composition variable. J'ai pu isoler dans cette réaction 4 sels :

1° Le cinnamate de méthyle monosulfonate de soude

$$C^6 H^5 - C^2(SO^3 NaH) - CO^2 CH^3,$$

résultant de la fixation de 1 mol de SO^3NaH sur 1 mol de phénylpropiolate de méthyle.

2° Le sel disodique résultant de la saponification du précédent

$$C^6H^5 — C^2(SO^3NaH) — CO^2Na.$$

3° Le phénylpropionate de méthyle disulfonate de soude

$$C^6H^5 — C^2(SO^3NaH)^2 — CO^2CH^3,$$

résultant de la fixation de 2 mol de SO^3NaH sur 1 mol de phénylpropiolate de méthyl.

4° Le sel trisodique résultant de la saponification du précédent

$$C^6H^5 — C^2(SO^3NaH)^2 — CO^2Na.$$

La séparation de ces différents composés est très laborieuse. Il faut
opérer sur de grandes quantités de produits pour obtenir de petites
quantités de corps purs.

Toutefois, le premier de ces corps, grâce à sa solubilité dans l'alcool
à 95° bouillant, peut être isolé facilement et on l'obtient pur par une
cristallisation dans l'eau.

Les trois autres sont séparés de leur mélange grâce à l'épuisement
de celui-ci au Soxhlet par l'alcool bouillant. Dans ces conditions le
deuxième et le troisième se dissolvent lentement, et sont séparés par
cristallisation fractionnée dans l'eau. Le quatrième, non dissous par
l'alcool bouillant, est purifié par dissolution dans l'eau et précipitation
par l'alcool.

III. *Action du bisulfite de soude sur l'amylpropiolate de méthyle et sur
l'hexylpropiolate de méthyle.* — Avec ces éthers acétyléniques appartenant à la série acyclique le bisulfite de soude donne très facilement les
dérivés disulfonés qui sont respectivement : l'amylpropionate de méthyle disulfonate de soude

$$C^5H^{11} — C^2(SO^3NaH)^2 — CO^2CH^3 + 2H^2O,$$

et l'hexylpropionate de méthyle disulfonate de soude

$$C^6H^{13} — C^2(SO^3NaH) — CO^2CH^3 + 2H^2O.$$

Ces corps sont facilement solubles dans l'alcool à 85° bouillant, aussi
les sépare-t-on beaucoup plus aisément du sulfite et du sulfate que les
composés correspondants de la série aromatique. On les obtient rapidé-
ment à l'état pur par cristallisation, et ce sont les seuls corps qui aient
été isolés dans ces réactions.

En faisant agir l'acide chlorhydrique à 120° en tubes scellés sur les
dérivés disulfonés ainsi obtenus, on a isolé les acides libres correspon-

dants ayant pour formule

$$C^5 H^{11} - C^2 (SO^3 Na H)^2 - CO^2 H + 3 H^2 O,$$
$$C^6 H^{13} - C^2 (SO^3 Na H)^2 - CO^2 H + 3 H^2 O.$$

L'acide chlorhydrique agissant à 150°, libère CO^2 et SO^2, et donne des gouttelettes huileuses à odeur de méthylamylcétone.

Conclusions. — 1° Il résulte de cette étude que, dans les acides et les éthers-sels acétyléniques, la triple liaison possède vis-à-vis du bisulfite de soude la même capacité de saturation que vis-à-vis des autres réactifs tels que l'hydrogène, les halogènes, etc., qui peuvent faire disparaître soit une, soit deux liaisons entre les carbones de la liaison acétylénique.

2° Il est à remarquer que le groupement divalent — $CH = C (SO^3 H)$, si fréquemment rencontré et si important dans les chaines cycliques, n'avait jamais été obtenu jusqu'ici dans les chaines acycliques. Or, je l'ai obtenu facilement dans les réactions indiquées et j'ai constaté que dans les chaines acycliques, il est assez difficile d'enlever par l'action de la soude le groupement $SO^3 H$ de la molécule. Il faut agir à une température relativement élevée.

M. C. GERBER,

Professeur à l'École de Médecine (Marseille).

SACCHARIFICATION DE L'AMIDON PAR LA SALIVE
OU LA DIASTASE DE L'ORGE, EN PRÉSENCE D'EAU OXYGÉNÉE.

58.11.931 : 58.11.97

3 Août.

Nous avons montré ailleurs (*) que les amylases se divisent en deux groupes bien distincts suivant leur résistance à l'action destructive de l'eau oxygénée.

Les unes, groupées autour de l'amylase du Figuier, sont extrêmement sensibles à cet agent d'oxydation. Il suffit, en effet, de laisser en contact pendant 1 heure, à 38°, du suc amylolytique de Figuier avec $\frac{1}{500}$ de son volume de perhydrol pour lui faire perdre tout pouvoir saccharifiant, sans qu'il soit possible de le lui restituer par destruction de l'eau oxygénée restante au moyen de KI, ou de Mn O^2.

(*) C. GERBER, *Action de doses faibles d'eau oxygénée sur la saccharification de l'empois d'amidon et de la solution d'amidon soluble Fernbach-Wolff, par quelques ferments amylolytiques végétaux et animaux (Réunion biologique de Marseille, in C. R. Soc. Biol., t. LXXII, p. 946*).

Les autres, groupées autour de l'amylase de la pancréatine animale, sont, au contraire, très résistantes à cet agent. C'est ainsi que la dose précédente de perhydrol n'altère pour ainsi dire pas l'amylase contenue dans la trypsine Merck, et qu'une proportion de 6,2 % de perhydrol, 3o fois plus élevée que celle pour laquelle toute propriété amylolytique

Centimètres cubes empois d'amidon de riz ou solution d'amidon soluble Fernbach-Wolff, à 5 %, dans l'eau distillée, nécessaires pour réduire 10^{cm3} liqueur de Fehling ferrocyanurée, après action, à 40°, pendant les temps suivants, de salive humaine, d'amylase du malt (diastase absolue Merck), de pancréatines végétales (Figuier, Mûrier à papier) ou animales (trypsine Merck), en présence de doses croissantes d'eau oxygénée neutre à 100^{vol} (perhydrol Merck).

Centimètres cubes perhydrol par litre liquide à saccharifier.	EMPOIS D'AMIDON.					SOLUTION D'AMIDON SOLUBLE FERNBACH.			
	Malt $\frac{m}{a}=\frac{1}{2000}$ 1 heure.	Broussonetia latex $\frac{1}{a}=\frac{1}{1000}$ 1 heure.	Figuier extrait $\frac{1}{a}=\frac{1}{1000}$ 2½ heures.	Salive $\frac{s}{a}=\frac{1}{20}$ 1 heure.	Trypsine $\frac{t}{a}=\frac{1}{1000}$ 4 heures.	Malt $\frac{m}{a}=\frac{1}{2000}$ 0 h. 45 m.	Broussonetia latex $\frac{1}{a}=\frac{1}{1000}$ 1 heure.	Figuier extrait $\frac{1}{a}=\frac{1}{2000}$ 6 heures.	Trypsine $\frac{t}{a}=\frac{1}{1000}$ 1 h 30 m.
0,000	6	6,7	5,6	5,7	10,7	2,2	6,2	7,5	10
0,062	6	6,7	13	5,7	10,5	2,2	6,5	8,5	10
0,125	6	6,7	20	5,7	10,4	2,2	7	10	10,5
0,25	6,2	6,7	25	5,7	10,2	2,2	7,5	12	11
0,5	6,5	6,7	3o	5,7	10	2,2	8,5	16	12
1	7	6,7	45	5,7	9,8	2,3	10	20	13,5
2	7,5	6,7	5o	6	10	2,5	13	32	14,5
4	8	6,7	6o	6,5	10,5	2,9	16	100	16,5
8	9	7	55	10	11,5	3,5	22	300	19

a complètement disparu chez le Figuier, ne rend celle des solutions de trypsine que deux fois moins forte.

La ptyaline salivaire et la diastase du malt appartiennent à ce dernier groupe où nous avons fait entrer antérieurement (*) déjà l'amylase du Mûrier à papier.

Aussi, un empois d'amidon contenant $\frac{1}{1000}$ de perhydrol Merck est-il aussi rapidement saccharifié par la salive (5e colonne du Tableau), et presque aussi rapidement par la diastase du malt (2e colonne), que l'empois d'amidon pur, alors qu'il l'est 8 fois moins rapidement par l'amylase du Figuier (4e colonne).

De même, une solution d'amidon soluble de Fernbach-Wolff contenant $\frac{2}{1000}$ du perhydrol n'est que 1,6 fois moins rapidement saccharifié par la diastase du malt (7e colonne), que la solution pure du même amidon, alors qu'il l'est 4o fois moins rapidement par l'amylase du Figuier (9e colonne).

(*) *Loc. cit.*

M. C. GERBER.

ACTION DES HALOGÈNES ET DES COMPOSÉS HALOGÉNÉS DU MERCURE SUR LA SACCHARIFICATION DE L'AMIDON PAR LA DIASTASE DU MALT ET LA SALIVE.

58.11.931 : 58.11.97

3 *Août.*

1° *Iode.* — Nous avons montré ailleurs (*) que les amylases se divisent en deux groupes bien distincts suivant leur façon de se comporter vis-à-vis de l'amidon additionné de doses croissantes d'iode libre. Tandis que cet halogène est fortement retardateur à doses faibles et empêchant, dès que sa proportion dans le liquide s'élève un peu, de la formation du maltose aux dépens de l'empois d'amidon de riz par les amylases des latex de Figuier et de Broussonetia, il est, au contraire, accélérateur à doses faibles, indifférent à doses un peu plus élevées, et retardateur seulement à doses moyennes et élevées de la saccharification de cette empois par l'amylase de la trypsine de Merck. La diastase de l'orge germé entre dans le premier groupe et la ptyaline salivaire dans le second.

C'est ce qu'établit le Tableau I (première Partie). On y voit que la saccharification d'un empois d'amidon de riz à 5 %, dans l'eau distillée, contenant 0,25 mol-mg d'iode par litre a été nulle avec la diastase absolue Merck (colonne 3), alors qu'elle s'est trouvée accélérée par rapport à la saccharification d'un empois pur, par la salive humaine (colonne 2). Il faut atteindre 1,5 mol-mg d'iode pour voir cette saccharification retourner à la valeur qu'elle a en l'absence d'iode; pour les doses plus élevées, elle décroît lentement et, à 10 mol-mg seulement, elle devient nulle.

Les différences s'atténuent un peu avec l'amidon soluble de Zulkowsky préparé par l'action combinée de la glycérine et de la chaleur (colonnes 4 et 5); elles disparaissent avec l'amidon soluble de Fernbach Wolff résultant de l'action de H Cl, à froid, sur l'amidon ordinaire et qui, s'il est presque entièrement déminéralisé, se trouve, par contre, légèrement acide.

2° *Brome et chlore.* — Nous avons également montré ailleurs (**)

(*) *Influence de l'iode sur la saccharification de l'amidon par quelques amylases végétales et animales* (*Réunion biologique de Marseille*, in *C. R. Soc. Biol.*, t. LXXII, p. 1116-1117).

(**) *Chlore et saccharification de l'amidon; Brome et caséification ainsi que saccharification diastasique* (*Réunion biologique de Marseille*, in *C. R. Soc. Biol.*, t. LXXIII).

Centimètres cubes empois d'amidon de riz ou solution d'amidon soluble de Zulkowsky et de Fernbach-Wolff, à 5 % dans l'eau distillée nécessaires pour réduire 10 cm³ liqueur de Fehling ferrocyanurée, après action, à 40°, durant les temps suivants de salive humaine ou d'amylase du malt (Diastase absolue Merck) en présence de doses croissantes de chlore, de brome ou d'iode.

Molécules-milligrammes halogène ajoutés à 1 l liquide à saccharifier.	EMPOIS D'AMIDON.		SOLUTION D'AMIDON SOLUBLE			
			Zulkowsky.		Fernbach-Wolff.	
	Salive $\frac{s}{a}=\frac{1}{20}$	Malt $\frac{m}{a}=\frac{1}{5000}$	Salive $\frac{s}{a}=\frac{1}{100}$	Malt $\frac{m}{a}=\frac{1}{10000}$	Salive $\frac{s}{a}=\frac{1}{100}$	Malt $\frac{m}{a}=\frac{1}{10000}$

1° Iode.

	0 h. 55 m.	1 h. 20 m.	0 h. 55 m.	1 heure.	0 h. 55 m.	1 heure.
0	5,2	9,3	3	7	6	3,5
0,25	4,2		12			
0,50	3,9		30			
1	5		55			
2	7,5		80			
3	10		120			
4	12	∞	200	∞	∞	∞
5	18					
6	35					
8	100		∞			
10	∞					

2° Brome.

	0 h. 45 m.	0 h. 45 m.	0 h. 45 m.	1 h. 10 m.	0 h. 45 m.	0 h. 50 m.
0	8,5	11	4,8	5	7	4,5
0,25	3,5	3,5	3,2	25	4	
0,50	3,1	3	2,7			
1	2,6	25	4			∞
2	2,4			∞	∞	
3	∞	∞	∞			

3° Chlore.

	0 h. 20 m.	0 h. 25 m.	0 h. 45 m.	1 h. 15 m.	1 h. 10 m.	0 h. 55 m.
0	11	22	4,5	5	4,5	4
0,25	5	6,5	3,5	50	3,4	
0,5	4	4,5	3,3			
1	3,3	3,5				∞
2	2		∞	∞	∞	
3	∞	∞				

Centimètres cubes empois d'amidon de riz ou solution d'amidon soluble de Zukolwsky et de Fernbach-Wolff à 5 °/₀ dans l'eau distillée, nécessaires pour réduire 10 cm³ liqueur de Fehling ferrocyanurée, après action, à 40°, durant les temps suivants de salive humaine, d'amylase de malt (Diastase absolue Merck) ou de pancréatine animale (Trypsine Merck), en présence de doses croissantes de chlorure mercurique.

Molécules-milligrammes chlorure mercurique ajoutés à 1 l liquide à saccharifier.	EMPOIS D'AMIDON — Salive $\frac{s}{a}=\frac{1}{20}$ 1 h. 30 m.	EMPOIS D'AMIDON — Salive $\frac{s}{a}=\frac{1}{100}$ 5 heures.	EMPOIS D'AMIDON — Trypsine $\frac{l}{a}=\frac{1}{1000}$ 3 heures.	EMPOIS D'AMIDON — Malt $\frac{m}{a}=\frac{1}{1000}$ 1 h. 30 m.	EMPOIS D'AMIDON — Malt $\frac{m}{a}=\frac{1}{10000}$ 3 heures.	SOLUTION D'AMIDON SOLUBLE — Zulkowsky — Salive $\frac{s}{a}=\frac{1}{100}$ 0 h. 45 m.	SOLUTION D'AMIDON SOLUBLE — Zulkowsky — Trypsine $\frac{l}{a}=\frac{1}{1000}$ 1 h. 45 m.	SOLUTION D'AMIDON SOLUBLE — Zulkowsky — Malt $\frac{m}{a}=\frac{1}{10000}$ 1 h. 5 m.	SOLUTION D'AMIDON SOLUBLE — Fernbach-Wolff — Salive $\frac{s}{a}=\frac{1}{100}$ 1 heure.	SOLUTION D'AMIDON SOLUBLE — Fernbach-Wolff — Trypsine $\frac{l}{a}=\frac{1}{1000}$ 1 h. 15 m.	SOLUTION D'AMIDON SOLUBLE — Fernbach-Wolff — Malt $\frac{m}{a}=\frac{1}{10000}$ 6 h. 45 m.
0,000	4,5	17	11	4	12	4	3,2	6	5	5,8	4
0,002	4,3	15	10	4,3	18	3,8	3,2	35	4,7	5,5	7
0,004	4,2	14	9,2	5	23	3,5	3,1	40	5	5,3	10
0,008	4,1	13,6	8,7	7	30	3,2	3,1	45	7	5,2	14
0,016	4,1	13,3	8,3	10	50	4,5	3	50	10	5	30
0,032	4	13,3	7,6	14	200	13	8	75	16	4,8	100
0,063	4,5	15	6,3	30	>300	60	3	130	75	4,4	
0,125	7	50	6	150			3		150	3,6	∞
0,25	100	>300	6	∞	∞	∞	3,5	∞	∞	6	
0,5	∞	∞	16				8			40	

que le brome et le chlore sont accélérateurs à doses minimes, retardateurs à doses faibles et empêchants dès que leur proportion dans le liquide
à saccharifier s'élève un peu, de la formation du maltose aux dépens de
l'empois d'amidon, aussi bien par les amylases des latex de Figuier et de
Broussonetia que par celle de la trypsine. Les diastases de l'orge germé
et de la salive se comportent comme ces trois amylases. C'est ce que
montre bien le Tableau I (deuxième et troisième Parties). On y voit que la
saccharification d'un empois d'amidon de riz à 5 % dans l'eau distillée,
additionné de 0,25 mol-mg de brome ou de chlore libres par litre s'est
trouvée environ 2,5 plus rapide que celle de l'empois pur, quand la diastase
saccharifiante a été celle de la salive, et trois fois plus rapide quand elle a
été celle de l'orge germé. On y voit également qu'il faut 3 mol-mg de
chlore ou de brome par litre pour arrêter la saccharification de l'empois
par la ptyaline, salivaire et seulement 2 mol-mg de ces halogènes pour
l'arrêter dans le cas de l'amylase du malt.

La phase accélératrice est moins accentuée avec les amidons solubles
de Zulkowsky et de Fernbach-Wolff pour la salive; elle disparaît complètement avec les mêmes amidons, pour l'amylase du Malt, vis-à-vis de
laquelle les plus faibles traces de Cl^2 ou de Br^2 deviennent empêchantes.
En cela la ptyaline se rapproche de la trypsine ainsi que de l'amylase
du latex de Broussonetia; quant à la diastase du malt, elle se rapproche
de celle du latex de Figuier.

3° *Chlorure mercurique.* — Nous avons montré enfin, ailleurs (*),
que les halogènes libres sont beaucoup moins retardateurs de la saccharification de l'empois par les amylases de la trypsine et des latex de
Figuier et de Broussonetia, que lorsqu'ils sont unis au mercure. Même
observation peut être faite pour nos deux diastases. La comparaison des
Tableaux I et II montre en effet, qu'en ce qui concerne Cl^2, qu'il a suffi
de 0,25 mol-mg (malt), ou de 0,50 mol-mg (salive) de $Hg\,Cl^2$ par litre,
pour s'opposer à toute saccharification de l'empois d'amidon, alors
que nous venons de voir qu'il fallait 2 mol-mg (malt), ou 3 mol-mg
(salive) de Cl^2 pour obtenir le même résultat. $Hg\,Cl^2$ est donc de six à
huit fois plus empêchant que Cl^2. La comparaison des mêmes Tableaux
montre que les différences dans la valeur empêchante des halogènes et des
composés halogénés mercuriques sont de même ordre pour les amidons
solubles que pour l'empois d'amidon. Soulignons, en terminant, que la
différence est incomparablement plus forte dans le cas des amylases
du Figuier et du Broussonetia (375 et 125, au lieu de 6 à 8).

____

(*) *Loc. cit.*

M. A. DE GRAMONT.

SUR LA DÉTERMINATION DES RAIES ULTIMES OU DE GRANDE SENSIBILITÉ SPECTRALE ET SUR LES CAUSES D'ERREUR QU'ELLE COMPORTE.

535.331

5 *Août.*

Dans les recherches auxquelles je me livre, depuis plusieurs années (*), sur les spectres de dissociation des composés au moyen de l'étincelle électrique de la bobine de Ruhmkorff, dans le secondaire de laquelle sont intercalées des bouteilles de Leyde, je me suis attaché à déterminer quelles sont les raies qui décèlent les différents éléments en faibles quantités. J'ai désigné par le terme de *raies ultimes* celles qui disparaissent les dernières quand la teneur de l'élément qu'elles révèlent tend vers zéro. Ce sont donc celles qu'il faudra rechercher d'abord pour caractériser les traces d'un corps. Elles ne sont pas toujours les plus fortes, les plus brillantes du spectre d'un élément, mais elles offrent certaines propriétés spéciales : 1° elles résistent à l'introduction d'une forte self-induction dans le circuit de décharge des bouteilles de Leyde; 2° elles sont présentes dans le spectre de l'arc électrique; 3° elles sont présentes dans les spectres des flammes très chaudes, chalumeau oxhydrique, oxyacétylénique, ou enveloppe du cône bleu du bec Bunsen. Les corps qui ne donnent pas de spectre d'arc, par exemple Cl, Br, I, O, S, Se, N ne présentent pas de raies ultimes. Ces raies offrent surtout une grande sensibilité par la photographie, au moyen des spectrographes à prismes et lentilles soit en verre *uviol*, donnant des raies jusqu'à une longueur d'onde de $\lambda = 317\,\mu\mu$, soit en quartz laissant passer jusqu'à l'extrême limite de l'absorption par de minces couches d'air, c'est-à-dire jusqu'à $\lambda = 185\,\mu\mu$.

Certaines causes d'erreur que je crois utile de présenter ici doivent être évitées dans la recherche des raies ultimes, ce sont :

1° L'inégale netteté des raies dans les différentes portions du cliché, par suite de la courbure de la diacaustique, c'est-à-dire de la surface à concavité tournée vers le prisme, et sur laquelle sont réparties les mises au point optima des différentes raies du spectre. Cette courbure diminue si l'on augmente la longueur focale de l'objectif de la chambre.

Comme la disparition d'une raie se fait, dans les mélanges ou alliages

(*) *Ann. de Chim. et de Phys.*, 8ᵉ série, t. XVII, août 1909; *Journal de Physique*, mars 1911; *Comptes rendus de l'Académie des Sciences*, t. CXLIV, CXLV, 1907; t. CXLVI, 1908; t. CL, CLI, 1910. *Voir* aussi *VIIᵉ Congrès international de Chimie appliquée*, Section I, Londres, 1909.

à teneurs décroissantes, plus facilement et plus tôt, si cette raie est plutôt
floue que si elle est tout à fait au point, il est nécessaire de faire usage
d'un châssis à légère courbure pour cintrer une plaque extra-mince, ou
une pellicule, et rapprocher ainsi la couche sensible de la diacaustique.
Si l'on ne dispose que d'un châssis ordinaire avec une plaque plane rigide,
on sera réduit à faire le nombre de poses suffisantes avec des mises au
point différentes de la chambre, pour que toutes les régions du spectre
donnent leurs raies avec une netteté suffisante sur le cliché.

2° L'inégalité d'éclairement reçu par la plaque, ses bords étant souvent moins éclairés que la région médiane. Il sera donc utile de placer
la chambre photographique systématiquement en des positions correspondant à des déviations différentes par rapport au prisme.

3° La présence dans les métaux à teneurs prédominantes dans le
spectre, soit de *fortes raies connues* masquant les raies ultimes cherchées,
non seulement par la coïncidence avec leur centre, mais même par le
halo diffus qui s'étend à une certaine distance de ce centre, soit de
faibles raies peu ou mal connues, ou mesurées autrefois avec une précision
insuffisante. Il est donc nécessaire d'opérer avec différents métaux
diluants, ou des mélanges salins fondus variés; autrement dit de rechercher les dernières raies à disparaître d'un métal A, dont on a fait
décroître systématiquement la teneur, non seulement dans le plomb par
exemple, mais aussi dans l'étain, le zinc, ou le cadmium; et encore de
rechercher les mêmes raies de A, non seulement dans le carbonate ou le
chlorure de sodium, mais aussi dans les sels correspondants de lithium.

Ces difficultés, très réelles, et auxquelles je me suis heurté dans ces
recherches, étant résolues, les raies ultimes des corps sont faciles à établir.
Une fois connues et publiées, elles deviennent aisées à rechercher et à
identifier au moyen d'un spectre de référence photographié sur la plaque
au-dessus du spectre étudié. On prendra pour cela le spectre d'étincelle de
l'alliage plomb-cadmium, ou plomb-cadmium-zinc, qui sont faciles à
bien connaître. On évitera désormais d'avoir à hésiter, par exemple, pour
le fer ou le cobalt, entre plus de 1800 raies, et les recherches spectrales
seront très considérablement abrégées et facilitées.

M. L. LINDET,

Professeur à l'Institut national agronomique.

SUR LES RELATIONS DU PHOSPHORE ET DU CALCIUM AVEC LA MOLÉCULE PROTÉIQUE.

546.8 : 547.786.13

1er *Août.*

Nous connaissons bien mal l'état dans lequel se présentent certains éléments minéraux, quand nous les rencontrons associés à des matières protéiques. On dit communément par exemple que la caséine du lait renferme du phosphate de chaux, parce que l'analyse permet d'y déceler du phosphore et du calcium; dans la caséine précipitée par la présure, le phosphore, exprimé en $P^2 O^5$, représente de 3,5o à 3,55 % de la caséine sèche, alors que le calcium, exprimé en Ca O, représente de 3,10 à 3,8o %; si ces éléments formaient, à l'intérieur de la molécule protéique, du phosphate de chaux, celui-ci aurait une formule intermédiaire entre le phosphate bicalcique et le phosphate tricalcique (*).

Je voudrais démontrer, dans ce Mémoire, qu'une partie seulement du phosphore, environ la moitié, est à l'état de phosphate, probablement tricalcique, et que l'autre est engagée, à l'état d'acide phosphorique encore, dans une combinaison hydrolysable par les alcalis. Quant à la chaux, en excès par rapport à celle qui forme le phosphate de calcium, elle sature la fonction acide de la caséine; mais cette saturation n'est que partielle; car, comme je l'indiquerai plus loin, on peut faire absorber à la caséine plus de 7 % de chaux, comme on peut lui faire absorber de l'alumine, du zinc, etc. Il est probable que le phosphate de calcium est lui-même dissous par cette fonction acide; nous avons, M. L. Ammann et moi (*Ann. de l'Institut national agronomique*, 1906, p. 283), montré qu'on peut saturer du caséinate de chaux par l'acide phosphorique sans que le liquide se trouble, c'est-à-dire sans que le phosphate formé se dépose. Il est également possible que le phosphate de chaux soit soluble dans le caséinate de chaux bien que je n'aie pu jusqu'ici réaliser cette solubilisation, en partant du phosphate précipité; car il convient de remarquer que la caséine, précipitée par la présure, est entièrement

(*) Les dosages d'acide phosphorique et de chaux ont toujours été obtenus en attaquant la caséine par l'acide nitrique fumant, puis par l'acide sulfurique jusqu'à décoloration; on reprenait ensuite par l'eau et par l'ammoniaque; on acidulait par l'acide acétique, pour éliminer ensuite la chaux au moyen de l'oxalate; puis on dosait l'acide phosphorique à l'état de phosphate ammoniaco-magnésien.

soluble, sans dépôt de phosphate de chaux, dans l'ammoniaque et même dans la résorcine concentrée.

I. Je traite la caséine précipitée par la présure au moyen d'une solution acétique faible, et j'enlève de cette façon la chaux combinée à la fonction acide, et le phosphate de chaux, et j'obtiens un résidu décalcifié, qui renferme encore à peu près la moitié du phosphore que la caséine contenait primitivement (*).

Les résultats de l'épuisement acétique de la caséine, provenant de l'emprésurage, sont consignés dans le Tableau suivant :

	Pour cent de caséine supposée sèche.		
	---	---	---
	P^2O^5.	Ca O.	Ce qui représenterait
			Phosphate de chaux.	Chaux en excès enlevée par l'acide acétique.
1er épuisement............	1,01	2,47	2,20	1,28
2e épuisement............	0,40	0,79	0,85	0,34
3e épuisement...........	0,14	0,33	0,30	0,17
4e épuisement.............	0,05	0,10	0,10	0,05
Résidu...............	1,88	0,00	»	»
	3,48	3,69	3,45	1,84
au lieu de..............	3,55	3,80		

Si tout le phosphore de la caséine s'y trouvait à l'état de phosphate de chaux, il n'y aurait aucune raison pour que l'acide étendu ne l'enlève pas en même temps que toute la chaux; quand on attaque en effet du phosphate tricalcique par de l'acide acétique étendu, l'acide phosphorique et la chaux se dissolvent, à tout moment, en quantités équivalentes. Nous dirons donc que l'acide acétique a fait disparaître le phosphate de chaux (3,45 % de la caséine), et la chaux combinée à la fonction acide de la caséine (1,84 %).

La substitution de l'acide acétique à la présure pour la coagulation de la caséine détermine la précipitation d'une caséine pauvre en chaux, qu'on peut appauvrir davantage par un lavage à l'acide étendu; mais comme dans le cas ci-dessus, il reste du phosphore insoluble dans l'acide acétique étendu; celui-ci, compté en P^2O^5, a représenté, dans mes expériences, sensiblement le même chiffre que précédemment (de 1,80 à

(*) Les liquides acétiques dissolvent malheureusement de la caséine; on les en débarrassait au moyen de sulfate de bioxyde de mercure, et dans les liquides, additionnés de citrate d'ammoniaque et d'ammoniaque, on ajoutait le chlorure de magnésium; on s'assurait que le précipité mercurique ne renfermait pas d'acide phosphorique, en le reprenant par l'acide nitrique fumant. J'ai obtenu également l'élimination de la caséine dissoute en chauffant les liqueurs en autoclave, en présence du formol.

2,00 %). Le fait est d'ailleurs connu des fabricants de caséine, qui, suivant l'usage auquel est destiné le produit, caillent le lait écrémé, soit par la présure, soit par l'addition d'un acide minéral, soit par l'action biologique du ferment lactique; j'ai trouvé dans le commerce une caséine provenant de l'acidification lactique, qui conservait encore une quantité de phosphore, représentant 1,80 % de $P^2 O^5$.

J'ai été d'ailleurs à même de vérifier ce fait, en recherchant l'action de l'acide phénique sur le lait; je pensais que cet acide phénique, dont j'ai montré les propriétés dissolvantes vis-à-vis de la chaux (*Bull. Soc. chim.*, 1910, p. 435), serait capable de déplacer la chaux combinée à la fonction acide de la caséine; l'expérience a été négative. Mais elle n'a pas été inutile; car elle confirme ce qui vient d'être dit : Deux portions d'un même lait, dont l'une avait été additionnée d'acide phénique, ont été caillées par la présure, et l'on a récolté les sérums; le lendemain, on a coagulé par la chaleur chacun d'eux, et l'on a dosé l'acide phosphorique et la chaux dans les coagulums et dans les liquides. Dans le coagulum du sérum phéniqué, il y a eu plus d'acide phosphorique et plus de chaux que dans le coagulum du sérum témoin, parce que ce sérum s'était acidifié du jour au lendemain, et que l'acide lactique produit avait enlevé du phosphate de chaux et de la chaux; le complément de ces deux éléments se retrouve dans les liquides séparés du coagulum, ainsi que le montre le Tableau suivant :

	Rapporté au litre de lait en grammes.	
	$P^2 O^5$.	Ca O.
Coagulum du sérum témoin................	0,263	0,304
» phéniqué...............	0,279	0,349
Liquide séparé du coagulum du sérum témoin..	0,713	0,284
» phéniqué.	0,700	0,245
Total dans le sérum primitif témoin.........	0,976	0,588
» phéniqué	0,979	0,594

11. Pour rechercher l'état chimique que le phosphore affecte dans le résidu insoluble, j'ai eu recours, comme je l'ai dit plus haut, à une hydrolyse en présence des alcalins ou des alcalino-terreux, et j'ai été frappé tout d'abord de la facilité avec laquelle ceux-ci dissocient, même à froid, la molécule de caséine. Mais ce qui nous intéresse en l'espèce, c'est que le phosphore de la caséine, qui restait insoluble dans l'acide acétique étendu, est dès lors facilement décelé à l'état d'acide phosphorique.

Si, par exemple, on traite par un lait de chaux de la caséine décalcifiée, et si l'on filtre, on obtient une solution qui renferme de la caséine, du phosphate de chaux et de la chaux en excès, et qui représente, comme nous l'avons appelé, M. L. Ammann et moi (*loc. cit.*), une solution de phosphocaséinate de chaux. Cette chaux en excès, abstraction faite de la chaux que l'eau dissoudrait naturellement, a représenté, dans mes expériences, de 7,30 à 7,75 % de la caséine; elle est fixée par la fonction acide de la caséine. En outre, cette solution qui se décompose, qui se dégrade, en fonction du temps et de la température, donne naissance à de l'ammoniaque et aux produits que Schutzemberger a isolés, en chauffant des matières albuminoïdes à 180° en présence de la baryte.

L'addition d'acide acétique en excès dans une semblable solution précipite de la caséine non décomposée, en quantité d'autant plus grande que la dégradation a été moins accentuée. Mais ce qui frappe surtout, c'est que cette caséine ne renferme plus de phosphore, et que le phosphate de chaux, dissous dans l'acide acétique étendu, est passé dans les liqueurs. Les chiffres du Tableau suivant indiquent la marche du phénomène :

Durée du contact de la chaux.	Caséine non dégradée.	Caséine dégradée (*).	Azote de l'ammoniaque dégagée pour % de l'azote totale.	Acide phosphorique contenu dans la caséine précipitée.
	pour %	pour %		
A 20-25° { 24 heures.	79,2	20,8	»	o
48 heures.	75,9	24,1	2,03	o
96 heures.	69,2	30,8	3,06	o
A 35°..... 48 heures.	63,2	36,8	»	o

La soude ne dégrade pas et n'hydrolyse pas l'acide phosphorique aussi vite que la chaux; quand on a soin de ne mettre que la quantité nécessaire de soude pour dissoudre une caséine à 1,80 % d'acide phosphorique, on obtient, dans trois précipitations successives à l'acide acétique, des caséines qui renferment encore 1,66, 1,06, 0,78 % d'acide phosphorique. A chaud, la dégradation de la caséine est plus rapide, et après un chauffage d'une heure à 120°, on ne précipite plus de caséine par l'acide acétique.

L'ammoniaque est, vis-à-vis de la caséine, encore moins énergique que la soude, et j'ai pu, en dissolvant à froid de la caséine à 1,80 % d'acide phosphorique, avec le minimum d'ammoniaque, et pendant le minimum de temps, et en précipitant trois fois par l'acide, obtenir le même taux d'acide phosphorique. Mais un chauffage de 5 heures au bain-marie a fourni une caséine précipitée, qui ne renfermait plus que 1,30 % d'acide phosphorique.

Je reviens à l'action de la chaux : on peut mettre en évidence, d'une façon plus élégante, cette action dissolvante de la chaux vis-à-vis de l'acide phosphorique que la caséine retient. La solution de phospho-caséinate de chaux, telle qu'elle a été préparée plus haut, est chauffée en autoclave, à 120°, pendant 1 heure; la dégradation de la matière

---

(*) J'ai compté comme caséine non dégradée celle qui était précipitée par l'acide en excès, et celle que l'acidité acétique dissolvait normalement dans le liquide.

protéique se produit; mais la caséine non dégradée, qui représente, dans ce cas, de 25 à 38 % de la caséine primitive, se coagule, emprisonnant tout le phosphate primitif ($P^2 O^5$ = 3,66 % du coagulum), et un excès de chaux (Ca O = 11,70 % du coagulum), tandis que les liqueurs, qui renferment les matières azotées dégradées, en même temps que la chaux en excès, sont exemptes de phosphore. J'ai mesuré la dégradation de la caséine, dans ce cas, en dosant l'ammoniaque dégagée (*); celle-ci, comptée en azote, a représenté de 13,5 à 26,0 % de l'azote total.

Ce coagulum a été alors épuisé par de l'acide acétique étendu qui a enlevé très facilement le phosphate de chaux formé et la chaux en excès, en sorte qu'il est resté, comme le montre le Tableau ci-dessous, une caséine sans calcium, ni phosphore; cette caséine, comme la précédente, se dissout dans la chaux, renferme 15,55 % d'azote, etc.

| | Pour cent de caséine supposée sèche. | | | |
| | $P^2 O^5$. | Ca O. | Ce qui représenterait | |
			Phosphate de chaux.	Chaux en excès enlevée par l'acide acétique.
1ᵉʳ épuisement.........	3,16	10,80	6,90	7,36
2ᵉ épuisement.........	0,30	0,54	0,65	0,19
3ᵉ épuisement.........	0,04	0,11	0,10	0,05
Résidu.............	0,00	0,01	»	»
	3,50	11,46	7,65	7,60
au lieu de.............	3,66	11,70		

Le fait que nous pouvons isoler le phosphore à l'état d'acide phosphorique sans dégrader la caséine mise en œuvre, constitue-t-il une objection sérieuse contre la préformation de cet acide phosphorique dans la molécule de caséine ? Je ne le crois pas. La dislocation de la matière protéique, dans la réaction de Schutzenberger, se produit sans oxydation; nous avons eu recours à une réaction moins énergique encore, puisque nous l'avons produite à la température ordinaire; dire que les réactifs employés ont été de nature à oxyder le phosphore métalloïdique équivaudrait à conclure que dans la lécithine, dans la phytine, etc., le phosphore peut ne pas être à l'état d'acide phosphorique, puisque c'est par une saponification qu'on en sépare celui-ci. J'admets donc que, dans ces expériences, le phosphore qui a été retiré par l'action des alcalis, se trouvait, préalablement à tout traitement, sous forme d'acide phosphorique.

J'ai à plusieurs reprises cherché à réaliser cette sorte de saponification sous l'influence des seuls éléments contenus dans la caséine. Puisqu'une

(*) Le ballon était muni d'un tube à boules, contenant de l'acide sulfurique titré; au sortir de l'autoclave les liquides du ballon étaient saturés par de l'acide acétique, puis l'ammoniaque en était chassée en présence de magnésie.

partie de la chaux de la caséine est combinée à sa fonction acide, ne peut-on pas, en faisant bouillir du lait, détacher cette chaux de l'acide faible que représente la caséine, et la porter sur la molécule phosphorique saponifiable ? Pour cela, je traitais du lait cru et du lait bouilli, puis refroidi, par une même quantité d'acide acétique; celui-ci, dans le premier cas, devait dissoudre les phosphates naturels du lait, ainsi que le phosphate de chaux de la caséine, et, dans le second cas, en outre de ces phosphates, le phosphate de chaux formé par saponification. Je n'ai réussi qu'incomplètement, à cause de la faible alcalinité du lait; mais j'ai toujours eu, avec le sérum du lait cuit, plus d'acide phosphorique qu'avec le sérum du lait cru, ainsi que le montre le Tableau suivant :

| | Acide phosphorique dosé dans le sérum (en grammes) | | Acide phosphorique du lait cuit pour un d'acide phosphorique |
	du lait cru.	du lait cuit.	du lait cru.
I......................	0,870	0,930	1,07
II....................	1,240	1,436	1,16
III...................	1,051	1,111	1,06
IV...................	1,106	1,260	1,14

III. La caséine qu'on précipite par la présure n'est pas la seule matière albuminoïde qu'on puisse extraire du lait; quand on chauffe le sérum qui s'égoutte de l'emprésurage, on obtient une matière albuminoïde qui semble, d'après les résultats que M. L. Ammann et moi avons fait connaître (*loc. cit.*), un mélange de caséine et d'albumine. Le coagulum renferme du phosphore, qui, compté en $P^2 O^3$, représente de 4,86 à 6,17 %, et du calcium, qui, compté, en $Ca O$, représente de 5,71 à 7,52 %. Il est donc plus riche en éléments minéraux que la caséine provenant directement de l'emprésurage. J'ai épuisé également ce coagulum par l'acide acétique étendu; mais il est resté, comme dans le cas précédent, du phosphore non dissous :

| | Pour cent de caséine supposée sèche. | | | |
| | $P^2 O^5$. | Ca O. | Ce qui représenterait | |
			Phosphate de chaux.	Chaux en excès enlevée par l'acide acétique.
1er épuisement.........	3,92	5,43	8,55	0,80
2e épuisement..........	1,27	1,84	2,75	0,36
3e épuisement.........	0,29	0,30	0,60	0,00
Résidu.............	0,73	0,00	»	»
	6,21	7,57	11,90	1,16
au lieu de.............	6,17	7,52		

Je n'ai pu appliquer à ce coagulum épuisé par l'acide acétique étendu la méthode que j'ai décrite plus haut pour en extraire le phosphore résiduaire à l'état d'acide phosphorique, parce que la matière, qui avait été coagulée par la chaleur, ne se redissolvait qu'incomplètement dans un lait de chaux.

IV. J'ai voulu substituer à l'acide acétique étendu pour la dissolution du phosphate de chaux et de la chaux en excès dans la caséine d'emprésurage, le citrate d'ammoniaque ammoniacal. Ce réactif a laissé dans le résidu insoluble une quantité de phosphore inférieure à celle que l'acide acétique a laissée; mais il convient de remarquer qu'on agit en milieu alcalin, et que l'alcali est capable de saponifier une partie de l'acide phosphorique, comme le fait la chaux :

	Pour cent de caséine supposée sèche.			
	P^2O^5.	Ca O.	Ce qui représente	
			Phosphate de chaux.	Chaux en excès enlevée par l'acide acétique.
1er épuisement.........	1,26	2,40	2,75	0,91
2e épuisement.........	0,36	0,72	0,80	0,28
3e épuisement	0,33	0,23	0,70	0,00
4e épuisement	0,21	0,10	0,45	»
5e épuisement.........	0,13	0,03	0,15	»
Résidu	0,85	0,00	»	»
	3,14	3,48	4,85	1,19
au lieu de.............	3,85	3,80		

C'est encore cette action saponifiante de l'ammoniaque qui permet d'expliquer le fait suivant : Quand on cherche à précipiter, en présence de caséine, par exemple dans du lait écrémé, l'acide phosphorique à l'état de phosphate ammoniaco-magnésien, on n'obtient, au bout de 24 heures, que 30 % environ du phosphore contenu dans la caséine ou dans le lait; la caséine gêne la précipitation, mais celle-ci se continue lentement, au fur et à mesure que la caséine se dégrade en produits moins visqueux et que la combinaison phosphorique se saponifie, et au bout de 6 mois on peut recueillir jusqu'à 81,9 % du phosphore total, alors que 50 % environ étaient, dans la caséine primitive, à l'état de phosphate de chaux.

Ce phénomène semble dépendre, non de la quantité de caséine dissoute dans la liqueur, mais du rapport de l'acide phosphorique dissous à la caséine dissoute; car, en précipitant une même liqueur, concentrée ou étendue d'eau et d'ammoniaque, de façon à avoir la même quantité d'alcali, j'ai obtenu, après le même temps, la même quantité de phosphate ammoniaco-magnésien.

Nous conclurons donc de cette étude que l'acide phosphorique et la chaux forment trois groupes d'éléments minéraux : de la chaux combinée à la fonction acide, du phosphate de chaux, probablement tricalcique, et de l'acide phosphorique, retenu par la molécule protéique, et susceptible d'en être détachée par hydrolyse ou saponification.

L'étude du soufre contenu dans la molécule de caséine fera l'objet d'une étude ultérieure.

M. J. RIBAN,

Professeur honoraire à la Faculté des Sciences (Paris).

SUR L'AMBRÉINE.

2 *Août.*

En 1820, Pelletier et Caventou ont extrait par l'alcool, d'une matière excrémentitielle, l'ambre gris employé en parfumerie, une substance à laquelle ils ont donné le nom d'*ambréine*, et qu'ils ont rapprochée de la cholestérine, sans justifications suffisantes. Mais ce n'est qu'en 1832 que Pelletier a pu donner une seule analyse de cette substance, probablement impure, à en juger déjà par un point de fusion trop bas : 36°. Calculée avec le poids atomique actuel du carbone, cette analyse conduirait à C : 81,74 % ; H : 13,32 ; O : 4,94 %.

Depuis cette époque lointaine, aucun travail n'a paru sur cette substance, sans doute en raison des difficultés de l'obtenir en quantité suffisante d'une matière première rare, dont le prix, toujours très élevé, atteint aujourd'hui 5000 fr le kilogramme, et dans laquelle l'ambréine peut n'exister qu'en proportions très variables, ou même être absente, ainsi que je l'ai constaté sur un bel échantillon, cependant riche en becs de céphalopodes, témoins de son origine. L'ambre gris, en effet, se présente en masses fort hétérogènes étudiées, à une époque relativement récente, par G. Pouchet et Beauregard, qui les ont considérées comme provenant de l'intestin du cachalot et constituées par des calculs d'ambréine mêlés à une grande quantité de pigments noirs et à quelques matières étrangères, tels que becs de céphalopodes, etc.

Une circonstance fortuite m'a mis en possession de quelques grammes de cette substance rare, l'ambréine, qui s'était déposée progressivement, durant des années, sur les parois d'un flacon servant de réserve aux teintures alcooliques d'ambre destinées à la parfumerie. La provenance et l'origine en étaient sûres. J'ai purifié cette matière, déjà très blanche, par des cristallisations dans l'alcool à 82°-86° centésimaux bouillant. Peu soluble dans l'alcool froid ainsi dilué, l'ambréine se dépose, le plus souvent, au fond des vases sous forme d'une masse huileuse surfondue, qui ne tardera pas à se concréter, tandis que l'eau mère surnageante, souvent en sursaturation, se prendra en une masse de sphérolithes formés de fines aiguilles soyeuses rappelant l'asbeste, et rayonnant d'un centre. La matière cristallisée occupe alors dans l'alcool un volume considérable relativement à son poids et retient beaucoup d'eau mère. La purification de cette substance est assez difficile, en raison de cette circonstance et de la présence de produits huileux, peu ou point saponifiables.

L'ambréine pure, bien sèche et chaude, s'électrise par le frottement avec une telle intensité, que, au sortir non fondue d'une étuve, et s'écoulant du support qui la contient, elle peut s'éparpiller tout autour du flacon destiné à la recevoir. Le même phénomène se produit par broyage dans la porcelaine. Cette matière, cependant bien cristallisée, grince sous le doigt à la façon des corps résineux.

L'ambréine est dénuée de pouvoir rotatoire en solution alcoolique; elle fond à 82° et peut rester souvent très longtemps en surfusion sous forme d'une masse molle, qu'une amorce ne ramène que lentement à l'état cristallin. L'ambréine ne peut être volatilisée à la pression ordinaire sans altération; chauffée dans le vide à 100°, elle ne donne que des traces de volatilisation, et il faut la porter, dans ces mêmes conditions, vers 180° pour la voir émettre des produits volatils, sous forme de stries huileuses. Après refroidissement le vide s'est maintenu dans le tube, mais la masse, demeurée incolore, reste molle, visqueuse et désormais incristallisable dans ses dissolvants usuels.

L'ambréine, corps neutre, doit être inodore, car l'odeur si foisonnante de l'ambre s'atténue au cours des purifications; cette circonstance permettrait, peut-être, d'extraire cette matière de l'ambre gris, sans trop de dommages pour les extraits alcooliques destinés à la parfumerie. Insoluble dans l'eau, l'ambréine a de nombreux dissolvants : pétroles, benzine, chloroforme, tétrachlorure et sulfure de carbone, qui se prêtent mal à sa cristallisation et la laissent, le plus souvent, sous forme molle et poisseuse restant telle presque indéfiniment, mais l'alcóol et l'éther l'abandonnent facilement cristallisée.

Les analyses de cette substance précieuse, que j'ai faites à divers degrés de purification, m'ont donné les résultáts suivants concordants qui conduiraient à la formule brute $C^{23} H^{40} O$ ou à un multiple :

	Trouvé.				Calculé.
C.........	82,90	82,70	82,96	82,74	83,05
H.........	12,42	12,43	12,40	12,03	12,13
O.........	4,68	4,87	4,64	5,23	4,82

Les essais cryoscopiques que j'ai exécutés, dans des conditions défavorables en solution benzénique, pour fixer le poids moléculaire, n'ont pas donné de résultats satisfaisants, et j'ai dû faire, avec très peu de matière, quelques tentatives par voie de substitution et autres, pour essayer de justifier la formule brute résultant de mes analyses.

Si dans une solution d'ambréine dans le tétrachlorure de carbone on verse, peu à peu, ce solvant, additionné de 10 % de brome, il se dégage, à froid, des fumées d'acide bromhydrique; après additions jusqu'à coloration rouge persistante, on lave avec des solutions faibles de bicarbonate de soude, puis de carbonate, etc.; le liquide est abandonné à l'évaporation spontanée, ensuite à l'étuve à 70°. On obtient ainsi un résidu transparent visqueux à chaud, dur et cassant à froid, non cristallisé, s'enlevant en écailles à la façon des matières résineuses. A l'analyse, il paraît répondre à un composé octobromé, car il a donné brome : 66,62 %; la théorie exigerait pour

$$C^{23}H^{32}Br^8O : 66,36 \text{ }^c/_0.$$

Dans des conditions analogues, le chlore en solution dans le tétrachlorure conduit à une décomposition de la matière.

Le pentachlorure de phosphore ne réagit pas sensiblement à froid sur l'ambréine, mais il l'attaque à chaud, au bain-marie, avec dégagement d'acide chlorhydrique. Le résidu de cette action est traité, avec ménagement, par l'eau, pour détruire l'excès de perchlorure. On obtient ainsi une masse amorphe, dure et cassante, qui, broyée sous l'eau et abandonnée longtemps à son contact, jusqu'à cessation de précipité par le nitrate d'argent, laisse une poudre blanc jaunâtre, ayant conservé de l'oxygène et contenant, sans autre purification possible,

$$C : 54,46 \text{ }^0/_0 ; H : 7,34 ; Cl : 35,00 ; O : 3,20 \text{ }^0/_0.$$

Un produit de substitution pentachloré $C^{23}H^{35}Cl^5O$ exigerait

$$C : 54,71 \text{ }^0/_0 ; H : 6,99 ; Cl : 35,13 ; O : 3,17 \text{ }^0/_0.$$

Quelques tentatives dans d'autres directions, action des anhydrides acétique et phosphorique, etc., ont épuisé les 5 à 6 g d'ambréine purifiée dont je disposais, en tout, pour mes recherches.

M. André MEYER,

Ingénieur chimiste (Collège de France) (*).

SUR QUELQUES DÉRIVÉS DE LA PHÉNYLISOXAZOLONE.
DIBROMOPHÉNYLISOXAZOLONE ET RÉACTIONS.

547.782.1

Août.

En 1891, CLAISEN et ZEDEL (**), en faisant agir l'hydroxylamine sur l'éther benzoylacétique, préparent un composé $C^9 H^7 O^2 N$, formé avec élimination d'eau et d'alcool, suivant l'équation

$$C^6 H^5 - CO - CH^2 - CO^2 C^2 H^5 + NH^3 O = H^2 O + C^2 H^6 O + C^9 H^7 O^2 N.$$

L'analogie de ce composé avec les pyrazolones conduisit ces auteurs à lui attribuer la formule de constitution d'une *isoxazolone* (I)

(I)

$$C^6 H^5 - C \overset{4}{\underset{3}{\rule{0pt}{0pt}}} CH^2$$
$$N \overset{1}{\underset{2}{\rule{0pt}{0pt}}} \overset{5}{\rule{0pt}{0pt}} CO$$
$$O$$

C'est la 3-*phényl*-5-*isoxazolone*, comparable à la 1-phényl-3-méthylpyrazolone, de Knorr.

D'autres méthodes permettent de préparer la phénylisoxazolone. En particulier, MM. Ch. Moureu et Lazennec l'ont obtenue par l'action de l'hydroxylamine sur l'amide phénylpropiolique ou l'éther phénylpropiolique (***). Ces recherches sur l'action de l'hydroxylamine sur les éthers-sels et nitriles acétyléniques ont amené ces savants à proposer, pour la phénylisoxazolone, la formule tautomère (II)

(II)

$$C^6 H^5 - C = CH$$
$$HN \quad CO$$
$$O$$

Certaines réactions de la phénylisoxazolone s'accordent en effet, avec cette constitution. Rabe a préparé deux dérivés benzoylés de la phénylisoxazolone (****) Plus récemment, Oliveri-Mandalà et Coppola (*****), dans l'action

(*) Laboratoire de M. le professeur Jungfleisch.

(**) CLAISEN et ZEDEL, *D. chem. Ges.*, t. XXIV, p. 140. *Voir* aussi HANTZSCH, *Ibid.*, t. XXIV, p. 502.

(***) CH. MOUREU et LAZENNEC, *Soc. chim.*, 4ᵉ série, t. I, p. 1079.

(****) RABE, *D. ch. Ges.*, t. XXX, p. 1614.

(*****) OLIVERI-MANDALÀ et A. COPPOLA, *R. Acc. dei Lincei*, 5ᵉ série, t. XX, I, 1911, p. 244.

du diazo-méthane, obtiennent deux dérivés méthylés : l'un de ces composés porte le groupe méthyle relié à l'azote.

Mais on connaît aussi un grand nombre de circonstances dans lesquelles la phénylisoxazolone possède la constitution méthylénique (I).

J'ai étudié, en collaboration avec M. A. Wahl, l'action des aldéhydes aromatiques sur la phénylisoxazolone (*). On obtient ainsi quantitativement des composés de formule générale (III)

(III)
$$C^6H^5 - C \underset{\underset{O}{N}\diagdown CO}{\overset{\diagup\diagup}{}} C = CH - Ar$$

Tandis que la phénylisoxazolone est incolore, ces produits de condensation sont fortement colorés, et peuvent devenir même des matières colorantes, par l'introduction dans le noyau aromatique d'*auxochromes* convenablement choisis. Cette réaction est comparable avec celles fournies, dans des conditions analogues, par l'*indoxyle* (*indogénides* de Baeyer), l'*oxindol* (*isoindogénides* de Wahl et Bagard), l'*indanedione* (Wislicenus et ses élèves), la *coumaranone* (*oxindogénides* de Kostanecki), et enfin par l'*oxythionaphtène* (*thioindogénides* de Friedlænder), etc.

Dans une étude ultérieure, j'ai fait connaître une série d'*azométhines* dérivées de la phénylisoxazolone. Ces composés s'obtiennent par l'action des dérivés nitrosés des amines tertiaires. La formule générale (IV) doit être attribuée à ces produits. Ce sont également des matières colorantes, qui teignent la soie et la laine en violet, en bain acétique

(IV)
$$C^6H^5 - C \underset{\underset{O}{N}\diagdown CO}{\overset{\diagup\diagup}{}} C = N - C^6H^4 - N\diagup^R_{\diagdown R'}$$

Si l'on condense la phénylisoxazolone avec des *nitrosopyrazols* ou des *nitrosopyrazolones*, telles que la nitrosoantipyrine, on obtient des composés analogues aux *acides rubazoniques* de Knorr, mais dont la structure est dissymétrique. Leur coloration varie du jaune brun au rouge foncé, selon la nature et le nombre des auxochromes introduits dans la molécule. On peut leur attribuer la formule générale (V). Ces composés s'hydrolysent facilement (**).

(V)
$$C^6H^5 - C \underset{\underset{O}{N}\diagdown CO}{\overset{\diagup\diagup}{}} C = N - C \underset{\underset{N-R_1}{R_2-C\diagdown N}}{\overset{\diagup\diagup}{}} C - CH^3$$

____

(*) A. Wahl et A. Meyer, *Soc. chim.*, 4° série, t. III, p. 951.
(**) André Meyer, *Comptes rendus*, t. CLII, p. 1679.

On sait que les *dérivés méthyléniques* se copulent avec les composés
diazoïques, comme de véritables phénols, et produisent ainsi des *azoïques
mixtes*. Claisen et Zedel ont ainsi préparé le benzèneazophénylisoxazolone, par action du chlorure de diazobenzène sur une solution alcaline
de phénylisoxazolone.

J'ai généralisé cette réaction et préparé une série de composés azoïques
mixtes de ce groupe (*).

Ces dérivés peuvent être considérés, soit comme de véritables *azoïques*,
de formule générale (VI), soit comme des *hydrazones*, et, dans cette
dernière hypothèse, représentés par la formule (VII)

$$(\text{VI}) \quad C^6H^5-C\underset{N\diagdown_O\diagup COH}{\overset{}{\diagup\diagdown}}C-N=N-R \qquad (\text{VII}) \quad C^6H^5-C\underset{N\diagdown_O\diagup CO}{\overset{}{\diagup\diagdown}}C=N-NH-R$$

On pouvait se demander si, en faisant réagir la phénylhydrazine sur
la cétophénylisoxazolone, l'hydrazone prévue par la théorie serait ou
non identique au dérivé azoïque préparé par une autre voie. J'ai donc
cherché, dans ce but, à préparer la cétophénylisoxazolone.

L'application à la phénylisoxazolone des méthodes générales de
transformation d'un dérivé méthylénique en dérivé cétonique n'a pas
réussi dans le cas présent. Il y a, en effet, destruction de la molécule,
avec production, dans la majorité des cas, de benzonitrile.

J'ai alors remplacé cette cétone par le dérivé dibromé correspondant.
La phénylisoxazolone, en tant que dérivé méthylénique, doit, comme
ceux-ci, posséder la faculté de substituer directement ses deux atomes
d'hydrogène négatifs par le brome.

Préparation de la dibromophénylisoxazolone. — On verse lentement,
en évitant un trop grand échauffement, une solution acétique de brome,
soit deux molécules, dans une molécule de phénylisoxazolone, celle-ci
étant en suspension dans l'acide acétique. Il se dégage aussitôt de l'acide
bromhydrique et la phénylisoxazolone se dissout peu à peu. La réaction
terminée, on laisse en repos quelques heures à la température ordinaire,
et l'on isole le bromure par précipitation par l'eau. On le purifie par des
cristallisations dans des solvants convenables, tels un mélange d'éther
et d'éther de pétrole.

L'analyse assigne à ce composé la formule $C^9H^5O^2NBr^2$. Par évaporation lente de ses solutions, on l'obtient en gros cristaux hexagonaux,
très réfringents. Ses meilleurs dissolvants sont l'éther, l'acétone, le
chloroforme et l'éther acétique. Il est insoluble dans l'eau et l'éther de
pétrole. Il fond à $76°$-$77°$ sans décomposition sensible; l'action pro-

---

(*) A. Meyer, *Comptes rendus*, t. CLII, p. 652.

longée de la chaleur provoque sa destruction. Sa constitution est la suivante :

$$\text{C}^6\text{H}^5 - \text{C} - \text{C} \overset{\text{Br}}{\underset{\text{Br}}{<}}$$
$$\text{N} \qquad \text{CO}$$
$$\text{O}$$

Le brome, dans cette molécule, est relativement mobile et peut être éliminé par différents réactifs, par les hydrazines en particulier.

Action de la phénylhydrazine. — La phénylhydrazine réagit énergiquement sur le dérivé dibromé. Pour modérer la réaction, on opère en diluant les composants dans l'alcool ou l'acide acétique. On emploie un excès de phénylhydrazine, ou bien on ajoute une quantité suffisante de pyridine ou une solution d'acétate de sodium pour neutraliser H Br formé. Il se précipite, au bout de quelques instants, un composé jaune clair, qui est purifié par cristallisation dans l'acide acétique. Cette hydrazone possède la formule $\text{C}^{15}\,\text{H}^{11}\,\text{O}^2\,\text{N}^3$; elle fond à 165°-166° en se décomposant, et se montre identique au *benzèneazophénylisoxazolone* de Claisen et Zedel. Sa production a lieu selon l'équation

$$\text{C}^9\,\text{H}^5\,\text{O}^2\text{NBr}^2 + \text{C}^6\,\text{H}^5 - \text{NH} - \text{NH}^2 = 2\,\text{HBr} + \text{C}^{15}\,\text{H}^{11}\,\text{O}^2\text{N}^3.$$

Cette réaction permet de conclure que dans la dibromophénylisoxazolone, les deux atomes de brome sont bien reliés au carbone 4, comme il a été admis dans la formule ci-dessus.

On peut généraliser cette réaction et montrer ainsi l'identité des azoïques mixtes de la phénylisoxazolone avec les hydrazones correspondantes.

Action de l'hydroxylamine et de la semi-carbazide. — Dans des conditions analogues, l'hydroxylamine, d'une part, la semi-carbazide, de l'autre, éliminent également le brome du dérivé dibromé, en donnant naissance respectivement à une *oxime* et à une *semi-carbazone*. L'oxime, $\text{C}^9\,\text{H}^6\,\text{O}^3\,\text{N}^2$, est identique à l'*isonitrosophénylisoxazolone*, obtenue par Claisen et Zedel, par action de l'acide nitreux. La *semi-carbazone*, $\text{C}^{10}\,\text{H}^8\,\text{O}^3\,\text{N}^4$, constitue de fines aiguilles jaune pâle, insolubles dans l'eau, se dissolvant bien dans l'éther acétique et peu solubles dans l'alcool. Elle se décompose vers 230°-232° sur le bloc Maquenne.

Action de l'indoxyle. — Le dérivé dibromé de la phénylisoxazolone peut servir à la préparation de *dérivés indigoïdes*.

On sait que M. FRIEDLÆNDER (*) a donné ce nom aux composés qui possèdent le groupement caractéristique $- \text{CO} - \text{C} = \text{C} - \text{CO} -$, qui

---

(*) FRIEDLÆNDER, *D. ch. Ges.*, t. XLI, p. 327 et 772.

se trouve dans l'indigo. Grâce aux recherches de Friedlænder, on connaît actuellement plusieurs méthodes de préparation de pareils dérivés, et l'industrie, depuis quelques années, possède un grand nombre de colorants de cuve, teignant à la manière de l'indigo. L'une des méthodes de Friedlænder consiste à condenser un dérivé dibromé hétérocyclique avec un corps analogue à l'indoxyle. Cette réaction s'applique à la phénylisoxazolone.

On dissout la phénylisoxazolone dans un dissolvant neutre, comme le tétrachlorure d'acétylène, et l'on ajoute une solution équivalente d'indoxyle. Cette solution a été préparée, soit à l'aide d'acide indoxylique, soit d'acétyl-indoxyle. On mélange les deux solutions et, dès la température ordinaire, il y a un dégagement d'acide bromhydrique, et un échauffement. On complète la réaction par un chauffage au bain-marie pendant quelques instants. Par refroidissement, il se produit un précipité violacé. Ce précipité, recueilli, est un mélange d'indigo ordinaire, provenant de l'oxydation partielle de l'indoxyle, et du dérivé indigoïde formé. On sépare l'indigo en épuisant par l'éther acétique et l'acétone, qui laissent ce produit insoluble.

Le *phénylisoxazolindolindigo* est isolé par évaporation et recristallisé plusieurs fois dans l'acide acétique. Il constitue de belles lamelles ou des aiguilles rouge grenat.

Sa formation s'exprime par l'équation suivante :

$$C^6H^5 - C{-}CBr^2\ /\ N{-}CO\ /\ O\ +\ H^2C{-}OC\ /\ NH\ \ \text{(Indoxyle.)}$$

$$=\ C^6H^5 - C{-}C{=}C\ /\ N{-}CO\ /\ O\ \ CO\ /\ NH\ +\ 2\,HBr$$

Ce composé a déjà été obtenu, il y a quelque temps, par M. A. Wahl (*), par action du chlorure d'isatine sur la phénylisoxazolone, c'est-à-dire par application d'une autre méthode également due à M. Friedlænder.

Ce produit ne donne pas de leucodérivé susceptible de se fixer sur les fibres, comme l'a constaté M. Wahl.

Il est soluble dans l'acétone, l'éther acétique, moins soluble dans le chloroforme, et peu dans l'acide acétique. L'acide sulfurique le dissout en donnant une liqueur rouge grenat, d'où le composé primitif est reprécipité par l'eau. Si l'on emploie de l'acide sulfurique chargé d'anhydride ou qu'on chauffe la solution, il y a sulfonation partielle. Le dérivé sulfoné formé teint la soie et la laine en rose clair.

(*) A. WAHL, *Comptes rendus*, t. CXLVIII, p. 352.

Ces recherches sont poursuivies.

Les résultats que j'ai exposés ici très brièvement indiquent que la phénylisoxazolone possède une assez grande aptitude réactionnelle. Si, dans certaines conditions, elle se conduit comme ayant la constitution (II), indiquée plus haut, on voit que, dans de nombreux cas, ses propriétés doivent lui faire attribuer la constitution d'un composé méthylénique (I). La phénylisoxazolone est donc un corps capable, tout comme l'éther β-cétonique qui lui a donné naissance, de se tautomériser facilement.

Les produits colorés qui en dérivent sont intéressants à envisager : ils nous permettront de contribuer à étendre nos connaissances sur les relations existant entre la couleur et la constitution en Chimie organique. C'est le but que je me suis proposé dans ces études.

M. J. VILLE,

Professeur,

ET

M. W. MESTREZAT,

Chef des travaux de Chimie à la Faculté de Médecine (Montpellier).

DE L'ORIGINE BUCCALE DES OXYDASES, DES PEROXYDASES ET DES SUBSTANCES PEROXYLITIQUES DE LA SALIVE MIXTE.

3 Août.

612.313.1

On décrit en général, dans la salive, comme des produits physiologiques d'origine glandulaire les oxydases, les peroxydases et les substances non diastasiques donnant la réaction de ces dernières, qu'on y rencontre (*).

A la vérité, les recherches sur lesquelles s'appuierait cette opinion ne sauraient autoriser des conclusions aussi absolues.

(*) Nous proposons de donner à ces dernières substances, non diastasiques, mais partageant avec les peroxydases la propriété de décomposer les peroxydes avec mise en liberté d'oxygène *actif*, le nom de *substances peroxylitiques*, de préférence au terme de *substances peroxydantes* quelquefois employé.

Struve (*), Carnot (**), Slozon (***), Dupouy (****), Fleig et Sangouard (*****), qui se sont occupés des oxydases et des peroxydases salivaires
n'ont jamais opéré que sur des *salives mixtes*, directement recueillies par
expectoration ou seulement filtrées sur papier, mais forcément venues en
contact, dans la bouche, avec les divers éléments figurés qui s'y trouvent
(globules blancs, globules rouges, etc.), ce qui suffirait à expliquer les résultats
obtenus.

Carnot a cependant fait quelques expériences avec des salives parotidiennes
et sous-maxillaires chez l'homme ou chez l'animal (chien ou cheval) toutefois,
les procédés défectueux employés par lui pour recueillir ces produits, qui ne
les mettaient pas à l'abri d'une pollution par la salive mixte (aspiration des
salives sous-maxillaires et parotidiennes au voisinage des orifices du sténon et
du warthon chez l'homme) ou de l'introduction de quelques globules rouges
de la plaie chez l'animal (fistules des canaux excréteurs), enlèvent toute leur
signification aux résultats obtenus. Slozon, de même, opérait avec une macération des glandes.

Nous avons repris la question en utilisant de la salive *humaine* absolument *pure*, obtenue par *cathétérisme* du canal de sténon. La salive
recueillie est limpide comme de l'eau de roche, non filante, et saccha-
rifie l'amidon, ainsi que l'un de nous l'a montré précédemment (******).

Nous avons cathétérisé ainsi trois sujets : la sécrétion de la salive était
stimulée chez eux par l'introduction de sucre ou d'acide tartrique dans
la bouche.

Les réactifs dont nous avons fait usage étaient : pour les *oxydases* :
le gayac, le gayacol, le réactif de Röhmann et Spitzer (α-naphtol et
paraphénilène-diamine en solution alcaline); pour les peroxydases :
le gayac et l'eau oxygénée (salive 2 cm^3, eau 2 cm^3; cinq gouttes d'une
teinture de gayac à 2 % et une goutte d'eau oxygénée); le gayac et
l'essence de térébenthine activée suivant notre technique (*******); et
le réactif de Fleig à la fluorescéine réduite, dont la *sensibilité* est *extrême*.

Dans ces conditions, *nous n'avons pas pu mettre en évidence d'oxydases
dans aucun cas*. Pour ce qui est des *peroxydases* et des *substances peroxylitiques*, les réactifs au gayac, pourtant *très sensibles*, n'ont *absolument
rien* donné. Seul le réactif à la fluorescéine a laissé percevoir, chez deux de

---

(*) Struve, 1872, cité par Carnot.

(**) Carnot, *Sur un ferment oxydant de la salive et de quelques autres
sécrétions* (*Comptes rendus de la Soc. de Biologie*, t. XLVIII, 1895, p. 552).

(***) Slozon, *Contribution à l'étude des oxydases animales. Oxydase salivaire*
(*Th. de St-Pétersbourg*, 1899).

(****) Dupouy, *Sur l'oxydase de la salive* (*Journal de Pharmacie et de Chimie*,
t. VIII, 1898, p. 551).

(*****) Fleig et Sangouard, *Sur la réaction peroxydasique à la phénolphtaléine
sensibilisée ou non, dans divers liquides organiques* (*transsudats, exsudats, crachats, lait, bile*) (*Comptes rendus de la Soc. de Biologie*, 18 juin 1910).

(******) W. Mestrezat, *Bull. Soc. chim. de France*, 4e série, t. III, 1908, p. 711.

(*******) J. Ville et W. Mestrezat, *Société chimique, Soc. de Montpellier*,
séance de juin 1912.

nos· sujets, une légère fluorescence, qu'on saisissait bien par comparaison avec un témoin d'eau distillée additionnée pareillement de réactif.

Ces deux réactions sont d'un ordre de grandeur tel qu'on ne saurait
y attacher d'autre importance et surtout les comparer, même de très
loin, aux réactions marquées que donne la salive mixte.

Ajoutons que la faible fluorescence obtenue dans ces cas n'est que peu
influencée par l'ébullition, ce qui semble la rattacher à la présence
d'hémoglobine ou d'une substance dérivée, et non à une péroxydase
qu'élaborerait l'épithélium des glandes.

Il résulte donc de ces faits, qu'on ne peut continuer à considérer
comme d'origine glandulaire les oxydases, peroxydases et substances
peroxylitiques signalées par différents auteurs en proportion appréciable
dans la salive *mixte*. Le moindre effort d'expectoration, le simple lavage
de la bouche avec de l'eau distillée suffisent à amener la présence, en
proportions variables suivant les sujets, de traces d'hémoglobine (globules rouges) dans la salive ou le liquide recueilli; il y a enfin contact,
dans la bouche, de la salive avec des leucocytes, des cellules de desquamation et autres éléments figurés, toutes raisons qui suffisent à expliquer
les réactions obtenues avec la salive mixte et non retrouvées sur la salive
pure.

*En résumé, on ne peut admettre l'existence d'oxydases, de peroxydases
ou de substances peroxylitiques « salivaires »; ces produits nous paraissent
avoir exclusivement une origine « buccale ».*

MM. Paul JEANCARD,

Ingénieur des Arts et Manufactures,

ET

Conrad SATIE,

Chef du Laboratoire des recherches
des Établissements Antoine Chiris et Jeancard fils réunis.

CONTRIBUTION A L'UNIFICATION DES MÉTHODES D'ANALYSE DES HUILES ESSENTIELLES.

668.51

5 *Août.*

Dans une étude parue en 1910 (*), nous avons essayé d'établir les principes
généraux sur lesquels reposent les données relatives aux huiles essentielles.

(*) P. Jeancard et C. Satie, *Les garanties de pureté des huiles essentielles*
(*Revue de Chimie pure et appliquée*, t. XIII, p. 105).

Nous nous étions surtout placés au point de vue de la rédaction d'un Chapitre sur les essences, dans une pharmacopée scientifique.

Il convient maintenant de chercher à unifier les méthodes analytiques employées pour l'estimation des huiles essentielles dans les différents pays, tant par les services administratifs que par les laboratoires industriels. Nous nous estimerions heureux si les pages suivantes pouvaient servir de base de discussion au prochain Congrès international de Chimie appliquée, qui doit se tenir à Washington en septembre prochain 1912.

I. Définition des huiles essentielles. — La pureté d'une huile essentielle résulte de sa fabrication et non de ses applications plus ou moins lointaines. Une essence pure sera telle pour le parfumeur, le pharmacien, le droguiste, etc. Il n'y a pas à considérer plusieurs sortes de pureté, mais seulement à rechercher les données permettant de spécifier les diverses huiles essentielles.

Une huile essentielle est caractérisée d'une manière générale par :

1° La nature de la matière végétale traitée;

2° Le mode d'extraction employé;

3° Les constantes physico-chimiques du produit obtenu. Nous allons examiner successivement ces trois questions.

A. *Matière végétale traitée.* — Il importe d'indiquer la plante traitée. Celle-ci sera définie par les renseignements botaniques relatifs à la famille, l'espèce, la variété, etc. Les renseignements sur le lieu de culture, la saison de la floraison, etc., sont indispensables. On indique également la partie végétale traitée : fleurs, rameaux fleuris, bois, écorce, etc.

Ainsi, pour la cannelle, on peut avoir un grand nombre d'essences différentes, suivant qu'on a traité les cannelles de Chine, celles de Ceylan, celles des Seychelles. On aura des différences suivant que pour les mêmes cannelles on aura distillé les écorces, les feuilles, les graines, etc.

Il est nécessaire également d'indiquer si les organes traités le sont à l'état frais ou à l'état sec.

B. *Procédés d'extraction.* — On obtient des produits divers, suivant le procédé d'extraction employé. Ainsi, pour une essence obtenue par distillation à la vapeur d'eau, on peut considérer de nombreux cas. On pourra :

a. Mettre la matière à distiller avec deux à quatre parties d'eau et chauffer à la vapeur par double fond.

b. Mettre la matière à distiller sans eau dans l'alambic et faire barboter la vapeur.

c. Combinaison des deux procédés *a* et *b.*

d. Distiller sous une pression variant de 0,100 kg à 5 kg ou distiller sous pression réduite.

e. Agiter ou non la masse pendant la distillation.

f. Employer des colonnes de dimensions déterminées et de formes variées afin d'effectuer une suite de fractionnement des vapeurs.

g. Séparer ou faire retourner à l'alambic les eaux distillées débarrassées de l'huile essentielle.

Il serait facile d'étendre cette liste des modifications susceptibles d'être apportées au procédé appelé *distillation à la vapeur*. Il faut en sus tenir compte de la qualité de l'eau employée à charger l'alambic, de la vitesse de la distillation, etc.

Chaque modification précédente peut apporter des différences plus ou moins importantes dans la composition des produits obtenus. A titre d'indication, supposons qu'on applique les modifications *f* et *g* à la distillation de la fleur d'oranger. Dans un cas, on obtient le néroli et l'eau de fleurs d'oranger; dans l'autre, l'essence de néroli seulement. Dans le premier cas, l'essence ne contiendra qu'une partie (environ les $\frac{3}{4}$) des principes odorants de la fleur d'oranger; dans le deuxième, presque la totalité de ces principes. Si maintenant, pour ces deux cas, on tient compte des modifications *d*, on obtiendra des produits plus ou moins riches en éthers. Ainsi donc, pour des mêmes fleurs, distillées le même jour, dans la même localité, avec des alambics presque identiques, mais avec des marches différentes, on pourra obtenir quatre essences de néroli présentant entre elles des différences plus ou moins considérables. Les procédés d'extraction par distillation à la vapeur ne sont pas les seuls usités. On peut extraire les huiles essentielles par les dissolvants volatils et distiller ensuite à la vapeur ou sans vide les produits obtenus. Les produits diffèrent suivant les solvants employés.

C. *Constantes physico-chimiques.* — On devrait pouvoir définir tout produit par ses propriétés organoleptiques et ses constantes physico-chimiques. Les propriétés organoleptiques ne sont pas encore susceptibles de mesure, et sont par suite très vagues. L'odeur d'un produit en détermine l'usage, et c'est dire qu'il est impossible de définir exactement l'odeur d'une essence. On pourra parler de l'odeur camphrée du romarin, de l'odeur aromatique de l'eucalyptus, de l'odeur suave de la rose. Ces qualificatifs, plus ou moins vagues et littéraires, n'ajoutent rien d'important aux concepts de romarin, d'eucalyptus, de rose. La couleur d'un grand nombre d'essence varie très rapidement avec le temps, par suite de l'action plus ou moins ménagée de l'air et de la lumière. L'essence d'absinthe est vert foncé, ce qui permettra de la distinguer de loin. Mais si l'on remplit des flacons d'un litre avec des essences de lavande, de romarin, d'aspic, de sauge, de badiane, d'eucalyptus, etc., il sera impossible de chercher à les classer en se basant uniquement sur la couleur. La couleur, par suite, n'a aucune importance dans la description d'une huile essentielle, d'autant plus qu'on peut obtenir les mêmes essences tout à fait incolores.

Ce sont donc les constantes physico-chimiques seules qui sont les caractéristiques permettant de spécifier les huiles essentielles. Il convient donc de bien préciser nos notions sur ces constantes. Les huiles essentielles sont des mélanges plus ou moins complexes de corps appartenant aux fonctions chimiques les plus diverses. Des corps purs définis ont des

constantes physico-chimiques fixes; il n'en est pas de même pour les
mélanges fournis par la nature. Les constantes des huiles essentielles
varient avec les conditions extérieures qui ont présidé à la formation des
essences dans le végétal : climat, exposition, nature du sol, mode de
culture, etc. Mais ces constantes oscillent pour une essence déterminée
entre certaines limites. Nous avons proposé de qualifier de *limites générales* celles données par les chiffres extrêmes trouvés pour les diverses
constantes. A la notion de limites générales, nous avons ajouté, en 1909 (*),
celles de *limites annuelles*. Il est évident que ces dernières sont moins
étendues que les premières. Ainsi donc, les limites générales permettent
de définir une huile essentielle et les limites annuelles de se prononcer
sur la pureté des produits commerciaux. Une huile essentielle sera donc
définie en indiquant la plante traitée, le procédé d'extraction appliqué
et les constantes physico-chimiques. Nous donnerons les deux exemples
suivants :

1º *Hysope*. — Huile essentielle obtenue par distillation à la vapeur
d'eau des tiges fleuries de l'*Hysopus officinalis* L. (Labiées), plante vivace,
fleurissant de juillet en septembre. Elle est cultivée en France (Provence).
Le rendement en essence varie de 0,3 à 1 % .On placerait à la suite de
cette description le Tableau des constantes de cette essence.

2º *Thym*. — Huile essentielle obtenue par distillation à la vapeur
d'eau des tiges fleuries du *Thymus vulgaris* L. (Labiées), plante vivace
de France (Provence et Languedoc), d'Espagne, de Tunisie, d'Algérie.
Par distillation à la vapeur d'eau de la plante entière, le rendement en
essence est de 0,5 à 1 %. La teneur en phénols dépend du lieu de culture.
Les essences blanches sont des essences rectifiées. (Mettre ensuite le
Tableau des constantes.)

II. Détermination des constantes physico-chimiques. — A. *Constantes physiques*. — La première question à régler pour la détermination
des constantes est celle de la température à laquelle cette détermination
doit être faite. Les températures proposées sont : 15º, 20º et 25º. Chacune
de ces températures a ses avantages et ses inconvénients.

La température de 15º a été prise au XIXᵉ siècle pour effectuer certaines mesures importantes. Ainsi toute l'alcoométrie repose sur des
déterminations effectuées à la température de 15º. Les inconvénients
sont de ne pas permettre la détermination des constantes physiques
de quelques huiles essentielles, telles que la badiane, la rose, etc. On
peut objecter qu'il faut prendre comme base 50º puisque l'essence concrète d'iris fond vers 45º. La température de 25º est une température
un peu trop estivale qui active l'évaporation. Il serait regrettable de la

---

(*) P. Jeancard et C. Satie, *La Chimie des Parfums en* 1908 (*Revue générale
de Chimie pure et appliquée*, t. XIII, p. 173).

rendre officielle, et si la majorité des chimistes était opposée à la température de 15°, il conviendra de ne pas dépasser celle de 20°.

Les constantes physiques principales à déterminer sont : le poids spécifique, le pouvoir rotatoire et la solubilité dans l'alcool dilué. Pour certaines essences, il convient, en outre, de prendre le point de congélation et quelquefois le point de fusion. Les constantes secondaires sont l'indice de réfraction et la viscosité.

1° *Poids spécifique.* — Le poids spécifique est le rapport du poids d'un volume déterminé d'essence à 15° (ou à 20°) au poids d'un même volume d'eau à 15° (ou à 20°). Cette définition peut être considérée comme suffisamment rigoureuse pour les déterminations industrielles. On le détermine à l'aide de la balance aérothermique de Westphal si l'on dispose d'une quantité suffisante de produit, ou à l'aide d'un picnomètre de Regnault, dans le cas contraire. La principale question sur laquelle il convient de s'entendre est la suivante : Doit-on effectuer la détermination du poids spécifique à 15° (ou à 20°), ou bien doit-on déterminer à telle température comprise entre 10° et 30°, et appliquer un coefficient pour ramener le chiffre trouvé à ce qu'il aurait été s'il avait été déterminé à 15° (ou à 20°)? Dans ce dernier cas, doit-on avoir un facteur unique s'appliquant à toutes les essences ou un facteur spécial pour chaque essence ? Nous pensons qu'au point de vue de la facilité des transactions commerciales, il serait préférable d'avoir un facteur unique, et qui serait 0,0007 ou 0,0008.

2° *Pouvoir rotatoire.* — Tous les résultats sont indiqués pour une épaisseur de 100 mm à une température comprise entre 10° et 30°. Pour le citron et le Portugal, il convient de noter exactement la température et de ramener à l'aide de coefficients les valeurs trouvées à ce qu'elles seraient pour une détermination faite à 20°.

3° *Solubilité.* — Nous demandons de supprimer une fois pour toutes les indications relatives aux solubilités des huiles essentielles dans le sulfure de carbone, le chloroforme, le tétrachlorure de carbone, etc., qui ne sont d'aucune utilité. On détermine la solubilité de la manière suivante : Remplir une burette graduée en $\frac{1}{10}$ de centimètre cube. Verser l'alcool dilué. Mettre dans un tube à essai 1 cm³ d'essence, mesuré avec une pipette divisée en $\frac{1}{10}$ de centimètre cube. Verser l'alcool peu à peu en agitant. Noter la température du mélange au moment de la dissolution. La dissolution étant obtenue, ajouter de l'alcool peu à peu en agitant jusqu'à 20 cm³ et s'assurer qu'il ne se fait ni dépôt, ni trouble. Le degré de l'alcool est indiqué en volume, c'est-à-dire en centimètre cube d'alcool pur dans 100 cm³. Pour chaque essence, on détermine la solubilité dans trois alcools dilués variant de 5°. Ainsi, pour l'aspic, on déterminera la solubilité dans des alcools à 70°, 65° et 60°. Pour certaines essences, le point de solubilité n'est pas aisé à saisir. Ainsi un grand nombre d'essences de romarin sont solubles dans 1 à 10 vol d'alcool à 80°;

mais d'autres, quoique pures, ne sont pas solubles (*) dans ces proportions, et ne présentent pas une solubilité franche, entre 10 et 20 vol
d'alcool à 80°. Ces dernières essences seront considérées comme solubles
par certains chimistes, et non entièrement solubles par d'autres. Dans ces
conditions, il ne s'agit pas d'une mesure, mais d'une appréciation personnelle. Ainsi, dans nos recherches analytiques sur le romarin, nous
avons cherché à remplacer ces données vagues par les chiffres plus précis
de solubilité critique.

Il y a également intérêt de définir nettement la manière de formuler
les résultats de pareilles déterminations. Une essence de géranium, par
exemple, se dissout dans 2,5 vol d'alcool à 70°. Si l'on ajoute un
excès d'alcool, il peut se former un louche avec 5 à 20 vol d'alcool.
Au bout d'un temps plus ou moins long, on voit ce louche se modifier
et des particules solides apparaissent; ces formations dépendent de la
température du laboratoire, de celle de l'alcool, du temps écoulé, etc. Il
est indispensable de préciser tous ces points.

4° *Points de fusion et de congélation.* — Les points de congélation de la
badiane et de la rose ne sont pas déterminés de la même manière. Ainsi
pour celui de la rose, on note la température à laquelle apparaissent les
premiers cristaux.

Indices de réfraction et de viscosité. — Ces constantes sont pour les
corps purs en relation avec la fonction chimique.

Malgré l'intérêt présenté par ces constantes, il serait peut-être prématuré de réglementer leur détermination.

B. *Constantes chimiques.* — « La Chimie organique, écrivions-nous en 1909 (**),
ne possède actuellement pas de méthodes analytiques permettant de séparer
quantitativement, d'après leurs fonctions chimiques, les différents corps d'un
mélange. Cette séparation ne peut se faire qu'approximativement et l'exactitude des chiffres trouvés dépend des quantités mises en œuvre. »

On en est réduit à déterminer des chiffres qui sont proportionnels aux
fonctions chimiques contenues. Mais les déterminations de ces divers
indices sont parfois incompatibles entre elles. Ainsi, en déterminant
l'indice de saponification, on détruit les aldéhydes, et le chiffre d'éthers
se trouve faussé. On détermine ainsi les indices de saponification,
d'acidité de saponification avant acétylation, après acétylation, formylation, etc. Mais il est inexact de parler de teneurs en acétate de linalyle, en
géraniol, en citral, etc. En outre, il est indispensable, pour chacune de ces
déterminations, d'indiquer l'approximation avec laquelle un chiffre peut

---

(*) P. JEANCARD et C. SATIE, *Les essences de romarin et leurs principales caractéristiques* (*Revue générale de Chimie pure et appliquée*, t. XIV, 1911).

(**) P. JEANCARD et C. SATIE, *La Chimie des Parfums en 1908* (*Revue générale
de Chimie pure et appliquée*, t. XIII, 1909, p. 173).

être garanti (*). Pour la détermination de ces indices, on se sert de liqueurs titrées. Nous appelons *normales* les liqueurs contenant par litre un nombre de grammes égal au poids moléculaire. Nous pensons qu'il est préférable de parler de poids moléculaire et non d'équivalent par litre. Du reste, c'est la définition des solutions normales employées en Physico-Chimie.

1° *Indice d'acide.* — C'est le nombre de milligrammes de potasse nécessaires pour neutraliser 1 g d'essence. On le détermine de la manière suivante : Peser 2 g d'essence dans une fiole de Bohême de 100 cm³. Ajouter 10 cm³ d'alcool 96° et quelques gouttes de phénol-phtaléine. Verser jusqu'au virage de la potasse alcoolique $\frac{N}{10}$.

2° *Indice de saponification.* — C'est le nombre de milligrammes de potasse nécessaires pour saponifier 1 g d'essence. Cet indice est proportionnel à la teneur en éthers et, par suite, à celle des alcools éthérifiés. On le détermine de la manière suivante : Peser 2 g d'essence dans un ballon de Bohême de 10 cm³. Ajouter 10 cm³ ou 20 cm³ de potasse alcoolique $\frac{N}{2}$.

Faire bouillir au bain-marie, après avoir muni le ballon d'un tube de 10 à 12 mm de diamètre et de 1 m de long, faisant office de réfrigérant. La durée de l'ébullition est de 30 minutes environ pour la plupart des éthers, et de 2 heures pour l'acétate de perpényle. Il est donc préférable de faire deux essais, l'un de 30 minutes et l'autre de 2 heures. Après refroidissement, étendre d'eau et titrer l'excès d'alcali au moyen d'une solution d'acide sulfurique $\frac{N}{8}$ en présence de phénol-phtaléine.

3° *Indice de saponification après acétylation.* — Cet indice est proportionnel à la teneur en alcools totaux. On le détermine de la manière suivante : Faire bouillir au bain de sable, pendant 1 heure 30 minutes, 10 cm³ d'essence avec 10 cm³ d'anhydride acétique et 1 g d'acétate de soude fondu. Déterminer l'indice de saponification sur 2 g comme précédemment.

Dans cette détermination, les alcools tertiaires sont déshydratés en partie, aussi convient-il d'opérer toujours dans des conditions identiques. Sous l'influence de l'anhydride acétique, le citronnellol est transformé en acétate d'un alcool cyclique, l'iso-pulégol. Ainsi cet aldéhyde est compté comme alcool.

4° *Indice de saponification après formylation.* — Cet indice est proportionnel à la teneur en citronnellol (rhodinol), en alcools benzylique et phénylique, etc. On le détermine de la manière suivante : Mélanger 10 cm³ d'essence et 20 cm³ d'acide formique à 100 %. Chauffer à l'ébullition au bain de sable pendant 3 heures. Traiter par l'eau, et après lavages

---

(*) P. JEANCARD et C. SATIE, *Les Méthodes d'analyse des huiles essentielles* (*Revue de Physique et Chimie industrielles*, t. V, 1901, p. 529).

jusqu'à neutralité, déterminer l'indice de saponification sur 2 g de produit séché. Il est à considérer que le géraniol chauffé avec l'acide formique en présence de toluène est éthérifié en proportion considérable (au moins 80 %).

5° *Produits solubles dans la soude.* — Le chiffre trouvé est proportionnel à la teneur en phénols. On le détermine de la manière suivante : Verser 10 cm³ d'essence dans une fiole de 100 cm³ dont le col est divisé en dixièmes de centimètre cube. On ajoute environ 50 cm³ de lessive de soude à 5 °/₀. Agiter fortement. Achever de remplir le ballon avec de la lessive pour amener les parties non dissoutes dans la partie divisée du col. Après décantation complète, lire le volume de la portion non dissoute. Les acides et les corps solubles dans l'eau sont comptés comme phénols, par la méthode ci-dessus. Pour éviter ces erreurs, il convient de faire un deuxième essai identique au premier; mais en remplaçant la soude par une solution à 5 % de carbonate de sodium. La teneur en phénols est la différence entre les chiffres trouvés.

6° *Indice d'aldéhydes et de cétones.* — Il n'existe pas de méthodes permettant de doser les aldéhydes d'une façon tant soit peu rigoureuse. Les méthodes au sulfite et au bisulfite sont imparfaites et irrégulières. Nous employons la méthode suivante : Faire bouillir 1 heure, au bain de sable, 1 g d'essence (pour une essence contenant 50 à 80 % d'aldéhydes) avec une solution titrée de chlorhydrate de phénylhydrazine. Décanter. Faire un volume déterminé des solutions aqueuses. Titrer par l'iode. Cette méthode, qui est loin d'être parfaite, fournit des chiffres comparables.

Remarques générales. — L'estimation d'une huile essentielle repose sur la détermination des constantes physico-chimiques. Il importe que ces mesures soient faites dans les laboratoires du monde entier par des méthodes identiques. Les chiffres trouvés n'ont de valeur que dans ces conditions, et chacun doit connaître avec quelle approximation ils ont été déterminés.

Nous avons surtout insisté dans les pages précédentes sur les méthodes générales employées dans l'analyse des essences obtenues par distillation à la vapeur d'eau. L'étude des méthodes à appliquer pour l'estimation des autres matières odorantes fera l'objet d'un deuxième article. Nous avons cherché à limiter le problème de l'analyse des huiles essentielles de manière que chacun puisse avoir des idées nettes sur les questions à étudier tout spécialement.

Nous avons, à dessein, insisté sur la définition des huiles essentielles, car notre expérience personnelle nous a fait voir que bien des divergences rencontrées dans la façon de rédiger les conclusions d'une analyse, proviennent bien souvent des idées confuses qui règnent sur ce qu'on doit entendre par huiles essentielles.

M. W. ŒCHSNER DE CONINCK.

SUR QUELQUES RÉACTIONS DU FORMIATE DE SODIUM.

647.711 : 646.33

3 Août.

Action de l'eau. — Cette action a été étudiée par plusieurs chimistes, qui ont surtout déterminé la solubilité de ce sel. J'ai montré récemment que l'eau chaude décompose ce sel, avec mise en liberté d'une certaine quantité d'acide formique.

Action de l'acide chlorhydrique. — Je traite le formiate de sodium, pur et cristallisé, par un fort excès d'acide chlorhydrique blanc ordinaire, et je chauffe progressivement. Le sel, insoluble à froid, ne se dissout que très peu dans l'acide à l'ébullition; *il faut prolonger celle-ci pour qu'il se dissolve.* Avant que l'ébullition soit atteinte, il se dégage CO^2; si l'on prolonge l'action de la chaleur, il se dégage un peu d'oxyde de carbone et d'hydrogène.

Action de l'acide bromhydrique. — La densité de l'acide employé était 1,533. Le formiate de sodium ne se dissout entièrement dans un fort excès d'acide bromhydrique qu'à une température voisine de l'ébullition. Vers l'ébullition, il se dégage CO^2, puis, plus tard, un peu d'oxyde de carbone et d'hydrogène.

Action de l'acide iodhydrique. — J'ai employé un acide de concentration moyenne, renfermant un peu d'iode libre. Le formiate s'y dissout facilement à la température du laboratoire ($+$ 19°). Lorsque l'ébullition s'établit, il y a départ de CO^2 en faible quantité.

Action de l'acide chromique. — Une solution concentrée de $Cr O^4 H^2$ dissout le formiate déjà à $+$ 18°. Par l'ébullition, il y a départ net de CO^2.

Action d'$Az O^3 H$. — Le formiate est peu soluble à froid dans l'acide ordinaire; il suffit de chauffer pour voir apparaître CO^2 et $Az^2 O^4$.

Action du ferrocyanure de potassium. — La solution saturée de ce sel dissout le formiate à froid. A l'ébullition, départ de CO^2.

Action de l'acide phosphoreux. — Le formiate est bien mélangé avec un excès de l'acide minéral. On chauffe progressivement, d'abord CO^2 apparaît, puis, à température sensiblement plus élevée, il y a départ de CO.

Action du bisulfate de sodium. — Le formiate est mélangé avec un excès de bisulfate; on chauffe progressivement, il y a dégagement de CO, et la masse se charbonne partiellement.

Action du bioxyde de plomb. — On mélange le formiate avec un léger excès de bioxyde; on chauffe au bain-marie vers 100°. Pas de dégagement gazeux, mais de l'acide formique est mis en liberté.

Si l'on chauffe à feu nu le mélange du sel et de l'oxyde, il y a dégagement net et abondant de CO^2. La masse formant résidu est en grande partie carbonisée; on y trouve un peu de litharge et du carbonate de sodium

$$2\,(H\,CO^2\,Na) + 2\,Pb\,O^2 = H^2O + CO^3\,Na^2 + CO^2 + 2\,Pb\,O.$$

Je n'ai trouvé, dans ce résidu, ni plombite, ni plombate de sodium; au demeurant, la température du rouge sombre n'a pas été dépassée dans l'expérience.

MÉTÉOROLOGIE ET PHYSIQUE DU GLOBE.

M. E. DURAND-GRÉVILLE.

LA « LOI DES GRAINS »
COMPLÉTÉE PAR LA « LOI DES CROCHETS DE GRAINS ».

551.5

1ᵉʳ Août.

Le passage d'un ruban de grain est accompagné, en règle générale, de troubles brusques dans la pression barométrique, souvent désignés dans les barogrammes sous le nom de *nez « d'orage »*, de *crochet d'orage*. Nous avons fait remarquer bien des fois que leur vrai nom est *crochet « de grain »*, puisque le crochet se produit tout aussi bien dans les grains sans orage, qui constituent l'immense majorité des cas. Mais la forme en piton aigu du prétendu *crochet d'orage* est, en somme, rare; plus d'un météorologiste a cru pouvoir en conclure *que les crochets* barométriques, accompagnés d'orages produits *par le passage du ruban de grains* sont la minorité, et que les nombreux orages non accompagnés du crochet *aigu* auraient diverses causes autres que le passage du ruban de grain.

Pour corriger cette erreur, nous avons étudié en détail les formes très nombreuses affectées par les crochets de grains observés, et conclu à la règle suivante :

Le crochet de grain peut affecter les formes les plus variées. Dans chaque cas particulier, *toutes choses égales d'ailleurs, sa forme dépend uniquement de l'angle que fait le ruban de grain avec la trajectoire du centre de la dépression dont il fait partie.* Tout crochet de grain est marqué dans le barogramme par une déviation plus ou moins brusque de la courbe, déviation qui peut même, dans certains cas, n'être qu'une *cessation* brusque de la baisse ou mieux encore une simple *diminution* brusque de la rapidité de la baisse; et tous les points du crochet se trouvent toujours au-dessus, jamais au-dessous, des points correspondants du barogramme régulier qui aurait été tracé si la dépression n'avait pas eu de ruban de grain.

*18

M. E. DURAND-GRÉVILLE.

LES RUBANS DE GRAIN ET L'AVIATION.

1er Août.

Il est sans doute important de faire savoir aux aviateurs, avant leur départ, s'ils peuvent compter sur le temps calme d'un anticyclone ou les vents plus ou moins forts d'une dépression. Mais, dans une dépression d'aspect très anodin, il peut se produire un ruban de grain qui s'étende des environs du centre jusqu'à la circonférence de la dépression et dans l'intérieur duquel se produisent des vents tempétueux sur toute sa longueur. Il faut donc, dans l'intérêt des aviateurs, établir un service d'annonce rapide des grains.

En attendant ce progrès, voici quelles sont les précautions que l'aviateur doit prendre contre le grain. Nous avons établi depuis 1894, que le grain de vent n'est pas un phénomène étroit et circonscrit, mais qu'il est constitué par des vents violents qui coupent transversalement le ruban de grain, bande étroite qui s'étend du centre à la circonférence de la dépression et qui est emportée parallèlement à elle-même dans le sens de la translation de cette dépression. Quand l'aviateur voit apparaître à l'horizon la masse nuageuse le plus souvent concomitante au grain, ou quand il aperçoit au loin la poussière soulevée sur le sol par le vent de grain qui s'approche, il doit :

1° S'élever à quelques centaines de mètres pour éviter les remous;

2° Manœuvrer pour se diriger exactement contre le vent du grain, ce qui sera le moyen de traverser dans le moindre temps possible la largeur du ruban de grain, qui se déplace en moyenne, dans nos régions, vers l'E ou l'E-NE.

Après cette traversée, le vent étant de nouveau modéré, il reprendra sa route. Il n'aurait pas pu d'ailleurs se diriger, même s'il l'avait voulu, vers le Nord ou le Sud, perpendiculairement au vent et parallèlement au ruban de grain, car, faute de lutter directement contre le vent du grain, il en aurait subi une très forte dérive. En outre, pris obliquement par ce vent violent, il aurait couru trop de risque d'être culbuté.

MM. L. POULIEZ

(Paris)

ET

ALBERT TURPAIN,

Professeur de Physique à la Faculté des Sciences (Poitiers).

OBSERVATIONS, ENREGISTREMENTS ET PRÉVISIONS D'ORAGES FAITS AU POSTE DE PARIS-LA-NATION (rue de Lagny) DE JUILLET 1911 A JUILLET 1912.

551.591.81

5 Août.

L'un de nous a installé depuis plus de 2 ans un poste d'observation d'orages à Paris, 16, rue de Lagny, à proximité de la place de la Nation et de la Porte de Montreuil. Ce poste d'abord muni d'un dispositif à tube à limaille, fut successivement augmenté : d'abord d'un enregistreur à

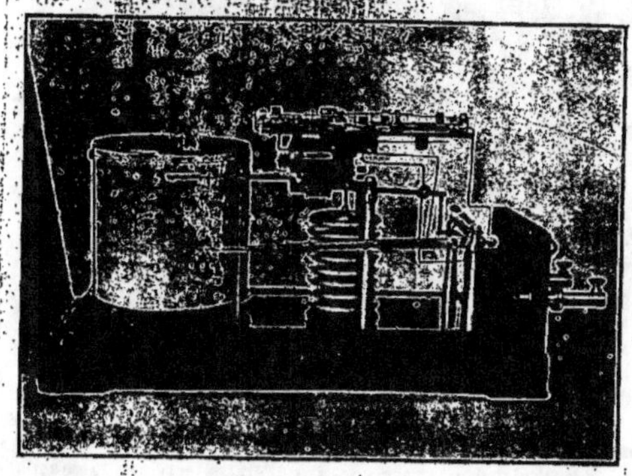

Fig. 1. — Enregistreur d'orages de M. Turpain à cohéreur à aiguilles associé à un baromètre Richard. Le levier du frappeur, prolongé par une plume d'inscription, marque les décharges sur le cylindre enregistreur.

aiguilles combiné avec un baromètre, dispositif combiné naguère par l'un de nous (*fig.* 1), ensuite d'un détecteur à pyrite et d'un détecteur électrolytique avec leurs dispositifs d'accord, en dernier lieu d'un milli-ampèremètre enregistreur à aiguilles que la maison Richard construit sur

les indications de l'un de nous et que les figures 2 et 3 représentent (*).
Grâce à ces appareils, tous les orages, de mars 1911 à ce jour, ont pu

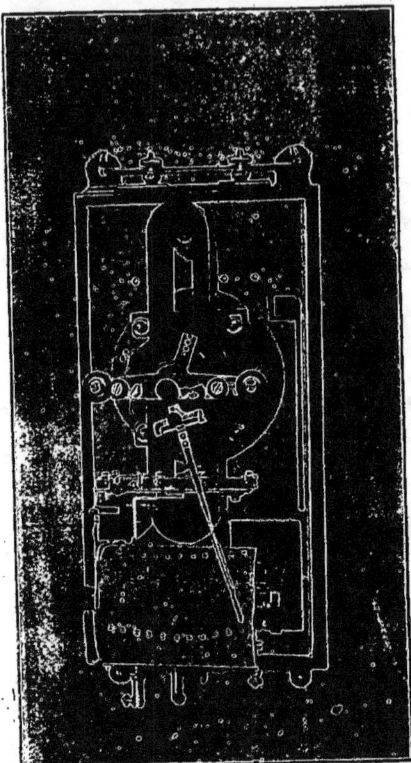

Fig. 2. — Préviseur-avertisseur d'orages à milliampèremètre enregistreur de
M. Turpain. Les ondes d'origine atmosphérique agissent sur un cohéreur à aiguilles.
Un milliampèremètre enregistreur est disposé dans le même circuit, le courant de
cohération se trouve enregistré et renseigne sur l'état électrique atmosphérique.
Chaque décharge, cohérant fortement, actionne le frappeur solidaire d'une aiguille
qui marque ainsi les décharges orageuses et l'instant de leur production.

être complètement enregistrés. De plus, grâce à la précision de ces enregistrements, il nous a été possible de prévenir par téléphone les agricul-

(*) *Voir*, pour la description de ces appareils, *Compte rendu de l'Association française*, Congrès de Toulouse 1910, et Congrès de Lille 1909, p. 380, et aussi *La Nature*.
1er mai 1909.

teurs de la région de Montreuil (Seine); nous leur avons permis ainsi, soit en cas d'orages certains, de prendre les mesures préventives qu'ils jugeaient nécessaires, soit lorsque le temps paraissait menaçant, mais

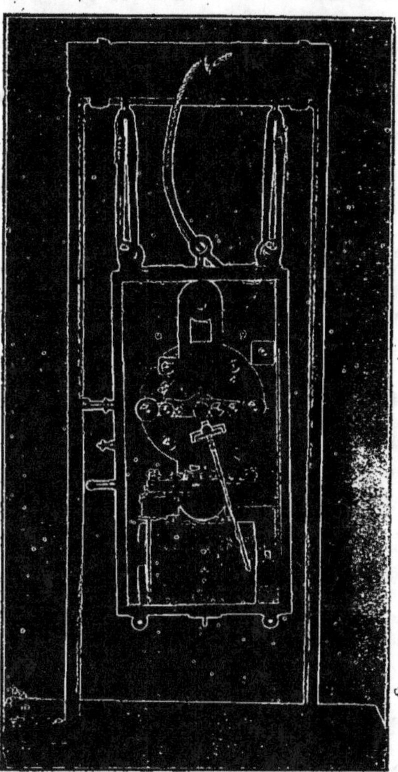

Fig. 3. — Avertisseurs d'orages à milliampèremètre enregistreur de M. Turpain (Richard, constructeur à Paris). L'appareil est suspendu par deux bracelets de caoutchouc. Une corde solide, non tendue, prévient la chute en cas de rupture. Cette suspension met l'appareil à l'abri des perturbations provenant des vibrations mécaniques.

non orageux, de ne pas dépenser en pure perte leur temps et leurs munitions, en leur indiquant à l'avance le parcours du météore électrique et s'il devait les atteindre.

Description du poste. — Le poste de la Nation, entièrement équipé aux frais de l'un de nous, comprend une antenne trifilaire de 45 m de lon-

gueur inclinée d'environ 45° sur l'horizontale, la vergue supérieure est
à 3o m du sol et 82 m d'altitude, la vergue inférieure reçoit les trois fils
qui y sont connectés entre eux et se réunissent en un conducteur isolé
à 1200 mégohms, lequel pénètre dans le poste avec toutes les précautions
usuelles d'isolement en ne présentant qu'un seul angle de 90°. La prise
de terre est assurée par le sol humide d'un caniveau, par la canalisation
de gaz et par celle d'eau. Un commutateur à trois-directions permet de
brancher l'antenne soit sur le cohéreur à limailles, soit sur un électrolytique ou un détecteur à contacts solides, munis l'un et l'autre d'un
dispositif d'accord, soit enfin sur les appareils d'enregistrement d'orages
que l'un de nous a combinés. En temps normal l'antenne est branchée sur
des appareils enregistreurs, elle n'est branchée sur les détecteurs qu'au
moment des réceptions des signaux horaires et des télégrammes météorologiques. On l'y connecte encore pour vérifier la nature d'une influence
relevée à l'enregistreur, cela en cas de doute sur sa source.

Depuis l'installation de ces enregistreurs, les indications de la sonnerie,
du tube à limaille avec relais et milliampèremètre à cadran ne sont
plus employées quoique l'appareil demeure installé comme appareil de
secours. Il est en effet beaucoup plus simple *et surtout plus précis* de lire
d'une manière continuelle sur le diagramme les indications inscrites
par l'aiguille milliampèremétrique. Ce procédé a, en outre, le grand avantage de permettre un dépouillement complet des courbes et l'établissement de moyennes tri-horaires, parallèlement aux observations météorologiques de la station annexée au poste d'orages. Les données de l'installation primitive (tube à limaille et ampèremètre à cadran) ont été
relevées du 15 mars au 1er août 1911 (*).

> 1911. 21 juin. — Aspect du ciel menaçant, l'enregistreur n'indique que de
> faibles décharges. Le tir paragrêle est évité à Montreuil.
>
> 23 juillet. — Journée orageuse, le courant est, malgré cela, en décrois-
> sance continue; le tir est évité à Montreuil.
>
> 24 juillet. — Orage signalé à 12 h; premier éclair à 15 h 15.
>
> 26 juillet. — Orage signalé à 21 h; éclairs visibles à 21 h 15; orage
> à 2 h 3o du matin.
>
> 1912. 12 mai. — Les bulletins météorologiques avaient annoncé un temps
> orageux, devant le ciel très menaçant, les artilleurs prennent leurs
> dispositions..., l'appareil n'ayant à ce moment qu'un maximum
> de 25 milliampères, sur 100 milliampères que comporte l'échelle,
> nous évitons le tir en pronostiquant à diverses reprises l'absence de

---

(*) *Voir* pour les résultats de la campagne de 1911, Congrès de Dijon : L. POULIEZ
et A. TURPAIN, *Observations, enregistrements et prévision des orages faits au
poste de Paris-La Nation, rue de Lagny, de mars à août 1911, et transcrits sur
les registres.* Nous ne donnerons ci-après que le dépouillement de quelques courbes,
les plus intéressantes, obtenues avec le milliampèremètre enregistreur à aiguilles en
fonction depuis le 20 juin 1911.

phénomènes électriques, la température atteignit ce jour 33° sous l'abri.

1912. 15 mai. — Orage soupçonné à 9 h 30 matin, Montreuil prévenu à 15 h, l'orage éclate à 16 h 10.

21 mai. — Temps exceptionnellement sombre; pluie diluvienne à 9 h du matin (23 mm en 35 minutes), l'appareil est calme, craignant un arrêt nous écoutons à l'électrolytique, car les agriculteurs ont ouvert un feu violent, le détecteur confirme les indications de l'enregistreur, et nous *faisons nettement cesser le tir* au bout de 5 minutes d'averse.

23 mai. — Orage signalé à 13 h éclatant de 15 h à 16 h avec grêle. Montreuil prévenu, le tir a été effectué normalement et en temps voulu.

1er juin. — 1° Journée orageuse, orage enregistré à 9 h matin. Montreuil est prévenu. L'orage a disparu à 9 h 30, tir évité;
2° Orages lointains enregistrés à 14 h, 15 h et 16 h;
3° Orage violent, zénithal, à 17 h. (Montreuil avisé à 16 h 40).

11 juin. — Un orage lointain est enregistré à 10 h 40. Tir évité. Second orage à 17 h, Montreuil prévenu à 13 h 45, il a grêlé dans les environs

12 juin. — Appareil très agité, mais le courant enregistré reste faible l'orage est lointain (Versailles). Le tir est évité à Montreuil.

19 juin. — Orage violent de 15 h à 17 h. Montreuil prévenu à 14 h 30. Cet orage se forme et éclate sur Paris, il s'éloigne ensuite vers l'Est.

3 juillet. — Alors que les observatoires annonçaient : *temps nuageux et frais*, les indications du préviseur d'orage permirent à l'un de nous de diagnostiquer *temps orageux*. En fait à 9 h matin les premières manifestations orageuses étaient enregistrées et contrôlées. A 14 h 20 un orage d'une violence inouïe éclatait au zénith. Cinq chutes de foudre à moins de 500 m. Des étincelles et des effluves de grandes longueurs se produisirent en divers points du dispositif. La cohération fut évidemment complète et la palette du frappeur se trouva bloquée. Malgré cela l'appareil est demeuré en état, ce qui démontre sa robustesse et en même temps la sécurité du dispositif.

Résultats pratiques. — Depuis que l'un de nous observe ainsi les orages, grâce à l'emploi d'appareils à enregistrement et cohéreur à aiguilles, il a pu en toute connaissance de cause et avec succès éviter au parc paragrêle de Montreuil la dépense d'un tir inutile à maintes reprises, chaque tir comporte normalement une quarantaine de fusées qu'on peut estimer 5 fr l'une. En tenant compte du nombre de fusées à 1200 m et du nombre de fusées à 900 m, c'est donc 200 fr d'économie par tir évité que fait faire le poste Paris-La Nation au parc de Montreuil. Nous n'entendons pas, en indiquant ces résultats, prendre partie en ce qui concerne l'efficacité plus ou moins grande des tirs paragrêles, mais, quelle que soit cette efficacité, il est toujours intéressant de réaliser, à coup sûr, une économie de 200 fr.

En dehors de cette application à la prévision agricole, ces enregistrements constituent des documents météorologiques de grande valeur. La comparaison des courbes à celles des autres appareils météorologiques enregistreurs complètent les renseignements enregistrés. Les heures du commencement et de la fin d'un orage, ainsi que l'instant de son maximum et de son minimum d'intensité électrique, se trouvent automatiquement enregistrés (à 1 minute près), sans que l'observateur soit tenu d'être présent. Enfin, les renseignements qu'on déduit de l'inclinaison de la courbe milliampèremétrique, de la fréquence des cohérations combinés aux autres données météorologiques (vent, état du ciel) permettent, comme la pratique le démontre, de juger par avance, avec un peu d'habitude, de la marche du météore. Ces indications combinées permettent également parfois de prévoir 24 h à l'avance les temps orageux (*prévision du 3 juillet*).

M. Albert TURPAIN.

COUPS DE FOUDRE ET MISE A LA TERRE.

551.594.2

5 *Août.*

J'ai signalé naguère avec détails les curieux effets d'un coup de foudre qui volatilisa l'antenne d'un poste de prévision d'orages établi à La Rochelle (*). D'un coude brusque à angle très aigu de l'antenne, d'ailleurs volatilisée sur une longueur rectiligne de plus de 60 m, jaillit une étincelle globulaire nettement aperçue par plusieurs personnes.

L'observation de ce coup de foudre vint confirmer les conditions, que l'état actuel de nos connaissances en météorologie électrique et relativement aux courants de haute fréquence, impose aux paratonnerres pour qu'ils soient efficaces, savoir :

1° Conducteur vertical exactement rectiligne prenant terre au point même qui le projette sur le sol; 2° réduction au minimum de la self-induction (**).

M. le professeur Bergonié de la Faculté de Médecine de Bordeaux a signalé, depuis, le curieux déchiquetement en hélice d'un poteau de télégraphe supportant une ligne frappée par la foudre. Cette observation, de nature à souligner les bizarreries certaines des effets de la foudre, ne

----

(*) *Journal de Physique*, mai 1911, p. 372. *Voir* aussi *La Nature*, 22 avril 1911, p. 340.

(**) Voir *A propos des paratonnerres-paragrêles* (*La Revue électrique*, 8 décembre 1911, p. 535).

paraît pas en contradiction avec l'observation du coup de foudre de La Rochelle, ainsi qu'il paraît à première vue.

Le fait que la décharge électrique a quitté la ligne télégraphique pour *chercher le sol* en contournant le poteau n'implique-t-il pas, en effet, que la self-induction de cette ligne s'est opposée de part et d'autre à la décharge et l'a confinée, comme entre deux barrages insurmontables pour elle ? L'un de ces barrages était formé, pensons-nous, par les nombreux méandres que toute ligne télégraphique arpentant les campagnes présente; l'autre par l'entrée du conducteur dans le bureau des télégraphes voisin; le fil forme en effet, en y entrant, plusieurs coudes successifs à angle droit. Le trajet solénoïdal de la décharge autour du poteau implique cependant, semble-t-il, que la foudre a choisi un chemin de plus notable self-induction. Mais il faut remarquer que ce trajet est tout entier parcouru à la surface d'un isolant et que la décharge s'y incruste. Les propriétés inductrices des isolants sont trop peu connues pour qu'on puisse assurer que ce trajet présente une self-induction certainement plus grande que tout autre trajet. L'humidité relative des diverses assises de fibres, la texture et la forme même du poteau, la distribution des nœuds et des couches ligneuses du centre à la surface du poteau présentaient sans doute une distribution de conductibilités et de self-induction bien difficiles à prévoir.

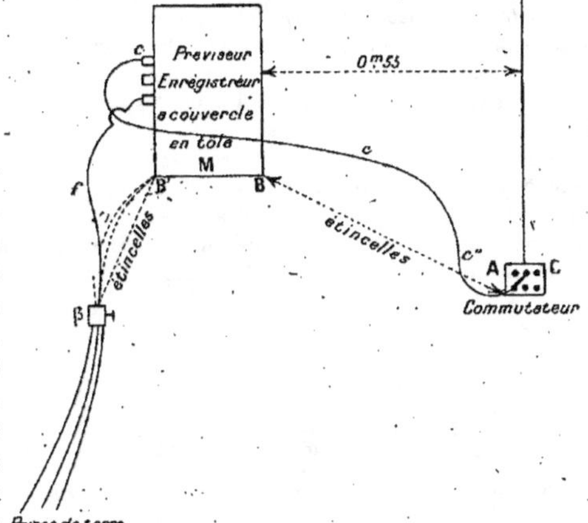

Fig. 1. — Dispositions respectives de l'antenne, de l'appareil enregistreur et de la prise de terre du poste de Paris-La Nation.

En l'absence de tout conducteur entre la terre et le support du fil, il se pourrait que la spire suivie par la décharge et qu'indique M. le professeur Bergonnié, ait été, malgré sa forme solénoïdale, le chemin de moindre self.

Voici d'ailleurs une observation récente faite par M. Pouliez au poste de prévision d'orages de Paris-La Nation au cours de l'enregistrement d'un orage qui fut accompagné de cinq coups de foudre très voisins. Cette observation semble confirmer le fait que la foudre en suivant les conducteurs, choisit, pour se rendre au sol le chemin qui présente la moindre self-induction. Les dispositions respectives de l'antenne, de l'appareil préviseur-enregistreur d'orages à milliampèremètre et de la prise de sol (laquelle est triple : eau, gaz, sol humide d'un caniveau) sont données par le dessin côté de la figure 1.

Le 3 juillet 1912 un orage zénithal d'une violence inouïe, indiqué d'ailleurs à l'enregistreur-préviseur, depuis 9 h du matin, sévit sur le poste même de Paris-La Nation.

Cinq coups de foudre se produisirent à moins de 500 m du poste. Chaque fois des étincelles jaillirent à l'intérieur du poste. Ces étincelles très bruyantes, dont le bruit peut être comparé à un coup de pistolet de salon, présentaient une couleur violette et laissèrent une odeur prononcée d'ozone. Elles jaillirent d'une part entre l'antenne, à partir du commutateur C (A), et le couvercle en métal M de l'enregistreur d'orages (B), et aussi entre ledit couvercle en métal (B') et la borne de terre β, en longeant le fil f. Or, il est à noter que le conducteur c, c', c" a la forme d'une courbe gauche à plusieurs courbures brusques et aboutit aux circuits de l'appareil (équipage du milliampèremètre enregistreur, électro-frappeur) qui présentent une self-induction élevée. Le fil f relie ces circuits à self notable avec la borne où les trois prises de terre sont réunies. Ainsi donc les conducteurs reliant le commutateur d'antenne C à la terre, à travers l'appareil, présentent une self-induction telle que les décharges préfèrent le chemin ABB' β, dans l'air, dont le parcours courbé s'explique par la présence de la volumineuse masse de tôle formée par le couvercle de l'appareil, chemin qui correspond à la moindre self. Cette observation nous paraît en complet accord avec celles faites lors du coup de foudre de La Rochelle.

Elle confirme cette préférence des décharges orageuses, s'effectuant des conducteurs au sol par les chemins de moindre self-induction.

———

M. O. MENGEL,

Directeur de la Station de Météorologie agricole des Pyrénées-Orientales.

AVERTISSEMENTS MÉTÉOROLOGIQUES AGRICOLES DONNÉS PAR L'OBSERVATOIRE DE PERPIGNAN AU COURS DE 1912. — LEUR OPPORTUNITÉ SUIVANT LES CONDITIONS DE MILIEU.

551.592.1 (44.89)

5 Août.

Au dernier Congrès de l'Association française, j'ai fait une Communication sur l'organisation et le fonctionnement d'un service d'avertissements agricoles tenté à l'Observatoire de Perpignan, sous les auspices des diverses Sociétés viticoles et horticoles du département des Pyrénées-

Orientales. A la demande de ces Sociétés la publication de cette Communication a été réservée à une revue locale : le *Bulletin de la Société agricole scientifique et littéraire des Pyrénées-Orientales*. Ultérieurement j'ai mis nettement en évidence, par un graphique qui a figuré au Concours agricole de Paris de 1912, l'opportunité des avertissements donnés par notre station au cours de l'année 1911.

A la demande des viticulteurs et du professeur départemental d'horticulture, M. Séverin, j'ai continué bénévolement le service des avertissements — en attendant son organisation officielle — avec la collaboration de M. Arabeyre spécialement chargé à l'observatoire de la prévision quotidienne du temps. Sans m'arrêter aux quelques avertissements que nous avons eu à donner contre les gelées printanières et les invasions d'ampélophages, je ne mentionnerai ici que quelques-uns de ceux qui concernent le mildiou.

Le 18 avril notre station donnait par la voie de la presse l'avis suivant :

« Les temps humides et pluvieux qui se préparent nous engagent à conseiller aux viticulteurs un sulfatage préventif. »

Les 25 et 26, nous insistons, pour hâter l'achèvement des traitements, en annonçant l'imminence d'ondées et de pluies orageuses.

Conformément à ces prévisions, les 27 et 28, des averses torrentielles, avec neige en montagne, provoquent des inondations partielles dans le vignoble de la plaine, et de quelques garrigues. Vers le 1er mai, on signale une première apparition de mildiou dans les vignes inondées et principalement dans celles où les traitements n'avaient pas été faits avant le 25. En raison des conditions de réceptivité que favorise l'excès d'eau d'imbibition qui gorge les tissus des vignes inondées, la station conseille un sulfatage énergique des feuilles nouvelles à partir du 3 mai. Et le 13 mai nous insistons en ces termes :

« Cette année la viticulture aura à lutter plus particulièrement contre les invasions cryptogamiques que favoriseront des alternatives de temps orageux et humides, etc. Nous insistons pour que le traitement conseillé le 1er soit fait et renouvelé à brève échéance. »

Les avertissements précédents ont été justifiés par les quelques attaques de mildiou, légères il est vrai, qui se sont produites dans les vignes qui n'avaient pas été sulfatées aux dates indiquées.

Le 3 juin nous lançons ce nouvel avertissement :

« Les temps humides et orageux paraissent devoir se maintenir encore quelques jours; il y a urgence à procéder à un sulfatage intensif. »

L'opportunité de cet avertissement a été merveilleusement justifiée par les faits. Sa prévision est d'une précision mathématique et fort instructive. Elle mérite qu'on s'y attarde un peu.

La température qui, le 2, était de 15° descend le 3, après l'avertissement lancé, à 13°,8 et reste au-dessous de la moyenne jusqu'au 9. Nous étions donc bien alors, du 3 au 9, en véritable période de *réceptivité*, *c'est-à-dire en période de sulfatage utile*. Le 9, l'observatoire annonce des ondées orageuses; ce qui signifiait qu'il y avait urgence à parachever les traitements. Les 10 et 11, en effet, des ondées fréquentes obligent les viticulteurs à cesser les travaux.

Le 12, le vent du Nord se lève et dissipe la pluie; la contamination n'est plus à craindre, et si une apparition de mildiou se manifeste ulté rieurement on peut être sûr qu'elle proviendra d'une contamination antérieure au 12.

Le 19 au matin, un brouillard épais, chaud et humide, apporté par les courants marins et coïncidant avec une très forte baisse barométrique, couvre la plaine jusqu'à l'altitude de 90 m; à ce brouillard succède brusquement vers les 9 heures un beau et chaud soleil; circonstance éminemment favorable à un développement rapide du champignon. Le 20, en effet, un grand nombre de viticulteurs sont consternés, les taches du mildiou pullulent en certains ténements.

Pour beaucoup, c'est incontestablement le brouillard du 19 qui a apporté le mildiou. C'est là une grave erreur qu'il convient de dissiper. Le brouillard tiède du 19 n'a fait que provoquer, ou plutôt accélérer la germination des spores qui avaient échappé au sulfate de cuivre, et qui, déjà implantées dans les tissus avant le 12, s'y tenaient en état de végétation ralentie, prêtes à se développer si les conditions de chaleur et d'humidité leur devenaient favorables et, au contraire, toutes portées à se dessécher si un vent sec ou froid venait à souffler.

L'enquête que j'ai faite le 25 juin sur les territoires de Torreilles et Palau del Vidre, me révéla, en effet, comme je l'indiquai avec détail dans le numéro du 30 juin du *Journal du Syndicat agricole des Pyrénées-Orientales*, que la contamination était dans ces parages antérieure au 12 juin, c'est-à-dire que seuls les sulfatages faits avant la pluie du 11 avaient été efficaces, exception faite cependant pour les vignes inondées où l'efficacité fut plutôt relative. M. Capus, à qui je signalai ce fait, me répondit que ses observations personnelles dans le vignoble de l'Aude, sensiblement soumis au même régime climatique que celui des Pyrénées-Orientales, le conduisaient à conclure rigoureusement à la même date de contamination.

Une visite que nous fîmes le 2 juillet, MM. Capus, Lelong et moi, à travers les vignobles du Soler, Baixas, Peyrestortes, Saint-Hippolyte, Villelongue, etc., nous apporta la confirmation fort intéressante de cette simultanéité dans la contamination. Partout les vignerons sont d'accord pour reconnaître que le traitement n'est efficace que quand il est fait à certaines dates, variables d'une année à l'autre; mais pour la plupart d'entre eux la question de l'opportunité des traitements n'est encore qu'une question de veine.

L'interprétation étrangère à toute recherche scientifique que certains d'entre eux veulent donner à des observations personnelles les a empêchés jusqu'ici de se rendre compte de la juste relation de cause à effet. Toutefois, l'opportunité de nos prévisions, dont ils se rendent parfaitement compte, commence à leur faire comprendre que la loi du hasard n'est pas la seule qui régit les phénomènes météorologiques dont ils ont à redouter les conséquences.

Dans ces questions de prévision et d'opportunité d'avertissements, il faut tout d'abord essayer de sérier les causes, de dégager celles qui dépendent d'influence d'ordre général de celles qui tiennent à des circonstances locales. Ainsi, il a été prouvé que dans une même vigne, telle rangée traitée le 11 juin avant la pluie était restée indemne, alors qu'une autre traitée le 12 a été contaminée. C'est là une des remarques d'ordre primordial, qui nous a apporté, à M. Capus et à moi, la confirmation de l'hypothèse d'une contamination antérieure au 12.

Dans les vignes inondées, où l'état de réceptivité était plus accentué, à égalité de traitement l'immunisation par les traitements antérieurs au 12 a été moins marquée, surtout dans les sols où la couche phréatique se trouve voisine de la surface, en Salanque par exemple. Quelques garrigues cependant ont été touchées, à Baixas notamment. L'inspection des lieux m'a montré que le sol argilo-sableux et naturellement sec de ces garrigues était resté pendant quelque temps, surtout en certains méplats où affleurent des bancs plus argileux, accidentellement humide par suite de la stagnation de l'énorme afflux d'eau (plus d'un quart de la tranche annuelle) qu'avaient déversé sur la région les pluies torrentielles des 27 et 28 avril.

D'autre part, on a remarqué que les vignes, même non inondées, labourées et traitées avant le 12, avaient été moins réfractaires au mildiou que les voisines. On en conçoit facilement la raison. Le labourage mettant en liberté un flux de vapeurs chaudes sous les souches trop feuillues, développe sous les souches une atmosphère tiède et humide qui exagère la réceptivité et favorise la germination immédiate des spores dès leur chute sur les organes de la plante, de sorte que le sulfate arrive toujours trop tard. Même effet, naturellement, dans les vignes trop touffues manquant d'aération.

Dans ces différents cas ce sont des causes secondaires qui déterminent l'invasion et paraissent rendre nos avertissements inefficaces et jusqu'à un certain point localement inopportuns. Elles n'infirment cependant en rien les conclusions auxquelles nous conduisent les considérations dépendant des conditions générales de l'atmosphère, qui servent de base à nos avertissements météorologiques agricoles régionaux.

M. DURAND-GRÉVILLE.

(Paris).

MISE AU POINT DE QUELQUES OBJECTIONS
A NOTRE THÉORIE DES GRAINS ET DE LA GRÊLE.

551.578 (01)

5 *Août.*

Dans un Mémoire intitulé : *De la prévision des orages*, qui paraîtra
ici même, M. Guilbert, énonçant des idées qui lui sont personnelles, rejette
quelques-unes des nôtres, ce qui est son droit absolu, mais énonce celles-
ci d'une façon trop sommaire et trop fragmentaire pour que le lecteur
non prévenu puisse se rendre un compte exact de ce que nous pensons
sur le sujet. La présente Note a pour but moins de discuter à fond la
théorie de notre confrère que de mettre en regard de certaines de ses
idées notre opinion précise sur les mêmes points.

I. M. GUILBERT (§ 4). — « Les plus chaudes journées souvent n'amènent
aucune manifestation électrique, et les mois les plus chauds, comme nous
l'avons établi, sont aussi les moins orageux. Le nom d'*orage local* paraîtrait
plus juste » (que celui d'orage de chaleur).

M. DURAND-GRÉVILLE. —. L'orage est une décharge électrique dis-
ruptive entre l'électricité négative de la surface terrestre et l'électricité
positive de la région des cirrus. La décharge n'a lieu que si une communication suffisante s'établit entre les deux couches. Cette communication
se réalise toutes les fois..qu'au-dessus d'une région circonscrite du sol
fortement chauffée par le soleil, dans une atmosphère suffisamment
chaude et *humide*, se produit un cumulus à sommet très élevé qui sert
de relais intermédiaire. Dans les régions intertropicales, principalement
au-dessus des îles, les courants ascendants d'air chaud et humide se
réalisent tous les jours, aux heures les plus chaudes de l'après-midi,
heures où l'orage éclate avec régularité. La chaleur seule ne suffirait pas
à produire des cumulus; c'est pourquoi les orages sont très rares dans
les régions très chaudes et très sèches du globe, même entre les tropiques. Les orages qui se produisent et meurent sur place méritent le
nom d'*orages locaux*. On devrait les appeler *orages de chaleur* et *d'humidité*, pour préciser la double cause de la formation des cumulus. Mais
comme, surtout dans un air chaud, l'humidité est beaucoup moins sensible à nos organes que la chaleur, on a pris l'habitude de les appeler
simplement *orages de chaleur.*

Dans les régions tempérées, il existe aussi des orages de chaleur, mais beaucoup plus rarement, parce que les conditions de la formation de cumulus extrêmement élevés ont beaucoup moins de chances de se réaliser. Toutefois, dans les régions tempérées, l'orage peut facilement se produire, si les sommets de cumulus moins élevés (par exemple de 5 à 6 km) sont mis en communication avec les régions supérieures par la nappe d'air descendante du ruban de grain. L'orage *de grain* dure tant que persiste, entre la région des cirrus et la terre, la communication complétée par le vent de grain.

Nous ne mentionnerons qu'en passant, car il extrêmement rare, l'orage de grain sans nuages, avec tempête de poussière, dont nous n'avons trouvé d'exemple bien net qu'en Australie, et qui parait favoriser surtout la production de la foudre en boule.

Ces remarques faites, il reste que sous nos climats l'immense majorité des orages est constituée par les rubans de grain. La production des orages exige, avant tout, une cause locale : la présence de grands nuages, préalablement formés dans une atmosphère chaude et humide par des courants ascendants ; mais, à moins d'être extraordinairement élevés, ces grands cumulus peuvent exister pendant toute la journée sans amener le moindre orage. Il faut, pour en produire, une cause dynamique, celle du passage d'un ruban de grain venu généralement de très loin, qui achève la mise en communication des deux couches électriques extrêmes. Les rubans de grain peuvent exister à toute heure du jour, prêts à favoriser la production de l'orage. Mais on conçoit que leur action soit plus effective aux heures favorables à la production de grands cumulus, c'est-à-dire aux heures les plus chaudes du jour.

Toutes choses égales d'ailleurs, c'est pendant les mois les plus chauds de l'année que les orages sont les plus nombreux et les plus violents. Le fait est prouvé par les statistiques d'orages de tous les pays, pourvu qu'elles soient basées sur un nombre suffisant d'années d'observation.

Si l'on faisait la statistique d'une seule année dans un seul pays, fût-il même aussi grand que la France, on pourrait arriver à d'autres conclusions apparentes, qui disparaîtraient pourtant devant un examen plus approfondi.

Exemple. — Dans le Mémoire de M. Dongier sur : *Les orages en* 1907, le nombre des orages observés de novembre à mars offre son minimum en janvier (115), son maximum en décembre (713) ; pendant les sept autres mois, il varie de 2166 (octobre) à 5652 (mai), avec 4489, 4467 et 4105 pour juin, juillet et août. Ce résultat ne s'éloigne pas beaucoup de la moyenne fournie par les statistiques Manifestement, le chiffre correspondant aux mois froids est beaucoup plus faible que celui des mois chauds. On peut se demander toutefois si la prédominance du mois de mai est réelle. La réponse à cette question est facile à trouver. Au début de son travail, M. Dongier fait observer que, dans la plus grande partie de la France, le nombre actuel des observateurs est encore trop petit pour qu'on puisse garantir que des orages ne sont pas passés à travers

les mailles du réseau sans être notés. Il fait mieux : il donne les noms des
23 départements où la garantie d'exactitude est suffisante. Nous avons fait
porter la statistique sur 23 départements. Comme nous nous y attendions, la
prépondérance a été franchement acquise au mois d'août, au détriment du
mois de mai. Chacun pourra faire comme nous cette vérification.

Quelques régions, celles qui sont montagneuses, font exception à la
règle. La Corse, par exemple, est plus riche en orages l'hiver que l'été.
L'explication du fait serait facile : l'échauffement des flancs de montagnes favorisant la formation des cumulus ; mais cela nous entraînerait
trop loin. Il suffit ici de constater que les orages d'hiver, dans notre pays
comme ailleurs, se comptent par centaines, les orages d'été par milliers.

II. M. Guilbert. — « Selon M. Durand-Gréville lui-même, en l'absence
des cumulus, les rubans de grain ne peuvent pas produire l'orage. Le grain
ne peut donc servir à la prévision d'orages *non existants*, encore moins
d'orages *pour le lendemain*. D'ailleurs le grain peut n'avoir qu'une existence
éphémère. De sa présence sur un point il serait téméraire de conclure son
passage sur telle autre région dans un délai déterminé, d'autant plus que sa
vitesse est inconnue. »

M. Durand-Gréville. — L'observation prouve que le ruban de
grain, à lui seul (sauf le cas australien, presque unique), ne peut pas produire d'orage. L'observation prouve non moins nettement qu'un grand
cumulus, ou même un cumulo-nimbus (c'est-à-dire un cumulus coiffé
d'un champignon de cirrus, autrement dit le *cirro-nimbus* de M. Guilbert),
si l'on met à part le cas, très rare sous nos climats, où son sommet est
assez élevé pour toucher presque à la région des cirrus supérieurs, restera
inerte pendant de longues heures et ne sera le siège de manifestations
électriques disruptives qu'au moment précis où la nappe descendante
d'un ruban de grain, la même qui produit dans les barogrammes, au
même instant, le crochet dit *d'orage*, viendra mettre le sommet du
cumulus en communication électrique avec la région positive des cirrus.

Quant à la prévision, elle prend deux formes très différentes, selon la
manière dont l'existence du ruban de grain est connue. Quand le ruban
est encore sur l'Atlantique, ce qu'on peut deviner par la forme des
isobares, on peut prédire son arrivée sur le continent avec une probabilité rigoureusement égale à celle de l'arrivée de la dépression dont il est
partie intégrante. On peut annoncer alors, avec ce degré de probabilité,
la production de grains de vent sur tous les points du continent que
balaiera le ruban de grain dans sa marche, parallèlement à lui-même de
l'Ouest à l'Est. On doit ajouter que son passage déchaînera des averses
sur tous les points où l'atmosphère sera suffisamment chargée de nuages,
et des orages sur tous les points, moins nombreux, où ces nuages auront
des sommets suffisamment élevés. Mais, faute de connaître si la dépression est immobile ou en marche, on ne pourra pas dire exactement à
quelles heures, sur telle ou telle station déterminée, se produiront les

coups de vent du grain. Tout au moins peut-on tabler sur la vitesse moyenne (3o km à l'heure) du déplacement des dépressions pour apprécier l'heure probable de l'entrée des grains et de leur cortège probable d'averses et d'orages sur le continent, ainsi que les heures de passage sur les points situés plus à l'Est.

Tout autre est la situation, si la présence *effective* d'un ruban de grain au-dessus de la terre ferme est annoncée télégraphiquement au Bureau Central, qui, à partir de ce moment, pourra être averti de son passage sur tous les points que le vent de tempête du grain balaie successivement. Deux ou trois heures suffiront alors pour que le Bureau Central connaisse l'orientation et la vitesse de déplacement du ruban de grain (comme on connaît télégraphiquement, dans les gares, la marche d'un train), et puisse annoncer aux points situés plus à l'Est l'heure exacte, à 15 minutes près (cela plusieurs heures d'avance), du passage du grain. Les régions ainsi informées pourront alors apprécier, selon l'état de l'atmosphère au-dessus d'elles, si elles sont menacées seulement d'un vent de tempête, ou, en même temps, d'averses et d'orages, à l'heure indiquée par le Bureau Central.

Le ruban de grain n'a, malheureusement, rien d'« éphémère ». Il dure souvent 24 heures, parfois 48 heures ou davantage, et se déplace de l'Atlantique à la Sibérie. Sa vitesse varie avec celle de la dépression dont il fait partie, mais, une fois qu'il est entré sur le continent par l'Atlantique, rien n'est plus facile que de connaître télégraphiquement la faible variation de cette vitesse et d'en tenir compte pour les avertissements. Il suffirait que le Bureau Central fût autorisé à recevoir gratuitement, à toute heure du jour, quelques *centaines* de télégrammes de plus *par mois*, pour être à même d'organiser un service, non pas de prévision vague et aléatoire, mais d'annonce précise du passage, à telle ou telle heure pour chaque endroit, d'un vent de tempête avec menace d'un orage et, ce qui est plus important, d'une chute de grêle à la même heure. Ce système si simple d'avertissement, que nous préconisons depuis 1894, est en train de s'organiser hors de chez nous. Si l'on ne prend pas les mesures nécessaires, il arrivera une fois de plus qu'une découverte française aura été pratiquement appliquée à l'étranger avant de l'être en France. Sans doute, l'essentiel est qu'elle le soit d'abord quelque part, car les résultats obtenus forceront vite les résistances partout ailleurs; mais...

III. M. GUILBERT. — « En général, les averses, pluies de courte durée, souvent abondantes parfois torrentielles, sont dues au passage d'un cirro-nimbus. On doit donc annoncer non des averses, mais des averses orageuses. »

M. DURAND-GRÉVILLE. — Tout cumulus à sommet élevé est nécessairement formé d'une partie inférieure dont les gouttelettes sont au-dessus de zéro; d'une partie moyenne où elles sont en surfusion, et d'une partie supérieure, où elles sont devenues des particules de glace. Le cumulo-nimbus à champignon n'est autre chose qu'un grand cumulus dont la partie supérieure, résultat fortuit d'un courant ascendant plus fort est un chapeau de cirrus séparé du corps du cumulus. (C'est le nuage que M. Guilbert appelle, assez logiquement, *un cirro-nimbus*, et qu'il considère comme entièrement formé de cristaux de neige.) Quand le vent violent et descendant d'un ruban de grain rencontre un cumulo-nimbus ainsi constitué, il démolit cet édifice, qui était stable, les cristaux de glace rencontrent les gouttelettes en surfusion, et, par l'incorporation de celles-ci, forment des rudiments de grains de grêle qui grossissent pendant tout leur temps de chute à travers les gouttelettes surfondues. Une averse de grêle se produit donc, à moins que les grêlons ne soient fondus par l'air chaud qu'ils traversent, auquel cas le sol ne reçoit qu'une averse de pluie. L'électricité n'est pour rien dans la production de l'averse de grêle ou de pluie. Il existe *souvent* des averses sans orage. Mais comme nous l'avons vu au paragraphe I, l'existence d'un haut cumulus et le passage d'un ruban de grain étant la double condition de la production de l'orage, il s'ensuit que l'averse et l'orage, sans être la cause ni l'effet l'un de l'autre, sont souvent concomitants, ce qui a créé la confusion encore existante.

IV. M. Guilbert. — « Il n'y a plus lieu ici de faire intervenir d'hypothétiques phénomènes que rien d'ailleurs ne démontre, tels que la descente rapide d'une masse d'air jusqu'au sol ou la précipitation de cirrus sur des cumulus situés au-dessous. »

M. Durand-Gréville. — Le ruban de grain, très étroit (10 à 50 km, rarement davantage), est le siège, *sur toute sa longueur*, de vents transversaux, violents à l'ordinaire, souvent tempétueux, qui soufflent en moyenne des régions Ouest à Nord-Ouest; il est bordé, à sa droite et à sa gauche, *sur toute sa longueur*, de vents faibles ou très faibles, en moyenne du Sud-Ouest. Il est logiquement impossible d'admettre que, sur une longueur qui peut atteindre à 1000 km, 2000 km ou davantage, le vent *de surface*, faible ou très faible, de l'arrière du ruban puisse alimenter le vent *de surface*, violent ou tempétueux, de celui-ci, et, pour la raison inverse, que le vent violent, *de surface*, du grain n'alimente, à l'avant, qu'un vent *de surface* faible ou nul, surtout si ce vent faible *de surface* possède la direction *opposée*, comme cela arrive quelquefois. Il faut donc, de toute nécessité, que le vent de grain soit alimenté, à l'arrière, par des masses d'air obliquement descendantes, et que ces masses d'air, après avoir rasé le sol sur la largeur du ruban, remontent obliquement de ce ruban vers les régions supérieures de la dépression. Plumandon, excellent observateur, avait remarqué, il y a plus de vingt ans sans chercher d'ailleurs la cause du phénomène ou, du moins, sans la soupçonner, que le cumulus à champignon de cirrus ne commence à produire de la grêle qu'au moment précis où son sommet « commence à se désagréger ». Nous avons, dans ce fait bien observé, la preuve irrécusable que l'épaisse nappe du vent de grain descend de hauteurs au moins aussi grandes que celles des cumulo-nimbus les plus élevés, c'est-à-dire qu'elle est alimentée par une portion de la couche supérieure de déversement divergent des masses d'air ascendantes du centre de la dépression. Nous mettons simplement ces considérations en face de la théorie de M. Guilbert, d'après laquelle le vent du grain serait « produit par » le cirro-nimbus, tout comme, du reste, la trombe, la grêle et l'orage. Notre théorie, fondée en entier sur des faits observés et sur leur interprétation immédiate, a l'avantage d'expliquer pourquoi le vent de grain se produit sans discontinuité *sur toute la longueur* du ruban de grain, même sur les points où il n'existe aucun nuage, cirro-nimbus ou autre.

V. M. GUILBERT. — « La considération du ruban de grain est insuffisante, car sa trajectoire est indéterminée, tandis que l'orage suit une trajectoire rectiligne. »

M. DURAND-GRÉVILLE. — De très nombreuses vérifications ont prouvé depuis longtemps à M. Durand-Gréville que tous les points du ruban de grain, emportés avec la dépression dont ils font partie, suivent des trajectoires parallèles à celle du centre de cette dépression. Les nuages emportés par le vent de grain lorsqu'il arrive sur eux, suivent une trajectoire semblable, à peine modifiée par la composante qu'y ajoute la direction (d'Ouest ou de Nord-Ouest) du vent de grain. Le déplacement des masses nuageuses sous l'action du grain n'excédant guère quelques dizaines de kilomètres, leur trajectoire est sensiblement rectiligne. M. Durand-Gréville a non seulement affirmé constamment le fait de la marche rectiligne des orages *sur les petits parcours*, mais il a affirmé le même fait pour la trajectoire des *averses* (de pluie ou de grêle) et des *trombes*. Il a le premier ajouté que cette trajectoire est à peu près parallèle à celle du centre de la dépression, avec une *direction* pareille et une *vitesse* égale à celle du centre. Il a ainsi montré que la marche du ruban de grain et de tous les phénomènes qui l'accompagnent, loin d'être indéterminée, l'est absolument dans sa forme, dans son orientation, dans le sens et la vitesse de son mouvement.

M. Gabriel GUILBERT.

(Caen).

LA « NOUVELLE MÉTHODE » DE PRÉVISION DU TEMPS.
RÉPONSE A M. GOUTEREAU.
(Congrès de Toulouse, 1910).

551.591

3 *Août.*

M. Goutereau, chef du Service des avertissements au Bureau Central météorologique de France a présenté à cette section (Toulouse, 1910) une étude critique sur notre méthode de prévision du temps. Il paraît nécessaire de rectifier quelques-unes des allégations produites contre nos principes.

I. M. Goutereau déclare tout d'abord

« que depuis l'époque où les successions nuageuses en formaient la base, la méthode a subi de continuelles transformations par l'adjonction de nouvelles règles à mesure que les règles anciennes se montraient insuffisantes. »

De semblables affirmations sont inexplicables; notre méthode n'a jamais eu pour base les *successions nuageuses*, et n'a jamais subi la moindre transformation. Les règles publiées en 1909 sont formulées plus ou moins brièvement, dès le début, dans notre Mémoire de 1891 (*), 18 ans auparavant, et jamais aucune règle, ni en 1891, ni en 1909, ne fait allusion à l'observation des nuages.

II. Parlant encore de *notre règle des successions nuageuses,*

« la première, dit-il, qu'ait formulée M. Guilbert»,

M. Goutereau ajoute que

« si la succession nuageuse est un indice, elle est loin de permettre de faire des prévisions aussi retentissantes que celles de M. Guilbert. »

Je ne saisis pas bien cette phrase : la *succession nuageuse* n'est pas une règle : *c'est un fait*, un phénomène atmosphérique découvert par nos observations et qui permet, même à des amateurs tels que MM. Foucault et l'Abbé Gabriel, de faire des prévisions d'autant plus *retentissantes* qu'elles sont exactes:

III. M. Goutereau continue :

« M. Guilbert dit que la hausse se produit en 12, 24 *ou* 48 *heures* et que la hausse *est le plus souvent* proportionnelle à l'excès de vent : il y a donc, d'après

---

(*) *Annuaire de la Société météorologique de France*, octobre-novembre 1891, p. 259-276.

M. Guilbert lui-même, indétermination : 1° sur l'époque où la hausse se produira; 2° sur la valeur de cette hausse; 3° sur la position géographique de cette hausse. Il y a contradiction entre cette indétermination, reconnue (!) par M. Guilbert, et l'affirmation que la règle permet de faire une prévision *mathématique;* que le décimètre suffit pour calculer la distribution des pressions d'un jour d'après la carte de la veille. Ces dernières assertions sont évidemment exagérées. »

Le lecteur qui voudra bien prendre la peine de confronter ces lignes avec les pages 33, 48, 52 de notre Livre (*) devra certes se demander d'où proviennent de pareilles affirmations.

En effet, *jamais* nous n'avons dit que la hausse se produit en 12, 24 ou 48 heures *indifféremment.* Toutes nos règles, au contraire, déclarent que les variations, soit en hausse, soit en baisse, se produisent *dans les 24 heures*, ce qui implique nécessairement la possibilité d'une variation dans un moindre délai, mais nous ajoutons que la hausse qui ne se produit qu'après 36 heures est un cas *exceptionnel* et que la variation qui n'a lieu que dans les 48 heures constitue une *erreur* dans la méthode.

En plaçant ainsi la règle, l'exception et l'erreur sur la même ligne, on est loin de reproduire fidèlement la véritable pensée de l'auteur.

Nous affirmerions également, toujours d'après M. Goutereau,

« que *la règle* (laquelle?) permet de faire une prévision *mathématique*; que le *décimètre* suffit pour calculer la distribution des pressions d'un jour d'après la carte de la veille. »

Et il ajoute :

« Ces dernières assertions sont évidemment exagérées. »

Mais, répondrons-nous, pour être exagérées, il faudrait que ces assertions aient été écrites : or, *elles ne l'ont jamais été.* Les citations de M. Goutereau sont purement imaginaires. Jamais nous n'avons écrit que la règle (?) permet de faire une prévision *mathématique;* que le *décimètre* suffit pour tracer la carte d'isobares du lendemain. Nous mettons M. Goutereau au défi de citer les textes qu'il nous attribue et qui ne sont que de fantaisistes interprétations.

Nous avons dit, et nous le maintenons, que notre méthode est d'ordre mathématique, parce que les causes des variations de pression sont désormais *mesurables* et par conséquent se déduisent d'un calcul. De même, nous disons que le décimètre suffit, non pas à tracer la future carte d'isobares, comme l'affirme M. Goutereau, mais à prouver *la réalité du premier de nos principes*, celui *du vent normal*, ce qui n'est pas tout à fait la même chose. Comme l'a écrit M. Brunhes, notre méthode

« assure, dans le domaine de la météorologie appliquée, la main-mise *de l'esprit géométrique* (**). »

(*) *Nouvelle méthode de prévision du temps.* Paris, Gauthier-Villars, 1909.
(**) *Revue du mois*, 10 mai 1905, n° 5. Paris, Le Soudier, 174, boulevard Saint-Germain.

IV. M. Goutereau conteste notre règle primordiale du vent normal, et prétend établir son inefficacité par l'observation des vents de NW sur le Roussillon, de 1886 à 1895, soit 9 années.

Nous n'hésitons pas à dire que la statistique de M. Goutereau est purement imaginaire. Elle ne cite *aucune date*. M. Goutereau ne pourra jamais produire la liste des cas sur lesquels il s'appuie, de même qu'il n'a jamais pu indiquer nominativement les cas dont il s'est servi pour calculer, d'après nos principes, les variations barométriques à Paris (*). Il prétendait avoir analysé 225 cas en 8 ans : il n'a pu nous indiquer que 24 cas dans une période de 5 mois et, dans ces 5 mois, nous avons trouvé, non pas seulement 24 cas, mais bien 39 ! La proportion de succès, d'après nos principes, devait être de 54 % seulement : en réalité, elle était de 33 sur 39 cas, soit 85 %, et encore un seul cas, sur 39, était inexplicable et dès lors complètement opposé à nos principes : un seul sur 39 !

Il en est de même, certainement, dans les cas étudiés par M. Goutereau sur la Méditerranée.

V. Notre adversaire discute longuement sur les vents *convergents et divergents*. Son analyse fourmille d'erreurs. M. Goutereau a voulu comparer des cartes qui n'étaient pas comparables, parce que totalement dissemblables. Telles ces journées du 24 juin 1906 et 1er juillet 1906, où il présente, comme identiques, une dorsale entre *deux* zones de *baisse* (24 juin 1906), et une dorsale (1er juillet 1906) entre *une* zone de baisse et *une zone de hausse !*

Dans le premier cas, nos règles s'appliquent ; dans le second, elles sont inapplicables : c'est ce que M. Goutereau n'a pu jamais comprendre. Pour lui, nos règles sont confuses, mais c'est lui qui les confond, comme ces situations totalement différentes qu'il juge semblables. Nos règles sont inapplicables : pour lui seul, hélas, puisque de simples amateurs nous imitent et savent fort bien les appliquer.

Nos règles

«.n'ont aucune valeur scientifique ni pratique »

mais M. Goutereau sur ce point émet un jugement *a priori*, puisqu'il n'a jamais su ni les comprendre, ni s'en servir.

Nos règles ne sont appliquées nulle part en Europe, mais cet argument est devenu caduc, car à l'heure actuelle la méthode a reçu les approbations ou les encouragements de nombreux météorologistes du monde entier et elle est maintenant *appliquée* en Europe.

Notre méthode a subi avec succès l'épreuve décisive de l'expérimentation. Là où M. Goutereau ne veut voir qu'un tissu d'incohérences et d'inexactitudes, un inintelligible fouillis de règles arbitraires et contra-

---

(*) *Annuaire de la Société météorologique de France*, août-septembre 1910, p. 246.

dictoires, des météorologistes étrangers savent reconnaître la parfaite clarté de nos multiples règles et principes et arrivent aisément à s'en servir.

MM. Gallé, de l'Institut météorologique de Bilt (Hollande), et Grossmann, de la *Deutsche Seewarte*, à Hambourg, ont été les premiers météorologistes officiels à discerner l'utilité *pratique* de nos principes et à les mettre en œuvre.

M. Gallé (*) pendant deux années (1910-1911) a cherché à déterminer, d'après nos principes, les oscillations barométriques du lendemain à la surface entière de l'Europe : il a obtenu 72,4 % de prévisions exactes. Dans la prévision, pour une région donnée, de la vitesse du vent, M. Gallé a obtenu de 76 à 86 % de succès, dans la direction, de 81 à 87 %. Il a comparé 26 signaux de tempête, d'après notre méthode, avec 23 signaux de la méthode officielle : les succès *complets* ont été pour M. Gallé de 18 sur 26 ; ceux de la méthode officielle, de 13 sur 23.

« La méthode Guilbert, ajoute-t-il, hisse le signal 12 heures en moyenne *avant le début* de l'augmentation du vent ; la méthode officielle, 5 heures seulement. »

Et M. Gallé continue :

« Un grand avantage de la méthode me semble être ceci : qu'après quelque pratique, on voit rapidement où se trouve le point critique sur une carte isobarique ; les vents *trop faibles* ou *trop forts, convergents* ou *divergents*, ou la région *de moindre résistance* sont des indications *claires*, du moins pour un météorologiste de métier..... Il n'est pas besoin de retenir chaque règle à part, les trois idées principales suffisent.

» On peut donner pour les déviations du vent, en direction et en vitesse, dans une dorsale de haute pression qui se déplace, une explication mécanique.

» En résumé... nous sommes convaincu que la méthode Guilbert peut favoriser le progrès des prévisions du temps et qu'en particulier elle peut conduire à une amélioration du service d'avertissements des tempêtes. »

Nous dédions ces lignes à M. Goutereau, ainsi que les appréciations qui vont suivre. Il pourra se convaincre que bientôt il sera seul à trouver obscure et impraticable une méthode, considérée comme fort claire et fort utile par tout météorologiste *impartial*.

M. Grossmann, en effet, n'est pas moins explicite que M. Gallé (**). Il commence par déclarer

« qu'au concours de Liège, en 1905, l'originalité de la méthode Guilbert étonna d'une façon toute particulière les membres du jury ; cette méthode étant si différente de tout ce qui avait été fait jusqu'alors et l'exposition en était très claire et très précise.

(*) *Étude critique de la méthode de prévision du temps de Guilbert.* Kemink et Zoon, Utrecht 1912.

(**) *Annalen der Hydrographie und Maritimen Meteorologie*, januar 1912, p. 1 à 23.

« ... A mon avis, une grande valeur pourrait dans tous les cas être attribuée à une partie considérable des règles, lorsqu'on s'est familiarisé avec leur application exacte.

« ... La règle que les dépressions se dirigent avec prédilection vers les contrées où règnent des vents *divergents*, m'a fait particulièrement impression; elle se trouve, en effet, dans un cas particulier qui est le plus important, justifiée par mes expériences : l'accord avec Guilbert est ici complet.

« ... Je fis l'essai d'esquisser chaque jour, sur une carte, la distribution des pressions pour le lendemain, de façon que les isobares fussent dessinées en quelques traits principaux, pour le Bureau météorologique. Je réussis bientôt, dans beaucoup de cas de forts changements de position de la pression atmosphérique, à atteindre l'exactitude dans les traits principaux, avec une grande approximation, et j'en vins à appuyer la prédiction du temps sur la carte esquissée de la distribution de la pression à venir. Comme il y était question, le plus souvent, de bouleversements considérables du temps, l'entreprise était un peu audacieuse, mais elle eut le plus souvent le meilleur résultat, tandis que jusqu'alors il m'avait été franchement impossible d'esquisser pour le lendemain une carte de la distribution des pressions (attendu que je manquais de tout principe relativement à la limitation des mouvements des dépressions et des champs de haute pression). Le nouveau principe put donc, au moins dans un grand nombre de cas, donner une idée assez exacte de la carte à venir. Le problème de la prédiction des temps a donc acquis par là une physionomie tout autre et plus réjouissante. »

De semblables résultats, qui confirment les nôtres et ceux que divers amateurs ont obtenus après nous, et d'après nos principes, démontrent sans contestation possible que la *Nouvelle méthode* est intelligible à qui veut la comprendre; pratique à qui veut l'appliquer et qu'elle est par suite destinée, en dépit de critiques partiales et injustes, à renouveler profondément l'art de la prévision du temps. Jusqu'ici cette science était purement empirique et n'avait ni règles, ni lois; désormais, la prévision du temps sera soumise à des principes éprouvés, justifiés à la fois par la théorie et par l'expérience, aussi bien en France qu'à l'étranger.

M. Gabriel GUILBERT.

DE LA PRÉVISION DES ORAGES.

551.591 : 551.514

3 Août.

I. On sait que les appareils de télégraphie sans fil possèdent la curieuse propriété d'enregistrer les manifestations électriques qui se produisent sur des régions voisines et même à de très grandes distances.

Ainsi, le 4 mars 1912, un formidable orage, accompagné de trombes, sévissait vers 19 h sur le Calvados, et un météorologiste de l'Observatoire de Lyon, M. Flajolet, voyait ses appareils de télégraphie sans fil inscrire à cette même heure de puissants phénomènes lointains.

De là à penser qu'il serait possible d'annoncer, pour un point donné, l'arrivée d'un orage éloigné signalé par la télégraphie sans fil, il n'y avait qu'un pas, et de savants physiciens, tels M. Turpain, de Poitiers, ont tenté cette prévision.

Malheureusement, il n'a pas été possible, jusqu'ici, de prévoir *la direction* de ces orages signalés à distance. Par exemple, dans le cas du 4 mars 1912, les appareils de Lyon enregistraient bien un orage, mais sans pouvoir déterminer si cet orage s'avançait ou non vers l'Observatoire. En fait, il se dirigeait vers le nord-nord-est de la France et s'éloignait, par conséquent, de Lyon. La télégraphie sans fil reste et restera muette, impuissante, sur ce point essentiel, et aussi sur l'indication de la *vitesse de* l'orage.

Certains nuages orageux sont, en effet, ou très lents ou très rapides ; ils peuvent parcourir 20 ou 100 km à l'heure : la télégraphie sans fil n'en sait rien, et ne peut rien savoir.

D'autre part, certains météorologistes croient remarquer que les appareils de la télégraphie sans fil s'agitent sous l'action de phénomènes tout autres que l'orage : il y a donc quelque incertitude dans les indications des appareils. Enfin, ils ne peuvent annoncer le passage d'orages *non encore existants*, à 24 heures de distance, par exemple, ou bien des orages sévissant dans une direction indéterminée, et d'autant plus indéterminée qu'il peut exister simultanément plusieurs centres orageux, soit au nord, soit au sud de la station et à une distance inconnue.

II. Il faut donc, si l'on veut essayer de prévoir l'orage, non pas seulement quelques heures à l'avance, mais comme il convient, *la veille pour le lendemain*, recourir à l'observation rationnelle des cartes isobariques, des *dépressions*, lignes ou *rubans* de grain, et y ajouter un examen méthodique des nuages.

III. Quelle que soit toutefois la méthode dont on voudra se servir, la prévision des orages, *pour un point donné*, sera toujours très féconde en déceptions. Les insuccès seront fréquents par la raison bien simple que l'orage n'a lieu que dans des nuages restreints qui, par conséquent, ne frappent le plus souvent qu'un petit nombre de points dans la région considérée. Les insuccès, au contraire, seront très rares si l'on admet que le passage d'un seul orage, *en un seul point* dans la région désignée, est une suffisante justification de la prévision : *orages*.

IV. La plupart des météorologistes classent les orages en deux catégories principales : les orages de dépression et les orages locaux. Ou bien les orages d'hiver et les orages de chaleur. Ces distinctions nous paraissent peu justifiées et même arbitraires. Les orages qui accompagnent, en effet, les dépressions, d'hiver ou d'été, sont quelquefois très localisés, tandis qu'en d'autres cas des orages suivent de fort longues trajectoires, sans dépression sensible. La classification est donc défectueuse. Quant aux orages dits *de chaleur*, c'est-à-dire dont la cause principale serait une température très élevée, leur relation avec le degré thermométrique n'est nullement prouvée.

Les plus chaudes journées souvent n'amènent aucune manifestation électrique, et les mois les plus chauds, comme nous l'avons établi, sont aussi les moins orageux. Le nom *d'orage local* paraîtrait plus juste. Il est encore une autre dénomination courante : *l'orage de grain*. Celui-ci est en relation avec les dépressions barométriques : c'est un orage cyclonique en hiver, un orage dépressionnaire en été, jamais un orage de chaleur.

V. Si l'orage ne produisait que des éclairs ou du tonnerre, son importance serait toute relative, mais l'orage peut amener toute une série de phénomènes redoutables. Sa prévision évoque la possibilité de coups de vent aussi soudains que violents; d'averses diluviennes et d'inondations; de grêle désastreuse; de trombes ou tornades d'une puissance effrayante. A toute époque de l'année, ces catastrophes sont possibles. La grêle, les trombes surviennent quelle que soit la température. Sans doute, la grêle se remarque davantage durant l'été, car c'est alors qu'elle cause le plus de ravages dans la végétation, mais elle existe en toute saison.

La prévision de l'orage implique celle de *tous* ces phénomènes, qui sont les conséquences possibles des manifestations électriques. Mais, en fait, ces phénomènes accessoires sont rares. La violence du vent n'est pas souvent dangereuse. A peine sur dix orages trouvera-t-on une chute de grêle, et sur un mille peut-être, une trombe. Ces proportions, il est vrai, sont variables selon les régions et même selon les observatoires. Elles s'élèveraient notablement si l'on comparait le nombre des chutes de grêle ou la production de trombes, au nombre, non d'orages zénithaux, mais de journées orageuses, notées dans une région plus ou moins étendue, telle un département. On pourrait alors obtenir un cas de grêle sur cinq, un cas de trombe sur cent.

VI. Il ne s'agit ici que de statistique, car, à l'heure actuelle, il n'est possible de prévoir ni la grêle, ni la trombe. On peut seulement prédire l'orage ou plutôt le passage des nuages orageux, suceptibles d'être le siège, sur un point ou sur un autre, de manifestations électriques, et aussi de phénomènes accessoires, tels que la grêle, la bourrasque ou la trombe. L'orage les comporte tous; il peut les produire simultanément ou n'en déterminer aucun. Il y a donc incertitude complète sur les perturbations atmosphériques qui peuvent accompagner l'orage.

VII. Quelques phénomènes secondaires s'observent toutefois régulièrement, *sauf exception*, dans les orages.

C'est d'abord une variation du vent, et dans la direction et dans la vitesse. Le vent passe, par exemple, de S à W, pour revenir au SW, et, de faible, devient fort pour faiblir à nouveau. Le baromètre, le plus souvent en baisse, se relève brusquement pour devenir bientôt stationnaire et redescendre ensuite. La température s'abaisse notablement, tandis que l'état hygrométrique s'élève. Ces variations caractéristiques ont été très étudiées, on le sait, par M. Durand-Gréville, l'auteur de la *Loi des grains*. L'orage n'est plus le phénomène principal : il est l'accessoire et la conséquence d'un *grain*. C'est le *grain* qui détermine l'orage et, même en son absence, produit les variations du vent, du baromètre, de la température, de l'humidité de l'air, de la nébulosité.

Quand bien même ces phénomènes affecteraient diverses formes et ne se produiraient que successivement, *le grain* n'en existerait pas moins. Il y a là un ensemble de faits non douteux, établis par M. Durand-Gréville d'après un très grand nombre d'observations, et qui permettent de différencier, c'est du moins notre avis, la dépression barométrique principale, la dépression secondaire et le *grain*, dont l'existence est incontestable. Mais, au point de vue qui nous occupe, la prévision de l'orage, l'étude du grain est secondaire. Selon M. Durand-Gréville lui-même, le *grain* n'est pas *la cause* : il ne peut produire d'orage qu'à la condition de rencontrer des *cumulus à sommets très élevés*. De sorte qu'en l'absence de ces cumulus (?) les grains ou les *rubans de grain* ne peuvent produire l'orage. Le phénomène atmosphérique qui est le grain ne peut donc servir à la prévision d'orages *non existants*, encore moins à la prévision d'orages *pour le lendemain*. D'ailleurs, le grain, comme tout cyclone et toute dépression, peut n'avoir qu'une existence éphémère. Il peut se développer ou bien s'atténuer et disparaître après une trajectoire plus ou moins étendue. De sa présence en un point, il serait téméraire de conclure son passage sur telle autre région, dans un délai déterminé, d'autant plus que sa vitesse de translation est inconnue.

L'orage, d'autre part, n'est pas lié exclusivement à la ligne ou au ruban de grain. Il peut survenir au *centre* même du tourbillon cyclonique; *chaque* nuage orageux même peut être le centre d'un mouvement tourbillonnaire, et le passage de tout cyclone au-dessus d'un point quelconque produit exactement les mêmes phénomènes qu'on voudrait attribuer exclusivement au grain. Avec ou sans orage, on observe alors une augmentation brusque, parfois foudroyante, de la vitesse du vent et de sa direction; la hausse brusque du baromètre; la baisse également brusque de la température; l'élévation correspondante de l'état hygrométrique et de la nébulosité.

Tous ces phénomènes s'observent, en s'atténuant toutefois, jusqu'à une grande distance du centre cyclonique, sans qu'il soit nécessaire de faire intervenir une ligne de grain. Il faut donc en conclure que *le cyclone* aux vastes étendues, la *dépression*, cyclone plus réduit, *et le grain*, remous atmosphérique plus limité encore, ou bien onde tourbillonnaire imparfaite sont des phénomènes distincts, *de même nature*, pouvant produire, par conséquent, d'identiques perturbations.

VIII. Ainsi que M. Durand-Gréville le constate avec raison, l'orage ne peut avoir lieu que s'il existe, préalablement à toute situation barométrique, *de grands cumulus à sommets très élevés*. Nous sommes absolument de cet avis : la présence, non de cumulus, mais de *cirro-nimbus*, est la condition essentielle de l'orage et, par conséquent, il convient, en bonne logique, de faire de la prévision des nuages orageux la base primordiale de la prévision de l'orage.

IX. S'il est un fait qui doit tout d'abord attirer l'attention des météorologistes, c'est la similitude des formes nuageuses en toute saison. Cirrus, cirro-cumulus, alto-cumulus, cumulus, ont le même aspect, aussi bien dans les jours les plus rigoureux de l'hiver que dans les plus chaudes journées d'été. *A priori*, une semblable constatation paraît démontrer que la formation des nuages est indépendante de la température de l'air à la surface du sol. Les nuages évolueraient dès lors dans une atmosphère froide, si froide même que jamais, selon nous, ils ne produisent de la pluie, mais bien toujours de la neige. En outre, les nuages d'orage, qui suivent la même loi et présentent en toute saison des formes caractéristiques, sont des nuages *supérieurs*, composés de cristaux de glace ou de neige et que, pour cette raison, nous désignons sous le nom de *cirro-nimbus*.

Ce *cirro-nimbus* fait toujours partie de l'ensemble de nuages que nous appelons *succession nuageuse*, succession qui comprend les cirrus, les cirro-cumulus, les cirro-stratus, les alto-cumulus et enfin les cirro-nimbus. Sans la présence de ces derniers nuages, il faut poser en principe que *tout orage est impossible*, qu'il n'éclatera jamais dans des cirro-stratus ou dans des cumulus, quelle que soit leur étendue. Bien plus encore : quelle que soit la dépression barométrique, le ruban de grain, les nuages en vue, la température, s'il ne peut exister de cirro-nimbus, l'orage est impossible.

Au contraire, si la *succession nuageuse* doit amener ses cirro-nimbus, tous les phénomènes orageux deviennent, non pas assurés, mais possibles, et cela quelle que soit la situation atmosphérique.

Il résulte de cette thèse, que nous avons publiée en 1886 (*), et que l'expérience de chaque jour confirme, que la *cause* de l'orage doit se rechercher uniquement dans la structure, la composition ou les modifications physiques de ce nuage étrange et que sa *prévision* doit se confondre avec la prévision de l'arrivée ou du passage des *cirro-nimbus*.

Or, cette prévision est d'autant plus possible que le nuage d'orage est le *dernier* de la succession nuageuse. Les cirrus, les cirro-cumulus, les alto-cumulus, le précédent toujours. Il n'arrivera donc pas à l'impro-

---

(*) *Annuaire de la Société météorologique de France*, avril 1886.

viste, il ne naîtra point sans aucun indice précurseur, il n'éclatera point
au sein d'un cumulus formé par une haute température, ni dans une
atmosphère *convenablement préparée.*

L'une des preuves les plus convaincantes de cette assertion réside dans
l'observation de la *vitesse* des premiers nuages de la succession nuageuse.
Si les cirrus sont animés d'une grande vitesse, les cirro-nimbus, qui
doivent les suivre, posséderont également une marche rapide ; si les
cirrus précurseurs sont lents, les nuages orageux à leur tour ne s'avan-
ceront qu'avec lenteur. Cette relation dans la vitesse de nuages successifs, *et durant plusieurs jours*, exclut toute idée de formation locale.

X. Le plan de cette étude ne nous permettant pas d'envisager tous
les cas de concordance ou de discordance des différents nuages et des
dépressions, nous ne considérerons que les *cirro-nimbus* dans leurs relations avec l'orage, selon les saisons.

XI. En général, les *averses*, pluies de courte durée, souvent abondantes, parfois torrentielles, sont dues au passage des *cirro-nimbus.*
Par conséquent, toute prévision d'averses implique la prévision de phénomènes orageux : on doit donc annoncer, non pas averses, mais *averses
orageuses.* En conséquence également, la prévision d'averses orageuses
est synonyme de prévision de grains. Le grain, en effet, principalement
dans le langage maritime, n'est autre chose que le passage au zénith d'un
nuage à averses dans un ciel d'éclaircies. Ce nuage déchaîne de puissantes
rafales, obligeant le marin à carguer les voiles, même à mettre à la cape.
L'averse terminée, l'embellie revient et le vent, presque toujours alors
d'entre SW et NW ou N, perd de son intensité jusqu'à ce que le retour
d'un autre cirro-nimbus vienne provoquer un nouveau grain, c'est-à-dire
de nouvelles rafales, accompagnées de variations sensibles dans la direction du vent et souvent d'oscillations barométriques.

Toute averse est donc cause de grain, et c'est dans ces grains que surviennent la plupart des *orages d'hiver*, qui consistent en général dans
quelques coups de tonnerre isolés.

Nous posons en thèse que *toute tempête d'hiver est accompagnée d'orages.*
Plus la dépression donc, durant la saison froide (novembre à mars), a de
puissance, et plus la prévision d'orages a de chances de succès. Ces orages
cycloniques devront se produire le plus souvent lors de la saute du vent
de S à W, ou de SW à NW. Ils frappent principalement les régions voisines de la mer.

XII. Le mois de mars, qui termine la saison froide, est par excellence
le mois des *giboulées.* Ces averses, fécondes en grêlées, sont souvent orageuses. Elles appartiennent au régime cyclonique : plus la dépression
est profonde, plus les orages seront alors nombreux dans le demi-cercle
dangereux des cyclones, et à l'arrière du centre.

XIII. L'été, au point de vue orages, peut débuter avec le mois d'avril, et se terminer avec l'équinoxe d'automne.

Tandis qu'en hiver l'averse orageuse ne se montre guère qu'à l'arrière des dépressions, l'orage d'été peut occuper *le centre* même du tourbillon cyclonique. En hiver, le vent et l'orage suivent, à quelques degrés près, une même direction; en été, au contraire, l'orage *monte contre le vent* ou fait, avec le vent, un angle plus ou moins important. En hiver, l'orage accompagne toujours, ou suit de près, un violent cyclone; en été, la plus faible dépression peut produire l'orage.

XIV. La prévision des orages, assez facile quand les dépressions apparaissent durant l'été sur les régions sud de la France, est beaucoup plus ardue lorsqu'une dépression, sur le golfe de Gascogne, par exemple, vient à disparaître subitement.

Quoique la pression soit alors plus élevée au Nord, par exemple, 770 à Dunkerque, 765 au Mans, 760 à Biarritz, il n'existe plus aucun centre cyclonique.

La *succession nuageuse* seule permet alors de baser une prévision. En effet, il n'est guère admissible qu'une dépression apparaisse sans nuages. Si, malgré la hausse barométrique, les cirrus, les cirro-cumulus, les alto-cumulus suivent une marche régulière, une même direction des régions Sud vers le Nord et malgré des vents d'Est, il est infiniment probable que les cirro-nimbus les suivront à leur tour. Dès lors, même après la disparition de la dépression, même en cas de hausse barométrique, légère toutefois; même en l'absence *de ruban de grain* ou d'isobares en V, l'existence d'une succession nuageuse suffit pour prévoir l'orage. C'est ainsi que sont survenus les trop fameux orages des 29 juillet 1892, 6 juin 1904, 4 juillet 1905, 30 juin 1908, etc., qui tous, malgré l'absence de dépression sensible et même par hautes pressions avec hausse, se sont signalés par une violence extraordinaire. Nous serions même autorisé, d'après ces exemples, à poser en thèse que l'*intensité des phénomènes électriques s'accroît avec l'élévation de la pression*. Un orage survenant durant l'été avec un baromètre voisin de 765 exercera plus de ravages par la pluie, la grêle ou les chutes de foudre que si la pression était tombée à 755 ou environ.

XV. Il n'y a pas lieu de faire intervenir d'hypothétiques phénomènes, que rien d'ailleurs ne démontre: tels que la descente rapide d'une nappe d'air jusqu'au sol ou la précipitation de cirrus sur des cumulus situés au-dessous. L'observation la plus attentive ne révèle aucune perturbation de ce genre. Le refroidissement souvent observé après l'orage est fréquemment dû au changement *de direction du vent* : phénomène cyclonique et, aussi, à la fusion brusque d'une prodigieuse quantité de cristaux de glace ou de neige. La considération du caractère *tourbillonnaire* du grain explique très simplement les variations Baromé-

triques, et l'abaissement de la température ainsi que l'accroissement
de la nébulosité.

XVI. Si les dépressions de Gascogne et les successions nuageuses
des régions Sud sont, en été, les plus grandes productrices d'orages pour
la France presque entière, il est encore une autre formation orageuse très
remarquable et qui consiste dans l'arrivée de dépressions sahariennes sur
les côtes de Provence.

Tant qu'un centre tourbillonnaire persiste dans cette région avec
cirrus, puis cirro-cumulus, de direction SE tournant vers E, des orages
d'entre SE et NE sont à prévoir sur toutes les régions de la France, et
par vents des régions Est, aussi bien que par vents des régions Ouest (*)
....

XVII. En résumé, toute prévision d'orage doit se baser sur l'examen
simultané de la situation barométrique et des successions nuageuses.
L'examen de la carte isobarique doit faire prévoir la *future* disposition
des pressions, la *formation* des centres dépressionnaires et des *rubans
de grain* pour *le lendemain*. L'examen des successions nuageuses doit
faire connaître si, oui ou non, des *cirro-nimbus* doivent survenir et coïn-
cider, ou non, avec les centres dépressionnaires également *le lendemain*.
Plus que les dépressions, les nuages indiquent, *pour le lendemain*, la
direction et la vitesse de l'orage attendu. Au jour même, la détermination de cette *vitesse* et de cette *direction* est seule capable de prévenir
une station quelconque de l'arrivée prochaine de l'orage. La considération
du ruban de grain est insuffisante, car sa trajectoire est indéterminée,
tandis que l'orage suit une trajectoire rectiligne, ou du moins une courbe
de très grand rayon, que ne peuvent dévier ni le relief du sol, ni le flux
ou reflux des mers, ni même les multiples directions des vents de surface.
Les chutes de grêle, les ravages des trombes, toujours observés sur des
lignes droites, confirment ces données, dues à l'observation directe.
Des orages successifs, occupant même chacun le centre d'un léger mouvement tourbillonnaire, avec vents variables, de toute direction, et
nuages inférieurs *opposés*, progressent néanmoins dans le sens indiqué,
24 ou 48 heures d'avance, par les nuages supérieurs.

L'orage, le *cirro-nimbus*, n'existent donc que dans les hautes régions
et, dès lors, il ne peut y avoir aucun moyen d'action, ni sur leur trajectoire, ni sur leurs effets. Toutefois, l'orage n'a qu'une durée fort limitée :
l'espace de 24 heures au maximum; en général, quelques heures suffisent
pour l'épuiser.

La descente progressive des nuages supérieurs est peut-être une cause
de destruction. C'est ainsi qu'on a pu observer de vastes nuages orageux,

____

(*) La *direction* des nuages orageux, *cirro-nimbus*, est souvent indépendante de
la *trajectoire* des centres tourbillonnaires et des grains, par conséquent, des vents
de surface.

de direction S vers N, avec éclairs et tonnerre, se dissipant, s'annihilant, disparaissant même en un délai plus ou moins notable, sous l'action de vents de N ou NE très secs. Le nuage orageux subsistait dans le courant du S, mais en atteignant le courant du N, il subissait très probablement un phénomène d'évaporation. L'orage cessait, tandis que le nuage orageux s'évanouissait progressivement.

M. LE Dʳ E. VIDAL.

Hyères (Var).

DES ORAGES EN GÉNÉRAL.

551.514

1ᵉʳ Août.

La Météorologie, son étymologie l'indique, est cette partie de la physique qui traite des météores ou phénomènes atmosphériques et plus généralement des conditions du climat à la surface du globe. De l'histoire, prise par les sens, des vents, des pluies, grêles et tonnerres, la réflexion a passé à la recherche de leurs origines, causes et effets, etc., et a produit la science qu'on appelle *Météorologie*.

Bien que le cadre de la Météorologie se soit notablement élargi depuis notre époque, cette définition qui en fut donnée par d'Alembert et que Littré crut devoir reprendre en première ligne, nous semble celle qui exprime le mieux l'idée qu'on se fait de cette science, dans le cadre de laquelle rentrent les orages dont nous avons à nous occuper tout spécialement aujourd'hui.

Mais, avant d'entrer en matière, nous devons déclarer que nous admettons avec Littré que le mot *orage* signifie : agitation violente de l'atmosphère avec vents, éclairs et tonnerre, et que l'orage produit le tonnerre, la pluie, la grêle et la tempête.

Cette définition de l'orage, ainsi que l'énumération succincte des phénomènes qu'il produit, sont peut-être suffisantes pour guider certains lecteurs qui se contentent de notions générales, mais elles n'apprennent rien aux personnes qui veulent s'instruire sur les origines, les causes et effets de ces grandes perturbations atmosphériques et, par conséquent, sur les moyens de les combattre avec quelques chances de succès.

Le savant Littré est-il responsable de cette lacune, et, quand il publia son dictionnaire, si remarquable sous tant de rapports, pouvait-il nous éclairer sur ce grave sujet ?

Nous devons avouer que cela lui était impossible, par la raison qu'à cette époque, pourtant si rapprochée de nous, la science météorologique était encore à l'état embryonnaire pour tout ce qui avait trait aux orages. Elle n'a malheureusement point fait de très grands progrès depuis lors. Du reste, la tâche n'était pas facile à accomplir même pour les meilleurs observateurs et, malgré leur courage, il leur était, jusqu'à ces derniers temps, presque impossible d'aller rechercher dans les airs la solution de certains problèmes météorologiques.

Plus heureux que Prométhée, le grand Francklin put, il est vrai, dérober impunément le feu du ciel, mais il fit sa géniale expérience sans quitter le sol de la terre, et nous savons tous les dangers que l'atmosphère réserve aux observateurs, même pendant les plus simples et les plus tranquilles ascensions.

Il n'est donc point étonnant qu'on n'ait pas étudié, avec la suite qu'elles méritent, ces questions qui pourtant nous intéressent de si près.

Les difficultés matérielles ne sont pas les seuls obstacles qui se sont opposés, jusqu'à ce jour, au développement des études météorologiques dans les établissements de l'État. Cette science occupe bien une bonne place dans les programmes officiels, mais elle a eu la mauvaise chance de s'y trouver accouplée à l'Astronomie, dont les problèmes ont de tout temps absorbé la meilleure part de l'activité des savants directeurs de nos Observatoires et, dans les conditions de fonctionnement que nous connaissons, qui pourrait leur reprocher d'avoir cherché à pénétrer les mystères de la vie sur les mondes qui nous entourent, plutôt que de s'être occupés des phénomènes qui se passent dans l'atmosphère du nôtre ? (*)

Il n'en est pas moins regrettable que les tentatives faites par d'éminents astronomes, qui montèrent en ballon dans un but scientifique, ne se soient pas généralisées.

« Les douze ascensions que j'ai accomplies », nous apprend M. Camille Flammarion, à la page 380 de ses Mémoires, « m'ont permis d'observer certains faits importants, dont la connaissance a jeté quelques lumières sur les problèmes encore si obscurs de la Météorologie. Pénétré de la conviction que tous les mouvements de l'atmosphère sont soumis à des lois régulières, j'ai pensé qu'il serait utile à la fondation de la science du temps, de chercher à voir de près le mécanisme de la formation des nuages, la circulation des courants, l'état physique des différentes couches d'air, en un mot d'observer, en s'y transportant, le monde atmosphérique dans son action multiple et permanente. »

On ne saurait mieux dire et nous avons l'espoir que ce programme, tracé de main de maître, sera, grâce aux progrès de l'aviation, très prochainement exécuté. Tout récemment encore, il était indispensable, pour faire la moindre ascension, de posséder des appareils encombrants, de

____

(*) Un seul d'entre eux, M. André, qui vient de mourir, et qui dirigea, pendant de longues années, l'Observatoire de la région lyonnaise, monta dans un ballon pour surveiller, dit-on, les diverses phases d'un orage.

dépenser des sommes considérables pour les remplir de gaz, de mobiliser un nombreux personnel pour les maintenir à la surface du sol et de compter plusieurs jours à l'avance sur un temps favorable, tandis qu'à l'heure actuelle, les aviateurs peuvent s'élever dans les airs quand ils le veulent et surtout d'où ils le veulent.

Par une heureuse coïncidence, un service complet de Météorologie agricole vient d'être créé au Ministère de l'Agriculture sur la proposition du Comité consultatif des améliorations agricoles dont M. Violle, de l'Institut, est le Président, et M. Dabat, Directeur général des Forêts, est le Secrétaire général.

Cette création fait le plus grand honneur à M. Pams, Ministre de l'Agriculture, qui l'a ordonnée; elle rendra certainement les plus signalés services aux agriculteurs qui seront prévenus, à temps, de la marche des orages et dont les observations pratiques, recueillies et coordonnées par les savants, serviront à soulever graduellement le voile qui recouvre encore cette partie de la Météorologie.

Agriculteur nous-même et nous occupant depuis longtemps de la formation, comme aussi de la marche des orages en général, et tout particulièrement de ceux que l'expression populaire désigne comme étant *chargés de grêle*, nous allons dire le peu que nous en savons.

La genèse des orages. — La question de la formation des orages est encore fort obscure, et parmi les différentes hypothèses qui ont été émises sur ce sujet, celle que nous avons imaginée ne repose, pas plus que les autres, sur des preuves irréfragables. La voici, telle que nous l'avons publiée quand nous avons étudié les causes des insuccès des expériences de lutte contre la grêle, dirigées à Castelfranco Veneto par M. le Sénateur italien Blaserna.

On admet généralement, disions-nous en 1907, à la Société nationale d'Agriculture, que les nuages sont produits par la condensation des vapeurs d'eau chaudes, venues de différents points et transportées par les courants aériens, soit dans les zones élevées de l'atmosphère, soit au contact des massifs montagneux couverts de neige ou de glace. Quand cette condensation s'effectue rapidement, et cela doit être le cas des nuages formés par suite d'un brusque refroidissement des vapeurs chaudes, au milieu des couches d'air froid, la pluie seule en résulte; mais lorsque les nuées se condensent lentement et par couches successives qui se superposent graduellement, comme les feuillets d'un livre, il doit s'accumuler, dans leur sein, des quantités considérables d'électricité. Chacun de ces feuillets, dont la face inférieure est restée dans l'obscurité et en contact avec des corps relativement froids, tandis que ses couches supérieures emmagasinaient des flots de lumière et de la chaleur solaires, peut alors être considéré comme l'un des éléments d'une pile formidable.

Telle est, fatalement, d'après nous, la nature de ces gros nuages, dont nous voyons les masses profondes couronner les crêtes les plus élevées des chaînes de montagne. Ce ne sont plus de simples réservoirs d'eau suspendus dans les airs, mais bien de véritables accumulateurs, et de leurs flancs redoutables sortiront bientôt la foudre et la grêle, ainsi que les autres phénomènes électriques constitutifs des orages.

Telle est l'hypothèse que nous avons formulée en 1907; depuis cette époque, rien n'est venu l'infirmer; nous avons, au contraire, trouvé dans les Mémoires de M. Camille Flammarion, p. 477, la description suivante de l'*Enseignement* des montagnes qui n'est pas loin de la confirmer : « Les nuées élevées du sein des mers, vont se condenser à l'état de neige sur les cimes alpestres qui les arrêtent et, successivement, amoncellent une eau solide qui résiste là-haut au tourbillon de la nature. » C'est ainsi que se forment, peu à peu, les glaciers, dont la fonte assure, pendant l'été, l'alimentation de nos cours d'eau, mais il nous faut constater que toutes les vapeurs venues de l'Océan ne se condensent pas jusqu'à la congélation et qu'une bonne partie prend l'une des formes nuageuses que nous avons décrites plus haut.

Voilà donc l'orage constitué; que va-t-il devenir ? Ici le mystère cesse en partie. Nous pouvons, en effet, voir sa cime se dilater sous l'influence des rayons solaires et prendre la forme d'un champignon, tandis que sa base se condense, et cette lourde masse entraînée par son propre poids, ou bien détachée brusquement des sommets montagneux par la brise, se précipite vers les plaines dont elle menace les récoltes. La marche de l'orage ressemble alors à celle d'un torrent impétueux; comme lui, il heurte violemment tous les obstacles qu'il rencontre sur son chemin, il franchit les uns, il s'enroule autour des autres, et de tous ces refoulements successifs contre les parois tortueuses des ravins, doivent résulter dans sa masse des tourbillons secondaires dont nous allons nous occuper en présentant sous un jour nouveau cette question des tourbillons intra-orageux.

Les tourbillons. — D'après la définition qu'en a donnée Henri Faye en 1874, les tourbillons qu'on remarque, soit dans l'eau, soit au-dessus des surfaces liquides, soit dans l'air, soit enfin dans l'intérieur des nuages orageux, sont caractérisés par *l'état d'équilibre d'une masse fluide animée d'un mouvement rotatoire.*

Les exemples les plus vulgaires qu'on peut en citer, sont les inoffensifs tourbillons de poussière si nombreux le long des routes, ou bien encore les dangereux tourbillons dont il est facile d'étudier l'enroulement autour des piles d'un pont jeté sur un fleuve ayant un courant d'une certaine intensité.

Quelle que soit la forme qu'affectent ces tourbillons sur terre ou sur mer, qu'ils se présentent sous forme d'une trombe unique, ou qu'ils se segmentent, comme cela s'est vu, en plusieurs tronçons, qu'ils restent verticaux ou qu'ils se couchent horizontalement après s'être recourbés, comme l'a observé l'amiral Mouchez, ils ont tous un mouvement giratoire consécutif à une aspiration venue constamment d'en haut et dont Henri Poincaré, dont le monde savant regrette la perte si récente, a si bien expliqué la théorie.

Nous n'avons à nous occuper ici ni des trombes marines, ni des si redoutables tourbillons fluviaux, mais nous devons chercher à nous expliquer ce qui se passe dans le sein des nuages emportés, plus ou moins rapidement, par les vents orageux.

Il peut alors arriver que, par suite des obstacles successifs qu'ils rencontrent dans leur trajectoire et des chocs qui en résultent, les grands tourbillons décrits par Henri Faye et par lui comparés à une trompette dont le pavillon serait dirigé vers le ciel, se trouvent modifiés dans leur forme primitive, qu'ils se courbent en forme de la défense d'un éléphant, qu'ils se couchent dans l'intérieur de l'orage et qu'ils y soient maintenus dans la position presque horizontale par la violence de la tempête, ils deviendraient ainsi horizontaux par suite de l'inclinaison exagérée de leur axe qui était primitivement vertical.

C'est en ce moment que la gaine isolante de vapeur qui les entoure, participerait à leur mouvement giratoire et que le corps tout entier de cette trombe intra-orageuse prendrait une forme hélicoïdale; cela est bien possible, mais ces tourbillons qui ont été décrits jusqu'à ce jour et qui sont très probablement provoqués dans l'intérieur des orages par la différence des températures entre la base et le sommet de la masse orageuse, ne proviennent pas tous, selon nous, de cette unique cause, et nous pensons que les mouvements giratoires qui existent dans la partie des orages la plus rapprochée de la terre, pourraient bien prendre leur point de départ dans les heurts et les chocs subis par ces couches très concentrées des nuages contre les parois des montagnes et surtout contre celles des ravins, qui les canalisent jusqu'à leur sortie; ils se formeraient ainsi dans les nuages comme se forment les tourbillons dans les cours d'eau.

On pourrait peut-être aussi trouver quelques indications sur les divers courants qui existent à l'intérieur des orages, dans la direction des éclairs qui sont presque aussi souvent horizontaux que verticaux.

Des enroulements de ce genre doivent aussi se produire quand une masse orageuse emportée par la tempête, rencontre brusquement un courant aérien qui est d'une égale violence et qui se dirige dans un sens opposé. Les nuages sont alors refoulés, ils s'amoncellent et rentrent les uns dans les autres en formant des tourbillons d'une violence inouïe; il existerait donc, d'après nous, deux sortes de tourbillons intra-orageux : 1° les tourbillons verticaux des couches supérieures, consécutifs aux différences de température qui existent entre la partie supérieure et la partie inférieure des orages; 2° les tourbillons généralement horizontaux, qui se forment dans la partie inférieure et concentrée de l'orage, par suite des enroulements que nous venons de décrire.

Les tourbillons aériens, en général, devraient donc, d'après nous, être considérés comme des météores qui seraient contenus dans le corps de l'orage, mais qui en seraient complètement indépendants, autant que peuvent l'être, par exemple, les pièces d'artillerie du navire qui les porte, et ce serait dans leur intérieur que se passeraient les diverses phases de la congélation électrique des gouttes d'eau, aboutissant à la formation de la grêle, du grésil et même de ces énormes plaques de glace qui sortent parfois de cet infernal laboratoire. « Les tourbillons horizontaux, dit M. Angot, p. 351 de son *Traité élémentaire de Météorologie*, paraissent jouer un grand rôle dans la production de la grêle »; tout le monde partage cette opinion, mais on n'est pas d'accord sur la position qu'ils occupent dans l'intérieur de la masse orageuse et encore moins sur leurs origines.

L'hypothèse de la formation électrique de la grêle dans l'intérieur des tourbillons horizontaux et inférieurs, nous paraît d'autant plus admissible qu'elle nous permet d'expliquer, par la présence, ou par l'absence de ces mêmes tourbillons, pourquoi tous les orages ne fabriquent pas de la grêle et pourquoi pendant un même orage, tantôt il pleut sans grêler, tantôt il grêle sans pleuvoir et aussi pourquoi il pleut et il grêle parfois en même temps.

M. Angot, dont l'opinion est d'un si grand poids, ne paraît pas, dans son remarquable Traité de Météorologie, avoir adopté cette manière de voir au sujet de la formation de la grêle dans les couches inférieures des nuages; cet éminent météorologiste pense, au contraire, que les premières congélations ont lieu dans leurs couches supérieures et que les petits grêlons soutenus dans les airs en raison de la violence extraordinaire de leur vitesse giratoire, descendent, remontent, comme les boules d'un jongleur et qu'ils s'y recouvrent graduellement de nouvelles couches d'eau surcongelée; cela est possible, mais alors pourquoi les grêlons ayant un certain diamètre, ne sont-ils pas tous composés de couches concentriques, et surtout comment expliquer ainsi la formation instantanée de certaines plaques de glace, du volume d'une brique ordinaire, aux bords anfractueux et pesant jusqu'à 702 g, telles que celles qui furent, il y a quelques années, recueillies sur le sol et pesées devant témoins, dans la commune de La Londe-les-Maures ? Quelles étaient les dimensions exactes de ces blocs de glace avant qu'ils se soient brisés en tombant sur le sol ?

Telles sont les réflexions que nous ont inspiré les observations que nous avons faites sur la constitution intérieure des orages en général, et que nous désirons soumettre à l'appréciation de nos collègues du Congrès pour l'Avancement des Sciences de Nîmes.

Il nous reste à traiter la question de la direction des orages. Comme tous les corps suspendus dans l'atmosphère, les orages suivent la direction que leur impriment les vents régnants; on remarque pourtant qu'il leur est parfois difficile de se maintenir dans les vallées dont ils suivent la pente; ils y sont exposés à rencontrer des contre-courants, car il ne faut point oublier que, par suite de la différence des températures, à chaque cours d'eau, à chaque dépression de terrain, à chaque vallonnement, doivent correspondre des courants aériens secondaires, sur lesquels nos aviateurs nous fixeront un jour et sur lesquels nous devons, dès aujourd'hui, appeler leur attention pour qu'ils en tiennent compte au point de vue de leur sécurité personnelle.

Les orages profitent, en outre, de la vitesse qu'ils ont acquise en tombant des hauts sommets qui leur servirent de berceaux et du mouvement qui leur est imprimé par les ondulations aériennes consécutives aux éclats de la foudre, ainsi qu'aux grondements du tonnerre mille fois repercutés par les échos d'alentour; mais il arrive parfois qu'ils rencontrent sur leur chemin un vent contraire assez violent pour résister à la pression que leur masse exerce sur l'atmosphère et que, par suite du choc entre ces deux forces contraires, ils s'arrêtent brusquement, rebondissent contre l'obstacle, sortent de ce qu'on pourrait appeler *leur cours naturel*, et qu'ils aillent dévaster, avec d'autant plus de violence, des contrées qui pourraient se croire à l'abri de leurs coups.

C'est ce qui arriva, il y a quelques années à la suite d'un orage qui sortit de la boucle de la Marne pour chevaucher sur sa rive et aller écraser, sous le poids de ses grêlons, une partie de la Forêt de Fontainebleau.

D'autres fois, ce rapace échappé de son aire, pénètre par effraction dans un cirque bordé de collines au-dessus duquel il plane comme un lourd oiseau de proie, il descend lentement vers le sol, il s'allège en envoyant une première bordée de grêlons, il remonte ensuite et redescend, pour jeter chaque fois du lest, et ne peut sortir de sa prison qu'après avoir épuisé toutes ses munitions. C'est ce qui se passait, il n'y a pas bien longtemps encore pour la cuvette de Gannat, dans la plus fertile partie de la Limagne septentrionale. Presque toutes les années, des orages sortis des bassins recourbés en sens inverse de l'Allier et de la Sioule, s'y livraient des combats acharnés et les malheureux habitants n'y trouvaient plus les moyens d'assurer leurs récoltes contre les ravages de la grêle.

Aujourd'hui, la défense de cette belle contrée se trouve assurée par les 80 postes de fusées que nous y avons installés, avec le concours pécuniaire du Ministère de l'Agriculture, et depuis cinq années les 20 000 hectares qu'ils protègent ont été préservés des désastres auxquels ils se trouvaient antérieurement exposés.

Voilà quelle est notre conception des orages, en général, et c'est dans ces conditions qu'il convient d'organiser la lutte contre les météores qu'ils contiennent. Il faut, ou les neutraliser au fur et à mesure qu'ils se présentent, ou les bouleverser de fond en comble au moyen des projectiles sérieux que nous avons présentés au Congrès international de Lyon.

Les fusées, dont nous avons depuis lors inventé l'emploi, ont fait leurs preuves, que les Niagaras fassent les leurs. Mais en attendant, nous vous demandons de vouloir bien réitérer les deux vœux suivants que la septième Section a déjà votés au Congrès de Dijon :

1º Que l'État favorise non seulement les divers procédés ayant donné depuis plusieurs années des résultats favorables dans la lutte contre la grêle, mais encore celui proposé par M. de Beauchamp.

2º Que la question de la lutte contre la grêle soit reportée au prochain Congrès pour l'Avancement des Sciences dans lequel nous comptons nous occuper des orages de grêle en particulier.

Note. — Nous avions l'intention de compléter cette communication en nous occupant de l'altitude des nuages orageux au-dessus du sol, mais nous avons pensé qu'il était préférable de réserver cette question pour la traiter dans un prochain Congrès en même temps que celle des orages de grêle, et nous avons l'espoir que, d'ici là des documents nouveaux viendront se joindre à ceux que nous possédons déjà sur cet important sujet.

M. Raphaël DUBOIS,

Professeur à l'Université de Lyon.

POUR SERVIR A L'ÉTUDE DU MÉCANISME DE LA FORMATION DE LA GRÊLE.

551.578

3 *Août.*

En faisant fondre dans des verres de montre de petits grêlons récoltés avec toutes les précautions voulues en diverses localités et à des époques différentes, j'ai constaté qu'il se trouvait dans ces grêlons des poussières, parfois assez fines pour n'être vues qu'avec un fort objectif au microscope ordinaire. Je n'ai pas encore recherché ces poussières avec l'ultramicroscope, mais je crois que là où elles pourraient sembler être absentes, on les retrouverait avec cet instrument.

Quelle est la provenance de ces poussières ? Je ne saurais le dire : elles peuvent résulter de fumées, de tourbillons terrestres, comme ceux qui forment les colonnes de sable du désert, ou bien d'éruptions volcaniques éloignées. Enfin, il n'est pas impossible que ce soient des poussières cosmiques ayant pénétré dans notre atmosphère, mais venues des espaces interplanétaires ou même d'astres voisins, propulsées par les ondulations lumineuses, ou autrement.

Quoi qu'il en soit, nous croyons utile d'attirer l'attention des savants spécialistes sur ce fait auquel mon savant ami, M. le Dr Vidal, d'Hyères, a cru devoir accorder un certain intérêt.

On peut, en effet, concevoir que, dans la formation des grêlons, ces poussières deviennent des centres d'attraction des molécules gazeuses ou demi-liquides qui se trouvent dans le nuage qui peut les rencontrer ou les contenir.

Dans les *gels* et dans les *sols colloïdaux*, c'est là le rôle que jouent les particules ultramicroscopiques, d'où dépend l'état colloïdal, qui n'est pas sans présenter des analogies physiques avec des vapeurs tenant en suspension des particules solides. Ces dernières présentent une très faible masse, mais, par leur grande quantité, une surface énorme proportionnellement. Il en résulte que les phénomènes d'adsorption, d'absorption, de tension superficielles sont extrêmement développés dans ces conditions. Enfin, on sait que dans les *gels* et dans les *sols* colloïdaux les granulations peuvent présenter des signes électriques contraires, et que lorsque des gels ou des sols de signes contraires se rencontrent, il en résulte des précipitations qu'on nomme des *complexes*. Il se peut fort bien que dans les orages de grêle, il se passe quelque chose d'analogue.

On sait d'ailleurs que, dans les solutions sursaturées ou dans les fluides en état de surfusion, il suffit de laisser tomber quelques fines particules solides pour que l'état solide succède à l'état fluide.

Nos observations sont bien peu nombreuses, je me propose de les multiplier et de perfectionner mes procédés d'observation pour me mettre à l'abri de toutes les causes d'erreurs, et j'essaierai de déterminer la nature des poussières que j'espère rencontrer à nouveau.

L'intérêt principal qui semble s'attacher à la recherche des poussières dans la formation des orages de grêle résulte surtout de ce fait, c'est que le problème se trouverait ramené à un simple cas particulier d'une catégorie de phénomènes physiques bien connus.

J'ajouterai que je n'ai eu, en aucune façon, en vue, de présenter une théorie de la formation de la grêle, mais seulement d'attirer l'attention des météorologistes sur un fait qui peut, suivant quelques-uns d'entre eux, et particulièrement suivant M. le Dr Vidal, ouvrir une voie nouvelle de recherches dans ce domaine si peu connu encore des orages de grêle.

M. LE DR E.-J. MARQUÈS.

(Toulouse).

OPINIONS SUR L'ORIGINE DU MAGNÉTISME TERRESTRE.

52.524.1

2 *Août.*

Depuis l'an 1600, époque où le médecin anglais Gilbert avait avancé que la terre devait être considérée comme un aimant puissant, les causes, encore mystérieuses, du magnétisme terrestre et de ses variations ont été l'objet d'opinions diverses. Ainsi, pour l'astronome norvégien Hansteen (1819-1865), il n'est pas possible d'expliquer les phénomènes magnétiques sans admettre l'existence d'un deuxième aimant traversant le globe. D'après cet auteur, la terre aurait deux pôles magnétiques nord, deux pôles magnétiques sud, et l'on devrait chercher la cause du magnétisme terrestre dans le soleil.

Pour Barlow (1780-1862), le phénomène serait analogue à celui d'un corps soumis à un magnétisme passager par influence. Barlow admit (comme Ampère l'avait supposé avant lui) que des courants électriques circulaient autour du globe. Son opinion paraissait confirmée par une de ses expériences : En entourant un globe en bois avec des fils métalliques isolés et parcourus par des courants électriques, le globe produisait sur une aiguille aimantée une action analogue à celle du champ magnétique terrestre.

En 1847, le professeur Ed. Becquerel admettait « que les phénomènes magnétiques de la terre pourraient être produits par de l'électricité en mouvement »; il ajoutait toutefois : « Si l'on fait attention que toutes les substances qui composent la croûte du globe sont de mauvais conducteurs, et qu'il n'y a guère que les terrains humides qui conduisent l'électricité, on s'explique difficilement leur production. » Et le professeur Becquerel concluait : « On ne sait si la terre, qui agit comme un aimant, doit sa propriété magnétique, à une action par influence, à des courants électriques, ou bien en partie, ou en totalité, à un état magnétique de la matière composant la croûte du globe. »

En 1890, M. A. Wilde (*) construisit un appareil ingénieux, le *magnetarium*, basé sur des vues particulières : Pour démontrer sa théorie, M. Wilde monta un premier globe, entouré de fils conducteurs, à l'intérieur d'un second globe géographique, également entouré d'une série de fils enroulés, suivant les parallèles. Un rouage différentiel permit de faire tourner les deux globes en même temps; mais l'axe des spires du globe intérieur était incliné sur l'axe de rotation de 23°30', et la rotation de la bobine intérieure subissait un retard de 12° pour chaque tour du globe extérieur. Ce magnétarium, lorsque ses fils étaient parcourus par un courant continu, pouvait imiter avec exactitude l'état du champ magnétique terrestre et ses variations séculaires.

D'après les théories et les expériences de M. Wilde on devrait admettre que la cause du phénomène sur notre sphère est due, d'une part : 1° à l'état magnétique de la matière formant la croûte terrestre; et, 2°, d'autre part, à des courants électriques qui auraient leur siège dans des gaz incandescents du noyau central, et formeraient une sorte de solénoïde incliné sur l'axe du monde.

Avant d'exposer notre théorie, nous devons compléter cet historique en indiquant l'opinion de M. Schuster, qui, pour expliquer les relations du magnétisme terrestre avec les taches solaires, fait intervenir l'existence de courants circulant dans les hautes régions de notre atmosphère : ces régions seraient le siège d'une ionisation intense, sous l'influence des rayons Röntgen, ou de la lumière ultraviolette venant du soleil. Les mouvements des masses atmosphé-

---

(*) A. WILDE, *Proc. of the Roy. Soc.*, 19 juin 1890.

riques·se déplaçant dans les lignes de force du champ terrestre donneraient naissance à des courants d'induction (comme dans le disque de Foucault).

Théorie de l'Auteur. — Chacune de ces diverses théories paraît contenir une part de vérité. On pourrait admettre que le magnétisme terrestre résulte de trois phénomènes principaux, qu'on désignerait, suivant leur localisation : 1° dans la lithosphère; 2° dans l'atmosphère, et 3° dans le noyau central.

Phénomènes de la lithosphère. — D'une part, une cause invariable due à la structure de la croûte terrestre. Les couches superficielles de notre sphère seraient devenues magnétiques au moment de leur solidification; l'abaissement de leur température leur aurait permis de prendre et de conserver l'aimantation qu'avait à cet instant le champ magnétique terrestre (*). Les plissements du sol seraient plus tard survenus comme cause modificatrice de l'orientation primitive. Ainsi, le magnétisme de la croûte terrestre serait dû pour une part au magnétisme rémanent. A cette cause invariable viendrait s'ajouter les courants électriques de la lithosphère : la croûte terrestre pourrait être parcourue par des courants d'origine thermo-électrique, ou dans certaines conditions d'origine électro-chimique (comme dans les exemples du professeur Ed. Becquerel : bancs d'argile humectés d'eau renfermant des quantités différentes de sels), ou encore d'origine mécanique (par suite des oscillations, des pressions, ou des contractions de l'écorce terrestre).

Phénomènes de l'atmosphère. — Des courants électriques peuvent se produire entre le sol et l'atmosphère (comme dans les orages ou les feux· Saint-Elme) par les points du sol surélevé, et par toutes les émanations du sol (gaz dégagés par les plantes, poussières, vapeurs, etc.). Ces divers courants électriques ne peuvent avoir qu'une influence modificatrice *très peu importante* sur le phénomène qui nous intéresse.

Mais il en est tout autrement des courants électriques qui peuvent se produire dans les hautes régions de l'atmosphère sous l'influence des radiations ultraviolettes, et de très petite longueur d'onde. Ces radiations seraient capables d'ioniser les gaz raréfiés de ces régions. Le libre parcours de ces particules gazeuses électrisées pourrait être représenté par de longues trajectoires dont la direction serait déterminée par les champs électrostatiques ou magnétiques préexistants.

Phénomènes du noyau central. — Toutefois, d'après notre théorie, le phénomène du magnétisme terrestre serait dû principalement aux courants électriques du noyau central. (C'est ainsi que le magnétisme

---

(*) *Voir* MM. BRUNHES et P. DAVID : *Recherches entreprises à l'Observatoire du Puy-de-Dôme, sur les argiles métamorphiques trouvées cuites sous des coulées de laves* (*Moniteur du Puy-de-Dôme*, 1908).

rémanent des roches de la lithosphère aurait été lui-même provoqué par le champ magnétique de ces courants intérieurs.)

D'après M. A. Wilde, notre globe, avant sa solidification superficielle, tournait, comme un sphéroïde incandescent, autour d'un axe normal au plan de l'écliptique, et un système de courants électriques circulaires (analogues, d'après lui, à ceux qui doivent exister aujourd'hui dans le soleil) avait son axe parallèle à cet axe de rotation. Le refroidissement des couches superficielles n'aurait encore rien changé à l'état primitif de ce noyau central. La théorie de M. Wilde est très séduisante, mais, en l'adoptant, il reste à expliquer la cause de ces courants électriques.

On pourrait supposer que ces courants intérieurs sont le résultat d'un mouvement tourbillonnaire des gaz incandescents, ou de la matière du noyau central, qui se trouverait à l'état de dissociation ionique, sous l'influence de la température et des conditions particulières du milieu. Sans faire intervenir cette hypothèse, et sans se préoccuper des mouvements intérieurs de notre sphère, on pourrait aussi admettre que les courants électriques principaux engendrant le magnétisme terrestre auraient comme cause génératrice le mouvement de la terre tournant dans un *champ magnétique inducteur* d'origine solaire (ou, du moins, d'*origine extra-terrestre*) : la rotation d'une tranche de la sphère terrestre tournant normalement aux lignes de force de ce champ magnétique engendrerait des courants induits, et, comme dans l'expérience du disque de Faraday, *ces courants induits circulaires* (considérés en des lieux relativement fixes) seraient *continus*. Ces courants tourneraient dans des plans perpendiculaires à une ligne qui contiendrait leur centre. Cette ligne, perçant la sphère terrestre comme un axe normal au plan de l'écliptique, serait ainsi entourée d'un véritable faisceau de solénoïdes dont le champ magnétique serait la principale cause du magnétisme terrestre.

Mais d'où viendrait le *champ magnétique inducteur* (d'origine extra-terrestre) dont nous avons invoqué l'action?

Le champ magnétique inducteur. — On sait que, d'après la théorie de M. Bigelow, le soleil serait considéré comme un aimant environné de lignes de force, qui atteindraient la terre : cette théorie a contre elle l'argument de Lord Kelvin. Aussi, avant de faire intervenir le soleil comme producteur direct de ce champ magnétique inducteur, devrait-on songer à des causes plus rapprochées : je veux parler des corpuscules qui forment la *lumière zodiacale*. Ces corpuscules doivent avoir une charge électrique et obéir, dans ces conditions, aux actions électriques et magnétiques de l'astre central.

Deux forces continuellement agissantes : l'une, l'attraction électrostatique; l'autre, la propulsion due au champ magnétique solaire, peuvent faire graviter ces corpuscules en tourbillonnant autour du soleil. Ces corpuscules placés dans un champ magnétique uniforme (*) et lancés

---

(*) Champ magnétique d'origine solaire.

perpendiculairement à la direction de ce champ, doivent décrire comme trajectoire (suivant la *loi de Laplace*) un cercle situé dans un plan normal au champ. Ces charges en mouvement constituent de véritables courants électriques circulaires dans toute l'étendue de l'espace occupé par les corpuscules de la lumière zodiacale : Et ces courants circulaires peuvent être l'origine du *champ magnétique inducteur* (que nous faisons intervenir dans la théorie des courants induits du noyau central de notre sphère).

Les orages magnétiques. — Pour diverses raisons, les corpuscules de la lumière zodiacale peuvent être déviés de leurs orbites : si ces corpuscules sont lancés dans la direction des lignes de force du champ magnétique solaire, ils doivent s'enrouler en spirales tangentes aux lignes du champ et être l'objet d'une sorte de succion par les pôles magnétiques solaires. Mais si ces corpuscules sont primitivement lancés obliquement au champ magnétique, ils pourront tomber aux diverses latitudes de l'astre central, après avoir décrit une trajectoire en hélice. Les corpuscules négatifs tomberaient sur le soleil (voir *Théorie de la chaleur solaire*, de l'auteur : *Comptes rendus de l'Association française pour l'Avancement des Sciences*, Dijon 1911), alors que, dans une sorte de reflux, les corpuscules positifs seraient projetés hors de la masse solaire incandescente, en suivant, en sens inverse, les mêmes trajectoires hélicoïdales, c'est-à-dire en se mouvant en vastes tourbillons. Grâce à l'effet Zeeman, M. Hale a, d'ailleurs, obtenu la preuve expérimentale de l'existence dans le soleil de ces tourbillons de matière électrisée, qui forment les taches solaires et les facules. Les perturbations (dans le régime régulier des trajectoires circulaires suivies par ces corpuscules de la lumière zodiacale) auraient leur répercussion sur les courants induits (et ainsi sur le magnétisme) de notre sphère. Cette répercussion aurait lieu par suite des variations produites dans le champ magnétique inducteur. De plus, ces chutes d'électrons sur le soleil provoqueraient des ondes, c'est-à-dire des ébranlements électromagnétiques de l'éther : Aux époques de maxima d'activité solaire, des radiations de très courte longueur d'onde ioniseraient subitement certaines parties des hautes régions de l'atmosphère, où pourraient se produire des courants électriques anormaux qui agiraient également sur l'aiguille aimantée. Ainsi, variations du champ magnétique inducteur et ébranlements électromagnétiques seraient produits par une cause unique (*), et ces deux effets, d'une même cause, nous arriveraient simultanément du soleil avec la vitesse de la lumière pour modifier les courants électriques normaux de notre atmosphère et du noyau central de notre sphère (modifications que nous percevrions sous forme de perturbations et d'orages magnétiques).

(*) Cette cause unique ne serait autre que les perturbations dans les trajectoires normales des corpuscules de la lumière zodiacale que nous venons d'indiquer.

GÉOLOGIE ET MINÉRALOGIE.

M. G. COURTY,

Professeur à l'École des Travaux publics (Paris).

SUR LES SABLES SPARNACIENS DE L'ARGILE PLASTIQUE.

552.58

2 Août.

En 1903, Léon Janet a, dans une communication à la Société géologique de France, démontré l'âge sparnacien de la roche de Breuillet. Cette roche, comme j'ai pu m'en rendre compte, provient de la cimentation naturelle des sables granulitiques qui s'intercalent dans la formation de l'argile plastique proprement dite.

Un sondage effectué à mi-chemin entre Étréchy et Vaucelas, au lieu dit « la Patte-d'Oie », en vue de la recherche de l'eau potable, vient de rencontrer les sables de l'argile plastique et ce sondage clôt définitivement la question de leur position stratigraphique. A titre de document, voici les différentes couches géologiques traversées à Étréchy.

Sondage de la Patte-d'Oie, près Étréchy (S.-et-O.) :
Alt. $= 130^m$.

Pleistocène. Quaternaire.

1 m   terrains remaniés : argile, débris de calcaire de Beauce et sables de Fontainebleau.

Stampien.

41 m   sables jaunes de Fontainebleau avec galets à la base dans les six derniers mètres.

2 m   sables de Fontainebleau très peroxydé et légèrement argileux.

3 m   molasse blanchâtre d'Étréchy, résultant du remaniement de la Brie avec *O. Cyathula.*

Sannoisien.

2 m   marnes blanchâtres et brunâtres magnésiennes.

2 m   marnes blanchâtres avec noyaux de silice hydratée.

3 m   marnes brunâtres magnésiennes avec rognons de silice hydratée.

4 m   argiles verdâtres sans fossiles.

1 m   marne blanche hydraulique.

Sannois (suite).

12 m   argile verte.
6 m   marnes blanches hydrauliques.
2 m   argile verte sableuse avec grains de quartz translucide.
5 m   marnes blanches hydrauliques avec taches d'argile verte.

Sparnacien.

5 m   argile sableuse grisâtre avec grains de quartz translucide.
5 m   argile sableuse blanchâtre avec grain de quartz.
3 m   grains de quartz noyés dans une argile blanchâtre.
6 m   graviers de quartz et galets noirs mélangés (couche grisâtre).
3 m   grains de quartz et graviers avellanaires (couche blanchâtre).
1 m   argile brune avec grains de quartz.
1 m   argile plastique grise.
2 m   grains de quartz noyés dans une argile brunâtre.
5 m   grains de quartz dans argile blanchâtre avec lignite.
1 m   argile brunâtre grains de quartz et fragments de silex pyromaque.
1 m   argile verdâtre avec grains de quartz.

Aturien.

3 m   craie graveleuse (remaniement de la craie supérieure).
15 m   craie à *belemnitella mucronata* avec gros rognons de silex pyromaque.

Les couches sparnaciennes observées à Étréchy sont absolument les
mêmes que celles qu'on peut voir dans la région de Breuillet, notamment
à La Bâte près Rochefort-en-Yvelines. Elles consistent en dépôts sableux
et argileux. Les argiles sont très chargées en dépôts organiques, mais
il n'y a point de pyrite de fer; aussi, lorsque l'agglutination des sables
s'est produite au cours des âges géologiques à la faveur de la circulation
des eaux souterraines, elle a produit la roche de Breuillet qui diffère de
la roche d'Arcueil (sables agglomérés de l'argile plastique) par le ciment.
La roche de Breuillet est siliceuse, celle d'Arcueil est pyriteuse. A Étréchy
les sables de l'argile plastique ne se sont point agglomérés et pourtant ils
sont très hydratés au point d'être fluents. Leur teinte varie du gris au
blanc et ils rappellent, une fois lavés, le gros sel marin. Leur position est
nettement définie, ils enveloppent l'argile plastique dont l'exploitation
est activement poussée à La Folleville, près Breuillet (Seine-et-Oise).
Cette argile contient en assez grande quantité de l'ilménite qui se
révèle d'ailleurs sur les poteries après cuisson par des efflorescences
verdâtres incontestablement dues à l'oxyde de titane.

Les sables de l'argile plastique sont essentiellement granulitiques;
ils se rapprochent complètement; par leurs éléments, des sables qui
couronnent le calcaire de Beauce (sommet de la côte de Torfou); ils
n'en diffèrent que par leur âge géologique. A La Bâte, les sables granulitiques, au contact de l'argile plastique, forment un niveau d'eau comme

à Étréchy; ils sont vraisemblablement d'origine fluviatile et paraissent provenir du Plateau Central. Léon Janet a écrit qu'il considérait la roche de Breuillet comme un grès. Cette manière de voir est très juste si l'on tient compte actuellement des éléments séparés de la roche; mais si l'on regarde les portions jaunes mates comme pouvant représenter originairement du feldspath, on s'aperçoit que la silice s'est substituée à lui par voie moléculaire. Le terme d'*arkose*, autrefois employé, ne serait donc pas complètement erroné. Le sondage d'Étréchy est fertile en enseignements géologiques, il révèle non seulement la place stratigraphique des sables sparnaciens, mais il montre que le bombement du Hurepoix a, dans la région, favorisé les régressions lutétiennes, bartoniennes et ludiennes jusqu'au moment où la mer stampienne vint recouvrir le dôme crétacé de Sermaise entre Saint-Evroult et Roinville.

Une fois le sondage effectué, il fut décidé qu'on pénétrerait dans la craie supérieure à rognons de silex pyromaque jusqu'à la profondeur de 22 m. Ce travail secondaire donne donc au puits d'Étréchy une profondeur totale de 157 m.

M. G. COURTY.

A PROPOS D'UN ŒUF DE CANE ADMIRABLEMENT CONSERVÉ DANS UNE VASE LAGUNAIRE A CHAUFFOUR-LÈS-ÉTRÉCHY (SEINE-ET-OISE).

56.82 : 59.13.1

2 *Août.*

Les fortes chaleurs de l'été 1911 ayant contribué à mettre à sec les mares de la commune de Chauffour, les cultivateurs de l'endroit se sont empressés de les curer. Ce petit travail de nettoiement, auquel j'assistai fortuitement, n'avait pas été effectué depuis une quinzaine d'années, au moins. Il va me permettre aujourd'hui de relater quelques observations d'ordre géologique qui me semblent jeter une certaine lumière sur les milieux favorables à la conservation de substances apparemment très putrescibles.

Chauffour est situé à 152 m d'altitude au-dessus du niveau de la mer sur des sables granulitiques, très argileux par suite de la décomposition des feldspaths. Ces sables, anastomosés au-dessus du calcaire de Beauce, acquièrent à Chauffour une puissance d'environ 3 à 4 m. Ils constituent une zone imperméable qui a été largement utilisée pour l'établissement de mares, si importantes en Beauce. Les sables de Chauffour prolongent vraisemblablement ceux de la Sologne; ils se composent de feldspaths, de mica blanc et d'une quantité innombrable de grains de quartz roulés et de même grosseur qui rappellent un peu le gros sel marin. Cette particularité avait déjà frappé, au XVIIIe siècle, le naturaliste Guettard, qui avait désigné les points où l'on trouvait ces sables sous le nom de *salières*. Ces sables sont-ils d'origine fluviatile? Je le crois, comme d'ailleurs ceux de la région de Rochefort-en-Yvelines, qui sont situés, eux, au-dessus de l'argile plastique. L'absence complète de fossiles dans les sables argileux de Chauffour n'autorise pas à leur assigner un âge géologique précis; ils sont miocènes ou pliocènes; tantôt, ils pénètrent à flanc de coteau les calcaires, tantôt ils enveloppent sur les plateaux les caillasses de Beauce. Leur couleur est grise ou jaune-rouge. A Chauffour, ces sables sont invariablement rouges par oxydation du fer qu'ils contiennent originairement. En bien des points des alentours, ils forment une sorte d'*alios* très désagréable pour la culture dans les labours un peu profonds.

Nous savons maintenant que les mares de Chauffour sont toutes creusées dans les sables argileux de Sologne; il nous est plus facile d'examiner la qualité des vases lagunaires. Celles-ci se composent d'environ 80 % de silicate d'alumine, le reste est représenté par de la silice (grains de quartz), puis par des matières organiques y compris une quantité infinitésimale de carbonate de chaux et de fer.

Comme on peut le voir, ces dépôts vaseux se sont insensiblement épaissis aux dépens des terrains avoisinants par formation détritique sous l'action des eaux pluviales. Au moment de leur enlèvement, ils offraient à la vue une couleur noire comme de l'encre, coloration absolument fugace due aux détritus organiques. Comme j'ai pu m'en rendre compte, ils sont devenus, une fois exposés à l'air, totalement gris par oxydation.

La rencontre d'un œuf de cane engagé dans la vase d'une mare de Chauffour, à plus de 1,50 m de profondeur, constitue un fait d'un grand intérêt. La surface de la coquille de l'œuf était, au moment de la découverte, légèrement teintée, puis intérieurement le jaune avait durci tout en conservant une remarquable fraîcheur.

Pour expliquer cette conservation, on peut avancer que l'eau a pu préserver la vase, et partant l'œuf, du contact de l'atmosphère. Mais la vase n'a-t-elle pas agi aussi comme antiseptique? N'a-t-elle pas constitué un milieu propre à la préservation de substances organiques molles?

Les schistes marins d'Utica, du Nord-Amérique, par exemple, dans lesquels on a récemment retrouvé l'empreinte complète de méduses primaires, appelées *graptolithes*, ne font-ils pas penser à des conditions analogues?

Ainsi, la rencontre d'un œuf enrobé dans une vase lagunaire, laisse entrevoir un mode de conservation de restes organiques très fragiles.

dans des milieux qui, au cours des âges géologiques, sont appelés à se
modifier indéfiniment (¹).

M. H. DOUXAMI,

Professeur adjoint à la Faculté des Sciences (Lille).

CARTES GÉOLOGIQUES ET CARTES AGRONOMIQUES.

---

55 : 912 + 63 : 912

2 Août.

On a souvent reproché aux Cartes géologiques détaillées au $\frac{1}{80.000}$,
publiées par le service de la Carte géologique de la France, d'être inutilisables pour les agronomes, parce qu'elles seraient beaucoup trop incomplètes et même parce qu'elles seraient fausses. Cela tient, croyons-nous,
à ce qu'on leur a demandé des renseignements qu'elles ne pouvaient
donner par suite de leur échelle trop petite, ou de la façon dont elles sont
généralement établies, ou bien encore à ce qu'on les a mal interprétées.

Une Carte géologique, en effet, même détaillée, n'est pas une Carte
agronomique (²). Le plus souvent, et avec raison, d'ailleurs, étant donné
le but essentiel que se propose la Carte géologique, on s'est contenté
d'indiquer, avec le plus de précision possible, d'après les affleurements,
la topographie et la structure générale de la région étudiée, les limites
des différents terrains qui constituent le sous-sol, en négligeant ou en
diminuant beaucoup l'importance des formations superficielles (limons
de débordement, de ruissellement sur les pentes, éboulis, etc.), quand elles
n'atteignent pas une épaisseur de plusieurs mètres. En dehors des affleurements, ces limites sont approximatives : l'approximation sera d'autant
plus grande que l'échelle de la Carte sera plus grande et que le géologue
chargé du travail connaîtra mieux la région; il suffit d'ailleurs, à ce point
de vue, de comparer deux éditions successives de la même feuille au $\frac{1}{80.000}$
de la Carte géologique détaillée de la France. Quant aux terrains superficiels qui jouent un rôle si considérable dans la constitution des sols

---

(¹) Je tiens à remercier vivement mon ami, M. Léon Gauthier, auquel je dois la
découverte de l'œuf de cane ainsi que celle de crottin de cheval parfaitement conservé dans la vase.

(²) Le terme *Carte agronomique* quoique d'un usage très courant est assez mal
choisi; il vaudrait beaucoup mieux les appeler *Carte agrogéologique* ou *Cartes
pédologiques*, c'est-à-dire cartes des sols. Les sols sont en effet, surtout ce qui intéresse l'agriculteur, le sous-sol géologique ayant surtout, dans un grand nombre de
cas, un rôle accessoire bien que non négligeable.

agricoles, ils ne sont forcément indiqués que d'une façon fort incomplète dans la grande majorité des cas, et l'on conçoit facilement que la Carte géologique seule soit insuffisante pour permettre de déduire des conclusions détaillées et ne pourra fournir que des renseignements généraux, mais cependant très précieux sur les grandes divisions agricoles d'une région donnée.

Est-ce qu'en effet la simple lecture de la Carte géologique, même au $\frac{1}{320000}$, comme celle qui a été publiée lors du Congrès de Lille, ne permet pas immédiatement de reconnaître et distinguer dans le département du Nord les grandes régions agricoles suivantes du Nord au Sud :

La plaine maritime avec ses deux subdivisions, les dunes littorales et la plaine maritime au sous-sol argileux et tourbeux, avec ses moëres et ses watteringhes.

La région des plaines des Flandres, argileuse et limoneuse avec quelques buttes sableuses et ses larges vallées plus ou moins tourbeuses.

La région crayeuse et limoneuse du sud de Lille, des environs de Douai et du Cambrésis, qui se rattache à la fois à l'Artois, à la Picardie et au Vermandois.

Enfin, la région d'Avesnes, où dominent les terrains schisteux et siliceux constituant la région ardennaise du Nord et comprenant aussi une partie du Hainaut et de la Thiérache.

Faisons remarquer aussi que les Cartes géologiques ne se préoccupent pas non plus, en général, des variations de facies, pourtant extrêmement importantes pour l'agriculture : quelle que soit leur nature, les terrains de même âge sont teintés de la même façon et portent souvent le même symbole. Aussi faut-il être déjà géologue pour pouvoir lire agronomiquement une Carte géologique. La majorité des cultivateurs, même des cultivateurs instruits, ne possédant pas les connaissances géologiques suffisantes à la fois pour lire et surtout interpréter une Carte géologique. ne pourra comprendre comment il se fait que les prairies de l'Avesnois et les pâturages de la Sambre sont colorées de façon différente puisque les argiles qui les constituent et les provoquent n'ont pas le même âge, tandis que des champs coloriés de la même teinte géologique portent des cultures différentes, parce que les sables, les argiles ou les calcaires qui constituent leur sous-sol ont le même âge géologique. Il n'est pas douteux qu'après ces différentes constatations qu'il ne s'expliquera pas, la confiance de l'agronome en la Carte géologique sera singulièrement diminuée. Son étonnement ne sera pas moindre lorsqu'il constatera la valeur culturale différente des champs situés au sommet, sur les versants et au pied d'une colline de craie ou de ceux qui se trouvent sur le versant exposé aux vents pluvieux dominants par rapport à ceux placés sur le versant opposé sur lequel les produits du ruissellement peuvent s'accumuler.

En second lieu, quelque détaillée que soit une Carte géologique au $\frac{1}{80000}$ elle est forcément restreinte dans certaines limites, et il ne faudrait pas qu'un cultivateur pensât pouvoir la consulter avec fruit pour connaître la nature minéralogique précise d'un champ déterminé. L'étendue des détails est, en effet, en rapport avec l'échelle de la Carte qui est telle que 1 mm représentant 80 m, il est impossible de distinguer et d'indiquer la composition minéralogique d'une parcelle de terre. Cette composition peut varier d'une pièce à l'autre (avec la topographie, par exemple), sans que le caractère général des terrains environnants éprouve la moindre modification. On ne peut indiquer sur la Carte géologique les terrains modernes qui tapissent des dépressions peu étendues ou des poches d'un plateau calcaire. Mais, par contre, nous pouvons affirmer que, dans la grande majorité des cas, si un particulier voulait connaître d'une manière très exacte et très précise la nature du sol en un point donné, il lui suffirait de pratiquer en ce point un petit sondage de quelques mètres de profondeur dont les résultats joints à ceux fournis par la Carte géologique suffiraient pour lui donner toute satisfaction.

Les Cartes géologiques au $\frac{1}{10000}$ présentent, d'ailleurs, les mêmes inconvénients, peut-être atténués à cause de l'échelle plus grande, et les Cartes agronomiques proprement dites levées à cette échelle le présentent aussi en partie et sont relativement peu utiles pour l'agriculteur qui veut avoir des renseignements précis sur une propriété bien déterminée et qu'il est très difficile de délimiter sur ces Cartes.

Nous estimons, d'ailleurs, qu'une Carte géologique à grande échelle construite en tenant un trop grand compte de tous les détails qui n'ont pas un intérêt géologique, tels les petits lambeaux de terrains épargnés par l'érosion indiquant une ancienne extension des mers ou qui sont un indice de l'existence probable en profondeur de substances utiles, les filons, etc., et dont le géologue est souvent forcé d'exagérer l'importance sur sa Carte; cette carte, dis-je, tout en ne rendant que des services limités aux agriculteurs, pourrait être la cause d'erreur pour ceux-ci et pour les géologues. Il ne faut pas oublier, en effet, que le but essentiel d'une Carte géologique est d'éclairer ceux qui la consultent sur la composition du sol et du sous-sol et sur l'allure des différentes couches géologiques qui la constituent. Pas plus que la Carte topographique ne peut montrer le dessin exact de tous les accidents du sol, la Carte géologique, qui explique l'origine et la cause primordiale des principaux accidents du relief, ne serait un portrait absolument ressemblant si l'on négligeait l'ensemble pour s'arrêter trop aux détails : ce n'est pas en peignant un à un chacun des arbres d'une forêt qu'on donnera l'aspect caractéristique de cette forêt. Une Carte géologique comporte toujours une part plus ou moins grande d'interprétation et ne pourra même, si les différentes assises géologiques affleurent, donner une idée exacte de la valeur des sols qui en dérivent plus ou moins directement.

C'est donc surtout, croyons-nous, parce qu'on a voulu trop demander aux Cartes géologiques que des personnes non prévenues et de bonne foi, ou, au contraire, d'autres trop prévenues contre elles, ont pu les critiquer et même aller jusqu'à leur dénier toute valeur agriculturale alors qu'il suffit, par exemple, de lire les paragraphes relatifs aux cultures qui accompagnent les légendes explicatives des Cartes au $\frac{1}{80000}$ pour constater, de la façon la plus nette, le rôle primordial joué en agriculture par la nature géologique du sous-sol.

Tous les inconvénients que nous venons de rappeler brièvement seront évités en exécutant une Carte à grande échelle (l'échelle du $\frac{1}{10000}$ qui est celle adoptée pour le plan d'assemblage des plans cadastraux nous paraît tout à fait favorable et a déjà été adoptée dans un grand nombre de Cartes agronomiques), et une Carte exclusivement agrogéologique, où les différents *sols* seront distingués et figurés le plus simplement et le plus clairement possible, sans tenir compte ni de la culture ni de la valeur qu'un champ emprunte, par exemple, aux conditions d'accès plus ou moins faciles. Cette Carte ne peut, d'ailleurs, être dressée que par des personnes habituées aux procédés de la Cartographie géologique, qui devront s'aider des résultats fournis par les sondages renseignant sur la nature du sol, du sous-sol et de leurs épaisseurs suivant les points. Mais, nous sommes aussi d'avis que ces Cartes seraient incomplètes si elles ne portaient pas, en outre, les documents géologiques qui peuvent intéresser directement ou indirectement l'agriculteur, comme, par exemple : la profondeur et la position des nappes aquifères, matériaux utiles contenus dans le sous-sol géologique, nature perméable ou imperméable de ce sous-sol, etc. Aux agronomes reviendrait ensuite le soin d'analyser les différents sols et sous-sols et d'en déduire les conclusions pratiques, ainsi que d'initier les agriculteurs à la lecture et à l'interprétation des résultats indiqués par la Carte.

M. Gabriel CARRIÈRE,

Correspondant du Ministère de l'Instruction publique (Nîmes).

CONTACTS DU PLIOCÈNE MARIN ET DU SANNOISIEN AVEC L'HAUTERIVIEN AUX ENVIRONS DE NIMES.

(Excursion géologique du 2 août 1912, faite à l'occasion du Congrès).

551.783.22

5 *Août.*

Les traces du Pliocène marin (étage astien) sont presque partout recouvertes, au nord de Nîmes, par les constructions élevées sur la ligne de rivage.

J'ai mentionné (dans le *Bulletin de la Société d'étude des Sciences naturelles*, de Nîmes, 1904) celles qui restent encore visibles.

Il m'a paru intéressant de montrer un de ces contacts, du Pliocène marin sur l'Hauterivien, aux congressistes désireux d'étudier dans une courte promenade quelques points de notre géologie locale. J'ai choisi comme exemple l'enclos Chardon, situé entre le chemin de Pissevin et la rue de l'Abattoir. Des emprunts de terre ont mis à nu, sur ce point, les sables jaunes à *Ostrea cucullata* de l'étage astien. Ils sont recouverts par des cailloux calcaires peu roulés, entraînés des côteaux voisins sans aucune roche siliceuse comparable à celles qui proviennent des apports rhodaniens.

Il faut remarquer que les alluvions du Pliocène supérieur (étage villafranchien) ne se rencontrent nulle part aux environs de Nîmes, sur la ligne de rivage, à l'altitude 50 à 60 m alors que ces dépôts s'étendent au sud de Nîmes, où ils constituent le plateau de la Costière, dont l'altitude dépasse 100 m.

Le rivage pliocène au voisinage des collines néocomiennes qui dominent Nîmes restait, par conséquent, un bord relevé au-dessus de la large dépression qu'occupait le lit du Rhône pendant le charriage des alluvions à cailloux siliceux qui constituent le Pliocène supérieur de la région.

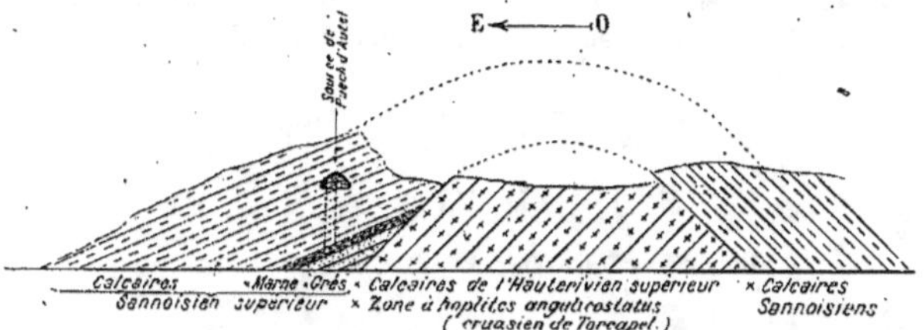

Coupe montrant le contact du terrain lacustre sur l'Hauterivien,
au lieu dit : Puech-d'Autel, près Nîmes.

A 800 m vers l'ouest de l'enclos Chardon, au sommet de la colline de Puech-d'Autel, les congressistes ont pu voir un anticlinal formé par les calcaires lacustres de l'étage sannoisien supérieur. Le contact de ce bassin lacustre avec les calcaires de l'Hauterivien est nettement visible, grâce à l'ablation d'un large secteur de la voûte anticlinale (*voir* la coupe).

Les couches inférieures du Sannoisien sont constituées en ce lieu par des bancs de grès (2 à 3 m) auxquels succède un horizon marneux dans lequel est creusée la source de Puech-d'Autel. Cette couche de marne, dont l'épaisseur ne dépasse pas 2 m, est recouverte par des bancs de calcaire crayeux, à structure oolithique par places, qui constituent là partie supérieure de l'ensemble. L'épaisseur totale de ceux-ci est de 10 m environ.

On peut y recueillir les espèces suivantes, déjà mentionnées par notre confrère et ami Caziot, dans une Note relative à ce gisement (*B. S. G. F.*, t. XXIV, 1896).

Limnæa longiscata, Brg.
Planorbis stenocylatus, Font.
Melania Juliani, nov. sp.
Melanoïdes albigensis, Noulet (var Dumasi, Font).
Melanopsis acrolepta, Font.
Vivipara soricinensis, Noulet.
Neritina Lautricensis, Noulet.
Sphærium Besteranæ, Font.

Cette formation n'occupe que 6 à 7 hectares, isolée sur les plissements de l'Hauterivien, sans qu'on puisse reconnaître les traces du cours d'eau qui aurait alimenté ce bassin lacustre. Les bancs de grès reposant sur le calcaire hauterivien ne représentent sans doute qu'une zone littorale; le contact de couches profondes montrerait sans doute des matériaux de transport, comme les calcaires roulés qui servent habituellement de substratum à la formation lacustre du Gard (bassins d'Alais, Barjac et de Sommières), aux endroits où l'on peut étudier la succession complète des horizons oligocènes.

Malgré son étendue restreinte, le Sannoisien de Puech-d'Autel est intéressant à visiter, ne serait-ce que comme exemple des plissements et des ablations que la formation lacustre a subis depuis son dépôt.

M. J.-B. MARTIN,

Docteur ès Sciences (Le Montellier).

SUR LA COLLINE DE BÉLIGNEUX (AIN).

551.311.1 (44.44)·

2 Août.

MM. Penck et Brückner, dans leur Ouvrage sur les Alpes aux temps glaciaires (¹) ont recherché les limites de l'extension des différentes formations glaciaires. Dans le bassin du Rhône, en particulier, M. Penck s'est appliqué à nous donner une idée de l'allure générale du Rissien et du Wurmien. Les moraines récentes wurmiennes, dit-il,

« dépassent par places le vallum de Saint-Quentin-Anthon. La superposition au Lœss de ces mêmes moraines récentes près de Bianne, se trouve à environ 4 km à l'ouest de notre vallum, sur une colline qui le précède. A celle-ci correspond, sur la rive droite du Rhône, la colline de Béligneux (279 m), décrite par M. Depéret (¹), qui, d'après mes observations, consiste également en

---

(¹) *Note sur les terrains de transport alluvial et glaciaire des vallées du Rhône et de l'Ain* (*Bulletin Soc. Géol.*, 3ᵉ série, t. XIV, 1886, p. 122).

moraines récentes peu altérées. Cette colline est surmontée d'une formation
de delta qui pourrait avoir été déposée dans un lac de barrage glaciaire. Un tel
lac a dû subsister dans la vallée inférieure de l'Ain aussi longtemps que le
glacier du Rhône, comme l'indiquent les moraines de Béligneux, s'étendait
directement jusqu'au plateau de Dombes (1). »

D'après les dires de l'éminent professeur de Berlin, la colline de Béligneux serait une moraine externe du glacier wurmien. Ce dernier aurait
complètement rempli la dépression qui sépare le Bas-Bugey (environs de
Lagnieu) du plateau des Dombes, environs de Montluel et de Méxi-
mieux). A ce moment, l'Ain aurait été barré et aurait formé un lac.
La colline de Béligneux, qui, près de son sommet, porte une formation
de delta, pourrait être un témoin de l'existence de ce lac.

A plusieurs reprises, je me suis occupé de ce lac de barrage probable
dans la vallée de l'Ain, et c'est en en recherchant les traces que j'ai été
amené à découvrir l'existence des marnes de Saint-Cosme dans la région
de Saint-Jean-de-Niost, non loin du confluent de l'Ain et du Rhône (2).
Mes premières recherches sur la colline de Béligneux ne me firent voir
d'abord que des traces morainiques très fraîches, répandues sur toute
l'épaisseur de la colline (60 m environ) et surmontées par la formation
en delta dont il a été question plus haut. Au cours d'une nouvelle excursion, le 4 juin 1912, un examen détaillé me permit de reconnaître que
cette formation en delta était elle-même surmontée par de la moraine
très fraîche à cailloux striés.

Voici la coupe donnée par la seconde gravière de Béligneux, vers sa
plus grande hauteur :

On voit, de haut en bas (*fig.* 1) : 1° 0,60 m à 0,80 m de moraine remaniée
et altérée renfermant des ossements humains nombreux et assez bien conservés.
On se dirait en face d'un ancien cimetière. Au reste, aucun débris d'armes ou
de vêtements.

2° 0,40 m à 0,60 m de moraine à cailloux striés, très fraîche et certainement
non remuée depuis son dépôt.

3° 7 m à 8 m d'alluvions stratifiées en delta. La pente de ces alluvions, assez
confuse (elle ne se reconnaît plus quelques mètres plus loin dans la première
gravière) semble aller du Sud-Ouest au Nord-Est, dans la majeure partie de
la coupe et notamment, au-dessous de la moraine. Vers le Sud-Ouest, l'orientation change et devient presque inverse.

On ne voit pas immédiatement le support des alluvions en delta,
mais, d'après l'ensemble de la coupe de la colline donnée par le chemin
long de 1800 m qui mène du hameau de la Valbonne à Béligneux, en

---

(1) PENCK et BRÜCKNER, *Les Alpes à l'époque glaciaire*, traduction Schaudel,
p. 80.

(2) J.-B. MARTIN, *Contribution à l'étude de la vallée inférieure de la rivière
d'Ain* (*Comptes rendus de l'Académie des Sciences*, 23 septembre 1907); *Notes
sur quelques phénomènes glaciaires dans le Bugey* (*Bulletin* n° 63 *de la Société
des Sciences naturelles et d'Archéologie de l'Ain*, 1911).

rachetant près de 6o m de pente, il y a tout lieu de supposer que les
alluvions en delta reposent sur des moraines récentes.

A noter, en particulier, qu'on a déblayé une partie de la colline,
tout à fait vers le bas, vers la cote 22o environ pour faire un bâtiment
scolaire à la Valbonne et qu'à cette occasion on a mis à découvert une
belle coupe de moraine à blocs énormes, à cailloux striés, et sans grande
trace d'altération. Le faciès est tout à fait différent de celui des moraines
situées à l'intérieur du plateau de la Dombes, vers Mionnay, par exemple,
15 km plus à l'Ouest.

Reste à interpréter ces faits. La colline de Béligneux paraît composée

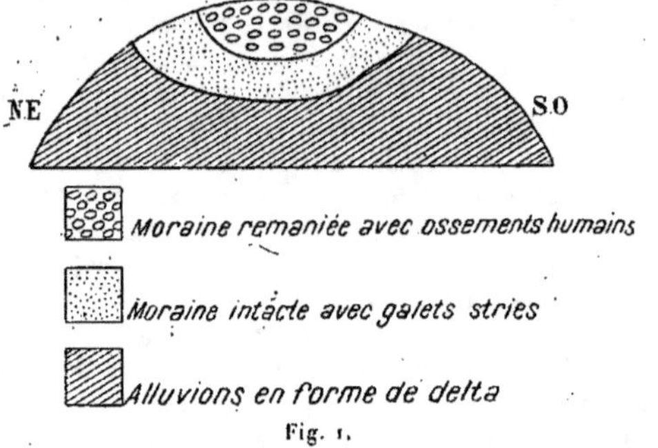

Fig. 1.

de matériaux erratiques récents. Les éléments en sont notablement plus
frais que ceux des moraines occidentales et se rapprochent beaucoup
par leur état général de ceux qui composent les moraines orientales
d'Anthon, Saint-Jean-de-Niost, Lagnieu. Les partisans d'une seule
époque glaciaire disent que la colline de Béligneux est un témoin du retrait du grand glacier du Rhône. L'école actuelle y voit la moraine externe
de la glaciation wurmienne qui, de la sorte, a quelque peu chevauché
le plateau des Dombes.

On peut envisager les alluvions en delta de la manière suivante : Il
arrive assez fréquemment en Dombes qu'au sein de moraines indiscutables, on trouve des lits de sables ou de graviers stratifiés qui, vus tout
seuls, font penser à des alluvions fluviatiles. L'ensemble seul permet de
considérer qu'on est en présence de dépôts formés dans des conditions
spéciales lors du stationnement du glacier : il y a d'abord dépôt de
moraine suivi d'un retrait plus ou moins accentué des glaces. Au cours de
ce retrait, les eaux de fonte remanient et stratifient les dépôts. Une nouvelle avancée les recouvre et les ensevelit sous de la moraine typique.

Ce processus a pu se produire à Béligneux. Les glaciers ont déposé
les moraines récentes qui constituent l'ossature de la colline ou, mieux,
son revêtement superficiel. Lors d'un léger mouvement de retrait,

sous l'influence des eaux de fonte remaniant et charriant les matériaux déposés devant le front du glacier, les alluvions en delta auraient pris naissance. Une nouvelle progression de la glace se serait traduite par la

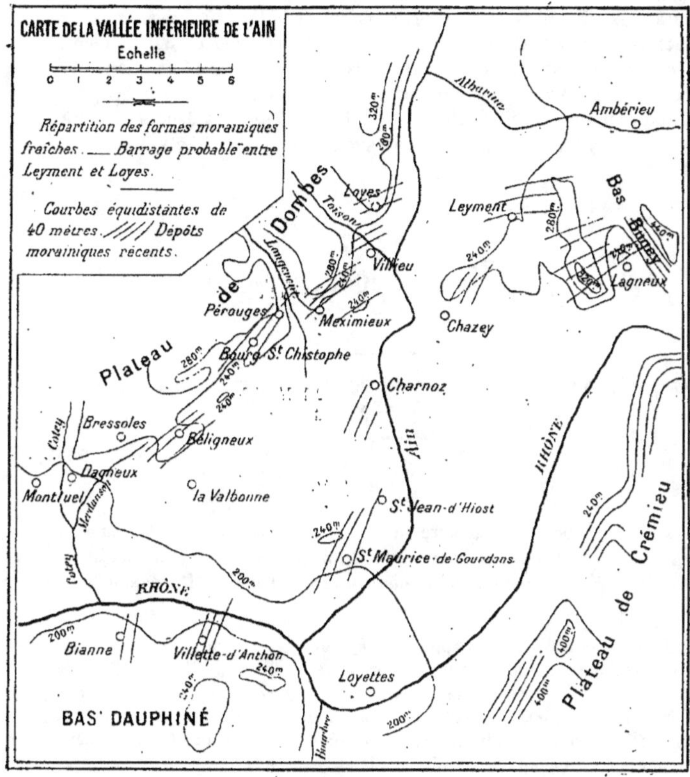

Fig. 2.

moraine terminale qui ravine nettement les alluvions en delta sous-jacentes.

Si l'on voulait voir dans ces alluvions quelque chose d'analogue aux graviers gris de progression de l'époque rissienne, tels qu'on les rencontre quelques kilomètres plus à l'Ouest, dans les vallées du Cotey et de la Sereine, par exemple, il s'agirait de déterminer l'âge du glaciaire de la base de la colline qui, selon toutes apparences, les supporte. Ce glaciaire, je le répète, est très frais, et a un aspect très différent du glaciaire situé plus à l'Ouest.

En ce qui concerne le barrage probable de la vallée de l'Ain, il semble
que ce barrage, s'il a eu lieu, s'est produit au moins 10 km en amont de
Béligneux, vers Villieu, Loyes, Pérouges, Meximieux. En ces diverses
localités, en effet, on rencontre des dépôts et des formes morainiques
très fraîches, différents de ceux de l'intérieur de la Dombes. Ces moraines
se rattachent par leur état actuel à celles de Lagnieu et de Leyment,
situées 6 km à l'Est, ce qui amène à penser que l'Ain a pu être momentanément barré. Le barrage commençait entre Leyment et Loyes, et le lac
s'étendait en amont vers le Nord, d'où il ressort que les dépôts en delta
doivent se rechercher au nord du barrage et non pas 10 à 12 km plus au
Sud (*fig.* 2).

M Paul **JODOT.**

Paris.

A PROPOS DU CALCAIRE LACUSTRE DE SAINT-MARTIN-SUR-OUANNE (YONNE).

551.312.4 (44.41)

3 Août.

Le petit lambeau de calcaire lacustre de Saint-Martin-sur-Ouanne,
malgré ses dimensions fort restreintes, puisqu'il s'étend seulement sur
une centaine de mètres d'affleurement, a souvent exercé la sagacité des
géologues :

Dès 1858, Raulin (¹) nous apprend que Robineau-Desvoidy y trouva des
mollusques; mais ni l'un, ni l'autre n'osèrent les nommer.

La légende de la Carte géologique (feuille d'Auxerre au $\frac{1}{80000}$), rédigée par
Potier en 1882, se contente de dire qu'on a trouvé des fossiles indéterminables
dans le calcaire qui pourrait être Éocène comme les lambeaux lacustres, affleu-
rants sur le bord de la Loire (feuille de Clamecy).

Enfin, en 1910, M. de Grossouvre (²), déclare que le calcaire est certainement
d'âge Éocène moyen ou supérieur.

Il restait à préciser à quel étage de l'Éocène on doit placer cette formation; tel est le but de cette note.

Grâce à l'amabilité et aux renseignements qu'a bien voulu me fournir

(¹) Leymerie et Raulin, *Statistique géologique du département de l'Yonne*, 1858,
p. 558.

(²) de Grossouvre, Feuille de Bourges au $\frac{1}{320000}$ (B. serv. *Carte G. F.*, t. XX,
n° 126, 1910, p. 38).

M. Émile Lucas, propriétaire actuel du gisement, que je suis heureux de pouvoir remercier ici, je puis compléter la coupe du puits creusé dans cette formation lacustre, coupe relevée par M. Larue et donnée par M. de Grossouvre. Au moment de mon étude sur place, une partie des déblais provenant du puits existaient encore à côté de l'orifice; j'ai pu les examiner à loisir. De plus, M. Lucas, faisant bâtir une maison, avait ouvert une petite carrière dans le calcaire lacustre. Les matériaux extraits de cette carrière, ceux provenant des fondations de la maison, et enfin les murs de la construction, m'ont fourni une série de mollusques indispensable pour dater l'affleurement calcaire.

Voici comment je crois pouvoir compléter la succession des strates recoupées dans le puits :

m

1. Terre végétale... 0,20
2. Banc de calcaire lacustre à petites taches blanchâtres et jaunes avec
   nodules jaunes... 1,00
3. Banc de calcaire compact jaune gris clair à cassure conchoïdale, avec
   petits nodules blancs de la grosseur d'un pois, et taches jaunes...... 1,20
4. Banc de calcaire vermiculé un peu concrétionné avec taches jaunes... 0,80
5. Sable blanc légèrement grisâtre, fin et quartzeux................. 1,00
6. Grès peu agrégé en gros blocs passant en profondeur à............ } 5,00
7. Un grès lustré très dur....................................... }

I. — Le calcaire n° 4 est seul fossilifère; on y rencontre des planorbes et des lymnées, qui sont malheureusement très difficiles à extraire; néanmoins j'ai pu me procurer une série de fossiles. D'autre part, M. de Grossouvre a été assez aimable pour me communiquer ses échantillons, et M. Lucas m'a permis d'examiner les siens.

La faune se compose des deux espèces suivantes, et leur âge Lutétien ne semble faire aucun doute :

Planorbis (Menetus) pseudoammonius Schl. var. **Angigyra** Andreæ.

1884. — ANDREÆ. *Der Buchweiller kalk*, Pl. II, fig. 12, p. 37.
1889. — ROMAN, *Mon. de la faune lacustre de l'Eocène moyen* (Ann. Univ., Lyon, nouvelle série, t. I, Pl. I, fig. 7-10, p. 11).
1906. — GUTZWILLER, *Die eocänen Süsswasserkalke im Plateaujura bei Basel*, Pl. I-IV, p. 16.
1910. — DE GROSSOUVRE, *B. serv. Carte G.F.*, t. XX, n° 126, p. 39.

Le Planorbe de Saint-Martin-sur-Ouanne s'éloigne du type (*Pl. pseudoammonius* Schl.) par les tours moins nombreux et leur hauteur relativement moins grande.

Ce n'est pas non plus la *var. Leymeriei* Desh., dont il n'a pas l'ornementation, ni les carènes signalées par M. Roman, donnant à cette variété une section de tour presque quadrangulaire. La var. *pseudorotundatus* Math. s'éloigne encore de ce fossile, car la section est très comprimée, ainsi qu'on peut s'en rendre compte sur la figure originale (1842, Matheron, *Cat. méthod. et desc. des corps organisés fossiles du départ. des Bouches-du-Rhône, Pl. XXXV*, p. 28-29).

Il offre, par contre, avec les fossiles (var. *angigyra* Andreæ) de Prades-le-Lez au nord de Montpellier (Hérault), qui m'ont été obligeamment donnés par M. Gennevaux, une analogie frappante par l'étroitesse des tours et leur section quadrangulaire. Comme M. Roman, en comparant le type d'Andreæ, qu'il a eu entre les mains, avec les fossiles de Prades, considère ces derniers comme typiques, je suis donc amené à rapporter à la var. *angigyra* les échantillons de Saint-Martin-sur-Ouanne. Cette variété *angigyra* est connue seulement du Lutétien.

Il est intéressant de constater la présence de cette variété dans l'Yonne; elle constitue un jalon reliant la forme décrite par Andreæ de Buchweiller (Alsace) et les fossiles de l'Hérault. Je me trouve entièrement d'accord avec M. de Grossouvre qui était arrivé à la même détermination.

Limnæa (Limnæa) Bervillei Desh.

1864. — DESHAYES, *Desc. anim. s. vert., env. Paris*, t. II, *Pl. XLIV*, fig. 19-21, p. 717.

1889. — COSSMANN, *Cat. ill. coq. foss. Éocène, env. Paris*, t. IV, p. 334.

1900. — CHÉDEVILLE, *Liste gén. et synon. des fossiles tertiaires du Bassin de Paris*, p. 472.

En tous points comparable aux échantillons du bassin de Paris, cette coquille est un bon repère pour l'attribution d'âge du gisement puisqu'elle est toujours cantonnée dans le Lutétien.

Cette identification stratigraphique a une importance générale pour la géologie de toute la région, car elle permet d'attribuer une limite supérieure à toute une série de formation importante, sur lesquels les géologues ne sont pas d'accord.

11. — Le calcaire repose directement sur des sables blancs légèrement grisâtres, fins et quartzeux qui passent, en profondeur, à des sables à peine grésifiés, puis à des grès de plus en plus durs, enfin à de véritables grès lustrés à cassure conchoïdale.

On ne devra pas confondre ces grès lustrés à grain fin, avec des grès à ciment plus grossier, empâtant de nombreux silex de la craie toujours roulés, désignés par les auteurs sous les noms de : poudingues à silex à ciment siliceux ([1]), poudingues de Gien, etc., qui sont tout à fait autre chose. Il est intéressant de constater que ces sables sont déjà connus dans la région. Il existe notamment des poches de sables quartzeux

---

([1]) L'argile à silex des auteurs est un terme vague sous lequel on a confondu toute une série de formations : 1° craie décalcifiée sur place; 2° cailloutis à silex remaniés; 3° poudingues à ciment siliceux, poudingue de Gien, etc.; 4° cailloutis à chailles; 5° alluvions très anciennes; *voir* pour la valeur de ces expressions et leur attribution stratigraphique, le *Compte rendu des Collaborateurs au service de la Carte géologique de la France* (campagne 1912).

fins et très blancs exploités sur 10 m, à Ville-Franche ([1]) ravinés par le cailloutis à silex remanié, et reposent par l'intermédiaire de craie décalcifiée sur place, sur le Turonien à *Micraster breviporus*, et non le Sénonien, comme il est marqué par erreur sur la Carte géologique.

Ce sable, employé en maçonnerie, est exploité dans d'autres poches analogues, sur la commune de Ville-Franche, notamment à la Petite-Ricardière où il est un peu ferrugineux; il est blanc à la Butte. A la ferme des Souls, commune de Marchais-Beton, une petite carrière permet de se rendre compte des couches de sables rouges et blancs avec un banc de nodules gréseux.

Donc, partout où l'on examine ces sables, on y rencontre des formations gréseuses; il est à supposer que les éléments gréseux trouvés dans le puits Lucas ne font pas exception à la règle.

La composition de ces sables quartzeux est toujours identique; on y remarque de très petits débris de silex, mais jamais de mica, ce qui exclut l'hypothèse de les rattacher aux sables de Fontainebleau. On n'y trouve jamais les galets de silex remaniés de la craie. Leur couleur varie du bleu pur au gris, et lorsqu'ils sont plus ou moins ferrugineux, du jaune au rouge. Aucun organisme n'y a encore été trouvé.

Ces lambeaux sableux paraissent former la suite des mêmes formations qui se trouvent, plus au Nord, sur la feuille au $\frac{1}{80000}$ de Sens, où M. Thomas, en procédant à la revision de cette feuille, a signalé des sables se rencontrant, soit sur l'argile plastique, soit au-dessous. Il rapporte au Sparnacien l'ensemble de ces sables et argile plastique. Aux environs immédiats de Saint-Martin-sur-Ouanne, je ne connais pas d'exploitation d'argile plastique typique. On exploite bien sur le plateau, pour la tuilerie, des limons argileux, mais cette formation (M de la Carte) n'appartient pas au Sparnacien, comme je l'indiquerai prochainement ([2]). Les seuls points, un peu lointains du village, c'est vrai, où l'argile sparnacienne se tire, sont situés dans la vallée du Loing; par exemple, près du village de La Chapelle, à la tuilerie de Bois-cornu, où l'on voit la craie sénonienne, surmontée de craie décalcifiée sur place avec silex branchus à patine blanche qui affleure dans la petite vallée, d'où, un chemin en tranchées dans le plateau conduit à une poche d'argile plastique bariolée lie de vin, verte et jaune en profondeur, passant à la partie supérieure à une argile décolorée, exploitée sur 6^m et recouverte par les cailloutis à chailles.

Si l'on ne trouve pas de sable à Bois-Cornu, il n'en est pas de même sur la commune de Montcresson (Loiret) au lieu dit Le Fourneau, où

([1]) Ville-Franche se trouve à une dizaine de kilomètres au nord de Saint-Martin-sur-Ouanne.

([2]) Dans sa Note, au *Compte rendu des Collaborateurs du Service de la Carte géologique*, M. DE GROSSOUVRE fait buter par faille le calcaire lacustre avec des argiles et sables sparnaciens. Je dirai seulement que mes études sur le terrain ne me permettent pas d'interpréter les faits de cette manière.

les 9ᵐ d'argile identique à la précédente, reposent sur un sable grisâtre ; cet ensemble formant poche dans la craie décalcifiée et le Sénonien, est également recouvert par les cailloutis à chailles. Sur la route de Mont-cresson à Gy-les-Noyains, à la bifurcation du chemin de Toisy où l'on exploite souterrainement la craie sénonienne, se trouve encore une petite carrière d'argile plastique très ferrugineuse dont la partie supérieure est ravinée par les cailloutis à chailles.

On est amené à considérer ces poches de sable et d'argile disséminées actuellement sur une grande partie de la feuille au $\frac{1}{80000}$ d'Auxerre, comme les témoins d'une grande invasion marine venant de la direction du Nord, vraisemblablement sparnacienne. Il conviendra, sur la prochaine édition de la Carte géologique, de les représenter avec une couleur spéciale afin de les distinguer des formations à silex de différents âges avec lesquelles elles sont confondues actuellement sous la même lettre e_{iv}.

Peut-être sera-t-on amené à séparer les sables supérieurs à l'argile plastique, pour les rattacher à l'Yprésien ! mais cette question ne pourra être élucidée qu'après la découverte de fossiles.

III. — Je reviens au puits Lucas, pour examiner le « poudingue », sur lequel, d'après M. de Grossouvre, repose les sables et grès lustrés. Comme je n'ai pas pu voir les déblais de ce poudingue, je n'apporte pas d'observation directe ; néanmoins, je crois pouvoir supposer, par analogie avec le substratum des différentes formations sparnaciennes dont il vient d'être parlé, qu'il s'agit de craie décalcifiée sur place, constituée par des silex branchus de la craie, et non, par les cailloutis à silex, à éléments toujours plus ou moins cassés et roulés, originaires de craies décalcifiées diverses et remaniés à une époque ultérieure.

Il est tout à fait regrettable que des observations précises sur la constitution de ce poudingue n'aient pas été faites, car s'il s'agissait de cailloutis à silex remaniés, nous posséderions un fait précis sur l'âge de cette formation. Actuellement, nous sommes réduits à des conjectures. Cependant, tout espoir n'est pas perdu, puisque l'affleurement des grès lustrés à cassure conchoïdale laisse voir de gros blocs le long de la route entre la gare de Saint-Martin-sur-Ouanne et le passage à niveau n° 26. Il serait facile, si ces blocs sont bien en place, d'avoir la clef du problème, en pratiquant un sondage jusqu'à la craie. Ce point est important car c'est aux dépens de ce cailloutis à silex rémanié que se sont formés les poudingues à silex à ciment siliceux du type poudingue de Gien. Ce n'est pas ici le lieu ni la place de discuter ce sujet ni d'exposer mes arguments sur cette question. Je rappellerai seulement que ces poudingues de Gien ont été tour à tour placés dans le Sparnacien, le Bartonien, voire même le Stampien, suivant qu'on les a parallélisés avec les poudingues de Nemours ou avec les grès ladères de l'ouest de la France. Comme on ne possède jusqu'à présent aucun argument positif pour ou contre ces attributions, on comprendra alors tout l'intérêt qu'il y aura à préciser la position

stratigraphique des cailloutis à silex roulés et des poudingues à silex
à ciment siliceux; d'autant plus que ces formations occupent une étendue
considérable dans le sud-est du bassin de Paris. Saint-Martin-sur-Ouanne,
grâce à son niveau de calcaire lutétien semble tout indiqué pour éclairer
cette question.

M. Paul LEMOINE,

Docteur ès sciences (Paris).

SUR LA PRÉSENCE PROBABLE DE ROCHES ANCIENNES
DANS LES ALLUVIONS DE LA MARNE, A CHELLES.

552,1 : 551.79 (44.37)

2 Août.

Les ballastières de Chelles (Seine-et-Marne) sont bien connues par la
découverte que Ameghino (¹) y a faite, en 1881, de graviers à *Elephas
antiquus* Falc., à un niveau à peine plus élevé que le fonds des vallées
actuelles.

J'ai eu l'occasion de les visiter, et je ne reviendrai pas sur leur stratigraphie, qui est beaucoup moins visible maintenant qu'à l'époque où
Ameghino les a étudiées.

J'ai seulement essayé de me rendre compte de la nature des roches qui
composent ces alluvions. La plupart appartiennent aux terrains que
traverse la Marne en amont de Chelles; on y trouve, en particulier, des
silex du Crétacé, des galets avellanaires, venant vraisemblablement du
Sparnacien supérieur, des blocs et quelquefois des fossiles du calcaire
grossier du calcaire de Saint-Ouen, des mentières, des grès de Fontainebleau, etc. La présence de ces éléments est tout à fait normale.

Mais, en dehors de ces éléments, j'ai trouvé une certaine proportion
de roches noires, un peu cristallines d'aspect, que j'ai tout de suite considérées comme provenant de terrains anciens. Ces roches sont très abondantes dans les premières ballastières qu'on trouve en amont de Chelles;
elles semblent l'être moins dans la ballastière de la gare de Vaires-Torcy,
où je n'en ai trouvé que quelques blocs.

J'ai examiné ces roches au microscope et je les ai soumises à l'examen
de M. Albert Michel-Lévy, qui connaît mieux que personne les roches
anciennes du Morvan et des Vosges, aussi bien à l'état frais qu'à l'état
altéré.

(¹) F. Ameghino, *Le Quaternaire de Chelles (Seine-et-Marne)*. B. S. G. F.
3ᵉ séric, t. IX, 1880-1881, p. 242-257 (coupe).

« Les plaques sont celles de roches bien profondément transformées par les actions secondaires; elles sont finement silicifiées et la polarisation n'y donne pas de renseignements sur leur structure originelle. »

« Le quartz les constitue presque complètement : quartz secondaires en plages très fines, quartz fibreux (quartzine, calcédonite); il y a pas mal de fer oligiste, de l'hématite, des produits d'oxydation du fer, enfin quelques vacuoles sont remplies de calcaire finement cristallisé. Il y a des parties vitreuses ou calcédonieuses amorphes. En lumière naturelle, avec le condenseur très abaissé, il semble qu'apparaissent par place d'anciens phéno-cristaux. On peut imaginer parfois une apparence de fluidalité, parfois des vestiges de fissures de retrait perlitique. Il est probable que ce sont là des débris de *lydiennes*; j'en connais d'analogues dans les poudingues carbonifères des Vosges ou du Morvan. Cela peut avoir été aussi quelque obsidienne des Vosges? Il n'est pas possible d'être plus affirmatif. »

La présence de ces roches anciennes dans les alluvions de la Marne vient corroborer un fait que m'a rapporté M. Morin : un instituteur retraité à Vaires lui a dit avoir trouvé un bloc de *granite* dans les ballastières de ce pays.

Or, la présence de ces roches anciennes dans la vallée de la Marne ne s'explique pas facilement; en effet, en aucune partie de son bassin, cette rivière ne coule sur des terrains anciens. Il faut donc que ces roches viennent d'ailleurs. A ce sujet, on peut envisager deux hypothèses :

1º Les roches viendraient des Vosges. Bleicher [1] a, en effet, signalé la grande extension des éléments de destruction des Vosges, et sa carte les montre comme se prolongeant jusque dans la vallée de la Meuse. Il suffirait que leur extension soit un peu plus grande pour qu'ils atteignent le bassin de la Marne et puissent, par suite, expliquer la présence des roches anciennes dans les alluvions de celle-ci.

2º Ces roches viendraient du Morvan. Elles auraient été amenées de cette région par l'Yonne-Seine à une période très ancienne, au moment où celle-ci déposait les cailloutis de la forêt de Sénart. Les dépôts de cet âge auraient été remaniés ultérieurement et auraient fourni les éléments des roches anciennes que je signale à Chelles: Celles-ci seraient alors comparables aux roches granitiques qui ont été signalées dans la partie basse de vallées qui ne traversent pas de région granitique comme dans la Haute-Seine, en amont de Montereau [2], dans la basse vallée de la Marne, à Sucy-en-Brie, dans la basse vallée de l'Oise, à Cergy-près-Pontoise [3].

---

[1] Bleicher, *Essai sur l'origine, la nature, la répartition des éléments de destruction des Vosges du versant lorrain et des régions adjacentes du bassin de la Saône* (*Congrès G. Intern.*, t. VIII, 1900, p. 539-543, *Pl. III*) (carte reproduite dans : Paul Lemoine, *Géologie du Bassin de Paris*, Hermann, 1911, p. 315, fig. 117.

[2] Victor Plessier, *Formation simultanée du plateau et des vallées de Brie* (Provins et Paris, 1864 ; 2ᵉ édition, 1868).

[3] Laville, *Galets de granite dans les alluvions de la vallée de l'Oise* (*F. des r. Natur*, 4ᵉ série, t. XXXVII, 1907, p. 229).

Cette explication, qui est très plausible dans ces trois cas, l'est beaucoup moins dans le cas de Chelles, qui est situé beaucoup plus en amont du confluent que ne le sont Cergy, Sucy, etc.; elle devient peu vraisemblable pour les localités en amont du pont de la Dhuys; il faudrait alors admettre que toute la Beauce a été couverte par les alluvions de la Seine très ancienne, du type forêt de Sénart, dont on ne connaît des traces que sur les bords de la Seine actuelle (¹).

En résumé, je crois que l'explication la plus probable est, quant à présent, celle-ci :

Des roches anciennes provenant des Vosges ont été dispersées, à une époque vraisemblablement pliocène, sur les plateaux qui vont de la Moselle à la Meuse. Les parties les plus occidentales de ces lambeaux de dispersion, reconnus par Bleicher, auraient été remaniées par la Marne quaternaire.

Il sera nécessaire, en tous cas, de reprendre, à ce point de vue, l'étude des alluvions de la Marne (²) surtout dans les parties hautes de son cours.

Des recherches, dirigées dans ce sens, sur les diverses rivières du bassin de Paris, pourront d'ailleurs être très fructueuses; car, seules, elles pourront nous faire connaître l'évolution des phénomènes d'érosion et des cycles hydrographiques qui ont dû se succéder dans le bassin de Paris depuis le commencement du Miocène, et dont il ne reste plus aucune trace visible.

Discussion. — M. PAUL JODOT [voir *Comptes rendus* (2roch 1re des résumés), p. 125]. — Vérification faite, les blocs de scorie volcanique signalés par M. Jodot dans la sablière d'Irry avaient été apportés récemment.

A la suite de la discussion qui s'engage sur les alluvions anciennes, M. Paul Lemoine rappelle (*Id.*, p. 121) la découverte d'une pépite d'or aux environs d'Evaux (Creuse).

(¹) J'en ai donné une carte d'après les recherches de DOLLFUS et THOMAS (*voir* PAUL LEMOINE, *Géologie du Bassin de Paris*, Hermann, 1911, p. 309, *fig.* 114).

(²) Des recherches nouvelles nous ont fait connaître, à M. Morin et à moi, l'existence de ces roches au Pont de la Dhuys (commune de Danpmart), à Varennes (commune de Sablines) et dans les ballastières d'Isles-les-Villenoy: Il en existe très peu dans celles du Grand-Morin à Lesches.

Je n'en ai trouvé aucune trace dans les alluvions de l'Ornain, affluent de la Meuse, à hauteur de Bar-le-Duc.

M. J. SAVORNIN,

Chef des Travaux de Géologie et Minéralogie à la Faculté des Sciences (Alger).

SUR LA STRATIGRAPHIE ET LA TECTONIQUE
DES RÉGIONS DE BERROUAGUIA ET BOGHARI (ALGÉRIE).

551.781.1 (651)

6 Août.

Les environs de Berrouaguia et de Boghari sont parmi les localités
algériennes devenues classiques pour les géologues. La première s'est
montrée riche en fossiles cénomaniens souvent cités; la deuxième a été
l'objet de controverses, non encore terminées, sur l'âge de ses formations
gréseuses. Il est à peine besoin de rappeler que Nicaise et Ph. Thomas
sont parmi les premiers géologues qui aient étudié les régions de Berrouaguia et Boghari; Nicaise, Peron, Pierredon, puis MM. Ficheur, Pervin-

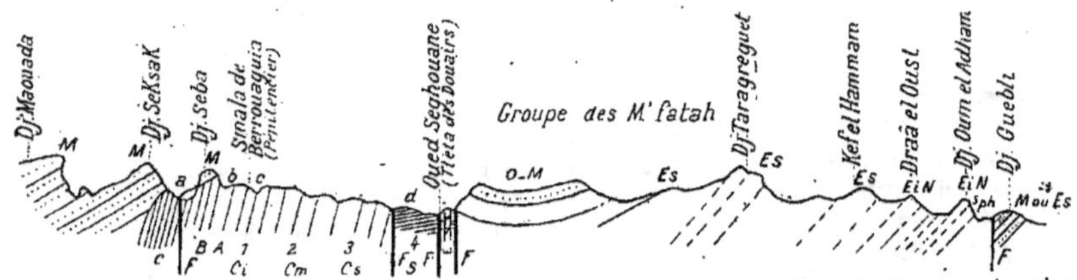

Fig. 1. — Coupe schématique des terrains secondaires et tertiaires des environs de Berrouaguia relevée
en 1872, par Ph. Thomas (*Longueur de la coupe :* 35 km *environ; hauteurs triplées*). *a,* Alluvions
anciennes; M. *Miocène;* O-M. *Oligocène* et *Miocène* (?); E_s, *Éocène supérieur* (et probablement
aussi *Oligocène* d'une part, *Éocène moyen* de l'autre); E_iN, *Éocène inférieur* (avec Calcaires à Nummulites); *s,* Calcaires à silex; *ph,* niveau phosphaté; S, *Sénonien;* C_s, C_m, C_i, *Cénomanien supérieur,*
moyen et *inférieur;* A. *Vraconnien;* B, C, *Albien* s. st.; T, Gypses et marnes bariolées; ω, Ophites;
F. Failles. [Légende d'après M. Pervinquière, 1910.]

quière et Joly, avant moi, se sont incidemment occupés de celle située
à l'est de Boghari.

Au point de vue cartographique, les documents sur ces pays sont cependant rares et imparfaits. On ne peut consulter que la Carte, fort ancienne,
de Ville, au $\frac{1}{400000}$, et celle, à la même échelle réduite, due à M. Ficheur.
Les éditions successives de la Carte géologique générale de l'Algérie, au
$\frac{1}{800000}$, ne font que reproduire les deux précédentes.

Par contre, on a déjà d'assez nombreuses coupes de détail, soit figurées,
soit simplement décrites, pour fixer l'âge relatif des différentes assises
observées. Mais ces indications se trouvent dispersées et sans liaison. Au

surplus, elles sont trop souvent contradictoires et il peut paraître étonnant qu'on n'ait pas encore des données définitives tant sur la stratigraphie que sur la tectonique de ces régions, d'accès pourtant facile.
Le seul croquis d'ensemble où figurent la plupart des terrains reconnus,
avec un essai de systématisation de leurs relations mutuelles, a été récemment publié par M. Pervinquière ([1]). Il est dû à Ph. Thomas, qui l'avait
relevé en 1872. Pour la clarté de ce qui va suivre, je me permettrai
de reproduire ci-contre cette coupe schématique, en en simplifiant le
dessin, sans en altérer la signification (*fig.* 1).

Coupe due à Ph. Thomas. — L'orientation générale de ce croquis est
sensiblement N-S; mais il faut y distinguer *quatre tronçons* :
Le plus septentrional est assez rigoureusement relevé suivant une
ligne N-NO-S-SE, jusqu'au Djebel Seba.
Le suivant, très schématisé, paraît être un essai de croquis synthétique
relevé au cours d'un itinéraire empruntant la vallée de l'oued el-Akoum
supérieur, à peu près suivant le méridien du pénitencier (ancienne Smala)
de Berrouaguia, jusqu'au Tleta des Douairs (Oued-Seghouane) : il est
donc plus à l'Ouest que le précédent. On verra plus loin qu'en raison du
développement énorme attribué au cénomanien, c'est même par la route
nationale qu'il faut imaginer passer cette partie de la coupe.
Le troisième et le quatrième tronçons devraient s'exclure, car le « groupe
des Mfatahs » se trouve assez exactement à l'ouest du Taragreguet; et
l'on s'explique mal que Thomas ait mis bout à bout des coupes qui
devraient se projeter l'une sur l'autre. En outre, l'allure et les relations
mutuelles des différents terrains, figurées tout au long de la coupe, ne
répondent que très imparfaitement à la réalité des faits. C'est la raison
pour laquelle cette structure paraît *singulière*, selon l'expression de
M. Pervinquière.
Mon intention n'est certes pas de critiquer les erreurs, bien excusables,
d'un dessin fait à main levée, il y a 50 ans, dans un pays dont on n'avait
alors, pour ainsi dire, pas de carte. Je suis le premier à reconnaître que
ce croquis donne, malgré tout, une certaine précision aux indications
de gisements de fossiles que divers auteurs ont reproduites. Mais, comme
il n'était pas sans intérêt d'essayer d'atteindre à plus de rigueur pour
cette importante coupe, j'ai cru devoir présenter ci-après quelques
croquis comparatifs où se trouvera mieux résumé l'état actuel de nos
connaissances sur ces régions. Il serait regrettable, aujourd'hui, qu'une
voie ferrée les traverse, que ces pays ne fussent pas plus exactement
décrits.

Coupes nouvelles comparatives. — Outre mes observations personnelles
sur les régions intéressées, j'utiliserai les renseignements que fournissent

---

([1]) *Sur quelques ammonites du crétacé algérien* (*Mém. S. G. F., Paléontologie,* t. XVII, fasc. 2 et 3, 1910).

les travaux de M. Ficheur [1] sur une grande partie de la région et de
M. Joly [2] sur les environs de Boghari.

Ces coupes se passeraient de commentaires, car elles sont, par elles-
mêmes, suffisamment expressives. Je les accompagnerai simplement de
quelques remarques ci-après.

1° *Orientation générale.* — Les profils des figures 2, 3, 4 et 5 sont pris
suivant une même ligne méridienne située à 1250 m ouest de la longitude
$0^{G}70'$, qu'on trouve tracée sur les Cartes au $\frac{1}{50000}$. Ajoutés bout à bout,
ils représentent un développement total de 48 km,500. La figure 2 intéresse en partie la feuille *Médéah* et surtout la feuille *Berrouaguia*. La
figure 3 continue la précédente, jusqu'au cadre inférieur de cette même
feuille topographique. Les figures 4 et 5 intéressent la totalité de la feuille
Boghari au $\frac{1}{50000}$, dans sa largeur; et le dernier profil est relevé, pour sa
partie droite, sur la feuille *Boghari* au $\frac{1}{200000}$. Nos quatre coupes sont
à l'échelle exacte du $\frac{1}{50000}$.

2° *Indications stratigraphiques.* — La légende commune aux figures
2, 3, 4 et 5 est la suivante :

1. Trias ophito-gypseux de l'Oued-Seghouane.
2. Barrêmien ou Aptien inférieur.
3. Aptien supérieur.
4. Albien.
5. Vraconnien.
6. Cénomanien inférieur (et moyen?).
7.   »   moyen ou supérieur.
8.   »   supérieur (et turonien?).
9. Sénonien inférieur.
10.   »   moyen.
11.   »   supérieur.
12. Calcaires marneux à silex (Suessonien, *pars*.)
12'. Calcaires à Nummulites surmontant des calcaires marneux à silex et
         quelques horizons phosphatés et glauconieux (Suessonien).
13. Argiles à lumachelles d'*Ostrea multicosta-Bogharensis* (Lutétien).
14. Argiles et grès à *Pectinidés* spéciaux, avec *Ostrea Brongoniarti* abondante
         au sommet (Bartonien?).
15. Grès de Boghari.
16. Argiles à *Helix* (Lattorfien?).
17. Sables, grès rouges et conglomérats rutilants (Aquitanien continental).
18. Grès et argiles à *Clypéastres, Pectinidés* burdigaliens, etc. (Cartennien).
19. Argiles et grès du Bassin de Médéah (Helvétien).
20. Alluvions pléistocènes.

---

(1) 1890 : *Note sur l'extension des atterrissements miocènes de Bordj-Bouira*
(*Alger*) (*B. S. G. F.*, 3ᵉ série. t. XVIII, p. 302-318); 1895 : *Étude géologique sur les
terrains à phosphate de chaux de la région de Boghari et de Sidi-Aïssa* (*Ann.
Min.*, p. 248-295, avec Carte); 1896 : Carte géologique au $\frac{1}{50000}$, feuille *Médéah*.

(2) 1906-1907 : *Étude sur le Titteri* (*Bull. Soc. Géog.*, *Alger*); 1909 : *Le Plateau
steppien* (*Ann. de Géogr.*), etc.

O⁴ MellaKou
Niveau de la Mer
Dj. Mahouada
O⁴ es Souk
Dj. SeKsaK
Vignoble du Pénitencier
de Berrouaguia
anticlinal
du
Dj. Sebah
Flanc ouest du Dj. Retal
Iraã el Kreladj
raã Seriat
MellaKou

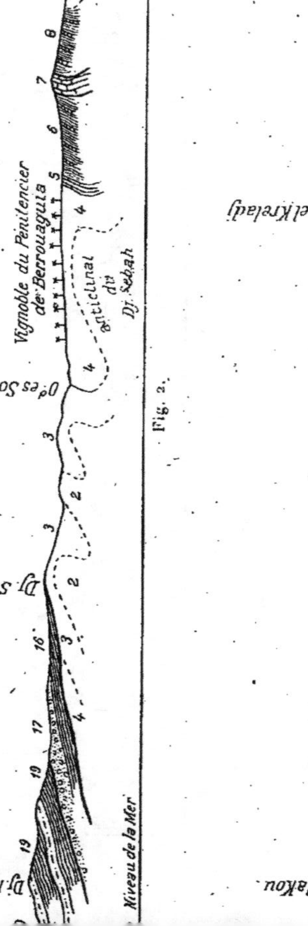

Fig. 2.

O.d Seghouane
Tleta des Douairs
Pays des M'fatah
Kef el Ktifa
K. el Mderreg
K. el Mouingar
eKabet
Aamar
Youirat.
12
11
F
13
20
20
1
13
13
14
15
14
13
14
15
14
14
13

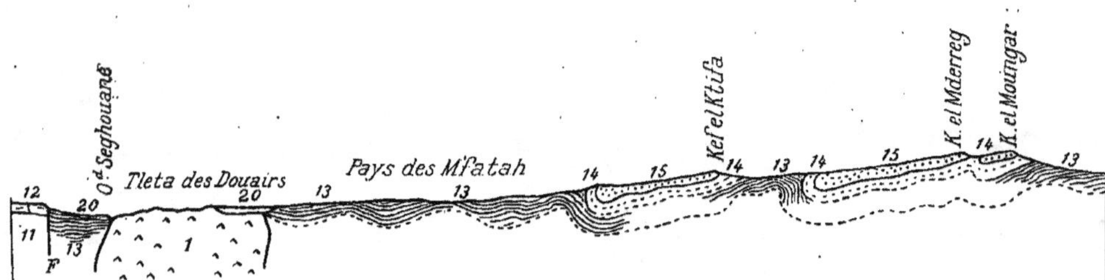

Fig. 4.

On remarquera immédiatement plusieurs transgressions :

a. Celle de l'Helvétien sur l'Aquitanien au sud du Djebel Mahouada;
b. Celle du Lattorfien sur l'Eocrétacé au nord du Djebel Seksak;
c. Celle de l'Aquitanien sur le Sénonien au Djebel Retal;
d. Celle du Cartennien sur l'Éocène supérieur, moyen et inférieur, chez les Ouled Mareuf et les Ouled Mokhtar. Il va sans dire que ces diverses transgressions ne sont pas purement locales et qu'elles occasionnent des superpositions variées, tant à l'ouest qu'à l'est de nos coupes.

3° *Indications tectoniques.* — Pour les terrains tertiaires de la partie nord du profil général, la coupe (*fig.* 2) ne diffère de celle de Thomas que par la réalité des pendages figurés : l'épaisseur totale des étages (plus nombreux que ne semble le reconnaître Thomas) est, comme on voit, notablement réduite. Pour les terrains crétacés, entre l'Oued-el-Hamman (Oued-es-Souk) et l'oued Seghouane, il n'y a aucune comparaison possible dans le détail. Mon prédécesseur a totalement négligé la série d'ondulations, pourtant bien visibles tant dans la haute vallée de l'Oued-el-Akoum que le long de la route nationale d'Alger à Laghouat, dont sont affectées les couches qui, presque toutes, affleurent avec la plus grande netteté. Il faut remarquer aussi que, suivant le profil ici adopté, l'extension longitudinale du Sénonien est de beaucoup supérieure à celle du Cénomanien. C'est l'inverse qui se voit dans la coupe de Thomas. Cela tient à ce que cette dernière a dû être relevée beaucoup plus à l'Ouest : la large cuvette sénonienne, à replis multiples, se terminant par des bords festonnés entre l'Oued-el-Akoum supérieur et la route nationale.

Le tertiaire inférieur apparaît bien plus au Nord que ne l'indique Thomas. Quant au Trias ophitogypseux de l'Oued Seghouane, il est entièrement noyé dans les argiles à *Ostrea multicostata-Bogharensis.* Ce n'est que plus à l'Est qu'il semble pénétrer dans la faille F qu'on voit dans la partie gauche de la figure 4. Il est, comme à l'ordinaire, intrusif et parfaitement chaotique. Je crois y avoir reconnu quelques blocs de calcaires gris infraliasiques emballés dans la masse gypseuse, avec des cargneules, etc. Enfin, dans tout le Titteri proprement dit (ensemble des figures 4 et 5) des ondulations analogues à celles qui affectent plus au Nord le crétacé donnent aux divers étages tertiaires un développement superficiel hors de proportion avec leur puissance réelle. Celle-ci n'atteint, pour aucun d'eux, 350 m, si ce n'est pour le Cartennien.

Conclusion. — Il sera facile de se convaincre, dès maintenant, qu'il n'y a pas d'accident véritablement *singulier* dans la structure de tout ce pays. Les nombreux étages qui s'y présentent, en beaux affleurements, sont harmoniquement plissés, avec tendance au déversement méridional de toutes les boucles anticlinales. Ils sont, en outre, de plus en plus récents à mesure qu'on progresse du Nord au Sud, depuis Berrouaguia jusqu'aux steppes de Boghari. Cette disposition générale est, du reste, parfaitement schématisée dans la coupe de Ph. Thomas.

J'estimerai mon but atteint si les coupes nouvelles et les explications qui précèdent jettent un nouveau jour sur les renseignements parfois obscurs, mais toujours précieux, que nous devons à Ph. Thomas, premier explorateur méthodique de ces régions.

<hr>

M. J. SAVORNIN.

REMARQUES SUR UNE IMPORTANTE LIGNE ARCHITECTONIQUE AU SUD DU TELL ALGÉRO-CONSTANTINOIS.

551.8 (65)

6 Août.

Le Service de la Carte géologique d'Algérie a récemment publié les feuilles au $\frac{1}{50000}$: Mansourah, Bordj-bou-Arreridj et Ain-Tagrout, que traverse, sur une centaine de kilomètres, la voie ferrée d'Alger à Sétif. Sur chacune de ces feuilles, on peut voir deux zones stratigraphiques et structurales nettement tranchées. *Au Nord*, c'est généralement un ensemble d'ilots de terrains éocènes et crétacés, à structure plus ou moins complexe, auxquels s'associent, dans un ordre spécial, ou plutôt un désordre, apparemment indifférent à cette structure, des trainées d'affleurements triasiques. *Au Sud*, ce sont des dômes crétacés perçant un manteau de sédiments miocènes, qui les a originellement recouverts ou tout au moins enveloppés, et qui s'y soude intimement par des conglomérats de base ou des débris de trottoirs d'algues. Entre ces deux régions, j'ai figuré un trait à peu près continu, marquant la *superposition anormale du pays du Nord sur le pays du Sud.* Cette ligne se poursuivra, du reste, de part et d'autre, sur les feuilles voisines. De proche en proche, vers l'Ouest, on arriverait sans doute en la suivant jusqu'à la région de Boghari. Cette distinction de deux pays orogéniquement différents, et séparés par une simple ligne aussi précise que celle mentionnée plus haut, acquiert donc, à mesure que progressent les études de détail, un caractère de généralisation remarquable. Je n'aurai garde d'étendre cette simple constatation aux régions de l'Algérie qui me sont moins connues. Mais je crois être fondé à avancer, dès à présent, que cette ligne constitue l'exacte démarcation des deux systèmes orogéniques en lesquels peut se résumer la majeure partie de la structure du sol algérien. Sur son trajet qui, à ma connaissance, dépasse 150 km, s'observent naturellement des particularités fort diverses qui ne peuvent être résumées ici. Voici seulement les faits généraux :

Du côté Sud, on est constamment en présence du front de l'*Atlas saharien* (qui dépasse beaucoup les limites géographiques de ce système de montagnes), dont le vieux ridement, datant de l'Éogène, n'est point caché sous le fard de quelques placages miocènes parfois replissés. Ce front a arrêté les vagues tectoniques venues du Nord à une époque plus récente. Du côté Nord, en effet, on voit *un pays chevauchant*, mais non charrié. Ce dernier a subi aussi des mouvements plus ou moins intenses avant et pendant l'Éogène; mais il n'a pris sa structure définitive qu'après le dépôt du premier étage méditerranéen. Il fait donc partie intégrante de la *chaîne tertiaire* de l'Algérie. C'est là le caractère de l'*Atlas tellien* tout entier, alors que, dans l'Atlas saharien, les dépôts post-éocènes sont exclusivement continentaux et très accidentellement plissés.

En résumé, je considère que le pays chevauchant compris entre la ligne plus haut définie et le revers sud de la *chaîne des Biban* ([1]) peut être envisagé comme l'avant-pays d'une région de nappes, poussé vers le Sud, et énergiquement plissé. Ses plis ont parfois déferlé sur les dômes démantelés qui font partie de l'Atlas saharien jusqu'aux abords immédiats du Tell. Mais, pour découvrir des *nappes*, c'est au nord de cet avant-pays qu'il faudrait chercher. Une autre conséquence de ces remarques, c'est l'antériorité évidente de l'Atlas saharien par rapport à l'Atlas tellien. Cette antériorité a cependant été méconnue, et même niée, récemment encore par d'habiles géologues qui semblent avoir mal interprété la pensée d'Étienne Ritter sur la constitution des monts du Djebel-Amour et des Ouled-Naïl.

M. Le Chanoine Albert DURAND,

Professeur à l'Institut Saint-Félix (Nîmes).

LE PLIOCÈNE DE LA RÉGION DE SAINT-LAURENT-DES-ARBRES (GARD).

551.783 (44.83)

1ᵉʳ *Août.*

Cette Note se propose pour objet une rapide synthèse des connaissances considérées comme acquises sur une série stratigraphique d'une région déterminée.

([1]) Cf. *Bulletin de l'Association française pour l'Avancement des Sciences,* Cherbourg, 1905 : *La chaîne des Biban pour le géographe et le géologue.*

La région qui va être étudiée comprend le plateau de Clary, qui s'appuie à l'Est sur la falaise urgonienne de Roquemaure, à l'Ouest sur le massif néocomien des Bois de Saint-Laurent-des-Arbres, Lirac et Tavel, se prolonge au Nord-Est par le petit mamelon de Saint-Geniès-de-Comolas, au Nord-Ouest, par diverses collines se réunissant au plateau de Jupiter, situé entre la vallée de la Tave et celle du Nizon.

Cette région comprend les divers étages de la série pliocène. Au mamelon de Saint-Geniès-de-Comolas, on relève les couches suivantes :

Sicilien ou Villafranchien.

6. Alluvions de cailloux alpins en quartzite (niveau de l'*Elephas meridionalis*).

Astien.

5. Sables jaunes de Saint-Laurent (niveau des sables de Montpellier, à *Mastodon arvernensis* et *Rhinoceros leptorhinus*).
4. Argiles à *Unio, Anodonta, Bythinia* (faune d'eau courante).
3. Marnes ligniteuses ou tourbeuses grisâtres à *Limnæa, Planorbis, Bythinia*, etc. (faune d'eau douce).
2. Marnes jaunâtres à *Potamides Basteroti, Melanopsis, Auricula*, etc. (faune d'eau saumâtre).

Plaisancien.

1. Marnes à *Nassa semistriata* (Faune marine).

I. *Plaisancien.* — Au début de la période pliocène, la mer s'ouvre de nouveau un passage, s'enfonce dans la vallée actuelle du Rhône jusqu'aux environs de Lyon et occupe les diverses vallées latérales, soit à l'Est, soit à l'Ouest. La mer Plaisancienne a déposé à Saint-Geniès-de-Comolas l'étage à *Nassa semistriata*, où l'on distingue les deux couches suivantes :

a. Argiles sableuses grisâtres, renfermant particulièrement des Brachiopodes, des Bryozoaires, des Polypiers avec des *Chama, Pleurotoma* (*Drillia, Mangilia*), *Pecten pesfelis*.

b. Argiles grises, contenant *Amussium cristatum*.

II. *Astien.* § 1. *Argiles et marnes ligniteuses.* — 1° *Description stratigraphique.* — Dans le territoire de Saint-Laurent et de Saint-Geniès, audessus des marnes plaisanciennes à *Nassa semistriata*, s'élèvent diverses couches de marnes ligniteuses ou tourbeuses séparées par des strates argileuses. En divers endroits, à l'est et à l'ouest du mamelon de l'Estate, à Saint-Geniès; à 400 m au couchant de la campagne de Saint-Maurice, au pied de la montagne de Moncau, près de l'ancienne route de Saint-Laurent à Saint-Victor-la-Coste; au pied de la colline des Baumes, à Saint-Laurent; au sud du village de Tavel, on a essayé d'exploiter les couches de lignite. Les résultats n'ont pas été satisfaisants. On n'a trouvé qu'un combustible terreux, brûlant avec grande difficulté et répandant une odeur très sulfureuse. Ces dépôts paraissent être le produit de l'accumulation de nombreux végétaux, plutôt herbacés que ligneux. Il serait peut-être plus exact de dire que c'est simplement une argile tourbeuse. On y rencontre des débris de coquilles fluviatiles, elle est parfois comme pétrie de Planorbes, de Limnées, d'opercules de Bythinie.

Diverses coupes nous montrent la succession des régimes paludéens et fluviatiles. Elles ont été relevées, par M. le commandant Caziot.

8. Cailloux roulés, altitude 176 m.
7. Sables jaunes de Saint-Laurent-des-Arbres.
6. Argiles jaunâtres, 1,95 m.
5. Couche d'argile à *Unio, Anodonta, Bythinia Nicolasi,* Meyer-Eymard, *Melanopsis Neumayri,* o m,o5.
4. Argile jaunâtre, o m,5o.
3. Couche de tourbe à débris végétaux, de o m,8o à o m,9o.
2. Argile noirâtre à *Potamides Basteroti* et *Melampus.*
1. Terrain néocomien formant substratum, altitude 85 m.
   Autre coupe :
9. Alluvions pliocènes.
8. Sables de Saint-Laurent, de 3 m à 4 m.
7. Argile contenant une tortue, *Helix* ressemblant à l'*Helix nemoralis* de nos jours, o m,6o.
6. Couche de tourbe avec nombreux Planorbes, traces d'*Helix,* hauteur variable, o m,95.
5. Argiles rougeâtres sillonnées de radicelles et de fines tiges végétales, o m,9o.
4. Argiles grises pétries de Planorbes et de Bythinies, 1 m.
3. Sables agglutinés et grès en banc, 4 m.
2. Argiles grisâtres avec Planorbes et Bythinies, o m,8o.
1. Argiles noirâtres avec nombreux Planorbes et Limnées, (?).
   Autre coupe prise dans le ravin de Balazet :
9. Terre végétale argileuse, o m,5o.
8. Argile noirâtre, 1 m.
7. Tourbe, comme en 5, 3, 1, o m,o7.
6. Argile, comme en 4 et 2, o m,15.
5. Tourbe, comme en 7, 3, 1, o m,o8.
4. Argile, comme en 2, o m,12.
3. Tourbe, comme en 7, 5, 1, o m,o3.
2. Argile blanchâtre cendreuse (*Valvées, Bythinies, Limnées*), o m,o6.
1. Tourbe, comme en 7, 5, 3, 1 m,5o.
0. Argile noirâtre.

2º *Faune.* — Dans les couches de marnes grises, lignitifères, Fontannes a trouvé une faune de mélange où il a reconnu les espèces suivantes :

Bythinia tentaculata, Linné, v. *Allobrogica,* Fontannes;
Valvata piscinaloïdes, Michaud;
Planorbis Thiollieri, Michaud;
Unio, sp. ?
Nassa Bollenensis, Tournouër;
Potamides Basteroti, de Serres;
Melanopsis Neumayri, Tournouër;
Hydrobia Escoffieræ, Tournouër;

Melampus Brocchi, Bonnelli, v. *Rastellensis*, Fontannes, *Cardium Rastelense* Fontannes.

A Saint-Geniès, au lieu dit la *Croix-de-Tribes*, dans les marnes jaunâtres, MM. Nicolas, Joleaud, Chatellet ont rencontré les mollusques saumâtres suivants :

Potamides Basteroti, de Serres, cc.
Auricula Brocchi, Bonnelli, v. *Rastellensis*, Fontannes, r.
Melanopsis Neumayri, Tournouër, cc.
Nassa Basteroti, Michelotti, v. *Bollenensis*, Fontannes, r.
Unio Nicolasi, Fontannes.

Dans la couche ligniteuse, on trouve les fossiles d'eau douce :

Limnæa Genesensis, Fontannes, c.
Limnæa Bouilleti, Michaud, v. *Laurentensis*, Fontannes, r.
Planorbis Thiollieri, Fontannes, c.
Valvata piscinaloïdes, Michaud, v. *Berthoni*, Fontannes, cc.
Bythinia tentaculata, Linné, v. *Allobrogica*, Fontannes, cc.
Bythinelba ? rr.
Bythinia Nicolasi, Mayer, cc.
On y trouve aussi *Hydrobia Escoffieræ*, Tournouër, qui indique que le milieu est encore un peu saumâtre, et quelques Gastropodes terrestres, *Helix*, *Vertigo* ou *Pupa*.

Près de la falaise urgonienne de Roquemaure, au niveau des marnes ligniteuses, une faune saumâtre est mélangée à une faune fluviatile :

Potamides Basteroti, M. de Serres, cc.
Melanopsis Neumayri, Tournouër, r.
Ophicardelus Serresi, Tournouër, c.
Auricula Brocchi, Bonnelli, v. *Rastellensis*, Fontannes, r.
Alexia Myotis, Brocchi, rr.
Planorbis Thiollieri, Fontannes, rr.
Unio.
Nous avons trouvé encore :
Potamides Basteroti, M. de Serres, v. *Crenocarinata*, Tournouër, v. *Uttica* Viguier, v. *Inermis*.
Ophicardelus Serresi, Tournuoër.
Ophicardelus Brocchii, Bonnelli.
Dans les couches ligniteuses de Saint-Laurent-des-Arbres, on a une faune fluviatile :
Limnæa Bouilleti, Michaud, v. *Laurentensis*, Fontannes.
Unio Nicolasi, Fontannes,
Planorbis heriacensis, Fontannes.
Bythinia tentaculata, Linné, v. *Allobrogica*, Fontannes.
Valvata piscinaloïdes, Michaud, v. *Berthoni*, Fontannes.

3° *Conclusion.* — L'étude des couches et celle des faunes nous montrent qu'après les dépôts plaisanciens, il se succéda un régime d'eau saumâtre, un régime d'eau douce et un régime d'eau courante. Le retrait de la mer Plaisancienne dut laisser certaines dépressions. Dans celles-ci, des

lagunes se formèrent et devinrent des marais à eaux saumâtres, où
vécurent des mollusques de l'espèce *Potamides Basteroti*. A cette époque,
se déposèrent des assises d'argile noirâtre. Plus tard, les marais, s'étant
isolés, se peuplèrent de coquilles d'eau douce : Planorbes, Limnées, Melanopsis, Unio, Anodontes. En même temps, il y croissait des plantes
herbacées, peut-être quelques arbres. Ces végétaux, ensevelis ensuite
dans les eaux et décomposés, produisirent les dépôts de lignite ou de
tourbe. Des cours d'eau durent ensuite entraîner dans le marais les
terres qu'ils désagrégeaient avec les Valvées, les Bythinies, dont ils
étaient peuplés. Ainsi, au-dessus des dépôts de lignite, se forma la couche
argileuse, pétrie de coquillages fluviatiles.

§ II. Sables jaunes de Saint-Laurent. — 1° *Description stratigraphique*. —Les couches d'argile et de tourbe supportent une couche de sables
jaunes, dits sables de Saint-Laurent. Ceux-ci, aux Crozes, à la Cabanette,
au Condoulis, peuvent atteindre une puissance de 5o à 6o m. Ils sont
contemporains des sables de Générac et de Montpellier.

Ils sont disposés en stratification généralement horizontale ou légèrement oblique, dont les couches sont parfois coupées par des lignes de
nodules blanchâtres de marne calcaire.

Quand ils sont meubles, ils sont de nature siliceuse et composés presque
exclusivement de grains de quartz. Ils ont une couleur jaune, et le mica
blanc, répandu abondamment dans leur masse, les fait briller de reflets
argentins. On y rencontre aussi des traces ferrugineuses.

Parfois un ciment argilo-calcaire leur permet de s'agglomérer en
nodules isolés ou de se disposer en assises régulièrement stratifiées. Dans
maints endroits, ils sont agglutinés d'une manière assez compacte pour
constituer une sorte de grès ou de mollasse que l'on désigne vulgairement
sous le nom de *saffras*.

2° *Flore*. — Dans ces sables, on trouve souvent de gros troncs d'arbres,
pouvant atteindre jusqu'à 2 m de longueur sur o m,25 de diamètre.
Ils sont couchés dans le sens de la stratification horizontale des sables. Ils
abondent surtout dans le quartier des Cosses, près du domaine de Balazet
et dans le ravin des Baumes, au sud de Saint-Laurent. Ils sont à l'état
de pétrification siliceuse; quelques-uns sont en quartz agate. Ils sont
souvent percés de tarets ou de coquilles perforantes. Ils paraissent
appartenir à la famille des Conifères, plus probablement à celle des
Cupulifères.

3° *Faune*. — A. *Mammifères*. Le laboratoire de Paléontologie de la
Faculté des Sciences de Lyon possède les fossiles suivants provenant
des sables astiens de Saint-Laurent-des-Arbres :

1. *Mastodon arvernensis* (Croizet et Joubert) :
Trois mandibules,
Palais portant en place deux arrières-molaires de chaque côté, la deuxième m^2
en partie usée par la détrition, la dernière m^3 à l'état de germe non usé.

Humérus presque entier (1 m,10), un peu détérioré dans son articulation inférieure.

Fémur, moitié inférieure en assez mauvais état.

Radius, partie supérieure.

Tibia et plusieurs fragments d'os des membres.

2. *Rhinoceros leptorhinus*, Cuvier = *Rhinoceros megarhinus*, de Christol.

Crâne incomplet en arrière, *crâne* incomplet en avant, se complétant mutuellement, dépassant un peu 800 mm de long. La surface osseuse du frontal, très bien conservée, montre la grande largeur de la surface d'implantation de la corne frontale. L'emplacement de la base de cette corne formait une surface elliptique d'environ 200 mm de largeur sur 170 mm de long et couvrait tout le frontal.

Plusieurs *demi-mandibules* portant en place chacune deux arrières-molaires. Une partie antérieure de *mandibule* montrant l'alvéole des incisives en bouton. *Humérus*, moitié inférieure.

3. *Palœoryx cordreri*, Gervais. Une cheville osseuse de corne en très bon état, caractéristique de cette grande Antilope.

4. *Sus provincialis*, Gervais, quelques molaires.

Le Musée d'Avignon possède un fémur de *Mastodon arvernensis* de la même provenance.

M. Léonce Granet, de Roquemaure, a recueilli dans les mêmes sables : un frontal, avec deux cornes brisées, une molaire de *Rhinoceros leptorhinus*; quelques grands ossements incomplets, dont un, quoique fragmenté, mesure 0 m,47 de longueur.

Cuvier, dans ses *Recherches sur les ossements fossiles* (tome II, Iʳᵉ Partie, p. 58), décrit plusieurs molaires de *Rhinoceros* trouvées à Saint-Laurent-des-Arbres, quartier des Crozes.

En 1875, M. le Dʳ Tribes, présenta à l'Académie du Gard un rapport sur les fossiles suivants trouvés, dans la même localité, par MM. Roumajon et Vignaut.

1° *Trois mâchelières*, de structure identique, ne provenant pas probablement du même sujet, attribuées au *Mastodon angustidens*;

2° *Une gangue de mâchelière*, manquant de parties émaillées et n'étant constituée que par la partie éburnée de la dent;

3° *Une défense* à peu près complète qui s'est divisée en neuf fragments au moment de son extraction. Ces fragments soudés entre eux mesureraient plus de 1 m de long et pèseraient plusieurs kilogrammes;

4° *Une portion d'une autre défense*, en état de bonne conservation;

5° *Un fragment de la mâchoire inférieure;*

6° *Un tibia* composé de deux fragments se soudant parfaitement;

7° *Une phalange unguéale* d'un gros orteil;

8° *La tête de la phalange* qui lui correspondait;

9° *Un os du canon*;

10° *Un fragment d'andouiller de cerf.*

Ces divers fossiles sont actuellement perdus.

B. *Mollusques et crustacés.* — M. le Dʳ Tribes, signale, comme trouvés dans le même terrain, des débris de coquilles fossiles, dont trois du genre *Ostrea* et un du genre *Pecten.*

Les quelques mollusques recueillis dans les sables de Saint-Laurent sont :

Ostrea undata = cucullata.
Ostrea bariensis.
Scalaria.
Pecten.
Tepas.
On trouve encore un crustacé marin.
Balanus tintinnabulum, Linné.
Dans une couche ferrugineuse ([1]), nous avons trouvé, au milieu de diverses
concrétions, les moules internes de :
Zonites Collonjoni, Michaud.
Planorbis Thiollerei, Michaud.
Helix, sp. indéterminable.

4° *Origine des sables de Saint-Laurent.* — La présence dans ces sables
de mollusques et de crustacés marins indique l'origine marine de cet étage;
la présence de grands mammifères atteste la proximité du rivage. On est
donc autorisé à faire l'hypothèse suivante : après le dépôt de l'argile et
de la tourbe, le sol dut subir un nouvel affaissement, et la mer revint
occuper l'ancien lit qu'elle avait abandonné. Les bords du bassin fluvio-
marécageux devinrent alors le rivage de la mer astienne. Tout que dura
cet envahissement de la Méditerranée, les vagues poussèrent vers la côte
de grandes quantités de sable. Ces sédiments arénacés s'accumulèrent
sur la plage et formèrent cet étage important des sables jaunes astiens
de Saint-Laurent.

III. *Sicilien ou Villafranchien.* — Au dernier âge de la période pliocène, un fleuve torrentiel, à pente rapide et à niveau élevé, prend la
place de la mer dans la vallée du Rhône et occupe une vallée beaucoup
plus large que la vallée actuelle. Il se répand au Sud-Ouest, depuis
Saint-Laurent-des-Arbres jusqu'à Montpellier et, au-dessus des couches
astiennes, il étend, presque sans interruption, des alluvions de cailloux
roulés. Ces cailloux, en quartzite, sont d'origine alpine. Ils atteignent
parfois un volume assez considérable.

Quelques-uns offrent des faces parfaitement planes et des arêtes
très vives que MM. Cazalis de Fondouce et Caziot ont attribuées à
l'action érosive du sable lancé avec violence par le mistral.

L'étage de ce cailloutis est à l'horizon de l'*Elephas meridionalis* de
Durfort.

Les sables astiens supportent parfois une couche de gravier calcaire.

BIBLIOGRAPHIE.

1. CARRIÈRE, *Traces du rivage pliocène aux environs de Nîmes* (*Bulletin de la
Société d'étude des Sciences naturelles de Nîmes,* t. XXXII, 1904).

2. CAZALIS DE FONDOUCE, *Action érosive du sable en mouvement sur des cailloux
de la vallée du Rhône* (*Mémoire de l'Académie de l'Hérault,* 1880).

([1]) Nous devons la détermination de ces fossiles et de ceux de la couche précédente à l'obligeance de M. F. Roman, de la Faculté des Sciences de Lyon.

3. Caziot, *Bassin pliocène de Théziers-Roquemaure* (*B. S. G. F.*, 3ᵉ série, t. XIX, 1891, p. 205-218).
Du Mistral, Mém. de l'Acad. de Vaucluse, t. IX, 1890.

4. Chatellet, *Quelques mots sur la faune des lignites de Saint-Geniès-de-Comolas et de Saint-Laurent-des-Arbres* (*Mémoires de l'Académie de Vaucluse*, 1900).

5. Cuvier, *Recherches sur les ossements fossiles*, 1825.

6. Déperet, *Note sur le Pliocène et la position stratigraphique des couches à Congéries, de Théziers*, B. S. G. F., 3ᵉ série, t. XXII; *Liste raisonnée des Mammifères fossiles des sables pliocènes moyens de Saint-Laurent-des-Arbres (Gard)* (*Bull. Soc. des Sc. nat. de Nimes*, 1901, t. XXXVIII, p. 20).

7. Émilien Dumas, *Statistique géologique du dép. du Gard*, 1876-1878.

8. Albert Durand, *Études historiques sur Saint-Laurent-des-Arbres* (*Mémoires de l'Acad. de Vaucluse*, 1892-1896).

9. Fontannes, *Note sur les marnes de Saint-Geniès et de Saint-Laurent-des-Arbres; Note sur l'extension et la faune de la mer pliocène dans le sud-est de la France* (*B. S. G. F.*, 3ᵉ série, t. XI, 1882-1883, p. 92-93, 103-104); *Diagnoses d'espèces et de variétés nouvelles des terrains tertiaires du bassin du Rhône*, 1883.

10. Joleaud, *Géologie et Paléontologie de la plaine du Comtat et de ses abords*, 1907.

11. Mauriette, *Étude paléontologique de Rhinoceros leptorhinus du Pliocène inférieur de Millas (Pyrénées-Orientales) et des faunes du Pliocène inférieur en général* (Extrait des *Annales de la Société Linnéenne de Lyon.* t. LVII, 1910).

12. Henri Nicolas, *Congrès archéologique de France*, session de Vienne (1879), de Pamiers (1884).

13. C. Picard, *Résumé descriptif de la Géologie du Gard*, 1887; *Classification nouvelle des formations sédimentaires*, 1896; *La Camargue*, 1911.

14. F. Roman, *Recherches stratigraphiques et paléontologiques dans le Bas-Languedoc;* dans les *Annales de l'Université de Lyon*, 1897; *La Géologie des environs de Nimes*, dans le *Bull. de la Soc. d'ét. des Sciences nat. de Nimes*, 1905.

15. Saguier, *Le fémur fossile de Mastodonte ou d'Élephas donné au Musée Calvet*, dans les *Mém. de l'Acad. de Vaucluse*, 1889.

16. Dʳ Tribes, *Études sur des ossements fossiles trouvés à Saint-Laurent-des-Arbres (Gard) et sur la nature du terrain de leur gisement*, dans *Mém. de l'Acad. du Gard*, 1875.

M. A. JOLY,

Collaborateur au Service de la Carte géologique de l'Algérie (Constantine).

SUR LA TECTONIQUE DES HAUTES PLAINES CONSTANTINOISES.

551.8(653)

3 *Août.*

A l'est de la dépression d'Aïn-Melila, la tectonique des Hautes Plaines constantinoises change de caractère et se simplifie; les lignes directrices s'orientent S-O-N-E, comme les plis du faisceau saharien. L'accident topographique principal est le Guerioune (1729 m) dont les escarpements majestueux, tournés vers l'Occident, font face à ceux du Nif—Enneceur. Le Guerioune est le point culminant d'un pâté d'Éocrétacé qui finit au Nord, près d'El-Guerra et de Sigus, contre les plateaux telliens du Khroub (Néocrétacé et Éocène), au Sud près d'Aïn-Kercha. Vers l'Est, jusqu'à 35 km environ du Guerioune, l'Éocrétacé n'apparaît plus qu'en rochers discontinus; au Sud courent les plis imbriqués de la Chebka des Sellaoua; dans le centre, enfin, de la région s'étend une vaste plaine d'alluvions, accidentée seulement par quelques affleurements néocrétacés ou éocènes. Cette plaine occupe le fond d'une cuvette synclinale à grand axe S-O-N-E, et dont les bords sont formés à l'Ouest, à l'Est et au Sud par l'Éocrétacé; au Nord, l'Éocène et le Néocrétacé du Tell ennoyent en le masquant le prolongement de la cuvette. Celle-ci est très disloquée; les bords en sont rompus et les fragments tendent à se chevaucher en s'imbriquant avec un pendage constamment centripète et des escarpements tournés vers l'extérieur. Il en résulte que, au nord-ouest de la cuvette, on rencontre une série de crêtes et de dépressions alignées S-O-N-E : crête des Ouled-Seguia (point culminant, Ras-El-Guasba, 1008 m) au pied de laquelle jaillissent au Nord les belles sources du Bou-Merzoug; le Tessala (1180) limité par un pli-faille du côté du Nord-Ouest, sauf au milieu où il n'y a plus qu'une simple flexure qui le relie aux Ouled-Seguia; dépression des Ouled-Djehich, assez large et bien dessinée, en partie comblée par les sédiments fortement imbriqués de l'Éocène et de l'Éocrétacé; le Fortass, limité au Nord-Ouest par une grande cassure à l'extérieur de laquelle subsistent quelques paquets tombés et découpé par des failles intérieures sinueuses en compartiments qui ont basculé vers le Sud-Est; tandis que leur partie surélevée donne, vers leur Ouest, autant de sommets remarquables (Melizi, 1083; Belrit, 1166; signal du Fortass, 1477; Bou-Chareb, 1324), etc.

Le Guerioune, plus élevé et plus massif que le Fortass, lui ressemble par sa structure; ses pendages sont Est et Nord-Est, c'est-à-dire toujours dirigés vers le centre de la cuvette; à l'Ouest, ses abrupts ne sont précédés que de très petits paquets tombés; aussi, au lieu d'atteindre 400 ou 480 m, comme au Fortass, s'élèvent-ils d'un seul jet à 900 m au-dessus de la plaine d'Aïn-Melila. Au Sud, ils dominent encore de près de 500 m la crête de Bou-Azzouz, compartiment affaissé; deux autres compartiments analogues, limités par des failles au Sud et à l'Ouest, le Ras-Errihane (1426) et le Tameniat (1331) flanquent enfin le Guerioune au Sud-Est. A partir de là, les bords de la cuvette sont peu élevés et parfois indistincts; ils sont formés par les ondulations de Loussalite, qui vont mourir dans l'Est contre la voie ferrée. Loussalite, très dissymétrique, avec un flanc méridional très exigu, paraît correspondre à un pli-faille à regard Sud. Plus à l'Est encore, il y a ennoyage complet des bords de la cuvette sous le Miocène et sous des atterrissements divers, puis le Haïrech apparaît; il marque l'angle sud-est de la cuvette et se compose de deux

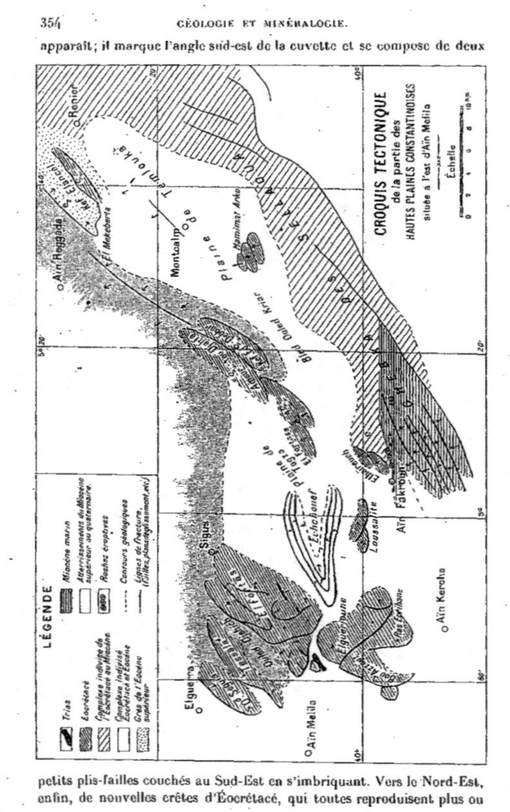

petits plis-failles couchés au Sud-Est en s'imbriquant. Vers le Nord-Est, enfin, de nouvelles crêtes d'Éocrétacé, qui toutes reproduisent plus ou

moins la disposition du Haïrech, achèvent de dessiner les bords de la
cuvette, jusqu'au contact avec les plateaux du Tell (El-Meken, 1079;
Amar ou Djahfa, 1278; Gabel-El-Mezara, 1126; Kef Aïn-Debbar, 1202).

Dans l'intérieur de la cuvette, entre les revers du Guerioune et du
Fortass, s'étendent la plaine d'alluvion de Tagza et, dans l'Ouest, la
petite cuvette adventive des Chaouèf; celle-ci est un synclinal de Néocrétacé et d'Éocène accompagné sur ses bords de multiples et petites
imbrications déversées vers l'extérieur. C'est le reste, demeuré en surélévation, de la masse de terrains supérieurs à l'Éocrétacé qui a rempli
toute la cuvette et se retrouve encore peut-être en profondeur sous les
atterrissements.

A l'est de la cuvette du Guerioune s'étend la plaine de Temlouka; c'est
une surface ovoïde à grand axe S-O-N-E, comprise entre les bords
S-E, surélevés et cassés, de la cuvette du Guerioune et la Chebka des
Sellaoua, à l'Ouest, au Sud et à l'Est, et les hauteurs du Tell (Kef-El-
Ançal) au Nord. Dans l'Est, la plaine finit confusément entre les multiples ondulations de la Chebka qui va, rebroussant vers le Nord, se
souder au Tell. Au Sud-Ouest, un couloir étroit (Bled-Ouled-Kriar) la
fait presque communiquer avec la plaine de Tagza. Sur le bord méridional du chaînon d'El-Ançal, constitué par des grès éocènes, on voit
apparaître des rochers d'Éocrétacé abrupts au Sud et plongeant tous
violemment vers le Nord. Dans la Chebka, la tectonique est très complexe et la variété des terrains très grande; on observe de nombreuses
imbrications couchées au Sud-Est; le Trias y apparaîtrait au sud
d'Aïn-Arko (?) et en quelques autres points. Dans la plaine elle-même,
l'Éocène (calcaires à silex) et le Néocrétacé, toujours imbriqués avec
plongement au Nord-Ouest, dessinent quelques ondulations et transpa-
raissent sous des placages de Pliocène ou de Quaternaire. Dans le
Sud-Ouest, les trois rochers d'Aïn-Arko, dont un au moins plonge vers
le Nord et les autres de façon indécise, paraissent des épaves d'une
voûte éocrétacée effondrée.

La plaine de Temlouka est donc une cuvette d'effondrement; elle a
basculé vers le Nord-Ouest pour s'enfoncer plus bas que les bords de
la cuvette synclinale du Guerioune; elle s'est retroussée vers le haut,
au Sud et au Sud-Est, pour former la Chebka tandis qu'en son intérieur
naissaient, comme d'habitude, dans les sédiments malléables, des imbrications multiples.

Les parties surélevées des bords de la cuvette du Guerioune se trouvent
au Nord-Ouest et au Nord-Est vis-à-vis les effondrements d'Aïn-Melila et
de Temlouka. Au Sud, au contraire, le bord, plus mollement indiqué, est
un peu sinueux; Loussalite est en retrait vers le Nord par rapport à
l'extrémité Sud du massif du Guerioune; des faits analogues s'observent
dans l'Atlas saharien : la cuvette du Senalba (Ouled-Nayl) présente en
plan, sur son bord Sud, de brusques inflexions qui vont presque jusqu'au
décrochement sans toutefois y atteindre; c'est la conséquence de l'iné-

galité de résistance opposée aux plissements par des masses rocheuses hétérogènes.

Jetons un coup d'œil en arrière. Certains affleurements triasiques très longs (Chebka de Bou-Haoufane, par exemple) marquent certainement des lignes de dislocation de première importance; ils séparent des compartiments qui ont joué par rapport les uns aux autres en hauteur comme horizontalement.

Certains rochers semblent avoir fait pieu; c'est le cas du Rakobt-El-Jemel qui occupe le sommet de l'angle formé par deux directions de plissement divergentes, celle du Megsem (S-E-N-O) et celle des Ouled-Bou-Haoufane (S-O-N-E). Le fossé d'Aïn-Melila sépare deux régions de structure différente; tectonique très tourmentée à l'Ouest, relativement simple à l'Est; l'orientation même des directrices n'y est pas la même; indécise et tourmentée à l'Ouest, elle est franche et conforme aux rides de l'Atlas saharien à l'Est. Pourquoi deux portions contiguës d'un même pays ont-elles été si diversement affectées par les forces orogéniques? Faut-il y voir l'influence d'une dislocation ancienne, demeurée cachée en profondeur, dirigée Sud-Ouest-Nord-Est et qui passerait entre le Guerioune et le Nif-Enneceur? M. L. Joleaud [1] admet quelque chose d'analogue pour les rochers voisins de Constantine. Les ondulations primitives du plateau tabulaire qui a précédé les Hautes Plaines dans le temps ont dû être assez courtes et se relayer comme le font les plis de l'Atlas saharien.

Certains faits sont surprenants, comme cette coexistence d'éléments hétérogènes : cuvettes (Guerioune), dômes (Sidi-Reris au Sud-Ouest et près de Mechira) [2]; brachyanticlinaux (Tifeltassine); synclinaux couchés au Sud (Bercrour), synclinaux couchés au Nord (Teyouelt), etc. Nous sommes évidemment très loin d'avoir suffisamment débrouillé la tectonique de ces Hautes Plaines. Les plissements se sont répétés à plusieurs reprises et poursuivis très tard; le Cénomanien paraît indépendant de l'Éocrétacé; le Néocrétacé discorde sur les formations plus anciennes. Le plissement principal a dû se produire après le Miocène inférieur ou moyen, violemment disloqué dans la Chebka de Sellaoua et à Bercrour. Des mouvements orogéniques se sont encore produits, quoique atténués, à une époque très récente : la Chebka des Ouled-Bou-Haoufane est en partie un anticlinal pontien; El-Megsem est un brachy-anticlinal de Pontien et de Pliocène inférieur appuyé sur un dôme éocrétacé; le Villafranchien se bombe nettement dans la Chebka de Sidi-Hammana au-dessus d'imbrications éocènes; dans la terrasse d'Aïn-El-Flous, ce même Villafranchien dessine de petites flexures et, plus bas, dans la tranchée du Chemin de fer, il est affecté de failles inverses et de

---

(1) JOLEAUD, *Étude géologique de la chaîne numidique et des monts de Constantine*, p. 388 et seq., Thèse de doctorat, Marseille, 1912.

(2) Ne pas confondre avec le Sidi-Reris de Oum-El-Bouagui (Canrobert).

chevauchements qui, pour être minuscules, n'en sont pas moins significatifs.

Rien n'est stable encore dans ce pays-là; la fréquence des séismes ne
le dit que trop (¹).

M. A. JOLY.

SUR LE JURASSIQUE DE CHELLALA (PROVINCE D'ALGER, ALGÉRIE).

551.762.(651)

3 Août.

A Chellala, village du Plateau Steppien d'Algérie, voisin de la limite
des provinces d'Alger et d'Oran, mais sis dans la première, un petit
chaînon montagneux dirigé SO-NE rompt la monotonie du relief.
Depuis longtemps, on sait que ce chaînon se compose essentiellement de
Jurassique supérieur (²). Mais des études de détail n'ont jamais été
publiées. Voici quelques renseignements extraits des notes que j'ai
prises en explorant la région à plusieurs reprises, depuis 1898, pour établir
les tracés de la feuille géologique au $\frac{1}{200000}$ *Chellala*, pour le S. de
l. C. G. de l'Algérie. Outre diverses annexes, le chaînon comprend deux
masses principales : le Djebel ben Hammède, dans l'Ouest, avec le point
culminant (Rejem Fatallah, 1303 m); le Djebel Cerguine, plus accidenté,
mais moins élevé, à l'Est; un col et un étranglement de l'affleurement,
en plan, séparent ces deux parties.

Des dolomies et brèches dolomitiques forment les principaux reliefs;
leur puissance atteint ou dépasse 60 m et 80 m; elles sont sans fossiles,
sauf quelques traces de ceux-ci tout à fait vers la base.

Au-dessous on trouve :

A. (A Chellala même et aux sources voisines); de haut en bas :

1° Bancs bien réglés de dolomies et calcaires dolomitiques de couleur blanche
passant en haut aux dolomies supérieures.

2° Calcaires, marnes calcaires et argiles gris noirâtre, bruns ou jaunes (au
Seba Sidi Abd-El-Kader); puissance 20 m.

3° Marnes et argiles jaune verdâtre avec intercalations lenticulaires de cal-

---

(¹) Pour la tectonique à l'est d'Aïn-Melila; *Cf.* BLAYAC, *Esquisse géologique du
bassin de la Seybouse et de quelques régions voisines*, Alger 1912, p. 465 et seq.
(²) PERON, *Bulletin de la Société géologique de France*, t. XXV, 1867, p. 600. —
Essai d'une description stratigraphique de l'Algérie, 1883. — PERON, COTTEAU,
GAUTHIER, *Echinides fossiles de l'Algérie*, fascicule 1, 1889. — POMEL, *Description
stratigraphique générale de l'Algérie*, 1889.

caires blancs, plus ou moins dolomitiques; puissance variable, de 15 à 20 ou
40 m.

4° Marno-calcaires fissiles gris, irrégulièrement développés, avec 8 ou 10 m
d'épaisseur.

B. Argiles gypseuses, lie de vin ou vertes intercalées de plaquettes de grès
quartziteux vert bouteille ou noirâtre, couvertes d'impressions et d'ondulations en relief bien caractéristiques. B affleure sur une vaste surface dans le
cirque de Ben Hammède avec une puissance de près de 80 m; B affleure encore

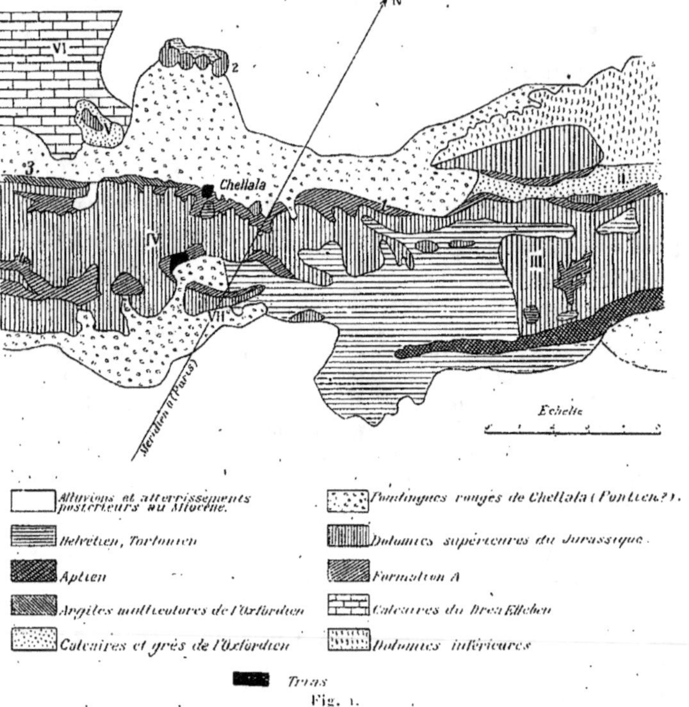

Fig. 1.

en d'autres points, mais paraît tendre à disparaître dans l'Est pour céder la
place à :

C. De haut en bas : bancs dolomitiques dont un, très constant, rouge ou
orangé; puis alternances de calcaire rouge brique, de grès tendres blancs,
jaunes ou rouges, et de calcaires tachés de rose ou de violet, en bancs de 0,50 m
à 3 m. En bas, 10 m, de grès et de sables jaunâtres, tachés de rouge. C se
montre surtout dans le Chaab Elmederreg, avec une puissance totale de près
de 100 m.

Au Seba Elhadid on a la série suivante qui, quoique un peu différente, me parait, à cause de sa position stratigraphique, l'équivalent des calcaires et grès ci-dessus. De haut en bas : calcaires jaunes ou blancs, marnes vertes, grises, rouges ou blanches très gypseuses en alternances répétées, puis grès jaunes grossiers, dolomies, calcaires et grès blancs et marnes comme ci-dessus, également en alternances; vers la base, calcaires blancs à Nérinées épais de 25 m reposant sur des grès blancs ou roses et des argiles vertes et rouges. La puissance de la série du Seba Elhadid peut atteindre 100 m.

D. Puissante série de dolomies et de calcaires dolomitiques de couleur claire, en bancs bien réglés avec quelques intercalations de grès durs et de calcaires rouges ou blancs vers le haut. Visible dans les « Chaab el Ouaara »; puissance voisine de 100 m.

Nulle part il ne semble y avoir discordance entre les formations ci-dessus. Les lacunes apparentes s'expliquent par les complications tectoniques si fréquentes dans le chaînon ou par des passages latéraux qui, à la place d'un terme manquant, en ramènent un autre synchronique. Les fossiles sont trop rares pour qu'on puisse établir des limites d'étages précises; le groupement que j'ai présenté ci-avant est donc provisoire, artificiel, peut-être, mais, pour le moment, nécessaire.

Les argiles et marnes jaunes de A, avec leurs calcaires (n° 3), représentent le *Séquanien*. Peron en cite de nombreux fossiles; j'en ai trouvé beaucoup d'autres. Les marno-calcaires du numéro 2 de A n'offrent plus aucun des fossiles du numéro 3, mais *Ostrea Brontutana*, des *Simoceras* et des *Perisphinctes* (P. Cf. biplex) rares; il y a des chances pour qu'on puisse les attribuer au *Kimméridgien*. Les dolomies supérieures appartiennent au Jurassique terminal sans qu'on puisse savoir quel est le dernier terme existant.

Le numéro 4 de A se retrouve dans les Plateaux oranais où il correspond au sommet de l'*Oxfordien* ([1]).

B se retrouve aussi dans les Plateaux oranais et dans le Nador où il est considéré comme l'équivalent du *Callovo-Oxfordien* ([2]); on y a trouvé, à Ben Hammède, des bélemnites très plates; Ville en a rapporté *Belemnites Coquandi* et *Phylloceras tortisulcatum* (Collection des Mines à Alger) et M. Guendouze, instituteur, de petites ammonites pyriteuses (à Chellala) non encore déterminées.

C doit être un équivalent latéral de B, car les deux formations semblent s'exclure réciproquement et se développer aux dépens l'une de l'autre. Welsch ([3]) indique un passage latéral analogue dans le Nador; plus au Nord, dans la région de Tiaret, les calcaires rouges sont fossilifères. C ne

---

([1]) Pomel, *op. cit.*, p. 39.

([2]) Pomel, *op. cit.*, p. 32-33. — Welsch, *Les terrains secondaires de Tiaret et de Frenda*, p. 55 et seq. — Flamand, *Recherches géologiques et géographiques sur le Haut-Pays de l'Oranie et sur le Sahara (Algérie)*, p. 528.

([3]) *Op. cit.*, p. 56-57.

m'a fourni que des moules de Trigonies indéterminables, dans des grès grossiers (Mederreg, Seba Elhadid).

D doit, de par sa position stratigraphique, représenter le *Bajocièn-Bathonien;* la base est invisible. Dans les Plateaux oranais (¹) on classe ainsi une formation de tous points analogue.

On aurait en résumé le groupement suivant :

Dolomies supérieures.......	{	Tout le *Jurassique terminal* au-dessus du *Kimmeridgien.*
Marno-calcaires, n° 1......		*Kimmeridgien.*
A. { *Calcaires et dolomies,* n° 2.	}	*Sequanien.*
Argiles et marnes, n° 3....		
Marno-calcaires, n° 4......	}	*Oxfordien.*
Formation B.............		
Formation C.............		
Formation D.............		*Bajocien-Bathonien.*

Ceci provisoirement et sous réserve.

Le substratum du J. n'apparaît nulle part; le *Trias* se montre, il est

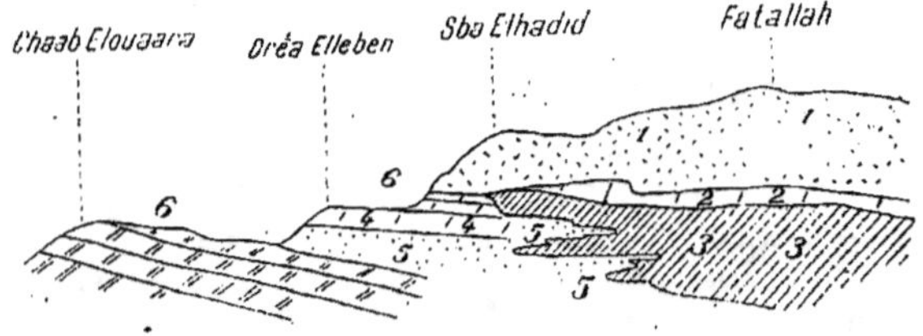

Fig. 2.

Légende. — 1. Dolomies terminales des J. — 2. Marno-calcaires Kimmeridgiens. — 3. Argiles. — 4. Calcaires. — 5. Grès de l'Oxfordien. — 6. Dolomies inférieures (Bajocien-Bathonien).

vrai, en plusieurs points du chainon, mais seulement en situation anormale, grâce à des complications tectoniques.

Toutes les formations du chaînon de Chellala sont néritiques; peut-être les calcaires à Perisphinctes indiquent-ils une profondeur un peu plus grande que les autres; mais leur nature lithologique et la rareté des ammonites qu'ils contiennent rend peu vraisemblable leur dépôt dans de grands fonds. Les argiles B ont pu tapisser le fond de quelque fosse, mais d'une fosse médiocrement profonde sans doute, comme l'indiquent la nature gypseuse des argiles et les lits de grès qu'elles renferment. Les dolomies supérieures passent souvent, vers le haut, à de véritables brèches; peut-être donc y eut-il vers la fin du J. tendance à l'émersion;

(¹) Pomel, *op. cit.,* p. 29-30. — Welsch, *op. cit.,* p. 73. — Flamand, *op. cit.,* p. 462-463, etc.

.et, de fait, dans le chaînon de Chellala comme dans celui du Nador, les termes inférieurs de l'Éocrétacé, jusqu'à l'Aptien, non compris, manquent au contact du J.

En résumé, les sédiments du chaînon de Chellala se sont accumulés sur une plate-forme continentale; ils forment une série continue; les nombreux changements de facies dans le sens latéral ou vertical prouvent que le fond de la mer était fort inégal et soumis à des oscillations répétées en hauteur; ce fond manifesta, à la fin, une tendance à émerger.

Dans le croquis ci-joint, j'ai schématisé provisoirement le caractère de la sédimentation du J. de Chellala (¹).

M. W. KILIAN,

Correspondant de l'Institut (Grenoble).

SUR UNE CARTE DE LA RÉPARTITION DU « FACIES URGONIEN » DANS LE SUD-EST DE LA FRANCE.

551.77 (44.9)

2 *Août.*

Le facies zoogène à Foraminifères et à Pachyodontes (Rudistes), connu sous le nom de *facies urgonien*, se présente, dans le Sud-Est de la France, soit sous forme de calcaires massifs, de teinte claire (dits *calcaires urgoniens*), durs ou plus rarement crayeux, soit à l'état de « marnes à Orbitolines », parfois très riches en fossiles et se montrant intercalées à plusieurs niveaux (environs de Grenoble et du Villard-de Lans). Les travaux de MM. Kilian et Léenhardt (en 1888), puis ceux de V. Paquier, de MM. Sayn et Roman, etc., ont nettement démontré que ce facies affecte tantôt le Barrémien inférieur et supérieur, tantôt l'Aptien inférieur et parfois ces deux sous-étages à la fois; il atteint même exceptionnellement, dans le Vercors, ainsi que l'a fait voir M. Ch. Jacob, l'Aptien supérieur (Gargasien), sous la forme des « marnes à Orbitolines supérieures » des Ravix et du Rimet.

Il a semblé intéressant de dresser une Carte aussi exacte que possible de la répartition de l'Urgonien dans le Sud-Est de la France, d'après les

---

(¹) D'après ce croquis les changements de facies se produiraient sur des distances très réduites; j'ai vu, en effet, des exemples analogues dans l'Éocrétacé des tranchées du chemin de fer Alger-Laghouat dans le plateau steppien d'Algérie. Mais il faut tenir compte aussi des plissements et des dislocations qui ont considérablement rétréci la zone occupée par le J.

travaux les plus récents et les feuilles de la Carte géologique détaillée au $\frac{1}{80\,000}$; c'est ce travail que je présente aujourd'hui à l'Association française.

Il ressort d'une façon très claire de cette Carte que les formations urgoniennes entourent sur trois côtés la fosse *vocontienne* ou partie profonde de la mer paléo-crétacée du Sud-Est de la France. On distingue les masses suivantes :

1° *Urgonien des Alpes et du Jura.* — Cette masse débute au Nord de la Drôme dans les massifs de Raye, de Glandasse et du Vercors méridional. Elle comprend le Vercors, le Royans, la Grande-Chartreuse, les Bauges, le Jura méridional et se continue au Nord-Ouest dans le Jura suisse, et au Nord-Est, par les Hautes-Alpes calcaires (Cluses, désert de Platé), vers les Alpes suisses et le Vorarlberg ; au Sud et au Nord du lac de Genève, les montagnes des Préalpes et du Chablais dans lesquelles l'Urgonien n'existe pas ou se trouve représenté par du « Néocomien à céphalopodes », appartiennent, comme les travaux récents l'ont établi, à un « pays de *nappes* » d'origine exotique, sous lequel il est probable qu'il existe des dépôts *autochtones* à faciès urgonien.

Je citerai dans cette première région les *gisements* de Châtillon-de-Michaille (Ain), de Sainte-Croix (Suisse), de la Perte du Rhône (Ain), de la Puyaz près Annecy (Haute-Savoie), et surtout ceux du massif de la Grande-Chartreuse (Granier, Saint-Jean-de-Couz, Grand-Som), des environs de Grenoble, (Saint-Julien-de-Ratz, Rochepleine, Sassenage, Voreppe) et du Vercors (Le Rimet, le Fâ, les Ravix, Valchevrière), ainsi que les assises crayeuses des Piochers (Forêt de Lente) et de Barcelonne (Drôme) (d'après G. Sayn).

2° *Urgonien du Vivarais.* — Au Sud de Montélimar, le faciès urgonien se montre nettement caractérisé dans le Robinet de Donzère, aux environs de Clansayes, sur la rive gauche du Rhône, et se continue sur la rive droite (Viviers), où il occupe de vastes étendues dans le Gard et dans l'Ardèche, donnant lieu à de grands plateaux karstiques (plateau de Saint-Remèze et de Bidon, Serre de Bouquet, Seyne, etc., et à un curieux régime de grottes, de *résurgences* et d'érosions souterraines (Pont d'Arc, grotte de Saint-Marcel d'Ardèche, Fontaine de l'Oulle à Bourg-Saint-Andéol, etc.). A ce massif qui s'étend jusqu'au Sud d'Uzès et du Gardon, appartiennent les gisements fossilifères de Saint-Montant (V. Paquier), de Navacelle et de Brouzet-les-Alais, ce dernier récemment étudié par MM. Cossmann et Pellat.

3° *Urgonien de Provence.* — Au Sud de la fosse vocontienne où règne le faciès à Céphalopodes, on voit apparaître sur le versant méridional du Ventoux et de la Montagne de Lure, des calcaires urgoniens qui ont fait l'objet des études de MM. Léenhardt et Kilian. Ce massif de l'Urgonien provençal s'étend au Sud-Est jusqu'à Simiane et Volx (Basses-Alpes) ; au Sud, il comprend les environs d'Apt, les Monts de Vaucluse, l'extrémité ouest du Mont Luberon (environs de Mérindol), puis les collines d'Orgon; il comprend également les environs de Martigues, de Saint-Chamas, de Marseille, le massif d'Allauch, de la Sainte-Baume, et se poursuit jusqu'aux environs de Toulon.

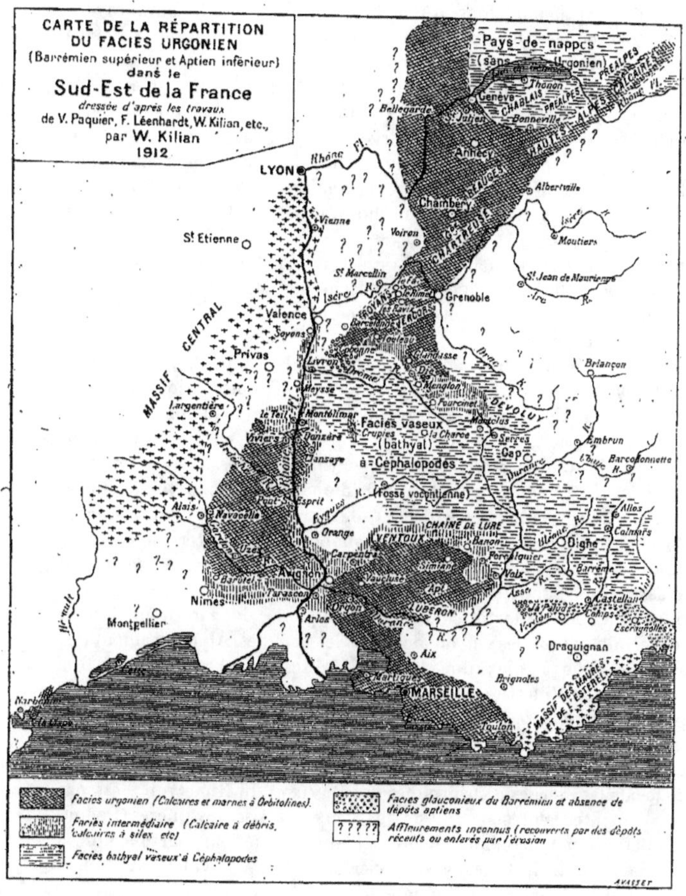

Les gisements célèbres d'Orgon et des Martigues ont été étudiés par Matheron, Cossmann, etc.; celui de Simiane par M. Kilian; M. V. Paquier a étudié les Rudistes urgoniens des environs d'Apt.

Au Revest, près de Toulon, on voit, près du Moulin-du-Colombier, les

calcaires urgoniens passer latéralement à des calcaires gris à silex noirs
et *Douvilléiceras* qui représentent l'Aptien inférieur.

4° Le facies urgonien ne se montre nulle part à l'Est de la région
delphino-provençale, où règne exclusivement le facies vaseux entre Gap,
Castellane et le Haut-Var, puis le *facies glauconieux* du Barrémien, avec
absence de l'Aptien, le long d'une bande parallèle à la bordure des
Maures et s'étendant des environs de Moustiers-Sainte-Marie (La Palud)
à Nice, par Comps et Escragnolles.

5° Au Sud-Ouest, l'érosion a enlevé, dans la région de Nimes et de
Montpellier, les dépôts supérieurs à l'Hauterivien; il est donc difficile
d'être fixé sur l'extension du facies urgonien dans cette région, au Sud-
Ouest de laquelle nous voyons réapparaître dans l'îlot montagneux de
la Clape, près de Narbonne, un remarquable exemple de formations
zoogènes à Pachyodontes et à Orbitolines, qui constituent un excellent
type de l'Urgonien.

Entre les dépôts franchement urgoniens et les dépôts bathyaux
à Céphalopodes de même âge, s'interposent des couches de *facies intermédiaires*, par lesquels s'effectue d'ordinaire le passage latéral du type
urgonien, au type bahyal.

Ce sont d'habitude des *calcaires à débris*, à Foraminifères et à Diplo-
pores (*Dipl. Mühlbergi*, Lorentz) [à Fourcinet (Drôme), Rioufroid, près
Serres (Hautes-Alpes), dans le Dévoluy et le Bochaine (d'après P. Lory),
à Soyons (Ardèche), rive droite du Rhône, Ventoux, environs de Banon
(Montagne de Lure), etc.]; et presque toujours aussi des *calcaires à
rognons de silex* [Ventoux; versant méridional de la Montagne de Lure,
Orgon; environs de Meysse (Ardèche), de Tarascon et de Nimes (Gard);
le Revest, près Toulon]. Il est remarquable de constater *l'association
fréquente des calcaires à silex avec des formations* récifales et zoogènes:
cette association rappelle celle qu'on observe dans le Bajocien du Jura
méridional (choin à silex et calcaires à Polypiers), dans le Rauracien du
Jura (terrain à Chailles) et même dans le Lias des Alpes occidentales
[Lias coralligène à silex du Morgon (Hautes-Alpes), du Pas-du-Roc
(Maurienne), de Villette (Tarentaise), etc.].

Au point de *vue de l'âge* des différentes masses de calcaire urgonien
citées plus haut, il est à remarquer qu'*aucune d'entre elles ne paraît
s'étendre à l'Aptien supérieur* (que représentent seules et d'une façon
toute locale les marnes à Orbitolines des Ravix et du Rimet); il n'est pas
rare de constater la présence, au-dessus d'eux, d'assises fossilifères (Bedoulien supérieur) appartenant encore à l'Aptien inférieur, par exemple à
Bourg-Saint-Andéol, Clansayes, Viviers, Le Teil, Laval-Saint-Roman
(Gard), Cassis (Bouches-du-Rhône), etc.

Quant à la *faune* des divers gisements énumérés plus haut et dont j'ai
récemment achevé la révision, elle est très riche, mais très uniforme et
fera l'objet d'une étude ultérieure; je me bornerai à faire remarquer
aujourd'hui que les **Caprinidés**, dont on doit la découverte dans l'Urgo-

nien aux beaux travaux de V. Paquier, se montrent à Saint-Montant, à Simiane, à Barcelonné et au Rimet, tandis qu'ils n'ont été signalés ni à Brouzet-les-Alais, ni à Orgon; ils paraissent se rencontrer dans un niveau correspondant à la base de l'Aptien inférieur. Il y a lieu de faire remarquer aussi que *Requienia ammonia* Goldf. sp. prédomine dans la partie inférieure, tandis que *Toucasia carinata* Math. sp. domine dans la partie supérieure; *Matheronia. Virginiœ.* A. Gras sp. s'est rencontrée dans l'Urgonien supérieur du Vercors, des environs de Grenoble et à Brouzet-les-Alais (Gard), à un niveau qui semble plutôt inférieur à celui d'Orgon. Il est en outre important de constater également l'absence, dans *tout* l'Urgonien du Sud-Est, de certaines formes telles que *Horiopleura Lamberti* M..Chalm. *Polyconites Verneuili* M. Ch. *et Terebratella Delbosi* Héb., qui se rencontrent dans les formations urgoniennes des Pyrénées et de la Clape (Aude). La coupe de cette dernière localité, d'après les recherches successives de MM. Cayrol, Fr. Léenhardt et Doncieux, montre en effet que **les calcaires à** *Horiopleura Lamberti*, **etc., qui manquent dans la région delphino-provençale, occupent, au-dessus de l'Urgonien classique (Bedoulien inférieur) un niveau qui correspond au Bedoulien supérieur ou au Gargasien, et dont le facies à Rudistes n'existerait pas dans le bassin du Rhône.**

Il est intéressant de signaler aussi l'abondance exceptionnelle des *Polypiers* dans les marnes et calcaires urgoniens du Rimet (Isère), de Barcelonne (Drôme), du Grand-Veymont (Isère) et des environs de Sault (Vaucluse), l'existence d'une faune intéressante, mais encore peu étudiée, de *Spongiaires* (groupe des *Pharetrones*) dans les « marnes à Orbitolines » gargasiennes des Ravix et du Rimet et dans les calcaires de la Dent de Crolles (Isère), ainsi que de masses de *Stromatopores* dans l'Urgonien de Saint-Montant (Ardèche). A signaler aussi l'abondance de *pinces de Crustacés* dans les « marnes inférieures à Orbitolines » de Voreppe (Isère) et la présence d'une mince assise de *lignites papyracés* dans ces mêmes marnes, près de Currières (Isère).

On trouvera d'ailleurs dans les travaux de MM. Léenhardt (pour la région du Ventoux), Kilian (pour la Montagne de Lure), Kilian et Léenhardt (pour les environs de Lesches, Fourcinet, La Charce), P. Lory, G. Sayn et V. Paquier (Menglon, Fontaine-Graillière, Sud du Vercors, Bellemotte, Crupies, Dévoluy, etc.), de nombreux exemples de *passages latéraux* de l'Urgonien delphino-provençal aux assises marneuses à Céphalopodes du Barrémien inférieur, du Barrémien supérieur et de l'Aptien ([1]).

([1]) *Voir* aussi le 3ᵉ fascicule (1913) de *Lethaea geognostica*, Palaeocretacicum (par W. Kilian) (Stuttgard, 1913), consacré en partie à l'Urgonien du Bassin du Rhône.

M. Maurice COSSMANN,

Ingénieur des Arts et Manufactures (Paris).

QUELQUES PÉLÉCYPODES JURASSIQUES RECUEILLIS EN FRANCE.

(Mémoire hors volume.)

MM. W. KILIAN et REBOUL.

(Grenoble).

SUR QUELQUES HOLCODISCUS NOUVEAUX DE L'HAUTERIVIEN DE LA BÉGUE (PAR LA PALUD) (BASSES-ALPES).

(Mémoire hors volume.)

M. F. ROMAN,

Docteur ès Sciences (Lyon).

COUP D'ŒIL SUR LES ZONES DE CÉPHALOPODES DU TURONIEN DU VAUCLUSE ET DU GARD.

(Mémoire hors volume.)

BOTANIQUE.

M. C.-Eg. BERTRAND,

Professeur à la Faculté des Sciences de Lille (Amiens).

OBSERVATIONS SUR CERTAINES PARTICULARITÉS
DE LA STRUCTURE DE QUELQUES PLANTES ANCIENNES.

6 Août.

1. *La différenciation histologique du bois secondaire des Dicotylédones et le défaut de localisation de ses gros vaisseaux.* — Le perfectionnement histologique le plus important réalisé dans la structure du bois secondaire est la différenciation des vaisseaux, gros tubes conducteurs de l'eau rapidement disponible. A côté de ces tubes, mais mêlés avec eux sans aucun ordre, on trouve : des fibres ligneuses fonctionnant comme réservoirs d'eau; d'autres fibres épaissies dites *libriformes*, agissant comme éléments mécaniques; enfin, du parenchyme ligneux, réservoir pour les matières amylacées, et aussi tissu obturateur quand il s'agit d'opérer l'oblitération rapide de la lumière d'un vaisseau ouvert accidentellement. Le secteur ligneux est sillonné radialement par les lenticules parenchymateux dits *rayons de faisceau*, auxquels Godlewski attribuait un rôle actif dans l'ascension de la sève. Dans cet ensemble, le tissu des rayons offre seul une certaine localisation par rapport aux autres éléments. Cette localisation du rayon par rapport au reste du bois secondaire est très-ancienne, antérieure à l'apparition des gros vaisseaux ligneux secondaires. Les plantes dévoniennes à bois secondaire de Saalfeld nous la montrent déjà réalisée. On peut donc dire qu'à part la localisation des rayons ligneux, il n'y a presque jamais localisation des autres éléments du bois secondaire.

2. *Le bois secondaire sans vaisseaux avec lumes fibreuses et rayons ligneux alternants.* — Dans beaucoup de plantes houillères, le bois secondaire est souvent un réservoir d'eau où la rétention énergique de ce liquide semble être le principal but. Le calibre des fibres ligneuses est très grêle eu égard à celui des trachéides du métaxylème. Les bois secondaires des Lepidodendrons, des Sigillaires, des Heterangium sont des exemples bien connus de ce dispositif. Dans ces bois, les fibres ligneuses en files

radiales alternent tangentiellement avec les rayons du faisceau. Ces derniers étant lenticulaires dans leur ensemble, la marche tangentielle des fibres est sinusoïdale. Sur une file radiale, les fibres grossissent régulièrement en s'éloignant du centre jusqu'à une taille limite. Au delà, la file unique est remplacée par deux ou trois files de fibres plus étroites contiguës. Un peu plus extérieurement, on revoit les deux ou trois files de fibres séparées entre elles par un ou deux rayons. Ce dispositif reste le même dans tous les azimuts. Les secteurs ligneux, tous semblables, sont ainsi réduits à une alternance de fibres ligneuses et de rayons muriformes plus ou moins étendus verticalement.

3. *Le bois secondaire du stipe des Sphenophyllum. États différents de ce tissu devant les régions polaires et sur les faces latérales du bois primaire. Complexité plus grande du tissu des rayons.* — Examinons le bois secondaire d'un stipe de Sphénophyllum. Nous sommes frappés par deux faits. D'une part, les fibres ligneuses ont des calibres très différents suivant les azimuts, mais des éléments de même taille se retrouvent régulièrement dans certains d'entre eux, d'où l'indice d'une régulation de l'écoulement de l'eau au moyen de variantes du calibrage des tubes ligneux dans certains secteurs déterminés. D'autre part, le tissu des rayons est plus différencié que chez les autres plantes. On sait que la section transverse du bois primaire de ces stipes est triangulaire. Les pôles trachéens rapprochés deux à deux occupent les sommets du triangle. Le bois secondaire entoure complètement le bois primaire auquel il est rattaché par un ou deux rangs de fibres primitives. Le bois secondaire consiste encore en fibres ligneuses disposées en séries radiales séparées par des rayons. Par là, il appartient au même type que celui des Lepidodendrons. Mais, de suite, on voit que les fibres des files latérales sont beaucoup plus grosses que les fibres des files qui correspondent aux trois sommets. Celles-ci sont particulièrement grêles. D'où, trois régions de fibres de gros calibre, correspondant aux flancs du bois primaire, opposées à trois régions de fibres grêles, correspondant à ses arêtes. On a donc l'impression d'une forte localisation des éléments semblables dans des régions bien déterminées. Ce sont les indices ordinaires d'un appareil physiologique plus perfectionné. La tuyauterie destinée à assurer l'écoulement de l'eau sur un cercle donné est réglée, non seulement par le nombre des files radiales, mais, en plus, par le calibrage des fibres dans les six arcs du contour.

Quant aux rayons, leur tissu est plus différencié que chez les Sigillaires. Le corps de la fibre ligneuse du Sphenophyllum est une colonne prismatique carrée ou rectangulaire, à pans coupés. Deux fibres consécutives d'une même file se touchant par une face tangentielle. Les rayons séparateurs sont, par suite, dilatés entre les pans coupés et rétrécis entre les faces radiales. La section transverse montre déjà qu'entre les pans coupés le tissu du rayon est formé de cellules isodiamétriques plus nombreuses, alors qu'entre les faces radiales, il n'y a que deux à trois cellules horizontales allongées radialement. Il y a donc au moins deux sortes d'éléments dans le rayon. Il peut y avoir aussi aux extrémités des fibres ligneuses des communications tangentielles entre rayons voisins. Devant cette organisation plus compliquée du rayon, qui n'existe pas chez les autres plantes, on s'étonne toujours de voir les physiologistes, partisans de la théorie de Godlewski et de ses modifications, ne pas faire appel à cette structure plus différenciée comme à un dispositif anatomique particulièrement favorable à leur explication de l'ascension de la sève. Les alternatives de gonflement et de contraction produites par l'imbibition et le desséchement des rayons étant ici plus fortes que partout ailleurs.

Il est très remarquable que ces dispositions particulièrement favorables ne se soient ni accentuées, ni conservées, ni répétées. Peut-être pourrait-on dire qu'il y a une répétition de la régulation de l'eau par localisation des éléments de même calibre lorsque les vaisseaux des faisceaux sortants sont plus grêles que ceux des faisceaux réparateurs.

4. *La différenciation du secteur ligneux secondaire des stipes de Calamodendron. Ses bandes mécaniques latérales opposées à sa masse aquifère médiane.* — Le secteur ligneux du stipe des Calamariées est construit sur un type très uniforme. Son unique point polaire est un groupe trachéen disloqué par l'élongation intercalaire qu'il a subie. Il est lié à une lacune antérieure maintenue ouverte par une bordure mécanique presque complète. En arrière du pôle, vers l'extérieur, s'étend le bois secondaire [1]. Ce bois secondaire présente un rayon médian séparant deux régions latérales. C'est dans le rayon médian, dilaté en boutonnière, que s'échappe la trace foliaire marchant horizontalement à la base du nœud. Le rayon s'étend plus ou moins loin vers le bas. Les parties latérales sont formées de files radiales de fibres ligneuses alternant tangentiellement avec des rayons comme dans le Lepidodendrées. Il peut y avoir plusieurs files de fibres contiguës, souvent deux ou trois et jusqu'à cinq. Les rayons ont souvent deux et trois rangs de cellules. Dès qu'un rayon s'élargit, son tissu se différencie en cellules d'attache insérées sur les fibres ligneuses et parenchyme de remplissage comblant l'espace limité par les cellules d'attache. Cette structure est parfaitement réalisée chez les *Arthropitys*.

---

[1] Quel est exactement le sens de la différenciation du bois primaire dans ces stipes et quelles sont les liaisons précises du bois primaire et du bois secondaire? Ces points sont encore à fixer. D'après les grosses racines dites *Astromyelon*, les rapports des bois primaire et secondaire sont certainement très fixes, car chaque file de fibres ligneuses secondaires part d'une face d'un tube ligneux primaire centripète. Quant au bois primaire, il nous apparaît encore comme un groupe indéterminé, la trace foliaire réduite qui en part étant elle-même indéterminée. Dès lors, on voit toute l'importance qu'aurait pour la compréhension de ce bois primaire la découverte de Calamariées à grandes frondes. On en jugera mieux en voyant ce qu'a donné la connaissance plus précise de la trace foliaire des Sigillaires.

.Elle se présente réduite chez les *Equisetum*. Dans le *Calamodendron stria-tum*, il s'y ajoute une différenciation qui porte sur les fibres ligneuses .et sur.les rayons les plus extérieurs du bois secondaire (¹). Les .fibres marginales sont très étroites et relativement très épaissies. Les éléments des rayons sont très étroits. Il en résulte deux lames radiales très dis-.tinctes agissant comme lames mécaniques, alors que le reste du bois secondaire conserve son caractère d'appareil aquifère. La fibre libriforme montre bien un élément mécanique différencié en opposition à la fibre ligneuse, mais, chez nos plantes, ces divers éléments sónt entremêlés dans le secteur, alors qu'il y a séparation et localisation nettes chez le Calamodendron qui se montre ainsi plus différencié physiologiquement.

. **5.** *Les îlots criblés extérieurs du liber primaire dans le stipe de* Sigillaria spinulosa. — L'anneau libérien primaire du stipe de *Sigillaria spinulosa* est partagé radialement en régions dont les unes contiennent une ou deux traces foliaires sortantes et dont les autres en sont dépourvues. Cette structure est une conséquence de la disposition verticillée des frondes de Sigillaires. Les plages avec sorties correspondent aux rayons médians des masses libéro-ligneuses. Dans celles qui contiennent deux traces foliaires, la plus externe se présente coupée à un niveau plus élevé de sa course descendante vers le stipe. La plus interne est coupée deux segments plus bas. Dans les plages qui n'ont qu'une seule trace foliaire, celle-ci se présente coupée à un segment de distance de chacune des sorties des plages à deux traces. Les plages à une sortie alternent tangen-tiellement avec les plages à deux sorties. Entre deux plages avec sorties, le liber primaire présente un peu en dedans de son bord externe un grand îlot criblé lenticulaire, dont le grand axe est tangentiel. Chaque îlot contient de gros tubes grillagés à parois gonflées, reliés par des éléments parenchymateux. Ceux-ci sont plus ou moins recloisonnés. Vers le centre du massif, les tubes grillagés elliptiques ont leur grand axe parallèle au contour de l'îlot. Au contraire, vers la périphérie, ces tubes ont leur grand axe rayonnant par rapport au contour de l'îlot. Les redivisions du paren-chyme interposé sont plus nombreuses à la périphérie de l'îlot et comme elles sont parallèles à cette périphérie, l'îlot criblé est fortement diffé-rencié et localisé par rapport au reste du liber. Ajoutons que les tubes criblés sont beaucoup moins volumineux sur l'arc postérieur ou externe de l'îlot criblé que sur son arc antérieur. Un parenchyme à éléments grêles revêt l'îlot criblé en dehors et correspond à une zone péricambiale. Un parenchyme interne à grands éléments relie la face interne de l'îlot criblé aux files rayonnantes d'éléments étroits du liber secondaire. Cette tendance à donner des îlots de grands tubes criblés dans le liber primaire du stipe existe aussi chez les Lepidodendrons. Maurice Hovelacque l'a

---

(¹). B. Renault voyait dans ces éléments mécaniques une différenciation du tissu des rayons médullaires.

rencontrée et figurée chez le Lepidodendron selaginoïdes, elle y est moins sensible que chez les Sigillaires, par suite du mode de sortie en hélice des traces foliaires. Nous ne connaissons rien de pareil aujourd'hui comme différenciation des îlots criblés.

De ces premiers exemples, il nous semble permis de conclure que des différenciations anatomiques plus élevées, avantageuses pour la plante, ont pu être réalisées. Qu'elles ne se sont pas toujours accentuées, conservées, ni répétées, nous imposant ainsi, une grande réserve quand nous raisonnons avec cette idée que le triomphe est assuré aux organismes les mieux adaptés.

6. *Comment on arrive à lire les organisations réduites. La trace foliaire de* Sigillaria spinulosa *dans la fronde et dans la couche subéreuse du stipe. La trace foliaire réduite de nos Isoëtes.* — Prise dans la fronde, la trace foliaire des *Sigillaria spinulosa* présente les faits suivants :

1º Une lame ligneuse primaire courbée en arc, légèrement ondulé en son milieu. L'arc est ouvert vers la face antérieure. Le bombement de l'ondulation est placé du même côté. La lame ligneuse a un seul rang de gros trachéides en son milieu. Elle a deux rangs d'éléments plus petits aux deux extrémités. Ces régions doublées indiquent deux régions polaires dont le pôle est intérieur à chaque groupe et non terminal comme le croyait B. Renault;

2º Une lame libérienne primaire antérieure qui attache le bois primaire à la partie antérieure de la gaine spiralée;

3º Une zone cambiale éteinte revêt la surface externe du bois primaire. Elle n'a pas produit de bois secondaire externe;

4º Une lame étroite de liber secondaire externe à éléments très grêles, à parois gonflées;

5º Une masse puissante de liber primaire subdivisée en trois zones :

a. Une zone profonde de cellules grillagées séparées par de très petits éléments parenchymateux;

b. Une région dissociée que Renault regardait comme glandulaire;

c. Deux arcs latéraux symétriques de cellules étroites à parois gonflées qui correspondent à l'assise péricambiale.

L'ensemble est courbé en gouttière vers la face antérieure de la fronde, et son développement est excentrique vers l'extérieur. A cette nervure sont annexées deux gaines, une gaine profonde, gaine spiralée, contiguë à la trace foliaire et une gaine mécanique qui revêt la gaine spiralée. Dans la gaine spiralée, les cellules sont sériées radialement. Certaines ont des parois épaissies avec ornements spiraux, alors que les autres restent minces. Cette gaine spiralée, qui a plusieurs rangs en arrière de nervure, se réduit à un rang à la face antérieure de celle-ci. La gaine mécanique, composée de cellules plus ou moins uniformément épaissies, présente en avant un épaississement qui comble la gouttière nervulaire.

La nervure conserve cette même structure dans toute la longueur de la fronde, mais en se réduisant de plus en plus vers le sommet.

Dans la région de la couche subéreuse du stipe qui correspond au fond des grands lenticules dilatés, la même trace foliaire montre l'organisation suivante :

1.º Une lame ligneuse primaire plus étendue, avec les mêmes caractères, ondulation médiane, boucles polaires latérales. Le faciès boucle étant plutôt accentué;

2º Le liber primaire antérieur, toujours réduit à trois ou quatre rangs de fibres primitives;

3º Un arc de bois secondaire externe très épais, de huit à douze rangs;

4º Une zone cambiale externe éteinte;

5º Un arc épais de liber secondaire externe à petits éléments sériés radialement et à parois gonflées;

6º Un arc très épais de liber primaire différencié en plusieurs zones, savoir :

a. Une zone profonde, épaisse, avec grandes cellules grillagées, reliées par de petites cellules parenchymateuses;

b. Un groupe médian d'éléments dissociés regardés par Renault comme une glande;

c. Deux arcs latéraux de cellules plus petites représentant la zone péricambiale.

La gaine à cloisonnements tangentiels est très visible encore en arrière et sur les côtés. En avant, cette gaine a subi plusieurs recloisonnements tangentiels au voisinage de la trace foliaire. Dans le tissu à parois minces produit, on trouve quelques cellules avec parois épaissies spiralées. La gaine mécanique externe ne se reconnaît pas ou se confond avec le tissu de remplissage qui réunit la trace foliaire aux fibres de la maille subéreuse où elle circule presque horizontalement.

De la face interne de la couche subéreuse dilatée à la fronde, on voit donc la trace foliaire se réduire. Elle perd la totalité de son bois secondaire externe; la plus grande partie de son liber secondaire externe. La largeur de la lame ligneuse primaire est diminuée dans sa partie médiane et dans ses boucles latérales. Le liber primaire est sensiblement réduit dans sa partie profonde. Il faut donc connaître la structure de la trace foliaire dans une partie déjà profonde de la couche subéreuse du stipe pour comprendre la structure de la trace dans la fronde. Vers le haut de la fronde, la réduction de la trace foliaire porte surtout sur les gros trachéides qui séparaient les deux boucles polaires. Ils finissent par disparaître. Les diverses zones subsistent très haut, mais réduites comme nombre d'éléments. La masse ligneuse primaire tend à devenir une plaque d'éléments de même calibre, avec pôle intérieur, placée devant une masse libérienne où l'on distingue encore le groupe dissocié, les deux arcs péricambiaux latéraux et la file de liber secondaire. Toutes les traces foliaires de Sigillaires et de Lepidodendrons que nous avons pu examiner dans les frondes rentrent dans ce même type de structure plus ou moins réduit, les deux boucles pouvant être très condensées par rapprochement.

Examinons maintenant la trace foliaire d'un de nos Isoëtes prise dans la fronde. Nous y relevons :

1° Une lame ligneuse primaire en arc tangentiel jalonné par trois trachées. Celles-ci, disloquées et étirées par accroissement intercalaire, sont souvent remplacées par une lacune. Les fibres primitives contiguës s'orientent normalement aux contours de ces lacunes trachéennes. Les trachées extrêmes, bien que plus petites, ne sont pas les trachées initiales. Le pôle est la trachée médiane;

2° Un arc de fibres primitives relie antérieurement les trachées au tissu fondamental. C'est le liber primaire antérieur;

3° Le liber externe est exclusivement primaire. C'est un arc épais relié au bois primaire par de grands éléments. On y reconnaît latéralement vers l'extérieur deux arcs symétriques d'éléments plus grêles à parois gonflées. Dans le plan médian, il y a des traces d'écrasement chez l'*Isoëtes hystrix* (¹). Même, après les épaississements tardifs, cette région centrale diffère des régions latérales.

En comparant la trace foliaire des Isoëtes aux réduites supérieures de la trace foliaire des Sigillaires, on est frappé à la fois de la ressemblance des deux traces et des réductions subies par toutes les parties de la trace foliaire d'Isoëtes. Le bois primaire tend à n'avoir qu'un pôle unique médian. Les productions secondaires et la zone cambiale externe manquent. La différenciation du liber primaire est plus simple. Il reste une trace des arcs péricambiaux et du groupe médian.

Une fois de plus, la connaissance des structures fossiles se montre ici indispensable pour la compréhension des formes réduites qui ont persisté. Pour la plupart de ces réduites, la lecture n'est possible que quand on a trouvé des traces foliaires suffisamment larges et suffisamment développées pour montrer toutes leurs complications.

(¹) O. Kruch, *Istologia ed istogenia deb fascio conduttore delle foglie di Isœtes*. Malpighia, 1890.

M. G. CABANÈS.

(Nîmes).

SUR QUELQUES PLANTES MÉDITERRANÉENNES RARES.

58. 19 (44.9)

2 Août.

M. G. Cabanès présente des exemplaires de quatre espèces rares pour la région méditerranéenne française récoltées en 1911 et 1912 dans les environs de Nîmes.

1° *Lavatera punctata* All. — Indiquée par les auteurs dans les Alpes-Maritimes, où elle serait assez abondante depuis Menton jusqu'à Grasse, puis très rare à Toulon et Marseille, mais adventice, d'après Rouy, dans cette dernière localité, où Honoré Roux ne la cite pas. Rencontrée déjà à Nîmes il y a environ 15 ans par l'abbé Magnen; à Caveirac, 9 km ouest de Nîmes, par G. Cabanès; découverte en 1912 par le présentateur dans une oliveraie à Saint-Cézaire-les-Nîmes. Pourrait donc être considérée comme naturalisée aux environs de Nîmes, qui est la localité la plus occidentale qu'elle occupe dans la région littorale méditerranéenne française;

2° *Centaurea diffusa* Lamk. (Variétés à fleurs blanches et à fleurs roses). — Considérée comme adventice ou même subspontanée à Montpellier, Bédarieux, Marseille, Aix, où elle s'hybride avec d'autres espèces. Plante étrangère : Russie méridionale, Turquie, Italie. Localité nouvelle : la Costière, au sud de Nîmes, sur le diluvium alpin, au sud de la commune de Beauvoisin, où elle paraît naturalisée. Pourrait avoir été introduite dans le Gard, avec les balayures de la ville de Marseille employées à Beauvoisin en quantités énormes pour la fumure de la vigne (juillet à octobre 1909 à 1912). Très abondante par places dans cette localité;

3° *Convolvulus althœoides* L. — A 2 km environ à l'ouest de la ville de Nîmes, près du four à chaux de Saint-Cézaire, à flanc de coteau, sur la bordure caillouteuse calcaire et stérile d'un champ inculte, au pied d'une ligne d'hybrides d'Amandier et de Pêcher (mai et juin 1911 et 1912;

4° *Parietaria Lusitanica* L. — Espèce paraissant affectionner les abords des grottes, les vallons, les gorges. Les auteurs l'indiquent dans les Pyrénées-Orientales, les Bouches-du-Rhône et le Var. Se trouve dans les fentes du calcaire donzérien, gorges du Gardon à la Baume, au-dessous de la grotte de Saint-Vérédème, 15 km nord-ouest de Nîmes (mai et juin 1912).

Les trois dernières espèces constituent des nouveautés pour la flore du Gard.

M. Ant. MAGNIN,

Professeur de Botanique à la Faculté des Sciences (Besançon).

SUR LES CARTES PHYTOSTATIQUES DU JURA.

(44.47)

5 *Août.*

La disposition des chaînes jurassiennes en un croissant étroit et de faible convexité permet un mode de représentation des aires occupées par leurs plantes caractéristiques très simple et facile à établir. Il suffit, en effet, de construire une Carte *passe-partout*, réduite aux principales lignes de la topographie jurassienne : limites du Jura; falaise occidentale et front oriental; principales chaînes comprises entre ces deux limites (Revermont, Vignoble, Poupet, Lomont; Joux blanches et chaînons des plateaux lédoniens, dubisiens; Joux noires et Hautes Chaînes); tracés des rivières, l'Orbe, le Doubs, la Loue, l'Ain et la Bienne, le Rhône.

Sur une pareille esquisse on peut tracer facilement et clairement les limites des territoires occupés par les caractéristiques jurassiennes, soit par des surfaces teintées, soit par des lignes qui, prolongées depuis leur point de départ (limites de l'aire jurassienne) dans la marge de la Carte, permettent d'y inscrire le nom de l'espèce ainsi limitée et des renseignements sur sa dispersion générale.

Ce procédé donne une idée très claire et très suggestive de la géonémie des plantes du Jura, soit pour chaque espèce, en particulier, soit pour les groupes d'espèces à dispersion analogue, principalement dans le sens des latitudes, c'est-à-dire du Nord au Sud; sur des Cartes de cette nature, on constate avec la plus grande facilité les étapes successives des irradiations rhodaniennes (S.-N.) et rhéno-danubiennes (N.-S.); ce procédé donne des résultats moins nets, mais peut être utilisé aussi pour représenter les modifications de la végétation du Jura dans le sens longitudinal, de l'Est à l'Ouest, du bassin suisse au bassin bressan. Les neuf Cartes qui accompagnent cette Note montrent bien les avantages de ce mode de représentation.

1, 2, 3, 4 : Extension dans le Jura de la flore occidentale et méridionale; Carte d'ensemble, *Erythronium, Ruscus aculeatus, Primula grandiflora.*

5 : Extension de la flore orientale, irradiations rhéno-danubiennes; plantes politiques et alpines.

6 : Extension de la flore alpine, crêts et pâturages pseudo-alpins; rapports

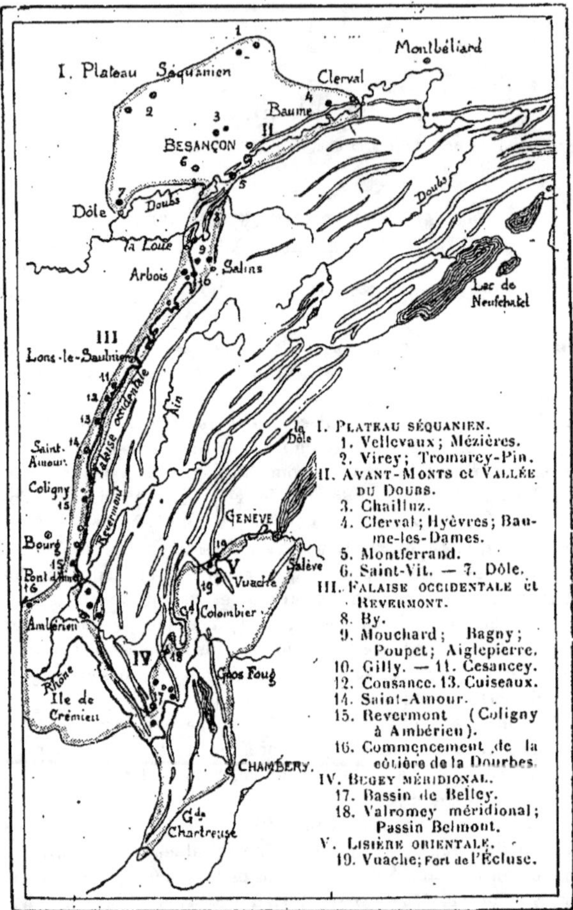

Carte n° 1. — Extension du *Ruscus aculeatus*.

avec les deux bordures calcaires, septentrionale et méridionale, des Alpes.

7, 8 : Espèces biaréales jurassiennes; Carte d'ensemble, Carte du *Primula auricula*.

9 : Espèce endémique jurassienne, l'*Heracleum juranum*.

Quatre cartes seulement sur les neuf présentées ont pu être reproduites dans ce Volume.

La Carte nº 1 représente l'extension dans le Jura du *Ruscus aculeatus;*

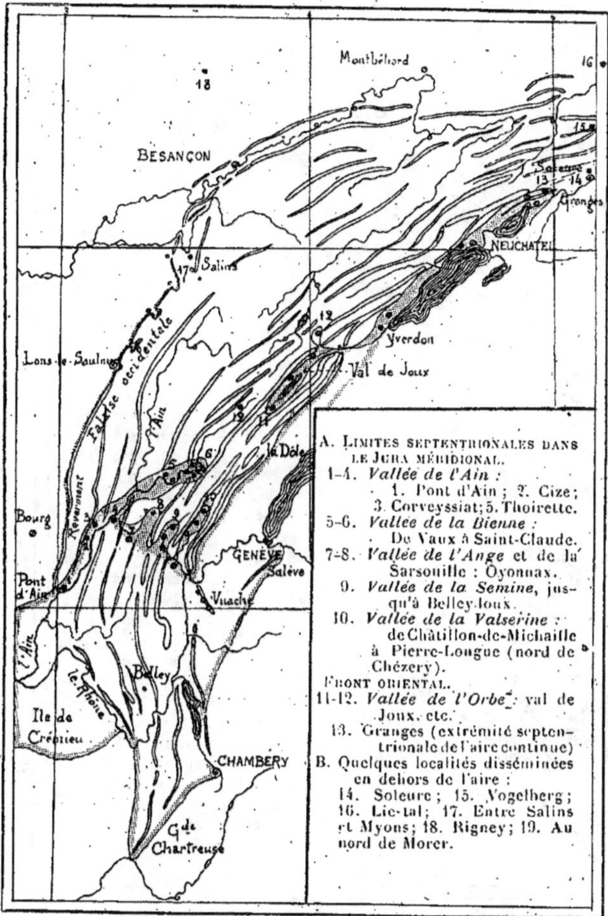

Carte nº 2. — Extension du *Primula grandiflora.*

elle montre comment cette espèce de la flore de l'Ouest s'est établie le long de la falaise occidentale du Jura, depuis la côtière méridionale de la Dombes, grâce à laquelle son aire est en continuité avec les collines

rhodaniennes, jusqu'aux plateaux de la Haute-Saône, située à peu de
distance des collines lorraines où la plante se retrouve.

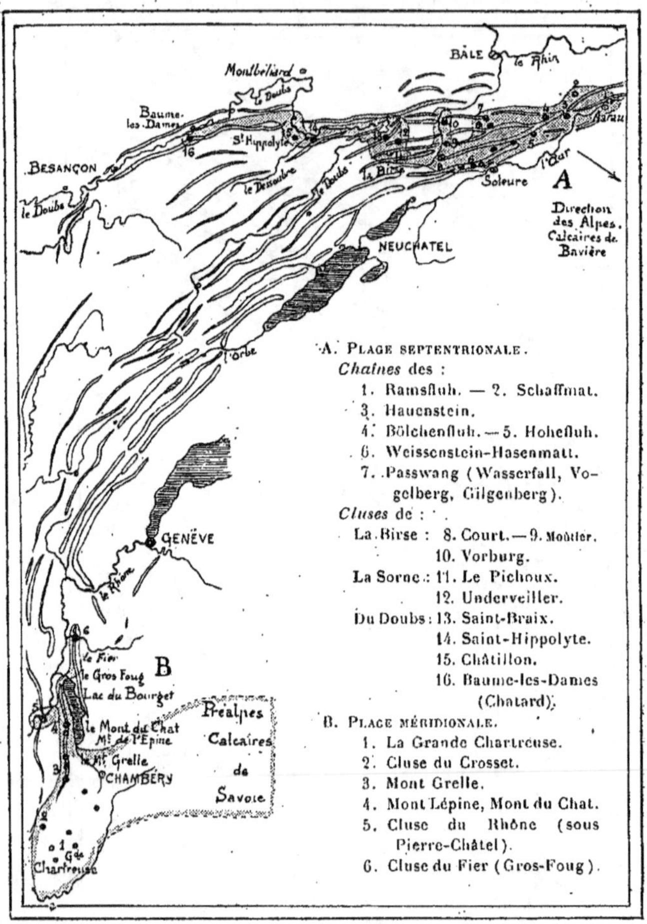

Carte n° 3. — Espèce biaréale jurassienne (*Primula auricula*).

La Carte n° 2 montre l'extension remarquable du *Primula grandiflora*
dans le Bugey et le front oriental du Jura et son absence dans toute la
partie occidentale de cette région, même dans les stations xérothermiques
de la falaise.

La Carte n° 3 donne une idée de l'extension dans le Jura des espèces
que nous avons désignées sous le nom de *biaréales jurassiennes* (¹) et
qui occupent des plages, plus ou moins restreintes ou étendues, aux deux

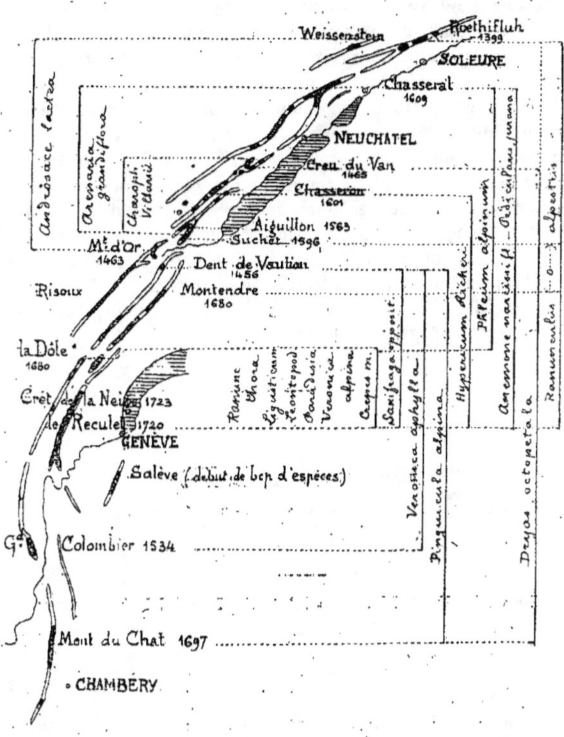

Carte n° 4. — Exemple de Carte pour programme d'herborisation.
Excursions botaniques au Chasseral (1905), au Creu-du-Van (1909), au Chasseron
(1911), au Suchet (1910, 1911), au Mont d'Or (1896, 1900, 1908), à la Dent de
Vaulion (1897, 1910), à la Dôle (1898, 1912). Rapports de la *Flore culminale*.

extrémités de l'arc; on voit, en particulier pour le *Primula auricula*,
que ses deux plages se rattachent, la méridionale, aux préalpes calcaires
de la Savoie habitées par cette espèce, et la septentrionale, malgré son
éloignement, à la bordure calcaire septentrionale des Alpes de la Bavière;
on constate aussi l'influence des cluses, comme stations de refuge, pour

(¹) Voyez, *Archives de la flore jurassienne*, 1905, nᵒˢ 58-59, p. 137; n° 60, p. 453.

les localités les plus extrêmes de l'aire, Baume-les-Dames, Pont-de-Raide, etc., au Nord; le Fier, Pierre-Châtel, au Sud.

Enfin, nous avons reproduit dans la Carte n° 4 une des Cartes autographiées que nous donnons avec les programmes des herborisations importantes faites dans le Haut-Jura; cette Carte montre bien les avantages de ce procédé simple, pratique et très suggestif de représentation de l'extension de la flore culminale dans les hautes chaines jurassiennes.

Notre Atlas de phytostatique jurassienne comprend déjà près de deux cents Cartes semblables, quelques-unes ayant du reste déjà fait l'objet d'une présentation à une session antérieure de l'*Afas* ([1]); mais j'insiste aujourd'hui sur le *procédé simplifié*, tel que je l'emploie depuis quelques années dans les programmes autographiés des herborisations de la Faculté des Sciences de Besançon; le spécimen (Carte n° 4) a servi pour une herborisation forestière au Suchet, en septembre 1910, et pour les herborisations publiques faites au Chasseron, en 1911, et à la Dôle, en juillet 1912. La publication de cet Atlas serait, croyons-nous, très utile pour les recherches de Géographie botanique.

―――――――

Mlle Marguerite BELÈZE.

Lauréat de l'Institut (Académie des Sciences),
Montfort-l'Amaury (Seine-et-Oise).

LE « GOODYERA REPENS » DANS LA RÉGION PARISIENNE.

58.41.5 (44.36)

2 Août.

Le *Goodyera repens* R. Br; *Satyrium repens*, L.; *Néottia repens* Sw.-D. C; *Epipactis repens* All; Crantz. en français *Goodyère rampante*, est une jolie petite *Orchidée*, dont l'aire de dispersion s'étend, d'après M. le Dr X. Gillot, « depuis l'Écosse, la Laponie et la Sibérie, au Nord, 70° latitude Nord, jusqu'aux confins de la Sibérie orientale, 163° longitude Est; son écart en latitude est donc de 60°, et en longitude de 288°. Dissiminée en Scandinavie, en Danemark, surtout dans l'Europe australe, elle est assez commune en France, dans les Vosges, le Jura, les Alpes du Dauphiné et de la Savoie, les Pyrénées, mais rare dans le Massif central ».

La diagnose de cette curieuse plante lui donne l'aspect suivant : racine longue traçante, cylindrique, et comme articulée; tige ascendante de 12 dm de hauteur, garnie à la base de feuilles rétrécies en pétiole engainant, ovales,

―――――――――――――――――――――

([1]) *Association Française*, Session de Saint Étienne, 1897, 9 août, t. I, p. 289.

un peu lancéolées, marquées de nervures disposées en réseau, assez visibles, surtout par transparence.

La tige est mince, garnie de bractées lancéolées et herbacées. Les fleurs sont disposées en épi, presque unilatéral, sessiles, petites, irrégulières, blanches et à odeur faible.

Elle pousse de préférence dans le terreau qui résulte de la décomposition lente des aiguilles de Conifères, surtout de celles des Pins. Très rare près des limites et dans notre flore parisienne, elle a été trouvée, en 1829, dans le Loiret, par Pelletier, sous des Pins plantés par Duhamel du Monceau et, sous ces Conifères, également introduits par le même botaniste, par M. Ad. Chatin et les frères H. et Eug. Fournier, au *Mail de Henri IV*, forêt de Fontainebleau (Seine-et-Marne), en 1854. Elle a été récoltée par M. E. Jeanpert, à Malesherbes, en juillet 1891, et vers la même époque, par M. Ad. Chatin, dans sa propriété de la *Romanie*, aux Essarts-le-Roi (Seine-et-Oise), et enfin par moi, le 9 juillet 1894, également sous des Pins, qui, comme ceux du Loiret, de Fontainebleau, de Malesherbes, des Essarts-le-Roi, avaient aussi une quarantaine d'années d'existence.

Cette période de temps est nécessaire pour que la décomposition des aiguilles de *Pinus sylvestris* soit assez complète pour former un *substratum* suffisamment profond et riche en humus; il faut qu'une épaisseur de mousses, appartenant à diverses espèces, puisse le recouvrir et lui conserver l'humidité voulue.

Cette plante, aux environs de Paris, a toujours apparu soudainement : probablement que ses fines séminules restent longtemps dans la terre sans germer, bien qu'ayant sans doute une existence souterraine assez longue, et, lorsqu'elles se trouvent dans des conditions favorables, fleurissent tout d'un coup.

Depuis plusieurs années, je surveillais attentivement une assez grande étendue de la forêt de Rambouillet, couverte de Pins sylvestres qui me paraissaient assez âgés pour que *Goodyera repens* veuille bien se montrer. Enfin, le 16 mai 1894 [1], je la trouvais, non fleurie, parce que son anthèse n'a lieu qu'au milieu de l'été; mais, le 9 juillet de la même année, je pus en herboriser, en pleine floraison, de quoi faire une vingtaine de parts, sans crainte d'appauvrir cette riche localité, qui s'étend sous une *pineraie* depuis les carrefours du Sycomore, des Barillets et des Calèches jusqu'à l'entrée des Fontaines-Blanches.

Les larges colonies de cette *Orchidée* augmentent tous les ans leur aire de dispersion, qui couvre approximativement une superficie d'environ 1 km² entrecoupée de quelques solutions de continuité.

Des botanistes de grande valeur ont émis deux hypothèses opposées pour expliquer la soudaineté de *Goodyera repens* : les uns l'attribuent à ce que ses fines séminules se trouvent agglutinées par la résine autour des graines de Pins; les autres, et c'est l'opinion la plus répandue, que, lorsqu'on plante de jeunes Pins, des débris de rhizomes de cette *Orchidée* adhèrent aux racines des premiers et restent de longues années à l'état latent, et lorsque des circonstances favorables se présentent, se montrent tout à coup.

Pour l'unique localité de la forêt de Rambouillet, découverte par moi, la seconde hypothèse est inadmissible, car les Pins sous lesquels je l'ai trouvée ont été *semés* en place et non *plantés*.

---

[1] Cf. *Bull. Soc. bot. de France*, t. LIV, 1894, p. 401.

Des botanistes ont aussi émis l'opinion que les fines séminules de cette plante peuvent être transportées à de grandes distances par les vents. La localité de *Goodyera repens* la plus rapprochée de celle du Sycomore se trouve aux Essarts-le-Roi, à 12 ou 14 km de distance, distance qui me paraît bien grande pour expliquer le transport des graines par les vents.

Discussion. — M. Danguy a eu l'occasion de rencontrer souvent le *Goodyera repens* R. Br. dans ses herborisations [1]. Non seulement cette plante est aujourd'hui très abondante dans presque toutes les plantations de pins de la forêt de Fontainebleau, surtout dans celles qui sont formées par le Pin sylvestre, mais elle est également fréquente dans les bois de pins de la même région : Moret, Nemours (rochers de la Barraude, bois de Darvault, etc.), Malesherbes (bois d'Auxy, de Buth ers, etc.), Maisse (entre la station du chemin de fer et Bonnevaux, où elle est extrêmement commune). Dans le Nord et dans l'Ouest de la région parisienne, elle se trouve dans la forêt de Villers-Cotterets; et non loin de Pontoise dans un bois de pins entre Frouville et la ferme de Granval. On peut encore l'observer dans le bois des Gonards, près de Versailles; mais là, le *Goodyera repens* n'a jamais été abondant, et il semble devoir disparaître en même temps que les pins.

M. E. DECROCK.

(Marseille).

L' « ERYTHRONIUM DENS-CANIS » AU VOISINAGE DE MARSEILLE.

58.43.2 (44.91 M)

2 *Août.*

L'*Erythronium Dens-Canis* croît normalement dans les « forêts, les bois, clairières et landes de la zone du Hêtre et de la zone subalpine » (Ch. Flahault). Aussi les botanistes de la région méditerranéenne seront-ils surpris d'apprendre son existence aux environs immédiats de Marseille, dans la zone essentiellement caractérisée par l'association du Pin d'Alep. Au cours des herborisations que nous dirigeons à la Faculté des Sciences de Marseille, nous l'avons observée, deux années de suite, en compagnie de notre élève Jean Hugues, la première fois le 15 avril 1911, en pleine floraison, la seconde fois le 2 mai 1912, en voie de fructification. Les spécimens étaient peu nombreux et très disséminés; leur aire nous a paru limitée au fond du vallon qui descend du Regage (un des sommets du massif de Garlaban) vers la ferme de Pichauris située à proximité

---

[1] *Association française pour l'Avancement des Sciences*, 1895, 1re Partie, p. 285.

de la route nationale de Marseille en Italie et à environ 20 km de cette ville. La station est caractérisée par un sol profond, riche en humus, assez humide au printemps, c'est-à-dire pendant la période de vie active de l'*Erythronium*. Grâce à ces conditions, la couverture végétale est très dense, le sous-bois forme un maquis presque impénétrable, constitué en grande partie par *Quercus coccifera, Coronilla Emerus, Cytisus sessilifolius* surmonté de *Quercus pubescens, Q. Ilex, Pinus halepensis* et *Acer monspessulanum*. Toutes les collines des alentours sont recouvertes de Pins d'Alep, avec quelques Chênes verts très clairsemés; l'ensemble de la végétation y est xérophile. Il existe donc un contraste très marqué entre les conditions écologiques qui règnent ici et celles qui se présentent dans la station de l'*Erythronium;* mais nous sommes encore loin du climat qui convient à une plante de l'association du Hêtre. Si nous ne nous trouvons pas en présence d'un essai de naturalisation, ce que rien ne permet de supposer, à part l'existence de l'espèce en question, il est permis de penser que les spécimens d'*Erythronium Dens-Canis*, de la localité visée ici, sont des reliques d'une époque déjà lointaine pendant laquelle l'association du Hêtre recouvrait les collines de la Basse-Provence; que ce sont les derniers survivants d'une végétation qui a émigré vers les Alpes, sous l'influence des changements du climat. L'existence d'une forêt de hêtres à la Sainte-Baume doit s'expliquer de la même façon, car, actuellement, elle n'est pas à sa place normale. L'*Erythronium Dens-Canis* n'a pas été signalé à la Sainte-Baume, nous l'y avons patiemment cherché, mais sans succès; il ne peut donc pas être question de la dissémination des graines par l'intermédiaire des oiseaux.

En somme, en nous bornant à la Provence, l'*Erythronium Dens-Canis* est actuellement connu, dans la seule localité de Pichauris pour les Bouches-du-Rhône, dans les bois de la Garde-Freinet, au Défens (15 mars 1900, Bertrand) pour le Var, et sur les hauteurs de la région niçoise, à partir de 800 m environ, pour les Alpes-Maritimes.

M. J.-B. GÈZE.

(Villefranche-de-Rouergue).

DÉFINITIONS PHYTOGÉOGRAPHIQUES
DE QUELQUES STATIONS HYGROPHILES.

551.481 : 58

3. Août.

Au troisième Congrès international de Botanique, tenu à Bruxelles en 1910, la section de Géographie botanique a adopté la proposition suivante :

'« 5° Il est désirable de rédiger, sous la direction d'une Commission *ad hoc*, un vocabulaire international polyglotte donnant la *Synonymie* des expressions phytogéographiques, accompagnée d'une courte explication. »

Pour répondre à ce désir, je viens soumettre aux discussions de la neuvième Section, présidée par le rapporteur français de la Commission internationale de nomenclature phytogéographique, un essai de définition de quelques termes relatifs à des stations *physiquement* humides.

Je dis *physiquement*, car un certain nombre de terrains saturés d'eau sont *physiologiquement* secs et couverts d'une végétation à caractère nettement xérophile.

Ainsi, M. WARMING (*Œcology of Plants*, 1909, p. 136) divise ses cinq premières classes de Formations végétales en deux grands groupes, suivant que le sol est *réellement humide* (Cl. 1, *Hydrophytes*, plantes aquatiques, entièrement submergées ou tout au plus en partie nageantes; Cl. 2, *Hélophytes*, plantes palustres, dont les feuilles et les fleurs s'élèvent au-dessus de la surface de l'eau); ou bien que le sol est *physiologiquement sec*, c'est-à-dire saturé d'eau difficilement utilisable par les plantes, qui sont toutes xérophiles : Cl. 3, *Oxylophytes*, sur sol acide (tourbières); Cl. 4, *Psychrophytes*, sur sol glacé; Cl. 5, *Halophytes*, sur sol salin.

Les quelques stations que je voudrais définir supportent des Associations végétales dépendant des classes ci-dessus, sauf de la quatrième.

Je laisserai de côté les eaux courantes (*fleuves, rivières, ruisseaux, canaux*, etc.) et leurs bords : ces mots ne prêtent pas à confusion; ils sont bien définis dans tous les Dictionnaires et dans les Manuels de Géographie; d'ailleurs, ils constituent, au point de vue phytogéographique, des ensembles de stations plutôt que des stations uniques : leur végétation est très différente suivant la profondeur et la vitesse de l'eau, suivant la forme et la nature des bords (vase, sable, graviers, rochers, calcaires ou siliceux). Or, nous savons que :

« une *station* est une circonscription représentant un ensemble complet et défini de conditions d'existence, exprimé par *l'uniformité de la végétation* ». (*Congr. internat. Botan.*, 1900 et 1910.)

J'insisterai, au contraire, sur les masses d'eau plus ou moins stagnante, telles que *lac, étang, marais, marécage, bourbier, fondrière, mare, flaque d'eau, vivier, fosse, lette, panne*, rivages de la mer (*slikke, schorre, plage, lagune*), *tourbière*, etc.

Ces termes semblent employés un peu au hasard par beaucoup d'auteurs, et les Dictionnaires n'en donnent, pour la plupart, que des définitions vagues ou même contradictoires.

Je citerai, le plus souvent, les définitions du *Dictionnaire de la langue française* de LITTRÉ (1863-1877), dont l'auteur était, en même temps que savant philologue, médecin et naturaliste (il a publié une excellente traduction de l'Histoire Naturelle de PLINE).

I. **Lac**. — LITTRÉ : « Grand espace d'eau, qui se trouve enclavé dans les terres ». — En latin : *lacus*; en grec : λίμνη; en allemand : *See* 's. m.).

Il semble, d'après les publications des phytogéographes FOREL, MAGNIN, SCHRŒTER et KIRCHNER, CHODAT, etc., qu'on doive entendre par *lac* véritable une étendue d'eau *naturelle, permanente,* un peu considérable (au moins 1 ha d'après M. MAGNIN), sans communication directe avec la mer, et assez profonde pour que le fond en soit dépourvu de plantes vertes, notamment de *Characées,* par suite de l'insuffisance de la lumière. Cette profondeur varie avec la limpidité ordinaire de l'eau; elle est de 12 m à 15 m dans le Jura (MAGNIN), 25 m dans le Léman (FOREL), 30 m dans le lac de Constance (SCHRŒTER et KIRCHNER).

II. **Étang**. — LITTRÉ : « Amas d'eau rendue stagnante par la direction du terrain ou par des écluses. » — En latin : *stagnum*; en grec : τέναγος.

Le fond d'un *étang (Teich)* est occupé, d'après M. SCHRŒTER, par des Phanérogames à feuilles et fleurs nageantes (*Nupharetum*) ou entièrement submergées (*Potamogetonetum,* jusqu'à 6 m de profondeur) ou par des Cryptogames macrophytes (*Characetum,* jusqu'à 30 m). Ces trois Associations font partie de la Formation des *Limnées* (WARMING); elles correspondent, pour M. MAGNIN, aux zones *nupharétifère* (3-4 m), *potamétifère* (4-6 m), et *characétifère* (6-15 m, dans le Jura); ces deux dernières zones caractérisent les *lacs-étangs* du même auteur, la première seule se trouvant dans la *région stagnale*.

III. **Marais**. — LITTRÉ : « Terrain non cultivé, très humide ou incomplètement couvert d'une eau qui est sans écoulement. » — En latin : *palus*; en grec : ἕλος.

Je proposerai la définition suivante :

« Un marais est un terrain saturé ou recouvert d'une eau stagnante ou à mouvement extrêmement lent, et assez peu profonde pour que les plantes dites *palustres* (*Hélophytes*) qui s'y développent puissent élever leurs feuilles, leurs tiges et leurs fleurs au-dessus de sa surface ».

Cette définition correspond au mot allemand *Sumpf*, tel que l'entendent KERNER (*Pflanzenleben*, t. I, 1896, pl. col. p. 410), WARMING (trad. KNOBLAUCH et P. GRAEBNER, 1902, p. 168), et C. SCHRŒTER, mais non M. POTONIÉ (*Ill. Flora von Deutschland,* 5e éd., 1910, p. 59), dont la description se rapporte plutôt à notre terme *Bourbier.*

L'équivalent anglais du mot *marais* est probablement *Marsh* (traduction anglaise de WARMING, *Œcology of Plants,* par P. GROOM et I.-B. BALFOUR, 1909, p. 185). D'après M. WARMING, le sol d'un marais (Marsh, Sumpf) contient plus de 80 % d'eau.

SHALER (1890, p. 263) propose de réserver le mot *marsh* pour les marais d'eau salée (eau de mer) et le mot *swamp* pour les marais d'eau douce.

IV. **Marécage**. — LITTRÉ : « Terrain où il y a des marais ».

LAFAYE (Dict. des Synonymes) : « *Marécage* exprime un espace plus étendu [que *marais*] : c'est tout un pays où il y a des *marais* », de même qu'un *vignoble* comprend beaucoup de *vignes*.

V. **Bourbier. Bourbe**. — LITTRÉ : *Bourbier* : « Lieu creux plein de bourbe ». [en latin : *uligo*]. — *Bourbe* : « Boue qui forme le fond des eaux croupissantes Étymologiquement, la *bourbe* est une boue telle qu'on y fait bouillonner l'eau en la foulant ». Un *marais* proprement dit peut être traversé, soit à pied, grâce à la végétation qui le recouvre et qui en affermit en partie la surface, soit en bateau, si l'eau est plus profonde. Un *bourbier* ne peut pas être traversé sans engins spéciaux, car il est formé de vase molle dans laquelle on s'enfonce : on s'y *embourbe*. — Un marais au sens large peut avoir des parties bourbeuses.

Le *Bourbier* me paraît correspondre au mot *Sumpf* de M. Potonié, qui le caractérise par l'accumulation d'une bouillie organique fluide, *vase pourrie* (*Faulschlamm*) à laquelle il a donné le nom de *Sapropel*.

VI. Fondrière. — Littré : « 1° Sorte d'enfoncement dans le sol, où les eaux bourbeuses s'amassent; 2° enfoncements remplis de neige dans les anfractuosités des montagnes; 3° enfoncement de quelques parties de terrain sablonneux d'où l'eau se dégorge, soit continuellement, soit par accès ».

VII. Mare. — Littré : « Petit amas d'eau dormante, naturel ou artificiel. » En latin : *lustra* (n. pl.).

VIII. Flaque d'eau. — Littré : « Petite mare d'eau croupissante ».

Correspond au mot latin *lamæ* (flaques d'eau boueuse sur les routes), et au mot allemand *Tümpel* qui ne dépasse pas 10 m de diamètre (C. Schrœter).

IX. Vivier. — Étang poissonneux, naturel ou artificiel. Étymologie : flamand : *vyver*; latin : *vivarium*, de *vivus*, vivant, vif; allemand : *Weiher*.

X. Fosse. Fossé. Entaille. — Littré : « *Fosse*, s. f. Creux fait dans la terre par la nature ou par la main de l'homme. ». — *Fossé*, s. m. : « Sorte de fosse continue, servant, soit à l'écoulement des eaux, soit à la séparation des terrains. ». — *Entaille*, s. f. : « Coupure avec enlèvement de parties. »

L'expression *Fosse de tourbage* (en allemand *Torfgrube*) s'appliquerait exactement aux excavations, souvent profondes de plusieurs mètres, faites dans les tourbières pour exploiter la tourbe, mais le nom d'*Entaille*, employé par Bosc (*Traité de la Tourbe*, 1870, p. 72) et par les tourbiers de Picardie semble préférable. M. Coquidé (*Propriétés des sols tourbeux*, 1912, p. 13) propose, sans utilité apparente, le mot *Extourbière* pour désigner les fosses de tourbage abandonnées, fréquemment remplies d'eau; il réserve le mot *entaille* (sens différent de celui de Littré) pour leur bord à pic, mieux nommé *Front de taille* par M. Magnin (*Tourbières Jurassiennes*, 1907, p. 3).

Le terme *Entaille* paraît correspondre aux expressions *Torfstich* (allemand) et *Peat Cut* (anglais).

XI. Lette. Panne. — Littré : « *Lette*, s. f. Nom donné dans les dunes de la Gironde à des amas d'eau qui se forment lors des pluies au fond des vallées séparatives des dunes et qui s'évaporent par les chaleurs. »

Ce terme semble synonyme du mot *Panne* (s. f.) du littoral belge, que M. Massart définit : « Espace plat entre les dunes littorales » (*Géographie botanique de la Belgique*, 1910, p. 107).

XII. Rivage. Slikke. Schorre. — Littré : « *Rivage*, s. m. Partie de la terre attenant à celle qui sert de limite à une masse d'eau quelconque, mer, lac, fleuve, rivière ou ruisseau. » L'ordonnance royale de 1681 définit *rivage de la mer* : tout ce qu'elle couvre et découvre lors des plus fortes marées.

M. Gadeceau (*Lac de Grand-Lieu*, 1909, p. 99-115) divise en trois *étages* la zone (ou plutôt *ceinture*) *marginale* ou *palustre* du lac de Grand-Lieu (près Nantes), qui comprend toute la partie du *rivage* plus ou moins soumise aux alternatives d'immersion et d'émersion.

1° « **Bas-rivage**, toujours plus ou moins baigné par le flot, et qui n'apparaît que dans les grandes sécheresses de l'été », peuplé d'*Amphiphytes* (Schrœter, *Bodensee*, 1902) : *Littorella, Heleocharis, Sagittaria, Polygonum amphibium,* etc. ;

2° « **Moyen-rivage**, qui découvre en été sans que le sol cesse d'être imbibé d'eau stagnante », station des *marécages*, peuplée d'*Hélophytes : Scirpus lacustris, Phragmites, Typha,* etc. ;

3° « **Haut-rivage**, qui émerge presque dès le commencement de la saison végétative, bien que. le sol y soit constamment imprégné d'eau, à une certaine profondeur », station de *tourbières* ou *prairies tourbeuses,* avec grands *Carex, Myrica, Juncus,* etc.

Dans le rivage de la mer, M. Massart (*loc. cit.,* p. 169), distingue la *Slikke,* alluvion marine que le flot atteint à toutes les marées, et le *Schorre* (pron. *skorre*), alluvions marines qui ne sont inondées qu'en marée de vives eaux.

Je ne connais pas de terme précis employé en France pour désigner ces deux parties supérieures du rivage marin, ni pour celle que découvrent seulement les grandes marées ; ces trois portions du rivage de la mer ont pourtant des végétations très différentes. On pourrait leur appliquer les expressions de M. Gadeceau, quoique la cause et les caractères botaniques de ces trois subdivisions soient tout autres sur les bords de la mer, que sur ceux d'un lac ; toutefois les noms du littoral belge ont l'avantage d'être plus courts (*Schorre* pour *Haut-rivage; Slikke* pour *Moyen-rivage*).

Lorsque le *Haut-rivage* est plat il constitue une **Plage,** d'après la définition de Littré : « Espace plat d'une étendue plus ou moins grande sur le rivage de la mer et qui n'est recouvert d'eau que dans les grandes marées. »

XIII. Lagune, s. f. — Littré : « 1° Espace de mer peu profonde et entrecoupée par des hauts-fonds ou des îlots ; passage de peu de profondeur entre deux îlots ou hauts-fonds. — 2° Espèce de petit lac ou de flaque d'eau dans des lieux marécageux. »

XIV. Grève, s. f. — Littré : « Terrain uni et sablonneux le long de la mer ou d'une grande rivière. Nom donné aux bancs de sable qui se forment dans la Loire et que le courant porte tantôt d'un côté, tantôt d'un autre. »

Forel M. Magnin, etc. emploient le mot *grève* dans un sens un peu plus large.

XV. Tremblants. — Dans certains lacs, les « bords surplombants, soutenus par les rhizomes entrelacés des plantes palustres qui constituent les prairies tourbeuses voisines (*Phragmites, Typha, Cladium, Scirpus, Menyanthes, Carex,* etc.), s'avancent quelquefois très loin sur la surface du lac » (Magnin, 1904, p. 359, figure) en formant un *gazon tremblant,* qui dépasse à peine le niveau de l'eau. C'est le *Schwingrasen* de M. Schrœter (1904, p. 54-57, 2 figures), les *Trembling bogs* d'Écosse (Macculloch, 1824), les *Quaking bogs* des États-Unis (Shaler, 1890, p. 287).

XVI. Ilots flottants. Levis. — Les *tremblants* se détachent parfois du rivage, et constituent « des *îlots flottants,* dont l'épaisseur est en moyenne de 50 cm à 80 cm, dépassant à peine de 10 cm la surface de l'eau » (Magnin, 1904, p. 360). Ces îles flottantes (*Schwimmende Inseln,* Schrœter, 1904, p. 58-61) peuvent aussi provenir du soulèvement du gazon d'une prairie tourbeuse par l'afflux des eaux, qui délitent la vase où s'ancrent les racines des hélophytes. Il en est ainsi, en automne et en hiver, au lac de Grand-Lieu, où ces îlots sont appelés *Levis* (GADECEAU, p. 13-14, 111, 123). Cette expression semble avantageuse pour désigner toutes les îles flottantes, quelle que soit leur origine.

XVII. **Touradons**. — Diverses plantes palustres, telles que *Carex stricta* GOOD., *Calamagrostis lanceolata* ROTH, *Molinia coerulea* MOENCH, ont un rhizome nul ou très court, mais de puissantes et nombreuses racines plongeant dans la vase. L'ensemble de ces racines et des bases des pousses densément serrées les unes contre les autres forme des touffes, des *mottes* de gazon compact rappelant des colonnes ou piliers de 3 dm à 10 dm de diamètre, séparées les unes des autres par des fossés labyrinthiformes atteignant 1 m de profondeur et 80 cm de largeur, elles sont parfois déchaussées et oscillantes sur leur base; ce n'est qu'en sautant d'une motte à l'autre que peut se faire l'exploration de certains marais (GÈZE, *Exploitation des marais*, 1910, *Pl. XXIII*).

Ces mottes ont été souvent décrites, depuis KERNER (*Donauländer*, 1863; *Pflanzenleben*, I, p. 410, II, p. 553), notamment par STEBLER (*Streuewiesen*, 1897, jolie planche), SCHRŒTER (*Bodensee*, I, p. 55; *Moore der Schweiz*, 1904, p. 50-53, plusieurs figures), MAGNIN (*Lacs du Jura*, 1904, p. 55, figures), etc.

Elles ont reçu, suivant les pays, des noms très variés : *Zsombek* (Hongrie), *Bülten*, *Pockeln*, *Hoppen*, *Hüllen*, etc. (Allemagne); *Riedkegel*, *Böschen*, etc. (Suisse), *Ilots*, *Mottes*, *Touradons* (MAGNIN, p. 58) en français. Le dernier mot, à la fois spécial et très expressif, me paraît devoir être préféré.

XVIII. **Tourbe. Tourbière**. — A. DE LAPPARENT (*Traité de Géologie*) : « Les *tourbières* sont des lieux humides ou marécageux dans lesquels s'accomplissent, sous la protection de l'eau, la décomposition de certaines matières végétales et leur transformation en un combustible nommé *tourbe*, tenant le milieu entre le règne organique et le règne minéral ».

Le Dr FRÜH (in FRÜH et C. SCHRŒTER, *Die Moore der Schweiz*, 1904, p. 1-2) reproduit la définition du Dr C. A. WEBER (de Brême) très légèrement complétée, et qui me paraît ainsi préférable à la précédente :

« Les *tourbières* [*Moore*] sont des formations de la surface de la terre (souvent quaternaires, ordinairement alluviales) que les plantes contribuent à constituer, et qui présentent toujours à la partie supérieure une grande accumulation des produits de décomposition riches en carbone (acides) de la substance végétale presque pure (parfois de la cellulose).

« En pratique, on distingue chez nous et en Basse-Allemagne, d'après l'épaisseur de l'humus acide :

1° Le *Moor* au sens large, avec tous les degrés, d'après les associations de plantes hydrophiles et la richesse du sol en carbone, depuis le *Sumpf*, à couverture végétale nue sur sol minéral, jusqu'au *sol tourbeux* [*anmoorigen Boden*], et à la *tourbe* [*Torf*] proprement dite;

2° Le *Moor* au sens restreint, ou *Torfmoor*, avec formation importante de tourbe, susceptible d'être exploitée.

« Le Dr C.-A. WEBER applique l'expression *Moor* quand le sol, desséché ou supposé tel, a une épaisseur de tourbe d'au moins 20 *centimètres*, règle que nous avons appliquée dans la carte des tourbières de la Suisse. »

M. HANS SCHREIBER (de Sebastiansberg, Bohême, 1907), se préoccupant

surtout de l'exploitabilité des tourbières, exige une épaisseur de tourbe de
5o cm.

Au point de vue phytogéographique, c'est-à-dire biologique, il suffit d'une
épaisseur de tourbe même inférieure à 20 cm pour caractériser une tourbière.

La distinction entre la *tourbière plate* (*Flachmoor*) et la *tourbière bombée*
(*Hochmoor*) a été nettement exprimée par M. C. SCHRŒTER dans l'ouvrage
déjà cité (p. 12-15).

1° La *Tourbière plate* (*Tourbière basse, infraaquatique, Flachmoor, Wiesen-
moor, Niederungsmoor, Niedermoor, Lage veen, Flat bog*, etc.), a une surface
plate, ou légèrement déprimée au milieu; elle se forme sous l'influence d'une
eau *riche en matières minérales*, surtout en *calcaire*, d'origine exclusivement
tellurique, dans tous les climats, suivant un mode d'extension uniquement
centripète, les parties les plus anciennes étant à la périphérie.

Les plantes dominantes sont les *Glumiflores*, surtout les *Cypéracées*, ainsi
que les *Graminées*, puis les *Joncacées*, entremêlées de nombreuses *Dicotylédones* et d'arbres (*Alnus, Betula, Frangula*). Parmi les Mousses, prédominent les
Hypnées. On n'y trouve pas de *Sphagnum*, d'*Ericacées*, ni d'*Empetrum*.

2° La *Tourbière bombée* [G. SCHMITZ, *Formation de la houille*, 1905], (*Haut-
Marais, Marais supraaquatique, Tourbière-haute; Hochmoor, Moosmoor, Haide-
moor, Haiden; Hooge veen; Mossmyr; Raised bog;* etc.), a une surface bombée,
en verre de montre; elle se forme sous l'influence d'une eau *pauvre en matières
minérales*, surtout en calcaire, d'origine tellurique au début (sur sol pauvre en
calcaire), le plus souvent atmosphérique; uniquement dans les climats humides,
tempérés ou froids; suivant un mode d'extension *centrifuge*, les parties les
plus anciennes étant au milieu.

Les plantes essentielles sont les *Sphaignes* (*Sphagnum*), associées à d'autres
mousses (surtout *Bryales*), à de nombreuses *Ericacées* (*Oxycoccos, Andromeda,
Calluna, Vaccinium*), à *Empetrum, Pinus montana uncinata* (*Pin à crochets*),
Betula pubescens et *nana*.

Entre les *Hochmoore* et les *Flachmoore*, M. POTONIÉ distingue les *Zwischen-
moore, Tourbières intermédiaires*, dont les caractères ne semblent pas très nets.

Distinction entre un marais et une tourbière. — Il résulte de ces
définitions qu'une *tourbière* est caractérisée par la nature du *sol* (tourbe); il
existe des tourbières sans eau; elles sont *mortes;* il est vrai, la tourbe ne continue plus à s'y former, mais elles méritent pourtant le nom de *tourbière*,
comme le remarquait SENDTNER dès 1854.

Au contraire, c'est la présence de l'*eau* qui caractérise un *marais*, quelle que
soit la nature du sol, qui peut être tourbeux (c'est alors une tourbière) ou purement minéral. (marais salant par exemple).

A un autre point de vue, on pourrait dire que *tourbière* est un terme *géologique*, c'est un *terrain*, caractérisé par la nature d'une *roche* (tourbe); *marais*
serait plutôt un terme de *Géographie physique*, exprimant l'état actuel d'une
surface couverte ou saturée d'eau, pendant un temps suffisant pour que les
plantes palustres puissent s'y développer. Un marais peut toutefois être momentanément desséché à sa surface, pourvu que le sous-sol reste assez humide,
et que l'eau manque pendant un temps assez court pour que les plantes palustres
continuent à y vivre.

M. J. LAGARDE.

(Montpellier).

RÉPARTITION TOPOGRAPHIQUE DE QUELQUES CHAMPIGNONS DES ENVIRONS DE MONTPELLIER.

58.92 (44.84)

2 Août.

Cette étude est un essai de phytogéographie locale. Elle a pour objet la recherche des rapports édaphiques et biologiques des Champignons les plus communs, les mieux connus. Elle montre la place et la valeur de quelques espèces dans les associations végétales; elle fait ressortir la nécessité des indications rigoureuses de localité, habitat, époque d'apparition, etc.

Le territoire étudié, quoique restreint, peut être divisé en six stations naturelles d'après la constitution du sol et le type de végétation :

1º Sables et dunes du cordon littoral;

2º Sols calcaires et rocheux des garigues avec Chênes verts, isolés ou en bouquets;

3º Taillis de Chênes verts ou de Chênes rouvres sur sols contenant de la silice;

4º Bois de Pins sur sols calcaires, calcaro-siliceux ou calcaro-marneux;

5º Bords des cours d'eau;

6º Surfaces meubles non couvertes, nues ou gazonnées, prairies, pelouses, limons et sables.

CORDON LITTORAL. — Les sables et dunes du littoral portent une flore fongique spéciale. Quatre espèces y apparaissent. La plus commune, *Montagnites Candollei*, Fr., est fréquente entre Palavas et Carnon en mai et juin, après les pluies. C'est un Champignon de fin de printemps dont les vestiges desséchés traînent parfois sur les dunes jusqu'en automne. *Gyrophragmium Delilei* Mont., moins commun, existe aux mêmes époques dans des conditions identiques. *Psilocybe ammophila* Dur. et Lév., rencontré en janvier, est signalé par de Seynes à l'automne et au printemps. *Geopyxis ammophila* Dur. et Mont. est un Discomycète des sables paraissant en novembre et décembre.

En dehors de la région, ces quatre champignons ont été trouvés dans des conditions identiques; ce sont bien des espèces littorales.

BOSQUETS DE CHÊNES VERTS ET GARIGUES. — Les sols calcaires, fissurés et caverneux, conséquemment secs et arides, sont peu favorables aux Champignons. Les espèces observées sont fonction de la végétation plutôt que du sol. Comme les essences ligneuses qui les abritent et les nourrissent, elles doivent s'accommoder de la pénurie d'eau. La moindre pluie ou rosée, rapidement évaporée ou absorbée, suffit au réveil du mycélium, dont l'évolution se poursuit en dépit de la sécheresse consécutive.

Le Champignon le plus remarquable à cet égard est le *Tricholoma albo-brunneum* Fr. var, *subannulatum* Batsch. On le trouve à proximité des Chênes, en particulier du Chêne kermès. Il fait partie de son cortège. On le voit pendant tout l'automne, depuis fin septembre jusqu'à fin décembre, en longues traînées de nombreux individus serrés les uns contre les autres, se recouvrant partiellement par leurs chapeaux, soulevant la terre dont ils ne se libèrent pas toujours complètement. Il occupe parfois de grandes surfaces, contribuant ainsi à la physionomie automnale des garigues. Un autre Champignon, *Russula alutacea* Fr., se rencontre fréquemment sous les Chênes, sur sol calcaire, après les pluies d'été, jusqu'à la fin de l'automne, parfois par des temps secs. Il est peu saillant au-dessus du sol avec lequel se confond son chapeau terne et monotone. Comme lui, et dans des conditions identiques, le *Lactarius piperatus* Fr., constitue un élément d'importance numérique dans l'association végétale des stations chaudes et sèches. Ces deux dernières espèces sont cependant plus fréquentes et plus apparentes dans les bois de Chênes sur sols siliceux.

Tricholoma subannulatum, Russula alutacea et *Lactarius piperatus* représentent, parmi les Champignons, des formes biologiques adaptées à la sécheresse au même titre que le Chêne kermès, le Thym vulgaire et le Genêt épineux. leurs cö-associés. Le pied généralement court, le chapeau étalé presque au niveau du sol, la surface parcheminée et terreuse, la texture cassante et friable; s'harmonisent parfaitement avec la végétation basse, grisâtre et rabougrie de nos garigues.

Citons encore *Pleurotus olearius* Fr. venant en grosses touffes au pied des Oliviers cultivés ou abandonnés. Il pousse aussi au pied des Chênes ou le long des haies bordant les chemins. C'est une espèce automnale. Son port, sa coloration, son pied excentrique ou latéral, ses feuillets décurrents le font prendre quelquefois pour la Chanterelle comestible. La distinction est cependant facile. Le Pleurote est plus grand, de couleur plus foncée, à feuillets minces, larges et serrés.

La Chanterelle, *Cantharellus cibarius* Fr., de couleur jaune vif, à feuillets épais, irréguliers, distants et peu saillants, est rare dans la station, trop sèche, qui nous occupe. Les quelques individus rencontrés, de coloration jaune pâle et de petite taille, sont à demi enfouis dans le sol au pied des Chênes verts ou des Chênes kermès. Elle est, au contraire, abondante sur sols siliceux.

TAILLIS DE CHÊNES VERTS ET DE CHÊNES ROUVRES. — Établis sur sols siliceux ou calcaro-siliceux, moins perméables que les sols calcaires, les taillis de Chênes, plus serrés, conservent l'humidité et la fraîcheur au profit de la végétation fongique. Les bois de Grammont, de Doscares, de la Moure, etc., sur cailloutis pliocène alpin à galets de quartzites, les bois de Murviel, Valmaillargues, la Boissière et Montarnaud sur calcaires plus ou moins imprégnés de silice réalisent à peu près les mêmes conditions. Sous une végétation presque fermée, les débris organiques abondants et stables donnent asile à de nombreux mycéliums. Peu importe la liste des espèces rencontrées; mettons seulement en évidence celles qui offrent quelque intérêt géographique, biologique ou économique.

Deux Champignons appartenant à des zones élevées de notre région méditerranéenne, l'Oronge vraie, *Amanita cæsarea* Fr., et le Bolet comestible, *Boletus edulis* Bull., descendent parfois en plaine comme le Châtaignier, la

Digitale et la grande Fougère, leurs compagnons habituels dans les montagnes. Ils ne sont point ici à leur place; ils sont dépaysés. L'Oronge se rencontre en exemplaires isolés, disséminés ça et là, jamais en nombre. Le Bolet, moins rare, se trouve dans les bois de Murviel, de la Boissière, de Montarnaud. En certaines années, il fournit des récoltes relativement abondantes aux habitants de ces localités.

Amanita cæsarea et *Boletus edulis* sont remplacés dans les bois siliceux de nos plaines par des espèces affines, l'Oronge blanche, *Amanita ovoidea* Fr. et une variété du *Boletus impolitus* Fr.

L'Oronge blanche n'appartient pas uniquement aux bois siliceux comme sa congénère *A. cæsarea*. On la récolte aussi sur calcaire marneux et dans les alluvions récentes des bords de nos cours d'eau, sous les Pins comme sous les Chênes. Elle affectionne les endroits peu couverts et bien éclairés. Sans redouter la sécheresse, elle vient volontiers là où la présence de silice, marne ou limon dans le sol maintient la fraîcheur à son pied. Contrairement à l'opinion de notre estimé confrère, G. Cabanès (¹), il me paraît imprudent de la considérer comme caractérisant « principalement nos garigues peu élevées ». Dans les taillis de Chênes, elle est commune pendant le mois d'octobre. A Murviel on la récolte sous le nom de *Boulé*. Elle est à la Moure, à Doscares, dans le parc de Caunelle, etc., toujours en société. Son abondance relative, sa grande taille, sa coloration éclatante attirent l'attention des mycophages et suscitent la convoitise des promeneurs. Sa récolte n'est pas sans danger. A côté de l'Oronge blanche, croît à la même époque, dans les bois siliceux, une variété blanche de la terrible Amanite bulbeuse, heureusement fort rare. Les deux espèces ont même apparence. A première vue, sans contrôle, la distinction est insidieuse. Il importe de bien connaître les caractères différentiels. L'Oronge blanche, trapue, a le pied cylindrique couvert d'une furfuration floconneuse fragile, avec un anneau friable et fugace. L'Amanite bulbeuse, élancée, a le pied renflé à la base lisse, avec un anneau non friable, persistant.

La variété du *Boletus impolitus* qui remplace le *Boletus edulis* dans nos bois de Chênes sur sols siliceux appartient uniquement à cette station. Il la caractérise. Il est partout, dans les bois de Doscares de Murviel, de Montarnaud, de la Boissière, etc, souvent abondant. Il paraît vers la fin de l'automne, tardivement, avec les Cortinaires d'arrière saison. C'est, après le *Boletus edulis*. le meilleur Bolet de la région. Les populations circonvoisines des bois où on le trouve en tirent profit.

Un autre élément économique de cette association est la Chanterelle, *Cantharellus cibarius* Fr. Elle trouve sur les sols contenant de la silice des conditions d'abri et d'humidité en rapport avec ses exigences. Son développement y prend assez d'extension pour assurer une rémunération suffisante aux chercheurs professionnels. On la récolte pendant les mois de septembre, octobre et novembre.

On trouve aussi dans les bois siliceux la délicate Grisette. *Amanita vaginata* Fr., mais ça et là, en individus isolés, rarement rapprochés sur un espace restreint. Elle n'ajoute rien à leur physionomie, pas plus qu'elle ne les caractérise, car on la rencontre sur sols calcaires dans les bois de Pins.

Citons enfin comme éléments physionomiques : *Boletus subtomentosus* L., *Cortinarius violaceus* Fr., *C. collinitus* Fr., *Marasmius androsaceus* Fr., *Russula alutacea* Fr., *Lactarius serifluus* Fr., *L. piperatus* Fr., *Collybia dryophila* Fr., *Clitocybe infundibuliformis* Fr., *Polyporus lucidus* Fr., *P. igniarius* Fr.

Bois de Pins d'Alep. — Le Pin d'Alep, isolé ou en bouquets parmi les Chênes, est l'essence dominante de quelques bois des environs de Montpellier. Il vient sur sols calcaires, avec ou sans silice, plus facilement si la roche est moins compacte, marneuse et friable. Les bois de Pins d'Alep sont, dans leur ensemble, caractérisés par trois espèces de Champignons comestibles communément répandues et fournissant d'opulentes récoltes après les pluies automnales. Ce sont : *Boletus granulatus* L. une variété blanche d'*Hydnum repandum* L. et *Lactarius deliciosus* Fr.

Le Bolet granulé se développe, à foison, sous les Pins, sur tous les sols, depuis le mois de septembre jusqu'en décembre. Il ne saurait être confondu avec aucune espèce vénéneuse.

Presque aussi répandu, on rencontre partout l'Hydne blanc, *Hydnum repandum*, var. *album*. Sociable, il se montre, à l'automne, en cercles, en groupes ou en longues traînées. C'est un comestible apprécié. Deux autres espèces du genre *Hydnum*, *H. ferrugineum* Fr. et *H. nigrum* Fr., à chair coriace, moins répandus et moins nombreux, l'accompagnent parfois.

Le Lactaire délicieux, plus clairsemé que les Hydnes et plus inconstant dans ses apparitions annuelles, se montre en novembre pendant une courte période. Comestible estimé en raison de la fermeté de sa chair, il est tenu en suspicion par beaucoup de mycophages à cause de ses colorations changeantes et de son lait orangé. Un autre Lactaire, de petite taille, à lait rouge de sang, *Lactarius sanguifluus* Paul, comestible aussi, mais rare, existe dans une dépression d'un bois de Pins, près de Courpoiran, sur alluvions pliocènes formées de fragments de quartz, de rognons siliceux et de cailloux calcaires.

Citons, à leur place, deux Amanites comestibles venant sous les Pins, *A. ovoidea* Fr. et *A. vaginata* Fr., déjà signalées l'une et l'autre dans les bois de Chênes.

Dans les bas-fonds exposés au Nord, où l'humidité plus forte et plus durable permet le développement des mousses, apparaissent en nombre les jolis Hygrophores à pied jaune et à chapeau conique coloré de teintes vives, orangées ou rouges. C'est l'*Hygrophorus conicus* Fr. Il met une note brillante dans le paysage.

D'autres Champignons viennent compléter le cortège de l'association du Pin : *Hebeloma crustuliniformis* Fr., *Tricholoma nudum* Fr., *Tr. terreum* Fr., *Armillaria caligata* Fr., *Trametes Pini* Fr., *Paxillus lamellirugus* Quél.

Il convient d'ajouter quelques Discomycètes de grande taille, comestibles, apparaissant sous les Pins ou dans leur voisinage, toujours sur sols calcaro-marneux. Ainsi *Helvella crispa* Fr. est commun dans le parc de Caunelle pendant le mois d'octobre, *Sarcosphœra coronaria* Schroter et *Acetabula leucomelas* Boudier, espèces printanières, se montrent pendant le mois d'avril à Caunelle, à Fontfroide, à Baillarguet. On rencontre aussi dans ces mêmes localités des colonies d'un petit Discomycète rouge, *Ciliaria trechispora* Boudier.

Bordure des cours d'eau. — Les Champignons du bord des cours d'eau

---

(¹) G. Cabanès, *La Végétation du département du Gard* (Extr. de *Nîmes et le Gard*, 1912).

sont surtout en rapport avec les essences ligneuses riveraines. On les trouve
ailleurs avec ces mêmes essences.

Pholiota œgerita Fr. et *Pholiota cylindracea* Fr. croissent à la base et sur les
troncs des Saules et des Peupliers, le long des rivières, dans les prairies et sur le
bord des fossés à Lattes, au printemps et en automne. *Armillaria mellea* Fr.
forme des touffes énormes au pied de différents arbres à feuilles caduques.
Il est partout dans les endroits humides, particulièrement au bord de l'eau.
Il foisonne, en automne, dans le parc de Caunelle. Ces trois espèces sont comestibles. Les deux premières, généralement confondues sous le nom local de *Pirou-
lado*, sont très recherchées; elles ne prêtent pas à confusion.

Sols meubles non boisés. — Ces sols se répartissent en terres cultivées,
prairies, pelouses, limons et sables.

Dans cet ensemble deux espèces comestibles dominent par leur taille et leur
fréquence. Le *Psalliota campestris* Fr. se trouve partout dans les endroits
découverts meubles et fumés, vignes, près, gazons, etc. Le *Coprinus comatus* Fr.,
vient dans les sables contenant de l'humus et dans les limons. Il est sur les
rives des cours d'eau, à la sablière de la Pompiniane, au milieu des prairies
de Lattes et sur les dunes de Palavas. Le printemps et l'automne sont les
saisons favorables au développement de ces espèces.

Sur les pelouses, en août, septembre et octobre, apparaissent des individus
disséminés de *Stropharia coronilla* Fr. et, plus rare, une élégante Volvaire,
Volvaria gloiocephala Fr.

Enfin, sur la terre nue, se montrent, au printemps et à l'automne, les
touffes serrées du *coprinus micaceus* Fr. et du gracieux *Psathyra gyroflexa* Fr.

Cet aperçu sommaire de la végétation fongique sur un espace limité
suffit à mettre en évidence deux notions fondamentales applicables
à l'étude biogéographique des Champignons. D'une part, la notion de
dénombrement spécifique correspondant à la fréquence des individus;
d'autre part, la notion d'habitat normal, c'est-à-dire le rapport étroit
des espèces avec le sol et la végétation.

L'une est une vue d'ensemble; l'autre, une appréciation critique des
détails. Elles se complètent mutuellement et concourent à la connaissance
méthodique, raisonnée, de la biologie de ces végétaux.

Les conditions de vie et de répartition des espèces communes sont
plus intéressantes au point de vue biologique que la découverte d'espèces
rares ou nouvelles.

M. J. PAVILLARD.

L'ÉVOLUTION PÉRIODIQUE DU PLANKTON VÉGÉTAL
DANS LA MÉDITERRANÉE OCCIDENTALE.

(26.01) (26.02)

2 *Août.*

Considéré en lui-même, sous un point de vue purement objectif, le Plankton végétal peut donner lieu à des recherches diverses, d'ordre qualitatif ou quantitatif.

Le matériel nécessaire m'a été fourni par les opérations de pêche au filet fin, poursuivies sans interruption depuis le printemps de 1906 dans les parages maritimes du port de Cette. Les conclusions que je présente ici diffèrent notablement de celles de mon Mémoire antérieur (1905) consacré au Phytoplankton de l'Étang de Thau.

Le Plankton végétal de la Méditerranée ne parait pas éprouver les énormes variations quantitatives observées dans l'Étang de Thau ou dans les eaux de l'Atlantique boréal. La Méditerranée ne m'a jamais donné de masses vivantes très considérables, résultant, comme dans l'Étang de Thau, par exemple, du développement colossal d'une espèce pélagique déterminée. Mais le produit de mes opérations n'a jamais été tout à fait insignifiant, pratiquement nul, comme pendant le repos hivernal des eaux atlantiques boréales.

Nous ne saurions aborder ici la discussion des causes, probablement diverses, de ce régime particulier, où les facteurs physiques d'éclairement, de température, etc., doivent jouer un rôle important, à côté des conditions géographiques et hydrographiques spéciales du bassin méditerranéen.

Loin d'être dépeuplées en hiver, les eaux méditerranéennes, plus hospitalières que celles des mers boréales, hébergent alors la population végétale la plus variée et la plus intéressante. La richesse floristique de cette période, exprimée par la longueur de mes listes de pêche, atteint son maximum, et l'abondance des espèces compense largement l'indigence relative du nombre des individus.

Cette période s'annonce vers novembre, par une augmentation rapide du nombre des espèces; on peut alors reconnaitre, dans une seule récolte, 40 à 50 espèces de Péridiniens, une trentaine de Diatomées diverses, de nombreuses cellules de *Halosphæra viridis*, des Silico flagellés, quelques Cyanophycées pélagiques, etc.

Aux Péridiniens appartiennent une foule de *Ceratium* (25 espèces), divers *Peridinium, Dinophysis, Phalacroma*, etc., formes de petite taille, qui vont supplanter peu à peu les Péridiniens géants de la période estivale.

Parmi les Diatomées, la prépondérance générale appartient, comme toujours, aux *Chaetoceros* et *Rhizosolenia;* mais d'autres types interviennent régulièrement pour donner au plankton diatomique hivernal une physionomie caractéristique.

Les *Coscinodiscus*, hôtes habituels des mers froides, rencontrent alors leur optimum biologique attesté par l'abondance des individus, la formation d'auxospores et de microspores, etc.

Le *Thalassiothrix Frauenfeldi*, dont les cellules associées présentent toutes les combinaisons de colonies étoilées avec chaînettes en zigzag, s'épanouit en décembre et janvier. Son extrême fréquence lui donne réellement la valeur d'une espèce *dominante*.

Le *Biddulphia mobiliensis*, devenu célèbre par les travaux micrographiques du regretté Paul Bergon, reparait tous les ans dans le Plankton hivernal, et produit ses bizarres auxospores déjà figurées dans mon Mémoire de 1905.

En février 1910, une même récolte contenait en abondance deux Diatomées remarquables par l'exagération même de leurs aptitudes pélagiques, les deux géants de notre flore diatomique méditerranéenne : l'une, *Thalassiothrix longissima*, véritable aiguille capillaire d'une extrême ténuité; l'autre, *Rhizosolenia Temperei*, énorme cylindre siliceux très léger, aussi exceptionnelle par l'obésité de ses contours que par la régularité géométrique de sa structure écailleuse.

Mars et avril représentent une période ingrate pendant laquelle l'instabilité des états météorologiques, la fréquence et la violence des vents contrarient la marche régulière de la végétation, tout autant qu'elles rendent pénibles et précaires les conditions mêmes de la navigation et de la pêche.

La flore diatomique n'est pas riche et la plupart des Péridiniens ont disparu. Quelques formes banales, pérennantes, subsistent seules. L'affluence relative de quelques espèces, *Rhizosolenia robusta*, *Rh. calcar-avis*, *Asterionella japonica*, s'interpose entre le déclin des *Thalassiothrix* et l'épanouissement prochain des *Nitzschia*.

Les conditions extérieures s'améliorent ensuite. En mai et juin, les eaux marines réchauffées sont le siège d'un développement progressif et régulier, où les Diatomées prospèrent comme les Graminées dans nos prairies, sans toutefois qu'aucune espèce parvienne à éclipser les autres par l'exubérance de sa végétation.

Citons d'abord *Nitzschia seriata*, dont les colonies linéaires, curieusement mobiles, fréquentes en mars, abondantes en avril et mai, ne manquent jamais totalement dans nos planktons. Une autre espèce, *Nitzschia longissima*, l'accompagne, échappée du fond pour mener, pendant quelques semaines, la vie errante des pélagiques.

De nombreux *Chaetoceros* producteurs d'endocystes, *Ch. Schüttii*, *Ch. contortum*, *Ch. diadema* etc., rivalisent de fréquence avec d'autre

espèces, *Ch. decipiens*, *Ch. pseudobreve*, *Ch. Furca*, etc., où les endocystes
sont inconnus. Le *Chaetoceros anastomosans*, toujours présent, et même
abondant en juin, peut être considéré comme le véritable *réactif* de cette
floraison printanière.

Avec juillet, nous entrons réellement dans la période estivale. Quelques
Diatomées peuvent encore pulluler, comme *Rhizosolenia Shrubsolei*,
Bacteriastrum delicatulum, *Lauderia Schröderi*, avant la déchéance
prochaine de ce groupe.

Mais en août et septembre, pourvu, semble-t-il, que la température soit
assez élevée, les diatomées deviennent très rares; la prépondérance appartient alors aux Péridiniens, élite incontestée d'une population végétale
dont la densité totale demeure toujours assez faible.

A côté des *Peridinium* et des *Peridiniopsis* surgissent les grands *Ceratium*, aux cornes démesurées, *C. extensum*, *C. inflexum*, *C. massiliense*,
C. volans, dont les énormes surfaces de frottement sont en rapport
avec la viscosité réduite des eaux surchauffées.

La coexistence des grands *Ceratium* et des longues chaînes, extrêmement légères de l'*Hemiaulus Hauckii*, belle diatomée pélagique souvent
remorquée par l'élégant *Tintinnus Fraknoi*, détermine la physionomie
la plus caractéristique de cette végétation estivale. Ce régime se prolonge
plus ou moins tard en automne. Au déclin des formes estivales correspond une augmentation rapide des types spécifiques : Diatomées et
péridiniens se reprennent à pulluler en octobre et novembre et... le
cycle recommence.

Des recherches ultérieures, dont l'utilité pratique est évidente, mon-
treront les rapports de cette évolution périodique du plankton végétal
avec les migrations des poissons et l'économie des pêches maritimes.

MM. LE Dr C. GERBER,

Professeur à l'École de Médecine, (Marseille),

ET

P. FLOURENS,

Médecin aide-major des troupes coloniales.

SUR LE LATEX DE « CALOTROPIS PROCERA » R. BR.

3 *Août.*

58.37.3 : 58.11.97

Cette asclepiadée est un arbuste, assez grand, caractéristique de
régions désertiques de l'Afrique du Nord où, associé soit à *Leptadenia*

pyrotechnica, soit au *dattier* et à l'*argoun*, soit encore au *Tamarix* et aux *Acacia parasols*, il forme souvent le fond de la végétation, sous les noms de *jafetone* en onoloff, de *n'goyo* en malinké, de *n'gei* en bambara, de *poré* en peulh et de *oschar* en arabe. *Calotropis procera* R. Br. se rencontre également dans les déserts de l'Asie accompagné jusqu'aux Indes par *Salvadora persica* qu'il rencontre au moment de quitter l'Afrique dans le pays des Somalis. Malgré sa large distribution facilement explicable par les aigrettes de ses graines légères (¹), son utilisation est encore des plus restreintes. Elle se réduit aux fibres libériennes de la tige et aux aigrettes des graines plus ou moins textiles, car, malgré l'importance qu'on a longtemps attribuée à cette plante comme source de caoutchouc, son latex abondant se coagule difficilement et ne donne, d'après Baucher, qu'un produit granuleux ne possédant aucune des propriétés du caoutchouc. Tout au plus serait-il possible d'en tirer une gutta.

A la suite des recherches que l'un de nous deux a poursuivies sur les diastases des latex en général, nous nous sommes demandés si nous ne rencontrerions pas des ferments hydrolysant les matières protéiques, les hydrates de carbone et les graisses, dans le latex du *Calotropis procera* R. Br., et, dans l'affirmative, s'il ne serait pas possible de l'utiliser comme source de ces ferments si employés en thérapeutique.

Aussi, l'autre de nous deux résidant comme médecin des troupes coloniales à N'Diourhel, sur la ligne de chemin de fer en construction de Thiès Kayes, a-t-il mis à profit les loisirs que lui procurait la rareté des Tripanosomes, pour faire une ample provision de ce liquide.

Nous nous contenterons, aujourd'hui, à seule fin de prendre date, en attendant l'achèvement de l'étude complète que nous poursuivons actuellement, de signaler l'existence, dans le latex de *Calotropis procera* R. Br. d'un ferment protéolytique qui, envisagé sous son facies présurant, appartient au groupe *Présures du lait bouilli*.

Comme les présures des latex de Figuier, de Vasconcelle, de Papayer, etc., il coagule, en effet, beaucoup mieux le lait bouilli que le lait cru; Comme elles aussi, il est très résistant à la chaleur. Mais, si les caséifications déterminées par lui sont aussi défavorablement influencées par des doses minimes de sels des métaux du groupe aurique et, en particulier, de sublimé corrosif, par contre, elles sont beaucoup moins défavorablement influencées par les alcalis. Ces derniers, à certaines doses, sont même nettement accélérateurs. En cela, le ferment protéolytique de *Calotropis procera* R. Br. se rapproche de celui de la Belladone parmi les végétaux et de la diastase des Crustacés décapodes parmi les animaux, présures dont la basiphilie a, depuis longtemps, été mise en évidence par l'un de nous.

(¹) Avec lesquelles notre excellent ami M. D. Bois, le distingué professeur de l'École coloniale de Paris, a déterminé la source du latex récolté par l'un de nous en Afrique.

M. E. DECROCK.

(Marseille).

LE BOIS DE LANSAC. CONTRIBUTION A L'ÉTUDE DE LA VÉGÉTATION DU PLAN-DU-BOURG (BOUCHES-DU-RHONE).

63.49 (44.91)

3 *Août.*

Le Plan-du-Bourg, situé entre Arles et Fos-sur-Mer, sur la rive droite du grand Rhône et au sud-ouest de la Crau, présente les mêmes types de végétation que la Camargue, cela n'a rien de surprenant puisque la nature du sol et son mode de formation ont, de part et d'autre, de grandes analogies. Nous en avons entrepris l'étude phytogéographique et, en abordant notre sujet, nous avons été frappé par l'indication d'une surface boisée portée sur la carte d'état-major (Arles Sud-Est) à l'est des Salins-du-Relai. Un bois dans les terres salées du Plan-du-Bourg ! C'est un phénomène aussi extraordinaire qu'une forêt en Camargue. Les gens du pays le connaissent sous le nom de bois de Lansac, mais ils m'ont paru fort peu renseignés sur la nature des essences qui le constituent. A Port-Saint-Louis-du-Rhône, un chasseur ; « qui connaît le pays à 100 km à la ronde », m'affirme que « c'est rien que des Chênes verts » ; vers le Relai, un *guardian* qui a traversé maintes fois le bois de Lansac avec sa manade m'assure qu'il n'y a que des Tamaris. Nous voici, sans doute, plus près de la vérité, pensions-nous en cheminant vers ce point de notre territoire sur lequel nous ne trouvons aucune mention dans nos ouvrages de floristique locale. Nous avons constaté qu'il s'agit d'un bois de Genévriers de Phénicie (*Juniperus phœnicea*) comme il s'en rencontre dans les Rièges, en Camargue, et que MM. Ch. Flahault et P. Combes nous ont fait connaître en 1894. Mais ici, le faciès est très particulier, et la physionomie toute différente. Ce n'est plus le maquis, presque partout impénétrable, et dans lequel on arrive avec peine à se frayer un passage : les arbres sont assez régulièrement parsemés, à des distances variant de 3 à 10 m, et cela sur toute l'étendue de la surface marquée. Fait à souligner : chacun de ces Genévriers occupe une légère surélévation du terrain et forme le centre d'une petite communauté de plantes où les mêmes espèces se retrouvent habituellement quand on passe d'une colonie à la voisine. En adaptant au territoire de Lansac, à l'île de Lansac, comme dit la carte, les vues que MM. Ch. Flahault et P. Combes ont émises sur le rôle de la végétation dans la fixation du sol de la Camargue, on peut penser que chaque ilot a suivi l'évolution d'un *touradon* depuis son état naissant où sa première végétation ne comprenait que des Salicornes jusqu'au stade en présence duquel nous nous trouvons ici, et qui ne me paraît pas avoir son équivalent dans ce que nous avons vu et ce qui a été décrit dans la Camargue.

La forme des Genévriers n'est pas celle que nous avons coutume d'observer dans les collines méditerranéennes : ils ont tous un port d'arbre, et il n'y a pas de jeunes sujets, malgré une surabondante production de fruits. Le tronc et la couronne sont bien distincts : le tronc est tordu ou incliné et mesure de 10 à 30 cm de diamètre, la couronne est irrégulièrement développée, plus ou moins déjetée latéralement aussi. Cette architecture tourmentée et la faible hauteur (3 à 4 m) qu'atteignent les plus grands spécimens révèle les assauts terribles que le mistral fait subir à ces arbres. Plus qu'en Camargue et dans tout le reste de la basse Provence occidentale l'action du vent se fait sentir sur la forme de la seule espèce arborescente spontanée dans cette région.

Contre les Genévriers se serrent des Lentisques (*Pistacia Lentiscus*), des Tamaris (*Tamaris gallica*), et à leurs pieds, dans les intervalles, se logent des touffes d'*Artemisia campestris*, de *Ruscus aculeatus*, de *Daphne Gnidium*, sur lesquels s'appuient de grosses lianes de *Clematis Flammula* pour s'enrouler ensuite autour des plus hautes branches et former une sorte de lien unissant entre eux les divers éléments du massif et le rendant, par cela même, moins vulnérable à l'action du vent. Le reste de l'ilot est recouvert d'un tapis herbacé assez serré vers le centre, devenant plus lâche vers la dépression environnante, où le sol argilo-sableux se montre à nu sur de grandes surfaces.

Que ce soit par leur taille ou par leur nombre, toute une série d'espèces jouent un rôle prépondérant dans ce bois d'aspect sporadique. Contentons-nous de citer :

Juniperus phœnicea,	*Vulpia ciliata,*
Pistacia Lentiscus,	*Vulpia pseudomyuros,*
Tamarix gallica,	*Bromus mollis,*
Artemisia campestris,	*Cynoglossum pictum,*
Ruscus aculeatus,	*Trifolium agrarium,*
Daphne Gnidium,	*Bellis annua,*
Clematis Flammula,	*Evax pygmæa,*
Polypogon maritimum,	*Achillea ageratum,* etc.
Cynosurus echinatus,	

D'autres sont un peu moins abondantes et se rencontrent encore dans la plupart des massifs :

Arum italicum,	*Linum strictum,*
Muscari comosum,	*Silene conica,* .
Orchys hyrcina,	*Chlora perfoliata,*
Ophrys apifera,	*Myosotis versicolor* L. var. *congesta* Schutt,
Scorpiurus subvillosus,	*Tyrimnus leucographus,*
Marrubium vulgare,	*Silybum Marianum,* etc.
Urospermum picrii,	

Enfin, il en est qu'on ne trouve que de-ci, de-là, et en un petit nombre d'exemplaires :

Iris spuria,   *Cirsium ferox,*
Carex setifolia,   *Lactuca scariola,*
Polygala monspeliacum,   *Erythrœa pulchella.*

Les dépressions sont fréquemment inondées durant l'hiver; la proximité des marais salants donne à l'eau un degré de salure assez prononcé pour que, pendant la saison sèche, le sol, imprégné de sel, ne puisse porter que des espèces franchement halophiles, telles que :

Salicornia fruticosa,   *Obione portulacoides,*
Sueda fruticosa,   *Statice bellidifolia.*

Le bois de Lansac est entouré par une lisière, parfois interrompue de *Juncus maritimus*, et tout de suite après vient la sansouire parsemée de *Tamaris*, devenant plus ou moins herbeuse au voisinage des eaux d'écoulement qui dessalent les terres environnantes.

Le tableau que nous venons d'esquisser du bois de Lansac peut donner une idée d'ensemble de la végétation si particulière d'un coin du Plan-du-Bourg. Toutefois, on ne devra le considérer que comme le résultat d'une première reconnaissance dans une région dont nous poursuivrons l'étude.

M. J. COTTE,

Professeur suppléant à l'École de Médecine (Marseille).

UN HERBIER PROVENÇAL DU XVIIIe SIÈCLE.

58.19 (074) « 17 »

3 *Août.*

L'herbier dont il s'agit date de 1777. Il est composé de 32 cahiers de papier blanc, reliés ensemble et dont toutes les feuilles sont encadrées d'un trait à la plume; il contient 421 plantes, dont plusieurs sont en double exemplaire.

L'auteur, ainsi qu'il est indiqué dans le titre, en est un Espagnol, Jean Garcia de Chaves y Guevara,

« Bachalaureatus in facultate Artium atque in eadem Pharmaciæ Professor : Botanicusque Universitatis Aquæ Sextiæ. »

En tête de l'herbier se trouve une dédicace dans un latin que désavouerait Cicéron, adressée à Juvena, *curator* du roi Louis XVI dans la ville de Pertuis, province de Marseille.

*26

M. H. Belin, avocat à Aix, a bien voulu faire des recherches dans les papiers laissés par son père, ancien recteur de l'Université d'Aix-Marseille, qui a été arrêté par la mort pendant qu'il écrivait l'histoire de l'antique Université d'Aix. Le nom de Chaves y Guevara n'y figure jamais comme professeur; il n'y avait d'ailleurs pas de chaire de Pharmacie dans la Faculté d'Aix, où l'enseignement de la Pharmacie devait être donné, s'il l'était, par le Collège des maîtres apothicaires. Dans l'almanach de Provence de 1780, m'apprend aussi M. Belin, le nom de notre personnage ne paraît pas dans la liste des maîtres apothicaires. Nous ne savons donc pas dans quelle Faculté il enseignait.

Quant au Juvena de la dédicace, c'est certainement la même personne que le M. Jouvent, « bien instruit de l'agriculture du pays », qui accompagna A. Young (¹) dans l'excursion que le baron de la Tour-d'Aigues fit faire à celui-ci à « sa ferme de la montagne, » appelée aujourd'hui le château de la Bonde. On comprend très bien qu'ayant des relations avec cet amateur éclairé, ce Mécène érudit que fut le baron de la Tour-d'Aigues (²), Jouvent fût également un protecteur et un ami de ceux qui s'intéressaient aux Sciences naturelles. C'est dans la famille d'un de ses descendants, chez M. Coste, professeur au Collège de Pertuis, que se trouve aujourd'hui l'herbier dont je m'occupe ici.

Remarquons en passant que Garcia, élève de la Faculté d'Aix, indique avoir fait ses récoltes dans les environs de Marseille et donne Pertuis comme appartenant à la province de Marseille. Faut-il voir dans ces expressions comme un prélude aux campagnes en faveur du transfert des Facultés d'Aix à Marseille? On y trouve du moins la trace de la prépondérance que la capitale économique de la Provence prenait sur sa capitale politique, dans l'esprit des hommes de science.

En faisant abstraction des nombreuses erreurs de détermination, qui doivent appartenir en propre à son auteur, cet herbier nous restitue bien la physionomie de ce qu'était la botanique, avant qu'elle eût été débroussaillée par les créateurs de la systématique moderne. Pas un nom de famille, pas d'emploi régulier des noms de genre et d'espèce. Beaucoup de plantes sont désignées sous un nom vulgaire :

Quinquefolium, *Ptharmica*, *Ferrum equinum* (*Hippocrepis*), *Spica*, *Cauda Scorpionis* (Héliotrope d'Europe), *Herba trinitatis* (Hépatique à trois lobes), *Auricula leporis* (*Scorpiurus subvillosus*), etc. Le laurier-tin est appelé *Laurus thynus;* le chalef, *Oliva Boemica* ou *Eleagnus Mathioli;* la passiflore bleue, *Rosa passionis* ou *Volubilis maxima Americana*; le sarrazin est *Frumentum sarracenicum*, le *Melampyrum arvense*, ou blé de vache, est *Triticum vacinum*, *Melampirum;* etc.

(¹) Arthur Young, *Voyages en France pendant les années* 1787-90. Paris, Bruscou, 1794. *Voir* t. II.

(²) *Voir* J. Cotte et C. Gerber, Commentaires au sujet de la lettre de Linné au frère Gabriel (*Ann. Fac. Sc. Mars.*, t. XVIII, fasc. VI, 1909).

Un certain nombre d'espèces sont désignées par une périphrase :

Jacea alba montana vel Picea (*Leuzea conifera*), *Ononis glutinosa flore luteo* (*O. Natrix*), *Anonos hirsuta Americana* (*O. minutissima*), *Centaurea minor lutea* (*Chlora perfoliata*), *Testiculus canis efigie hominis* (*Orchis bifolia*), *Lamium fœtidum Ambiente folio* (*L. amplexicaule*), etc.

J'ajouterai que bon nombre de noms ont été vraisemblablement recueillis verbalement, et d'une manière défectueuse, au cours d'herborisations, sans avoir été vérifiés ultérieurement sur un ouvrage :

Chystus (*Cistus*); *Tartontaria sedifolio* (*Passerina hirsuta*), tandis que le véritable *Tartonraira* est appelé *Pythuisa, Essula major, Tortonraria fol., albicante, Cneoron Mathioli;* nous avons encore *Lianthemum marinum* (*Helianthemum polifolium*), *Gallion* (*Galium*), *Samolus valeriandri, Thamariscus vel tamaiscus ;*

et j'en passe. D'autres sont écrits à la mode espagnole :

Polygalla zerulea, Lanzeola, Asparragum, etc.

Ces graphies défectueuses aident à nous renseigner sur la valeur exacte de cet herbier; malgré le titre de *pharmaciæ professor* que se donne celui qui l'a confectionné, nous pouvons considérer ce travail comme un assez mauvais devoir d'élève, fait sans doute à l'époque où Garcia préparait son examen de Botanique. Et il prend sa valeur exacte si nous estimons, dès lors, qu'il nous renseigne sur la nature de l'enseignement qui était donné à la Faculté d'Aix aux environs de 1777.

On sait qu'on a reproché à Gérard, un novateur cependant et un esprit hardi, de ne pas avoir introduit dans sa *Flora Galloprovincialis* la méthode binominale que Linné venait d'imposer au monde scientifique. Et cependant Gérard signait en 1760 la Préface de sa Flore, tandis que l'herbier de Garcia date de 17 ans plus tard. On n'y retrouve nulle trace, je le répète, des progrès accomplis par l'étude de la Botanique depuis les *Institutiones* de Tournefort. Bien mieux, dans sa dédicace, que nous pouvons aussi considérer comme une sorte de préface, Garcia donne son herbier comme nourri de la doctrine des auteurs les plus anciens : « *ex omnibus auctoribus antiquissimis congestus* » et destiné à faire preuve contre les théories de Linné et de Tournefort : « *Eam obrem ejus erit, ut hec doctrina, quam primum in lucem, contra Ligneum et Tornaforem prodeat : ut experientia patet.* » Passe encore pour Linné. On pouvait avoir quelques préventions, dans notre Midi, contre ce réformateur du Nord, dont le système de classification n'est, d'ailleurs, pas un chef-d'œuvre. Mais combien il est regrettable de voir mépriser et combattre dans cette ville d'Aix d'où il était originaire, autour de laquelle il avait si longuement herborisé, dont la Faculté lui devait d'avoir eu Garidel comme professeur, les méthodes botaniques de Tournefort, sa classification qui eut un si grand retentissement et pour laquelle se passionna la cour de Louis XIV elle-même ! Et que dire aussi du dédain avec lequel on semble avoir accueilli à Aix le consciencieux ouvrage de Gérard, son groupement des végétaux de Provence en familles naturelles, de l'oubli dans lequel est tenu par Garcia le livre français d'Adanson, un Aixois encore, sur les *Familles des Plantes*, livre paru en 1763? Les mânes de Tournefort et de Linné peuvent dormir tranquilles : l'exhumation de l'herbier de Garcia ne portera nulle atteinte à leur gloire.

Quel est ce professeur de Garcia, que nous pouvons songer à rendre responsable des défectuosités de notre herbier? M. Belin a bien voulu relever pour moi le nom des divers titulaires de la chaire de Botanique à Aix, vers la fin du XVIIIe siècle, avec la date de leur nomination. C'est :

> Joseph de Joannis (1766),
> Darluc (1770),
> Tournatoris (1780),
> Antoine Jaubert (1785).

Mais en réalité, grâce au règlement qui permettait aux professeurs de permuter de chaire et de toucher les appointements d'une chaire mieux rémunérée que la leur, [sans changer pour cela leur enseignement, la Botanique a été enseignée pendant près de 40 ans et jusqu'en 1770 par de Regina, premier professeur royal, et de 1770 à 1788 par de Joannis. Tout compte fait, c'est ce dernier sans doute qui a enseigné la Botanique à Garcia. Quelle que soit la raison qui a amené celui-ci à venir étudier la science aimable dans la capitale de la Provence, son choix semble n'avoir pas été des plus heureux.

Heureusement pour sa réputation, la Faculté d'Aix a connu des périodes plus brillantes, en ce qui concerne l'enseignement de la Botanique, que celle dont je viens d'évoquer un passage. Il n'est pas probable, d'ailleurs, que l'herbier de notre *botanicus* ait fait sensation à Pertuis. Cette ville est trop rapprochée du château de la Tour-d'Aigues, où existaient de belles collections botaniques, célèbres à cette époque, « classées suivant le système sexuel de von Linné (¹) » et dont le frère Gabriel était le conservateur (²). Et le véritable intérêt que possède pour nous ce vieux document est de constituer un épisode de la lutte pour la pénétration des méthodes linnéennes en France, et d'appartenir quelque peu à l'histoire de la botanique provençale, en nous permettant d'entrevoir quelle était là systématique enseignée à la Faculté d'Aix, vers 1777.

(¹) DARLUC; *Histoire naturelle de Provence.* Avignon, Niel, 1782. t. I.
(²) J. COTTE et GERBER, *loc. cit.*

ZOOLOGIE, ANATOMIE ET PHYSIOLOGIE.

M. Max KOLLMANN,

Docteur ès Sciences (Paris).

ORGANES GÉNITAUX MALES DES LÉMURIENS.

59-14.63-9.81

3 *Août.*

Notre connaissance de l'anatomie des Lémuriens présente encore
de nombreuses lacunes; les organes génitaux notamment n'ont jamais
été étudiés d'une façon systématique dans l'ensemble du groupe. J'ai pu,
en réunissant les matériaux du laboratoire de Mammalogie et du laboratoire d'Anatomie comparée du Muséum, rassembler une collection assez
complète, en ce sens qu'elle renferme des représentants de tous les genres.
Je me bornerai simplement dans cette Note à la description de quelques
types choisis dans les diverses familles.

Indrisidés. — Les organes génitaux des Indrisidés (*Indris, Propi-
thecus, Avahis*) n'ont guère été étudiés, et encore très incomplètement
que par A. Grandidier et A. Milne-Edwards ([1]). Nous examinerons le
Propithecus diadema Bennet. | .

Les *testicules* sont renfermés dans un *scrotum* sessile hémisphérique,
peu volumineux, suspendu à la racine du pénis [*voir* KAUDERN, 1910 ([2])].
Ces testicules sont assez petits si on les compare à ceux d'autres Lémuriens, notamment de tous les Lémuridés.

L'*épididyme* est grosse. Sa tête coiffe étroitement le sommet du testicule, sa queue est aplatie contre l'une des faces de cet organe.

Chaque testicule est entouré d'une séreuse ou *vaginale*, dont le feuillet
externe tapisse le *canal vagino-péritonéal* et se continue avec le péritoine.
Le canal, bien que nettement ouvert et faisant librement communiquer
la cavité péritonéale avec la cavité vaginale, est cependant infiniment
trop rétréci pour que tout retour du testicule soit possible. Mais, de
plus, il existe un *ligament diaphragmatique*. Ce dernier, fort volumineux,
s'attache à la tête de l'épididyme, longe parallèlement au canal déférent

---

([1]) *Histoire nat. de Madagascar, Mammifères,* 1875-1890.
([2]) *Zool. Jahrb,* Bd. 31.

le canal vagino-péritonéal, à la paroi duquel il est rattaché par un repli du
péritoine, puis, toujours recouvert par le péritoine, se sépare du canal
déférent et va se perdre dans la paroi dorsale de la cavité abdominale
en dehors et un peu en dessous du rein. Ce sont là, d'ailleurs, caractères
assez primitifs. Souvent chez les Mammifères à testicules définitivement extérieurs (Singes, Homme), il n'y a plus de communication
entre la cavité abdominale et la séreuse vaginale, plus de continuité
entre cette vaginale et le péritoine. Enfin, ce ligament diaphragmatique n'est, en somme, qu'un organe embryonnaire, bien développé
ici à l'état adulte. Les canaux déférents deviendraient glandulaires à
leur extrémité, d'après Milne-Edwards. C'est inexact : si, en effet, le
canal se renfle quelque peu avant de s'ouvrir dans le sinus urogénital,
ce renflement est purement musculaire et non glandulaire. Il n'y a donc
aucune trace de *glandes des canaux déférents* chez les Indrisidés. Les
vésicules séminales sont très grandes ; leur forme est bien caractéristique.
Ce sont des tubes dont l'extrémité libre est recourbée en crosse du côté
interne. Elles s'ouvrent à droite et à gauche du *verumontanum* par deux
fentes très visibles.

La *prostate* est formée de quatre lobes ; deux sont dorsaux, de petite
taille, soudés par une de leur face à la vésicule séminale ; deux autres
sont ventraux, très bien individualisés, très volumineux. L'ensemble de
ces quatre prostates entoure complètement l'urèthre. Le tout ne forme,
d'ailleurs, qu'une glande unique qui s'ouvre à droite et à gauche du *verumontanum*. Ce dernier organe se présente sous la forme d'une saillie
en forme de losange, dont le sommet supérieur se continue avec la crête
de l'urèthre, et dont le sommet inférieur se prolonge en une autre crête
basse qui se perd peu à peu. A droite et à gauche, on distingue les nombreux orifices des canaux excréteurs prostatiques et plus au centre,
deux fentes, orifices des vésicules séminales ; enfin, tout à côté et un
peu en dessus de chacune de ces fentes, se trouvent les ouvertures des
canaux déférents. Ces derniers ont donc, contrairement à l'affirmation de Milne-Edwards, un orifice propre. Enfin, il y a de grosses glandes
de Cowper qui débouchent dans le bulbe de l'urèthre.

Lémuridés. — Les Lémuridés (*Lemur, Hapalemur, Chirogale, Micro-
cebus*) n'ont, pour ainsi dire pas été étudiés au point de vue qui nous
occupe. C'est à peine si Martin (1835) décrit la forme microscopique des
vésicules séminales, si Cuvier (1846) signale, inexactement d'ailleurs, un
orifice commun au canal déférent et à la vésicule séminale. Enfin, Oudemans (1892) [1] publie une figure des glandes accessoires de *Lemur vari*
si peu exacte, que je me demande s'il a eu affaire à un animal jeune ou
à une autre espèce. Sa figure du *verumontanum* n'est guère plus exacte,
et il hésite d'ailleurs sur la position de l'orifice du canal déférent.

---

[1] *Die accessorischen Geschlechtsdrüsen der Saügethiere*, Haarlem.

Examinons *Microcobus minor* E. Geoff. Les *testicules* sont fort gros et de forme ovalaire. La tête de *l'épididyme* coiffe étroitement la portion latérale de l'organe; la queue est grosse, pyriforme et pédiculisée, complètement détachée des testicules. Elle forme une saillie à la partie inférieure du scrotum, de telle manière que cet organe semble constitué extérieurement de deux poches inégales superposées, l'une renfermant les testicules, et l'autre la queue des épididymes. Comme d'ordinaire, la cavité vaginale communique avec la cavité péritonéale par le canal vagino-péritonéal. Ici encore, un ligament diaphragmatique très développé s'attache à la tête de l'épididyme, traverse le canal inguinal et va se fixer à la paroi dorsale de la cavité abdominale au voisinage du rein.

Les vésicules séminales ont constamment, comme chez les Indrisidés, la forme de tubes recourbés en crosse à leur extrémité libre. Mais, leur cavité est plus complètement cloisonnée que chez ces derniers. L'étude microscopique montre que l'épithélium des vésicules séminales présente, de place en place, des cryptes hémisphériques renfermant chacune une boule de sécrétion. Évidemment, nous avons affaire ici à des sympexions analogues à ceux qu'on rencontre dans la prostate de l'homme. Ce n'est, d'ailleurs, pas un exemple unique de suppléance fonctionnelle entre les diverses glandes accessoires des organes génitaux mâles.

Les *prostates* sont au nombre de deux, très développées et très nettement individualisées du côté ventral. Elles se soudent à leur base pour entourer complètement l'urèthre. A l'inverse des vésicules séminales, elles ne renferment jamais de sympexions.

Le *verumontanum* se présente sous la forme d'une saillie losangique prolongée en haut et en bas par une crête basse. A l'œil nu, on y voit deux fentes longitudinales qui sont les orifices des vésicules séminales. En dedans et un peu au-dessus, deux très petits orifices donnent accès dans les canaux déférents. L'étude microscopique confirme les deux particularités ci-dessus et montre de plus que les prostates s'ouvrent, tout autour de l'urèthre, par de nombreux canaux, particulièrement nombreux du côté dorsal. Il n'y a ni glandes des canaux déférents, ni utérus mâle.

Les autres types de Lémuridés sont constitués d'une façon à peu près identique.

Nycticébidés. — Dans ce groupe, nous rangeons les genres *Loris*, *Nycticebus*, *Perodicticus* et *Galago*. Ce dernier est particulièrement intéressant à envisager en raison de l'incertitude de sa position systématique.

Les Nycticébidés ont plus fréquemment attiré l'attention que les précédents.

Wrolik (1844), Van Campen (1859), Huxley (1863), enfin Oudemans (1892) (1) ont publié quelques descriptions des glandes accessoires de ces

---

(1) *Loc. cit.*

.animaux. Ces quelques données sont résumées dans le travail de Oudemans qui donne, en outre, trois figures se rapportant au *Perodicticus
.potto*. De ce travail, il résulte que les Nycticébidés ont des vésicules
.séminales tubulaires, droites, de petites prostates soudées à la partie
inférieure des vésicules séminales et non individualisées.

Examinons les organes mâles du *Loris gracilis* E. Geoffroy. Ici encore
les *testicules* sont très volumineux; ils sont renfermés dans un scrotum
sessile parfaitement sphérique; la cavité vaginale présente les connexions
.habituelles. La tête de l'*épididyme* est fort volumineuse et en forme de
casque coiffant largement le testicule proprement dit. La queue est
longue et cylindrique. Les canaux déférents semblent dépourvus de
glandes. En réalité, la portion de ces canaux qui est comprise dans le
verumontanum est fortement élargie et pourvue de glandes sur toute la
surface interne. Huxley (1863) avait décrit chez *Arctocebus* (*Nycticebus*)
un renflement de la partie distale du canal déférent. Ce renflement est
purement musculaire et nullement de nature glandulaire, comme on
aurait pu le penser.

Les *vésicules séminales* sont fort développées. Elles sont en forme
de cylindre terminé par une extrémité conique. Elles diffèrent donc
nettement par leur forme de celles des Lémuridés. Ici encore, la vésicule
renferme les sympexions. Les *prostates* sont assez petites. Elles sont
soudées ensemble, entourent par leur base l'urèthre et se soudent par leur
partie supérieure aux vésicules séminales, dont seul un léger sillon les
sépare, de telle sorte qu'au premier abord, il ne semble pas exister de
prostate. Le *verumontanum* est extrêmement développé. Ce n'est plus
ici une simple saillie de la paroi dorsale, mais une véritable proéminence
conique dirigée vers le bas et nettement détachée de la paroi où elle
s'attache. Son extrémité libre est légèrement échancrée. Sur chaque
papille qui limite à droite et à gauche cet échancrement débouche un
canal déférent. Un peu au-dessus et de chaque côté, s'ouvrent les vésicules
séminales par une fente longitudinale. Les prostates s'ouvrent sur la
portion dorsale de l'urèthre dans la région du *verumontanum* et aussi
sur les côtés de ce dernier organe par un grand nombre de canalicules.

Enfin, il y a des glandes de Cowper bien développées.

Les autres Nycticébidés que j'ai examinés (*Nycticebus, Perodicticus*)
sont constitués d'une manière analogue. Mais nous devons maintenant
étudier plus spécialement le *Galago*. De cet animal, les auteurs ne
font pour ainsi dire pas mention. A peine Flower (1852) dit-il que les
vésicules séminales sont semblables à celles des Lémurs, mais droites
et non recourbées en crochet à leur extrémité.

Testicules et *scrotum* sont relativement petits. L'*épididyme* ressemble
à celle de *Loris*, à ceci près que la queue n'est pas libre, mais recourbée,
aplatie sur le testicule et soudée à cet organe. Les *vésicules séminales*
sont de simples tubes coniques recourbés en arc de cercle.

Les *prostates*, au nombre de deux, sont fort petites, soudées ensemble

et soudées également aux vésicules séminales, sur la base desquelles elles
se moulent. Jusqu'ici, *Galago* semble constitué comme *Loris*. Mais le
rapprochement est encore plus étroit. Le *verumontanum* a, de même que
chez *Loris*, la forme d'une sorte de cône très saillant dirigé vers le bas et
bien détaché de la paroi de l'urèthre. Les prostates s'ouvrent sur la
surface de l'urèthre à droite et à gauche de cet organe par de nombreux
orifices. Les vésicules séminales débouchent par deux fentes sur les côtés
du *verumontanum;* enfin, à son extrémité, s'ouvrent les canaux déférents.
Ce qui nous intéresse spécialement ici, c'est de constater la présence de
glandes dans la portion distale de ces canaux déférents et, notamment,
dans la partie comprise dans l'épaisseur du *verumontanum*. Ces glandes
sont absolument identiques à celles des *Loris*, et il y a là un rapprochement
intéressant si l'on se rappelle que les glandes des canaux déférents
n'existent dans aucune autre famille de Lémuriens.

Chiromyidés. — Les Chiromyidés ne renferment qu'un seul genre,
le *Chiromys*, dont les caractères un peu spéciaux ont toujours eu le pouvoir
de retenir particulièrement l'attention des zoologistes. Malgré son adaptation dentaire rappelant celle des Rongeurs, *Chiromys madagascariensis*,
seule espèce du genre, n'en est pas moins un véritable Lémurien par tout
l'ensemble de son organisation.

Les organes génitaux mâles ont été étudiés sommairement par Owen
(1864) (1) qui les a décrits assez exactement et a signalé l'absence de vésicules séminales. Oudemans en dit quelques mots. En fait, le caractère le
plus connu consiste dans l'absence des vésicules séminales, caractère par
lequel le *Chiromys* se place nettement à part des autres Lémuriens.

Les *testicules* sont très volumineux. L'*épididyme* est adhérente dans
sa tête, et tout le long du corps. Elle n'est bien détachée que dans la
partie caudale. Mais, de plus, le *ligament diaphragmatique* s'épanouit
sur la tête de l'épididyme en formant une masse considérable de tissu
conjonctif musculaire, vasculaire et adipeux plus développée que chez
aucun autre Lémurien. Comme d'habitude, la cavité vaginale se continue avec la cavité péritonéale par le canal vagino-péritonéal, suffisamment resserré pour empêcher le retour du testicule, mais cependant
nettement ouvert. Enfin, le ligament diaphragmatique est bien développé, comme nous l'avons constamment vu jusqu'ici. Il n'y a pas de
glandes des canaux déférents. Il y a absence complète de vésicules séminales. Kaudern (1910) dit qu'il pourrait exister des vestiges de vésicule et
que la question ne peut être tranchée que par la méthode des coupes.
J'ai préparé ainsi toute la région prostatique d'un *Chiromys*, et je puis
affirmer qu'il n'existe aucune trace de vésicule séminale. Par contre, les
prostates sont très volumineuses. Il y a en réalité deux prostates soudées
ensemble sur la ligne médiane. Ces deux glandes ne forment plus qu'un

---

(1) *Proceed. Roy. Soc.*, London.

organe unique surtout développé du côté dorsal, mais qui, à sa base, entoure entièrement l'urèthre.

Il s'ouvre par un grand nombre de canaux qui débouchent non seulement de part et d'autre du *verumontanum*, comme le pensait Oudemans, mais encore tout autour de l'urèthre. Dans sa partie prostatique, l'urèthre montre un *verumontanum* très saillant dans la lumière du canal. A son extrémité on aperçoit une petite dépression que Oudemans interprète avec quelque doute comme un *utérus mâle*. La coupe montre, en effet, que cette dépression se prolonge par une sorte de canal qui remonte quelques millimètres dans le *verumontanum* et qui se termine en cul-de-sac. C'est donc bien un utérus mâle. Les canaux déférents s'ouvrent de part et d'autre de l'utérus mâle un peu au-dessus de son orifice.

Enfin, il existe des glandes de Cowper très volumineuses qui débouchent dans le bulbe de l'urèthre. Elles sont entourées d'une tunique musculaire striée caractéristique de ce genre d'organes.

Tarsiidés. — Les Tarsiers sont particulièrement intéressants parce qu'on doit les considérer comme relativement primitifs. Ce sont des animaux d'une organisation plus généralisée qu'aucun autre Lémurien. Certains auteurs en font même un sous-ordre spécial.

J'ai examiné les organes mâles d'un *Tarsius fuscus* Fischer. Le *scrotum* est énorme, en rapport avec le grand développement des *testicules*. Ceux-ci ont une forme lenticulaire assez caractéristique. L'épididyme a des caractères un peu spéciaux. Elle n'est pas adhérente au testicule dans sa région céphalique; la queue, par contre, est adhérente et d'assez faible volume. La cavité vaginale communique comme d'ordinaire avec la cavité péritonéale; mais le ligament diaphragmatique est assez faiblement développé. Les rapports avec les autres organes sont, d'ailleurs, normaux.

Les vésicules séminales sont très grandes; elles ont une forme cylindrique; leurs parois sont minces; leur cavité est libre et non cloisonnée.

Il y a deux prostates bien individualisées, qui se moulent sur les vésicules séminales et entourent l'urèthre par leur base. Dans l'ensemble, elles rappellent celles de *Galago*.

Le *verumontanum* est peu développé, à peine saillant. Il présente deux fentes bien visibles, qui sont les orifices communs des vésicules séminales et des canaux déférents. Les prostates s'ouvrent par un grand nombre d'orifices étagés sur une certaine hauteur.

Enfin, on trouve comme d'ordinaire des glandes de Cowper s'ouvrant dans le bulbe de l'urèthre.

Conclusions. — A nous limiter comme nous l'avons fait à l'étude de quelques points, il n'est guère possible de tracer l'ensemble des caractères généraux de l'anatomie des organes génitaux mâles des Lémuriens. Remarquons cependant que, le *Chiromys* étant mis à part, il existe une remarquable uniformité de constitution dans l'ensemble du groupe :

présence générale des vésicules séminales, des prostates, des glandes de Cowper; absence presque constante d'utérus mâle; orifices des vésicules séminales et des canaux déférents presque toujours distincts.

Cette uniformité n'exclut pas cependant une certaine variabilité. Les Indrisidés et les Lémuridés sont caractérisés par leurs prostates fortement développées et leur *verumontanum* peu saillant. Les Nycticébidés ont, au contraire, de petites prostates, les vésicules séminales droites, un *verumontanum* très saillant et des glandes des canaux déférents. *Galago*, que les auteurs ont souvent rattaché aux Lémuridés, est au contraire constitué identiquement comme *Loris* et, par conséquent, doit être versé dans les Nycticébinés, conformément à l'opinion des auteurs les plus récents. Le Tarsier, considéré comme généralisé, rappelle justement les Lémuridés par son *verumontanum*, et les Nycticébidés par ses vésicules séminales et ses prostates. Enfin, il est remarquable de constater que les deux familles qui habitent Madagascar (le *Chiromys* mis à part), les Lémuridés et les Indrisidés se rapprochent plus entre elles qu'elles ne se rapprochent des autres Lémuriens. De même *Loris*, *Galago*, *Nycticebus*, répandus en Afrique et dans la région orientale, ont entre eux d'étroites affinités.

M. Albert HUGUES.

Saint-Geniès-de-Malgoirès (Gard).

SUR LES MIGRATIONS DES CHIROPTÈRES.

59-15.2-9.4

3 *Août*.

Dans le *Mémoire sur la distribution géographique des Chiroptères comparée à celle des autres animaux terrestres*, par M. le Dr E.-L. Troussart[1], le savant mammalogiste du Muséum de Paris constatant la pénurie d'études faites sur les Chiroptères écrivait :

« Cette lacune s'explique, jusqu'à un certain point, par les difficultés très grandes que présente l'étude de ces animaux en raison de leurs habitudes nocturnes et des ressemblances étroites, qui existent entre les espèces d'un même genre. »

Depuis que ces lignes vieilles de 33 années ont été écrites, nombre de travaux sont venus nous faire connaître exactement, les espèces des

---

[1] *Annales des Sciences naturelles*, 6e série, t. VIII, 1879.

chauves-souris, propres à chaque région de l'Europe; mais les mœurs de ces animaux n'en sont pas moins restées mystérieuses.

M. le Dr Trouessart fait remarquer que les chauves-souris exotiques, à régime frugivore se déplacent pour suivre dans diverses régions, lors des époques favorables, la maturité des fruits. Il n'est pas inadmissible de penser, que nos Chiroptères européens, tous insectivores, ne suivent de même les insectes, lorsque la température les fait devenir rares. Il n'est pas inutile d'ajouter que certains Chiroptères ont une aire de dispersion immense et paraissent manquer dans les contrées où les insectes sont peu communs.

Dans nos pays, à l'approche de l'hiver, nous voyons les chauves-souris disparaître graduellement pour ne réapparaître qu'au printemps. Quelques espèces moins frileuses sortent bien pendant les soirées calmes des hivers même les plus rigoureux, mais le plus grand nombre passent, d'après les naturalistes, toute la mauvaise saison dans les grottes, les cavernes ou d'autres abris, trous de murailles, d'arbres creux, etc.

Cette façon d'expliquer la disparition des chauves-souris, fort vraisemblable, puisqu'on les rencontre dès les jours froids de l'automne, vivant en colonie dans les grottes, ne répond pas cependant, pour toutes les espèces, à l'exactitude absolue. Il semble résulter de mes observations faites dans deux grottes des départements des Bouches-du-Rhône et de l'Hérault et dans une vingtaine de celles du Gard que j'ai plus particulièrement exploré, que les Chiroptères, particulièrement abondants du 15 octobre au 15 décembre, dans les grottes, deviennent rares et même introuvables par la suite, pour ne réapparaître qu'au mois de mars.

Je signalerai pour quelques espèces seulement et pour la petite région que j'ai explorée, les dates qui me paraissent être les époques les plus actives des passages, des déplacements ou des migrations.

Le Minioptère de Schreibers. (*Miniopterus Schreibersii*, Natterer), espèce plutôt méridionale, me paraît être migratrice par excellence; habite nos cavernes en colonie de plusieurs centaines d'individus, très éveillés et turbulents en octobre, ils s'accrochent plus tard aux parois des grottes et paraissent engourdis; les colonies diminuent jusqu'à la mi-décembre. J'ai recherché vainement cette espèce pendant les jours de la fin décembre, en janvier et février. Commence à se montrer dès la fin mars; en avril il devient alors très abondant.

Le Rhinolophe, grand fer à cheval (*Rhinolophus ferrum-equinum*, Schreibers), engourdi dans les cavernes dès le mois d'octobre, devient extrêmement commun fin novembre, puis diminue au point qu'il est très rare fin décembre; disparaît presque entièrement dans les derniers jours du mois, ainsi qu'en janvier et février; se montre en mars.

Rhinolophe Euryale (*Rhinolophus Euryale*, Blasius), abondant aux mêmes époques que le précédent dont il paraît avoir les habitudes, se mêle aux groupes de grand fer à cheval, dans les grottes de la région; comme lui, affectionne les salles les plus chaudes et les plus reculées de nos cavernes.

Ces deux espèces paraissent chasser devant elles les Minioptères, qui abandonnent les salles que les Rhinolophes ont choisies. Le Rhinolophe, petit fer à cheval (*Rhinolophus hipposideros,* Bechstein); on en rencontre quelques exemplaires à la belle saison, vivant dans les grottes une existence très active; dès octobre il commence à s'endormir à ses endroits favoris; moins frileux sans doute que les précédents, il occupe souvent les salles les moins chaudes et même de toutes petites grottes dont l'air ne présente pas de grande différence de température avec celui du dehors. Moins commun dans ma région que les grands Rhinolophes; il se fait rare ou manque en janvier et février.

Le Vespertilion de Capaccini (*Vespertilio Capaccinii,* Bonaparte). Très abondant et mêlé avec les Minioptères, dans les premiers jours de novembre, il est très vif, glisse dans les doigts quand on veut le saisir. Après cette apparition si nombreuse du mois de novembre, ce Chiroptère devient peu commun; j'en ai pris quelques individus en décembre dans les fentes des rochers, à l'ouverture des grottes; il était en compagnie du Vespertilion de Kulh (*Vesperugo Kulhii,* Natterer).

Le Vespertilion murin (*Vespertilio murinus,* Schreibers). Plusieurs milliers d'individus vivent à la belle saison dans les remparts d'Aigues-Mortes qu'ils abandonnent à l'automne, j'en ai pris plus tard dans les grottes de ma région; je ne l'ai jamais rencontré pendant les mois de grand froid.

J'ai surtout cherché par la présentation de ces quelques notes, à fixer sur les Chiroptères un peu de l'attention des naturalistes; les mœurs de ces mammifères valent la peine qu'on s'en occupe. Personnellement, je ferai mon possible pour étendre le cercle de mes recherches, grâce à la subvention que l'Association française pour l'Avancement des Sciences a bien voulu m'accorder. Mais ce n'est pas seulement quelques observateurs isolés qui peuvent, dans une question comme celle des migrations, arriver par leurs recherches à établir des données très sûres.

Arriverai-je à gagner à l'étude des Chiroptères quelques naturalistes, quelques spéléologues, voire même quelques préhistoriens fouilleurs de grottes? C'est ce que je souhaite.

M. LE Dr Louis ROULE,

Professeur au Muséum national d'Histoire naturelle.

LA DISTRIBUTION GÉOGRAPHIQUE
DE CERTAINES LARVES (TILURIENNES) DES POISSONS APODES.

59–15.6–7.5.5

2 *Août.*

Les recherches sur le développement et la biologie des Poissons apodes constituent, à notre époque, l'un des plus intéressants sujets de l'ichtyo-

logie et de l'hydrobiologie. Ces êtres, dont beaucoup ont des aires de
distribution géographique fort vastes et variées, les restreignent et les
diminuent au moment de la reproduction. Leurs zones de ponte sont
d'étendue moindre, car elles doivent réunir en elles un certain nombre
de conditions indispensables, tenant à la lumière, à la salinité, à la température, peut-être à d'autres circonstances encore mal connues. Ces
espèces, à l'époque de la ponte, sont donc obligées de se rendre dans ces
zones ainsi localisées. Certaines doivent accomplir de véritables voyages.
Le cas le plus célèbre, le mieux connu, est celui de l'Anguille. Les autres
espèces, quoique à un degré moindre, se comportent souvent de la même
façon.

Grassi a exprimé l'opinion que les Poissons apodes, quel que soit leur
habitat en période immature, se portent toujours, aux époques de ponte,
dans les grandes profondeurs marines, au-dessous de 500 m, pour y procéder à cet acte. Tel n'est pas l'avis de J. Schmidt dans ses publications
les plus récentes. Selon lui, il faudrait, parmi les espèces de ces êtres,
distinguer deux groupes. L'un, auquel appartient l'Anguille, pond en
mer, au-dessus des grandes profondeurs, sinon dans ces profondeurs
elles-mêmes. L'autre, dont feraient partie les Murènes et les *Ophicthys*,
pondent en eaux moins basses, entre 100 m ou 200 m, vers les confins
extrêmes du plateau continental et les premières pentes abyssales.

J'étudie actuellement une série de larves Tiluriennes recueillies par
le *Thor* et confiées par M. J. Schmidt. Mes recherches m'inclinent à pré-
sumer que les larves du type *Tilurus* sont probablement celles des Apodes
de la famille des Ophicthyidés, et je me propose de le montrer dans une
publication ultérieure. Je désire, dans cette Communication, exposer
seulement les principales particularités de la distribution géographique
de ces larves dans les mers européennes (Atlantique et Méditerranée),
en me basant sur les pièces de la collection recueillie par le *Thor*.

La plus jeune de ces larves, qui mesure 17 mm de longueur, a été prise
dans la Méditerranée (200 m), en janvier, entre la Provence et la Corse.
Les larves d'une longueur immédiatement supérieure (20 mm à 40 mm)
ont été prises dans l'Atlantique en novembre, et dans la Méditerranée
en janvier entre 100 m et la surface. D'autres larves, mesurant 50 mm
et 51 mm, ont été prises dans l'Atlantique (400 m à 200 m) en mai,
juin vers 50°-51° latitude Nord. Les larves de 60 mm à 100 mm de longueur ont été prises dans l'Atlantique (400 m à 300 m), en mai, juin, vers
48°-49° latitude Nord. Les larves mesurant 100 mm à 200 mm de longueur
ont deux provenances principales. Les unes viennent de la Méditerranée (Sicile, voisinage du détroit de Gibraltar); elles ont été prises en
février (25 m à 105 m). Les autres viennent de l'Atlantique (400 m à
100 m) entre 35° et 51° latitude Nord; elles ont été prises en mai et
juin, sauf dans les latitudes les plus basses où les captures sont de février.
Les larves de 200 mm à 300 mm ont également une double provenance :
celles de la Méditerranée offrent les mêmes particularités de dates que

les précédentes, comme celles de l'Atlantique, qui furent prises entre 47° et 61° de latitude Nord.

Enfin, les plus grandes larves, qui mesurent 300 mm à 320 mm de longueur, également prises dans la Méditerranée (Messine) et dans l'Atlantique (48° lat. N.), présentent encore les mêmes caractères de date.

Dans presque tous les cas, les stations où ces captures furent opérées étaient placées au-dessus de profondeurs supérieures à 1000 m. La comparaison de ces diverses données conduit aux résultats suivants :

1° Les larves les plus jeunes, et les moins éloignées de la date comme du lieu de leur éclosion, se trouvent à un niveau assez peu profond (100 m à 200 m.), mais à proximité des grandes profondeurs.

2° Le même habitat se conserve au cours des phases ultérieures ;

3° A phases égales, les larves de la Méditerranée sont en avance de 4 à 5 mois, sauf une exception, sur celles de l'Atlantique tempéré ;

4° La répartition géographique de ces larves dans les eaux européennes embrasse la Méditerranée, et l'Atlantique du 35e au 61e parallèle Nord.

Ces résultats, à leur tour, permettent d'aboutir aux conclusions suivantes :

1° La ponte des Apodes générateurs de larves tiluriennes (qui sont, sans doute, des Ophycthyidés) s'accomplit à proximité ou au-dessus des grandes profondeurs (zone mésoabyssale, au-dessous du niveau franchement pélagial) ;

2° Les espèces de ces générateurs habitent la Méditerranée et l'océan Atlantique ; elles font partie de la faune commune aux deux mers ;

3° Les dates de la reproduction, et celles du développement embryonnaire, sont en avance dans la Méditerranée et les parties chaudes de l'Atlantique, par rapport aux régions océaniques plus froides, ainsi que cela se remarque chez plusieurs autres espèces de Poissons.

M. Louis FAGE,

Naturaliste du Service scientifique des pêches maritimes, Laboratoire Arago.
(Banyuls-sur-Mer).

RECHERCHES SUR LA CROISSANCE DE LA SARDINE
(CLUPEA PILCHARDUS WALB.).

59-11.39-7

2 Août.

Le problème de la détermination de l'âge des Poissons prend chaque jour une importance plus considérable. Le nombre, sans cesse croissant, des travaux publiés sur ce sujet, et qui s'adressent aux groupes les plus divers : *Pleuronectidæ*, *Gadidæ*, *Clupeidæ*, *Salmonidæ*, *Cyprinidæ*, *Anguillidæ*, montre bien tout l'intérêt de semblables études. Il paraît en effet impossible, à l'heure actuelle, de résoudre les problèmes que soulèvent la biologie des Poissons, leurs déplacements, leurs variations, sans posséder la connaissance exacte de l'âge des individus considérés.

C'est en vue d'apporter une contribution nouvelle à la biologie de la Sardine qu'a été entrepris le travail préliminaire de la détermination de l'âge et de la croissance de cette Clupe. Les méthodes qui peuvent conduire à ce résultat sont diverses; la mensuration des individus, la structure des pièces squelettiques principalement des otolithes et des écailles sont susceptibles de fournir des données toujours utiles, bien que d'une inégale précision. La simple mensuration des individus est l'ancien procédé, le seul employé jusqu'à ces dernières années. Les indications qu'on en peut tirer sont parfaitement suffisantes tant que l'animal est en pleine croissance et pousse activement. Avec ce seul guide, MARION [1] est arrivé à tracer un tableau d'allure très vraisemblable de la croissance de la Sardine à Marseille pendant sa première année. Mais, dès que les individus ont franchi ces stades jeunes, la croissance devient beaucoup plus lente et irrégulière, au point que des échantillons ayant sensiblement les mêmes dimensions sont souvent d'âge très différent. Il est alors nécessaire de recourir à un autre critérium. Celui-ci est fourni par la structure des pièces squelettiques. Cette seconde méthode a été utilisée si fréquemment par les auteurs modernes qu'il semble inutile de revenir sur ses principes et sur son application. Je me bornerai à rappeler qu'elle repose sur le fait démontré que la structure concentrique de certaines parties du squelette, des otolithes, des écailles, traduit la marche de la croissance de l'individu, celle-ci se faisant d'une façon discontinue : un arrêt de croissance, ou une période de croissance ralentie succédant à une période de croissance active. L'extension de cette méthode à la famille des Clupéidés a déjà donné des résultats fort intéressants. JENKINS [2], en se basant uniquement sur l'examen des otolithes, a pu déterminer l'âge d'une série de Clupes, se rapportant aux genres : *Clupea*, *Alosa* et *Engraulis*. Kn. DAHL [3] pour le Hareng, Osc. SUND [4] pour le Sprat sont arrivés, surtout à l'aide des écailles, à dresser des tables de croissance très précises. En opérant de semblable façon, j'ai pu moi-même dans un Mémoire récent [5], établir le cycle évolutif de l'Anchois (*Engraulis encrassicholus* L.).

La seule application de cette méthode à l'étude de la Sardine se trouve dans le mémoire de JENKINS. Cet auteur a examiné les otolithes de

---

[1] *Annales du Musée de Marseille*, 1889-1891.
[2] *Altersbestimmung durch Otolithen bei den Clupeiden* (*Wiss. Meersunt*, Helgoland, Bd. VI, 1902).
[3] *Report on Norwegian Fishery and Marine Investigations*, vol. II. 1907, n° 6.
[4] *Aarsberetning vedkommende Norges Fiskerier*, 1911.
[5] *Ann. de l'Int. Océanogr.*, t. II, fasc. 4, 1911.

20 Sardines provenant de Mevagissey, sur la côte sud-ouest d'Angleterre, et a reconnu que tous ces individus, qui mesuraient de 20 cm à 24 cm de longueur, étaient âgés de 4 ans. Aucun tableau de croissance n'a donc pu être dressé, faute du matériel indispensable. J'ajouterai aussi que A. STEUER (¹) a représenté l'otolithe et l'écaille d'une Sardine de l'Adriatique prétendue âgée de 4 ans, mais de bonnes raisons me font croire que l'individu examiné avait à peine dépassé sa seconde année.

Le matériel très abondant que j'ai pu me procurer à Banyuls-sur-mer m'a permis de suivre la croissance de la Sardine jusqu'à sa troisième année. Je me suis servi concurremment de l'examen des otolithes et de l'examen des écailles. Les résultats obtenus sont résumés ci-dessous :

En Méditerranée, la Sardine atteint sa première année à la taille de 9 cm à 10 cm et parfois même à 11 cm. Les otolithes, examinés à la fin du premier hiver, mesurent en moyenne 1,7 mm à 1,9 mm de longueur et se montrent alors avec une large zone de croissance opaque représentant la croissance active pendant la saison chaude, et un mince anneau périphérique transparent qui représente la croissance ralentie de l'hiver. Les écailles attestent le même ralentissement hivernal par une zone périphérique très étroite non striée. A la fin de sa seconde année, la Sardine arrive à une taille de 12 cm à 13 cm, 14 au maximum. Les otolithes, qui mesurent 2,2 mm à 2,4 mm de longueur, montrent une nouvelle zone de croissance d'été suivie d'une zone périphérique étroite formée pendant le second hiver. Les écailles donnent un résultat absolument comparable. A la fin de la troisième année, la taille de la Sardine est de 14 cm à 15 cm et la longueur des otolithes de 2,6 mm à 2,9 mm. Ils montrent, de même que les écailles, trois zones de croissance d'été et trois zones de croissance d'hiver.

Au point de vue de la reproduction, on observe que les Sardines d'un an n'ont que des glandes sexuelles très rudimentaires, mesurant au plus 15 mm de longueur. Parmi les individus qui n'avaient pas dépassé leur deuxième année, je n'ai toujours observé que des immatures, la maturité sexuelle n'étant pleinement réalisée que chez des individus de 3 ans, et aussi, pour certaines Sardines plus précoces, dès l'âge de 2 ans et demi.

Les plus grands individus qu'il m'a été jusque-là possible de capturer en Méditerranée mesuraient 17,5 cm, et paraissaient être près du terme de leur quatrième année. Ils étaient d'ailleurs en fort petit nombre. Il est probable qu'à cet âge la Sardine échappe à nos engins pour des raisons qui restent à élucider. On sait, en effet, que dans l'Océan, ce poisson atteint une taille beaucoup plus considérable, et j'ai pu mesurer un individu pris à Concarneau, aux filets dérivants, qui avait 25 cm de longueur et dont les écailles semblaient indiquer un âge de 7 à 8 ans. D'ailleurs, la croissance de la Sardine paraît être plus rapide dans l'Océan que dans la Méditerranée. C'est ainsi que, d'après les observa-

---

(¹) *Österreich Fischeischerei-Zeitung*, Jahrg. V, 1908.

tions faites sur des exemplaires, que mon collègue Guérin-Ganivet m'a obligeamment envoyés de Concarneau, des individus âgés de 3 ans mesurant de 16 cm à 19 cm ont des otolithes de 2,6 mm à 3 mm de longueur, tandis qu'en Méditerranée la Sardine de même âge ne dépasse pas 16 cm. Il est juste d'ajouter que, vraisemblablement, il s'agit là de deux races distinctes mais dont il reste à trouver les caractéristiques morphologiques. D'autre part, la Sardine de 4 ans nous est connue, grâce aux travaux de JENKINS auxquels je fais allusion plus haut. Elle mesure, sur la côte sud-ouest d'Angleterre 20 cm à 24 cm et ses otolithes ont 3,4 mm à 4,2 mm de longueur. On peut donc actuellement dresser le Tableau suivant de la croissance de la Sardine.

Méditerranée.

		cm	cm	
1re année.................		9 à 11		immature
2e »		12 à 14		»
3e »		14 à 16		mûre

Océan.

		cm	cm	
3e année.................		16 à 19		mûre
4e »		20 à 24		»

Si l'on compare ce Tableau à ceux qu'on a pu établir pour les autres Clupes, on voit tout d'abord que la Sardine se développe beaucoup plus lentement que l'Anchois. Celui-ci arrive, en effet, à maturité sexuelle dès sa première année, à une taille de 12 cm à 13 cm, et atteint 15 cm à 16 cm et même 17 cm à la fin de sa seconde année. Par contre, le Sprat n'arrive à maturité qu'à la fin de sa troisième année et à une taille de 13 cm à 14 cm. Le Hareng n'arrive également à maturité qu'au bout de sa troisième année, à une taille de 17 cm à 19 cm.

On peut ainsi conclure, d'après ce que nous savons jusqu'ici, que la croissance de la Sardine suit une marche analogue à celle que suit la croissance du Sprat et du Hareng, laquelle s'oppose par sa lenteur à celle de l'Anchois. Bien que le matériel dont je dispose ne me permette pas, pour l'instant, de fixer avec quelque précision la durée de la vie de la Sardine, l'examen de plusieurs gros individus (Sardines de dérive) m'incline à penser que cette Clupe peut atteindre, au moins dans l'Océan, sa septième ou huitième année. Or, par ce caractère, la Sardine, avec le Sprat qui vit 6 à 7 ans, et le Hareng qui atteint facilement sa douzième année, s'opposent aussi à l'Anchois, dont on ne connaît encore pas d'individus ayant dépassé leur troisième année. Une croissance lente semble donc, dans ce cas, être en rapport avec une longévité plus grande. Et c'est ainsi que des caractéristiques biologiques viennent à l'appui des caractères morphologiques qui ont engagé les auteurs à séparer les *Engraulidæ* des *Clupeidæ*.

M. LE Dr JACQUES **PELLEGRIN**,

Docteur ès sciences, Assistant au Muséum national d'Histoire naturelle.

LES VERTÉBRÉS DES EAUX DOUCES DU MAROC.

59.7 (64)

2 Août.

La faune aquatique du Maroc, comme celle de l'Algérie et de la Tunisie, est digne d'attirer l'attention, car, dans son ensemble, elle s'écarte tout à fait de celle du reste de l'Afrique pour se rapprocher de celle du sud de l'Europe. En effet, comme je l'indiquais ici même, l'année dernière, dans une étude générale consacrée aux Poissons des eaux douces de l'Afrique [1], la faune aquicole de cette partie du monde peut se diviser en deux portions très inégales; d'une part, une parcelle européenne *sous région nord-ouest* ou *mauritanique*, à caractère nettement paléarctique, comprenant l'Atlas et les bassins côtiers de Tunisie, d'Algérie et du Maroc se jetant dans la Méditerranée et l'Atlantique; d'autre part, un bloc énorme formé par le reste, c'est-à-dire la quasi-totalité du continent ou *région africaine* de la zone équatoriale cyprinoïde d'A. Günther.

Le Sahara, bien que recevant dans ses parties septentrionales quelques apports de la faune mauritanique, se rattache à l'ensemble général africain relativement très homogène [2].

D'un autre côté, j'insistais aussi sur ce fait [3] que si les animaux d'Algérie et de Tunisie sont maintenant relativement bien étudiés, ces contrées ayant été sillonnées en tous sens depuis longtemps déjà, il est loin d'en être de même pour la faune du Maroc, à cause des difficultés de pénétration dans ce pays, presque complètement fermé. Sans doute, un certain nombre de Mémoires importants dus notamment à MM. Camerano, Bœttger et Boulenger, ont été consacrés spécialement aux Reptiles et Batraciens du Maroc et plusieurs espèces de Poissons ont été décrites par MM. Günther et Boulenger du British Museum, mais on peut dire sans crainte d'exagérer qu'il reste encore énormément à faire pour la connaissance complète de la faune de cette contrée. C'est ainsi que le Muséum d'Histoire naturelle de Paris, s'il possédait déjà

---

[1] J. PELLEGRIN, *Les Poissons d'eau douce d'Afrique et leur distribution géographique* (*Ass. fr. Avanc. Sciences*, Congrès de Dijon, 1911, Mémoire hors volume, p. 11).

[2] *Cf.* Dr J. PELLEGRIN, *Les Vertébrés aquatiques du Sahara* (*Comptes rendus Acad. Sc.*, t. CLIII, 13 novembre 1911, p. 972).

[3] *Loc. cit.*, p. 4.

une certaine quantité de Reptiles et Batraciens du Maroc dus aux envois de MM. Schlumberger, G. Buchet, et L. Gentil était presque complètement dépourvu jusqu'à ces derniers temps d'échantillons de Poissons des eaux douces de ce pays.

Ce n'est que depuis le début de cette année qu'une belle série de Vertébrés aquatiques du Maroc, dont je viens d'achever l'étude ([1]), a pu entrer dans les collections du Muséum, grâce aux envois de la Mission de Mme Camille du Gast, qui, de février à mai 1912, a exploré les bassins de la zone côtière de l'Atlantique dans la partie comprise entre Rabat et Agadir, et à ceux du Dr Henri Millet qui a recueilli plusieurs spécimens intéressants aux environs de Casablanca.

Ce sont là des documents encore fort incomplets sans doute, surtout en ce qui concerne les régions montagneuses du Grand Atlas dont la faune ne nous est pas plus connue aujourd'hui que ne le constatait, il y a plus de 20 ans déjà, M. G.-A. Boulenger ([2]), dans une étude fort complète sur les Reptiles et Batraciens de Barbarie; néanmoins, il est bon, je crois, au moment où la France va établir son protectorat sur l'empire chérifien, de faire l'inventaire actuel des formes animales signalées dans cette vaste contrée. En dehors de l'intérêt scientifique qui s'attache à une pareille question, cette étude peut également avoir une importance économique, une portée pratique ultérieure non négligeable.

Je ne m'occuperai ici, parmi les Vertébrés, que des Reptiles, Batraciens et Poissons des eaux douces, en insistant sur leur répartition géographique. J'indiquerai chacune des espèces déjà récoltées au Maroc, en mentionnant toutefois s'il y a lieu, quelques-unes des formes des régions voisines d'Algérie ou du Sahara qui sont susceptibles d'y être peut-être rencontrées un jour.

REPTILES. — Laissant de côté les Tortues marines qu'on peut capturer sur les côtes du Maroc, il n'y a lieu de mentionner, parmi les Reptiles des eaux douces, qu'une espèce l'Émyde lépreuse (*Clemmys leprosa* Schweigger) qui paraît fort abondante dans les oueds marocains qui se jettent dans l'Atlantique. Le Dr H. Millet vient de l'envoyer de l'Oued-Asseila qui arrose le camp du Boucheron, aux environs de Casablanca. Cette espèce a une distribution géographique qui comprend, non seulement la Barbarie, mais encore la Sénégambie et, en Europe, le nord de l'Espagne et du Portugal.

Quant à la Tortue bourbeuse ou Cistude d'Europe (*Emys orbicularis*

([1]) *Bull. Soc. Zool. de France*, 1912, p. 255 et 262.

([2]) G.-A. BOULENGER, *Catalogue of the Reptiles and Batrachians of Barbary, (Marocco, Algeria, Tunisia) based chiefly upon the Notes and Collections made in 1880-1884, by M. Fernand* LATASTE, *Tr. Zool. Soc.*, Lond., t. XIII, 1890, p. 93.

Dans ce Mémoire, M. Boulenger divise la Barbarie en cinq districts: 1° le Maroc; 2° la Tangitanie, comprenant toute la presqu'île de Tanger et, en Algérie-Tunisie, 3° le Tell, région côtière avec le Bas Atlas; 4° les Plateaux; 5° le Sahara.

L.), espèce paléarctique qui habite le sud et l'est de l'Europe et le sud-ouest de l'Asie, elle est très localisée dans l'est de l'Algérie et en Tunisie et n'a pas, à ma connaissance, encore été rapportée du Maroc. Dou-mergue [1], dans un Ouvrage très complet et documenté, ne mentionne même pas l'avoir rencontrée dans le département d'Oran. Ces Tortues ne présentent, d'ailleurs, aucune valeur économique et sont plutôt nui-sibles, car elles s'attaquent plus ou moins aux Poissons.

Batraciens. — Les espèces de Batraciens du Maroc sont au nombre de neuf. C'est d'abord parmi les Ranidés, la Grenouille verte (*Rana escu-lenta* L. var. *ridibunda Pallas*), espèce bien connue et d'une certaine va-leur comestible qui habite presque toute la région paléarctique et s'avance en Mauritanie jusqu'au nord du Sahara [2]. Elle paraît très commune au Maroc dans les rivières côtières de l'Atlantique; de larges séries ont été recueillies dans l'Oued-Neffifik, à Fedhalla, à Sidi-Ali près Azemmour et à Mogador, par Mme du Gast, au camp du Boucheron près de Casa-blanca par le Dr H. Millet.

La famille des Bufonidés est représentée par trois espèces : Le Cra-paud commun (*Bufo vulgaris* Laurenti), forme européenne et de l'Asie paléarctique, est rare au Maroc, où il a été signalé à Larache par Came-rano. Le Crapaud vert (*Bufo viridis* Laurenti), qui a une large distribu-tion géographique comprenant l'Europe centrale, l'Asie centrale et occi-dentale et le nord de l'Afrique, est connu au Maroc, suivant Boulenger, de Mogador et de Casablanca et de la région comprise entre Mogador et Maroc. Mme du Gast l'a, en effet, recueilli dans ces régions à Fedhalla et à Sidi-Ali. Le Crapaud de Mauritanie (*Bufo mauritanicus* Schlegel) est une grosse et belle espèce spéciale à cette région. Elle y est fort abondante et, comme ses congénères, rend de grands services à l'agriculture en dé-truisant une foule d'Insectes nuisibles. Mme du Gast l'a trouvée dans l'Oued-Neffifik et à Sidi-Ali, le Dr Henri Millet au camp du Boucheron.

Dans la famille des Hylidés, il faut citer la Rainette (*Hyla arborea* L. var. *meridionalis* Bœttger), espèce européenne et du pourtour méditer-ranéen, qui a été rencontrée déjà dans un certain nombre de localités du Maroc, à Fedhalla et à Sidi-Ali notamment par Mme du Gast.

Parmi les Discoglossidés, le Discoglosse peint (*Discoglossus pictus* Otth.) qui est fréquent en Algérie dans le Tell, est cité par Boulenger au Maroc, de Tanger, Tétouan, Casablanca et Maroc. G. Buchet l'avait rapporté jadis au Muséum de l'Oued-Mella et du Cap Spartel. C'est une espèce d'Espagne et des îles de la Méditerranée occidentale. Il s'avance en France jusque dans les Pyrénées orientales où M. Wintrebert l'a signalé à Banyuls.

Dans le groupe des Urodèles, on peut se demander si l'on doit men-

---

[1] F. Doumergue, *Essai sur la faune erpétologique de l'Oranie*, Oran, 1901, p. 56.

[2] M. R. Chudeau l'a trouvée à Aoulef dans le Tidikelt (In Salah).

tionner, parmi les animaux aquatiques, la Salamandre tachetée (*Salamandra maculosa* Laur.) à cause de ses habitudes complètement terrestres. Cette espèce européenne et du sud-ouest de l'Asie a été signalée aux environs de Tanger. Par contre, les Tritons sont bien aquatiques. On rencontre au Maroc le Triton de Poiret (*Molge Poireti* Gervais), espèce d'Algérie et de Tunisie dont M. G. Buchet a rapporté au Muséum des spécimens déterminés par le Dr Mocquard et provenant de la région de Tanger, et le Triton de Waltl ou Pleurodèle (*Molge Waltli* Michahelles), qu'on trouve suivant Boulenger (¹), au Maroc entre Tanger, Ceuta et Tétouan, et qui a été recueilli récemment à Fedhalla et dans l'Oued-Mella, par Mme du Gast. Cette espèce habite le sud du Portugal et de l'Espagne; il est intéressant de voir qu'elle s'avance assez loin vers le sud du Maroc.

En somme, sur un total de neuf espèces de Batraciens du Maroc, deux seulement sont spéciales à la Mauritanie, une se retrouve dans le sud de l'Europe, et six se rencontrent même en France (²).

Poissons. — En ce qui concerne les Poissons du Maroc, il y a lieu de distinguer ici, d'une part, les formes habitant exclusivement les eaux douces; d'autre part, les espèces vivant à la fois dans celles-ci et dans les eaux salées et qui peuvent remonter de la mer dans les fleuves. On conçoit sans peine qu'au point de vue de la distribution géographique, les premières sont de beaucoup les plus importantes; ce sont d'elles que nous allons nous occuper tout d'abord.

C'est la famille des Cyprinidés parmi les Poissons exclusivement dulcaquicoles, qui, seule au Maroc, renferme des formes vraiment caractéristiques; elles se répartissent en deux genres, le genre *Varicorhinus* qui est connu du sud-ouest et du centre de l'Asie et de l'Afrique, et qui est représenté au Maroc par une espèce particulière, le *V. maroccanus* Günther, de l'Oued Oum-er-R'bia et du Talmist, et le genre Barbeau ou *Barbus*, le plus vaste de la famille, largement répandu, comme on sait, en Europe, en Asie et en Afrique, et qui ne comprend pas moins de douze espèces au Maroc. Deux de celles-ci habitant aussi l'Algérie ou la Tunisie sont connues depuis longtemps, ce sont le Barbeau de la Calle (*Barbus callensis* Cuvier et Valenciennes) et le Barbeau du Sétif (*Barbus setivimensis* C. V.); les dix autres sont spéciales au Maroc. Ce sont, d'abord, les *Barbus Reini* Günther, *B. Harterti* Günther, *B. Paytoni* Boulenger, *B. Rothschildi* Günther, *B. Riggenbachi* Günther, *B. Fritschi* Günther, *B. Waldoi* Boulenger, *B. atlanticus* Blgr., souvent voisins et formant série, à la nageoire dorsale munie d'un rayon plus ou moins ossifié et non

---

(¹) *Loc. cit.*, p. 162.

(²) Le Crapaud vert a été trouvé en France, en Savoie, près de la frontière italienne. — Boulenger, *Les Batraciens*, Paris, 1910; *Encyclopédie scientifique*, p. 233.

denticulé en arrière, à écailles plus ou moins nombreuses avec des stries longitudinales parallèles; c'est ensuite les *Barbus Ksibi* Boulenger, *B. nasus* Günther, chez lesquels, comme chez le Barbeau du Sétif et le Barbeau de la Calle, les écailles sont à stries divergentes et où le rayon osseux de la dorsale présente des denticulations plus ou moins prononcées.

De belles séries des *B. Reini* Günther, *B. Harterti* Günther, *B. nasus* Gthr., viennent d'être rapportées au Museum de l'Oued Oum-er-R'bia, par Mme du Gast, et une du *B. Ksibi* Boulenger, de l'Oued Zamren, par le Dr H. Millet. Inutile d'ajouter que tous ces Barbeaux sont comestibles.

Comme en Algérie, les Salmonidés, famille des eaux froides et tempérées de l'hémisphère Nord, sont représentés au Maroc par une variété de la Truite commune (*Salmo trutta* L. var. *macrostigma* A. Duméril). Elle serait fort abondante dans les cours d'eau de l'Atlas marocain; en tout cas, le British Museum l'a reçue des environs de Tanger et de Tétouan (¹).

Reste maintenant à parler des formes qui n'ont pas encore été envoyées du Maroc, mais qu'il est très possible d'y rencontrer.

On peut citer parmi les Cyprinidés, le *Phoxinellus callensis* Guichenot, espèce assez commune en Algérie et en Tunisie; dans la famille des Cyprinodontidés, les formes représentées en Algérie comme le Cyprinodon de Cagliari (*Cyprinodon fasciatus* Val.), qu'on trouve au nord et au sud de l'Atlas, et le *C. iberus* C. V., ainsi qu'un type dépourvu de ventrales, le *Tellia apoda* Gervais; enfin, parmi les Gasterostéidés, l'Épinoche (*Gasterosteus aculeatus* L.), qui contribue à donner à la faune algérienne un cachet très nettement européen.

Quant aux Cichlidés, Poissons acanthoptérygiens qui appartiennent à une famille caractéristique de la faune africaine proprement dite et qui sont représentés dans le nord du Sahara par trois espèces à distribution géographique très vaste : l'*Hemichromis bimaculatus* Gill, l'*Astatotilapia Desfontainesi* Lacépède et le *Tilapia Zillii* Gervais, bien qu'ils n'aient pas encore été rapportés du Maroc on peut les considérer comme rentrant dans la faune de la partie du Sahara qui y confine. Enfin, il y a lieu de savoir jusqu'où s'avancent au Nord des formes comme le *Tilapia galilœa* Artédi, que M. Chudeau a recueillies dans l'Adrar, ou même des Siluridés, comme le *Clarias senegalensis* C. V.

Cela, d'ailleurs, n'a qu'une importance secondaire au point de vue de la distribution géographique, le Sahara, comme il a été indiqué déjà, rentrant dans la faune africaine propre.

Pour terminer, il faut parler maintenant des Poissons qui remontent de la mer dans les eaux douces marocaines, ou *vice versa*. La plupart sont comestibles et constituent pour le pays une ressource alimentaire de premier ordre. Toutes d'ailleurs se rencontrent à l'embouchure ou dans

---

(¹) Boulenger, *Cat. Freshwater Fishes of Africa*, t. I, 1909, p. 167.

nos cours d'eau métropolitains, soit de l'Atlantique, soit de la Méditerranée.

On doit citer, parmi les Clupéidés, l'Alose feinte (*Alosa finta* Cuvier), parmi les Anguillidés, l'Anguille vulgaire (*Anguilla vulgaris* Turton) qui paraît excessivement abondante, et parmi les Acanthoptérygiens, les Bars (*Morone labrax* L. et *Morone punctata* Bloch), plusieurs Muges ou Mulets (*Mugil cephalus* L., *Mugil capito* Cuv., *Mugil auratus* Risso), quelques Athérines.

. Enfin, certains Blenniidés, comme la Blennie cagnette (*Blennius vulgaris* Pollini) prise dans l'Oued-Mella par Mme du Gast et divers Gobiidés du genre *Gobius*, moins importants au point de vue comestible, doivent encore être ajoutés à la liste déjà assez longue des Poissons semi-marins des eaux douces marocaines.

En résumé, si le Maroc possède dans la famille des Cyprinidés un nombre relativement élevé d'espèces particulières d'un genre d'ailleurs largement représenté en Europe, le genre Barbeau, par contre la présence de Poissons comme la Truite et toutes les formes anadromes ou catadromes communes à ses eaux et aux nôtres contribuent à donner à l'ensemble de sa faune ichtyologique un faciès européen très accusé.

Discussion. — M. Künckel d'Herculais à propos de la présence des Truites dans les rivières du Maroc, fait remarquer que les Truites se rencontrent en Algérie exclusivement dans l'Oued-Amizour, dans la Petite Kabylie; il demande à ce propos si au Maroc, on a fait des observations de localisation semblable.

M. Pellegrin répond que la Truite est signalée seulement au Maroc, dans le récent Catalogue du British Museum, comme provenant des environs de Tanger et de Tétouan. Pour les autres régions les documents manquent encore à l'heure actuelle.

M. J. Anglas dit qu'il serait intéressant de préciser, dans la mesure du possible et en utilisant tous les renseignements des explorateurs, la répartition géographique des différentes espèces. Si ces indications étaient reportées sur une Carte, on apprécierait immédiatement l'aire de répartition plus ou moins étendue ou la localisation précise des espèces. Il serait également du plus haut intérêt de connaître la température des eaux, le régime de la rivière, la nature du terrain.

M. LE Dr R. JEANNEL.

SUR LA FAUNE DES HAUTES MONTAGNES DE L'AFRIQUE ORIENTALE.

2 Août.

59.19 (236.11)

Le principal intérêt de la faune de l'Afrique orientale tient à l'existence, dans cette contrée de hauts massifs montagneux, dépassant 4000 m, avec glaciers et neiges éternelles, sur lesquels se trouvent une flore et une faune alpines remarquables. Ces massifs sont très isolés les uns des autres et séparés par d'immenses steppes; aussi chacun présente-t-il des caractères fauniques spéciaux. Ce sont : en Abyssinie, les massifs du Sémyen (4620 m), du Lasta (4196 m), du Choke (4153 m); en Afrique orientale anglaise, la chaîne du Ruwenzori (5500 m), l'Elgon (4230 m), l'Aberdare (4300 m), le mont Kénya (5300 m); en Afrique orientale allemande le mont Kilimandjaro (6010 m) et le mont Méru (4730 m) [1].

Grâce aux recherches de nombreux explorateurs, nous possédons déjà d'abondants matériaux pour la faune ou la flore de certaines de ces montagnes : mont Lasta, en Abyssinie (A. Raffray), monts Ruwenzori (Scott-Elliot, duc des Abruzzes, Wollaston, Ch. Alluaud), mont Kilimandjaro (H. Johnston, von der Decken, Dr Volkens, H. Meyer, Y. Sjöstedt, Ch. Alluaud), mont Méru (Y. Sjöstedt). Mais, d'autres massifs comme les monts Aberdare et le mont Kénya sont encore à peu près inconnus. C'est pour combler ces lacunes que nous avons entrepris, Ch. Alluaud et moi-même, un voyage en Afrique orientale. Notre but principal était donc le mont Kénya et la chaîne de l'Aberdare, mais nous avions aussi le désir de compléter les recherches antérieures au Kilimandjaro et de porter plus particulièrement notre attention sur la petite faune récoltée par des tamisages méthodiques et sur la faune souterraine, endogée ou cavernicole, qui devait exister à notre avis.

I. Mont Kénya. — Nous avons abordé le mont Kénya par le versant nord-ouest (vallée du Burgurett) et nous avons réussi, malgré les difficultés, tenant à l'absence d'habitants et à la rigueur du climat (pluies et brouillards), à séjourner 2 mois dans la montagne, à traverser les forêts, gagner les prairies alpines et atteindre au-dessus des glaciers l'altitude de 4800 m. Nous avons exploré successivement une série de zones avec végétation caractéristique et faune spéciale qui s'étagent sur le versant nord-ouest de la façon suivante :

1º *Zone inférieure* (entre 2000 m et 2400 m). Elle est formée par des prairies découvertes ou parsemées de bosquets, avec des bandes forestières le long des cours d'eaux. Nous y avons trouvé la faune habituelle des steppes avec quelques formes particulières (*Cicindela Alluaudi* W. Horn, *Carabomorphus masaicus* All., etc.);

2º *Zone des forêts* (entre 2400 m et 3300 m). La forêt du Kénya se subdivise d'une façon très nette en trois sous-zones ou niveaux. Les *forêts inférieures* (entre 2400 m et 2500 m) sont formées de *Juniperus*, *Podocarpus* et de Camphriers sur le versant sud; le sous-bois est très homogène et surtout constitué par une grande ortie. Les principaux Mammifères à citer sont des singes et un *Dendrohyrax*, qui habitent les arbres, l'élé-

---

. [1] Le mont Cameroun, en Afrique occidentale, atteint 4055ᵐ.

phant, le léopard. La faune entomologique est caractérisée par l'existence de *Papilio* et de Cétonides (*Eudicella*); elle est excessivement
riche. Les *forêts moyennes* sont des forêts de bambous (entre 2500 m et
3200 m), au milieu desquels pointent quelques *Podocarpus*. La forêt de
bambous donne abri à de nombreuses troupes d'éléphants. On l'a dit
dépourvue de faune entomologique, mais elle est, au contraire, très
peuplée. Dans les débris végétaux à terre, c'est un vrai grouillement de
petits animaux; des Rhopalocères et Hétérocères sont spéciaux à ce
niveau des bambous et de nombreux Coprophages vivent dans les bouses
d'éléphants. Enfin, nous avons découvert sous les grosses pierres enfoncées une très riche faune d'endogés analogues aux formes paléarctiques
(*Anillus*, Staphylinides aveugles, Curculionides microphthalmes, Myria-
podes, Collemboles, Thysanoures, Mollusques, Aranéides, etc.). Les
forêts supérieures enfin (entre 3200 m et 3300 m) ne renferment ni bambous, ni *Podocarpus*, mais sont composées d'une série d'arbres et d'arbustes spéciaux qui seront déterminés.

3° *Zone des prairies alpines* (entre 3300 m et 4400 m). Ces prairies
alpines du Kénya sont particulièrement denses et humides, parfois même
marécageuses. Elles se présentent sous divers facies : les *clairières* de la
partie supérieure des forêts, avec la faune entomologique alpine
(*Agonum, Scarites, Bembidion*, Staphylinides, etc.); *les prairies à bruyères*
arborescentes (de 3300 à 3600 m); les prairies à petit *Senecio* et à
Lobelia (entre 3300 m et 3800 m); les prairies à *Senecio* géants (de 3800 m
à 4200 m); les escarpements rocheux (phonolithes) dans lesquels les
Senecio géants descendent à une altitude plus basse qu'en prairie (3650 m);
la limite supérieure de la végétation (4400 m) où il n'existe plus de
prairie, mais seulement les grands *Lobelia* et *Senecio* géants.

La faune ne présente guère de différences entre la base et le sommet des
prairies alpines. On trouve des Rongeurs et un hyrax (*Procavia*) dans les
rochers, quelques oiseaux (*Nectariniens*) dans les *Senecio* arborescents.
La petite faune se trouve au pied des plantes (Graminées, *Lobelia*), dans
le revêtement de feuilles mortes du tronc des *Senecio* géants (Carabiques,
Staphylinides, Curculionides, Aranéides, Mollusques), sous les pierres,
au pied des falaises phonolithiques. Une Vitrine jaune ne se trouve sous
les *Senecio* morts qu'à 4200 m; dans les ruisseaux gelés, à 4200 m, vivent
des Planaires et des larves de Diptères; des Carabiques, Staphylinides
et Aranéides se trouvent sous les pierres jusqu'à 4400 m.

4° *Zone du désert alpin* (de 4400 m à 5300 m). Il n'existe plus de Phanérogames dans cette zone où les seuls végétaux sont de petits Lichens
jaunâtres que nous avons observés jusqu'à 4800 m. Les animaux recueillis
le plus haut sont des Diptères, des Aranéides et un *Otiorrhynchus* (?),
sans parler des individus dont la présence était manifestement acciden-
telle à cette hauteur, comme un Odonate ou des Rhopalocères (*Charaxes*).

Il n'existait pas de faune aquatique dans un lac que nous avons visité au pied de la pointe Pigott. La base des glaciers se trouve à 4600 m.

II. CHAINE DE L'ABERDARE. — Nous avons trouvé au mont Kinangop (4300 m), dans la chaîne de l'Aberdare, une flore présentant les mêmes caractères qu'au Kénya, avec des prairies alpines toutefois moins humides :

1° *Zone inférieure*. Elle est formée par une petite brousse et des cultures sur le versant est (entre 2000 m et 2200 m), par des prairies découvertes sur le versant ouest, où elle monte beaucoup plus haut (de 2600 m à 2700 m). Ces prairies du versant ouest sont caractérisées par l'existence de la *Cicindela Alluaudi* W. Horn, du *Carabomorphus Alluaudi* Jeann., d'un *Amiantus* et d'un petit Cétonide qui se trouve à terre.

2° *Zone des forêts* (de 2200 m à 3000 m). Elle est tout à fait comparable à celle du Kénya. Nous y avons distingué deux niveaux. Les *forêts inférieures* (de 2200 m à 2400 m) sont comme celles du Kénya des forêts à *Juniperus* et à *Podocarpus*. Elles font défaut sur le versant ouest du Kinangop où les prairies montent très haut (2700 m). Les *forêts supérieures* correspondent aux forêts moyennes et supérieures du Kénya; elles sont formées par une épaisse forêt de bambous (de 2400 m à 3000 m) en haut de laquelle se trouvent disséminés sur la lisière quelques arbres du niveau supérieur du Kénya. La faune des bambous du Kinangop nous a paru identique à celle du Kénya. Sous les grosses pierres enfoncées, à 3000 m, nous avons recueilli un certain nombre d'animaux endogés.

3° *Zone alpine* (de 3000 m à 4300 m). Il n'existe pas au Kinangop de désert alpin. La partie de la zone alpine que nous avons explorée, entre 3000 m et 3200 m, est constituée par des prairies à *Lobelia*, bien moins humides qu'au Kénya. On y trouve un petit *Senecio* de prairie dans les bas-fonds marécageux et des *Senecio* géants dans les ravins. Ces espèces botaniques alpines du Kinangop sont sûrement différentes de celles du Kénya et la petite faune nous a montré plus de ressemblances avec celle du Kilimandjaro qu'avec celles du Kénya ou du Ruwenzori.

III. MONT KILIMANDJARO. — Nous n'avons pas pu dépasser, au cours de ce voyage, la lisière supérieure des forêts du Kilimandjaro; mais dans ses voyages antérieurs, Ch. Alluaud (1904 et 1908) avait réussi à séjourner dans les régions alpines jusqu'à 4500 m environ et à assigner leurs limites aux zones de cette montagne ([1]). Dans la partie sud-est du massif du Kilimandjaro (pic Mawenzi) que nous avons abordée, les forêts sont beaucoup moins épaisses qu'à l'ouest et les zones s'étagent de la façon suivante :

([1]) CH. ALLUAUD, *Les Coléoptères de la faune alpine du Kilimandjaro, avec notes sur la faune du mont Meru*, in *Ann. Soc. ent. France*, 1908, p. 21 à 32, avec fig.

1° *Zone inférieure* (de 800 m à 1200 m), brousse épineuse;

2° *Zone des cultures* (de 1200 m à 1800 m), avec une très riche faune entomologique;

3° *Zone des forêts* (de 1800 m à 2800 m). La forêt est homogène, sans niveaux distincts; il n'y a pas de bambous. A sa lisière supérieure, il existe des bosquets de bruyères arborescentes;

4° *Zone des prairies alpines* (de 2800 m à 4200 m). Nous n'avons pas dépassé l'altitude de 3000 m. Dès 2600 m, en forêt, on trouve de grandes clairières qui ne sont que des prolongements inférieurs de la prairie. Au-dessus de 2800 m, ce sont des prairies découvertes, sans *Lobelia* ni petits *Senecio* comme au Kénya. Les *Senecio* géants n'apparaissent dans les ravins que vers 3500 m. La faune entomologique de ces prairies est particulièrement riche et très différente de celle des prairies du Kénya (*Orinodromus, Hystrichopus, Bembidion, Amiantus,* etc.);

5° *Zone du désert alpin* (de 4200 m à 6010 m).

IV. Comparaison des trois massifs. — La base du Kilimandjaro se trouve à 800 m dans des steppes sèches à brousse épineuse, celle du Kénya et de l'Aberdare est à 2000 m. sur un plateau marécageux (Guaso-Nyiro); il en résulte que les pluies sont plus considérables sur les deux derniers massifs et cette plus grande humidité entraîne des différences dans la flore et dans la faune. Il n'existe pas de forêts de bambous au Kilimandjaro lorsqu'elle est très importante au Kénya, dans l'Aberdare et au Ruwenzori. Dans la zone alpine, les prairies du Kilimandjaro sont sèches et non marécageuses comme sur les autres montagnes. Ces faits expliqueront la distribution géographique de beaucoup d'espèces. Les petits *Senecio* de prairie n'existent pas dans les prairies trop sèches du Kilimandjaro. Les *Orinodromus* (Calosomides alpins) qui se rencontrent sur les hauteurs d'Abyssinie et du Kilimandjaro ne peuvent vivre dans les *tussocks* détrempés du Kénya et du Ruwenzori. Sur le Kinangop où la prairie est plus sèche se trouvent d'autres Calosomides, des *Carabomorphus*. C'est la même raison qui explique l'absence de Ténébrionides et d'Orthoptères dans les prairies du Kénya et très certainement de tels exemples se multiplieront lorsque nos collections seront étudiées.

Les collections que nous avons rapportées sont destinées au Muséum d'Histoire Naturelle de Paris. Elles se chiffrent à environ cent mille individus d'animaux invertébrés et un millier d'échantillons botaniques; elles renferment certainement un très grand nombre de formes nouvelles. Leur étude fera l'objet d'une série de publications et nous nous plaisons à remercier ici les nombreux spécialistes qui ont bien voulu nous donner pour cela leur collaboration.

M. F. PICARD,

Professeur à l'École nationale d'Agriculture (Montpellier).

SUR LA BIOLOGIE
DU « CACŒCIA COSTANA » ET DE SON PARASITE « NEMORILLA VARIA ».

59.169-578-57 Caccecia Costana

5 Août.

Le *Cacœcia costana* F. est un Lépidoptère de la famille des Tortricides, fort commun en France, mais dont l'histoire mérite cependant d'attirer l'attention. Cet Insecte est bien connu pour se trouver partout dans les lieux humides où sa chenille, très polyphage, se nourrit de toutes sortes de végétaux. On l'a observée sur les plantes suivantes : *Arundo phragmites, Cicuta virosa, Epilobium, Iris pseudacorus, Lilium candidum, Nasturtium palustre, Rumex, Scirpus, Spiræa, Symphytum, Urtica, Viola, Comarum, Centaurea, Glyceria spectabilis,* et beaucoup de plantes basses des bords de l'eau. De temps à autre, elle envahit les vignobles où elle peut commettre les plus grands dégâts. Une des premières observations rigoureuses de la présence de cet Insecte sur la Vigne fut faite par Kehrig en 1890 [1]. Il l'étudia dans un vignoble situé dans une île de la Gironde, qui fut ravagée pendant plusieurs années. L'an dernier, Schwangart [2] signala une nouvelle attaque due au *Cacœcia* dans les vignes de la région de Bad-Dürkheim (Palatinat). Enfin, j'ai eu moi-même l'occasion d'observer, en avril 1912, une forte invasion du même Insecte en Camargue [3].

Le genre de vie du *Cacœcia costana* a beaucoup d'analogie avec celui de la Pyrale de la Vigne (*Œnophtira pilleriana*). La chenille dévore les divers organes, enroule les feuilles et réunit les jeunes pousses par paquets au moyen de fils de soie. Elle se montre ainsi fort nuisible, non pas tant par la quantité de matière qu'elle consomme que par celle qu'elle abîme en entravant la végétation et en sectionnant les pétioles et les très jeunes grappes. Mais deux faits biologiques la distinguent complètement de la Pyrale : d'abord, elle apparaît beaucoup plus tôt, dès que la Vigne débourre, et elle a terminé sa croissance, au moins dans le Midi, dès la fin d'avril ; la Pyrale, au contraire, ne se chrysalide qu'à la fin de juin. Les dégâts du *Cacœcia*, se produisant de très bonne heure, n'en sont que

---

[1] *Feuille vinicole de la Gironde,* 22 mai 1890 et *Soc. nat. agr. de France,* 24 février 1912.

[2] *Mitteilungen der deutschen Weinbau-Verein,* juin 1911.

[3] Sur la présence dans le Midi de la France d'une chenille ampélophage, le *Cacœcia costana, Progrès agricole et viticole,* 5 mai 1912.

plus graves. Ensuite, l'Insecte a deux générations au lieu d'une, comme la Pyrale, et les larves de seconde apparition se montrent nuisibles en juin et juillet.

La rapidité du développement paraît en rapport avec la température, et les dates d'apparition notées par moi en Camargue sont sensiblement en avance sur celles qui ont été indiquées par Kehrig en Gironde.

Un fait très remarquable est la discontinuité des invasions de l'Insecte dans les vignobles. Certains Lépidoptères, comme l'Eudémis (*Polychrosis botrana* Schiff.) se répandent de plus en plus chaque année et disparaissent rarement des régions qui ont été une fois envahies. Au contraire, le *Cacœcia costana* se rencontre à certains moments dans des localités où elle était inconnue, puis ne s'y retrouve plus pendant de longues périodes. On a l'habitude de faire jouer un grand rôle à la nourriture dans la biologie et la dispersion géographique des Insectes, notamment chez les Papillons. Il existe cependant peu d'insectes chez lesquels la polyphagie soit aussi fréquente, et l'on peut remarquer que tous les Lépidoptères qui nuisent aux vignobles sont très peu spécialisés dans leur alimentation : le Sphinx de la Vigne (*Deilephila elpenor* L.), vit sur l'Epilobe, les *Galium*, la Salicaire, etc., la Chenille bourrue des vignerons (*Arctia caja*) attaque tous les végétaux sans distinction, les vers gris, ou larves d'Agrotis, font de même, la Cochylis (*Conchylis ambiguella* Hübn) se nourrit de toutes les plantes à grappes, l'Eudémis se trouve dans le *Daphne gnidium* et dans les fruits du Jujubier. La question de la nourriture n'a donc rien à voir avec le problème de la répartition de ces différents Insectes dans le temps et dans l'espace. Au contraire, la teneur en eau du milieu ambiant m'a paru avoir une importance capitale. J'ai développé déjà mes idées sur ce point dans une autre publication (¹), et j'ai montré que la Cochylis, très hygrophile, avait été détruite en grande partie par la sécheresse de 1911, et n'avait subsisté en 1912 que dans les bas-fonds très humides. L'Eudémis, espèce concurrente, beaucoup moins sensible aux variations hygrométriques, a donc été sélectionnée partout où elle se trouvait mélangée à la Cochylis, et a seule persisté en beaucoup d'endroits.

Mais, de tous les Microlépidoptères ampélophages, le *Cacœcia costana* est de beaucoup le plus hygrophile. L'adulte surtout se déshydrate très rapidement et ne peut subsister que dans les lieux où l'atmosphère est saturée de vapeur d'eau. Ce n'est donc que dans les régions plus ou moins marécageuses et lors des printemps très humides qu'on remarquera les Chenilles dans les vignobles. Il suffira d'une saison sèche pour les faire disparaître. L'espèce ne périra pas pour cela : les larves se trouvant sur les plantes aquatiques ou semi-aquatiques, *Arundo, Epilobium, Iris, Scirpus, Nasturtium*, etc., ne seront pas touchées par la sécheresse et continueront à faire souche, et ainsi se préparera dans l'ombre une

---

(¹) *Hygrophilie et phototropisme chez les Insectes* (*Bulletin scientifique de la France et de la Belgique*, 7ᵉ série, t. XLVI, fasc. 3, 1912).

nouvelle invasion, lors d'une saison favorable. C'est d'ailleurs toujours dans des localités spéciales que sont notés les ravages de *Cacœcia* : région de la Salanque, dans les Pyrénées-Orientales, Camargue, îles de la Gironde, etc.

Des circonstances particulières peuvent favoriser le maintien de l'espèce sur la Vigne. En Camargue, beaucoup de vignobles sont submergés pendant l'hiver dans le but de préserver les plants français non greffés du Phylloxéra radicicole. Le *Cacœcia* hiverne dans les fentes d'écorces, sous forme de très jeune chenille. Dans les vignes inondées, la végétation reste sous l'eau pendant plus d'un mois, et les petites larves se trouvant sur les plantes adventices périssent en totalité; seules subsistent celles qui ont cherché un refuge sur les bras des souches qui émergent au-dessus de la plaine inondée. Ces *Cacœcia*, ainsi sélectionnés par le viticulteur lui-même, ne quittent pas le cep qui leur a servi d'abri, et aux premiers beaux jours du printemps se portent sur les bourgeons. Un autre rôle de la submersion est aussi de maintenir une humidité favorable au Papillon. La belle saison est-elle anormalement sèche? Les adultes, attirés en masse, par la présence de l'eau, émigrent et vont déposer leurs œufs sur les Roseaux et les Epilobes, et à une année d'invasion succède une période d'immunité complète. On voit combien l'action du facteur nourriture est secondaire, pour ne pas dire nulle; le facteur hygrophilie, au contraire, prime tous les autres, et son importance éthologique, trop souvent laissée de côté, est capitale, non seulement dans le cas actuel, mais chez presque tous les Insectes dont le comportement est fonction de la plus ou moins grande résistance opposée par leurs tissus à la déshydratation.

Les Chenilles de *Cacœcia costana* que j'ai élevées étaient parasitées dans une assez forte proportion par un Muscide du groupe des Tachinaires, le *Nemorilla varia*, dont je dois la détermination à l'obligeance de M. le Dr Villeneuve. La Mouche pond ses œufs sur le tégument de la Chenille, auquel ils adhèrent fortement; le plus grand nombre des larves parasitées portaient un seul œuf, un certain nombre deux, jamais davantage. Ces œufs, toujours déposés sur la partie dorsale, se trouvent souvent sur le prothorax, parfois aussi sur les derniers segments. Leur couleur est d'un blanc de lait; leur forme est ellipsoïde ou un peu réniforme, aplatie sur la face accolée à la Chenille, légèrement bombée sur la face libre.

L'éclosion, qui s'est produite à la fin d'avril, s'opère de la façon suivante : l'œuf s'ouvre suivant une fente horizontale située à l'une des extrémités du grand axe de l'ellipse, et la petite larve, après sa sortie, perfore le tégument à 1 mm ou 2 mm plus loin. Le point d'entrée du parasite est facile à reconnaître après coup à une cicatrice en forme d'entonnoir qui subsiste sur la peau; jamais la pénétration ne se fait directement sous la coque de l'œuf, la larve éclosant d'ailleurs, comme je l'ai dit, toujours latéralement.

Le développement du *Nemorilla* est rapide. Des individus éclos le

26 avril donnèrent des adultes vers le 10 mai; la vie larvaire dure une semaine et la vie nymphale à peu près autant. Mais ce laps de temps, si court soit-il, ne l'est pas suffisamment pour que l'hôte ne puisse se chrysalider, et c'est de la Nymphe et non de la Chenille que sort la Mouche. Au moment de la pupaison, la partie antérieure de la chrysalide se fend, mettant à jour la pupe du Diptère, à moitié enchâssée dans l'enveloppe thoracique de sa victime complètement évidée, à moitié saillante au dehors.

Il s'en faut de beaucoup que l'adaptation du *Nemorilla* au parasitisme aux dépens du *Cacœcia* soit parfaite, et c'est là le point le plus suggestif de son histoire. D'abord, beaucoup d'œufs n'éclosent pas; en particulier, jamais, dans mes élevages, je n'ai observé la réussite de plus d'un œuf chez les Chenilles qui en portaient deux. Le *Nemorilla varia* est une Mouche relativement grosse pour la taille de sa victime et la substance entière d'un *Cacœcia* n'est pas de trop pour son développement. Il n'en faudrait pas faire état pour considérer cet avortement partiel d'un point de vue finaliste. Certaines circonstances faisant avorter les œufs dans une forte proportion, il n'est pas étonnant que la plupart du temps, un seul œuf sur deux vienne à bien sur le même individu. Que se produit-il dans les cas d'éclosions doubles? Je n'ai pas eu l'occasion de l'observer, mais on peut supposer, soit que les deux larves meurent, soit qu'elles donnent naissance à des exemplaires nains, assez fréquents chez les Insectes parasites.

La ponte a toujours lieu sur des Chenilles parvenues au maximum de leur croissance, et il peut arriver que le *Cacœcia*, au moment de sa transformation change de peau, et se débarrasse ainsi de l'œuf avant l'éclosion de celui-ci. Il arrive aussi que la Chenille parasitée devienne incapable de se métamorphoser et périsse au moment de la dernière mue, entraînant par là même la mort du Diptère. On voit combien, en examinant de près les phénomènes, les adaptations qui paraissent les mieux établies sont loin d'être les meilleures possibles, et que les individus qui subsistent, dans une espèce donnée, ne le doivent souvent qu'à un concours fortuit de circonstances.

Il est évident, par exemple, qu'il serait profitable au *Nemorilla* de pondre sur des Chenilles un peu moins âgées. Ce le serait d'autant plus que, dans l'état actuel des choses, les adultes, qui apparaissent, comme je l'ai dit, au début de mai, se trouvent dans l'incapacité de parasiter la seconde génération de *Cacœcia*. Celles-ci n'ont toute leur taille qu'en juillet ou, au plus tôt, à la fin de juin, et il n'est pas possible d'admettre que le Diptère n'opère sa ponte que deux mois après son éclosion. Les *Nemorilla* apparues en mai devront donc déposer leurs œufs sur d'autres espèces ou ne pas donner de descendance, et en effet, on les a obtenues des Chenilles de divers Géométrides et Microlépidoptères. L'existence de ce parasite, dans une région donnée, est donc liée à celle, non pas d'une, mais de plusieurs autres espèces. Suivant les cas, ce pourra être une condition favorable ou, au contraire, défavorable à sa multiplication.

L'exemple du *Nemorilla varia* n'est pas isolé. C'est ainsi que j'ai obtenu un très grand nombre d'Ichneumonides, en particulier de *Pimpla* (*P. alternans* et *examinator*), des chrysalides d'hiver de la Cochylis de la Vigne. Mais ces Hyménoptères éclosent en mars ou même en février, c'est-à-dire beaucoup plus tôt que les Papillons, qui n'apparaissent qu'en avril et mai. Ils meurent bien avant que les larves de printemps de Cochylis ne soient écloses, et leur race ne peut subsister qu'en étant polyphages. La génération printanière de Cochylis s'est toujours, en effet, montrée indemne de *Pimpla*, si abondantes dans les nymphes de seconde génération.

D'un autre côté, j'ai remarqué que ces chrysalides qu'on m'avait expédiées de la Haute-Garonne étaient parasitées dans des proportions bien plus grandes que celles qui furent recueillies dans les vignobles de l'Hérault. La Haute-Garonne, pays de végétation variée, renferme, entremêlées aux vignes, une foule de cultures et de plantes sauvages pouvant porter aux diverses saisons des Chenilles de taille convenable pour la ponte des *Pimpla*. La plaine viticole de l'Hérault, par contre, n'est plantée qu'en vignes généralement très bien tenues, les buissons eux-mêmes sont proscrits, si bien que les *Pimpla*, faute de proies, ne s'y maintiennent qu'en petit nombre.

On voit que la polyphagie est une nécessité vitale pour beaucoup de parasites dont le cycle évolutif ne concorde pas exactement avec celui de l'hôte. On voit aussi qu'au point de vue utilitaire, l'étude de ces parasites demande à être entreprise en détail dans chaque cas particulier, et que la connaissance de leur éthologie conduit à des résultats inattendus, par exemple, à proscrire le dogme de l'arrachage des buissons qui sont l'un des meilleurs préservateurs contre les Chenilles ampélophages.

M. Jules COTTE,

Professeur suppléant à l'École de Médecine (Marseille).

OBSERVATIONS SUR LA FAUNE CÉCIDOLOGIQUE PROVENÇALE.

58.12.2 (44.92)

2 Août.

Je poursuis méthodiquement, depuis un certain nombre d'années, l'étude de la cécidologie provençale, et je tiens à adresser mes remercîments à l'Association française pour l'Avancement des Sciences, qui a

28

bien voulu s'intéresser à mes recherches et les honorer d'une subvention. J'ai pensé que le moment était venu de dresser l'inventaire des galles que j'ai recueillies, qui m'ont été communiquées ou qui avaient été signalées en Provence par les auteurs qui m'ont précédé. Le total s'en élève à bien près de 800, aussi l'exposé de mes observations constitue-t-il le Catalogue régional le plus étendu qui ait été publié. Trop volumineux pour paraître dans les *Comptes rendus* de notre Association, il est en cours d'impression dans le *Bulletin de la Société Philomathique de Paris*; mais je veux, du moins, apporter à ce Congrès les résultats généraux qu'on peut déduire de l'ensemble de mes recherches.

Un premier fait est à souligner tout d'abord : c'est le grand nombre de cécidies nouvelles qu'il m'a été donné d'observer. J'en signale d'abord plus d'une centaine, dues seulement à l'adaptation et au parasitisme sur un hôte nouveau d'animaux déjà connus comme cécidozoaires. Pour près d'une centaine d'autres galles, le producteur est encore inconnu; elles nécessiteront, par conséquent, de nouvelles recherches dans l'avenir. Mais, résultat plus intéressant, j'accrois la liste des cécidozoaires de 17 espèces ou variétés, nouvelles ou non citées comme cécidogènes. La plupart ont été déterminées par des spécialistes et l'une de ces espèces a même motivé la création par M. de Joannis d'un genre nouveau, le genre *Parapodia*.

Nous pouvons inscrire parmi les cécidozoaires, en conclusion de mes observations :

Apion burdigalense;
Ceuthorhynchus constrictus;
Eriophyes albæspinæ;
Eriophyes centaureæ var. *breoisetosus*;
Eriophyes Coutierei;
Eriophyes cupulariæ;
Eriophyes drabæ var. *cardamines*;
Eriophyes linosyrinus var. *acris*;
Eriophyes rosalia var. *italici*;
Janetiella Cottei;
Microlarinus Lareyniei;
Neuroterus pustulifex;
Parapodia tamaricicola;
Phyllobostris eremitella;
Plagiotrochus pustularis;
Psectrosema provincialis;
Tylenchus Darbouxi.

Je puis ajouter aussi, comme acquisition pour notre faune, près d'une cinquantaine de parasites qui, jusqu'ici, n'étaient pas indiqués en France, et dire enfin que je fais connaître pour notre pays une douzaine de galles dont le producteur reste à déterminer et qui n'étaient encore signalées qu'à l'étranger.

L'importance de ces résultats est due à deux raisons principales :
d'une part, à l'insuffisance des études cécidologiques en France, et de
l'autre à la richesse de la flore et de la faune provençales. Il peut paraître
hardi de parler de l'insuffisance des études cécidologiques dans le pays
de Réaumur, d'Olivier, de Bosc, de Vallot, de Fée, de Boyer de Fons-
colombe, de Perris, de Giraud, pour ne parler que des principaux disparus, dans le pays où a paru le premier véritable Catalogue de cécidies,
celui de Darboux et Houard. Mais on est bien obligé de constater qu'un
grand effort reste encore à accomplir avant que soit dressé un inventaire
sérieux de la cécidologie française : les quelques régions de notre pays
pour lesquelles existent de bonnes études locales restent séparées par de
vastes espaces, qui constituent, pour le cécidologue, tout autant de
terræ incognitæ. Nous sommes, à ce point de vue, en retard sur l'Italie
et les pays de langue allemande, où les études du genre de celle-ci sont
assez activement poussées. Il est vrai qu'elles paraissent avoir pris chez
nous un essor plus sérieux depuis plusieurs années, depuis surtout que de
bons livres de détermination ont été mis à la disposition des naturalistes.

La richesse de la flore et de la faune provençales est bien connue de
ceux qui ont herborisé ou chassé dans notre pays, ou qui s'intéressent
aux études de phytogéographie ou de zoogéographie. Nous voyons,
par exemple, dans la Préface du Catalogue des Coléoptères de Provence, de H. Caillol, dont la Société Linnéenne de Provence a fort
heureusement repris la publication interrompue, que le nombre des
espèces visées par ce Catalogue s'élève à environ 5000. Nous voyons le
Catalogue des Lépidoptères de Provence, de Régnier, qui pourrait aisément être complété, comprendre 1567 espèces; celui des plantes vasculaires du Var, d'Albert et Jahandiez, qui s'occupe d'un seul de nos départements provençaux et qui est conçu dans un esprit plutôt réducteur,
renfermer cependant plus de 2200 numéros, c'est-à-dire la moitié environ
des plantes qui poussent spontanément en France. Et je pourrais citer
d'autres exemples.

C'est que la Provence constitue un champ de bataille sur lequel ont
lutté et luttent, pour la possession du sol, des espèces provenant des
régions les plus diverses et représentant les flores et les faunes les plus
variées. Nous y trouvons des épaves laissées par le flux et le reflux des
végétations, plus chaudes ou plus froides, dont la marche était comman-
dée par les réchauffements et les refroidissements de notre région : par
exemple l'aliboufier de Montrieux, le palmier nain qui, il y a un demi-
siècle encore, poussait à l'état spontané dans la banlieue de Menton, et
inversement la forêt d'ifs et de hêtres de la Sainte-Baume, avec son
escorte de *Daphne alpina*, etc. Je ne sais pas dans quelle mesure nous
devons accepter le détail des hypothèses qui nous sont fournies, concernant la formation de notre flore, si nous devons croire, de confiance,
que telle espèce nous est venue d'Asie au cours de la migration, ou des

deux migrations orientales; que telle autre a pris son origine dans le centre lusitanien, d'où elle nous est venue. Il me semble que nous ne trouvons souvent pas, dans les éléments de la cause, des arguments bien décisifs. Mais si nous pouvons hésiter ou chicaner sur de nombreux points de détail, il est vraisemblable que nous pouvons considérer comme assez solidement établie l'œuvre dressée par les historiens de la flore européenne.

Deux agents principaux ont dirigé la lutte des espèces pour la possession du sol provençal. L'un d'eux a été l'érection de la chaîne des Alpes, dont les ramifications latérales, rencontrant les plissements pyrénéens, ont donné à notre sol un aspect extrêmement tourmenté, créant ainsi une infinité d'expositions et de climats variés. Le deuxième est le mistral, qui suit la dépression rhodanienne et dont Caziot a pu discerner l'action dès l'époque tertiaire, sans doute dès le miocène. Grâce au mistral, les espèces du centre de la France peuvent lutter avec assez d'avantage contre les espèces méditerranéennes, dans la partie septentrionale et occidentale de la Provence; mais à mesure que nous nous dirigeons vers des régions de mieux en mieux protégées contre le *borée noir*, que nous nous rapprochons de la Côte d'Azur, où les contreforts des Alpes constituent un abri vraiment efficace, la flore prend un aspect de plus en plus nettement méditerranéen. Il est évident que la faune nous permettrait d'émettre des considérations identiques à celles que j'ai données pour la flore, d'autant plus que la nature de la flore commande assez étroitement celle d'une partie de la faune. Cela est surtout vrai pour les animaux qui sont strictement inféodés à des végétaux déterminés, et beaucoup de cécidozoaires constituent, à ce point de vue, ce que je pourrais appeler l'idéal du genre.

Les recherches que j'ai entreprises me permettent d'ajouter un nouveau chapitre à l'étude de la faune et de la flore provençales, celui de la faune et de la flore cécidologiques. La cécidoflore présente peu d'intérêt en ce qui concerne la biogéographie; il n'en est pas de même de la cécido-faune. Si nous dressons le catalogue de nos espèces cécidogènes, et si nous examinons quel est l'habitat de ces espèces, hors de France, un fait s'impose à l'esprit de l'observateur le moins attentif : c'est que beaucoup d'entre elles sont à habitat nettement méditerranéen. Le résultat de mes observations est de faire connaître pour la faune française bon nombre d'espèces qui étaient citées de Portugal, d'Italie, de Sicile, etc., et l'on peut être, dès lors, tenté de donner ces espèces comme aidant à caractériser la faune provençale, comme aidant à lui donner son facies méditerranéen. On peut, en effet, observer que ces animaux sont d'autant plus nombreux chez nous qu'on s'éloigne davantage de la partie où le mistral règne en maître. Mais aurions-nous bien raison de parler ainsi, sans avoir envisagé le détail des faits ? Toutes les fois que nous avons affaire à un animal strictement inféodé à un végétal déterminé, à un parasite monophage, est-il utile de souligner que l'aire d'extension du parasite ne dépasse pas les limites de celle de son hôte? Il est superflu de dire que les parasites du lentisque, du gattilier, etc. donnent un caractère méditerranéen à la faune de Provence, puisqu'on dit ailleurs que ces végétaux eux-mêmes donnent à sa flore un facies méditerranéen.

Nous nous trouvons, dès lors, amenés à établir plusieurs catégories parmi nos cécidozoaires provençaux. En premier lieu nous placerons les espèces monophages, strictement inféodées à une plante à habitat nettement localisé, ainsi que les espèces polyphages quand elles s'attaquent à plusieurs espèces voisines, dont l'habitat est encore nettement localisé. Ces parasites n'ont aucune valeur pour caractériser une faune. Tel est, par exemple, *Trioza alacris*, parasite de *Laurus nobilis*. Le laurier est une plante assez nettement méditerranéenne, et le Psyllide possède la même aire de dispersion qu'elle : là où des soins culturaux permettent au laurier de vivre, en dehors de son aire de dispersion normale, le *Trioza* l'accompagne, si bien qu'il a été recueilli dans presque tous les pays d'Europe, à l'exception du Nord. Tel est aussi *Apion cyanescens*, hôte des cistes. Or les cistes sont des végétaux de flore méridionale, pour lesquels on admet même qu'ils ont pris naissance dans le centre lusitanien, d'où ils se sont irradiés; leur dispersion commande évidemment celle de leurs parasites. Mais nous pouvons réunir dans un dernier groupe les parasites qu'hébergent des plantes à habitat extrêmement étendu, ou qui s'attaquent à plusieurs espèces végétales, dont certaines au moins ont une aire de dispersion très vaste. Si certains de ces parasites ne s'éloignent guère des bords de la Méditerranée, alors que leurs hôtes s'en éloignent beaucoup, nous pourrons les considérer logiquement comme servant à caractériser la faune méditerranéenne.

On conçoit qu'en faisant ce travail de ventilation dans notre cécidofaune provençale, on restreint considérablement le nombre des espèces sur lesquelles doit être attirée l'attention. Il nous faut éliminer, pour composer notre liste, les espèces ubiquistes et banales, comme *Rhodites rosæ*, *Neuroterus quercus-baccarum*, *Eriophyes campestricola*, beaucoup d'Aphides, etc., les cécidozoaires trop strictement inféodés à des espèces méditerranéennes, telles que les *Phillyrea*, *Vitex Agnus-castus*, *Helichrysum Stœchas*, *Atriplex halimus*, nos chênes à feuilles persistantes, etc.

Il nous reste finalement un certain nombre de cécidozoaires, auxquels nous sommes bien en droit de donner le nom de *méditerranéens*, puisque les végétaux, aux dépens desquels ils se développent, s'étendent plus ou moins largement en dehors de la zone méditerranéenne et qu'eux-mêmes ne s'éloignent pas des régions où règne le climat méditerranéen. Ce sont, par exemple :

Andricus hystrix, hôte de divers *Quercus*;
Andricus Panteli, hôte de divers *Quercus*;
Andricus urnæformis, hôte de divers *Quercus*;

Asphondylia Stefanii, hôte de *Diplotaxis tenuifolia, Brassica nigra;*
Aspidiotus hederæ, hôte de *Hedera Helix,* etc.;
Cynips coriaria, hôte de divers *Quercus* ;
Cynips Mayri, hôte de divers *Quercus;*
Cynips quercus-tozæ, hôte de divers *Quercus;*
Diplolepis cornifex, hôte de divers *Quercus;*
Diplolepis quercus, hôte de divers *Quercus;*
Eriophyes caulobius, hôte de *Suæda fruticosa;*
Eriophyes picridis, hôte de *Picris hieracioides, P. spinulosa;*
Eriophyes salicorniæ, hôte de *Salicornia fruticosa;*
Pelatea festivana, hôte de divers *Quercus;*
Pemphigus vesicarius, hôte de *Populus nigra.*

Quelques-uns de ces noms devront peut-être disparaître de cette liste, quand la dispersion des cécidozoaires sera mieux connue; mais leur groupement permet néanmoins de mettre en évidence le caractère nettement méditerranéen de notre faune cécidologique.

<hr>

M. Henri MARCHAND.

Laboratoire maritime de Biologie de Tamaris–sur–Mer (Var).

LA MYTILICULTURE EN FRANCE.

63.942 (44)

2 Août.

A propos de la création à Tamaris-sur-Mer du Laboratoire maritime de l'Université de Lyon, M. le professeur R. Dubois a montré, dès 1890, dans le *Bulletin des Amis de l'Université de Lyon,* combien la France avait à souffrir de la concurrence étrangère au sujet des produits de la culture marine, et cela malgré la possession des côtes les plus propices et les plus étendues. Notre littoral se prête, en effet, à tous les genres de thalassiculture, et malgré cela nous sommes très en retard sur beaucoup d'autre pays et, pour certains produits, tributaires de l'étranger dans de colossales proportions. C'est ainsi que, pour l'année 1889-1890, les statistiques officielles accusaient sur la seule place de Paris un arrivage de cinq millions de kilogrammes de moules de Hollande.

M. le professeur R. Dubois avait, à ce moment, indiqué une partie des moyens qui lui semblaient les plus propres à remédier à une situation aussi extraordinairement désavantageuse pour la France. Une vingtaine d'années après, en 1910, il a recherché si quelque amélioration avait été apportée à ce fâcheux régime d'importation. Malheureusement, les ren-

seignements qu'il a pu recueillir à cette époque ont montré que, loin
de s'améliorer, la situation avait empiré au contraire. Ces renseignements,
puisés aux Halles Centrales mêmes de Paris, étaient en effet les suivants :

Origine. — Du 15 août au 15 avril, les moules vendues aux halles proviennent
de la Hollande (Philippine et Gous). Du 16 avril au 14 août, elles proviennent
de Boulogne-sur-Mer, Tocqueville et Honfleur.

La Belgique fournit du frais (naissain) utilisé en Hollande.

Quantité. — Première période : environ 40.000 kg par jour; deuxième
période : Tocqueville et Honfleur = 500 kg par jour; Boulogne-sur-Mer
= 2.000 kg par jour.

Prix gros : hollandaise, de 5 à 10 fr les 100 kg; française, 12 fr les 100 kg.

Espèces les plus recherchées. — La moule française est la plus recherchée
parce qu'elle est plus fine et, par suite, mieux appréciée des gourmets. De plus,
elle se récolte sur les côtes rocheuses de la Manche, tandis que la hollandaise
est récoltée dans des fonds vaseux.

Crabes. — La moule française, et plus particulièrement la Tocqueville et la
Honfleur, contiennent parfois de tout petits crabes qui n'influent en rien sur
leur qualité.

Ainsi la moule française est reconnue supérieure à la moule hollandaise;
son prix supérieur (12 fr les 100 kg au lieu de 5 et 10 fr) l'indique d'ailleurs suffisamment. Malgré cela on trouve, pour une consommation annuelle sur le seul
marché de Paris de 9.655.000 kg de moules, que la Hollande en fournit 9.600.000
et la France seulement 55.000 kg. Soit, par mois, environ respectivement :
1.200.000 kg de moules étrangères; 13.500 kg de moules françaises.

Soit en argent, en moyenne, par an : moules étrangères, 720.000 fr; moules
françaises, 6.600 fr.

Quand Paris donne 110 fr à la Hollande, il donne 1 fr à la France pour sa
consommation de moules ! En 1889-1890, il arrivait à Paris 5 millions de
kilogrammes de moules de Hollande. En 20 ans la proportion a doublé !

Si l'on connaissait d'ailleurs le chiffre de l'importation totale de la
Hollande en France, on arriverait sans doute à des chiffres énormes.
La moule hollandaise vient concurrencer la moule française jusque
dans les villes du Midi, jusqu'à Toulon, où se font les meilleures moules
du monde. Il est vrai qu'il y a des raisons qui font demander, à certaines
époques, les moules du Nord qui sont plus grasses que celles du Midi;
mais il serait possible de remédier à cet inconvénient.

Enfin, la concurrence étrangère ne nous vient pas seulement de la
Hollande. Il nous arrive du grand port militaire italien de la Spezzia
des quantités assez considérables de moules, et il commence même à en
arriver de Tunisie ([1]).

M. le professeur R. Dubois concluait :

« Les causes de notre regrettable infériorité sont faciles à connaître; elles sont

---

([1]) R. DUBOIS, *Sur la mytiliculture en France* (Ve Congrès national des Pêches
maritimes; Les Sables-d'Olonne, 1909).

multiples; il faudrait faire une enquête sérieuse avec tous les moyens d'action désirables. Les documents que j'ai recueillis pendant plusieurs années et mon expérience personnelle m'ont convaincu qu'il est possible d'aboutir à une solution pratique, qui rapporterait à la thalassiculture française plusieurs millions par an. Il ne faudrait pas se borner à une étude approfondie de la question en France, mais aller en Hollande et en Italie, et autre part encore, si cela est nécessaire, pour étudier les perfectionnements, à apporter tant à cette industrie maritime elle-même qu'au négoce de ses produits » ([1]).

C'est pour répondre à ces indications que nous avons commencé, au laboratoire de Tamaris-sur-Mer, dans la rade de Toulon, une étude sur la mytiliculture. Nous pouvons à l'heure actuelle présenter les observations et les conclusions qui suivent :

Bien que la rade de Toulon soit avant tout un port de guerre et un champ de manœuvre, il n'en est pas moins hors de doute qu'il est possible d'y concilier les intérêts de la défense de nos côtes avec une industrie qui tient une large place dans notre économie nationale, intéressant à la fois toute une classe de thalassiculteurs, d'ouvriers, de marchands, et surtout de consommateurs. Les endroits occupés par les mytiliculteurs dans les anses du Lazaret et de la Seyne-sur-Mer ne sont pas accessibles aux embarcations de la défense et ne font qu'occuper des reliquats de territoire maritime. Ces établissements sont, d'ailleurs, pour les Domaines une source de revenus qui, pour n'être pas considérables, n'en sont pas moins appréciables. .

Les emplacements actuellement occupés sont répartis d'une façon très inégale entre une vingtaine de propriétaires. La plus importante des concessions mesure 42.612 m, et le plus minime, 300 m seulement. Aucune règle n'a présidé à leur distribution; les emplacements ont été choisis arbitrairement sans qu'aucun spécialiste en thalassiculture, aucun savant n'ait été consulté. La question du meilleur emplacement à donner aux parcs a cependant une importance capitale. Il importe que les parcs ne soient pas trop rapprochés ou groupés de façon que l'un intercepte l'eau qui amène chez les voisins la nourriture et l'air. On n'a tenu aucun compte de la direction des courants qui, eux aussi, semblent jouer un rôle décisif (question que nous nous proposons d'élucider). Il n'est pas indifférent enfin de faire des moulières sur des fonds vaseux, sablonneux ou herbeux, ainsi que l'ont démontré les recherches de M. le professeur R. Dubois, qu'il y aurait lieu de poursuivre et de généraliser. Malheureusement, la carte océanographique de la région est entièrement à faire et la nature des fonds très mal connue.

La moule de Toulon (*Mytilus gallo-provincialis*) est la plus belle des moules comestibles. Dès la seconde année, elle peut atteindre une longueur de 130 mm, une largeur de 65 mm et une épaisseur de 60 mm;

([1]) *Loc. cit.*

mais les mytiliculteurs, en général, vendent leurs moules la première
année. Le prix du gros (prix rémunérateur) atteint 35 à 45 fr les 100 kg.
Au détail, les moules sont vendues actuellement au prix (trop élevé)
de 0,45 à 0,60 fr le kilogramme.

Le prix de revient pourrait être abaissé si les mytiliculteurs actuels
faisaient eux-mêmes leur naissain, mais ils préfèrent l'acheter et le font
venir, en général, des étangs de l'ouest de Marseille. Ils utilisent également
le naissain récolté sur les rochers, bien qu'il soit de mauvaise qualité
en général; de même, celui récolté sur les appontements, les chaînes de
navires, etc. Rien n'est plus facile pourtant que de recueillir le naissain
dans les moulières mêmes, ce qui permet d'avoir une race supérieure
et de diminuer en même temps le prix de revient.

En réalité, il faut le dire, les concessionnaires actuels des parcs à
moules ne méritent pas le nom de mytiliculteurs. Ce sont simplement des parqueurs. Les procédés qu'ils emploient, non pour cultiver
la moule, mais simplement pour la faire s'accroître, sont restés les
mêmes à peu près qu'il y a 200 ans. Ce sont, pour la plupart, en
effet, des inscrits maritimes sans instruction, réfractaires à tout
progrès. Souvent aussi, n'ayant pas les capitaux nécessaires pour
exploiter leurs concessions eux-mêmes, ils deviennent tributaires de
financiers ou d'associés qui les exploitent. Les mieux tenus parmi
les parcs sont certainement les plus grands, ceux dont les concessionnaires possèdent les ressources voulues pour faire des installations convenables. Ces dernières ne sont pourtant pas parfaites et
laissent encore beaucoup à désirer, non seulement sous le rapport de
l'emplacement choisi, mais encore et surtout sous celui des soins à donner
aux moules. Les connaissances biologiques, même élémentaires, font
défaut partout; chez les riches parqueurs comme chez les pauvres;
aucun, d'ailleurs, ne se donne la peine ou n'a l'idée de faire des recherches
expérimentales en vue d'améliorer l'état actuel des choses. C'est ceci,
précisément, qui a poussé depuis de longues années M. le professeur
R. Dubois, directeur-fondateur du laboratoire de Biologie de Tamaris-
sur-Mer, à réclamer la création d'un parc à moules modèle qui servirait
d'école. Si ce n'est pas aux parqueurs actuels, ce serait tout au moins
à leurs successeurs, ou mieux encore aux marins qui viennent à Toulon
de tous les points du littoral accomplir leur service militaire, et auxquels
il serait facile dans l'intervalle des manœuvres de faire des cours pratiques
de thalassiculture, de pêche, etc. Il y en a des milliers qui sont inoccupés
à certaines heures et dont on pourrait faire d'excellents moniteurs
capables de répandre ensuite aux quatre coins de la France les connaissances qu'ils auraient acquises à l'école des pêches et au parc modèle de
Tamaris. Le parc actuel, faute de ressources, ne peut servir qu'à de
petites expériences : celles qui sont actuellement relatives à la spongiculture en particulier. Pourtant sa situation dans un endroit parfaitement

abrité, visité par les courants, est bonne. Elle pourrait être meilleure. L'administration de la Marine devrait donner au directeur d'un tel parc d'essai une liberté d'action très grande, et il est soumis aux mêmes règlements que le plus ignorant des parqueurs ! Les moules n'échappent pas à la maladie. Des épidémies meurtrières en détruisent beaucoup à certains moments. D'autres fois elles présentent un véritable rachitisme qui empêche la croissance et déforme complètement la coquille. Nous avons présenté à la séance du 2 août, au Congrès de l'Association française pour l'Avancement des Sciences de Nîmes, des échantillons de ces moules malades.

En résumé, la production, tant en quantité qu'en qualité, pourrait être augmentée par l'observation d'un certain nombre de règles que nous ne pouvons, faute d'espace, exposer ici en détail avec les raisons qui les motivent. Nous nous contenterons de les énumérer :

1º Le *choix des emplacements* à donner aux parcs à moules ne doit être déterminé qu'après avis d'un spécialiste en la matière. En ce qui concerne la rade de Toulon, le meilleur choix serait incontestablement fait par M. le Professeur R. Dubois qui, depuis plus de 15 ans, s'est attaché à ces questions ;

2º Il faudrait de toute nécessité établir une *carte océanographique* de la rade de Toulon en particulier, et de toutes nos côtes en général ;

3º Créer à Tamaris, un *parc modèle*, plus une série *de conférences sur la thalassiculture* auxquelles seraient conviés les marins de la flotte ;

4º Assurer par une *surveillance de police* effective le respect de la propriété, les parcs étant fréquemment pillés la nuit ;

5º Étudier enfin les conditions susceptibles de polluer ou de contaminer les parcs (il importe de protéger l'*hygiène* des consommateurs en même temps que celle des mollusques).

Quant aux améliorations à apporter dans la *culture* elle-même de la moule, les plus urgentes seraient :

a. La production et la récolte du *naissain* par les parqueurs eux-mêmes ;

b. La détermination exacte de la quantité de moules que peut nourrir un espace déterminé suivant la *capacité biologique* au point considéré ;

c. L'application de moyens propres à préserver les moules des *algues et des animaux parasites*, des cordes qui les soutiennent, et qui s'approprient une partie de la nourriture qui leur est destinée ;

d. La détermination des moyens les plus pratiques pour l'*engraissement* des moules. C'est l'étude de la fonction glycogénique chez ces mollusques, étude que nous nous proposons d'aborder incessamment.

e. La *salure des eaux* joue certainement un rôle important, et l'on ne sait rien à l'heure actuelle de ses variations dans la rade de Toulon, par exemple ;

f. La détermination des supports les plus favorables à la fixation des moules ;

g. La substitution du fer au bois employé dans les parcs, etc.

On pourrait signaler encore une foule de points de détail qui ont fait l'objet d'études déjà avancées. Nous nous proposons d'ailleurs de les poursuivre si nous pouvons obtenir les subsides nécessaires à la création d'un parc d'études digne de ce nom. Nous ajoutons que ce parc pourrait rendre de grands services, non seulement à la mytiliculture, mais encore pour la spongiculture qui a donné déjà de si intéressants résultats tant à Sfax (Tunisie) qu'à Tamaris-sur-Mer entre les mains de M. le Professeur R. Dubois, et qui est susceptible de donner naissance à une industrie nationale pour le moins aussi importante que celle de l'ostréiculture;. dont le génie et la persévérance du professeur Coste ont doté la France.

Ajoutons qu'il y aurait lieu également de poursuivre à Tamaris les essais d'ostréiculture qui y ont été commencés, en s'inspirant des méthodes appliquées en Italie, et particulièrement à la Spezzia.

Au point de vue scientifique pur enfin, le parc d'essai dont nous demandons la création en vue de la continuation de nos recherches personnelles, pourrait rendre de nombreux et importants services. Il n'est pas, je crois, nécessaire d'insister sur ce point.

M. G. BOHN,

Directeur de laboratoire à l'École des Hautes-Études.

LA MARCHE OSCILLANTE DES CONVOLUTA.

59.51.23 Convoluta

6 *Août.*

Les *Convoluta*, on le sait, sont de petits Vers ciliés (Turbellariés); qui teintent en vert le sable des plages à mer basse; quand l'eau revient, elles s'enfoncent à une certaine profondeur; elles présentent donc des mouvements alternatifs de montée et de descente, synchrones de ceux de la marée, mais inverses. En 1903, j'ai montré que ce rythme des marées persiste en aquarium [1]; j'ai également étudié les réactions vis-à-vis de la lumière de ces animaux qui, comme on le sait, possèdent dans leur corps de la chlorophylle. Il y a des *effets toniques* de la lumière et des *effets tropiques.* Ces derniers, souvent, ne sont pas très nets, les animaux s'orientant surtout suivant les lignes de plus grande pente, et la *fatigue lumineuse* les masquant le plus souvent:

---

[1] G. Bohn, Les « *Convoluta roscoffensis* » et la théorie des causes actuelles (*Bulletin du Muséum,* 1903, p. 352).

L'été dernier (de juillet à octobre), j'ai repris l'étude des effets tropiques de la lumière, à Concarneau ; sur la plage, non loin du laboratoire, les *Convoluta* sont excessivement abondantes. Dans cette localité, j'ai constaté de nouveau la persistance du rythme des marées en aquarium ; à certaines périodes de ce rythme, les effets tropiques s'accentuent, et c'est alors qu'on doit les observer. Très souvent, quand les *Convoluta* sont placées sur le fond plat et horizontal d'une cuvette rectangulaire, vis-à-vis d'une surface éclairée (fenêtre), elles marchent en zigzaguant un peu dans toutes les directions. Mais, à certains moments, il n'en est plus de même. Les trajectoires peuvent être des lignes perpendiculaires à la surface éclairante ; toutefois, dans ce cas, très souvent la *marche* est *oscillante*. Alternativement l'animal est attiré et repoussé par la lumière, les attractions et les répulsions se succédant à de courts intervalles ; et alors les trajectoires prennent les aspects représentés dans la figure 1.

Dans tous ces cas, les attractions l'emportent sur les répulsions, et

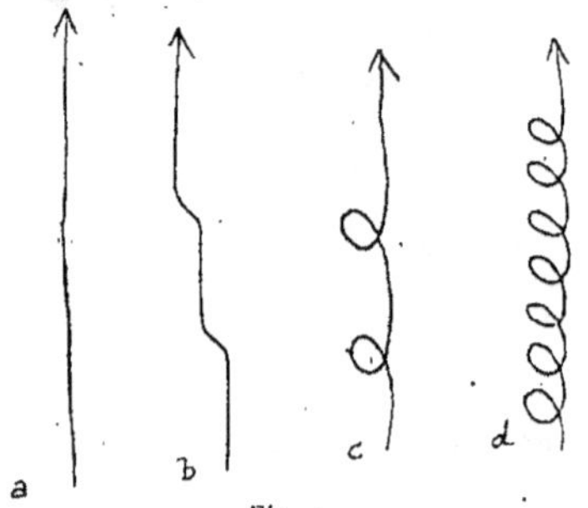

Fig. 1.

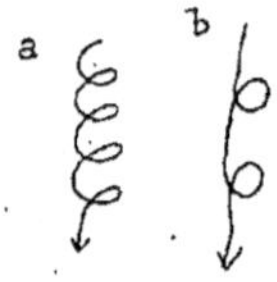

Fig. 2.

l'animal se rapproche progressivement de la surface éclairée. La trajectoire se compose, en *c* et *d*, d'une série de boucles reliées par des segments rectilignes, dirigés dans le sens de la lumière. Il y a une sorte de *phototropisme positif*, qui s'affaiblit progressivement de *a* à *d*. Ce phototropisme positif s'observe surtout aux heures de la basse mer. Quand on approche de la haute mer, il s'affaiblit, et finit même *parfois* par changer de signe. On a alors les trajectoires suivantes (*fig.* 2).

Ce changement périodique, en aquarium, des aspects des trajectoires, est fort curieux. Il est une nouvelle manifestation de la persistance du rythme des marées.

Le *passage de la marche positive à la marche négative* est très intéressant à suivre. On voit les boucles de la trajectoire (*fig.* 1, *c* et *d*) se rapprocher progressivement ; à un certain moment, l'animal tournoie sur lui-même ; puis les boucles s'écartent de nouveau les unes des autres, mais vers la direction opposée (*fig.* 2, *a* et *b*).

Une tendance très générale, et qui se réalise plus ou moins, est celle du *changement de signe de la marche sous l'influence des secousses mécaniques*.

Voici quelques exemples : 1° L'attraction par la lumière était forte. Quelques secousses (S) répétées ont entraîné les changements figurés (*fig.* 3).

L'animal tourne sur lui-même d'environ 180°, marche un certain temps dans la direction opposée, pour reprendre bientôt la direction primitive.

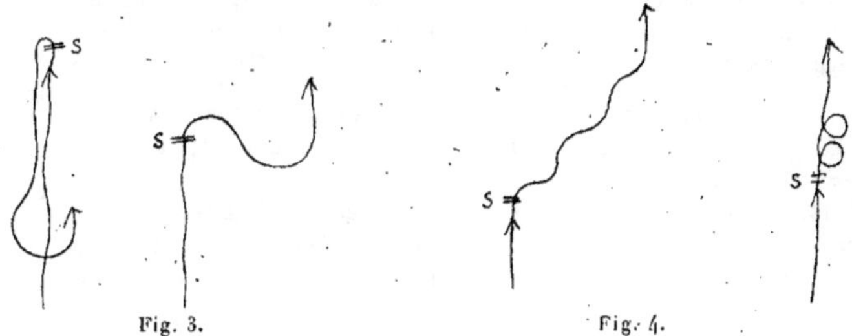

Fig. 3.   Fig. 4.

Il y a *changement momentané du signe du phototropisme*, comme cela a lieu pour maints animaux après une variation brusque d'éclairement. Dans l'un et l'autre cas, c'est une manifestation de la sensibilité différentielle, au sens donné par moi dans ma Communication au Congrès de Reims.

2° Les réponses aux secousses peuvent être un peu différentes (*fig.* 4).

Il y a *affaiblissement de la force du phototropisme*.

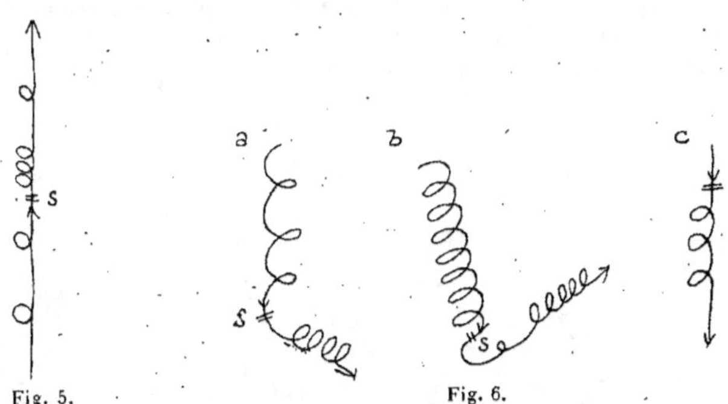

Fig. 5.   Fig. 6.

3° L'attraction par la lumière était initialement faible.

La spire s'est resserrée (*fig.* 5), ce qui indique un nouvel affaiblissement du phototropisme.

4° Il y avait répulsion par la lumière. Suivant l'intensité de l'excitation, il y a, ou simple resserrement de la spire (*fig.* 6, *a*) ou changement de direction (*b*).

La réponse *c* a été obtenue dans le cas d'un phototropisme négatif fort (cas très rare).

Toutes les réponses aux secousses peuvent entrer dans une formule unique. *Après quelques secousses, il y a une tendance $\pm$ marquée à l'affaiblissement du phototropisme positif ou à l'affaiblissement du phototropisme négatif*; et ceux-ci se manifestent soit par l'apparition de boucles, soit par le resserrement des boucles, soit par un changement de direction. Il y a là quelque chose qui rappelle la sensibilité différentielle vis-à-vis des variations d'éclairement.

Lorsque les secousses se répètent un grand nombre de fois, il y a une *tendance au tournoiement des animaux,* qui effectuent alors de véritables *mouvements de manège.*

Fait très curieux : ces mouvements étaient déterminés beaucoup plus facilement fin août et fin septembre (vers le 29), comme si l'animal était soumis, non seulement à un rythme journalier, mais encore à un rythme lunaire; je poursuis actuellement l'étude de cette question.

L'*acidité* et l'*alcalinité* de l'eau interviennent dans les phénomènes étudiés; mais il y a lieu de distinguer les effets immédiats et les effets tardifs.

Les variations de *pression* se sont montrées sans aucune influence sur la forme des trajectoires. Voilà un facteur qui ne semble pas intervenir beaucoup dans la vie de l'être. Celui-ci est surtout guidé par la lumière et les trépidations.

Ici encore, l'analyse mécanique et physico-chimique des réactions des animaux a montré des réponses soumises à des lois là où l'on ne voyait que des mouvements désordonnés et dépendant du hasard.

M. Paul PARIS.

UN CAS DE MYASE INTESTINALE.

616.967 : 611.34

5 Août.

Les cas de *Myase intestinale* signalés chez l'homme dans nos régions ne sont pas très rares. Nombreuses sont les espèces de Diptères dont les larves peuvent parasiter notre tube digestif. Les *Anthomya* et *Pegomya*, dont les larves vivent aux dépens des végétaux, la *Drosophila melanogastra* de la crème aigrie, la *Piophila casei* du fromage, la *Teichomyza fusca* des urinoirs et des lieux d'aisances sont les espèces les plus fréquemment observées. Le cas suivant m'a cependant semblé intéressant à signaler tant par la quantité des parasites que par leur plurispécificité et la longue durée de l'infection. A Dijon, le 7 septembre 1911, on m'apporta à déterminer de prétendus vers trouvés dans les selles d'un jeune homme de la ville, lequel en rendait, paraît-il, depuis longtemps déjà. J'y reconnus aussitôt des larves de Diptères, et malgré leur racornissement par l'alcool, des différences de formes et d'ornementations m'y firent distinguer des larves de trois espèces du genre *Anthomya* et une larve que je rapportai avec doute au genre *Piophila*.

J'ai pu avoir sur le porteur de ces larves les quelques renseignements suivants : X..., stéarinier, 20 ans, tempérament lymphatique, mais jouissant cependant d'une bonne santé, est atteint au commencement de mars de légères hémorrhagies intestinales et de douleurs vespérales dans la région anale. Des suppositoires belladonés et des lavements de mousse de Corse n'amènent aucun soulagement. Bientôt apparition dans les selles des premières larves qui sont prises pour des oxyures ! Du semen-contra et des lavements de décoction de feuilles d'absinthe donnent lieu à une grande évacuation de larves. Malgré ce traitement, les larves continuent à se montrer dans les fèces à intervalles plus ou moins réguliers et parfois en grand nombre, ce qui fait croire au malade à une multiplication dans l'intérieur du corps. Les parasites reconnus, des lavements chloroformés et l'absorption de fortes doses de thymol finirent en fin septembre par avoir raison de cette invasion dans un organisme singulièrement favorable au développement de ces larves de Diptères.

M. Paul PARIS.

COUPES HISTOLOGIQUES DES TISSUS DURS.

5 *Août.*

578.67

Seul, le microtome à glissière ou microtome de Yung permet de faire des coupes dans des matériaux durs, mais ce n'est pas cependant sans qu'on se heurte à de nombreuses difficultés. Les coupes, après imprégnation à la paraffine, se roulent et si elles sont de grandes dimensions, l'emploi du pinceau est insuffisant pour empêcher cet enroulement et ne donne que des déboires quand on a affaire en même temps à des éléments friables. On a alors recours, comme l'on sait, au collodionnage ou paraffinage de la surface avant chaque coupe. Le premier procédé n'empêche qu'imparfaitement l'enroulement et, de plus, la pellicule de collodion peut gêner les opérations ultérieures; quant au paraffinage, il rend très difficultueux le collage des coupes sur le porte-objet. J'ai donc pensé utile d'indiquer un procédé fort simple qui m'a rendu de grands services pour couper des matériaux particulièrement durs tels que la peau d'éléphant, les becs d'oiseaux, la peau de ces derniers avec les plumes, etc., et m'a permis d'en faire des coupes de plusieurs centimètres carrés. Il suffit de recouvrir, avant chaque coupe, la surface du bloc d'un morceau de papier à filtre mince, bien imbibé d'eau et taillé de la dimension de cette surface, ayant bien soin qu'il y adhère parfaitement et sans interposition de bulles d'air. Après action du rasoir, la coupe bien plane, intimement collée au papier, est mise à sécher sur papier à filtre; elle se détache d'elle-même par la dessiccation. Pour les éléments très friables, il peut être utile de remplacer l'eau pure d'imbibition du petit morceau de papier par une solution gommée et de faire ensuite flotter la coupe sur l'eau, le papier en dessous. Ce dernier ne tarde pas à se détacher et tomber au fond, la coupe qui surnage plane, et déplissée, est alors recueillie avec soin sur le porte-objet.

M. Paul PARIS.

CURIEUX CAS DE TÉRATOLOGIE CHEZ UNE GRENOUILLE.

5 Août.

59.12.76

Au printemps, cette année, on m'a apporté une Grenouille verte (*Rana esculenta*), tuée dans la banlieue de Dijon et présentant une déformation des plus extraordinaires. La voûte palatine portait, en effet, en son milieu un œil normal de dimension et d'aspect, dont les bords étaient en continuité absolue avec la muqueuse buccale. Les cavités orbitaires vides de globes oculaires présentaient cependant des fentes palpébrales bien visibles, mais soudées et plissées. Une radiographie a montré un crâne normal, et seulement un peu plus étroit que celui des animaux de cette espèce de même taille.

A quelle époque a eu lieu le traumatisme très certainement cause de cette étrange déformation, c'est ce qu'il est impossible, je crois, de préciser. La parfaite intégrité des os du crâne, et la soudure complète de la muqueuse palatine au globe oculaire, muqueuse que le séjour dans l'alcool a fortement plissée, ainsi qu'on peut s'en rendre compte sur la photographie, paraissent le faire remonter assez loin. Ainsi qu'on peut le voir par son embonpoint, l'animal ne paraissait nullement souffrir de ce terrible accident. C'est son bâillement continuel qui avait attiré sur lui l'attention.

Il est regrettable que la personne qui captura l'animal n'ait pas pensé à conserver vivant ce sujet au lieu de le mettre dans l'alcool, des observations intéressantes auraient pu être faites sur lui. Cette Grenouille, voyant par la bouche, peut servir de pendant à l'homme qui voyait par le nez, dont l'histoire fut racontée jadis dans le journal *La Nature*.

M. A. MAGNAN,
Docteur ès sciences,

ET

M. J. DE LA RIBOISIÈRE,
Docteur de l'Université de Paris (Paris).

NOUVELLES RECHERCHES SUR LA DENSITÉ DES POISSONS.

59-11.34-7

6 Août.

Nous avons, dans une Communication faite au Congrès des Sociétés savantes, donné des chiffres relatifs à la densité d'un certain nombre de poissons.

Nous avons pu nous procurer depuis cette époque de nouvelles espèces; nous allons, dans cette Note, étudier la densité de toutes les espèces sur lesquelles ont porté nos recherches.

Nous avons expérimenté sur 72 espèces représentées en général par deux individus au moins chacune. Chaque individu était soigneusement pesé. Il n'y avait plus alors qu'à chercher le volume d'eau qu'il déplaçait.

Nous avons opéré de la façon suivante : 1° Nous mettions de l'eau dans une éprouvette graduée et nous notions le niveau. En y plongeant l'espèce étudiée, l'eau s'élevait. Nous constations le nouveau niveau. La différence trouvée en centimètres cubes entre les deux niveaux nous donnait le volume d'eau déplacé. Ce procédé convient très bien pour les individus ne dépassant pas 30 cm de long et 8 à 10 cm de large.

2° Pour les espèces plus grandes et surtout plus larges, nous nous servions d'une terrine munie d'un bec. Il suffisait de verser de l'eau en excès dans la terrine et d'attendre jusqu'à ce qu'aucune goutte ne s'écoulât plus par le bec. Le fait de plonger le poisson dans la terrine faisait écouler, dans une éprouvette graduée, l'eau déplacée par le corps du poisson. Nous réglions l'écoulement de l'eau toujours de la même façon par le procédé déjà décrit.

3° Enfin, pour les très grandes espèces, comme les Requins, nous nous sommes servis du bassin de l'École Normale supérieure. L'eau

---

(¹) A. MAGNAN et J. DE LA RIBOISIÈRE, *La densité de quelques espèces de poissons* (*C. R. du Congrès des Soc. sav.*, Paris 1912).

déplacée par le poisson s'échappait par un trop-plein muni d'un tube à bec de la même manière que précédemment.

Ces trois procédés, qui donnent d'ailleurs des résultats comparables, sont les seuls praticables avec des animaux qui peuvent peser jusque 133 kg et mesurer jusqu'à 3,60 m de long.

On obtient la densité vraie par rapport à l'eau en divisant le poids du corps par le poids de l'eau déplacée. Pour les espèces vivant en mer, nous avons calculé la densité par rapport au milieu, c'est-à-dire par rapport à l'eau de mer dont 1 litre pèse 1028 g.

Voici les résultats que nous avons obtenus :

	Poids.	Densité.	Densité par rapport au milieu où vit l'animal.
Ablette (*Alburnus lucidus*. Hecke)....	10,50	0,95	0,95
Perche (*Perca fluviatilis*. Bele.)......	69,00	0,98	0,98
Rotengle (*Scardinius erythropothalmus*. L.)........................	12,70	0,99	0,99
Brème (*Abramis brama*. L.)...........	48,00	0,99	0,99
Goujon (*Gobio fluviatilis*. Bele.).....	19,90	0,99	0,99
Grémille (*Acerina cerula*. L.)..........	10,90	0,99	0,99
Carpe (*Cyprinus carpio*. L.).........	289,00	0,99	0,99
Lotte (*Lota vulgaris*. Bonap.).......	358,00	0,99	0,99
Vairon (*Phoxinus lœvis*. Oger.)......	5,00	0,99	0,99
Gardon blanc (*Leuciscus rutilus*. L.).	71,00	1,00	1,00
Brochet (*Esox lucidus* L.)...........	231,00	1,00	1,00
Truite (*Trutta iridea*. L.)...........	79,00	1,00	1,00
Saumon (*Salmo farar*. L.)..........	3292,00	1,01	1,01
Tanche (*Tinca vulgaris*. Costa)......	123,00	1,00	1,00
Barbeau (*Barbus fluviatilis*. Agass)..	259,00	1,01	1,01
Trigle (*Trigla pini*. Bloch.).........	226,00	1,03	1,01
Merlus (*Merlucirus vulgaris*. Cuv.)...	383,00	1,03	1,01
Crenilabre (*Crenilabrus chrysophrys*. Risso).......................	21,00	1,03	1,01
Crenilabre (*Crenilabrus ocillatus*. Torst).......................	20,20	1,03	1,01
Siblet (*Coricus rostratus*. Bloch)....:	5,10	1,03	1,01
Trigla (*Trigla lyra*. Lac.)...........	434,00	1,03	1,01
Trigle (*Trigla corax*. Bonap.).......	314,00	1,03	1,01
Mulet (*Mugil auratus*. Risso).......	326,00	1,03	1,01
Tacaud (*Gadus luscus*. L.)..........	225,00	1,04	1,01
Morue (*Gadus morrhua*. L.).........	197,00	1,04	1,01
Sardine (*Alosa sardina*. Cuv.).....:	35,00	1,04	1,01
Vieille (*Labrus mixtus*. L.).........	167,00	1,04	1,01
Merlan (*Merlangus vulgaris*. Bonap.).	125,00	1,04	1,02
Rascasse (*Scorpœna ustulata*. Lowe).	24,00	1,04	1,01
Labre vert (*Labrus viridis*. L.).....	89,00	1,04	1,01
Congre (*Conger vulgaris*. Cuv.)......	863,00	1,04	1,02

	Poids.	Densité.	Densité par rapport au milieu où vit l'animal.
Bar (*Labrax lupus.* Cuv.)	128,00	1,04	1,02
Canthère (*Cantharus griseus.* C.).....	220,00	1,04	1,02
Denté (*Dentex macrophtalmus.* Bloch.).	288,00	1,04	1,02
Rousseau (*Pagellus centrodontus.* Del.).	299,00	1,05	1,02
Athérine (*Atherina presbyter.* C. et V.).	26,30	1,05	1,02
Alose (*Alosa vulgaris.* C. et V.).......	800,00	1,05	10,2
Alose feinte (*Alosa finta.* Cuv.)......	499,00	1,05	1,02
Murène *Muræna helena.* L.)	263,00	1,05	1,02
Éperlan (*Osmerus eperlanus.* L.)	27,00	1,05	1,03
Rascasse (*Scorpœna porcus.* L.)	37,00	1,06	1,03
Maquereau (*Scombus Scomber.* L.)...	225,00	1,06	1,03
Sargue (*Sargus vulgaris.* G. Saint-H.).	149,00	1,06	1,03
Saupe (*Box salpa.* L.)..............	167,00	1,06	1,03
Hareng (*Clupea harengus.* L.)...·....	117,00	1,06	1,03
Lompe (*Cyclopterus lumpus.* L.)......	3180,00	10,6	1,03
Grande Roussette (*Scyllinus canicula.* Cuv.)....................	207,00	1,06	1,03
Girelle (*Julis vulgaris.* C. et V.)......	21,00	1,06	1,03
Girelle paon (*Julis pavo.* Lacép.)....:	53,00	1,06	1,04
Saurel (*Trachurus trachurus.* L.)....	86,00	1,06	1,04
Esturgeon (*Acipenser sturis.* L.).....	650,00	1,06	1,04
Orphie (*Belone vulgaris.* C. et V.).....	653,00	1,07	1,04
Petite Roussette (*Scyllinus cátulus.* Cuv.).......................	853,00	1,07	1,04
Squale renard (*Alopias vulpes.* Bonap.)........................	133000,00	1,07	1,04
Touille (*Lamna cornicbica.* Cuv.)	33000,00	1,07	1,04
Surmulet (*Mullus barbatus.* Will.)...	98,00	1,08	1'05
Rouquié (*Labrus.*)................	46,00	1,08	1,05
Serran (*Serranus scriba.* C. et V.)	35,00	1,08	1,05
Serran (*Serranus hepatus.* L.).......	21,00	1,08	1,05
Rascasse (*Sebastes dactyloptera.* Del.)	47,00	1,08	1,05
Flet (*Flesus vulgaris.* L.)	394,00	1,08	1,05
Vive (*Trachinus draco.* L.)..........	115,00	1,09	1,06
Colin (*Merlangus carbonarius.* L.)...	841,00	1,09	1,06
Sole (*Solea vulgaris.* Risso).........	78,00	1,11	1,08
Emissole (*Mustelus vulgaris.* Müll.)..	1262,00	1,14	1,11
Jean Dorée (*Zens faber.* L.)..........	671,00	1,17	1,14
Raie bâtarde (*Raia circularis.* Couch.)	886,00	1,18	1,14
Barbue (*Rhombus lævis.* Rondel.) ...	458,00	1,18	1,14
Limande(*Limanda vulgaris.* Gottsche)	309,00	1,26	1,22
Cardine (*Pleuronectes megastorva.* Donov.).........................	285,00	1,26	1,23
Raie blanche (*Raia alba.* Lacpé.)....	481,00	1,30	1,26
Carrelet (*Platessa vulgaris.* Gottsche).	264,00	1,30	1,26

On peut donc diviser les poissons en deux groupes : 1º Ceux dont la densité est inférieure à 1, c'est-à-dire à l'eau;

2º Ceux dont la densité est supérieure à l'eau.

Dans le premier groupe ne se placent que les poissons d'eau douce. Le second groupe renferme les poissons marins. Ceux-ci sont toujours plus pesants que l'eau douce. Ils sont aussi toujours plus lourds que leur milieu l'eau de mer. De plus, il est à remarquer que les poissons plats qui vivent au fond de la mer ont une densité très supérieure à leur milieu.

Ce phénomène présente donc une généralité qui, jusqu'ici, ne s'est pas encore trouvée en défaut. Les résultats actuels sont identiques à ceux déjà publiés et ne font que les étendre et les fortifier. La vessie natatoire, par le faible poids de son contenu gazeux, ne semble pas jouer de rôle dans ce cas. Nous ne reviendrons pas sur les considérations que nous avons déjà exprimées à ce sujet dans notre première Note.

MM. A. MAGNAN

ET

J. DE LA RIBOISIÈRE.

LE NOMBRE DES MYOTOMES CHEZ LES POISSONS.

59-11.044-7

6 *Août.*

Lorsqu'on débarrasse un poisson de sa peau et des écailles, on aperçoit que la partie de son corps, comprise entre les nageoires pectorales et la queue, se montre divisée par une série de stries antéro-postérieures en un certain nombre de lamelles de forme assez voisine de celle d'un W. Si l'on examine plusieurs espèces de poissons, on se rend compte de suite que leur nombre varie dans de grandes proportions. Nous ne nous occuperons ici que du nombre de ces lamelles, les *myotomes.*

F. HOUSSAY [1] qui, le premier, a cherché le déterminisme de ces myotomes, les considère comme le résultat de la transformation du mouvement tourbillonnaire occasionné par le déplacement du corps du poisson dans l'eau. Ce mouvement tourbillonnaire se transforme en un

---

[1] F. HOUSSAY, *Forme, puissance et stabilité des Poissons* (*Coll. de Morph. dyn.* H. Paris, Hermann; 1912)..

mouvement caractérisé par une vibration transversale qui a pour fin de diviser le corps de l'animal en une série de ventres et de nœuds. Les nœuds se trouvent formés par du tissu serré et constituent les myotomes; le ventre est un vide qui sépare deux myotomes et qui est comblé par du tissu conjonctif.

F. Houssay a, de plus, montré que, puisque la métamérie est le résultat de la transformation vibratoire de la résistance à l'avancement dans l'eau, il y avait un rapport très étroit entre le rythme des myotomes et la résistance : *Le nombre relatif des myotomes décroît en même temps qu'augmente la rigidité du corps.* Pour obtenir ce nombre relatif, Houssay multipliait le nombre réel des myotomes par $\frac{L}{l}$, l étant la longueur dans laquelle s'inscrivaient les myotomes et L étant la longueur totale du corps.

Nous avons repris cette étude sur les myotomes et nous l'avons fait porter sur de nouvelles espèces. Nous ne donnerons ici que le nombre réel des myotomes, ce qui donne, d'ailleurs, des résultats comparables à ceux de Houssay. En plongeant le poisson 2 ou 3 secondes dans l'eau bouillante suivant l'adhérence de la peau, celle-ci s'en va très facilement et les myotomes apparaissent très nets. Il est alors très commode de les compter, sauf ceux situés près de la queue sur lesquels on peut faire des erreurs de 1 ou 2, ce qui, d'ailleurs, est négligeable, puisque ce fait a lieu surtout avec les individus à très nombreux myotomes.

Nous donnons dans la liste ci-jointe les résultats concernant le nombre des myotomes :

Acanthoptérygiens.

	Longueur du corps.	Nombre de myotomes.
Callionyme (*Callionymus lyra.* L.)	29,0	18
Rascasse (*Scorpaena ustulata.* Lowe)	11,0	18.
Rascasse (*Scorpaena porcus.* L.)	13,5	19
Mulet (*Mugil auratus.* Risso)	35,0	20
Saurel (*Trachurus trachurus.* L.)	25,0	21
Sebaste (*Sebastes dactyloptera.* Del.)	25,0	21
Girelle (*Julis vulgaris.* C. et V.)	13,0	21
Serran (*Serranus hepatus.* L.)	12,0	21
Canthère (*Cantharus griseus.* C. et V.)	24,0	21
Bar (*Labrax lupus.* Cuv.)	23,5	22
Surmulet (*Mullus barbatus.* L.)	21,0	22
Sargue (*Sargus vulgaris.* G. Saint-H.)	19,0	22
Saupe (*Box salpa.* L.)	22,0	22
Pagel (*Pagellus crythrinus.* L.)	25,0	22
Rousseau (*Pagellus centrodontus.* Del.)	29,0	22
Girelle (*Jubro paro.* Lacép.)	17,0	22
Serran (*Serranus scriba.* C. et V.)	15,0	22
Vieille (*Labrus bergylta.* Asc.)	23,0	22

Acanthopterygiens (suite).

	Longueur du corps.	Nombre de myotomes.
Denté (*Dentex macrophtalmus.* Bl.)	27,0	24
Maquereau (*Scomber scomber.* L.)	32,0	24
Crenilabre (*Crenilabrus chrysophrys.* Risso)	9,0	25
Crenilabre (*Crenilabrus ocellatus.* Fors.)	7,5	26
Sublet (*Coricus rostratus.* Bloch.)	11,0	26
Saint-Pierre (*Zeus faber.* L.)	35,0	27
Rouquié (*Labrus.*)	15,3	28
Trigle (*Trigla lyra.* Lac p.)	36,0	28
Trigle corbeau (*Trigla corax.* Bonap.)	32,0	31
Trigle milan (*Trigla milous.* Risso)	30,0	31
Trigle pin (*Trigla pini.* Bloch.)	28,0	32
Vive (*Trachinus draco.* L.)	20,0	32
Trigle gornand (*Trigla gurnardus.* L.)	32,0	33
Perche (*Perca fluviatilis.* Bell.)	20,5	34
Labre vert (*Labrus viridis.* L.)	20,5	36
Athérine (*Atherina presbyter.* C. et V.)	14,0	47

Malacoptérygiens.

	Longueur du corps.	Nombre de myotomes.
Lompe (*Cyclopterus lumpus.* L.)	47,0	30
Gremille (*Acerina cernua.* L.)	10,0	30
Flet (*Flesus vulgaris.* L.)	20,0	30
Barbue (*Rhombus lævis.* Rond.)	25,0	31
Vairon (*Phoxinus lævis.* Oger)	7,5	33
Loche (*Cobitis taenia.* L.)	9,2	35
Carpe (*Cyprinus carpio.* L.)	28,5	35
Rotengle (*Scardinius erythrophtalmus.* L.)	11,0	35
Pleuronecte (*Pleuronectes megastoma.* Donar.)	30,0	35
Gardon blanc (*Leuciscus rutilus.* L.)	18.7	36
Brême (*Abramis brama.* L.)	16,9	36
Carrelet (*Platissa vulgaris.* Gotts.)	30,0	38
Goujon (*Gobio fluviatilis.* Bell.)	13,0	38
Merlus (*Merluccius vulgaris.* Cuv.)	38,0	38
Tacaud (*Gadus luscus.* L.)	27,5	38
Tanche (*Tinca vulgaris.* Costa)	25,0	40
Merlan (*Merlangus vulgaris.* Bonap.)	26,0	41
Morue (*Gadus morrhua.* L.)	51,0	41
Ablette (*Alburnus lucidus.* Heckel)	11,6	41
Colin (*Merlangus carbonarius.* L.)	46,0	43
Sole (*Solea vulgaris,* Risso)	23,0	45
Houting (*Coregonus oxyrhynchus.* Rond.)	30,0	46
Lote (*Lota vulgaris.* Bonap.)	36,0	47
Hareng (*Clupea harengus.* L.)	25,0	48
Sardine (*Alosa sardina.* Cuv.)	16,5	48
Alose feinte (*Alosa finta.* Cuv.)	39,5	50

Malacoptérigiens (suite).

	Longueur du corps.	Nombre de myotomes.
Brochet (*Esox lucius.* L.)	34,0	50
Barbeau (*Barbus fluviatilis.* Agass.)	35,0	51
Alose (*Alosa vulgaris.* C. et V.)	44,0	52
Éperlan (*Osmerus eperlanus.* L.)	16,6	56
Truite (*Trutta fario.* L.)	19,0	58
Orphie (*Belone vulgaris,* C. et V.)	72,0	69
Murène (*Murena heleva.* L.)	75,0	110
Congre (*Conger vulgaris.* Cuv.)	73,0	125

Squalidés.

	Longueur du corps.	Nombre de myotomes.
Grande Roussette (*Scyllium canicula.* Cuv.)	43,0	50
Touille (*Lamna cornubica.* Cuv.)	190,0	55
Petite Roussette (*Scyllium catulus.* Cuv.)	64,0	56
Émisole (*Mustelus vulgaris.* M. et H.)	69,0	56
Milandre (*Galeus canis.* Rond.)	120,0	56
Aiguillat (*Acanthias vulgaris.* Ris.)	60,0	56
Squale renard (*Alopias vulpes.* Bonap.)	360,0	75

Il est fort intéressant de constater tout d'abord que le nombre des myotomes varie de 18 à 47 chez les Acanthoptérygiens, de 30 à 125 chez les Malacoptérygiens, et enfin de 50 à 75 chez les Squalidés. Par conséquent, on peut dire qu'en moyenne, ce sont les Squalidés qui ont le plus de myotomes et les Acanthoptérygiens qui en ont le moins. Or, on peut remarquer de suite que les Squalidés sont des poissons très rapides et très souples. Les Malacoptérygiens sont moins rapides; leur corps est déjà moins souple; il est plus résistant. Enfin, les Acanthoptérigiens sont peu rapides. Leur corps est relativement rigide. De plus, si l'on examine chacun de ces trois groupes en détail, on se rend compte que le classement par myotomes croissants est le même que celui qu'on obtient si l'on étudie la vitesse croissante des individus. Cela est particulièrement très net pour les Malacoptérygiens.

Par conséquent, la conclusion de cette étude est la suivante :

Chez les Poissons, le nombre des myotomes croît avec la rapidité de l'animal et décroît au fur et à mesure que la souplesse du corps diminue. De plus, le nombre de ces myotomes est sensiblement le même chez des espèces à vitesse ou rigidité identique.

Nous étendons ainsi avec de plus nombreuses espèces les données de F. HOUSSAY et nous apportons ainsi à ses conclusions un appui de faits un peu plus large.

———

M. A. MAGNAN,

Docteur ès sciences.

LE POIDS DES MUSCLES PECTORAUX ET LE POIDS DU CŒUR CHEZ LES OISEAUX.

6 *Août.*

Nous avons montré, en collaboration avec M. F. Houssay, professeur à la Sorbonne, que le poids relatif des muscles pectoraux variait chez les Oiseaux dans le rapport de 1 à 3 [1]. Alors que, chez les planeurs, il est voisin de 100, il oscille entre 200 et 300 chez les rameurs. Ces résultats concordent avec les observations faites par Richet, qui avait remarqué que les Urubus de l'Amérique du Sud sont doués d'une force musculaire très réduite.

Nous avons, de plus, mis en évidence une relation inverse entre le poids des muscles pectoraux et la surface relative de l'aile [2]. Lorsque les Oiseaux possèdent une grande surface portante, ils sont planeurs comme les Rapaces, les Palmipèdes marins; leurs muscles pectoraux, n'ayant dans ce cas que peu d'efforts à effectuer, ne se développent que moyennement.

Par contre, chez les Oiseaux comme les Canards, les Gallinacés, les Passereaux qui possèdent une petite surface alaire, les muscles pectoraux s'hypertrophient considérablement par suite du grand effort qu'ils développent dans le vol ramé.

Nous avons pensé qu'il serait intéressant d'étudier le cœur des Oiseaux. Nous estimons que le cœur s'hypertrophie plus ou moins suivant plusieurs facteurs parmi lesquels l'effort musculaire nous paraît être dominant. Or, chez les Oiseaux, le grand effort musculaire est celui des pectoraux; il doit, par conséquent, imprimer sa variation sur celle du cœur.

Nous avons pesé les muscles pectoraux de 200 Oiseaux répartis en 75 espèces et tués dans la nature. Nous avons de même pesé le cœur privé complètement de sang. Les chiffres trouvés ont été rapportés au kilogramme d'animal afin d'avoir des résultats comparables. Voici les moyennes obtenues suivant les différents groupes :

---

[1] F. Houssay et A. Magnan, *Indications préliminaires sur la puissance des Oiseaux et la qualité de leur vol* (*Comptes rendus du Congrès des Soc. sav.*, 1912).
[2] F. Houssay et A. Magnan, *La surface alaire, le poids des muscles pectoraux et le régime alimentaire chez les Oiseaux* (*Comptes rendus A. S.*, 7 novembre 1911)

	Poids total.	Muscles pectoraux par kilo.	Cœur par kilo.
Rapaces nocturnes............	255,70	105,2	7,3
Rapaces diurnes.............	422	118,3	8,5
Palmipèdes marins............	913,70	134,7	9,8
Corvidés.....................	253,60	135,4	10,3
Passereaux..................	44,3	182,6	12,5
Canards.....................	729,4	195,4	12
Petits Échassiers............	274,5	230,6	14,9
Gallinacés et Colombins.......	502,1	263,7	13,4

Il ressort de l'examen de ce Tableau que le poids du cœur est directement en rapport avec le poids des muscles pectoraux. Les Rapaces, les
Piscivores, les Corvidés qui ont de petits muscles ont un petit cœur.
Les Gallinacés, les Canards, les Passereaux qui ont de puissants muscles
pectoraux ont un cœur très hypertrophié.

Autrement dit, les Planeurs qui possèdent une grande surface portante
n'ont pas besoin, pour se soutenir dans l'air, de produire d'efforts sensibles. Leurs muscles pectoraux sont peu développés et ne leur permettent
que des battements rares et peu fréquents. Dans ces conditions, l'effort
étant petit, le cœur reste petit.

Par contre, les Rameurs, que leur petite surface alaire n'autorise pas
à se soutenir dans l'air, sont obligés pour se maintenir d'avoir recours
au vol ramé. Ils battent des ailes d'une façon plus ou moins rapide et
fournissent un effort musculaire violent. Les muscles pectoraux sont
alors très puissants, l'effort pouvant être de longue durée. Aussi, leur
cœur est-il très développé.

Grober avait entrevu ce résultat lorsqu'il avait remarqué que le
poids relatif du cœur était plus grand chez le Canard sauvage que chez
le Canard domestique qui ne vole pas (1).

On pourrait nous objecter que le rôle du cœur est aussi de pousser le
sang jusqu'à l'extrémité des membres et que, particulièrement, le travail
fourni par le cœur doit être plus considérable chez un Oiseau à grande
envergure que chez un Oiseau de petite envergure. Faisons la comparaison :

	Cœur par kilo.	Envergure (2) relative.
Rapaces nocturnes.....................	7,3	13,4
Rapaces diurnes......................	8,5	13,3
Palmipèdes marins....................	9,8	14
Corvidés.............................	10,3	10,6
Passereaux...........................	12,5	9,3
Canards.............................	12	8,8
Petits Échassiers.....................	14,9	10,2
Gallinacés et Colombins...............	13,4	8

(1) J. Grober, *Ueber Massenverhältnisse am Vogelherzen* (*Arch. f. d. ges. Physiol.*, t. CXXV).

(2) F. Houssay et A. Magnan, *L'envergure et la queue chez les Oiseaux* (*Comptes rendus A. S.*, 3 janvier 1912).

C'est justement le contraire que nous trouvons. Cela tient à ce que, comme la surface alaire, l'envergure est en raison inverse du poids des muscles pectoraux.

Il serait aussi facile de prouver qu'il n'y a aucun rapport entre la longueur du cou et le poids du cœur.

Par conséquent, le développement du cœur est bien lié à l'effort musculaire et cela vient à l'appui de ce que nous avons déjà dit :

1° *Les Planeurs à grande surface alaire n'ont besoin que d'un moteur réduit;*

2° *Les Rameurs à petite surface portante développent par contre un effort considérable. Leur moteur doit être puissant.*

M. Max KOLLMANN.

SUR LES MITOCHONDRIES DE QUELQUES ÉPITHÉLIUMS.

59.18.7

6 *Août.*

J'ai examiné les mitochondries de quelques épithéliums de revêtement : vésicule biliaire de *Testudo græca*, de *Clemmys leprosa* et de *Chamæleo vulgaris*; jabot d'*Helix pomatia* et de *Lymnea stagnalis*; épididyme de *Triton cristatus*. J'ai déjà décrit (¹) la structure de l'épithélium de la vésicule biliaire des Tortues. Les autres objets m'ont fourni des résultats sensiblement analogues et aussi diverses constatations nouvelles. Remarquons tout d'abord que toutes ces cellules sont sécrétrices. Elles renferment constamment, en effet, des grains de ségrégation. J'ai décrit le cytoplasme de l'épithélium de la vésicule biliaire des Tortues comme formé de deux parties : l'une périnucléaire, de structure alvéolaire; l'autre périphérique, de structure filaire; cette dernière renferme les mitochondries; la première contient, au contraire, des grains de sécrétion qui se dissolvent assez facilement, mais qu'une technique appropriée met cependant en évidence. Cette description s'applique exactement aux autres objets que j'ai examinés depuis ma première Note et, notamment, au jabot de l'Escargot. Examinons ce dernier cas plus particulièrement.

Les mitochondries ne présentent pas partout la même apparence et il est facile de voir que les différents aspects correspondent à des stades.

____

(¹) *Bull. Soc. zoolog. Fr.*, 1912.

successifs du fonctionnement cellulaire. En général, elles se présentent
sous la forme de chondriocontes, c'est-à-dire de filaments flexueux assez
gros, enchevêtrés, et qui forment deux faisceaux logés l'un au sommet
de l'élément, l'autre au-dessus du pied. Certains filaments plus longs
que les autres relient les deux faisceaux en se prolongeant tout le long
de la cellule. Très généralement, l'extrémité centrale de ces chondriocontes se fragmente en sphérules; c'est le phénomène classiquement connu
de la transformation des chondriocontes en mitochondries proprement
dites.

D'autres cellules ne renferment plus que des sphérules. Ici, les chondriocontes sont entièrement transformés en mitochondries. Il y a tous les
stades intermédiaires. Ces divers aspects correspondent-ils à des stades
fonctionnels? Sans aucun doute, çar les cellules riches en mitochondries
sont également beaucoup plus riches en grains de ségrégation que celles
dont les chondriocontes sont encore bien individualisés. La mitochondrie
se transforme-t-elle en grain de sécrétion? Le fait est difficile à préciser;
il me semble cependant exact. La mitochondrie perd ses propriétés
chromatiques, devient acidophile; il semble qu'il existe une série ininterrompue d'intermédiaires entre la mitochondrie caractérisée et le grain de
sécrétion. Il est sans doute permis, dans ces conditions, de penser que
l'appareil mitochondrial joue un rôle dans la formation des produits de
sécrétion. On sait qu'on a fait jouer aux mitochondries les rôles les plus
différents. Benda, au début de ses travaux, pensait qu'elles étaient en rapport avec les propriétés motrices du cytoplasma; en concluant comme
nous le faisons, nous sommes d'accord avec la majorité des auteurs (*voir*
pour détails et historique, CHAMPY, 1911).

Mais une question se pose de suite. Une autre formation cytoplasmique, l'ergastoplasma, est considérée comme jouant un grand rôle dans
l'élaboration des grains de ségrégation. Y-a-t-il donc des cellules à ergastoplasme et des cellules à mitochondries? Y a-t-il des éléments contenant
à la fois les deux formations? Ou enfin, mitochondries et ergastoplasme
ne seraient-ils pas une seule et même chose? Regaud et Mawas, Benda,
Mowes, Duesberg, etc., pensent que l'ergastoplasme et les mitochondries
sont des formations parfaitement distinctes, tandis que Bouin, Champy [1]
croient à une identité, et que Prenant n'est pas loin d'être de cet avis.
Je me range pleinement à cette manière de voir. On a fait à la théorie
de l'identité les objections suivantes : l'ergastoplasme est transitoire;
il est formé de filaments continus avec le réseau cytoplasmique; les
mitochondries, au contraire, sont des organites permanents, compris
dans les mailles du réseau. Certains auteurs même pensent avoir pu montrer les deux formations côte à côte dans la même cellule (Regaud et
Mawas). Étant donnée l'altérabilité prononcée des mitochondries sous

---

[1] *Voir* pour l'historique le travail de cet auteur, *Arch. anat. micr.*, t. XIII, 1911.

l'action des réactifs, on peut toujours se demander si les images ergastoplasmiques, qui sont toujours moins précises, moins définies, plus confuses que les images mitochondriales, ne proviennent pas d'une altération de certaines mitochondries. Chaque cas doit être examiné en particulier. Pour m'en tenir à mes observations personnelles, je puis affirmer que, dans toutes les pièces bien fixées et soigneusement traitées par les méthodes de Benda et de Regaud (et surtout par la première), *je n'ai jamais vu que des mitochondries;* que sur les pièces fixées par des méthodes non spécifiques ou par des liquides contenant une notable proportion d'acide acétique, on observe des aspects très variables dont beaucoup rappellent ceux de l'ergastoplasme; et qu'enfin, sur les morceaux un peu gros fixés par les méthodes spécifiques, on observe nettement à la limite de la région de fixation satisfaisante et de fixation imparfaite une altération des chondriocontes qui se gonflent, se soudent ensemble et semblent se continuer avec les travées du réseau protoplasmique.

Enfin, dans les cellules de l'épithélium de la vésicule biliaire des Tortues, j'ai décrit (¹) des formations que j'ai considérées à la suite de Jurisch (²), comme de la nature du *trophospongium.* J'étais d'ailleurs peu affirmatif et faisais remarquer que ces formations prenaient les colorations spécifiques des mitochondries. Je n'avais alors observé dans les cellules qui nous occupent que des mitochondries proprement dites, complètement dissociées. Aujourd'hui, je crois pouvoir affirmer que ce prétendu trophospongium n'est autre chose qu'un faisceau de chondriocontes. D'ailleurs, les diverses méthodes qui servent à mettre le trophospongium en évidence les font régulièrement disparaître.

M. F. MAIGNON,

Professeur de Physiologie à l'École nationale vétérinaire (Lyon).

ROLE DES GRAISSES DANS L'UTILISATION DE L'ALBUMINE ALIMENTAIRE.

59.11.33

2 Août.

Les premières recherches relatives au rôle des divers principes immédiats dans la nutrition remontent à 1816. A cette époque Magendie démontre que les matières albuminoïdes sont indispensables à la vie des animaux, des chiens nourris exclusivement avec des substances non azotées (sucre de canne, gomme, huile, beurre) meurent au bout de 1 mois en pleine cachexie.

(¹) *Loc. cit.*
(²) *Anat. Hefte,* Bd. XXXIX, 1909.

Les aliments azotés sont nécessaires, sont-ils suffisants ? Magendie cherche à nourrir des chiens exclusivement avec de la gélatine, les animaux meurent rapidement dans le marasme. Mais la gélatine n'est pas une albumine vraie, aussi la question n'est-elle pas résolue.

Nous reprenons ces expériences en utilisant l'albumine d'œuf qui est une albumine essentiellement alimentaire.

Expériences sur le Chien. — Nous nous servons soit de blancs d'œufs frais administrés à l'aide de la sonde œsophagienne, soit d'albumine du commerce dissoute, coagulée ou non par la chaleur.

Après de nombreux essais, nous rencontrons quelques Chiens supportant bien ce genre d'alimentation; malgré cela, jamais la fixité du poids n'est obtenue quelle que soit la dose d'albumine ingérée. On a pourtant le soin d'ajouter à l'albumine des sels minéraux, afin d'éviter la déminéralisation. Les animaux meurent tous au bout d'un temps plus ou moins long dans un état d'amaigrissement extrême.

Nous citerons le cas d'une petite chienne de 2 ans, pesant 3,950 kg au début de l'expérience, qui reçoit tous les jours 35 blancs d'œufs à l'aide de la sonde, soit 175 g d'albumine sèche environ, dose énorme pour un sujet de cette taille. L'animal supporte admirablement ce genre d'alimentation sans jamais présenter de trouble digestif et maigrit régulièrement. Il succombe au bout de 2 mois, dans un état d'émaciation extrême, après avoir perdu 42 % de son poids. L'état général reste excellent jusqu'aux approches de la mort, malgré un aspect presque squelettique. L'animal vit jusqu'à épuisement de ses graisses de réserve; à ce moment il s'affaiblit brusquement et meurt.

Expériences sur des Rats blancs. — Devant les inconvénients de l'alimentation forcée (troubles digestifs fréquents), la seule possible chez le Chien dans le plus grand nombre des cas, nous nous adressons au Rat blanc, qui ingère spontanément l'albumine d'œuf sous forme de boulettes.

A cet effet, l'albumine du commerce est pulvérisée, placée à l'étuve à 105" pendant 48 heures, ce qui la rend insoluble et plus facilement attaquable par les sucs digestifs. Cette poudre additionnée de chlorure de sodium, de poudre d'os et de traces de carbonate de fer, est délayée dans de l'eau renfermant un peu de gélatine. La masse est divisée en boulettes renfermant chacune 1 g d'albumine. Dans certaines expériences, nous ajoutons du bicarbonate de soude (5 à 15 g par boulette) afin de maintenir l'alcalinité de l'urine et d'éviter l'acidose. Cette alimentation est bien supportée, les crottes restent moulées et consistantes jusqu'à la fin.

Néanmoins tous ces animaux meurent au bout d'un temps variable, 1 mois au maximum, après avoir perdu 40 % de leur poids, en moyenne.

L'insuffisance de l'albumine ingérée ne peut être invoquée pour expliquer la mort. Un Rat de 155 g mange 4 et 6 boulettes les deux premiers jours et perd 20 g, puis il augmente progressivement sa ration de 8 g à 18 g, et maintient son poids à 135 g pendant 8 jours avec une ration moyenne de 13 g d'albumine. L'appétit va encore s'accroissant, le nombre

de boulettes ingérées augmente dans les 10 jours qui suivent et atteint 24 ;
malgré cela, le poids baisse régulièrement de 135 g à 122 g avec une ration
moyenne énorme (21,5 g d'albumine) et l'absence complète de troubles
digestifs.

Ces résultats montrent que l'albumine est impuissante à elle seule à
entretenir la vie. Cela tient-il à ce que les sujets en expérience n'ingèrent
qu'un seul protéique, l'albumine d'œuf ? Faut-il à l'organisme un mélange complexe d'albuminoïdes ? C'est peu probable, si l'on considère
avec quelle facilité la molécule albumine est disloquée à l'état d'acides
aminés pendant les phénomènes de digestion et d'assimilation, et recons-
tituée à l'état d'albumines spécifiques.

Les expériences qui suivent prouvent d'ailleurs que l'albumine d'œuf
suffit à l'alimentation azotée de l'organisme.

Le mélange albumine d'œuf et graisse nous permet de maintenir des
Rats dans un excellent état général et d'obtenir la fixité du poids pendant plusieurs mois.

Alimentation exclusive avec de l'albumine d'œuf et de la graisse. — Nous faisons
varier les proportions relatives d'albumine et de graisse. Les boulettes, qui
paraissent donner les meilleurs résultats répondent à la composition suivante :
albumine d'œuf 0,50 g ; graisse (saindoux ou graisse de mouton) 0,50 g ; bicarbonate de soude 0,05 g ; poudre d'os 0,01 g ; chlorure de sodium 0,005 g ; carbonate de fer 0,001 g.

Le bicarbonate de soude est utile pour maintenir l'urine alcaline et éviter
l'acidose.

Dans ces expériences, réalisées sur une vingtaine d'animaux, nous obtenons
facilement la fixité du poids pendant une durée de 2 mois et plus. La ration
moyenne correspondante pour des rats d'un poids moyen de 110 g est de 3 g
d'albumine d'œuf et 3 g de saindoux.

Ces sujets sacrifiés après 2, 3 et 4 mois d'alimentation exclusive albumine et
graisse, renferment dans leurs tissus une quantité totale de glycogène variant
de 100 à 220 mmg (moyenne de 10 expériences , 125 mmg). Des Rats normaux,
abondamment nourris avec du pain, contiennent 250 à 350 mmg.

Ces expériences prouvent que les graisses président à l'utilisation de
l'albumine alimentaire. Les hydrates de carbone peuvent-ils remplir
le même rôle ? Dans le but de résoudre cette question, nous soumettons
des Rats à une alimentation exclusive : albumine d'œuf et amidon.

Alimentation exclusive avec de l'albumine d'œuf et de l'amidon. — Chaque
boulette contient, 0,25 g d'albumine et 0,75 g d'amidon, plus les sels
minéraux précédemment indiqués.

Les Rats ainsi alimentés meurent dans un état de maigreur extrême, au
bout d'un temps variable (1 à 3 mois), suivant l'état de graisse et l'appétit
du sujet. La survie est en général de 30 à 40 jours.

La mort survient lorsque les animaux ont épuisé leurs réserves de graisse ;
la perte de poids subie varie de 45 à 57 % (moyenne de 7 expériences, 50 %).

La fixité du poids ne s'observe que sur de courtes périodes (6 à 8 jours, une fois seulement 18 jours). La ration pour un poids moyen de 120 g est alors de 12 boulettes, soit 3 g d'albumine et 9 g d'amidon.

Ces périodes ne sont pas assez longues pour conclure que le mélange albumine et amidon est capable d'entretenir la vie des animaux en l'absence de graisse. On observe ces mêmes périodes chez des animaux alimentés exclusivement avec de la graisse ou du sucre (Magendie).

Les hydrates de carbone ne paraissent donc pas pouvoir remplacer les graisses dans leur rôle d'utilisation de l'albumine alimentaire.

La connaissance du rôle physiologique des graisses nous permet de comprendre les effets thérapeutiques constatés avec l'huile de foie de morue et les corps gras médicamenteux en général, dans les maladies cachectisantes (tuberculose) accompagnées d'amaigrissement et de dénutrition azotée. Ces résultats tiennent à ce que les corps gras administrés à des organismes en état de désassimilation exagérée modifient la nutrition, non seulement d'une manière quantitative, mais aussi qualitative, en améliorant l'utilisation des substances azotées.

Résumé et conclusions. — L'albumine pure (albumine d'œuf) est impuissante, à elle seule, à entretenir l'équilibre nutritif des animaux.

Des Rats nourris avec un mélange d'albumine d'œuf et de graisse maintiennent la fixité de leur poids et conservent un bon état général, pendant plusieurs mois.

Les graisses jouent un rôle des plus importants dans la nutrition, elles président à l'utilisation de l'albumine alimentaire.

Ces expériences prouvent, en outre, qu'une seule albumine suffit à alimenter l'organisme en azote.

M. J. CHAUSSIN.

COMMENT ON PEUT FIXER LA RATION DE SEL DANS L'ALIMENTATION DE L'ORGANISME SAIN ET DE L'ORGANISME MALADE. CONCENTRATION MAXIMUM.

612-392.61-463

3 Août.

Nous avons énoncé [1] les lois de l'élimination des chlorures pendant le sommeil sous la forme suivante :

1° *Pendant le sommeil, l'élimination des chlorures se fait à une très*

----

[1] *Comptes rendus Société de Biologie*, 16 et 23 mars 1912 : *L'élimination des chlorures pendant le sommeil* (t. LXXII, p. 451 et 490).

faible concentration relativement aux concentrations diurnes. (Cette concentration reste sensiblement constante chez les sujets présentant pendant la nuit une vitesse urinaire constante.)

2° *La vitesse d'élimination des chlorures pendant la nuit est sensiblement constante et de quatre à six fois plus faible que la vitesse moyenne pendant les heures de jour.*

Continuant les recherches qui nous avaient permis de formuler ces lois, nous avons cherché à préciser les circonstances qui pouvaient amener des variations dans ce que nous appellerons la *forme* de. l'élimination des chlorures. Voici notre façon d'opérer : à chaque émission nous notions l'heure de l'émission, la quantité d'urine émise et nous dosions les chlorures par la méthode de Charpentier-Vohlard. Le temps écoulé entre une émission et la précédente nous permettait de calculer la quantité moyenne horaire de liquide émise dans cet intervalle que nous appellerons *vitesse urinaire* dans l'intervalle et aussi la quantité moyenne horaire des chlorures éliminée que nous appellerons *vitesse d'élimination des chlorures* dans l'intervalle considéré.

Dans l'expérimentation, pour bien saisir le mécanisme de l'élimination chlorurée, il est important de partir du régime hypochloruré, d'arriver à un régime moyen d'équilibre comportant une ingestion et une élimination égales à environ 15 g par jour, et de passer ensuite au régime hyperchloruré.

Voici quels ont été les résultats de nos expériences :

1° *En régime hypochloruré*, la faiblesse de l'élimination chlorurée nocturne relativement à l'élimination diurne reste manifestement faible en concentration et en vitesse. Alors même que le rein n'est appelé à éliminer qu'une faible quantité de sel, 4,2 g par 24 heures données d'une de nos expériences, l'élimination pendant 7 heures 30 minutes de nuit n'a été que de 0,44 g avec une vitesse de 0,059 g, la vitesse moyenne des heures de jour étant de 0,23 g, c'est-à-dire quatre fois plus forte. Quant à la concentration en chlorures elle avait été pendant la nuit de 1,3 g par litre, alors que dans la journée des concentrations allant de 4,5 à 11 ont été atteintes.

2° *Le régime ordinaire* aboutissant à une élimination d'environ 15 g en régime d'équilibre avec un volume urinaire des 24 heures d'environ 1500 cm³ satisfait aux lois énoncées qui le visent particulièrement.

3° *En régime hyperchloruré* nous voyons augmenter notablement les concentrations nocturnes et les vitesses, alors que les concentrations diurnes augmentant peu tendent vers leur limite. L'égalité dans les concentrations tend à s'établir, et l'élimination se fait finalement en palier à la concentration maximum, utilisée la nuit et le jour.

Mais, et je ne saurais trop insister sur ce point, si l'on compare à l'élimination moyenne du régime ordinaire on voit *que le régime hyperchloruré retentit surtout sur l'élimination nocturne.*

Chez un certain nombre de sujets normaux dont l'élimination ne paraît pas troublée nous avons trouvé, comme moyenne d'élimination nocturne, 0,2 g par heure pour une élimination de 15 g par 24 heures. Nous avons pensé qu'alors nous possédions un moyen clinique très simple de savoir si un organisme est en surcharge de sel par le seul dosage des chlorures de l'élimination nocturne (repos au lit). Il s'agit ici évidemment d'un premier renseignement rapide très précieux en clinique :

Toutes les fois que l'organisme sain élimine les chlorures pendant la nuit à une vitesse supérieure à 0,2 g d'une façon notable et permanente, le rein supporte un travail supplémentaire de nuit qui n'est pas son fait normal et nous concluons à une surcharge de l'organisme en sel.

Tous les organes sont ainsi appelés dans leur remarquable élasticité à fonctionner ainsi de façon supplémentaire pour équilibrer l'organisme dans les conditions si variables où le hasard le place, mais ils ne peuvent le faire de façon permanente sans danger.

Écart-concentration. — L'examen du diagramme complet obtenu avec les analyses des différents échantillons émis pendant le jour nous fournit, entre autres renseignements, une indication que je considère comme de première importance : C'est la différence entre la concentration minima (qui a lieu la nuit) et la concentration maxima des heures de jour qui, d'après nous, mesure l'état de saturation de l'organisme en sel. En régime hypochloruré l'*écart-concentration* est très grand, en régime ordinaire il reste notable, et en régime hyperchloruré il tend vers zéro et l'élimination se fait en *palier-concentration-limite.*

Pour être complet il faudrait traiter les exceptions, les anomalies; la chose sera faite ultérieurement dans un travail plus étendu, nous dirons simplement ici que les indications de l'écart-concentration doivent le plus possible être envisagées dans le cas d'un *débit urinaire moyen* oscillant aux environs de 1200 cm³ ou 1500 cm³.

Toutes les fois que l'écart-concentration devient très faible ou nul, l'organisme est sursaturé ou approche de cet état, et il y a lieu d'instituer le régime hypochloruré. La valeur de cet écart indiquera donc si l'on est plus ou moins éloigné de cet état de saturation.

On comprend combien ces résultats peuvent être précieux pour le clinicien, le rein qui travaille en palier pour le sel est en surcharge et se fatigue, et quoiqu'on tende à admettre l'indépendance dans l'élimination des différentes substances, la chose n'est pas encore démontrée de façon indubitable pour toutes les substances, et il pourrait se faire que la surcharge en sel gênât l'élimination de certaines substances de l'urine.

Concentration maximum. — Il y a pour les différentes substances de l'urine une concentration maximum qui ne peut être dépassée. Les recherches d'Ambard, de Cathelin, etc., donnent la plus grande importance à la connaissance de cette donnée clinique qui serait un moyen d'appréciation de la valeur fonctionnelle du rein vis-à-vis de la substance examinée.

Or, pour déterminer ce maximum, les cliniciens ont jusqu'à présent chargé l'organisme à refus de la substance considérée. Cette pratique qui présente une foule d'inconvénients n'est pas toujours sans danger. Les recherches que j'ai entreprises sur la question m'ont fait remarquer qu'on peut arriver à connaître approximativement ce maximum sans avoir à surcharger l'organisme.

Voici un sujet qui élimine le sel assez normalement. Son maximum de concentration déterminé par la méthode de surcharge est d'environ 17 g par litre. Examinons son élimination :

En régime hypochloruré avec une élimination des 24 heures de 4,2 g, alors que la concentration globale n'eût été que de 4 à 5 g nous atteignons de 9 h à 11 h du matin une concentration de 11 g. Or, même en partant de ce régime hypochloruré l'addition de 20 g de sel dans l'ensemble des deux repas a déterminé le lendemain, de 9 h à midi, une concentration de 16,73 g tout à fait voisine de ce maximum, alors que la concentration globale aurait été loin d'atteindre ce chiffre.

D'ailleurs, dans le simple régime ordinaire d'équilibre, avec une élimination de 15 g par 24 heures et un débit urinaire d'environ 1500 cm², nous atteignons la concentration de 15 g par litre de 11 h à midi; la concentration globale des 24 heures ne serait que 10 g.

Point donc n'est besoin de charger l'organisme de façon à lui faire donner le maximum pendant toutes les heures de la journée, puisque dans un régime normal ou très légèrement surchargé, le sujet atteint à certaines heures du jour un taux très voisin du maximum et qui pratiquement pourrait suffire en clinique. Seulement, il faut pratiquer 7 à 8 analyses de sel pour une journée en prenant les émissions successives; mais la méthode de Charpentier Vohlard est rapide, et il y a moins d'inconvénients à faire faire huit analyses au chimiste qu'à sursaturer le patient. De plus, le diagramme obtenu sera autrement parlant que la connaissance seule du maximum. Ces expériences n'ont trait qu'à des personnes qui vaquent à leurs occupations habituelles, il serait intéressant d'examiner la forme de l'élimination chez les personnes arrêtées à la chambre ou forcées au séjour au lit.

Forme de l'élimination des chlorures chez quelques diathésiques. — Nous avons voulu compléter cette étude par l'examen de la forme de l'élimination d'arthritiques chez lesquels, en raison de certains signes cliniques, nous pouvions supposer de légères atteintes à cette élimination. Chez l'un des sujets arthritique hériditaire avec déjà tout un cortège de manifestations qui restent bénignes, nous avons constaté que les lois de l'élimination du sel que nous avons énoncées sont encore ici nettement dessinées; mais nous avons trouvé deux caractéristiques très nettes d'un trouble dans l'élimination urinaire : la *polyurie nocturne* et

l'abaissement du *taux maximum* de concentration des chlorures, descendu
à 12. Chez ce sujet, l'alimentation forcée en sel a élevé le taux nocturne le faisant tendre vers le taux diurne, pour arriver à l'élimination
en palier; mais le taux maximum se trouvant abaissé, et le sujet faisant
instinctivement appel à un régime plus abondant de boissons, l'élimination urinaire atteignit près de trois litres. La fonction rénale est troublée,
mais l'organisme s'en tire encore assez facilement par des artifices. Chez
un autre sujet plus âgé présentant des troubles du côté du foie plus spécialement de la vésicule remontant à plusieurs années, et traité à Vichy en
cures espacées, nous avons encore le taux nocturne et la vitesse plus
faibles que les correspondants diurnes, mais l'*écart-concentration* est
faible, le taux maximum est tombé à 10; l'élimination normale tend vers
le palier qu'elle atteint sous la plus légère charge de sel. La vitesse nocturne des chlorures en régime normal atteint 0,5, et en régime hyperchloruré cette vitesse arrive même rapidement à dépasser la vitesse
diurne grâce à une *polyurie nocturne* qui ne se manifeste pas du reste
seulement sous l'influence de la charge de sel, mais qui est ici permanente. L'élimination du sel est ici plus atteinte, le sujet n'éprouve néanmoins pas d'arrêt sérieux et s'en tire surtout grâce à une vie aussi peu
intensive que possible, et cependant de légers œdèmes malléolaires commencent à apparaitre.

Conclusion. — Le système qui consiste à analyser les échantillons des
différentes émissions au cours de la journée, nous semble donc fournir,
par l'examen, de la *vitesse nocturne* des chlorures, de la valeur de l'*écart-
concentration* de celle du *taux maximum*, tous les éléments nécessaires
pour régler la chlorurie alimentaire. L'examen des vitesses urinaires nous
indique également s'il y a polyurie nocturne, renseignement utile en
clinique.

MM. le Dr JAVAL,

Chef de Laboratoire à l'hôpital de Rothschild,

ET

BOYET,

Préparateur à l'hôpital de Rothschild.

CRYOSCOPIE, CONDUCTIVITÉ ÉLECTRIQUE ET PRESSION OSMOTIQUE DES LIQUIDES DE L'ORGANISME HUMAIN.

612.014-423-462-462.2

3 *Août.*

« Jamais depuis la période qui a suivi immédiatement la découverte du principe de la conservation de l'énergie, la perspective de progrès de la Physiologie n'a paru plus brillante qu'à présent, ce qui est dû pour une large part à l'application de la Chimie physique aux problèmes de la vie. »

C'est par ces mots qu'en 1897, Loëb terminait une de ses communications à l'*American Society of naturalists* [1]. Depuis, l'emploi des méthodes physico-chimiques dans le domaine physiologique et médical a été souvent préconisé et appliqué, notamment à l'étude des sérosités de l'organisme. De nombreux expérimentateurs en ont déterminé les constantes physiques, mais les résultats éparpillés dans les publications scientifiques,

« perdent par cette dispersion beaucoup de leur portée et n'arrêtent pas l'attention » [2].

Nous allons apporter ici quelques documents numériques relatifs à la détermination du point cryoscopique, de la conductivité électrique et de la pression osmotique des liquides de l'organisme humain normaux et pathologiques.

I. — CRYOSCOPIE.

Généralités. — Raoult a donné le nom de *cryoscopie* à « l'étude des corps dissous, fondée sur l'observation de la température de congélation de leurs solutions [3] ». En 1882, il précisa les lois du phénomène et établit les bases

---

[1] LOËB, *The physiological Problems of to day*, d'après *Van't Hoff* (*La Chimie physique et ses applications*, trad. Corvisy. Paris, Hermann, 1903).

[2] COLSON, *Contribution à l'histoire de la Chimie*. Paris, Hermann, 1910.

[3] RAOULT, *La cryoscopie* (collection *Scientia*). Paris, Gauthier-Villars, 1901.

définitives de la cryoscopie comme méthode précise de détermination des poids moléculaires. Il reconnut que *l'abaissement du point de congélation d'une solution est proportionnel à la concentration.*

Si un poids p de substance dissous dans 1000 gr. de solvant donne comme point de congélation Δ, un poids p' donnera comme point de congélation Δ' tel que

$$\Delta' = \frac{\Delta}{p} p'.$$

Si le poids moléculaire d'un corps est M, on aura pour point cryoscopique

$$\frac{\Delta}{p} M.$$

En répétant cette expérience pour différents corps, on remarque que cette équation donne toujours le même nombre. Autrement dit, on peut écrire

$$\frac{\Delta}{p} M = \text{const.} = K,$$

K varie avec la nature du corps dissous et avec la nature du solvant. Pour les solutions aqueuses des corps organiques, non électrolytes (urée, sucre), on a

$$K = 1,85.$$

Pour les différents sels (sulfates, chlorures, phosphates), qui sont des électrolytes, K varie de 3,5 à 5; sa valeur dépend du nombre des ions que l'eau a libérés, chaque ion agissant comme une molécule pour l'abaissement du point de congélation.

Détermination de Δ. — L'appareil de Balthazard en permet une détermination rapide, et suffisamment exacte; nous en avons décrit ailleurs le mode opératoire ([1]).

Applications. — Nous n'avons pas l'intention de faire ici une revue générale des travaux publiés sur la question, nous nous référons à cet égard à la Thèse de Bousquet ([2]) et au travail de H. Schrœder ([3]) qui donnent une bibliographie très étendue du sujet. Voici simplement un tableau d'ensemble des résultats que nous avons obtenus en appliquant la cryoscopie à l'étude de 417 liquides de l'organisme humain :

---

[1] *Presse Médicale*, 1912, p. 537.

[2] Bousquet, *Recherches cryoscopiques sur le sérum sanguin* (Thèse de médecine, Paris, 1899).

[3] H. Schrœder, *Quelques applications de la cryoscopie à la médecine* (*Zeitsch. f. Elektrochemie*, 1904, p. 649).

Liquides examinés.	Nombre d'examens.	Abaissement cryoscopique Δ.	
		Minimum.	Maximum.
Sérum sanguin............	210	—0,80	—0,53
Liquide d'ascite..........	35.	—0,60	—0,52
Liquide pleural............	70	—0,74	—0,51
Liquide d'œdème..........	20	—0,77	—0,55
Liquide céphalo-rachidien..	82	—0,73	—0,55

Quelles conclusions pratiques tirer, de ces déterminations ? Mais d'abord de quoi se compose le Δ d'un liquide ? En principe la dépression est en rapport direct avec le nombre de molécules dissoutes; si elles avaient toutes le même poids, si, d'autre part, le liquide examiné ne contenait aucun électrolyte ni substances dissociables, ni produits volatils autres que l'eau, le Δ pourrait se déduire par un simple calcul des résultats de l'analyse chimique : la constante cryoscopique deviendrait souvent inutile. Tel n'est pas le cas : les substances qui constituent un sérum, par exemple, sont, au contraire, à poids moléculaires très variés pour n'en juger que par Na Cl = 58,5 dissociable; urée = 60 non dissociable; albumine = 6000, dont les points de congélation pour un même poids de substances dissoutes sont dans des rapports inverses. Ainsi le Δ d'une solution de

Na Cl.................. à 10^{gr} par litre est —0,62
Urée.................. à 10^{gr} » —0,30
Albumine............. à 10^{gr} » —0,003

Le Na Cl a donc sur le Δ une influence plus de 200 fois plus grande qu'un même poids d'albumine.

Il faut également tenir compte de ce que les liquides de l'organisme contiennent des électrolytes dont le Δ est très différent en solution diluée ou concentrée, de la présence d'éléments partiellement dissociés, de substances hydrolysées, de cryohydrates dont la molécule d'eau agit sur le Δ, de gaz en dissolution, de substances volatiles autres que l'eau qui échappent à l'analyse chimique, et d'une série de corps, diastases et ferments solubles dont nous ne pouvons qu'avec peine déceler la présence, tous éléments que le Δ enregistre quantitativement. Le point cryoscopique renseigne donc *sur la concentration moléculaire des liquides et nous permet de la comparer à celui du sérum normal qui est voisin de — 0,56 et de rechercher ainsi l'isotonie.*

Ajoutons que le Δ permet concurremment avec la conductivité électrique de déterminer, ainsi que nous le verrons ci-après, le degré d'ionisation d'une solution, c'est-à-dire le rapport du nombre des molécules dissociées en ions au nombre total des molécules dissoutes.

Pour avoir voulu demander à la cryoscopie la solution de problèmes qu'elle était incapable de résoudre (applications à l'analyse de l'urine), cette admirable méthode ne rencontra que peu d'enthousiasme et, en 1907, Grimbert ([1]) pouvait dire :

« Déjà pâlit l'importance de la cryoscopie et l'on voit poindre à l'horizon la mesure de la résistivité des humeurs ou mieux de son inverse, la conductivité. »

II. — CONDUCTIVITÉ ÉLECTRIQUE.

Généralités. — On sait que les électrolytes, par le fait même de leur dissolution dans l'eau, sont dissociés en ions ([2]), parties constituantes d'une substance que le courant électrique sépare, et que cette dissociation est d'autant plus grande que la constante diélectrique du dissolvant est plus grande. La valeur la plus élevée de cette constante appartient à l'eau, ainsi que Nernst et J.-J. Thomson l'ont montré : la plus grande ionisation a donc lieu dans les solutions aqueuses.

Chaque ion est lié à une certaine quantité d'électricité, le mot *ion* ayant été introduit par Faraday pour désigner les deux éléments électro-positif et électro-négatif d'un électrolyte dédoublé suivant le schéma binaire

$$\bar{M} \mid \overset{+}{R}.$$

Lorsqu'un courant électrique traverse une solution saline, ce courant agissant sur les ions qui errent libres dans la solution, les oriente et les dirige vers les électrodes suivant la loi des attractions et des répulsions électriques. En arrivant aux électrodes, les ions perdent leur charge et leur caractère spécifique, ils reprennent leur individualité chimique ordinaire d'atomes ou de groupements d'atomes avec tous leurs attributs réactionnels. Le passage du courant correspond donc à un mouvement des ions vers les électrodes, où ils s'y déchargent et entretiennent de la sorte le courant dans le circuit : les ions seuls sont les agents de transport du courant.

Définitions. — On exprime ce fait de conduction électrique à travers une solution en disant qu'elle possède une certaine *conductance*. Le rapport constant du courant à la force électromotrice qui l'engendre est désigné sous le nom de *conductance de la solution*.

La conductance est proportionnelle à la section et en raison inverse de la longueur du conducteur. La conductance d'un conducteur solide ou liquide de 1 cm² de section et de 1 cm de longueur est la *conductance spécifique* ou *conductivité*.

La conductance étant l'inverse de la *résistance*, la conductivité est l'inverse de la résistance spécifique ou *résistivité*. La conductivité d'un

---

([1]) GRIMBERT, *Leçon inaugurale* (*Journal de Ph. et de Chimie*, 6ᵉ série, t. XXV, 1907, p. 566).
([2]) SAINTE-CLAIRE DEVILLE, *Leçons sur la dissolution*. Paris, Hachette, 1866.

électrolyte est en raison inverse du temps qu'un ion met à se transporter d'un électrode à l'autre; elle est donc proportionnelle à la vitesse de translation des ions. La conductivité d'un électrolyte pour une différence de potentiel donnée est donc proportionnelle :

1º Au nombre des ions contenus dans la solution;
2º A la charge électrique que porte chacun d'eux;
3º A leur vitesse de translation.

On désigne, depuis Kohlrausch, sous le nom de *conductivité moléculaire* d'une solution le produit de la conductivité spécifique par le volume moléculaire.[1]. Puisque les ions seuls transportent l'électricité, la conductivité moléculaire est proportionnelle au nombre des ions, et puisque la dissociation augmente avec la dissolution, si l'on ajoute de l'eau dans une solution d'électrolytes, on voit la conductivité moléculaire augmenter progressivement. Cependant la conductivité s'accroît de moins en moins et il arrive un moment où elle n'augmente plus, même si l'on dilue encore : c'est que les molécules ont fourni tous les ions qu'elles pouvaient donner; la dissociation est totale et la conductivité moléculaire limite correspond à cette dilution [2].

L'ensemble de ces faits constitue la loi d'Ostwald qui s'énonce ainsi : *Le degré d'ionisation d'une solution est égal au rapport de la conductivité moléculaire de cette solution à la conductivité qu'elle aurait si on la diluait suffisamment pour que toutes les molécules soient dissociées.*

Ce rapport est 1,82 pour le NaCl, il indique que 100 mol. de NaCl donnent en solution aqueuse 182 ions.

Mesure de la résistivité. — La résistivité d'une substance ou son inverse la conductivité varie avec la température : pour les liquides la conductivité est d'autant plus faible que la température est plus basse. Ces variations qu'entraînent les fluctuations thermométriques obligent à déterminer exactement la température du liquide au moment où l'on mesure la conductivité afin de faire les corrections nécessaires pour ramener cette mesure à une température fixe. Dans nos expériences, nous avons conventionnellement jusqu'ici adopté 25° avec la plupart des auteurs, quoique, au point de vue biologique, il eût été plus intéressant d'adopter 37°, température du corps humain.

Pour obtenir la valeur de la résistivité d'un liquide, on mesure la résistance de la portion de ce liquide comprise entre deux électrodes de platine de position fixe et bien déterminée : on se sert d'un vase d'Ostwald. Les électrodes de platine limitent un certain volume de liquide de section s, de longueur l constantes. Soit R la résistance de cette colonne liquide qu'on détermine expérimentalement et ρ la résistivité du liquide

---

[1] Victor HENRI, *Cours de Chimie physique*. Paris, Hermann, 1906.
[2] MAILLARD, *Journal de Pharmacie et de Chimie*, 1906, p. 407 et 450.

étudié. On a

$$R = \rho \frac{l}{s}.$$

Si l'on a mesuré avec le même vase la résistance R' d'une solution type dont la résistivité ou son inverse la conductivité est connue, on aura aussi

$$R' = \rho' \frac{l}{s},$$

d'où

$$\frac{R}{R'} = \frac{\rho}{\rho'},$$

$$R = \frac{R'}{\rho'} \rho.$$

Le rapport $\frac{R'}{\rho'}$ est ce qu'on appelle *la constante de l'appareil*, soit A cette valeur; la résistivité ρ du liquide étudié est par suite

$$\rho = \frac{R}{A}.$$

Pour déterminer une fois pour toutes la valeur de cette constante A qu'on doit cependant vérifier de temps en temps, on s'adresse à une solution de KCl pur dont la résistivité est donnée par les tables de Kohlrausch à diverses températures.

Les courants alternatifs à fréquence et à force électromotrice élevées et à faible intensité ne décomposant pas d'une façon appréciable les solutions salines, on peut utiliser en biologie la méthode de Kohlrausch. Cette méthode peut, d'après M. Bouty ([1]) et la plupart des physiciens, fournir des résultats exacts dans la mesure des résistances électriques des solutions de concentration moyenne.

Nous nous sommes servis de l'appareil de Kohlrausch modifié par Ostwald, basé sur le principe du pont de Wheatstone. Cet appareil est bien connu, il est donc inutile d'en donner ici la description et de rappeler le mode opératoire ainsi que les conditions d'expérience.

Applications. — Long ([2]), Guye et Bogdan ([3]), Demerliac ([4]), Dutoit et Mojoïu ([5]), mesurèrent la résistivité ou la conductivité électrique de

---

([1]) Bouty, *Journal de Physique*, 3ᵉ série, t. IV, 1885.

([2]) Long, *Journ. Amer. Chem. Society*, 1902, p. 996.

([3]) Guye et Bogdan, *Journ. de Chim. phys.*, 1903, p. 376.

([4]) Demerliac, *Recherches sur la résistivité de l'urine* (Congrès Ass. franç. pour l'Av. des Sciences, Angers, 1903).

([5]) Dutoit et Mojoïu, *Volumétrie physico-chimique. Application de la méthode à l'urine* (*Bull. Société vaudoise des Sc. nat.*, 1910).

l'urine. Dongier et Lesage ([1]), Wilson ([2]), Bottazzi ([3]), celle du sérum sanguin. Nous-mêmes avons examiné à ce point de vue 41 liquides; le tableau ci-après présente l'ensemble de nos résultats :

Liquides examinés.	Nombre d'examens.	Conductivité électrique K.	
		Minimum.	Maximum.
Sérum sanguin............	19	110.10^{-4}	143.10^{-4}
Liquide pleural...........	10	118.10^{-4}	138.10^{-4}
Liquide céphalo-rachidien.	12	142.10^{-4}	156.10^{-4}

Nous avons montré autre part ([4]) que, pour chaque liquide, la conductivité augmente en même temps que la teneur en chlorures. Le liquide céphalo-rachidien, toujours plus riche en Na Cl que les autres sérosités de l'organisme, a une conductivité spécifique constamment plus élevée. La part qui revient dans la conductivité totale aux électrolytes non chlorés est sensiblement fixe, elle équivaut à peu près à celle que donnerait 1 gr. supplémentaire de Na Cl par litre. Les variations de la chloruration semblent régir seules les variations de la conductivité. De cette observation on peut tirer un procédé rapide et simple pour l'évaluation de la richesse en chlorures d'un liquide : il suffit de retrancher de la conductivité mesurée 12.10^{-4} (part habituelle des électrolytes non chlorés dans la conductivité totale) pour avoir en moyenne la conductivité résiduelle attribuable aux chlorures, d'où il est facile, à l'aide d'un tableau, de tirer l'évaluation des chlorures eux-mêmes ([5]).

III. — PRESSION OSMOTIQUE.

Rosenstiehl est le premier qui ait tiré des travaux des physiciens et des chimistes sur la dissolution une conséquence relative à l'osmose :

« La colonne de liquide soulevée dans l'endosmomètre, écrit-il en 1870, est comparable au piston soulevé par la force élastique de la vapeur. Dans les deux cas une matière élastique se détend et une quantité proportionnelle de chaleur est transformée en travail mécanique ([6]). »

Après lui, Traube, de Vries, Pfeffer, Quincke étudièrent le phénomène

([1]) DONGIER et LESAGE, *Comptes rendus Ac. des Sc.*, t. CXXX, 1902, p. 612 et 834.

([2]) WILSON, *Measurement of electrical conductivity for clinical purposes* (*Amer. Journ. of Physiology*, 1905, p. 138).

([3]) BOTTAZZI, *Recherches physico-chimiques sur les liquides animaux* (*Archives italiennes de Biologie*, 1908).

([4]) JAVAL et BOYET, *De la conductivité des liquides de l'organisme* (*Comptes rendus Société de Biologie*, t. LXXII, 1912, p. 157).

([5]) JAVAL et BOYET, *Évaluation du taux de la chloruration des liquides de l'organisme par la mesure de leur conductivité* (*Comptes rendus Société de Biologie*, t. LXXII, 1912, p. 272).

([6]) ROSENSTIEHL, *Comptes rendus Acad. des Sciences*, 23 mars 1870.

et ses conséquences. Puis Ostwald et ses élèves énoncèrent la théorie cinétique de la pression osmotique que K. Schreber d'une part et Batteli et Stéfanini d'autre part réfutèrent. Van't Hoff a émis relativement aux solutions une hypothèse analogue à celle d'Avogrado relative aux gaz, et grâce à cette hypothèse les lois de la pression osmotique peuvent être exprimées :

Les solutions qui, sous le même volume et à la même température, ont la même pression osmotique, contiennent le même nombre de molécules, ou encore des nombres égaux de molécules-grammes de substances dissoutes déterminent la même pression osmotique.

Les solutions qui possèdent la même pression osmotique sont dites « isotoniques » ou « isosmotiques ».

La règle de Van't Hoff fournit une méthode de détermination des poids moléculaires des substances dissoutes, puisque, d'après elle, les pressions osmotiques sont inversement proportionnelles aux poids moléculaires.

Ces lois ne s'accordent pleinement avec les faits que pour les solutions aqueuses des non électrolytes; pour les électrolytes il faut tenir compte de l'ionisation, chaque ion produisant autant d'effet que la molécule totale.

Détermination de la pression osmotique. — La détermination expérimentale directe de la pression osmotique, soit par la méthode de Pfeffer, soit par la méthode plus récente de Fouart [1], présente d'assez grandes difficultés.

Indirectement rien n'est plus facile : L'analogie de la pression osmotique des liquides avec la pression atmosphérique pour les gaz permet encore, pour les solutions comme pour les gaz, de calculer cette pression. Les physiciens ont démontré, par l'expérimentation, qu'une molécule-gramme d'un gaz occupe à $0°$ sous 760 mm de pression un volume de 2,35 l; comme les pressions des gaz sont inversement proportionnelles au volume, on peut dire qu'une molécule-gramme d'un gaz développe dans l'espace d'un récipient d'un litre une pression de 22,35 atm. Pour les corps dissous le volume du dissolvant représente le volume du récient pour les gaz, on peut donc de la même façon calculer la pression osmotique d'une solution.

Si c est la concentration moléculaire, on a

$$p = c \times 22,35.$$

La cryoscopie permet de calculer aisément la concentration molécu-

---

[1] FOUART, *Recherches sur un mode de préparation des membranes semiperméables et son application à la mesure des poids moléculaires au moyen de la pression osmotique* (*Bull. Société chimique*, t. IX, 1911, p. 637).

laire des solutions en observant que les ions agissant comme les molécules, il suffit de faire le quotient du Δ par $1,85$ abaissement moléculaire des solutions aqueuses

$$c = \frac{\Delta}{1,85}.$$

Par suite

$$p = \frac{\Delta}{1,85} \times 22,35.$$

On peut aussi appliquer la formule établie par Van't Hoff et P. Duhem [1]

$$p = 41,1 \frac{D_0 \rho_1}{T_1} \Delta,$$

dans laquelle p désigne la pression osmotique, D_0 la densité du dissolvant par rapport à l'eau, ρ_1 la chaleur latente de fusion de 1 gr. du dissolvant exprimée en calories-grammes, T_1 la température absolue de fusion, Δ l'abaissement cryoscopique.

Pour les solutions aqueuses, on a

$$p = 12,07 \, \Delta.$$

Applications. — Il est hors de doute aujourd'hui que les phénomènes osmotiques jouent dans l'organisme un rôle aussi important que celui des réactions purement chimiques [2]. Il s'est développé sur ce sujet une littérature importante, l'ouvrage de H.-J. Hamburger, *Osmotischer Druck und Ionenlehre*, qui en est la codification la plus récente et la plus complète, nous dispense de tout développement à cet égard.

Résultats numériques. — Si nous calculons la pression osmotique d'après les abaissements cryoscopiques des 417 liquides de notre premier tableau, nous pourrons dresser le tableau récapitulatif suivant :

Liquides examinés.	Nombre d'examens.	Pression osmotique.	
		Minimum.	Maximum.
		atm	atm
Sérum sanguin.............	210	6,397	9,716
Liquide d'ascite............	35	6,276	7,242
Liquide pleural.............	70	6,155	8,931
Liquide d'œdème............	20	6,638	9,293
Liquide céphalo-rachidien ...	82	6,638	8,811

IV. — CONCLUSIONS.

Certes pour faire une étude complète des liquides de l'organisme, pour établir leur composition qualitative et quantitative, l'analyse chimique est indispensable et rien ne saurait la remplacer. Mais entre la composition chimique de la matière et ses propriétés, il existe des liens

---

[1] P. Duhem, *Journal de Physique*, t. VI, 1887, p. 134 et 397.
[2] Moureu, *Journal de Ph. et de Chimie*, t. XIV, 1901, p. 333.

que la physico-chimie nous révèle et l'étude de toute constante physique, si modeste que puisse paraître cette constante, mérite d'être faite. En admettant même que cette détermination n'aboutisse pas à des données plus précises sur la constitution intime des liquides, elle serait déjà intéressante par elle-même. Mais il n'en est pas ainsi, et la détermination du Δ, celle de la conductivité électrique et celle de la pression osmotique amènent à d'importantes conclusions.

La première qui s'impose est la suivante : le Δ, la tension osmotique et la conductivité électrique sont conditionnés par la quantité de chlorure de sodium contenue dans le liquide examiné, ce qui pourrait se traduire algébriquement par

$$\text{constante physique} = f(\text{Na Cl}).$$

Il y a plus : si, ainsi que l'a montré Raoult [1], on peut par ces méthodes déterminer dans les solutions salines simples le poids moléculaire du sel dissous et son degré d'ionisation, il n'en est pas de même pour les liquides de l'organisme de composition chimique hétérogène et complexe. L'abaissement cryoscopique et la tension osmotique qui lui est reliée, ainsi que nous l'avons vu, par une relation linéaire, permettent de calculer seulement la concentration moléculaire relative de ces liquides; l'étude de la conductivité électrique nous fait faire un pas de plus en nous donnant la proportion des électrolytes et des non électrolytes.

On admet généralement que le Δ du sérum sanguin normal est — 0,56, ce qui correspond à une pression osmotique de 6,759 atm. et à une concentration moléculaire de 0,302. Il renferme 5,50 gr. de Na Cl et est isoconducteur d'une solution de Na Cl à 6,31 $^o/_{oo}$, dont la conductivité est 115.10^{-4}. L'ionisation du chlorure de sodium étant 1,82 la concentration moléculaire afférente à la teneur ci-dessus est 0,196, ce qui donne pour les non électrolytes une concentration de 0,106.

Considérons un sérum sanguin dont le Δ est — 0,63, et la conductivité 119.10^{-4}. Par rapport à un sérum normal comment allons-nous le qualifier ? Le tableau suivant va nous permettre de le faire.

	Sérum normal.	Sérum examiné.
Δ	—0,56	—0,63
Pression osmotique	6,759 atm	7,604
Concentration moléculaire totale	0,302	0,340
Conductivité	115,10^{-4}	119,10^{-4}
Concentration en électrolytes	0,196	0,204
Concentration en non électrolytes	0,106	0,136
Rapport de la concentration des non électrolytes aux électrolytes pour $^o/_o$.	54	66

---

[1] RAOULT, *Les enseignements chimiques de la Cryoscopie et de la Tonométrie*. Conférence au Congrès internatial de Chimie de l'Exposition Universelle de 1900: (*Revue scientifique*, 2ᵉ série, 1900, p. 225, et *Revue générale des Sciences*, 1900, p. 958).

Nous dirons que le sérum examiné est hypertonique, légèrement hyperconducteur, et le rapport de la concentration des non électrolytes aux électrolytes étant augmenté, qu'il contient une plus forte proportion des premiers. Or, parmi les non électrolytes, les corps décomposables par l'hypobromite de sodium, qui peuvent pratiquement se confondre avec l'urée, de poids moléculaire 60, sont les plus importants. Le sérum sanguin normal renferme environ 0,40 g d'urée par litre, le sérum examiné doit en contenir un peu plus, ce que l'analyse chimique a vérifié, le sérum dont il s'agit en avait 0,75 g.

La cryoscopie et la conductivité électrique fournissent donc un moyen simple, rapide et facile à exécuter, de déterminer avant l'analyse complète, la constitution chimique approximative des liquides de l'organisme. Sachant que dans les transsudats pathologiques la chloruration est sensiblement la même, environ $6,25 \text{ g}^{\,0}/_{00}$, mais qu'elle se différencie de celle du liquide céphalo-rachidien $7 \text{ g}^{\,0}/_{00}$ et de celle du sérum $5,50 \text{ g}^{\,0}/_{00}$, tandis que le taux de l'urée est le même pour tous les liquides physiologiques et pathologiques de l'organisme, en moins de 30 minutes, et quel que soit le liquide dont il dispose, le médecin peut avoir ainsi, sur les éléments constitutifs des sérosités, des renseignements suffisants pour, avec les signes cliniques, assoir son diagnostic et instituer un traitement.

MM. A. DANIEL-BRUNET et C. ROLLAND.

DOSAGE DES ÉLÉMENTS DE LA BILE ET DU FOIE DES BOVIDÉS ([1]).

59-14.36-9.735

3 Août.

Ainsi que nous l'avons exposé à plusieurs reprises dans des Notes présentées à diverses Sociétés savantes ([2]), la glande hépatique des Bovidés n'a été jusqu'ici étudiée qu'accessoirement, les recherches des auteurs portant surtout sur les foies et les biles d'hommes, de chiens, de rongeurs.

L'opothérapie, et en particulier l'opothérapie hépatique, prenant place de plus en plus dans la thérapeutique, on s'est adressé de préférence

([1]) Travaux exécutés dans les Laboratoires, A. Daniel-Brunet.

([2]) A. DANIEL-BRUNET et C. ROLLAND, *De l'influence du sexe et de la castration sur l'obtention des lipoïdes chez les Bovidés* (*Acad. des Sc.*, 1911); *Contribution à l'étude chimique et physiologique de la glande hépatique des Bovidés* (*Soc. de Biol.*, 1911; *Acad. des Sc.*, 1911).

aux Bovidés pour obtenir les extraits organiques. Ceci nous a amenés à faire une étude complète au point de vue chimique de la glande hépatique des Bovidés, parenchyme et bile.

On sait qu'il existe une différence notable au point de vue anatomique (poids, aspect, dimensions) entre la glande hépatique du bœuf, de la vache et du taureau.

Or, nous avons observé, au cours de nos travaux, qu'il existait également quelques différences au point de vue de la composition chimique de cette glande [1]. Aussi, avons-nous opéré nos recherches successivement sur la vache, le taureau et le bœuf, et l'exactitude scientifique nous oblige à donner séparément les résultats obtenus.

FOIE.

Les foies ont été recueillis immédiatement après la mort de l'animal et avec les mêmes précautions que pour les vésicules biliaires.

Nous avons opéré sur 6 foies de taureau, 7 foies de vache, 12 foies de bœuf.

Les chiffres sont rapportés à 1000 g de substance fraîche :

	Vache.	Taureau.	Bœuf.
Eau..................	760 à 720	735 à 690	740 à 705
Ext. sec à 105°........	240 à 280	265 à 310	260 à 295
Cendres ex. de C......	16,15 à 18,90	18,30 à 20,50	17,25 à 19,40
Urée................	0,610 à 0,665	0,650 à 0,695	0,630 à 0,670
Phosph. en P^2O^5.......	2,85 à 3,30	3,20 à 3,54	3,00 à 3,40
Chlorures en Na Cl.....	2,00 à 2,58	2,45 à 2,90	2,25 à 2,70
Fer (Lapicque)........	0,048 à 0,063	0,075 à 0,079	0,067 à 0,071
Glycogène............	51 à 56	39 à 47	49 à 53

Pour le dosage de l'urée, nous avons traité le foie par l'alcool à 95° additionné de $\frac{1}{1000}$ d'acide acétique, concentré par le vide, repris par l'eau bouillante et dosé par l'hypobromite de soude.

Le glycogène a été dosé par le procédé d'Armand Gautier [2]

BILE.

La bile des vésicules a été recueillie immédiatement après la mort de l'animal et mise dans des vases bien lavés, à l'abri de la lumière.

L'analyse en a été faite le plus rapidement possible. Nous avons opéré sur

26 vésicules de taureau de 490$^{cm^3}$ à 625$^{cm^3}$
50   »   de vache   de 400 » à 550 »
34   »   de bœuf   de 480 » à 620 »

---

[1] Indépendamment des différences quantitatives, nous avons fait des remarques assez curieuses que nous publierons ultérieurement, en particulier, en ce qui concerne la précipitation des sels biliaires.

[2] La méthode de Brucke qui a servi à obtenir les chiffres que nous avons précédemment publiés a dû être abandonnée comme défectueuse et donnant des résultats trop élevés (Cf. *Comptes rendus Acad. des Sc.*, t. CXXIX, p. 701).

Nos chiffres sont rapportés à 1000 g de substance fraîche.

Les chlorures ont été dosés par la méthode Volhard; les phosphates, par la liqueur d'urane; l'azote total, par la méthode de Kjeldahl; le fer, colorimétriquement (Lapicque); les lipoïdes, en épuisant l'extrait alcoolique de bile par l'éther anhydre.

Le dosage des cholestérines a été fait en se basant sur la propriété que possèdent les cholestérines d'être insolubles dans l'alcool froid à 95°.

Les lécithines ont été dosées à l'état d'anhydride phosphorique, après destruction de la matière organique, au moyen de la liqueur d'urane; nous avons transformé, par le calcul, l'anhydride phosphorique en lécithines.

	Vache.	Taureau.	Bœuf.
Aspect	un peu trouble	limpide	limpide
Couleur	rougeâtre	vert foncé	vert jaunâtre
Odeur	lég^t nauséeúse	musquée	aromatique
Consistance	filante	très visqueuse	visqueuse
Dépôt	peu abondant	presque nul	presque nul
Réaction	alcaline	alcaline	alcaline
Densité à + 17°	1023 à 1024	1024 à 1026	1023 à 1025
Ext. dans le vide	92,25 à 94,15	90,70 à 92,50	94,65 à 96,50
Ext. à 100°	91,70 à 93,60	89,20 à 90,98	92,60 à 94,40
Ext. à 110°	88,90 à 90,40	88,30 à 89,93	89,90 à 91,80
Cendres ex. de C.	12,47 à 12,65	13,73 à 13,95	14,80 à 15,10
Chlorures en Na Cl	2,36 à 2,42	2,48 à 2,53	2,69 à 2,75
Phosphates en P^2O^5	1,30 à 1,36	1,45 à 1,51	1,56 à 1,65
Azote total	2,29 à 2,35	2,40 à 2,50	2,56 à 2,63
Fer	0,016 à 0,017	0,016 à 0,017	0,017 à 0,018
Sels biliaires	15,75 à 16,40	16,30 à 16,95	15,95 à 16,48
Nucléoprotéides	1,42 à 2,00	1,79 à 2,56	1,72 à 2,29
Lipoïdes	1,55 à 1,56	1,60 à 1,75	1,48 à 1,64
Couleur des lipoïdes	jaune ambré	jaune brun	jaune
Odeur des lipoïdes	peu aromatique	très aromatique	aromatique
Cholestérines	0,262 à 0,296	0,277 à 0,302	0,244 à 0,279
Lécithines	0,074 à 0,082	0,077 à 0,084	0,069 à 0,077
Acides gras libres en acide oléique	1,144 à 1,182	1,166 à 1,264	1,087 à 1,184

Après de nombreux essais, nous avons dû abandonner la méthode d'Iscovesco, basée sur l'insolubilité des lécithines dans l'acétone qui ne donnait aucun résultat sérieux. Pour les acides gras libres exprimés en acide oléique, nous avons saponifié l'extrait éthéré à l'aide d'une solution alcoolique de potasse titrée. La différence de titre avant et après l'opération nous a indiqué la proportion de potasse entrée en combinaison.

La couleur généralement rougeâtre de la bile de vache provient de la présence d'une notable proportion de sang. Animal de moindre résistance, la vache supporte mal le voyage, le changement d'existence et devient vite fiévreuse. Alors que la température des Bovidés doit varier entre 38° et 38°,5, la température de la vache avant son entrée dans les échaudoirs dépasse fréquemment 39° et atteint parfois 40°. Ce fait a déjà été signalé par nous, à plusieurs reprises, dans des Notes récentes présentées à la Société de Biologie par le professeur agrégé Mulon, et à l'Académie des Sciences par MM. Dastre et Armand Gautier.

M. LE Dr MARCEL BAUDOUIN.

OBSERVATION CLINIQUE ET AUTOPSIE D'UNE POULE ATTEINTE DE LA MALADIE CAUSANT L'INCLUSION DES ŒUFS. DÉCOUVERTE DE LA LÉSION CAUSALE ET PATHOGÉNIE DE LA MALADIE.

59-12.6-86

3 *Août*.

HISTORIQUE. — Dans un Mémoire antérieur ([1]), j'ai dit que les *Inclusions d'œufs de poule, absolument complets* (c'est-à-dire avec blanc, jaune et coquille), autrement dit *d'œufs normaux*, de volume ordinaire, dans un autre œuf, normal et complet lui-même, étaient très rares ! Je n'en avais alors retrouvé que trois cas, bien authentiques : ceux de Flourens (1835), Ferré (1902) et de Patterson (1911), auxquels j'avais ajouté une observation personnelle ([2]); au total, quatre cas seulement.

OBSERVATION INÉDITE. — Je commence à croire que cette anomalie est un peu plus fréquente qu'on l'a cru jusqu'ici.

1º En effet, j'ai réussi à découvrir récemment une poule qui, pendant l'hiver 1911-1912, a pondu *deux œufs* de cette sorte; et je signale tout d'abord ici ces deux faits, calqués l'un sur l'autre, avant de donner l'observation pathologique très curieuse de cet oiseau et de dire ce que sa mort m'a appris.

2º De plus, la *Nature* a publié, il y a quelque temps, la photographie d'un *œuf normal, inclus* dans un autre (*Fig.* 1).

3º D'autre part, au cours d'un récent voyage en Suisse, on m'a signalé qu'il existait, au *Musée d'Histoire naturelle de Genève*, un exemple d'œuf

([1]) Marcel BAUDOUIN, *De l'inclusion des œufs de poule et de ses rapports avec la Diplotératologie* (*Bull. et Mém. de la Société d'Anthrop. de Paris*, 5 octobre 1891, p. 225-241, 4 fig.).

([2]) Marcel BAUDOUIN, *Un nouveau fait d'inclusion chez un œuf de poule* (*Biologica*, Paris, 15 février 1912, t. II, nº 14, p. 7, 1 photographie).

normal, inclus dans un autre œuf complet. Mais les détails manquent sur cette pièce intéressante.

4° En outre, le 5 mai 1912, j'ai reçu la lettre suivante du Dr Albot (d'Asnières) :

« De passage à Nantes, à Pâques 1912, j'ai vu, chez un de mes amis, un *œuf* volumineux, ayant pesé 350 gr., et pondu il y a deux ans, à la mi-carême, par une poule *qui vit encore* et est âgée de *quatre* ans. Cette poule donne très souvent des *œufs à deux jaunes*. Celui dont je parle était bien plus gros que les autres. Mme X... voulut le gober; après avoir extrait une partie du contenu par la petite ouverture habituelle, sentant la coquille encore très lourde, elle s'évertua à pomper aussi énergiquement qu'inutilement ce qui restait encore à l'intérieur. Voyant l'inutilité de ses efforts, elle se décida à agrandir l'ou-

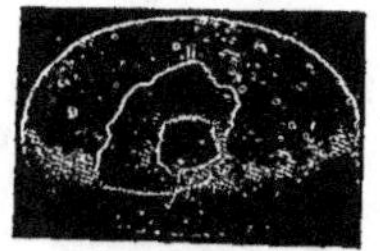

Fig. 1. — Inclusion d'un œuf de poule (photographie parue dans la *Nature*). *Inclusion type.*

verture et, à travers la petite fenêtre ainsi faite, elle eut la surprise de voir qu'à l'intérieur existait un *œuf entier*, recouvert d'une coquille normale, et inclus dans le premier. Depuis cette époque, Mme X... garde précieusement cet œuf et le montre volontiers. La poule vit encore et continue à donner des œufs à deux jaunes. »

J'ai prié mon aimable confrère de me procurer si possible cette poule et son œuf, pour envoyer le volatile dans mon poulailler à expériences; mais il n'a sans doute pas pu réussir, puisqu'il n'a pas répondu depuis novembre 1912 à une récente lettre ! Mais la poule vit toujours et pond beaucoup.

5° Enfin, récemment, M. R. Dublancq-Laborde a publié un nouveau cas d'inclusion typique. Je renvoie à sa note (¹).

Au total donc, déjà *six œufs* nouveaux, inédits.

J'ai maintenant à raconter l'histoire clinique de la poule à laquelle j'ai fait plus haut allusion, observation tout à fait capitale au point de vue scientifique et, peut-on dire, la première de son espèce.

Observation. — La poule à laquelle je fais allusion se trouvait à cette époque dans le poulailler d'une dame, habitant Vix (Vendée), c'est-à-dire dans le Marais poitevin. Elle est de race locale.

Les journaux du pays ayant annoncé la ponte d'un *œuf phénomène* (²), je priai de suite la propriétaire du dit poulailler de m'expédier ce premier œuf, que je vous présente aujourd'hui brisé, mais restauré tant bien que mal.

(¹) R. Dublancq-Laborde, *A propos de l'inclusion des œufs de poule* (*Bull. et Mém. Soc. Anthr. de Paris*, 1912, 15 juin, p. 205).

(²) *Démocratie vendéenne*, La Roche-sur-Yon, 8 février 1912.

Le *petit œuf*, *inclus*, a été ouvert et rempli de cire d'abeille fondue, pour lui maintenir sa forme. Vous voyez qu'il a une belle coquille.

Le *gros œuf*, dont une moitié de la coquille a disparu, a été de même consolidé à la cire, pour empêcher la destruction de sa coquille, qui a été cassée avant de m'être soumise, pour pouvoir extraire l'œuf inclus, que j'ai reçu entier.

I. — DESCRIPTION DES ŒUFS ANORMAUX.

A. — *Œuf* n° 1 (janvier 1912).

Œuf complet de poule inclus dans un autre œuf complet (œuf à deux blancs, deux jaunes, deux coquilles). — Il s'agit du gros œuf, dit *œuf phénomène*, provenant d'un poulailler de Vendée (commune de Vix).

Quand j'ai reçu cet objet, les choses se présentaient de la façon suivante. Un gros œuf, dont presque la moitié de la coquille avait disparu, et vide lui-même, contenait un œuf ordinaire, plus petit, à coquille. Ce dernier œuf ayant sa coquille un peu cassée, j'en fis sortir le contenu par une ouverture pour me rendre compte de sa constitution. Il renfermait un jaune et un blanc normaux.

Il s'agissait donc bien d'un œuf normal et complet, inclus dans un autre, normal et complet également.

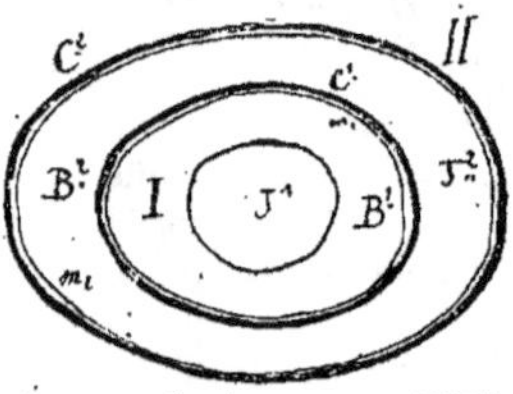

Fig. 2. — SCHÉMA DE LA CONSTITUTION DE L'ŒUF DOUBLE, PONDU PAR LA POULE DE L'OBSERVATION ICI RAPPORTÉE. — Échelle : ½ grandeur. — C¹, C², les deux *coquilles, incluse* et *extérieure;* B¹ et B², les deux *blancs;* J¹ et J², les deux *jaunes;* I, œuf *complet inclus;* II, œuf *enveloppant;* m₁, m₂, les deux *membranes coquillières.*

1° *Gros œuf.* — Le gros œuf a été ouvert en Vendée par sa propriétaire, qui a nettement constaté qu'il renfermait, outre le petit œuf ci-dessous, un blanc et un jaune normaux. Malheureusement, je n'ai aucune indication sur les rapports de ce blanc et de ce jaune par rapport à l'œuf inclus, et j'ignore dans quelle situation ils se trouvaient. Je crois cependant qu'il y avait 0,010 m de blanc suivant le petit diamètre, de chaque côté, et 0,015 m dans l'autre sens (*Fig.* 2).

La coquille est bien conformée, de même que la membrane coquillière. Toutefois cette coquille est moins solide, moins résistante, plus molle et plus fragile que sur un œuf ordinaire. Elle est très blanche et ne présente aucune tache.

La cavité de la coquille est nettement ovoïde; il y a un petit bout bien marqué : ce qui n'existait pas sur le premier œuf observé par moi [1], presque sphérique.

---

[1] *Biologica*, 1912, *loc. cit.*

Les *dimensions* sont les suivantes :

	mm
Longueur maximum	85
Petit diamètre transversal maximum	60
Circonférence maximum	230
Circonférence minimum	180

Cet œuf est donc *moins arrondi* que celui publié déjà par moi, mais plus volumineux [1] et plus allongé [2].

2° *Petit œuf* [3]. — La coquille du petit œuf est complète, mais encore plus friable, plus molle et plus fragile. Le gros bout présente un *piqueté* noirâtre, à points très petits, comparable à ce qu'on remarque sur certains œufs de petits oiseaux; mais ce piqueté est plus fourni d'un côté que de l'autre. Membrane coquillière normale, ainsi que le jaune et le blanc. Œuf tout à fait typique et nullement déformé.

Les *dimensions* sont les suivantes :

	mm
Grand diamètre	50
Petit diamètre	40
Circonférence maximum	153
Circonférence minimum	132

L'œuf est aussi nettement ovoïde, c'est-à-dire tout à fait normal.

B. — *Œuf* n° 2 (février 1912).

La même poule, d'après mon correspondant de Vix, aurait pondu, en février 1912, un œuf tout à fait semblable au précédent, et même un peu *plus volumineux*, que d'ailleurs je n'ai pas vu de mes yeux.

II. — Maladie de la Poule.

En présence de ce nouveau fait, et la poule qui avait pondu ces deux œufs étant connue par suite d'une circonstance fortuite, j'ai fait l'impossible pour *acheter* cette poule à sa propriétaire, dans le but de l'envoyer dans mon poulailler de Vendée et de me livrer sur elle à une série de constatations, et même d'expériences, en attendant d'avoir à en faire l'autopsie.

J'ai pu réussir, avec peine d'ailleurs, la négociation désirée; et, au début de mars, cet intéressant volatile se trouvait chez moi, en sûreté, pour l'étude.

Elle a pondu un œuf le 3 mars et un second le 6 mars. Pas d'autre

---

[1] Différence : 230mm pour 205mm.

[2] Différence: 60mm pour 65mm.

[3] Différence avec l'œuf de 1911 : 55mm pour 50mm; 40mm pour 43mm. — Le petit œuf de 1911 est donc *plus arrondi* (comme le *gros*) que celui de 1912.

ponte du 6 au 18 mars, jour où l'on remarque qu'elle fait tous ses efforts
pour se débarrasser d'un œuf; mais elle ne pond toujours pas.

Le 3 mars, si, d'ailleurs, elle a pondu un œuf normal, celui-ci avait
une saillie appréciable sur la coquille (saillie de 0,001 m (*Fig.* 3, I; *a*, B, *b*),
pour un diamètre de 0,010 m (*Fig.* 3; I). Le 12 mars, nouvel œuf normal

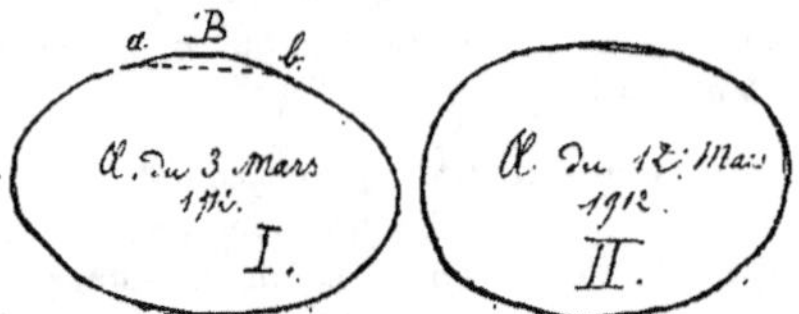

Fig. 3. — Deux des œufs pondus en mars 1912 par la même poule.
Échelle : ⅓ grandeur. — *Légende* : I, œuf *pathologique*; II, œuf *normal*.

aussi, mais à coquille un peu bombée, non ovoïde, un peu jaunâtre, et
piquetée par place (*Fig.* 3; II).

A la fin de mars et d'avril 1912, cette poule a donc été très *malade*;
elle a même manqué de mourir ! En avril, elle a eu alors des accidents
dans la ponte d'un œuf, d'ailleurs normal, qui a fini par sortir, et dans
celle d'un autre œuf (ordinaire ou non, car je ne l'ai pas vu), qui a été
pondu presque putréfié, à peu près à la même époque et en mon absence.

Il était donc certain alors que cet animal avait une affection quelconque de l'*Oviducte*.

En mai, l'oiseau semblait aller mieux, lorsqu'il mourut, presque subitement, le 18 mai 1912. J'avais à dessein laissé la maladie évoluer normalement, pour me rendre bien compte de sa nature. Le dernier œuf pondu
datait de fin avril environ; depuis plus de trois semaines, cette poule ne
pondait plus. En somme, depuis son séjour dans mon poulailler, elle
n'avait pas pondu d'œufs vraiment anormaux, pas même d'œufs à deux
jaunes. Elle n'a guère été vraiment malade que deux mois et demi, de
fin février au 18 mai.

III. — Autopsie.

Je fis l'autopsie le 20 mai 1912. J'ouvris l'abdomen et constatai de
suite que les lésions étaient limitées à l'*Oviducte* (le *gauche*, comme on sait,
puisque celui-là seul existe) et au *Cloaque*.

A. Ensemble. — *a.* Il n'y a pas la moindre trace de *péritonite aiguë*;
cependant une partie de l'*intestin grêle* est *adhérente* à l'oviducte, repliée
sur elle-même et placée comme dans une sorte de poche : cela sur une
étendue d'une dizaine de centimètres.

Le foie, la vésicule biliaire, l'œsophage, la rate, etc., tous ces organes,
sont normaux. Le *rectum* est absolument normal, y compris même son
insertion dans le cloaque. *Anus* normal.

L'*intestin* disséqué et dévidé mesure 1,75 m. Les *cæcums* ascendants atteignent 0,25 m ; ils sont tous les deux *dilatés*, à leur partie moyenne, sur une longueur de 0,070 m, et gros comme un cigare ; ils semblent avoir été comprimés en bas par des œufs dans l'oviducte.

Le gésier, après ouverture, est reconnu normal ; il est rempli de nourriture (grains d'avoine, débris d'herbes sèches) et de petits cailloux.

b. En dehors de l'oviducte gauche, on trouve, dans une sorte de *poche intrapéritonéale*, AU-DESSUS DE L'ORIFICE DE LA TROMPE, accolés ensemble, TROIS ŒUFS, pourvus d'une *coquille calcaire* ; il y a, en outre, à côté de l'oviducte, dans le ventre même, un *autre œuf*, d'apparence normale. — Au total, QUATRE ŒUFS *étaient dans la cavité péritonéale* et localisés dans la partie supérieure du ventre.

B. ÉTUDE DÉTAILLÉE. — *Oviducte.* — L'oviducte, frais, mesure déplié 0,60 m de longueur ; dans l'alcool, après ratatinement, il n'a plus que 0,50 m.

a. CLOAQUE. — 1° Le *Cloaque* est très étalé et très ouvert. De son orifice devenu très large, et ayant 45 mm environ de diamètre, émerge une tumeur, d'aspect arrondi et ayant la forme d'un bouton, ayant 0,040 m de diamètre, occupant sa partie centrale et faisant au dehors une saillie de quelques millimètres, sous forme d'un gros bourgeon charnu. A l'état frais, elle ressemble à une noix et est assez turgescente.

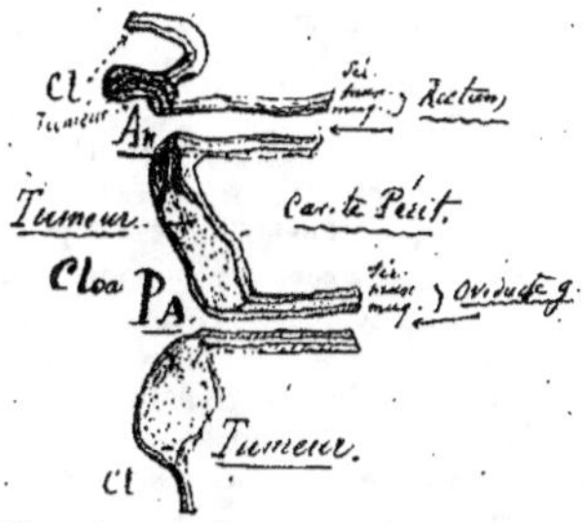

2° Sur une coupe passant par l'oviducte, on constate que cette tumeur correspond à la *papille génitale*, au centre de laquelle débouche l'oviducte, et qu'elle est épaisse de 0,020 m en moyenne. Elle a à peu près la surface d'une pièce de 5 fr. (*Fig.* 4).

Fig. 4. — COUPE SCHÉMATIQUE DU CLOAQUE MALADE. — *Légende :* P_A, *Papille* génitale de l'Oviducte, transformée en tumeur ; An, Anus sain ; Cl Cloaque étalé, par saillie à l'extérieur de la tumeur.

3° L'*orifice de l'anus* est sain au-dessus de la tumeur ; mais celle-ci envoie un prolongement en haut, qui contourne l'anus en forme de croissant libre, qui ne rétrécit d'ailleurs pas le tube digestif.

b. OVIDUCTE. — Après ouverture de l'oviducte, évidemment très malade, on voit qu'il présente à considérer les parties suivantes (*Fig.* 5) :

1° *Poche sus-cloacale.* — Immédiatement au-dessus du cloaque, ce canal forme une *poche*, qui, après séjour dans l'alcool, a une *largeur* de 0,090 m (¹) pour une hauteur de 0,070 m. Cette poche (*Fig.* 5 ; I) est donc

---

(¹) Les dimensions en largeur se rapportent ici au diamètre transversal de *l'Oviducte étalé*, et non au diamètre réel de la poche, forcément moitié moindre.

assez volumineuse pour contenir un *très gros œuf*, et même un *œuf double* (œuf à deux jaunes ou œuf avec inclusion complète).

Les villosités n'y sont pas disposées en lamelles nettes, mais plutôt en touffes, et sont nettement disposées en lignes obliques de haut en bas, quoique parallèles.

2° *Rétrécissement inférieur.* — Au-dessus vient une partie d'oviducte paraissant normale, puisque la largeur n'est que de 0,025 m. Mais cette partie, en somme, représente un *rétrécissement* marqué (R'), par rapport

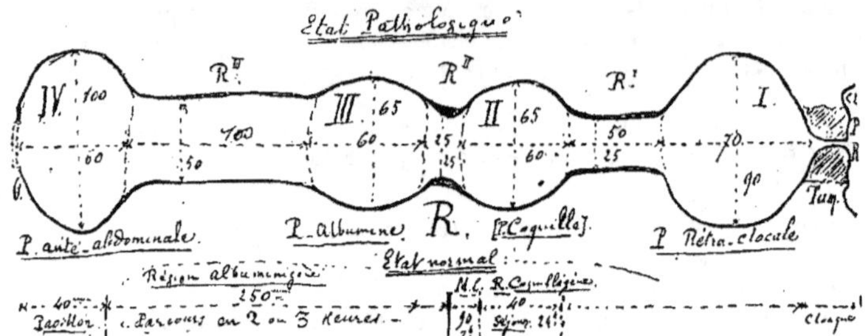

Fig. 5. — Schéma représentant l'Oviducte de la poule, ouvert et étalé, après séjour dans l'alcool. — Échelle : ¼ grandeur. — *Légende :* Cl, Cloaque; R, Orifice *cloacal* de l'oviducte; P, Papille génitale; I, Poche inférieure ou *rétro-cloacale;* II, Poche centrale, ou moyenne, correspondant à la *région coquilligène;* III, Poche supérieure correspondant à la *région albuminigène;* IV, Poche *anté-abdominale,* correspond au *Pavillon de la trompe malade;* R', Rétrécissement inférieur; R'', Rétrécissement pathologique, correspondant au rétrécissement *normal,* R, de l'oviducte; R''', *Dilatation cylindrique* de la partie supérieure de l'oviducte.

En bas, correspondance avec l'état normal; MC, Région où se forme la *membrane coquillière.*

à ce qui existe au-dessus et au-dessous d'elle; elle n'a que 0,050 m de hauteur.

3° *Poche centrale.* — Vient ensuite une seconde *dilatation,* dite *moyenne,* ou *poche centrale* de l'oviducte, mesurant 0,060 m de hauteur pour une largeur de 0,065 m. C'est là encore une cavité capable de contenir un œuf double. Elle correspond à la *région coquilligène* de l'oviducte (*Fig.* 5; II).

4° *Rétrécissement central.* — Au-dessus, nouveau rétrécissement, plus petit celui-là, puisqu'il n'a que 0,025 m de hauteur, pour 0,025 m de largeur, calibre ordinaire de l'oviducte (R''). Ce rétrécissement siégeant à 0,19 m au-dessus du cloaque peut bien être dit *rétrécissement central,* l'oviducte mesurant ici 0,50 m de longueur. Évidemment, il correspond à peu près au *rétrécissement normal* de l'oviducte, siégeant d'ordinaire à 0,25 m au-dessous de l'orifice interne, c'est-à-dire au milieu du conduit.

5° *Poche supérieure.* — Au-dessus se trouve une troisième poche ou *poche supérieure,* mesurant 0,065 m de hauteur et de largeur (*Fig.* 5; III).

Ell e correspond évidemment à la *partie albuminigène* de l'oviducte, comme la poche centrale correspond à la partie *coquilligène*, tandis que l'inférieure est une *poche artificielle*, due au séjour des gros œufs au-dessus du rétrécissement de l'*orifice cloacal*. Toutes ces poches sont ici *pathologiques*, car, à l'état normal, on ne les observe pas à l'*état persistant* et *aussi marquées*.

6° *Dilatation supérieure* . — Au-dessus de la poche supérieure, l'oviducte paraît encore presq ue normal sur une étendue de 0,100 m ; pourtant il est *dilaté* et a une largeur de 0,050 m : ce qui est exagéré et indique un *état pathologique*. Cette dilatation (R^{III}) est certainement en rapport avec le passage, suivant un trajet rétrograde, d'*œufs normaux à coquille*, revenant de la poche sus-cloacale, où ils ont été arrêtés un certain temps avant d'être *pondus dans l'abdomen !* Quatre pontes intra-abdominales ont suffi à amener cette dilatation. Les villosités sont obliques à ce niveau.

7° *Dilatation de l'orifice interne*. — Au-dessous de l'orifice interne, la dilatation est bien plus considérable, car, pour une hauteur de 0,060 m, elle a une largeur de 0,100 m. Il y a donc là une quatrième poche, qui doit être la conséquence d'un séjour assez long des *œufs remontant* en trajet rétrograde, *avant la ponte abdominale*. Ce séjour a dû être assez prolongé, étant donnée la nécessité, pour cet œuf, de forcer un orifice interne normalement rétréci, comme celui de la *papille génitale* d'ailleurs.

Cette poche est donc ici l'analogue de la poche sus-cloacale et est indiscutablement pathologique. Je l'appelle *poche anté-abdominale*, pour bien indiquer son rôle et son origine.

C. Contenu de l'Oviducte. — Lors de l'autopsie, lorsqu'on a ouvert l'oviducte, on a constaté qu'il renfermait ce qui suit dans son intérieur.

a. Dans le point où il n'a que 0,025 m de large, on a trouvé un *magma* informe, dont le centre était constitué par un *jaune d'œuf* ; ce point était situé à 0,09 m du cloaque, c'est-à-dire au niveau du premier rétrécissement inférieur (R^I).

b. Plus haut, à environ 0,23 m du cloaque, c'est-à-dire au deuxième rétrécissement, dit *central* (R^{II}), il se trouvait aussi des débris d'un *second jaune d'œuf* décomposé, entouré d'un peu d'*albumine*. Mais, en ce point, la muqueuse paraissait tout à fait saine ; en tout cas, elle était bien moins atteinte que près du cloaque (premier rétrécissement).

c. A 0,33 m de l'anus, autre débris d'un *troisième jaune d'œuf*, avec, 0,05 m au-dessus, un fragment de *blanc d'œuf* peu important. La muqueuse paraissait saine aussi à ce niveau.

Ce point correspondait à la partie inférieure de la poche voisine de l'orifice interne (IV).

d. A partir de 0,30 m du cloaque, l'oviducte était vide jusqu'à 0,40 m. Toute la muqueuse du canal était recouverte d'un mucus d'aspect purulent, indiquant une *inflammation* légère il est vrai, mais réelle, de la muqueuse.

Les villosités étaient *lamellaires*, très marquées, à plis *parallèles* au grand axe du conduit.

e. Enfin, à 0,10 m de l'orifice abdominal, on découvrait un petit noyau d'*albumine*. — En somme, *trois* débris d'œufs décomposés dans l'oviducte.

D. Poche kystique. — Les *trois* œufs trouvés dans la poche kystique, voisine du sommet de l'oviducte, qui est bien d'origine péritonéale, sont des *œufs complets*, c'est-à-dire pourvus de leurs *coquilles calcaires*, plus ou moins altérées d'ailleurs; mais, dans un œuf, elle est assez bien formée.

Ces œufs, qui se sont constitués dans la partie moyenne de l'oviducte au moins, ont donc, par des *mouvements antipéristaltiques*, remonté vers l'*orifice abdominal*, et ont, en somme, été *pondus* comme des œufs normaux : mais *pondus dans le ventre de la poule*, au lieu de l'être à l'extérieur ! — Puis, ils se sont *enkystés* petit à petit (¹).

Un dernier œuf (le quatrième), pondu de la sorte dans l'abdomen, n'avait pas encore eu le temps de s'enkyster....

Je crois que les débris d'œufs trouvés dans l'oviducte étaient *plus anciens* que ces quatre œufs.

E. Grappe ovigère. — Au niveau de la grappe ovigère, on trouva quatre vésicules contenant des *jaunes* de volume habituel, décomposés, qui ne se sont pas ouvertes, et trois vésicules, avec jaunes plus petits, encore reconnaissables, sans parler d'une multitude de petits œufs.

F. Tumeur. — Le cloaque étalé et incisé, la tumeur est apparue comme s'étendant en profondeur d'au moins de 0,02 m (*Fig.* 4). Cette tumeur, qui dans l'alcool a notablement diminué de volume, ressemblait à une sorte de champignon et faisait *hernie* au dehors. Son origine est la Papille génitale. Évidemment, elle a déterminé un *Rétrécissement* très considérable de l'orifice inférieur de l'Oviducte, et a été un obstacle insurmontable à la ponte normale des œufs, quelque temps avant la mort du volatile !

Cela explique pourquoi quatre œufs normalement constitués n'ont pas pu sortir. Pour dégager l'oviducte, la Nature a dû utiliser les *mouvements antipéristaltiques*, déjà établis chez cette poule (puisqu'elle avait pondu deux œufs inclus), pour les faire complètement remonter, et effectuer la *Ponte dans l'Abdomen*, où le tout s'est enkysté à la longue (c'est-à-dire pendant un mois et demi environ), à l'exception d'un dernier œuf complet fabriqué, qui, lui, n'a pas eu le temps de s'entourer d'une membrane isolante.

(¹) La constitution de la poche kystique le prouve. En effet, au niveau de l'un des trois œufs inclus, elle était beaucoup moins épaisse (1ᵐᵐ) qu'au niveau des deux autres (3ᵐᵐ), correspondant alors là à une vraie coque fibreuse.

IV. — Évolution des Accidents (Pathogénie).

1º Évolution des Lésions. — Il résulte de là que la maladie d'origine de cette poule, en somme, était une tuméfaction, en apparence de nature *inflammatoire*, de la Papille génitale du *Cloaque*, ayant amené un Rétrécissement considérable de l'*Oviducte*. La poule est morte d'accident d'*occlusion de l'oviducte*, et peut-être d'une *infection*, d'origine *péritonéale*, apportée dans le ventre par la coquille d'un œuf, lors de la dernière ponte intra-abdominale.

Il est donc établi que c'est par la *Papille génitale* et par le *Cloaque* que la maladie a commencé; elle a, par suite, sans doute, une *origine extérieure*.

Il doit alors y avoir eu une Infection d'origine externe en ce point précis.

D'ailleurs, en voyant cette tumeur de la *papille*, j'ai immédiatement songé, par comparaison, non pas à un Rétrécissement syphilitique du rectum, mais à un *Rétrécissement blennorrhagique ancien de l'urèthre*. L'analogie est frappante.

Il me parait très probable, du reste, que cette affection a son point de départ dans une infection du cloaque, d'origine *microbienne*.

C'est ce que pourront sans doute démontrer plus tard et l'examen histologique de la tumeur papillaire et des examens bactériologiques faits sur de nouvelles poules malades, maintenant qu'on sait où il faut chercher la lésion primitive.

2º Évolution des Symptomes cliniques. — Dans ces conditions, comment a dû évoluer cliniquement la Maladie ? Il est assez facile d'en reconstituer les différentes phases, en tenant compte des faits anatomopathologiques constatés.

a. *Œufs à deux jaunes*. — Dès que la lésion de la *Papille génitale* a été installée et surtout en pleine évolution, certains *Spasmes réflexes*, d'une durée plus ou moins longue, se sont produits en certains points de l'oviducte. Quand ce spasme s'est localisé au niveau du rétrécissement normal du conduit qui correspond à sa partie centrale et au-dessous de la région albuminigène, il s'est produit alors un *arrêt* d'un jaune, entouré de son albumen. Si le spasme a duré plus de 30 heures (intervalle normal des pontes de l'ovaire), un *second jaune* est tombé dans cette poche artificielle, fermée temporairement par en bas; puis le tout a été entouré de l'albumen du deuxième jaune. Si le spasme a cessé avant la 60e heure, l'œuf à deux jaunes a filé plus bas dans l'oviducte, comme s'il avait été normal; et tout est rentré dans l'ordre ! Si le spasme avait duré 80 à 90 heures, on aurait pu avoir un œuf à trois jaunes; mais cet accident, comme on sait, est extrêmement rare.

Comme l'œuf à deux jaunes avec coquille est beaucoup plus gros qu'un œuf normal, il a *irrité* de nouveau le cloaque en sortant ; et cela a pu provoquer l'apparition d'un nouveau spasme : d'où fabrication d'un nouvel *œuf à jaunes multiples;* et ainsi de suite.

En l'espèce, ce phénomène a dû se produire jadis plusieurs fois chez notre poule, mais à une époque où elle n'était pas encore en observation (¹).

Dans ces conditions, le *spasme* causal se produit forcément, et uniquement, à la partie moyenne de l'oviducte. Si cet accident se répète souvent il amène naturellement une *dilatation* de la région àlbuminigène et l'on observe là, alors, une poche spéciale (poche *supérieure* ou de l'*albumen*), analogue à celle observée dans notre autopsie.

b. Œufs normaux inclus. — Si la lésion est plus avancée, ou si l'on se trouve dans des conditions spéciales encore inconnues, le *spasme* réflexe de l'oviducte, au lieu de se produire au-dessus du point de l'oviducte secrétant la coquille, se manifeste *au-dessous* de lui. L'œuf *se forme bien complètement* (avec *coquille* et membrane coquillière) : mais il ne peut pas sortir par le cloaque. Alors les *mouvements antipéristaltiques de l'oviducte* apparaissent pour sauver la situation. Grâce à eux, l'œuf normal est *remonté* dans l'oviducte, jusqu'au niveau du point où se secrète l'albumine. Là il s'arrête, à côté d'un jaune déjà descendu et à cause de ce jaune lui-même; et l'albumine, alors, enveloppe cet œuf normal et le jaune en question._

Tout spasme cessant alors au niveau du rétrécissement normal (à environ 0,25 m au-dessous de l'orifice interne), l'œuf double descendu prend sa coquille à lui et est alors pondu, malgré son *volume énorme,* mais non sans irriter fortement, cette fois, le cloaque.

Cette éventualité s'est produite *deux fois* chez notre poule, comme on l'a vu plus haut. Dans ces circonstances, le spasme primitif a lieu dans la partie inférieure de l'oviducte, à environ 0,40 m de l'*orifice interne.*

c. Œufs pondus dans l'abdomen. — Dès lors, la maladie progresse rapidement. Le spasme est devenu bientôt plus violent et a lieu près du *rétrécissement cloacal,* encore plus accentué; l'œuf ne peut plus être expulsé au dehors.

Des *mouvements antipéristaltiques,* plus intenses et plus généralisés, réussissent alors à le faire remonter assez haut; en *franchissant tous les obstacles, jaunes* compris, pour qu'il puisse se garer un certain temps au haut de l'oviducte !

Il y reste certainement quelque temps, puisqu'il se produit là une *poche d'arrêt,* importante, constatée à l'autopsie de notre poule, et comparable à la poche d'arrêt *sus-cloacale* de ce même animal; et cela semble dû à la petitesse de l'orifice interne de l'oviducte. Mais, à la longue,

---

(¹) Ce qui nous le fait dire, c'est que nous possédons une autre poule, de même race et du même pays, qui, en 1912, a pondu deux œufs à deux jaunes!

celui-ci est forcé aussi; et l'œuf normal (ou presque) tombe dans le péritoine.

Dans notre cas particulier, ce dernier phénomène s'est répété *quatre fois* au moins, en un mois et demi.

On peut du reste rapprocher cette éventualité de la *Grossesse extra-utérine*, variété *péritonéale*, de l'espèce humaine.

Dans ces circonstances, il est forcé que le spasme de début siège à la partie inférieure de l'oviducte, au voisinage même du cloaque.

Naturellement, la *Mort* est la conséquence forcée d'un tel état de choses, si l'on n'opère pas, comme il conviendrait, le volatile.

d. Œufs de coq. — On peut aussi expliquer, par le même processus, les œufs de coq, c'est-à-dire les *œufs sans jaune*, avec *coquille*.

Il suffit de supposer qu'il se produit un *spasme*, arrêtant le jaune au-dessus du point de l'oviducte, qui secrète l'albumine, c'est-à-dire à la *partie supérieure* de la trompe (par exemple : poche d'arrêt supérieure). Dans ces circonstances, le jaune reste arrêté presque à l'orifice interne. Mais l'oviducte, *excité* spécialement par le *réflexe physiologique*, en raison de la présence de ce jaune juste au-dessus de la région albuminigène, fabrique son albumine *au-dessous de ce jaune* (et non *autour* de lui).

L'albumine pelotonnée descend naturellement et se recouvre de la petite *coquille* voulue, comme un œuf avec jaune.

Comme, à la suite de cet *arrêt du premier jaune*, un second jaune peut, dans la région albuminigène, le rattraper et comme tous deux peuvent, après cessation du spasme *supérieur*, tomber tous deux ensemble dans la partie de l'oviducte fabriquant l'albumine, on conçoit qu'un *œuf à deux jaunes* puisse suivre un *œuf de coq*, ou réciproquement [1].

Ainsi peut-on s'expliquer l'alternance, parfois observée, de ces deux variétés d'œufs anormaux.

c. Œufs anormaux inclus. — Ainsi s'expliquent aussi toutes les autres variétés d'*Inclusion* notées dans notre Mémoire précédent. D'abord l'*inclusion d'un œuf de coq*, si fréquemment observée, tantôt avec coquille plus ou moins normale, tantôt *sans coquille*.

1º Quand l'inclusion a lieu SANS COQUILLE, cela tient à ce que l'*œuf de coq* a été *arrêté* un instant dans la partie albuminigène de l'oviducte, et y a été enveloppé avec un jaune descendu, grâce à un autre spasme, siégeant au point nécessaire, c'est-à-dire au rétrécissement central.

2º Quand elle a lieu sur un *œuf à coquille*, cet *œuf de coq* est bien descendu dans la partie coquilligène de l'oviducte; mais il y a été arrêté par un spasme siégeant au-dessous d'elle. Des *mouvements antipéristaltiques* ont apparu ; et le petit œuf est remonté jusque dans la partie albuminigène, où il a rencontré un jaune normal et où tous deux ont fini par

---

[1] Le 8 novembre 1912, en Vendée, j'ai observé un de ces œufs, qui, par exception, était très gros. Il pesait 70 gr, alors qu'un œuf ordinaire ne pèse guère que 55 gr. — J'insiste sur ce poids, très rare, pour les Œufs dits de Coq.

être englobés par un blanc. Le spasme ayant cessé, cet œuf double incomplet a été pondu, à son tour, comme un œuf simple.

Conclusions. — Ainsi se trouvent expliquées, par un fait anatomo-pathologique précis, toutes les *phases d'une même Maladie des Poules*, que Davaine lui-même, en 1860, n'avait pu qu'entrevoir et faire comprendre.

Il avait bien deviné la nécessité de l'apparition des *mouvements anti-péristaltiques de l'oviducte;* mais il n'avait pas été plus loin. Il ne les avait pas rattachés à l'existence de ces *rétrécissements spasmodiques réflexes, variables de siège*, qu'on rencontre si souvent en Pathologie humaine, surtout sur les longs conduits musculeux (tel le tube digestif), et qui ont presque toujours pour point de départ une lésion *matérielle* d'une autre partie de ce conduit même.

En l'espèce, l'*Affection d'origine* était localisée à la *Papille génitale* du cloaque. — En est-il toujours ainsi ? Nous l'ignorons évidemment.

L'avenir seul pourra dire si cette pathogénie est la seule à admettre, ou s'il y en a d'autres; et surtout quelle est la nature vraie, au point de vue causal, de la lésion que nous avons observée nous-même.

Mais désormais, la lanterne est allumée; elle suffira à nous conduire dans toute cette pathologie génitale des poules, si curieuse et si inté ressante, au moins pour les Philosophes.

ANTHROPOLOGIE.

M. Ch. COTTE,

Correspondant du Ministère de l'Instruction publique (Pertuis).

LES IDÉES ACTUELLES SUR LE PLÉISTOCÈNE PROVENÇAL.

571 (12.31) (44.92)

5 Août.

Ayant eu besoin, pour mes travaux de préhistoire, d'étudier les alluvions duranciennes, j'ai éprouvé la plus grande difficulté à me faire une idée approximative non pas seulement des faits, qui restent encore fort embrouillés à mes yeux, mais encore des théories des divers auteurs.

J'ai dû comparer les diverses Thèses, et les divergences sont souvent telles qu'aucun parallélisme vrai ne peut être établi. Il est cependant nécessaire, pour comprendre un auteur, de voir en quoi il admet, en quoi il repousse les idées d'un autre. Ajoutons que souvent un savant a remanié ses propres Tableaux. Aussi ai-je pensé que, s'il n'est pas bien honorable pour moi, il peut être utile pour mes collègues en préhistoire de leur communiquer les résumés que j'ai faits pour mon usage.

Ils connaissent, pour la plupart, les divisions de M. le professeur *Rutot*, suivant assez fidèlement les grandes divisions de M. le professeur Penck :

Le glacier Guenzien, puis le glacier Mindélien étendent leurs manteaux. Le second est synchronique du Reutélien, industrie éolithique [début du Pléistocène].

Durant le deuxième interglaciaire se forment les dépôts moséens (correspondant aux industries éolithiques du Mafflien et du Mesvinien), puis les dépôts campiniens (premières industries paléolithiques, celles du Stépyien et du Chelléen. Au sommet de ceux-ci se trouve l'industrie de l'Acheuléen I, correspondant au glacier Rissien).

Durant le troisième interglaciaire se stratifient les dépôts hesbayens (industries de l'Acheuléen II et début du Moustérien) et brabantiens [éoliens] (correspondant à la fin du Moustérien et à l'Aurignacien). Pour la quatrième fois le froid étend son empire, et constitue le glacier Wurmien. Les dépôts flandriens, qui le suivent, recèlent les restes du Solutréen et du Magdalénien.

M. le professeur *Boule* (*Anthropologie*, 1908, p. 1), et M. *Rutot* (*Glaciations et Humanité, Bul. Soc. Belg. Géolog.*, 1910, p. 59), ont eu soin de préciser les divergences de vues qui les séparent.

Le savant professeur du Muséum n'admet que trois glaciations (au lieu de quatre), correspondant à des invasions marines. Voici, à son avis, la succession des phénomènes :

Durant le Pliocène supérieur se développe le premier glacier.

A l'interglaciaire correspondent la faune du Forest-Bed, celle de Saint-Prest (début du Pléistocène) (grand retrait de la mer).

Deuxième extension glaciaire et marine (La mer atteint en Provence 28 m à 30 m au-dessus de son niveau actuel).

Le deuxième interglaciaire est une époque chaude, où il faut placer la faune et l'industrie du Chelléen ainsi qu'une industrie moustérienne caractérisant les couches profondes de la Grotte du Prince, qui contiennent des ossements d'hippopotame (¹). (Les Pachydermes paissent sur les plages qui s'étalent devant la Corniche, alors que la mer, descendue à 200 m, laisse communiquer la Tunisie et l'Italie).

La mer et le froid envahissent lentement la région, durant le Moustérien qui voit encore l'apogée de la dernière glaciation.

Solutréen et Magdalénien sont postérieurs à ce troisième glacier, qui présente toutefois quelques oscillations.

Si nous suivons le Tableau de M. *Boule* montrant la discordance de ses vues avec celles de M. *Penck* (adoptées en majeure partie par M. *Rutot*), nous mettons son premier glaciaire en face de Günz et de Mindel (ce dernier étant ainsi supprimé), le deuxième glaciaire de M. Boule correspond au Riss; l'époque chelléo-moustérienne se loge dans un seul deuxième interglaciaire, d'après M. Boule, tandis que, d'après M. Rutot, le Chelléen (interglaciaire Mindel-Riss) est séparé géologiquement du Moustérien (interglaciaire Riss-Würm) par le glacier Rissien.

Un autre mode consiste à faire figurer le deuxième glaciaire de M. Boule en face du Mindélien de M. Rutot, tous les deux plaçant le deuxième glacier au début du Pléistocène, et tous les deux pensant que ce glacier a été suivi par l'interglaciaire à industrie chelléenne. Dans ce nouveau mode, nous admettons la suppression par M. Boule du glacier Rissien, et non du glacier Mindélien.

De toute façon, pour M. Boule, l'homme paléolithique n'a vu qu'une glaciation, et non deux, admises par M. Rutot.

Il y a moins de divergences entre eux au sujet de la concordance du dernier glaciaire avec les industries, puisque M. Boule place le maximum de l'extension glaciaire à la fin du Moustérien, et M. Rutot, au début de l'Aurignacien.

Telles sont les deux grandes théories actuellement en présence; mais, pour la Provence, nous devons serrer, si c'est possible, la question de plus près, grâce aux études géologiques locales.

(¹) *Cf.* Commont, *Moustérien à faune chaude dans la vallée de la Somme* (*As. Fr. Av. Sc.*, 1911).

Nous avons eu, en ces dernières années, les recherches de MM. Penck, D. Martin, L. Joleaud et Répelin.

M. le professeur *Penck* a étudié ([1]) particulièrement les rapports des glaciers avec les terrasses de la Durance.

Pour. lui, le deckenschotter constituant la troisième terrasse (très haute) peut être rapporté au Pliocène sans qu'on en ait toutefois la preuve. Il faut probablement le décomposer en :

Deckenschotter I, glacier Günzien.

Deckenschotter II, glacier Mindélien.

A un niveau inférieur est la haute terrasse laissée par le glacier Rissien.

Plus basse encore est la basse terrasse, vestige du glacier Würmien, et ayant pour socle la roche en place.

Les stades postwürmiens de Bühl, de Gschnitz, de Daun ont laissé quelques vestiges. Les tufs du Lautaret se sont formés entre ces deux derniers stades.

Quant aux mouvements du rivage de la mer, M. Penck note que, dans les plages de Grimaldi, un niveau de 8 m est antérieur à l'interglaciaire Riss-Würm, et que le niveau de 25 m est encore beaucoup plus ancien.

L'établissement de l'industrie néolithique correspond à un recul de la mer qui a été suivi d'une invasion supérieure au niveau actuel.

M. *Boule* (*loc. cit.*) attribue à M. *Penck* la théorie que les quatre glaciations seraient quaternaires, alors que lui-même, avons-nous vu, n'en admet que deux Pléistocènes.

Mais M. *Rutot*, qui suit d'assez près les théories glaciaires de M. Penck, rejette, avons-nous.vu, le premier glaciaire au Pliocène.

M. *D. Martin* n'envisage pas du tout les phénomènes duranciens du même œil que M. Penck ([2]) :

Dans les limons rouges du Pontien de Cucuron, nous dit-il, apparaissent les variolites.

La nappe à cailloux impressionnés (éléments calcaires avec rares roches alpines) atteignant 600 m de puissance apparente, appartiennent à la fin du Pontien.

Le ruissellement intense que révèlent ces dépôts amena ensuite le creusement de la vallée à un niveau, presque égal à celui de nos jours dans la moyenne Durance, et plus profond que le lit actuel dans la basse Durance.

La mer pliocène, envahissant la basse vallée, déposa les argiles plaisanciennes de Saint-Christophe et les sables astiens de Régalon.

Les Alpes prirent leur relief définitif.

Un ruissellement intense déposa les éléments de nombreuses terrasses, du col du mont Genèvre jusqu'à Mérindol. Ces dépôts sont du Pliocène supérieur (sicilien), ou peut-être du début du Pléistocène. La Durance se déversait alors dans la Crau par le Col de Lamanon.

Ensuite la Durance creusa le lit de sa vallée supérieure sur une profondeur de 530 m, tandis que l'affouillement ne dépassa guère 40 m à Pertuis.

([1]) PENCK et BRÜCKNER, *Die Alpen im Eiszeitalter*, 3ᵉ Partie : *Les Alpes du Sud*.

([2]) *Phénomènes pléistocènes de la vallée de la Durance* (*Bull. Soc. Et. H. A.*; 1911-1912); *Unité de formation des basses terrasses de la Durance* (*Ass. Fr. av. Sc.*, 1911).

Une période de climat doux et humide amena la formation de tufs en de nombreux endroits.

Dans sa basse vallée, la Durance, après avoir édifié, au nord des Alpines, une nappe de cailloutis très frais s'éteignit, parce qu'en amont toutes les eaux de son bassin d'alimentation se condensaient en neige et en glaciers, tandis que le ruissellement, en aval, formait d'importantes brèches à éléments locaux.

Petit à petit, à ces éléments, se mêlèrent des variolites, de plus en plus nombreuses, et la Durance finit par envahir à nouveau la Crau d'Arles.

Grâce à une invasion marine, la Durance édifia, dans la Basse-Provence, d'immenses assises de sables, et une série de deltas près de Cadenet et de Peyrolles.

Pendant ce temps, entre Sisteron et Monosque, elle déposait d'énormes épaisseurs de poudingues, provenant de sa moraine profonde, et appelées *basses terrasses*.

Observons en passant que les dépôts moustériens du Pic d'Oriou correspondent au sommet de ces terrasses duranciennes.

Enfin la vallée fut recreusée jusqu'à son niveau actuel.

Les caractéristiques des théories de M. D. Martin sont, comme on le voit, les suivantes : l'auteur ne constate les traces que d'une seule glaciation, alors que M. Penck en signale deux certaines, outre une ou deux autres douteuses, et des stades supplémentaires. M. D. Martin n'admet qu'une haute terrasse du deckenschotter, tandis que M. Penck tend à les diviser en deux niveaux, l'un du Günz, l'autre du Mindel.

Bien moins importantes sont les divergences entre M. D. Martin et M. Boule, si l'on tient compte que ce dernier, n'ayant pas étudié le glaciaire d'une façon locale, on peut admettre, sans se séparer de lui, qu'une période de simples précipitations atmosphériques abondantes peut avoir représenté en Provence un glaciaire du centre de l'Europe. En suivant cette théorie on établirait à peu près ainsi la succession des faits :

La haute terrasse du deckenschotter de M. D. Martin correspond au premier glaciaire de M. Boule. Le creusement de la vallée s'explique par le retrait de la mer au début du Pléistocène. L'extension marine aurait laissé dans le bassin de la Durance des dépôts, mais ceux-ci atteindraient une altitude de 150 m, tandis que le rivage cité par M. Boule n'a que 28 à 30 m.

Au premier interglaciaire correspondraient les tufs de la vallée de la Durance, comme les tufs des Aygalades (à *Elephas antiquus*).

Le Moustérien (dépôts du Pic d'Oriou et des grottes de Grimaldi) est postérieur à la fin du glaciaire. La fonte du glacier est due à un retrait de la mer, de même que le recreusement de la vallée.

Sauf le désaccord sur le niveau du rivage (150 m ou 18 à 20 m), ces deux auteurs arrivent donc à établir une chronologie relative sensiblement analogue, tout en se plaçant à des points de vue entièrement différents.

M. *L. Joleaud* [1] s'est basé en partie sur les travaux de M. Boule, tout en admettant la plage marine, signalée par M. Flamand, interrompant les dépôts moustériens. Mais son travail est particulièrement attachant parce qu'il étudie les corrélations des terrasses du Rhône avec les diverses plages marines pléistocènes. Voici les faits qu'il énumère :

Retrait de la mer à — 3oo m environ; creusement de la plaine du Bas-Rhône à 45 m.

Plages marines et terrasses rhodaniennes de 5o à 6o m.

Plage marine de 28 à 3o m à *Strombus bulonius*; terrasses rhodaniennes de 20 à 3o m.

Retrait de la mer à —2oo m; creusement de la plaine du Bas-Rhône à —26 m.

Plage marine de 15 à 20 m; terrasses rhodaniennes de 27 m.

Recul de la mer à — 23 m.

Niveau actuel.

Je ne m'appuierai guère sur une Note de M. *Répelin* [2] parue dernièrement. L'auteur a vu (fait déjà signalé à plusieurs reprises) les relations intimes existant entre les tufs de Meyrargues et les alluvions anciennes de la Durance.

Les tufs, di t M. Répelin, reposent sur la « terrasse contemporaine de l'*Elephas primigenius*; les tufs doivent donc être postwürmiens ».

La flore donnée par de Saporta pour Meyrargues est analogue à celle des Aygalades, qui a fourni *E. antiquus*; donc « la température à l'époque où vivait *E. antiquus*, était sensiblement la même que celle où vivait le mammouth.».

Ceci parait bien surprenant, car *E. antiquus*, et *E. primigenius* sont considérés généralement comme caractéristiques de deux faunes appartenant à des climats différents. En outre, si les tufs de Meyrargues sont *postwürmiens*, comment leurs végétaux peuvent-ils nous faire connaître le climat de l'époque würmienne ?

M. Répelin, qui donne la faune des tufs de Meyrargues d'après M. D. Martin, ne nous dit pas sur quelles raisons il s'appuie pour négliger la thèse du géologue alpin, qui voit dans les tufs duranciens des formations préglaciaires, ce qui permet de saisir leurs relations avec les tufs de Meyrargues.

J'ai moi-même commis [3] une erreur que je tiens à corriger. J'avais cru que la défense trouvée par M. Philippot à la Brillanne avait été rencontrée dans les alluvions anciennes (a²) de la Durance. Trompé par ce fait, et me basant sur la faible courbure de la défense, j'avais cru pouvoir l'attribuer à *E. meridionalis*. En réalité, après m'être rendu sur le ter-

---

[1] *Description des terrains quaternaires de la plaine du Comtat et de ses abords* (*Mém. Soc. Lin. Prov.*, 1910, n° 2).

[2] *Sur l'âge des tufs de Meyrargues* (*Bull. Soc. Lin. Prov.*, 9 janvier 1912, p. 178).

[3] *Une défense d'*Elephas méridionalis *dans les poudingues de la Durance* (*Bull. Soc. Lin. Prov.*, 1909, p. 40).

NUMÉROS de concordance des tableaux.	M. RUTOT.			M. PENCK.		
	Dépôts.	Industrie.	Glaciers.	Glaciers.	Dépôts et tufs de la Haute-Durance.	Mouvements du rivage.
1	—	—	—	—	—	—
2	—	—	—	—	—	—
3	—	—	—	—	—	—
4	—	—	—	—	—	—
5	*Pliocène.*	Kentien.	Gl. Günzien.	Günz (?).	Deckenschotter I.	—
6	—	Saint-Prestien.	Intergl. Günz-Mindel.	Intergl. Günz-Mindel.	—	
7	*Début du Quatern. infér.* Moséen.	Reutélien. Maflien.	Gl. Mindélien.	Mindel (?).	Deckenschotter II.	—
8		Mesvinien.	Intergl. Mindel-Riss.	Intergl. Mindel-Riss.	—	—
9	*Début du Quatern. moyen.* Campinien.	Strépyen. Chelléen. Acheuléen I.	Gl. Rissien.	Riss.	Haute terrasse.	Plage de 8ᵐ dans les grottes de Grimalda.
10		Acheuléen II.				

ÉROS à dance es aux.	M. BOULE.			M. D. MARTIN.	M. L. JOLEAUD.	
	Glaciers.	Mouvement du rivage.	Industries.	Divers phénomènes duranciens.	Mouvement du rivage.	Dépôts rhodaniens.
1	–	–	–	Nappe à cailloux impressionnés [*Pontien*].	–	–
2	–	–	–	Creusement du lit de la Basse-Durance.	–	–
3	–	–	–	Dépôt d'argiles marines de St-Christophe [*Plaisancien*].	–	–
4	–	–	–	Dépôt marin de sables à Régalon [*Astien*].	–	–
5	1er Glaciaire (*Pliocène*).	Invasion marine.	–	Hte terrasse (deckenschotter) [*Pliocène sup.*]	–	–
6	1er Interglaciaire (Saint-Prest et Forest-Bed.) [*fin du Pliocène sup.*].	Retrait à — 300^{m}.	–	–	Retrait à — 300^{m} [*Sicilien récent*].	Lit du Rhône à — 45^{m}.
7	–	–	–	Creusement de la Hte-Vallée.	Niveau de 50^{m} à 60^{m} [*Pléistocène anc.*].	Terrasses de 50^{m} à 60^{m}.
8	–	–	–	Tufs de la vallée de la Durance.	–	–
9	2e Glaciaire [*début du Pléistocène inf.*].	Invasion. Corniche de 24^{m}. Plage de 11^{m} à *Strombus bubonius* (gr. du Prince)	–	Unique glaciaire durancien (Basses terrasses = moraines profondes en amont de Manosque).	Niveau de 28^{m} à 30^{m} [*Pléistocène anc.*].	Terrasses de 20^{m} à 30^{m}.

rain, et après avoir demandé de nouveaux renseignements à M. Philippot,
j'ai constaté qu'il s'agit d'un fossile de la fin du Miocène (m^2). Cette
défense appartient donc à un genre, tel que celui des *Mastodons*, antérieur à l'apparition des Éléphants.

Cette Note-ci est accompagnée d'un Tableau récapitulatif résumant
les opinions des principaux auteurs. Je ne crois pas avoir trahi la pensée
de chacun d'eux; mais je ne prétends pas leur faire endosser la responsabilité des concordances horizontales que j'ai essayé d'établir entre
leurs théories. Ainsi, le deuxième glaciaire de M. Boule, appartenant,
d'après lui, au début du Pléistocène, n'est plus en face du Mindélien
que M. Rutot place à cette époque. On pourrait également faire concorder
les éléments du travail de M. Joleaud avec ceux de M. Penck, et non
avec ceux de M. Boule.

Sous le bénéfice de ces observations, je crois que ce résumé aidera les
débutants à se reconnaître dans le fouillis des diverses théories.

M. V. COMMONT,

Correspondant du Ministère de l'Instruction publique (Amiens).

CHRONOLOGIE ET STRATIGRAPHIE DES INDUSTRIES NÉOLITHIQUES ET PALÉOLITHIQUES DANS LES DÉPOTS HOLOCÈNES ET PLÉISTOCÈNES DU NORD DE LA FRANCE.

571.11 (44-2-3)

6 *Août.*

De récentes découvertes qui seront publiées ultérieurement nous ont
permis de fixer avec quelque précision la stratigraphie et la chronologie
relative dans les temps quaternaires des différentes industries néolithiques et paléolithiques dans les dépôts récents, les limons et les alluvions quaternaires du nord de la France.

ÉPOQUE PROTOHISTORIQUE.

Age du fer. — (Gaulois de l'époque marnienne) : poteries de Liercourt,
La Chaussée, Tirancourt.

GISEMENT. — Partie superficielle des tufs de la vallée de la Somme (croupes).

Age du bronze. — Haches, poignards, épées des différentes époques (I, II, III,
IV) ([1]), haches marteau en roche dure, poteries de Belloy; mors en bois de cerf
d'Ailly-sur-Somme, etc.

([1]) DÉCHELETTE, *L'âge du bronze.*

Gisement. — Partie supérieure et partie moyenne des tufs et tourbe de la vallée de la Somme (¹), Abbeville, Liercourt, Fontaine-sur-Somme, etc. Cachettes isolées dans la terre végétale (limon de lavage récent) : Caix, Marlers. (Des auteurs ont encore tout récemment considéré les tufs de la vallée de la Somme comme gaulois et gallo-romains, ce qui est complètement erroné.)

Robenhausien. — Haches polies en silex du pays et roches étrangères, gaines et casse-têtes en bois de cerf, lissoirs en os, grattoirs, couteaux en silex, etc.

Gisement.—Tourbe brune du fond de la vallée et couches profondes des tufs; Fontaine-sur-Somme, Longpré, Tirancourt; terre noire tourbeuse en bordure des rives du fleuve; limon de lavage A¹ sur les versants et à la lisière des plateaux; surface du sol sur les pentes calcaires dénudées et ilots tertiaires.

Campignyen. — Pics, ciseaux, tranchets, poteries, foyers.

Gisement. — Limon gris recouvrant le limon supérieur pléistocène en bordure des rives du fleuve et sous-jacent à un limon de lavage avec cailloutis gallo-romain; Montières, Longpré; limon de lavage sur les pentes; cailloutis dans le limon de lavage à Raincheval; surface du sol sur les pentes et les îlots tertiaires.

ÉPOQUE PALÉOLITHIQUE.

Tardenoisien. — De nombreuses stations étudiées ces dernières années (²) ont fourni un outillage microlithique en silex caractérisé par de petites lames, grattoirs, tranchets, pointes très finement retouchées. Leur gisement se trouve, soit à la surface du limon supérieur A (terre à briques), soit à la surface du sol sur les buttes tertiaires sableuses le long des petits cours d'eau tributaires de la Somme, l'Aisne et l'Oise. Quelques-unes de ces stations ont fourni un mobilier composé exclusivement de petites lames de silex sans mélange de Néolithique, identique à celui qui a été trouvé (associé à la faune de l'âge du Renne) dans la grotte de Remouchamps (Belgique) (³), et aussi dans les plaines de la Campine limbourgeoise (⁴).

Magdalénien. — A cette époque sèche et froide les populations de chasseurs de Rennes étaient campées près des rives de la Somme et de ses affluents aujourd'hui ensevelies sous les dépôts holocènes : tourbe, tufs et limons de lavage récents qui atteignent de 8 à 20 m d'épaisseur (⁵); trouvailles isolées à faciès magdalénien par dragages, Abbeville, Amiens, Boves. Cependant, nous ne désespérons pas de découvrir des gisements magdaléniens le long des rives des affluents secondaires vers l'amont, dans la partie de leur vallée non remplie par la tourbe, mais les abris sous roche de cette époque ayant pu exister dans la craie tendre du pays ont aujourd'hui disparu, complètement éboulés.

Solutréen. — 1° Trouvailles d'objets isolés à Saint-Acheul (1910).

(¹) V. Commont, *Tourbes et tufs des différents âges* (*Ann. Soc. Géol. du Nord*, 1910).

(²) Notamment par nos collaborateurs et amis : MM. Terrade, Pernel, Vignard d'Ercheu.

(³) Fouille du baron de Loë.

(⁴) Fouilles de MM. Hamal-Naudrin et J. Servais (Liège).

(⁵) V. Commont, *Tourbes et tufs* (*loc. cit.*).

a. Surface de l'ergeron (löss récent), en un point où le limon supérieur a été enlevé par le ruissellement.

b. Dans le limon supérieur même.

2° Station récemment découverte à Conty : pointe en feuille de saule, grattoirs et lames finement retouchés sur les arêtes, grandes lames utilisées rappelant les types présolutréens de Belloy-sur-Somme.

Gisement. — Surface du limon supérieur A, sous le limon de lavage A¹ renfermant les industries néolithique et gallo-romaine (terrasse inférieure de la Selle).

Aurignacien supérieur. — Gisement. — Partie supérieure de l'ergeron (löss récent) ou limon de débordement le couronnant sur les rives actuelles (basse terrasse) , Montières, Belloy-sur-Somme (fouilles 1907 à 1911) [1].

Aurignacien moyen ou typique. — Gisement. — Faible cailloutis situé à 2 m de profondeur dans l'ergeron (dernier löss) de la basse terrasse de la vallée de la Selle (Renancourt-les-Amiens) [2].

Moustérien supérieur sans coups de poing : types industriels de Busigny, Hormies, La Quina [3], crânes de Spy [4].

Gisement. — Cailloutis de la partie moyenne de l'ergeron (= dernier löss *löss récent* ou *jungerer löss* des géologues allemands) sur la deuxième terrasse de Saint-Acheul et cailloutis de base de l'ergeron sur la basse terrasse en bordure du fleuve actuel (nombreuses stations récemment découvertes et qui feront l'objet d'une étude spéciale).

Faune. — *El. primigenius, Rh. tichorhinus,* Renne.

Moustérien inférieur. — Outillage lithique composé de coups de poing :

a. Présentant une face presque plane ;

b. Formes triangulaires très régulières du type de Chez-Pouré ou des plateaux de la Vienne ;

c. Pseudo-coups de poing chelléens grossiers et souvent nucléiformes associés à l'outillage habituel de pointes et racloirs dérivés de l'éclat Levallois.

Gisement. — Cailloutis à la base de l'ergeron de la deuxième terrasse de Saint-Acheul. A l'extrémité de la basse terrasse, au voisinage des rives actuelles, ce cailloutis devient un véritable gravier fluviatile, ravinant profondément les alluvions sous-jacentes (éclats Levallois roulés et défigurés) et disparaissant sous la tourbe.

Faune. — *Elephas primigenius* typique, *Rhinoceros tichorhinus,* Renne, petit Cheval, Bison, Spermophile, *Lepus timidus, Vulpes lagopus,* etc. [5].

Une importante station appartenant à ce niveau a été récemment découverte à Catigny (Oise), à la base d'un dépôt sableux résultant de l'érosion de couches

---

[1] Publiées partiellement dans les *Comptes rendus des Congrès de l'Ass. fr. Av. Sc.,* 1909-1910.

[2] Fouille récente à publier ; des spécimens de ces différentes industries ont été présentés à la Société Géologique du Nord à la séance du 8 novembre 1911.

[3] Atelier découvert par M. Salomon.

[4] Inventés en 1886 par MM. Marcel du Puydt et Max Lohest.

[5] *Voir* pour détails de cette faune : découvertes de l'abbé Godan à Cambrai.

tertiaires voisines, mais du même âge que l'ergeron (Renne toujours associé à la faune précédente) [1].

Acheuléen supérieur. — Instruments lancéolés à patine blanche lustrée.

Gisement. — Limon rouge sableux = limon fendillé de Ladrière = *lehm d'altération* du *löss ancien* sous-jacent (*Aelterer lösslehm*) : deuxième terrasse, Amiens (Saint-Acheul et Montières). La faune est rare dans ce dépôt décalcifié. Le limon des plateaux, où cette même industrie a été récoltée, a donné *Mammouth, Rhinoceros tichorinus*, mais pas de *Renne*.

A Saint-Acheul le *löss* sous-jacent (*Aelterer löss*), calcaire à sa partie supérieure, plus sableux et avec particules ou strates noires de manganèse au-dessous, a donné : *grand Cheval, différent du petit Cheval moustérien de notre région, très grand Lion, Cerf élaphe et Lepus cuniculus; la présence de ces deux derniers mammifères paraissant indiquer un climat plus tempéré.*

Quelques instruments acheuléens isolés ont été trouvés également dans ce dépôt.

Acheuléen inférieur. — Coups de poing de différentes formes, parmi lesquels dominent les formes ovales (limandes), associés à un petit outillage très varié spécialisé (en cours de publication) : atelier et station importante dans le dépôt sableux (*Aelterer Sandloss*), situé à la base des limons du Quaternaire moyen (*löss ancien*) sur la deuxième terrasse de Saint-Acheul, avec deux niveaux industriels *a* et *b*.

Faune. — *Elephas antiquus*, très grand *Cheval* sp. ? grand *Bovidé, Cerf élaphe*, et, parmi les coquilles : *Belgrandia marginata* et *Unio littoralis* [2].

Un troisième niveau industriel *c* renfermant de nombreuses amandes de grande taille à l'arête torse, associées à des coups de poing à talon épais, se trouve dans le *cailloutis de base du löss ancien*. Ce cailloutis, plus ou moins visible, est subordonné à la formation qui a été appelée *presle* et composée de craie altérée éboulée sur les pentes. Ce dépôt sépare souvent, à leur origine, les limons moyens (*löss ancien*) des alluvions sous-jacentes (sables et graviers fluviatiles), mais on peut observer des éboulis de craie de même nature à la naissance de l'ergeron.

A Saint-Acheul et à Montières, le cailloutis de base des limons moyens devient, à l'extrémité de la deuxième terrasse, un véritable gravier roux ravinant les alluvions inférieures et ayant enlevé les sables fluviatiles.

L'Acheuléen ancien manque dans les dépôts de la basse terrasse.

Chelléen évolué. — Coups de poing triangulaires très pointus et taillés à larges éclats; faune mal déterminée : Hippopotame [3].

Gisement. — Graviers fluviatiles de la basse terrasse à Montières.

Chelléen proprement dit. — Coups de poing à talon épais souvent de grande taille et de diverses formes parmi lesquels des types allongés caractéristiques (ficrons) associés toujours à un petit outillage très varié.

---

[1] Cette découverte faite par nous en novembre 1909 et annoncée au Congrès de Tours (1910) sera publiée ultérieurement. L'année dernière (1911), MM. Terrade et Pernelle d'Ercheu ont récolté de bonnes séries dans ce gisement.

[2] La faune complète sera bientôt publiée.

[3] Trouvaille toute récente.

Gisement. — Sables fluviatiles couronnant les graviers de la deuxième terrasse à Saint-Acheul.

Faune. — *Elephas antiquus*, de forme très archaïque, *grand Cheval, grand Bovidé, Cerf élaphe.* .

Pré-Chelléen. — Instruments grossiers prototypes des coups de poing et nombreux petits outils dérivés d'éclats de débitage intentionnels.

Gisement. — Graviers fluviatiles de la deuxième terrasse, mais surtout abondants à l'extrémité de la troisième terrasse, à Saint-Acheul (pas de faune). Mais les dépôts correspondants de la même terrasse ont fourni à Abbeville une faune à affinité pliocène (¹). *El. Trogontherii, Hippopotamus* major, *Rh. Mercki, Rh. etruscus* et *Rh. leptorhinus, Machairodus, Cervus Solilhacus* et *C. Somonensis* et nombreux *Cervidés, Equus Stenonis*, etc.

Les graviers fluviatiles de la plus haute terrasse (quatrième), sans doute pliocènes, n'ont fourni ni faune, ni reste probant d'industrie humaine.

Conclusions. — L'industrie solutréenne étant située, dans le nord de la France, à la surface du limon supérieur ou lehm d'altération du dernier löss, c'est-à-dire *du dernier terme* des *formations pléistocènes*, les industries *solutréenne* et *magdalénienne* correspondent à une durée des temps géologiques très courte, dont nous ne sommes séparés que par la durée des formations récentes de la vallée de la Somme (tourbe, tufs et limons de lavage).

Le stade aurignacien, plus long, est daté par la formation d'une notable partie du dernier löss. Nos recherches relatives au Moustérien établissent sans doute possible la position stratigraphique de cette industrie dans nos limons et fixent, par là même, l'âge géologique des squelettes moustériens anciennement et récemment découverts.

Le *Moustérien supérieur* (exemple : Busigny, La Quina, Hermies) est situé dans la *partie moyenne* de l'ergeron ou *löss récent* de la deuxième terrasse de Saint-Acheul ou à la base de l'ergeron des basses terrasses.

Le *Moustérien inférieur* (exemple : Saint-Acheul, atelier de Catigny) se place à la *base du même dépôt*, c'est-à-dire du Quaternaire supérieur de Ladrière ou dernier löss des géologues allemands.

Les dépôts géologiques correspondant aux limons du Quaternaire moyen de Ladrière (*löss ancien de la vallée* du Rhin), forment, dans les points où l'érosion les a respectés, un ensemble plus important que la totalité du Quaternaire supérieur (*löss récent* et son *lehm d'altération*).

La durée de leur formation marque également un stade des temps quaternaires d'une durée plus longue que celui qui l'a suivi, ainsi qu'en témoignent : 1° la masse du dépôt; 2° l'épaisseur considérable de la zone d'altération qui le couronne.

A cet ensemble géologique bien déterminé, correspond l'époque acheuléenne dont les différents horizons industriels constituent, au point de vue géologique, le véritable Quaternaire moyen. Ces faciès industriels ont été souvent confondus, tantôt avec le Moustérien, tantôt avec le Chelléen, car si l'outillage de l'extrême fin du Paléolithique, avec ses multiples subdivisions très rapprochées dans le temps, est bien connu, il n'en est pas de même des types industriels du Paléo-

---

(¹) *Voir* Commont, *Excursion de la Soc. Géol. du Nord et de la Faculté des Sc. de Lille à Abbeville* (*Ann. Soc. Géol. du Nord*, 1910).

lithique moyen (*Acheuléen*) et inférieur (*Chelléen*), où bien des découvertes restent à faire. Étant donné que l'industrie acheuléenne est composée d'un outillage plus perfectionné, plus spécialisé et plus varié que celui de l'époque moustérienne qui semble en régression sur celui qui le précède, il n'est pas irrationnel de supposer que les Acheuléens appartenaient à une race différente de la race moustérienne, mais, jusqu'à ce jour, les squelettes acheuléens dûment datés et non discutés manquent pour confirmer ou infirmer cette hypothèse [1].

Le Quaternaire inférieur comprenant les graviers fluviatiles des différentes terrasses, marquant les divers stades du creusement de la vallée de la Somme et des cours d'eau de la région est en partie le gisement des types industriels chelléens plus ou moins évolués. Il est probable que l'homme à qui a appartenu la mâchoire de Mauer, trouvée dans les sables fluviatiles sous-jacents au *löss ancien* [2] et recouvrant des alluvions de bas niveaux de l'Elsenz, affluent du Neckar, est un des représentants de la race qui a taillé les instruments primitifs de Saint-Acheul. Mais la chronologie des dépôts quaternaires nous prouve que cet ancêtre est beaucoup plus éloigné, dans l'histoire de l'humanité, de l'homme du Moustiers que nous ne le sommes de ce dernier.

M. L. GIRAUX,

Trésorier des Congrès préhistoriques de France (Saint-Mandé, Seine).

OSSEMENTS UTILISÉS PROVENANT DE LA GROTTE DE BIZE (AUDE).

571.52 (44.87)

2 Août.

Les ossements que je présente proviennent de la Grotte de Bize. Les premières fouilles ont été faites depuis fort longtemps par Tournal et, depuis cette époque, de nombreux fouilleurs ont exploré cette grotte. Des recherches importantes et suivies ont été faites par notre excellent collègue, M. Jean Miquel, et les quelques pièces qui vous sont présentées ont été recueillies par lui.

Les recherches effectuées dans la grotte de Bize ont permis de constater qu'on y rencontrait plusieurs niveaux bien distincts; l'industrie qu'on a recueillie indique que cette grotte a été occupée pendant toute la durée du Solutréen, ainsi que du Magdalénien. Les fouilles faites ont permis de récolter des silex taillés, des quartzites également taillés,

---

[1] Les ossements de femme trouvés récemment à Piltdown (Angleterre) par MM. Ch. Dawson et M. Smith Woodward appartiennent-ils à une Acheuléenne? (Voir *Nature* du 19 décembre 1912.)

[2] D'après les géologues allemands.

ainsi qu'un très grand nombre d'ossements travaillés, des pointes, des
lissoirs, des aiguilles, etc. Une faune nombreuse, récoltée dans cette
grotte, appartient au Bœuf, au Cheval, au Renne, à l'Ours, etc.

M. Jean Miquel m'ayant envoyé un certain nombre d'ossements qu'il
avait recueillis dans le cours de ses fouilles, je les ai examinés et j'ai
pu constater sur quelques-uns d'entre eux des traces d'utilisation,
de dépècement et de morsures, semblables à celles que le Dr Henri
Martin a, pour la première fois, constaté sur des ossements provenant
du gisement moustérien de la Quina et qu'il a étudié et publié dans
ses nombreux travaux ([1]). J'ai, moi-même, également signalé les mêmes
faits sur des pièces récoltées dans divers gisements appartenant à différents étages ([2]) et ce sont ces quelques nouvelles constatations qui feront
l'objet de cette nouvelle Communication.

I. *Traces d'utilisation.* — 1° Un fragment d'os long ayant environ
70 mm de longueur (*fig.* 1-*a*). Une zone d'utilisation existe à la partie

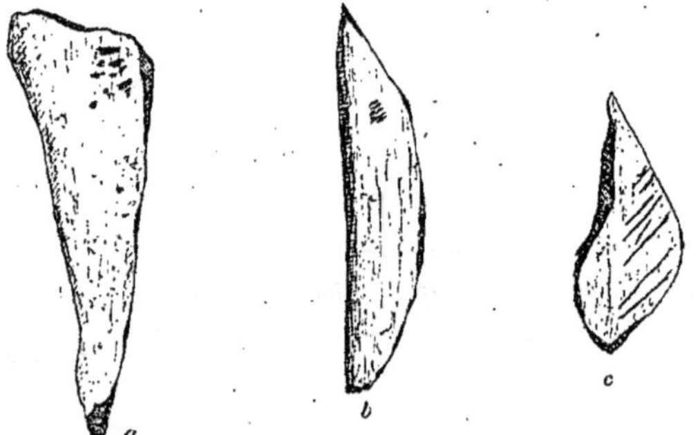

Fig. 1. — Ossements utilisés de la Grotte de Bize : *a* et *b*. Traces d'utilisation.
c. Traces gravées intentionnelles. (¾ de grandeur naturelle.)

la plus large de cette pièce; elle est formée par une dizaine de hachures
ayant de 2 à 5 mm de longueur; elles sont bien marquées, car leur profondeur est d'environ 1 mm; ces hachures sont parallèles entre elles, et
elles sont à peu près perpendiculaires à l'axe de la diaphyse. Cette pièce

---

([1]) Dr Henri MARTIN, *Évolution du Moustérien dans le gisement de la Quina*
(Charente), Paris, 1907-1910. Nombreuses Communications faites à la Société préhistorique de France, aux Congrès préhistoriques de France, etc.

([2]) L. GIRAUX, *Ossements utilisés de Cro Magnon* (Société préhistorique de
France, 1907); *A propos des traces humaines laissées sur les os* (Société préhistorique de France, 1907); *Billot en phalange de bœuf à trois faces de la Quina*
(Charente) (Société préhistorique de France, 1910); *Ossements utilisés de l'époque
magdalénienne* (Congrès de Lille, 1909); *Nouvelles constatations sur des os utilisés
du Moustérien et du Solutréen* (Société préhistorique de France, 1910).

peut être considérée comme ayant servi de billot. Elle a été recueillie
dans la quatrième salle de la grande grotte et appartient au niveau Solutréen.

2° Un fragment d'os long, ayant environ 60 mm de longueur sur
13 mm de largeur. On y remarque des stries très fines, au nombre de six
ou sept, parallèles entre elles et qui sont groupées sur une surface de
quelques millimètres (*fig.* 1-*b*). Cette pièce a été récoltée dans la Brèche
Tournal, grande salle de la grande grotte, niveau Magdalénien.

3° Un fragment de gros os de Bovidé ayant 10 cm de longueur (*fig.* 2-*b*).
Cette pièce présente à l'une de ses extrémités trois traces d'enlèvement
de matière, assez rapprochées les unes des autres, ayant 6 à 7 mm de
longueur, 2 mm de largeur et profondes de plus de 1 mm. Ces enlève-
ments sont parallèles entre eux et un peu en oblique par rapport à l'axe
longitudinal de la pièce. Au-dessus, on remarque trois autres traits qui
sont beaucoup plus fins et moins profonds. Cette pièce provient de la
seconde salle de la grande grotte, niveau Solutréen.

4° Une seconde phalange de Cheval (*fig.* 3-*a* et *b*). Cette pièce a été
utilisée sur ses deux faces. Sur la face antérieure (*fig.* 3-*a*), on constate
trois sillons très profonds, dont le plus grand a 16 mm de longueur. Ces
sillons sont parallèles entre eux. Sur la face postérieure, les sillons sont
au nombre de dix; neuf d'entre eux sont perpendiculaires à l'axe de la
phalange et le dixième est, au contraire, dans le sens de cet axe; ce dernier
est très grand; sa longueur est de 23 mm et sa largeur de 3 à 4 mm. Tous
ces sillons sont larges et profonds et sont le résultat d'un enlèvement
de matière assez considérable. Cette pièce peut être comparée, pour son
emploi, aux premières phalanges de Cheval provenant du gisement de la
Quina. Elle a été assurément employée comme billot; les deux faces de
cette phalange sont assez plates pour donner à la pièce l'appui qui lui
est nécessaire afin d'en obtenir une stabilité parfaite. Cet os, commun
dans tous les gisements, a été peu rencontré étant utilisé, à l'encontre
de la première phalange dont l'utilisation est constante. C'est la première fois que je la rencontre ayant servi et M. le Dr Henri Martin
indique l'avoir seulement rencontrée une seule fois [*Évolution du Moustérien*, p. 99. *Utilisation de la deuxième phalange du Cheval (Pl. XXI, fig. 6)*].

Cette pièce intéressante a été recueillie dans les couches de la troisième
salle de la grande grotte (foyers à ossements de Cheval et de Renne),
niveau Solutréen I.

5° Un scaphoïde antérieur de Cheval. Cette pièce nous montre sur
l'une de ses faces une dizaine d'entailles occupant une surface ayant
15 à 18 mm de côté; ces entailles s'entre-croisent et nous pouvons croire
que cette pièce, comme la précédente, a servi de billot. Elle a été recueillie dans les foyers à ossements de Cheval et de Renne, deuxième
salle de la grande grotte, niveau Solutréen II.

II. *Traces de dépècement.* — 1° Un gros fragment d'os long, qui est

encore engagé dans sa gangue calcaire. On y remarque une dizaine de
coups de silex qui se trouvent sur le côté du trou nourricier; ces traces
indiquent bien un travail voulu, à un endroit bien déterminé, afin de
pouvoir détacher le tendon d'après l'os (*fig.* 2-*a*). Cette pièce provient de

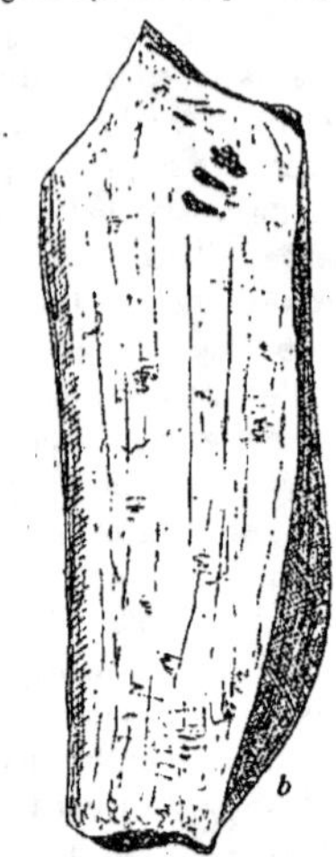

Fig. 2. — Ossements utilisés de la grotte de Bize : *a*. Traces de décarnisation.
b. Traces d'utilisation. (¾ de grandeur naturelle.)

la deuxième salle de la grande grotte. Foyers à quartzites taillés. Niveau
Solutréen.

2° Une vertèbre de Cheval. Sur l'épiphyse droite, nous constatons une
douzaine de traces de coups de silex; sur l'épiphyse gauche, il y en a également plusieurs. Ces traces nous montrent donc bien également le
résultat d'un travail intentionnel fait pour détacher les muscles d'après
la vertèbre. Cette pièce a été recueillie dans les foyers à ossements de
Cheval et de Renne, deuxième salle de la grande grotte, niveau Solutréen II.

3° Une astragale gauche de Renne. Nous y constatons deux entailles,
l'une de 6 mm, l'autre de 4 mm de longueur, la première très profonde;
ces deux entailles, produites par des coups de silex, sont le résultat de la
séparation de l'astragale avec le calcanéum; elles se trouvent au même
endroit qui a été signalé par Henri Martin (*fig.* 3-*d*). Cette pièce provient des foyers à ossements de Cheval et de Renne, deuxième salle de
la grande grotte, niveau Solutréen II.

III. *Traces gravées intentionnelles.* — Une esquille d'os ayant environ
45 mm de longueur Nous y constatons huit traits ayant de 6 à 13 mm de
longueur, très fins et peu profonds et qui sont presque parallèles entre

eux (*fig. 1-c*). Cette pièce provient de la brèche Tournal, grande salle de la grande grotte, niveau Magdalénien.

IV. *Traces de morsures.* — Un calcanéum gauche de Renne. Cette pièce est fort intéressante, en ce sens qu'elle nous montre à la fois des traces de désarticulation et des traces de morsures (*fig. 3-c*). Sur la face

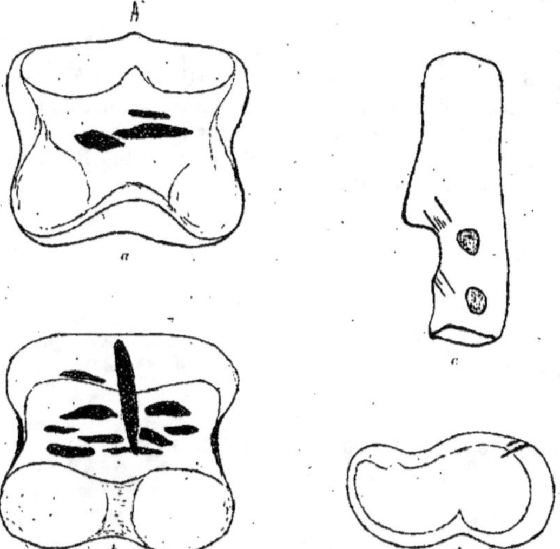

Fig. 3. — *a* et *b*. Deuxième phalange de Cheval ayant servi de billot. — *c*. Calcanéum de Renne, avec deux traces de morsures. — *d*. Astragale de Renne, avec traces de désarticulation.

interne, nous constatons deux séries de traces de coups de silex, parallèles entre eux et qui résultent du travail fait pour obtenir la désarticulation du calcanéum avec l'astragale.

Sur la même face, et à la partie inférieure, on remarque deux enfoncements situés à environ 15 mm l'un de l'autre; ils sont à peu près circulaires; celui qui se trouve à la partie la plus inférieure, près du bord, a 7 mm de diamètre et celui qui est le plus haut en a de 5 à 6 mm; leur profondeur est d'environ 3 mm. Dans l'un comme dans l'autre, il y a simplement enfoncement, sans aucune perte de substance : il y a compression du tissu compact externe, ainsi que du tissu spongieux qui se trouve au-dessous. Ces deux enfoncements sont, d'une façon indiscutable, des traces de morsures, et comme il n'y a aucune trace de réparation, il est à supposer que cette morsure a été faite soit après la mort de l'animal, soit sur l'os rejeté parmi les débris de cuisine. Cette pièce provient de la deuxième salle de la grande grotte, niveau Solutréen II.

En résumé, les pièces que je vous présente et qui, ainsi que je l'ai indiqué pour chacune d'elles, proviennent des différents niveaux Solutréens et Magdaléniens, nous montrent donc :

1° Des traces d'utilisation;

2° Des traces de dépècement (désarticulation et décarnisation);

3° Des traces gravées intentionnelles (traits);

4° Des traces de morsures.

Ce sont donc des faits qui viennent à nouveau appuyer les importantes constatations faites par notre collègue Henri Martin dans le Moustérien de la Quina et qu'il a publiées dans ses nombreux travaux, ainsi que celles que j'ai ensuite signalées. Il m'a paru intéressant de vous présenter ces pièces tant au point de vue de ces constatations qu'à celui du gisement dans lequel elles ont été recueillies.

M. Ch. BOYARD,

Membre de la Société Préhistorique française et de la Société des Sciences historiques et naturelles de Semur, Nan-sous-Thil (Côte-d'Or).

L'ABRI SOUS ROCHE DU PORON DES CUÈCHES (*Suite*) ([1]).
La couche magdalénienne.

571.81(12.31)

2 Août.

La fouille de l'abri sous roche du Poron des Cuèches s'est poursuivie pendant l'hiver 1911-1912 et le printemps de 1912. Elle a été suspendue au commencement du mois de mai et sera reprise en novembre. Le sondage primitif a été élargi, la surface fouillée est d'environ 30 m²; mais cette surface ne représente qu'une faible partie du gisement, dont la longueur atteint une quarantaine de mètres sur une largeur de 6 à 8 m. Je pensais atteindre le sol naturel dans ma dernière campagne de fouilles et pouvoir donner la coupe définitive et complète du gisement dans la présente Note. Limité que j'étais d'ailleurs par les subsides mis à ma disposition; j'ai continué la fouille en puits; mais ce mode de travail doit être maintenant abandonné, car il présente des dangers de glissements, qui se seraient déjà produits sans la solidité de la brèche qui forme la couche VII. Il faut de toute nécessité attaquer toute l'étendue du gisement par une tranchée de niveau partant de la partie inférieure du coteau et aboutissant au pied du rocher. C'est un travail considérable,

---

([1]) *Voir* le volume du Congrès de Dijon, Association Française (1911).

et qui sera dispendieux; mais l'abri donnera ainsi toute son industrie,
et ce qu'il a produit à ce jour prouve surabondamment que l'effort et
la dépense ne seront pas inutiles.

En s'éloignant de la paroi rocheuse le long de laquelle les travaux ont
été primitivement commencés, la fouille de la couche I a donné quelques
débris de poterie gallo-romaine, la partie supérieure de la couche II,
une lame en fer et un fer à cheval à clous associés à un mélange de
poterie du Brouze et de Hallstatt et à divers restes osseux. Il y a donc
lieu d'apporter une rectification à la coupe déjà publiée, et qui se
résume comme suit :

			m
I.	Couche	superficielle : nombreux tessons de poterie gauloise (La Tène)...	0,30
II.	»	robenhausienne : restes du Brouze et de Hallstatt dans la zone supérieure...	0,20
III.	»	stérile, pierrailles...	0,15
IV.	»	tardenoisienne...	0,80
V.	»	stérile, pierres...	0,60
VI.	»	sableuse, à ossements de petits rongeurs...	0,10
VII.	Brèche	osseuse...	1,30
VIII.	Couche	magdalénienne (terre argileuse jaunâtre, très onctueuse, mêlée de nombreux débris détritiques du rocher (la couche continue)...	4,00
		Profondeur de la fouille à l'ouverture du Congrès de Nîmes...	7,45

On remarquera que l'épaisseur de la brèche osseuse (couche VII) dans
le Tableau ci-dessus est de 1,30 m. Dans ma Note du Congrès de Dijon
(*Association française*, 1911), la même couche portait la désignation suivante : *Stérile, pierre, stalagmite* : 0,30 m. Le sondage fait le long de la
paroi du rocher n'indiquait pas alors la véritable nature de cette couche;
mais en s'éloignant de la paroi, la nature brécheuse apparut clairement,
et la couche s'épaississant en fonçant obliquement atteignait bientôt
l'épaisseur de 1,30 m. D'assez nombreux ossements, qui faisaient défaut
le long de la paroi, furent trouvés ensuite disséminés dans toute l'épaisseur de la brèche. Les brèches osseuses de la nature de celle du Poron des
Cuèches ne sont pas rares dans la région de l'Auxois, où le sommet des
montagnes présente une ligne de rochers abrupts appartenant au calcaire
à entroques (oolithe inférieure). Ces rochers, à corniches fendillées et
lentement minées par l'action des pluies et les alternatives de gels et
dégels, s'effritent en éboulis à arêtes anguleuses, de grosseurs variables
et parfois assez ténus pour constituer un sable grossier, comme celui de
la couche VI.

Les éboulis s'arrêtent dans la dépression de la base et sont soudés par
un ciment calcaire mêlé à du limon de plateau généralement jaunâtre.
L'action dissolvante de l'eau, mêlée d'acide carbonique dans son contact
avec l'humus, attaque le calcaire et produit à la longue le ciment qui

soude les débris détritiques du rocher et les dépôts de ruissellement. La brèche du Poron des Cuèches est excessivement dure. Aussi tous les os qui s'y trouvent, déjà fendus en long par l'homme quaternaire (os à moelle), sont retirés très morcelés de la fouille. A l'exception de quelques-uns d'aspect noirâtre, et portant des traces évidentes de feu, tous, de même que ceux de la couche magdalénienne, ont la couleur jaunâtre du limon incorporé dans la brèche.

La couche magdalénienne. — La couche magdalénienne est formée de terre jaunâtre produite par le limon des plateaux et mêlée de débris du rocher. Quelques poches de sable grossier existent le long de la paroi et dans l'épaisseur de la couche.

Il ne semble pas jusqu'à présent qu'il y ait aucune différence dans l'industrie de cette couche, épaisse de 4 m. La faune aussi est la même. Toutefois, lors de la dernière séance de fouilles de la campagne 1911-1912, M. l'abbé Parat, le palethnologue avallonnais, qui était présent, a ramassé lui-même, à la profondeur de 7,45 m, associée à un fragment de mâchoire de Renne, une dent qu'il a cru être de l'Hyène. Il n'a pas voulu se prononcer catégoriquement, mais dans l'affirmative, il faudrait faire remonter la base actuelle de la fouille au moins au Magdalénien inférieur.

Foyers. — Dans le corps et dans la partie supérieure de la brèche osseuse, contre la paroi du rocher, existe un premier foyer très bien défini, de 3o cm d'épaisseur sur 6o cm de largeur. L'aspect de ce foyer est presque noir; il est composé de cendres et de nombreuses parcelles de charbon. Environ 1 m en contre-bas de ce premier foyer, dans la paroi occidentale de la tranchée, se voit une bande de matière noire de 10 cm d'épaisseur sur 1 m de longueur. Cette bande n'est pas horizontale, mais oblique et fonce en profondeur en s'éloignant du rocher. La matière qui la compose est compacte et noircit les doigts au toucher. Elle paraît être une masse de charbon ou de manganèse décomposés. A l'extrémité de cette bande opposée au rocher, des pierres plates, posées de champ, et écartées de 35 cm, paraissaient limiter un autre foyer; mais le remplissage entre ces pierres était le même que celui de la couche : pas de traces de charbon; seules, les pierres portaient des mouchetures noires.

Industrie. — Les objets industriels ont été trouvés dispersés, isolés ou groupés en petit nombre, dans toute l'épaisseur de la couche. L'absence d'un lit compact d'objets ouvrés au centre de l'abri porte à croire que ce dernier n'a pas toujours existé dans son état actuel. M. l'abbé Parat pense que primitivement c'était une grotte, dont le plafond se serait effondré et morcelé, et que le principal emplacement de stationnement est tout proche du sondage. Ce qui peut faire paraître fondée cette supposition, c'est que les deux lignes de rochers qui limitent le couloir constituant le gisement ont des corniches qui tendent à se rejoindre. Quoi qu'il en soit, la suite de la fouille élucidera la question. Mais si les restes ouvrés n'ont pas encore été trouvés groupés en lit, ils sont néanmoins assez nombreux et variés pour donner une idée nette de l'industrie de la station.

Industrie lithique (fig. 1) (¹). — L'industrie lithique est beaucoup moins

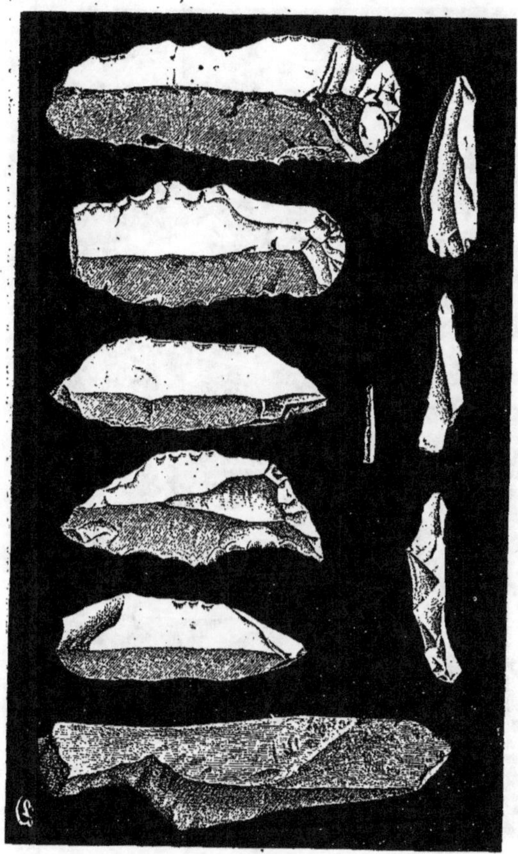

Fig. 1.

nombreuse que l'industrie osseuse. Une centaine d'outils en silex seulement ont été récoltés. Les types appartiennent à la belle industrie mag-

(¹) Tous les spécimens des quatre figures sont représentés aux ⅔.

dalénienne. Quelques-uns ont été groupés dans la figure 1. C'est notamment le gráttoir sur bout de lame, le burin classique et le type *bec de
perroquet*, avec de fines retouches marginales, des lames, des lamelles à
dos abattu, des pointes torses. A remarquer dans la figure 1 un instru-

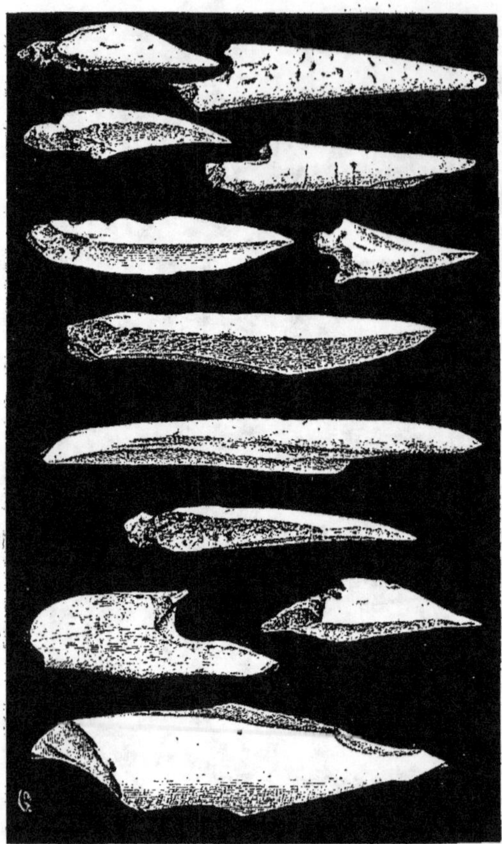

Fig. 2.

ment double, burin-perçoir, portant de fines retouches, et une toute petite
lamelle triangulaire très aiguë, fine comme une aiguille et retouchée
encore à la pointe. Cette pièce, dont la base est cassée, peut avoir été
utilisée comme aiguille ou pour les fines entailles de la gravure. A ces

instruments, il y a lieu d'ajouter un certain nombre d'éclats non retouchés portant des traces d'utilisation, et des nucléus généralement petits.

Industrie en os et bois de Renne (*fig.* 2). *Harpons.* — Ce qui, jusqu'alors, caractérise l'outillage osseux, c'est l'absence presque complète de harpons et de sagaies *à tige cylindrique.* Pourtant une base de sagaie ou de harpon cylindro-conique, polie, sans bourrelet, en bois de Renne, a été trouvée; sa longueur, y compris le cône de la base, est de 3 cm; à côté se trouvait un fragment de tige cylindrique de 2 cm, devant appartenir au même instrument; la grosseur est la même, pourtant la cassure ne se rapporte pas exactement.

Mais si le harpon cylindrique fait défaut, deux instruments en os, *semi-cylindriques,* ronds d'un côté et méplats de l'autre (*fig.* 2), portent chacun une barbelure à gauche. La base et la pointe de ces deux instruments sont cassées. Le deuxième porte sur sa face ronde trois *marques de chasse* ([1]).

Au type harpon, il y a lieu de rapporter un instrument unique dans la fouille, ayant la forme des pointes de flèches néolithiques à pédoncule et barbelures (*fig.* 2).

Sagaies. — A l'exception du fragment dont il est question plus haut, la fouille n'a pas donné de sagaie à tige cylindrique; mais quatre instruments de la figure 2, le troisième à gauche dans la ligne inférieure, le quatrième, le cinquième et le sixième ont certainement été employés comme sagaies. Ces pointes, dessinées en grandeur naturelle, sont (troisième, quatrième, sixième) des tiges triangulaires dont la pointe a été aiguisée ou polie, et dont la base porte un étranglement accentué pour les fixer solidement à la hampe. La cinquième, longue de 10 cm, a été découpée dans un os long du côté de l'arête, et est d'un bon travail. Une autre sagaie, à base en biseau (*fig.* 3), découpée dans un bois de Renne, a une longueur de 11 cm. Sa forme est méplate. Elle porte, de chaque côté du méplat supérieur, un sillon longitudinal se prolongeant jusqu'à la pointe, et du côté gauche du biseau (regarder de haut en bas), une série de moulures arrondies et saillantes qui semblent être les restes très frustes d'une sculpture en bas-relief, indéterminable, mais dont l'allure générale rappelle vaguement le bouquetin du propulseur trouvé par Piette au Mas d'Azil, dans l'assise des sculptures en ronde bosse. Aux sagaies se rapporte une série de pointes osseuses (*fig.* 2) découpées dans des os ronds, ou éclatées et régularisées par des retouches, dont la pointe, intacte généralement, est souvent polie par frottement et très aiguë. Ces pointes, au nombre de plus de 50, sont toutes étranglées à la base par des entailles parfois profondes, et ont été emmanchées.

([1]) J'emploie ce terme, qu'on retrouvera encore plus loin, parce qu'il est généralement admis et sans lui donner de sens particulier.

Dans la figure 2 sont également représentés un os aigu aux deux extrémités, bien travaillé, qui peut avoir été une sorte de poignard, et le curieux spécimen, également bien travaillé, figuré à côté du précédent.

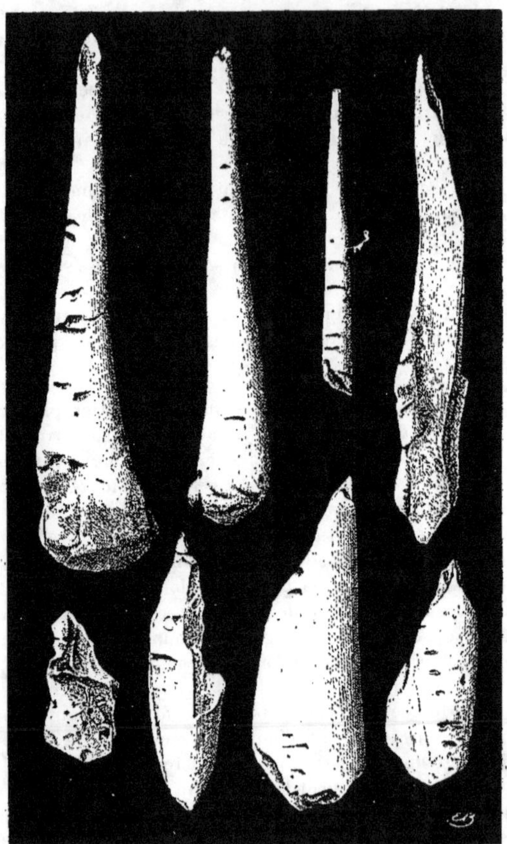

Fig. 3.

Sa partie inférieure, large, est bien arrondie; la partie supérieure est pointue. L'entaille en forme de crochet est bien creusée. Deux instruments semblables ont été trouvés; tous deux portent des traces d'emmanchure. Leur destination échappe. Peut-être n'étaient-ils que des crochets de suspension pour le dépeçage de petits animaux. J'émets cette opinion pour ce qu'elle peut valoir, à défaut de destination mieux marquée.

Poinçons. — La figure 3 représente deux stylets ou métatarsiens latéraux de Cheval ou de Renne, l'un à pointe aiguisée intacte, l'autre à pointe cassée, et un fragment de même os à traits gravés (je reviendrai sur ces spécimens au paragraphe suivant des gravures), qui ont été utilisés comme poinçons. Un grand nombre de ces instruments ont été trouvés; la pointe de quelques-uns est très effilée, l'extrémité polie par l'usage. D'après M. le Dr Marignan, président de la XIe Section (*Association française pour l'Avancement des Sciences*, 1912), des instruments analogues sont encore utilisés aujourd'hui par les pâtres et bergers de la Camargue dans la confection de nattes en sparterie et de clayonnages. L'ethnographie vient ainsi nous renseigner sur l'utilisation probable que les magdaléniens devaient donner à ces instruments.

Ciseaux. — Le Poron des Cuèches en a donné un bel exemplaire à taillant intact en double biseau de 13 cm de long. C'est une baguette en os à section à peu près carrée de 1 cm. La base, taillée en biseau simple, porte, du côté opposé au biseau, un cran latéral, et les traces d'emmanchure à serre sont très apparentes.

Spatules. — Certains os plats, plus ou moins épais, tranchant d'un côté et à pédoncule avec cran, d'une longueur variable de 4 à 10 cm, ont dû être des spatules.

Couteau? — J'appelle l'attention sur le dernier objet représenté à la figure 1. C'est un fragment d'os de 93 mm de long, dont la base éclatée présente une sorte de soie, et dont le taillant a été fait par deux éclats latéraux, enlevés symétriquement de chaque côté. L'objet a ainsi toute l'apparence d'un couteau. Un autre spécimen, long de 20 cm, paraît avoir eu la même destination que le précédent. Son taillant, au lieu d'être intact, porte des traces d'utilisation.

Aiguilles. — Il en a été trouvé trois fragments appartenant à trois instruments différents, en bois de Renne, et le fragment presque entier, fait d'un petit os poli, à chas presque intact, représenté à la figure 4.

ART ET PARURE. — *Art.* — Le chasseur de Rennes du Poron des Cuèches, comme celui du Périgord et des Pyrénées, n'était pas étranger aux manifestations de l'art du dessin et de la gravure. En outre de la sagaie en bois de Renne décrite au paragraphe précédent, il nous a laissé quelques autres spécimens de ses productions artistiques. J'ai réuni dans la figure 3 les os à incisions appelées communément *marques de chasse.* Celles-ci sont assez apparentes sur le dessin pour me dispenser d'en faire la description. Les incisions sont allongées en traits ou simplement pointées. Les traits sont groupés ou isolés, rectilignes ou curvilignes; ils alternent aussi avec les points, comme dans le petit fragment de sagaie

ou de poinçon dont il a déjà été question et dans l'os dessiné au-dessous.
A remarquer sur le petit os de la deuxième ligne une série de sept points
groupés en un cercle, coupé par un triple trait curviligne. A droite du

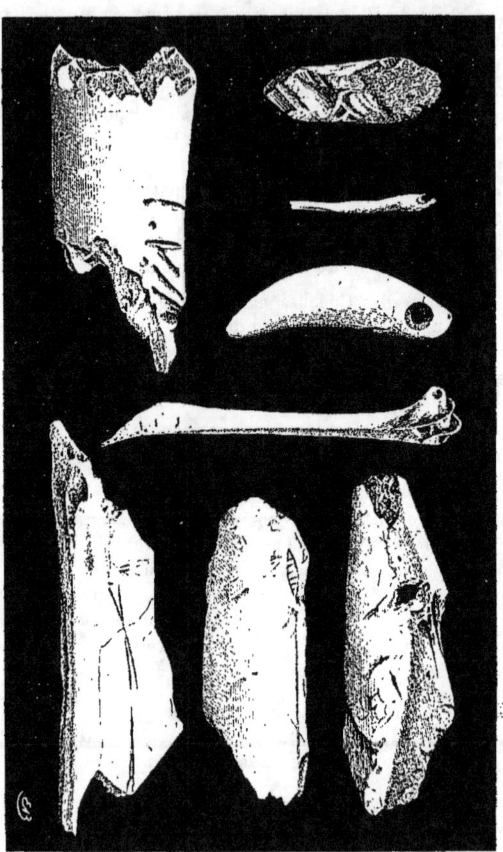

Fig. 4.

précédent, un os éclaté porte deux entailles profondes et un petit cercle
légèrement incisé.

Un grand nombre d'os non décrits ici portent des entailles tracées par
les lames de silex lors de la décarnation.

Les gravures proprement dites sont toutes sur os. Ce qui les caractérise

.surtout, c'est la finesse extrême du trait, tout superficiel et excessivement ténu. Je pense en avoir récolté un certain nombre; celles que je publie aujourd'hui ont été soumises à l'examen de plusieurs maîtres en la matière, ce qui leur donne un brevet d'authenticité.

L'interprétation des gravures de la figure 4 est assez difficile, la fragmentation des os en ayant fait disparaître une partie. Les dessins en donnent une reproduction très exacte en grandeur naturelle. J'insisterai seulement : 1º sur le petit os placé à côté et à gauche de l'aiguille; 2º sur le fragment d'os rond placé au-dessous du précédent; 3º sur le dernier dessin de la première ligne.

. 1º Le petit os est arrondi sur sa face postérieure, aplati sur la face visible; sa base est taillée en simple biseau. Il semble avoir été primitivement une sagaie qui se serait rompue. En tout cas, il a été sculpté postérieurement à la rupture. Il porte des entailles profondes de 2 à 3 mm, garnies de fines stries. L'extrémité opposée au biseau est également entaillée et striée. L'ensemble forme une décoration assez homogène, mais dont le sens échappe. Au centre est visible le commencement d'une trace de perforation.

. 2º L'os placé au-dessous du précédent est entaillé profondément. Ces entailles représentent le signe suivant dans lequel on retrouve des formes que Piette considère comme des signes d'écriture symbolique dans sa Note sur l'Azilien (*Anthropologie*, t. XIV, 1903) : un trait vertical avec un point au-dessous; en face de ce dernier et à droite, à 4 mm, un autre point, puis à 2 mm à droite un signe en forme de V avec la deuxième branche oblique à 45 degrés environ, et toujours en ligne deux autres traits obliques de même inclinaison. La brisure de l'os et l'usure laissent deviner que l'inscription, si inscription il y a, devrait se continuer.

3º Le dernier dessin de la première ligne représente un objet en bois de Renne poli, fragment d'instrument indéterminable, qui paraît être un reste de sculpture en demi-bosse; la face postérieure est simplement polie, sans trace d'autre travail. Il semble représenter la sculpture stylisée ou l'ébauche d'une tête d'équidé. L'extrémité est brisée vers la bouche, qui n'est plus apparente. La pupille de l'œil profondément entaillée tout autour se serait détachée, ne laissant à sa place qu'un trou ovalaire. Une entaille double marque en bas la dépression de l'orbite. L'oreille serait figurée par une entaille triangulaire allongée. La crinière relevée et arrondie est marquée de fines stries.

Il y a eu à l'extrémité de droite et en bas enlèvement de la matière, et des traces de dents de carnassiers postérieures au travail humain ont entamé la surface polie.

Parure. — Les objets de parure sont peu nombreux. A signaler seulement une canine de Loup percée du côté de la racine et une dizaine d'os longs de rongeurs percés au-dessous de l'articulation et tous polis par frottement (*fig.* 4). Celui qui est figuré porte quatre *marques de chasse* séparées par des points.

Un rocher de petit animal, taillé et arrondi en forme de disque, paraît aussi, avec son trou naturel, avoir servi de pendeloque.

Faune. — Les rejets de cuisine sont nombreux, leur volume atteint plusieurs hectolitres. Ils ont été, en partie, déterminés par M. l'abbé Parat, qui a visité le gisement à diverses reprises. La faune comprend :

Reste humain : un fragment de mâchoire supérieure portant quatre molaires; la quatrième est dans son alvéole, ce qui indique un individu encore jeune.

Le Cheval, très abondant : mâchoires, dents, ossements divers très nombreux. Un équidé de petite taille, également très abondant.

Le Renne, abondant : fragments de mâchoires, dents, os divers nombreux. Un grand nombre de fragments de bois.

Le Bœuf, assez abondant : dents, ossements divers.

Puis viennent, par ordre de décroissance, le Renard, le Lapin, le Loup, la Marmotte, et à la base de la fouille, l'Hyène, qui serait représentée par une dent.

La comparaison de l'outillage et la conclusion ne pourront être faites que lorsque la fouille sera achevée. La présente Note n'est publiée que par déférence pour l'Association française pour l'Avancement des Sciences, qui m'a subventionné pendant la dernière campagne.

Les planches ont été dessinées en grandeur naturelle avec la fidélité et l'exactitude les plus minutieuses par M. Ernest Baudoin, dessinateur industriel à Précy-sous-Thil (Côte-d'Or), mon collègue et ami de la Société des Sciences de Semur.

M. Baudoin a mis gracieusement à mon service son grand talent d'artiste. Je lui renouvelle ici mes cordiaux remerciements.

M. D. PEYRONY,

Instituteur, Les Eyzies (Dordogne).

NOUVELLES FOUILLES AUX CHAMPS-BLANCS OU JEAN-BLANC ([1]).

571.81 (44.72)

3 *Août.*

Grâce à la subvention qui nous a été accordée en 1910, sur le legs Girard, nous avons pu découvrir plusieurs gisements préhistoriques

---

([1]) Dans le dialecte du pays « champ » et « Jean » ont la même prononciation. Nous pensons que l'origine du mot est plutôt « champ » que « Jean » et que c'est en le francisant que l'erreur s'est produite.

importants, et faire des recherches dans celui des Champs-Blancs ou Jean-Blanc, communes de Bourniquel et de Bayac (Dordogne). Ce dernier est situé sur la rive droite de la vallée de la Couze, à 7 km environ de la station du chemin de fer de Couze. Il est sur une terrasse, au pied d'une chaîne de rochers, dominant la vallée de 25 à 30 m. Il est exposé en plein Sud. Une source jaillit du flanc de la colline, à peu près à la même altitude, et à 5o m environ en amont.

La station comprend deux abris séparés par un étroit promontoire rocheux de 4,5o m de long. En arrière, ces abris communiquent par un tunnel naturel. A droite, les niveaux archéologiques s'étendaient primitivement sur une longueur de 35 m et une largeur moyenne de 9 m. Ils ont été fouillés anciennement par MM. Coste, Tabanou, les abbés Landesque et Chastaing.

A gauche, le gisement n'avait que 7 m de long sur à peu près autant de large. Des recherches y furent faites par MM. Hardy et Chastaing.

On sait qu'en dehors de celles de Volgu, c'est là qu'ont été découvertes les plus grandes feuilles de laurier et pointes à cran connues. Malheureusement les fouilleurs de cette époque ne recherchaient que la belle pièce; ils ne faisaient pas de stratigraphie, ne prenaient pas de notes ou, s'ils en prenaient, ne les publiaient pas. Nous ne connaissons surtout que l'industrie lithique, celle en os ayant en partie disparu en cours de fouilles, faute de précautions. Scientifiquement nous ne savons rien de ce vaste gisement.

Il nous a semblé qu'il était de la plus haute importance de combler cette lacune dans la mesure du possible. C'est dans ce but que nous avons loué la petite partie restée vierge, probablement parce qu'elle était trop pauvre, en avant, et trop difficile à fouiller, en arrière.

Nos travaux nous ont donné des résultats inespérés et de la plus haute importance. Nous sommes heureux d'en donner la primeur au Congrès.

ABRI DE DROITE. — *Coupe.* — La stratigraphie du gisement, à droite du promontoire rocheux, se présentait de la façon suivante :

1° Reposant sur le sol rocheux de la terrasse, une première couche archéologique, d'un rouge brun, à industrie solutréenne, dont l'épaisseur variait entre 0,35 et 0,4o m;

2° Immédiatement au-dessus, une seconde, de 0,2o m en moyenne d'épaisseur, se distinguant de la précédente par sa couleur plus brune, avec une industrie paraissant se rapporter à un très ancien Magdalénien;

3° Le tout était surmonté de 1,6o m de terre végétale et d'éboulis.

Couche 1 : Industrie. — C'est cette couche qui a fourni les magnifiques pièces solutréennes qu'on peut admirer aux Musées de Périgueux et de Bordeaux, et dans plusieurs collections particulières. Nous y avons recueilli quelques belles feuilles de laurier de petites dimensions, et des fragments d'autres plus longues; des pointes à cran dont les plus grandes, taillées ordinairement sur les deux faces, sont presque toujours cassées.

Les pièces les plus fines sont surtout abondantes à la base de la couche.
On les trouve souvent mélangées à de la terre jaunâtre dans de petites
poches disposées autour des foyers.

En allant de bas en haut, les objets caractéristiques du Solutréen se
raréfient à tel point qu'à la partie supérieure on n'en rencontre que de
très rares fragments.

Dans toute l'épaisseur de la couche nous avons récolté des grattoirs de
toutes sortes, des burins de différentes formes, des lames à bords retouchés,
des lamelles à crête et à dos abattu, quantité de belles lames sans retouches, si fréquentes dans le Solutréen supérieur, et plusieurs pics. Ces
derniers outils sont encore peu connus. Cependant, nous en avons déjà
un certain nombre provenant de divers gisements aurignaciens, solutréens et magdaléniens. Ce sont des rognons de silex ou des nucléi
appointés, ressemblant par leurs formes à certains coups de poing grossiers des plus bas niveaux des gravières de Saint-Acheul. Ils étaient destinés à entailler profondément la pierre pour faire des sculptures comme
celles du Cap-Blanc, et celles dont nous parlerons plus loin.

Les objets en os et en corne étaient très abondants. Nous y avons
recueilli des sagaies de différentes formes : plusieurs à base en biseau
simple avec traits longitudinaux ou transversaux sur ce dernier; une,
aplatie et appointée aux deux bouts, striée sur une face en son milieu;
deux autres fusiformes, avec nombreux traits transversaux également
vers le milieu. Tous ces petits sillons avaient un but utilitaire et facili-
taient l'emmanchement en empêchant la pièce de glisser. Des lissoirs,
des poinçons, des morceaux d'aiguilles, un fragment de côte aminci et
coché, des dents et des coquillages percés, complètent la série de nos
récoltes.

Gravure. — Deux sagaies sont ornées longitudinalement de lignes
sinueuses dont nous n'avons pu comprendre la signification.

Presque en haut de la couche, nous avons rencontré une pierre calcaire
dont une face semblait avoir été régularisée. Après l'avoir soigneusement
nettoyée, nous y avons remarqué une gravure si légère qu'à certains
endroits on ne voit pas le trait. Elle représente l'avant-train et la tête
d'un cervidé, d'un bouquetin, peut-être? C'est une esquisse, une étude
prise sur nature et devant servir avec d'autres à faire les plus belles
œuvres sur os et sur pierre.

Les grandes lignes existent, mais les détails manquent. Les jambes
sont représentées par quatre traits tracés d'une main sûre; la bouche et la
narine, par trois petits; les cornes sont à peine indiquées, l'œil est soigné.
Il est possible que le modèle n'ait pas permis à l'artiste de corriger les
défauts de son dessin.

Cette gravure est surtout intéressante parce qu'elle a été trouvée dans
un niveau solutréen et que, jusqu'ici, les œuvres d'art y sont très rares,
soit que les troglodytes de cette époque fussent moins habiles que ceux

qui les avaient précédés, soit que les chercheurs n'aient pas examiné assez soigneusement les matériaux qu'ils extrayaient.

Couche 2. — L'industrie lithique de ce niveau se compose de grattoirs, burins, perçoirs, lamelles et de nombreux outils formés d'éclats minces de différentes formes avec retouches abruptes sur tout le pourtour ou seulement sur une partie, ayant servi de grattoirs convexes et concaves, de burins, de pointes, etc.

Nous avons trouvé ces mêmes pièces à Badegoule au-dessus du niveau de transition du Solutréen au Magdalénien ([1]), à Laugerie Haute, dans l'abri Leyssales, à la base du Magdalénien ([2]). En 1899, MM. de Fayolles et Féaux en recueillirent une série dans la partie supérieure du Solutréen de Laugerie Haute. M. Délugin vient d'en recueillir un certain nombre dans un petit abri de Mazérat, commune de Bayac, sur du Solutréen supérieur.

Dans tous les cas observés cette industrie semble se placer à la base du Magdalénien et en représenter la première phase.

L'industrie osseuse comprend : un ciseau avec une petite ornementation géométrique sur une face, deux pointes de sagaie à biseau simple très allongé, des poinçons, des fragments d'aiguille, un morceau d'os gravé de traits réguliers sur le bord, des dents et des coquillages percés.

Nous avons aussi ramassé dans tout le gisement de nombreux échantillons de matières colorantes ayant été frottés ou raclés.

Faune. — La faune des deux époques est sensiblement la même : bœuf, cheval, bouquetin, cerf, renne, etc., avec prédominance de ce dernier.

ABRI DE GAUCHE. — L'abri de gauche avait été autrefois fouillé en partie. La couche inférieure est identique à celle de celui de droite avec laquelle elle se confond en avant du promontoire rocheux. Nous pensons la retrouver partout, les anciens fouilleurs n'étant pas descendus jusqu'à elle ou l'ayant à peine entamée. Nous retrouvons le niveau des outils à formes bizarres décrits plus haut et, au-dessus, un Magdalénien plus récent, quoique très ancien encore. Nous n'insisterons pas pour le moment sur la description des différentes industries; nous préférons décrire plus longuement trois pièces très intéressantes que nous y avons découvertes.

A la base du niveau supérieur, dans la partie vierge, nous avons trouvé une pierre calcaire à surface régularisée et presque polie. Après l'avoir soigneusement nettoyée, nous l'avons examinée attentivement. Nous y avons remarqué, un bison dessiné légèrement par un fin raclage au silex;

([1]) PEYRONY, *Nouvelles fouilles à Badegoule* (Dordogne) (*Revue préhistorique*, n° 3, 1908).

([2]) Dr CAPITAN et l'abbé BREUIL, *Une fouille systématique à Laugerie Haute* (*Association Française*, Congrès de Montauban, 1902).

ce raclage, large par endroits de 0,5 cm, a été exécuté avec une sûreté
de main qui décèle chez l'auteur un véritable artiste.

L'animal est au galop. Il n'a qu'une jambe pour chaque paire; l'antérieure est portée en avant, l'autre allongée en arrière; la queue est tendue;
la ligne du dos est gracieusement dessinée jusqu'au milieu de la bosse,
le fanon représenté par de fines stries parallèles. Mais la nuque et toute
la tête manquent ou tout au moins nous n'avons pas su les distinguer
encore. Nous avons également revu en détail une partie des anciens
déblais; notre temps n'a pas été perdu.

Nous y avons découvert deux dalles calcaires portant chacune un bison
sculpté.

La première mesure 45 cm sur 48 cm, et le dessin 35 cm sur 26 cm.
Tout le corps de l'animal ressort en relief de 1 à 2 cm (fig. 1). L'artiste,

Fig. 1. — Bison sculpté sur bloc calcaire (Magdalénien inférieur). Grandeur ¼.

après avoir esquissé son travail, a incisé profondément les contours et
enlevé à coups de pic toute la pierre qui devait faire ressortir le sujet.
On aperçoit encore les traces laissées par l'outil qui entamait le bloc.

Les quatre jambes, la ligne du ventre, les organes génitaux et le poitrail
sont très nets; la ligne du dos est moins pure à cause de l'effritement de
la roche tendre; la tête est peu apparente pour la même raison; cependant on remarque l'œil et la naissance de la corne. L'animal debout, la
tête relevée, est dans la position du repos ou de l'attente. Cette pièce est
très intéressante, mais certaines parties manquent de modelé.

Le deuxième bloc mesure 70 cm sur 34 cm et l'animal représenté, 48 cm
sur 34 cm (fig. 2). La cuisse, la queue bien détachée, la croupe, la
bosse, la tête et le poitrail sont d'un beau relief; le ventre est en creux

pour mieux faire ressortir les jambes et donner davantage l'illusion de
la réalité. Malheureusement, le bas des membres a disparu.

La tête est particulièrement soignée : le front est bombé, le nez busqué,
la narine indiquée, la forte barbiche projetée en avant; l'œil est en creux
à la naissance de la corne; celle-ci légèrement sculptée.

Le train postérieur de l'animal porte des traces évidentes de peinture

Fig. 2. — Bison sculpté sur dalle calcaire (Magdalénien inférieur). Grandeur ¼.

rouge et l'on en remarque quelques petites taches sur d'autres points.
Ces œuvres étaient donc parfois rehaussées de couleurs, comme cela a été
constaté sur les animaux de la frise du Cap-Blanc, ce qui leur donnait
un relief encore plus grand.

Comparaison et conclusion. — Ces sculptures appartiennent à une
phase très ancienne du Magdalénien. Elles ne peuvent être comparées
qu'à la frise du Cap-Blanc (¹), près de Laussel, dont elles paraissent être
contemporaines, l'industrie des niveaux archéologiques de ce dernier
gisement se rapportant à la même époque. Elles doivent être presque
synchroniques du niveau inférieur de la Madeleine, qui nous a fourni,
l'an dernier, une superbe statuette en bois de renne, représentant un
bison, la tête retournée, se léchant le flanc, et dont l'ensemble, et surtout
la tête, sont d'une exécution et d'un réalisme parfaits. Cette nouvelle
découverte, et d'autres que nous avons faites, dont nous publierons le
résultat ultérieurement, nous ouvrent des horizons nouveaux sur l'art
et les mœurs des Paléolithiques supérieurs. Jusqu'ici, on croyait que

(¹) G. LALANNE, *Un atelier de sculpture de l'âge du renne* (*Revue préh.*, n° 2,
1910). — Dr LALANNE et abbé BREUIL, *L'abri sculpté du Cap-Blanc, à Laussel* (Dordogne) (*Anthropologie*, t. XXII, 1911).

les grottes et les abris ornés étaient les seuls lieux sacrés où les Troglodytes préhistoriques pratiquaient leurs cérémonies religieuses et faisaient
leurs incantations devant les images qu'ils avaient tracées. On supposait
que ces endroits pouvaient être communs à plusieurs tribus, alors qu'il
est plus vraisemblable qu'elles s'y sont succédé : l'une remplaçant
l'autre, quand celle-ci était anéantie ou disparue.

A la Madeleine et aux Champs-Blancs, malgré la plus grande attention,
nous n'avons pu remarquer sur les parois de l'abri la moindre trace
d'ornementation ; mais les belles et grandes gravures et sculptures sur
pierre étaient placées dans la partie la plus profonde de l'abri et dans un
espace limité et restreint, Ce lieu, où les fétiches protecteurs étaient
déposés, devait être le sanctuaire, et remplaçait les grottes et abris ornés
des peuplades voisines. D'après cela, il semble que la vie de chaque tribu
fût indépendante de celle des autres. Chacune avait son habitat, son
chef, son sorcier, son temple avec ses dieux particuliers.

Depuis le Congrès, nous avons découvert dans la couche inférieure de
la Madeleine un bas-relief sur pierre, à peu près de la dimension de
ceux des Champs-Blancs, représentant un cervidé au galop ; malheureusement, la tête manque.

Notre collègue et ami, M. Delage, a trouvé plusieurs fragments de
pièces semblables dans un gisement de Sergeac, se rapportant également
au vieux Magdalénien.

M. Le Dr JULLIEN.

Joyeuse (Isère).

LA GROTTE DE CAIRE-CRÈS.

571-71-81

2 Août.

L'exploration de la salle terminale de la grotte de Caïre-Crès a permis
de relever sur les parois, outre des graffiti historiques moins nombreux,
trois figures de bouquetins ou de chèvres, dessinés au charbon, dont
l'auteur présente la reproduction à $\frac{1}{4}$. Ces figures, d'une facture et d'un *style*
vraiment paléolithique, peuvent donner à penser à une superposition de

dessins dans cette grotte, superposition qui aurait fort bien pu débuter
à l'époque magdalénienne pour continuer à l'époque historique.

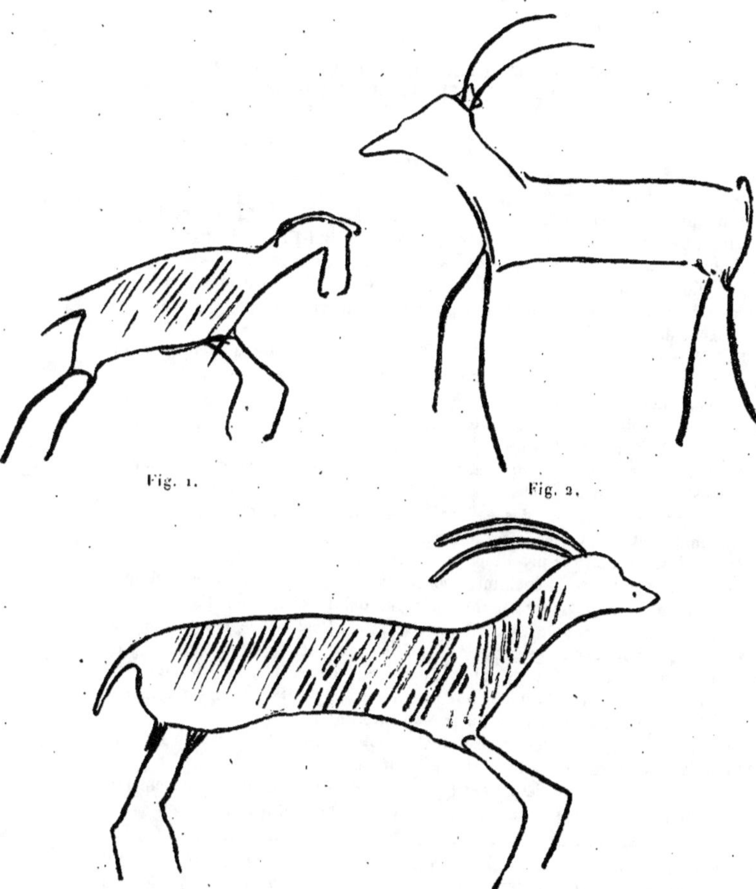

Fig. 1.

Fig. 2.

Fig. 3.

En tout cas, la plus grande prudence est nécessaire dans l'interprétation des dessins sur les parois des cavernes.

M. Ch. COTTE.

RAPPORT SUR LES INDUSTRIES A FACIES GROSSIER
DE L'AGE DE LA PIERRE DANS LE SUD-EST.

571.1 (44.7)

1er *Août.*

L'avantage de l'étude à laquelle nous convie M. le Dr Marignan est de permettre d'isoler chacune des industries frustes du Sud-Est de la France, afin de pouvoir ensuite les classer chronologiquement.

En effet, depuis quelques années, les anciennes classifications, sans être précisément détruites, paraissent à plusieurs insuffisantes pour convenir aux nouveaux documents.

Entre les éolithes tertiaires de G. de Mortillet et son époque chelléenne, on a cherché, tous nos collègues le savent, à introduire de nouvelles coupures archéologiques.

Les théories de M. Rutot sont trop connues pour que je m'y appesantisse; mais, pour la clarté, je dois les rappeler brièvement.

Il étend le terme d'éolithique à diverses industries à faciès primitif, même à celles des Tasmaniens modernes.

En revanche, il signale des éolithes préaquitaniens [1], et cette industrie « fagnienne » est déjà variée, comprenant :

Percuteurs ordinaires; percuteurs pointus (rares); tranchets; pilons (rares); retouchoirs (assez rares); enclumes; couteaux; racloirs (types divers : simple. à encoche, à deux encoches séparées par une pointe obtuse médiane, double à arêtes parallèles, double à arêtes convergentes, c'est-à-dire pointe moustérienne); burins de forme aurignacienne (pointe façonnée à petits coups); grattoirs (servant de ciseau ou de rabot); perçoirs; pierres de jet; briquets. Certaines pièces présentent la ligne sinueuse que M. le Dr H. Martin [2] a donnée comme marque caractéristique du travail intentionnel.

M. Rutot place également une industrie éolithique au sommet du Paléolithique [3], une autre vers la base du Néolithique.

Il indique comme mobilier de cet Éolithique-Néolithique ou « Flénusien » [4] :

Percuteurs (fréquents); nucléus (peu communs); retouchoirs; couteaux;

---

[1] *Une industrie humaine datant de l'Oligocène* (*Bull. Soc. Belg. Géol.*, t. XXI, 1907, Mémoires). — Rutot, *Une industrie éolithique antérieure à l'Aquitanien* (4e Cong. préh. Fr., Chambéry, 1908, p. 90).

[2] *A propos des éolithes, la ligne sinueuse dans la taille du silex* (1er Cong. préh. Fr., Périgueux, 1905, p. 100).

[3] *Une industrie éolithique, contemporaine d'une industrie du Paléolith. sup.* (4e Cong. préh. Fr., Chambéry, 1908, p. 150).

[4] *Sur l'extension du Flénusien en France* (2e Cong. préh. Fr., Vannes, 1906, p. 268); et *Esquisse d'une classification de l'époque néolithique en France et en Belgique* (*Rev. préhist.*, 1907, p. 51).

racloirs, grattoirs; perçoirs; pierres de jet; en outre, quelques outils paraissant se rapprocher des instruments taillés intentionnellement, mais encore informes : pics, haches, gros tranchets.

Il importe de signaler ici deux restrictions importantes qui empêcheront de classer dans l'Éolithique de nombreuses stations, dont l'industrie a un faciès grossier.

L'homme à mentalité éolithique utilise des éclats naturels; il peut débiter intentionnellement les rognons siliceux, et pratique la retouche d'accommodation pour écraser les arêtes gênant la préhension, et la retouche d'avivage pour ramener à l'état tranchant une arête émoussée; mais il ignore totalement la taille intentionnelle, qui consiste à donner à un silex une forme préconçue. *Tout instrument, même non taillé, appartenant à une industrie comprenant au moins un instrument taillé intentionnellement, n'est pas un éolithe* (¹).

En outre, la pointe de flèche était inconnue des Flénusiens (²).

Donc, si l'on réunit chronologiquement diverses de nos stations à industrie fruste au Flénusien, dès qu'elles contiendront un seul outil taillé, quelque grossièrement que ce soit, il faudra adopter un nouveau terme pour désigner l'ensemble des industries à faciès grossier néolithiques, dont le Flénusien ne serait qu'un mode.

Remarquons tout de suite que certaines de nos industries frustes ont été attribuées à l'Éolithique ou au Paléolithique le plus inférieur (préchelléen) qu'a créé M. Rutot sous le nom de *Strépyien*. Là, les silex à faciès d'éolithes sont mêlés à des silex grossièrement taillés en coups-de-poing, en poignards, en casse-têtes.

Sans prendre part au débat sur les éolithes, ce qui nous entraînerait hors du sujet, il était nécessaire de rappeler ces silex, où les uns croient voir des *ludus naturæ*, tandis que les autres les considèrent comme des vestiges des premières industries. Il faut les connaître pour étudier avec fruit nos stations de silex à faciès grossier, dont les échantillons aussi sont parfois contestés par des préhistoriens.

Ainsi M. le Dr Marignan tend (³) actuellement à suivre l'opinion de M. Rutot, classant au Mesvinien (son dernier stade éolithique avant le Strépyien) la station du jardin potager de la Rouvière (commune de Salinelles, vallée du Vidourle), attribuée d'abord au Flénusien (⁴). L'homme n'a utilisé là que des éclats naturels, offrant simplement des esquilles d'usage, et des retouches d'avivage ou d'accommodation. Les pièces sont de grande taille. Elles consistent en :

Enclumes; percuteurs tranchants (sorte de couperets avec retouches d'accommodation pour l'index); planes; racloirs variés; autres pièces difficiles à classer; mais pas d'armes ni de perçoirs. De nombreux cônes de percussion témoignent d'un travail très brutal du silex.

(¹) Rutot, *Qu'est-ce qu'un éolithe?* (4e Cong. préh. Fr., Chambéry, 1908, p. 161).

(²) Rutot, *Sur l'extension du Flénusien en France* (2e Cong. préh. Fr., Vannes, 1906, p. 268).

(³) *L'âge de la pierre dans la vallée basse du Vidourle.* (Extr. *Bul. Soc. Et. Sc. Nat.*, Nîmes, 1911, p. 260).

Cf. 3e Cong. préh. Fr., Autun, 1907, p. 264.

(⁴) Dr Marignan, *Présentation de silex d'une station flénusienne du Gard* (As. Fr. Av. Sc., Clermont-Ferrand 1908).

A quelques centaines de mètres de la station précédente, le même auteur [1] en signale une autre, à pièces de grandes dimensions et à taille fruste; mais ci de nombreux objets « sont taillés en vue d'un usage défini ».

« L'outillage se compose : de percuteurs tranchants, de hachoirs, de pics, de burins, très caractérisés (dont un à grattoir à l'autre extrémité), de nombreux racloirs, de tranchets, de coins, de haches grossières paraissant avoir été emmanchées. »

Notre savant collègue rapproche, comme âge, cette station du Flénusien, mais la distingue avec raison de cette industrie purement éolithique. Nous aurions affaire, à son avis, à une industrie mésolithique.

*
* *

Enfin, pour citer les diverses publications du même auteur, je rappellerai ses quartzites taillés de Saturargues [2], où l'on reconnaît les formes :

Coups-de-poing; racloirs; perçoirs, percuteurs.

Il ne me paraîtrait pas impossible que ce dernier gisement fût également néolithique, car, nous allons le voir, tous ces instruments se retrouvent dans des stations vraisemblablement néolithiques (ou mésolithiques). La mauvaise qualité de la matière première expliquerait en partie la grossièreté de la taille.

Il en est de même pour les curieuses industries des grès et de la meulière des environs de Fontainebleau [3], et pour celle des grès de la Vienne [4].

Celle-ci, d'après MM. Hervé et Dr Raymond, se rattacherait au Paléolithique; voici son mobilier :

Coups-de-poing (que nous allons retrouver dans d'autres stations à industrie à facies grossier; ceux de la Vienne sont sans doute assez frustes, puisque les auteurs n'en ont pas figuré dans leur travail); pointes à main et disques moustériens (instruments cités par M. Rutot dans toutes ses industries éolithiques); couperets (semblables aux percuteurs tranchants de Salinelles et de la station du Pic d'Oriou, dont je vais parler plus loin); serpes (planes de Salinelles et du Pic d'Oriou); scie à bord concave (coche médiane du Pic d'Oriou, se retrouvant à Salinelles); burins très grossiers (rappelant comme technique les poignards du Pic d'Oriou); pics; rabots ou coins (sorte de gros tranchets, qui existent au Pic d'Oriou, avec le rabot dérivé du grattoir Tarté).

A quelle époque du Paléolithique faut-il rattacher cette industrie ? Au Moustérien ? On ne comprend guère en ce cas la variété de son outillage; au contraire, tous les types énumérés se retrouvent, avec des variantes dues à un plus beau travail de la pierre, dans le Néolithique indiscuté. Il faut faire exception toutefois pour les disques moustériens et les coups-de-poing.

---

[1] *Loc. cit.*

[2] Dr MARIGNAN, *Quartzites taillés de Saturargues (Hérault)*, Ass. Fr. Av. Sc., Grenoble, 1904, et *Homme préhistorique*, 1907, p. 38.

[3] *Voir* notamment articles de MALLET, *L'Homme préhistorique*, 1904, p. 65 et 137; *Revue préhistorique*, 1907, p. 273; 1908, p. 60; 1909, p. 165; *Bull. Soc. préh. Fr.*, 1907, p. 345; ceux de M. REYNIER, *Bull. Soc. préh. Fr.*, 1910, p. 182.

[4] *Voir* note suivante : *Au sujet des silex de mauvaise qualité donnant des outils grossiers; voir* aussi : *Homme préhist.*, 1907, p. 78.

Remarquons que ceux des grès de la Vienne ne sont pas contemporains des autres pièces, d'après les auteurs, qui expliquent ces anomalies par un mélange d'industries paléolithiques.

Les coups-de-poing sont-ils obligatoirement prénéolithiques ? Des pièces analogues ont été signalées à l'atelier de la Longère [2], à celui de Beauvais, près Nogent-le-Rotrou [3], dont l'industrie rappelle fort celle des grès de la Vienne. Dans ces ateliers, les assommoirs à pointe (sorte de coups-de-poing) sont accompagnés des premières haches taillées, dont certaines avec début de polissage.

Aussi, de même que les auteurs, je vois dans ces pièces frustes des outils ou des armes néolithiques.

Dès lors, nous sommes amenés à admettre le même âge pour beaucoup d'autres gisements à industrie fruste.

Ceci est confirmé par la présence, au Mas-Bourguet (Gard), de pseudo coups-de-poing dans un mobilier microlithique et robenhausien [4].

M. le Dr Charvillat [5] a de même cru devoir rattacher au Néolithique : un coup-de-poing, un gros racloir concave, et des grattoirs carénés (dont les types se retrouvent au Pic d'Oriou); on lui a objecté qu'il y avait eu peut-être mélange d'industries.

Afin de ne pas allonger ce Rapport, je ne ferai que citer l'atelier des Sapinières [6], de grands perçoirs trouvés en divers lieux [7], des pièces de la vallée de l'Oise [8], de celle de l'Yonne [9], qui se rattachent au Flénusien [10], les marteaux des puits à silex de Champignolles [11], les stations d'Ocquerre et de Lizy-sur-Ourcq [12].

D'autre part, on a signalé dans des alluvions pléistocènes françaises, comme en Belgique, des industries préchelléennes qui ressemblent fort au Flénusien. On les trouve notamment aux environs de Beauvais [13], dans la vallée de la Dordogne [14] et en Artois [15].

On comprend, par suite, les incertitudes qui règnent, lorsqu'il s'agit de classer nos silex frustes du Sud-Est.

---

[1] *L'industrie paléolithique des grès dans la Vienne* (*Revue préhist.*, 1908, p. 169).

[2] Jousset de Bellesme et Savigny, 2ᵉ Cong. préh. Fr., Vannes 1906, p. 120.

[3] Mêmes auteurs, 3ᵉ Cong. préh. Fr., Chambéry 1908, p. 292.

[4] U. Dumas, 4ᵉ Cong. préh. Fr., Chambéry, 1908, p. 292.

[5] *De quelques survivances paléolith. dans l'industrie néolith.* (Ass. Fr. Av. Sc. Clermont-Ferrand, 1908, p. 662).

[6] Romain, *Note sur l'industrie néol.* (6ᵉ Cong. préh. Fr., Tours, 1910, p. 454).

[7] *Bull. Soc. préh. Fr.*, 1908, p. 133; 351.

[8] 1ᵉʳ Cong. préh. Fr., Périgueux, 1905, p. 327.

[9] *Bull. Soc. préh.. Fr.*, 1911, p. 287.

[10] Rutot, 4ᵉ Congr. préh., Fr., Chambéry, 1908, p. 297.

[11] 4ᵉ Cong. préh. Fr., Chambéry, 1908, p. 304.

[12] *Bull. Soc. préh. Fr.*, 1906, p. 425.

[13] Dr Baudon, 2ᵉ Cong. préh. Fr., Vannes, 1906, p. 67; *Bull. Soc. préh. Fr.*, 1907, p. 351; *Mém. Soc. préh. Fr.*, 1911.

[14] Dublange, *Bul. Soc. préh. Fr.*, 1910, p. 336.

[15] Cte de Pas, 4ᵉ Cong. préh. Fr., Chambéry, 1908, p. 84.

M. Deydier a repris l'étude de la vallée du Largue (¹), et des environs du mont Ventoux (²).

Dans cette dernière région, la station de Mormoiron, considérée déjà comme paléolithique par Morel, a donné à notre collègue des silex dans des graviers. L'assise inférieure lui aurait livré *à la fois* : des éolithes vrais, du Strépyien, du Chelléen, du Moustérien. Il paraît difficile d'admettre qu'un seul niveau corresponde à une telle durée géologique. Il s'agit donc, me semble-t-il, soit d'une même industrie dont l'âge reste imprécis, soit de dépôts remaniés; mais les silex ne sont guère roulés.

Si l'on a affaire à une seule industrie paléolithique non encore classée, ou à une autre industrie comparable à celle de Salinelles, rattachée au Mésolithique par M. le Dᵣ Marignan, nous en dresserons l'inventaire suivant :

Coup-de-poing (de type chelléen); instruments amygdaloïdes (de style strépyien); poignards; grattoirs; disques; retouchoirs; enclumes, etc.

La vallée du Largue (stations de surface) a fourni à M. Deydier une industrie grossière, dont il a classé d'abord certaines pièces au Néolithique, puis qu'il a rejetée en bloc dans le Paléolithique, comme l'avaient fait avant lui, pour cette région, MM. Allec et Arnaud d'Agnel.

Là encore, la diversité de l'outillage oblige M. Deydier à le répartir entre diverses époques. Il me semble plus admissible que nous ayons affaire à l'industrie grossière, révélée par des trouvailles faites en divers lieux. Nous y observons, en effet, les objets dénommés par M. Deydier :

(Pseudo) coups-de-poing, taillés sur une face ou sur deux; coups-de-poing tranchants (= percuteurs tranchants); coups-de-poing globuleux (= assommoirs à pointe de MM. Jousset de Bellesme et Savigny); coups-de-poing-poignards (= poignards du Pic d'Oriou); grands poignards; poignards-tranchants (= hachoirs du Pic d'Oriou); percuteurs; percuteurs-tranchants; grands éclats Levallois; disques et pierres de jet; racloirs horizontaux (= rabots, grattoirs carénés dérivés).

J'ai cité plusieurs fois le Pic d'Oriou. Il ne me convient pas de parler longuement de cette station (³); mais je dois cependant signaler ses caractéristiques :

Observons tout d'abord qu'elle est située dans la vallée du Lauzon, qui est parallèle à celle du Largue. Elle a fourni des silex moustériens, dont certains trouvés en place dans des alluvions bien datées par la stratigraphie, et d'autres en surface; ces derniers étaient mêlés à des pièces nettement néolithiques et à une riche industrie à faciès grossier. L'ensemble de ces pièces mêlées comprend :

Maillets naturels; marteaux à sommets en angle dièdre ou en pyramide; enclumes; disques, pseudo-coups-de-poing; pointes à main; poignards; pointes de lame, de javelot ou de flèche; hachoirs; tranchets; percuteurs tranchants;

(¹) *La vallée du Largue néolithique* (1ᵉʳ Cong. préh. Fr., Périgueux, 1905, p. 299). — *La vallée du Largue paléolithique* (4ᵉ Cong. préh. Fr., Chambéry, 1908, p. 105).

(²) *Le Préhistorique aux environs du mont Ventoux* (3ᵉ Cong. préh. Fr., Autun, 1907, p. 135; et 6ᵉ Cong. préh. Fr., Tours, 1910, p. 196).

(³) As. Fr. Av. Sc., 1911; *Comptes rendus, séances;* et 7ᵉ Cong. préh. Fr., Nîmes, 1911.

lames; éclats Levallois; scies planes; grattoirs et racloirs; grattoirs carénés et leurs dérivés; coches-racloirs d'extrémité et coches-racloirs médianes (ces deux derniers types se retrouvant à Salinelles et dans d'autres stations analogues); encoches multiples sur épaisseur; perçoirs; perçoirs latéraux (becs de perroquet et autres).

Telles sont les stations à gros outillage, d'un faciès grossier, qui ont été signalées dans le Sud-Est. Toutefois M. Vésigné, dans la vallée du Buëch, ... mais j'allais être indiscret.

Il me reste à effleurer la question des autres industries frustes de la région, qui se distinguent des précédentes par la grosseur normale de leurs objets.

Je prendrai comme type de l'une d'entre elles la station de la Calade, signalée par M. Octobon ([1]). Elle doit l'air très fruste de son mobilier à la détestable qualité du silex local; mais le style des pièces est robenhausien, et sur quelques-unes, dont la pierre était moins mauvaise, apparaissent de fort belles retouches que ne connaît pas l'industrie mésolithique de M. le Dr Marignan ([2]).

Une autre industrie, dont les outils sont en majorité assez grossièrement taillés, me paraît appartenir à la base du Robenhausien. C'est à elle, je m'imagine, qu'il faut rattacher les abris signalés comme magdaléniens, mas-d'aziliens ou tourassiens, et campigniens par M. Fournier, en Basse-Provence. Observons : que bien des fois des instruments très bien taillés s'y mêlent à la masse des éclats utilisés; que l'outillage y est petit; que ces habitats sont presque toujours des abris sous roche et non des stations en plein air. A cette industrie me paraissent appartenir aussi l'abri sous roche de Vernon ([3]), et celui de Sainte-Fare ([4]), à Saint-Martin-de-Castillon ([5]).

Si je résume les documents que je viens d'indiquer, plutôt que d'analyser, je puis préciser comme il suit la question à l'ordre du jour :

Il existe dans le sud-est de la France, comme dans d'autres régions, une ou plusieurs industries à faciès grossier, dont les outils, de grandes dimensions, se trouvent généralement réunis en abondance dans les gisements où le sol était jonché d'éclats naturels de silex. Elles ressemblent à la fois à l'industrie préchelléenne et à l'industrie néolithique.

Leur mobilier est assez uniforme, bien que les stations de Salinelles offrent, séparées, deux industries qui paraissent confondues au Pic-d'Oriou.

Jusqu'à présent la grossièreté de ce faciès paraît avoir rebuté les chercheurs; aussi les seules Notes parues sur ces industries dans le Sud-Est sont-elles celles qui concernent la vallée du Vidourle, les environs du mont Ventoux, la vallée du Largue, et celle du Lauzon.

Il y a donc utilité à ce que nos collègues fassent connaître leurs récoltes dans des stations de ce genre; comparent les divers gisements entre eux; nous fournissent, s'ils le peuvent, des documents stratigraphiques ou paléontolo-

---

([1]) *Recherches aux environs d'Aix-en-Provence.* (*Annales de Provence*, 1911).

([2]) La station de la Calade m'a donné un de ces disques *plats*, signalés par M. le Dr Lénez à Samoreau (*L'Homme préhist.*, 1905, p. 151).

([3]) Dr Jullien et Vial, *Bull. Soc. préh. Fr.*, 1910, p. 239.

([4]) Ch. Cotte, *Annales Prov.*, 1906, p. 300.

([5]) La similitude de ces deux derniers abris est frappante; chacun d'eux présente une terrasse limitée par des blocs ou par une muraille en pierres sèches, et des trous de poutrelle creusés dans le roc.

giques, qui font défaut actuellement pour cette industrie; enfin, nous aident de leurs connaisances archéologiques, pour tâcher de débrouiller la question chronologique, à l'aide des ressemblances du mobilier avec celui de telle ou telle époque paléolithique ou néolithique.

La discussion, au Congrès de Nîmes, sera des plus fructueuses, si nos divers collègues de la 11ᵉ Section répondent à l'appel de notre sympathique président.

M. Marius DALLONI,

Collaborateur à la Carte géologique de l'Algérie (Alger).

LES INDUSTRIES DE LA PIERRE DANS LE NORD DE L'ORANIE. LEURS RELATIONS AVEC CELLES DU SAHARA.

571.2 (652)

6 Août.

Depuis la publication de mes deux Notes précédentes (¹), j'ai eu l'occasion de rencontrer de nouveaux gisements de silex préhistoriques sur le plateau de Mostaganem (au Djebel Moumeles et près de Karouba), sur le plateau d'El Bordj (Oued Abadie) et sur le plateau de Zemmora, aux environs de Kenennda.

J'ai présenté quelques-unes des pièces recueillies à la Section d'Anthropologie du Congrès de Nîmes; elles n'ont pu dónner qu'une faible idée de l'importance et de la variété des documents que j'ai rassemblés et que je compte figurer dans une étude d'ensemble sur l'industrie préhistorique des stations en plein air du Tell oranais. Dès à présent, on peut faire quelques remarques intéressantes. Les vestiges trouvés à la surface du sol, dans une région semi-désertique, véritable petit Sahara égaré dans le Tell, indiquent qu'une population assez dense y habitait autrefois au bord de marécages, aujourd'hui presque desséchés et envahis par le sable. On peut établir deux séries dans ces objets de pierre. L'une comprend des instruments paléolithiques, coups de poings acheuléens, pointes et racloirs moustériens, généralement en quartzite; il est impossible de douter de son ancienneté, malgré l'opinion contraire du Dᵣ Verneau (²) pour les trouvailles sahariennes, car, ainsi que l'a déjà fait

---

(¹) *Nouvelles stations préhistoriques en Oranie* (*Comptes rendus de l'Association française pour l'Avancement des Sciences*, Congrès de Lyon, 1906); *Les stations préhistoriques des plateaux d'El Bordj et de Mostaganem* (*Ibid.*, Congrès de Reims, 1907).

(²) *Documents scientifiques de la Mission saharienne*, p. 1106.

observer M. Pallary, on n'a jamais rencontré cette industrie dans les stations néolithiques en place. L'autre groupe, beaucoup plus riche, est peut-être entièrement néolithique. Cependant, dans plusieurs stations (et, en particulier, au Djebel-Nadour), remarquables par l'abondance des lames à encoches, on trouve des burins typiques, identiques à ceux du Magdalénien; elles sont également riches en silex géométriques de type tardenoisien. L'une des formes banales partout est la pointe étroite à dos retaillé, simulant souvent la « pointe de la Gravette » aurignacienne et associée à des grattoirs carénés. Néanmoins, il est malaisé de séparer ces types curieux de ceux qui relèvent indubitablement du Néolithique.

Les petites pointes de flèches à pédoncule et ailerons, si communes dans le Sahara, sont très rares près du littoral, comme à Karouba et au sud d'Aïn Tédélès; le pédoncule se termine parfois par un bouton, comme dans certaines pointes du Sud. La pointe ovale ou triangulaire, toujours retouchée sur une seule face, s'observe fréquemment, ainsi que les grosses pointes de trait, en silex ou en quartzite, que M. Pallary considère comme datant d'une époque de décadence, de la fin du Néolithique. De longues et larges lames en quartzite, appointées à une extrémité, pédonculées à l'autre (pointes de sagaies?), communes dans le Sud oranais [1], se rencontrent sur le plateau de Mostaganem.

Au Djebel Djazzar, j'ai trouvé, avec de belles pointes foliacées, ces silex fusiformes bien retouchés que quelques auteurs dénomment *hameçons doubles* et qui n'étaient connus jusqu'ici que dans le Sahara [2]; on sait qu'ils sont identiques à des pièces du Fayoum.

La poterie des stations en plein air, qu'on peut considérer avec certitude comme préhistorique, est extrêmement rare. J'ai recueilli avec les silex taillés des fragments d'une poterie noirâtre, portant à l'extérieur l'empreinte réticulée des mailles d'un panier dans lequel elle a été *poussée*; cette céramique, déjà découverte au Sahara par M. Foureau, a été regardée par Hamy comme fournissant un indice de relations des préhistoriques de cette région avec les anciens Éthiopiens.

Parmi les objets de parure, je mentionnerai seulement, avec diverses coquilles perforées d'un trou de suspension, des perles en verre bleu ou vert, analogues à celles que l'on connaît déjà dans le Sud; mais il est probable que ces perles en verre sont contemporaines des objets en métal qu'on observe à la surface des mêmes stations. De nombreux fragments d'œufs d'autruches jonchent parfois le sol; mais je n'en possède aucun qui porte une décoration quelconque. En somme, l'industrie préhistorique est à peu près la même dans tous les gisements de la zone du Tell que j'ai pu explorer. Elle présente avec celle des Hauts-Plateaux et du Sahara les plus grandes analogies, sinon une complète similitude; c'est

---

[1] FLAMAND et LAQUIÈRE, *Nouvelles recherches sur le Préhistorique dans le Sahara et le Haut-Pays oranais*, p. 216 *fig.* 4.

[2] FLAMAND et LAQUIÈRE, *Ibid.*, p. 224, *fig.* 11.

à peine si l'on peut dire que les stations du Sud se distinguent par l'abondance extraordinaire des belles pointes de flèches et la présence de rares types (hachettes plates, pointes à écusson) qu'on rencontrera sans doute un jour plus au Nord.

M. LE Dr Henri MARTIN.

LE CRANE DE L'HOMME FOSSILE MOUSTÉRIEN DE LA QUINA.

---

2 Août.

La photographie que j'ai présentée au Congrès de Nîmes montre la reconstitution du crâne de l'homme fossile de la Quina. J'ai trouvé cette importante pièce le 18 septembre 1911 dans la partie inférieure de la couche moyenne des dépôts archéologiques du gisement.

Le crâne était accompagné de quelques ossements : deux humérus, le cubitus et le radius gauches, deux fémurs incomplets, plusieurs phalanges, omoplate et clavicule gauches et plusieurs vertèbres cervicales. Quelques ossements restent encore dans le bloc transporté au Laboratoire du Peyrat, mais leur extrême fragilité me fait hésiter à tenter un dégagement.

Ce squelette était dans une couche sablo-argileuse correspondant à un ancien lit vaseux du Voultron; il était couché sur le côté droit.

La macération avait produit sur le crâne de ce jeune sujet une véritable désarticulation et toutes les pièces étaient emboîtées ou imbriquées. Après mille difficultés, j'ai pu reconstituer une grande partie de sa boîte crânienne, elle donne aujourd'hui le profil du plus typique néanderthalien, et certainement l'exemple le plus réduit comme indices et capacité cérébrale.

La reconstitution et l'étude de ce crâne seront poursuivies dans mon laboratoire; puis, j'en ferai don à l'État, pour qu'il figure à côté de ceux de La Chapelle-aux-Saints et de La Ferrassie.

Indépendamment de ce squelette, j'ai trouvé dans différents points du gisement des fragments humains appartenant à huit autres individus : deux fragments de frontaux avec arcade sourcilière énorme, deux astragales, un fragment d'occipital, deux dents, un fragment de pariétal, une vertèbre dorsale et une mâchoire inférieure gauche avec cinq molaires. Tous ces débris se rattachent bien à une race humaine caractéristique et disparue de nos jours : la race néanderthalienne.

Aucune de ces pièces ne peut être attribuée au type actuel, toutes viennent infirmer l'homogénéité de la race moustérienne. Dans mes fouilles, je n'ai jamais constaté la moindre trace de sépulture, ni de marques sur les os pouvant faire supposer l'anthropophagie.

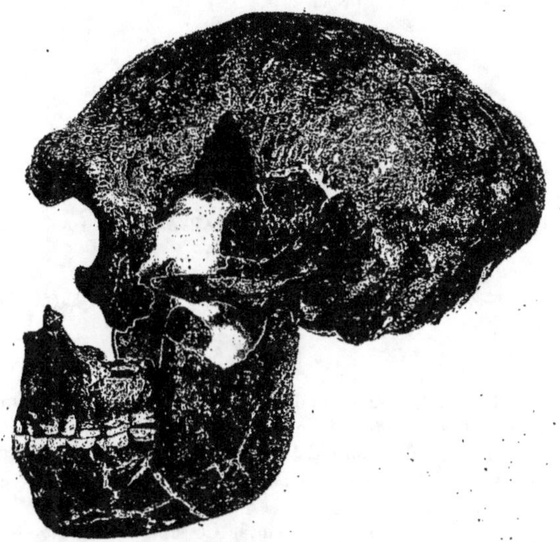

Je tiens à remercier les membres du Conseil de l'Association française pour l'Avancement des Sciences, qui ont bien voulu, il y a trois ans, m'accorder une subvention ; cette participation aux gros travaux entrepris dans le gisement a été pour moi un encouragement et a contribué aux découvertes énoncées plus haut.

MM. Lucien MAYET, Laurent MAURETTE,
(Lyon),

ET

A. GAZEL.
(Olonzac).

LA « GROTTE DES POTERIES » A FAUZAN
(Commune de Cesseras, Hérault).

571+55-81 (44.84)

6 *Août.*

La Cesse est un affluent de l'Aude qui descend du col de Sérières (680 m
d'altitude) sur le rebord méridional de la Montagne-Noire, traverse le
Minervois dans une direction Ouest-Est, s'infléchit vers le Sud, après
Agel, et rejoint l'Aude à quelques kilomètres au nord de Narbonne, à
Sallèles-d'Aude.

Au cours de ce long trajet d'environ 50 km, la Cesse entaille profondément la région montagneuse du Minervois, où elle a creusé son lit dans le
calcaire nummulitique (calcaires à alvéolines, *A. subpyrenaica* Leymerie
et *A. oblonga* d'Orbigny) avec quelques couches intercalées de marnes
à *Ostrea strictiplicata* Raulin, du Lutétien inférieur marin) sous forme
d'un admirable cañon dont les parois abruptes, en grande partie même
verticales, atteignent jusqu'à 150 m de hauteur. Ce cañon témoigne de
l'importance de la Cesse pendant le Tertiaire et le Quaternaire. Actuellement, ses eaux se perdent, au sortir du terrain primaire sur lequel la
rivière a une allure torrentielle, dans les fissures du calcaire nummulitique et le lit de la Cesse reste à sec en été, jusqu'en aval d'Agel. A partir
de cette localité, une série de sources importantes lui assurent un assez
large débit.

L'étroit couloir du cañon de la Cesse, long d'environ 10 km, est, au
Nord, surplombé par le vaste plateau calcaire du causse de Minerve,
dénudé, privé de toute végétation, désert. Au Sud, contre l'étroite bande
de ce même calcaire nummulitique qui forme le rebord méridional du
cañon, viennent s'appuyer des coteaux ravinés, arides, incultes, depuis
longtemps déboisés, dont le sol est d'origine lacustre et représente le
Lutétien moyen dans cette région de la Montagne-Noire (calcaire de

Ventenac à *Bulimus Hopei* Marcel de Serres, et à *Planorbis pseudo-ammonius* Voltz) [1].

Dans toute cette région de la vallée de la Cesse et plus particulièrement dans les 5 km en amont de Minerve, le terrain nummulitique est fissuré au delà de toute expression. L'infiltration à travers le calcaire et les lits marneux intercalés, des eaux qui ont ruisselé sur le causse minervois, a eu pour résultat la formation d'un grand nombre de cavités naturelles qui furent habitées par l'homme aux temps préhistoriques. On retrouve également les traces de celui-ci dans de nombreux abris sous roche dus à l'érosion des eaux qui, lors de chaque crue, rongeaient la falaise calcaire et l'excavaient, d'ailleurs peu profondément. La plus importante et la mieux conservée de ces cavernes est la *Grotte de la Coquille*, située au nord de Fauzan et à 1,5 km de cette dernière localité, grotte bien connue par l'extraction de terre phosphatée mêlée d'ossements fossiles qui s'y fait depuis longtemps. M. Bousquet, maire d'Azillanet, qui a bien voulu nous prêter, pour l'exploration et la levée du plan de la grotte que nous allons étudier, le concours le plus précieux et le plus dévoué, a trouvé dans cette Grotte de la Coquille, des silex taillés, de type moustérien (?), et des fragments de poterie néolithique.

A peu de distance de la Grotte de la Coquille, en amont de celle-ci, dans la vallée de la Cesse, existe une autre caverne à peine connue, que nous avons explorée et fouillée aussi complètement que possible. C'est en juin 1894 que l'un de nous, M. Gazel, la découvrait, y pénétrait et lui donnait le nom de *Grotte des Poteries*, à cause de l'abondance des tessons qui en parsemaient le sol sur une grande surface.

Dans la suite, des fouilles partielles furent faites par M. Gazel, par M. Bertrand, par M. Bousquet. En 1911, une fouille complète et métho-dique nous a permis d'étudier de façon beaucoup plus précise le niveau archéologique de la grotte des Poteries et le sol sous-jacent.

C'est sur l'ensemble de ces recherches qu'est basée la présente étude. L'accès de la grotte des Poteries est assez difficile. Elle s'ouvre sur la

---

[1] Pour plus de détails sur la géographie, la géologie et la paléontologie du bassin de la Cesse, on se reportera utilement aux remarquables études de M. Ch. Depéret, et à celles de M. Louis Doncieux. En voici les indications bibliographiques :

DEPÉRET, *Comptes rendus des Collaborateurs de la Carte géologique*, Cam-pagne de 1898, feuille de Narbonne; Campagne de 1899, feuille de Narbonne; *Géologie du Chaînon de Saint-Chinian* (*Bull. Soc. géol. de France*, 3e série, t. XXVII, 1911).

DONCIEUX, *Monographie géolologique et paléontologique des Corbières orientales* (*Ann. de l'Université de Lyon*, 1903; 400 pages, 70 fig., 7 pl.); *Catalogue descriptif des Fossiles nummulitiques de l'Aude et de l'Hérault*, 1re partie, 1905; 2e partie, 1911; 3e partie, 1911; et *Ann. de l'Université de Lyon*.

On pourra consulter aussi le Mémoire de M. Eugène Ferrasse sur *L'hydro-graphie des bassins de la Cesse et de l'Ognon dans ses rapports avec la structure géologique* (*Th. de Sciences naturelles*, juin 1906), encore qu'il ait été l'objet de critiques sévères et justifiées. En ce qui nous concerne, plus spécialement, nous devons déclarer que la partie spéléologique renferme de très graves inexactitudes.

paroi sud du cañon, en un endroit où cette paroi est tout particulièrement abrupte. De Fauzan, un chemin desservant le *moulin de Cayla* ou de *Monsieur* conduit à proximité de la falaise. Après l'avoir franchie par un des rares passages qui permettent l'accès du lit de la rivière, on suit la base de la formation nummulitique par un sentier de chèvres, sur une longueur de 3oo à 4oo m, jusqu'à la hauteur de la grotte, dont l'étroit orifice débouche sur une petite plate-forme, admirablement exposée, située à 1 t m au-dessus du sentier. De ce point, l'œil découvre un merveilleux panorama, sauvage et grandiose. La Cesse coule au fond d'un immense cirque rocheux, aux parois diversement stratifiées. Sur une hauteur de 5o m, s'étagent les strates horizontales de la formation nummulitique. De la base de celle-ci au thalweg desséché, sur une hauteur de 4o m, s'étendent des pentes abruptes, calcaire blanc et éboulis, parsemées de rares arbustes dont la verdure sombre fait un contraste avec la blancheur des rochers. En aval, un immense barrage rocheux semble interrompre la vallée... Tout cela est d'un ensemble saisissant, admirable, et les gorges du Tarn, tant vantées, ne peuvent donner qu'une faible idée de ce cañon de la Cesse.

L'ouverture de la grotte se continue par une sorte de boyau de 8,5o m de longueur sur o,7o cm de hauteur et un peu moins de 1 m de largeur. Celui-ci franchi, en rampant péniblement, on arrive dans une vaste galerie longue de 46 m, large en moyenne de 3 m et de hauteur variable : atteignant près de 7 m en certains points, elle est d'une façon générale de 4 m à la partie supérieure et d'un peu moins de 2 m dans le fond de la galerie.

La première salle que semble clore un énorme bloc de rocher éboulé, se relie par un passage extrêmement surbaissé à une seconde, puis à une troisième galerie, tortueuses, au sol très accidenté, ayant en tout 3zo m de longueur. Le sol de la première galerie est recouvert d'une couche de terre noirâtre, mélangée de cendres, dont l'épaisseur n'excède en aucun point quelques centimètres. Cette couche superficielle était, lorsque M. Gazel a découvert la grotte, parsemée en très grande abondance de tessons de poteries, de débris de cuisine (ossements de bœuf, de chèvre, de sanglier, d'oiseaux, etc.). En la tamisant avec précautions et avec une très grande attention, nous avons pu y découvrir quelques objets néolithiques d'un réel intérêt.

Au-dessous de cette couche superficielle se trouve un limon marneux, de couleur claire, presque blanche, qui contraste absolument avec la couleur noire de la couche superficielle. Dans ce limon ont été découverts des ossements humains, très rares dans la partie antérieure de la galerie, plus abondants à mesure qu'on se rapproche du fond de la première salle, à ce point qu'il est logique de se demander si le bloc de rocher signalé au fond de celle-ci n'a pas, en se détachant, écrasé un véritable ossuaire humain.

Ce limon à ossements humains repose sur une couche épaisse de terre jaunâtre, semblable à celle exploitée comme terre à phosphates dans la grotte de la Coquille et renfermant en grande abondance des ossements d'ours des cavernes. Cette couche à *Ursus spelæus* apparaît très homogène dans toute l'étendue explorée par nous du sous-sol de la grotte.

A cette première galerie, Galerie des Poteries, font suite : à gauche, une courte galerie, Galerie de l'Eau, qui se rétrécit assez rapidement et se termine en cul-de-sac au bout d'une vingtaine de mètres; à droite, un long couloir assez accidenté, de près de 3oo m de longueur, dont la disposition générale est indiquée par le plan très exact de M. Bousquet mieux que par toute description. Nous reproduisons ici la partie la plus intéressante de ce plan.

Assez loin, dans cette dernière galerie, on retrouve du sable et des galets apportés par les eaux de la Cesse lorsqu'elle coulait au niveau de la grotte et l'envahissait lors de ses crues. Ces alluvions sont mélangées de nombreuses dents d'ours. Il convient de remarquer également qu'en divers endroits, surtout lorsque la voûte de la grotte s'abaisse, existent sur les parois et le haut de celle-ci, des traces nombreuses d'ours (griffades) qui entament assez profondément la roche friable. En d'autres points, cette même roche est polie à o,6o-o,8o cm de hauteur, probablement par le passage fréquemment répété de ces animaux. Les parties plus hautes et celles plus basses de la paroi ne présentent pas ce poli, non plus que les creux de la roche, ce qui confirme notre hypothèse du polissage par le frottement du corps des ours contre les parois de la grotte. Nous n'insistons pas davantage sur la description de la grotte des Poteries, qui est une des plus vastes comme des plus intéressantes des nombreuses cavités souterraines du Minervois.

Ossements humains. — Les ossements humains que nous avons retirés de la grotte des Poteries ne sont malheureusement pas dans un état de conservation permettant de les étudier et d'avoir un aperçu de la population dont les morts ont été déposés dans la grotte. Il est très probable que celle-ci a servi de sépulture avant d'être habitée, car la couche superficielle à poteries ne contient guère que des ossements humains paraissant remaniés de la couche marneuse, blanchâtre, immédiatement sous-jacente. On pourrait appeler celle-ci *couche à ossements humains*; elle ne renferme aucun débris de poterie, aucune trace de foyer, etc. Le fait que les ossements, appartenant à des sujets de tous les âges et des deux sexes, étaient surtout abondants dans le fond de la galerie où ils ont dû être primitivement entassés, l'absence de toute connexion anatomique entre les ossements, leur mauvaise conservation, etc., plaident en faveur d'un ossuaire néolithique; l'absence de débris industriels vient déposer dans le même sens et faire attribuer cet ossuaire au début du Néolithique, tandis que la couche superficielle à tessons de poteries et à débris de cuisine paraît n'avoir commencé à se former qu'à la fin de la même époque. Les ossements humains retirés de la grotte des

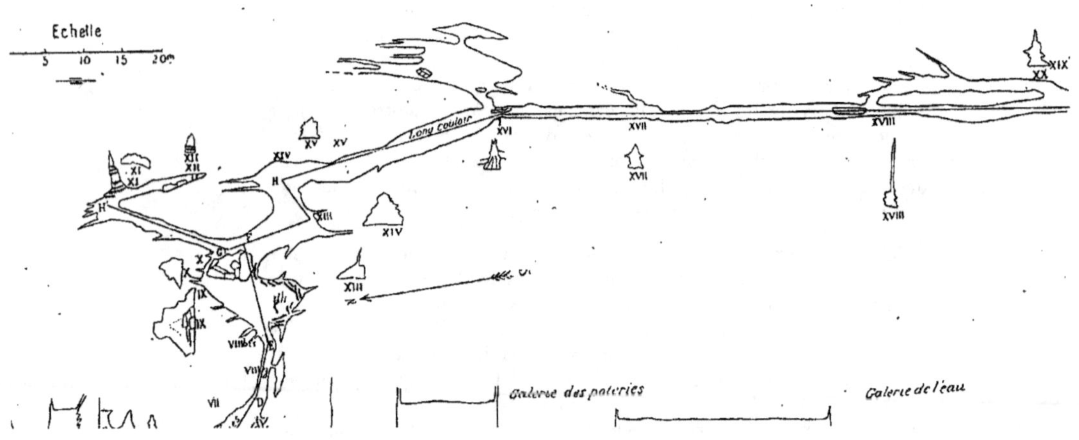

Echelle
5 10 15 20m
Long couloir
Galerie des poteries
Galerie de l'eau

Poteries n'ont qu'une fossilisation tout à fait relative et ne peuvent remonter aux temps paléolithiques.

Faune. — Si nous faisons une exception pour l'amoncellement des ossements d'*Ursus spelæus* existant dans le sous-sol de la grotte des Poteries, nous pouvons dire que la faune de celle-ci est constituée exclusivement par des débris de cuisine recueillis dans la couche superficielle.

Nous avons pu déterminer :

Cheval, *Equus caballus*, avec dents; calcaneum, tibia et divers débris d'os de membres.

Bœuf, *Bos taurus*, molaire supérieure et fragments d'os des membres.

Cerf de grande taille, Cf. *Cervus elaphus*, deux extrémités de cañons postérieurs, calcaneum, extrémité inférieure d'humérus droit, plusieurs phalanges et fragments d'os des membres.

Cerf de moyenne taille, Cf. *Cervus capreolus*, extrémité inférieure d'un cañon postérieur, phalanges et fragments d'os des membres.

Mouton, *Ovis aries*, fragments de mâchoires supérieures et d'os des membres.

Chèvre, *Capra hircus* (peut-être *C. egagrus*), id.

Sanglier, *Sus scrofa*, une mandibule droite avec la dentition de lait, phalange.

Loup, *Canis lupus*, représenté par un fragment de mandibule gauche avec P², P³, P⁴.

Renard, *Vulpes vulgaris*, extrémité inférieure d'humérus gauche.

Lièvre, *Lepus timidus*, fragment de crâne, fémur.

Lapin, *Lepus cuniculus*, fémur, tibia, os iliaque.

Divers os d'oiseaux, non déterminés.

Cette faune ne saurait être regardée comme très ancienne et s'accorde bien avec le faciès industriel de la grotte des Poteries.

Poteries. — L'extrême abondance des tessons et débris de poteries justifie le nom donné à la grotte que nous étudions ici. C'est par caisses entières que nous avons pu les recueillir. Ce qui frappe dès le premier examen de ces tessons, c'est leur grande diversité de technique céramique, faisant immédiatement pressentir leur apport à des époques très différentes. Nous avons demandé à un spécialiste, dont la compétence est unanimement reconnue, M. Pagès-Allary, de Murat, de nous donner à leur sujet son avis autorisé. Il nous a répondu avec sa bienveillance et son dévouement habituels, et nos premières constatations ont été pleinement confirmées.

Il y a : 1° Une très grande majorité de poteries peu cuites, en pâte grossière, dans laquelle le *liant* de l'argile est formé par un limon de rivière fin et de mauvaise qualité, mais renforcé par un *dégraissant* à gros grains de quartz, de gneiss, de micaschiste, de morceaux de schiste noirâtre, éléments venant probablement des terrains traversés par la Cesse dans la première partie de son cours, transportés par elle et recueillis dans ses alluvions. Il y a donc de tout dans cette pâte grossière. La nature de celle-ci, sa cuisson incomplète, sa technique (poterie faite à la main,

sans tour), l'aspect extérieur, celui du fond et des bords (droits), etc.,
permettent de les dater *néolithiques.*

2° Les tessons qu'on peut rapporter de l'âge du bronze à la fin de l'âge
du fer. Ces tessons sont en pâte dure (durcie non par le feu, mais du fait
de sa nature même). Ils sont lustrés, non cirés.

3° Des tessons très cuits, non préhistoriques, mais de la fin du moyen
âge, soit ixe-xiiie siècles.

On peut donc regarder la Grotte des Poteries comme :

a. Ayant servi d'ossuaire au début du Néolithique (absence de poteries
et de débris industriels);

b. Ayant été habitée pendant la fin du Néolithique;

c. Ayant continué à servir d'habitation transitoirement pendant la
fin des temps préhistoriques;

d. Retrouvée et utilisée à titre d'asile, passagèrement, à la fin du
moyen âge.

Objets divers. — Sous cette dénomination, nous donnerons l'énumération sommaire des divers objets de parure, des silex, fusaïoles, etc.,
recueillis par le tamisage de la couche archéologique de la Grotte des
Poteries :

1° Deux pendeloques en roche schisteuse verte, polie. L'une est percée
d'un trou de suspension; l'autre n'a qu'une ébauche de trou resté inachevé.

Une pendeloque en schiste micacé grisâtre, avec trou de suspension
bien perforé. Ces pendeloques mesurent en moyenne : longueur, 80 mm;
largeur, 40 mm; épaisseur, 6 à 10 mm.

Une petite pendeloque en calcaire blanc poli.

Aucune dent percée dans cette grotte où abondent cependant les
canines d'ours des cavernes.

2° Une perle de verre, de couleur vert bleuté, d'une réelle beauté
(âge du bronze);

3° Deux couteaux en silex, finement taillés. (Néolithique);

4° Une pointe de flèche avec pédoncules et deux barbellures, remar-
quablement taillée (Néolithique ou aurore du bronze);

5° Un silex quelque peu énigmatique. Il s'agit d'une plaque de silex.
Ces plaques minces de silex ne sont pas très rares dans le midi de la
France et seraient d'origine oligocène, ayant la couleur blanc jaunâtre
et l'aspect d'une mince lame de calcaire lithographique. Cette plaque,
taillée sur l'un de ses bords rendu ainsi coupant, abîmé par l'usage qui
paraît avoir détaché des forts éclats; le bord opposé, absolument rectangulaire et aplani, est admirablement poli.

Des silex analogues ont été trouvés dans les dolmens de l'Aveyron
et sont généralement regardés comme ayant été des faucilles.

6° Toute une série de fusaïoles, au nombre de 11, en terre cuite, rougeâtre, grisâtre, avec trou très régulièrement perforé;

7° Une aiguille en bronze (Alène à tatouage).

La place restreinte qui nous est accordée ici ne nous permet pas de développer les rapports que présentent les vestiges industriels des autres grottes néolithiques du Languedoc et des Cévennes, avec ceux de la grotte des Poteries.

Du moins, nous remarquerons que celle-ci n'est pas isolée. Des poteries grossières ont été trouvées dans la grotte toute voisine de la Coquille (ou d'Aldène), dans celle de Pondres près Sommières (Gard), dans la grotte haute de la Fournarié, à Sainte-Hippolyte (Gard), dans la caverne de Sauvignargues, etc. La grotte de Meyrannes (Gard), si bien étudiée il y a une dizaine d'années par MM. Mazauric, Mingaud et Vedel, et celle de la Fournarié présentaient un niveau néolithique qu'on pourrait utilement rapprocher de celui de la grotte des Poteries; à Rouvenac, M. A. Page, de Rivoire-Cazilhac, a signalé une sépulture avec squelettes portant un collier de perles en calcaire et un bracelet également en calcaire, et cette sépulture est très probablement contemporaine des Néolithiques du Minervois, etc.

La région de l'Aude, de l'Hérault et du Gard était relativement très peuplée à l'époque néolithique. La grotte des Poteries vient s'inscrire à la liste déjà longue des gisements remontant à la fin des temps préhistoriques dans cette partie du Languedoc.

M. G. GUENIN.

(Brest).

LES MENHIRS DU FINISTÈRE. PREMIERS RÉSULTATS DE MES RECHERCHES FAITES AVEC LA SUBVENTION QUE M'A ACCORDÉE L'ASSOCIATION FRANÇAISE POUR L'AVANCEMENT DES SCIENCES.

571.94 (44.11)

6 *Août.*

Nombre des mégalithes. — Le deuxième inventaire de M. du Châtellier, publié en 1907, fourmille d'erreurs, mettant le même mégalithe en trois communes, inventant des menhirs qui n'ont jamais existé, se trompant de communes, etc.

Je résume les différences les plus essentielles :

	M. du Châtellier.	Mon inventaire.
Menhirs debout................	37	40
» renversés.............	7	13
» cassés.................	o	5
» disparus..............	3	5
	47	63
Lechs qui certainement peuvent être considérés comme des menhirs retaillés et christianisés..	19	22
Rochers taillés à cupules et bassins.................	o	8

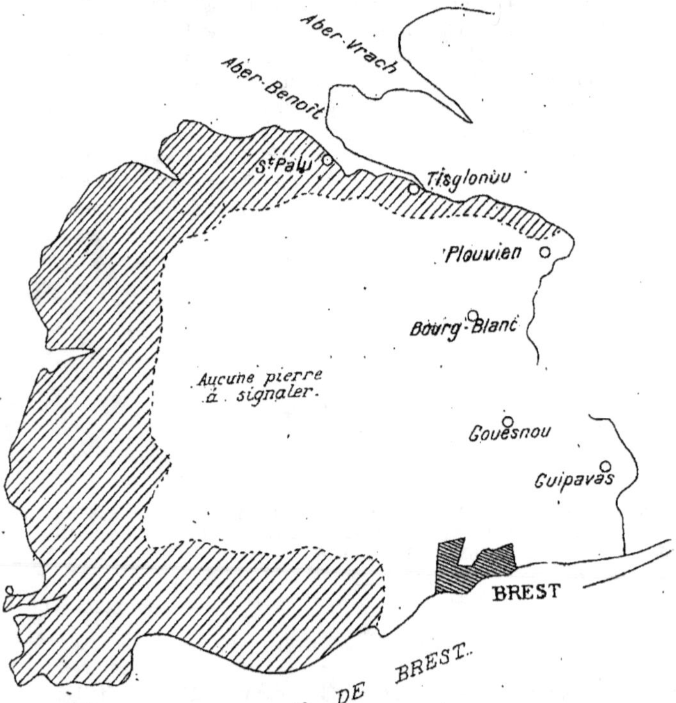

Or, j'ai plus d'une fois éliminé des pierres, considérées par M. du
Châtellier comme rentrant dans l'une ou l'autre des catégories précédentes, tout en me gardant du travers local, consistant à voir un menhir
en toute pierre plus ou moins dégrossie.

Catégories de menhirs. — Je puis affirmer qu'on doit considérer comme menhirs indicateurs d'un monument tous ceux qui ont moins de 2 m, et que tous les menhirs supérieurs à 2 m, doivent être considérés comme des monuments à part et ayant une autre destination (*six preuves pour cette région*).

Les menhirs, lechs sont tous *à 10 km des côtes au plus et l'intérieur n'en présente actuellement aucun.* Pour les menhirs seuls, je puis les classer ainsi :

	Pour 100
Sur les routes, dans les carrefours.....	48,8
Sur les sommets......................	29,8
Auprès de fontaines...................	4,5
Au milieu de champs, assez loin d'une route	4,3
Menhirs de cromlechs, etc., à déduire..	10,6

De là, pour cette région, *trois catégories :* 1º *menhirs de routes* ; 2º *de sommets;* 3º *de fontaines.* Un seul est près d'un dolmen (34 m), mais son orientation est différente.

Hauteurs et formes des menhirs. — La région méridionale n'a que

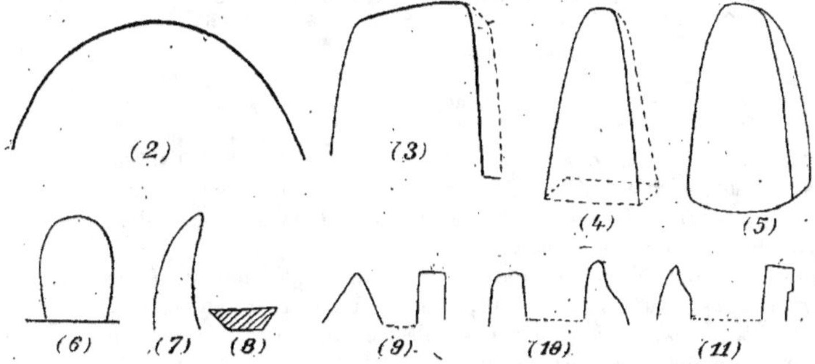

deux cas (un menhir retaillé et un menhir en place), *où les hauteurs dépassent* 3 m (3,40 et 10,70 m). L'Ouest et le Nord dépassent le *plus souvent ces dimensions* (plus de la moitié des cas).

Je distingue les types suivants :

Type Coat-Enes : 3 cas.
Figure 2.
Type Kergadiou, quadrangulaire plus ou moins régulier : 18 cas.
Figure 4.
Type ovoïde, Croix-Audren : 1 cas.
Figure 6.

Type Kermorvan : 3 cas.
Figure 3.
Type Kervéatoux, quadrangulaire ou pentagonal à côtés arrondis : 3 cas.
Figure 5.
Types irréguliers : 8 cas, dont un en croissant (*fig.* 7, côté) et un en trapèze (*fig.* 8, coupe).

J'attire l'attention sur les menhirs bi-jumelés, à moins de 10 m l'un de l'autre, et ne faisant pas partie d'un alignement. *L'un est toujours carré et l'autre ovoïde;* trois exemples pour cette région :

Fig. 9, 10, 11. — Kereleoc, S. Denec, Kerlaguen.
J'en ai d'autres exemples ailleurs.

Légendes. — Apportés par les « bonnes femmes », jetés par Gargantua, ils indiquent un trésor, guérissent des maladies, donnent des enfants mâles, assurent à la femme la conduite de la maison, poussent tous seuls.

Ces pierres sont en relations avec les saints du vi[e] siècle : saint Sané, saint Gouesnou, saint Armel, Tudual, Majan et Samson : ce qui indique peut-être l'époque de leur christianisation.

M. le Dr Marcel BAUDOUIN.

(Paris).

DÉCOUVERTE D'UN POLISSOIR, A STRIES DE CHARRUE, ENFOUI SOUS LES SABLES DE L'ILE DE RIEZ (VENDÉE).

57i.2i (44.6i)

1er *Août.*

DÉCOUVERTE. — En 1911, sur les indications de M. Jacob, instituteur à Notre-Dame-de-Riez (Vendée), nous avons été visiter deux grosses pierres, qu'on venait de trouver, *sous le Sable*, dans l'ancienne ile de Riez, au sud-ouest du bourg de ce nom.

Nous avons immédiatement reconnu que l'une d'elles était un *Polissoir néolithique* et que l'autre était, non pas un menhir tombé, mais plutôt un *bloc naturel*, probablement en place comme le premier (grande épaisseur; absence de blocs de calage; etc.).

ÉTUDE SCIENTIFIQUE. — Comme c'était la première fois qu'on découvrait un *Polissoir fixe*, dans cette partie de la Vendée maritime, qui se rattache au Marais de Mont ([1]); comme, d'autre part, ce polissoir travaillé

([1]) J'ai signalé déjà d'autres *Polissoirs*, dans le Marais de Mont. Mais les uns correspondent à un *Menhir encore debout* (*Menhir de La Vérie*, à Soullans); les autres constituent des *Piliers* de l'*Allée couverte de Pierre folle*, à Commequiers. — Ces Polissoirs ont donc été réutilisés après coup.

Ces découvertes sont d'ailleurs postérieures aux deux Mémoires que j'ai consacrés à ces Mégalithes de Vendée, et où il n'en est pas fait mention.

J'ai décrit, en outre, deux polissoirs inédits pour la Vendée maritime (*La Bretaudière*, à l'Aiguillon-sur-Vie; *La Versaine de la Pierre*, à Saint-Vincent-sur-Jard).

Je rappelle que je n'ai pas encore découvert de vrais *Polissoirs* à l'Ile-d'Yeu, où d'ailleurs la roche du sol ne s'y prête guère.

était *enfoui sous le sable d'une Dune fort ancienne* — fait extrêmement rare, peut-être unique jusqu'à présent ! —, en raison de la valeur de ce Mégalithe comme repère de chronométrie *préhistorique*, j'en ai pris immédiatement le décalque et fait l'étude complète. J'ai même moulé les principales cuvettes, le 23 juillet 1911. J'ai pris ultérieurement des *décalques* des cuvettes, et, en outre, plusieurs photographies de la pierre en place (¹).

Utilité des Moulages. — J'estime que, pour étudier, à tête reposée, les cuvettes et les rainures de Polissoirs, et surtout les petites *stries* que certains présentent, — et, *a fortiori*, les stries de charrue, analogues à celles de Notre-Dame-de-Riez, — il est absolument indispensable de faire des *moulages en plâtre* de ces cavités, moulées isolément : ce que j'ai fait dans ce cas particulier, où j'ai pris l'empreinte des quatre principales *Cuvettes à Stries*.

Grâce à ces moulages, on peut, en effet, *décalquer* ensuite, très facilement, chacune des nombreuses *stries* observées. De plus, en faisant jouer la lumière à leur niveau et en faisant varier les jeux d'ombre (ce qui est impossible sur place, la pierre étant immobilisée par son poids énorme !), on peut étudier et noter les caractères propres de ces stries. D'ailleurs, le seul examen d'un polissoir fixe, qu'on ne peut remuer à l'aise, est incapable de donner un tel résultat, comme cette observation me l'a prouvé.

Conservation. — En 1912, désirant à tout prix sauver ce monument mégalithique, que le propriétaire voulait briser pour débarrasser la pièce de terre où il se trouvait, j'ai pris la résolution de le faire donner à la Commune de Notre-Dame-de-Riez, de l'extraire du trou où il se trouvait et de le faire transporter sur la place publique de ce bourg, à côté de la Mairie.

Grâce à la générosité du propriétaire et à l'amabilité de mon ami, M. Guyon, maire, j'ai pu faire exécuter le transport, à mes frais, de ce polissoir, de façon à empêcher sa destruction imminente !

a. Acquisition. — Désormais, par suite du don de la pierre à la Commune et de cette mise en sûreté sur terrain communal, l'avenir de ce Monument préhistorique est assuré. Cela est d'autant plus important qu'il s'agit d'un *Polissoir* d'un type très rare, à cause des stries particulières qu'il présente, et qui sont dues à la situation géologique qu'il a occupée depuis l'époque néolithique.

La Commission des Monuments préhistoriques n'a plus qu'à le faire classer : ce qui sera obtenu dès qu'elle le désirera, car la demande est faite depuis un an !

(¹) Je crois bien qu'au voisinage du Creux-Jaune existe un autre petit *Polissoir*. J'ai remarqué, en effet, au coin du chemin (*Fig.* 2 ; P₁₁) qui vient du bourg du côté de l'Est, un petit bloc de grès, enfoncé en terre et caché dans le buisson ; or, sur cette pierre, j'ai cru distinguer une petite *rainure :* mais peut-être celle-ci est-elle *naturelle* et non due au *polissage*. — C'est à voir.

b. Transport. — La question du transport de ce bloc a un certain intérêt technique, étant donné qu'il fut trouvé *enfoui* dans un trou de plus de 1,25 m de profondeur. Aussi croyons-nous intéressant de signaler les procédés que nous avons employés : 1° pour l'amener à la surface du sol; 2° pour le transporter sur la place de la Mairie de Notre-Dame-de-Riez.

1° Pour l'extraire du trou où elle se trouvait, cette pierre pesant 1700 à 1800 kg, nous avons fait creuser une *Tranchée, en plan incliné,* de 2 m de large, allant du sol du champ (d'ailleurs très meuble, puisqu'il est constitué par le sable d'une dune ancienne! au trou (profond de 1 m environ), et ayant une longueur d'environ 2,50 m : cela nous donnait une pente de 0,50 m par mètre à peu près (*Fig.* 1).

Cela fait, nous avons amarré, suivant son petit diamètre nord-sud (1,10 m), le Polissoir; puis avons « capelé », comme on dit en terme de marine (c'est-à-dire enroulé), autour de ce diamètre, cinq ou six tours d'une très grosse chaîne de fer, de façon qu'en dévidant cette chaîne par traction sur le plan incliné, nous puissions faire rouler le bloc, dans la tranchée de sable fin, sur un plancher, constitué par des madriers très solides.

Un palan double à chaîne métallique, servant d'ordinaire à sortir des champs les gros arbres abattus, fut fixé à la chaîne enroulée; et, une dizaine d'hommes tirant dessus, nous pûmes assez facilement faire arriver sur le sol le Polissoir, en déroulant la chaîne et en le faisant rouler, malgré sa longueur (1,65 m), sur les madriers disposés dans la tranchée.

2° Cela obtenu, et ce fut une opération assez délicate, sinon malaisée, exécutée avec le concours de mon ami, M. Morineau, entrepreneur, maire de Saint-Hilaire-de-Riez, le bloc fut chargé sous un *diable* à transporter les arbres et mené sans encombre, à l'aide de deux chevaux, sur la place de la Mairie.

J'ai pris de nombreuses photographies des divers temps de cette opération, pour montrer comment, avec des moyens de fortune très primitifs et avec une dépense des plus réduites (25 francs), on peut aujourd'hui sauver nos Monuments préhistoriques, sans recourir à nos architectes officiels, qui ont oublié depuis longtemps les procédés économiques de nos ancêtres (1)....

Topographie. — Notre-Dame-de-Riez est une petite commune, qui a été importante autrefois. Elle est située sur la voie ferrée qui va de Commequiers à Croix-de-Vie. Il est donc très facile de s'y rendre.

---

(1) Au Bernard, ne disposant pas de chevaux, j'ai fait mes transports de blocs mégalithiques à l'aide de bœufs. Quand j'ai amené de l'Aiguillon-sur-Vie à Croix-de-Vie le Polissoir de la Brelaudière, actuellement au Musée de Saint-Germain-en-Laye, j'ai eu aussi recours à des bœufs, dans des conditions bien plus difficiles, puisque ce polissoir pèse 4800 kg !

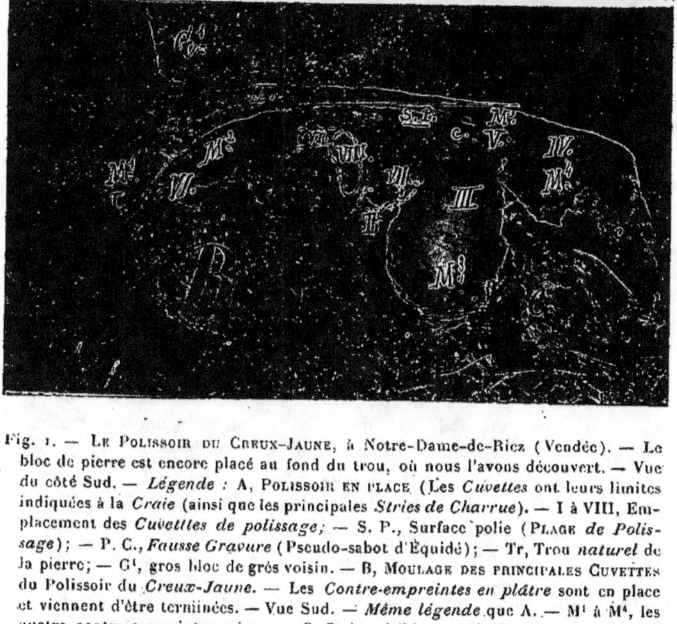

Fig. 1. — LE POLISSOIR DU CREUX-JAUNE, à Notre-Dame-de-Riez (Vendée). — Le bloc de pierre est encore placé au fond du trou, où nous l'avons découvert. — Vue du côté Sud. — *Légende* : A, POLISSOIR EN PLACE (Les *Cuvettes* ont leurs limites indiquées à la *Craie* (ainsi que les principales *Stries de Charrue*). — I à VIII, Emplacement des *Cuvettes de polissage;* — S. P., Surface polie (PLAGE *de Polissage*); — P. C., *Fausse Gravure* (Pseudo-sabot d'Équidé); — Tr, Trou *naturel* de la pierre; — G¹, gros bloc de grès voisin. — B, MOULAGE DES PRINCIPALES CUVETTES du Polissoir du *Creux-Jaune*. — Les *Contre-empreintes en plâtre* sont en place et viennent d'être terminées. — Vue Sud. — *Même légende* que A. — M¹ à M⁴, les quatre contre-empreintes prises; — C, Stries visibles; — M, M', M", mètre.

PHOTOGRAPHIES Marcel Baudouin, suivant la *Ligne* Sud. — ÉCHELLE : $\frac{1}{15}$ environ. [Exactement $\frac{1}{16,9}$].

a. Voie d'accès. — 1° Pour arriver au lieu où était le Polissoir autrefois, il suffit en quittant la gare, qui est au nord du bourg, de gagner
celui-ci et de prendre l'*église* pour point de repère. De là, on passe à
l'ouest de l'école publique, et se dirige vers le Sud par un petit routin,
qui conduit au point cherché, d'un côté ou de l'autre (*Fig. 2*; P¹).

2° A l'heure présente, le Polissoir se trouve sur la place de la Mairie,

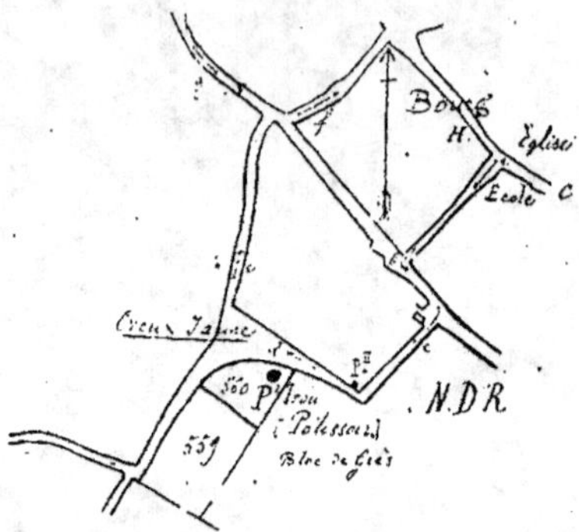

Fig. 2. — Situation topographique du Polissoir du Creux-Jaune, Notre-Dame-de-
Riez (Vendée) avant son déplacement et son transport sur la place de la Mairie,
d'après le Cadastre. — Échelle : $\frac{1}{5000}$. — *Légende* : P¹, Trou où était le *Polissoir*
transporté; — P¹¹, Bloc de grès, avec rainure probable; — *a, b, c, d*, Voie d'accès
au Creux-Jaune de la gare de Notre-Dame-de-Riez par la route C; — *e, g, s,*
Chemin par où s'est effectué le *transport* de la pierre; — C, H, Chemin de
Notre-Dame-de-Riez à Saint-Hilaire-de-Riez.

au côté sud de l'entrée de l'Hôtel de ville, disposé de telle façon que le
bord sud (primitif) du bloc est actuellement *du côté du Nord* (¹). — Il
suffit, pour s'y rendre de la gare, de prendre le chemin du bourg et celui de
Saint-Hilaire-de-Riez; on aperçoit la pierre de la route sur la Place
publique.

b. L'altitude du point d'origine est très peu élevée, car l'on est dans
une ancienne petite île de *Calcaire marneux cénomanien*, voisine de la
vallée actuelle de la Vie. Cela explique la situation sous une *Dune* et
montre que le sol a dû *s'affaisser* un peu depuis le Néolithique.

c. Situation cadastrale. — La trouvaille a été faite au sud du bourg
même de Notre-Dame-de-Riez, dans un lieudit appelé le *Creux-Jaune* (²),

---

(¹) C'est à dessein que j'ai utilisé cette orientation, pour bien montrer le changement de place du Polissoir.

(²) Cette dénomination s'explique facilement. — Ce *creux* est une carrière d'argile;
il est dit *jaune*, parce que l'argile est de cette couleur. Actuellement, le creux principal est transformé en *abreuvoir*; ceux qui l'ont précédé sont recouverts de terre
végétale.

carrefour de trois chemins, présentant des *cavités* assez profondes. Ces creux sont la conséquence de l'extraction de l'*argile jaune, cénomanienne,* qui se trouve sous le sable de la *Dune post-néolithique* et la *terre végétale,* et qui souvent sert à construire, dans cette commune, les *Bourrines* en torchis, c'est-à-dire les maisons des *Maraîchins* pauvres. Ce carrefour de chemins est d'ailleurs communal (*Fig. 2; a*).

C'est au sud de ce carrefour, dans une pièce de terre tout à fait *sablonneuse,* allongée du Nord au Sud et assez étroite, que se trouvent les pierres découvertes. Elles sont placées à l'angle nord, à quelques mètres du chemin du Creux-Jaune et d'un routin de servitude pour la bourrine voisine, c'est-à-dire dans le n° 560.

Cette pièce porte les n°* 559-560 de la Section, B au Cadastre; elles s'appelle la *Vigne du Creux-Jaune,* les deux parcelles étant réunies aujourd'hui.

Autrefois, elle a sans doute été plantée en vigne, à l'époque de la confection du cadastre (1830) en particulier. Mais, depuis longtemps, cette vigne n'existe plus ! La pièce en question est *cultivée* et *labourée*; et les sillons actuels, nettement visibles, sont dirigés du Nord au Sud, ou à peu près, c'est-à-dire sont parallèles au grand axe du champ : ce qui est très logique. Si nous insistons sur cette constatation matérielle, c'est que nous aurons à nous en servir dans un instant.

Géologie. — *Enfouissement.* — Le Polissoir n'a été mis au jour que lorsqu'on a *dégarni,* pour l'utiliser et la miner, la grosse *pierre,* qui l'avoisine au Nord, et qui, elle, est assez épaisse pour n'avoir jamais été complètement recouverte par le *sable :* ce qui fait qu'on en connaissait l'existence depuis longtemps (épaisseur : 1,25 m).

Le Polissoir reposait non pas sur l'ancien *sol naturel néolithique* (*terre. jaune*), mais sur l'*argile jaune cénomanienne.* Le bloc était donc *en place,* géologiquement parlant.

Il était alors *dégarni* aussi, mais *au fond d'un trou,* qui avait 1,25 m de profondeur (¹). Comme il n'est épais lui-même que de 0,55 m, il était donc enfoui sous 0,75 m de terre sablonneuse (ancien *Sable maritime de* la dune), mélangée avec des débris végétaux.

La coupe du trou était d'ailleurs la suivante (*Fig. 3*), sans parler de la *terre végétale* (0,05) :

1° Sable fin (mélangé), 0,05 m; 2° ancienne Dune type (*sable gris*), 1 m; 3° ancienne *terre végétale* de l'île (*terre noire*), 0,20 m. — Sous la pierre se voyait la *terre jaune* du marais.

Nous verrons que souvent, autrefois et aujourd'hui encore, la charrue, labourant du *Nord au Sud,* l'a souvent *atteint,* car, dans le *sable,* rien n'est

---

(¹) Il faut comparer ce trou avec ceux dans lesquels nous avons trouvé le *Menhir enfoui* des **Chaumes**, à Saint-Hilaire-de-Riez, et celui de la **Conche-Verte**, dans les Dunes de la Forêt d'Olonne. — C'est exactement le même genre d'*Enfouissement,* par apport d'éléments sablonneux *post-néolithiques.*

plus facile que d'enfoncer le *soc* à cette profondeur-là (0,50 m à 0,60 m et plus).

Il résulte de là que le bloc *paraît en place*, puisqu'il repose sur la *terre jaune* ([1]); et qu'il émergeait du sol d'environ 0,35 m à l'époque néolithique, puisqu'il n'y avait là que 0,20 m de *terre végétale* ancienne (0,55 — 0,20 = 0,35 m), qui fut recouverte plus tard d'une *dune* (sable fin pur à la base; couche très peu épaisse de 0,05 à 0,10 m au plus), de

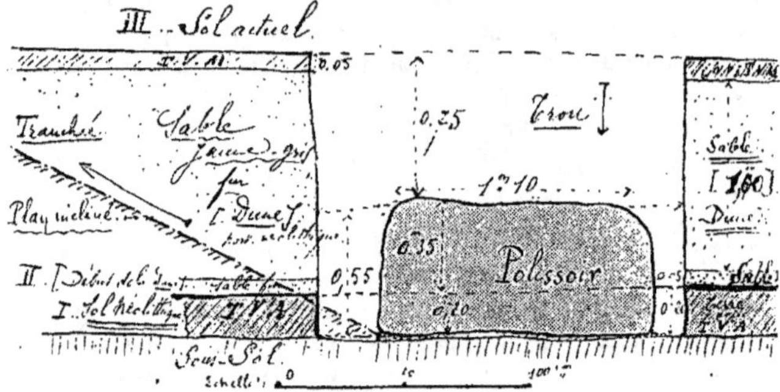

Fig. 3. — Situation géologique du Polissoir de Creux-Jaune. — *Légende :* T. V. M., Terre végétale moderne; — T. V. A., Terre végétale *néolithique* (I, sol); — *Trou,* Trou au fond duquel se trouvait le *Polissoir* et le *gros Bloc de grès* (G[1]) (*Fig.* 1) dans le champ n° 560, au Creux-Jaune; — Vue *Nord.* — Parois verticales du trou, sans éboulis (terre végétale moderne). — III, Surface du sol actuel.

sable gris, mélangé (après l'époque néolithique et à une période assez récente) à de la terre ordinaire (1 m), pour faciliter la culture au point considéré. — D'où les *stries de charrue.*

Conséquences. — Ce fait démontre :

1° Que les *Dunes* de l'ancienne île de Riez, autrefois située à l'embouchure de la Vie, au sud du Golfe de Mont ou de Challans, ne sont que *post-néolithiques*, puisqu'elles *recouvrent* de 0,60 m au moins le Polissoir étudié;

2° Que le Grès qui le constitue est bien une *roche du sous-sol* en place (quoique les Néolithiques *transportassent* ([2]) *parfois* les gros blocs destinés au *polissage*, comme les éléments des mégalithes), et que, par suite, c'est un *Grès cénomanien*, l'argile *jaune* du sol étant, dit-on, de cette époque géologique;

([1]) La fouille de 1912 a montré que, dans cette terre jaune (sable argileux), il y avait ce qu'on appelle dans le pays des « pierres cornues », c'est-à-dire des rognons de *grès très siliceux*, caractéristiques des terrains cénomaniens de la Vendée maritime.

([2]) On a des preuves de ce *Transport*, indiscutable, en particulier pour les gros polissoirs en quartz de filon [Polissoir de Cheffois, Vendée], comme du *chavirement* de ces pierres [Menhir de La Vérie, Soullans].

3° Que ce grès étant parfois tout à fait comparable à celui des *Menhirs du Pays de Mont* et à celui de Commequiers (*Allée couverte de Pierre folle*), les grès qui ont été utilisés pour ces derniers monuments doivent être, en réalité, aussi *cénomaniens*, et non pas *tertiaires* (*Grès à Sabalites*), comme je l'ai cru jusqu'à ces derniers temps [1] et écrit plusieurs fois [2], malgré les ressemblances indiscutables : ce qui simplifie notablement la question de l'érection des Mégalithes du Pays de Mont;

4° Que le sable de cette dune, post-néolithique et certainement *préromaine* au moins en partie, étant situé *par-dessus le Polissoir* enfoui, a été *cultivé* pendant de longues années, ainsi que le prouvent les traces d'*actions agricoles* superposées aux Cuvettes. Celles-ci sont de deux sortes : 1° traces de coups de socs de charrue *en bois* (sillons parallèles dans le grès), les plus *anciennes* et les plus *profondes*; 2° traces de coups de socs de charrue *en fer* (lignes jaunes-noirâtres, ferrugineuses : taches de rouille *superposées aux précédentes*, et aussi parallèles). Le parallélisme de ces traces indique d'ailleurs la direction des anciens sillons nord-sud.

Ces constatations, *absolument* nouvelles et imprévues, sont tout à fait intéressantes.

Pétrographie. — Le Polissoir est un bloc [3] en *grès à grain fin*, analogue à tous les grès de la région. Il est *cénomanien*, comme les autres de l'île (ou *sénonien*, si l'on accepte les idées du professeur Welsch). — La roche est très friable [4].

DESCRIPTION DES BLOCS DE GRÈS DE L'ILE DE RIEZ. — 1° *Trou du Creux-Jaune.* — Le trou, dans lequel se *voyait* le Polissoir, a 3,80 m de l'Ouest à l'Est, 4 m du Nord au Sud et 1,25 m de profondeur. Il est occupé au Nord-Est par le gros bloc de *grès naturel* déjà cité; au Sud-Ouest par le *bloc travaillé*. Celui-ci est à 1 m du premier (*Fig.* 1).

L'excavation artificielle, placée au coin nord-est du champ, est à 3,50 m en moyenne du terrier nord qui le limite du chemin du Creux-Jaune, et à environ 2 m du terrier Est. Elle traverse simplement la terre végétale et le sable de l'ancienne dune *post-néolithique*.

Le *gros bloc* mesure : hauteur, 0,90 m à 1,25 m; longueur Ouest-

---

[1] Pourtant M. le professeur Welsch classe ces grès très fins dans le *Sénonien* et non dans le *Cénomanien*.

[2] Je ne crois donc plus a un *Grès tertiaire*, dit à Sabalites. D'après le professeur Ed. Bureau (*La ville de Nantes et la Loire-Inférieure*, t. III, 1898, p. 440), « les Grès à Sabalites sont employés dans le pays nantais comme pierres à aiguiser; on les désigne sous le nom de *pierre à sable, pierre à dégraisser, pierre à faux* », en Loire-Inférieure, sur le rivage de la baie de Bourgneuf, en particulier.

[3] Le gros bloc, étant plus épais, *affleurait* presque, comme nous l'avons dit, au niveau du sol actuel; aussi le connaissait-on depuis longtemps.

[4] Dans le pays, puisqu'on se trouve dans le Marais de Mont, on la recherche beaucoup (en raison de sa rareté). En l'écrasant, en effet, on obtient un *sable* à grains durs, qui a une certaine valeur marchande, car il est très employé par les agriculteurs pour l'*aiguisage* de leurs *outils de fer*. — On voit comment toutes les coutumes néolithiques se perpétuent jusqu'à nos jours.... C'est ainsi que les Polissoirs servent encore à aiguiser nos faux, sinon à polir les pierres!

Est, 2,80 m; largeur, 2 m. Il est cassé à son extrémité ouest, par suite d'une *attaque récente* (¹) des *marchands* (du Marais du Mont), qui viennent chercher, dans le débitage de ces grès, un *sable spécial* pour aiguiser les *faux* et les *faucilles*. Sa face supérieure est irrégulière et présente *deux Cavités naturelles*, imitant des *bassins*. Il est, à la rigueur, possible que ces pseudo-bassins aient servi de *réservoirs d'eau*, à l'époque du *polissage*. Ces cavités sont à 1,80 m du bord ouest, sur une même ligne nord-sud, espacées l'une de l'autre de 0,25 m. L'une est à 0,80 m du bord nord, l'autre à 0,20 m du bord sud. Leur diamètre est de 0,25 m à 0,30 m et leur profondeur très faible : 5 cm à peine.

Des *stries de charrue*, manifestes, existent au niveau de l'un des pseudo-bassins, que nous avons moulées à dessein pour en conserver les traces. Elles sont semblables à celles du Polissoir.

2° Dans l'île de Riez, il y a un assez grand nombre de *blocs de grès* analogues (²), épars sous les sables cénomaniens. Les principaux sont les suivants (en dehors du Polissoir, sur lequel nous allons revenir) :

1° Au coin des routes allant à Riez et à Soullans il y a, enfoui à 0,50 m sous terre, un gros bloc, qu'on nous a signalé, mais que nous n'avons pas vu.

2° Dans la cour de la *Grande Angibaudière*, route de Commequiers, il y a, sur le sol constitué par le sable jaune cénomanien, une grosse pierre de ce même grès, à grand axe est-ouest, ayant 2,80 × 1,90 × 0,55 m, en forme de menhir renversé. Les bords servent actuellement à *aiguiser les « frées »*, c'est-à-dire les pelles coupantes spéciales du Marais de Mont, nécessaires pour labourer l'argile. — C'est donc un *Polissoir* moderne !

3° A la *Petite Angibaudière*, même commune, un bloc semblable est une *Pierre à légende*. On l'appelle la *Pierre du Diable*, parce qu'elle présente, sur une de ses faces, les *cinq doigts* et la *paume de la main du Diable*. Comme elle se trouve dans un fossé toujours plein d'eau, nous n'avons pas encore pu l'apercevoir. D'après les paysans, cette *Gravure* (?) serait nette. En réalité, il s'agit, comme toujours pour ces grès, de fausses sculptures. Ce sont simplement des gouttières naturelles de la roche, qui simulent des doigts.

Folklore. — Bien entendu, puisque le Polissoir était *inconnu* jadis et enfoui dans le sol et qu'il n'a été mis à découvert que récemment, il n'existe aucune légende, aucune tradition populaire. Le contraire serait étonnant d'ailleurs.... Mais déjà, lorsque nous avons fait le transport, en 1912, les ouvriers disaient : « C'est le *Diable* qui a apporté là cette pierre. » — Et voilà comment naissent les légendes !

Description du Polissoir. — Le Polissoir était lui-même une

(¹) On voit des traces de coups de mine à l'Ouest et à l'Est. — Ce bloc va disparaître sans doute.

(²) Parfois ces grès présentent, dans leur intérieur, de petits cailloux de quartz roulés, unis par un ciment très fin. Ils ressemblent alors au *grès à gros grains* de Commequiers, qu'on a cru, jadis, à tort sans doute, tertiaire.

pierre assez grosse, alors horizontalement placée, à grand axe est-ouest. Il mesure : longueur (est-ouest), 1,55 m (moyenne, 1,50 m); largeur (nord-sud), 1,10 m (moyenne, 1 m); épaisseur, 0,55 m (moyenne, 0,50 m).

Cela donne un cube de $1,50 \times 1 \times 0,50 = 0,750$ m³; et un *poids* (puisque la densité de ce grès est 2,3) de $0,750 \times 2,3 = 1725$ kg environ.

En adoptant le chiffre de 1700 kg, on doit être près de la vérité.

Constitution d'ensemble. — Ce Polissoir n'est constitué que par des *Cuvettes*, plus ou moins ovalaires et plus ou moins profondes; mais il ne présente pas la moindre *rainure* classique. — On trouve, d'ailleurs, souvent des pierres où il en est ainsi, quand il s'agit de grès surtout.

1° Description des Cuvettes. — Les *Cuvettes* sont au nombre de huit au moins, très distinctes (peut-être y a-t-il même, en outre, une ou deux petites surfaces polies, que nous avons négligées). — Nous les avons numérotées de I à VIII. — Il faut y ajouter une vaste *surface polie*, au Nord-Est (*Fig.* 1; S. *p.*).

Cuvette n° I. — Située à l'extrémité Ouest de la pierre, qui a été attaquée déjà en ce point, cette cuvette est assez petite et assez profonde (*Fig.* 4). C'est une variété intermédiaire entre la *Cuvette* allongée et la *Rainure* renflée. Elle mesure $0,150 \times 0,110$ m et est assez creuse (0,025 m). Elle était dirigée du Sud au Nord. Nous en avons pris un bon *moulage* (*Fig.* 1; B).

Cuvette n° II. — Placée à l'est de la précédente, à grand axe est-ouest, elle est très allongée et atteint 0,350 m pour 0,150 m de large; mais elle est peu profonde. Nous ne l'avons qu'en partie *moulée* avec le n° VI (*Fig.* 4).

Cuvette n° III. — La cuvette n° III est la plus typique et la plus ovalaire. Située presque sur le flanc sud de la pierre, mais à la face supérieure, elle était oblique, à grand axe nord-est sud-ouest, ayant 0,350 m environ pour une largeur de 0,170 m. Elle est peu profonde, sauf à la partie centrale, où elle simule une autre petite *rainure* de 0,170 sur 0,070 m au centre d'une cuvette plus grande, mais sans raie médiane marquée. Nous l'avons *moulée* en entier; elle est profonde de 0,035 m (*Fig.* 1 et 4).

Cuvette n° IV. — Cuvette située à l'extrémité Est, plus petite, très ovalaire, longue de 0,350 m, large de 0,100 m. Elle est peu profonde. Son grand axe prolonge, pour ainsi dire, celui de la précédente. Nous l'avons *moulée* également (*Fig* 1; B).

Cuvette n° V. — Cuvette ovoïde, située du côté nord de la face supérieure du bloc, au nord du n° III, et presque en contact avec elle. Un peu allongée, elle a 0,210 m de longueur et 0,110 m de large environ. Elle est à peine marquée et peu profonde.

Cuvette n° VI. — Placée à l'est du n° I, presque sur le flanc nord et à l'extrémité ouest, elle est en partie *altérée*. Dirigée de l'Est à l'Ouest, elle ressemble presque à une rainure. Elle est longue de 0,350 m et large de o,100 m à peine. Sa profondeur ne dépasse guère 0,020 m. Elle est très irrégulière.

Cuvette n° VII. — Sorte de gouttière, irrégulière, placée entre le n° III et le n° VIII dans l'axe est-ouest, à l'ouest du n° V. Elle est large de 0,100 m à peine, et longue de 0,230 m. Un trou naturel de la pierre (*Fig.* 1 ; Tr) correspond à peu près à son extrémité ouest.

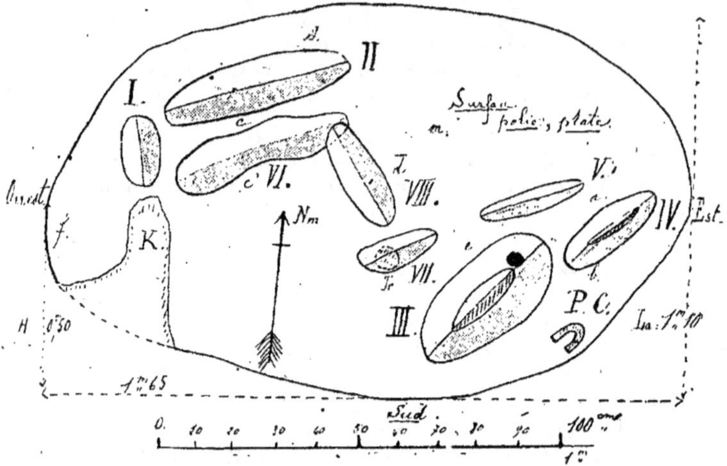

Fig. 4. — Situation des *Cuvettes* du *Polissoir du Creux-Jaune*, en Notre-Dame-de-Riez (Vendée), sur la *Face supérieure* du bloc de grès (Schéma). — Échelle $\frac{6.6}{100} = \frac{1}{15}$.
Légende : *a*, *b*, *c*, *c'*, *d*, *e*, *f*, *h*, Points où sont surtout localisées les *stries des socs de charrue* ; — I à VIII, *Cuvettes de polissage* ; — Tr, Trou naturel ; — PC, Fausse gravure (*cavité naturelle* représentant un *Sabot d'Équidé*) ; — *k*, Partie cassée de la pierre ; — *m*, Surface polie, sans concavité (*Plage de Polissage*).

Cuvette n° VIII. — *Surface polie*, en cuvette à peine marquée, à fond irrégulier, avec fente naturelle du grès au centre. Située entre le n° III et le n° VI, elle est assez bien arrondie et très peu accentuée. Elle a une largeur de 0,250 m environ pour une largeur de 0,100 m.

2° SURFACE POLIE. — Elle se trouve sur la face supérieure, du côté du Nord-Est. Ses limites sont très peu nettes ; mais elle a plus de 0,300 × 0,300. Sa profondeur est à peine marquée. C'est ce qu'on appelle une *Plage de Polissage*.

En somme, les *Cuvettes* étaient surtout localisées à la face supérieure plus ou moins horizontale, et sur le flanc sud-est du bloc, le long d'une ligne nord-ouest sud-est.

3° STRIES DE CHARRUE. — En outre de ces cavités, dues au polissage, on remarque, comme nous l'avons dit, à la surface de la pierre, et *superposées aux Cuvettes*, par conséquent plus récentes, de fines stries, toutes parallèles, allant du Nord au Sud, qui, à mon sens, sont des *Stries de Charrue* (*Fig.* 1; B, c).

a. *Situation.* — Elles sont surtout localisées au niveau des deux lèvres

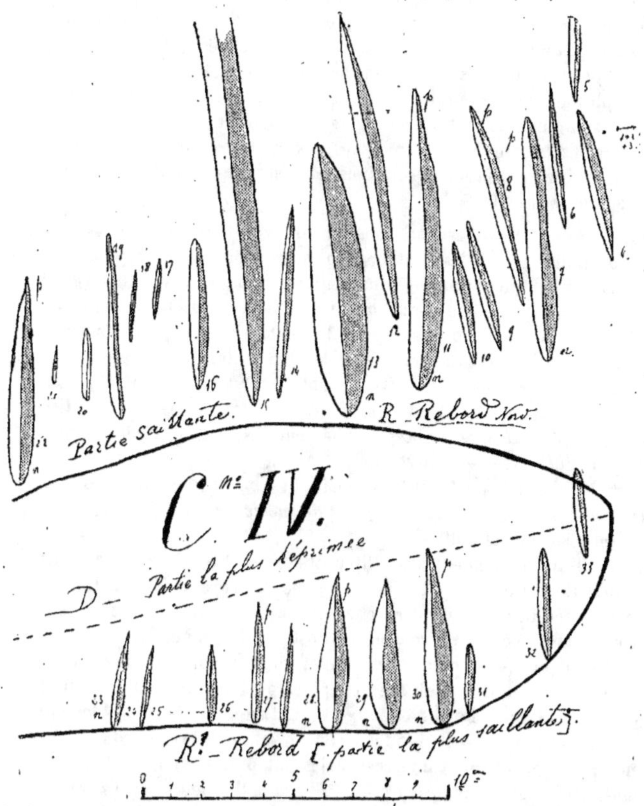

Fig. 5. — Les Stries dues aux coups de Socs de Charrue, qui avoisinent la Cuvette de polissage n° IV du Polissoir du Creux-Jaune, en Notre-Dame-de-Riez (Vendée). — Décalque direct, réduit de moitié. — Échelle : demi-grandeur. — *Légende :* n°° 1 à 33, *Stries* reconnues; — *n*, Extrémité *élargie*, en poire; — *p*, Extrémité *effilée*, en aiguille; — D, Fond de la cuvette; — R, R¹, Rebords de cette cuvette

de la *Cuvette allongée* n° IV (*Fig.* 5), de la *crète saillante* qui sépare le n° II du n° VI, et cette dernière (n° VI) du n° VIII. Il y en a encore de très marquées sur les deux lèvres du n° III, et sur la partie dépourvue de cuvettes.

*36

En somme, elles sont surtout profondes et abondantes au niveau des *points les plus en saillie de la Surface supérieure* et du *flanc Est du Polissoir :* ce qui est très compréhensible.

b. Variétés. — Nous croyons avoir trouvé la preuve que, dans ce cas, il s'agit bien de *Stries de Charrue,* car quelques-unes d'entre elles ont des *traces ferrugineuses,* comparables à celles des haches polies en silex, bousculées par les charrues de fer dans les environs de Paris.

Mais la plupart ne présentent pas de ces traces. Il faut dire encore que les stries ferrugineuses ont exactement la direction des autres. J'en conclus que les premières doivent être dues à de *très vieilles charrues,* qui devaient être entièrement en bois ; les secondes, à des charrues modernes, avec soc en fer.

c. Nature. — Il ne m'est pas possible de voir dans ces stries des *ébauches* de polissage ! Elles sont beaucoup *trop courtes* et trop *ténues.* Elles n'ont en effet guère plus, les plus longues, de 0,100 m et leur largeur ne dépasse jamais 0,005 m, pour quelques millimètres de profondeur.

On remarquera que la *partie élargie* de la strie correspond toujours, quand elle existe, au niveau de la partie la plus saillante de la pierre, et, en l'espèce, au bord de la cuvette de polissage, tandis que la *partie effilée* se trouve toujours dans des conditions contraires, c'est-à-dire à la partie la plus déclive de la pierre, et, en l'espèce, à la région centrale, la plus déprimée de la cuvette.

On notera, d'autre part, qu'au niveau des bords des cuvettes, les *extrémités élargies des stries sont toujours du même côté* (ici du côté sud), et non alternes (nord et sud).

Cela s'explique facilement avec l'hypothèse de *stries de charrue,* mais assez mal si l'on suppose qu'il s'agit de stries d'ordre différent. Le soc attaque, en effet, la pierre qu'il rencontre ; mais, butant tout à coup sur la partie saillante, c'est-à-dire sur un obstacle imprévu, il y pénètre plus *largement,* puisqu'on ne le relève pas. Tombant alors dans la cuvette, il ne la touche pas, puisque son fond est placé plus bas. Mais il rencontre alors à nouveau l'autre bord de la cuvette, l'attaque d'abord faiblement à la montée, puis largement quand il arrive au sommet de ce bord !

On notera en outre que toutes ces stries ont précisément la direction des *sillons,* actuels, du champ nᵒˢ 559-560, que, d'ailleurs, vu sa forme, très allongée du Sud au Nord, on ne pourrait pas labourer autrement. Elles sont ordinairement espacées de 5 cm en 5 cm et bien *parallèles.* Les stries ferrugineuses semblent d'ailleurs superposées aux autres.

Nous avons *moulé,* en particulier, celles qui coupent les lèvres des Cuvettes nᵒˢ III, I, IV et VI, et, sur nos moulages en plâtre, ces stries sont très nettement reconnaissables (*Fig.* 5).

Nous reproduisons à dessein, à grande échelle, le Décalque de celles qui nous ont paru les plus typiques (*Fig.* 5), et qui avoisinent la Cuvette nᵒ IV.

On sait que nous avons retrouvé des stries semblables sur une *Pierre à Cupules, enfouie* également, à La Boilière, en Avrillé (Vendée) [1].

FAUX PIED DE CHEVAL. — Au sud de la Cuvette n° III, à environ 0,13 m, il y a une *dépression naturelle* du grès, qui ressemble absolument à une sculpture de *Sabot d'Équidé*, un peu fruste et usée (*Fig.* 4; P. C.).

La confusion est d'autant plus facile à faire ici que ladite figure était orientée Ouest-Est, avec *pince à l'Est* (comme cela se voit souvent pour les vraies sculptures)! Les longueur et largeur maximum sont de 150 × 150 mm : ce qui correspondrait assez bien encore à une sculpture vraie de *Pied antérieur.*

Pourtant, et jusqu'à nouvel ordre, je ne puis voir là qu'une *Cavité naturelle*, qu'une irrégularité de la surface du grès, c'est-à-dire qu'une fausse gravure, comme il y en a tant sur cette roche dans la Vendée et ailleurs. En effet, le grès est à peine déprimé, il n'y a pas de bords à pic; et surtout il n'y a pas l'ombre de trace de travail humain !

CONCLUSIONS. — En somme, le bloc décrit ci-dessus est un *Polissoir* inédit, fort intéressant : parce qu'il se trouve dans une ancienne *Ile* (historiquement connue); parce qu'il était *enfoui* sous une *Dune post-néolithique* et *préromaine*; parce qu'il présente, en dehors de nombreuses cuvettes, des *stries superposées*, d'âges différents, qui ne peuvent être dues qu'au *soc de la charrue*; et parce qu'on y voit une fausse gravure de Sabot d'Équidé.

M. G. COURTY,

Professeur à l'École des Travaux Publics (Paris).

LA SCHÉMATISATION DU CHARIOT A L'ÉPOQUE PRÉHISTORIQUE.

1ᵉʳ *Août.*

571.71

Les recherches que je poursuis actuellement à propos de l'interprétation des pétroglyphes préhistoriques de la région parisienne m'ont amené à considérer la croix latine comme pouvant représenter l'indication d'un chariot. Aujourd'hui, il me paraît intéressant d'apporter de nouveaux détails sur ce signe essentiellement schématique.

---

[1] Marcel BAUDOUIN. — *La Pierre à Cupules, transportée et enfouie, à traces de socs de charrue, de La Boilière, à Avrillé (Vendée).* — *VII° Congrès préhistorique de France*, Nîmes, 1911. Paris, 1912, in-8, p. 332-341, 3 figures.

M. B. Reber, a dernièrement publié dans le *Bulletin de la Société préhistorique*, numéro du 25 avril 1912, p. 264 et suivantes, une série de pétroglyphes d'Hubelwangen (Suisse), que je considère comme des chariots. M. Reber les désigne sous le nom pittoresque de *demi-roues*. Or, ce nom qui n'a pas chez son auteur le sens qu'on pourrait réellement supposer me frappe beaucoup. En effet, ce ne sont pas pour moi des demiroues, mais bien des roues entières. Il suffit d'examiner les pétroglyphes de Scanie (Suède) (*fig.* 1), pour se rendre compte de la manière dont le chariot est représenté. On comprend ensuite plus facilement la schématisation de ce signe. Les roues du chariot ne sont pas toujours figurées dans les pétroglyphes, mais quand elles le sont, des croix cerclées reliées à un timon, ou des dessins dérivés de ces croix paraissent les représenter.

Fig. 1. — Chariot gravé sur fragment de pierre provenant d'un tumulus de Scanie (Suède).

Tout récemment, j'ai relevé sous une roche de la forêt de Fontainebleau appelée *L'abri Jean de La Fontaine* un pétroglyphe (*fig.* 2), qu'on

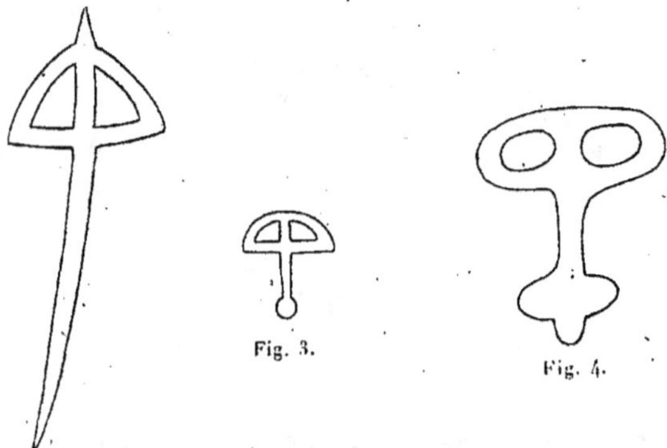

g. 2. — Chariot, pétroglyphe de la forêt de Fontainebleau
(abri Jean de La Fontaine).

Fig. 3. — Chariot, pétroglyphe d'Hubelwangen d'après B. Reber.

Fig. 4. — Chariot, pétroglyphe du Mané Scoul (Morbihan)

peut aisément rapprocher de la figure 3, ou de la demi-roue de M. Reber.

Il s'agit vraisemblablement d'un signe identique que je range dans les chariots. Le signe du Mané Scoul, près de Guérande (Morbihan) (*fig.* 4), est sans doute du même groupe ainsi que ceux de Lardy (Seine-et-Oise), ou de Malesherbes [grotte du Bourrelier (Seine-et-Marne)] (*fig.* 5 et 6).

Me sera-t-il permis de rappeler ici les croix gravées sur le menhir de Congeniès (Gard) (face Nord et Sud), et qui sont tout à fait semblables à celle de la région d'Étampes. Ces croix schématisent comme je l'ai déjà écrit, le chariot sans les roues. Et alors, comme ces signes sont généralement entourés de cupules, il semble rationnel de penser que la cupule indique le nombre des chariots.

La cupule à mon avis, ne représente que le signe qui l'environne, car celle-ci peut avoir différents sens suivant la position qu'elle occupe.

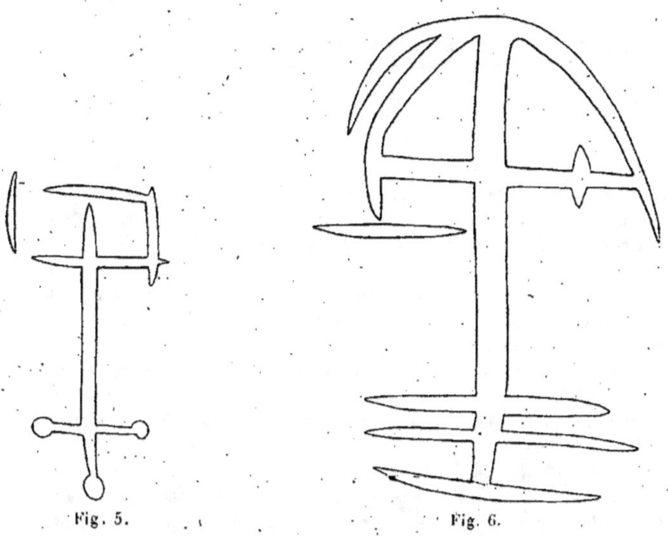

Fig. 5.   Fig. 6.

Fig. 5. — Chariot avec roues, pétroglyphe de Lardy (Seine-et-Oise).
Fig. 6. — Chariot, pétroglyphe de Malesherbes (Seine-et-Marne).

D'aucuns penseront que mes interprétations sont purement fantaisistes et qu'elles sont loin d'être démontrées. Pourtant, si l'on veut bien considérer les pétroglyphes de Suède ou du Lac des Merveilles, on voit qu'ils réprésentent nettement par leur figuration soit des scènes de la vie pastorale, soit des scènes de chasse ou de guerre. Ce n'est pas une raison, ce me semble, parce que nos pétroglyphes de la région parisienne offrent un aspect très archaïque, très schématique, pour que nous ne leur attribuions pas un sens analogue.

C'est en somme la méthode du connu à l'inconnu qui doit être la plus fertile dans l'interprétation des pétroglyphes en général, et c'est celle que nous emploierons toujours.

Pour ce qui regarde spécialement le chariot, il dérive d'un dessin reproduisant un timon et un joug, et la croix latine semble être son expression la plus simple.

M. le Dr E. MARIGNAN.

Marsillargues (Hérault).

NÉCROPOLE PAR INCINÉRATION DE L'ÉPOQUE ÉNÉOLITHIQUE
DE CANTEPERDRIX, CALVISSON (GARD).

571.91 (44.83)

3 *Août.*

Avant 1875, on voyait sur la colline de Canteperdrix, à 1600 m au sud-ouest de Calvisson, un énorme tas de pierres, long de 48 m, large d'un côté à l'Est, de 38 m et de l'autre à l'Ouest, de 16 m, et haut de 1,40 m environ.

Ce tas de pierres constituait un tumulus dont les matériaux furent enlevés, par un entrepreneur, pour la construction de la ligne de Chemin de fer de Nîmes à Sommières.

Les pierres enlevées mirent à jour deux grandes cavités qui restèrent sans attirer l'attention jusqu'au jour où M. le Dr Farel et M. Jaulmes, étudiant en médecine, firent quelques recherches qui donnèrent des silex et des débris de vases.

Le Dr Farel m'informa de la découverte. Je fis vider la sépulture centrale, d'où je retirai des amas de cendres, des débris de poteries, des fragments d'os humains carbonisés, des os de ruminants, un poinçon en os, des pesons de fuseaux, des pointes de flèches en silex, une hache polie en serpentine, une autre en schiste verdâtre perforée et transformée en amulette.

J'ai signalé cette nécropole et rendu compte de mes fouilles, au Congrès de l'Association Française (Marseille) en 1891, sous ce titre : *Sépultures par incinération de l'époque néolithique à Calvisson.*

J'avais constaté, dès ce moment, d'autres sépultures à côté de celle que je venais de vider, mais éloigné de Calvisson, pris par mes occupations et par d'autres recherches, j'avais renvoyé à plus tard la suite de mes investigations.

Quelques années après, M. F. Audemar avec un de ses amis fouilla la seconde tombe mise à jour, par l'enlèvement du tumulus. Il rencontra avec des cendres et des poteries, un squelette qui malheureusement s'effrita à l'air. Il put retirer un vase entier qu'il donna au Muséum d'Histoire naturelle de Nîmes. La présence d'un squelette dans une tombe d'incinérés est à retenir.

J'ai pu exécuter enfin le projet que j'avais fait depuis 20 ans, d'étudier à fond cette nécropole.

Là colline de Canteperdrix étant bien communale, j'ai obtenu facilement l'autorisation de faire les fouilles, et je dois remercier la municipalité de Calvisson, et en particulier le maire M. Rabinel.

J'ai été très secondé dans mes recherches par mes amis le Dr Farel et M. Bouis, pharmacien. M. Bouis, malheureusement, a dû quitter Calvisson trop tôt, mais M. Farel a été mon collaborateur de tous les instants.

Les fouilles ont été exécutées, avec soin et intelligence, par mon fouilleur ordinaire, Albert Cicolella; elles ont duré du mois d'octobre 1911

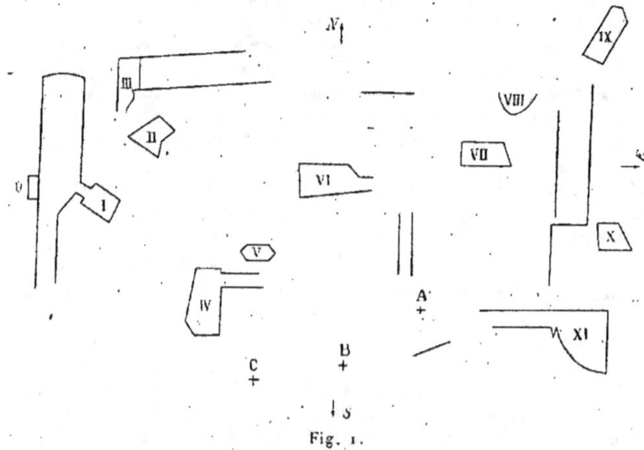

Fig. 1.

au mois de février 1912. Les frais ont été couverts, pour un tiers par la somme de 250 fr, qui m'avait été accordée par l'Association française pour l'Avancement des Sciences; les deux autres tiers sont sortis de ma poche : je ne les regrette pas.

La colline de Canteperdrix est constituée par le calcaire de l'Hauterivien. Ce calcaire est, particulièrement sur ce point, percé de cavités qui ont été certainement la cause du choix par les Néolithiques de cet emplacement pour établir leur cimetière, et transformer ces cavités naturelles en hypogées funéraires.

Ces tombeaux ne sont pas orientés. Ils n'ont aucune forme régulière : leur forme a été déterminée par celle de la cavité utilisée.

L'enlèvement du tumulus avait mis à jour, comme je l'ai dit, seulement deux sépultures : Ce sont les tombes n°s VI et XI du plan (*fig.* 1). Une troisième tombe, située sur la lisière sud du tas de pierres, était connue et vidée depuis longtemps. On y pénétrait par une ouverture du toit. Elle servait de refuge au propriétaire du champ voisin et aux contrebandiers, c'est la tombe n° IV. Mes fouilles m'ont fait trouver neuf nouveaux hypogées couverts en encorbellement, et une série de murs formant des

couloirs qui abritaient, comme [les tombeaux, des restes d'incinérés.
De plus, des amas[de cendres recouverts de[dalles, étaient disséminés un
peu partout sur l'aire de la nécropole.

Nous allons étudier, en particulier, chacune de ces sépultures.

Tombe I. — Une allée dirigée du Sud au Nord formée par deux murets en
pierres sèches, hauts de 0,70 m, épais de 0,55 m, distants de 2,10 m donne accès
à une aire de 6 m de longueur sur 3 m de largeur. L'extrémité de cette aire est
arrondie en arc de cercle. A l'angle ouest de l'aire s'ouvre une porte en gueule
de four, qui permet le passage d'un homme. C'est l'entrée d'une chambre de
1,60 m de longueur sur 1,10 m de largeur, avec une hauteur de 0,90 m. Les
parois de cet hypogée sont constituées en partie par le rocher, en partie par
des murs en pierres sèches. La voûte est formée par encorbellement avec des
pierres plates. Cette tombe que rien ne décelait à l'extérieur était jusqu'en
haut remplie d'un amas de cendres mélangées de débris de vases; il n'existait
par l'effet du tassement, qu'un vide de 0,20 m entre la couche supérieure de
cendres et la voûte.

Je reviendrai tout à l'heure sur ce que contenait cette sépulture. Je préfère,
pour ne pas me répéter, renvoyer après la description des tombes l'étude des
objets qu'elles renfermaient et du mobilier funéraire qui en provient.

Tombe II. — La tombe II est constituée, pour la plus grande partie, par une
cavité naturelle de 1,75 m de longueur sur 1,50 m de largeur. Les parois sont
formées de trois côtés par le rocher, et, sur un côté, par un mur en pierres sèches;
la voûte manque.

Tombe III. — Cette tombe a 1,50 m de longueur sur 1 m de largeur; elle est
précédée d'une petite allée dont l'entrée est dans la direction du Sud. Cette
allée de 1,30 m de longueur sur 0,75 m de largeur a un de ses côtés arrondi en
arc de cercle. Les parois sont en pierres sèches, la voûte a été enlevée.

De cette sépulture, se dirigeant directement vers l'Est, partent deux murs
de 0,70 à 0,60 m de hauteur limitant un couloir de 6,25 m de longueur sur
1,50 m de largeur. Ce couloir, comme d'autres dont je parlerai, abritait aussi
des restes d'incinérés.

Tombe IV. — La tombe IV est avec la tombe I, le mieux conservé de nos
hypogées : c'est une chambre de 2 m de longueur sur 1,50 m de largeur. Elle est
haute de 1,75 m. Les parois sont formées en partie par le rocher, en partie par
des murs. Elle est couverte par une voûte en encorbellement. Une allée, que
je n'ai pas voulu débarrasser des pierres qui l'obstruent pour en assurer la
conservation, conduisait à la tombe. Cette allée est dans la direction de l'Est.

J'ai déjà dit que cette sépulture ouverte par la voûte était connue et vidée
depuis longtemps.

Tombe V. — La tombe V est un simple caisson naturel de 1,60 m de longueur sur 0,70 m de largeur, et 0,50 m de profondeur. Il est recouvert de quelques
dalles.

Tombe VI. — Cette sépulture est celle qui était complètement à découvert
après l'enlèvement du tumulus et que je fis fouiller en 1890. Elle a 3,50 m de
longueur sur 1,75 m dans sa plus grande largeur. Une petite allée d'accès
s'ouvre au Nord-Est.

Elle était recouverte par une voûte en encorbellement dont on voyait encore

naguère, les traces. Sa hauteur est de 1,40 m environ. Les parois sont formées
par le rocher et par des murs.

Tombe VII. — Cette sépulture a 2,25 m de longueur sur 1,20 m de largeur
et 1,40 m de profondeur. C'est une cavité naturelle. Il n'y a pas de couverture.

Tombe VIII. — Celle-ci est bâtie toute en pierres sèches bien appareillées.
Elle a la forme élégante d'une proue de vaisseau ouverte au Nord. Elle a 1,60 m
de longueur sur autant de largeur. Sa profondeur est de 0,80 m. Les pierres de
couverture manquent.

Tombe IX. — La tombe IX est un grand hypogée de 2,75 m de longueur
sur 1,20 m de largeur, profond de près de 3 m. C'est une cavité naturelle. Les
parois sont formées presque en entier par le roc. Une partie de la voûte en
encorbellement subsiste encore à l'extrémité nord de cette sépulture.

Tombe X. — Cette tombe a 1,50 m de longueur sur à peu près autant de largeur. Sa profondeur est de 0,60 m. Les parois sont formées par des murs et par
le rocher.

Tombe XI. — Le numéro XI est une des deux sépultures, avec le numéro VI,
qui furent mises à jour par l'entrepreneur du chemin de fer. C'est une grande
cavité de 2,50 m de longueur sur à peu près autant de largeur. Elle est profonde
de 2 m environ. Elle est précédée d'une allée de 3 m de longueur et de 0,75 m
de largeur. Une petite partie des pierres de la voûte se voit encore en place.

Au bout de l'allée à droite, avant d'entrer dans la chambre, se trouve un petit
réduit, une petite cella, comme il en existe dans d'autres sépultures, par
exemple, dans celles de Bounias et de Coutignargues, au Castellet, près d'Arles.

En dehors de l'aire du tumulus, M. Bouis a fouillé au point C une grande
tombe de plus de 2 m de longueur sur 1,50 m de largeur, avec une profondeur
de 2 m, assez semblable au nº IX. Cette tombe, malheureusement, avait été
bouleversée par le propriétaire. Celui-ci, qui avait autorisé les fouilles, n'a pu
conserver ce grand trou au milieu de sa vigne. Je me suis contenté d'en marquer
les limites par des pierres dressées.

A part ces hypogées, l'aire du tumulus est encore occupée par des couloirs
formés par deux murs parallèles, dont j'ai dit déjà un mot au sujet de la
tombe III. Ces murs ne sont pas hauts de plus de 0,40 m à 0,50 m en moyenne,
la longueur et la largeur de ces couloirs sont très variables. Celui qui est accolé
à la tombe III est long de 6,25 m et large de 1,50 m; un autre a 7 m de longueur
et 1,65 m de largeur; un autre, plus petit, a 2,80 m sur 0,60 m.

Ces couloirs abritaient aussi des cendres protégées par des pierres plates.
Ils paraissent avoir été édifiés, sans plan bien préconçu, au fur et à mesure des
besoins, quand tous les hypogées étant pleins, il fut nécessaire de donner un
asile aux restes de ceux qui avaient voulu venir dans ce lieu consacré, dormir
l'éternel sommeil.

Au Nord et au Sud on voit aussi deux murs isolés au pied desquels étaient
des amas de cendres. Enfin, sur la limite sud du tumulus, au point A marqué
par une croix, étaient encore des cendres recouvertes de pierres, et au point B
une grande dalle de 1,10 m de hauteur grossièrement taillée au sommet en
forme de stèle, recouvrait également des cendres et des débris d'os carbonisés.

J'ai conservé cette dalle que j'ai fait dresser au milieu du cimetière.

Cette nécropole a dû servir à de nombreuses générations, à en juger par la quantité de cendres qu'elle contient.

L'incinération était à peu près exclusivement en usage. Il a été cependant constaté trois cas d'inhumation, preuve que l'ancienne coutume était encore en usage.

La tombe VIII renfermait un crâne et quelques os des membres; la tombe XI contenait un squelette qui n'a pu être retiré en bon état; enfin, au point D, contre le mur de la tombe I; j'ai découvert un caisson avec un squelette.

Les crânes sont en très mauvais était. Les sujets étaient dolichocéphales, les tibias sont platycnémiques, l'ossature est grêle. Ces hommes

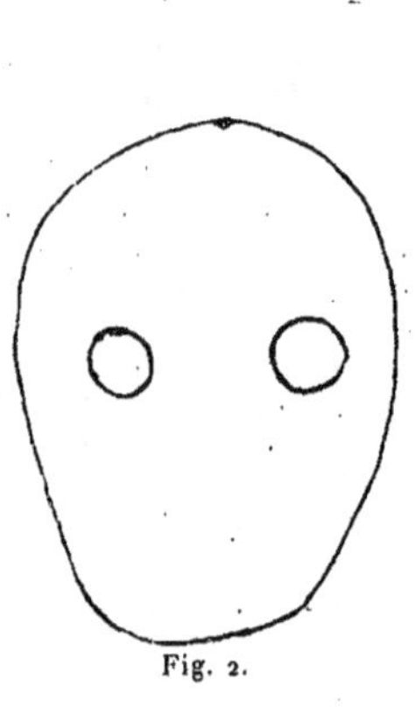

Fig. 2.

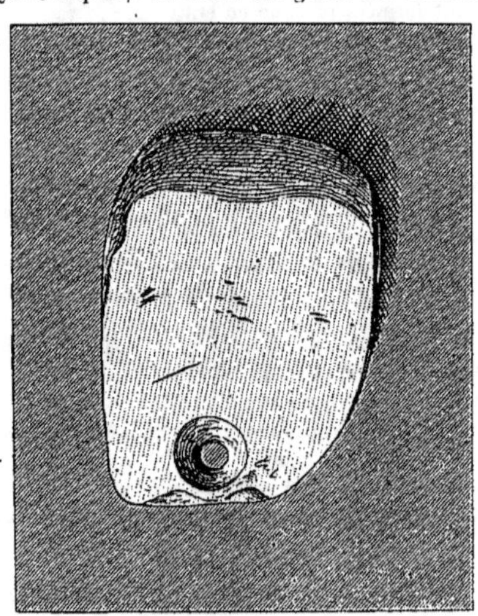

Fig. 3.

sont de la race néolithique du Bas-Languedoc, étudiée dans le Gard par Carrière; dans l'Hérault, à Montouliers, par M. Mayet.

Mobilier funéraire. Les tombes étaient remplies de cendres, de débris d'os carbonisés et de fragments de vases. Le bris des vases était ici pratiqué, et l'on mettait un fragment du vase brisé dans la sépulture comme cela se faisait ailleurs, à Vendrest (Seine-et-Marne) par exemple, ainsi que l'a constaté M. Baudouin.

Cinq vases cependant avaient été mis entiers; ils ont pu être reconstitués. La tombe I a donné deux vases; un autre provient de la tombe IX, un autre de la tombe XI. Une petite tasse a été trouvée dans un couloir sous une dalle, au milieu des cendres. Elle est ornée d'une couronne de pastilles faites au repoussé.

Cette céramique est franchement néolithique, c'est celle des stations du voisinage. Quelques fragments cependant à couverte noire lustrée, à forme plus élégante, se rapportent au début de l'âge des métaux.

Les faits que je signale se rapprochent beaucoup de ceux qui ont été observés ailleurs, par exemple par M. P. du Chatellier dans le Finistère, par M. Pilloy dans l'Aisne, par M. Baudouin en Seine-et-Marne.

Fig. 4.

Le mobilier funéraire est assez pauvre, mais quelques objets sont très caractéristiques de l'époque énéolithique. Il y a des pointes de flèches, des grattoirs, des poinçons, des lissoirs, une hache polie, quelques perles en stéatite, en quartz, etc., une tête de fémur polie et perforée, des pendeloques en os, de nombreux humérus de lapins dont la cavité cotyloïde perforée naturellement a été agrandie pour faire de ces os les éléments d'un collier.

Il y avait encore des chevilles osseuses de chevreuil, des coquilles perforées, des pierres en roches vertes, des polissoirs en grès, des molettes, des broyeurs en quartzite, des os de bœuf, de cheval, de porc, etc. Un petit caillou de serpentine (*fig.* 2) a sur chaque face, deux perforations incomplètes qui ne sont pas situées dans le même plan.

Les pièces les plus intéressantes sont une hachette en schiste verdâtre perforée, transformée en amulette (*fig.* 3), et un bouton en test de coquille avec deux trous convergents, forme dite *bouton de Durfort.*

Ces deux objets, à eux seuls, suffiraient à dater notre nécropole de l'époque énéolithique.

Comme métal je cite seulement pour Mémoire un petit fragment de bracelet de la fin de l'âge du bronze ramassé à la surface du tumulus.

Enfin, j'ai fait à Canteperdrix une découverte plus importante que tout cela.

Dans la tombe I j'ai trouvé, plantée debout au milieu des cendres, une pierre (la seule qui fût dans la tombe), aux pieds de laquelle étaient deux vases. Cette pierre est une dalle de calcaire; elle est haute de 0,57 m, large en haut de 0,30 m, en bas de 0,21 m. Elle a la forme d'une stèle ; ses bords sont taillés, son sommet est sculpté en pointe (*fig.* 4).

Le travail qu'a subi cette pierre, sa forme et sa situation dans un tombeau au milieu de la cendre des morts, ne laissent aucun doute sur sa signification : c'est une idole, une divinité.

Une autre idole semblable a été trouvée couchée parmi les cendres dans un couloir.

J'ai aussi parlé déjà d'une grande dalle dont le sommet est retaillé qui abritait des cendres. Étant admis le caractère religieux indéniable de deux premières pierres, je n'hésite pas à voir en celle-ci une idole.

Conclusion. — 1º Le nécropole de Canteperdrix appartient à la fin de la période de la pierre polie;

2º L'incinération, dès cette époque, était la règle, l'inhumation était l'exception ;

3º La construction des hypogées, avec leurs voûtes encorbellement, s'explique par l'abondance des matériaux favorables, sans qu'il soit nécessaire d'aller chercher dans la Méditerranée les origines de ce mode de construction ;

4º Les sépultures de Calvisson, par leur construction en hypogées et par plusieurs caractères architectoniques, bien que différant par leur mode de couverture, peuvent jusqu'à un certain point, être rapprochées des allées couvertes de la Provence;

5º La présence dans les tombes d'idoles aniconiques dont la conception a certainement précédé les divinités anthropomorphes du Gard, de la Marne, etc., est un fait du plus grand intérêt dont il n'est pas non plus nécessaire d'aller chercher l'inspiration dans la mer Égée.

MM. PLAT,

(Orpierre),

ET

H. MÜLLER.

(Grenoble).

LA GROTTE SÉPULCRALE DE ROCHE-ROUSSE (HAUTES-ALPES).

571.91 (44.97)

3 Août.

A 5 km au nord-ouest d'Orpierre (Hautes-Alpes), sur le territoire de la commune de Saint-Cyrice (canton d'Orpierre), on remarque, à l'entrée d'une étroite gorge rocheuse, une grotte située sur la rive gauche du Richaud, affluent du Céans et à 80 ou 100 m au-dessus de ce petit torrent.

Cette grotte, située à la base d'un escarpement calcaire, a son ouverture au Sud-Est. Elle est constituée par un petit abri creusé dans un rocher escarpé; l'entrée véritable de la grotte, également très petite, regarde le Sud-Ouest. Une petite escalade en permet l'accès, un couloir de 4 à 5 m de longueur et de 1,50 m à 3 m de largeur en pente ascendante conduit à une cavité surbaissée de 2 à 3 m. Cette cavité, divisée en deux parties inégales par une lame rocheuse, constitue un retrait peu commode hérissé d'aspérités stalagmitiques ou rocheuses.

L'abri, complètement vidé, ne contenait que quelques rares débris céramiques, logés dans des fissures; le couloir ascendant contenait de 0,30 m à 0,60 m de terre en épaisseur.

Il nous a été facile de voir que tout avait été bouleversé; aussi, après un sondage, toute la terre fut extraite et tamisée; le résultat fut un mélange extraordinaire de matériaux documentaires. Les deux retraits surbaissés du fond furent alors attaqués, avec d'autant plus de précautions qu'ils paraissaient contenir chacun un pavage grossier de petits blocs, légèrement bombé.

Couché à plat ventre, chaque fouilleur, après avoir dégagé à la main un petit fossé de cheminement, put ensuite en avançant, en rampant, dégarnir le pseudo-pavage, entremêlé de tessons et de quelques os.

Il nous fut bientôt possible de constater que nous n'avions pas la bonne fortune d'être en présence de sépultures.

Le creusement des deux cavités, rendu plus facile dès que nous pûmes nous tenir accroupis, et après avoir brisé une couche stalagmitique, nous a permis d'extraire plus de 1 m³ de déblais et de nous rendre compte qu'il n'existait aucune stratification.

Voici la liste des objets recueillis :

Trois pointes de flèches en silex, mesurant 42, 49 et 69 mm de longueur.
Une lame incomplète de 88 mm de longueur en deux tronçons.

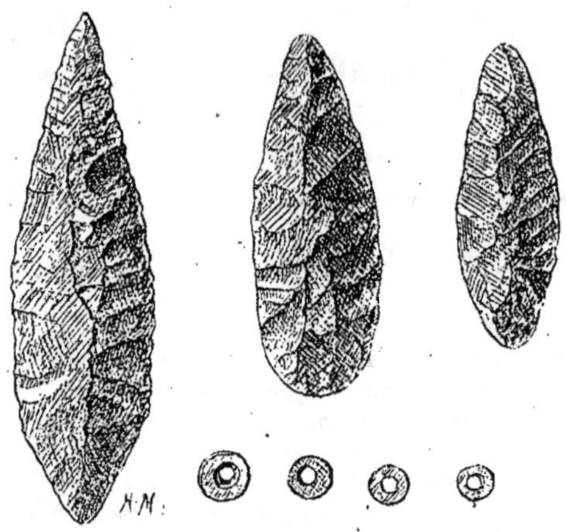

Quatre perles de collier en stéatite de 5 à 7 mm de diamètre, deux petits éclats de silex, une *bourboussaye* en fer très oxydée et un fragment de fer orné, portant une petite boucle à ardillon, ayant dû faire partie d'une ceinture ou d'un harnais.

Un lot de 5,3oo kg, de débris céramiques et quelques os humains et d'animaux complètent l'ensemble de la trouvaille.

Outillage siliceux. — La grande pointe de flèche gris jaunâtre, en silex grenu transparent et ambré, complètement retouchée et très plate, est d'un galbe parfait, semblable à la belle pointe de 72 mm de Fontaine-le-Puits ([1]).

La deuxième, de 49 mm et la plus petite, sont en silex transparent gris brun, vitreux. La plus petite est bombée et moins bien traitée que la deuxième. Toutes deux sont complètement retouchées.

Les deux petits éclats de silex sont sans importance.

La lame, assez bonne est en silex gris brun, et présente quelques retouches d'utilisation.

Perles. — Les quatre perles en stéatite noirâtre ont été perforées par les deux faces, elles ont moins de 2 mm d'épaisseur.

Beaucoup ont dû nous échapper.

([1]) MULLER et BARON A. BLANC, *Sépulture énéolithique de Fontaine-le-Puits* (*Comptes rendus de l'Association française pour l'Avancement des Sciences,* Lille, 1909).

Fer. — La *bourboussaye*, nom local, est un instrument de fer (rappelant un peu une hache à douille ou le talon de certaines sagaies africaines) qui sert, fixée à un manche, à décrotter le versoir des charrues primitives encore en usage dans le pays. Cet objet peut remonter au vi^e siècle au moins. Celui de Roche-Rousse peut être placé au xvie siècle, comme du reste le fragment de fer orné, portant une bouclette, décrit plus haut.

Céramique. — Environ 5,3oo kg de débris céramiques nous ont donné des échantillons du Néolithique, du Bronze, du premier âge du Fer et du Gaulois.

Quelques anses mamelonnées, quelques ornements en creux au poinçon, un tesson portant un gros cordon plat avec empreintes de bouts de doigts, de grosses incisions en dents de loup, notamment sur une poterie épaisse brossée en damier, sont les principales caractéristiques relevées dans ces débris.

Les épaisseurs vont de 4 à 12 mm. Certains échantillons paraissent faits au colombin. La calcite, soit finement pulvérisée, soit parfois à grains de 4 mm de côtés, constitue la matière dégraissante principalement employée.

Pour les fragments brossés en damier, le dessin a été obtenu probablement avec de petits faisceaux de tiges de céréales très fines. L'intérieur a subi le même façonnage, mais sans le croisement des traits. Cette opération a dû avoir pour but la répartition d'un engobe fait d'une terre plus fine sur toutes les surfaces.

Ossements. — Les ossements humains comprennent une rotule, des fragments de péronés, des phalanges, des métacarpiens et des métatarsiens, quelques autres os du pied et de la main, des débris de vertèbres, un fragment de bassin, ainsi que des débris indéterminables. Il faut ajouter onze dents humaines, une incisive médiane supérieure très usée, six prémolaires, une incisive inférieure et deux canines; ces sept dents indiquent au moins deux individus. Une dent de première dentition en indique un troisième. Vu le petit nombre d'os présents et leur état, il est impossible d'en tirer des observations importantes. On peut seulement affirmer l'inhumation de trois individus au minimum.

Les ossements d'animaux comprennent surtout des os d'oiseaux et de petits mammifères, hôtes habituels des grottes ou apportés par les fauves et les rapaces; quelques dents et des fragments osseux d'ovins ou de caprins, débris de repas humains surtout, sont les seuls gros os récoltés, sans qu'on puisse les attribuer à une époque précise.

Un maxillaire supérieur d'un très jeune carnassier, chien ou loup, pourrait indiquer la fréquentation de l'abri par des rapaces, car il est à peu près impossible qu'il y soit monté par ses progres moyens.

Talus sous la grotte. — Un talus de 4o° à 45° dévale sous la grotte jusqu'à la route, quelques chênes en retiennent les terres. A la base le cantonnier prélève du gravier pour la route, nous avons trouvé dans la tranchée un mauvais grattoir en silex gris, et le quart d'une meule dormante constituée par un gros galet en granit rose. Sa surface plate est absolument plane et porte comme son revers, bombé, des traces d'un très long usage.

Conclusions. — Cette petite grotte a été successivement habitée à diverses époques, son exiguïté en a amené le bouleversement fréquent,

Elle a été convertie en grotte funéraire à la fin du Néolithique, les os humains, les perles et les pointes de flèches l'attestent; vidée en partie au Bronze, peut être aussi à la fin du Fer.

On peut placer son dernier remaniement pendant la deuxième moitié du xvie siècle.

Quelques réfugiés huguenots ou catholiques fuyant les poursuites se sont cachés dans la grotte. Ensuite, pour se mettre à l'aise et pour s'occuper pendant de mortelles heures d'attente, ils ont vidé le couloir et en ont projeté les déblais dans les cavités du fond. De cette manière, tout en élargissant leur réduit, ils évitaient de répandre les matériaux remués sur le talus, ce qui n'aurait pas manqué d'attirer l'attention des passants.

La bourboussaye a dû servir d'outil à tout faire pour remuer la terre qui a été ensuite projetée à la main vers le fond.

Ensuite le tassement des terres, au cours des siècles, a produit le pseudo-pavage des cavités basses.

Les plus beaux morceaux de poterie et la belle pointe de flèche ainsi qu'une moitié de la lame étaient dans les réduits du fond.

En résumé, l'époque la plus intéressante représentée dans cette grotte est à placer à la fin du Néolithique (Énéolithique italien), et se composait de sépultures par inhumation.

Environ 2,5 m³ de matériaux ont été examinés au cours de cette fouille faite par trois personnes, avec le secours financier de l'Association française pour l'Avancement des Sciences.

M. Georges ROUXEL,

Correspondant du Ministère de l'Instruction publique (Cherbourg).

VESTIGES D'HABITATIONS PROTOHISTORIQUES DANS LA BAIE DE NACQUE-VILLE (MANCHE). UN ATELIER DE FABRICATION D'ANNEAUX DE SCHISTE (FOUILLES DE 1912).

571-21-8 (44.21)

2 *Août.*

La subvention que l'Association française pour l'Avancement des Sciences nous a accordée en 1912 nous a permis de reprendre plus grandement, sur le rivage de Nacqueville, proche de la *Batterie basse*, 8 km ouest de Cherbourg, les fouilles d'une antique station dont la principale industrie était la fabrication d'anneaux de schiste. Nos précédentes découvertes ont été l'objet de Communications aux Congrès des

Sociétés savantes de Paris et des départements tenus, à Caen, en 1911,
et à la Sorbonne, en 1912 (¹). Les recherches auxquelles nous nous livrons,
à Nacqueville-Bas, depuis plusieurs années, ne sont pas sans présenter
certaines difficultés : d'abord, l'épaisseur très variable du sable et des
galets, tantôt quelques centimètres, tantôt plus de 1 m; puis, les marées
qui, chaque jour, envahissent la côte, mettant ainsi obstacle à tout travail
d'une façon continue. Le moment le plus propice, pour une telle besogne,
est celui d'une grande morte-eau durant laquelle, trois ou quatre jours,
le coin de plage, but de nos investigations, se trouve en dehors des atteintes

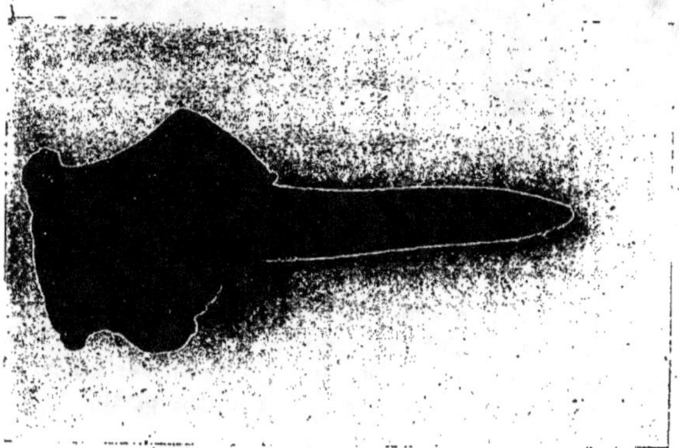

Fig. 1.

du flux. C'est donc, par périodes de courte durée et assez éloignées les
unes des autres, qu'il nous est loisible de poursuivre notre entreprise.

Le dépôt archéologique, 1 m au maximum, occupe les deux premières
couches stratigraphiques : 1° terre tourbeuse; 2° glaise mélangée de sable.
Il se compose d'une boue noire, fétide; parfois, ce n'est plus qu'un véritable fumier. A une profondeur de 40 cm environ, l'eau sourd de toutes
parts et transforme vite les terres remuées en un bourbier dans lequel on
enfonce jusqu'au genou.

Pour agir sans trop d'encombre, nous avions choisi la principale morte-
eau de mars et celle de juin derniers. En mars, l'épaisseur de sable et de
galets ne nous gêna guère; elle n'était que de 30 à 40 cm seulement. Mais,
en juin, il fallut piocher davantage, car les vestiges d'habitations s'étendaient sous un monticule attenant à la dune voisine et dont la base en
talus avait une hauteur moyenne de 1 m au point où nous étions parvenus. De plus, l'eau filtrant à travers les terres sablonneuses causait

---

(¹) La première de ces Communications a été insérée dans le *Bulletin archéologique du Comité des travaux historiques et scientifiques*, 1912, 1ʳᵉ *livraison:* la
deuxième sera publiée aussi dans l'un des prochains fascicules du même *Bulletin*.

des éboulements qui obstruaient le fond des tranchées. La couche archéologique n'excédait pas 0,90 m; elle était divisée par un lit de 0,15 m de
sable pur. Par leur composition absolument identique, les deux niveaux

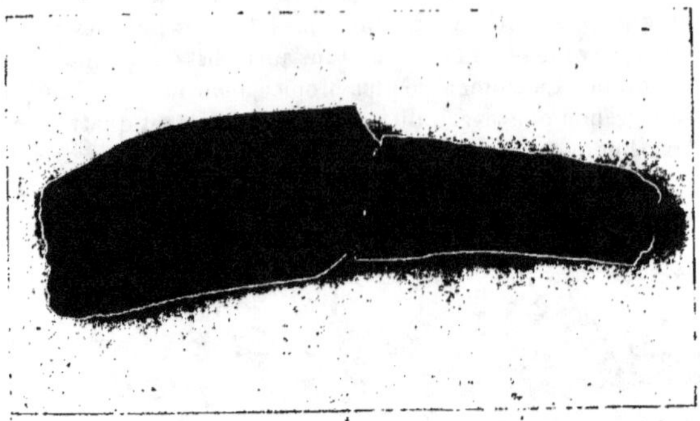

Fig. 2.

provenaient du même stationnement. Quoiqu'un peu contrariée par le
mauvais temps, notre campagne de 1912 réussit au mieux. Non seulement elle nous livra de beaux spécimens de la vieille industrie humaine,
mais elle nous ouvrit de nouveaux horizons; elle nous permit de fixer

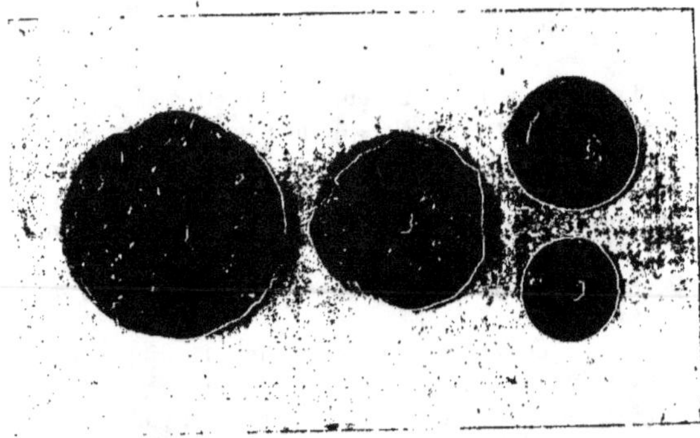

Fig. 3.

l'âge de ce centre jadis plein d'activité, retrouvé aujourd'hui sous les
sables de la mer. On jugera d'ailleurs de l'importance de nos dernières
explorations par le détail ci-après :

La découverte la plus remarquable faite à *Nacqueville-Bas* avait été
sans contredit celle d'un atelier de fabrication d'anneaux de schiste. Les

nombreuses pièces, soit ébauchées, soit rebutées, mises à jour lors de nos recherches antérieures, ne laissaient déjà aucun doute à ce sujet. Une série constituée nous montrait toutes les phases du travail de transformation d'un morceau de schiste brut en un gracieux bracelet, c'est-à-dire : la pierre taillée d'abord dans son épaisseur devenir un disque ; puis, ce disque attaqué de chaque côté, par des coups obliques jusqu'à ce que le noyau central se détachât, l'évidement formait ainsi un double biseau ; enfin, l'anneau dégrossi, converti en un cercle mince, bien arrondi, souvent orné d'une rainure dorsale ou d'une nervure et achevé par un habile polissage.

L'ouvrier, semble-t-il, exécutait géométriquement sa besogne pour lui donner plus de régularité circulaire : un fragment d'anneau a, en surface, sur le bord extérieur, un arc de cercle tracé avec une pointe. Notre récolte de mars et de juin derniers fut de 24 anneaux ébauchés, entiers, plusieurs à double biseau ; de sept disques percés d'un trou quadrangulaire ; d'une soixantaine de notables fragments d'anneaux dégrossis ou de bracelets et de beaucoup d'éclats ou de débris sans valeur. Nous ajouterons deux objets de forme ellipsoïdale et un fragment façonnés au tour ; nul doute qu'ils proviennent chacun du noyau d'un disque à trou quadrangulaire puisqu'ils ont conservé intacte l'ouverture centrale. Leur but nous échappe. C'est la première fois, croyons-nous, que l'emploi du tour est signalé pour la fabrication d'objets de schiste ou de lignite (*fig.* 1, 2, 3). Nous nous bornerons à décrire les principales de ces pièces :

ANNEAUX.

1" *Anneaux ébauchés, complets :*

		mm		mm
N° 1.	Diamètre total	103	et	99
	Diamètre au trou central	51	et	45
	Épaisseur maximum	22		
	Épaisseur minimum	12		
N° 2.	Diamètre total	93	et	88
	Diamètre au trou central	34	et	32
	Épaisseur maximum	26		
	Épaisseur minimum	19		

Double biseau.

		mm		mm
N° 3.	Diamètre total	135	et	110
	Diamètre au trou central	59	et	51
	Épaisseur maximum	25		
	Épaisseur minimum	16		
N° 4.	Diamètre total	98	et	95
	Diamètre au trou central	46	et	41
	Épaisseur maximum	18		
	Épaisseur minimum	8		

1° *Anneaux ébauchés, complets* (suite):

N° 5. Diamètre total............................. 76 et 73 ^{mm}
      Diamètre au trou central .... 21 et 20
      Épaisseur maximum 20
      Épaisseur minimum.................... 14
              Double biseau.

N° 6. Diamètre total.......................... 69 et 67
      Diamètre au trou central............ 28 et 24
      Épaisseur maximum..................... 15
      Épaisseur minimum..................... 12
              Double biseau.

N° 7. Diamètre total.......................... 65 et 62
      Diamètre au trou central.............. 20 et 18
      Épaisseur maximum.................... 35
      Épaisseur minimum.................... 32

Les grands anneaux sont préparés pour devenir des bracelets. Les dimensions restreintes des autres empêchent une telle destination. Avait-on en vue la façon d'une bague avec les petits et celle d'un pectoral avec les moyens ? La chose est possible.

2° *Disques percés d'un trou quadrangulaire* :

N° 1. Diamètre total......................... 96 et 98 ^{mm}
      Largeur du trou central................ 15 et 14
      Épaisseur maximum 17
      Épaisseur minimum.................... 14
N° 2. Diamètre total......................... 82 et 80
      Largeur du trou central............... 14 et 12
      Épaisseur maximum.................... 20
      Épaisseur minimum.................... 16
N° 3. Diamètre total .... 73 et 70
      Largeur du trou central............... 12 et 13
      Épaisseur maximum.................... 18
      Épaisseur minimum.................... 13

3° *Objets de forme ellipsoïdale, façonnés au tour* :

N° 1. Diamètre............................. 57
      Largeur du trou central............... 11 et 12
      Épaisseur............................. 23

N° 2. Diamètre............................. 42
      Largeur du trou central............... 15 et 16
      Épaisseur............................. 16

Ces objets sont, nous le répétons, les noyaux centraux de disques à trou quadrangulaire.

4° *Portion d'un gros anneau de bras, terminé et poli :*

Longueur du fragment	144 mm
Largeur de l'anneau	83
Diamètre intérieur	79
Épaisseur au milieu	25

Cette pièce est remarquable par le fini du travail.

5° *Fraction de bracelet ébauché, deux tiers :*

Diamètre total	94
Diamètre intérieur	65
Épaisseur	26

6° *Fraction de bracelet ébauché, moitié :*

Diamètre total	104
Diamètre intérieur	77
Épaisseur	17

7° *Deux portions de bracelets préparés pour le polissage :*

N° 1.	Diamètre total	90
	Diamètre intérieur	76
	Épaisseur	8
N° 2.	Diamètre total	87
	Diamètre intérieur	68
	Épaisseur	8

8° *Portion, deux cinquièmes environ, d'un bracelet terminé et poli :*

Épaisseur	6

9° *Moitié d'un petit anneau terminé et poli :*

Diamètre intérieur	45
Épaisseur	10

Orné de trois raies parallèles.

Avec son dessous plat, ce dernier anneau, de dimension restreinte, n'était qu'une vulgaire applique devant servir d'attache à un vêtement. Rentre dans la catégorie de ceux que nous avons désignés comme pectoraux.

La matière ayant servi à confectionner les spécimens mentionnés ci-dessus est un schiste d'aspect lignitoïde, fossilifère, qui brûle en répandant une forte odeur de bitume. Aucun gisement de l'espèce n'existe actuellement dans notre région. Une analyse faite par M. Chalufour, pharmacien en chef de l'Hôpital maritime de Cherbourg, a donné 17 % de cendres.

Composition des cendres :

Silice.. 42,90
Alumine.. 23
Oxyde de fer en Fe^2O^3..................................... 11
Acide sulfurique... 5
Chaux.. 11,80
Magnésie... 0,90
Alcalis, impuretés et pertes................................. 5,40

Deux autres ateliers de bracelets ont été découverts en France : le premier, en 1892, à Montcombroux (Allier); le deuxième, en 1908, à Buxières-les-Mines, même département ([1]), mais on y exploitait une matière première de provenance locale.

Aux objets de parure que nous venons d'énumérer, il convient d'ajouter

1° Une perle d'ambre; elle est plate et intacte. Ses dimensions sont :

mm

Diamètre total... 17
Diamètre du trou central................................... 4
Largeur.. 7

2° Une moitié de grosse perle de verre bleu foncé :

Diamètre total... 19
Diamètre intérieur... 8
Largeur.. 15

Dix extrémités de petits pieux appointis, de chêne et de bouleau, mesurant en moyenne 0,30 m de long sur 0,05 m de diamètre, ont été retirées en fort mauvais état; la simple pression des doigts les écrasait. Dans leur voisinage, nous avons extrait quatre bouts de cordages semblables à ceux provenant de nos fouilles de septembre 1911; de même, des restes de litières où la grande fougère *Pteris aquilina* et la mousse *Neckera crispa* disparue de notre région dominaient à nouveau. Nous avons, pour la première fois, constaté la présence du fer. A l'exception d'un petit morceau de minerai d'étain, nulle autre trace de métal ne s'était encore manifestée. Les terres tout imprégnées, par places, d'oxyde, nous ont livré un anneau moyen assez bien conservé et quatre objets de formes indéterminables. La décomposition est si avancée que plusieurs débris sont réduits à l'état de pâte. Un fragment de fer adhère à l'un des anneaux de schiste.

([1]) J. DÉCHELETTE, *Manuel d'Archéologie préhistorique, celtique et gallo-romaine*, t. II, p. 314. — F. PÉROT, *L'atelier de bracelets en schiste de Montcombroux* (*Bulletin de la Société d'Histoire naturelle d'Autun*, 1893). — BERTRAND, *Note sur un atelier de bracelets de schiste à l'époque néolithique ou du début de l'âge du bronze, près de Buxières-les-Mines* (*Bulletin de la Société d'émulation du Bourbonnais*, 1908). — H. CHAPELET, *Atelier de bracelets de schiste près Buxières-les-Mines* (*Allier*). (*L'homme préhistorique*, octobre, 1909.)

Pour la céramique, notre récolte a dépassé 20 kg de tessons. Tous les genres de poterie sont représentés depuis le vase grossier fait à la main, lequel porte les empreintes de l'instrument ayant servi de lissoir ou d'ébauchoir, jusqu'au vase très élégant dans ses formes, confectionné avec l'aide du tour. Nous divisons cette poterie en trois catégories : 1° poterie grossière de couleur grise ou brunâtre formée d'argile mal épurée avec grains de quartz; 2° poterie grise ou brunâtre composée d'argile mélangée à du sable fin; 3° poterie noire micacée, quelquefois lustrée. Cette troisième catégorie est la plus abondante. Il s'est rencontré aussi plusieurs fragments de col et d'anses d'amphores. L'ornementation est variée : lignes en creux, cordons, chevrons, ondulations, arcs de cercle accompagnés parallèlement, au-dessus et au-dessous, de minuscules incisions. Le nombre de vases casssés est tel qu'à peine cinq ou six tessons appartiennent au même récipient. Toute reconstitution est impossible. Les anses font à peu près défaut; à part celles d'amphores, une seule a été trouvée; elle est à trou de suspension horizontal.

La quantité d'ossements exhumés est considérable. Ces ossements appartiennent aux espèces Bœuf, Cheval, Cerf, Mouton, Chèvre, Porc, Sanglier, Chien et à de petits animaux. Beaucoup d'os, surtout les côtes, sont travaillés; ils sont taillés ou portent des traces de sciage. Il y en a de coupés par bouts, de longueur déterminée. Nous avons remarqué quelques esquilles détachées intentionnellement pour être transformées, semble-t-il, en aiguilles. Les os à mœlle sont brisés. A noter parmi ces débris : 1° un fémur humain, côté gauche, dont la tête et les condyles manquent; 2° une portion de côte de gros Cétacé, baleine probablement (une mince lamelle tirée d'un fanon a été ramassée à peu de distance). Le morceau dont il s'agit a 36 cm de longueur, 10 cm de largeur et 5 cm d'épaisseur. Il est scié à trois places : d'abord, à l'une de ses extrémités; puis, longitudinalement, de chaque côté, avec retrait de 0,200 m de longueur sur 0,025 m de large pour l'un et de 0,185 sur 0,030 m pour l'autre. La partie ainsi taillée a l'apparence d'un manche ou d'une poignée ébauchée. De plus, vers le milieu, à 0,14 m de la base, il offre un commencement de perçage; la cavité produite a 0,029 m et 0,024 m de diamètre et 0,025 m de profondeur (fig. 2); 3° un casse-tête ou maillet en corne de cerf. Belle pièce d'une longueur totale de 0,21 m confectionnée avec la basse d'une grosse corne dont la racine ou meule a 0,085 m et 0,075 m de diamètre. La tige principale ou merrain de 0,045 m de diamètre est sciée nettement; un andouiller, long de 0,14 m, perpendiculaire à la base, sert de manche (fig. 3).

Les rejets de cuisine contenaient toujours une énorme quantité de coquilles de patelles. Il y avait aussi, mais en nombre beaucoup moindre, des coquilles de cardium, de vénus et d'hélix, des arêtes et des écailles de poisson, des noisettes, des noyaux de merises ou de prunelles et des graines non déterminées. Dans les cendres d'un foyer, nous avons observé des parcelles d'amiante. Sur le bord de ce même foyer, nous avons déterré une meule de granit, à l'état d'ébauche. La pierre a reçu la forme d'un cône tronqué très régulier; le travail est déjà avancé; la surface des bases est légèrement convexe.

Dimensions :

Diamètre supérieur...................................... $0,25$

Diamètre inférieur..................................... $0,35$

Hauteur... $0,20$

L'outillage lithique se spécialise dans de longs galets plats ou des morceaux de grès. Presque tous ont des marques évidentes d'usage : rainures occasionnées par le polissage vraisemblable d'aiguilles; creux produits par l'aiguisement d'une lame; mâchures aux extrémités, etc. Un fragment de galet de quartzite montre une usure se décomposant en deux plans bien nettement indiqués. Si cet outil avait servi de broyeur ou de pilon, l'usure ne formerait qu'un plan unique. En outre, nous avons recueilli aussi : un gros caillou de pierre tendre, sorte de stéatite, tout maculé d'ocre rouge; et quelques beaux éclats de silex; peu sont retouchés, il est vrai, mais certains ont dû être employés comme scies.

Nos recherches de mars et de juin 1912 ont permis de fixer, d'une manière décisive, l'âge de la station de *Nacqueville-Bas*. Cette station est de l'époque de la Tène.

Déjà, en septembre 1911, la présence d'un fragment de bracelet en verre bleu avait été un indice.

Tels sont les résultats acquis. Il reste encore beaucoup à faire, car nous avons la certitude que les vestiges d'habitations protohistoriques que nous avons découverts s'étendent plus loin sous les sables et remontent vers la dune. Nous nous proposons donc de continuer les fouilles sitôt que les circonstances le permettront.

M. H. MICHEL,

Conservateur du Musée Archéologique (Besançon).

LES TUMULUS DU BOIS-DE-LA-CÔTE A FALLON
ET LE PROMONTOIRE BARRÉ DE GRAMMONT (HAUTE-SAÔNE).

571.91 (44.45)

3 Août.

En terminant la Communication que je fis au Congrès de Dijon sur *Le Promontoire barré de Grammont* (Haute-Saône), j'annonçais mon intention de faire quelques fouilles sur le petit plateau situé à l'Ouest, désigné sur la Carte d'État-Major sous le nom de *Bois-de-la-Côte* et dépendant de la commune de Fallon.

Ayant remarqué, l'année dernière, la topographie spéciale de cette hauteur un peu moins escarpée que celles de l'*Oiselot* et de la *Motte de Grammont*, j'avais demandé à un chasseur du pays ce qu'on voyait de particulier dans le bois communal :

« Il y a, me répondit-il, des quantités de tas de pierres, des murgers (¹), éparpillés et qui sont presque tous ronds. »

En possession de ce précieux renseignement qui me donnait l'espoir de découvrir des *tumulus* pierreux, je sollicitai de M. le marquis de Raincourt, maire de Fallon, l'autorisation nécessaire et j'entrepris l'exploration du bois. Malgré l'état très avancé de la végétation, je pus me rendre compte que je ne m'étais pas trompé dans mes prévisions et que j'allais avoir de nombreuses sépultures à visiter.

Le bois a été mis en coupe réglée depuis 1909 et j'ai figuré sur le plan ci-après les coupes successives avec leurs dates en regard. Dans la portion qui correspond à l'année 1909, le taillis forme un fourré presque impénétrable; néanmoins, j'ai pu y voir, au bord et sur le côté occidental du chemin forestier (dessiné en pointillé), trois *tumulus*. Mais c'est surtout dans les coupes de 1910 et 1911 qu'on les rencontre en plus grand nombre; quelques-uns sont presque jointifs, d'autres sont espacés seulement de quelques mètres. Il n'en existe aucun dans la dernière coupe (1912) où l'on ne voit que le commencement d'un *murger* aligné, B, parfois interrompu et se terminant par un petit retour en équerre; cet alignement pierreux ne m'a pas paru être un retranchement (qui, du reste, n'aurait pas de raison d'exister à cet endroit), je me réserve de lui demander son secret un peu plus tard.

J'ai parcouru aussi une bonne partie du bois dans la section traversée par le chemin d'Abbenans à Bournois et je n'y ai vu aucun autre indice de sépulture ou d'habitation, si ce n'est cependant un rocher en surplomb, partiellement éboulé et sous lequel aurait pu exister un *abri* primitif.

Au cours d'une première campagne entreprise pendant les vacances de Pâques, j'ai pu, grâce à la subvention qui m'a été accordée par l'Association française pour l'Avancement des Sciences, fouiller méthodiquement quatre *tumulus* formant un quadrilatère dans la partie A du plan. Le tumulus I se trouvait sur un terrain légèrement incliné vers le midi et sa base affectait la forme d'un ove dont le grand axe, dirigé du Sud au Nord, mesurait 10 m et le petit 9 m environ. Le point culminant correspondait assez exactement au centre de figure et se trouvait

---

(¹) C'est le nom qu'on donne, en Franche-Comté et en Bourgogne, aux amas de pierrailles que les cultivateurs et surtout les vignerons retirent de la terre en la cultivant et qu'ils entassent le plus souvent sur les parties incultes les plus voisines de leurs biens.

à o,6o m du sol naturel. Le tumulus II, de 10 m sur 8 m, avait la même
forme ovale; sa hauteur était de 1 m.

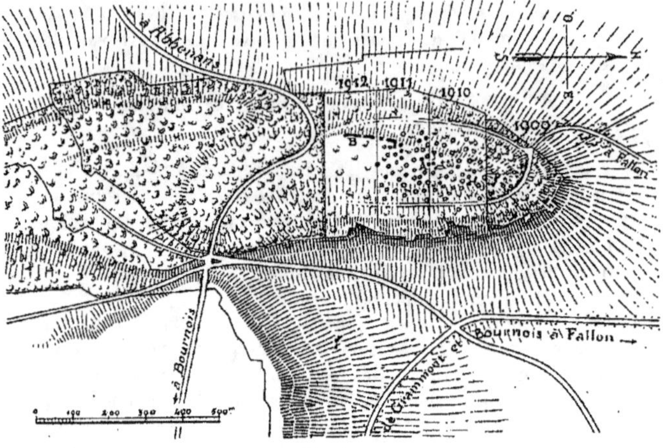

Fig. 1.

Cette forme ovale s'explique assez bien par la pente du sol; elle est
celle que donnerait la section oblique d'un paraboloïde de révolution;

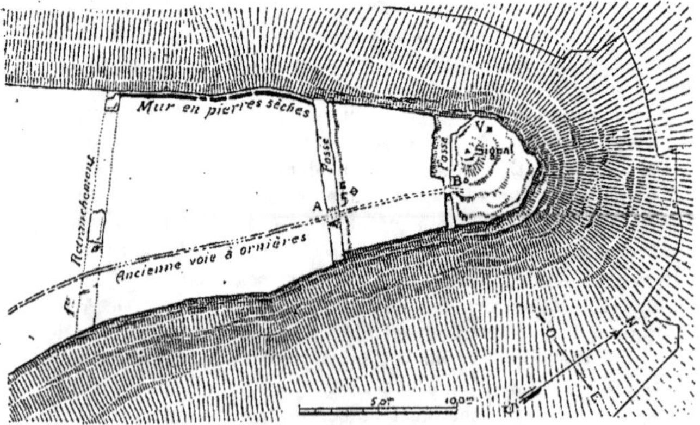

Fig. 2.

car tous les autres tumulus édifiés sur un sol horizontal présentent une
base circulaire et un dôme parfaitement au centre du cercle, comme III,
IV et V, par exemple.

En parcourant cette nécropole relativement vaste (j'évalue sa superficie à 10 ou 12 ha), j'ai constaté que la plupart des monticules pierreux
présentent une dépression plus ou moins prononcée à l'endroit même
où ils avaient dû être primitivement le plus élevés. Cette dépression est
évidemment occasionnée par l'effondrement des dalles de recouvrement
du caisson de la sépulture proprement dite, comme il m'a été facile de
le remarquer en fouillant les tumulus I et II dont la dépression avait été
préalablement repérée sur un croquis avant le travail des ouvriers. Le
premier a été attaqué par deux tranchées en croix et c'est à leur point
de rencontre que j'ai reconnu l'existence d'un grand caisson de plus de
2 m de longueur formé par des *laves* ou pierres plates des calcaires feuil-
letés du Bajocien, assez communes aux environs, qui paraissaient avoir
été posées verticalement et avec une certaine symétrie. A ce moment,
nous avons redoublé de précautions et cela avec d'autant plus de raison
que le plafond, formé des mêmes *laves* calcaires, s'était écroulé depuis
longtemps sous le poids de la pierraille ou par l'effet des gelées et que, par
suite, le mobilier funéraire pouvait être fortement endommagé. Sous les
dalles brisées et mélangées pêle-mêle à de menues pierres et à une sorte
de *terreau*, ou d'humus noirâtre résultant de la lente et séculaire décomposition des feuilles mortes et autres détritus forestiers entraînés par les
pluies à travers les interstices des pierres, nous avons recueilli :

1º De nombreux fragments d'un brassard en lignite ([1]) que j'essaie
de reconstituer;

2º Un bracelet ouvert, en bronze, de section elliptique uniforme et
orné de dentelures ou cannelures transversales;

3º Un anneau de fer de 0,048 de diamètre extérieur et rompu en deux;

([1]) Les brassards en lignite ou jayet se trouvent fréquemment en Franche-Comté
et le Musée Archéologique de Besançon en possède plusieurs exemplaires provenant
presque tous des sépultures hallstattiennes du massif d'Alaise et de ses environs.

Saraz	(Doubs)	— tumulus nᵒˢ 3 et 4		
Myon	»	— aux Petites Chaux, tumulus nᵒˢ 1 et 2		
Amancey	»	—'Château Sarrasin,	»	.nº 2
»	»	— à Ressern,	»	nº 3
Saraz	»	— à la Pouge,	»	nº 2
Lizine	»	— au Gros Buisson,	»	nº 2
Flagey	»	— au Cassard,	»	nº 1

On en a trouvé également à Pontarlier, au lieudit Sur le Mont.

Ces fouilles ont aussi fourni des objets en bronze, des débris d'une poterie noirâtre assez grossière et un peu de fer.

Les bracelets offrent une grande analogie avec celui du *Bois-de-la-Côte;* ils sont en
forme de fuseau allongé, ouverts, et leurs extrémités se termine ou nettement ou en
pointe mousse; la face dorsale est quelquefois ornée de cannelures transversales. Ce
caractère correspond à la deuxième époque du Bronze.

Le tumulus nº 1, dit de la Croix du Gros Murger, à Sarraz, a livré des bracelets assez
semblables à celui dont je donne le dessin et une petite épée de fer avec poignée à
antennes et fourreau en bronze.

4° Deux fragments d'un même vase en terre cuite de teinte foncée tirant sur le brun noirâtre;

5° Quelques débris d'un squelette humain;

6° Une hachette (?) de forme triangulaire, en calcaire; peut-être une amulette, à moins que ce ne soit un *ludus naturæ* (?).

Le tumulus II qui, d'après son aspect extérieur, me paraissait absolument intact, ne renfermait que quelques rares ossements humains, sans

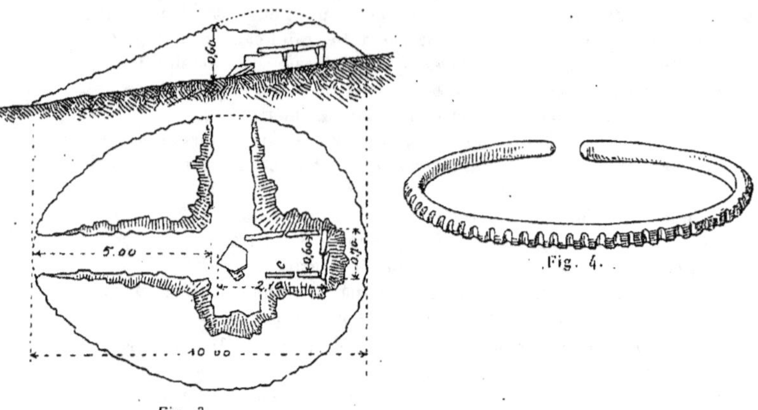

Fig. 3.

Fig. 4.

la moindre trace de mobilier. D'ailleurs, malgré la forme régulière du dôme, il ne restait, du caisson primitif, qu'une seule dalle debout.

Bien que les fouilles des tumulus III et IV soient restées infructueuses, je ne me décourage pas et je compte bien continuer mes explorations pendant les vacances prochaines et, si le temps me favorise après la chute des feuilles, parcourir les anciennes coupes du bois pour y reconnaître et repérer les tumulus les plus importants.

Quant à l'âge de ces tumulus, il serait peut-être téméraire de vouloir le fixer exactement d'après les seules découvertes faites jusqu'à ce jour et après la visite d'un nombre aussi restreint de sépultures. Je préfère attendre, pour me prononcer, que le champ mortuaire ait livré tous ses secrets. Étant donné d'ailleurs que les monticules pierreux existent en grand nombre et que leurs dimensions sont variables, il est possible d'admettre que des corps ou des restes partiels y aient été enfouis à des époques échelonnées entre celles du Hallstatt et de la Tène I.

Pour la détermination des ossements provenant de ces premières fouilles, j'ai eu recours à la haute compétence scientifique de notre aimable collègue, M. le Dr M. Baudouin, à qui j'ai fait remarquer que ces débris humains, fort incomplets, semblaient avoir été jetés au hasard dans

les caissons funéraires et que, dans ces conditions, on pourrait être
amené à formuler cette hypothèse : que nous nous trouverions en présence de restes d'*ancêtres* apportés par une tribu émigrée ou revenant
d'une expédition lointaine.

Après une étude minutieuse·des os, M. le Dr Baudouin a bien voulu
me répondre que :

« Les ossements examinés semblent appartenir à un *homme* (d'après les
saillies des os du crâne et le volume de la tête du fémur. Cet homme était adulte
(épiphyses soudées). Il est à noter qu'ils correspondent tous, ou presque tous,
au *côté droit;* cela peut s'expliquer, à la rigueur, par ce fait que *la moitié gauche*
de la sépulture (par inhumation) aurait pu être *bousculée* antérieurement;
ce bousculage aurait fait disparaître la moitié gauche du corps et expliquerait
les cassures *post-mortem* des ossements (cassures patinées), ainsi que certaines
traces d'*attaques.* Ces ossements *n'ont pas subi l'action du feu* (donc, *pas d'incinération*). Il n'existe pas sur ces os de traces, très nettes, d'*action post-mortem*
dues à la décarnisation; ou à un *travail spécial, postérieur à cette décarnisation.*
Toutefois, sur un fragment de cubitus (?), il y a *deux encoches,* patinées, qui
peuvent s'expliquer d'ailleurs par le *bousculage* cité plus haut et une attaque
du squelette. De même, sur un débris d'os il y a des traces indiquant qu'on a dû
jadis frapper ou attaquer cet os (morsures, etc.); mais il s'agit là d'un os
d'animal (aliment) et non d'homme. D'ailleurs, ces traces n'ont pas le caractère de celles (*stries parallèles*) de la *décarnisation néolithique.*

Il est, certes, possible que ces ossements aient subi une *première inhumation*
ailleurs, et n'aient été apportés que *postérieurement* dans le caisson où on les a
trouvés. *Mais rien ne le prouve absolument.* Un simple *bousculage de la sépulture,*
avec destruction d'ossements, a pu produire les faits constatés. On ne doit
pas admettre une *décarnisation* préalable, ici; il n'y en a aucune preuve.

Ces sépultures semblent être du début de l'âge du Fer (?), Hallstattien (?).

Absolument aucune trace de *cannibalisme* (pas la moindre trace de *morsures* sur les *os d'homme*).

Les fractures de ces os sont *post-mortem* et *post-mortem in terra,* et non *in
ore.* Quand on mâchonne un petit os, on y fait des lésions très reconnaissables
et bien distinctes des *fractures* en RAVE *in sepulcro.* Il faudra, lors des fouilles
ultérieures, recueillir les autres ossements et les examiner avec soin : une seule
observation, aussi peu nette que celle-ci, ne peut pas autoriser une conclusion
quelconque. » ·

Le Promontoire barré de Grammont. — Après une petite enquête que
je viens de faire dans les villages de Fallon et Melcey, en y interrogeant
les vieillards, j'ai appris comment avait disparu le grand retranchement
de la *Motte de Grammont.* C'est lorsqu'on a voulu ériger un monument en
pierre et fonte, la statue de la Vierge (V), que pour faciliter le transport
des pièces très lourdes on a été obligé de combler partiellement les deux
vastes fossés sur la largeur du chemin d'accès (qui n'est que la continuation de l'ancienne voie à ornières de l'époque celtique que j'ai déjà
signalée et que j'ai figuré sur le plan du promontoire. J'ai dit, dans
ma Communication du 5 août 1911, que le premier retranchement

avait dû servir de carrière aux habitants des villages voisins; il était
permis, en effet, de supposer qu'ils y avaient chargé des voitures de pierres
pour leurs *prestations en nature*. Mais, des renseignements que je viens
de recueillir, il résulte que ces matériaux ont été surtout employés,
depuis 1883, à faire les remblais en question et c'est sans doute pour cette
raison que la hache en pierre polie a été trouvée, lors de la plantation des
pins, derrière le troisième retranchement, en B. Et voilà comment
certains remaniements peuvent induire en erreur les personnes qui font
des recherches préhistoriques. Maintenant que je suis fixé sur l'origine
de ces remblais, je pourrai les fouiller en toute connaissance de cause.
Les premières fouilles faites dans l'épaisseur même et aux abords du
vallum disparu avaient fourni à H. L'Épée des silex polis, de la poterie
et des pointes de flèches ([1]) (1883). Mais, comme on ne voit aucun indice
de sépulture aux environs immédiats du camp, il est permis de supposer
que la hauteur voisine, couronnée actuellement par le *Bois-de-la-Côte*,
a dû servir aux cérémonies funéraires des habitants de ce camp qui n'en
est guère éloigné que de 3 km, en suivant le plateau.

M. Stanislas CLASTRIER,

Sculpteur (Marseille).

CÉRAMIQUE ANCIENNE TROUVÉE A MARSEILLE (1911-1912).

738 : 902.36 (44.91)

3 *Août*.

Devant l'importance de ces fouilles, on comprendra facilement que je
ne m'occupe aujourd'hui au Congrès que de la *partie céramique*.

L'étude d'ensemble étant impossible, ici, du reste, dans ces Notes
brèves, je n'ai qu'un souci d'annoncer à l'Association française de
l'inédit sur le *Vieux Marseille*, car cette étude sera reprise plus tard et
très poussée ailleurs.

Les fouilles de la rue Rouge, de la rue des Grandes-Maries, et de la
rue des Phocéens, dont j'avais la surveillance archéologique, ont donné
pour la céramique ancienne des tessons et quelques petits vases plus
ou moins brisés, surtout brisés, dont vous voyez ici les spécimens. La
rue Rouge, plus particulièrement voisine de l'ancienne Major, un des
points les plus anciens de Marseille, nous a donné jadis la Stèle phéni-

---

([1]) Au musée de Montbéliard.

cienne du Château Borély, et a fourni du grec à bandes peintes. J'adres-
sais au Président du Comité du *Vieux Marseille* (16 février 1912) un
Rapport dont j'extrais les observations suivantes : « A la couleur et au
serrage des terres on peut se rendre compte qu'un grand temps s'est écoulé
entre la toute première occupation et la deuxième. La céramique a
fourni des spécimens bien avant la fondation de Marseille, car leurs
décors indiquent le vii⁰ siècle, puis le vi⁰ et le v⁰ avant notre ère; elle a
aussi donné du romain, du barbare (wisigothique) et très probablement
des tessons et formes peu connus que j'attribue aux Sarrazins; mais
tout cela était (sauf pour les Grecs) trouvé sur le sol géologique (Poudingue) pêle-mêle et bouleversé, parmi les ossements sans nombre qui,
en somme, sur le terrain restant, constituaient une brèche à charnier
d'environ 4 m d'épaisseur et plus, ce qui fait que, du bas moyen âge
jusqu'à environ 1822, lors de la création du cimetière Saint-Charles,
cette partie du *Vieux Marseille avait servi de cimetière*. Enfin, devant
l'importance de ces découvertes, je consultais, en avril 1912, l'éminent
M. E. Pottier, chef de la céramique antique du Louvre. »

M. Pottier fit des réserves sur ses appréciations, car je ne lui avais
adressé que des croquis; cependant, il croit pouvoir affirmer, et ici je
crois prudent de lui laisser la parole : « Les fragments de vases à goulots
minces et à rebords plats, évasés (godrons noirs sur l'embouchure avec
points noirs sur le rebord, appartiennent à la série corinthienne des
Aryballes, dont la fabrication commence dans le courant du vii⁰ siècle
av. J.-C., et se continue pendant le vi⁰. Voir mon album de vases du
Louvre, *Pl.* 3 *g*, 40, 41, 42, 43. »

A la rue des Petites-Maries et des Phocéens (ancien couvent des
Grandes-Maries), la découverte a été plus copieuse, excessivement plus
copieuse. Mais, de plus en plus, les documents sont brisés, émiettés et
presque nuls; cependant devant leur très grande quantité et leur grand
mélange, je crois à un terrain de *décharge publique*, datant même de l'é-
poque antique, cependant comme à la rue Rouge, en arrivant sur le sol
naturel (argile), j'ai trouvé de la poterie grecque archaïque, de la vaisselle
très commune, ordinaire, poterie graissante, peu cuite, rayable à l'ongle,
happe à la langue, mêlée de *fines écailles* de mica que tous les proto-
historiens connaissent bien. J'ai trouvé là deux pesons pour filets très
caractéristiques, une lampe ronde, une autre à trois godets concentriques,
des couverts de marmite, des entonnoirs, tout cela indique une vie ménagère des plus simples.

Aucun luxe, pas de décors. A ces poteries était mêlée de la céramique à faciès de la fin du Néolithique, finie au cardium et que nous
classons à la Tène 3. *Aucun* fragment de bronze; quelques bouts de fer,
clous, gaine de gouvernail, objets indéfinissables, énormément de galets,
certains seraient symboliques; ils auraient servi à des jeux que cela ne
me surprendrait pas.

Puis, un peu au-dessus, comme niveau, la céramique campanienne

IIe et IIIe siècles, en abondance, dans un coin surtout du terrain, il semblait qu'ils l'avaient réunie à plaisir.

Les fragments de poterie romaine ont donné *tous les types* à peu près connus de cette époque, vous en voyez devant vous : quelques-uns, même, ont des décors des plus intéressants, un cachet *d'art nouveau* tout à fait surprenant. Je m'arrête ici, car vu l'importance des documents sur la céramique dite *wisigothique* et sur quelques beaux tessons sarrazins, cela m'entraînerait trop loin. Ils auront, par la suite, les développements qu'ils méritent, car les fouilles des vieilles rues marseillaises, suivies avec soin et méthode, pour la première fois, portent des enseignements et des clartés nouvelles sur l'Histoire de notre pays et l'Histoire générale. J'en ai le ferme espoir, j'en ai même la certitude si je m'appuie sur ce que j'ai *vu*, dessiné et noté.

M. H. BOUT DE CHARLEMONT.

(Marseille).

SUR QUELQUES DÉCOUVERTES ARCHÉOLOGIQUES FAITES DANS LES ENVIRONS DE MARSEILLE.

902.6 (44.91 Marseille)

4 *Août*.

Le massif de Marseilleveyre, qui borne Marseille au Sud et qui va de la Madraque de Montredon à l'anse de Cortiou d'une part et de Mazargues à la mer d'autre part, est un massif presque exclusivement calcaire et très fissuré, où les grottes petites ou grandes sont nombreuses, et dont quelques-unes sont remarquables au point de vue spéléologique, comme la grotte de Saint-Michel d'eau douce et la grotte Rolland, où Boucher de Perthes fit jadis des fouilles. C'est dans ce massif, en un lieu situé entre le cirque du puits du lierre et une petite source bien connue sous le nom de Fontaine-d'Ivoire (*Fouent-de-Voyre*), au-dessous du sommet occidental du plateau de l'Homme-Mort, que j'ai, il y a déjà près de 2 ans, commencé en une toute petite excavation de 3 m au plus d'ouverture, des fouilles qui ont amené la découverte d'abord d'un gisement de poterie indigène, chose d'ailleurs absolument prévue par moi, puis, immédiatement au-dessous, d'un gisement des plus importants, des plus caractérisés et aussi les plus inattendus pour tous, de poterie grecque, attique et autre, remontant jusqu'à la deuxième moitié du VIe siècle av. J.-C. et pouvant descendre jusqu'au IIIe et même jusqu'au IIe siècle. Avec les nombreux débris que j'ai recueillis dans ce gisement, j'ai pu reconstituer plus d'une quarantaine de vases : cruches, écuelles, jattes, balsamaires, cylix, lampes, etc. De ces vases, certains sont peints de bandes circulaires noires ou blanches. Un petit pot pomiforme, trouvé entier, est peint en rouge avec touches noires parallèles dans un cerne blanc. Les lampes, au nombre de trois, dont une intacte, sont rondes, très plates, à cuvette largement ouverte. L'une d'elles, qui est à ombilic, a le bec et le poucier peints en noir. J'ai recueilli, en outre, en ce gisement, plus d'une centaine de fragments isolés représentant chacun un vase différent.

Entre temps, j'avais visité les environs et jeté mon dévolu sur plusieurs autres grottes ou abris que je me réservais d'explorer également, notamment, sur une grotte opposée à la première et située sur l'autre versant d'une crête séparatrice et ouvrant dans le cirque même du puits du lierre. L'exploration de cette grotte, ou plutôt de l'abri dont elle est la continuation, m'a donné les mêmes résultats, sauf que les débris recueillis en très grande quantité y sont en un tel état de division qu'il m'a été impossible de tenter avec eux la moindre reconstitution. J'ai ramassé plusieurs kilogrammes de ces débris épars autour et au milieu d'un vaste amas de cendres et parmi lesquels se sont trouvés plus de 200 anses, 100 fonds, 100 bords ou fragments de bords de vases différents, plus d'une douzaine de lampes représentées seulement, il est vrai, par une portion plus ou moins infime. Enfin, chose tout à fait imprévue, j'ai trouvé pêle-mêle, mélangée à la poterie grecque et à de la poterie indigène, de la poterie néolithique et un coin en grès rouge poli. A côté de cela, j'ai recueilli de la poterie campanienne à palmettes et à rouelle et un fragment de masque humain, probablement celui d'Alphée, ayant appartenu à un vase rhyton. J'ajoute que cette grotte, comme la première, est constituée par un vestibule auquel fait suite un boyau qui s'enfonce dans la colline et qui, d'une part comme de l'autre, est obstrué à une certaine distance de son orifice et colmaté sur toute sa longueur par des alluvions constituées par une même argile rouge, grasse et compacte qu'on ne rencontre qu'en ces deux seuls points, et que ce fait significatif, ainsi que la direction générale des boyaux, les niveaux respectifs de leurs orifices et leur voisinage m'incitent fortement à penser que lesdits boyaux convergent et tendent vers un bassin argileux intérieur ou vers une grotte centrale où demeurent, intacts peut-être et certainement inviolés, des restes bien plus importants encore des civilisations disparues. Ce qui me confirme aussi dans cette opinion, c'est que, dans les deux boyaux mêmes, j'ai trouvé également de la poterie grecque peinte ou non, grosse ou fine : fragments de coupes, de grandes amphores et de dolium.

En conséquence de ce qui précède, ce qu'il faudrait pouvoir faire tout d'abord, ce serait de déblayer et de déboucher les boyaux et de les suivre sur tout leur parcours, car c'est là, j'en suis convaincu, le point important de ce fort énigmatique gisement. Ce serait certainement un travail très ardu et très coûteux, mais combien fécond sans doute en résultats. En tout cas, le fait principal qui, d'ores et déjà, ressort de mes découvertes, c'est la fréquentation, insoupçonnée jusqu'ici, de ce massif par les Grecs, antérieurement même à la fondation de la Massalia du Lacydon. C'est aussi un argument de plus et un argument quasi péremptoire en faveur de l'opinion déjà émise au sujet du véritable berceau de Marseille que certains placent à Marseilleveyre (*Massilia vetus*), comme ils placent, non sans une grande vraisemblance, le premier point d'atterrissage des Grecs à l'anse des Goudes et à Cannelongue, derrière le cap Croizette et l'île Maire. C'est, en outre, une donnée nouvelle sur les habitudes des Grecs qu'on n'avait pas, jusqu'ici, considérés comme pouvant à l'occasion, avoir imité les troglodytes, au mépris peut-être de la description par Homère de la grotte de Calypso qu'on croit avoir retrouvé dans celle de l'île de Pérégil, située en face de Ceuta.

A tous ces points de vue, je crois mes découvertes de nature à inté-resser vivement le Congrès de l'Association Française pour l'Avancement des Sciences.

M. LE Dr E. MARIGNAN.

ETHNOGÉNIE DU BAS-LANGUEDOC. LES UMBRANICI.

572 (44.86)

3 *Août.*

Les anciens historiens et géographes grecs et romains nous disent qu'antérieurement aux Ligures et aux Ibères, notre région du Bas-Languedoc était habitée par les Umbranici.

La Table de Peutinger, le document cartographique le plus important de l'Antiquité, place l'habitat des Umbranici entre l'Hérault et le Rhône. Certains savants ont pensé que ces Umbranici étaient les peuples de l'époque de la pierre polie. Je crois cette opinion fondée et je vais essayer de le démontrer.

Si nous enlevons strate par strate les divers peuples qui ont habité notre pays, en conquérants ou en colons, nous trouvons : avant les Romains, les Gaulois, les Volces arécomiques, venus 300 ans environ avant notre ère.

C'est à eux qu'est due l'édification de nos grands oppida beuvraysiens. Les Volces s'étaient établis, avec une grande science de l'art militaire, non sur tous les hauts lieux occupés par leurs prédécesseurs, mais seulement sur ceux d'où ils pouvaient facilement commander le pays, surveiller les routes, les défilés, les passages des rivières. Leurs forteresses étaient des centres de domination, celles de leurs prédécesseurs étaient des refuges. Sous la couche volce, les auteurs nous signalent les Ligures. Les Ligures sont pour nous Languedociens, à peu près comme s'ils n'avaient pas existé. Il n'y a pas eu invasion ligure, domination ligure.

Il y a eu certainement des Ligures dans le pays, mais il n'est pas nécessaire, pour cela, d'invoquer une conquête. Le Bas-Languedoc a été toujours et est encore une marche entre plusieurs peuples. Le fait est que nous ne trouvons pas trace d'une domination ligure.

Ce n'est certainement pas aux Ligures qu'on peut attribuer la construction des refuges fortifiés dont nous allons parler, et dont le mode de construction et le type tranchent complètement sur le type des forteresses gauloises.

Les grands oppida ligures de la Provence sont bien mieux bâtis, bien plus perfectionnés quant aux moyens de défense, que ces refuges. Il faudrait admettre qu'en franchissant le Rhône, les Ligures avaient bien dégénéré et oublié l'art de la construction, ce qui est absurde.

Avant les Ligures, nous avions les Ibères. L'invasion des Ibères aurait eu lieu entre 900 et 800 ans avant notre ère. Cette date correspond précisément au début de l'âge du fer.

C'est à cette époque que remonte la construction, sur les hauteurs, des villages-refuges du genre de la Liquière. C'est à ce moment que, pour se garantir contre les pillards, les envahisseurs, les Ibères si l'on veut, les populations se groupèrent et se fortifièrent sur les hautes collines.

Mais les Ibères, comme les Ligures, comme aussi les Gaulois, n'ont été qu'une pellicule sur le fond autochtone; la prépondérance numérique est toujours restée aux anciens possesseurs du sol, aux tribus des époques de la pierre polie et du bronze (on sait que le bronze n'a pas été introduit par la conquête, mais par le négoce), et c'est à ces tribus que peut donc s'appliquer avec certitude le nom d'Umbranici.

Cette race néolithique, nous la connaissons grâce surtout aux travaux de G. Carrière sur la Paléoethnologie des Cévennes. Le Muséum d'Histoire naturelle de Nîmes renferme une nombreuse série de crânes des sépultures de la région. C'était une race fine, à ossature grêle, de taille moyenne plutôt petite, dolichocéphale, avec la face courte, microsème, leptorhinienne et platycnémique.

M. Mayet vient de publier une étude sur les restes humains d'un ossuaire néolithique à Montouliers (Hérault) dont les conclusions confirment absolument celles de Carrière.

Au sujet de la platycnémie commune à l'époque néolithique, de Lapouge avait, il y a 20 ans, attiré mon attention sur la fréquence de cette forme du tibia dans la population actuelle du Bas-Languedoc.

Je me suis, en effet, rendu compte par des visites à l'amphithéâtre de la Faculté de Médecine de Montpellier, et par diverses autres constatations, du bien-fondé de cette observation. Je ne crois pas trop m'avancer en évaluant à un quart environ de la population le nombre des sujets plus ou moins platycnémiques. Cette forme fixée par l'hérédité est devenue, dans une certaine mesure, un caractère racial.

Pour en finir avec les Umbranici, je rappellerai que de Lapouge n'est pas loin de leur attribuer la langue des inscriptions en caractères grecs antérieures aux Gaulois, découvertes dans le Gard, l'Hérault, le Vaucluse et les Bouches-du-Rhône. Cette langue était parlée sur les deux rives du fleuve, la communauté de langage n'impliquant, du reste, nullement une unité ethnique.

Cette langue, aussi voisine du latin que l'osque ou l'ombrien, soulève une foule de problèmes graves et intéressants, mais dont la discussion serait ici déplacée.

<hr>

M. L. FRANCHET.

(Asnières).

<hr>

LA TECHNIQUE CÉRAMIQUE CHEZ LES NÈGRES DE L'AFRIQUE CENTRALE.

<hr>

666.31 (66 + 67)

3 *Août.*

L'étude de la technique céramique chez les peuples qui sont restés dans un état primitif est indispensable pour les recherches relatives à la technique suivie par les peuples préhistoriques.

Malheureusement, les renseignements que nous fournissent les voyageurs sont si incomplets que, la plupart du temps, ils ne nous apportent qu'un secours insuffisant. Il est bien difficile qu'il en soit autrement, car ces voyageurs ne sont pas spécialistes en la matière et tel détail de fabrication, très important, leur apparaîtra comme tout à fait secondaire et inversement.

C'est pour remédier à cette regrettable lacune que j'ai publié l'année dernière mes *Instructions aux archéologues et ethnographes* [1]. J'en ai distribué déjà de nombreux exemplaires, mais il ne sera possible d'obtenir un résultat appréciable que dans un laps de temps assez long.

En attendant, il m'a paru intéressant de jeter un coup d'œil sur la technique de quelques primitifs actuels. J'ai choisi certaines peuplades africaines, d'abord parce que celles-ci possèdent une industrie céramique très importante; en second lieu, parce qu'ils n'ont eu qu'un contact très restreint avec les Européens.

<hr>

[1] Instructions destinées aux archéologues et ethnographes dans le but de recueillir des renseignements relatifs à la technique céramique, verrière et métallurgique chez les peuples primitifs. (*L'homme préhistorique*, 1911).

. Je me suis arrêté plus particulièrement à la région congolaise, car elle
a servi principalement de champ d'action aux études sociologiques entreprises, depuis quelques années, par la *Société belge de Sociologie*, qui
réalise actuellement, pour l'avenir des colonies européennes, en Afrique,
une des œuvres les plus considérables et les plus utiles de notre époque.
Mais il faut aussi rendre hommage à l'activité et au dévouement de
M. Cyr. Van Overbergh, directeur de l'Enseignement supérieur en Belgique, auquel nous sommes redevables de la *Collection des Monographies
ethnographiques*, dans laquelle nous apprenons à connaître réellement
la race nègre appelée à jouer plus tard un rôle tout autre que celui que
nous nous imaginons (¹).

C'est donc dans la région congolaise soumise à la vaste enquête ethno-
graphique de la Belgique que je vais examiner la technique céramique,
et ce n'est qu'incidemment que je ferai une brève incursion à la Côte
d'Ivoire et en Kabylie.

On verra que, même dans une région bien étudiée, l'industrie de la
poterie est la moins connue au point de vue de la fabrication, et cela,
ainsi que je le disais tout à l'heure, en raison des connaissances spéciales
qu'elle exige de la part de l'observateur.

GÉNÉRALITÉS. — Dans le centre africain, la fabrication des poteries
est ordinairement réservée aux femmes, car on ne compte guère que
10 pour 100 des tribus où cette industrie est pratiquée par les hommes.
Cependant, ceux-ci ont, en général, l'habitude de confectionner eux-
mêmes leurs pipes, même lorsque la poterie est faite uniquement par les
femmes.

Toutes les tribus ne fabriquent pas des poteries identiques, car partout
il existe des potiers plus adroits les uns que les autres. Par exemple,
chez les Mangbetu, qui sont très habiles, les formes céramiques sont
bonnes et bien confectionnées; aussi leur donne-t-on dans l'habitation
la place d'honneur.

D'une manière générale, du reste, les formes congolaises peuvent
prendre rang parmi les meilleures de celles des peuples primitifs. Elles
sont même souvent très supérieures aux nôtres qui sont seulement artistiques de nom.

Cette constatation est très importante à faire lorsqu'on envisage les procédés très rudimentaires, j'allais dire très préhistoriques, employés par
les potiers congolais chez lesquels on retrouve, en outre, une technique
de décoration pouvant être comparée à celle des époques néolithiques
du bronze et du fer.

Quant à la cuisson, elle est certainement la même, comme nous allons le
voir plus loin, que celle de ces mêmes époques, car il est clair que chez

______

(¹) Voir *Revue scientifique*, 2 juillet 1912, mon article sur *L'Œuvre ethno-
graphique de la Belgique dans l'Afrique centrale*.

certaines populations, telles, par exemple, que les Mangbetu, les Warega
et les Kuku, elle représente la méthode la plus rigoureusement élémentaire
que l'homme ait pu concevoir.

Je veux encore signaler un fait particulier relatif au changement de
technique qui peut se produire dans une même tribu et à une même
époque, changement qui semble marquer un recul et qui est susceptible
d'induire en erreur, non seulement l'ethnographe, mais aussi le préhisto-
rien, dans le cas où cette modification se constate dans un gisement
archéologique, comme cela se produit parfois.

Le fait s'est précisément produit au Congo. Les Mandja du Chari
savent fabriquer de grandes jarres, ce qui présente toujours de grandes
difficultés pour des primitifs. Or, les voyageurs ont cependant remarqué
qu'on n'en rencontre jamais dans les villages qui se trouvent sur la route
d'étapes, ce qui a fait dire à M. Chevalier que c'était *un signe de recul
de la civilisation Mandja*. Mais M. Gand, dans son consciencieux travail
sur cette peuplade, a interrogé à ce sujet le chef Jangougya qui a remis
la question au point en disant :

« Oui avant l'arrivée des Banda, lorsque nous étions tranquilles dans nos
villages, nous avions de belles choses : des chaises en bois massif, des mortiers
et des pilons qui nous venaient de nos aïeux et que nous avions enjolivés, des
jarres grandes comme cela (1 m à 1,20 m) où nous mettions le mil, mais depuis
que les Banda et les Snoussou sont venus nous faire la guerre, comment veux-tu
que nous ayons pu traîner tout ce matériel avec nous, ne sachant jamais la
veille où nous coucherions le lendemain. »

L'ethnographie, en nous fournissant un tel exemple d'abandon d'une
fabrication difficile, nous oblige à devenir de plus en plus prudents, sur
les causes supposées de changement de technique chez les premiers
peuples. Elle nous démontre péremptoirement que, si un art paraît
s'être brusquement dégénéré sans transition, cette [dégénérescence n'est
pas due, forcément, à un recul de la civilisation, ou à la substitution d'une
race à une autre. Ceci nous prouve également la fragilité de certaines
appréciations sur lesquelles on tente d'étayer une chronologie céramique.

Je dirai maintenant quelques mots au sujet de certaines pratiques
bizarres qu'observent parfois les potiers ou certaines fausses croyances
dont nous ignorons l'origine. Nous les trouvons au moyen âge comme
de nos jours et parmi les nombreux exemples que je pourrais citer, je me
bornerai à signaler l'un des plus curieux.

Il existe encore aujourd'hui une foule de céramistes qui affirment que
lorsqu'une ouvrière a ses règles, l'émail de toute poterie qu'elle a touchée
ne peut réussir. C'est la plupart du temps en vain que je me suis efforcé
de démontrer à ces crédules potiers l'absurdité de cette vieille légende
dont l'origine doit remonter à une époque fort éloignée, peut-être aux
temps préhistoriques. Nous trouvons, en effet, au Congo belge, chez les
Ababua, une croyance qui a quelque rapport avec celle qui a cours chez

nous. (Notons, en passant, que cette peuplade possède une technique
de façonnage de la poterie pouvant être considérée, comme la plus
primitive de toutes; nous y reviendrons plus loin.)

Donc, chez les Ababua :

« la potière n'use d'aucun rite magique (De Calonne, *Mouv. Soc. Int.*), mais
depuis le moment où elle va chercher ses matières premières jusqu'à la fin
de son travail, elle doit non seulement s'abstenir de toute relation sexuelle,
mais même éviter à ses vases en voie de séchage tout contact mâle, sous peine
de les voir se briser à bref délai. Dans quelques endroits, il existe des hommes
exerçant le même métier et qui, eux aussi, doivent éviter les relations de l'autre
sexe au moment du travail. »

Nous allons aborder maintenant la fabrication proprement dite.

L'Argile. — On remarquera que, dans les ouvrages d'archéologie, les
terres semblent être le pivot de toute la céramique primitive. J'ai démontré, à différentes reprises, que l'importance accordée au prétendu choix
des argiles entrant dans la composition des pâtes, aux époques préhistoriques, était exagérée et que nos ancêtres potiers n'étaient pas aussi subtils
que le pensent certains archéologues. N'importe quelle terre se *travaillant
bien* faisait leur affaire et le choix consistait à avoir une terre bien plastique et contenant, par conséquent, à l'*état naturel*, les quantités voulues
d'argile et de *dégraissant*.

Voyons ce qui se passe chez les Nègres.

Les *Basonge* (Congo belge) emploient de préférence à toute autre une
argile calcaire, non pas, certainement, parce qu'ils connaissent les propriétés particulières des pâtes calcaires relativement à leur solidité lorsqu'elles
sont cuites dans certaines conditions, mais uniquement parce que cette
argile, qu'ils trouvent à proximité, est plastique et peut être utilisée,
telle qu'elle est, sans préparation spéciale.

Les *Ababua* (Congo belge) emploient eux aussi une terre particulière,
qui ressemble à *la farine*, au dire du nègre Tisambi ([1]). Cette particularité
suffit, à elle seule, à expliquer le choix des potiers Ababua qui, avant tout,
apprécient une terre prête à l'emploi. Leurs poteries sont, du reste, très
ordinaires, ce qui prouve qu'on ne recherche pas les qualités dues à la
composition de la terre.

Les *Mangbetu* (Congo belge) prennent également l'argile brute dont
ils enlèvent seulement les impuretés (débris de roches et autres) qui
gêneraient le façonnage. Nous ignorons comment ils procèdent à ce nettoyage de la terre, peut-être simplement, comme le font les potiers de nos
campagnes, au cours du pétrissage.

([1]) Louis Tisambi, né à Balisi, village dépendant du chef Tchkenané, âgé de 22 à
23 ans, a quitté le pays des Ababua, vers l'âge de 15 à 16 ans; était de passage à
Liége comme domestique d'un magistrat du Congo indépendant. (Note de M. Van
Overbergh, in *Coll. Monogr. ethnogr.*).

Les *Mandja* (Congo français) recueillent l'argile près des roches gneissiques; elle est donc micacée et sableuse. Ils la délayent dans un trou pour en séparer les cailloux et autres matériaux grossiers. Ce lavage sommaire étant insuffisant pour en séparer le sable, ils obtiennent ainsi une pâte ayant la plasticité voulue pour se bien travailler.

Les *Siena*, de la Côte d'Ivoire, se servent d'une terre grise qu'ils emploient telle quelle.

Quelques tribus du Bas-Congo font à l'avance des provisions de terre qu'ils utilisent au bout de plusieurs mois. Doit-on voir là un acte réfléchi, un procédé spécial de *pourrissage* de l'argile, tel que celui qui est employé en Chine depuis des siècles et ayant pour but d'obtenir une pâte plus plastique? Il serait peut-être imprudent de se prononcer nettement pour l'affirmative. Cette question serait à étudier, car il est possible que le potier nègre n'ait d'autre but, dans le présent cas, que le désir d'avoir sous la main une provision d'argile, sans avoir à aller en chercher toutes les fois qu'il a quelques pots à fabriquer.

DÉGRAISSANTS. — Le fait d'ajouter un *dégraissant*, c'est-à-dire une matière non plastique, dans une pâte céramique, constitue un progrès réel dans l'art du potier.

Les nègres congolais paraissent ignorer cette méthode; du moins, il n'en est pas fait mention dans les descriptions données par les voyageurs.

Cependant, dans le Bas-Congo, on ajouterait à l'argile du gravier concassé ou du sable, mais ce fait n'est pas absolument prouvé et demande à être vérifié.

Il en est de même de l'addition de charbon pulvérisé, par certains potiers des tribus de la région maritime. Il peut se faire que ce qui a donné lieu à cette allégation de la part de quelques voyageurs, c'est la présence de parties noires dans les poteries congolaises. Mais cette coloration noire n'est pas forcément due à l'introduction de matières organiques dans l'argile, car une simple cuisson faite dans une *atmosphère réductrice* suffit pour *saturer* de carbone la poterie.

J'ai maintes fois démontré que, chez tous les primitifs, la cuisson est *réductrice*. Du reste, la céramique, depuis le Néolithique jusqu'à la fin de l'époque romaine, est là pour l'attester tout au moins en Europe; mais nous retrouvons la même technique en Asie et en Amérique.

Si, dans la région maritime, l'introduction, dans la pâte, de charbon pulvérisé est extrêmement douteuse, celle de *fibres de bois* ou *de paille* est certaine; cette pratique ne paraît pas cependant s'être généralisée. En tous les cas, il est très probable que les potiers, en ajoutant ces fibres à l'argile pour lui donner du liant, n'ont fait qu'imiter un procédé employé pour la construction des habitations, dont les murs sont faits avec du *torchis*, mélange de terre et de paille.

En résumé, on peut affirmer que l'introduction volontaire d'un dégraissant dans l'argile est, dans les tribus du centre africain, tout à fait exceptionnelle et que les pâtes sont constituées, d'une manière générale, par l'argile brute. Il n'y a pas de raison pour qu'il en ait été autrement aux époques préhistoriques, ou tout au moins pendant tout le Néolithique. Cependant, cette théorie n'exclut point l'introduction à cet âge des dégraissants, mais cette coutume était loin d'être générale. Il suffit d'examiner un grand nombre de poteries néolithiques pour s'en rendre compte.

Aux âges du fer et du bronze, les pâtes témoignent plus fréquemment de la présence de dégraissants *artificiels* (débris de poteries cuites, etc.).

Je dois dire ici que je divise les dégraissants en trois catégories :

1º Les dégraissants *naturels élémentaires*;

2º Les dégraissants *naturels constitutifs*;

3º Les dégraissants *artificiels*.

Les dégraissants naturels élémentaires sont ceux, tels que le sable et le calcaire, par exemple, qui représentent naturellement un des éléments de la masse argileuse susceptible de donner une pâte céramique.

Les dégraissants naturels introduits, sont les matières minérales, sable, calcaires, coquilles, roches diverses qu'on ajoute à l'argile pour constituer une pâte.

Les dégraissants artificiels sont ceux qui comme les débris de poteries, le charbon, les débris végétaux, sont des produits manufacturés, des produits de l'industrie humaine. Je classe dans cette catégorie les débris végétaux, parce que ceux-ci proviennent ordinairement de la mise en œuvre des céréales pour l'alimentation (son, balle, paille hachée) ou encore de la mise en œuvre du bois (sciure, copeaux).

Lorsqu'on a étudié, comme je le fais depuis nombre d'années, un nombre considérable d'argiles de toutes provenances, on demeure convaincu que la presque totalité des poteries primitives sont constituées par des pâtes à dégraissants naturels élémentaires. Cette assertion est, en outre, corroborée par les méthodes en usage chez les primitifs actuels.

Il est donc dangereux d'insister sur cette question d'*introduction volontaire* de dégraissants, considérée au point de vue d'une évolution progressive de la céramique.

Façonnage. — Je commencerai par signaler le procédé qui est le plus élémentaire et que je suis fondé à croire comme étant celui qui fut employé par le premier potier.

Il a été observé au Congo belge, notamment chez les *Ababua*, par M. de Calonne-Beaufaict, et ses observations ont été confirmées par le nègre Tisambi :

« Les femmes, dit-il, donnent à la matière (l'argile) *la forme voulue*, en en faisant d'abord une boule, puis en *enlevant le centre*, enfin en façonnant l'intérieur à l'aide d'instruments en bois. »

N'est-ce pas là le procédé le plus simple, le plus élémentaire, le plus primitif que l'homme ait pu concevoir pour obtenir un vase en terre.

M. Boman a signalé ce procédé dans la région du Rio Madre de Dios (Amérique du Sud).

A la Côte d'Ivoire, chez les *Siena*, les potières

« tournent la pâte entre leurs doigts, sur un plateau de bois posé sur le sol, jusqu'à ce qu'elle ait pris la forme du vase à fabriquer ».

Ce renseignement donné par M. Delafosse est trop incomplet pour donner une idée, même vague, de la manière dont l'ouvrière obtient le *creux* du vase.

Le façonnage dit *au colombin*, que tout le monde connaît, est certainement celui qui est le plus usité par les primitifs de tous les pays. Mais il comporte plusieurs méthodes.

Chez les *Mangbetu*, la potière superpose ses colombins et se sert, en guise d'*estèque*, pour égaliser les parois du vase, d'une palette de bois ou d'un fragment de côte d'éléphant.

Chez les *Warega*, l'estèque consiste en un petit bâtonnet. D'après le commandant Delhaise, on procède par une sorte de moulage :

« *La femme se sert comme moule d'un vase cuit*. Après avoir fait le fond en aplatissant l'argile molle sur le vase retourné, elles achèvent le corps au moyen de petits boudins d'argiles roulés dans les mains (*colombins*) et juxtaposée les uns contre les autres. Ces boudins sont aplatis avec la main et polis avec un bâtonnet mouillé jusqu'à ce qu'ils forment un tout parfaitement uni. Les bords du vase sont formés par un boudin plus gros collé de la même façon que les précédents. »

Malheureusement, dans la description si claire du commandant Delhaise, un point très important reste obscur.

Comment la potière s'y prend-elle pour séparer le vase ainsi obtenu de son moule? Toute hypothèse serait superflue; attendons de nouvelles observations.

Peut-être M. Delhaise s'est-il mal expliqué et la potière se contente-t-elle de mouler seulement le fond du vase, ainsi que procèdent les potiers *Kuku* (possessions anglo-égyptiennes), puis terminent la pièce en superposant des colombins.

Ce *moulage* sur le fond d'un vase paraîtrait peu compréhensible si l'on s'en tenait aux descriptions; mais nous trouvons dans la monographie des *Mangbetu* une figure montrant des pots en train de sécher. Ces pots reposent par le fond sur un tesson concave de vase déjà cuit, et qui sert de *support*, pour pouvoir transporter, sans danger de le déformer, le vase qui vient d'être fabriqué, encore frais, par conséquent.

Ce procédé de façonnage de la pièce dans un tesson concave permet d'imprimer au vase, pendant l'ébauchage, un mouvement rotatoire. Cette méthode existe en *Kabylie* où elle se trouve nettement caractérisée.

Le moulage est bien mieux caractérisé chez les *Babuma* (Congo belge) qui confectionnent des plaques de pâte plastique, sur une surface concave.

Ces·plaques, qui ont épousé la forme du moule, sont ensuite ajustées les unes avec les autres, de façon à former un vase complet.

Les potiers de l'*Uele* (Congo belge) réalisent par moulage, un vase annulaire en fabriquant d'abord une forme en fibres sur laquelle ils appliquent la pâte. Comme la forme ne peut plus être retirée, on la laisse dans le corps du vase où elle se détruit lors de la cuisson.

La question du *tournage* est particulièrement intéressante à étudier au Congo, au point de vue des procédés qui ont pu conduire les potiers primitifs à inventer le *tour*.

On sait que, dans l'opération du *tournage*, le vase en fabrication est adhérent à la *girelle*, ou *tête de tour*, laquelle reçoit son mouvement rotatoire du *volant* circulaire placé à la partie inférieure de l'appareil et mis en mouvement par le pied de l'ouvrier.

Voyons maintenant comment procèdent les *Bangala* et les *Mandja* pour façonner un vase sans l'aide d'un *tour*.

La potière *Bangala* ébauche le fond du vase, sur une planche épaisse très mouillée, puis elle monte la pièce à l'aide de colombins et égalise les parois tout en la *faisant* tourner sur la planche tenue constamment mouillée.

C'est donc ici l'*ébauche qui tourne sur la planche* (correspondant à la *girelle* d'un tour) et non pas la planche qui entraîne l'ébauche dans un mouvement de rotation.

La potière *Mandja* observe une technique qui appartient à celle du tournage proprement dit, tout en étant de même ordre que celle des Bangala. Sur une planche imbibée d'eau, elle pose la balle d'argile *qu'elle fait tourner avec sa main pendant que, de l'autre main, elle ébauche le vase en pratiquant un creux par pression sur le sommet de la balle.* A mesure qu'elle accentue le creux, elle augmente les dimensions du vase dont les bords s'amincissent progressivement sous l'action des doigts de l'ouvrière et du mouvement de rotation imprimé à la pièce.

En un mot, nous avons ici *la technique rigoureuse* du tournage à l'aide du tour, technique qui, sans le secours de cet instrument, permet d'obtenir des pièces très minces, chose très difficile par le procédé *au colombin*.

Je crois que ce procédé primordial de tournage a été utilisé aux époques préhistoriques, ce qui expliquerait le mode de façonnage de certaines poteries à parois très minces.

L'ébauche tournant sur le support nous achemine vers le véritable tournage qui consiste à faire tourner le support lui-même, ce qui entraîne la rotation de la pièce.

Nous trouvons, de cette dernière technique, une manifestation très primitive en *Kabylie*.

J'ai fait remarquer plus haut que les potiers kabyles ébauchaient le vase dans un tesson concave, leur permettant de faire tourner en même temps le support et la pièce au moyen de la main. Mais lorsqu'il s'agit de fabriquer un récipient de grande dimension et que les deux mains doivent être libres, la balle de terre est placée sur un plateau concave, en terre cuite, dont les bords sont rugueux. La potière étant accroupie, replie la jambe gauche, puis, avec l'orteil du pied droit, met le plateau en mouvement : celui-ci tourne donc sur sa partie convexe, en entraînant la pièce dans son mouvement.

Nous pouvons voir là l'embryon de la *tournette* que nous allons trouver dans le *Bas-Congo*, mieux caractérisée, mais, en même temps, moins bien utilisée. Elle consiste en un plateau de bois dur fixé dans le sol et traversé par un pivot à tête arrondie sur lequel vient s'emboîter un autre plateau muni, au centre et à sa partie inférieure, d'une cavité correspondant à la tête du pivot, celui-ci ayant 2 à 3 cm de hauteur.

Mais le potier congolais ne met pas en mouvement le plateau supérieur, comme le fait le potier kabyle, avec son orteil : il se sert de sa main et s'il a besoin d'avoir la liberté des deux mains, il faut tourner l'appareil avec l'aide d'un enfant.

La mise en mouvement de la tournette, avec l'orteil du pied droit et dans la position accroupie, la jambe gauche étant repliée, représente vraisemblablement un procédé très ancien en Kabylie, en même temps que très primitif, c'est pourquoi il est particulièrement intéressant d'en signaler une survivance en France et plus spécialement en Bretagne, à Lannilis et à Plouvien (Finistère).

Dans ces deux centres où l'on fabrique des poteries très grossières, celles-ci sont faites exclusivement par les femmes qui se tiennent exactement dans la même position que les potières kabyles. La petite tournette, de 30 cm de hauteur, dont elles se servent, se compose d'un plateau de bois relié par des jantes à une pièce également en bois, faisant fonction de volant et que la potière fait tourner avec l'orteil du pied droit. Un pivot en bois ou en fer, fixé sur une pièce en bois, en forme de croix, traverse le volant et vient engager sa tête arrondie dans un évidement ménagé sous le plateau supérieur ou *girelle*.

La technique si spéciale de Lannilis et de Plouvien rappelle donc la technique congolaise quant au type de tournette, et tient à la technique kabyle quant au mode d'utilisation.

Je démontrerai plus tard les relations d'origine commune.

Cette brève étude sur le façonnage des vases chez les primitifs actuels nous fait voir que certains vases très anciens peuvent paraître avoir été exécutés sur un véritable tour, alors qu'ils ont été faits seulement à la main par un procédé analogue à celui des Kabyles, ou même des Bangala et des Mandja. Il ne faudra donc juger du mode de façonnage d'un vase primitif qu'avec la plus grande prudence.

SÉCHAGE. — Il y a peu de choses à dire sur les procédés de séchage chez les primitifs africains. En règle générale, les pièces de petites dimensions sont séchées au soleil, et les plus grandes à l'ombre, parce que, étant plus épaisses, elles courent plus de risques de se fendre, sous l'action trop rapide de l'évaporation de l'eau contenue dans la pâte.

D'après Schmitz, les *Basonge* ne sécheraient pas leurs poteries avant de les cuire, mais les placeraient aussitôt après le façonnage *dans un feu violent*. Cette affirmation paraît si extraordinaire qu'on ne peut l'accepter sans réserves.

Décoration. — Le *lissage* est généralement pratiqué soit avec une estèque en bois, soit avec une coquille.

Le *décor incisé* est fait avec le doigt ou l'estèque ayant servi au polissage. Les *Mayombe* noircissent parfois l'incision. Chez les *Basonge*, le décor incisé n'empêche pas de recouvrir la pièce d'un vernis d'origine végétale, mais cette pratique serait assez récente.

Chez les *Kuku*, on procède ainsi, d'après M. Van den Plas :

« On fait quelques insignifiants dessins, consistant en un pointillé qui ne varie jamais. La potière utilise dans ce but un morceau de feuilles de *borassus* qu'elle replie de façon à former un petit cube, dont les coins sont autant de picots. En passant ce cube sur la poterie encore fraîche, elle obtient le dessin désiré. »

Nous trouvons, chez les *Mandja*, une intéressante explication au sujet du décor incisé :

« La marmite une fois montée, dit M. Gaud, la fantaisie de l'artisan apparaît sous forme de hachures assez régulières tracées avec une pointe quelconque sur la panse de la marmite. On a voulu voir une signification symbolique à ces entre-croisements et enchevêtrements de lignes; mais de l'aveu même des auteurs, il n'y a là qu'une question de *commodité pour éviter le glissement* de la marmite mouillée lorsqu'on la serrait par les flancs. »

Cette observation est particulièrement digne de remarque, parce qu'elle montre combien nous devons être prudents lorsqu'en préhistoire, nous nous efforçons de trouver des explications très compliquées pour les choses les plus simples.

Chez les *Kabyles*, on ne rencontre jamais le décor incisé (Van Gennep).

Reliefs. — L'ornementation en relief s'observe particulièrement chez les *Mayombe* et les *Mangbetu*, bien toutefois qu'elle ne soit pas spéciale à ces peuplades.

Estampage. — Les *Basonge* pratiquent un véritable décor par estampage. Ils se servent dans ce but de petits cubes sculptés en creux ou en relief, qu'ils appliquent sur la pâte fraîche.

Peinture, vernissage. — Je dois laisser complètement de côté dans cette étude la décoration par les enduits minéraux ou organiques, car le règlement du Congrès ne me permet pas de m'étendre aussi longuement qu'il serait nécessaire. Or, cette question de la peinture et du vernissage formant un des Chapitres les plus considérables de l'histoire de la céramique africaine, elle fera ultérieurement l'objet d'un travail spécial.

Cuisson. — D'une manière générale, les peuplades du centre africain cuisent *en pleine flamme* et sans four, de sorte que leurs poteries sont soumises à des influences *oxydantes* et *réductrices* extrêmement variables, dont nous retrouvons les effets dans la coloration de la pâte par suite des divers états d'oxydation dans lesquels se trouve le fer que renferment les matières premières.

J'ai traité longuement ces questions dans ma *Céramique primitive* (Geuthner, édit., Paris), et je n'y reviendrai pas.

Je citerai seulement ici quelques exemples de procédés de cuisson chez les Nègres : chez les *Mandja*, les pots sont placés sur le sol battu, puis entourés de branchages auxquels on met le feu; on entretient celui-ci une journée entière. Chez les *Kuku*, les poteries sont complètement recouvertes de branchages et de feuilles mortes. Ce sont les hommes qui procèdent à la cuisson et non pas les femmes qui ont fabriqué les pots. Chez les *Ababua*, la cuisson des vases de grandes dimensions (5o l. environ) se fait de la façon suivante : on arc-boute au-dessus du pot de gros morceaux de bois (flambants), qui forment ainsi une sorte de hutte. Certaines tribus congolaises cuisent dans des fours rudimentaires dont j'ai expliqué le fonctionnement et l'*action*. C'est pourquoi je n'en parlerai pas ici (voir *Céramique primitive*).

Ces fours, si toutefois on peut leur donner ce nom, existeraient également à la Côte d'Ivoire, chez les *Sierra*, mais il n'y a pas de renseignements précis. D'après M. Delafosse, on cuit les pots, le plus souvent sous une couche de cendres qu'on recouvre d'un feu ardent.

En résumé, il y a tout lieu d'admettre qu'il est possible de reconstituer la technique céramique des époques préhistoriques, en étudiant attentivement celle des primitifs actuels, car si nous comparons les poteries de ces derniers et celles des premiers âges, nous leur trouvons de tels caractères d'identité qu'il n'est plus permis d'élever le moindre doute.

C'est pourquoi ce n'est pas par des hypothèses, parfois sans doute très séduisantes, que nous éluciderons certains problèmes, mais uniquement par l'ethnographie qui nous donne des preuves indiscutables de ce qu'ont pu être les premiers procédés des premiers potiers.

OUVRAGES A CONSULTER.

DE HAULLEVILLE et COART, *Annales du Musée du Congo;* 3ᵉ série, t. II, fasc. 1.
VAN DEN VELDE, *Bull. de la Soc. roy. belge de Géographie,* 1890-1903.
VAN DEN PLAS, *Bull. de la Soc. de Géographie d'Anvers,* 1899.
LE MARINEL, *Mouvement géographique.*
R. SCHMITZ, *Le Souvenir,* 1908.
SCHWEINFURTH, *Au cœur de l'Afrique,* 1868-1871.
CASATI, *Dix années en Équatoria,* 1892.
CYR. VAY OVERBERGH, *Collection de Monographies ethnographiques,* t. I à VIII, *les Bangala, les Mayombe, les Basonge, les Mangbetu, les Warega, les Kuku, les Ababua, les Mandja.*
DE CALONNE-BEAUFAICT, *Mouvement sociologique international,* 1909.

DELAFOSSE, *Le peuple Siena ou Senonfo* (*Rev. des Études ethnogr. et sociol.*, 1908-1909).

VAN GENNEP, *Études d'ethnographie algérienne* (*Rev. d'Ethnogr. et de Sociol.*, 1911).

M. MAURICE FAURE.

(La Malou).

COMPARAISON DE TROIS FÉMURS : MOUSTÉRIEN, MAGDALÉNIEN ET NÉOLITHIQUE.
DÉDUCTIONS SUR LA MARCHE ET LA STATION DEBOUT.

573.9

6 Août.

Si l'on place, à côté l'un de l'autre, le fémur du squelette du Moustier (Époque moustérienne) ([1]), celui du squelette de Chancelade (Époque magdalénienne) ([2]), et l'un des fémurs trouvés dans la Grotte funéraire de Campniac (Époque néolithique) ([3]), en les désignant respectivement sous les lettres A, B, C, on peut faire les comparaisons suivantes :

1º *Grand axe de la diaphyse.* — La direction générale, pour les trois os, est : *a.* Oblique de haut en bas et de dedans en dehors pour A (84º,5 avec l'horizon); *b.* Plus légèrement oblique de haut en bas et de dehors en dedans pour B (86º avec l'horizon); *c.* Fortement oblique de haut en bas et de dehors en dedans pour C (97º,5 avec l'horizon).

2º *Angle formé par le grand axe de la diaphyse et celui du col.* — Cet angle va en croissant (bien que la modification de la direction de la diaphyse dans le même sens tende, au contraire, à le diminuer), c'est-à-dire que l'axe du col se relève progressivement. En même temps, l'ouverture de cet angle se dirige de plus en plus en avant comme si l'épiphyse supérieure avait subi une traction en haut et une rotation en avant. Cet angle est donc : *a.* De 110º et ouvert directement en dedans pour A; *b.* De 117º, ouvert en dedans et légèrement en avant pour B; *c.* De 139º

([1]) Ce squelette, trouvé par M. Hauser au Moustier, près des Eyzies (Dordogne), en 1909, est celui d'un jeune homme de 16 ans environ. Il a fait l'objet de plusieurs publications de M. le D' Klaatsch, de Breslau. Il est considéré comme un des meilleurs types de l'Époque moustérienne.

([2]) Ce squelette d'homme âgé (50 à 60 ans), trouvé dans les fouilles de Raymonden, près de Chancelade (Dordogne), par MM. Hardy et Féaux, conservateurs du Musée de Périgueux (1888), a fait l'objet d'une importante étude de M. Testut (de Lyon). Il est considéré comme la meilleure pièce de l'Époque magdalénienne.

([3]) La Grotte funéraire de Campniac, près de Périgueux, contenait divers et importants ossements néolithiques, en parfait état de conservation, avec des poteries, etc.

et ouvert en dedans et nettement en avant pour C, comme chez les
hommes modernes (¹).

3º *Développement relatif des extrémités par rapport à la partie moyenne
de l'os.* — Ce développement est beaucoup plus grand dans A que dans B,
dans B que dans C.

4º *Forme de la section de la diaphyse* (partie moyenne). — Cette forme
est à peu près circulaire dans A, comparable à celle des fémurs modernes
dans C, c'est-à-dire à peu près triangulaire (puisque les anatomistes contemporains peuvent décrire trois faces à la diaphyse du fémur); enfin,
la forme de B est intermédiaire à la circonférence et au triangle.

5º *Position et développement des surfaces articulaires* : a. *Épiphyse
inférieure.* — La surface fémorale de l'articulation de la rotule déborde
peu sur la face antérieure dans A, elle est presque complètement inférieure; elle déborde davantage dans B; enfin, dans C, elle est complètement antérieure.

b. *Épiphyse supérieure.* — Le développement des faces articulaires qui
revêtent la tête du fémur va fortement en croissant de A à B et de B à C.

6º *Dimension totale des os.* — La taille va croissant dans des proportions considérables de A à B et de B à C.

Il résulte de ces comparaisons une hypothèse sur la forme et les positions respectives du membre inférieur dans les races ou espèces humaines
qui occupaient le Périgord à l'Époque moustérienne, à l'Époque magdalénienne, et à l'Époque néolithique. — Chez l'homme Moustérien, le membre
inférieur était relativement petit, avec des articulations relativement
grosses, les genoux étaient fortement fléchis et les cuisses plus éloignées
l'une de l'autre au niveau des genoux qu'au niveau des hanches; mais la
forme du fémur et l'orientation du col permettaient cette position avec
les deux jambes et les deux pieds parallèles, ce qui ne serait plus possible
aujourd'hui. — Chez l'homme Magdalénien, le membre inférieur est plus
développé que chez le Moustérien, avec des articulations relativement
moins grosses et plus mobiles. Les genoux sont légèrement fléchis, et
les deux membres sensiblement parallèles dans toute leur longueur. —
Chez le Néolithique, le membre inférieur est semblable à celui de l'homme
de nos jours, c'est-à-dire qu'il est beaucoup plus développé que le membre
supérieur, que l'articulation des genoux est en extension et beaucoup
plus rapprochée que celle des hanches, par conséquent que l'axe des
deux membres est vertical dans le plan antéro-postérieur et fortement
oblique de haut en bas et de dehors en dedans dans le plan latéral;
qu'enfin l'amplitude des mouvements articulaires est beaucoup plus
grande que chez le Magdalénien.

On peut encore, à la suite de ces comparaisons, confirmer l'hypothèse
de l'accroissement progressif de la taille humaine.

____

(¹) L'ouverture moyenne indiquée par les anatomistes contemporains est 130º
environ.

Ces différences anatomiques, si elles sont confirmées par d'autres comparaisons analogues, peuvent s'expliquer, soit par un changement de race ou d'espèce dû à des migrations, soit par une évolution progressive. Cette dernière hypothèse (évolution) devrait permettre de supposer, entre le Moustérien et le Magdalénien, et entre le Magdalénien et le Néolithique, des distances chronologiques énormes, ou des modifications profondes dans les conditions d'existence, ayant exigé une transformation relativement rapide.

En tout cas, la marche correcte et à pas lents ne devait pas être facile au Moustérien, qui devait plutôt courir afin de conserver plus aisément un équilibre précaire. — La station debout et la marche étaient robustes et bien assurées chez le Magdalénien, quoique manquant de souplesse et d'élégance; mais la multiplicité des mouvements des membres inférieurs, et notamment tous ceux qu'on fait de nos jours, dans la danse, la boxe (coup de pied de figure en tournant, par exemple), les sports, n'ont été possibles qu'à partir du Néolithique.

M. CHANTRE.
(Lyon).

LA TAILLE ET L'INDICE CÉPHALIQUE AU MAROC D'APRÈS 438 SUJETS.

5 *Août.*

573,7 (64)

J'ai présenté au Congrès de Lille, en 1909, le résumé d'une étude de 53 Marocains observés aux mines de Metlaoui.

Depuis cette époque, j'ai eu l'occasion de mesurer de nouvelles séries de sujets de ces pays émigrés en Algérie. Ces séries, au nombre de 18, constituent un total de 438 individus; elles sont ainsi composées : 44 Oudjda; 28 Melilla; 15 Tanger; 9 Tétouan; 43 Gallaya; 31 Beni-Snassen; 3 Maya; 3 Mazagan; 63 Souss; 44 Fez; 100 Marakech; 5 Casablanca; 2 Mogador; 3 Zékara; 5 Beni-Saïd; 2 Figuig; 28 Touat; 10 Tafilet. La moyenne générale de la taille des 18 séries est 1,68 m avec un minimum de 1,48 m et un maximum de 1,84 m.

La moyenne générale de l'indice céphalique est de 75,77 avec un minimum de 68,45 et un maximum de 89,99.

Dans leur ensemble, ces groupes se rattachent, pour la plupart, d'après leurs moyennes, au type que nous avons qualifié, dans la Berbérie orientale, de dolichocéphale de haute taille.

Jusqu'ici, les brachycéphales de petite taille paraissent rares chez les populations du nord-ouest africain.

*39

NOMBRE de sujets.	LOCALITÉS OU TRIBUS.	TAILLE			NOMBRE de sujets.	LOCALITÉS OU TRIBUS.	INDICE CÉPHALIQUE		
		moyenne.	minima.	maxima.			moyen.	minima.	maxima.
63	Souss	166	154	178	5	Casablanca	72,50	70,50	74,24
31	Beni-Snassen	167	154	184	2	Mogador	73,87	72,22	75,50
100	Marakech	167	155	187	3	Beni-Saïd	74,22	71,50	76,60
44	Oudjda	168	157	181	63	Souss	74,89	67,31	80,92
43	Galaya	168	154	185	43	Galaya	74,87	69,50	89,99
28	Touat	168	148	182	10	Tafilet	74,49	71,43	78,35
44	Fez	169	155	182	100	Marakech	75,38	69,31	82,47
3	Zekara	169	158	176	44	Oudjda	75,38	74,45	80,31
9	Tétouan	169	160	180	3	Mayas	75,39	74,61	76,31
2	Figuig	169	162	176	44	Fez	75,89	68,45	80,41
5	Casablanca	170	162	176	2	Figuig	75,55	76,41	78,28
28	Melilla	170	157	182	31	Beni-Snassen	75,51	71,21	78,39
3	Mazagan	170	166	179	15	Tanger	75,89	71,64	79,48
10	Tafilet	170	161	161	9	Tétouan	76,96	71,13	80,10
15	Tanger	172	166	179	3	Zekara	77,04	75,25	78,93
3	Mayas	173	159	162	28	Melilla	77,25	71,28	79,05
5	Beni-Saïd	173	169	177	28	Touat	77,37	68,68	82,02
2	Mogador	173	168	177	3	Mazagan	78,86	77,48	79,59

M. L. GIRAUX,

Trésorier de la Société Préhistorique de France (Paris).

LES MONUMENTS MÉGALITHIQUES DES COMMUNES DE LAVILLEDIEU ET DE SAINT-LAURENT-SOUS-COIRON, CANTON DE VILLENEUVE-DE-BERG (ARDÈCHE).

(Mémoire hors volume.)

M. A. DE MORTILLET,

Professeur à l'École d'Anthropologie (Paris).

ÉVOLUTION ET CLASSIFICATION DES FIBULES.

(Mémoire hors volume.)

M. ÉMILE RIVIÈRE,

Directeur au Collège de France (Paris).

UN NOUVEAU MENHIR PARISIEN. SES VICISSITUDES ET SA DESTRUCTION AU QUINZIÈME SIÈCLE (1451-1453).

Mémoire hors volume.)

ARCHÉOLOGIE.

M. J. TOUTAIN,

Membre du Comité des travaux historiques et scientifiques (Paris).

UN LOGEMENT GAULOIS DE TROIS PIÈCES A ALÉSIA.

902.6 (44) (44.42)

1er *Août.*

Les fouilles méthodiques, entreprises depuis 1905 sur l'emplacement de l'antique Alésia par la Société des Sciences historiques et naturelles de Semur, présentent un double intérêt; elles ont fait reparaître au jour non seulement les principaux édifices de la ville gallo-romaine, mais aussi des vestiges très importants de la cité gauloise antérieure au siège fameux de l'an 52. Parmi ces vestiges, les plus importants, sans aucun doute, sont les habitations creusées totalement ou en partie soit dans le roc, soit dans l'argile qui constituent partout le sol naturel du mont Auxois. Les foyers de ces habitations préromaines ont laissé des traces nombreuses de leur présence; ces traces ont été retrouvées soit au-dessous des constructions de l'époque romaine, soit en divers points du mont Auxois, où nulle construction nouvelle ne paraît avoir été édifiée sous l'empire. A cet égard, le lieudit En Curiot, situé dans la partie occidentale du plateau, à 500 m environ à l'ouest du forum et des monuments gallo-romains qui l'entourent, a fourni les indications les plus précises et les plus curieuses. En ce point, sur un espace qui ne dépasse pas la moitié de 1 ha, ont été découvertes en 1910 et 1912 une vingtaine d'habitations préromaines, constituées principalement par des excavations de forme quadrangulaire taillées dans la roche qui se retrouve en ces parages à quelques centimètres seulement au-dessous du niveau moderne. D'après M. Pernet, directeur des Fouilles de la Société de Semur, l'humus, qui recouvre aujourd'hui la roche, s'est formé pendant l'époque historique; suivant toute vraisemblance, il n'existait pas lorsque l'homme est venu s'établir sur le plateau du mont Auxois; alors la roche devait émerger partout. C'est dans ce lit rocheux que furent aménagées, sous forme d'excavations plus ou moins profondes, les habitations les plus anciennes d'Alésia. Ces excavations étaient recouvertes d'une hutte faite en branchages, en claies de roseau ou de chaume. Les plus profondes, dont le pavement, naturel ou grossièrement bétonné, peut se trouver à 2 m ou davantage au-dessous de la surface du plateau rocheux, étaient munies d'un escalier; les marches de cet escalier sont ou bien taillées dans la roche vive ou formées de pierres plates rapportées. Souvent, au fond de l'excavation, on reconnaît encore l'emplacement du foyer antique, soit à la teinte rouge que le sol a gardé, soit à la présence de cendres. Souvent la paroi rocheuse fut revêtue et comme doublée de murettes en pierres sèches; de ces murettes, les unes furent construites pour donner à l'excavation un aspect plus régulier, d'autres pour fermer des anfractuosités ou des fissures du banc rocheux. En général, chaque habitation, ainsi creusée dans le roc vif, ne comprend qu'une seule pièce.

Il n'en est que plus intéressant de signaler avec détail une des découvertes les plus curieuses faites en 1912. Au milieu des autres habitations plus simples, découvertes En Curiot, M. Pernet a déblayé une habitation plus vaste et plus complexe, qu'on peut appeler justement *un logement gaulois de trois pièces*. Dans son ensemble, l'excavation creusée dans le roc présente la forme d'une équerre à peu près régulière; l'une des pièces occupe le sommet de l'équerre. L'un des côtés de l'équerre est dirigé d'Est en Ouest, l'autre du Nord vers le Sud. La profondeur moyenne de l'excavation varie de 1,50 m à 2 m. L'escalier, par lequel on descendait dans cette habitation et dont quatre marches se sont conservées, se trouvait dans l'angle intérieur de l'équerre. Des quatre marches aujourd'hui encore visibles, deux sont taillées dans la roche vive, les deux autres sont formées de pierres plates rapportées. Elles ont en moyenne 0,90 m de large.

Cet escalier donnait accès dans une pièce rectangulaire, dont trois parois sont formées par la roche elle-même; la quatrième paroi, qui séparait cette pièce (C) de la pièce voisine (B), est à demi naturelle, à demi artificielle. Les dimensions de cette pièce ne sont pas absolument régulières. Les deux côtés longs mesurent l'un 4,20 m, l'autre 3,80 m; les deux côtés courts de 3,20 m à 3,30 m. En un point de la paroi Est, un ressaut rocheux a peut-être été ménagé à dessein, sur une longueur d'environ 1 m, pour former une sorte de siège. La paroi qui sépare cette pièce de la pièce voisine B est d'une construction originale. La base en était constituée, sur une hauteur d'environ 1 m, par une banquette rocheuse dont la largeur varie de 0,80 m à 1 m; au-dessus de cette banquette avaient été disposées des assises de pierres sèches, hautes chacune de 0,25 m en moyenne et dont 4 ou 5 se sont conservées par endroit.

La pièce B est presque carrée. Ses quatre côtés mesurent respectivement 3,05 m, 3,30 m, 3,30 m et 3,20 m. Tandis qu'elle est nettement séparée de la pièce C par le mur que nous venons de décrire, elle communique très largement avec la pièce A. Deux ressauts rocheux de largeur inégale se voient aux extrémités du côté ouest de cette pièce; ils encadraient peut-être une large baie. Ou bien la paroi rocheuse, qui séparait la pièce B de la pièce A, a peut-être été détruite sur une partie de son développement.

La pièce A est à certains égards la plus intéressante des trois. Sa longueur varie de 3,30 m à 3,80 m; sa largeur, plus uniforme, est de 2,50 m. Elle communique d'une part, très largement avec la pièce B, d'autre part par une ouverture assez étroite, située immédiatement auprès de la dernière marche de l'escalier, avec la pièce C. Ses deux parois nord et ouest consistent simplement dans la roche vive; la paroi sud, qui fut primitivement constituée, elle aussi, par la roche taillée, fut doublée à une époque postérieure par une murette; les assises de cette murette étaient simplement superposées sans mortier qui les reliât entre elles; mais il est resté sur la face de cette murette des traces non douteuses d'un enduit de chaux.

Près de l'angle nord-ouest, le foyer antique est encore en place. Long de 1 m, large de 0,80 m, légèrement incurvé à son extrémité antérieure, il s'appuie à la paroi ouest de la pièce; sur ses trois autres côtés, il est limité par des pierres plates posées de champ, dont la plupart occupent encore leur antique position. A l'intérieur de l'espace ainsi délimité, s'est conservé un amas de terre mélangé de cendres. Le côté nord du foyer se trouve à 0,40 m seulement de la paroi nord de la pièce.

Dans les trois pièces, dont cette habitation est formée, le sol est tout simplement la roche nue, plus ou moins régulièrement taillée. On n'a point relevé ici, comme dans d'autres excavations analogues, des vestiges de pavement artificiel, tels que béton grossier ou hérisson.

La division très nette de cette excavation en trois pièces distinctes, surtout la présence du foyer si bien conservé dans l'une de ces pièces, ne laissent désormais aucun doute sur la véritable destination des excavations analogues trouvées sur le mont Auxois. Après avoir entendu une conférence où ces excavations étaient décrites, M. Marcel Dieulafoy, Membre de l'Académie des Inscriptions, avait exprimé l'opinion que ces pièces, taillées dans le roc, représentaient non pas l'habitation préromaine elle-même, mais les sous-sols, caves ou celliers, de cette habitation. Il aurait fallu admettre qu'un plancher quelconque les recouvrait; or, nulle trace d'une telle disposition n'a été reconnue. La découverte du logement de trois pièces, que je viens de décrire, doit lever, à mon avis, toute hésitation. Il me paraît impossible d'admettre qu'un travail aussi considérable, exécuté dans la roche vive, ait pu être entrepris uniquement pour créer des caves ou des celliers. Et d'autre part, la présence du foyer dans la pièce A atteste que cette pièce, et par conséquent aussi les pièces voisines, servaient d'habitation. Il est donc incontestable désormais que les excavations, déjà nombreuses, découvertes depuis plusieurs années sur le mont Auxois, excavations creusées les unes dans l'argile, les autres dans la roche vive et dont plusieurs ont été revêtues intérieurement de murettes en pierres sèches, que ces excavations, dis-je, ont été des demeures, des habitations humaines. Certainement antérieures par leur origine à la conquête romaine, elles ont été les unes, recouvertes et à demi détruites par les constructions gallo-romaines, d'autres transformées en caves, d'autres enfin utilisées telles quelles comme habitations sous l'empire.

Ainsi, les fouilles entreprises par la Société des Sciences de Semur sur l'emplacement de l'antique Alésia et poursuivies depuis plusieurs années avec une activité méthodique, éclairent de plus en plus d'une vive lumière la vie des âges passés. La découverte de ces humbles habitations gauloises n'est pas le moindre des services rendus à la science de nos antiquités nationales par cette vaillante Société et par l'homme si compétent et si dévoué qui dirige ces fouilles depuis 1908, M. V. Pernet, l'ancien collaborateur de Stoffel.

M. L'Abbé M. CHAILLAN,

Correspondant du Ministère, Septèmes (Bouches-du-Rhône).

UNE SÉPULTURE A INCINÉRATION DÉCOUVERTE PRÈS DE GARDANNE (BOUCHES-DU-RHONE).

393.2 (44.91)

1er Août.

Voulant agrandir son usine d'aluminium, qui borde l'avenue de la gare de Gardanne (¹), M. Guenivet, directeur, vient de faire creuser des fondations au midi de l'établissement. Or, en défonçant le sol, les terrassiers découvrirent quantité de sépultures communes avec tuiles à

(¹) Gardanne est située entre Aix et Marseille. Nous y avons découvert un autel dédié LIBERO PATRI, au bord de la voie massaliote. Le roi René aimait avec prédilection ce pays et le château qu'il y avait élevé.

rebord; puis, à 1,3o m de profondeur, une auge en pierre, molasse blanche de Calissanne ou des environs d'Arles. Elle mesure 1,22 m de long, 94 cm de large, 63 cm de hauteur et 12 cm d'épaisseur.

On ôta le couvercle, qui débordait la cuve de 8 cm et dont l'épaisseur atteint 31 cm. Aussitôt apparut, dans le centre de la cuve, un récipient en plomb de 26 cm de haut sur une circonférence de 80 cm.

Ce qui caractérise l'objet c'est, d'abord, le joint de la panse et du fond. L'ouvrier qui a fait le travail l'a coulé sur un sable, dont les grains se voient encore adhérents aux parois; ensuite, l'a plié, d'inégale épaisseur; il l'a enfin soudé avec une mixture minérale. Tout cela est assez rudimentaire.

Quant au *cooperculum*, il mérite une sérieuse attention. Il avait été enduit de couleur. Des restes de minium, accusant un très beau rouge, font diriger là même une partie de l'intérêt de ce monument. Son diamètre est 26 cm. En effet, il y avait des lettres sur plusieurs lignes. Malheureusement, elles ont été gravées avec une pointe, sans profondeur, et sont peu apparentes aujourd'hui. La couleur, en disparaissant, semble avoir emporté une partie du texte, et, conséquemment, de sa signification complète.

La photographie ci-dessous montre ce qu'on peut lire encore. A la première ligne se trouve un A en lettre capitale. Les deux autres lignes visibles sont en lettres cursives :

$$\overset{+}{\mathcal{A}}......$$

$$\textit{filipp}......$$

J'hésite à mettre un nom à la suite de l' $\mathcal{A}$ cursif surmonté d'une sorte de croix; mais le *filipp* paraît certain. Le *cognomen* de *Philippa, Philippus* est connu dans les Narbonnaises.

A Marseille, nous conservons une *Philipa Hotarzaradi filia*, qui a un cachet oriental.

Arles garde un cippe élevé = *conjugi, cum Philippo filio*. Nous trouvons un autre *Philippus* sur le territoire de la commune du Pin, près Laudun et Cavillargues, dans le département du Gard.

Narbonne aussi nous montre *Philippus* parmi les *cognomina* de ses inscriptions.

Rien d'étonnant que Gardanne, située à une vingtaine de kilomètres de Marseille, sur une route très fréquentée, ait attiré quelque famille d'origine levantine. Il y en avait tant qui trafiquaient en ville et sur le littoral !

Peut-être, en comparant les jolies lettres cursives de notre *filipp*, pourrait-on assigner une époque à l'écriture de ce couvercle en plomb.

Quoi qu'il en soit, si le graffite est loin de satisfaire notre curiosité, je dois ajouter que l'urne en plomb renfermait une amphore en verre d'une facture très artistique.

Hauteur, 24 cm;

Circonférence, 60 cm;

Anse, 8 cm de haut.

Cette amphore ou urne, intacte, est toute gracieuse parée de ses anses originales. Son vert, patiné d'iris, sa forme des plus pures lui donnent des couleurs et un sens qui charment véritablement le regard le moins attentif. Le Musée de la Maison Carrée offre une amphore très ressemblante découverte au Mas de Bourge. M. Gondard l'a décrite dans le *Bulletin* de Nîmes, 1883. Une mignonne plaque en métal la fermait. L'intérieur de ce verre irisé était à moitié plein d'ossements calcinés et de cendre mélangée à de la terre.

Avec le Dr Blanc nous avons examiné, un par un, chaque morceau d'os. Ils appartiennent tous au même corps. Ce sont des restes du bassin, du crâne, du sternum, de la région dorsale et de la cavité du tympan. La conclusion de cet examen est qu'on se trouve en présence du corps d'un enfant, plus probablement d'une fillette. Tous les fragments sont menus et délicats.

Il s'agirait donc du jeune défunt ou de la petite défunte pour qui on a élevé *con amore* ce curieux monument.

Le mort était, sûrement, très cher à son entourage; et, s'il n'était pas de haute considération, il avait une famille qui l'aimait beaucoup. Ce n'était pas pour le vulgaire défunt qu'on achetait simultanément un tombeau en pierre, une urne en plomb, une urne en verre.

Je ne serai pas surpris qu'on parvienne à lire *carissimæ* ou *rarissimæ filiæ* dans le problème des lettres qui reste à résoudre sur le couvercle en plomb.

Cette trouvaille archéologique paraît donc désigner une tombe à incinération ou combustion. L'usage de brûler le cadavre, très florissant sous la République et les Antonins, consistait précisément, sitôt le corps consumé, à renfermer les restes, os et cendre, dans une urne et un tombeau où l'on y gravait une inscription avec parfois une prière.

Les épitaphes s'inscrivaient plus fréquemment sur le sarcophage ou sur un marbre encastré dans la dalle. Ici, en fouillant le dedans de la cuve, et la brossant avec attention, j'ai trouvé les deux lettres AN gravées contre une des parois longitudinales.

Le fait de placer un texte dans la tombe même, ou sous la tête du mort, n'est pas extraordinaire. De même, il arrivait souvent que le marbrier ayant commencé une inscription laissait à l'acheteur le soin pieux de la terminer, en l'appropriant au défunt. Sur ce point, néanmoins, que de négligences nous révèlent les cartels de nos sarcophages!

On peut supposer que les lettres, bien formées et très jolies du tombeau de Gardanne AN étaient destinées à marquer l'âge du défunt, plutôt que l'indication de l'année d'un règne.

Il est regrettable qu'on ait omis d'achever un texte dont la lecture aurait été une des clefs du monument.

Il me reste à dire qu'autour du récipient en plomb étaient quatre tiges en fer, longues de 37 cm.

Ces sortes de boulons ont laissé leur empreinte de rouille dans le fond de la cuve, où ils s'appuyaient. Peut-être soutenaient-ils l'urne, en l'encadrant, pour qu'elle restât bien en place.

Aucun mobilier funéraire n'a été trouvé. |

Il existe un trou de 3 cm de large et de 8 cm de profondeur sur le couvercle, ainsi qu'au centre de la tombe.

Le biseau des faces, la blancheur de la pierre, l'ensemble du monument est d'un aspect agréable. Ce qui rend ce morceau d'antiquité plus intéressant, c'est qu'il a peu de similaires dans la Narbonnaise. Il est rare, en effet, de trouver ce contraste entre les précautions prises à l'intérieur pour assurer la conservation de l'urne et l'emploi, peut-être de fortune, d'une auge pour la contenir. C'est donc à ce titre que je me suis permis de faire cette modeste communication, heureux si elle pouvait servir à de profitables comparaisons. D'un accueil très empressé, je recevrai de mes savants confrères du Congrès tout commentaire sur la valeur de cette découverte.

M. Stanislas CLASTRIER.

(Marseille).

DÉCOUVERTE DE FOURS ROMAINS A SAINT-ANDRÉ, MARSEILLE.

902.6 (37) (44.91)

2 *Août.*

Au mois de février de cette année, M. M. Dubois, président du Comité du *Vieux Marseille*, m'avertit qu'il était au courant d'une découverte archéologique qui pouvait avoir un certain intérêt, et il me conviait à aller sur les lieux y faire une étude, ce qui fut fait ; et là, grand fut mon étonnement, de trouver en place des constructions antiques assez bien conservées et de fort bonne allure. Ces constructions étaient au *creux* d'une carrière d'argile (c'est ainsi qu'on dénomme à Marseille, à la carrière, la partie où s'extrait l'argile). Les ouvriers, en procédant à cette extraction, avaient mis à jour ces précieux documents de notre ancienne céramique locale. On peut se rendre compte par le modèle, à l'échelle de 0,05 cm que je produis au Congrès, que ces deux petits fours sont des plus curieux et doivent leur parfaite conservation à la couche de terre et d'argile qui les recouvrait sur plus de 2 m. Ils mesuraient 5 m environ de longueur sur 2,20 m de large avec, entre eux, un espace de 1 m de vide, ce qui fait en somme 4 m² de superficie pour chaque four. Ils étaient directement élevés sur l'argile même, et, chose particulière, construits tout en fragments de tuiles à rebords utilisées. Une grille sur arceaux à o,8o m. de hauteur intérieurement, également en tuiles à rebords. Ces tuiles étaient reliées entre elles par de l'argile formant mortier, le tout cuit et calciné au point que les sols en étaient vitrifiés.

J'ai reconstitué dans mon petit modèle un four à l'état de neuf, en activité, et l'autre tel qu'il était le jour de la découverte. J'estime qu'on pouvait y cuire par fournées au moins 3oo briques, tuiles ou carreaux, et qu'ils pouvaient marcher sans interruption, l'un en action, l'autre au repos. Du reste, le bois ne manquait pas et encore aujourd'hui le château de Foresta, par sa belle pinède qui voisine avec ces fours, prouve que nos anciens cuiseurs avaient le combustible sous la main. J'ai passé plusieurs journées à fouiller et à questionner les plus anciens ouvriers du pays. Au cours des fouilles, j'ai découvert des canalisations souterraines d'adduction d'eau; du reste un ancien ouvrier m'a dit avoir vu au cours de l'extraction des dernières argiles, des plates-formes entourant ces édicules. C'est très probablement là que s'épandait et se traitait la matière première. Le même ancien habitant m'a dit aussi que tout jeune, dans un hameau, qui est au bas de la colline, on avait trouvé des quantités de tombes formées de tuiles. Rien d'étonnant à ce qu'elles aient été fournies par ces modestes fours, types primitifs qui indiquent avec précision que déjà à l'époque Romaine, les argiles de Saint-Henri et Saint-André étaient utilisées, chose que nous savions, mais qui cependant manquait de preuves matérielles pour affirmer la très ancienne exploitation de ces carrières.

Aujourd'hui, la preuve en est faite, grâce à cette découverte.

Comme d'habitude, j'ai fait la topographie, pris des dessins, des mensurations, prélevé des échantillons, et un de nos amis du comité du *Vieux Marseille* a pris des instantanés, et voici enfin un modèle exact des deux fours. Nous avons bien fait de procéder de la sorte, car aujourd'hui tout a disparu, emporté par la nécessité de l'extraction de l'argile, exploitation dont vous comprenez les besoins et l'importance.

Qu'il me soit permis, en terminant, de remercier bien vivement la *Société anonyme des briqueteries et tuileries de Marseille;*

M. Mouraille, directeur, qui très gracieusement s'est prêté et m'a facilité l'étude sur le terrain; M. le président Dubois et mes amis du *Vieux Marseille*. Grâce à ces Messieurs, ces rares documents n'ont pas péri tout entiers, ma reconstitution en fait foi.

M. ÉTIENNE MICHON,

Conservateur-adjoint des antiquités grecques et romaines au Musée du Louvre (Paris).

L' « APOLLON » DE NIMES AU MUSÉE DU LOUVRE.

73.023.2 (38)

2 *Août.*

Il y a quelque onze ans ([1]), à propos de *Statues antiques trouvées en France au Musée du Louvre* ([2]), j'étais amené à m'occuper d'une statue provenant de Nîmes qui y est conservée. La statue ainsi signalée par moi a depuis été étudiée par plusieurs archéologues allemands et en dernier lieu reproduite par M. Espérandieu dans les additions de son *Recueil* ([3]). Il ne semble pas cependant que sa provenance rétablie, après avoir été bon nombre d'années méconnue et finalement complètement oubliée, ait assez attiré l'attention pour que la prétendue disparition de la statue ne risque pas encore d'être parfois déplorée. Le Congrès de l'Association française pour l'Avancement des Sciences, tenu cette année à Nîmes, m'a paru une occasion naturelle de revenir sur son histoire et son interprétation.

L'inventaire du règne de Louis XVIII, sous les n°s 310 et 310 *bis*, porte les mentions :

« 310. Torse d'homme en marbre antique ; hauteur, 1^m,15. — 310 *bis*. Fragment de statue antique drapée en marbre; hauteur 0^m,77. — Acquis le 13 février 1822, au moyen d'échanges faits avec la ville de Nîmes. »

Le torse, exposé presque aussitôt dans la cour du Musée, décrit en 1825 par M. de Clarac dans le *Second supplément à la description des antiques du Musée royal* (n° 788) et gravé dans le supplément du *Musée des antiques* de Bouillon ([4]), est en réalité le beau torse, longtemps appelé improprement torse de Jupiter, venant d'Arles ([5]) : l'erreur pour lui a été anciennement reconnue et, si quelque doute avait subsisté, il ne le pourrait plus depuis qu'à ce torse a été rajustée la tête d'Auguste retrouvée en 1834 au théâtre. Il est non moins certain, je l'ai montré,

---

([1]) *Société nationale des Antiquaires de France*, séances des 12 juin, 3 et 17 juillet 1901.

([2]) *La cession des villes d'Arles, Nîmes et Vienne en 1822*, extr. des *Mémoires* de la Société, t. LX, 1901.

([3]) *Recueil général des bas-reliefs, statues et bustes de la Gaule romaine*, t. III, n° 2654.

([4]) T. III, supplément, pl. 1 et 2.

([5]) *Catalogue sommaire des marbres antiques*, n° 1621.

qu'au fragment n° 310 *bis* correspondent les jambes drapées, souvent regardées, mais à tort je crois, comme la partie inférieure de la même statue, que, dans cette conviction, un *citoyen estimable*, M. de Perrin, offrait, précisément en même temps que la ville cédait le torse, et qui n'ont jamais quitté Arles ([1]).

Il n'en reste pas moins que la ville de Nîmes, comme celles d'Arles et de Vienne, avait pris part à la donation faite au Roi. Une décision du 6 février 1822 approuvait l'échange proposé par M. Villiers du Terrage, préfet du département du Gard,

« des fragments d'une statue antique trouvée à Nîmes dans le temple de Diane contre une collection de plâtres provenant des ateliers de moulage du Musée royal ([2]) et un tableau destiné à orner la cathédrale de Nîmes ».

Quelques mois après, le Conseil général le sanctionnait définitivement et, le 20 juin 1823, M. de Forbin, directeur général des Musées royaux, écrivait au préfet :

« J'ai reçu les deux caisses contenant les fragments d'une figure antique cédée par le département du Gard au Musée royal, mais j'ai vu avec peine qu'on avait oublié une tête en marbre très fruste, qui pourrait cependant appartenir à la figure qu'on restaure en ce moment. Voudriez-vous bien faire réparer cet oubli et m'adresser ce fragment le plus promptement possible. »

(D'après les *Mémoires de la Société nationale des Antiquaires de France*, t. LX.)

Il résulte d'ailleurs d'un guide anonyme de Nîmes publié en 1824 que

« un torse antique en marbre pentélique et d'une grande beauté avait été retrouvé dans les fouilles des bains dans le dernier siècle. Quelques antiquaires crurent d'abord que c'était un Antinoüs, mais le lieu où il avait été retrouvé et l'époque, qui n'est plus douteuse, de la construction des bains ont fait penser que ce devait être un Apollon et qu'il était placé dans le temple de

---

([1]) Voir l'image de l'ensemble ainsi reconstitué, Espérandieu, *Recueil*, t. II n° 1694.

([2]) Le groupe du Laocoon, l'Apollon du Belvédère, le Germanicus, le Gladiateur Borghèse, Silène et le jeune Bacchus, le Génie suppliant, la Grande Vénus accroupie.

la Fontaine. D'abord déposé à l'hôtel de ville, ce torse avait été transporté au temple de Diane, où l'on avait réuni tous les fragments les plus curieux d'antiquités. C'est là que M. de Forbin, directeur général des Musées, le vit et qu'il en fut frappé. Il en négocia l'achat à la ville, et le torse a été embellir la galerie des Musées de Paris, tandis qu'en échange notre Musée a reçu les plâtres des plus belles statues antiques de cette galerie, qui viennent ici servir de modèles à nos jeunes artistes (¹). »

Seize ans plus tard Perrot, dans l'une de ses lettres sur Nîmes, mentionne de son côté

« un très beau torse d'Apollon trouvé aux Bains, ... donné au Musée de Paris (²) »

et l'indication enfin est rappelée dans les diverses éditions du catalogue de Pelet :

« Un torse antique en marbre pentélique et d'une grande beauté avait été découvert dans les fouilles des Bains romains en 1739; MM. de Bosc et de la Bastie crurent y reconnaître un Antinoüs, d'autres y virent un Apollon. Ce torse, d'abord déposé à l'hôtel de ville, fut ensuite transporté au temple de la Fontaine, où il devrait se trouver encore. Malheureusement, M. Forbin, directeur général des Musées, dans un voyage qu'il fit à Nîmes, fut frappé de la beauté de ce fragment antique; il en négocia l'achat à la ville, qui reçut en échange les plâtres de quelques statues; et le torse nous fut enlevé (³). »

Le Louvre pourtant ne montrait pas, ou plutôt ne montrait pas comme telle, de statue venant de Nîmes et Pelet, avec une apparence de raison, se plaignait que l'Apollon fût

« entièrement perdu, non seulement pour la ville de Nîmes, mais aussi pour les arts; car, malgré nos recherches, nous n'avons pu le découvrir dans aucun des Musées de la capitale, et probablement il meuble encore les caves du Louvre dans la même caisse où il fut expédié, s'il existe encore en France ».

Volontiers le reproche se fit plus formel encore. Un des rédacteurs de la *Correspondance littéraire* écrivait par exemple en 1862, après avoir raconté, d'après un article de Reiset, la disparition d'une statue en bronze de Michel-Ange :

« Voici un fait encore plus singulier, car il est tout récent et vient d'être signalé, mais pas pour la première fois dans un rapport de notre savant épigraphiste M. Léon Renier à l'Académie des Inscriptions. En 1739, on découvrit à Nîmes, près de la fontaine, les ruines d'un édifice antique qu'on croit avoir fait partie de bains publics. On trouva en même temps une inscription très mutilée et une statue en marbre blanc paraissant offrir quelque ressemblance avec celle d'Antinoüs.

« Cette statue, dit M. Renier, était, à ce qu'il paraît, fort belle. Elle existait

---

(¹) *Guide aux monuments de Nîmes, antique et moderne* (Nîmes, 1824, in-8°), p. 138-139.

(²) *Lettres sur Nîmes et le Midi*, t. I, lettre 13, p. 276, n° 1.

(³) *Catalogue du Musée de Nîmes*, p. 226.

» encore *il y a trente ans*, et fut alors apportée au Musée du Louvre. Elle
» est aujourd'hui perdue. » On se demande, mais sans pouvoir se faire une
réponse suffisante, comment une statue antique envoyée à Paris a pu se perdre
depuis trente ans (¹). »

Vingt ans encore et l'oubli vient. M. Lenthéric écrit en effet dans sa
plaquette intitulée *La Vénus de Nîmes :*

« L'historien Ménard oite une statue d'Apollon, aujourd'hui perdue, de
7 pieds 4 pouces, trouvée en 1739 dans les ruines des Thermes et qui, paraît-il,
aurait décoré pendant un certain temps l'une des salles de l'hôtel de ville (²) »
et M. Bazin, dans le volume consacré à Nîmes de ses *Villes antiques*,
parlant des antiquités disparues qui s'y voyaient autrefois, ajoute :

« tel était encore cet Apollon en marbre, si parfait, dit Ménard, qu'il serait
difficile de mieux figurer un beau corps. Déposé en 1758 dans une des salles
de l'hôtel de ville, on ignore ce que depuis lors il est devenu (³) ».

Il est temps de retourner à l'inventaire du Louvre. Le prétendu torse de
Nîmes étant en réalité un torse d'Arles, il y avait grande vraisemblance
que la statue de Nîmes fût celle qui, inscrite sous le n° 311 à l'inventaire
à cette même date du 13 février 1822 et comme acquise à la suite des
mêmes négociations engagées simultanément avec les villes d'Arles,
Nîmes et Vienne, avait été par erreur attribuée à Arles, un

« Apollon, torse antique en marbre, hauteur 2ᵐ,34, devenu statue au moyen
de restaurations ».

Mais cet Apollon, dans l'édition de 1830 de la *Description des antiques*,
où il figure pour la première fois, est ainsi décrit (n° 906) :

Apollon, statue, marbre de Paros. En restaurant cette figure, dont il ne restait
qu'une partie de la tête, le torse et la moitié des cuisses, on lui a donné le caractère d'Apollon. Ces fragments, qui, dans les endroits les mieux conservés, sont
d'une très bonne sculpture, viennent de Grèce. Ils ont été remis dans leur état
actuel par M. Lange. »

La même provenance de Grèce est reproduite par Clarac dans son
Musée de sculpture où l'Apollon est dessiné (⁴) et M. Fröhner répète,
lui aussi :

« marbre de Paros, beau style, Grèce (⁵) ».

L'entrée au Musée d'une statue de ces dimensions venant de Grèce,
absente tant de l'édition 1820 de la *Description des antiques* que du *Sup-*

(¹) *Correspondance littéraire*, 6ᵉ année, 1861-62, p. 226. Voir aussi *Ibid.*, 7ᵉ année,
1862-63, p. 69. Cf. *Comptes rendus de l'Académie des Inscriptions*, 1862, p. 80.
(²) *La Vénus de Nîmes* (Avignon, 1880, in-16), p. 11.
(³) *Nîmes gallo-romain* (Nîmes, 1891), p. 212.
(⁴) T. III, pl. 346, 926, et texte, p. 208.
(⁵) *Notice de la sculpture antique*, p. 101, n° 79.

plément de 1825, et portée seulement à l'édition de 1830 de la *Description*, aurait pourtant dû laisser quelque trace et, dès 1894, dans le *Catalogue sommaire des marbres antiques*, n° 424, avait disparu l'indication « Grèce ». Mais, pour lui substituer « Nîmes », une vraisemblance ne suffisait pas. La certitude est fournie par le témoignage, plus complet que les autres, de Ménard dans son *Histoire de Nîmes* et surtout par la double gravure, de face et de dos, jointe à son texte :

« Au mois d'août de l'an 1739 on trouva, sous les ruines des bains de la Fontaine, la tête et le tronc d'une très belle statue de marbre blanc, qui ont en tout et en l'état où ces pièces se trouvent 3 pieds 8 pouces de hauteur. Les épaules qui font la plus grande largeur de ce corps ont 1 pied 9 pouces; et la tête a 11 pouces de hauteur. De là, je conclus sans peine, suivant les règles du dessin qui divisént le corps en huit grandeurs ou mesures de tête, que la statue entière devait avoir 7 pieds 4 pouces. Tout y est formé avec une élégance et un art merveilleux. Aussi puis-je assurer que c'est un des ouvrages les plus parfaits qu'ait produits l'antiquité. L'examen des parties qui nous restent va le prouver.

» Cette antique représente un jeune homme nu et sans barbe. Les cheveux sont frisés et partagés en grosses boucles presque égales, qui ne vont que jusqu'aux épaules. La forme de la tête approche assez de la rondeur. Le front en est large; les yeux bien fendus; le nez régulièrement tourné et la bouche petite. La taille en est belle, grande et noble. Les hanches sont relevées, sa poitrine large, et ses épaules hautes. Le sculpteur a formé la largeur de l'estomac et des épaules avec tant d'art et de proportion qu'il serait difficile de mieux figurer un beau corps. Il a mis sur l'épaule gauche la draperie ordinaire qui caractérise la représentation d'une divinité.

» Le tronc en est fort et vigoureux. En un mot, il règne dans toute cette figure une grâce et une majesté admirables. L'ouvrier a surtout extrêmement bien marqué cette fraîcheur et cet embonpoint qui annoncent la complexion d'un jeune homme robuste. On n'a trouvé que quelques fragments des bras, des cuisses et des jambes; et toutes ces parties sont formées avec la même habileté. Il serait à souhaiter que la statue fût entière. On pourrait la faire servir de modèle dans ces célèbres écoles où les peintres et les sculpteurs vont puiser les plus belles connaissances de leur art.

» Quoi qu'il en soit, cette antique mérite d'être conservée, même en l'état où on l'a trouvée. Les fragments des pièces aussi accomplies que celles-ci sont précieux et font les délices des personnes de goût. Elle est actuellement dans l'une des salles de l'hôtel de ville ([1]). »

Il suffirait presque de la seule lecture de cette description, que nous avons tenu à rapporter en entier, pour entraîner la conviction. La comparaison des gravures de Ménard avec la statue ou une photographie dispense d'entrer dans le détail : l'œil tant soit peu exercé y reconnaîtra à coup sûr le même original. Non pas, sans doute, qu'il n'y ait à relever quelques différences. La gravure, tout d'abord, est assez conventionnelle -

---

([1]) MÉNARD, *Histoire civile, ecclésiastique et littéraire de la ville de Nîmes*, t. VII, p. 140-141.

et ne rend pas exactement le marbre. Il y a, de plus, des différences réelles : la tête, par exemple, de face chez Ménard, est maintenant assez fortement inclinée à sa droite; là, la statue s'arrête à mi-cuisses; ici, même en laissant de côté les jambes proprement dites, entièrement modernes et qui se reconnaissent comme telles jusque sur la photographie, aux genoux seulement. De plus, une partie du bras droit, sur la statue, apparaît aussi comme antique. La raison en est que le restaurateur, Lange, restaurateur officiel des antiques du Musée royal, a pu employer ces

« fragments des bras et des cuisses »

que Ménard mentionne, mais qu'il n'avait pas pu figurer parce qu'ils n'étaient pas de son temps réunis à la partie principale. Ils furent, en effet, envoyés au Louvre, ainsi que l'indique l'expression de

« fragments d'une statue antique. »

employée dans la correspondance du directeur des Musées avec le ministre et le préfet du Gard. Lange eut aussi à replacer la tête, qui, depuis l'époque de Ménard, avait été détachée du tronc, comme on peut le reconnaître sur l'original et comme il résulte d'ailleurs de ce fait que M. de Forbin, dans sa lettre du 23 juin 1823, se plaint qu'on l'ait oubliée et qu'il ne l'ait pas reçue. Rien d'étonnant que, dans le joint assez large qui a été fait en plâtre, elle n'ait pas retrouvé exactement sa pose première. La lettre ajoute, en outre, que la tête est très fruste et nous sommes avertis, par là, qu'une fois séparée de la statue elle avait dû souffrir d'injures dont on ne trouve pas la trace chez Ménard. Ainsi s'explique aussi, par les exigences de la restauration, qui a fait trancher nettement les parties mutilées pour les remplacer, qu'actuellement la presque totalité du visage avec le front, l'œil gauche en entier et l'œil droit moins un morceau seulement du sourcil, le nez; la bouche avec les lèvres et une partie du menton, enfin même les boucles antérieures de la chevelure, du côté gauche surtout, soient modernes. Sont encore modernes, outre les deux jambes que nous avons déjà signalées, l'avant-bras droit, toute la partie détachée du bras gauche, la retombée supérieure et tous les bords du manteau sur l'épaule, le tronc d'arbre avec le pan de draperie qui le recouvre et la base. Le haut des cuisses, enfin, par derrière, montre deux pièces de marbre rapportées, qui correspondent de tous points aux parties manquantes indiquées dans la vue de dos donnée par Ménard et à elles seules établiraient l'identification.

La statue, dans l'aspect complet qu'elle présente au Louvre, cache donc en réalité de très nombreuses et graves mutilations. Il ne serait pas impossible, sans doute, de la rapprocher de certaines figures connues, où l'on a prétendu retrouver des répliques d'œuvres exécutées au IVe siècle et sous l'influence persistante de l'art du Ve siècle avant J.-C. La saillie même des muscles de la poitrine et de l'abdomen ne pourrait-elle pas être invoquée comme un dernier souvenir d'un des caractères les plus marquants des sculptures de l'école polyclétéenne et le traitement des cheveux sur le crâne, par mèches qui partent toutes d'un épi central et se répandent de là de tous côtés, comme rappelant celui de beaucoup de têtes de la seconde moitié du ve siècle ? Il n'est guère toutefois de statues romaines qu'on n'arriverait ainsi à rattacher à des modèles grecs et de telles statues d'homme nu, debout, avec ce rythme d'une jambe portante, l'autre fléchie, et le mouvement contrarié des bras, un manteau ramassé par une fibule sur l'épaule gauche, à vrai dire étaient devenues un type courant.

Il en résulte, surtout si l'on ne perd pas de vue que la partie principale, caractéristique, le visage, est presque entièrement refait, qu'il est fort malaisé de donner un nom à la nôtre.

La qualification d'Apollon qu'elle porte au Louvre et dont nous nous sommes servi est celle qu'adoptait déjà Ménard :

« Je me persuaderais... que c'est ici la figure d'Apollon. L'élégance et la majesté de la statue, ce visage jeune, ces cheveux frisés, cette draperie caractérisent ce dieu d'une manière qui ne paraît pas équivoque. Telle était l'idée commune que les anciens peuples avaient d'Apollon ».

L'on ne voit pas, avouons-le, pourquoi les cheveux frisés et surtout la draperie

« caractérisent ce dieu d'une manière qui ne paraît pas équivoque »

et, nous l'avons déjà dit, une autre explication avait été présentée du temps de Ménard :

« Deux habiles antiquaires, qui eurent connaissance de ce monument au temps de sa découverte, crurent y reconnaître la figure d'Antinoüs, à cause de ses cheveux qui paraissent de même courts, épais et frisés sur les médailles. La supériorité des lumières de ces savants donne un grand poids à cette opinion.

» Il est vrai que la chevelure de ce fameux favori d'Adrien ressemble à celle-ci. Mais qu'on considère l'époque de la construction des bâtiments parmi les ruines desquels ce marbre a été trouvé, elle est du siècle d'Auguste, et ne s'accorde point par conséquent avec celle des honneurs rendus à Antinoüs, qui se rapporte au règne d'Adrien (¹). »

D'Antinoüs je ne crois pas qu'il doive être question, moins pour les raisons qu'on vient de lire que parce que les portraits d'Antinoüs et en particulier sa chevelure, quoi qu'en dise Ménard, sont assez différents. Le professeur Th. Schreiber, à qui j'avais fait connaître la statue, a mis en avant une autre hypothèse. Il en fait le point de départ d'un groupement qui comprendrait en outre un bronze dans le commerce à Constantinople, représenté par un moulage à Dresde, une statue du Palais Pitti à Florence et une statue trouvée au $xvııı^e$ siècle près d'Apt et aujourd'hui à Chatsworth house en Angleterre chez le duc de Devonshire,

______

(¹) *Loc. cit.*

groupement qui nous fournirait selon lui un nouveau type de portrait d'Alexandre ([1]). Le rapprochement avec cette autre statue de provenance française, où Furtwängler avait déjà signalé l'adaptation à un corps analogue à celui des statues impériales d'une tête de caractère non romain et où il voyait un exemple de l'influence grecque sur l'art de la Gaule, est à coup sûr intéressant ; mais, selon Furtwängler, la statue d'Apt ne serait que le portrait, traité à la manière des portraits d'Alexandre, d'un haut personnage gaulois du début de l'empire ([2]). M. Bernoulli aussi bien se refuse à suivre M. Schreiber : le rattachement des différents exemplaires à un original commun ne lui semble pas établi et il insiste sur ce qu'a de très problématique ce nouvel Alexandre ([3]).

Il convient en effet de se défier des similitudes superficielles. Que telle figure plus ou moins semblable à celle de Nimes ait représenté Alexandre, le fait n'est guère contestable. Tel par exemple, dans la vente toute récente de la collection Dattari du Caire, un buste, coupé au-dessous des seins, d'un jeune homme portant de même un pan de manteau avec fibule sur l'épaule gauche et présentant ces mêmes longues boucles tombantes encadrant de chaque côté le visage : le rédacteur du catalogue y voit Alexandre héroïsé ([4]). Mais, malgré l'air de famille dont à première vue on ne peut pas ne pas être frappé, la ressemblance ne résiste guère à un examen détaillé et approfondi, et le regard en particulier est tout autre. Le buste peut donc fort bien être un Alexandre, et non notre statue. Les portraits d'Alexandre exécutés par les maîtres de son temps avaient certainement eu une influence durable sur la sculpture postérieure, de même qu'on pourrait trouver dans les effigies de la première moitié du xixe siècle un air napoléonien. La statue du Louvre, à l'entendre ainsi, aura, si l'on veut, quelque chose d'*alexandroïde*; mais, autant l'on comprend qu'un buste de provenance égyptienne soit réellement un Alexandre, autant l'on ne voit pas de raison suffisante pour donner ce nom à la statue de Nimes. L'absence de tout attribut, reconnaissons-le, rend la dénomination bien aléatoire, mais, si l'on ne veut pas faire aveu complet d'ignorance et s'il ne s'agit pas d'un Apollon, en présence de cette figure trouvée dans les ruines des édifices élevés autour de la fontaine vénérée par les habitants de Nimes, ne serait-on pas surtout porté à songer, comme je l'écrivais jadis, à quelque divinité, héros ou génie, en rapport avec les eaux et la source?

([1].) *Studien über das Bildniss Alexanders der Grossen*, p. 283-287.

([2]) *Journal of hellenic Studies*, t. XXI, 1901, p. 217-221, n° 8.

([3]) *Die erhaltenen Darstellungen Alexanders der Grossen*, p. 104-106.

([4]) Vente Lambros-Dattari, juin 1912, *Catalogue*, p. 30, n° 317, pl. XXXV.

MM. A. VASSY,

Membre de la Commission du Musée de Vienne,

ET

Cl. GUY.

(Givors).

**MISES A JOUR ET DESCRIPTION DE TROIS MOSAÏQUES ROMAINES
A SAINT-ROMAIN-EN-GAL (RHONE), PRÈS VIENNE (ISÈRE).**

721.67 (37) (44.99)

2 *Août.*

Les localités de Sainte-Colombe et Saint-Romain-en-Gal sur la rive
droite du Rhône formaient, commé on le sait, à l'époque Romaine un
quartier de Vienne séparé par le Rhône et desservi directement par un
pont dont les fondations subsistent encore. Ce quartier renfermait les
plus belles habitations de Vienne, d'où la dénomination de *Vienna pulchra*
(Vienne-la-Belle) donnée à cette partie de la ville.

Parmi les nombreuses découvertes qui y ont été faites, les mosaïques
tiennent une place importante, nous en citerons deux particulièrement
belles, celle dite des *Métiers Romains*, actuellement au Musée du Louvre,
et celle du *Jeune Hylas* qu'on admire au Musée de Grenoble.

Les trois mosaïques que nous avons mises à jour et enlevées pendant
l'hiver dernier étaient situées tout à côté de celle d'Hylas et semblent
faire partie de la même habitation Gallo-Romaine.

En procédant avec soin au déblaiement des terres, nous avons pu relever un plan de l'habitation romaine renfermant les mosaïques. Le bâtiment, ou plutôt ce morceau de bâtiment dont le plan a été relevé par
M. Gabriel Rambaud, architecte à Lyon, se compose d'un couloir (n° 8
du plan). Vestibule pavé d'une mosaïque ordinaire et desservant un
certain nombre de pièces. La mosaïque de ce couloir est en très mauvais
état, les parties en sont brisées, il y manque des morceaux très importants
et, de plus, elle ne se compose que d'une simple grecque ; nous l'avons
donc laissée en place.

Par contre, les pièces que nous avons trouvées desservies par ce vestibule sont au nombre de six, mais il doit y en avoir bien davantage. Le

peu de temps, l'exigence des fermiers cultivateurs du terrain, ne nous ont pas permis d'aller plus avant.

Dans la première pièce, n° 1 du plan, nous avons trouvé une grande

et superbe mosaïque très bien conservée. Elle mesure 4,80 m sur 6,50 m environ dont voici la description sommaire.

Le motif principal est enfermé dans un carré de 1,85 m de côté. Il se compose d'un grand cercle pourvu d'une belle torsade formée de pierres de cinq couleurs dont les teintes vont en augmentant d'intensité. Le cercle enferme d'abord un grand hexagone qui à son tour en contient sept petits, savoir : celui du centre auquel rayonnent les six autres respectivement attachés à ses six côtés. Ces sept compartiments sont séparés par un double rang de cubes noirs.

Le petit hexagone du centre encadre une belle tête de jeune homme dont la coiffure est surmontée du rouge bonnet phrygien, c'est Orphée ; on ne peut en douter lorsque dans les six autres panneaux qui l'entourent nous voyons six animaux, lion, léopard, tigre, bélier, panthère et chèvre qui tous sont représentés couchés dans une attitude calme et paisible, c'est-à-dire domptés et charmés par l'influence mystérieuse de la musique d'Orphée sur les fauves dont il apaisait la fureur.

Aux quatre angles de ce carré principal, dans les espaces délaissés par le cercle, se voient des têtes de jeunes femmes, admirablement dessinées et personnifiant sans doute les quatre saisons caractérisées par les emblêmes ordinaires : les fleurs et les fruits attachés à leurs coiffures.

Le reste de la mosaïque encadrant ce sujet principal est formé de motifs ornementaux composés d'un fond de cercles sur lesquels se détachent aux angles quatre petits carrés enfermant chacun un oiseau. Encore une grande torsade en pierre de cinq couleurs, reproduction de celle du cercle du milieu, encadre le tout, et enfin une ligne sévère à motif grec termine l'entourage de cette belle mosaïque.

La pièce n° 2 (largeur 2,75 m) doit être un simple couloir desservant les pièces n°s 1 et 3 ; un béton grossier en forme le sol.

Contiguë à la pièce n° 2 et séparée par des murs de 0,55 m d'épaisseur, la pièce n° 3 : Là, nous trouvons une très belle mosaïque ornementale, aussi large que la précédente, 4,80 m, mais plus longue. Sur 7 m nous l'avons constatée à peu près intacte, mais elle va bien plus loin ; d'ailleurs, par l'ornementation, nous pouvons en fixer la longueur qui doit être de 4,80 m sur 8,50 m environ.

Les motifs ornementaux principaux sont de forme horizontale et mesurent 0,70 cm de diamètre. Ils sont distribués sur trois rangs : les deux rangs latéraux doivent comprendre chacun cinq compartiments, le rang du milieu quatre et deux moitiés. Il n'y a que quatre compartiments de côté et trois dans le milieu qui sont conservés, les autres sont absolument détruits et inexistants. Le décor de ces compartiments est très varié. Dans ceux des angles ce sont de grands canthares à anses d'une forme élégante ; quant aux autres l'ornementation comporte plusieurs types d'une flore puissante de lotus, de campanules et de gros bourgeons symétriquement groupés. Les hexagones sont séparés par une bordure de 0,26 cm, dont les raccords à chaque angle forment de délicates étoiles à six pointes alternées de petites rosaces, sortes de trèfles à quatre feuilles. Une grande bordure enveloppe le tout d'un fond blanc moucheté de quelques fleurettes et de petits croisillons, et cela forme une heureuse opposition avec la partie centrale pourvue d'une abondante décoration.

L'aspect général de cette mosaïque uniquement décorative est des plus gracieux et les couleurs variées, très vives et très habilement mariées, sont le résultat d'un art et d'une habileté consommée.

Enfin nous arrivons à une petite pièce contiguë à la précédente et séparée par un espace de 2 m du couloir desservant les autres pièces.

Cette pièce a seulement 3,6o m sur 3,2o m, mais elle renferme une mosaïque de toute beauté. En voici la description sommaire. Sa disposition générale comporte aux quatre angles des médaillons dont les figures allégoriques se rapportent aux quatre saisons et au centre un panneau carré; le tout relié par quatre grecs très ingénieusement disposés.

Les figures des médaillons sont superbes et sont de véritables peintures décoratives. Dans le carré du centre un jeune homme y est représenté debout et de face, de la main gauche il tient une sorte de haste, à ses pieds est un chien couché et de côté une pierre cubique sert de support à un vase rempli de fruits. Au second plan on voit deux arbres sur lesquels sont perchés des oiseaux.

Ces mosaïques ont déjà été mises à jour en 1899 par le propriétaire, et M. Bizot, le distingué conservateur du Musée de Vienne, en avait parlé.

Les pièces suivantes, nos 5 et 6, faisant suite à la précédente, n'ont pas de revêtement de mosaïque et leur sol est en béton grossier.

Tel est l'état actuel des fouilles de cette villa Gallo-Romaine. Les résultats en sont importants, car trois belles mosaïques ont été enlevées. L'hiver prochain, si l'exigence des propriétaires n'est pas trop forte, nous continuerons nos recherches. De ces trois mosaïques, une est actuellement remontée sur ciment armé et, de ce fait, à l'abri de toute détérioration, c'est celle d'Orphée, qu'on peut venir examiner chez nous.

A notre avis nous devons dater cette habitation d'après les trois mosaïques au début du IIe siècle, qui est encore pour Vienne la belle période artistique Gallo-Romaine.

Les sujets en sont délicats, bien ordonnés, œuvres probablement d'artistes locaux, car nous trouvons à Lyon et à Vienne la même facture. Ce fait est surtout frappant à observer pour les mosaïques trouvées à Lyon cette année et à Sainte-Colombe dans les fouilles que nous venons de faire.

Cela ne ressemble en rien aux grossières mosaïques d'Afrique, de Timgad ou de Tripolitaine, pas plus d'ailleurs qu'à celles de Rome ou de Pompéi, et il résulte de ces comparaisons que nos mosaïques de la Vallée du Rhône ont une marque d'origine locale dont la facture commence à nous être familière.

Nous devons dire aussi qu'après l'enlèvement des mosaïques nous avons pratiqué hâtivement des sondages. Sous leur béton respectif et à 0,75 cm environ de profondeur, nous avons trouvé le sol. Sous l'une d'elles cependant nous avons eu la surprise de trouver les restes d'une mosaïque antérieure à la construction de la villa, mosaïque très gros-

sière et tout à fait détériorée, sans sujet et sans aucun intérêt au point de
vue artistique, ce qui nous induit à penser que la villa dont la magnifi-
cence nous est révélée par les mosaïques dont nous venons de donner la
description a dû être bâtie sur l'emplacement de quelques habitations très
ordinaires.

Autre remarque : Les mosaïques de la villa ne sont enfoncées qu'à
0,60 cm à 1 m de profondeur du sol actuel et cependant elles sont dans
un état parfait de conservation. Cela paraît étrange en un lieu où la
population a toujours été très dense. Le sol actuel est planté d'arbres
fruitiers et de cultures maraîchères depuis un temps difficile à déterminer. Nous ne nous expliquons guère qu'à une si petite profondeur, sous
un sol constamment remué par les instruments agricoles, il reste encore à
mettre au jour des morceaux aussi bien conservés et de telle importance.

SCIENCES MÉDICALES.

MM. BOINET,

Médecin des Hôpitaux, Professeur à l'École de Médecine,

ET

ROUX (DE BRIGNOLES),

Chirurgien des Hôpitaux (Marseille).

ABCÈS DU FOIE.

2 Août.

616.36.0023

I. Abcès dysentériques. — C..., âgé d'une quarantaine d'années, conducteur de travaux de chemins de fer dans le Haut-Tonkin et le Yunnam, a un passé pathologique très chargé au point de vue des affections des pays chauds (fièvre jaune très grave, gastro-entérite et probablement dysenterie). Il a commencé, il y a quelques mois, à se plaindre de douleurs dans l'épaule droite accompagnées de fièvre et de toux. Le diagnostic de tuberculose pulmonaire fut posé par le premier médecin qui l'examina en Chine et confirmé dans les différents postes d'évacuation du Haut-Tonkin. Il fut l'objet de mesures spéciales d'isolement à bord du paquebot qui le ramena en France.

A son arrivée à Marseille, C... présente, en effet, l'aspect d'un phtisique à une période avancée; il est très amaigri et en proie à une fièvre rémittente; la toux est fréquente, quinteuse et s'accompagne de crachats nummulaires ayant l'aspect briqueté, caractéristique du pus hépatique provenant d'un abcès du foie ouvert dans les bronches. L'examen des crachats confirme ce diagnostic que l'un de nous porta immédiatement en se souvenant des cas semblables qu'il avait observés au Tonkin en 1887 et 1888, et y montre l'existence de cellules hépatiques et l'absence de bacilles de Koch. La radiographie fait voir une zone d'opacité au niveau du diaphragme en forme de cône qui s'élève dans la région thoracique jusqu'à l'angle de l'omoplate droite; une petite zone opaque se détachant de celle-ci existe un peu plus haut.

Examen du malade. — Le sujet est extrêmement amaigri, le foie ne dépasse pas le rebord costal; il est petit, non douloureux dans son ensemble; cependant

---

(¹) *Voir* Boinet et Imbert, *Traitement des abcès du foie, Traité de Thérapeutique appliquée d'A.* Robin. Paris, Vigot, éditeur: 1912.

au niveau du huitième espace intercostal, dans la ligne axillaire, se trouve une zone extrêmement douloureuse. Il existe de la submatité à la base de l'hémithorax droit. Le malade expectore quotidiennement 200 gr environ de crachats rougeâtres; il a un peu de fièvre chaque soir.

Il est indiqué de procéder au drainage hépatique par la voie transpleurale. Le 21 mai 1907, on pratique, sous l'anesthésie chloroformique, la résection des 9e et 10e côtes. On ferme le sinus pleural par plusieurs points au catgut unissant la partie antérieure de la plèvre à la paroi musculaire. La ponction du poumon droit à ce niveau ne retire qu'un peu de sang. Le Dr Roux (de Brignoles) résèque la partie antérieure des deux premières fausses côtes pour permettre de passer sous le diaphragme et de suivre avec la main le dôme du foie qui est très petit. On arrive à sentir à ce niveau une sorte de colonne verticale qui, pareille à un verre de lampe, monterait du foie dans la cage thoracique. C'est par cette sorte de cheminée que s'élèvent les crachats et l'incision donne issue au pus. On termine par l'introduction d'un gros drain et par la suture. La guérison est complète depuis le 27 juin 1907, et s'est maintenue depuis cette époque. Nous avons revu récemment, juin 1912, ce malade qui est en excellente santé malgré son séjour habituel dans les pays chauds.

Observation II. Résumé. — P..., âgé de 35 ans, est traité pour une entérite muco-membraneuse, sans fièvre ni douleurs; toute la symptomatologie se borne à des seuls troubles digestifs. Le 20 avril, la température s'élève, le pouls est rapide, le malade tousse; on perçoit quelques frottements pleuraux et l'on constate une voussure thoracique droite douloureuse au moindre contact.

On diagnostique un abcès de la face convexe du foie.

L'état général est très précaire.

Le 28 avril, une ponction pratiquée dans le septième espace intercostal droit donne issue à un tiers de litre d'un liquide rougeâtre, puis à du pus jaune, nauséabond. On procède à la résection de la 10e côte, à la fermeture du sinus costo-diaphragmatique, à l'incision du foie, à l'ouverture de l'abcès et au drainage.

La guérison est rapide.

Observation III. Résumé. — F..., 50 ans, présente des signes d'entérite et de dysenterie; de la fièvre. La région hépatique est volumineuse, douloureuse. Le foie est augmenté de volume. Il existe une rénitence manifeste au-dessous des fausses côtes. A l'opération, on trouve dans le foie une poche suppurée, qui est drainée. La guérison est rapide.

Observation IV. Résumé. — S..., âgé de 33 ans, a des antécédents hépatiques, de la fièvre; il accuse des douleurs dans l'hypochondre droit et présente une tumeur très saillante au niveau de la 8e côte. L'opération montre une série de poches purulentes contenant du pus visqueux. Le Dr Roux procède à l'ouverture de toutes ces loges en une seule cavité et au drainage. La mort survient le quatrième jour.

Observation V. Résumé. — G..., âgé de 29 ans, a eu la dysenterie pendant son service militaire. En août, il est pris de diarrhée avec selles glaireuses; on note le 3 septembre de la fièvre, des douleurs dans l'épaule droite, une augmentation de volume de la région hépatique et de l'empâtement.

Une ponction exploratrice donne issue à un liquide purulent. Le Dr Roux fait une incision dans le 6e espace intercostal, résèque la 7e côte, tombe sur un vaste abcès qui, à l'incision, laisse s'écouler du pus verdâtre. On met deux gros drains. Guérison.

Observation VI. Résumé. — B..., 23 ans, présente une douleur dans l'hypochondre droit, de la fièvre, de la tuméfaction et de l'empâtement du 11e espace intercostal. Une ponction ramène du pus. Le Dr Roux incise un abcès volumineux et le draine.

Au bout d'un mois et demi, la fièvre reprend et les mêmes phénomènes réapparaissent. On fait une incision d'un autre abcès contenant de la bouillie hépatique. Drainage. Décès.

Observation VII. Résumé. — X..., marin, âgé de 40 ans, a les mêmes phénomènes généraux, et offre au niveau du foie de la douleur et de la tuméfaction. A l'opération, on trouve deux abcès développés, l'un à la face inférieure du foie, l'autre sur la face convexe près du bord inférieur, sur la partie externe. Ils ont la grosseur d'une amande et contiennent du pus louable, sans calculs. Guérison.

Observation VIII. Résumé. — Mme X..., âgée de 45 ans, a la même histoire clinique. Le Dr Roux ouvre à l'opération trois petits abcès du foie dont l'un s'était développé sous la face inférieure et les deux suivants, rapprochés l'un de l'autre, étaient étagés du côté externe de l'organe hépatique. Lavage au sublimé. Drainage. Guérison.

II. ABCÈS BILIAIRES. — *Observation IX. Résumé.* — Mme O... a eu à plusieurs reprises des coliques hépatiques; la dernière crise est survenue en juin et a été suivie de fièvre persistante. La température est de 37°,5 le matin et de 39° à 40° le soir. Le 18 juillet, elle est dans une grande prostration, elle répond difficilement aux questions. La langue est humide, le pouls mal frappé, très faible, presque imperceptible. La région hépatique est augmentée de volume dans le sens de sa hauteur; elle présente dans sa partie inférieure de la sensibilité et de l'empâtement.

On porte le diagnostic de cholécystite calculeuse. Le Dr Roux enlève la vésicule biliaire. L'opération consiste en une incision transversale suivant le bord inférieur du foie. La vésicule est adhérente, grosse, bourrée de calculs. Sur la face inférieure du foie existent deux abcès de la grosseur d'une amande, contenant un pus concret et développé autour d'un petit calcul. Ces abcès sont incisés, puis touchés à l'alcool au sublimé; on applique une gaze par-dessus. La vésicule biliaire est complètement extirpée. On pratique le drainage du cystique. Guérison.

En résumé, ces observations montrent que l'abcès du foie n'est pas rare dans nos régions; nous avons publié un assez grand nombre d'abcès dysentériques nostras; en bonne clinique, il faut songer à la possibilité de la suppuration hépatique; c'est souvent là le secret d'un diagnostic heureux.

M. E. DELANGLADE,

Professeur de Clinique chirurgicale à l'Université,
Chirurgien des Hôpitaux (Marseille).

RAPPORT SUR LA CHIRURGIE DU POUMON.

617.544

2 Août.

Ce qui domine la chirurgie du poumon, c'est l'ensemble des conditions mécaniques qui assurent son fonctionnement. Il suit pour se remplir d'air le thorax que dilatent les muscles-inspirateurs. Son élasticité est, par contre, le facteur principal de l'expiration. Contenant et contenu sont rendus solidaires par la plèvre, dont les deux feuillets accolés et mobiles limitent une cavité virtuelle. Leur force d'adhésion dite *vide pleural* est égale à l'élasticité du poumon, c'est-à-dire est mesurée chez l'homme par la pression de 1 cm de mercure environ. Le feuillet pariétal est-il largement incisé, aussitôt, sous l'influence de la pression atmosphérique, l'air s'engouffre dans la poitrine, la cavité pleurale devient réelle et le poumon se ratatine sur son hile. C'est le pneumothorax traumatique qui provoque, dans de telles conditions, des accidents immédiatement graves, d'ordre circulatoire plus encore que respiratoire, et qui a d'autres effets. Il gêne l'exploration directe si utile en chirurgie abdominale pour compléter, préciser, parfois réformer un diagnostic clinique. Il ne permet que difficilement l'extériorisation du viscère ou la circonscription par des compresses de la région à opérer. Il oblige à intervenir avec une hâte toute particulière. Il s'oppose grandement au drainage, et cependant il prédispose par l'écartement des feuillets et la rapidité avec laquelle l'air s'est précipité entre eux à l'infection de la cavité, bien plus grave, dit Willems, que le pneumothorax mécanique lui-même.

Pour tous ces motifs, la première préoccupation des chirurgiens a été d'annuler soit la pression atmosphérique sur la plèvre, soit la force de retrait élastique du poumon. Des appareils ont été construits pour l'un ou l'autre de ces buts. Au premier type, appartient la chambre de Sauerbruch, où la pression est artificiellement abaissée au degré désirable. Le malade a son corps à l'intérieur, la tête à l'extérieur, le cou passant à travers une des parois où le maintient, exactement appliqué, une sorte de collier de caoutchouc. Le chirurgien et ses aides sont dedans et communiquent téléphoniquement avec l'anesthésiste situé au dehors. Cette installation qui ne sert pas chaque jour est encombrante, peu transportable, onéreuse, incommode pour pratiquer, en cas de nécessité, la respiration artificielle.

Les appareils du deuxième type dits à *hyperpression*, dont le masque de Brauer est le premier et le plus connu, celui de Mayer et Danis, le plus pratique peut-être, assurent l'augmentation de la tension intrapulmonaire de l'air plus ou moins chargé d'anesthésique inspiré. On leur a théoriquement reproché de provoquer l'emphysème, de gêner la circulation alvéolaire. Expérience faite,

ils ne justifient pas ces craintes, mais ils gênent en cas de vomissement. Aussi,
quelques chirurgiens, MM. Kuhn, Delbet, Marrston Davies en particulier, ont-
ils proposé de remplacer le masque ou la pièce buccale par un tube laryngé.

Dans un esprit tout différent, on a appliqué, quatre fois seulement à ma connaissance chez l'homme, les expériences nombreuses de Meltzer, qui a su maintenir indéfiniment chez les animaux l'hématose, en faisant circuler dans leur
trachée un courant d'oxygène ou d'air de chloroforme, qui y est apporté par un
tube sans frottement insinué jusqu'au voisinage de la bifurcation bronchique.

En dehors de l'instrumentation, il est loisible, quand on n'est pas talonné par
le temps, de recourir à divers artifices opératoires, telle la formation d'adhérences à la suture, irréalisable même avec l'arrière-point de M. Roux, de Lausanne, disent MM. Quénu et Longuet, si l'on ne prend que les feuillets séreux,
bonne si l'on y adjoint les doublures, parenchyme pulmonaire d'une part, paroi
musculaire du thorax de l'autre. M. Picot en a donné une technique excellente.
L'herméticité de sa suture est encore renforcée par les culs-de-sac qu'il ménage
et où il insinue des compresses destinées à rester en place plusieurs jours. Plus
simplement encore, si l'on a plus de temps, il peut suffire, ainsi que je l'ai fait
pour une caverne tuberculeuse, d'un tamponnement serré exercé pendant une
semaine au moins sur la surface externe du feuillet pariétal préalablement
mis à nu.

Enfin, lors d'urgence et de nécessité d'explorer la surface pulmonaire, on
y arrive, dit M. Tuffier, par le décollement interpleuropariétal de la plèvre,
et mieux, semble-t-il, comme l'a fait entrer dans la pratique M. Delagenière,
en faisant une boutonnière progressivement agrandie et en tirant hors de la
plaie, à l'aide d'une pince en cœur, le poumon pris au voisinage de sa base et
par suite le médiastin. Les accidents mécaniques du pneumothorax sont ainsi
réduits au minimum. L'irruption de l'air et ses conséquences sont, d'ailleurs,
très amendées, comme l'ont montré les expériences d'Elsberg sur les animaux,
en utilisant le décubitus ventral. Il en a été de même chez l'homme dans 21 cas
de Lilienthal.

Nous nous sommes placés jusqu'ici dans l'hypothèse d'une plèvre libre, ce
qui est bien l'état normal, mais non, il s'en faut, le plus commun lors de lésions
pulmonaires lesquelles, comme celles des viscères péritonéaux, retentissent
plus ou moins largement sur la séreuse environnante. Les adhérences pathologiques permettent d'ouvrir dans de bonnes conditions des abcès, gangrènes,
kystes hydatiques du poumon. Leur siège, qui est ordinairement celui où la
lésion est la plus superficielle, est déterminé à la radioscopie faite sous des incidences variables par l'ombre pathologique la plus petite et la plus foncée.
Utiles encore dans les plaies du thorax, ces adhérences sont fâcheuses lorsque,
thérapeutiquement, on souhaite créer le pneumothorax.

Il faut, en effet, distinguer dans la chirurgie pulmonaire deux ordres d'opérations, les unes directes sur le viscère, les autres indirectes par l'intermédiaire
de son contenant.

Opérations directes. — Nous ne revenons pas sur l'*exploration* et sur les précautions à prendre quand la plèvre est libre. Il peut suffire d'y introduire un
doigt. J'ai, ainsi, lors d'un abcès adhérent sur une très petite surface, pu repérer
sur la paroi cette zone et l'inciser sans danger, la grande séreuse étant herméti-
quement suturée. D'autres fois, il convient de voir largement. On obtient le
jour suffisant à l'aide de lambeaux divers avec résection costales multiples, soit,

disent quelques chirurgiens, par une longue incision intercostale permettant de faire bâiller vite l'hémithorax, d'extraire dans la mesure nécessaire les organes à traiter et de rétablir mieux les choses dans leur état primitif.

La *pneumectomie* partielle ou totale, longtemps restée dans le domaine expérimental avec Gluck, Friedrich, Schmidt, Block, Biondi, Willy Meyer, qui ont montré la possibilité d'enlever un poumon entier, a été appliquée chez l'homme en quelques circonstances. M. Tuffier a réséqué le sommet pour tuberculose pulmonaire après décollement de la plèvre pariétale et, plus récemment, il a enlevé un angiome du poumon. Péan a enlevé un chondrome. M. Küttner a fait, en 1908, deux tentatives qui ne purent être complètes. M. Leuhartz a amputé pour cancer le lobe supérieur du poumon droit chez un homme de 31 ans, qui est sans récidive depuis deux ans. Au Congrès allemand de Chirurgie de 1911, M. Körte a cité le cas d'un enfant chez qui il a pratiqué, il y a quatre ans, l'ablation de la totalité du lobe inférieur et d'une partie du lobe moyen pour cavernes étendues. La guérison se produisit avec une scoliose très accentuée. M. Müller, de Rostock, a pu, avec succès opératoire, réséquer en totalité le lobe supérieur du poumon d'un enfant de 3 ans, atteint de pneumonie caséeuse. M. Kümmel a relaté la résection de tout un poumon cancéreux accompagné d'hémothorax et de gros et durs ganglions axillaires. Après 2 jours satisfaisants, une bronchite grave se déclara dans le poumon opposé et emporta le malade le septième jour. Friedrich ayant amputé le lobe inférieur du poumon gauche pour bronchectasie a perdu sa malade par asphyxie, après 2 jours bons, le troisième médiocre, de l'emphysème médiastinal le quatrième. C'est là, en effet, le gros danger. Si la bronche est liée de façon trop peu hermétique, en se rétractant dans le médiastin, elle y insuffle de l'air septique à chaque coup de pompe thoracique. Grâce aux progrès techniques dont le détail serait mal placé ici, on l'évite maintenant presque toujours dans l'expérimentation et, bien éduqué, on doit pouvoir ne pas trop craindre de ce côté chez l'homme. Chose étonnante, le vide considérable que laisse l'exérèse se comble bien. Le cœur se porte vers la place libre, le poumon sain se dilate, le diaphragme et la paroi costale se rétractent, tout cela assez rapidement. C'était déjà acquis à l'autopsie du malade de Müller, mort trois semaines après de méningite tuberculeuse. En réalité, la grande objection à la pneumectomie est le petit nombre des cas où elle est applicable. D'après Seydel, les tumeurs malignes du poumon ne sont extirpables que dans 27 % des cas, en ce qui concerne les sarcomes; 9 % en ce qui concerne les épithéliomas. Pour la tuberculose, la pneumonie caséeuse et les cavernes rares et limitées fournissent les indications principales, car on ne saurait naturellement y songer dans les formes diffuses incurables, ni dans les cas légers où les opérations extrapulmonaires donnent, avec moins de dangers, plus de satisfaction.

La *pneumotomie pour kystes hydatiques* est, certes, bien plus souvent réalisable. M. Guimbellot, dans sa thèse de 1910, réunit 229 cas auxquels il en ajoute 5. MM. Tuffier et Martin, la même année, publient 250 faits et concluent que la maladie abandonnée à elle-même se termine, dans 50 % des cas, par la mort, alors que la proportion de léthalité opératoire, qui était de 15 % en 1897, est tombée dans les 35 derniers cas à moins de 3 %. Mon observation, très réduite, se compose de 3 cas pleuropulmonaires, dont deux anciens bien guéris; le dernier tout récent, en parfaite voie. Les cas seraient peut-être plus nombreux si l'on pensait plus souvent à l'échinocoque pulmonaire. Son diagnostic est très difficile cliniquement, tant qu'il n'y a pas de vomique caractéristique, les signes simulant souvent ceux de la tuberculose pulmonaire ou pleurale, plus rarement ceux de la pneumonie, mais ordinairement il crève les yeux si l'on regarde à l'écran, au moins pour les kystes encore inclus dans le poumon. L'ombre arrondie, nettement régulière, qu'il détermine et la zone claire qui l'entoure ne ressemblent à rien d'autre. Les signes généraux des hydatides, éosinophilie, réaction de fixation, peuvent aussi rendre service, encore qu'ils manquent parfois, ainsi qu'il appert d'une intéressante observation de M. Desmarets. Deux conditions sont très favorables à la guérison opératoire rapide : mort précoce de l'hydatide, d'où rareté des greffes, minceur et souplesse de l'adventice, d'où tendance à l'oblitération ultérieure de la cavité qui, s'il n'y a pas eu de vomique, se prête souvent à la fermeture sans drainage une fois la poche ouverte et explorée. Il ne faut pas moins retenir le danger des ponctions. Dieulafoy y a insisté. Un fait récent de Meilachine et Charoïko, encore que terminé par la guérison, grâce à une incision secondaire, montre qu'outre le danger habituel de l'intoxication, il peut y avoir au poumon des accidents respiratoires redoutables.

La *pneumotomie pour abcès et gangrène pulmonaires* constitue ensuite la partie la plus importante de la chirurgie de cet organe. A l'exemple de MM. Van Stockum et Tuffier, il me paraît préférable de ne pas séparer les deux lésions presque toujours coexistantes, leurs proportions variant seules, leurs indications étant les mêmes. L'existence du foyer est d'ordinaire facile à connaître cliniquement. Sa localisation est assurée par la radioscopie, qui montre une ombre irrégulière mais assez bien circonscrite. Dans 12 cas personnels où cette exploration a été faite en tenant compte des notions précitées concernant les adhérences, une fois seulement celles-ci manquaient au siège de l'incision. L'abcès se montre habituellement, trois côtes enlevées sur 12 cm environ et avec elles les parties molles intercostales, à la surface du poumon comme une tache foncée tranchant avec la teinte gris rosé du parenchyme sain. Au centre, on plonge le trocart, dont l'ouverture peut être sans inconvénient agrandie superficiellement au bistouri, profondément au doigt (Lejars). Si l'on manque la collection, ce qui m'est arrivé trois fois, la sagesse me paraît être de pratiquer peu de jours après une nouvelle radioscopie suivie, si possible, d'une ponction devant l'écran. On draine longuement, directement, bas, longtemps. Les résultats pris en bloc paraissent médiocres. Des maîtres comme MM. Körte et Garré ont eu : l'un, sur 37 cas 12 morts; l'autre, sur 11 cas 3 morts. Picot trouve pour la gangrène 44 morts sur 149 cas. D'après M. Tuffier, la léthalité qui est de 29 %, si le diagnostic préalable fut précis, est de 60 % dans le cas contraire. La statistique, que j'ai présentée au Congrès de Bruxelles de 1911 et dont plusieurs observations avaient déjà paru *in extenso* dans la thèse de mon ami, J. Fiolle, et dans un travail signé en commun, peut se décomposer ainsi : 3 cas avec ouverture de la plèvre libre, 1 guérison, 2 morts; 12 avec ouverture de la plèvre adhérente, 8 guérisons, 2 décès rapides chez des malades très graves; une mort soudaine, 3 mois après l'opération par pyohémie, qui avait éclaté 2 mois et demi après l'incision; une mort brusque chez un de nos malades alors que, paraissant convalescent, il se promenait hors l'hôpital. Lui et un autre de mes opérés avaient récidivé *in situ* longtemps après l'ouverture du premier foyer (10 et 18 mois), après retour complet à la santé et reprise de toutes les occupations. Il faut donc ici, comme pour les abcès du cerveau, la sanction du temps pour parler de guérison définitive. Tels quels, les résultats sont plus heureux qu'il ne semblé au premier abord. Il s'agit de malades voués fatalement sans cela, soit à des accidents aigus, soit à la septicémie chronique et, pour être juste, on devrait compter moins par ceux qu'on perd que par ceux qu'on conserve. La mortalité des gangrènes par le traitement médical s'élève à 73,5 % des cas (Picot).

Dans les *bronchectasies*, ainsi qu'il résulte du rapport de Sauerbruch, en raison de la multiplicité des foyers, les résultats sont bien décourageants. La *ligature des vaisseaux pulmonaires*, qu'il préconise et qu'il a pratiquée deux fois seulement chez l'homme, me parait bien importante pour un résultat forcément aléatoire.

La *pneumorraphie* pour plaies a été l'objet de discussions nombreuses dans ces dernières années. Au traitement classique, dont l'immobilisation générale et locale est le fondement, quelques chirurgiens, en tête desquels Garré en Allemagne, Zeidler à Pétersbourg, Delorme et Baudet à Paris, ont proposé de substituer la thoracotomie suivie de la recherche et de la suture des plaies. Leurs arguments peuvent, semble-t-il, être résumés comme suit : on obéit aux règles générales de la Chirurgie en tarissant directement une hémorragie plutôt qu'en escomptant une hémostase spontanée. On évalue un épanchement plus ou moins septique par définition. On peut traiter des lésions concomitantes ayant passé inaperçues. Remarquons qu'il n'est guère question du drainage de la plaie que les interventionnistes referment généralement tout entière.

Que répondent les faits? La concomitance d'autres blessures n'est pas toujours si obscure et, lorsqu'on peut la reconnaitre, elle est presque toujours le motif de la détermination. Tous les chirurgiens sont d'accord pour opérer une plaie de l'abdomen, du cœur, d'un vaisseau pariétal, qu'il y ait ou non blessure du poumon. Inversement, que cette condition soit ou non réalisée, ils respecteront une plaie de la moelle. Enfin, si ce sont les gros troncs intra-thoraciques qui sont intéressés, on aura rarement le loisir de se poser la question.

La septicité de la plaie est habituellement faible. Des ponctions aspiratrices précoces ou tardives guérissent le plus souvent l'épanchement. Au besoin, la thoracotomie tardive, faite dans une poche limitée par des adhérences, sera bien préférable.

Restent les accidents hémorragiques du début. Il est de notion courante que, dans de nombreux cas, après des signes alarmants, l'orage s'apaise. De fait, dans un grand nombre de thoracotomies, il est noté que les plaies ne saignaient plus et, inversement, quand elles saignaient, elles n'étaient pas toujours faciles à arrêter, même par suture, le tamponnement restant la ressource ultime.

Enfin, les abstentionnistes, qui sont loin d'être des timides (la majorité de la Société de Chirurgie de Paris est de leur nombre, tout particulièrement mon maître, M. Championné), répondent que leurs résultats sont bien supérieurs.

Comme il est toujours difficile de tirer des conclusions fermes de statistiques en mosaïque, il est plus élégant de s'en rapporter aux chiffres que fournissent les opérateurs eux-mêmes. Voici Stuckey qui, en 1909, donne la statistique intégrale de Zeidler. Sur 25 interventions, 9 morts, soit 36 %. Lavroff, en 1911, donne de nouveau la statistique de Zeidler. La mortalité opératoire reste à 36 %, à 27 % en défalquant les plaies du diaphragme des viscères abdominaux et du cœur. Dans le même service, la mortalité globale par abstension est dans la même période de 15 % et descend à 11 %, si l'on élimine 4 morts par plaies de la moelle. Il maintient son opinion en faveur de l'intervention, par l'opinion que les cas opérés étaient quatre fois plus graves que les autres.

Maiocchi, de Milan, relate 31 cas traités par l'expectative et guéris, dont 3 seulement eurent besoin de la ponction et 2 de la thoracotomie secondaire, alors que 5 interventions immédiates lui ont donné 2 morts.

Si, à la question de mortalité, on joint celle de morbidité, on voit qu'un grand nombre d'opérés ont guéri, après avoir présenté un empyème.

Malgré tout, il serait injuste de méconnaître que l'intervention a sauvé des malades qui auraient succombé et qu'il y a des indications à y recourir. Mais lesquelles ? M. Delorme dit : « Si, d'emblée, l'hémothorax remonte jusqu'à l'épine de l'omoplate, critérium qu'on ne peut toujours avoir, car il faut éviter de remuer ces blessés, et car aussi l'emphysème peut masquer l'importance de l'épanchement, car enfin, à ce degré, celui-ci peut se résorber. » La formule de M. Quénu semble préférable : intervenir en cas d'aggravation parallèle des symptômes locaux et généraux, malgré un traitement bien conduit. Enfin, dans son remarquable rapport, M. Lenormant a justement reconnu trois motifs d'agir : hémorragie d'emblée très forte, hémorragie récidivante, hémorragie forte et persistante.

Les *opérations indirectes* s'adressent au poumon par l'intermédiaire de la paroi thoracique.

C'est ainsi que M. Tuffier a traité, paraît-il, avec succès quelques abcès du poumon par la compression périphérique. Il y a eu recours à l'aide de la pression atmosphérique, de lipomes ou d'épiploons greffés entre la plèvre et la paroi, et se loue de ses résultats. Je me demande si l'éminent chirurgien n'est pas tombé sur une série, courte d'ailleurs, exceptionnellement heureuse. Les trois malades, dont j'ai largement désossé la paroi, sans rencontrer la collection, n'ont retiré jusqu'au drainage aucun bénéfice de leur opération. Il me paraîtrait donc imprudent d'abandonner, pour la compression pulmonaire, l'ouverture déclive et large des cavités infectées.

La même impression me paraît devoir être conservée pour la bronchectasie, malgré les résultats de Garré et Quincke et celui, plus récent, de Luxemburg, de Cologne, qui aurait eu une amélioration avec augmentation de 2 kg chez un jeune homme, au prix de l'ablation de 15 cm des sixième et septième côtes, de 13 cm des cinquième et quatrième, et ainsi de suite, y compris l'apicolyse.

Il en est tout autrement du *pneumothorax chirurgical* que Forlanini, s'inspirant des heureux résultats du pneumothorax spontané, a depuis longtemps conseillé et mis en pratique. Les injections les plus recommandables sont celles de gaz, azote de préférence, comme peu résorbable, 200 à 300 g par séance jusqu'à l'immobilisation du poumon. Mes amis, Billon et Eiglies, y ont joint une action antiseptique, en le faisant barboter dans du goménol.

Les résultats immédiats sont remarquables. C'est ainsi que Brauer, de Marburg, a pu l'obtenir 45 fois sur 60 phtisiques avancés, que lui avaient envoyés les médecins de Davos. Très vite, la fièvre cède, l'expectoration disparaît, l'état général s'améliore et un processus de sclérose se développe, mis en évidence par trois autopsies (7 des opérés avaient succombé). Muralt de Davos a vu s'arrêter la phtisie galopante.

Mais l'intérêt véritable réside dans l'effet éloigné. Spengler, dans un travail de 1911, laissant de côté les cas opérés en 1909 et 1910, ceux qui conservent leur pneumothorax depuis 2 ans, encore qu'ils aient pu reprendre leur travail, retient 15 cas de guérison caractérisée par les trois faits suivants : disparition des gaz de la plèvre depuis un minimum de 9 mois, disparition de la fièvre, de la toux, de l'expectoration des bacilles, reprise de la vie et des occupations normales, le délai pour la guérison, possible même dans des cas fort graves, variant de 2 à 24 mois.

Les contre-indications à ce traitement sont malheureusement nombreuses : 1° autres foyers graves dans d'autres organes et même le poumon opposé, car, légères, elles n'empêchent pas d'agir, au contraire; 2° présence d'adhérences étendues. On peut alors agir sur la cage thoracique.

Friedrich, de Marburg, reprenant la pensée de Cérenvile, qui a fait en 1885 de larges thoracoplasties, pratique la *pneumolyse*, c'est-à-dire résèque les côtes de la deuxième à la dixième, ainsi que les parties molles des espaces inter-costaux et obtient ainsi des résultats comparables à ceux du pneumothorax, moindres cependant et avec un danger plur grand, car il se produit de l'irré-gularité et de l'affolement du cœur qui cède généralement d'ailleurs en quelques jours. Siegel aurait eu un bon résultat pour une caverne pulmonaire par la résection totale du sternum.

L'*opération de Freund*, qui s'adresse aussi à la tuberculose pulmonaire, part d'un principe différent, on peut même dire opposé. L'auteur, en étudiant le thorax des phtisiques, a remarqué fréquemment la brièveté du premier carti-lage costal plus court de 4 mm en moyenne que chez les sujets sains, sa dispo-sition rectiligne, son épaississement, son ossification. Il en résulterait l'immobi-lité et la déformation de l'extrémité supérieure du thorax, étranglant circonfé-rontiellement le sommet du poumon, où se produit un sillon, et n'y permettant qu'une ventilation et une circulation amoindries, d'où une condition prédispo-sante à l'inoculation des bacilles qu'établissent : 1° la fréquente coexistence de la déformation et de la maladie (sur 96 autopsies : 31 fois, il y eut les modifica-tions précitées et des lésions tuberculeuses; 8 fois, des lésions tuberculeuses sans déformation; 5 fois, déformation sans lésion tuberculeuse) et l'expéri-mentation de Bacmeister sur de jeunes lapins est confirmative); 2° l'influence heureuse que produisait la production par contraction musculaire d'une pseu-darthrose au niveau de cette côte. Sur 573 autopsies, cette pseudarthrose existait 135 fois, dont 89 chez des tuberculeux guéris, 21 fois chez des tuber-culeux en évolution; 25 fois chez des sujets sains.

La pensée de l'auteur est donc, qu'en facilitant la ventilation et la circula-tion du sommet, on peut prévenir ou guérir la tuberculose à ce niveau. Les indi-cations sont donc : 1° qu'il n'y ait pas d'autre foyer; 2° qu'il y ait sténose accen-tuée de l'orifice supérieur (ce qui peut être établi par des mensurations) et ossi-fications du cartilage, mise en évidence par l'acupuncture, le tout combiné à la radiologie.

Il s'ensuit que les cas justiciables sont rares. Quatre observations seulement avaient été publiées en 1908 et, trop récentes, n'étaient pas décisives. Depuis lors, les méthodes de collapsus chirurgical du poumon, radicalement opposées, ont gagné bien plus de terrain.

Il est une autre *opération de Freund* qui s'adresse à certaines formes d'*emphy-sème pulmonaire*, celles qui coïncident avec le thorax en tonneau, lequel a pris cette forme et sa rigidité par suite des modifications suivantes des cartilages : augmentation en longueur, hauteur, épaisseur, déformation, irrégularités, altérations de leur tissu qui est rigide, cassant, jaune à la coupe, parsemé de fentes et de points calcifiés débutant par le centre. Cette transformation, dite *sénile*, a été vue chez des sujets jeunes et même chez un bébé de quelques jours. Dans ce cas, le thorax se trouve fixé en inspiration, le sternum élevé, le cou raccourci, les côtes portées en dehors, le diaphragme abaissé; la respiration ne se fait que par l'action des muscles expirateurs. Et, cependant, le poumon lui-même reste souple et élastique. Il s'affaisse à l'autopsie, contrairement aux cas où, forcé, il fait plutôt hernie, dès qu'on incise le thorax. Lors donc que la paroi est seule en cause, ce que déterminent l'examen clinique, l'exploration à l'aiguille, la radiographie, il est loisible de lui rendre sa mobilité, en réséquant les cartilages des deuxième, troisième, quatrième et cinquième côtes, d'un côté, des deux mêmes, à quelques semaines d'intervalle, si la première opération fut insuffisante, et d'avoir un résultat durable, si le périchondre a été totalement enlevé et une interposition musculaire établie entre les côtes et le sternum. Très vite, la cyanose, la dyspnée paroxystique cessent, le malade peut dormir couché et reprend sans tarder son travail.

Les résultats éloignés, donnés dans l'article si lumineux de Lenormant, ont été, sur 10 cas, 2 résultats nuls et 8 améliorations indiscutables, avec augmentation de la capacité vitale demeurée augmentée de 500 à 900 cm³.

Depuis lors, Friedrich, Tuffier, Goodman et Wachman, Cohn, Baudet et Garnier, Stick, Garré s'en sont déclarés très satisfaits. De nombreux succès se maintiennent depuis plus de 3 ans. Les mauvais résultats proviennent d'opérations, soit non indiquées (absence de la rigidité thoracique), soit trop tardives (complications d'insuffisance cardiaque, d'asthme, de bronchite chronique, d'albuminurie) qui, si elles n'apportent pas un *veto*, placent évidemment le sujet dans de moins bonnes conditions; soit incomplètes (Hirschberg et Körte ont justement insisté sur le danger de la régénération du cartilage). On peut habituellement s'y opposer et rendre les côtes mobiles comme des touches de piano.

J'ai essayé de résumer très succinctement l'état de la chirurgie pulmonaire. Si vous voulez mesurer le chemin qu'elle a parcouru dans ces dernières années, donnez-vous l'extrême satisfaction de relire les beaux rapports du professeur Reclus, à Paris, et de M. Tuffier, à Moscou, et vous conviendrez, j'espère, que si les résultats qui vous sont soumis aujourd'hui ne sont pas, certes, beaux comme ceux de la chirurgie abdominale, ils contiennent mieux que des promesses et encouragent à travailler dans le sens des indications cliniques et dans celui de la technique.

MM. Henri LABBÉ et J. ZIADÉ.

RÉPARTITION DE L'AZOTE DANS LES MATIÈRES FÉCALES A L'ÉTAT NORMAL ET CHEZ QUELQUES TUBERCULEUX.

2 *Août.*

612.36

Un certain nombre de travaux récents ont établi la part prise par l'azote aminé à la constitution de l'azote total, non seulement dans les

éliminations urinaires, mais aussi dans le sang et les tissus (Delaunay).
D'autre part, il est maintenant admis que, dans l'intestin, les matières
protéiques et albuminoïdes d'origine alimentaire subissent, sous l'influence des ferments convenables, des dédoublements qui amènent une
part importante de ces molécules jusqu'à la forme aminée. C'est ainsi
que Serënsen a pu mesurer le degré de la protéolyse dans les liquides
de digestion en dosant l'acidité qui prend naissance sous l'action du
ferment. Il s'est servi, pour cela, de la méthode que nous utilisons dans
nos recherches, et qui, à côté de la mesure de l'acidité des liquides de
digestion, nous donne une mesure proportionnelle de l'azote titrable au
formol. Cet azote titrable au formol comprend simultanément l'azote
ammoniacal et l'azote aminé.

Comme dans les liquides et les produits physiologiques frais, l'azote
ammoniacal est en quantité extrêmement faible et ne représente finalement autre chose qu'une dégradation encore plus avancée; il paraît
légitime de donner, dans les produits de transformation digestive, sa
pleine valeur à l'azote titrable au formol et de considérer qu'à fort peu
de chose près, il est susceptible de nous donner une mesure de l'acidité
aminée produite.

D'autre part, on admet que les digestions intestinales naturelles,
pour permettre aux grosses molécules élaborées le passage à travers
l'épithélium intestinal et l'arrivée dans la circulation porte, doivent
dédoubler les matières protéiques sous la forme chimiquement plus
simple d'acides aminés qui subissent ultérieurement les actions synthéti-
santes ou dégradantes des ferments hépatiques.

Il paraît donc d'un réel intérêt de chercher à apprécier la proportion
d'azote titrable au formol existant dans les fèces normales. On sait, en
effet, qu'à l'état normal, l'azote ammoniacal des fèces proprement dit
n'est qu'à l'état de traces pour ainsi dire minimes. Il en résulte que l'a-
zote (formol) peut être considéré comme représentant à peu de choses
près l'azote rattaché à des molécules aminées, et peut nous renseigner
finalement sur le degré de multiplication auquel ont été amenées les
molécules protéiques du bol alimentaire qui forment la majeure partie des
excrétions azotées fécales.

Ayant acquis ce premier point de comparaison, il nous a paru intéressant de chercher si, au cours de diverses modalités pathologiques, la
proportion d'azote aminé des matières fécales était sensiblement modifiée.
Par cette recherche, nous espérons saisir des modalités qualitativement
ou quantitativement importantes dans le métabolisme assimilateur et
fixateur des substances protéiques. Nous avons tout d'abord dirigé nos
recherches du côté des tuberculeux, chez les malades en proie à cette
diathèse aux divers degrés. L'un de nous, en effet (en collaboration avec
Vitry), a démontré que la nutrition azotée s'effectuait toujours mal et
d'une façon d'autant plus défectueuse que l'évolution morbide était plus
avancée. Avec Mlle Solovieff, Labbé et Vitry, appliquant au terrain

clinique les données expérimentales exposées par H. Labbé (*Recherches sur le métabolisme d'un chien partiellement dépancréaté*) ont étudié chez les tuberculeux les modalités d'élimination de l'azote aminé. H. Labbé a bien montré, en effet, que l'une des répercussions d'un état de trouble hépatique ou hépato-pancréatique plus ou moins accentué, vulgairement de l'insuffisance hépatique, se traduit par une élimination exagérée d'azote aminé dans les urines par une amino-acidurie plus accentuée qu'à l'état normal. Les chiffres d'azote aminé fécal que nous avons établis chez nos tuberculeux auraient donc l'avantage de permettre une comparaison entre l'amino-urie et l'amino-fécalorrhée.

On n'ignore pas, d'autre part, que la résorption azotée peut être influencée par l'état d'acidité (appréciable aux indicateurs) plus ou moins grande du milieu intestinal et de la matière fécale fraîche qui en est issue. Aussi avons-nous jugé indispensable de rechercher simultanément l'acidité apparente des matières fécales fraîches sur lesquelles nous avons opéré. L'acidité *apparente* est, en effet, et malheureusement la seule donnée que nous puissions saisir dans un milieu physiologique comme les fèces. Il ne saurait s'agir pour l'instant d'isoler en nature les acides constituants des matières fécales. Dans ces conditions, l'indicateur coloré joue un rôle des plus importants dans la recherche. Nous avons adopté la phtaléine du phénol qui présentait l'avantage d'être, entre autres, le meilleur indicateur pour les dosages d'azote au formol.

Nous agissons ainsi, en résumé, pour la conduite de nos recherches. La matière fécale fraîche était traitée dans un espace de temps qui n'excédait pas 1 heure après l'émission. 50 g de fèces étaient intimement mélangés avec 150 cm³ d'eau distillée, puis secoués énergiquement 10 minutes, afin d'obtenir un liquide tout à fait homogène. Au bout de ce temps, on filtrait le liquide pâteux pour obtenir un filtrat clair et absolument limpide. 10 cm³ de ce filtrat étaient étendus à 100 cm³ avec de l'eau distillée; ce liquide généralement de la teinte d'une urine peu colorée était additionné de quelques gouttes de solution alcoolique de phtaléine à 2 % et l'acidité déterminée au moyen de soude $\frac{1}{10}$. La neutralisation obtenue, on additionnait de 10 cm³ de formol au $\frac{1}{2}$ et l'on terminait comme pour le dosage usuel de l'azote formol urinaire.

L'ammoniaque libre ou à l'état de sels ammoniacaux n'existait qu'à l'état de traces dans les matières fraîches normales, nous estimons avoir le droit de considérer dans ce cas l'azote titrable au formol, comme représentant sensiblement l'azote aminé fécal. Mais ce chiffre d'azote aminé fécal éliminé par 100 de matières fécales ne nous a paru devoir présenter isolément toute sa valeur d'interprétation. Ce qui est le plus intéressant, c'est la proportion d'azote aminé éliminé vis-à-vis de l'azote total éliminé dans le même temps. Aussi, nous avons, dans la plupart de nos essais, déterminé simultanément l'azote fécal total de façon à avoir les éléments constitutifs du coefficient $\frac{N \text{ aminé}}{N \text{ total}}$.

Voici, en résumé, les premiers résultats que nous avons obtenus dans les conditions que nous venons de spécifier :

I. *Groupe des sujets normaux.* — Dans ce groupe, nous avons fait entrer, non seulement les individus normaux proprement dits, mais encore ceux qui présentaient une affection chronique ou chirurgicale, n'ayant aucun rapport direct avec la nutrition et le tube digestif. Voici les résultats obtenus :

	Acidité (en SO^4H^2).	N (formol).	N total.	Rapport $\dfrac{N\ (formol)}{N\ total}$.
Moyennes (10 cas)..	0,052	0,0437	1,32	3,31

Les moyennes relevées sont assez grandes, c'est ainsi que les extrêmes observées pour N (formol) ont été de 0,078 maximum, à 0,009 minimum. On observe pour N total des variations également élevées, en sorte que le rapport n'oscille guère que de 1 à 2 unités autour de la moyenne.

II. *Groupe des sujets atteints d'affections diverses; mais légèrement ou fortement diarrhéiques* :

	Acidité.	N (formol).	N total.	Rapport $\dfrac{N\ (formol)}{N\ total}$.
Moyennes (8 cas).	0,412	0,0517	1,29	4,00

On sait que ce qui caractérise le plus les éliminations de ce groupe, c'est l'acidité élevée des matières fécales. Les valeurs de N (formol), de N (total) et du rapport sont sensiblement les mêmes que pour nos sujets normaux.

III. *Groupe des tuberculeux.* — Nous avons réuni dans ce groupe des malades atteints de tuberculose à des degrés très divers de leur évolution. Presque tous sont des tuberculeux pulmonaires, bacillaires deuxième degré, ou même cavitaires. Nos observations ne sont pas encore assez nombreuses pour que, à notre avis, il y eût un grand intérêt à les répartir en divers groupes. Nous donnons ci-dessous les moyennes obtenues globalement :

	Acidité.	N (formol).	N total.	Rapport $\dfrac{N\ (formol)}{N\ total}$.
Moyennes (13 cas).	0,1407	0,155	1,33	11,50

Les écarts dans la valeur des divers chiffres ont été également assez élevés. N aminé a oscillé de 0,053 % à 0,43 et l'N total de 0,38 à 1,91.

En conclusion de cette première série de recherches que nous nous proposons de poursuivre chez les tuberculeux et au cours d'autres affections :

1° L'acidité s'est montrée très faible en moyenne chez nos normaux, huit fois moins élevée que chez les diarrhéiques et trois fois moins élevée que chez les tuberculeux. Ce fait correspond assez bien à la notion de réaction amphotère généralement constatée sur les matières normales, mais en employant le tournesol comme indicateur. L'acidité est un peu

forte chéz les malades divers présentant accidentellèment de la diarrhée.
Elle est intermédiaire chez les tuberculeux qui, à ce stade de leur évolution, présentent non pas de la diarrhée véritable, mais un état que nous
proposons d'appeler de la *coprorrhée acide*.

2° L'azote (formol) ou sensiblement azote aminé, a une valeur moyenne
faible chez les sujets normaux. Quant au rapport de N aminé à l'azote
total, il ne dépasse pas 3,5 %. Nous pouvons dire qu'en tout état de cause,
la résorption intestinale laisse toujours un déchet de molécules aminées,
mais que ce déchet dans les conditions normales est faible en valeur
absolue. Si l'on évalue approximativement la quantité moyenne de
matière fécale fraîche à 250 g par 24 heures, l'azote aminé éliminé par
voie intestinale ne dépasse guère 0,1175 g chez nos sujets.

3° Les malades divers atteints de diarrhée plus ou moins légère ne se
différencient guère à ce point de vue de nos sujets normaux. La quantité
de N aminé est cependant un peu plus élevée et, de ce fait, le rapport de
cet azote à l'azote total ne dépasse pas 4 %, mais dépasse légèrement
celui des sujets normaux. La diarrhée même très légère diminue donc
sensiblement la résorption des molécules aminées.

4° Nos tuberculeux ont présenté des caractéristiques bien différentes ;
leur azote aminé est, en moyenne, près de quatre fois plus élevé que celui
des sujets normaux et l'on peut considérer que chez eux la protéolyse
s'effectue beaucoup moins bien puisque le rapport de N aminé à N total
fécal est monté chez nos malades à 11,50 %, soit une valeur près de quatre
fois plus forte que chez les sujets normaux. Ces faits, en dehors de toute
explication directe, nous paraissent en relation avec l'insuffisance très
marquée dans l'absorption et l'assimilation azotée des tuberculeux,
que l'un de nous, à maintes reprises, a mis en lumière (en collaboration
avec G. Vitry). Cet excès d'élimination aminée est d'autant plus frappant
que chez les tuberculeux également choisis au même degré de leur
évolution, l'azote aminé d'élimination urinaire présente une valeur plutôt
inférieure à la normale.

M. Louis BILLON.
(Marseille).

LA PIÉSITHÉRAPIE PULMONAIRE (PNEUMOTHORAX ARTIFICIEL CHIRURGICAL) DANS LA TUBERCULOSE DU POUMON.

616.254

2. Août.

De nombreuses observations personnelles, que je ne puis détailler ici,
me permettent d'affirmer qu'un très grand nombre de cas, plus grand

que celui qu'on a dit, de tuberculose pulmonaire, quel que soit le degré auquel ils sont parvenus, sont aussi guérissables que les tuberculoses ganglionnaires articulaires, vertébrales ou osseuses bien soignées. Pour cela, il faut employer dans les uns et les autres cas l'immobilisation et l'antisepsie. A un même microbe, il convient d'opposer un même traitement.

Grâce à l'immobilisation, j'ai pu obtenir, dans un assez grand nombre de cas, la disparition complète de tout accident et de tout phénomène, chez des malades que la thérapeutique médicale banale et même sérothérapique n'avait pas améliorés, et dont l'état avait été, par plusieurs cliniciens éminents, considéré comme absolument perdu.

Sans me perdre dans des généralités connues, je veux vous faire part de mes idées personnelles sur ce sujet intéressant tant de pauvres malades. Je les résumerai ici sous forme de conclusions :

1° Je propose le mot de *piésithérapie* qui exprime mieux que pneumothorax, l'idée générale de la méthode (*piésis*, en grec, signifie *compression*).

2° Dans quelques cas où les gaz intra-pleuraux sont trop rapidement absorbés, je propose l'emploi des gaz rares de l'air (néon, argon, etc.).

3° Afin d'éviter les accidents infectieux fréquents dans la piésithérapie, e préconise l'emploi de gaz antiseptisés à l'aide de vapeurs de goménol. J'ai pu faire ainsi jusqu'à présent plus de 350 injections sans aucun ennui.

4° Dans les cas où la méthode de Forlanini ou compression complète est impossible par suite d'adhérences indécollables, je suis d'avis de faire de la piésithérapie antiseptique. On comprimera ce qu'on pourra et, grâce aux vapeurs antiseptiques, il sera possible de stériliser le reste du poumon malade par *antisepsie rétrograde*. Un pareil traitement est minutieux, mais m'a donné des résultats excellents dans de nombreux cas.

5° Dans les cas de tuberculose bilatérale, après essais très encourageants, je propose les injections intra-pleurales d'oxygène chargé d'antiseptique, et cela alternativement des deux côtés, deux fois par semaine. De cette façon, l'oxygène se résorbant rapidement, on peut injecter, sans ennui respiratoire, une assez grande quantité de vapeurs antiseptiques fréquemment renouvelées qui vont, pour ainsi dire, *tyndaliser* les microbes sur place.

Ce procédé très délicat m'a donné des résultats encourageants là où tout avait échoué.

Discussion. — A cette question de M. Labbé, M. Billon peut-il nous dire : 1° quelle est la proportion des tuberculeux justiciables de la méthode; 2° s'il y a eu déjà des constatations anatomiques permettant de reconnaître la guérison des lésions par la pneumothorax ? M. Billon répond que 80 % environ des cas pris en bloc de tuberculose pulmonaire sont justiciables non plus de la méthode de Forlanini (compression complète), qui n'admet que 10 ou 12 % des cas, mais de la piésithérapie antiseptique. Il base son appréciation sur environ 45 cas observés et traités par lui. La piésithérapie antiseptique agit par compression d'une part et, aussi, par stérilisation du poumon, grâce aux

vapeurs goménolées fréquemment renouvelées. Oui, il y a eu plusieurs autopsies qui ont montré nettement l'arrêt du processus phtisiogène et la cicatrisation des lésions pulmonaires.

MM. Léon BERNARD,

Professeur agrégé à la Faculté de Médecine (Paris),

Robert DEBRÉ,

Chef de laboratoire à l'Hôpital Trousseau,

ET

René PORAK,

Interne des Hôpitaux.

**NOUVELLES RECHERCHES EXPÉRIMENTALES
SUR LES CONDITIONS GÉNÉRALES DE LA SÉROTHÉRAPIE ANTITUBERCULEUSE.**

615.37.06.995.05

3 *Août.*

Nous avons publié, l'an dernier, les premiers résultats de nos recherches,
que nous avons continuées depuis. Nous rappelons qu'elles portaient
sur deux points différents : 1º la fréquence et l'intensité insolites des
accidents sériques chez les tuberculeux peuvent-elles être attribuées
à un état anaphylactique, préparé chez eux par l'hippophagie thérapeutique?

2º La voie d'introduction intestinale du sérum qui a été proposée pour
éviter ces accidents refuse-t-elle ou modifie-t-elle l'absorption des albumines spécifiques du sérum, cause de ces accidents?

I. Pour résoudre la première question, nous nous sommes demandé
si l'ingestion de viande de cheval crue donne lieu au passage dans le sang
d'albumines spécifiques, non modifiées par les sucs digestifs. Des recherches analogues faites par Ascoli et Vigano, par Pfeiffer, chez l'animal
ont donné des résultats contradictoires. Chez l'homme, les recherches
de Ganghofner et Langer, de Hamburger et Sperck, de Keutsler, tendent
à montrer que le phénomène est différent chez l'adulte et le jeune enfant,
lequel seul possède une membrane digestive perméable aux albumines
hétérogènes ingérées.

Nos observations précédentes n'avaient porté que sur sept sujets.

Aujourd'hui, nous apportons le résultat de 31 expériences, qui confirme d'ailleurs les présomptions fondées sur nos premières recherches. Nos sujets, normaux, ou tuberculeux, ou malades atteints d'autres affections, adultes ou enfants, ont ingéré à une heure donnée 100 à 200 g de viande de cheval crue; la prise de sang était faite depuis 15 minutes jusqu'à 3 heures après l'ingestion de la viande crue. La recherche de l'albumine hétérogène a été faite dans le sérum sanguin par la précipito-réaction. Nous avons employé à cet effet un sérum de lapin anticheval actif au $\frac{1}{10000}$; nous avons mis en présence 15 gouttes de ce sérum et 5 gouttes de sérum humain examiné. Nous n'avons considéré, comme cas positifs, que ceux où apparaissait un précipité zonal net et immédiat. Les résultats ont été les suivants : cinq réactions douteuses (dont trois très probablement positives); deux négatives; vingt-quatre positives. Le pourcentage élevé des faits positifs nous autorise à conclure que, *après ingestion de viande crue, il passe, chez l'homme, dans la circulation générale, d'une façon très fréquente et probablement constante, des albumines hétérogènes.* C'est ce que, récemment, faisaient pressentir certaines expériences de M. Ch. Richet.

Mais les réactions ne se montrent positives qu'avec le sang recueilli de 15 à 30 minutes après le repas de viande crue. Le plus souvent avec le sang recueilli 30, 45 minutes, 1 heure après le repas, on n'obtient plus de précipité. Rarement, la réaction persiste de 1 à 2 heures après le repas. Les réactions pratiquées le lendemain du repas ont toujours été négatives.

Nos recherches montrent donc que le passage de l'albumine hétérogène après le repas de viande crue est *très précoce* et que *la présence de ces albumines hétérogènes dans le sang circulant est très éphémère.* La quantité d'albumine hétérogène présente dans le sérum sanguin est *minime,* car nous n'avons jamais observé de précipité très abondant, quoique nous ayons employé un sérum précipitant très actif. La précocité du phénomène explique les quelques résultats négatifs observés par des auteurs qui l'avaient recherché trop tardivement. Nous avions conclu de nos premières recherches à la réalité du passage, dans le sang, des albumines du cheval après l'ingestion de viande de cheval crue, ces albumines gardant leur caractère spécifique grâce auquel nous pouvons les déceler. Notre nouvelle série d'expériences confirme solidement par leur nombre cette donnée intéressante, et précisent les conditions du phénomène. Elles apportent un définitif appui à l'hypothèse de l'anaphylaxie digestive aux albumines de cheval chez les tuberculeux hippophages, anaphylaxie que peuvent ultérieurement déchaîner les injections de sérum.

II. Pour résoudre la seconde question, nous avions employé deux méthodes : la première consiste à chercher des précipitines dans le sang d'individus soumis à des lavements de sérum. C'est de celle-ci que nous avons, l'an dernier, publié les résultats : nous rappelons que, sur 18 cas, 17 furent négatifs. Mais nous n'avons pas persisté dans cette voie, car les résultats ne prouvent qu'une chose, c'est que le sérum injecté dans le rectum ne provoque pas la formation d'anticorps précipitants dans le sang; ils ne prouvent nullement que le sérum ne passe pas dans le sang.

La seconde méthode est préférable : elle consiste à chercher directement dans le sang les albumines du sérum de cheval par la réaction de précipitation obtenue à l'aide d'un sérum anticheval préparé spécialement. Nous n'avions eu le temps l'an dernier de l'appliquer que sept fois. Nous apportons aujourd'hui le résultat de recherches poursuivies chez 33 sujets, soumis à des lavements de 20 cm³ de sérum de Vallée. La recherche de l'albumine hétérogène a été faite plusieurs fois chez chaque malade.

Chez 9 malades la recherche a été faite moins de 12 heures après le lavement; toutes les réactions, au nombre de 23, ont été négatives.

Chez 25 malades la recherche a été faite de 12 à 24 heures après le lavement de sérum; les 52 réactions pratiquées dans ces conditions ont donné 14 fois des résultats positifs, quatre fois des résultats douteux, 34 fois des résultats négatifs. Le détail de ces résultats est intéressant à considérer : sur les 25 malades examinés à plusieurs reprises dans ce laps de temps (de la 12ᵉ à la 24ᵉ heure) la présence de l'albumine dans le sang circulant a été décelée chez 13 malades. Chez certains sujets nous avons pu saisir le moment où l'albumine hétérogène était en circulation. Ainsi les réactions étaient positives avec le sang recueilli la 16ᵉ et la 17ᵉ heure après le lavement de sérum et devenaient négatives avec le sang recueilli à la 18ᵉ ou la 19ᵉ heure.

Chez sept malades la recherche a été faite de 24 heures à 48 heures après le lavement; sur les huit réactions ainsi pratiquées, cinq furent positives, deux négatives, une douteuse.

La présence de l'albumine hétérogène dans le sang circulant, après lavement de sérum équin, est donc fréquente; nous l'avons en somme décelée chez 17 sujets sur les 33 que nous avons étudiés.

Il est certain que, dans un certain nombre de cas, la présence de l'albumine hétérogène dans le sang de nos malades nous a échappé, car pour avoir un résultat positif, il faut examiner le sang au moment favorable; or, ce moment varie dans une assez large mesure; en tout cas, il est tardif (après la quinzième heure qui suit le lavement de sérum); et la présence de l'albumine hétérogène dans le sang paraît éphémère.

Nous concluons donc que le passage du sérum est possible à travers le rectum, mais qu'il est tardif et éphémère. En outre, l'antigène ainsi absorbé ne provoque pas la formation d'anticorps précipitants. Peut-être peut-on expliquer, par ce phénomène, qui semble impliquer une modification dans l'activité biologique des albumines du sérum, qu'il ne se produit pas d'accidents sériques.

Nous rappelons que M. Marfan et ses élèves estiment que, d'une manière générale en Sérothérapie, dans les cas où il n'y a pas d'accidents sériques, les précipitines font défaut.

M. Léon BERNARD,

Professeur agrégé de la Faculté de Médecine (Paris), Médecin de l'Hôpital Laënnec.

SUR LES INDICATIONS DU PNEUMOTHORAX ARTIFICIEL DANS LE TRAITEMENT DE LA TUBERCULOSE PULMONAIRE.

616.254

1ᵉʳ *Août.*

Un grand nombre de publications, en France et à l'étranger, ont répandu ces derniers temps, dans le monde médical, la connaissance de la méthode de Forlanini pour le traitement de la tuberculose pulmonaire; et tous ceux qui ont employé le pneumothorax artificiel ont vanté ses effets remarquables dans la cure de cette maladie; ces résultats excellents, comparés à l'impuissance où se débattent jusqu'ici les médecins, ont même suscité parmi ceux-ci un enthousiasme qui risquerait de porter préjudice à la méthode par une application inconsidérée. Le problème qui me paraît actuellement le plus important et le plus délicat réside dans *les indications du pneumothorax artificiel.*

Les cas qui ont été, en général, considérés comme justiciables, de manière typique, de la méthode, sont ceux de lésions profondes, circonscrites, unilatérales, et sans réaction pleurale importante. Hartmann écrit :

« La création du pneumothorax artificiel ne serait indiquée que dans le cas de processus pulmonaire grave, unilatéral, et si le traitement médical est resté impuissant. Il est nécessaire que l'autre poumon soit pratiquement sain; il est obligatoire qu'il n'y ait pas d'adhérences pleurales. »

C'est principalement à des sujets porteurs d'une ou plusieurs cavernes plus ou moins immobilisées ou torpides, dans un lobe pulmonaire, avec intégrité relative du reste du parenchyme pulmonaire, et liberté de la plèvre permettant la rétraction de l'organe sous l'afflux du gaz, qu'on a jusqu'ici réservé la méthode. Ces cas se réalisent, il faut bien le dire, assez rarement, car les lésions pulmonaires profondes, localisées, sont en effet la caractéristique et la résultante d'un processus d'enkystement, qui implique presque toujours une participation pleurale. Et le plus souvent, quand on se trouve en présence de lésions caverneuses isolées, il existe en même temps un état de symphyse pleurale plus ou moins complet; c'est alors qu'on peut être empêché de créer le pneumothorax, ainsi que cela arrive souvent. Mais, sans doute, y a-t-il lieu d'étendre le champ d'action de cette méthode, et de rendre plus souples et plus larges ses indications. A cet égard, plusieurs questions se posent.

Tout d'abord, dans des cas analogues à celui que je viens d'envisager, on peut assez souvent obtenir des décollements partiels du poumon. Parfois, devant l'impossibilité de pousser plus loin le décollement, on abandonne la méthode. Mais cette ligne de conduite ne doit pas être la règle; avec beaucoup de prudence et de ténacité, il faut s'efforcer de distendre, puis de rompre des adhérences par des insufflations répétées et de créer un *pneumothorax partiel* qui, dans les cas favorables, peut suffire à comprimer les zones de poumon altéré, et à obtenir un bénéfice thérapeutique. Voilà une première voie par où élargir les indications de Forlanini.

Quant aux autres conditions, dont nous tracions une brève esquisse, peut-être sont-elles également relatives. En effet, jusqu'ici, on s'est surtout adressé à des lésions *profondes*, en général des lésions ulcéreuses, Klemperer dit : « des cas désespérés ». Il me semble que, sans aller jusqu'à attaquer avec le pneumothorax des lésions tout à fait initiales, dont on peut toujours espérer l'arrêt spontané, on soit autorisé à ne pas attendre un stade lésionnel aussi avancé; et dès qu'on constate qu'une lésion *évolue*, on doit s'efforcer de l'arrêter par les insufflations de gaz. Cette opinion est également défendue par Dumarest, Piery et d'autres auteurs. Elle s'applique d'ailleurs aux formes de phtisie chronique comme aux formes de phtisie aiguë. Cela paraît d'autant plus légitime que c'est surtout dans ces formes évolutives, soit de la tuberculose chronique, soit de la pneumonie caséeuse, qu'on n'a pas à se préoccuper de la plèvre, laquelle, la plupart du temps, n'apportera aucun empêchement à l'application de la méthode. Pour la pneumonie caséeuse, le pneumothorax artificiel apparaît comme le seul traitement qui puisse être tenté avec quelques chances de succès. De même, la *circonscription* des lésions ne me paraît pas une condition intangible. Un poumon envahi dans sa totalité, si l'état de la plèvre le permet, est aussi justiciable du pneumothorax qu'une caverne isolée dans un poumon relativement indemne. Et c'est précisément dans les cas évolutifs ou aigus qu'on rencontrera des faits où le pneumothorax s'adressera à des infiltrations plus ou moins généralisées.

La question de l'*unilatéralité* mérite une discussion plus approfondie. Pourquoi certains ont-ils fait de l'unilatéralité des lésions une condition capitale à l'application de la méthode? Pour trois motifs : d'abord, parce qu'il paraît évident que l'autre poumon doit être sain pour — le pneumothorax constitué — assurer la fonction respiratoire. En second lieu, parce qu'il semble inutile de combattre les lésions d'un côté, s'il en existe de l'autre, susceptibles de continuer la maladie. Enfin, on a parfois cru constater que le pneumothorax avait provoqué une évolution morbide sur l'autre poumon.

Ces trois motifs ne peuvent être acceptés sans critique. De bonnes raisons nous font croire que la fonction respiratoire n'exige pas une très grande quantité de parenchyme pulmonaire; les autopsies de tuberculeux en font foi constamment. Nous poursuivons actuellement des

expériences dans le but de préciser les limites de cette exigence physiologique. C'est, d'ailleurs, une loi de Physiologie générale que la plupart de
nos organes, en particulier les organes doubles, possèdent un territoire
bien plus étendu, que n'en demande la fonction : ainsi en est-il des surrénales, dont la quantité nécessaire à la vie est de $\frac{1}{11}$ (Langlois); des reins,
dont cette quantité est de $\frac{1}{4}$ (Tuffier) ou même de $\frac{1}{6}$ (Micheli) d'un seul
organe.

Quant à la seconde objection, elle n'a de valeur que pour certains
cas. En effet, si deux poumons sont, en même temps, en proie à l'infiltration généralisée de tubercules en évolution, il est bien évident que le
pneumothorax d'un côté ne servirait de rien. Mais cette catégorie de faits
représente peut-être l'exception. Le plus communément, on trouve soit
des poumons, où de chaque côté évoluent des lésions, mais avec une
grande prépondérance d'un côté; soit des poumons atteints d'un côté
de lésions anciennes, immobilisées, sclérosées, et de l'autre, des lésions
nouvelles, jeunes, en évolution. Dans ces deux catégories de faits, le
pneumothorax me paraît devoir être tenté, et, pour notre part, nous
l'avons déjà fait avec succès. Quand bien même on ne pourrait pas, dans
ces cas, en espérer une guérison absolue, l'intervention pourrait, en
arrêtant les lésions menaçantes ou plus avancées, apporter une survie,
qui la légitime, par le même raisonnement qu'une gastro-entérostomie
pour cancer pylorique ne prétend pas guérir la maladie, mais prolonger,
dans de meilleures conditions, la vie du malade. Enfin, l'influence perni-
cieuse du pneumothorax sur le poumon opposé ne nous paraît établie
sur aucun fait démonstratif.

Il n'est pas jusqu'à l'indication de la *liberté de la plèvre* qui ne soit
susceptible peut-être de revision dans l'avenir. Nous avons déjà dit un
mot de ce qu'on peut attendre du pneumothorax partiel. Mais il est possible qu'on puisse dans un certain nombre de cas détruire ces adhérences
chirurgicalement pour préparer la plèvre à l'injection de gaz. Pareilles
interventions, où le pneumothorax est précédé d'une opération sanglante,
ont déjà été tentées; mais on ne peut guère se prononcer encore sur leurs
résultats. Peut-être aussi pourrait-on résoudre préalablement ces adhérences avec la fibrolysine; nous ne savons si l'on a déjà expérimenté
dans cette voie.

En tout cas, il est un point sur lequel il est utile d'insister, c'est qu'il
est impossible de connaître à l'avance le degré d'adhérence des feuillets
pleuraux, ce qu'on pourrait appeler le coefficient de résistance de la
plèvre à l'injection d'azote. Ni l'examen stéthacoustique, ni même
l'*examen radioscopique* n'apportent à cet égard de renseignements sûrs
et fidèles; seul, l'essai d'injection permet d'apprécier la liberté plus ou
moins complète de la séreuse, et la possibilité de l'injection gazeuse.

En résumé, il nous semble que les indications du pneumothorax artificiel ne doivent pas être considérées comme fixées définitivement aujour-
d'hui. Il nous semble que, si cette méthode est apte à guérir des lésions

ulcéreuses chroniques localisées, il ne faut pas la cantonner à ce groupe de faits, sous peine, sans rien diminuer de sa valeur, de restreindre sa portée, car ces faits sont peu nombreux, ainsi que l'a fait remarquer M. Jules Courmont. Son avenir est sans doute davantage dans les formes aiguës ou évolutives, où elle rendra encore plus de services, étant donnée la gravité de la marche spontanée de ces cas.

A coup sûr, nous pensons qu'à la faveur de l'innocuité de la méthode, innocuité certaine, lorsqu'on suit scrupuleusement la technique indiquée par Küss, on peut, lorsqu'on en a une expérience consommée, lorsqu'on possède l'outillage nécessaire (en particulier, une installation radiologique, qui est indispensable), on peut tenter son emploi dans un grand nombre de cas, qui semblent d'abord sortir de son cadre, et pour lesquels notre impuissance thérapeutique autorise tous les essais inoffensifs.

MM. BALVAY et ARCELIN.

(Lyon).

TRAITEMENT DES AFFECTIONS PLEURO-PULMONAIRES
PAR LES INJECTIONS DE GAZ DANS LA PLÈVRE.

616.25

2 Août.

Ce sont les observations cliniques qui donnèrent l'idée première du traitement des affections pulmonaires par l'injection de gaz dans la cavité pleurale. En effet, on avait remarqué que l'apparition spontanée d'un pneumothorax provoquait parfois un arrêt dans l'évolution de la tuberculose et arrivait même à guérir certains cas de bacillose pulmonaire. Les observations de ces cas se sont multipliées depuis celles d'Adams Spath jusqu'à celles plus récentes de Forlanini, Spengler, Gaillard, Mosheim, Steinbach, Leclerc. En France, Potain est le premier qui eut l'idée de faire des injections intra-pleurales dans un but thérapeutique, mais il ne le fit que pour le traitement des hydro et pyopneumothorax. Avant lui un certain nombre d'auteurs avaient peut-être pressenti le rôle curatif joué par la mise au repos du poumon dans la thérapeutique des affections pulmonaires, par exemple Baglivi au XVII⁰ siècle et Carson, physiologiste de Liverpool, en 1882, Ramagde, médecin de Londres en 1834, Richter en 1856, Traube en 1880. Mais c'est à Forlanini, de Pavie, que revient l'honneur d'avoir érigé le pneumothorax artificiel en méthode thérapeutique et d'en avoir fixé la clinique. Dès 1882 Forlanini publiait ses premiers articles dans *La Rivista degli Ospedali*. Il exposait ses vues théoriques sur le traitement des affections bacillaires du poumon par l'immobilisation de cet organe. Douze ans plus tard parurent ses premières expériences datant de 1892. A cette époque, pour le Maître de Pavie, ce ne fut pas chose facile que de placer sa copie. Les journaux médicaux italiens refusant de la recevoir, il pensa trouver en France une porte plus facile à ouvrir pour y faire pénétrer les idées nouvelles. Mais il apprit qu'en France comme ailleurs il n'était pas facile pour un novateur, non seulement de discuter, mais même d'exposer ses idées. Malgré tout sa thèse finit par triompher. Actuellement sa méthode est acceptée. Elle restera comme un moyen thérapeutique efficace, capable de donner dans quelques cas désespérés des résultats nettement curatifs. Au récent Congrès de Rome (avril 1912) le créateur du pneumothorax artificiel fut acclamé. Les félicitations qu'il reçut de la bouche de praticiens de tous les pays du monde ont dû être pour lui un baume guérisseur des amertumes du passé.

Rapidement depuis 1892 sa méthode s'étendit sur tous les points du globe. Les médecins américains furent ses premiers disciples, Murphy de Chicago en 1898, Lemke de la même ville en 1899, Kelly de Philadelphie. L'Allemagne et la Suisse suivirent avec Brauer de Marbrug en 1905, Spengler de Davos, puis Grœtz, Harneck, Pigger, Eden, Suzno Shingu, Stillig à Genève, Schmidt à Dresde, Brauns de Hanovre. En Autriche nous trouvons Bœr et Kraus à Wiernerwald, Lemgmann et Begtrup Hansen au Sanatorium danois de Vejlefjord, etc. En France, pendant longtemps, aucune tentative ne fut faite en ce sens. La première publication d'un pneumothorax artificiel fut faite par notre distingué Confrère et Ami, le Dʳ Dumarest, du Sanatorium d'Hauteville, dans un article du *Bulletin médical*, nᵒ II, 1909. La même année à Lille, au Congrès de l'Association française pour l'Avancement des Sciences, l'un de nous fit en nos deux noms la première Communication faite à un Congrès français sur le pneumothorax artificiel, curateur de la tuberculose pulmonaire. Nous y exposions la technique et les résultats cliniques et une pratique de deux années. Cette Communication ne souleva aucune discussion. Nous eûmes l'impression que nos Collègues étaient encore peu préparés à l'étude de cette question et que malgré ses vingt années d'existence, elle était en France une question absolument nouvelle. Il n'en est plus ainsi. Depuis ces premières Communications les observations se sont multipliées. Nous avons eu l'honneur de faire à Lyon pour la première fois dans un service hospitalier, celui du professeur J. Courmont dont chacun connait l'esprit ouvert à toutes les tentatives thérapeutiques rationnelles, les premières tentatives de pneumothorax artificiel. Le résultat fut tel que depuis cette époque le professeur J. Courmont se déclare un partisan convaincu de la méthode de Forlanini. Dans la suite un certain nombre de médecins lyonnais, MM. Leclerc, Paul Courmont, puis Lyonnet et Piery, etc., recoururent à ce procédé.

Le pneumothorax artificiel est pratiqué dans la plupart des centres médicaux comme Bordeaux, Marseille, Nancy, etc.

Après ce court exposé théorique permettez-nous de vous exposer notre conception du pneumothorax artificiel, son mode opératoire, ses indications, ses résultats et surtout les tentatives thérapeutiques qu'il nous a suggérées. Nous laisserons intentionnellement de côté tout ce qui pourrait faire rentrer ce travail dans le cadre des revues générales pour parler surtout des résultats auxquels nous sommes arrivés.

Nous avons employé le pneumothorax artificiel dans les affections pulmonaires, dans les affections pleurales. Nous nous sommes servis de gaz inerte, azote, puis seulement d'air. Enfin, nous avons fait quelques tentatives d'injections intra-pleurales modificatrices de l'état local ou général. Ce sont ces travaux que nous allons exposer.

D'abord qu'est-ce qu'un pneumothorax artificiel ? C'est une pleurésie gazeuse, expérimentale, pratiquée intentionnellement par le médecin dans un but thérapeutique. Pour pratiquer ce pneumothorax, il existe une instrumentation variée et complexe que nous avons cherché à simplifier le plus possible. Notre appareil se compose de quatre flacons de 1 litre chacun dont deux flacons laveurs. Des deux autres l'un est plein de liquide, le second vide. Le passage du liquide du flacon plein dans le flacon vide au moyen d'une poire à soufflerie indique la quantité de gaz introduite dans la plèvre. L'aiguille à ponction est une aiguille de $\frac{9}{10}$ de millimètre munie d'un fin mandrin. A l'appareil est annexé un manomètre à eau en communication directe avec le tube qui communique avec la plèvre. Ce manomètre est de tout l'appareil la partie la plus importante. En effet, quand la ponction, faite pour pratiquer un pneumothorax artificiel, a réussi, le vide pleural se fait immédiatement sentir dans le manomètre. Une des colonnes du liquide est aspirée assez violemment dans l'un des tubes en même temps que les deux niveaux liquides des deux branches manométriques subissent des mouvements de va-et-vient isochrones aux mouvements de la respiration. On ne doit injecter du gaz qu'à ce moment. Pour être à l'abri de tout accident, il faut à la fois aspiration marquée d'une des colonnes du manomètre et mouvements isochrones à ceux des mouvements respiratoires. C'est pour n'avoir pas suivi ces indications essentielles qu'au début de nos recherches, nous avons eu à déplorer un accident mortel. D'autres accidents analogues ont été signalés par différents cliniciens et semblent résulter de la même cause. Dans notre pratique personnelle, depuis que nous pratiquons le pneumothorax avec la méthode que nous venons d'exposer, nous n'avons jamais eu d'incident à signaler.

Dans quel espace intercostal faire la ponction ? L'endroit choisi semble indifférent. On ne peut prévoir l'existence des adhérences pleurales. Les indications contraires qui ont été données semblent être de pures vues théoriques démenties par la pratique.

Faire un pneumothorax et le continuer n'est pas chose facile. Mieux que toutes les explications, la pratique seule permet de trouver assez facilement la cavité pleurale. L'essentiel pour éviter tout accident est de ne faire pénétrer le gaz qu'à coup sûr, comme nous le disions tout à l'heure. Continuer un pneumothorax complètement terminé est encore chose délicate. Nous n'en voulons comme preuve que certains faits de notre expérience personnelle. Ainsi un certain nombre de malades à qui nous avions pratiqué des pneumothorax artificiels nous sont revenus après un certain temps ne présentant plus trace de leur pneumothorax, bien qu'on ait continué à leur injecter du gaz. C'est que le médecin traitant, soit en trop espaçant les injections d'air, soit en injectant chaque fois dans la plèvre une quantité de gaz moindre que la fois précédente a permis à la plèvre pulmonaire d'arriver au contact de la plèvre pariétale. Le plus souvent dans ce cas les parois s'accolent et ne permettent plus le rétablissement du pneumothorax.

Le fait d'injecter de l'air dans la plèvre doit sans doute entretenir au niveau de cette dernière un certain état d'hyperhémie inflammatoire lui permettant en cas de contact d'adhérer rapidement. Comment éviter ces inconvénients ? En s'adressant à la Radioscopie. Il faut radioscoper les malades avant le pneumothorax, et très souvent au cours du traitement. Les rayons X sont absolument nécessaires pour mener à bien l'opération et la continuer.

Quel gaz injecter ? Forlanini et la plupart de ses disciples injectent de l'azote. Pendant 2 ans, nous nous sommes servis de ce gaz. Mais depuis ces dernières années, nous nous contentons d'injecter de l'air ordinaire passant par deux flacons laveurs. Les résultats cliniques nous ont semblé identiques à ceux obtenus avec l'azote. Nous avons même observé qu'avec l'emploi exclusif de l'air nous avions dans une proportion de 5o % moins d'épanchements pleurétiques consécutifs au pneumothorax artificiel. Peut-être que le mode de préparation de l'azote commercial par l'acide pyrogallique et la potasse, en maintenant quelques parcelles irritatives dans le gaz ainsi préparé, est une cause d'irritation pleurale et par conséquent d'épanchement liquide.

Ne pouvant dans un travail aussi restreint donner aux points précédents toute l'extension que comporterait leur importance, ni nous étendre suffisamment sur l'action pathogénique du pneumothorax, sujet que nous avons d'ailleurs traité récemment (¹), nous allons passer en revue les cas pathologiques dans lesquels nous avons eu recours à cette méthode.

C'est dans la tuberculose unilatérale que se trouve la principale indication du pneumothorax artificiel. Les lésions doivent être unilatérales. Il ne doit pas y avoir d'adhérences pleurales. Les cas récents sont les plus favorables à la méthode, les adhérences n'ayant pas eu le temps de se former ou d'adhérer fortement. Cependant ce n'est pas une règle absolue. Ainsi nous avons pu pratiquer un pneumothorax avec succès chez des malades excavés, unilatéraux dont la tuberculose remontait à plus de 5 ans. La méthode est surtout à conseiller dans les formes aiguës de la tuberculose pulmonaire comme la pneumonie caséeuse, les broncho-pneumonies et les phtisies galopantes localisées. De plus, dans toute tuberculose pulmonaire unilatérale dont l'état ne s'améliore pas par les moyens classiques, son emploi nous parait rationnel. A quoi bon attendre que le malade soit en danger ?

La tuberculose laryngée n'est pas une contre-indication. En effet la suppression du passage des produits putrides pulmonaires au niveau

---

(¹) *Évolution d'un pneumothorax artificiel*, Communication à la Société de Médecine de Lyon, séance du 20 novembre 1911.

des cordes vocales amène peu à peu la cicatrisation des lésions laryngées si toutefois ces lésions ne sont pas trop profondes. Dans les cas typiques l'amélioration fonctionnelle et générale suit presque immédiatement l'établissement du pneumothorax. Quelques jours après le début du traitement la fièvre diminue et la température revient à la normale, la quantité des crachats d'abord accrue diminue rapidement, ainsi que les phénomènes d'intoxication. La diminution de ces derniers se fait surtout sentir dans la dyspnée. En effet, après un certain temps de mise au repos de son poumon malade, l'opéré respire mieux qu'avant son opération. C'est la preuve de l'existence des phénomènes toxiques bacillaires dans l'étiologie de cette dyspnée.

La mise au repos du poumon doit être complète. La radioscopie ne doit montrer aucune trace d'expansion pulmonaire. Elle doit être continue. Ces deux conditions impliquent par conséquent beaucoup de peine et une surveillance attentive. De plus elle doit être prolongée. A ce sujet il est impossible de donner une ligne de conduite pratique. Dans notre statistique déjà importante, nous avons pu constater un retour intégral à la santé après une mise au repos de 5 mois.

Il s'agit d'un tailleur lyonnais, hémoptoïque fibrocaséeux, obligé après 5 mois de mise au repos de partir à Montluçon où son pneumothorax ne peut être continué. Actuellement, après 18 mois de cessation de traitement, le malade est apyrétique, ne tousse ni ne crache, a repris 13 kg et travaille sans aucun inconvénient. Une autre jeune fille, opérée il y a 4 ans pour une pneumonie caséeuse et comprimée pendant 1 an, jouit actuellement d'une santé parfaite. Un autre malade comprimé depuis 4 mois et allant très bien fit cesser ses injections intra-pleurales. A la suite d'une grippe, il présentait 6 mois plus tard une nouvelle évolution de sa tuberculose pulmonaire, avec même localisation et de nouveau traitée avec succès par le pneumothorax.

D'autres malades sont comprimés depuis 2 ans et continuent leur pneumothorax. Ces malades en apparence très bien portants présentent encore quelques bacilles. C'est la raison qui fait continuer leur traitement. En résumé donc, dans la généralité des cas, pour réussir, la cure par le pneumothorax doit être complète, continue, prolongée.

Pendant l'établissement du pneumothorax les malades opérés doivent être traités comme de grands opérés : au lit pendant les huit premiers jours; sur chaise longue, pendant 3 semaines. Dans la suite ils peuvent avec des précautions vivre de la vie commune.

Ainsi une de nos malades, télégraphiste dans une gare importante fait chaque jour un travail de 10 heures, sans se douter du traitement qu'elle subit. Tel autre, un cultivateur traité depuis 14 mois, fait aux champs 12 heures de travail journalier sans en ressentir une fatigue spéciale.

Il est facile de comprendre que certains individus peu résistants, déjà d'une activité restreinte pendant leur période de santé, sont presque des infirmes pendant leur traitement.

En résumé, dans les cas de tuberculose pulmonaire chez lesquels le pneumothorax est formellement indiqué, on peut dire qu'il possède une valeur curatrice que ne possède actuellement aucune autre méthode. Qu'on n'oublie pas en effet, que ce traitement s'adresse à des malades considérés cliniquement comme très dangereusement atteints et même condamnés.

« C'est, comme le dit le Dr Dumarest, une porte de salut ouverte à des cas désespérés; c'est un outil non pas infaillible, mais excellent dans l'arsenal thérapeutique vide jusqu'à présent, de la phtisie ulcéreuse grave. »

A côté de ces cas raisonnés où scientifiquement on peut discuter les indications et les contre-indications, nous avons eu à pratiquer des pneumothorax d'urgence, par exemple dans des cas d'hémoptysies graves.

Nous avons eu à l'appliquer dans notre pratique quatre fois. Dans ces quatre cas le but cherché, l'arrêt de l'hémoptysie se produisit après la première injection. Sur ces quatre malades, l'un est actuellement en excellente santé, sans pneumothorax; le second continue son traitement et va bien, les deux autres sont morts. Tous les deux furent opérés en pleine hémoptysie grave, abondante, remontant l'une à 1 mois, la seconde à 15 jours. Chez l'un tous les traitements classiques, même les injections de gélatine avaient été employés. Tous ces traitements n'avaient produit aucun résultat. L'un de ces malades après une amélioration marquée mourut 1 mois plus tard de méningite tuberculeuse; l'autre bilatéral vit sa tuberculose du côté opposé évoluer normalement.

Dans les affections pleurales, nous avons l'habitude de pratiquer des insufflations d'air dans la plèvre dans les cas de pleurésie avec liquide abondant. Un dispositif spécial adapté à notre appareil permet à mesure qu'on enlève le liquide de faire pénétrer du gaz pour le remplacer. Avec ce procédé les organes du malade ne subissent pas de brusques changements. L'expectoration albumineuse est supprimée.

Aussitôt après l'opération un soulagement considérable est ressenti par le malade. Il est bon d'entretenir pendant quelques mois le pneumothorax. Ce procédé a en outre l'avantage d'empêcher les adhérences pleurales et par conséquent les déformations consécutives. Un jeune enfant opéré de cette façon pour une pleurésie ne présentait, 1 an plus tard aucune déformation thoracique et la radioscopie était négative.

Au cours du pneumothorax artificiel, de fréquents épanchements pleuraux se produisent. Nous n'en avons jamais vu de purulents. Dans les cas d'épanchement citrin l'évolution de la maladie ne se trouve pas défavorablement influencée. Trois de nos malades bacillaires qui l'ont présenté, dont l'un depuis 3 ans, n'ont jamais présenté de récidive de leur bacillose. Au sujet de ces épanchements nous avions pensé que leur production artificielle pourrait, dans certains cas, jouer un rôle bienfaisant pour le décollement d'adhérences pleurales par exemple, difficile à effectuer avec les injections gazeuses. Nous avons donc dans ce but injecté des préparations d'huile créosotée dans la cavité pleurale. Ces injections ne produisirent aucun effet irritatif sur la séreuse. D'ailleurs la plèvre, contrairement à l'opinion consacrée, présente parfois à l'égard des corps irritants une tolérance extraordinaire.

Nombreux sont les auteurs ayant injecté dans la plèvre des liquides variés ou procédé à son lavage au moyen de corps irritants. En 1888, Renaut de Lyon a traité par des injections de liqueur de Van Swieten un épanchement pleural consécutif à un pneumothorax naturel.

Moizard cite deux observations de pneumothorax traités par des injections intra-pleurales d'une solution à parties égales de teinture d'iode, d'alcool à 90° et de K^i à $\frac{1}{10}$? Juhel-Rénoy a essayé de sécher une plèvre par des injections de chlorure de zinc. Fernet pratiqua des injections intra-pleurales de naphtol. On a employé l'eau iodo-iodurée, la solution chloralée, l'eucalyptol, le permanganate de potasse, l'eau boriquée, etc.

On voit donc que ces tentatives d'injections intra-pleurales de liquides dans la plèvre ont été très variées et remontent à la plus haute antiquité. Ne lit-on pas dans ses aphorismes, qu'Hippocrate au dixième jour qui suivait l'opération de l'empyème injectait dans la poitrine un mélange tiède de vin et d'huile. Au moyen âge Rhazès injectait de l'eau miellée pour délayer le pus. Cette idée de thérapeutique par des injections intra-pleurales ne répugne pas à nos conceptions modernes. On comprend fort bien que dans une pleurésie purulente, bacillaire, véritable abcès froid, des *injections* modificatrices peuvent être tentées. Mais avant l'extension donnée par la méthode de Forlanini aucune tentative de thérapeutique par des injections de gaz intra-pleurales n'avait été essayée; lui-même d'ailleurs et ses partisans injectent un gaz inerte. Mais ne pourrait-on pas penser à exercer une action générale ou locale en entraînant avec ce gaz inerte des gaz antiseptiques, ou des vapeurs médicamenteuses. Dans les cas de lésions pleurales, le fait d'une thérapeutique par des gaz médicamenteux semble rationnelle.

Malheureusement les adhérences doivent être une cause fréquente d'insuccès. Dans ce cas, il semble qu'on ne doive avoir recours qu'à des injections présentées sous un petit volume comme celles de créosote, de goménol, etc. Mais dans les cas où la plèvre est facilement décollable, il serait intéressant d'y introduire un gaz permettant d'agir sur l'état général. La cavité pleurale, vaste séreuse, présentant une surface et une facilité d'absorption considérable, pourrait permettre une action thérapeutique manifeste. Depuis quelque temps on a publié des observations de bacillaires pulmonaires traités par des injections hypodermiques de gaz oxygène. Au Congrès de Rome 1912, Bayeux (de Paris) a rapporté des cas intéressants de relèvement de l'état général et d'amélioration locale à la suite de ce traitement. Nous l'avons essayé chez un certain nombre de nos malades. Quelques-uns ont paru bénéficier de cette thérapeutique. Malheureusement la quantité de gaz préconisée par l'auteur semble difficile à injecter. Les injections sont douloureuses et laissent par leur répétition au point traumatisé un œdème assez persistant. Aussi nous a-t-il paru rationnel de faire ces injections d'oxygène dans la cavité pleurale. Chez des tuberculeux, très atteints, bilatéraux par conséquent, non justiciables du pneumothorax total curateur, nous pratiquons un pneumothorax partiel de o,5 litre d'air environ. Nous répétons tous les deux jours ces injections, mais en remplaçant l'air par l'oxygène. Nous pouvons ainsi sans douleur et sans peine faire absorber une dose considérable d'oxygène à nos malades. Certains semblent en retirer un bénéfice appréciable. Après l'étude méthodique des observations en cours, nous publierons à l'avenir le résultat de nos expériences.

Voici donc terminé l'exposé de nos observations personnelles concernant la thérapeutique des affections pleuro-pulmonaires par les injections gazeuses intra-pleurales. Cette méthode thérapeutique semble être une méthode d'avenir capable de fournir à l'arsenal thérapeutique de la tuberculose pulmonaire un nouvel instrument de défense et de guérison.

Elle n'est pas à dédaigner.

M. Georges ROSENTHAL.

LE PNEUMOTHORAX DE FORLANINI, MANŒUVRE DE GYMNASTIQUE RESPIRATOIRE.

616.254

3 Août.

Le Pneumothorax de Forlanini semble tirer son efficacité d'une triple action, immobilisation des lésions du côté malade, action révulsive et antiseptique (Billon) par l'azote goménolé, provocation du côté sain d'une exagération du jeu respiratoire. C'est sur ce dernier point que je voudrais retenir l'attention du Congrès; car la manœuvre de Forlanini est une arme à double tranchant capable de faire autant de mal que de bien.

Dans des recherches poursuivies depuis 10 ans et réunies dans le récent *Manuel de l'Exercice de Respiration* (Alcan, éd.), j'ai montré combien il fallait être prudent pour utiliser la gymnastique respiratoire chez les tuberculeux. Aux enthousiasmes comme aux critiques irréfléchis, j'ai substitué des règles précises. Il faut commencer par une *séance d'essai* de cinq respirations, suspendre s'il y a réaction, continuer méthodiquement s'il y a amélioration. *La loi de l'amélioration inhibitrice* a appris qu'il fallait d'autant plus ralentir l'entraînement respiratoire que l'amélioration était plus décisive, etc.

Or, dans le cas de pneumothorax de Forlanini, la suppression physiologique du poumon malade, va *d'une façon indirecte et inconsciente*, développer par soif d'air le jeu physiologique du poumon opposé. Nous devons craindre que le malade se ressente des inconvénients de cet entraînement brutal, et non progressif; et nous devons, en tout cas, faire faire au sujet quelques exercices de respiration rythmique, en utilisant les différents modes, et, en particulier, notre type de *Respiration diaphragmatique d'exclusion* qui évitera la fatigue des sommets.

Mais on sait combien la tuberculose pulmonaire chronique est rarement unilatérale. Il est presque exceptionnel que des lésions ouvertes gauches ne soient pas accompagnées de quelques tubercules du côté droit et *vice versa*. Dans les cas les plus nombreux, la manœuvre de Forlanini va provoquer un jeu respiratoire brutal, immédiat, ni progressif, ni dosé d'un poumon atteint de lésions au début ou torpides. Fatale, inéluctable, facile à comprendre (par analogie avec les aggravations dues au pneumothorax spontané des tuberculeux pulmonaires avancés à lésions bilatérales), la conséquence sera le réveil de la lésion en sommeil ou en arrêt et l'aggravation irréparable de la situation du malade. Par un illogisme clinique singulier, les plus ardents partisans de la Méthode nouvelle sont ceux qui ont opposé un veto de principe à l'Exercice de respiration. Pourtant le repos du poumon ne se trouve que dans la mort, comme le repos du cœur, et le maximum de ménagement est dans un fonctionnement réglé et méthodique.

Nous ne voulons pas certes opposer une affirmation de principe aux affirmations cliniques des améliorations observées par tant d'auteurs [1]; nous voulons, au nom de la Clinique, pour le plus grand bien des recherches nouvelles, préciser leur application et nous concluons. Chaque insufflation d'azote intra-pleural sera suivie de séances quotidiennes courtes et prudentes de cinq respirations diaphragmatiques d'exclusion, faites au sujet couché sur un divan, le bras du côté malade, en sautoir devant la poitrine. Le jeu respiratoire sera rigoureusement surveillé avec *notre centimètre symétrique*, de façon à diminuer en quantité les injections suivantes, si l'exagération de ce jeu a été notable (3 cm +).

La méthode de Forlanini doit être réservée à la tuberculose strictement unilatérale (examen clinique attentif, surtout examen aux rayons X, radioscopie et radiographie). En cas d'atteinte légère de l'autre côté, il faut s'abstenir, si l'on peut espérer secourir le malade par une autre méthode. Si la méthode de Forlanini est l'*ultima ratio*, l'injection d'azote à petite dose évitera les dangers étudiés par nous de la provocation brutale d'une exagération du jeu respiratoire. Elle sera suivie de quelques exercices soigneusement rythmés de modération pulmonaire.

---

[1] Laboratoire central de l'Hôpital Saint-Louis.

M. LE Pr BOINET,

Correspondant de l'Académie, médecin des Hôpitaux (Marseille).

DANGERS DU PNEUMOTHORAX ARTIFICIEL.

616.254

3 *Août.*

Exceptionnellement, l'injection thérapeutique d'air dans la plèvre par la méthode de Forlanini peut occasionner des complications graves, parfois mortelles. En voici un exemple récent qui montre que le pneumothorax artificiel n'est pas exempt de dangers.

Observation. — X..., marin, âgé de 35 ans, sans antécédents héréditaires, entre dans notre service de clinique médicale de l'Hôtel-Dieu pour une tuberculose pulmonaire du sommet du poumon droit. Cette affection a débuté il y a 2 ans, avec les symptômes d'une bronchite tenace, rebelle, sans hémoptysies, s'accompagnant, dans les derniers temps, d'amaigrissement avec conservation d'un bon état général. La toux est sèche, quinteuse, surtout le matin, les crachats sont nummulaires, assez abondants; il existe des sueurs nocturnes. L'appétit est conservé, sans diarrhée.

Signes cliniques. — *Poumon droit.* — La percussion de son sommet révèle une submatité nette; à ce niveau, les vibrations thoraciques sont augmentées et l'on perçoit, surtout en haut et en arrière, des craquements humides, sans gargouillement, ni retentissement de la toux, ni frottements pleuraux. A la radioscopie, le sommet du poumon droit présente une certaine obscurité, tandis que celui du poumon gauche reste transparent. On diagnostique, en conséquence, une tuberculose pulmonaire du sommet du poumon droit, à forme scléreuse, à la seconde période, sans adhérences pleurales étendues.

Cet état local et général ne contre-indiquant pas l'emploi de la méthode de Forlanini, nous autorisons deux médecins de la ville, fort experts en cette matière, à la pratiquer avec prudence. En notre absence, ils firent dans la plèvre droite trois injections de 350 cm³ d'air. La première, qui eut lieu le 29 mars 1912, fut suivie de l'expulsion de quelques crachats teintés de sang, d'une augmentation du nombre de pulsations, qui de 78 montèrent à 106, sans élévation de température (37°,7). Deux autres injections semblables furent renouvelées par ces confrères les 1er et 5 avril.

Contre toute attente, l'état général s'aggrave, une poussée de tuberculose subaiguë envahit les deux poumons. Le 9 avril, 4 jours après la troisième injection, une hémoptysie abondante, de 1,5 litre, survient brusquement.

Les symptômes de poussée granulique augmentent. Le surlendemain, la température s'élève à 38°,2; elle reste à 38° le jour suivant. Les progrès de cette poussée de tuberculose pulmonaire aiguë sont rapides et le malade meurt avec une température redevenue normale, le 15 avril; c'est-à-dire 10 jours après la

troisième injection et 6 jours après l'hémoptysie dont le pneumothorax artificiel a favorisé la production.

Autopsie. — *Plèvre droite.* — Elle présente des adhérences presque complètes, les unes de nouvelle formation, les autres anciennes, fibreuses; elles
rendent impossible l'extraction du poumon droit qu'on est obligé de sculpter
pour n'arriver à l'enlever qu'en fragments.

Poumon droit. — Il existe une infiltration tuberculeuse du sommet et de la
partie moyenne; son tiers supérieur est farci de petites cavernes à parois sclé-
reuses, très indurées.

Poumon gauche. — Son sommet est le siège d'une caverne, grosse comme une
noix, de date ancienne, présentant une coque fibreuse. Elle est entourée d'une
zone de tubercules jeunes, de formation récente. La partie postérieure du lobe
supérieur, tout le lobe inférieur sont rouges, congestionnés, infiltrés de jeunes
tubercules miliaires très confluents. Cette poussée de granulie parait être
imputable au pneumothorax artificiel qui a favorisé cette germination de
tubercules jeunes.

Cœur. — Il est volumineux, les cavités droites sont dilatées surtout au niveau
de l'oreillette droite et de l'orifice tricuspide.

Foie. — Il est augmenté de volume, moins rouge que normalement, sans
traces de dégénérescence graisseuse.

Rate. — Elle a ses dimensions normales; elle est légèrement sclérosée

Reins et capsules surrénales. — Ces organes sont normaux.

L'enseignement à tirer de cette observation est que le pneumothorax
artificiel peut favoriser la production d'hémoptysies très abondantes et
le développement d'une poussée granulique même dans le poumon opposé.
On abuse actuellement de cette méthode thérapeutique qui ne présente
que des indications limitées et qui, on le voit, n'est pas toujours sans
dangers, surtout s'il existe des adhérences au niveau du point ponctionné
et si la quantité de gaz injecté est trop considérable.

Discussion. — M. Balvay : Les observations de M. Labbé ne font que
confirmer les nôtres. De même que l'hydro-pneumothorax artificiel ne donne
pas les mêmes signes cliniques que l'hydro-pneumothorax naturel, de même
le pneumothorax artificiel ne possède pas les mêmes signes cliniques que le
naturel. C'est une raison qui plaide en faveur des radioscopies fréquentes dans
la cure du pneumothorax artificiel. Sans les rayons X on va au hasard sans
savoir ce qu'on fait.

En effet, les indications du pneumothorax artificiel sont relativement rares.
Les cas doivent être choisis, longuement étudiés pour donner des résultats
satisfaisants. C'est surtout au début du pneumothorax qu'il faut être prudent. Commencer par l'injection de 100 cm³ de gaz. Cette première injection
doit être automatique pour ainsi dire. C'est le vide pleural lui-même qui doit
aspirer le gaz. On ne doit pas injecter en pressant sur la poire à soufflerie. La
première injection doit être un autopneumothorax, ensuite injecter 150 à
200 cm³. De plus, après chacune des premières injections, on doit radioscoper
le malade, puisqu'aucune donnée clinique ne permet de reconnaître les adhé-

rences. Enfin traiter les malades récemment injectés comme de grands opérés, pendant 1 mois au lit ou sur chaise longue. Ce sont des conditions essentielles pour éviter tout accident.

Dr ARCELIN : A l'observation très intéressante qui vient d'être apportée, j'ajouterai celle d'une de mes malades. Il s'agit d'une jeune fille âgée de 23 ans, atteinte d'une pleurésie; elle avait déjà subi plusieurs ponctions. A l'occasion d'une dernière ponction, au moment de l'introduction du trocart, il se produit un réflexe et la malade meurt. A l'autopsie, on constate que la ponction a été faite correctement, au niveau de l'épanchement. En plus, on trouve des granulatrices douloureuses, au niveau de la rate, du foie.

Conclusion. — On croyait avoir une malade atteinte d'une simple pleurésie, en réalité il s'agissait d'une malade atteinte de lésions multiples étendues. Dans un cas semblable, une injection gazeuse intra-pleurale aurait pu donner le même réflexe, le même accident mortel.

Ce n'est que d'après un ensemble d'observations méthodiques, complètes, que nous pouvons juger véritablement la valeur du pneumothorax artifici il, ses dangers.

MM. BALVAY et CHASPOUL.

(Lyon).

TUBERCULOSE EN GÉNÉRAL,
SON TRAITEMENT PAR L'OPOTHÉRAPIE COMBINÉE RADIOACTIVE.

616-995-0836

3 Août.

La recherche d'un agent spécifique de la tuberculose est aussi ancienne que la Médecine. Un nombre incalculable de médicaments ont été préconisés. Presque tous n'ont comme but qu'une action symptomatique. Leur place n'en reste pas moins marquée en phtisiothérapie. Mais le médicament spécifique proprement dit est encore à trouver. Les uns voient la guérison de la tuberculose dans la phagocytose avec ou sans opsonine; d'autres pensent agir par le moyen des antitoxines; d'autres parlent d'une action bactéricide, etc. Le problème est extrêmement plus complexe; qu'on n'oublie pas l'harmonie intime qui existe entre les différentes fonctions de l'organisme. Le trouble de cette harmonie entraîne des changements multiples dans l'organisme, des répercussions d'organes sur organes, des modifications des sécrétions internes d'un ou de plusieurs de ces organes, modifications favorables ou nuisibles. A l'expérimentateur l'organisme troublé dans son travail normal présente le problème sans se préoccuper de la difficulté de la compréhension des phénomènes observés.

Au premier rang de médicaments prétendus curateurs de la tuberculose se placent les produits dérivés du bacille de Koch, sérums antituberculeux, tuberculines, corps bacillaires modifiés, corps immunisants, etc. Ces médicaments ne constituent pas des *spécifiques* au sens proprement dit du mot.

Ce sont ces adjuvants de la cure de la tuberculose, adjuvants d'une efficacité parfois non douteuse.

De ce que nous venons de dire on comprend les difficultés d'un traitement à la sérumthérapie ou à la tuberculinothérapie; l'impossibilité parfois insurmontable de poser les indications et les contre-indications; l'obligation habituelle de marcher au hasard. De plus, si l'on songe aux conséquences redoutables que peut causer son application intempestive, on comprend fort bien l'angoisse qui saisit le praticien qui, en face d'un malade, se pose la question de la possibilité d'un traitement à la tuberline. Dans tous les cas, quelle que soit la théorie émise sur l'action de ces divers produits, par leur application c'est toujours à l'organisme qu'on demande de lutter contre les bacilles et leur sécrétion. C'est toujours à cette faculté donnée à notre organisme de se défendre d'une façon naturelle, normale, contre les diverses affections qui l'assaillent que s'adresse le thérapeute. En effet notre organisme se défend de lui-même sans avoir recours à des moyens médicamenteux. N'est-il pas démontré que la plupart des individus sont à un moment donné de leur existence touchés par le bacille de Koch, sans que leur état de santé ait eu apparemment à en souffrir. C'est que l'apparition du bacille dans l'organisme a provoqué chez ces derniers des processus naturels de guérison qui ont agi localement au niveau de l'implantation bacillaire et sur les organes de défense en provoquant l'apparition d'anticorps.

En effet, si Pickert et Lowenstein n'ont pu découvrir dans le sérum de l'individu sain des substances neutralisant celui de la tuberculine, ils ont en revanche pu constamment en déceler chez les bacillaires dont la maladie peu avancée évoluait naturellement vers la guérison. C'est un fait acquis, nos organes quand ils fonctionnent normalement, sans action adjuvante, sont suffisants pour nous défendre contre la tuberculose. Ce n'est donc pas tant la contagion, qui elle est multiple, que l'état de fonctionnement plus ou moins troublé de nos organes qui permet l'évolution ou non de la tuberculose.

Qu'on se trouve en face d'un trouble profond d'un organe important ou devant un organisme affaibli par un surmenage momentané ou une infection débilitante, le bacille de Koch peut dans ces cas s'établir et se développer au sein de notre organisme. Il crée d'abord une lésion locale dont les produits ne tardent pas à envahir l'organisme non défendu par les processus généraux et naturels de guérison. Peu à peu une véritable imprégnation bacillaire se produit amenant dans tous les organes des troubles de leur fonction. La gravité de l'évolution tuberculeuse est donc, dans ce cas, surtout le fait du fonctionnement défectueux des organes. Leur restituer leur fonction normale, c'est permettre à l'organisme de lutter efficacement contre l'invasion bacillaire.

Cette conception chaque jour mieux assise scientifiquement des multiples insuffisances glandulaires engendrées par les toxines tuberculeuses a conduit d'une façon naturelle à une méthode récente mais rationnelle, l'opothérapie. Des organes atteints par la maladie, les uns ont une influence secondaire sur la marche de l'affection comme l'hypophyse, le poumon, le sang, les muscles, etc. Mais à côté de ces organes pour ainsi dire secondaires, il en est d'autres dont l'influence sur l'évolution de la tuberculose est primordiale, par exemple les capsules surrénales, la rate, le foie, les ganglions, etc. Ces organes dits *de défense* ne peuvent accomplir leurs fonctions puisqu'ils sont atteints par l'imprégnation tuberculeuse. Pour remédier à cette insuffisance glandulaire semble-t-il exister un meilleur moyen que l'opothérapie ? Des essais thérapeutiques de glandes isolées ont été faits pour le foie par Triboulet, Barbier, Parmentier, Lemoine et Girard; pour les extraits surrénaux par Sergent et Renon, pour la rate par Bayle, pour la cholestérine par Iconesco, pour l'extrait hypophysaire par Delille et Renon. Enfin on a fait en tuberculose de l'opothérapie thyroïdienne, gastrique, pulmonaire, etc.

Pour notre compte personnel nous inspirant des idées pathogéniques que nous venons d'énoncer, devant la multiplicité des glandes primordiales atteintes chez le tuberculeux, nous avons pensé à une opothérapie multiple. Pour cela nous avons pris chez l'animal en état de défense contre la tuberculose les principaux organes de lutte de son organisme, lesquels préparés et mélangés à dose constante nous ont donné un plasma qui a servi à nos expériences de laboratoire et dans la suite à des applications cliniques.

Cette opothérapie complexe ne saurait être considérée comme une médication symptomatique, elle joue le rôle d'une véritable médication pathogénique puisqu'elle s'adresse aux organes de premier ordre, aux glandes essentielles qui tiennent sous leur dépendance la fonction primordiale de l'organisme. Au récent Congrès de Rome nous avons exposé longuement nos diverses expériences et donné un certain nombre d'observations de malades traités d'après cette méthode.

Nos essais thérapeutiques ont porté sur les formes les plus diverses de la tuberculose en général. Cependant en tuberculose pulmonaire nous avons éliminé, de parti pris, les tuberculoses du premier degré. Nous ne nous sommes adressés qu'aux cas graves tels que les formes aiguës granuliques avec ou sans localisation, les formes ulcéreuses, les formes chroniques excavées, les formes septiques avec associations microbiennes multiples.

En tuberculose chirurgicale nous avons traité les ostéites tuberculeuses avec suppuration ouverte, des abcès de congestion, des fistules périnéales, des rhumatismes tuberculeux.

Nous avons choisi des malades d'âge très différent depuis 5 ans jusqu'à 60 ans. Ces observations ont été prises, soit par nous-mêmes, soit par des confrères dans la clientèle privée ou dans les services hospitaliers. Nos observations sont au nombre de 155 (*actuellement elles dépassent* 200), nous permettant d'avoir des résultats définitifs et de poser des conclusions. Nous avons longuement développé ces conclusions au Congrès de Rome.

Des radioscopies et radiographies instantanées sont, dans le plus grand nombre des cas, prises par le Dr Arcélin, radiologue de l'Hôpital Saint-Joseph. Les examens des crachats, du sang, sont habituellement toujours pratiqués.

Si l'on s'en rapporte aux explications théoriques que nous exposions au commencement de ce travail, il est permis de penser que l'opothérapie associée radioactive agit surtout chez les sujets jeunes, chez ceux dont la tuberculose présente une marche relativement torpide et dont les organes momentanément troublés dans leur fonctionnement peuvent récupérer par un traitement approprié leur sécrétion normale. Elle sera efficace chez les malades jeunes atteints de tuberculose locale, lupus, arthrite tuberculeuse, mal de Pott, et maladie d'Addison.

Son action sera moindre, même s'ils sont jeunes, chez ceux dont la tuberculose présentera une allure aiguë. Elle devra être très minime chez les malades âgés, chez ceux dont les organes seront atrophiés du fait de tare concomitante (alcool, fièvre paludéenne). A l'appui de ces hypothèses permettez-nous de vous apporter quelques résumés d'observations.

En voici une première, due à l'obligeance de M. le Dr *Chatonnet* de Saint-Fons :

Jeune fille, 13 ans, bacillaire depuis deux ans, forme bilatérale, cavitaire à gauche, infiltration étendue à droite, température élevée, anorexie, sueurs, doigts hippocratiques, cachexie, traitement commencé le 24 janvier 1912, 27 injections. Chute de la température, retour de l'appétit, relèvement de l'état général et du poids : 24 janvier, poids, 31,300 kg; 27 janvier, 32,400 kg; 11 février, 33,300 kg; 19 février, 34,600 kg; 3 mars, 35,600 kg; 6 avril, 38,200 kg. A l'examen toujours caverne à gauche, à droite diminution de l'infiltration et transformation fibreuse. La malade est actuellement à la campagne et va bien.

Deuxième observation, a trait à une femme de 33 ans, bacillaire depuis deux ans, présentant une forme unilatérale du sommet du poumon droit caractérisé par de la bronchite localisée avec des râles muqueux, anorexie, amaigrissement marqué, température 37°,8, nombreux bacilles dans les crachats, traitement commencé en octobre 1911, ne cesse pas son métier de couturière, a reçu 50 injections, actuellement 10 mois après le début du traitement a pris 6 kg, la température ne dépasse pas le soir 37°, les bacilles ont disparu dans les crachats, transformation fibreuse de la lésion.

Voilà deux observations de malades très gravement quoique irrégulièrement touchées, qui, à la suite du traitement dont nous venons de parler, présentent une amélioration qui permet presque de prononcer le mot de guérison.

L'es résultats en tuberculose chirurgicale ont été aussi très encourageants.

Voici, par exemple, l'observation d'une petite fille de 7 ans, présentant à un avant-bras une ostéite du cubitus avec une plaque lupique de la largeur d'une pièce de 2 fr. État général mauvais, anorexie, 45 injections en 3 mois. Excellent état général, cicatrisation définitive de la plaque lupique, diminution marquée de la sécrétion purulente de l'ostéite, une intervention minime l'en débarrassera facilement.

Chez un addisonnien, notre distingué confrère le Dr *Espenel* de Lyon a obtenu un résultat momentané intéressant.

Il s'agissait d'un adulte présentant tous les symptômes cliniques d'un addisonnien, à signaler surtout une asthénie profonde, une anorexie complète, à la suite d'une dizaines d'injections ; son état général s'est amélioré, le malade mangeait, se réveillait, se sentait mieux, l'action antitoxique était manifestée. Le malade mourut subitement comme meurent beaucoup d'addisonniens par insuffisance des surrénales avant que le Dr Espenel ait pu pratiquer la greffe de surrénales animales, greffe qu'il se proposait de faire.

L'action de cette opothérapie associée radioactive se fait même sentir d'une façon bienfaisante dans des cas absolument désespérés. Nous n'en voulons comme exemple que cette observation scientifiquement étudiée et communiquée par M. le Dr *Faure* de Cannes. En voici le résumé :

Jeune fille de 15 ans, malade depuis six mois, marche aiguë, poumons en bouillie, dyspnée, température variant entre 37° et 40°, bacilles nombreux vacuolaires, 6o à 8o par champ, microbes associés; traitement commencé le 1er janvier, continué jusqu'au 22 janvier; dès la première injection retour de l'appétit, euphorie; poids le 1er janvier 27 kg, le 8 janvier 28 kg, le 15 janvier 29 kg, le 22 janvier 29,750 kg. Cette malade qui vit encore n'en est pas moins condamnée, car malgré l'amélioration inespérée de son état due à la neutralisation de ses toxines par le retour de fonction de défense de l'organisme, elle ne peut espérer une action suffisante locale au niveau de ses lésions pulmonaires trop étendues.

Cette observation nous rappelle celle d'un jeune homme de 16 ans, renvoyé du Sanatorium d'Hauteville, le 8 septembre 1911, dans un état lamentable, car il présentait une tuberculose pulmonaire bilatérale, excavée à gauche, ramollie à droite, teint cireux, voix rauque, douleur à la déglutition, essoufflement, température voisine de 40°, expectoration abondante farcie de bacilles, diarrhée; poids 54,100 kg. Commencement du traitement le 13 septembre, 3o injections; vers la dixième retour de l'appétit, sensation de bien-être, retour des forces, diminution marquée de la température, diminution des signes pulmonaires inflammatoires et surtout augmentation rapide du poids qui de 54 kg, le 11 septembre, atteignait 57,3oo kg le 10 octobre. Ce malade malgré tout mourait 1 mois plus tard par extension de sa tuberculose laryngée lui rendant toute alimentation impossible et par l'épuisement causé par sa diarrhée.

On le voit donc, le produit dont nous vous entretenons par son action

de revivification sur la cellule des organes primordiaux auxquels est
dévolue la défense de l'organisme agit comme un produit antitoxique.
Mais, outre cette action générale, en activant le processus de défense
organique, il agit localement au niveau du foyer tuberculeux sur le bacille
lui-même. En effet, dans le plus grand nombre de nos observations, nous
voyons les bacilles diminuer rapidement comme nombre, en quelques
semaines, et présenter une morphologie nouvelle constamment identique.
Cette étude nous occupe actuellement. Dans un travail ultérieur nous
publierons nos recherches actuelles sur ces transformations bacillaires
si rapides et si intéressantes.

En résumé les malades jeunes à lésions graves, mais circonscrites et
réparables, malgré une intoxication profonde, bénéficient et peuvent
guérir par un traitement méthodique d'opothérapie associée radioactive.

M. H. ROUX,

Directeur d'École (Nîmes).

**LA LUTTE CONTRE LA TUBERCULOSE PAR LA MUTUALITÉ
ET LA COOPÉRATION ([1]).**

613.96 : 616.995

3 *Août.*

Introduction. — La Tuberculose, *maladie éminemment sociale*, exerce
ses ravages en notre pays plus qu'ailleurs, et le personnel enseignant
primaire lui paie un trop large tribut. « A Paris, et dans les grandes villes,
écrivait le professeur Brouardel, le cinquième des maîtres est tuberculeux ([2]). Pourtant, c'est une maladie évitable, curable même, puisque
la mortalité par tuberculose diminue à l'étranger. La constatation du
mal nous fait un devoir patriotique de secouer enfin une indifférence
coupable, tandis que la quasi-certitude de le terrasser est bien de nature
à stimuler notre énergie.

Comme il est prouvé qu'on peut être phtisique sans le savoir, témoin

---

([1]) Ce travail a obtenu le premier prix au concours organisé en 1906 par M. le Recteur dans le ressort de l'Académie de Montpellier. Il a été ensuite imprimé dans
les *Mémoires de l'Académie de Nîmes*, 1908.

([2]) Dr WEILL-MANTOU, *La Tuberculose dans le corps enseignant* (voir *Préservation antituberculeuse* de juin 1905). — *N. B.* M. Brouardel nous écrivait lui-même,
le 18 avril 1906, que les statistiques sont fatalement erronées parce que « les déclarations des causes de décès ne sont pas obligatoires en France ».

cette sage-femme qui, insufflant de l'air dans la bouche des nouveau-nés pour faciliter la première respiration, leur souffla à tous la mort parce qu'elle était tuberculeuse (¹), les maîtres et les maîtresses, en contact permanent avec leurs élèves, doivent se montrer particulièrement vigilants. Ne cite-t-on pas un instituteur tuberculeux qui contamina 23 enfants fréquentant son école? (²)

Mais ce n'est pas seulement en tant qu'homme public que l'instituteur a le devoir de se rendre un compte exact de son état de santé; cette nécessité existe encore vis-à-vis de sa famille, de lui-même et de la société. La contagion familiale est, en effet, pour beaucoup dans la tuberculose de l'enfant (³). D'autre part, le tuberculeux qui néglige son mal peut le rendre incurable, augmentant ainsi le nombre des malheureux que la société n'est pas loin de considérer comme des êtres dangereux. Il est donc urgent de *dépister* la maladie, c'est-à-dire de découvrir, chez un prétendu bien portant, les symptômes avant-coureurs de la tuberculose et de lui procurer sans retard les moyens de se débarrasser de tout germe morbide. En d'autres termes, la tuberculose, non héréditaire, mais éminemment contagieuse, éclate par la rencontre d'un germe, d'une graine en l'espèce, le *bacille de Koch*, et d'un terrain, c'est-à-dire d'un organisme apte à développer la graine (⁴). Le devoir présent de la société consiste à faire que cette graine, impossible à détruire directement dans l'organisme, au moins pour le moment, ne trouve plus un terrain propice où elle puisse exercer ses ravages. Mais ici, les difficultés abondent! Ne nous laissons cependant pas arrêter par elles; faisons-en, au contraire, l'énumération rapide, ce sera le meilleur moyen de connaître les forces de l'ennemi; après quoi, nous leur opposerons nos moyens de lutte.

PREMIÈRE PARTIE. — *Difficultés de la lutte antituberculeuse.* — Passons rapidement en revue les principales de ces difficultés, que nous limitons, bien entendu, au personnel de l'enseignement primaire public et aux élèves :

1º *Difficulté de poser la question.* — Qui dira à un maître, ou à une maîtresse : « Vous pourriez bien être, sans vous en douter, menacé de tuberculose; consultez votre médecin?... » Évidemment, un proche parent, un ami intime ou mieux lui-même si sa propre éducation hygiénique a été bien faite, et il dépend uniquement de lui qu'elle soit bien faite.

2º *A propos d'hygiène individuelle.* — Peu de personnes, et nous pouvons bien le dire, peu de maîtres observent rigoureusement les règles les

---

(¹) Ch. GIDE, *La Coopération* (conférence de propagande, p. 158).

(²) Dʳ WEILL-MANTOU, *article cité.*

(³) Cf. *La Contagion familiale dans la tuberculose de l'enfant* (*Préservation antituberculeuse de mai,* 1905).

(⁴) *Cf.* la Conférence de M. Léon Bourgeois dans la *Revue politique et parlementaire* du 10 décembre 1905, et BROUARDEL, *La Lutte contre la Tuberculose,* p. 22.

plus élémentaires de l'hygiène. La plupart de nos collègues, insouciants du danger, préfèrent trop souvent à une promenade en pleine campagne, au grand air, promenade qui reposerait leur esprit et dégourdirait leurs membres, une partie de manille ou de billard dans un établissement où l'on s'empoisonne lentement, d'abord en absorbant des breuvages plus ou moins frelatés et presque toujours nocifs, ensuite en respirant un air vicié par la présence d'un trop grand nombre de personnes et la fumée du tabac. Ajoutons que les sujets de conversations qui précèdent, accompagnent ou suivent le jeu, ne sont pas toujours de nature, surtout en cours de période électorale, à calmer le système nerveux, déjà mal disposé par les fatigues de la classe. L'entraînement est ici dangereux et, il est bon de se rappeler à temps que si Hoffman, Edgar Poë et Alfred de Musset, pour ne citer que ces noms, fréquentèrent, le premier surtout, le cabaret pour « se soulever au-dessus des vulgarités et des misérables petitesses de l'existence quotidienne et vivre la poésie... », ce n'est pas là qu'ils puisèrent les inspirations de leur génie. Méfions-nous de cet alcoolisme insidieux décoré du nom d'alcoolisme des gens du monde.

D'autres, au contraire, abusent des sports tels que courses trop longues en bicyclette et imprudences qui les accompagnent toujours. Quelques-uns, en petit nombre heureusement, ignorant sans doute les dangers auxquels ils exposent, non seulement leurs propres personnes, mais encore leurs femmes et leurs enfants, se laissent aller à des excès que la médecine et la morale réprouvent également. Il y a encore ceux que la décourageante neurasthénie ou la déprimante anémie, conséquences d'un travail intellectuel excessif ou de graves préoccupations, guettent.

3° *Comment soigner les prétuberculeux et les tuberculeux.* — Quand un maître, ou une maîtresse d'école, est prétuberculeux, c'est-à-dire fortement menacé de tuberculose, il faut tout de suite engager la lutte contre le mal, tout en lui permettant, quand la chose sera possible, de continuer à faire sa classe. Mais la difficulté grandit quand le fonctionnaire, déjà sérieusement atteint, doit, autant pour assurer sa propre guérison que pour éviter de contaminer son entourage immédiat et ses élèves, être dirigé sur un sanatorium, ou, en tout cas, isolé. Les quelques jours de congé accordés par l'administration sont bien vite épuisés, et comme l'on se trouve en présence d'une maladie dont la durée varie de 6 semaines à 25 ans... (Brouardel), le traitement, soit préventif, soit curatif, exige un temps souvent très long. Par quels moyens concilier ces nécessités absolument contradictoires : soins au malade et subsistance assurée à sa famille? Il ne faut pas oublier, en effet, qu'une parfaite tranquillité d'esprit fait partie intégrante de la cure. Le service scolaire a également besoin d'être assuré, et enfin, si le malade vient malheureusement à succomber, laissant dans le besoin une femme, des grands-parents infirmes et des enfants en bas âge ou incapables de gagner leur vie, qui remplacera le père de famille enlevé prématurément à sa tâche et à ses affections...?. La question d'argent se pose ici dans toute sa force, et c'est à rechercher les moyens de la résoudre que nous consacrerons la troisième Partie de notre étude, la seconde s'occupant surtout d'hygiène préventive et de l'organisation générale de la lutte.

DEUXIÈME PARTIE. — *Moyens pratiques de surmonter les difficultés.* — Cette seconde Partie comprendra : 1° l'exposé des moyens à employer pour défendre le maître sain contre le milieu pouvant le contaminer (société, classe, etc.); 2°.l'indication des moyens susceptibles de défendre le milieu encore sain contre le maître malade.

Au début de ce Chapitre, nous poserons en principe que « si l'individu a le droit de protéger sa santé contre les attentats de ses voisins et de demander à la société son aide active pour cette protection, il a, tout aussi obligatoirement, le devoir de respecter la santé de son voisin, d'aider son voisin à accroître sa propre santé et de collaborer activement à l'œuvre de protection hygiénique de la collectivité. La santé est un droit fait de devoirs corrélatifs », avec, à la base, « non seulement l'idée de solidarité et de mutualité, mais encore celle d'altruisme et de sacrifice » ([1]).

I. *Exposé des moyens à employer pour défendre le maître sain contre le milieu pouvant le contaminer.* — Nous pensons qu'il faut avant tout faire l'éducation hygiénique et antituberculeuse du maître. Il le pourra lui-même facilement en étudiant des traités spéciaux et en s'affiliant, par exemple, à la *Société de préservation contre la tuberculose* ([2]) qui publie tous les mois un intéressant et instructif *Bulletin.* Nous recommandons également la lecture attentive des suggestives conférences de MM. les professeurs Rodet, Grasset, Baumel, Forgue et Carrieu, ainsi que celle du Livret de MM. Brouardel et Lagrue... Si cette troublante question, l'intéresse véritablement, il s'informera de l'état de la lutte en France et dans les pays voisins, notamment en Angleterre, en Allemagne, en Belgique, en Suède... Il acquerra ainsi une compétence et une autorité suffisantes pour remplir le rôle dont la société l'investit.

Ces précieuses connaissances une fois emmagasinées et digérées, le maître montrera son savoir-faire par l'application des mesures suivantes dont nous nous contenterons de faire l'énumération rapide, n'insistant que sur celles ayant trait à la question sociale qui nous occupe.

Le maître enseignera aux enfants la propreté ([3]), base de l'hygiène, et il ne se lassera pas de leur rappeler ces mille petits conseils, ces multiples recommandations, connues de tous, mais qu'il importe d'observer

---

([1]) *Cf.* GRASSET, Discours prononcé au Congrès d'hygiène sociale de Montpellier, le 21 mai 1905. .

([2]) Siège social : 33, rue Lafayette, Paris,

([3]) La propreté consiste à « éliminer toutes les matières qui ne sont pas à leur place et qui, par cette raison, sont encombrantes et même dangereuses » (GIDE, *Économie sociale,* p. 213).

rigoureusement si l'on veut prévenir la maladie. Nous insisterons particulièrement sur les points suivants : 1º la race bovine contractant très facilement la tuberculose, n'absorber que du lait provenant de vaches tuberculinées et le faire même bouillir au préalable; 2º ne consommer que de la viande suffisamment cuite, ou mieux, à l'exemple de nos ancêtres, substituer le plus possible le régime végétarien au régime carné; 3º se méfier des chiens, tuberculisés par l'homme, suivant l'expression de M. Landouzy, et pouvant transmettre la maladie par le simple contact de leur langue; des perroquets, souvent atteints de la tuberculose du bec; des mouches qui, se posant sur les crachats disséminés sur le sol, transportent ensuite partout les bacilles mortels; 4º veiller à ce que les enfants n'empruntent aucun objet à leurs camarades et ne portent jamais quoi que ce soit à la bouche (¹).

Le maître s'efforcera de faire de sa classe et de ses dépendances, trop souvent défectueuses, un modèle de salubrité que les familles pourront imiter. Ainsi, il tâchera d'obtenir des municipalités le badigeonnage semestriel au lait de chaux des murs et du plafond, le lessivage fréquent du parquet et des tables-bancs, l'acquisition de quelques crachoirs contenant, au fond, au lieu de la sciure de bois ou des cendres traditionnelles, un liquide antiseptique; le balayage et l'époussetage humides, *après la classe*, et non point quelques instants seulement avant l'arrivée des élèves; le nettoyage et la désinfection quotidiens des cantines et des cabinets d'aisance, l'arrosage de la cour, etc. Il veillera lui-même à la ventilation énergique des locaux pendant les récréations, au renouvellement fréquent du torchon servant à effacer la craie sur le tableau, au curage mensuel des encriers non pourvus de couvercles, etc. Quant à son logement particulier, il le transformera, aidé par sa femme et ses enfants les plus âgés, en un confortable *home* reluisant de propreté, débarrassé des inutilités encombrantes et nuisibles si favorables à la multiplication des microbes, et, quand toutefois cela sera possible, inondé d'air et de lumière. Il ne faut jamais perdre de vue que si la tuberculose, dénommée quelquefois *maladie de maisons* (²), a notablement diminué en Angleterre, c'est grâce à la guerre qu'on fait dans ce pays aux logements insalubres.

Mais le maître mentirait à son titre d'éducateur s'il bornait là son action. Il visitera les parents de ses élèves et les mettra en garde contre les dangers qui menacent ces derniers. Il leur dira surtout ceci : vos enfants en sont à la première période de leur existence, c'est-à-dire la période dite d'*accroissement*, au cours de laquelle les phénomènes de la nutrition s'accomplissent avec une grande énergie. Comme « rien ne vient de rien », une nourriture abondante et saine leur est nécessaire; veillez donc sur leur

---

(¹) *Cf.* Dʳ A. DELON, *La France meurt* (conférence). Nous avons puisé dans ce suggestif travail des renseignements très intéressants.

(²) A Paris, par exemple, la mortalité par tuberculose n'est que de 10 pour 10 000 et par an dans le quartier des Champs-Élysées; elle est de 110 pour 10 000 dans la plupart des quartiers ouvriers.

régime alimentaire, faites qu'ils s'abstiennent d'alcool sous toutes ses formes, et, sous le prétexte spécieux d'en faire des enfants prodiges, ne surmenez pas leur cerveau. Plus tard, quand arrivera l'âge de la puberté, c'est-à-dire quand les passions s'éveilleront en eux, surveillez-les de près et le jour et la nuit : croyez bien que leur avenir, au point de vue physique et moral, dépend de votre vigilance. Pour enrayer directement les progrès de la tuberculose, le maître provoquera la création d'œuvres diverses, — mutualités maternelles et scolaires, sections cadettes antialcooliques, dispensaires (¹) — qui constitueront comme autant de moyens de préservation et de défense. Dans les centres ouvriers, il essaiera de réagir contre cette déplorable habitude consistant à envoyer à l'usine, et cela malgré la loi du 2 novembre 1892, des enfants qui n'ont pas encore atteint l'âge de 13 ans.

Malgré toutes ces précautions, il peut arriver que quelque enfant soit menacé de tuberculose. Dans ce cas, l'élève suspect sera éloigné de l'école et soigné dans sa famille, ou encore, si son état le permet, envoyé dans l'un de ces établissements existant surtout en Allemagne, que M. Carrieu qualifie d'*écoles hygiéniques*, où il continuerait ses études tout en suivant un régime et un traitement appropriés à son état de santé. Les Anglais, les Belges, les Allemands ont, en effet, fondé des écoles *en plein air* qui donnent déjà des résultats très encourageants. A Londres, en particulier, la *Shresburg House open air*, sorte d'école mixte ouverte d'avril à novembre à 180 enfants environ, a vivement intéressé les envoyés du Conseil municipal de Paris qui l'ont visitée. En Allemagne, ces sortes d'écoles fonctionnent jusqu'à la Noël. Pourquoi n'imiterions-nous pas nos voisins (²)? Mais si l'on se trouve en présence d'un cas de tuberculose contagieuse, c'est-à-dire de « celle dans laquelle l'examen clinique du malade permettra d'affirmer l'existence de lésions tuberculeuses avec possibilité d'élimination de bacilles spécifiques » (Brouardel), l'exclusion immédiate s'impose : l'enfant devra être soigné, soit au sanatorium, soit à l'hôpital. Mais ces cas sont heureusement assez rares.

En général, c'est le maître qui est le premier, souvent même le seul, atteint sérieusement. Nous lui demandons alors dans l'intérêt de ses élèves, de sa famille et du sien propre d'interrompre immédiatement ses occupations et de se faire admettre au sanatorium (³). Nous lui recommandons la lecture attentive de certains petits traités spéciaux tels que le *Memento* des docteurs Rumpf et Guinard (⁴) où il trouvera d'utiles

---

(¹) *Voir* la troisième Partie.

(²) Voir *Relèvement social* du 15 novembre 1909.

N. B. La municipalité de Nîmes fait depuis 1909, en août et septembre, des essais d'école de *plein air* dont les élèves de complexion délicate fréquentant les écoles laïques de la ville tirent un heureux profit. A signaler également l'école établie en 1909, au Vernay, par la ville de Lyon.

(³) Nous en étudierons les moyens dans la troisième Partie.

(⁴) Lyon, Rey et Cⁱᵉ, 4, rue Gentil, 1905.

conseils. Surtout, qu'il ne se laisse pas effrayer par le mot de tuberculose prononcé devant lui par le médecin : on guérit de cette affection, quelquefois même sans suivre de traitement, témoins les nombreuses autopsies de vieillards présentant des lésions anciennes qui se sont fermées toutes seules. Que ces paroles d'Hippocrate : « Le phtisique, s'il est traité dès l'abord, guérit », confirmées par les travaux des savants modernes, lui redonnent confiance et espoir. Les résultats encourageants obtenus dans les sanatoriums allemands doivent être encore pour lui un précieux réconfort. Qu'il se rappelle à propos ces vers que l'auteur des *Pestiférés de Jaffa* a fait dire à Bonaparte s'adressant aux malades :

« Levez-vous, ranimez votre force abattue,
« Bien plus que le fléau, l'effroi du mal vous tue » (¹).

Nous demanderons enfin aux personnes composant l'entourage immédiat du tuberculeux de ne le point considérer comme un lépreux : s'il leur est permis de prendre certaines précautions, l'humanité leur commande d'entourer le malade de soins assidus et d'attentions délicates.

II. *Exposé des moyens à employer pour défendre le milieu sain contre le maître ou l'élève malade.* — Mais les conseils qui précèdent risquent fort de ne point être encore suivis et il arrivera certainement très souvent que quelque élève présente des dangers de contagion pour ses camarades ou qu'un maître, s'abusant sur son état, continue à semer autour de lui ses bacilles. Il faut donc que la collectivité, représentée ici par les élèves et les familles des maîtres, soit défendue, et c'est l'État, son tuteur légal, qui doit intervenir en provoquant des mesures législatives ayant trait à la déclaration de la tuberculose, aux logements insalubres et à l'assurance obligatoire contre la maladie. Le Congrès de 1905 a émis le vœu que « la déclaration de la tuberculose ouverte soit généralisée »; mais les praticiens français répugnent à cette mesure pourtant adoptée ailleurs.

Sur la deuxième question, — logements insalubres, — le Congrès a demandé que la loi donne à l'autorité publique « les droits et les moyens d'exproprier tous les immeubles dangereux pour la santé des habitants en tenant compte pour l'évaluation de l'indemnité de leur *valeur sanitaire* ». A cet égard, nous pensons que la loi du 15 février 1902 modifiée par celle du 3 avril 1903, donnerait, si elle était rigoureusement appliquée, des résultats appréciables. Mais, comme l'a dit Duclaux, « la coercition est impossible tant que l'opinion publique n'est pas éclairée. Il est vain qu'une loi sanitaire commande quand elle ne sait pas se faire obéir ». Efforçons-nous donc d'éclairer nos compatriotes par les exemples que nous fournissent les autres nations. Ainsi, ne nous lassons pas de rappeler que si la mortalité par tuberculose s'est abaissée en Angleterre de 45 %, c'est grâce

---

(¹). *Cf.* dans le *Petit Méridional* des 4 février et 20 mai 1906 deux articles du Dʳ Dumas : 1° *La peur de la mort;* 2° *Les maladies de la peur.*

aux mesures prises par le Parlement contre les maisons insalubres. En Belgique, la Caisse d'épargne a avancé aux Sociétés d'habitations ouvrières plus de 72 millions de francs. En Allemagne, on assainit les villes avec les fonds des Caisses de retraites...

Enfin, nous demandons qu'on établisse en France, par voie législative, comme en Allemagne, l'assurance obligatoire contre la maladie.

TROISIÈME PARTIE. — *Organisation des moyens de défense.* — Nous classerons, suivant leur origine, nos moyens de défense sous deux rubriques : I. Initiative privée (Mutualité et Coopération); II. Intervention de l'État et action législative. Nous terminerons par l'énumération des œuvres les plus propres à combattre la tuberculose.

I. *Initiative privée : Mutualité.* — M. Bourgeois a prouvé, au cours de sa conférence (*voir* p. 672), que l'intérêt des Sociétés de secours mutuels était de s'associer à la lutte pour la préservation contre la tuberculose : nous n'y reviendrons pas. Or, des mutualités d'instituteurs prospères existent. La plupart de ces Sociétés ne viennent qu'imparfaitement en aide à la femme enceinte ou nouvellement accouchée. Pour combler cette lacune, nous demandons que chaque groupement départemental crée parmi ses membres appartenant au sexe féminin une *Mutualité maternelle*, c'est-à-dire une Mutualité des femmes en âge de devenir mères, dans laquelle on admettrait, outre les maîtresses en exercice, les futures institutrices dès leur seizième année. Les membres actifs paieraient une cotisation annuelle de 3 fr, par exemple, avant le mariage, et de 5 fr après ; le complément des ressources serait demandé à la Société de secours mutuels mère, aux amis de l'enseignement laïque, au département et à l'État. De la sorte, la mère, « providence tutélaire du foyer », et l'enfant, « source de toutes forces parce qu'il est la source de toute espérance », verraient leurs précieuses existences sauvegardées ([1]).

Du reste, en vertu de ce principe admis par le Congrès de Paris, à savoir que « la préservation de l'enfant est le moyen le plus efficace de combat contre la tuberculose, maladie sociale », et que, d'après le professeur Grancher ([2]), « la prophylaxie, c'est-à-dire la préservation, domine l'assistance... », nous ne saurions trop recommander les *colonies scolaires*

([1]) *Cf.* sur cet intéressant sujet le Compte rendu du Congrès de l'Alliance d'hygiène social de Montpellier, 1905 (Rapports Baumel, Poussineau et Fuster) et M. DUMAS, *Le nouveau-né*, dans le *Petit Méridional* du 8 juillet 1906.

([2]) Feu M. Grancher avait créé l'œuvre bien connue de la Tuberculose de l'enfance qui a vu naître 8 filiales à Lyon, Marseille, Bordeaux, Toulouse, Montpellier, Rennes, Le Havre et Lille, et que sa veuve poursuit avec dévouement. La Commission permanente a récemment abordé la mise en pratique du système Grancher « comprenant l'inspection des écoles, le dépistage précoce de la réceptivité tuberculeuse, l'hygiène scolaire, le carnet sanitaire, le placement préventif des enfants non encore tuberculeux chez des familles rurales... » (BURNOT, *La lutte contre la tuberculose en France;* VIIIe Conférence internationale contre la Tuberculose, p. 72 et 465).

de vacances ([1]), dont feraient partie, naturellement, les enfants plus ou moins anémiés fréquentant les écoles des villes. Certains membres du personnel enseignant pourraient même, sans bourse délier, participer à ces cures, soit à la montage, soit à la mer, en se faisant agréer en qualité de surveillants par les Comités organisateurs ([2]).

Qu'il nous soit permis maintenant de dire un mot du rôle spécial que nous serions heureux de voir remplir à notre époque par le père et la mère de famille. On sait que les affections dites *avariantes* sont la cause probable de la mort dans le sein de leur mère d'innombrables enfants et que, sur les 850 000 environ venant au monde chaque année en France, 150 000 sont impitoyablement fauchés par la mort. Sur ce chiffre, la tuberculose est la cause initiale de 4000 décès !... Nous pensons que les parents véritablement soucieux du bonheur immédiat de leurs enfants et de l'avenir du pays ont le devoir de prémunir leurs garçons et leurs filles âgés de 15 à 20 ans contre les dangers de l'avarie et d'une mauvaise hygiène. Il est temps de rompre sur ces sujets spéciaux un silence qui n'a que trop duré et que rien ne justifie. Nous avons nous-même, à diverses reprises, entretenu de ces questions les membres de nos Sociétés antialcooliques âgés de 16 ans et nous sommes fondé à croire qu'ils en ont retiré quelque profit.

Les enfants d'âge scolaire se groupent de plus en plus en des *Mutualités*, toutes *filles* de ce regretté Cavé qui résolut, dès 1881, de venir en aide aux sociétaires malades au moyen d'une indemnité journalière, de leur assurer une pension de retraite et de leur constituer, par un livret individuel, un capital pouvant, en cas de décès, être remboursé à leurs ayants droit. L'État subventionne largement cette œuvre de prévoyance sociale, assurément la meilleure collaboratrice des retraites nationales. Pour peu qu'elle s'étende, le monde des écoliers sera bientôt suffisamment prémuni contre la maladie. Ainsi que nous l'avons dit plus haut (p. 677), le personnel primaire a constitué des Sociétés qui groupent, non point la totalité, mais la majorité de ses membres. Ainsi, sur les 5682 maîtres ou maîtresses que comptent les cinq départements du ressort académique de Montpellier, 3169 font partie des Sociétés départementales d'Assurance mutuelle. L'examen des comptes rendus annuels de la Société du Gard nous a appris que le Conseil d'administration, bien qu'il n'admette pas le remboursement de certaines dépenses, dont la liste figure en bonne place dans le *Bulletin*, n'arrive à distribuer aux Sociétaires qu'un tant pour 100 sur leurs notes. C'est que les frais d'opérations, de suppléances ou d'hospitalisation absorbent le plus clair des ressources... Nous remarquons, en outre, que ces dépenses sont surtout le fait des sociétaires

---

([1]) La première colonie scolaire de vacances fut fondée à Zurich en 1876. Il s'en est créé ensuite en Allemagne, en Italie, en France, en Angleterre, en Belgique...

([2]) Cf. *Le Relèvement social*, 40, rue Fontainebleau, à St-Étienne (numéros des 1er mai, 1er juin et 1er juillet 1906).

femmes, et cela seul suffirait à justifier la création de Mutualités maternelles (*voir* p. 677) qui s'entendraient avec les Sociétés existantes.

L'application rigoureuse des dispositions humanitaires prises envers les femmes à la veille de devenir mères, par la loi du 30 octobre 1908, et étendues aux institutrices, par la loi du 15 mars 1910, allègera certainement le budget des dépenses de nos diverses Sociétés.

Mais la Société de secours mutuels, « cellule embryonnaire autour de laquelle toutes les autres Sociétés de prévoyance doivent se grouper » (Léon Say), ne produira son maximum d'effet que par le groupement de ses diverses unités. L'association, en effet, « régit à la fois les infiniment grands et les infiniment petits..., ce régime va grandissant sans cesse du minerai au ver de terre, du ver de terre à l'homme, et son degré de perfection nous apparaît ainsi comme le critérium même du progrès » (1). La Mutualité est une école qui nous apprend à tous que, lorsqu'on est seul, on ne peut rien, et lorsqu'on est plusieurs, on peut beaucoup » (2). En attendant que se constitue la Fédération de toutes les Sociétés de secours mutuels fondées dans notre pays par les membres de l'Enseignement, appliquons-nous à fédérer celles qui existent dans les cinq départements de notre Académie. L'article 8 de la loi du 1er avril 1898 prévoit ces unions, notamment pour le règlement de pensions viagères de retraite, la création de pharmacies et de « caisses de retraites et d'assurances communes à plusieurs Sociétés pour les opérations à long terme et les maladies de longue durée ». C'est aux Conseils d'administration à s'entendre : les sociétaires approuveront certainement leurs décisions. Un Comité directeur, spécialement institué pour veiller aux intérêts généraux de la Société nouvelle, s'appliquera d'abord à faire connaître à tous les résultats encourageants obtenus au sanatorium de Sainte-Feyre (3). Il pourra ensuite affilier notre groupement à l'*Association centrale française contre la Tuberculose* et à l'*Alliance d'hygiène sociale*, qui lui prêteront leur appui moral et matériel. Les nations voisines, notamment l'Angleterre et la Belgique, ont déjà reconnu les bons effets d'un pareil système.

I. *Initiative privée : Coopération.* — Mais, comme c'est l'argent qui manque le plus, j'ai hâte d'arriver à l'exposé d'un mode particulier d'association susceptible de nous procurer l'appoint nécessaire pour créer dans notre Académie et dans le pays tout entier les œuvres auxiliaires indispensables pour la lutte antituberculeuse : je veux parler de la *Coopération*, moyen excellent d'épargne collective qui a « pour but

---

(1) *Cf.* GIDE, *La Coopération*; notamment « *Les puissances de l'Association* », p. 91 à 103.

(2) *Cf.* la conférence déjà citée de M. L. Bourgeois, deuxième Partie.

(3) Lire dans les divers *Bulletins* départementaux la lettre adressée aux Inspecteurs d'Académie par plusieurs anciens pensionnaires de Sainte-Feyre (*Bulletin du Gard* de décembre 1909, p. 313).

lointain une transformation de l'ordre économique et pour but immédiat une amélioration de l'alimentation et du logement (¹) ». Les Équitables pionniers de Rochdale, dont tout le monde connaît l'histoire, ont eu de nombreux imitateurs : les Wholesales anglaises, le Wooruit de Gand, la Maison du Peuple de Bruxelles, les Coopératives de Bâle, de Genève, de Breslau, de Rome et même quelques Sociétés françaises prouvent, par leur étonnante prospérité, que « la Coopération est un moyen de transformation sociale très puissant, j'ai presque envie de dire tout puissant, quand elle est fondée sur la solidarité... » (²). C'est qu'il n'existe pas de Société coopérative, même parmi celles paraissant uniquement organisées en vue de l'épargne bourgeoise ou de la « chasse aux dividendes » — *divi hunting* — qui ne contienne « une petite âme de bonté ». En effet, la plupart des sociétés coopératives de consommation, forme la plus connue, emploient la plus grande partie de leurs bonis, ceci indépendamment de leurs réserves légales, à des œuvres d'utilité sociale : acquisition de maisons confortables, caisses d'assurance pour la maladie ou la retraite, éducation, assistance.... La diminution de la mortalité par tuberculose en Angleterre et de l'alcoolisme en Belgique, pour ne citer que ces deux pays, doit être en partie attribuée à l'action des Sociétés coopératives. S'il est vrai, comme le dit M. Gide, qu' « il y a Société coopérative de consommation toutes les fois que plusieurs personnes s'entendent pour pourvoir en commun à leurs besoins individuels », on conçoit que le champ à exploiter par cette forme d'association soit vaste et puisse comprendre à la fois les besoins matériels, intellectuels et moraux.

La statistique montre que, dans notre pays, « les chiffres inscrits à la colonne des recettes provenant des cotisations des mutualistes participants sont toujours inférieurs à ceux inscrits dans la colonne des dépenses pour frais de maladie, de funérailles et de gestion : le déficit atteint en moyenne 15 % » (³).

Le complément nécessaire, la Coopération nous le fournira. Modifiant quelque peu le vœu adopté en 1900, sur la proposition de M. Cheysson, par le Congrès international de la Mutualité, nous demandons que les instituteurs et les institutrices mutualistes greffent sur leurs Sociétés déjà existantes des Sociétés coopératives de consommation dont les bonis, répartis par les soins de la Fédération des Sociétés, permettront de forger des armes avec lesquelles nous pourrons enfin prendre une vigoureuse offensive contre la maladie et l'invalidité en général et la tuberculose en particulier. Le Wooruit, de Gand, est entré dans cette voie et la Fraternelle, de Saint-Claude, verse dans une caisse de retraites 30 % de bonis, tandis que 20 % vont à une Caisse de secours de maladie et le restant au fonds impersonnel et inaliénable.

(¹) Lettre de M. Gide, en date du 26 avril 1906.
(²) *Cf.* GIDE, *La Coopération*, Ouvrage cité, p. 356.
(³) *Cf.* GIDE, *Économie sociale*, p. 276.

II. *Intervention de l'État et action législative.* — Bien que n'ayant pas la prétention d'attendre de l'État la solution de tous les problèmes économiques et sociaux, nous sommes loin de repousser systématiquement son intervention. L'État nous apparaît, en effet, comme la forme la plus large de la solidarité sociale. Pour le cas particulier qui nous occupe, nous aurons quelque peu recours à lui. Ainsi, nous prions instamment nos chefs directs, ses représentants, dont nous avons pu apprécier la bienveillance, de demander en haut lieu la modification de l'article 16, paragraphe 7, du décret du 9 novembre 1853, de façon que le maître atteint de tuberculose ou de toute autre maladie à évolution lente, contractée dans l'exercice de ses fonctions, reçoive son traitement entier jusqu'à complète guérison, ou, s'il est dans l'impossibilité de reprendre sa classe, une pension réversible en partie sur sa veuve ou ses enfants en cas de décès. A l'appui de notre opinion, nous dirons qu'une loi, votée en Danemark en 1904, édicte des mesures dans ce sens même.

L'inspection médicale dans nos établissements scolaires, non encore généralisée, mais qu'on ne perd pourtant point de vue, doit également faire l'objet de mesures sévères.

Mais d'autres mesures législatives nous paraissent s'imposer. Ainsi, en dépit des millions consacrés à la construction des maisons d'école, un trop grand nombre de locaux sont encore mal installés au point de vue de l'hygiène. La loi du 20 juillet 1895 sur les *Caisses d'épargne* serait, à notre avis, heureusement complétée si l'on ajoutait à l'article **10** que ces Caisses sont désormais autorisées à prêter à la Caisse des écoles, sur leur fortune personnelle, les fonds nécessaires pour transformer immédiatement ceux de ces locaux qu'une commission spéciale aura jugés insalubres.

En Allemagne, la création, relativement récente, de quatre sortes de Caisses d'assurances : maladies, accidents, invalidité, vieillesse, permet de lutter par toutes sortes de moyens contre ces divers états et en particulier contre la tuberculose (¹). En Angleterre, la fameuse *loi des pauvres* confie aux Pouvoirs publics l'assistance universelle et obligatoire, tandis que les *Friendly Societies*, sortes de Sociétés d'assurances libres, groupent, ici ou là, les personnes désireuses de sauvegarder l'avenir. C'est aussi le berceau et le pays de prédilection des Sociétés coopératives dont quelques-unes ont atteint, là, un prodigieux développement. Ces exemples nous préoccupent et nous nous demandons si l'on ne pourrait pas, à titre d'essai, instituer en France, parmi les membres de l'enseignement primaire public, une vaste Société d'assurance contre la maladie. Un prélèvement de 1,5 % sur les traitements nous paraîtrait suffisant pour en assurer le fonctionnement régulier. Ce serait un acheminement vers les organisations que nos voisins ont eu le bon esprit d'instituer chez eux.

(¹) *Cf.* FRANKEL, *L'état de la lutte contre la tuberculose en Allemagne,* notamment le Chapitre III : *Assurance ouvrière et tuberculose.*

M. Léon Bourgeois a déposé sur le bureau du Sénat, au nom de l'Alliance d'hygiène sociale et de la Fédération nationale de la Mutualité, une motion tendant à ce qu'une partie de l'avoir des Sociétés de secours mutuels puisse être consacrée à des œuvres de santé et de vie, telles que construction d'habitations salubres avec jardins, écoles de plein air, etc. Comme cette fortune, actuellement véritable bien de mainmorte, est de 530 millions, on conçoit que si le tiers, par exemple, soit 176 millions, était employé de la sorte, la lutte contre la maladie prendrait en France un merveilleux essor. Souhaitons que nos législateurs approuvent ce projet !

Les œuvres à créer ou à perfectionner. — Les ressources une fois trouvées, voyons quelles seraient les œuvres auxquelles on pourrait les consacrer. L'institution la plus utile, à notre avis, celle qui doit être comme la pierre d'assise de l'arsenal antituberculeux, c'est le *préventorium ou dispensaire de prophylaxie sociale antituberculeuse.* Là, on dépiste de bonne heure la terrible maladie et l'on indique les moyens d'en arrêter les progrès. Le modèle du genre existe à Lille, c'est le préventorium Émile Roux, œuvre du docteur Calmette. Nous n'avons pas la prétention de voir s'élever partout, en France, des établissements pareils à celui-là, mais nous pensons qu'on pourrait, en intéressant à cette œuvre les Bureaux de bienfaisance, établir dans toutes les communes des *dispensaires de fortune,* ainsi que les désigne M. Arloing, qui, malgré la simplicité de leur installation, permettraient d'assister à domicile les tuberculeux indigents. Avec les ressources dont disposent nos Sociétés de secours mutuels, il serait facile d'établir tout de suite, à raison d'un par chef-lieu d'arrondissement, des dispensaires de ce genre où les membres du personnel enseignant et leurs familles iraient s'enquérir de leur état de santé et recevoir des conseils médicaux. Dans les villes où l'eau des lavoirs publics n'est pas suffisamment renouvelée, on installerait un service de blanchissage analogue à celui qui existe à Lille. Réduit à sa plus simple expression, le dispensaire, installé dans une salle de classe inoccupée, fonctionnerait seulement le jeudi et le dimanche. Il comprendrait un médecin et un *moniteur d'hygiène,* en l'espèce un instituteur, qui remplirait auprès des intéressés le rôle de répétiteur, leur expliquant le sens et la portée des conseils donnés par le docteur. Le concierge de l'école, là où il en existe, une femme payée à la journée dans les localités qui en sont dépourvues, assureraient le service de propreté à l'égard duquel, par exemple, il faudra se montrer rigide. Le médecin du dispensaire enseignera à chacun ce qu'il devra désormais faire, soit pour prévenir la maladie, soit pour essayer de la guérir. A ceux qui peuvent sans inconvénient continuer à travailler, il prescrira un simple traitement à domicile qu'il surveillera, tandis qu'il enverra les autres, c'est-à-dire ceux qui sont plus sérieusement menacés ou déjà même quelque peu atteints, dans les divers établissements : stations de cures d'air et balnéaires, maisons familiales de repos, etc., ([1]), où ils referont leur organisme épuisé.

Les personnes présentant des lésions tuberculeuses, mais susceptibles toutefois de s'en guérir, seront dirigées sur les sanatoriums.

Le sanatorium « est un asile construit dans une région salubre, où l'air est pur de poussières, et dans lequel sont reçus les malades atteints de tuberculose pulmonaire ou laryngée *au début* ([2]) ». Les nations suivantes : Allemagne, Angleterre, Belgique, Danemark, France, Hongrie, Norvège, Pays-Bas, Portugal, Suède, Russie, République Argentine, etc., possèdent des sanatoriums, généralement fondés et entretenus par des œuvres et des Sociétés antituberculeuses privées, patronnées ou non par les Pouvoirs publics. En Allemagne, terre classique des sanatoriums, la plupart de ces établissements appartiennent aux assurances régionales contre l'invalidité et la maladie, et ils assurent des subsides aux familles d'ouvriers pendant l'hospitalisation du père ou de la mère. Bien que d'aucuns prétendent que si les «sanatoriums sont les meilleurs instruments de cure, ils ne sauraient être les meilleurs instruments de la lutte contre la tuberculose », c'est bien à leur action qu'est due la diminution de la mortalité par tuberculose en Allemagne. Dans ces maisons, en effet, qu'il s'agisse de grandes personnes ou d'enfants, l'éducation donnée aux malades a une importance capitale. On installe les sanatoriums dans le voisinage des forêts, au bord de la mer, à de hautes altitudes; la plupart sont destinés aux hommes, mais il en existe aussi pour les femmes et pour les enfants. On y pratique les traitements reconnus les meilleurs, depuis la simple cure d'air jusqu'aux bains de soleil (héléothérapie). Jusqu'à maintenant, le plus grand obstacle à l'expansion des sanatoriums a été leur prix élevé; ainsi, dans certains d'entre eux, le prix du lit oscillait entre 8ooo et 17 000 fr! Tout récemment, l'Association internationale

---

([1]) Il existe en Allemagne, indépendamment des dispensaires, des *Bureaux de renseignements et d'assistance pour tuberculeux* qui combattent la diffusion de la tuberculose et rendent de grands services. On trouve également dans ce pays *des stations de cures d'air pour adultes* qui complètent d'une façon très heureuse, remplacent même quelquefois les sanatoriums, dont il va être parlé; des *établissements de repos pour enfants tuberculeux ou prétuberculeux* où ces derniers reçoivent, en même temps qu'une instruction sommaire, des soins intelligents; enfin des *colonies agricoles*, sortes de maisons de convalescence dans lesquelles les tuberculeux sortis des maisons de cure accomplissent progressivement un travail rénuméré, ce qui leur permet de reprendre sans à-coups leurs occupations antérieures. (*Cf.* FRANKEL, Ouvrage cité, chap. IX et X).

En Suisse, tout récemment, grâce à l'initiative d'œuvres privées, des homes, des colonies agricoles et des ateliers ont été créés pour recevoir, à leur sortie du sanatorium, les malades qui, de la sorte, se réhabituent peu à peu à une vie active. Ce petit peuple semble, à l'exemple du peuple allemand, avoir pris pour devise : « prévenir afin d'avoir moins à guérir. »

(*Voir* le compte rendu des travaux de la VIIIe Conférence internationale de la Tuberculose, Stockolm 1909. p. 492.)

([2]) BROUARDEL et LAGRUE, *Livret contre la Tuberculose*, p. 42.

contre la tuberculose, qui groupe dans son sein 25 pays, a mis à l'ordre du jour de ses intéressants et utiles travaux cette question : « Quel est le minimum d'exigences hygiéniques pour la construction des sanatoriums populaires ? » Elle arrivera certainement à établir un modèle type qui, modifié suivant la destination du sanatorium ou les convenances locales, permettra d'édifier partout où le besoin s'en fera sentir, ces établissements dont l'utilité n'est contestée par personne.

Les individus que le médecin du dispensaire reconnaît atteints de lésions tuberculeuses inguérissables devront recevoir asile dans un *hôpital pour incurables*. Des hôpitaux de ce genre existent déjà en France (Paris), en Allemagne, en Angleterre, en Grèce (Athènes), aux États-Unis (Philadelphie), etc., d'autres vont s'ouvrir au Brésil (Rio de Janeiro), en Portugal, en Suède. Là, un personnel spécialement entraîné s'efforce de soulager les souffrances des malheureux malades et de leur apprendre à espérer contre toute espérance. Ailleurs, en Belgique, par exemple, on isole à domicile les tuberculeux parvenus à la dernière période de la maladie.

Quant aux enfants ne jouissant pas d'une bonne santé, des mesures spéciales seront prises à leur égard. Tandis que les scrofuleux seront dirigés sur les *sanatoriums marins*, les malingres, les chétifs, **véritables** candidats à la tuberculose, iront peupler ces *écoles hygiéniques* (*voir* plus haut, p. 676), heureusement situées, où, tout en continuant leurs modestes études, ils suivront un régime fortifiant et respireront un air pur. Les maîtres et les maîtresses, incapables de supporter les fatigues du séjour à la ville, pourraient être placés à la tête de ces écoles, véritables écoles de l'avenir [1]. Le sort des enfants, qui préoccupe, à juste titre, les divers gouvernements et les différents groupements, sera ainsi amélioré.

Conclusion. — Notre modeste étude est terminée. Nous avons essayé, nous référant aux meilleures sources, d'exposer les moyens les plus propres à enrayer la marche du fléau dans les écoles et parmi les membres du personnel enseignant. Mais notre ambition va plus loin, et nous voulons faire profiter la collectivité tout entière des efforts tentés pour combattre la tuberculose et à l'étranger et chez nous. Les moyens que nous préconisons sont l'ENSEIGNEMENT, la MUTUALITÉ et la COOPÉRATION. Nous n'hésitons pas à proclamer que le plus puissant de tous, c'est l'enseignement. Par là, en effet, on met l'humanité en garde contre les fléaux qui la déciment, lui permettant ainsi de mieux en triompher. Une fois qu'ils

---

(1) *Voir* ce que nous avons écrit plus haut (p. 678) à propos des colonies de vacances. Disons en passant que des essais d'éducation nouvelle se poursuivent dans des écoles comme celles de Abbotsholme, Bedales, les Roches, Liancourt, Ilsenbourg, Haubinda, Laubegast, Stolpe, Clarisegg, Clères, Jarnioux, Chalais, Mandelien et Gaïenhopen où les principes d'une hygiène rationnelle sont rigoureusement appliqués. [*Cf*. François GUEX, *Histoire de l'Instruction et de l'Éducation*, p. 630 à 649. *Cf*. également Edmond DEMOLINS, *L'Éducation nouvelle* (*l'école des Roches*).]

sauront, les individus réellement intelligents régleront leur conduite en conséquence; et, s'ils ont le moindre souci de ce que leur commande la solidarité, ils n'hésireront pas à venir en aide à leurs semblables. Nous répétons ici ce que nous avons souvent dit dans nos conférences, à savoir que si tous les hommes étaient sages, ce mot étant pris dans son acception la plus large, la question sociale, si troublante à l'heure présente, se résoudrait comme d'elle-même. Il faut donc agir sur les mœurs en commençant par « développer chaque individu dans toute la perfection dont il est susceptible », selon la propre expression d'un philosophe. Mais, nous dira-t-on, c'est là une œuvre de longue haleine qui exigera bien du temps. Qu'importe! Nous répondrons avec Pascal : « Toute la suite des hommes pendant le cours des siècles doit être considérée comme un homme qui subsiste toujours et qui apprend continuellement. » Mettons-nous donc résolument à l'œuvre et faisons l'éducation hygiénique de tous les Français. Citoyens d'un pays qui a vu naître les Laënnec, les Pasteur et les Villemin, et sachant bien que « si l'on fait résolument ce qui est le devoir, avec le temps on en vient à l'aimer » ([1]), nous remplirons notre nouvelle tâche avec tant de conscience que nous ne passerons pas sans faire quelque bien.

M. le Dr G. VITRY,

Ancien chef de clinique de la Faculté de Médecine (Paris).

PATHOGÉNIE ET TRAITEMENT DE L'ENTÉRITE MUCO-MEMBRANEUSE.

616.341.002

3 Août.

Pathogénie et traitement de l'entérite muco-membraneuse. — Depuis quelques années, l'étude des entérites en général a fait de grands progrès. L'attention des cliniciens a été attirée de ce côté et la coprologie est venue donner une base scientifique à ces recherches. Parmi les entérites, on a isolé un type : l'entéro-colite muco-membraneuse. Cette affection, qu'on ne trouvait guère décrite dans les manuels de pathologie d'il y a 15 ans, se trouve maintenant traitée longuement dans les livres récents. On est en droit de se demander si ce fait est dû à une augmentation réelle de la fréquence de cette affection, ou si elle avait passé inaperçue aux médecins anciens. Il est possible que l'attention de médecins plus avertis décèle maintenant des cas plus nombreux qu'autrefois; mais il est très probable aussi qu'il s'est produit, dans ces dernières années, une augmentation réelle de la fréquence de l'affection, et ce fait a une importance au point de vue de la pathogénie.

([1]) R. DE LA SIZERANNE, *Ruskin et la religion de la beauté*, p. 56.

On n'est pas d'accord sur la définition qu'il convient de donner à l'affection qui nous occupe; on n'est même pas d'accord sur le nom qu'on doit lui donner. Nous avons accepté le mot d'entéro-colite muco-membraneuse, parce qu'il est le plus habituellement employé, mais il présume par lui-même d'une certaine pathogénie de l'affection et l'expression d'entérocolopathie muco-membraneuse proposée par Legendre serait, par certains côtés, préférable.

A notre point de vue, nous pensons simplement que, parmi les malades atteints de colite chronique, il en est un certain nombre qui présentent par moment des glaires ou du mucus concrété dans leurs selles; d'autres ont seulement des glaires : c'est la colite glaireuse; d'autres ont du mucus en abondance avec de la diarrhée : c'est la colite muqueuse. Il est certain que tous les types de transition existent entre ces diverses formes; cependant, il y a un ensemble symptomatique à peu près identique chez certains malades et constitué par : une constipation persistante, des douleurs survenant par crises et l'élimination du mucus concrété sous forme pseudo-membraneuse. Ce sont ces malades que nous nous proposons d'étudier, et nous verrons par la multiplicité des histoires cliniques que nous montre l'observation qu'il ne s'agit là que d'un *syndrome morbide* qui peut reconnaître des pathogénies diverses et être justiciable, par conséquent, de thérapeutiques variées. C'est cette idée de syndrome morbide qui dominera notre étude et nous permettra de réunir, dans un éclectisme fondé, les diverses théories qui sont toutes vraies et n'ont que le tort d'être exclusives.

I. — PATHOGÉNIE.

Parmi les multiples théories pathogéniques, nous en distinguerons deux principales, autour desquelles nous grouperons toutes les autres : c'est la théorie *infectieuse* et la théorie *nerveuse*.

A la théorie infectieuse viendront se rattacher toutes les théories qui font intervenir des causes qui n'agissent qu'en facilitant l'infection ou l'intoxication : la constipation, les ptoses, l'insuffisance hépatique, l'insuffisance thyroïdienne, la propagation des infections du voisinage : appendiculaire ou salpingienne, etc.

Dans la théorie nerveuse, nous ferons rentrer, d'une part la névrose, et, d'autre part, la théorie réflexe, réflexe dont le point de départ peut être des plus variés.

A. *Origine infectieuse.* — L'origine infectieuse de l'affection est celle qui se présentait le plus simplement à l'esprit.

Les partisans de cette théorie, à la tête desquels il convient de mettre le professeur Combe (de Lausanne), l'appuient sur un certain nombre d'arguments tirés de la bactériologie, de l'anatomie pathologique, des notions étiologiques de contagion et d'épidémicité, enfin de notions cliniques de l'évolution et des complications : ce sont ces arguments que nous aurons à discuter.

a. *Preuves bactériologiques.* — Combe et Amann font jouer un rôle très important aux bactéries anaérobies protéolytiques et particulièrement au *Bacillus fluorescens* et au *Proteus vulgaris* de Hauser. En effet, ces microbes se retrouvent souvent avec prédominance dans les selles des entéro-colitiques, et leur diminution caractérise l'amélioration des accidents. Nous verrons plus loin quelles conséquences thérapeutiques on a voulu en tirer. Mais ces constatations bactériologiques ne démontrent pas l'influence initiale constante des micro-organismes incriminés, qui peuvent être seulement les témoins ou les agents secondaires dés troubles du fonctionnement intestinal. La flore intestinale est trop variée pour qu'on puisse affirmer le rôle réellement pathogène d'un microbe ou d'un groupe de microbes.

b. *Preuves anatomiques.* — Les lésions de l'entéro-colite muco-membraneuse sont fort mal connues, l'affection étant rarement mortelle. Il a fallu des coïncidences pour pouvoir examiner quelques cas : traumatisme mortel chez une malade soignée depuis longtemps, par exemple. Max Rothmann, Jagic en publièrent des cas où ils notèrent une inflammation nette du colon. Mais ces lésions sont toujours très discrètes et superficielles : les glandes sont dilatées, bourrées de mucus; la desquamation épithéliale est intense et dans le chorion de la muqueuse on note une infiltration inflammatoire discrète. Il y a donc, dans les quelques cas observés, une colite légère, mais ces cas sont trop peu nombreux pour permettre d'en tirer des conclusions générales.

On pouvait espérer trouver des renseignements plus intéressants dans l'étude de la fausse membrane. Cette étude a été faite à plusieurs reprises par Laboulbène, Siredey, Mathieu, Froment, Gaston Lyon, Langenhagen, Nattan-Larrier et Esmonet. Sur des préparations bien recueillies, fixées et colorées, on voit alterner des couches dont les unes sont composées d'une substance homogène, hyaline; les autres d'une substance vaguement fibrillaire, répartie en strates superposées. Dans la première, on ne trouve que de rares éléments cellulaires arrondis, plus ou moins altérés. Dans les autres, on trouve beaucoup de cellules plus ou moins nécrosées. Ces cellules semblent être des cellules de l'épithélium intestinal, bien plutôt que des leucocytes. Enfin, les microbes sont très abondants à la surface de la fausse membrane, mais ils sont rares dans le reste de la préparation, et c'est là un premier argument contre l'origine microbienne de cette production.

On pouvait prétendre que l'existence de nombreux leucocytes dans les couches pseudo-membraneuses était un argument en faveur de l'origine infectieuse. Tout d'abord, nous avons vu que, pour Esmonet, les leucocytes ne sont pas si nombreux qu'il semble, et que la majorité des cellules trouvées est formée de cellules épithéliales; d'autre part, les leucocytes sont très nombreux à l'état normal dans la muqueuse intestinale (Dominici, Simon) et dans le mucus intestinal normal. Cette desquamation épithéliale, avec des alternatives de sécrétion purement muqueuse, ne ressemble d'ailleurs en rien aux processus inflammatoires connus dans les autres organes. Enfin, ajoutons que la fausse membrane est une production mucineuse et que l'inflammation ordinaire s'accompagne d'exsudats de fibrine, dont nous ne trouvons pas de traces dans nos préparations. En résumé, l'anatomie pathologique, tant de l'intestin que de la fausse membrane, ne suffirait pas à prouver que, dans tous les cas, l'inflammation soit la seule cause du syndrome qui nous occupe.

c. *Preuves étiologiques* (Contagion). — Combe rapporte un cas où le thermomètre d'un enfant atteint d'entéro-colite muco-membraneuse avec prédominance de streptocoques a déterminé une entérite à streptocoques chez cinq autres enfants. Cette observation, fort intéressante, démontre la transmissibilité de l'entérite à streptocoques, mais non de l'entérite mucomembraneuse avec tous ses caractères spéciaux. Chaque observation rapportée devrait être l'objet d'une discussion serrée, et jusqu'à présent, les faits sont vraiment peu nom-

breux. Il en est de même des épidémies de familles où l'alimentation commune
défectueuse, le terrain nerveux peuvent jouer un rôle aussi grand que la contagion.

d. *Preuves cliniques.* (Evolution).— Dans un certain nombre de cas, et surtout
chez l'enfant, on voit que le syndrome qui nous occupe fait souvent suite à
une entérite aiguë avec diarrhée. Les phénomènes aigus et infectieux disparaissent, la diarrhée diminue, cesse et se transforme en constipation qui, peu
à peu, s'accompagne de tous les autres éléments du syndrome typique. Quelquefois subitement, sous l'influence d'une alimentation vicieuse en général,
on assiste à l'évolution d'une poussée aiguë avec fièvre, selles nombreuses, glaireuses, sanguinolentes; puis, tout revient à l'état chronique muco-membraneux.
Si tous les cas évoluaient de cette façon, on serait obligé d'admettre l'origine
infectieuse du syndrome, et c'est ce qui se passe pour la plupart des cas signalés
chez les enfants. Malheureusement, à côté de cette forme à pathogénie assez
nette, il y a de nombreux cas (la majorité des cas chez les adultes) où l'affection
est d'emblée chronique et a une marche différente de ces formes de l'enfant.

On a voulu tirer aussi un argument des complications de l'affection (appendicite, péritonite, cholécystite); en réalité, le problème est très complexe et
pour chaque cas, il faut se demander si ces prétendues complications ne sont
pas en réalité la cause du syndrome; tout au contraire, ce qui frappe, c'est
la rareté de ces complications, comparées à celles qu'entraînent les autres inflammations du tube digestif à type non muco-membraneux (tuberculose et
dysenterie, par exemple).

En résumé, l'examen de tous ces arguments montre que, dans certains cas,
l'infection peut être la cause du syndrome, mais non dans tous les cas.

Nous allons examiner maintenant les théories accessoires qui se rattachent
plus ou moins à l'infection.

B. *Théories accessoires* : a. *Constipation.* — Pour Langenhagen, les troubles
pathologiques se succèdent ainsi : d'abord, constipation opiniâtre, prolongée,
durant depuis l'enfance ou l'adolescence, puis, à un moment donné, apparition
de glaires et de membranes. Pour Mathieu et J.-Ch. Roux, la constipation
habituelle est la cause du syndrome. Le contact des matières indurées, les
microbes qui y pullulent, leurs toxines irritent la muqueuse; cette irritation
amène une hypersécrétion du mucus, qui est un acte banal de défense de la
part de l'intestin. Mais si cette théorie est exacte, elle n'explique pas pourquoi
tous les constipés ne présentent pas de fausses membranes dans leurs selles;
il faut donc quelque chose de plus que la constipation pour produire le syndrome et cette constipation ne doit pas être regardée comme une cause véritable, car elle n'est elle-même bien souvent qu'une conséquence d'un trouble
antérieur.

b. *Origine dyspeptique.* — On note fréquemment des troubles ou des lésions
gastriques chez les entéritiques : dilatation, dyspepsie nerveuse; MM. Robin
et Bardet ont incriminé surtout l'hypersthénie gastrique avec hyperchlorhydrie
antécédente, qui « par l'extrême acidité du chyme, bouleverse les conditions
normales de la digestion intestinale, crée une constipation avec coprostase et
ajoute une irritation chimique à l'irritation mécanique produite par les matières
fécales durcies ». Cette acidité exagérée du contenu intestinal gêne la digestion,
favorise les infections et amène une sécrétion exagérée de mucus intestinal qui

est une réaction de défense. Cette théorie a contre elle de nombreux faits rapportés par Mathieu, où l'examen du suc gastrique a révélé une hypoacidité marquée. Elle se rapporte encore aux précédentes puisqu'elle favorise la constipation et l'infection.

c. *Ptose viscérale.* — Dès 1885, M. Glénard montre le rôle que jouent dans la genèse de la colite muco-membraneuse l'hypotonie de la paroi abdominale et la mobilité ou la *ptose* des viscères abdominaux. Ces faits furent confirmés par Potain, Mathieu, etc., mais il n'y a pas là une théorie suffisante de la pathogénie du syndrome. Pour les uns, cette entéroptose est, non une cause, mais un effet des troubles intestinaux; pour d'autres, l'entéroptose provoque la colite par l'intermédiaire de la constipation qu'elle entraîne; pour d'autres enfin, il n'y a dans l'entéroptose qu'une modalité trophique d'une entéro-névrose.

d. *Origine thyroïdienne.* — Certains auteurs ont été frappés de la coexistence des troubles naso-pharyngés dans l'entéro-colite muco-membraneuse; tous ces troubles ont pour substratum commun un trouble trophique des glandes adénoïdes et muqueuses; ils ne constituent qu'un vaste syndrome nommé par Delacour : adénoïdisme ou syndrome adénoïdien. Pour Trémolières, l'adénoïdisme relève lui-même d'une insuffisance relative de la glande thyroïde, et l'on retrouve chez les malades atteints d'entérite muco-membraneuse tous les petits troubles qui sont rapportés par Hertoghe à l'hypothyroïdie bénigne chronique, et, d'autre part, on trouve l'entérite muco-menbraneuse chez des individus notoirement atteints de troubles thyroïdiens graves (myxœdème ou goitre exophtalmique). L'expérimentation vient confirmer cette théorie : Trémolières détruisant le corps thyroïde chez les lapins, vit apparaître dans les selles une hypersécrétion muqueuse. Il y a donc là encore une coïncidence intéressante, mais non une loi générale.

e. *Origine biliaire.* — Si tous ces mécanismes sont possibles et si l'on est amené à admettre que l'hypersécrétion muqueuse dans l'intestin peut s'observer dans de nombreux cas sous des influences diverses, il restait à expliquer pourquoi le mucus sécrété ainsi en excès est évacué en grande partie sous forme concrète, membraneuse, rubanée. Les recherches récentes du professeur Roger ont fourni une interprétation séduisante en mettant en évidence dans la muqueuse intestinale un ferment, la *mucinase,* qui fait coaguler le mucus. Ce ferment est normalement contrebalancé par l'action inverse de la bile qui contient une *anti-mucinase.* A l'état pathologique, une destruction exagérée de cellules épithéliales entraîne la mise en liberté de mucinase et la coagulation du mucus. D'autre part, il est démontré que la bile empêche la coagulation du mucus (Nepper et Riva). Le mucus normal, coloré en jaune par la bile, est complètement résorbable; le mucus coagulé ne peut plus être résorbé et doit être excrété. De là découle la conclusion que la coagulation du mucus est due bien souvent à l'insuffisance de la sécrétion biliaire; de plus, cette insuffisance de la bile a aussi pour action de diminuer la contraction intestinale et, par conséquent, de favoriser la constipation. Dans ces conditions, le syndrome de l'entérite muco-membraneuse : mucus coagulé et constipation, relèverait d'une hyposécrétion biliaire (Nepper). Cette théorie séduisante entraîne des déductions thérapeutiques immédiates; malheureusement, elle ne suffit pas à expliquer tous les cas, et la thérapeutique qu'on peut en déduire est loin d'améliorer tous les malades.

C. *Théorie nerveuse.* a. *Névrose.* — Pour Dubois (de Berne), la principale cause de l'entéro-colite est une représentation mentale défectueuse; le phénomène psychique domine la scène : tantôt il crée le trouble fonctionnel, tantôt il l'entretient s'il est déjà déterminé par une cause physique. Cliniquement, il est certain que les troubles psychiques (chagrin, émotion, surmenage, épuisement nerveux) ont une influence sur l'apparition du syndrome. Les psychasthéniques, les individus qu'on nomme couramment les neurasthéniques sont fréquemment atteints; mais ils ne le sont pas tous et, d'autre part, beaucoup d'entéritiques n'ont pas de troubles mentaux; enfin, on est en droit, dans beaucoup de cas, de considérer la neurasthénie comme une conséquence des douleurs obsédantes de l'entérite et non comme une cause.

b. *Théorie réflexe.* — Sans aller jusqu'à la névrose, il est certain que le système nerveux périphérique joué un rôle dans l'apparition du syndrome. Les expériences de Trémolières, électrisant le sympathique, l'ont démontré; Soupault et Jouaust, par l'irritation de la vésicule biliaire, du rein, de l'appendice, de la trompe, de l'intestin ont provoqué chez l'animal l'apparition de selles à contenu glaireux et membraneux.

Les observations cliniques démontrent aussi l'action du réflexe nerveux sur la production de la membrane. Ces réflexes peuvent être à long ou à court circuit, suivant que le point de départ est plus ou moins loin de la muqueuse du colon. Les injections rectales sous forte pression, les grands lavages de l'intestin, quelles que soient les substances employées, le contact de la sonde intestinale seule, sont autant de raisons de la formation de muco-membranes. A ce sujet, J.-Ch. Roux est arrivé à dire que la colite muco-membraneuse est en grande partie une maladie artificielle : il s'agit, dans certains cas, de constipation assez tenace avec légère inflammation du colon qu'on soignait par de grands lavages d'intestin. « Sous l'influence de cette thérapeutique, la constipation augmente, encore et à l'irritation créée par les matières dures, s'ajoute l'irritation quotidienne, bi-quotidienne ou tri-quotidienne provoquée par un, deux ou trois lavages pris chaque jour. » Depuis qu'il a renoncé à ce traitement, il ne voit plus des membranes aussi volumineuses que celles qu'il voyait il y a 8 ans.

Les réflexes à long circuit sont d'origine extra-digestive : utérus, trompe, vésicule biliaire, nous y ajouterons l'appendice. La question des rapports de l'entérocolite avec l'appendicite a été très discutée et nous ne retiendrons que ce qui touche notre pathogénie. Il est incontestable que les appendicites chroniques peuvent être la cause d'un réflexe qui entretiendra la production de fausses membranes; les expériences de Soupault l'ont montré et les deux lésions réagissent bien certainement l'une sur l'autre dans la grande majorité des cas.

A ce sujet se place la question de rapport entre notre syndrome et les lésions, utéro-annexielles; la coïncidence est indéniable : Nonat, P. Monod, Legendre, Lyon, de Langenhagen et dernièrement Henry Reynès l'ont établi. Quant au mécanisme véritable, il est discuté : pour les uns, l'infection passerait d'un organe à l'autre; pour les autres, il y aurait un réflexe à point de départ génital. Ce qu'il importe d'en retenir au point de vue thérapeutique, c'est la possibilité d'agir efficacement sur l'entérite muco-membraneuse en traitant les organes génitaux de la femme.

II. — TRAITEMENT.

Tout ce que nous avons dit des causes multiples de l'affection fait prévoir que le traitement à appliquer à ce syndrome sera variable suivant les cas. Il devra être étiologique dans ses indications et clinique dans ses applications, c'est-à-dire qu'on devra s'attacher, d'une part à faire disparaître la cause présumée et, d'autre part, à soulager chacun des symptômes dont l'ensemble constitue le syndrome.

A. TRAITEMENT ÉTIOLOGIQUE. — S'il s'agit d'un malade atteint d'hypersthénie gastrique en même temps que d'entéro-colite, quelle que soit l'opinion qu'on puisse avoir sur les relations pathogéniques qui relient ces deux faits, il faudra soigner la dyspepsie gastrique d'abord. De même, pour les ptoses viscérales, il conviendra d'appliquer les ceintures indiquées ou, à la rigueur, de fixer par une opération l'organe ptosé.

L'ablation d'un fibrome utérin, d'une salpingite, d'un appendice chroniquement enflammé sera souvent suivie d'une amélioration notable, parfois même de la guérison du syndrome muco-membraneux.

Mais, dans de nombreux cas, aucune étiologie vraisemblable n'apparaîtra et l'on devra se borner à traiter chacun des éléments du syndrome, c'est-à-dire la constipation, le spasme et les douleurs, l'inflammation du colon, les troubles nerveux concomitants.

B. TRAITEMENT SYMPTOMATIQUE. — a. *Constipation.* — Le traitement de la constipation est la question capitale. Pour Mathieu « la colite muco-membraneuse guérit toutes les fois qu'on peut faire disparaître la constipation, sans irriter la muqueuse intestinale et sans exciter le spasme du colon. » Il faut, autant que possible, ne pas faire usage de moyens artificiels et surtout des purgations médicamenteuses. C'est tout au plus si Mathieu permet la graine de lin ou de psyllium prise en assez grande quantité (deux cuillerées à soupe par jour). J.-Ch. Roux ajoute l'agar-agar. Tous ces moyens augmentent le volume du bol fécal sans irriter l'intestin. Comme moyens mécaniques, l'hydrothérapie rendra de grands services; les moyens excitants et l'eau froide conviennent pour la constipation atonique; l'eau chaude pour le spasme et les douleurs. Le massage, l'électrisation peuvent donner des succès, à condition de ne pas exagérer le phénomène spasmodique.

Mais l'essentiel, dans ce traitement, est le régime alimentaire qui forme la base de la thérapeutique, qu'il s'agisse de lutter contre la constipation seule ou qu'on espère aussi lutter contre l'infection, cause même du syndrome, comme le pense Combe.

Régime alimentaire. — Le succès de certaines thérapeutiques dirigées contre l'entérite muco-membraneuse est dû certainement au régime sévère imposé aux malades. Combe avait institué un régime conforme à sa théorie pathogénique : partant de ce principe que l'infection était due à la prédominance des microbes protéolytiques, il cherchait à faire diminuer le nombre de ces microbes et, pour cela, à diminuer la quantité d'albumine ingérée; mais, d'autre part, l'alimentation hydrocarbonée a pour effet de favoriser la multiplication dans l'intestin de bactéries spéciales dont l'action est de s'opposer à la putréfaction intestinale. De là l'indication du régime hydrocarboné, constitué surtout par des féculents et, en pratique, par des pâtes. L'effet de ce régime systématique se fait sentir sur l'aspect et la microbiologie des selles; l'auteur a suivi également l'élimination urinaire des substances aromatiques qui sont pour lui les indices des putréfactions intestinales : phénol, indol, soufre formé d'acides sulfoconjugués ou sulfo-éthers; sous l'influence du régime farineux les sulfo-éthers diminuent. Des recherches précises nous ont montré dans une série de travaux avec M. H. Labbé, que les sulfo-éthers témoignent surtout de la désintégration des albumines et que, si leur quantité baisse par le régime de Combe, c'est que la quantité d'albumine assimilée diminue en même temps.

Quelle que soit la valeur qu'il faille attacher à ce dosage scientifique, il n'en reste pas moins vrai que le régime farineux a rendu de grands services à de nombreux malades. Mais là encore, il y a eu des excès et l'on a appliqué le régime avec trop de rigueur et à une quantité de malades dont le syndrome avait une origine différente. Le régime des farineux peut rendre des services à des malades suralimentés d'habitude, dont le régime comporte depuis long-temps trop de viande et qui se trouvent ainsi mis à un régime réduit et de digestion facile. Mais il y a inconvénient, et quelquefois même danger, à prolonger trop longtemps et systématiquement cette diète. Dans certains cas, il y a une véritable insuffisance amylolytique, et les individus n'assimilent pas leurs féculents qui deviennent la cause d'une diarrhée presque continuelle. Mais, le plus souvent, le malade semble assez bien supporter le régime, mais il maigrit, s'anémie et on voit évoluer chez lui des signes d'une tuberculose jusque-là torpide (Loeper et Esmonet). Sans rechercher quelle était dans ces cas la vraie cause de l'entérite (et quelquefois il s'agit peut-être déjà de tuberculose), il est certain que le régime réduit et sans viande qu'on impose à ces malades est insuffisant pour leur permettre de lutter contre l'infection menaçante, d'autant plus qu'il déminéralise à la longue le terrain organique.

En résumé, le régime féculent peut rendre des services dans des cas déterminés, et ces cas sont, à notre avis, très nombreux, mais il ne faut pas l'appliquer systématiquement à tous les malades et, en tout cas, ne pas le prolonger trop longtemps.

Quel régime doit-on donc prescrire? Ce régime doit avoir pour résultat de diminuer la stase intestinale et de restreindre les causes d'irritation de la muqueuse

Pour restreindre l'accumulation des déchets alimentaires dans le colon, il faut donner des aliments d'une digestion facile, finement divisés et éliminer autant que possible la gangue indigeste. On prescrira donc des œufs, des laitages, des potages épais, des viandes grillées en petite quantité. Mais ce régime a l'inconvénient d'être plutôt constipant; aussi, toutes les fois que l'intestin est suffisamment tolérant, il y a avantage à augmenter l'alimentation végétale. Pour restreindre la cause d'irritation de la muqueuse, il faut supprimer les épices, les mets faisandés et aussi tous les produits capables de sécréter par leur putréfaction des substances irritantes.

Ces données générales laissent une certaine latitude au médecin qui prescrira donc, suivant le cas, le régime farineux ou un régime plus riche en albumine même animale.

b. *Traitement de l'infection intestinale. Antiseptiques.* — L'inflammation tout au moins superficielle du colon est une constatation très fréquente et, si elle ne résume pas pour nous toute la pathogénie, on doit du moins lutter contre un des éléments constitutifs du syndrome. On a préconisé tous les antiseptiques intestinaux ; malheureusement, tous ces corps sont irritants pour l'estomac et aussi peut-être pour l'intestin, et leur emploi cause peut-être encore plus de mal que de bien. Combe recommande cependant l'emploi du salacétol ; quant à Mathieu, il conseille de n'employer les antiseptiques qu'à titre accessoire.

Le meilleur moyen de pratiquer l'antisepsie intestinale est encore d'organiser un régime qui laisse aussi peu que possible de résidus capables de se putréfier, et aussi de favoriser l'évacuation régulière de l'intestin.

Bactériothérapie. — C'est pour lutter contre la putréfaction intestinale d'une façon plus efficace que par les antiseptiques chimiques qu'on a essayé la bactériothérapie lactique à la suite des travaux de Metchnikoff. L'expérience montre que les bacilles lactiques développés dans l'intestin s'opposent à la pullulation des microbes protéolytiques. De nombreuses préparations ont été proposées pour atteindre ce résultat : cultures liquides ou comprimés. Il est certain que cette modification de la flore intestinale exerce une influence sur les putréfactions, diminue la fétidité des selles ; mais il n'est pas prouvé que cette thérapeutique à elle seule fasse disparaître les fausses membranes. En tout cas, c'est une médication qu'il importe de ne pas prolonger outre mesure : nous avons montré qu'elle diminue l'absorption azotée et gêne ainsi l'assimilation ; de plus, l'acidité ainsi développée n'est pas sans inconvénient pour la nutrition générale ; elle favorise la déminéralisation et peut-être aussi la tuberculose, sans compter que quelques cas ont été publiés d'entérites dues à cette médication.

Lavages de l'intestin. — On a cherché à faire pénétrer l'eau et les solutions médicamenteuses le plus loin possible ; on y est parvenu en employant une grande quantité de liquide à une pression faible, mais continue, avec des sondes en caoutchouc souple qu'on a poussées jusqu'à l'angle gauche du colon. On a abusé de cette technique séduisante au premier abord, et nous avons vu plus haut que l'abus de ces lavages avait été la cause de beaucoup d'aggravations. Il faut donc réserver leur emploi pour des cas déterminés ; au moment des poussées aiguës ou subaiguës et dans la période consécutive, le lavage est utile et quelquefois indispensable ; mais dans les cas nettement chroniques, il n'aurait aucun avantage.

c. Traitement des accidents nerveux. Traitement du spasme et des douleurs. — Les agents physiques donneront de bons résultats : les applications chaudes les bains chauds, le massage léger, quelquefois l'électrisation. Comme médicament, le plus employé est la *belladone*, auquel on peut adjoindre la jusquiame et ses dérivés. L'opium doit être autant que possible évité parce qu'il augmente la constipation ; cependant, dans les cas où les douleurs sont trop aiguës, Mathieu n'hésite pas à recourir momentanément à la morphine.

Troubles nerveux. — Si la colopathie n'est pas le plus souvent une affection uniquement nerveuse, il n'en est pas moins vrai que le système nerveux de ces malades est toujours à surveiller. Le plus souvent, une bonne hygiène, une alimentation méthodiquement réglée permettra d'améliorer les troubles nerveux, par cela même que les troubles intestinaux seront en bonne voie de guérison. Mais, dans certains cas, les accidents neurasthéniques seront prédominants et il faudra souvent isoler les malades, leur donner une nouvelle direction psychique, leur rendre la confiance et le calme de l'esprit, leur apprendre à ne plus abuser de moyens de traitement qui ne faisaient qu'entretenir et aggraver leur mal. C'est ce qui fait le succès obtenu dans certains hôtels de régime de l'étranger, où, en dehors de la diététique soigneusement surveillée, les malades bénéficient encore de la cure de repos et d'isolement.

d. *Traitement hydrominéral.* — Le traitement hydrominéral joue aussi un grand rôle dans le traitement : les cures de Plombières et de Châtel-Guyon sont particulièrement indiquées. Le choix de la station est déterminé par la forme de l'affection. L'eau de Châtel-Guyon convient surtout aux formes atoniques, aux malades atteints en même temps dans leurs fonctions hépatiques; ajoutons que cette eau est fortement minéralisée et qu'elle pourra aussi convenir particulièrement pour lutter contre la déminéralisation qui guette l'entéritique.

Les eaux de Plombières sont surtout sédatives; elles conviennent spécialement aux névropathes, aux formes très spasmodiques et douloureuses. On peut ajouter à ces stations Brides, qui conviendra aux obèses, Luxeuil, Néris, qui seront particulièrement indiquées dans les formes spasmodiques et douloureuses.

Conclusions. — Depuis qu'on étudie soigneusement la sémiologie de l'intestin, on trouve très souvent des malades atteints d'affections diverses du colon : parmi ceux-ci, un certain nombre présentent un syndrome toujours à peu près identique : constipation, douleurs revenant par crises et évacuation par les selles de mucus concrété sous forme de fausse membrane. Ce sont ces malades qu'on dit couramment être atteints d'entérite muco-membraneuse.

À notre avis, il ne s'agit pas là d'une affection spécifique reconnaissant une cause toujours identique, mais d'un *syndrome* morbide assez banal et qui peut reconnaître des causes variées.

Certains de ces malades sont surtout des individus nerveux, à réactions particulièrement vives, sans autre lésion appréciable, et ces cas ont été classés sous le nom d'*entéro-névrose.* Nous ne pensons pas qu'il y ait lieu de séparer ces malades des autres; le syndrome reproduit est toujours le même dans ses grandes lignes avec de légères variantes.

D'autres malades ont présenté d'abord des phénomènes d'entérite aiguë, fébrile, plus ou moins graves; cette poussée aiguë calmée, le syndrome qui nous occupe est apparu au complet et de temps à autre de nouvelles poussées aiguës peuvent survenir. Ces cas s'observent surtout chez les enfants : l'origine infectieuse ne fait alors aucun doute, mais cette origine ne se retrouve pas avec la même netteté chez d'autres malades, qui ont cependant le même syndrome au complet.

Chez ces derniers, on ne trouve comme origine qu'une constipation opiniâtre, qu'une dyspepsie hypersthénique, qu'une entéroptose plus ou moins étendue, qu'une inflammation utéro-annexielle, qu'une insuffisance biliaire ou thyroïdienne : tous ces malades rentrent pourtant dans notre cadre et l'on voit que la pathogénie reste des plus variées.

Comme conséquence, il faudra bien se garder d'appliquer à ces malades un traitement identique. Il faudra rechercher avec soin l'étiologie immédiate et la soigner : soigner les troubles nerveux, l'infection intestinale aiguë, les ptoses viscérales, la dyspepsie, l'insuffisance biliaire, les lésions utéro-annexielles.

En dehors de cette thérapeutique, il faudra attaquer séparément chacun des éléments constitutifs du syndrome; on devra donc soigner la constipation, calmer les douleurs et l'inflammation du colon presque constante, mais à un

degré variable. Les moyens physiques : hydrothérapie, massage, cure hydro-
minérale seront préférés aux agents médicamenteux. La bactériothérapie
lactique, indiquée dans certaines formes, ne devra pas être prolongée trop
longtemps. L'institution d'un régime sera le meilleur remède. Ce régime devra
se garder d'être exclusif : il sera farineux, c'est-à-dire hydrocarboné pendant
la période aiguë, permettant ainsi la désinfection de l'intestin; il devra être
mixte et composé d'aliments facilement digestibles dans les périodes de calme.

Discussion : M. Courtellemont (d'Amiens). — Mon intention n'est pas de
critiquer le rapport de M. Vitry, qui ne mérite que des éloges. Je voudrais seulement, à l'occasion de la discussion ouverte, exprimer une opinion que je crois
juste sur le rôle de la tuberculose dans la genèse et l'entretien de l'entérite
muco-membraneuse. Cette opinion a pour corollaire une déduction thérapeutique utile.

Dans son Rapport, M. Vitry parle bien, incidemment, de tuberculose apparaissant comme accident terminal ou tout au moins tardif, chez des sujets
atteints depuis longtemps d'entérite muco-membraneuse. Mais il ne mentionne pas cette infection comme cause de la forme commune de cette entéro-
pathie.

Je suis loin de croire que toutes les entérites muco-membraneuses relèvent de
cette cause. Mais je crois que bon nombre d'entre elles la reconnaissent comme
origine. Ce sont des tuberculoses atténuées, souvent guéries ou fixées, généralement localisées au poumon, qui s'accompagnent de ces troubles intestinaux.
Mon opinion sur ce point repose sur trois ordres de faits :

1º D'une part, possibilité de retrouver dans les antécédents de nombre de ces
sujets des accidents tuberculeux : pleurésie, hémoptysie, épisodes tuberculeux
pulmonaires, tuberculose osseuse, etc.

2º D'autre part, concomitance fréquente de signes physiques pulmonaires
légers, au niveau d'un sommet, obscurité du murmure, ou expiration prolongée,
respiration soufflante. Ces signes, nous le savons, ne sont pas pathognomoniques
d'une lésion bacillaire. Nous croyons, toutefois, que dans la grande majorité
des cas ils indiquent une tuberculose d'un sommet, que celle-ci soit encore en
pleine activité ou, cas plus fréquent dans les faits qui nous occupent, qu'elle
soit cicatrisée, ou bien qu'elle soit fixée; par tuberculose fixée, j'entends une
tuberculose encore virulente, quoique assoupie et dépourvue depuis longtemps
de tendance à l'extension locale ou à la dissémination.

3º Troisième ordre de faits : survenance, à une échéance plus ou moins
éloignée, d'accidents tuberculeux manifestes : hémoptysie, tuberculose pulmonaire ulcéreuse, méningite tuberculeuse, etc. Ces accidents tuberculeux évidents ne sont, heureusement, pas fréquents.

4º Un quatrième ordre de faits attire aussi l'attention sur l'existence de la
tuberculose chez certains de ces sujets : c'est l'asthénie, l'amaigrissement,
la fièvre.

Je crois que, chez les sujets que j'ai en vue, une tuberculose atténuée, ou
guérie ou fixée, mais le plus souvent d'ancienne date et localisée au poumon,
a précédé de longtemps les troubles d'entéro-colite, et qu'elle les entretient.
Comment agit-elle pour produire ou entretenir l'entéro-colite? Je ne me charge
pas de l'expliquer. Je crois, néanmoins, qu'elle agit là, comme dans toutes les
manifestations de tuberculose dite *inflammatoire*, de tuberculose non folli-

culaire, en créant, par ses toxines (?), ou par ses bacilles isolés et atténués, des lésions non folléculaires.

La sanction thérapeutique de cette conception est la nécessité d'éliminer du traitement de ces malades les méthodes trop débilitantes, et d'adjoindre au régime alimentaire et hygiénique classique de l'entéro-colite muco-membraneuse, le repos (en cas de formes rebelles) et un traitement reconstituant, non irritant pour le tube digestif. Nous avons, le plus souvent, recours, dans ce but, à la recalcification par la méthode de Ferrier, qui nous donne de bons résultats.

M. Marcel LABBÉ. — Le régime lacto-farineux expose à quelques complications lorsqu'il est trop prolongé ou employé trop systématiquement. Certains sujets qui le supportent très bien arrivent à engraisser fortement et présentent des accidents dus à la suralimentation, de sorte qu'on est obligé de faire faire aux malades une cure d'obésité. D'autres, au contraire, dont le tube digestif supporte mal ce régime, ou bien dont le goût y répugne, se nourrissent insuffisamment et maigrissent profondément.

Quelques malades ont très bien supporté d'abord un régime lacto-farineux, mais il arrive un moment où leur digestion des matières amylacées devient insuffisante et où apparaissent des troubles digestifs secondaires caractérisés par du ballonnement abdominal, des selles acides, d'odeur aigrelette, qui présentent, phénomène caractéristique, une grande quantité de grains d'amidon non digérés. Cette insuffisance amylolytique étudiée par Schmidt, par J.-C. Roux et par nous-même, nécessite un changement de régime; elle disparaît soit par l'emploi modéré de la viande, soit par l'usage des ferments digestifs de l'amidon.

Le traitement spécial, préconisé par M. Tissier contre l'entérite, qui a pour base les ferments lactiques avec ce qu'il appelle le régime campagnard, c'est-à-dire un régime composé de légumes et de féculents comprenant des soupes épaisses et abondantes, offre aussi des inconvénients particuliers. Après avoir amélioré les malades, il détermine des troubles digestifs nouveaux, caractérisés par une digestion lente avec ballonnement abdominal; l'estomac clapote et est très dilaté. A ce moment, il faut cesser le régime campagnard pour instituer un régime sec; généralement les accidents disparaissent après ce changement de régime.

Le régime lacto-farineux peut-il favoriser le développement de la tuberculose pulmonaire? Je ne crois pas qu'un régime convenablement institué puisse être incriminé; on ne peut même l'accuser de produire de la déminéralisation, car les végétaux apportent relativement plus de substances minérales que la viande; cependant, s'il est mal institué, si le malade se nourrit exclusivement de pâtes, sans légumes ni lait, il ne trouve plus dans son alimentation les principes azotés et minéraux nécessaires et il souffre de dénutrition; ce sont là des cas exceptionnels.

Il faut se garder de mettre trop facilement sur le compte du régime le développement de la tuberculose. Certains cas pourraient, à cet égard, nous induire en erreur; ainsi, j'ai vu une jeune fille atteinte de tuberculose au début et d'entéro-colite avec albuminurie, à qui j'ordonnai un régime lacto-végétarien, et chez qui la tuberculose prit une évolution fébrile et rapide; on aurait pu croire que le régime était la cause de cette évolution; en réalité, il n'en était rien, car la mère de la malade, très indisciplinée, n'avait point fait suivre à sa fille le régime lacto-végétarien et lui avait, au contraire, imposé un régime de suralimentation carnée qu'elle croyait plus favorable à la défense contre la tuberculose. Or, ce régime avait aggravé l'entérité et, par suite, avait favorisé le développement de la tuberculose.

Nous voyons, en effet, assez souvent l'entérite chez des tuberculeux. Mais, dans beaucoup de cas, c'est une entérite causée par le médecin et non par la tuberculose. La suralimentation carnée qu'on a imposée à tous les tuberculeux, dans ces dernières années, est responsable d'un grand nombre d'accidents sur lesquels, à diverses reprises, j'ai insisté et parmi lesquels l'entéro-colite, parfois compliquée d'appendicite, est un des plus fréquents. Ainsi, la suralimentation carnée, au lieu de rendre l'individu plus résistant à la tuberculose, peut, par l'intermédiaire de l'entérite qu'elle crée, le déprimer, au contraire, et favoriser l'évolution de la maladie. Il faut donc, en dehors de certains cas et de certaines périodes où elle est nécessaire et utile, proscrire la suralimentation carnée de la thérapeutique antituberculeuse.

G. VITRY. — Le rapporteur est d'avis, comme M. Courtellemont, que la tuberculose doit être recherchée avec soin chez les entéritiques, soit comme cause, soit comme conséquence. Il reconnaît, avec M. Marcel Labbé, les inconvénients du régime farineux longtemps prolongé, en insistant sur le fait que le régime est surtout nocif quand il est exclusivement farineux et non seulement lacto-farineux.

MM. LAQUERRIÈRE et DELHERM.

LES MÉTHODES ÉLECTRIQUES DANS LE TRAITEMENT DE L'ENTÉRO-COLITE.

616.341.002 + 615.84

3 Août.

Nos premiers travaux sur cette question remontent à 12 ans et, depuis, nous avons constamment employé l'électrothérapie; ce qui nous permet d'avoir actuellement des centaines d'observations. Si cette thérapeutique, bien qu'honorablement citée dans la plupart des Traités et Manuels, n'a pas pris, en pratique, la grande place qu'elle mérite, cela nous paraît tenir à ce que souvent on veut trop lui demander; on méconnaît alors des principes d'hygiène ou de diététique indispensable, où l'on se rend mal compte de ses modes d'actions et on l'emploie mal : par exemple, on cause au sujet des sensations douloureuses qui le fatiguent. C'est donc plus pour insister sur quelques points, que pour faire une étude complète de la question que nous rédigeons la présente Note.

Les indications principales dans le traitement de l'entéro-colite sont complexes : il faut faire disparaître la stase intestinale, combattre le spasme, atténuer les douleurs, calmer l'irritation de la muqueuse, remédier aux causes prédisposantes, en particulier au nervosisme.

Le repos, l'alimentation, les différentes précautions hygiéniques et physiques jouent un rôle primordial qu'il ne faut pas méconnaître sous peine de voir toutes les tentatives échouer misérablement : nous pouvons soulager momentanément et plus ou moins tel surmené, mais nous savons que, quelque traitement électrique que nous employions, nous n'aurons sur son intestin de résultats sérieux que le jour où il lui sera possible de se reposer.

Aussi, durant un traitement électrique, est-il indispensable d'éviter le surmenage physique, intellectuel ou moral, d'établir un régime convenable, etc., et nous pouvons même dire presque à coup sûr que, lorsque nous constatons, au cours d'un traitement, un recul, c'est qu'il y a eu une émotion, un excès de travail ou une faute alimentaire. Les traitements électriques ne dispensent pas de toute précaution. D'autre part, il y a lieu de rechercher si l'entérite n'est pas symptomatique de l'état d'un autre organe qu'il faut soigner en même temps (état gastrique, état du duodénum, spasmes du sphincter, affections génitales, etc.) ou n'est pas le signe prémonitoire d'une entérite tuberculeuse ou d'un cancer intestinal.

En somme, il ne faut pas appliquer systématiquement, à tous les cas, un traitement électrique uniforme en laissant de côté l'étiologie.

Ces prémices posées, nous pouvons dire que, dans l'entéro-colite ordinaire, les cas moyens ou graves sont tous justiciables de l'électricité. Il nous paraît, d'ailleurs, inutile d'attendre que toutes les médications usuelles aient été épuisées et de ne livrer à l'électricien que des cachectiques qui auront besoin d'un traitement prolongé alors que, pris un peu plus tôt, ils n'auraient eu besoin que de bien moins de séances.

Nous ne connaissons qu'une contre-indication absolue : les malades appartenant à cette catégorie de névropathes incapables de se soumettre à une discipline sans laquelle il est impossible d'escompter un succès.

Les raisonneurs, les semi-médecins, qu'il est difficile de guider, les phobiques de la pléthore intestinale, qui, pour la cause la plus banale, recourent aux purgatifs ou aux lavements, entrent dans la catégorie des contre-indications relatives tant qu'on n'a pu capter complètement leur confiance. D'après nos observations, dans 20 % des cas graves, les selles se produisent régulièrement dès les premières séances ; mais d'une manière générale, c'est seulement vers la quinzième. Il faut une trentaine de séances pour avoir des résultats consistant en : obtention de selle quotidienne spontanée, disparition des peaux et glaires, cessation des douleurs, relèvement de l'état général.

Nos observations nous donnent des résultats *durables* dans 75 % des cas environ. Il faut que les malades ne recommencent pas les erreurs d'hygiène, soit générale, soit alimentaire, qui avaient contribué à déterminer

leur entéro-colite. Nous en connaissons un bon nombre qui ont recom
mencé à s'alimenter absolument comme tout le monde.

Les traitements électriques sont variables suivant les catégories de
malades; ils consistent d'abord en *applications locales*. Ces applications
n'agissent pas comme un laxatif ou un purgatif, et rien n'est plus faux
que l'idée qui consiste à considérer l'électrothérapie comme un éva-
cuant : elles jouent un rôle sédatif considérable sur le plexus solaire
et sur tous les filets qui président aux fonctions sensitives, motrices
de l'intestin; elles diminuent le spasme, elles régularisent la circulation
abdominale; enfin, elles activent les sécrétions des différentes glandes.

Nous insistons sur la conception que nous avons été les premiers à
introduire dans le domaine des traitements électriques de l'entéro-colite
(LAQUERRIÈRE et DELHERM, Académie de Médecine, 1903). Nous ne
tenons pas d'une façon formelle à tel courant, mais *l'électricité, méthode de
douceur, voilà notre méthode*, disions-nous au Congrès de Physiothérapie
de 1911. Nous avons, en effet, dès 1903, cru devoir chercher à réaliser
avec les divers courants ce que les spécialistes du tube digestif s'effor-
çaient de réaliser avec les thérapeutiques médicamenteuses ou autres.
Les méthodes de *force* qui cherchent à déterminer l'évacuation brutale
de l'intestin, qu'elles soient électriques ou autres, ont des inconvénients
unanimement reconnus; entre autre chose, elles augmentent la douleur et
le spasme. Or, jusqu'à nos travaux, le but plus ou moins avoué des applications électriques était de faire contracter l'intestin, c'est-à-dire de leur
faire jouer le rôle d'un purgatif. Nous n'insisterons pas ici sur les détails
de technique ni sur les différentes sortes de courant qui, à notre avis,
conviennent aux différentes catégories de malades : entérite à forme de
constipation avec peu de douleurs; entérite avec crises douloureuses;
alternances de diarrhée et de constipation; diarrhée ou fausse diarrhée.
Mais nous tenons, avant de terminer, à rappeler que, dans la plupart
des cas, il y a lieu de recourir en même temps qu'au traitement local, à
des *applications générales*. Les applications de haute fréquence, le bain
statique, le bain hydro-électrique, le bain de lumière, etc., permettent
d'agir sur le système nerveux, sur la circulation, sur la calorification
générale du sujet, de tonifier l'organisme tout entier. Leur emploi
judicieux dans chaque cas particulier permettra de modifier les causes
prédisposantes de l'affection, alors que les applications locales exerceront
leur action sur l'abdomen.

MM. Ed. BOINET,

Professeur de clinique médicale, Médecin en chef des épidémies,
Correspondant national de l'Académie,

ET

E. HUON,

Directeur de l'Institut vaccinogène,
Vétérinaire en chef du Service d'Inspection des Abattoirs de Marseille.

PROPHYLAXIE DE LA VARIOLE PAR L'ASINO-VACCIN
OU VACCIN JENNÉRIEN RENFORCÉ.

615.37.06.912

3 *Août.*

Son efficacité. — A Marseille, en 13 ans, de 1895 à 1907, la variole avait causé 6584 décès sur une population d'un demi-million d'habitants. C'est ainsi que les statistiques comprennent 733 morts par variole en 1895, 575 en 1896, 465 en 1899, 630 en 1900, 362 en 1902, 1141 en 1903, 419 dans le quatrième trimestre de 1906 et 1894 en 1907. Cette dernière épidémie, plus grave que les précédentes, fit 398 victimes en janvier, 344 en février, 354 en mars, 295 en avril, 195 en mai, 150 en juin, 98 en juillet 1907. C'est à cette époque, vers la fin de 1906, que jugeant le vaccin ordinaire de génisse insuffisant, nous l'avons renforcé par son passage sur l'âne (*asino-vaccin*). Ce vaccin ainsi régénéré a été inoculé à la génisse et a donné l'*asino-bovo-vaccin*. Les vaccinations et revaccinations pratiquées avec ces vaccins renforcés ont fait cesser, à Marseille, les épidémies annuelles de variole. Le nombre des cas ne s'est élevé qu'à 32 en 1908, 19 en 1909, 1 en 1910, 0 en 1911 et 6 en 1912 (4 importés par des Syriens, 2 de variole hémorragique).

La preuve de l'efficacité de l'*asino-vaccin* nous est encore fournie par l'arrêt brusque d'une petite épidémie de variole qui, en mars 1912, avait atteint 18 Italiens dans la banlieue de Marseille, à la Madrague de Montredon.

Ses propriétés immunisantes. — L'idée de la régénération, du renforcement du vaccin jennérien par son passage sur l'âne nous a été donnée par les idées de Jenner, qui croyait à l'origine équine de la vaccine et admettait que le *cowpox* et, par suite, la vaccine humaine, provenaient d'une affection du cheval appelée *sore-heels, mal aux talons.* Cette opinion fut contestée par ses contemporains; on identifia à tort le *grease, eaux aux jambes* des vétérinaires français, avec l'*équine* (Bouvier), le *hors-pox* (Bouley), dernière dénomination qui a prévalu. L'âne est sujet à une éruption analogue (*ass-pox*); chez lui, les inoculations de vaccin bovin donnent des pustules plus larges que celles que présente le cheval; le passage du vaccin de la génisse à l'âne le rend plus pur et plus virulent. Sur l'âne, les inoculations vaccinales fournissent des résultats meilleurs et plus constants; les pustules sont nettes, volumineuses, et permettent des récoltes abondantes. Le virus vaccinal s'atténue plus difficilement chez l'âne que chez le veau; le passage du vaccin d'âne à âne exalte sa virulence, surtout dans les trois premières inoculations; chez les génisses vaccinées avec l'*asino-vaccin*, la grande virulence de la pulpe est la règle; elle augmente aux deuxième et troisième passages.

En résumé, l'activité des vaccins bovins acquiert son maximum d'intensité, lorsque le vaccin de génisse provient d'une semence asine et l'activité d'un vaccin diminue et s'affaiblit considérablement après un certain nombre de passages sur le veau.

Tels sont aussi les avis de Chalybaus, de Dresde ; de Chaumier, de Tours, dans des articles publiés dans la *Revue internationale de la vaccine* (1910-1911). Du reste, Chauveau, dans des *Recherches comparatives sur l'aptitude vaccinogène dans les principales espèces vaccinifères*, publiées dans la *Revue mensuelle de Médecine et de Chirurgie*, avril 1877, conclut que le cheval et les solipèdes sont incontestablement plus aptes que les bovidés à la culture de la vaccine.

De là, l'idée d'exalter, de régénérer le bovo-vaccin faible en inoculant le cow-pox aux équidés, c'est-à-dire en lui restituant sa virulence par son passage sur un animal sensible, le cheval ou l'âne.

ASINO-VACCIN. — L'âne est un très bon vaccinifère, aussi maniable que la génisse; la réaction vaccinifère est plus intense chez les jeunes ânes. L'inoculation du vaccin se fait, comme chez les génisses, par scarifications sur la partie costo-abdominale et sur la face externe de la cuisse. Ces dernières fournissent à la récolte une plus grande quantité de vaccin, mais s'infectent plus facilement que les précédentes. Ces inoculations alternantes du vaccin de la génisse à l'âne et de l'âne à la génisse ont fait cesser dans notre Institut vaccinogène les fluctuations bien connues, parfois même désordonnées, de l'activité du vaccin.

Son activité, sa résistance, sa virulence. — L'*asino-vaccin* et l'*asino-bovo-vaccin* (que nous désignerons par abréviations: A. V. et A. B. V.) sont particulièrement actifs et se sont montrés tels entre les mains de nombreux vaccinateurs. Employés chez de tout jeunes enfants ou chez l'adulte, ils n'ont pas déterminé d'accidents. Ces vaccins sont plus résistants et, après 11 et 13 mois d'observation au laboratoire, ils ont pu, après inoculation à l'enfant, donner de très jolies pustules. Dans la pratique, il est préférable de réserver l'*asino-vaccin*, qui est plus virulent, pour les adultes ou les sujets rebelles à la vaccination, et d'employer l'*asino-bovo-vaccin*, chez les enfants, pour les primo-vaccinations.

La *virulence* de l'*asino-vaccin* est encore établie par les inoculations accidentelles aux mains de trois opérateurs qui étaient restés indemnes pendant plusieurs années, quand ils ne manipulaient que le bovo-vaccin; en procédant à la récolte du vaccin d'âne, ils eurent de nombreuses pustules vaccinales sur les mains, et l'un d'eux fut atteint d'une éruption de plusieurs pustules sur le cuir chevelu. De même, des bouchers procédant à l'abatage des ânes vaccinifères ont présenté, sur les mains, les mêmes éruptions pustuleuses; on comptait jusqu'à 20 pustules chez plusieurs d'entre eux qui avaient, en même temps, quelques phénomènes généraux.

Comme preuve de la virulence de l'*asino-vaccin*, nous citerons encore les cas du directeur du Bureau municipal d'Hygiène et d'un de ses collaborateurs qui n'eurent qu'une réaction vaccinale insuffisante, consistant en une petite pustule vaccinale très fugace, 8 jours après inoculation de vaccin de génisse ordinaire; mais ils furent vaccinés avec succès, en employant l'*asino-vaccin* qui détermina chez eux l'apparition d'une vésico-pustule ombiliquée, d'une réaction vaccinale caractéristique.

Sa supériorité. — L'*asino* et l'*asino-bovo-vaccin* sont appliqués dans le service municipal, depuis 1907 ; le premier est réservé aux adultes, aux sujets rebelles à la revaccination ; le second, aux enfants. Ils ont donné des résultats bien supérieurs au *bovo-vaccin* ordinaire, qui ne fournissait à Marseille qu'une proportion de 18 à 22 pour 100 de succès dans les revaccinations. Avec l'*asino* et l'*asino-bovo-vaccin*, les statistiques relevées par le Bureau d'hygiène de Marseille indiquent une moyenne de 54, 55 de succès pour 100 revaccinations, chiffre qui s'élève à 67,33 pour ceux qui, à la revision, sont de nouveau revaccinés. Sur 5086 revaccinations scolaires revisées, il n'y a eu aucun accident. Ces vaccins forts ne sont donc pas nocifs et ont, en plus, l'avantage de donner des séries continues de revaccinations heureuses, de stimuler la réceptivité émoussée. «Là où échoue un virus affaibli, un autre plus vivace s'implante et se développe. » (Vaillard.) L'activité de ces vaccins très actifs ramène à la pratique de la vaccination un grand nombre d'indifférents, d'hostiles ou de sceptiques.

Son importance dans la lutte contre la variole. — En temps d'épidémie de variole, l'*asino-vaccin* doit être préféré en raison de sa plus grande activité et de la rapidité de l'immunité qui est obtenue en 4 jours, tandis que le *bovo-vaccin* met 6 jours, en moyenne, pour la donner. L'*asino-vaccin* peut alors être utilisé chez les enfants et les vieillards. Il constitue ainsi un élément de succès considérable dans la lutte contre la variole. Frappé de ces avantages, le Comité médical des Bouches-du-Rhône a marqué ses préférences pour ces vaccins locaux (*asino* et *asino-bovo-vaccins*) qui conservent plus longtemps leur activité que le *bovo-vaccin* ordinaire et s'atténue moins à l'air et à la chaleur. Néanmoins, il est utile de ne pas employer des vaccins déjà vieux de 3 mois.

Asino-bovo-vaccin. — L'*asino-bovo-vaccin* atteint son maximum d'activité, quand il provient de la première semence asine; sa virulence diminue notablement, si l'on opère un second passage de ce *bovo-asino-vaccin* sur la génisse; enfin, vers le sixième et septième passages, l'atténuation est considérable. Donc, en temps ordinaire, il faut préférer le *bovo-asino-vaccin* obtenu immédiatement avec la première semence asine, l'employer dans les revaccinations et, en cas d'insuccès ou en temps d'épidémie, recourir à l'*asino-vaccin*, qui immunise rapidement les personnes habitant un milieu contaminé ou plus particulièrement exposées à la contagion variolique. Enfin, nous avons constaté que la virulence des *asino-vaccins* est exaltée aux sixième et septième passages; ils donnent alors des succès avec réaction vaccinale nette, chez des sujets restés rebelles à des *asino-vaccins* résultant du premier passage. En employant du vaccin d'âne comme semence, Chaumier de Tours obtient aussi un vaccin très virulent pour l'enfant. Dans un rapport à l'Académie, Kelsch dit que la pulpe de génisse inoculée à l'âne et reportée ensuite chez l'enfant s'est montrée très active. Inoculée à la génisse, cette lymphe régénérée a fourni des récoltes très virulentes et de très bonne composition. Il en est qui, au bout de 7 semaines, donnaient encore des pustules, longues et multiples. Sa virulence n'a pas paru être diminuée par ses passages successifs sur la génisse.

Sa préparation. — Pour être utilisées dans les vaccinations chez l'homme, les cultures obtenues sur l'âne doivent avoir eu une évolution très régulière et n'avoir pas été infectées par des microbes pyogènes qui donnent aux pustules vaccinales l'aspect de petits boutons jaunâtres, purulents, apparaissant vers le quatrième jour qui suit l'inoculation. En opérant la récolte du vaccin vers la soixante-douzième heure, on a chance de n'avoir pas encore d'infection pyogène. Si, à ce moment, la récolte du vaccin est moins copieuse, il a une plus grande pureté. L'*asino-vaccin* n'est délivré au public qu'après 3 semaines de séjour dans la glycérine neutre, de façon à assurer la destruction des germes nuisibles, des staphylocoques, en particulier, qui souillent si souvent le vaccin.

La préparation de l'*asino-vaccin* nécessite les précautions suivantes, en raison de la fréquence et de la rapidité de la suppuration chez l'âne.

1° Débarrasser le vaccin bovin de toute flore microbienne, surtout du staphylocoque, par 15 jours de macération dans la glycérine;

2° Vérifier la pureté de ce vaccin ainsi traité par des cultures sur gélose;

3° Pratiquer sur l'âne des scarifications n'entamant que les couches superficielles du derme, de façon à éviter autant que possible toute hémorragie; faire ces scarifications en quinconces ou, si l'on veut obtenir une récolte plus abondante, se servir de scarificateurs à plusieurs lames pour avoir des inoculations par plaques;

4° Étaler la semence vaccinale sur la partie avant de procéder aux scarifications, puis bien imprégner de vaccin les petites incisions;

5° Laisser les animaux couchés sur la table pendant 15 minutes, jusqu'à ce qu'un léger gonflement œdémateux des scarifications indique que l'absorption vaccinale se fait à leur niveau;

6° Recueillir le quatrième ou le cinquième jour le vaccin, qu'on mélangera à un volume égal de glycérine, faire la trituration au bout de 8 jours. Chaumier conseille de récolter à la période papuleuse, sans attendre la formation des vésicules, parce que le liquide, virulent les premiers jours, perd vite ses qualités;

7° N'utiliser le vaccin qu'au bout de 15 à 20 jours, quand l'ensemencement sur gélose a établi sa pureté et l'absence de contamination microbienne. Cet *asino-vaccin* sera inoculé de la même façon à la génisse pour obtenir le *bovo-asino-vaccin* dont l'activité est réellement supérieure à celle du vaccin ordinaire de génisse;

8° L'*asino-vaccin* en croûtelles peut être transporté dans les pays chauds dans un mélange d'une demi-partie de glycérine neutre et d'une demi-partie d'eau; il ne perd pas sa virulence s'il est expédié dans des bouteilles-thermo, dans le vide où la température s'équilibre. Il a permis à M. Groslamber, vétérinaire en chef à Addis-Ababa, en Éthiopie, de régénérer ainsi le vaccin bovin et d'enrayer la variole. En inoculant des buffions avec du vaccin d'âne et des génisses avec le vaccin de ces buffions, on obtient un vaccin très virulent (Chaumier).

Conclusions. — 1° Le passage du vaccin de génisse sur l'âne **exalte** considérablement sa virulence;

2° L'*asino-vaccin* ainsi obtenu est plus actif et plus rapidement immunisant que le *bovo-vaccin;* à ce double titre, il doit être employé, en temps d'épidémie de variole, surtout chez les personnes exposées à la contamination ou réfractaires à la vaccination ou à la revaccination faites avec le *bovo-vaccin* ou l'*asino-bovo-vaccin;*

3° L'*asino-bovo-vaccin* recueilli sur la génisse inoculée avec de la semence asine, possède une virulence et une activité plus grandes que celle du vaccin ordinaire de génisse. Ce vaccin renforcé par son passage sur l'âne doit être préféré au simple *bovo-vaccin* qui, souvent, s'atténue par suite des passages successifs sur les bovidés et sous l'influence de la chaleur, de la lumière.

En temps ordinaire, l'*asino-bovo-vaccin* convient aux primo-vaccinations, chez l'enfant, aux revaccinations dans l'adolescence; mais, en cas d'échec et chez l'adulte, il vaut mieux recourir à l'*asino-vaccin* qui, dans la lutte contre la variole, constitue la meilleure arme défensive. C'est l'emploi persévérant et méthodique de l'*asino-vaccin* et de son dérivé l'*asino-bovo-vaccin* ou vaccin de génisse renforcé qui a arrêté les épidémies annuelles de variole qui sévissaient à Marseille et qui n'ont plus reparu depuis 1907, date de la dernière explosion épidémique et de l'application de ces vaccins renforcés.

Les expériences suivantes montrent encore les propriétés actives de l'asino-vaccin.

Première expérience. — Nous inoculons, le 23 juillet 1912, un âne d'Afrique, âgé de 2 ans, avec des produits varioleux recueillis à l'Hôpital de la Conception et consistant : 1° en deux pipettes de *virus variolique* pur provenant d'un varioleux en période d'évolution, au moment de la maturation des pustules, avant la suppuration; 2° en croûtelles desséchées provenant de la desquamation de pustules varioliques d'un autre malade; 3° du grattage des pustules d'une varioleuse morte depuis 2 heures.

Ces deux derniers produits sont mélangés à parties égales à de la glycérine neutre afin d'éliminer les microbes de la suppuration. La durée de ce contact fut de 6 jours.

L'inoculation cutanée est faite sur une surface de 20 cm² au moyen de longues scarifications très superficielles disposées en damier. Une première application de virus varioleux précède ces scarifications qu'on imprègne ensuite d'une nouvelle couche de produits varioleux. Température : matin, 37°,5; soir, 37°,7.

24 *juillet.* — Température rectale : matin, 37°,7; soir, 39°,2.

25 *juillet.* — Température : matin, 40°, 1; midi, 40°,3; soir, 38°,9. Il existe de l'œdème autour des scarifications qui sont enflammées.

26 *juillet.* — Température : matin, 38°,5; soir, 39°,3.

L'âne est triste, abattu; il refuse la nourriture.

27 *juillet.* — Température : 39°,5 matin; 39°,9 soir. L'âne est couché, il ne mange plus; il présente des vésico-pustules autour des lèvres, des naseaux, de l'anus. Il existe du jetage de la narine gauche. L'état général s'aggrave, la dyspnée est considérable, la congestion pulmonaire est très marquée. On craint que cet animal ne meure.

28 *juillet.* — Il s'améliore contre toute attente; la température tombe à 38° le matin et 37°,5 le soir. On fait la récolte de ces croûtes consécutives à l'inoculation de produits varioliques. Puis, sur cette surface cutanée rigoureusement raclée, on dépose une couche d'asino-vaccin qu'on étend sur une portion de peau voisine et saine, qui est à son tour scarifiée.

29 *juillet.* — Température : matin, 38°,2; soir, 37°,7. L'élévation de température est due à l'évolution du vaccin.

30 *juillet.* — Température : matin, 37°,6; soir, 37°,5 Elle se maintient au même degré le 31 juillet et le 1ᵉʳ août.

Toute la surface cutanée précédemment inoculée avec des produits varioleux
ne présente aucune éruption d'asino-vaccin, tandis que le vaccin cultive abon‑
damment sur les scarifications faites sur la peau saine.

Deuxième expérience. — Les produits varioleux provenant de cet âne sont
inoculés sans succès à une génisse chez laquelle, au contraire, l'asino-vaccin
cultive fort bien (¹).

Discussion. — M. Huon s'étonne qu'à Tours, le bovo-vaccin soit plus actif
que l'asino-vaccin, alors qu'à Marseille ce dernier vaccin est toujours beaucoup
plus actif que celui du veau. Il signale que le horse-pox est une vaccine plus
active que le cow-pox naturel, et, d'autre part, l'opinion généralement admise
considère le cow-pox comme n'étant que du horse-pox accidentellement
transmis aux bovidés.

MM. LE Pʳ BOINET et Dʳ TEISSONNIÈRE.

(Marseille).

RECHERCHES BACTÉRIOLOGIQUES SUR LE CHOLÉRA.

616.932.022

5 *Août.*

Il a été pratiqué à l'Institut de bactériologie des Bouches-du-Rhône, à Marseille, pendant l'épidémie de choléra de 1911, 4870 examens de matières fécales,
provenant de cholériques, de malades ou de décédés suspects, ainsi que de personnes bien portantes constituant l'entourage de ces derniers. Ces examens
se répartissent comme il suit :

		Négatifs.	Positifs.
1911	mai................	3	"
»	juin................	54	1
»	juillet..............	184	9
»	août................	1200	250
»	septembre..........	2344	273
»	octobre.............	356	29
»	novembre...........	81	"
»	décembre...........	86	"
		4308	562
	Total.............	4870	

Prélèvements. — Dès la déclaration au bureau municipal d'hygiène, par le
médecin traitant, du cas probable ou suspect, ou du décès, le laboratoire, immé-

___

(¹) Cette observation sert de base à une Communication que nous avons faite au
1ᵉʳ *Congrès international de Pathologie comparée* (Paris, 13-23 octobre 1912) sur
la nature du variolo-vaccin et sur la non-identité de la vaccine et de la variole.

diatement prévenu par le directeur du bureau d'hygiène, faisait effectuer les prélèvements du malade, ainsi que de son entourage; pendant plusieurs mois, l'aide du laboratoire était commis à cet effet. Plus tard, deux médecins, désignés par le directeur de l'hygiène, furent chargés de ces prélèvements. Les matières étaient recueillies dans des tubes de verre assez larges; fermés par un bouchon de liège dans lequel est fichée une petite cuiller de métal. Le tout est renfermé dans un étui métallique. Dans le cas de décès, le prélèvement était effectué dans le rectum. Chaque fois que l'autopsie a été possible, les matières ont été prélevées dans une anse intestinale.

Ensemencement. — Les échantillons, aussitôt rapportés au laboratoire, étaient ensemencés largement en eau peptonée à 1 % ; après 3 heures de séjour à l'étuve à 37°, repiquage sur un second tube de même milieu d'une dose prélevée en surface; 3 heures après, second repiquage dans les mêmes conditions.

Pendant les premiers mois, le diagnostic était fait par l'examen du voile ou du liquide de surface de ce troisième tube, après 3 à 6 heures d'étuve à 37°.

Mais, dès le mois d'août, on simplifia les recherches par l'emploi systématique du milieu de Dieudonné. Le voile ou le liquide de surface du troisième tube d'eau peptonée était ensemencé sur gélose alcaline au sang, en boîtes de Pétri. Le diagnostic était fait après 12 heures de séjour à l'étuve.

L'emploi de ce milieu, qui élimine la plupart des bactéries banales de l'intestin, simplifie considérablement la besogne, lorsqu'on a de nombreux examens à faire. Le simple examen à l'œil nu des plaques restées stériles permet d'éliminer rapidement un grand nombre d'échantillons, surtout parmi ceux qui proviennent des personnes bien portantes, qui constituent l'entourage des malades. Toutefois, ce milieu ne garde pas longtemps des propriétés électives, et, après 8 jours de préparation, il devient inutilisable. Le milieu type de Dieudonné est alcalinisé à la soude; la substitution de la potasse à la soude, en tenant compte de la différence du poids atomique, ne présente aucun avantage.

Diagnostic. — Tous les vibrions, morphologiquement identiques au vibrion de Koch, ont été isolés sur gélose et soumis aux diverses épreuves d'identification. Au début de l'épidémie, pour les premiers cas, on a recherché la réaction indol-nitreuse, le phénomène de Pfeiffer, et l'agglutination. Par la suite, la seule épreuve de l'agglutination était recherchée, au $\frac{1}{2000}$ avec le sérum de l'Institut Pasteur (agglutinant à $\frac{1}{4000}$). Les seuls vibrions agglutinant à ce taux, sinon dès leur isolement, du moins après deux ou trois passages sur gélose, étaient retenus comme vibrions cholériques authentiques. Un certain nombre de ces vibrions sont actuellement à l'étude dans le laboratoire du Dr Salimbéni, à l'Institut Pasteur.

Dans certains cas, assez rares d'ailleurs, de selles d'aspect classique, à grains riziformes, le diagnostic a pu être fait par le simple examen direct, ou par ensemencement direct des matières sur milieu de Dieudonné, sans enrichissement préalable. Les épreuves ultérieures ont toujours confirmé les résultats ainsi obtenus.

Par contre, dans quelques cas cliniquement certains, au début de l'épidémie, il a été impossible d'isoler le vibrion de Koch. Il s'agissait généralement alors de décédés chez qui les prélèvements n'avaient pu être faits que dans le rectum, et un certain temps après la mort.

Au cours de l'épidémie, quelques recherches ont été faites sur les moules,

un moment soupçonnées d'être un agent d'introduction et de propagation de
la maladie. Plusieurs lots de moules indigènes et de moules importées ont été
examinés; mais ni l'eau qu'elles renfermaient, ni la pulpe fournie par trituration de leur chair, n'ont jamais donné de cultures positives. On a pu seulement
en isoler un vibrion qui, bien qu'assez semblable d'aspect au vibrion de Koch,
n'agglutinait pas mieux à un taux très faible, et ne donnait pas le phénomène
de Pfeiffer. Ce vibrion provoquait cependant une péritonite mortelle chez le
cobaye neuf, mais il la donnait également au cobaye immunisé; il n'a donc
pas été retenu comme cholérique.

Les recherches effectuées sur les eaux du Jarret ont permis d'isoler le vibrion
cholérique avec tous ses caractères. Mais ce résultat n'a rien d'étonnant, le
Jarret étant un petit cours d'eau qui reçoit les eaux de nivellement de l'asile
d'aliénés, qui fut le foyer le plus important de l'épidémie. Le vibrion a été de
même isolé de certaines eaux d'alimentation de cet asile.

Pratiquement, il résulte de l'expérience de ces quelques mois de 1911, que
le procédé de choix pour l'isolement du vibrion cholérique et de diagnostic du
choléra, est l'ensemencement en eau peptonée, avec deux passages de 3 en
3 heures sur le même milieu, puis ensemencement sur milieu de Dieudonné.
L'agglutination au $\frac{1}{2000}$ permet l'identification du vibrion isolé, en culture
pure. L'ensemble de ces opérations demande au maximum 24 heures; ce
temps peut être raccourci dans le cas de selles d'aspect typique et riches en
vibrions à l'examen direct; on peut, dans ce cas, se contenter d'un seul passage
en eau peptonée.

Orticoni, dans une Note communiquée à la Société de Biologie, le 16 décembre 1911, reconnaît que l'électivité du milieu de Dieudonné pour le vibrion
cholérique en fait un procédé de choix bien supérieur à l'ancien procédé de la
gélose simple.

A l'asile des aliénés, la moyenne générale des porteurs de germes a été de 2,3
à 3 %. A l'infirmerie des femmes, la moyenne a atteint 20 %. Orticoni fait
remarquer que cette division était alimentée par de l'eau contaminée qui échappait à la stérilisation par l'hypochlorite de soude; il se demande si les porteurs
de germes sains qu'on considère, en général, comme dérivant exclusivement de la
contagion par contact, ne relèvent pas en réalité de la contamination hydrique.

La persistance moyenne du vibrion de Koch chez les porteurs de germes de
l'asile des aliénés n'a pas dépassé 3 à 5 jours. Tous les porteurs de germes en
question avaient reçu en lavement du sérum antitoxique de Salimbeni. Enfin,
Orticoni admet l'existence de vibrions para-cholériques qui seraient pour le
choléra ce que les bacilles para-typhiques sont pour la fièvre typhoïde, c'est-
à-dire des bacilles pathogènes ayant des caractères communs avec le bacille de
Koch et produisant aussi le syndrome cholériforme.

M. LE Pr BOINET,

Correspondant national de l'Académie de Médecine.

MÉLITOCOCCIE.

616.929 (45.82)

2 Août.

Aux six cas de fièvre de Malte que nous avons publiés récemment dans le *Marseille médical*, nous ajoutons ce fait que nous avons observé dans notre service de clinique de l'Hôtel-Dieu de Marseille.

Observation I. — Rosalino Tomaso, âgé de 46 ans, Italien, laitier, possède une vacherie, dans la rue Montolieu, ne renfermant que des vaches suisses qui n'ont pas été renouvelées depuis 4 années, et une jument. Il n'a été en contact ni avec les chèvres, ni avec les moutons. 15 ou 20 jours avant son entrée à l'hôpital, il est pris, rapidement, de fatigue en travaillant; l'appétit diminue, puis fait défaut. Le Dr Santi traite ce malade pour un embarras gastrique avec fièvre, sans frissons. Dès le début, les sueurs sont très abondantes et persistent au même degré, pendant 3 mois. Le malade se plaint de douleurs dans les articulations des genoux, des coudes, des épaules et au niveau de la colonne vertébrale. Le bleu de méthylène, que nous avons employé depuis longtemps dans le traitement de la fièvre de Malte, est pris par la voie gastrique; il reste inactif. Les injections sous-cutanées d'arrhénal, la quinine absorbée en cachets n'ont que peu d'action. Le même état clinique persiste pendant 72 jours. La séro-réaction de Wright est nettement positive. La courbe de la température est ondulante, classique. Le soir, le thermomètre monte à 39^6 les 23e, 27e jours, et à $39^o,2$ les 28e et 30e jours; puis la courbe oscille et descend de quelques dixièmes, son maximum se maintient aux environs de $38^o,5$ pendant 10 jours; puis, le thermomètre ne dépasse pas $37^o,8$ pendant 10 autres jours; enfin, survient une autre oscillation ascendante allant progressivement de 38° à $38^o,8$ pendant 14 jours. Il n'existe pas de complications; on constate constamment des sueurs profuses, des douleurs articulaires. 3 mois après le début de cette fièvre de Malte, le malade est un peu faible, mais l'amélioration commence. Il va à la campagne et ne donne plus de ses nouvelles.

Observation II. — Chez un militaire, l'anémie et la cachexie d'origine mélitococcique furent si considérables et si prolongées que la réforme fut prononcée.

Nous traitons actuellement, à l'Hôtel-Dieu, notre onzième cas de mélitococcie transmise à la malade par sa chèvre, qui mourut après avoir mis bas. La guérison est survenue après 5 injections sous-cutanées de 60 cm³ du *sérum anti-mélitococcique* obtenu, chez le cheval, par le D^r Ed. Sergent, directeur de l'Institut Pasteur d'Alger. En cas d'échec, nous essayerions, en pareil cas, l'injection intra-veineuse de 30 cg de néo-606.

M. V. GILLOT,

Professeur suppléant à la Faculté de Médecine (Alger).

CONSIDÉRATIONS
SUR L'ÉPIDÉMIOLOGIE ET L'ÉTIOLOGIE DE LA FIÈVRE DE MALTE.

616-929 (45.82)

3 Août.

La fièvre de Malte est une maladie plus épidémique que contagieuse. Elle paraît procéder par *petites épidémies* massives très localisées et demeurer *endémique* dans les climats humides et tempérés. Aussi la rencontre-t-on surtout dans les îles et sur les littoraux des mers à climat doux, comme celui de la Méditerranée. Mais quelles sont ses origines ? et comment *évolue-t-elle* au point de vue épidémiologique ?

Depuis la découverte du microbe spécifique, *Micrococcus melitensis* (Bruce, 1887) et du *sero-diagnostic* (Wright, 1897), les recherches étiologiques se sont multipliées, mais sans résultats définitifs. La contagion par le lait de chèvre (Zamith) est, en effet, un petit côté de la question. Ce qu'il importe de savoir, c'est que le réservoir du virus peut se faire chez beaucoup d'animaux domestiques (chat, chien, cheval, âne, etc.), et chez l'homme en dehors de toute épidémie. On ne sait pas exactement comment se prend le germe. L'infection expérimentale est plus aisée par les muqueuses, surtout par la muqueuse nasale, que par d'autres voies (alimentaire, respiratoire, cutanée, etc.). Dans une épidémie d'origine caprine, tantôt c'est l'homme, le chevrier, qui semble le premier infectant, tantôt c'est l'animal.

La marche épidémiologique pourra être connue plus tard, maintenant qu'on sait déceler cette maladie. Elle est encore pleine d'inconnu. La première idée que nous avions, à savoir que la fièvre de Malte était une enzootie endémique des chèvres de cette île transmissible aux hommes et qu'elle rayonnait à la suite de l'exportation des troupeaux ou de l'exode des malades, ne nous suffit pas. Il est possible que cette maladie existe depuis des siècles à Malte et que Saint-Paul ait eu affaire à elle lorsqu'il guérit le père de Publius « alité d'une fièvre et d'une dysenterie ». Il est encore possible qu'elle ait été importée à Malte de l'Orient et les premières descriptions de Marston (1859-1863) laissent penser, en effet, que cette affection a pu y être apportée par des soldats de Crimée. Il est probable enfin que bien des épidémies de fièvre méditerranéenne ont été méconnues et confondues avec la fièvre *typhoïde* ou *la grippe*, à Bordeaux notamment.

En dehors de Malte ont été successivement signalées des épidémies de fièvre de Malte, à Naples par Borelli (1877), à Catana, en Sicile, par Tomaselli (1878), à Gibraltar par Turner (1884-1889), à Palerme par de Blasi (1885) en Tunisie par Schoull (1903), à Alger par Gillot (1905), en France à Saint-Martial par Cantaloubi, et à Saint-Bauzil par Lagriffoul (1909), etc. On en a signalé, dans les Indes, au Transwall, etc. Enfin, on en a constaté de cas isolés, depuis deux ans, dans des endroits bien divers, à Marseille, à Cannes, à Paris, à Nancy, à Lyon, etc.

Avant de parler de prophylaxie de la fièvre de Malte, et pour qu'elle soit efficace, il s'agit d'abord, par des études et des observations ultérieures, que nous fixions davantage nos connaissances étiologiques et épidémiologiques concernant cette maladie.

M. V. GILLOT.

LES SPIRILLOSES DANS LE NORD DE L'AFRIQUE.

576.841.12 (61)

3 Août.

Dans l'état présent de la Science, on prétend différencier les spirilles par l'étude de leur morphologie, de leurs caractères biologiques et par l'emploi des inoculations et de la séro-réaction.

Voici les espèces actuellement connues en Algérie et en Tunisie.

I. Espèces sanguicoles. — A. Les espèces pathogènes pour l'homme sont :

1º *Le spirille de la fièvre récurrente du nord de l'Afrique.* — Cette fièvre récurrente, signalée par Billet en Algérie (1902) et Lafforgue en Tunisie (1903), étudiée depuis par de nombreux auteurs (Brault, Nicolle, Soulié, Lemaire, Sergent, etc.), est identique à celle d'Europe, dite *russe.* Elle est due à *Spirochœta recurrentis,* Lebert, 1874, ou *Spirochœta Obermeieri,* Cohn, 1875. Pour Brumpt l'identification n'est peut-être pas définitive, parce que l'*Ornithodorus moubata* (acarien) n'infecte pas avec ce virus algérien le singe comme il le ferait sûrement avec du virus russe.

2º *Le spirille de la fièvre récurrente du Sud-Oranais.* — D'après Sergent et Foley, il s'agirait ici d'une espèce ou d'une race particulière pour laquelle ils ont proposé le nom de *Spirochœta berberi* (1907-1909). Comme morphologie, ce spirille a 12-18 μ de longueur et présente 4-8 tours de spires.

B. Voici les espèces sanguicoles étudiées chez les animaux :

1° *Spirochœta gallinarum*. — Cette espèce existe en Algérie (Foley) et en Tunisie. C'est la même que celle décrite pour la première fois au Brésil par Marchoux et Salimbeni. Elle se transmet par les *Argas miniatus* et *A. persicus*. Il s'agit donc du *Spirochœta gallinarum*, Stephens et Cristophers, 1904.

2° *Spirochœta Nicollei*. — Cette espèce, découverte par Ch. Nicolle (1909), décime en certaines localités les oies et les poules en Tunisie (Nicolle et Ducloux; Comte et Bouquet). Cette spirillose se transmet par *Argas persicus*. Pour Galli-Valerio (*Centr. f. Bakt.*, 1911), cette espèce n'est pas certaine. Il soutient l'unificité des spirilloses des oiseaux, toutes dues au *Spirochœta anserina*, Sacharoff la première en date.

3° *Spirochœta gondi*, Ch. Nicolle, 1907. — Espèce trouvée en Tunisie par Nicolle dans le sang d'un rongeur, le *Ctenodactylus gondi*. Ce spirille mesure 16-19 μ de longueur sur o,3 μ de largeur.

4° *Spirochœta vespertilionis*, Brumpt, 1910. — Espèce rencontrée en Tunisie par Ch. Nicolle chez *Vespertillio Kuhli*. Ce spirille est inoculable aux chauves-souris, mais ni au singe ni au rat.

II. Espèces non sanguicoles. — A. *Espèces déterminées :*

1° *Spirochœta Vincenti*, Blanchard, 1906. — Il s'est rencontré dans le nord de l'Afrique, soit dans les épidémies d'angine de Vincent (Gillot), soit dans la pourriture d'hôpital (Brault), et toujours associé à d'autres microbes dont le plus fréquent était le *bacillus hastilis*, Leitz.

2° *Spirochœta buccalis*, Cohn, 1875, et *Spirochœta dentum*, Koch, 1877. — Il vit communément dans la salive, surtout lorsque la bouche est mal soignée.

3° *Spirochœta refringens*, Schaudin, 1905. — Assez fréquent dans les lésions des organes génitaux.

B. *Espèces indéterminées*. — Il s'agit là de ces spirilles trouvés associés à d'autres infections tel le *spirochete de la dysenterie* Le Dantec.

A. Conor a vu dans les selles de cholériques à Tunis (1911), le *spirochete du choléra*. Par contre, Gillot a échoué, à Alger, dans la recherche du *spirillus vaccinalæ* décrit par Odin (1912) dans la vaccine.

En terminant il faut remarquer que la symbiose semble souvent nécessaire à la reproduction des spirilles, ce qui en rend la culture très difficile. M. Gillot a vu, à Alger, dans des cas de fièvre récurrente (*Spirochœta Obermeieri*), un parasite, semblant être une hémogrégarine, vivre chez l'homme à côté du spirille. Il a pu entretenir, pendant plusieurs jours, le spirille vivant et se divisant en eau physiologique. Enfin, il a fait cette constatation biologique que, par moments, dans le corps du spirille, se forment de petits corps globuleux qui s'échappent dans le milieu. Toutes ces observations offrent un grand intérêt au point de vue général de l'étude des spirilloses.

MM. Marcel LABBÉ, LAQUERRIÈRE et NUYTTEN.

TRAITEMENT DE L'OBÉSITÉ PAR LA GYMNASTIQUE ÉLECTRIQUE.

616.991.7 + 615.84

3 Août.

Il y a quelques années, le professeur Bergonié imaginait pour le traitement de l'obésité une méthode nouvelle consistant en une gymnastique généralisée des muscles du corps provoquée par l'électrisation.

Cette gymnastique a l'avantage de pouvoir être utilisée chez tous les obèses, quelque déprimés, âgés et cardiaques qu'ils soient. Elle produit une dépense d'énergie musculaire considérable et remplace la gymnastique volontaire.

Les publications de M. Bergonié, le rapport de MM. Laquerrière et Delherm au troisième Congrès de Physiothérapie de 1910, celui de M. Spieder au quatrième Congrès de Physiothérapie de 1912, nous ont bien fait connaître la technique et les avantages de cette méthode.

Nous avons eu l'occasion de l'employer avec succès dans plusieurs cas, en particulier chez un malade dont l'obésité offrait une grande résistance au traitement. Nous croyons donc nos résultats intéressants à publier.

Observations. — Mme G., âgée de 51 ans, est atteinte d'une obésité considérable et invétérée, compliquée de douleurs des membres. Les essais de traitement n'ont pas donné de résultats. Elle présente des troubles cardiaques qui augmentent sa sédentarité et ne lui permettent point de faire un exercice suffisant pour maigrir.

Il y a, dans la famille, des antécédents d'obésité. Le père et la mère étaient obèses, à un degré moins avancé que la malade; sur deux frères et deux sœurs qu'elle possède, il y a un obèse.

Depuis l'âge de 20 ans, Mme G. a subi plusieurs crises de rhumatisme articulaire subaigu. A 25 ans, une sciatique droite l'a immobilisée quelque temps. A 40 ans, elle eut une première colique néphrétique qui fut suivie de trois autres crises à 2 ans d'intervalle.

Réglée à l'âge de 14 ans, elle a toujours présenté une menstruation régulière. Mariée à 17 ans, elle a eu quatre enfants; deux sont morts, un présente un degré notable d'embonpoint. La ménopause s'est faite à 45 ans, normalement.

Considérée comme une anémique dans son enfance, elle fut soumise par ses parents à un régime assez abondant; elle prit l'habitude de manger beaucoup de pain et on la suralimenta avec des viandes et des vins médicamenteux.

A l'occasion de chacune de ses grossesses, elle augmenta de poids. A 30 ans elle pesait déjà 76 kg; mais elle avait alors un métier assez fatigant de placeuse en vins. A l'âge de 40 ans, elle pesait 80 kg. C'est alors surtout qu'elle se mit à grossir. A 42 ans, on la considérait comme une véritable obèse.

A l'âge de 46 ans, elle fut soignée à la Charité par le Dr de Massary qui crut, en raison de quelques troubles respiratoires du sommet droit et d'une réaction fébrile à la tuberculine, pouvoir la considérer comme tuberculeuse, et qui, à cause des douleurs des membres dont elle souffrait et de la répartition de ses masses graisseuses, la présenta à la Société médicale des Hôpitaux comme un exemple de la maladie de Dercum.

Le traitement iodé fut sans effet sur son obésité.

A partir de la ménopause à 45 ans, l'obésité s'accentua encore; d'ailleurs l'activité de la malade était de plus en plus réduite et elle mangeait abondamment des pâtisseries et sucreries. En 5 mois, elle augmenta de 5 kg.

Il y a 3 ans, elle fut opérée d'hémorroïdes; à ce moment on la mit au régime lacté, ce qui la fit maigrir de 5 kg.

Actuellement, Mme G. est atteinte d'une grande obésité. Elle pèse 112 kg; sa taille est de 1,61 m; la graisse est particulièrement abondante au niveau du bassin et des cuisses; le ventre est très développé; la face, les mains, les pieds sont relativement moins adipeux. Cependant, la graisse est répartie régulièrement sans former de lipomes isolés, sauf au niveau de l'avant-bras droit.

La palpation des membres est douloureuse, quoique moins qu'elle ne le fut autrefois; la malade se plaint, en outre, de douleurs spontanées au niveau des lombes et des interlignes articulaires.

Mme G. a, de temps en temps, des envies de dormir. Son sommeil est calme, sans cauchemars. La vue est bonne; quelquefois seulement elle accuse une sensation de brouillard devant les yeux.

Les réflexes tendineux sont normaux.

L'appétit est toujours bon, mais les digestions sont lentes, l'intestin constipé, la langue est saburrale; pas de pituite; le foie ne paraît pas hypertrophié.

La marche est difficile; le moindre effort provoque de grandes crises d'étouffement avec palpitation. Le cœur est rapide. Ses bruits sont affaiblis. Mme G. se plaint de maux de tête, de vertiges. Elle n'a pas d'œdème des jambes; pas d'albuminurie ni de glycosurie.

Cure de l'obésité. — Le traitement institué a eu pour bases le régime alimentaire réduit, l'exercice volontaire, et l'exercice électrique; accessoirement, nous avons donné de l'extrait thyroïdien, de la théobromine, des sels alcalins et laxatifs.

Le régime était composé de :

Viande cuite	100 g
Légumes verts	1 plat
Pain	100 g
Lait	500 cm³
Œuf	1
Bouillon	500 cm³
Tisane de chiendent non sucrée à volonté.	

Il représente environ 1100 cal, ce qui pour une femme de 112 kg de poids et de 1,61 m de taille, équivaut à 9,8 cal par kilogramme de poids réel et à 18 cal par kilogramme de poids idéal.

Pendant une *première période,* du 18 février au 11 mars, la malade est traitée par le régime réduit, la gymnastique suédoise et les exercices de traction au Sandow.

Son poids baisse d'abord assez vite de 112 à 109 kg; puis il se maintient à ce chiffre pendant une quinzaine de jours. Il est vrai que la malade fait peu d'exercice et marche très peu. Le moindre effort l'essouffle et provoque une accélération du pouls; elle a le facies un peu cyanosé; les urines sont rares, malgré l'administration de théobromine. Il est évident que le cœur ne permet pas un grand effort physique.

Durant une *seconde période,* du 11 mars au 22 avril, la malade est traitée par le régime et la gymnastique électrique. Les séances de 25 minutes pour commencer, avec une intensité de 25 milliampères, atteignent bientôt une durée de 60 minutes avec une intensité de 40 milliampères. Le poids baisse régulièrement de 109,3 kg à 100,9 kg, c'est-à-dire de 8,4 kg en l'espace de 42 jours, ce qui fait une perte quotidienne de 204 g.

A ce moment survient une amygdalite fébrile qui oblige à interrompre le traitement jusqu'au 29 avril. Pendant cette courte maladie, son poids a baissé de 100,9 kg à 97,7 kg, c'est-à-dire de 3,2 kg, ce qui fait un amaigrissement quotidien de 475 g.

Le 29 avril, on la remet au régime antérieur et l'on reprend les séances d'électricité. Mais elle ne maigrit pas. Au 17 mai, son poids est encore de 97,6 kg. On pouvait admettre qu'après l'amaigrissement rapide provoqué par l'angine, la malade avait reconstitué ses tissus et repris du poids; mais cette explication, capable de faire comprendre un arrêt d'une dizaine de jours dans l'amaigrissement, ne pouvait rendre compte d'une résistance aussi prolongée à l'action de la cure. Aussi nous pressons de questions la malade et nous apprenons que, depuis son angine, elle a fait quelques écarts de régime; nous la gourmandons et elle nous promet de suivre à l'avenir correctement le régime ordonné.

Du 17 mai au 12 juin, la malade, sous l'influence du régime réduit et de la gymnastique électrique, maigrit régulièrement; son poids tombe de 97,6 kg à 91 kg, ce qui représente une perte quotidienne de 253 g.

Du 12 juin au 26 juin, l'amaigrissement s'arrête. Cependant, la malade affirme qu'elle ne fait point d'écarts de régime.

Les urines sont toujours peu abondantes. Nous remplaçons alors la théobromine qu'elle prenait par de la thyroïdine : trois pastilles par jour. L'amaigrissement reprend.

Du 26 juin au 13 juillet, son poids baisse de 91,100 kg à 86,200 kg, ce qui représente une perte quotidienne de 272 g.

Le 13 juillet, on cesse le traitement électrique, tout en continuant la thyroïdine. L'amaigrissement s'arrête aussitôt.

Résultats généraux. — Envisageons maintenant l'ensemble de la courbe. L'effet de la gymnastique électrique ressort immédiatement. Chez une femme dont le cœur insuffisant ne permettait point une cure de gymnastique ordinaire, et qui d'ailleurs était trop paresseuse pour s'entraîner systématiquement à la marche, la gymnastique électrique a provoqué un amaigrissement de 204 à 272 g par *jour.*

A elle seule, la gymnastique électrique serait cependant incapable de faire maigrir, il faut lui ajouter l'action du régime réduit; c'est ce que montre la quatrième période du traitement où l'amaigrissement s'est arrêté sous l'influence des brioches et des pains supplémentaires que la malade consommait en cachette.

Nous voyons aussi (sixième période) que l'amaigrissement ne se fait point toujours avec régularité, qu'il peut s'arrêter et que, à ce moment, une dose moyenne de thyroïdine peut exercer une influence favorable.

Au point de vue de l'état général, le résultat a été excellent, la malade a été véritablement transformée. Les maux de tête dont elle se plaignait constamment, les douleurs des membres qui avaient été assez considérables pour faire penser à la maladie de Dercum, la lassitude continuelle, la fatigue rapide, l'essoufflement et la tachycardie qui survenaient au moindre effort et avaient empêché la malade de se livrer à la gymnastique ordinaire, ont disparu peu à peu. La marche est devenue facile; la malade éprouve une sensation de bien-être qu'elle ne connaissait plus depuis longtemps.

La gymnastique électrique n'est nullement pénible; elle ne laisse après elle qu'une légère sensation de fatigue; la courbature qui succède aux premières séances disparaît dans la suite.

Les effets immédiats de l'électrisation sur le pouls et la pression artérielle ont été les suivants :

La vitesse du pouls est généralement diminuée après la séance d'électrisation; le traitement a diminué la tachycardie; on a noté, au début du traitement :

	Avant.	Après.
11 mars	102	90
15 »	92	84
17 »	98	94
19 »	106	94
20 »	98	94
2 avril	100	82

Après 3 mois de traitement :

	Avant.	Après.
5 juillet	96	76
10 »	84	78
11 »	84	82
12 »	86	90

La pression artérielle, mesurée avec l'appareil de Pachon, s'élève ordinairement après la séance. D'une façon générale, le traitement a eu pour effet d'abaisser la pression vasculaire et de la ramener à la normale.

Au début du traitement :

	Pression maxima.		Pression minima.	
	Avant.	Après.	Avant.	Après.
11 mars....	19,5	19,5	9	9,5
15 » ...	17	20	8,5	10
19 » ...	18	18	9	9
20 » ...	16	19	9,5	9,5
2 avril....	16	19	9	9

Après 3 mois de traitement :

	Pression maxima.		Pression minima.	
	Avant.	Après.	Avant.	Après.
5 juillet ..	14,5	16	9,5	10
10 » ..	15	15,5	10	10
11 » ..	15,5	16	9	9,5
12 » ..	16	16,5	9,5	9,5

Les fonctions musculaires se sont améliorées. On en juge de deux manières : par la force plus grande que la malade est capable de déployer ; par la contractibilité électrique améliorée (au début un courant de 40 milliampères provoquait une faible contraction ; à la fin un courant de 25 milliampères provoque une contraction très franche) ; ce dernier résultat peut tenir en partie à la diminution de la couche graisseuse sous-cutanée qui dérivait le courant électrique.

La morphologie de la malade s'est considérablement améliorée. On en peut juger par les photographies présentées ; ce sont les vues de profil qui montrent le mieux que la diminution de volume a été considérable et s'est produite surtout aux dépens de l'abdomen.

Les mensurations qui ont été pratiquées à diverses reprises montrent aussi que l'amaigrissement s'est produit principalement aux dépens du tronc. Ainsi, la circonférence axillaire a diminué de 105 cm à 90 cm, et la circonférence ombilicale a passé de 136 cm à 113 cm.

	19 fév.	11 mars.	15 avr.	3 juin.	9 juillet
Circonférence......................	41		37	35	35,5
» axillaire	105		96	91	90
» xyphoïdienne..........	105		96	88	86
» ombilicale...............	136	128	118	114	113
» trochantéro-pubienne..	138		133	119	115
» bras droit axillaire......		37	35,5	34	33
» bras gauche axillaire..		37	34,5	33,5	32
» av.-bras droit axillaire.	30			28	27
» av.-bras gauche axillaire.	32			29,5	27
» cuisse droite...........		63	61	57	54,5
» cuisse gauche..........		63	61	58	54
» mollet droit...........		42	39,5	39,5	38
» mollet gauche..........		42	39,5	39,5	37,5

En résumé, les résultats de cette cure chez une femme atteinte d'obésité invétérée, compliquée de faiblesse cardiaque, de douleur et d'impotence musculaire ont été remarquables. L'exercice volontaire était impossible à cause des troubles cardiaques. La gymnastique électrique a été très bien tolérée, et de cette obésité presque irréductible par les moyens ordinaires a fait une obésité curable. Sous son influence la malade a repris des forces et de l'activité, et maintenant elle est capable d'exécuter les mouvements volontaires de gymnastique qu'elle ne pouvait faire autrefois.

Nous croyons donc que la gymnastique électrique généralisée suivant la méthode de Bergonié est susceptible de rendre de très grands services pour le traitement de l'obésité, principalement dans les cas d'obésité compliquée chez les malades ayant des troubles cardiaques, une infirmité des arthropathies ou une de ces apathies extrêmes qui les rendent inaptes à tout exercice physique. On peut espérer voir diminuer le nombre de ces obésités irréductibles par suite des troubles cardiaques et rénaux étudiées par l'un de nous.

Discussion. — M. Laquerrière s'est soumis lu.-même à la gymnastique électrique; il en a retiré un grand bénéfice au point de vue de sa santé générale et de sa force physique. Il regrette que les analyses d'urine ne donnent point de renseignements précis sur les troubles de la nutrition chez les obèses.

M. Marcel Labbé. — Ce que vient de dire M. Laquerrière montre bien que toutes les obésités ne doivent pas être traitées de la même manière. Quand nous avons affaire à une obésité chez un gros mangeur, nous devons surtout réduire le régime alimentaire; quand il s'agit, au contraire, d'une obésité chez un sédentaire, nous nous efforçons de faire faire de l'exercice gymnastique.

Or, M. Laquerrière n'a jamais été un obèse; il était seulement, comme il nous l'a dit, un peu plus sédentaire qu'il ne convient à la santé; par suite, le régime de famine n'était nullement indiqué chez lui, et le seul traitement à employer était la gymnastique. Aussi bien la gymnastique a-t-elle réussi, tandis que le régime réduit lui a été nuisible.

Les troubles dont souffrait M. Laquerrière n'étaient point tant des troubles dus à la suralimentation qu'au défaut d'exercice. Même chez les individus qui ne mangent pas en excès, il se produit, en effet, sous l'influence du défaut d'exercice, des troubles physiologiques, qu'un peu de gymnastique suffit à guérir.

Si vous me permettez de citer mon observation personnelle, je vous relaterai un exemple de ces faits. Je ne suis pas et n'ai jamais été obèse, certes; cependant il y a quelques années, ayant négligé de faire pendant 3 ans l'exercice habituel auquel je me livrais sous forme d'escrime, je vis se modifier légèrement ma morphologie; sans changer de poids, je vis mes muscles diminuer et mon abdomen augmenter très légèrement; en même temps, je commençai à souffrir de temps en temps de migraines, ce qui ne m'était jamais arrivé pendant les 35 premières années de ma vie. Il y a 2 ans, je me remis à l'escrime, et je fus agréablement surpris au bout d'un mois, de voir disparaître les migraines dont je souffrais, en même temps que mes muscles reprenaient leur développement antérieur et que mon abdomen diminuait.

On ne saurait donner le nom d'obésité à des troubles de ce genre, ni les attribuer à la suralimentation; c'est le défaut d'exercice qui en est responsable, en empêchant peut-être les combustions et les éliminations qui devraient se faire dans l'organisme.

Je ne m'étonne pas que M. Laquerrière nous dise qu'on n'a pu tirer aucune indication précise des analyses d'urines sur la nutrition des obèses. Il ne suffit pas, en effet, de faire une analyse d'urine banale pour être renseigné. Il faut établir un bilan précis et complet de la nutrition en dosant exactement, d'une part, les aliments ingérés, d'autre part, les excreta urinaires et fécaux. Ce travail est extrêmement long et délicat; il exige des recherches chimiques difficiles. Bien peu de personnes l'ont entrepris. Nous avons fait avec M. Furet, il y a quelques années, des recherches de ce genre chez un obèse; pendant trois mois, nous avons établi exactement le bilan azoté de ce malade. Nous avons constaté un fait très intéressant : pendant la première partie de la cure, le malade, soumis à un régime réduit en même temps qu'à l'exercice, a fait des déperditions azotées; pendant la seconde partie, soumis à un régime encore réduit, mais riche en albumine (environ 120 g par jour), il a fait des rétentions azotées. Le bilan azoté total a montré que, dans l'ensemble de la cure, ce malade, qui avait perdu 22 kg de poids, avait gagné plus de 3 kg de muscles, ce qui correspondait à la modification de sa morphologie corporelle et à l'augmentation de sa force musculaire. Les études biochimiques sérieuses nous donnent donc des renseignements précis sur les effets de la cure de régime et d'exercice dans l'obésité.

Maurice FAURE (La Malou). — La gymnastique musculaire électrique permet d'obtenir le résultat chimique et mécanique du travail musculaire (qui est précisément ce qu'on recherche dans le traitement de l'obésité), sans avoir besoin du travail nerveux (qui, en pareil cas, serait inutile et pourrait être dangereux). C'est la première fois que de pareilles conditions thérapeutiques sont réalisées, et cela vaut la peine de s'y arrêter, car la dépense nerveuse résultant de l'effort d'attention de volonté nécessaire pour tout exercice volontaire est souvent inaccessible à l'obèse.

La méthode de Bergonié est donc une thérapeutique tout à fait nouvelle, tout aussi nouvelle et curieuse que la rééducation motrice, qu'on a parfois rappelée à son sujet, et qui lui est exactement opposée; l'une fait travailler le muscle sans dépense nerveuse, l'autre vise à provoquer un effort nerveux (effort éducatif) avec le strict minimum de travail musculaire.

BIBLIOGRAPHIE.

J. BERGONIÉ, *Académie des Sciences*, 19 juillet 1909; et *Archives d'électricité médicale*, 1910, p. 297, et 1911, p. 308.

LAQUERRIÈRE et DELHERM, *Rapport au troisième Congrès international de Physiothérapie.*

LAQUERRIÈRE, *Société de Médecine de Paris*, 1910; et *Journal des Maladies de la nutrition*, avril 1910.

LAQUERRIÈRE et NUYTTEN, *Congrès de l'Association française pour l'Avancement des Sciences*, Dijon 1911; *Société de Médecine de Paris*, 12 janvier 1912; *Société française d'Électrothérapie*, 18 janvier 1912; *Société de Thérapeutique*, 24 janvier 1912 et 13 mars 1912.

BERGONIÉ, *Académie des Sciences*, 10 juillet 1911.

SPEDER. *Rapport au quatrième Congrès de Physiothérapie des médecins de langue française*, Paris 1912.

M. BARNAY.

(Paris).

CURE DE L'OBÉSITÉ.

616.991.7

3 *Août.*

Le traitement rationnel de l'obésité devant forcément varier avec les causes, notre intention n'est pas d'en entreprendre ici l'étude générale. Nous plaçant à un point de vue plus restreint, nous chercherons seulement si chez tous les obèses, exempts d'autres tares, il n'y a pas quelques points du traitement qui pourraient convenir à tous.

Ce que demandent les obèses c'est : 1° bien entendu de ne pas engraisser davantage et 2° de perdre leur excès d'embonpoint. Médicalement, cela se traduit par 1° diminuer les apports alimentaires, qui peuvent se transformer en graisse, 2° réduire les tissus graisseux surabondants par un traitement, un régime, un médicament *désassimilateur.*

Le premier point sera rendu possible, facile même, sans un régime trop sévère si l'on arrive à supprimer chez les patients dans une très large mesure la sensation de la faim et celle de la fatigue résultant soit d'une moindre alimentation, soit de l'exercice .

Or, la matière médicale nous fournit deux alcaloïdes : la caféine et la cocaïne qui, par un mécanisme physiologique différent, jouissent précisément de ces deux propriétés.

Avec eux, à une dose qui est sans inconvénient au point de vue immédiat ou de l'accoutumance, on arrive très bien à atténuer considérablement le désir et le besoin des aliments. Il suffit pour cela de les faire prendre 30 minutes, ou un peu plus, avant le principal ou les deux principaux repas. Puisqu'il n'a pas faim, on obtient facilement du sujet qu'il mange peu et s'abstienne des mets qui lui sont défendus. Non seulement il ne ressentira pas de faiblesse due à la diminution des aliments, mais il trouvera dans les propriétés stimulantes de la fibre musculaire propres à la caféine un élément de vigueur qui secouera la torpeur qui ne lui est que trop habituelle.

Cette diminution de la quantité des aliments ingérés jointe à l'*alacrité* corporelle et intellectuelle due à la caféine qui rend les mouvements et l'exercice facile et agréable ne tardent pas à donner des résultats tels que, dans certains cas, ils nous ont dispensé de nous préoccuper de la deuxième indication : *activer la désassimilation.*

Cependant, lorsque l'embonpoint est considérable il faut se préoccuper de cette deuxième indication. On a dans ce but prôné de nombreux remèdes. Les principaux doivent leur activité, — lorsqu'ils en possèdent une — soit aux iodiques, soit aux dérivés du corps thyroïde, quels que soient les noms plus ou moins pompeux dont ils se parent. Or, ces deux médicaments, s'ils ont leurs indications, ont aussi leurs dangers; ceux surtout de la deuxième espèce qui ont même à leur *passif* des cas de mort.

Le *desideratum* était donc de trouver un agent de *désassimilation* de *dénutrition* même, sans danger pour l'économie et s'appliquant à toute obésité, non compliquée d'autre état pathologique.

Au cours de recherches sur les principes actifs retirés du règne végétal, que nous poursuivons depuis plus de 3o ans, et qui nous ont amené à publier deux Volumes sur les *Alcaloïdes usuels* (¹), au cours de ces recherches, disons-nous, nous avons trouvé une substance : — alcaloïde, glucoside, principe amer? nous pourrons préciser plus tard — qui, expérimentée physiologiquement d'abord, s'est montrée un puissant agent de dénutrition. Transportée prudemment dans le domaine thérapeutique elle s'est montrée un agent fidèle et énergique de désassimilation, sans qu'il nous ait été possible de lui trouver aucun inconvénient.

Elle nous a même paru posséder une propriété qui, si elle se confirmait, en ferait un agent tout à fait à part, au point de vue qui nous occupe.

Contrairement, en effet, aux autres médicaments *déperditeurs* qui laissent revenir l'obésité dès qu'on les cesse, celui-ci semble imprimer à l'économie une *habitude* grâce à laquelle on conserve les résultats acquis après la cessation de tout traitement.

Avec la caféine, la cocaïne et cette troisième substance qu'il nous sera sans doute possible d'identifier prochainement, il nous a été possible d'obtenir des réductions de poids énormes dépassant parfois 4o kg.

Jamais nous n'avons observé la moindre tendance à s'habituer à la cocaïne, jamais la caféine n'a occasionné la moindre excitation. Au contraire à diverses reprises les sujets nous ont signalé un sommeil meilleur pendant la nuit, coïncidant avec la cessation de la somnolence pendant le jour dont plusieurs se plaignaient. Jamais de phénomènes toxiques d'aucun genre.

Aussi espérons-nous pouvoir bientôt présenter de façon définitive à nos confrères une nouvelle méthode de traitement de l'obésité plus facile à suivre que la plupart de celles qui sont en usage actuellement, et dont certaines, notamment celle du Dr Marcel Labbé, l'aimable président de cette Section, sont douées d'une réelle efficacité.

Il devient d'un usage de plus en plus courant dans le public de faire ce qu'on appelle des *cures d'esthétique*. Presque toujours ceux qui y ont recours sont la proie de gens absolument ignorants, non seulement des plus élémentaires notions de Médecine, mais même de Physiologie ou de Science.

(¹) Librairie Maloine et chez l'auteur.

Les obèses n'échappent pas à cette catégorie d'exploiteurs, encore que
les plus intelligents parmi eux s'adressent aux médecins. Mais, par suite
d'un préjugé fâcheux qui existe parmi les médecins toutes les autres
cures d'esthétique : épilation, rides, taches, raffermissement ou développement des seins, etc., sont *exploitées*, c'est le terme exact, par des char-
latans fumistes escrocs, tous plus professeurs de beauté les uns que les
autres.

Les accidents qui leur sont imputables ne se comptent pas. Ils sont un
danger public non seulement pour la bourse, mais même pour la vie de
leurs dupes.

Nous croyons donc que le Congrès de l'Association française pour
l'Avancement des Sciences, ferait œuvre utile en émettant le vœu que
toutes ces cures relèvent exclusivement du domaine médical. Il est
certain, en effet, que le médecin peut souvent donner des conseils utiles
sur ces matières qu'il considère à tort comme trop futiles pour sa dignité.
Le danger de les laisser entre des mains étrangères à la Médecine nous
paraît si évident qu'il n'a pas besoin d'être démontré.

MM. Marcel LABBÉ et Henry BITH.

ACTION DES DIVERS RÉGIMES SUR LE DIABÈTE AVEC DÉNUTRITION.
LES RÉSULTATS JUGÉS PAR LA CLINIQUE ET PAR L'UROLOGIE.

616.631

3 *Août.*

La question du régime alimentaire, assez facile à résoudre lorsqu'il
s'agit des diabétiques sans dénutrition (diabétiques gras), devient très
complexe lorsqu'il s'agit de diabétiques avec dénutrition (diabétiques
maigres).

On a préconisé bien des régimes différents. En règle générale on leur
impose un régime mixte, surtout carné; riche en albumine et pauvre en
hydrates de carbone. En outre, Magnus-Lévy a montré l'avantage du
régime lacté lorsqu'il y a menace de coma; V. Noorden a préconisé le
régime des bouillies d'avoine contre l'acidose; d'autres ont essayé les
bouillies de diverses céréales; Maignon a proposé le régime gras.

Pour nous faire une opinion personnelle sur la valeur comparée de ces
divers régimes, nous avons étudié leurs effets sur un grand nombre de
diabétiques. Chez dix d'entre eux, les expériences ont été assez prolongées et assez répétées pour nous fournir des chiffres intéressants à
considérer. De nombreuses causes viennent, en effet, modifier l'action

des régimes et troubler l'appréciation; des aggravations ou des améliorations survenues spontanément dans l'état des diabétiques apporte des changements dans les réactions d'acidose qui ne doivent pas être mis sur le compte de la diététique. Aussi avons-nous répété plusieurs fois la même expérience chez chaque malade; nous avons fait ainsi des dosages très nombreux; pour ne pas rendre fastidieuse et pénible la lecture des chiffres obtenus, nous en avons pris la moyenne, et ce sont ces résultats synthétisés que nous présenterons.

Nous nous sommes appuyés, pour juger l'action des régimes : sur les signes cliniques; sur les réactions d'acidose observées dans l'urine; et principalement sur l'amino-acidurie qui est, comme nous l'avons montré, toujours élevée chez les diabétiques en état d'acidose; nous avons enfin noté l'action des régimes sur la glycosurie.

Des dix malades que nous avons étudiés, deux étaient atteints de diabète sans dénutrition, huit de diabète avec dénutrition, compliqué d'acidose; quatre de ces derniers sont déjà morts dans le coma.

Action sur l'amino-acidurie. — Les amino-acides ont été dosés par la méthode ordinaire employée par Frey, Delaunay, etc. On dose les corps ammoniacaux totaux par la méthode de Sörensen-Ronchèse ; on dose les sels ammoniacaux par la méthode de Folin ou celle de Schlösing; les acides aminés sont obtenus par différence.

A l'état normal, l'azote aminé équivaut à 0,10 g à 0,30 g par jour; il représente 1 à 3 % de l'azote total.

Les régimes que nous avons essayés sont :

1° Le régime mixte comportant en moyenne 300 g à 400 g de viande, 4 à 6 œufs, 100 g de fromage, 80 g de beurre, 200 g à 400 g de légumes verts, 250 g de lait, 100 g de pommes de terre;

2° Le régime lacté composé de 2 l à 3 l de lait avec 50 g à 100 g de fromage et de la crème fraîche;

3° Le régime des bouillies d'avoine comportant 200 g à 250 g de farines ou de grains d'avoine, 100 g de beurre, 100 g de lait et 4 à 5 œufs;

4° Le régime de la bouillie de froment composé de même façon;

5° Le régime des légumes secs, composé de 200 g à 250 g de pois, haricots ou lentilles avec 100 g de beurre et 4 œufs.

Ces différents régimes n'ayant pas la même teneur en azote, pour mieux apprécier les résultats, nous avons tenu compte, non point du chiffre absolu de l'azote aminé, mais du rapport de l'azote aminé à l'azote total. Mais, comme, sauf en quelques cas, nous n'avons pas dosé l'azote total dans l'urine, ce n'est pas à ce chiffre d'azote total urinaire que nous avons rapporté l'azote aminé, mais au chiffre d'azote fourni par le régime alimentaire. Le coefficient d'erreur apporté par cette manière de procéder est minime, et les résultats sont plus faciles à interpréter que si nous avions donné seulement le chiffre global des amino-acides.

Rapport de l'azote aminé à 100 parties d'azote total.
Diabètes avec dénutrition.

	Régime mixte.	Lait.	Avoine.	Froment.	Légumes secs.
Carp.............	7,5	1,67-2,5 à la fin : 4	4		
Velt.............	9,2	7,8	4-9-33		2
Faraud..........	5-11-36		3		
Mor.............	9-10	4	4-7,8		
Math............	18-5-1,1	9,9	10	2	3
Clém............	17-14	12	8		
Son.............	8-13-7				
Autis...........	10		7-6,9		

Diabètes sans dénutrition pour 100.

	Régime mixte.	Lait.	Avoine.	Froment.	Légumes secs.
Bard............	4	1,3			
Poudr...........	2,9-1,9	1,8			

De ces tableaux, il ressort très nettement que le régime carné donne la plus forte proportion d'amino-acides; le régime lacté et le régime des bouillies d'avoine en donnent beaucoup moins que le premier, et paraissent à ce point de vue à peu près équivalents; la bouillie de froment nous a, dans un cas, donné un chiffre plus faible d'amino-acides que la bouillie d'avoine; mais cette observation unique ne permet pas de conclure; le régime des légumes secs en fournit notablement moins encore et se révèle ainsi comme le plus avantageux.

Action sur les corps acétoniques. — La diacéturie et l'acétonurie, étudiées au moyen des réactions de Gerhardt, de Legal et de Lieben-Mauban, ont varié aussi avec les régimes. C'est avec le régime carné qu'elles sont le plus intenses; elles diminuent avec le lait et avec les bouillies d'avoine; elles diminuent encore plus avec les légumes secs. Malheureusement, en l'absence de dosages précis de l'acétonurie, nous ne pouvons apprécier les petites variations dans l'élimination de cette substance ; les réactions que nous avons employées permettaient seulement de reconnaître les grosses variations. C'est ainsi que nous avons vu chez un diabétique moins fortement intoxiqué que les autres, la diacéturie cesser complètement avec les bouillies d'avoine, pour reparaître avec le régime carné. En tout cas, ces observations plaident dans le même sens que les recherches sur l'amino-acidurie et mettent en relief les bons effets du régime végétarien dans l'intoxication acide.

Ces résultats sont confirmatifs de ceux qui ont été obtenus par Von Noorden, Luthie, Friedenwald et Ruhrah, Croftan, Langstein, Hirschfeld, Lampe, Siegel.

Von Noorden a bien montré les avantages de la cure d'avoine dans le diabète avec acidose; il a vu parfois même dans les cas heureux la glycosurie cesser en même temps que l'acidose; nous sommes d'accord aussi avec Westenrijk, Lampe, Blum, pour reconnaître que les cures d'avoine ne sont pas spécifiques et peuvent être remplacées par des cures faites avec d'autres céréales, avec le froment par exemple.

Ce que nous apportons de plus, c'est la notion que les légumes secs ne sont pas moins avantageux que les céréales dans la cure de l'acidose. Ils leur semblent même parfois supérieurs. En outre, ils ont le mérite très important pour des diabétiques avec dénutrition de fournir une plus grande quantité d'albumine que la farine d'avoine, et de s'opposer mieux que celle-ci à la déperdition azotée. Le régime des purées de légumes secs est en général bien accueilli et bien toléré par les malades ; au dire de quelques-uns, il aurait seulement l'inconvénient de moins bien calmer l'appétit.

Action sur les symptômes d'acidose. — Les résultats cliniques plaident dans le même sens. Chez des diabétiques déprimés, somnolents, anorexiques et menacés à plus ou moins brève échéance de mourir dans le coma, l'institution d'un régime d'avoine a pour résultat de faire disparaître les signes prémonitoires du coma. C'est ce que nous avons vu d'une façon très nette chez l'une de nos malades : mise au régime carné dès son entrée à l'hôpital, elle présenta des symptômes d'acidose de plus en plus menaçants; le régime d'avoine et le régime lacté firent disparaître ces symptômes et améliorèrent l'état général à un tel point que le régime carné lui-même put être bien supporté.

Action sur la glycosurie. — Le régime mixte réduit est celui qui abaisse le mieux l'hyperglycémie et la glycosurie; nous l'ordonnons, en effet, de façon qu'il ne fournisse environ que 40 g à 50 g d'hydrate de carbone. Mais ce n'est qu'à la condition qu'il soit réduit en quantité. Quand le diabétique mange une trop forte dose de viande ou qu'il fait des écarts de régime, ce qui arrive souvent, il devient, au contraire, mauvais.

Le régime des légumes secs est le plus avantageux ensuite : avec 200 g de légumes secs, il n'apporte que 120 g d'hydrates de carbone.

Le régime lacté composé seulement de 2,5 l de lait, bien qu'apportant moins d'hydrate de carbone que le précédent, s'est montré moins avantageux et a donné une glycosurie plus forte. Certains malades se plaignent en outre qu'il est déprimant.

Par contre, chez les diabétiques très gros mangeurs et indisciplinés, qu'on ne peut empêcher de faire des excès quand on les met au régime mixte, le régime lacté (2,5 à 3 l par jour) qui représente un régime de réduction est excellent et abaisse la glycosurie.

Actions des régimes sur la glycosurie
(quantité de glycose urinaire exprimée en grammes)

	Régime mixte.	Régime lacté	Bouillie d'avoine.	Bouillie de froment.	Légumes secs.
Velt.........	48-66-77		56-104-127		95-82
Mor.........	137-197-185-109	122	223		
Math........	28-35-81-42	183		224	95
Clém	190-183-128	120	168		
Son.........	370-316-195 218-282				

Le régime d'avoine augmente en général la glycosurie: Il apporte en
effet plus d'hydrates de carbone que les autres. Il est souvent assez mal
toléré, soit à cause de la soif qu'il procure, soit parce qu'il détermine de
la diarrhée. Le régime des bouillies de froment a dans un cas produit
une glycosurie beaucoup plus considérable que tous les autres.

Ainsi, au point de vue de l'hyperglycémie, l'ordre de préférence des
régimes n'est plus le même, le régime mixte réduit ordinaire est le plus
avantageux, le régime des bouillies de céréales est le plus défavorable.
Ici encore, le régime des légumes secs se place dans un bon rang.

Conclusions. — Il est difficile de trouver un régime qui réponde à toutes
les indications chez les diabétiques avec dénutrition atteints d'acidose.
Ces indications sont en effet contradictoires. Ce sont :

1º La réduction de la glycosurie ;
2º La lutte contre la dénutrition azotée ;
3º La lutte contre l'acidose.

La première indication réclame un régime pauvre en hydrates de carbone ; la seconde un régime riche en azote ; la troisième un régime pauvre
en viande et riche en hydrates de carbone.

Le régime mixte est bon pour réduire la glycosurie, surtout s'il est
relativement peu riche en viande ; le régime carné riche en albumine est
celui qui permet de lutter le mieux contre la dénutrition ; mais ce régime
carné intensif est dangereux parce qu'il mène à l'acidose et au coma.

La pratique qui nous a semblé la meilleure consiste, non point à trouver
un régime répondant à toutes les indications et à s'y tenir, mais à varier
le régime suivant les périodes et suivant les symptômes prédominants.
En règle générale, on s'efforce de maintenir l'hyperglycémie dans des
limites tolérables, mais quand des menaces d'acidose apparaissent, on
court au plus pressé et l'on institue l'un des régimes végétariens. Un bon
procédé consiste à varier constamment la diététique, en ordonnant par
exemple : une semaine de régime mixte ; trois jours de régime lacté ; une
semaine de régime mixte ; trois jours de bouillies d'avoine ; une semaine
de régime mixte ; trois jours de légumes secs ; etc. En définitive, quand

on traite des diabétiques avec dénutrition; il faut, tout en suivant les grands principes de la diététique, ne pas se montrer trop absolu, mais se laisser conduire par les indications que donnent l'état général du malade et les réactions urinaires.

M. V. COURTELLEMONT,

Professeur à l'École de Médecine (Amiens).

DANGERS DES PURGATIFS ET DES LAXATIFS DANS LA FIÈVRE TYPHOÏDE.

616.927 : 615.632

2 Août.

L'emploi des médicaments laxatifs et même l'emploi des purgatifs au cours de la fièvre typhoïde sont encore mentionnés dans les Traités classiques. Et de fait, il est fréquent de voir des médecins recourir à ces deux moyens, surtout au premier, dans le traitement de cette pyrexie. On y a recours, soit comme traitement systématique, soit comme traitement du ballonnement du ventre, dans le but de prévenir les complications abdominales, soit comme traitement de la constipation.

C'est contre cette pratique que nous voudrions réagir. Nous la croyons susceptible de déterminer les complications qu'elle vise à écarter : l'hémorragie intestinale et surtout la perforation intestinale, la péritonite typhique; quand elle n'a pas d'aussi graves conséquences, elle provoque le plus souvent une élévation de température, avec ou sans symptômes abdominaux (météorisme, douleurs).

Nous avons été fréquemment témoin de catastrophes consécutives à l'emploi d'un de ces moyens : huile de ricin, calomel, eau de Rubinat, sulfate de soude; l'administration de ces substances, même faite à petite dose, du douzième au vingtième jour surtout, était suivie de perforation intestinale et de mort. Quand des complications graves lui succèdent, elles apparaissent d'ordinaire 2 ou 3 jours après son emploi. Assez souvent, nous avons observé la série suivante : administration d'un laxatif ou d'un purgatif, — 2 jours après, hémorragie intestinale, — et 2 ou 3 jours après, perforation intestinale et mort.

Pour nous, la thérapeutique de la fièvre typhoïde doit exclure, d'une façon absolue, tout purgatif et tout laxatif, sauf dans le premier septénaire de la maladie. A partir du huitième jour, l'abstention de tout médicament de ce genre est une règle qu'on ne doit pas enfreindre, à notre avis. A partir du moment où les ulcérations intestinales se forment ou sont en voie de formation, l'intestin du typhique nous paraît tout à fait

comparable à l'appendice d'un sujet atteint d'une appendicite aiguë :
il y a là, dans le ventre, une lésion susceptible de s'ulcérer, de se perforer
ou d'atteindre le péritoine par un processus d'extension inflammatoire
locale. Or, la conduite doit être la même dans les deux cas. Dans l'appendicite aiguë, l'emploi des purgatifs et des laxatifs est passé de mode;
nous croyons qu'il en doit être de même, à partir du huitième jour, dans
la fièvre typhoïde, cette autre affection ulcéreuse de l'intestin. Le danger
est le même dans les deux cas.

Nous observons la même règle chez les enfants; nous avons vu une
perforation intestinale succéder, chez une jeune fille de 13 ans, à l'administration d'huile de ricin.

On nous demandera peut-être comment nous luttons contre la constipation des typhiques, symptôme assez fréquent comme on sait. Le lavement quotidien d'eau bouillie, froide (quand il ne donne pas de coliques),
ou tiède, suffit le plus souvent; le lavement glycériné et le lavement
d'huile sont réservés aux sujets qui ont résisté à ce moyen. Enfin, quand
nous nous trouvons en présence d'une constipation rebelle à toutes ces
pratiques, et accompagnée de phénomènes abdominaux (douleurs ou
ballonnement), nous préférons suspendre toute alimentation, même
liquide, même aqueuse, pendant 1, 2 ou 3 jours, prescrire l'application
d'une vessie de glace à demeure sur l'abdomen, et nourrir le sujet avec
une injection sous-cutanée d'un litre de sérum (sucré ou salé) par jour.
Sous l'influence de cette médication, les accidents cèdent, météorisme
et douleurs tombent, on a gagné du temps, et l'on peut ensuite reprendre
ou continuer le traitement général de la maladie.

L'emploi des purgatifs et des laxatifs est une des principales causes de
mort au cours de la fièvre typhoïde.

MM. A. MOREL, G. MOURIQUAND et A. POLICARD.

(Lyon).

RECHERCHES EXPÉRIMENTALES SUR LE TROPISME DU SALVARSAN A DOSES TOXIQUES ET THÉRAPEUTIQUES.

615.5 (Salvarsan)

3 Août.

La découverte d'Ehrlich a suscité et suscite encore d'innombrables
travaux de thérapeutique clinique. Beaucoup d'auteurs ont apporté
des résultats, généralement favorables, portant sur un nombre considérable de syphilitiques traités. L'enthousiasme du début s'est pour-

tant assagi, sinon atténué. On ne parle plus de *stérilisation* de l'organisme par le salvarsan, on publie même quelques-uns de ses méfaits. On
attribue au neurotropisme la plupart des accidents constatés. Mais on
ne paraît pas encore, en France du moins, être suffisamment sorti du
domaine de la pure constatation clinique, dont l'importance ne saurait
être d'ailleurs niée, pour entrer dans la voie expérimentale, riche en
enseignements plus précis.

Nous avons entrepris, depuis six mois, toute une série de recherches
expérimentales portant sur la pharmacodynamie du salvarsan. Divers
problèmes ont retenu notre attention et sont en cours d'examen. Nous
ne voulons, pour l'instant, apporter au Congrès que les faits que nous
avons pu recueillir, touchant le tropisme de cet agent thérapeutique.

La question du *tropisme*, d'un produit médicamenteux, est à nos yeux
une des plus importantes de la pharmacodynamie. Cette importance
s'est encore accrue depuis les données chimiothérapiques modernes, qui
tendent à faire employer à doses considérables (grâce à des combinaisons
chimiques nouvelles) les agents réputés très toxiques, et prescrits
jusqu'alors à doses presque infinitésimales.

A ce groupe appartient le chlorhydrate de dioxydiamidoarsenobenzol.

Il n'est, à nos yeux, pas indifférent pour le praticien de savoir comment se comporte ce médicament dans l'organisme; s'il se localise avec
prédilection sur tel ou tel organe et sous quelle forme chimique; si des
lésions peuvent en résulter pour lui; si son élimination est rapide ou
retardée, etc.

Pour répondre à de telles questions, il nous a semblé que l'étude des
doses toxiques était d'abord nécessaire; car elles seules peuvent indiquer
avec une incontestable netteté la localisation du produit et les altérations qu'elle entraîne. Les résultats par cette méthode étant acquis,
nous avons pu leur comparer le *tropisme* du salvarsan, employé à doses
thérapeutiques. Cette étude a été poursuivie par nous au double point
de vue chimique et cytologique.

Dans nos premières recherches, nous avons eu particulièrement en
vue l'action du salvarsan sur le foie et le rein; dans des travaux ultérieurs
sa localisation au niveau des principaux organes nous a retenus. Voici
nos résultats :

I. *Action du salvarsan à doses toxiques sur le foie et le rein.* — A côté de la
question du *neurotropisme* du salvarsan, qu'ont abordé au point de vue
expérimental de rares auteurs (Mouneyrat, *C. R. Acad. des Sciences*,
1912); la question de son hépatotropisme et de son néphrotropisme est
une des plus importantes.

Quelques cliniciens (Milian, Soc. Méd. Hôp., Paris 1912) ont signalé
des accidents hépatiques graves au cours de son emploi. D'autre part,
la question du traitement à opposer à la néphrite syphilitique secondaire
reste en suspens. Le mercure compte à son actif quelques succès et

quelques catastrophes. Le salvarsan doit-il lui être préféré ? Les thérapeutes discutent. Ils le font, comme c'est leur droit, avec des impressions personnelles. De ces débats cliniques ne peut découler encore aucune conclusion précise. Il est temps de la demander aux résultats expérimentaux.

Lorsqu'on injecte à dose toxique du *salvarsan* à un animal, on constate que le rein est peu lésé et ne renferme que très peu d'arsenic, alors que le foie présente des lésions cytologiques notables et renferme chimiquement des quantités beaucoup plus considérables de ce métalloïde.

EXPÉRIENCES. — Injection de trois rats blancs de 0,10 g de salvarsan dans les muscles de la cuisse. Le premier est sacrifié au bout de 2 heures, les deux autres meurent au bout de 8 heures.

Examen cytologique. Technique. — Fixation au bichromate formol de Regaud (bichromate à 3 % : 90 ; formol : 10), au bichromate acétique, au formol salé (liquide de *Lock :* 95 ; formol : 5).

Coloration à l'hématoxyline de M. Heidenhain.

Rein. — Les tubes urinaires ne présentent aucune modification pathologique. Les glomérules sont normaux. Les segments à bordure en brosse montrent d'une façon admirablement nette leurs chondriosomes, leur cuticule. Aucune altération au niveau des autres segments du tube urinaire. Pas de cylindres.

En résumé, rein normal.

Foie. — Le foie offre des lésions indiscutables, bien que d'ordre cytologique : on pouvait s'attendre à cela, du reste, étant donné le court moment qui a suivi l'injection du toxique.

La plupart des cellules hépatiques offrent des signes nets d'hyperactivité : les chondriosomes (chondriocosites) sont abondants, serrés et orientés d'une façon générale perpendiculaire aux faces vasculaires de la cellule, par conséquent dirigés vers le canalicule biliaire.

Un certain nombre de cellules sont manifestement altérées. Les chondriosomes, au lieu d'être disposés en bâtonnets flexueux, sont granuleux. La cellule renferme des vacuoles périphériques et le protoplasma présente un aspect général homogène. Ce sont là des lésions de début non douteuses.

Recherches de l'arsenic dans le foie et le rein. Technique suivie. — Nous avons mis en œuvre la méthode d'Armand Gautier, telle qu'elle a été utilisée par ce chimiste dans ses travaux sur l'arsenic normal des tissus, c'est-à-dire que la destruction des matières organiques a été effectuée par les acides nitrique et sulfurique rigoureusement exempts d'arsenic, que la sulfuration a été faite avec du bisulfite et de l'hydrogène sulfuré ne contenant pas la moindre trace de ce métalloïde, et que l'appareil de Marsh, monté suivant les indications de Gabriel Bertrand, fonctionnait avec du zinc platiné et de l'acide rigoureusement purs, avec un tube en verre infusible de 1 mm de diamètre intérieur, chauffé sur une longueur de 45 cm et muni d'un réfrigérant de Bertrand. La quantité d'arsenic contenue dans chaque anneau était appréciée par comparaison avec une échelle établie au laboratoire de toxicologie par l'un de nous, suivant les indications de Gautier.

En somme, nous avons suivi la technique la plus perfectionnée qui soit, et de nombreux essais effectués auparavant pour des recherches sur l'arsenic normal ou toxique, ou effectués au moment de ces recherches, nous autorisent à conclure que l'emploi de tous les réactifs mis en œuvre n'introduisent pas $\frac{1}{1000}$ de milligramme d'arsenic et que la technique suivie permet de déceler $\frac{1}{1000}$ de milligramme de ce métalloïde.

Résultats obtenus :

Rat n° 2131 :

	g	Arsenic. mg	Arsenic p. °/₀. mg
Poids de foie frais...............	5,2	0,040	0,85
Poids de rein frais...............	2,1	0,008	0,37

Rat n° 2132 :

	g	Arsenic. mg	Arsenic p. °/₀. mg
Poids de foie frais...............	6,0	0,60, soit	1,0
Poids de rein frais...............	2,1	0,06, soit	0,29

Il résulte nettement de ces expériences, où le résultat du dosage chimique confirme les données de la cytologie pathologique, qu'à dose toxique, le salvarsan (ou ses dérivés) se localise avec une prédominance manifeste sur le foie, et épargne pour ainsi dire le rein dont la teneur en arsenic fut toujours trois fois moindre.

La clinique semble d'accord avec ces faits. Après l'injection de salvarsan les accidents hépatiques (Milian), semblent plus fréquents et plus graves, que les accidents rénaux (albuminurie passagère) (Nicolas). Bonnet considère ce remède comme peu toxique pour le rein.

II. *Action du salvarsan à doses thérapeutiques sur le foie et le rein, et sur les principaux organes.* — Les résultats acquis par nos premières expériences sont d'ordre toxicologique. Le tropisme du médicament est-il le même à doses thérapeutiques ? C'était probable, mais il importait d'en donner une démonstration précise. Il importait aussi de montrer que les résultats étaient comparables quels que soient les animaux employés, ce qui donnerait plus de portée aux conclusions thérapeutiques. Voici une de nos expériences :

Un lapin de 3 kg reçoit, le 8 juin, à 10 h du matin, une injection intramusculaire de salvarsan (technique classique de l'injection intramusculaire à dissolution du produit dans l'eau, addition de 4 gouttes de soude à 15 % et de 10 cm³ d'eau distillée). L'injection est faite dans les muscles d'une patte postérieure.

Le lapin supporte parfaitement son injection pendant 48 heures, il mange avec appétit, urine, etc. On le sacrifie, en pleine santé, le 10 juin à 10 h du matin, soit 48 heures après l'injection.

Examen cytologique du rein et du foie. Technique. — Fixation au bichromate formol de Regaud, au bichromate acétique. Coloration à l'hématoxyline de M. Heidenhain.

Rein. — L'examen cytologique ne montre aucune altération, même minime, des tubes urinaires. La bordure en brosse est normale.

Foie. — Il n'existe pas, au niveau du foie, de lésions véritablement pathologiques, mais une hypertrophie très nette des cellules hépatiques qui sont en état d'hyperfonctionnement évident.

Recherche de l'arsenic dans le foie, le rein et l'urine. — La technique suivie est la même que celle employée précédemment dans l'étude des doses toxiques, c'est la méthode d'Armand Gautier pour le dosage de l'arsenic normal, en tenant compte des indications de Gabriel Bertrand.

Résultats obtenus :

		Arsenic.	Arsenic p. %.
	g	mg	mg
Foie frais....................	74	0,3	0,4
Rein frais....................	16,5	0,01	0,06

c'est-à-dire plus de six fois d'arsenic dans le foie que dans le rein.

Ces résultats confirment entièrement ceux obtenus dans nos recherches toxicologiques, l'hépatotropisme du salvarsan y est même encore plus net.

Il n'est pas sans intérêt, au point de vue thérapeutique, de comparer la faible quantité d'arsenic retenu par le rein, avec la quantité énorme qui passe dans les urines :

Recherches de l'arsenic dans les urines. — Mêmes méthodes :
Urine (recueillie dans la vessie) : 85 g. Arsenic : 3 mg.

Le rein s'est donc laissé traverser par de fortes doses d'arsenic, en en retenant seulement des quantités infinitésimales. Ce fait démontre encore plus nettement que les faits précédents, le faible tropisme du salvarsan pour le rein. Il indique aussi la rapide élimination du produit.

Recherche de l'arsenic dans d'autres organes. — Nous avons prélevé les principaux organes pour avoir, au point de vue pharmacodynamique, une vue d'ensemble sur le *tropisme* du salvarsan.

Voici le résultat de nos dosages :

		Arsenic.	Arsenic p. %.
	g	mg	mg
Moelle et bulbe...............	2	0,02	1,00
Cerveau	8	0,005	0,06
Muscles (patte non injectée).	101	0,005	
Muscles (patte injectée)......	76	grosses quantités, plusieurs milligrammes.	
Sang { sérum	28	0,05	
Sang { caillot	57	0,05	

Il résulte de ces pesées que dans ce cas :

1° Le neutropisme est insignifiant en ce qui concerne le cerveau, et plus important en ce qui concerne la moelle et le bulbe réunis;

2° La résorption de l'injection musculaire a été relativement faible et lente, puisque 48 heures après elle, des doses considérables d'arsenic ont été trouvées au niveau du muscle injecté;

3° Le sérum sanguin contenait plus d'arsenic que le caillot.

Si nous retenons les faits essentiels, nous constatons que l'hépatotropisme du salvarsan est net et le néphrotropisme à peine appréciable, malgré une élimination rapide et abondante de l'arsenic dans les urines.

Le neurotropisme semble (chez le lapin) plus marqué pour le bulbe et la moelle que pour le cerveau.

Laissant pour l'instant l'étude particulièrement importante du neutropisme, nous ne considérerons que l'action du salvarsan sur le foie et le rein. Ce médicament agit sur le foie avec une prédilection particulière (il le lèse à dose toxique, et provoque son hyperfonctionnement à dose thérapeutique). Son action sur le rein est insignifiante, même à doses toxiques.

Ces résultats expérimentaux nous semblent avoir un corollaire pratique. Nous avons cependant cru nécessaire, avant d'émettre des conclusions dont pourra bénéficier la thérapeutique, d'étudier parallèlement l'action du *mercure* sur ces deux organes.

On sait en effet, comme nous l'avons indiqué, que le débat des thérapeutes porte sur la question de savoir quel médicament doit être employé dans la néphrite secondaire syphilitique, d'une si haute gravité. Expérimentalement, le mercure doit donc être comparé au salvarsan, au point de vue de son action sur le parenchyme rénal.

Action du mercure sur le foie et le rein. — Lorsqu'on injecte aux mêmes animaux des doses toxiques de sublimé, on constate que le rein est très rapidement et très profondément lésé et renferme de fortes doses de mercure, alors que le foie présente des lésions plus tardives et moins intenses et renferme des quantités moindres de ce métal.

Expériences. — Injection dans les lombes de 1 cm³ de la solution à 1 % de sublimé. Mort 34-40 après.

Examen cytologique. — Technique comme pour le salvarsan.

Rein. — Deux d'entre nous ont étudié les modifications qui se produisent au niveau du rein dans le cas d'injection massive de sublimé. Il se produit une néphrite épithéliale considérable; les glomérules sont peu ou pas touchés, mais les segments à bordure striée sont lésés au maximum. (Transformation granuleuse des bâtonnets mitochondriaux, formation de vacuoles.)

Foie. — Le foie, dans les conditions de l'expérience, avec une dose énorme de sublimé, n'est pas absolument normal. Un certain nombre de cellules sont manifestement altérées. Mais il n'y a aucun rapport entre les modifications très minimes qu'il présente et les lésions formidables du rein.

Recherche du mercure dans le foie et le rein. — Les poids d'échantillons frais mis en œuvre sont : pour le rein, 3 g, et pour le foie, 6 g.

La minéralisation a été effectuée par la méthode d'Albert Neumann, qui permet comme celle de Pouchet une destruction complète de la matière organique et qui évite toute perte de toxique volatil.

La liqueur sulfurique, parfaitement décolorée, obtenue a été diluée dans l'eau jusqu'à une teneur en SO³ H² de 5 % et soumis à l'électrolyse entre une lame d'or et une capsule de platine, à l'aide d'un courant de 1 ampère 2 volts prolongé pendant 2 heures (temps que de nombreux essais nous ont démontré être suffisant pour amener le dépôt complet du mercure).

Le mercure déposé sur la feuille d'or a été volatilisé dans un tube de verre et a été transformé en biiodure plus facile à caractériser à cause de sa couleur plus vive.

Résultats. — La quantité de mercure correspondant à l'échantillon de rein est nettement plus considérable que celle contenue dans l'échantillon de foie, pourtant le poids de celui-ci est le double du poids de celui-là.

On peut donc conclure que la quantité de mercure accumulée dans le rein est plus de deux fois plus considérable que celle contenue dans le même poids de foie frais.

· *Dosage du mercure.* — Chacun des tubes renfermant l'iodure mercurique est essuyé et séché à l'excitateur et pesé, puis l'iodure mercurique est dissous par lavage avec une solution d'iodure de potassium, et les tubes sont lavés à l'eau distillée, séchés dans l'excitateur et pesés; la différence de poids donne la quantité d'iodure mercurique :

$$
\begin{array}{lr}
\text{Poids d'Hg I}^2 \text{ dans 3 g de reins} \dots & \overset{g}{0,0012} \\
\text{» \quad dans 6 g de foie} \dots & 0,0009 \\
\text{Poids de mercure dans 3 g de reins} \dots & 0,000528 \\
\text{» \quad dans 6 g de foie} \dots & 0,000396 \\
\end{array}
$$

Résultats :

$$
\begin{array}{lr}
\text{Poids de mercure dans 100 g de reins} \dots & \overset{mg}{17,6} \\
\text{» \quad dans 100 g de foie} \dots & 6,6 \\
\end{array}
$$

Conclusions expérimentales. — L'action du mercure sur le rein (et le foie) est donc exactement inverse de l'action du salvarsan. La cytologie montre des lésions considérables du rein par le mercure qui lèse à peine le foie, et des lésions importantes du foie par le salvarsan qui épargne le rein.

Les dosages superposent exactement les quantités de mercure ou d'arsenic aux lésions constatées :

Trois fois plus de mercure (environ) dans le rein que dans le foie.

Trois fois plus d'arsenic (environ) dans le foie que dans le rein.

Conclusions thérapeutiques. — Des expériences de contrôle, sont sans doute encore nécessaires, mais nos résultats sont si concordants que nous sommes autorisés à conclure d'eux :

Que le salvarsan est fortement hépatotrope et faiblement néphrotrope (c'est le contraire pour le mercure); que de ce fait le salvarsan paraît préférable au mercure dans le traitement de néphropathies spécifiques.

Ces indications découlant de recherches expérimentales, s'accordent d'ailleurs avec les opinions de la plupart des auteurs. (Widal, Nicolas, Bonnet, etc.), qui considèrent que pratiquement l'emploi des arsenos est moins nocif pour le rein que celui du mercure, en particulier dans la néphrite syphilitique aiguë.

MM. E. WEILL, A. MOREL et G. MOURIQUAND.

RECHERCHES CLINIQUES ET EXPÉRIMENTALES SUR L'ABSORPTION ET L'ÉLIMINATION DES ARSENOS AROMATIQUÉS ADMINISTRÉS PAR LA VOIE RECTALE.

615.5 (Salvarsan)

3 *Août.*

Les règles qui s'appliquent à l'adulte pour l'administration du salvarsan, ne sauraient être étendues sans restriction à la thérapeutique infantile.

Chez l'adulte atteint d'accidents syphilitiques primaires ou secondaires, voire tertiaires, la voie veineuse est incontestablement la voie de choix. Elle seule permet une action rapide et sûre, au moins sur les spirochètes en circulation, ce qui est le cas à la période secondaire. Chez de tels sujets la voie musculaire à absorption lente et la voie rectale à absorption plus lente et moins complète encore ne saurait être préconisée qu'à titre tout à fait exceptionnel. Certains syphiligraphes, sur l'indication de Geley (d'Annecy) ont bien employé cette dernière voie, mais la plupart y ont renoncé en raison de l'inconstance et de la faiblesse de son action.

Chez l'enfant l'administration du salvarsan par voie veineuse se heurte à des difficultés souvent considérables. Les veines du pli du coude sont souvent invisibles, un lien même ne parvient pas à les faire mettre nettement en évidence quand on parvient à piquer correctement la veine; il suffit d'un mouvement léger de l'enfant (qui se débat presque toujours) pour que l'aiguille traverse le vaisseau de part en part ou fuit dans le tissu cellulaire periveineux; où l'injection pénètre le plus souvent.

D'autre part, il n'est pas à nos yeux indifférent d'introduire brusquement dans un organisme infantile une dose même minime d'un toxique. On sait la sensibilité particulière de certains enfants vis-à-vis des remèdes même les moins actifs.

La voie musculaire paraîtrait la voie de choix, si l'injection pratiquée dans le muscle ne provoquait certains troubles douloureux souvent très prolongés et n'imposait dans certains cas (nous en avons observé quelques-uns) une véritable torture à l'enfant. On comprend parfaitement ces phénomènes, quand on pratique, comme nous avons pu le faire, à une nécropsie, l'examen du muscle injecté. Plusieurs jours après l'injection une quantité de salvarsan en dissolution persiste encore dans une poche qui s'est taillée aux dépens d'un fragment de muscle nécrosé. Ces phénomènes de nécrose, nous les avons facilement reproduits chez le lapin, et des examens histologiques consécutifs nous ont montré l'altération profonde de la fibre musculaire en ces points.

Nous croyons devoir attribuer cette nécrose non point tant au salvarsan lui-même qu'à la soude caustique employée pour le neutraliser. Si cette explication est la vraie, il est possible que le néosalvarsan ne présente pas cet inconvénient.

Une seule voie, au moins théoriquement, nous a semblé absente de danger : c'était la voie rectale. Peu pratique chez l'adulte syphilitique en évolution, elle paraissait convenir chez l'enfant, au moins dans la plupart des cas.

Restait à démontrer l'absorption du salvarsan par la muqueuse rectale, et son efficacité par cette voie.

Dans ce but, nous avons administré des lavements de salvarsan à un certain nombre d'enfants atteints de manifestations hérédosyphilitiques tardives, de chorée grave ou moyenne, etc. Nous avons noté les effets de notre thérapeutique.

Nous avons, d'autre part, prélevé leurs urines avec tout le soin désirable, pour voir s'il existait une élimination urinaire d'arsenic, élimination qui apporterait la preuve formelle de l'absorption rectale. Nous avons aussi prélevé et analysé chimiquement la première selle émise par l'enfant, après le lavement médicamenteux, pour nous rendre compte de la valeur de cette absorption.

Enfin, par l'expérimentation chez le chien, nous avons cherché à suivre les phases de cette absorption.

I. *Technique:* — On effectué la solution de salvarsan suivant les indications données pour l'injection intraveineuse, en ajoutant quelques gouttes de laudanum au liquide obtenu. L'injection doit être faite lentement avec un bock irrigateur. Il y a intérêt à se servir d'une longue sonde rectale.

II. *Observations cliniques.* — Nos observations peuvent être ainsi divisées :
1. Observations de syphilis héréditaire;
2. Observations de chorées graves ou moyennes;
3. Observations diverses (hydrocéphalie avec antécédents spécifiques, anémie de cause inconnue).

1º *Observations de syphilis héréditaire.* — I. Dans notre premier cas, l'action du salvarsan en injection intrarectale fut rapide et frappante : la perforation palatine fut comblée en une quinzaine de jours et la kératite interstitielle rétrocéda en partie.

C'est de tous nos cas le plus probant.

II. Le second cas a trait à un hérédosyphilitique atteint de kératite interstitielle qui, fonctionnellement, paraît avoir bénéficié d'une seule injection rectale de 0,20, mais qui est encore en cours de traitement. On ne saurait parler pour l'instant d'un succès complet.

Le premier cas surtout démontre d'une façon certaine l'action rapide du salvarsan en injection intrarectale dans les manifestations curables de l'hérédo-syphilis. Avant toute injection veineuse ou même musculaire l'administration du remède par cette voie doit être tentée.

2° *Observations de chorée.* — I. Le premier cas a trait à une chorée grave et récidivante résistant à toute thérapeutique, même intensive. Le « 606 » en injection rectale accuse une amélioration évidente, considérable et rapide. Nous crûmes même à la guérison. Cette amélioration ne se maintint pas. La récidive céda à une nouvelle injection, et fut suivie, au bout de quelques jours, de rechute.

II. Notre deuxième cas a trait à un garçon qui reçut par voie rectale 0,20 d'arsenobenzol Billon ; une parésie du membre supérieur droit disparut rapidement ainsi que les mouvements choréiques. Mais, 8 jours après sa sortie de l'hôpital, la récidive nous fut annoncée.

III, IV, V. Les autres cas concernant des chorées légères paraissent avoir subi une influence favorable, sans qu'il soit possible d'affirmer que le simple repos n'était pas capable d'amener une telle amélioration.

Dans tous les cas, il y eut amélioration de l'état général, et le plus souvent augmentation, souvent considérable, de poids.

En somme, le dioxydiamidoarsenobenzol en injection rectale paraît avoir une action favorable dans les chorées même les plus graves. Cette action ne se maintient malheureusement pas longtemps et nous avons relevé des récidives. Il est néanmoins à considérer que son action est rapide et que, dans certains cas, il réussit là où d'autres médications ont échoué. Sans doute y aurait-il souvent avantage à faire suivre l'injection rectale par un traitement classique (beurre arsenical de Weill par exemple) qui maintiendrait l'imprégnation de l'organisme par l'arsenic. Les injections devront être renouvelées, pendant un temps variable suivant les cas, dans les 8 jours.

3° *Observations diverses.* — I, II, III. Nous n'avons obtenu aucun résultat net après injection rectale de salvarsan chez un hydrocéphalique à antécédents syphilitiques, et dans un cas de coqueluche.

Dans un cas d'anémie en cours de traitement, le résultat n'est pas encore contrôlé.

Nous avons constaté que le salvarsan en injection rectale a une action parfois manifeste, mais que cette action est somme toute assez faible et qu'elle a besoin d'être renforcée par la répétition de l'injection rectale ou l'adjonction d'un autre traitement.

Nos recherches chimiques nous expliquent le pourquoi de cette faiblesse d'action.

Elles nous ont montré, en effet, que la quantité de médicament arsenical qui traverse la muqueuse rectale est relativement faible : pour nous rendre compte de cette absorption nous avons fait la recherche de l'arsenic dans l'urine parce que nos recherches antérieures (*Recherches expérimentales sur le tropisme du salvarsan à doses toxiques et thérapeu-*

tiques : Congrès pour l'Avancement des Sciences, Nîmes, 1912), ainsi que celles de quelques auteurs allemands (FISCHER et HOPPE, *Munch. Med. Wochens.*, 1910, n° 29, etc.), ont montré la rapidité de l'élimination par l'urine du salvarsan introduit dans le sang. Pour rechercher l'arsenic dans l'urine nous avons mis en œuvre la méthode la plus précise et la plus sûre qui est celle qui a servi à Armand Gautier et à Gabriel Bertrand à déceler et à doser l'arsenic normal des organes. La matière organique a été détruite par les acides nitrique et sulfurique rigoureusement exempts d'arsenic. L'hydrogène sulfuré servant à la précipitation a été purifié. L'appareil de Marsh, monté suivant les indications de Bertrand, fonctionnait avec du zinc platiné et de l'acide sulfurique rigoureusement pur et avec un tube à dégagement de 1 mm de diamètre intérieur. Les anneaux d'arsenic obtenus étaient comparés avec une échelle de Gautier.

Résultats. — I. Observations d'hérédosyphilis :

Observation I. — M. Q...

Première injection : 0,20 cg de « 606 », gardé 5 heures. Recherche d'arsenic dans 1 litre d'urine des premières 24 heures : anneau d'arsenic très marqué, 1 mg.

Deuxième injection : 0,40 cg, gardé 7 heures : pas d'arsenic dans les urines.

Troisième injection : 0,20 cg de salvarsan, gardé 3 heures : pas d'arsenic dans les urines des 5 jours suivants.

Quatrième injection : 0,20 cg de salvarsan, gardé 17 heures. Quantité très faible d'arsenic : 0,01 mg dans 1 litre d'urine des premières 24 heures.

Observation II. — M...

Injection de 0,20 cg de salvarsan, gardé 5 heures 30 minutes. Recherche d'arsenic dans les urines des 48 heures suivantes, 0,1 mg d'arsenic.

II. Observation de chorée :

Observation I. — Y. B...

Premier lavement : 0,10 cg de salvarsan, gardé 1 heure : quantité très faible d'arsenic, 0,01 mg environ.

Deuxième lavement : 0,20 cg, gardé 7 heures; urine des premières 24 heures, 1 litre d'urine : 0,1 mg d'arsenic.

Troisième lavement : 0,40 cg, gardé 6 heures 30 minutes; urines de 5 jours après lavement. Quantité faible d'arsenic : 0,02 mg.

Quatrième lavement : 0,20 cg dans l'eau ordinaire, gardé 7 heures; arsenic, quantité très faible dans 1 litre d'urine des premières 24 heures : 0,01 mg.

Observation II. — B...

Lavement : 0,20 cg d'arsenobenzol Billon, gardé 18 heures; arsenic dans 1 litre d'urine des premières 24 heures, quantité considérable : 5 mg.

Observation III. — M. D...

Premier lavement : 0,20 cg de salvarsan, gardé 7 heures; arsenic dans urine des premières 24 heures : 0,1 mg.

Deuxième lavement : 0,20 cg, gardé 7 heures. Arsenic dans urines : néant.

Troisième lavement : 0,40 cg, gardé 6 heures. Arsenic dans urine des premières 24 heures, quantité faible, mais nettement caractérisée : 0,1 mg.

III. Observations diverses :

I. *Hydrocéphalie :* Lavement, 0,20 cg arsenobenzol Billon; arsenic dans l'urine des 24 heures, quantité très appréciable : 2 mg.

II. *Coqueluche :* Lavement, 0,10 cg salvarsan, gardé 6 heures; arsenic dans urine des 48 heures : 0,2 mg.

III. *Anémie.* R. Cl... : Lavement de 0,10 cg salvarsan, gardé 9 heures; arsenic dans les urines des premières 48 heures, quantité nettement appréciable : 0,6 mg.

Nous avons recherché, dans ces urines, la réaction caractéristique du dioxy-diamidoarsenobenzol (coloration rouge cerise par diazotation et copulation avec la résorcine), technique de ABELIN, *Munch. Med. Wochens.*, 15 août 1911). Nous ne l'avons jamais rencontrée positive, non plus du reste que dans les lavements qui ont été rendus, où la présence d'arsenic en grande quantité était cependant facilement décelable.

Nous pourrons donc conclure de ces recherches que la quantité de l'arseno qui passe du rectum dans l'organisme et qui s'élimine par l'urine est relativement faible. Il existe, d'autre part, d'un sujet à l'autre au point de vue de l'absorption des différences considérables; et chez le même sujet d'une injection à l'autre.

A ce propos nous devons dire que chez un même sujet les premières injections semblent agir cliniquement beaucoup plus énergiquement et que la quantité d'arsenic absorbée mise en évidence par celle qui est éliminée par l'urine est beaucoup plus grande pour la première injection que pour celles qui suivent.

IV. *Recherches expérimentales.* — Nous avons entrepris une série de recherches expérimentales sur les modifications imprimées à la molécule organique servant de support à l'arsenic par son séjour dans l'intestin, ainsi que sur le tropisme de l'arsenic qui a pu être absorbé par les différents organes lors des injections intrarectales.

Nous avons actuellement terminé une expérience que nous allons rapporter :

Expérience. — A un chien de 16 kg, dont le rectum a été vidé au préalable et la vessie évacuée, on pratique la ligature du rectum et celle de l'urètre, puis on injecte à travers la paroi rectale 0,20 cg de salvarsan dans le liquide employé pour injections intraveineuses.

L'animal est sacrifié 5 heures 30 minutes après et les organes prélevés.

La recherche de l'arsenic y a été effectuée par la méthode Gautier-Bertrand avec les précautions recommandées pour le dosage de l'arsenic normal des organes. La quantité d'arsenic trouvé dans :

20 g de bile,

le cerveau,

les capsules surrénales et le corps thyroïde,

195 g de sang,

l'urine prélevée dans la vessie (100 cm²),

était à peu près négligeable (moins de 0,005 mg), tandis que le *foie* seul contenait de l'arsenic en quantité appréciable, bien qu'encore très faible, 0,2 mg environ d'arsenic dans 200 g de foie (lobe droit).

On conclut de là que la quantité d'arsenic absorbée par la muqueuse rectale a été encore plus faible que chez l'enfant, ce qui ne doit pas nous étonner, car les physiologistes ont signalé depuis longtemps la résistance qu'oppose l'intestin du chien à l'absorption de l'acide arsénieux (*Voir* Observations : DOYON et MOREL, *C. R. Soc. Biol.*, 1906).

D'autre part, cette expérience montre une fois de plus l'hépatotropisme du salvarsan que nous cherchions à mettre en évidence. Dans le cas de l'injection intrarectale, la faible quantité du médicament arsenical qui est absorbée doit évidemment agir sur le foie plus intensément que sur les autres organes à cause du passage forcé de la circulation porte à travers le foie et aussi à cause de ce tropisme.

On doit donc tenir compte de cette action sur le foie pour expliquer l'effet très manifeste dans certains cas de cette médication.

Conclusions. — Nous apportons des preuves cliniques de l'action des arsénos aromatiques introduits par la voie rectale :

1º Action sur les lésions curables de l'hérédosyphilis ;

2º Action manifeste (mais peu prolongée) dans certains cas de chorée grave ou moyenne.

Nous apportons, d'autre part, des preuves expérimentales de l'absorption de l'arsenic par cette voie :

1º Par la démonstration du passage de l'arsenic dans l'urine ;

2º Par la révélation de doses nettes d'arsenic dans le foie d'un chien ayant subi l'injection rectale de salvarsan.

Nous sommes d'avis qu'il faut réserver cette médication au cas où l'on ne désire pas agir par des doses massives de composé arsenical, et nous confirmons ainsi les données des syphiligraphes ayant mis en évidence la faiblesse de cette absorption. Cette voie parait particulièrement indiquée chez l'enfant. Les injections intrarectales de doses allant jusqu'à 0,20 cg de salvarsan n'ont jamais amené d'accidents nets dans nos cas.

M. DUMAS.

(Lédignan).

INSTRUMENT OBSTÉTRICAL.

618.8 (078)

3 *Août.*

Cet instrument se compose d'une sorte de palette en caoutchouc, entourée d'une galerie qu'on peut gonfler et dégonfler à volonté. Un conduit, ménagé dans le manche de l'instrument, permet à l'air poussé par un insufflateur d'arriver dans la galerie, qu'il redresse obliquement sur la palette.

L'instrument, je pense, rendra de véritables services : comme accélérateur du travail, comme protecteur du périnée et comme forceps.

Voici quelques explications pour justifier cette prétention : 1° Il n'est pas rare, quand la tête est descendue dans l'excavation et se rapproche du périnée, que les contractions faiblissent et que le travail n'avance plus. Si l'on introduit alors, entre la tête et le périnée, autant de doigts qu'on peut y en loger de champ, et de telle sorte que le doigt inférieur appuie sur le périnée et que le supérieur soulève quelque peu la tête, souvent on voit les contractions redevenir ce qu'elles doivent être pour que l'accouchement ait lieu rapidement. Il est presque inutile d'ajouter qu'on doit retirer les doigts dès que le travail a repris l'allure normale. L'accélérateur accomplira cette manœuvre mieux que la main de l'accoucheur; celui-ci gardera ainsi toute sa liberté d'action. L'introduction de l'instrument dans le vagin distendu sera relativement facile si l'on a soin de le plier en deux, comme on le ferait d'un pessaire, et de façon que, déplié, sa galerie soit dirigée en haut. Celle-ci, gonflée par l'insufflateur, se glissera entre la tête et les parois vaginales, et, comme les doigts de l'accoucheur, réveillera les contractions. — 2° Au lieu de retirer l'accélérateur quand le travail a repris, il vaut mieux dégonfler la galerie en ouvrant le robinet, et le laisser en place. Il constituera ainsi une *doublure* pour le seul point où la circonférence du détroit inférieur n'est pas osseuse, et, par suite, cède souvent et se déchire. Il agira ainsi comme protecteur du périnée. — 3° Si la présence de l'accélérateur n'appelait pas les douleurs expulsives, il faudrait introduire l'index et même, si besoin était, la main, dans le canal utéro-vaginal, et insinuer la galerie dégonflée aussi haut que possible, entre la tête et la paroi vaginale. Adoptant alors l'insufflateur au manche tubulaire, on gonflerait la galerie qui s'appliquerait et appliquerait tout le forceps sur la tête de l'enfant, à la manière d'une main gantée d'une mitaine, aux deux tiers fermée. Autant que possible, cette main devra agripper le menton. On n'aura plus alors qu'à exercer de légères tractions *pendant les douleurs expulsives,* pour extraire l'enfant lorsque la dystocie tiendra plutôt à un fléchissement dynamique ou sera due à la résistance des parties molles et, notamment, de l'anneau hyménéal.

Ce ne sont pas là de simples vues de l'esprit : car, en présence de M. Puech, professeur d'accouchement à l'Université, de Montpellier, j'ai amené au dehors, sur le mannequin, il est vrai, la tête du fœtus que la main d'un aide retenait dans le bassin avec une certaine force.

En sera-t-il de même chez la parturiente ? Je l'espère; et comme l'instrument en caoutchouc est tout à fait inoffensif, nous serons bientôt fixés là-dessus : s'il répond à mon attente, il abrégera considérablement la durée du travail, et diminuera ainsi sensiblement les risques que fait courir, à la mère et à l'enfant, un travail trop prolongé.

En outre, dans les positions occipito-postérieure et obliques, il permettra, dans la plupart des cas, de ramener l'occiput en avant et d'extraire en occipito-pubienne; but toujours visé, et rarement atteint.

L'instrument, à défaut d'autres mérites, satisfera, du moins, à ce précepte (qu'il ne faut jamais perdre de vue) *primo non nocere.* Une con-

dition, toutefois, est indispensable, c'est qu'il soit toujours aseptique.
Il faudra donc, avant de s'en servir et tout de suite après, le plonger dans
un bain de sublimé au $\frac{1}{1000}$, maintenu pendant 10 minutes environ à la
température de 60° à 65°. En outre, dans la boîte métallique, à fermeture hermétique, dans laquelle on devra toujours mettre le forceps, se
trouve une petite boîte percée de nombreux petits trous et contenant
un comprimé de formol. Enfin, quand on aura lieu de craindre que
la femme soit atteinte de quelque infection ou d'une maladie locale des
organes génito-urinaires, on jettera le forceps; sacrifice peu onéreux,
étant donné son prix minime.

M. SARRADON,

Ancien interne des Hôpitaux de Montpellier, Gallargues (Gard).

SYPHILIS HÉRÉDITAIRE DE L'AGE ADULTE.

616.95r

2 *Août*.

Si l'homme réussit à éviter la syphilis acquise, même si l'hérédité
syphilitique ne s'est pas révélée chez lui dans sa jeunesse, il peut cependant présenter à l'âge de 30, 50, 60 ans des manifestations hérédosyphilitiques, pour la première fois.

Cette notion d'hérédosyphilis de l'âge adulte paraît nettement établie,
en particulier depuis l'étude de M. Edmond Fournier, cela par des observations nombreuses, irréfutables, et dotées de parrainages médicaux
illustres.

Je n'ai donc pas la prétention de démontrer à nouveau une pareille
notion, j'ai voulu seulement dans cette Communication exposer que les
cas d'hérédosyphilis tardive ne sont pas des raretés observées seulement par les spécialistes. Le praticien en clientèle ordinaire aura souvent
l'occasion d'en étudier puisque les observations qui suivent ont été prises
dans un milieu rural et pendant une période de 3 ans seulement.

F. P..., âgé de 39 ans, cultivateur, A.-M., vient me consulter le 7 décembre
1911. Il se plaint de pertes complètes de connaissance avec chute brusque
trois fois dans les derniers quinze jours; il ne se souvient ensuite de rien, reste
assommé assez longtemps. Cependant, pas de morsure ni de miction involontaire. Le malade accuse le soir une vive douleur frontale en cercle et des bour-
donnements d'oreilles. Le traitement utilisé jusqu'à ce jour consistait en
purgations, régime végétarien, décongestifs cérébraux. Tout cela, d'ailleurs,
administré sans résultat.

Antécédents personnels. — Fièvre paludéenne il y a plusieurs années, pas d'accès récents; deux enfants bien portants. Sa femme n'a pas eu de fausses couches, pas de syphilis avouée. Il y a 4 ans, a eu un pseudocoryza chronique.

Antécédents héréditaires. — Quatre frères bien portants; père mort à 65 ans d'hémorragie cérébrale; mère morte d'un cancer du sein.

Examen. — Aspect général satisfaisant, la racine du nez est effondrée. Rien aux organes principaux, rien dans les urines. Tension artérielle égale 16; pupilles égales, aux réactions normales, réflexes tendineux un peu exagérés. Nous constatons, en même temps, que les bosses postérieures du crâne sont natiformes; le palais est ogival, une dent a la forme d'un tournevis, une autre présente les encoches d'Hutchinson. Le malade voit et entend bien.

Nous l'interrogeons alors sur sa déformation nasale. Il nous apprend qu'il se plaignait depuis 4 ans, d'avoir le nez bouché, d'être enrhumé du cerveau continuellement. Il y a 6 mois, il alla consulter un spécialiste qui retira des fosses nasales un sequestre; depuis, le nez a conservé sa déformation.

Me basant sur la céphalée vespérale, sur les stigmates d'hérédosyphilis, et sur l'absence d'autres causes appréciables, je portai le diagnostic d'ictus congestifs apoplectiformes chez un hérédosyphilitique à manifestations tardives. Cependant, avant d'essayer le traitement antispécifique, je soumets le malade au régime végétarien, aux bromures, à la pilocarpine. Le sujet revient 15 jours après, il a présenté encore trois crises. Je prescris alors 2 cg. de biiodure de mercure, 2 g d'iodure de potassium et 3 cg de cacodylate de soude par jour. Le résultat fut définitif : suppression complète et définitive des céphalées et des crises.

Je pense donc que je me suis trouvé devant un hérédosyphilitique qui est resté sans aucune manifestation jusqu'à l'âge de 35 ans, qui a présenté alors une carie des os propres du nez d'origine syphilitique. Ce sujet, à 39 ans, a été atteint de pertes de connaissance dues à une congestion cérébrale de même origine. Notre hypothèse paraît confirmée par la réussite du traitement antisyphilitique qui a fait disparaître les symptômes et a permis au malade d'engraisser de 6 kg.

Dans l'observation qui suit nous avons traité encore des phénomènes cérébraux, mais d'une gravité moindre.

Mme R. G..., 29 ans, de L..., fut vue le 24 juin 1911. Elle se plaignait de violentes céphalées, surtout vers 5 h du soir et dans la nuit, et portant sur les tempes et la nuque, cela depuis 6 mois environ.

Antécédents personnels. — A perdu complètement l'œil droit il y a quelques années; a eu une phlébite à la jambe gauche. Pas d'avortements; deux enfants; le second est mort quelques jours après la naissance.

Antécédents héréditaires. — Père et mère, une sœur, tous bien portants; a perdu six frères morts très jeunes.

Examen. — Femme assez robuste, mais figure fatiguée, asymétrie faciale très nette congénitale; déformations dentaires, palais ogival; réflexes normaux, rien aux organes.

La malade nous raconte qu'aucun traitement ne peut soulager cette céphalée qui lui rend la vie insupportable.

Étant données l'heure de la céphalée, sa ténacité indifférente aux médicaments, les déformations du voile du palais, des dents et de la face, la polyléthalité des frères ou sœurs, la lésion oculaire, je pense à une céphalée syphilitique, de provenance héréditaire. Sous l'influence du sirop de Gibert, la céphalée qui avait résisté à tout disparaît complètement. Sous l'influence d'un surmenage intellectuel et d'une interruption trop rapide du traitement, la céphalée réparaît, mais pour disparaître d'une façon définitive sous l'influence de huit piqûres de biiodure de mercure et de quelques lavements d'iodure.

La malade n'avait jamais présenté de symptômes de syphilis acquise, elle portait des stigmates d'hérédosyphilis ; mais, jusqu'à ce jour, n'avait remarqué aucune manifestation active de cette hérédité ; sa céphalée a été guérie par le mercure et l'iodure. Il me paraît que nous sommes fondés à intituler notre observation : *Céphalée spécifique chez une adulte hérédosyphilitique à manifestations tardives.*

Nous allons clore notre série de manifestations hérédosyphilitiques cérébrales par l'observation suivante fort semblable à la précédente :

A. H..., âgé de 38 ans, L..., depuis 6 mois se plaint de céphalée vespérale qui reparaît à 2 h du matin ; rien ne le calme, il a maigri, est devenu neurasthénique. Marié depuis 3 ans, sa femme a avorté à 2 mois. Mère morte à 5o ans de pneumonie. Son père est mort à 38 ans, après avoir perdu la vue ; il paraît avoir présenté de la paralysie générale progressive. Notre malade jouit d'une bonne santé habituelle, pas de tabac ni d'alcool ; pas de contamination syphilitique avouée.

Nous retiendrons de son examen seulement ceci : palais ogival, dents mal implantées, érosion cuspidienne de la première molaire.

A cause de la paralysie générale progressive du père et des céphalées vespérales, je le mis au sirop de Gibert ; 5 jours après, guérison définitive. L'état général se remonta vite et devint normal.

La syphilis qui s'attaque si volontiers au tissu osseux, manifeste aussi cette préférence lorsqu'elle est héréditaire de façon tardive. Voici une observation qui le prouve.

O. V..., âgée de 4o ans, de G..., se présente à mon examen, le 1o septembre 1907 ; elle se plaignait d'un bouton à la voûte palatine qui la gênait sans la faire souffrir.

Antécédents personnels. — A eu trois enfants ; l'aîné, mis au monde avant 1907, a présenté par la suite de l'arthrite chronique du genou qui a guéri très vite par le mercure ; c'est un enfant asymétrique et malingre. Les deux autres, nés après 1907, sont robustes et n'ont aucun stigmate d'hérédosyphilis.

Antécédents héréditaires. — Père amoral, dégénéré ; sœur avec le nez à la racine écrasé comme la malade, d'ailleurs ; frère idiot.

Examen. — Femme robuste, aux dents mal implantées, au nez épaté avec la racine aplatie. Au centre de la voûte palatine, je constate une ulcération de la dimension d'un pois, le stylet qui l'explore fait sentir de l'os dépériosté. Je pratique des injections de biiodure et donne de l'iodure en lavements ; le processus de perforation s'arrête et l'ulcération se guérit rapidement. Le traitement a été continué longtemps ; aussi, comme je le faisais remarquer plus haut, les enfants nés après le traitement sont-ils bien portants.

Il y avait, en somme, ici une lésion syphilitique, son aspect et le résultat du traitement le prouvent. La malade (ni son mari examiné à son tour) n'avait jamais présenté de syphilis acquise. C'était donc la syphilis héréditaire (établie par les déformations du nez et des dents ainsi que par les tares nerveuses du frère et du père) qui avait attendu jusqu'à l'âge de 40 ans pour se révéler.

Dans l'observation suivante nous trouvons :

Mᵐᵉ M..., âgée de 51 ans, qui me fit appeler, en septembre 1907, pour un sifflement se produisant dans le nez quand elle se mouchait. Elle se plaignait aussi de moucher des croûtes malodorantes et parfois du sang, cela depuis plusieurs mois.

Bonne santé habituelle, pas de fausses couches, pas de céphalées vespérales, aucun symptôme de syphilis acquise. Son père est mort à 45 ans de paralysie progressive générale; mère morte à 60 ans du diabète. Deux enfants, dont un névrosé et asymétrique.

A l'examen, nous sommes en présence d'une femme vigoureuse, congestive. Rien aux organes, ni aux réflexes. Érosions dentaires, soit érosion semi-circulaire d'Hutchinson et érosion cuspidienne de la première molaire. A la partie infé-rieure de la cloison du nez, une croûte dure, adhérente, est constatée; décollée avec précaution elle laisse voir sous elle une perforation du volume d'un pois, ozène net.

Eu égard au bon état général de la malade, à la fréquence de la localisation, je pensais à une lésion de nature syphilitique; mais, à cause de l'absence d'antécédents acquis, de la mort du père en paralysie générale progressive, et des érosions dentaires typiques, je diagnostiquai une origine héréditaire. Je pratiquai donc des lavages du nez et des injections intramusculaires d'hermo-phényl; le traitement se complétait par 3 g d'iodure de potassium en lavements. Après trois séries d'injection de dix chaque fois, la perforation s'arrêta de croître, puis se cicatrisa sur les bords, ne laissant qu'un orifice insignifiant et définitif. Depuis la guéri on s'est très bien maintenue.

Nous avions donc eu affaire ici à une malade qui présentait sa première mani-festation d'hérédosyphilis à l'âge de 51 ans; nous avons le droit, semble-t-il, de l'appeler « manifestation tardive ».

La dernière observation est intéressante à notre sens parce qu'il peut se présenter très souvent en clientèle des cas semblables à celui qui y est rapporté.

Mᵐᵉ A..., âgée de 29 ans, de S. L., est vue par moi en janvier 1911. Traitée depuis 2 ans pour des ulcères variqueux, sans résultats, elle présente sur la partie moyenne interne et antérieure de la jambe gauche deux ulcérations taillées à pic, à fond sanieux, circinées, de la dimension d'une pièce de 5 fr. D'après la malade, les lésions augmentent insensiblement. Elles ont débuté par une surélévation de la peau rouge violacé qui a percé, donnant naissance aux ulcérations.

Mᵐᵉ A... a toujours joui d'une bonne santé, mais, depuis longtemps, elle est un peu sourde; pas de fausses couches; deux enfants nés normalement, le second est mort de *méningite* à 3 ans. La mère de la malade a eu huit enfants; six sont morts en bas âge; le père est mort à 43 ans, d'une attaque d'apoplexie, sans maladie reconnue antérieure; mari bien portant.

L'aspect de la plaie attira mon attention sur l'hérédosyphilis; je trouvai des dents à érosions typiques, et un tibia en lame de sabre. M'appuyant sur ces stigmates, sur l'aspect de la plaie, sur le genre de mort du père, sur la poly-léthalité des frères, je posai le diagnostic de : ulcères gommeux de la jambe chez une hérédosyphilitique.

Le sirop de Gibert fit merveille, confirmant le diagnostic, 20 jours après les ulcères étaient cicatrisés.

Après la lecture de ces observations, je dois m'excuser de n'avoir pas apporté la confirmation de mon diagnostic par le laboratoire. Mais il est facile de comprendre qu'en clientèle de campagne de tels procédés sont rarement utilisables. Nous n'accompagnerons pas l'exposé des faits, de commentaires, il nous semble grâce à eux avoir démontré : 1º que les manifestations de syphilis héréditaire peuvent se produire pour la pre-mière fois à l'âge adulte; 2º que ces cas se rencontrent assez fréquemment en clientèle, et qu'il est bon pour le médecin d'en être averti pour le plus grand bien des malades.

M. J. TARROU,

Anduze (Gard).

MYOSITE OSSIFIANTE PROGRESSIVE.

616.0038

3 Août.

L'enfant S..., fille d'un père rhumatisant et d'une mère de souche tubercu-leuse, née en 1895, allaitée par sa mère, ayant eu sa première dent à 11 mois, ayant marché à 17 mois, s'est développée normalement; elle a eu entre 3 et 4 ans une otite moyenne suppurée bilatérale, et la scarlatine à 6 ans, sans néphrite. En mars 1900, elle est atteinte, par suite de multiples caries dentaires, de gingivite et d'ostéo-périostite alvéolo-dentaire du maxillaire inférieur, à gauche; l'inflammation diminue dans la bouche et abandonne peu à peu la région maxillaire pour gagner assez rapidement les régions cervicales latérale gauche, postérieure, latérale droite et antérieure, et donner à la totalité du cou l'aspect du *phlegmon ligneux diffus*, le tout sans réaction bien marquée. Les jours sui-vants, le gonflement et la dureté ligneuse diminuent progressivement, aucun foyer purulent ne se forme et, dans l'espace de 15 à 20 jours, toute tuméfaction a disparu, les tissus restant cependant un peu indurés. Mais l'enfant a beaucoup de peine à exécuter les mouvements de la tête, surtout les mouvements de rotation, et se plaint d'une douleur sourde au niveau des deux sterno-mastoï-diens. L'examen permet de constater sur la totalité de ces deux muscles une dureté donnant l'impression d'une contracture, dureté qui s'accompagne de tuméfaction, s'accentue et supprime toute contraction volontaire de ces muscles. Bientôt apparaît au voisinage des tendons une zone longitudinale, un peu saillante, qui s'indure de plus en plus et donne enfin la sensation d'une aiguille osseuse enchâssée dans le muscle et se prolongeant sur le tendon claviculaire.

Il s'agit bien, en effet, d'un processus d'ossification qui va poursuivre sa marche et envahir progressivement une grande partie du système musculaire. Ce processus revêt la forme d'une myosite subaiguë dont il présente les caractères, savoir : la douleur, le gonflement, l'impotence fonctionnelle; il aboutit, au bout d'un certain temps, 2 à 3 semaines, à une ossification plus ou moins étendue du muscle atteint, y compris surtout les tendons et aponévroses d'insertion. En général, le muscle ne s'ossifie pas dans son entier, et subit, en dehors des zones ossifiées, la dégénérescence fibreuse; certains muscles même, après la période inflammatoire, n'ont présenté aucune zone ossifiée, mais seulement la transformation fibreuse caractérisée par l'impotence et une sensation de dureté toute différente de celle que donne la palpation d'un muscle sain.

Il en a été ainsi chez l'enfant S... pour la plupart des muscles cervicaux, et, tout dernièrement, pour les muscles cruraux du côté droit. Car le processus, dont le début remonte à l'année 1900, continue à se manifester par poussées successives, plus ou moins espacées, affectant une marche descendante.

Au printemps de 1912, la fille S... a été prise de douleur, gonflement et impotence des muscles de la cuisse droite; le droit antérieur, principalement atteint, a été le siège, à sa partie moyenne, d'un gonflement très marqué qui a cédé peu à peu, laissant, pour le moment, non pas de l'ossification, mais, à en juger par le palper et l'impotence fonctionnelle, une transformation fibreuse du muscle. Les muscles cruraux postérieurs, surtout le biceps et le demi-tendineux dont la tuméfaction inflammatoire a été peu marquée, ont été et sont encore douloureux spontanément et à la pression, et présentent un état de rétraction partielle manifesté par la tension de leurs tendons et un certain degré de flexion permanente de la jambe sur la cuisse.

Cette myosite ossifiante progressive a produit des ossifications dans les deux sterno-mastoïdiens, surtout vers leurs insertions inférieures; parmi les muscles cervicaux, ceux dont la situation superficielle permet le palper ont, en général, subi la dégénérescence fibreuse, avec quelques rares dépôts osseux. En fait, les mouvements de la tête et du cou sont presque complètement supprimés; il est probable qu'il existe en même temps des ankyloses des articulations intervertébrales par suite, soit de l'extension du processus sclérogène aux articulations, soit de la longue immobilisation des articles.

Les muscles grand et petit pectoral des deux côtés sont ossifiés dans leur totalité, y compris leurs portions d'insertion au squelette, de sorte qu'une large plaque osseuse unit la cage thoracique à l'humérus et à l'apophyse coracoïde de chaque côté, immobilisant d'une façon absolue les deux bras contre les parties latérales de la poitrine. Les bras et avant-bras sont presque indemnes. Seule, la partie moyenne du biceps gauche est le siège d'une ostéophyte de 5 à 6 cm. Les muscles de l'abdomen sont atrophiés partiellement, comme tous les muscles en général. Les muscles de la partie postérieure du tronc ont été, au contraire, fortement modifiés par le processus ossifiant ou sclérogène; mais en raison de leur superposition, il est impossible de préciser de quelle manière les muscles profonds ont été atteints dans leur structure. Le grand dorsal des deux côtés est transformé en une vaste plaque ostéo-fibreuse; son bord externe est constitué par une longue bande très épaisse en bas formant avec la crête iliaque un angle osseux; à droite, au niveau de l'insertion du grand dorsal, sur la partie postérieure de la crête iliaque, existe un ostéophyte ayant la forme d'un cône tronqué saillant de 2 cm environ. Le trapèze présente des plaques d'ossification disséminées, dont quelques-unes sont saillantes; ailleurs, il a subi la transformation fibreuse. Enfin, on constate des nodosités osseuses sur la plupart des apophyses épineuses et par placards disséminés sur toute la région postérieure du tronc.

Les mouvements du tronc sont nuls, la colonne vertébrale formant avec le bassin le thorax et la tête un bloc rigide, comme pétrifié. Si la jeune fille se laisse choir, il lui est impossible de se relever; l'hiver dernier, elle fit une chute dans la cheminée et se serait infailliblement brûlée si sa mère n'avait pas été prête à la secourir. La marche devient très difficile depuis la poussée qui s'est faite à la cuisse droite; la position assise ne peut se prendre que sur un siège très haut.

Le développement général de la fille S... a été naturellement entravé par l'affection qui frappe le système musculaire; cependant, la taille est moyenne; la menstruation s'est établie à l'âge de 16 ans, peu abondante et en retard à chaque période; l'appétit est irrégulier; il y a de la constipation. L'intelligence est assez développée; malgré les absences fréquentes de l'école dans les premiers temps de la maladie, et puis la suppression de tout travail intellectuel dirigé, la jeune fille a acquis certaines connaissances; elle a bonne mémoire, aime beaucoup la lecture. Il faut noter un besoin intense de sommeil. Il existe enfin une hyperesthésie cutanée très marquée et généralisée.

Les systèmes respiratoire, circulatoire et urinaire ne présentent rien d'anormal.

La famille n'a jamais consenti à faire radiographier ni photographier le sujet. Les figures 148 et 149 du *Traité de Chirurgie de Duplay et Reclus* (1890, tome I), empruntées elles-mêmes au Mémoire de Kummel (1883), donnent une idée de l'aspect général et des attitudes de la jeune S....

En publiant ce cas bien net de *Myosite ossifiante progressive*, j'ai voulu simplement ajouter un fait aux faits déjà connus, en nombre assez restreint, et dont l'étiologie, la pathogénie et le traitement sont encore à trouver. Outre sa rareté et sa netteté, ce cas est intéressant par le début de son évolution. Entre l'inflammation d'ordre banal partie de la bouche et le développement immédiatement consécutif et voisin de la myosite ossifiante, il semble bien exister autre chose qu'une relation chronologique. On est, je crois, autorisé à admettre que l'infection partie de la bouche s'est propagée par l'intermédiaire du tissu cellulaire, et par continuité, dans la gaine et le tissu interstitiel des muscles pour y agir comme processus irritatif, et modifier, par un mécanisme inconnu, le métabolisme normal dans ces muscles, leurs tendons et les tissus fibreux qui en dépendent.

M. J. TARROU.

MALADIE DE DERCUM, CAS OBSERVÉ PENDANT DIX-SEPT ANS. GUÉRISON FONCTIONNELLE ACTUELLE.

616.00636 (Dercum)

3 *Août.*

OBSERVATION. — Le 8 août 1895, le sieur A..., cultivateur, 38 ans, se présente à ma consultation. C'est un homme de taille moyenne, au teint coloré, d'un embonpoint assez marqué; il se plaint d'une faiblesse générale qui l'empêche d'une façon presque complète de travailler, d'un certain degré d'essoufflement; l'appétit est conservé, les digestions sont bonnes; il accuse enfin des *grosseurs* qui se sont développées depuis quelques mois, sur diverses parties du corps et le font quelque peu souffrir.

Le père de A... a succombé à 75 ans, d'une pneumonie; la mère est vivante et bien portante. La femme de A... jouit d'une bonne santé; elle a eu un premier enfant, mort à 7 ans de méningite tuberculeuse; elle a fait une fausse couche de 3 mois consécutive à une chute; d'une troisième grossesse est née une fille, bien portante. Le ménage habite à la campagne un logement sain, exposé au midi, mais on y élève depuis longtemps des vaches laitières.

A..., en même temps cultivateur et laitier, est un alcoolique; il prend assez régulièrement des apéritifs, boit assez de vin chez lui, et s'offre l'extra d'une douce ébriété une ou deux fois par semaine. Au demeurant, c'est un homme tranquille, d'une intelligence au-dessous de la moyenne. L'appétit est faible, les fonctions digestives ne présentent pas de troubles bien marqués; le foie, malgré l'éthylisme du sujet, paraît normal. La rate n'est pas hypertrophiée. Rien à noter d'anormal aux poumons; au cœur, pas de souffles; les battements sont réguliers, un peu précipités (90 pulsations); l'impulsion cardiaque est faible, le premier temps sourd; le pouls est, en effet, dépressible. Pas d'œdème aux membres inférieurs. L'appareil urinaire fonctionne normalement, les urines sont normales. Le sujet mentionne une diminution très sensilbe de l'appétit génital. Les testicules ont leur forme et leur volume ordinaires. Rien à signaler au corps thyroïde. Les globes oculaires sont en très légère saillie; la vue est normale. L'*odorat* et le *goût sont considérablement diminués.* L'ouie est normale. Il n'existe ni diminution ni perversion de la sensibilité tactile et thermique. Les réflexes rotuliens sont presque complètement abolis, le réflexe achilléen persiste, mais affaibli. Le réflexe crémastérien est conservé. Les masses musculaires ont, au dire du malade, sensiblement diminué de volume; la musculature des membres inférieurs et supérieurs ne paraît pas, en effet, être en rapport avec la taille, la complexion et la profession du sujet.

J'arrive à l'examen du système adipeux, et des grosseurs signalés par le malade. Sur tout le tronc, à la région cervicale postérieure, aux deux épaules, aux deux cuisses, il existe une infiltration graisseuse notable et assez uniforme du tissu cellulaire sous-cutané; ce développement adipeux s'est fait progressivement et insidieusement, jusqu'au jour où le sujet s'est senti gêné dans ses vêtements, en même temps qu'il remarquait, en diverses régions du corps, l'apparition de saillies arrondies, *de grosseurs*. A... ne peut pas fixer d'une façon précise le moment où il a commencé à grossir; mais il semble résulter de ses souvenirs que l'infiltration adipeuse générale a précédé la production de tumeurs délimitées. Ces tumeurs présentent très nettement les caractères des lipomes; elles affectent, d'autre part, une disposition symétrique. Leur forme est arrondie, leur diamètre varie de 7 à 10 ou 12 cm; leur base est largement sessile. Elles occupent les régions suivantes :

Un lipome à chaque région occipito-latérale; un lipome à chaque région mammaire (le lipome droit étant un peu plus volumineux); un lipome à chaque région sus-épineuse; un lipome à chaque région lombaire; un lipome médian à la région sacrée; un lipome médian hypogastrique; un lipome à la face supéro-externe de chaque cuisse.

Ces tumeurs ne sont pas ou sont très peu douloureuses à la pression; subjectivement elles sont indolores. Le sujet accuse seulement des douleurs tout le long du rachis, et des douleurs en ceinture. Ces douleurs sont exacerbées par le travail ou l'effort le moins intense : A... travaille, d'ailleurs, très peu; il ne peut se livrer qu'à des occupations très peu fatigantes, et même, dans ces conditions, il est obligé de se reposer à tout instant. Il passe la plus grande partie de la journée allongé; lorsqu'il se contente de rester assis, il lui semble, au bout d'un moment, que son buste va s'effondrer.

Cette asthénie s'est installée progressivement, parallèlement à la production de l'infiltration adipeuse et des tumeurs. En même temps, A... éprouvait le besoin de s'isoler et avait une tendance à fuir les personnes étrangères à son entourage immédiat. Ce trouble d'ordre psychique se retrouvera plus marqué 7 ans plus tard, pendant une crise de délire aigu.

Le malade est mis au repos complet, continue son alimentation habituelle et prend deux fois par jour une cuillerée à bouche de la solution :

> Iodure de potassium......................... 4 g
> Arséniate de soude......................... 0,05 cg
> Eau distillée............... .... 300 cm³

(8 août 1895).

Le 26 août, la dose d'iodure de potassium est portée à 3 g par jour pendant 10 jours.

Le 14 septembre, les lipomes n'ont changé ni de volume, ni de consistance, l'infiltration adipeuse est stationnaire; le malade dit cependant se senitr plus dispos. L'iodure est bien toléré.

Le 19 octobre 1895, je constate une diminution très nette du volume et de la consistance des lipomes.

Le traitement est continué jusqu'en avril 1896 de la façon suivante : iodure de potassium, 3 à 4 g par jour pendant 10 jours; liqueur de Fowler à doses croissantes de 6 gouttes à 20 gouttes pendant 8 jours, et décroissantes pendant les 8 jours suivants de 20 à 6 gouttes; repos de 10 jours, et ainsi de suite.

On fait en même temps sur les lipomes et sur tout le tronc des onctions, soit avec une pommade au menthol et salicylate de méthyle, soit avec un mélange de chloroforme et d'essence de térébenthine.

En avril 1896, l'état de A... est bien amélioré; les forces sont revenues en grande partie; l'essoufflement est bien moindre; les travaux des champs ont pu être progressivement repris sans trop de fatigue. Les lipomes sont restés ce qu'ils étaient en octobre 1895, mais l'infiltration adipeuse du tronc a sensiblement diminué (8 cm de moins à la ceinture).

A..., se trouvant mieux, cesse tout traitement.

Je revois le malade en octobre 1897; après 14 mois environ de bien-être suffisant pour qu'il ait pu accomplir presque seul ses travaux habituels, A... s'est de nouveau senti las; il a dû restreindre son activité; peu à peu les douleurs rachidiennes et en ceinture ont reparu. Les habitudes alcooliques qui avaient été complètement abandonnées, au dire du malade, ont-elles été reprises pendant cette année de répit? A... le nie; rien n'est moins sûr. Quoi qu'il en soit, on revient au repos, à l'iodure de potassium (1 g par jour) alterné avec la liqueur de Fowler. Les fonctions digestives, normales jusque-là, ne manifestent aucun trouble après la reprise du traitement, lorsque, le 1er novembre, brusquement se produit une hématémèse assez abondante, suivie de melœna. Le séjour au lit, un traitement approprié, puis le régime lacté remettent assez vite le malade, puisque, le 24 novembre, A... demande instamment à revenir à son régime ordinaire; le paysan, après une maladie, a toujours peur de ne pas manger assez ni assez tôt. L'alimentation est reprise aussi prudemment que le permet la mentalité du sujet; elle est bien tolérée. Les forces reviennent rapidement, le teint se colore à nouveau, et A... reprend son travail. Il faut noter la bénignité de cet incident pathologique assez sérieux par lui-même, et qui aurait dû, semble-t-il, influencer défavorablement une maladie dont l'asthénie est un symptôme important. En effet, A..., dont les lipomes sont stationnaires, reprend le train habituel de sa vie de cultivateur, sans suivre aucun traitement, jusqu'en mai 1902. A cette époque, il devient sournois, taciturne, s'enferme dans sa chambre dès qu'une personne étrangère se présente chez lui; il ne travaille pas et ne veut pas entendre parler des travaux qui, cependant, sont urgents à ce moment de l'année. Assez rapidement, il devient agité, a des hallucinations de la vue, menace sa femme, son entourage. Appelé d'urgence et mis au courant de ce qui s'est passé depuis quelques jours, je constate la gravité et l'intensité croissante de ce délire aigu. Il est impossible de garder le malade chez lui; on le transporte avec les précautions nécessaires à l'hôpital d'Alais, où il est isolé, soigné et tenu en observation. Au bout de quelques jours, le calme revient progressivement; le dixième jour, A... est redevenu tout à fait lucide, rentre à son domicile, parle de son excitation récente dont il rappelle d'une façon précise les phases, en s'étonnant qu'il ait pu « se conduire ainsi ».

Comme après sa gastrorrhagie, A... revient rapidement à sa vie ordinaire.

De 1902 à 1910, aucun incident ne se produit. En 1910, des douleurs rachidiennes de peu d'intensité s'étant manifestées, un traitement iodé est suivi pendant quelque temps.

Actuellement, (juin 1912) les constatations faites chez le sieur A... sont les suivantes :

L'état général est bon. Le sujet résume son opinion sur lui-même en ces termes : « Je mange, je digère, j'ai de la force comme à 20 ans; je me sens en parfait état. » L'examen des divers organes ne révèle rien d'anormal. Je note seulement que le pouls est un peu fréquent (86 pulsations en moyenne), les battements cardiaques étant nets, bien frappés, sans souffle; en second lieu, les réflexes rotuliens sont très diminués. Le corps thyroïde est normal; les globes oculaires, un peu saillants au début de la maladie, sont dans le même état. Les urines sont normales.

Les lipomes occipitaux et sus-épineux sont diminués; les lipomes mammaires sont beaucoup moins saillants et tendent à se confondre avec l'infiltration adipeuse du thorax; les lipomes hypogastrique, lombaires, sacré et cruraux sont aussi volumineux, mais plus mous. Les membres inférieurs sont maigres, la musculature en paraît diminuée. La musculature des bras et des avant-bras est moyenne.

RÉFLEXIONS. — Il ne me semble pas douteux que le sujet dont je viens d'esquisser l'observation ne présente un cas net de *maladie de Dercum*.

On trouve en effet des *tumeurs lipomateuses géométriquement symétriques*, un léger degré de lipomatose diffuse du tronc, une *asthénie* très marquée, une *gastrorragie*, enfin *des troubles psychiques* de courte durée, mais très violents.

Quelques particularités distinguent ce cas de ceux, assez nombreux déjà, qui ont été publiés. Je ferai remarquer tout d'abord que l'évolution du syndrome de Dercum a pu être observé chez mon malade pendant une longue période (17 ans), et que si cette évolution ne doit pas être considérée comme terminée actuellement, l'état présent du sujet peut être qualifié de *guérison fonctionnelle;* je veux dire que si le sujet conserve ses lipomes symétriques et l'infiltration graisseuse du tronc, il n'éprouve aucun trouble, ne manifeste aucun phénomène morbide depuis environ 10 ans (à part la légère et courte période de douleurs rachidiennes en 1910), et vit son existence normale de cultivateur. Reclus, en publiant un cas de *Lipomatose symétrique à prédominance cervicale* (in *Journal des Praticiens*, 1905, p. 785), dit que « peu d'observations ont été publiées de lipomatoses revues à plusieurs reprises et à longues échéances ». A ce titre, la présente observation me parait offrir quelque intérêt. Elle confirmerait, en second lieu, l'opinion de la plupart des auteurs qui incriminent l'alcoolisme comme facteur étiologique du syndrome de Dercum : mon sujet était, est peut-être encore, un alcoolique certain.

Je me demande en outre si les diverses poussées des douleurs rachidiennes et en ceinture, ainsi que les deux épisodes graves de la maladie de A... (l'hémorragie gastrique et le délire aigu), n'ont pas été amenés par des recrudescences d'alcoolisme : lorsque A... se trouvait mieux depuis quelque temps, il allait à la ville, où je l'ai vu plusieurs fois, dans le cours de sa maladie, attablé à son café habituel.

Ma troisième remarque portera sur le symptôme douleur. La maladie a été appelée *Lipomatose douloureuse symétrique*. Chez mon sujet, les tumeurs lipomateuses n'étaient pas ou presque pas douloureuses, pas plus à la pression que spontanément. Il existait, par contre, des douleurs spontanées tout le long du rachis avec des irradiations en ceinture. Y a-t-il un rapport entre ces douleurs rachidiennes et la diminution des réflexes, surtout des réflexes rotuliens, qui à l'heure actuelle sont encore très faibles ?

Quelle a été, en quatrième lieu, l'influence du traitement employé sur la marche du syndrome ? Il semble établi qu'après l'emploi de l'iodure de potassium à doses assez fortes (3 à 4 g *pro die*), le sujet a éprouvé moins d'essoufflement, et s'est senti, en quelque sorte, moins empâté, *plus dégagé*, comme il le disait lui-même.

L'infiltration adipeuse et les lipomes ont subi une diminution réelle. Il est vrai que, depuis lors, cette diminution de volume et de consistance a peu progressé.

En tout cas l'iodure, associé à l'arsenic, a été parfaitement toléré, et le sujet a pu reprendre complètement le travail et la vie ordinaire. Le traitement ioduré arsénié n'a donc pas été nuisible : il a été peut-être utile.

Si l'on est peu fixé sur le traitement du syndrome de Dercum, on l'est encore moins sur sa pathogénie. On trouve dans la bibliographie la série des théories proposées (origine nerveuse, thyroïdienne, hypophysaire, ovarienne, ganglionnaire, tuberculeuse), comme on a trouvé dans les autopsies des lésions variables.

A considérer les symptômes cardinaux de la maladie, la symétrie des lipomes, les névralgies ou névrites signalées (sciatique bilatérale par exemple), les modifications des réflexes, les troubles sensitifs et sensoriels (abolition du goût et de l'odorat chez mon sujet), les psychoses si fréquentes, on est incité à faire intervenir le système nerveux pour expliquer cette dystrophie spéciale.

A son tour, sous quelle influence se déclencherait le système nerveux ? Alcoolisme ? Tuberculose ? Peut-être les deux, soit séparément, soit en association, plutôt en association à mon avis. La tuberculose fait souvent de la graisse chez les tuberculeux eux-mêmes (par exemple tuberculeux, emphysémateux polysarciques) ou chez leurs descendants (enfants obèses, de souche bacillaire). L'alcoolisme pourrait préparer le terrain nerveux à subir l'influence des toxines tuberculeuses et à réaliser ensuite, par un mécanisme inconnu, la dystrophie et les autres troubles constituant le syndrome de Dercum.

Le sujet de mon observation (qui a perdu un enfant de méningite tuberculeuse) a pu trouver, d'une part, dans les verres grands et petits, qu'il s'offrait copieusement, d'autre part dans les déjections ou par le contact des vaches qu'on élevait dans la maison depuis fort longtemps, la double cause toxique et infectieuse qui, par l'intermédiaire du système nerveux faussé dans son fonctionnement, a produit la maladie de Dercum.

M. LE Pr BOINET.

DE L'UTILISATION DES PIQURES D'ABEILLES POUR LE DIAGNOSTIC DIFFÉRENTIEL ENTRE LA MORT APPARENTE ET LA MORT RÉELLE.

6t2.oi3.i : G3.8r

3 Août.

On sait que la piqûre d'abeille est suivie au bout de quelques minutes de l'apparition d'une zone boursouflée, d'aspect urticarien, qui s'étend progressivement et peut atteindre les dimensions d'une pièce de 5 fr. Ces phénomènes sont accrus, chez le vivant par la friction faite avec un linge humide sur les régions piquées.

Nous avons fait les mêmes constatations sur les agonisants. C'est en vain, que nous avons essayé en collaboration avec M. Lautal, apiculteur, de faire piquer un cadavre par les abeilles. Elles s'y refusent absolument, même si on les laisse plusieurs heures en contact avec la peau. Cependant, si on les presse légèrement entre les mors d'une pince, elles finissent par enfoncer leur aiguillon dans la peau du cadavre, par suite d'un mouvement de défense. Tout naturellement on n'observe aucun des phénomènes de réaction qui existent chez les agonisants.

On peut donc conclure que la piqûre d'abeille est utilisable pour différencier la mort apparente de la mort réelle.

M. LE Pr BOINET.

GUÉRISON D'UN VASTE LUPUS DE LA FACE PAR LES PIQURES D'ABEILLES.

6t6.57.oo25 : G3.8r

3. Août.

M. Boinet présente deux photographies d'un vaste lupus de la face occupant la joue gauche, la lèvre supérieure, le nez, le front et les deux pommettes. La première montre le lupus, en pleine évolution, malgré deux séances de radiothérapie et deux opérations chirurgicales pratiquées par le Dr de Keating-Heart. La seconde photographie a été faite 2 ans après la guérison obtenue à la suite de nombreuses séances de piqûres

d'abeilles continuées pendant 5 mois. La cicatrisation de ce lupus est
nette, fibreuse et paraît être définitive.

Le Pr Boinet montre deux autres photographies du lupus de la face
chez la femme envahissant chez l'une, les deux joues et le nez, et chez
l'autre, le nez et toute la lèvre supérieure. Ces malades furent traitées
par de nombreuses séances de piqûres d'abeilles et guérirent. Depuis
plusieurs années, aucune récidive ne s'est produite.

Ce venin des Abeilles contient, d'après Calmette (*Les venins*), une
substance phlogogène détruite à l'ébullition, un *poison convulsivant* détruit
à 100° et un *poison stupéfiant* détruit à 150°. Ce venin est hémolysant et
se combine à la lécithine pour donner un lécithide analogue au *cobra-
lécithide*, lequel est 200 à 500 fois plus hémolysant que le venin lui-
même.

Les piqûres d'abeilles ont une action thérapeutique favorable sur les
lépromes ulcérés ou non, comme nous le constatons actuellement sur un
Espagnol atteint de lèpre tuberculeuse généralisée non améliorée par
l'huile de Chaulmoogra. Sous l'influence de plusieurs centaines de ces
piqûres faites dans mon service de l'Hôtel-Dieu, les ulcérations se cica-
trisent, les lépromes s'affaissent et rétrocèdent. Malgré l'absence de
syphilis, j'ai pratiqué une injection intra-veineuse de 40 cg de Néo-606
qui agit utilement dans cette forme de lèpre grave compliquée de
lépromes des yeux, du pharynx et du larynx.

M. ÉMILE ARAB,

Chef de clinique chirurgicale à la Faculté Française (Beyrouth).

LES ACCIDENTS DE TRAVAIL CONSIDÉRÉS AU POINT DE VUE THÉRAPEUTIQUE ET MÉDICO-LEGAL EN SYRIE.

1er *Août.*

351.838.23 : 340.6 (56.9)

Les accidents de travail sont la conséquencé nécessaire de la civilisation
moderne représentée par la facilité de transport et de déplacement
(chemins de fer, tramways électriques, automobiles), par les exigences
de l'industrie : usines à gaz, d'éclairage, moteurs à vapeur, exploitation
des mines, etc. Or, durant ces dernières années, la Syrie, en participant
largement à ces découvertes modernes, est devenue par le fait même le
théâtre de ces accidents de travail. Il serait donc utile d'en dire un mot
au point de vue thérapeutique et au point de vue médico-légal.

A. *Au point de vue thérapeutique.* — Le devoir de tout médecin en face d'un individu atteint d'un accident de travail consiste :

1° A réagir contre le schok provoqué par l'accident : injection de caféine, d'éther, de sérum, artificiel, potion cordiale; à prévenir une affection souvent mortelle par une injection de 10 cm³ à 20 cm³ de sérum anti-tétanique;

2° A faire une toilette minutieuse de la plaie : lavage à la brosse avec de l'eau bouillie et du savon, surtout autour de la plaie; désinfection de la plaie elle-même par un lavage à l'eau oxygénée ,au permanganate chaud au moyen d'un bock Hémostase. Pansement aseptique absorbant et protecteur. Attendre le lendemain ou le surlendemain pour juger de l'opportunité d'une intervention plus large ou de l'amputation d'un membre : se baser pour cela sur la température, l'état général du malade et l'étendue des parties sphacélées de la plaie. Sinon continuer la désinfection minutieuse du premier jour.

B. *Au point de vue médico-légal.* — Le devoir de toute administration d'une compagnie, de tout patron : c'est de faire donner immédiatement aux blessés tous les soins nécessaires et cela dans les meilleures conditions. Je cite à ce propos l'exemple d'un ouvrier atteint d'une fracture ouverte de la jambe, en creusant un puits artésien. Délaissé par son patron et admis à l'hôpital 6 *jours après* l'accident, il meurt de septicémie, 3 jours après, malgré une amputation de la cuisse.

Le devoir de tout chirurgien est de se montrer *essentiellement conservateur*, sans se laisser influencer, ni par l'entourage, ni par le malade, ni surtout par l'aspect déplorable de la plaie, au moment de l'accident. Il faudrait se rappeler que l'admirable perfectionnement de l'aseptie moderne a triomphé très souvent des plaies les moins bien conditionnées, et a réussi à conserver des membres, qui, *a priori*, semblaient réduits presque en bouillie.

Deux exemples à ce propos : Le premier, celui d'un moine arménien, entré à l'hôpital de Béyrouth le 27 juin 1910, avec la main et le poignet écrasés et en sortant, 50 jours après, presque entièrement guéri. Le second exemple, recueilli dans ma clientèle privée, concerne un individu atteint de fracture ouverte de la jambe; guérison complète au bout de 2 mois de traitement.

Voyons maintenant si ces pauvres ouvriers exposant leur vie à un danger perpétuel par le genre même de travail auquel ils se livrent ont leurs droits personnels et l'avenir de leurs familles suffisamment sauvegardés au point de vue légal.

Voici l'article 11 de la loi française du 9 juin 1869, concernant les accidents du travail :

« Peuvent obtenir pension, quels que soient leur âge et leur activité : 1° Les fonctionnaires et employés qui auraient été mis hors d'état de continuer leur service par suite d'un acte de dévouement dans un intérêt public ou en exposant leurs jours pour sauver la vie d'un de leurs concitoyens;

2° Ceux qu'un accident grave, résultant notoirement de l'exercice de leurs fonctions, met dans l'impossibilité de les continuer. »

Ces lois trouvent à *peu près* leur application auprès des ouvriers ou employés des grandes Compagnies, basées sur des statuts européens, et qui existent dans l'Empire ottoman : chemins de fer, tramways électriques, etc.

Mais, quand il s'agit d'autres administrations régies essentiellement par les lois ottomanes, et surtout quand il s'agit d'ouvriers travaillant chez de simples particuliers, le décor change du tout au tout. Car enfin la loi ottomane dit ceci :

« Peuvent obtenir pension, eux ou leurs familles, ceux qu'un accident résultant notoirement de l'exercice de leurs fonctions, met dans l'impossibilité de les continuer, *à condition qu'il y ait eu entente préalable par contrat personnel entre ouvrier et patron.* »

Or, presque toujours *ce contrat* n'existe pas ! Ainsi ce maçon qui a perdu sa jambe sous un vieux mur, ainsi cet autre ouvrier qui a laissé sa vie en creusant un puits artésien, n'ont aucun droit à réclamer à leur patron, ni pour eux, ni pour leurs familles, pour la simple raison qu'un contrat préalable n'avait point été dicté d'avance ! Je laisse juger si tout cela est bien régulier au point de vue humanitaire, et si, aux nombreuses réformes exécutées par la jeune Turquie constitutionnelle, il ne serait, point de toute urgence d'ajouter celle-là !

<hr>

M. Th. RAYNAL.

(Marseille).

<hr>

UN CAS D'ODONTOPTOSE CONSÉCUTIF A UNE INTOXICATION AIGUE PAR L'OXYDE DE CARBONE (¹).

<hr>

3 *Août.*

617.6 + 615.712.1

Le chapitre des odontoptoses, tout entier à écrire, comporte un grand nombre d'obscurités qui demandent à être éclaircies. Depuis les théories émises sur le rôle du fongus résorbant de Tomes dans la chute des dents temporaires jusqu'aux explications données pour expliquer la chute sénile des dents par résorption alvéolo-gingivale; rien de démontré n'a été

(¹) Nous employons le mot *Odontoptose* dans son sens strictement étymologique de CHUTE DE DENT (ὀδόντος πτωσις).

écrit et les travaux parus n'avancent à peu près tous que des suppositions.

C'est pour apporter une petite contribution à ce très intéressant chapitre que j'ai l'honneur de vous relater aujourd'hui, au nom de M. le professeur Delanglade et au mien, une observation singulière qu'il nous a été donné d'observer cette année. J'ajoute qu'il me serait particulièrement agréable de provoquer une discussion sur ce cas afin de recueillir un avis que nous pouvons attendre de votre compétence.

Léon M..., 23 ans, journalier, entre à l'Hôtel-Dieu de Marseille, le 22 mars 1912, sur le vu d'un billet d'admission d'urgence. Il présente, en effet, des brûlures multiples et étendues, la plupart du troisième degré, siégeant notamment sur la jambe droite et sur la région lombaire. Ces brûlures se sont produites dans les circonstances suivantes : au cours d'une tentative de suicide par l'oxyde de carbone, le sujet, après avoir perdu connaissance, est tombé de son lit sur le réchaud encore allumé, a renversé ce dernier et a été brûlé par les charbons incandescents.

A son arrivée à l'hôpital, on panse ses brûlures par les méthodes classiques et l'on cherche à obtenir la cicatrisation. La jambe droite notamment paraît disséquée, les masses musculaires sont mises à nu, mais les vaisseaux sont conservés et la circulation terminale du membre persiste. En dépit des pansements, ses plaies s'infectent et bientôt répandent une odeur nauséabonde. On cherche à obtenir la chute des eschares par des pulvérisations d'eau boriquée. Mais, malgré tous les efforts faits, loin de rétrocéder, l'infection augmente, une suppuration abondante et très fétide s'établit, l'état général devient médiocre, le teint plombé, le graphique thermique accuse de grandes oscillations, le pouls tend à devenir mauvais, etc., et, en présence de ces signes, l'amputation du membre est jugée indispensable.

L'opération a lieu le 24 avril et est effectuée par M. le professeur Delanglade, avec l'assistance de MM. les docteurs E. Weill et Gauthier. Injection préalable de 2 cm³ de pantopon, anesthésie générale au chlorure d'éthyle, hémostase par le procédé de Mombourg, désarticulation de la hanche par la méthode rapide (lambeau antérieur par transfixion). L'opération a duré environ 15 minutes, dont 15 secondes à peine pour la désarticulation proprement dite. Les suites opératoires sont normales.

Mais, le 3 mai, on me demande d'examiner le malade qui, depuis quelques jours, a perdu plusieurs dents. Ces dents, qui nous ont été montrées, ne présentent rien de remarquable, elles sont très nettement dépourvues de tartre et ne conservent aucun débris de périodonte. Nous interrogeons le malade et nous apprenons que son père et sa mère sont en bonne santé. Ses antécédents personnels sont insignifiants : rougeole à 7 ans, quelques poussées d'hémorrhoïdes peu gênantes. L'examen général ne décèle rien de particulier et avant l'accident qui l'a conduit à l'hôpital son état de santé était bon. C'est trois jours avant l'opération que la première dent est tombée. C'était la première grosse molaire inférieure gauche. Une huitaine de jours auparavant le malade a vaguement ressenti quelques douleurs dans la région mandibulaire gauche, la joue s'est même un peu enflée, mais l'enflure et cette douleur ont été si faibles que le malade n'a pas jugé à propos de réclamer à raison d'elles des soins spéciaux. Il prétend, d'ailleurs, n'avoir jamais eu la sensation de dent allongée et à aucun moment, il n'a eu de difficulté pour serrer les arcades dentaires et manger du côté opposé.

La deuxième molaire inférieure a commencé par bouger un peu, puis davantage et bien que ne présentant aucune trace de carie, la mobilité avait rendu cette dent gênante et un peu douloureuse si, d'aventure, le malade s'en servait pour mâcher.

Deux jours après, c'est-à-dire le 23 avril, veille de l'opération, la première prémolaire inférieure gauche voisine de la précédente tombe également après avoir présenté les mêmes phénomènes.

Quatre jours après, soit le 27 avril, c'est la canine qui tombe à son tour et qui est, peu après, suivie dans sa chute par l'incisive latérale inférieure gauche, chute qui se produit le 1er mai. Toutes ces dents sont indemnes de carie.

A l'examen de la bouche, nous constatons que la première grosse molaire supérieure gauche porte une carie du quatrième degré et que la dent homologue manque à droite. En bas, à droite, la première grosse molaire inférieure manque. Les autres dents sont toutes en bon état. Seule, l'incisive centrale inférieure gauche voisine de la plaie de la dernière dent tombée est mobile et paraît vouloir s'éliminer aussi. Après cette dent, on voit la place occupée par des dents tombées. A l'extrémité de cette plaie, on constate la présence de la racine postérieure de première grosse molaire inférieure gauche. Cette racine, depuis longtemps à l'état de débris radiculaire, est fixe, solide et indolore. Après elle, la deuxième grosse molaire inférieure gauche est à sa place et en bon état. Pas de dent de sagesse.

Les plaies auraient l'aspect qu'on observe après des extractions en série, mais au lieu d'avoir une tendance à la cicatrisation et à présenter des bourgeons de comblement, la plaie présente ici des bords livides et blafards, sans perte de substance ni ulcération. Si l'on touche cette zone, avec la sonde d'exploration par exemple, elle paraît dure, ligneuse, peu sensible. L'exploration tactile dénote un certain épaississement du bord alvéolaire avec un petit ganglion sous-maxillaire correspondant. La pression des alvéoles déshabitées fait sourdre un peu de pus jaunâtre. L'haleine n'est pas particulièrement fétide. A noter que, depuis de longues années, ce malade ne mangeait pas avec ce côté de la mâchoire. On prescrit : abondants lavages à l'eau bouillie et des applications *loco-dolenti* de teinture d'iode, brossage bi-quotidien des dents saines, antiseptie buccale.

Le 30 mai, l'incisive centrale inférieure gauche est toujours mobile, ne paraît retenue que par son ligament annulaire et sa chute semble imminente. La cicatrisation des plaies alvéolaires se fait lentement; les tissus ont perdu leur teinte blafarde, mais la réunion des deux bords gingivaux n'est pas encore faite.

Le 30 juin, la cicatrisation de la plaie se fait peu à peu.

La dent n'est pas encore tombée et sa mobilité n'est pas augmentée.

Le 20 juillet, la cicatrisation est faite et la dent s'est consolidée dans son alvéole.

En présence de ce cas singulier, la première opinion qui se présenta à notre esprit fut que la présence des racines de grosses molaires, depuis fort longtemps infectées, avaient dans leur entourage créé un foyer septique latent. Sous l'influence de l'intoxication générale intense survenue consécutivement, ce microbisme latent aurait subi une exaltation de virulence ayant provoqué une zone d'ostéite des bords alvéolaires; cette ostéite aurait secondairement provoqué la chute des dents. Cependant, nous n'avons pas constaté l'élimination du moindre séquestre. De plus, du pus se serait écoulé plus longtemps et plus abondamment, enfin on n'aurait plus retrouvé les alvéoles dont les parois se seraient plus ou moins résorbées. L'examen de la lésion comme celui de l'observation prouvent qu'il n'en a pas été ainsi. Nous avons dû alors modifier notre diagnostic qui nous apparaissait suffisant et nous avons incriminé l'intoxication oxycarbonée comme cause déterminante de la chute des dents que nous avons observée.

Pour soutenir ce diagnostic permettez-nous de rappeler quelques faits bien établis de toxicologie. Il suffit d'une dose très faible d'oxyde de carbone dans une atmosphère pour provoquer des accidents. Eulemberg et Pakiowsky la fixent de 0,5 à 1 %. Dieulafoy indique avec les auteurs que la mort est souvent précédée de violentes convulsions. Ce sont ces convulsions qui ont dû provoquer la chute de notre sujet sur les charbons incandescents. On a de plus observé assez souvent consécutivement à des intoxications par l'oxyde de carbone des complications nerveuses. Hoffman, Laborde ont noté du ramollissement cérébral; Brissaud, Laroche, Rendu ont noté des paralysies ou des hémiplégies; Verneuil a rencontré des troubles trophiques, des eschares du talon, d'autres situées à l'extrémité du gros orteil, d'autres sur les avant-bras et même à la pointe de la langue. Ces lésions étaient, bien entendu, indépendantes d'une lésion physique directement provoquée par le contact des charbons enflammés.

C'est par analogie avec ces cas incontestables observés ailleurs que nous avons admis que par trophonévrose et par le même mécanisme local qui fonctionne chez les tabétiques notre malade a perdu ses dents. Nous croyons voir une confirmation de notre diagnostic dans ce fait que l'incisive centrale inférieure dont la chute nous paraissait imminente à une certaine époque, loin de tomber, a, au contraire, arrêté sa mobilisation au fur et à mesure que le malade allait mieux et que la régénération de sa crase sanguine s'effectuait et se rapprochait de l'état normal.

M. V. GILLOT.

LES TATOUAGES CHEZ LES INDIGÈNES ALGÉRIENS.

392 : 343.939 (65)

2 Août.

Cette question des tatouages chez les indigènes a déjà éveillé l'attention de nombreux observateurs. Je citerai en particulier l'étude qu'en a faite M. le Dr Brault dans la *Revue générale des Sciences* du 15 octobre 1904, dans laquelle on trouve des exemples de tatouages exécutés dans un but curatif. Je ne veux envisager ici que les tatouages intéressant particulièrement les médecins et qu'on peut voir chez les Arabes et les Kabyles en Algérie.

On peut au point de vue médical distinguer : 1° les *tatouages d'identité* et ceux-ci appartiennent au domaine de la médecine légale; 2° les *tatouages prophylactiques* touchant à la superstition; 3° les *tatouages curatifs* dirigés contre une manifestation morbide.

Tous ces tatouages (*ouchem*, en arabe) se pratiquent à l'aide d'instruments piquants ou coupants. On se sert assez souvent d'une pointe de couteau ou de poignard portée au rouge et le mode d'incisions produites avec elle rappelle un peu les taillades que se font les nègres du Soudan, dans le but de décorer leur figure de dessins symétriques ou pour se prémunir contre les maladies.

A Alger les mauresques ont la manie de se faire à tout propos des brûlures avec des cigarettes. Cela produit des tatouages arrondis faciles à reconnaître, mais qui ne sont en somme que la cicatrice de véritables pointes de feu. Ils n'entrent pas dans le cadre de notre étude, bien qu'ils soient employés, la plupart du temps, dans un but thérapeutique.

Les instruments destinés à tatouer sont chargés, au moment voulu, de matières bien diverses : encre, bleu de Prusse (boules de bleu pour lessives), brun d'antimoine (le Kohel des Arabes), poudre de chasse, etc. Mais c'est surtout le charbon qui est employé sous forme de noir de fumée. Un morceau de poterie quelconque est passé au-dessus d'un foyer. On racle la suie dont il se charge et on la délaye dans de l'eau, dans de l'huile ou tout simplement dans de la salive, puis on procède à l'opération du tatouage. Il arrive qu'avant de racler la suie on y inscrit des signes cabalistiques ou une phrase sacrée. Ainsi l'ingrédient doit porter en soi le charme ou les remèdes désirés.

Les tatouages étant faits par des parents pour marquer leurs enfants d'un signe indélébile, par les médecins (*t'bibs*) dans un but de guérison ou de préservation, et enfin par des matrones pour conjurer les mauvais génies (*djins*). Ces matrones, espèce de sorcières (*guezzânâ*), sont pour la plupart des négresses.

Ce qu'il y a d'intéressant à étudier ce sont les dessins de ces tatouages. En règle générale ils sont d'une très grande simplicité. Les éléments en sont constitués par des lignes qui sont disposées en V, en W, en carré ou en losange, quelquefois en X. Le simple trait est le signe essentiel qui se trouve à la base de tous les dessins du tatouage. On remarque fréquemment en Kabylie la forme en croix, et il y a là un reste de l'attribut que portaient les habitants de cette région lorsqu'ils étaient chrétiens, au temps de Saint-Augustin. Enfin, dans les grandes villes, à Alger notamment, on voit les femmes porter, comme ornements surtout, des taouages en forme d'étoiles.

Quant au siège des tatouages, il varie essentiellement suivant leur destination :

I. Les *tatouages d'identité* se font à la tête ou aux mains. C'est le plus souvent au front, au menton, sur le nez, sur les joues et aussi sur le cou qu'ils se voient. Dans certaines parties des montagnes kabyles, ils se mêlent à des tatouages d'ornementation, tellement nombreux que les femmes en ont en profusion sur toute la figure, les bras, les mains et la poitrine. L'ensemble offre des décorations analogues à celles des poteries du pays. Les tatouages distinctifs sont la marque d'une tribu, d'un village, d'une famille. Un jeune Kabyle portait à l'avant-bras droit, un peu au-dessus du poignet, un tatouage formé d'une ligne droite coupée par quatre barres. Il expliqua que c'était sa mère qui l'avait ainsi marqué d'un numéro d'ordre. Il était en effet son quatrième fils. L'on comprend cette précaution naïve de la mère, quand on songe à la grande quantité d'enfants qu'il peut y avoir dans une famille indigène, grâce au système polygamique.

II. Le *tatouage prophylactique* a pour objet de garantir le porteur contre le mauvais sort, et contre les épidémies. Les mauvais génies ou *djins* sont considérés comme cause des maladies épidémiques et contagieuses. Ces djins habiteraient à l'intérieur des maisons dans les égouts, les puits et les lieux d'aisance, ce qui est significatif. Le tatouage prophylactique est aussi mis en usage pour garantir la personne contre ses penchants mauvais. Il devient ainsi le signe d'une bonne résolution, d'un ferme propos de ne plus recommencer une faute. Il est le point de départ d'une sorte d'auto-suggestion. Cette variété de tatouage n'est pas la moins curieuse. Un Arabe portait au poignet gauche un tatouage informe qu'il s'était pratiqué lui-même pour se préserver de la passion du jeu funeste à sa bourse. Quand il y avait tentation, il regardait son bras et affermissait sa volonté à la vue de son tatouage. A rapprocher de ce tatouage celui qui se fait par serment d'amour ou de vengeance.

III. Les *tatouages thérapeutiques* sont pratiqués par les *t'bibs* arabes qui sont à la fois médecins, barbiers, arracheurs de dents et sorciers. C'est après avoir prononcé ou écrit des paroles magiques et des prières qu'ils opèrent, la religion et la médecine étant toujours étroitement mêlées chez les indigènes. Le tatouage se pratique *loco dolenti*. Le plus souvent, il s'agit d'arthralgies et d'arthrites. Les genoux et les poignets sont les articulations les plus fréquemment tatouées. Une Mauresque portait au poignet droit un tatouage rectangulaire, qu'on lui avait fait dans son enfance pour guérir une foulure due à une chute. Dans les cas d'arthrites l'usage du tatouage igné est un moyen de révulsion important pour la guérison. Le dessin de ces tatouages curatifs se trouve disposé tout autour du mal. Dans les affections splanchniques on rencontre le tatouage dirigé contre les goîtres et d'autres tumeurs. Les gros ventres, surtout dans les cas de splénomégalies paludéennes, sont aussi traités par les tatouages. Souvent encore c'est un couteau rougi au feu de bois qui fait de légères mais longues estafilades sur l'abdomen. Le couteau étant chargé de noir de fumée, il en résulte de très nombreux tatouages linéaires. C'est une dernière variété de tatouage thérapeutique très fréquente en Algérie.

La population indigène attache une grande importance à tous ces tatouages. Cela se comprend facilement lorsqu'on connaît le but poursuivi par leur application. Aujourd'hui dans les villes modernes, au contact de la civilisation, quelques indigènes ont recours aux taoutages européens, et l'on peut en retrouver sur eux tous les dessins, y compris la configuration d'animaux et d'homme défendue par la loi du prophète. Cela n'offre pas d'intérêt ici. D'ailleurs les prostituées, les [prisonniers, ou les soldats sont les seuls à posséder ces derniers tatouages.

M. GILLOT.

LES ARABES ET LES TRAUMATISMES GRAVES.

6i6.00r (65)

2 Août.

Les Arabes ont des réactions pathologiques différentes des nôtres [1]. C'est ainsi que leur tolérance aux réflexes douloureux est tout à fait remarquable. Ils sont évidemment moins pusillanimes que les Européens vis-à-vis la souffrance physique et résistent beaucoup mieux qu'eux aux grands traumatismes. Je vais en rapporter quelques observations démonstratives.

I. C'est d'abord l'histoire suivante dont je fus témoin Un jeune berger arabe d'une quinzaine d'années eut, à la suite d'un coup de pied d'âne dans le ventre, une rupture de la rate. C'était un paludéen, la rate était très grosse. Il s'ensuivit une périsplénite suppurée aiguë. Or, ce berger se rendit lui-même à l'hôpital après avoir fait à pied un parcours considérable. D'ailleurs, le pauvre petit mourut, quelques heures après son entrée, sans une plainte. Il est certain qu'un enfant européen eût été incapable d'un effort semblable.

II. Un autre indigène B..., âgé de 3o ans environ, ouvrier maçon, tombe d'un échafaudage placé au quatrième étage d'une maison en construction au quartier Bab-el-Oued d'Alger. On le relève sans connaissance et il est examiné

---

(1) V. GILLOT, *Quelques considérations sur la pathologie des Arabes en Algérie* (in *Lyon Médical*, 21 décembre 1902).

par un médecin militaire de l'hôpital du Dey, le docteur Bonnet, lequel lui
fait un premier pansement. Il y avait éclatement du crâne au niveau du pariétal
gauche. Les méninges étaient déchirées et une grande partie des circonvolutions
cérébrales étaient sorties et avaient été réduites en bouillie. Cette masse cérébrale était, comme volume, de la valeur d'une petite orange. On transporte
l'homme à l'hôpital civil de Mustapha. M. le docteur J.-B. Moggi, 6 heures
après l'accident, pratique une trépanation et l'ablation de la substance nerveuse qui paraît souillée. Une vingtaine de jours après, le blessé est rétabli,
et, au grand étonnement de tous, sort guéri de l'hôpital.

III. Un Arabe, d'âge moyen, reçoit, au cours d'une querelle, un coup de
couteau dans la région épigastrique. Il venait de déjeuner. Il se rend à pied
à l'hôpital, après un pansement sommaire fait au commissariat de la rue
Bruce, à Alger. Le trajet représente, en marche normale, une durée de 45 minutes. Il est opéré 12 heures après son agression. A l'ouverture de l'abdomen,
la cavité péritonéale se montre envahie par des matières alimentaires issues
d'une plaie perforante de l'estomac. Cette dernière est suturée, le péritoine est
nettoyé et drainé. La guérison survint rapidement et le plus simplement.

IV. Un cas encore plus extraordinaire est celui d'un jeune indigène de 24 ans
qui, poursuivi par un gendarme, reçoit de lui un coup de révolver qui l'atteint
en plein ventre. On fait un premier pansement d'urgence et, malgré un état
syncopal très alarmant, on s'empresse de le transporter sur une civière à l'hôpital de Mustapha. 5 heures après le coup de feu, un chirurgien des hôpitaux
d'Alger, M. le docteur Moggi, l'opère, ouvre l'abdomen qui est rempli de sang
et constate un éclatement du foie ! Cet organe est séparé en deux et à son bord
postérieur les deux lèvres de la plaie sont éloignées l'une de l'autre de 6 cm à
7 cm. L'état du malade est très grave. Il paraît mourant et le pouls s'efface.
Sans autre entreprise, le chirurgien fait une suture rapide du ventre et l'on
se dépêche de reconduire l'opéré dans son lit, s'attendant à le voir expirer
d'un moment à l'autre. Contre toute prévision, il allait tout à fait bien
2 semaines après l'intervention chirurgicale et ne tardait pas à quitter l'hôpital
complètement guéri. Il n'avait présenté qu'une pneumonie droite de la base,
en fait de symptômes cliniques.

On pourrait facilement multiplier ces exemples. Il suffirait pour cela
d'interroger les médecins qui pratiquent en Algérie et ont, chaque jour,
l'occasion de comparer les accidents survenus chez des indigènes, soit
Arabes, soit Kabyles, à ceux des Européens établis ou nés dans le pays.
Dans les services hospitaliers, on voit assez couramment les indigènes, non
endormis, supporter, sans rien dire, les opérations les plus douloureuses
et les plus syncopales qui exigent l'anesthésie quand il s'agit d'Européens.
Il y a, dans tous ces faits, une tolérance remarquable qui frappe l'esprit
de l'observateur.

Les indigènes d'Algérie sont beaucoup plus résistants que nous aux
traumatismes, surtout à ceux qui atteignent la cavité abdominale. Il
y aurait donc lieu de tenir un certain compte de cette notion générale dans
l'appréciation des accidents du travail.

Reste à déterminer, ce qui est bien difficile, les causes de cette tolérance.

On pourrait invoquer l'hygiène des indigènes, leur frugalité alimentaire et l'absence de déprédations physiologiques par certains poisons, particulièrement par l'alcool. Ils ont cependant des maladies, telles la syphilis et le paludisme, qui conditionnent chez eux de bien profondes dégénérescences organiques.

On pourrait croire aussi à une raison naturelle, la raison de race, qu'il serait intéressant de découvrir tant au point de vue de l'anthropologie que de la médecine comparée. Je pense plutôt que c'est à cause de leur état nerveux particulier, d'une cérébralité spéciale qu'ils supportent mieux que nous la souffrance. Leur émotivité, relativement très faible, fait que chez eux le jeu des réflexes est amoindri et principalement, semble-t-il, dans le grand domaine du sympathique. Cette sorte de cérébralité inférieure peut se retrouver, sans doute, chez les autres peuples, mais à titre d'exception. Chez les indigènes, en Algérie, elle est la règle.

PHARMACOLOGIE.

M. MASSOL,

Directeur de l'École Supérieure de Pharmacie,
Président de la Sous-Section des Sciences pharmaceutiques (Montpellier).

L'ÉTAT ACTUEL DE LA PHARMACIE ET LE RÔLE DU PHARMACIEN DANS LA SOCIÉTÉ.

615,1 : 3o1

1ᵉʳ *Août.*

La création d'une Section des Sciences pharmaceutiques correspond bien à l'évolution qui s'est faite et se poursuit encore en ce moment dans la Pharmacie.

Le développement de l'*industrie pharmaceutique* avait fait passer la préparation d'un grand nombre de médicaments du laboratoire du pharmacien détaillant dans l'usine du pharmacien industriel.

Le nouveau *Codex* n'a pu que consacrer cette situation; aussi, abandonnant une foule de formules de préparation, leur a-t-il substitué des méthodes d'essai et d'analyse qui vont ramener le pharmacien dans l'ancienne tradition scientifique en l'obligeant à avoir un laboratoire.

Les pharmaciens de la Côte-d'Or, en provoquant la création de notre Section, ont eu une initiative heureuse dont il faut les féliciter, et qui leur vaudra la reconnaissance du Corps pharmaceutique tout entier.

Leur idée trouva immédiatement un écho auprès des Écoles; et s'ils réussirent, il faut bien dire aussi que c'est parce que de nombreux pharmaciens faisaient déjà partie de l'Association française pour l'Avancement des Sciences.

Mais ceux-ci, suivant leurs aptitudes particulières, se répartissaient entre de nombreuses Sections, car le pharmacien par son éducation première est initié à toutes les sciences.

Il n'est pas inutile de rappeler que nos programmes de cours et d'examens comprennent les *Sciences physiques* avec la Physique, la Chimie générale et analytique, la Toxicologie, la Minéralogie; les *Sciences naturelles*, avec la Zoologie, la Botanique, la Géologie.

Les *Sciences biologiques*, avec la Chimie biologique, la Microbiologie.

Les *Sciences pharmaceutiques*, avec la Pharmacie chimique, la Pharmacie galénique, la Matière médicale, et l'*Hydrologie*; enfin l'*Hygiène*, etc.;

et toutes ces sciences sont étudiées au point de vue spécial de leurs applications à l'art pharmaceutique, à l'essai des médicaments et des matières
alimentaires, à l'étude et à la recherche des poisons, à l'analyse des sécrétions de l'économie animale, par les *méthodes physiques, chimiques* et
micrographiques les plus variées.

Il fallait réunir tous ces travailleurs, coordonner leurs efforts, leur
donner une direction plus conforme à leurs apirations et aux besoins de la
profession; c'est le but que doit réaliser la Sous-Section nouvellement
créée.

Même en laissant de côté les travaux d'ordre purement scientifique
qui reviendront toujours de droit aux Sections spéciales, notre Section
doit être largement alimentée par des travaux dans le genre de ceux que
nous trouvons dans nos publications spéciales, le *Journal de Pharmacie
et de Chimie*, le *Bulletin des Sciences pharmacologiques*, les *Bulletins scientifiques des Sociétés de Pharmacie*, etc. Tous ces travaux, s'ils étaient
réservés à nos séances annuelles, leur donneraient un grand intérêt, je
puis même dire un grand éclat, en prouvant que les pharmaciens d'aujour-
d'hui sont les dignes descendants de ces apothicaires d'autrefois, de ces
pharmaciens qui furent nos prédécesseurs et quelques-uns, presque nos
contemporains, et dont les noms sont restés dans l'histoire des Sciences,
juste récompense de leurs travaux et de leurs grandes découvertes.

Le pharmacien ne doit plus aujourd'hui se borner à l'exercice de son
art, son rôle social s'est étendu et il doit mettre ses connaissances scien-
fiques si variées au service de tous ceux qui l'entourent : de l'agriculteur
et du viticulteur, de l'industriel et du commerçant. Il a étudié les Sciences
au point de vue pratique, il est bien placé pour coopérer à la prospérité
de notre Agriculture, au développement de notre Industrie, à l'extension
de notre Commerce.

La loi sur la répression des fraudes lui a ouvert un nouveau champ
d'activité. Occupé journellement à l'essai de ses médicaments, tout
spécialement préparé par l'analyse des matières alimentaires, il était
tout naturellement indiqué pour remplir le rôle de chimiste-expert, et
en fait, ce sont les pharmaciens qui constituent en très grande majorité
le corps des experts-chimistes agréés par les Cours d'Appel et les Tribu-
naux.

Enfin, le pharmacien doit apporter son concours le plus large à la diffusion des notions fondamentales de l'hygiène et à l'application des lois
relatives à la protection de la santé publique. La loi du 15 février 1902
lui a fait une place dans les Conseils départementaux d'hygiène et dans
les Commissions sanitaires d'arrondissements; il aura à donner son avis
sur les industries insalubres, dangereuses ou incommodes, l'alimentation
en eau potable des agglomérations, l'exploitation et la vente des eaux
minérales, l'hygiène des villes et, en général, sur toutes les questions intéressant la santé publique.

Tous les travaux, toutes les recherches ainsi provoqués par ce labeur considérable, pourraient avoir leur écho dans nos réunions annuelles ; et notre jeune Section, par l'importance et la variété des questions traitées, occuperait une place honorable auprès de ses aînées.

Pour cette année le nombre des Communications annoncées, leur variété, l'intérêt qu'elles présentent me permet de dire, dès maintenant, que nos séances seront bien remplies, et c'est avec juste raison, je crois, qu'au nom de la Commission d'organisation, je vous propose d'émettre le vœu que notre Sous-Section soit transformée en Section autonome.

M. A. JABOIN,

Docteur en Pharmacie (Paris).

ÉTAT ACTUEL DE LA PHARMACOLOGIE DU RADIUM.

546.432 : 615.1

3 Août.

Le Radium venait à peine d'être découvert quand nous en avons commencé l'étude de la Pharmacologie. On ne connaissait pas ses applications, on ne savait pas le manier ; aussi avions-nous un champ d'études très vaste et inexploré.

Au début de nos travaux, la radioactivité des eaux minérales, qui venait d'être étudiée par Curie et Laborde, guidait notre espoir d'arriver à des résultats tangibles. Ces savants avaient découvert la propriété radioactive des eaux minérales, qui, fugitive, se perdait ensuite par l'éloignement du griffon. Il était naturel d'attribuer une grande partie de l'efficacité de ces eaux à cette nouvelle propriété.

Les travaux si remarquables de M. Ch. Moureu sur les gaz rares furent également une des causes qui nous poussèrent à étudier la pharmacologie du Radium.

Aujourd'hui, il est admis que de nombreuses eaux minérales doivent une partie de leurs vertus thérapeutiques à l'émanation de ‘Radium dont elles se sont chargées par leur passage sur des couches radifères. On est allé plus loin : on a pu faire une comparaison intéressante au point de vue du classement des sources thermales. Quand on connaît, pour une station, la teneur en émanation de chacune de ses sources, avec leur débit moyen, il est facile de calculer, quoique d'une façon encore imprécise, la quantité de Radium produisant l'émanation véhiculée qui se trouve disséminée dans le sous-sol de la station. On déterminera ainsi la *puissance radioactive* de cette station. Cependant, l'imprécision est encore augmentée du fait suivant : si les terrains sont proches de l'émergence, la radioactivité est considérable et il y a peu de gaz rares; si les couches radifères sont lointaines, la charge en émanation est faible, mais on trouve, au contraire, une quantité considérable de gaz rares. En effet, l'émanation de Radium donne naissance à de nouveaux composés dont de l'hélium.

Nos devanciers avaient prévu que les eaux minérales possédaient des propriétés échappant à leurs recherches. En 1823, le Dr Michel Bertrand disait, en parlant des eaux du Mont-Dore :

« Nos successeurs peut-être découvriront ce que nous ne soupçonnons guère. Nous en séparons tout ce qui se compte, se mesure et se pèse; nous pouvons en présenter tous les principes saisissables, quel que soit leur état de division et en telle petite quantité qu'on les y rencontre. Mais est-ce là tout, absolument tout? Peut-être un jour aura-t-on la preuve du contraire, j'en ai la conviction. Il existe une disproportion frappante, on ne saurait le nier, entre l'action des eaux thermales et la puissance de leurs principes connus. Il n'y a point d'effet sans cause. Il faut donc que ces principes s'y trouvent modifiés, d'une manière qui nous échappe ou qu'elles contiennent d'autres agents qui nous restent cachés. »

Sans s'en rendre compte, on utilisait donc le Radium, ou plutôt les propriétés radioactives, depuis fort longtemps déjà : On se servait d'*émanatoria* naturels. Le principe de ces salles d'inhalation existait déjà dans les stations thermales françaises, par exemple au Mont-Dore, où l'on reste enfermé en présence des vapeurs et des gaz radioactifs dégagés par les eaux.

La pharmacologie du Radium peut utiliser : 1° l'*émanation*; 2° *le Radium lui-même sous ses différentes formes*; 3° le *Radium associé à différents produits en vue de déterminer les propriétés radioactives*. L'emploi des autres *substances radioactives* se rattache à cette question.

Utilisation de l'émanation. — Dès 1905, mais surtout en 1906, nous avons utilisé l'émanation mélangée à des gaz contenus dans des ballons de caoutchouc. Des inhalations étaient pratiquées au moyen de deux soupapes permettant l'entrée ou la sortie des gaz.

En 1907, nous avions construit un *émanatorium* de circonstance en plaçant dans la chambre d'un malade un petit appareil susceptible de fournir constamment de l'émanation de Radium.

Pour utiliser l'émanation, il suffit de faire passer un courant d'un gaz quelconque, air, oxygène, etc., sur une substance radioactive contenant un poids connu de Radium; ce gaz se charge d'émanation au contact du Radium et se disperse ensuite dans l'atmosphère ambiant. Il est utile, au moyen d'un appareil de mesure, comme l'a fait M. Danne, de déterminer exactement la quantité d'émanation produite et celle contenue dans la pièce où l'expérience a lieu.

Emploi exclusif du radium comme médicament. — Le Radium employé seul agit plus particulièrement par son émanation.

*49

Ingestions. — Le premier mode d'utilisation du Radium est de le dissoudre dans l'eau en faisant des solutions soigneusement titrées.

C'est ainsi que nous avons conservé indéfiniment la radioactivité aux eaux minérales. Le mot *conservation* est employé à dessein, car l'eau minérale en expérience, celle de Bussang, fut traitée à la source même, alors qu'elle n'avait pas perdu sa radioactivité naturelle. On ajoute à l'eau une quantité calculée de Radium susceptible de dégager, *à l'équilibre*, une quantité d'émanation égale à la radioactivité initiale de la source. Ainsi, au fur et à mesure que l'émanation de Radium contenue naturellement dans l'eau se détruit naît celle provenant du Radium en présence, ce qui établit une compensation.

En 1907, nous avions étendu l'emploi des *gouttes titrées* à l'effet de rendre radifères tous les liquides destinés à être absorbés en boisson et plus particulièrement l'eau, ordinaire ou minérale.

Injections. — Ce sont les injections radifères qui ont été les plus utilisées.

Radium soluble. — MM. Wickham et Degrais employèrent les eaux radifères en 1906. Le procédé de préparation consiste à diluer à un titre voulu une solution concentrée de Radium dans du sérum isotonique. Ces solutions supportent l'autoclave, mais si elles ne sont pas en vase scellé, elles perdent évidemment, sous l'influence de la chaleur; l'émanation qui ne se reconstitue qu'au bout de quelques jours.

Radium insoluble. — Mais, en raison de la valeur du Radium, il convient d'éviter son élimination trop rapide. On a donc employé les injections insolubles au moyen desquelles on fixe le Radium dans l'organisme. Ainsi, les particules de ce métal sont disséminées dans le corps humain et chacune d'elles peut émettre à son tour du rayonnement et de l'émanation. Au Dr Dominici est due l'idée de se servir des sels insolubles de Radium. Le sel de Radium que nous employons pour cette préparation est du bromure de Radium pur (Ra Br^2, 2 H^2 O), bien défini et exempt de baryum, qu'on précipite à l'état de sulfate dans une solution isotonique. Cette préparation est à peu près incolore, presque limpide, car les doses de Radium qu'elle renferme sont si petites et les particules si ténues qu'elles ne sont guère perceptibles à notre vision normale. Ce n'est donc pas simplement du sel de Radium mélangé à un liquide quelconque. Il est absolument neutre, ce qui évite toute douleur. Il ne faut donc pas comparer ce Radium insoluble injectable aux magmas de sels divers, plus ou moins radifères, mélanges de toutes sortes de produits, en particulier de baryum, qui peuvent souvent offrir quelque danger, ces impuretés étant parfois susceptibles d'entraîner des embolies.

Cette suspension injectable laisse déposer lentement le sel de Radium, le long de la paroi du vase qui la contient. On ne s'en aperçoit pas *a priori*, mais si l'on injecte cette solution sans avoir pris au préalable la précaution d'agiter le flacon, on constate que la majeure partie du

Radium est restée sur la paroi du vase. Cette observation est très importante et le préparateur doit s'attacher à la signaler au médecin.

Ionisation. — Il y a quelques mois, MM. Haret, Danne et nous-même, avons publié à l'Académie des Sciences le moyen d'introduire du Radium dans l'économie au moyen du courant électrique.

Il suffit pour cela de préparer une solution de Radium avec de l'eau distillée exempte de toute impureté. Puis, avec cette solution, on imbibe l'électrode positive, plaçant l'électrode négative au voisinage de la région à traiter. On fait passer *un courant de ¼ de milliampère par centimètre carré d'électrode active* pendant 30 minutes : on constate que le Radium entre dans les muscles voisins et pénètre à une profondeur de plusieurs centimètres.

Produits radioactifs. — *Influence de l'émanation.* — Nous avons vu comment on peut utiliser l'émanation en Pharmacologie. On peut soumettre beaucoup de produits et de médicaments à l'influence de l'émanation : c'est *la radioactivité induite*.

Si l'on veut charger un produit d'émanation, il suffit de la laisser se dégager en sa présence, dans un vase clos, pendant plusieurs jours. On peut condenser cette émanation dans l'air liquide et la mettre ensuite en présence des produits à radioactiver. Il est bien évident que le produit chargé de radioactivité induite obéit à la loi exponentielle de Curie, si bien que cette radioactivité baisse de moitié en 4 jours et qu'au bout de 25 jours elle devient nulle. C'est là un grave défaut, si bien que, pratiquement, les eaux simplement chargées d'émanation doivent être rejetées de la Pharmacologie ordinaire, car on s'expose à ne donner que des produits incertains, souvent même absolument sans efficacité.

Radioactivation rationnelle par addition de Radium. — Il vaut donc mieux, en Pharmacologie, radioactiver les produits par addition de Radium.

Quand on ajoute une petite quantité de sels de Radium à certains produits, ce n'est pas cette faible dose de Radium qui est le principal élément, c'est plutôt l'émanation résultante qui est efficace.

Ainsi, on peut radioactiver les ferments pour obtenir une action catalytique que nous avons déjà constatée dans plusieurs expériences que nous publions ultérieurement, On peut aussi l'ajouter à de nombreux médicaments qui jouissent dès lors de propriétés spéciales.

Boues radioactives. — A cette série de médicaments peuvent se rattacher *les boues radioactives*. Généralement, on désigne sous ce nom des résidus de certains minerais ayant servi à la préparation du Radium.

Très souvent ces boues, non seulement contiennent du Radium (la quantité d'environ 1 mg à la tonne nous paraît très raisonnable), mais encore elles renferment d'autres substances radioactives, telle que l'actinium, si bien qu'on les désigne parfois sous le nom de *Boues radioactives actinifères*.

Ces boues se présentent souvent sous la forme d'une pâte rougeâtre quand elles contiennent de l'eau. On s'en sert pour constituer des *bains radioactifs* ou encore pour faire des *applications directes*.

Substances radioactives. — On fait également des produits avec du *Mésothorium* et du *Radiothorium*. Ces produits sont moins chers que le Radium, mais ils perdent leur radioactivité assez rapidement, en quelques années, par rapport au Radium qui conserve cette propriété pendant plusieurs milliers d'années.

Ils sont employés parfois en falsification des produits au Radium.

Le dosage du Radium en pharmacologie doit se faire en poids de Radium. — Au Congrès de Dijon, nous avons déjà insisté sur la nécessité d'exiger le dosage en poids de Radium. N'oublions pas que la teneur en Radium donne forcément celle en émanation : 1 mg de Radium donne à l'équilibre un *millicurie* d'émanation, ou, en *une minute*, 1 mg : m de cette émanation. Le *curie* est la quantité d'émanation produite quand l'équilibre radioactif est établi, c'est-à-dire quand une quantité quelconque de Radium donne son maximum d'émanation.

Nous avons imaginé, pour déterminer nos poids, d'employer le *microgramme* qui est le millième du milligramme ou le millionième du gramme.

On ne doit pas employer les mesures ambiguës ou problématiques, comme on le fait en Allemagne, variant souvent, comme le *volt*, avec la capacité électrique de l'appareil. De même, l'emploi de l'unité *Mache*, qui est la *chute de tension produite dans un temps connu par un condensateur de capacité connue*, doit être aussi rejeté comme extrêmement compliqué et peu pratique. Ces unités ont un seul avantage pour ceux qui les emploient : c'est d'utiliser des chiffres très élevés. On en jugera quand on saura que 1 mg : m, qui peut être produit par environ $\frac{1}{10}$ de microgramme au bout de 25 jours, équivaut à 7000 volts, et, d'après M. Danne, à 312,8 unités Mache ! Ce système de mesure n'a qu'une qualité, celle de frapper l'esprit des acheteurs.

Ce n'est pas une raison pour que la précision française doive s'en servir. Il faut donc déterminer un médicament radioactif en évaluant sa teneur en poids de Radium, soit en *curie* et *milligramme* : *m* d'émanation.

CARACTÈRE DES MÉDICAMENTS RADIFÈRES. RECHERCHE DU RADIUM. — Les médicaments radifères sont toujours caractérisés par les réactions habituelles des substances radioactives : 1° ils impressionnent la plaque photographique; 2° ils déchargent un électroscope sensible. Ces caractères, faciles à mettre en évidence, permettent de juger si le corps possède une radioactivité quelconque. Seule, cependant, la mesure physique donne des résultats précis, mais elle exige des appareils compliqués et une compétence particulière.

Il convient de dire comment on trouve des traces de Radium dans les substances médicamenteuses ou dans les liquides biologiques.

On prend la substance à examiner, on la place à l'état de solution dans un flacon bouché à deux tubulures; si la matière est insoluble, il convient de lui faire subir un traitement au carbonate de soude et de la traiter par l'acide chlorhydrique. On note le jour et l'heure de la mise en flacon. Au bout d'un certain nombre de jours, cinq ou six au moins, on chasse par un courant d'air l'émanation du flacon et on la recueille dans un condensateur. Il suffit ensuite d'effectuer la mesure en fonction du temps au quartz piézo-électrique de Curie.

D'autres fois, pour des quantités très faibles contenues dans des liquides, par exemple dans des liquides biologiques comme le sang et l'urine, on opère souvent ainsi : on met le liquide dans un ballon, pendant un temps déterminé, puis on en chasse les gaz par la chaleur pour les recueillir après les avoir desséchés. On fait la mesure comme dans le premier cas. Il convient de se débarrasser, s'il y a lieu, de la présence du gaz carbonique au moyen d'un alcali.

Connaissant la quantité d'émanation dégagée, il est facile, en tenant compte du facteur *temps*, de déterminer la quantité de Radium contenue.

La sensibilité de cette mesure est extrême, nous avons décelé jusqu'à moins de $\frac{1}{100}$ de microgramme, ce qui démontre qu'il existe un moyen théorique absolu pour rechercher et retrouver les traces de Radium.

Tel est l'état actuel de la pharmacologie du Radium et des substances radioactives. Les applications en sont déjà nombreuses et s'enrichissent encore d'études nouvelles. Le dosage *en poids* du Radium correspondant à celui en *curie* pour l'émanation facile à contrôler par les méthodes ordinaires, est d'une nécessité absolue.

MM. J. ET G. DANNE.

(Paris).

SUR LES UNITÉS DE QUANTITÉ D'ÉMANATION DU RADIUM.

546.432 (01)

3 *Août*.

Différentes unités sont actuellement employées pour exprimer les quantités d'émanation du radium. Il existe entre ces unités des relations numériques bien déterminées. Nous rappelons quelles sont ces unités, leur définition et nous rassemblons dans un Tableau leurs valeurs correspondantes :

Curie = quantité d'émanation en équilibre avec 1 g de radium.

Millicurie = millième du curie.

Microcurie = Millionième du curie.

Gramme-seconde = quantité d'émanation dégagée par 1 g de radium pendant une seconde.

Gramme-minute.

Milligramme-seconde.

Milligramme-minute.

Unité Mache = quantité d'émanation (sans produits de désintégration) qui produit un courant de saturation limite (c'est-à-dire dans un condensateur de dimensions très grandes) égal à un millième de l'unité électrostatique d'intensité de courant.

D'autres expressions employées surtout par les médecins seraient encore à signaler; mais l'absence de définition précise ne permet pas de les relier numériquement aux unités sus-citées.

Curie.	Millicurie.	Microcurie.	Gramme-sec.	Gramme-min.	Milligr-sec.	Milligr-min.	Mache.
1	1000	1000000	479520	7992	479520000	7992000	2500000000
0,001	1	1000	479,520	7,992	479520	7992	2500000
0,000001	0,001	1	0,479520	0,007992	479,520	7,992	2500
0,00000208	0,00208	2,08	1	0,0166	1000	16,66	5213,5
0,0001248	0,1248	124,8	60	1	60000	1000	312812
0,000000002	0,00000208	0,00208	0,001	0,0000166	1	0,0166	5,213
0,0000001248	0,0001248	0,1248	0,06	0,001	60	1	312,8
0,0000000004	0,0000004	0,0004	0,000191	0,0000031	0,191	0,00319	1

M. G. MASSOL.

ÉTUDE DE LA RADIOACTIVITÉ DES EAUX DE LA STATION THERMO-MINÉRALE D'USSON (ARIÈGE).

615.79 : 546.432

3 *Août.*

Le groupe thermo-minéral d'Usson comprend plusieurs sources qui jaillissent d'une faille de schistes siluriens. Elles présentent une température comprise entre 20° C. et 25° C., sont sulfureuses et légèrement minéralisées, sulfatées, chlorurées et bicarbonatées sodiques.

Leur teneur en monosulfure de sodium est sensiblement la même :

	g
Groupe des trois sources Condamy..........	0,0146
Source des Plaies.......................	0,0158
Source Soumain........................	0,0154

La radioactivité mesurée sur les gaz extraits par l'ébullition à l'aide d'un électroscope système Curie, modifié par MM. Chéneveau et Laborde, a donné les résultats suivants, rapportés à 10 litres d'eau et évalués en milligrammes-minutes d'émanation de radium :

	mg : m
Sources Condamy......................	0,045
Source des Plaies......................	0,053

Ces mêmes résultats rapportés à 10 litres de gaz secs et ramenés à 0° C. et 760 mm de pression, deviennent :

	mg : m
Gaz de l'eau des sources Condamy.........	2,76
Gaz de l'eau de la source des Plaies.........	2,63

J'ai déterminé également la radioactivité des gaz qui s'échappent spontanément de la source des Plaies par 10 litres :

	mg : m
Gaz spontanés de la source des Plaies.......	0,152

Tous ces gaz renferment de petites quantités d'hydrogène sulfuré de l'acide carbonique, et sont constitués presque en totalité (98 à 99 %) par de l'azote et ses congénères.

Ces eaux appartiennent au groupe hydro-minéral de la haute vallée de l'Aude, dans laquelle viennent sourdre, à quelques kilomètres de distance, les sources d'Usson, d'Escouloubre et de Carcanières.

MM. BALVAY et CHASPOUL.

RECHERCHES EXPÉRIMENTALES SUR LES INJECTIONS DE SELS DE RADIUM SOLUBLES CHEZ L'ANIMAL. MODES DE LOCALISATION ET D'ÉLIMINATION DE CES SELS.

546.432 : 612.014.46

3 *Août.*

Depuis quelques années, le traitement par les sels de radium prend dans la thérapeutique une place qui, pour le moment encore minime, tend à devenir de plus en plus marquée. La thérapeutique, à propos de ces sels, en est encore à la période de tâtonnement et, par l'étude méthodique des diverses recherches expérimentales et cliniques, on arrivera à se faire une idée précise de la valeur curative de ces sels encore mystérieux. Bogges, Chevrier, Dominici, Fabre, Haret, Jaboin, Petit, etc., ont publié des observations expérimentales ou cliniques qui ont fait faire un grand pas dans le sens de ces recherches.

Les sels de radium se diffusent dans l'organisme et vont se déposer un peu partout; il nous a paru intéressant de nous rendre compte, par une série d'expériences sur l'animal, des modes d'emmagasinement de ces sels suivant les organes et de leur transformation dans l'organisme, de leur mode d'élimination, etc. Nos recherches expérimentales ont commencé sur de petits animaux (lapins, cobayes), mais la difficulté de ces recherches, vu le peu de volume des organes, le peu de facilité de se procurer les liquides de sécrétion ou d'excrétion organiques comme le lait et les urines nous ont poussé à avoir recours à des animaux de plus forte taille. C'est pourquoi nous avons choisi la chèvre.

Ces recherches expérimentales nous ont conduits à certaines considérations physiologiques que nous exposerons à la fin de notre travail. Pour nos expériences nous avons choisi des chèvres en pleine lactation, nous leur avons injecté chaque jour, pendant plusieurs jours consécutifs. une solution contenant 10 microgrammes de sels de radium solubles (chlorure ou bromure). La région choisie était celle du cou, dans le tissu musculaire un peu au-dessus de l'épaule. Le prélèvement des produits de sécrétion ou d'excrétion ont été effectués chaque jour à la même heure et dans les mêmes conditions. Un certain nombre de chèvres ont été sacrifiées, d'autres sont toujours en observation.

Nous avons recherché le radium et les émanations du radium au moyen de l'appareil de M. Hurmuzescu gradué en radium (CHASPOUL et JAUBERT DE BEAUJEU, *Annales d'Électrobiologie et de Radiologie*, août 1911).

Les organes étaient calcinés au four à moufle et les cendres obtenues placées dans un ballon; nous opérions selon le mode habituel. Pour les liquides (laits ou urines), nous différencions la radioactivité permanente et la radioactivité totale; pour ce faire, après avoir déterminé la radioactivité totale, nous chassions toute l'émanation par un courant d'air à la trompe et laissions se former en un temps donné une nouvelle quantité d'émanation pour avoir le radium correspondant. Voici les résultats obtenus avec les principaux organes de chèvres injectées pendant 5 jours et sacrifiées le sixième (exprimés en microgrammes de radium) :

Reins	0,2017
Mamelles	0,1316
Poumons	0,0960
Foie	0,0438
Rate	0,0396
Cerveau	0,0159
Cœur	traces
Enveloppe fœtale	0,066
Liquide fœtal	0,057
Fœtus	0,024

Dans les laits nous avons trouvé les chiffres moyens résumés dans le Tableau suivant par litre :

```
1ᵉʳ jour...............................................  traces
2ᵉ   »  ...............................................  0,016
3ᵉ   »  ...............................................  0,051
4ᵉ   »  ...............................................  0,074
5ᵉ   »  ...............................................  0,095
1ᵉʳ jour...............................................  traces
2ᵉ   »  ...............................................  0,028
3ᵉ   »  ...............................................  0,063
4ᵉ   »  ...............................................  0,092
5ᵉ   »  ...............................................  0,104
```

Il aurait été intéressant d'apporter les résultats de nos recherches sur la variation de la quantité de radium dans ces mêmes organes, dans les laits et les urines après la cessation des injections; de même que la variation possible des éléments normaux dans ces laits et urines radifères : un certain nombre de chèvres ont été sacrifiées depuis nos premières expériences, d'autres sont encore en observation; nous nous proposons de donner tous ces résultats dans un travail d'ensemble sur ces variations.

Conclusions. — Nous pouvons, dès maintenant, tirer de nos expériences les conclusions suivantes :

1° Le radium s'accumule dans tous les principaux organes;

2° Les organes d'excrétion et de sécrétion sont les plus radifères;

3° Les laits et les urines sont radifères et leur radioactivité augmente avec les injections;

4° Les solutions de sels de radium solubles passent par le placenta de la mère à l'enfant.

En lisant les faits qui précèdent, il est permis de soupçonner à l'avenir une thérapeutique par les organes et les laits radioactifs. Ce serait une opothérapie radioactive pouvant peut-être rendre des services dans le traitement de certaines affections du nourrisson et de l'adulte ? Dans tous les cas, cette idée d'opothérapie combinée, qu'elle soit appliquée aux laits ou à d'autres organes, paraît certainement très séduisante. La fixation en effet du radium, de l'émanation du radium sur les matières albuminoïdes, les nucléo-albumines par exemple, sur les produits de l'économie, nous laisse entrevoir un mode de fixation physiologique identique à celui de l'émanation induite sans avoir pour cela à parler de transformation de cellules, de modification de la constitution chimique du plasma, mais bien plutôt de *suractivation* pour ainsi dire à suite de fixation d'émanation sur les cellules.

Cette théorie nous expliquerait les transformations heureuses que nous avons parfois observées chez l'animal malade, transformations qui feraient croire à un véritable rajeunissement de la cellule animale. Et cela nous conduit tout naturellement à penser à une médication rationnelle radioactive, *opothérapie radioactive*. Telle fut d'ailleurs l'idée primordiale de nos recherches que nous nous efforçons actuellement d'appliquer en phtisiothérapie.

____

M. Jean POUGNET,

Pharmacien, licencié ès sciences, Beaulieu (Corrèze).

ACTION DES RAYONS ULTRAVIOLETS SUR L'EAU DE LAURIER-CERISE ET LES SOLUTIONS AQUEUSES D'HCN.

535.38

6 *Août.*

Depuis longtemps, on avait remarqué que l'eau de laurier-cerise s'altérait à la longue et perdait de son acide cyanhydrique. Plus récemment, Astruc et Lenormand ont étudié soigneusement la variation du titre de cette eau, et ces deux auteurs, en concluant dans le même sens, font remarquer que la lumière intervient pour une grande part dans le phénomène. A la suite de ces recherches, j'ai entrepris une étude méthodique de l'action des diverses régions du spectre solaire sur l'eau de laurier-cerise, dans le but de chercher quelles radiations étaient les plus actives.

Étaient-ce les *rayons calorifiques* ou les *rayons lumineux* ? et, dans ce dernier cas, quels rayons lumineux ?

Pour sélectionner les diverses radiations, j'ai utilisé des écrans en forme de

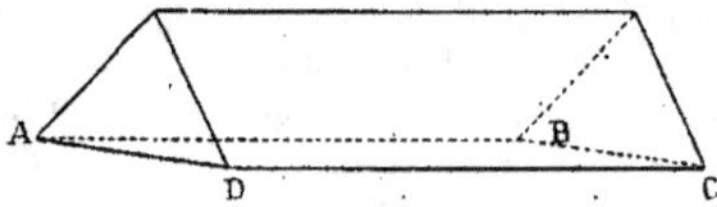

prisme triangulaire dont toutes les faces, sauf la base ABCD, sont constituées par de doubles lames de verres à faces bien parallèles entre lesquelles on peut verser des solutions colorées.

Pour colorer les écrans, je me suis servi des solutions suivantes :

I. Solution d'iode dans CS^2 qui intercepte une très grande partie des rayons lumineux et laisse passer les rayons calorifiques.

II. Solution de bichromate de potassium qui arrête les rayons les plus réfrangibles.

III. Solution de $SO^4 Cu$ ammoniacale qui retient les rayons jaunes et rouges.

IV. Solution avec : hélianthine, 2 g; érythrosine, 3 g dans eau distillée 1000, qui donne les meilleurs résultats pour la conservation de l'eau de laurier-cerise.

J'ai utilisé aussi les solutions employées par M. Ciamician de Bologne pour l'étude de l'action de la lumière sur les végétaux.

V. Solution de fluorescéine pour les rayons rouges.

VI. Solution de violet de gentiane pour les rayons violets.

VII. Solution de chlorure de cobalt pour les rayons bleus.

En employant la solution I, il ne passe que les rayons calorifiques avec une petite portion des rayons lumineux.

Si l'on titre de temps en temps l'eau de laurier-cerise exposée à l'abri de cet écran :

a. En flacons bouchés et pleins;

b. En vase ouvert,

et si en même temps on dose HCN dans un échantillon exposé direc-tement à la lumière solaire, on a les résultats suivants, pour une eau de laurier-cerise du Codex (à 100 mg par 100 g) :

	Durées d'exposition.	Titres des échantillons exposés sous l'écran I.	Pertes pour $^0/_0$.	Titres des échantillons exposés directement à la lumière solaire.	Pertes pour $^0/_0$.
En flacons blancs, bouchés et pleins.	titre primitif...	100		100	
	après 1 jour..	100	0	100	0
	» 8 jours..	99,2	0,8	97,4	2,6
	» 15 jours..	98,3	1,7	95,5	4,5
	» 1 mois..	97,1	2,9	93,3	6,7
	» 3 mois..	96,1	3,9	91,7	8,3
En vases ouverts.	titre primitif..	100		100	
	après 1 jour..	100	0	95,8	4,2
	» 8 jours.	97,2	1,8	74,8	25,2
	» 15 jours.	95,3	4,7	46,2	53,8
	» 1 mois..	92,8	7,2	28,9	71,1
	» 3 mois..	89,6	10,4	6,4	93,6

En jetant un coup d'œil sur le Tableau ci-dessus, on se rend compte facilement que les *rayons lumineux* ont une action plus puissante que les *rayons calorifiques*. On remarque, en outre, que la déperdition est plus rapide en vase ouvert qu'en vase fermé et plein.

Les radiations lumineuses sont donc celles qui agissent, mais quelle est la portion du spectre la plus active ?

En sélectionnant les radiations du spectre au moyen des écrans, avec les solutions indiquées (II, III, IV, V, VI, VII), on observe, soit direc-tement, soit par élimination, que l'abaissement du titre, insignifiant dans le rouge et dans l'orangé, devient plus sensible dans le jaune, puis dans le bleu, et considérable dans le violet. J'ai pensé que la répétition des Tableaux de dosages pour chaque cas serait fastidieuse et je me suis con-tenté de donner ici le résultat général.

La marche des expériences précédentes m'a naturellement amené à essayer l'action des rayons ultraviolets.

La source d'ultraviolet employée était une lampe du docteur Nagelschmidt consommant 440 watts et construite par la Quarzlampen Gesellschaft de Hanau.

L'eau de laurier-cerise était exposée dans des tubes à essais en quartz ou en verre, se laissant traverser par les rayons de courte longueur d'onde. Ces tubes étaient placés sous le brûleur, à une distance de 25 cm. On perdait ainsi une partie des radiations les plus actives (absorbées par l'air), mais on évite l'objection qui pourrait accuser la chaleur dégagée par la lampe o'intervenir.

Comme pour les recherches sur la lumière solaire, les échantillons d'eau de laurier-cerise étaient exposés simultanément en vase *ouvert* et en vase *fermé*.

Chaque fois, je dosais HCN libre et HCN total, ce dernier par le procédé Denigès mentionné au Codex, et l'acide libre en précipitant par une quantité connue de NO^3 Ag et titrant l'excès par le sulfocyanure d'ammonium.

En opérant sur une eau de laurier-cerise titrant 108 mg d'HCN par 100 g, j'ai obtenu les résultats suivants :

	Durée d'exposition.	Titrages d'HCN total pour %	Pertes pour %.	Titrages d'HCN libre pour %.
		mg		g
En vase ouvert..	titre primitif.........	108		0,026
	après 1 heure........	89,1	17,5	0,017
	» 2 heures......	75,6	30,0	0,0118
	» 3 heures......	62,1	42,5	0,0072
	» 4 heures......	47,2	56,2	0,0033
	» 5 heures......	18,9	82,5	0,00
	» 6 heures......	14,3	86,7	
	» 7 heures......	10,8	90,0	
	» 16 heures......	0,0	100	
En vase fermé..	après 2 heures	97,1	10,09	0,0229
	» 4 heures......	83,7	22,5	0,0221
	» 5 heures......	75,3	30,2	0,0212
	» 6 heures......	69,2	35,9	0,0205
	» 7 heures......	63,6	40,1	0,0193
	. ...	....	...	......
	» 26 heures......	19,1	82,3	0,00
	» 27 heures......	17,9	83,4	
	» 28 heures......	16,80	84,4	
	. ...	.....	....	
	» 63 heures.......	0,0		

Les rayons ultraviolets abaissent donc rapidement le titre de l'eau de laurier-cerise qui tombe à zéro après quelques heures d'exposition en vase ouvert et après environ 3 jours en vase fermé.

L'*acide libre* a complètement disparu après 5 heures d'irradiation en vase ouvert et 16 heures en vase fermé. La combinaison HCN-aldéhyde benzoïque a été facilitée par les rayons ultraviolets (¹). D'après M. de Myttenære le rapport de HCN libre à HCN total est de 1 à 5 pour l'eau de laurier-cerise, soit 0,20 g HCN libre par litre d'eau de laurier-cerise du Codex. A partir du moment où il n'existe plus d'HCN libre dans l'eau de laurier-cerise, on remarque que le titre diminue bien plus lentement. On observe, en outre, la formation d'un *précipité blanc adhérent* aux parois des tubes en quartz contenant l'eau de laurier-cerise, et sur la face opposée à la lumière ultraviolette. La trop petite quantité de substance ne m'a pas permis de la caractériser. Mais elle pourrait être un produit de polymérisation dé C^6H^5CHO ou de la combinaison HCN C^6H^5CHO.

CONCLUSIONS. — De ces quelques recherches, on peut conclure que la lumière a une action marquée sur l'eau de laurier-cerise et que cette action est particulièrement intense dans la région violette et ultraviolette du spectre solaire.

Dans la pratique, il faudra donc soustraire cette eau à ces causes d'altération en les conservant dans des flacons en verre *rouge orangé* qu'on tiendra toujours pleins et bien bouchés.

SOLUTIONS AQUEUSES D'HCN. — Une solution d'HCN, au même titre que l'eau de laurier-cerise, perd son HCN de la même façon que l'eau de laurier-cerise, mais beaucoup plus lentement, et d'autant plus lentement que les solutions sont plus concentrées.

(En solution alcoolique, le phénomène est plus complexe. Je me propose de l'étudier ultérieurement.)

M. JEAN POUGNET.

OBSERVATIONS ANATOMIQUES ET PHYSIOLOGIQUES SUR LES ORGANES DE VÉGÉTAUX EXPOSÉS AUX RAYONS DE COURTES LONGUEURS D'ONDE.

58.11.014 + 535.33-3

5 Août.

Je n'exposerai dans cette Note que mes premières recherches sur la feuille. Cet organe si important de la plante étant, par sa chlorophylle,

---

(¹). Cette accélération de la formation des produits d'addition HCN + aldéhydes ou cétones par les ultraviolets est générale ; je publierai sous peu une Note à ce sujet.

l'appareil récepteur et transformateur de l'énergie solaire en énergie chimique, j'ai commencé par lui mes investigations.

La source d'ultraviolet utilisée est une lampe en quartz à vapeurs de mercure, fonctionnant sous 110 volts et 4 ampères et construite par la « Quartzlampen Gesellschaft » de Hanau.

Les diverses feuilles étudiées étaient exposées directement sous le brûleur à une distance d'environ 3o cm pour que la température au niveau des feuilles soit toujours suffisamment basse pour qu'on ne puisse pas l'accuser d'intervenir dans le phénomène.

L'action mortelle des ultraviolets sur les organes verts des végétaux se manifeste par une coloration brune, pouvant aller jusqu'au noir et qui apparaît plus ou moins rapidement. Cette plus ou moins grande rapidité mesure la résistance, ou, si l'on préfère, la sensibilité individuelle aux ultraviolets. De ces recherches, qui ont porté sur plusieurs centaines d'échantillons, on peut déjà conclure :

A. *Au point de vue anatomique* : 1° Que les *Cryptogames verts*, les *Algues vertes*, les *Mousses* résistent mieux que les Phanérogames : *Aspidium spinolosum, A. aculeatum, Scolopendium officinale, Adianthum capillus veneris, Polytricum commune*, diverses *Spyrogyra*, etc., ont conservé leur coloration même après 3 à 4 heures d'irradiation ;

2° Que, parmi les *Phanérogames*, les feuilles les plus sensibles sont celles qui ont, dans leur parenchyme, du *tissu palissadique*, les plus vulnérables étant celles qui possèdent, en outre, un *épiderme à cuticule lisse* (*Prunus laurocerasus, Ilex aquifolium, Aucuba japonica*, etc., brunissent après 5 à 15 minutes) ;

3° Les plantes à *mésophylle homogène* résistent bien. Exemple : *Plantago major* ne change pas de coloration après plus de 4 heures ;

4° Les *plantes aquatiques* et les *plantes grasses* sont peu sensibles aux radiations ultraviolettes (*lentille d'eau, nénuphars, mourons, sedum*, etc.) ;

5° Les feuilles résineuses des *Conifères* ne sont altérées qu'après qu'elles ont été débarrassées de leur résine par immersion dans l'alcool. Ainsi préparées, une exposition variant de 45 minutes à 2 heures, suivant les espèces, suffit pour les modifier profondément.

Les feuilles de *Thuya occidentalis* en particulier prennent une coloration jaune rougeâtre semblable à celle qu'on leur voit à la fin de l'automne ;

6° Les feuilles *qui commencent à jaunir* et sont prêtes à tomber deviennent vite entièrement jaunes, puis jaune rougeâtre ;

7° Si la feuille exposée aux rayons ultraviolets présente une blessure, même légère, en un point, le noircissement commence en ce point et il apparaît au bout de quelques minutes. Il suffit, d'ailleurs, d'un traumatisme insignifiant pour provoquer l'altération : en effleurant légèrement la feuille, même avec le bout arrondi d'un agitateur en verre, et dessinant ainsi une figure quelconque, on voit ce dessin apparaître en brun noir en quelques instants (1 à 6 minutes) sous l'action des ultraviolets ;

8º Si la *feuille est inégalement colorée sur ses deux faces* (*Artemisia vulgaris, Rubus fruticosus,* etc.), c'est toujours le côté le plus vert qui est le plus altéré, et le plus rapidement.

B. *Au point de vue physiologique.* — Cette partie, très importante, comporte des recherches minutieuses et longues; bien qu'elles ne soient pas complètement terminées, j'ai pu cependant constater dès à présent :

1º Que les grains d'amidon contenus dans les cellules subissent une hydrolyse profonde et ne sont plus colorés par l'eau iodée après une irradiation suffisante;

2º La coloration brune communiquée aux tissus lésés disparaît difficilement, même dans l'eau de javelle concentrée;

3º La plasmolyse est accomplie et la cellule est tuée, alors que les ferments contenus dans ces cellules résistent encore;

4º Dans les plantes à glucosides examinées, j'ai toujours observé le dédoublement du glucoside.

[J'avais déjà montré (*Comptes rendus Acad. des Sc.*, 19 septembre 1910 et 1er mai 1911)] que les plantes dont l'odeur ne préexiste pas, et provient de glucosides dédoublés, laissent dégager rapidement cette odeur sous l'action de la lumière ultraviolette (plantes à coumarine, vanille, plantes à essences sulfurées, laurier-cerise, etc.). On pourrait, en se basant sur ce dernier fait, instituer une méthode générale pour rechercher si une plante renferme ou non un glucoside.

Je me propose de continuer ce travail, interrompu par des circonstances particulièrement douloureuses, et je ne veux pas terminer sans avoir remercié de tout cœur l'Association pour le bienveillant encouragement dont j'ai été l'objet.

M. Louis GAUCHER,

Professeur agrégé à l'École Supérieure de Pharmacie (Montpellier).

DE L'EMPLOI DES SÉRUMS ANTICOAGULANTS
DANS L'ALIMENTATION LACTÉE.

612.392.84 + 615.37.012

5 Août.

Les recherches que je poursuis depuis 4 ans sur la digestion du lait et les nombreux essais que j'ai pu faire, autant chez les nourrissons que chez les adultes, m'ont convaincu que le lait n'étant pas digéré dans l'estomac, le meilleur moyen de le rendre plus digestible est de hâter autant que possible son passage à travers cet organe, ou, ce qui revient

au même, d'empêcher que la formation de trop gros caillots ne l'oblige
à y séjourner longtemps. Ces caillots se forment 10 minutes après l'arrivée du lait, sous l'action du suc gastrique. Le rôle de l'estomac est de les
brasser ensuite, avec la grande quantité de suc sécrété et de les réduire
en bouillie, avant de leur faire franchir le pylore. Toutefois, avant que
le suc gastrique ne soit sécrété, une partie du lait a le temps de quitter
l'estomac, sans avoir encore subi la coagulation. Mais, par suite de la
contraction spasmodique du pylore ou de l'insuffisance de la motricité
gastrique, la totalité du liquide peut être retenue et se prendre en une
masse volumineuse et, dès lors, indigeste, comme en témoignent trop
souvent la sensation de pesanteur à l'estomac, les nausées et les vomissements qui les suivent.

La digestibilité du lait est donc intimement liée à l'ensemble des fonctions mécaniques de l'estomac, beaucoup plus qu'à sa fonction de sécrétion, et il n'y a que deux moyens d'aider la digestion; c'est, ou bien d'agir
sur le lait lui-même en l'empêchant de coaguler, ou bien d'agir sur l'estomac, pour en mieux régler les contractions.

C'est à la première méthode que j'ai eu recours, sauf dans quelques cas
où j'ai essayé des deux artifices. En règle générale, le lait maintenu liquide
finit toujours par franchir le pylore et ne tarde pas à évacuer complètement l'estomac. Mais les sels connus comme retardant la coagulation, *in
vitro*, et qu'on pourrait songer à employer ici, se comportent tout différemment *in vivo*. Ainsi que je l'ai déjà montré, la présure du suc gastrique
est extrêmement active, et détermine, dès que celui-ci commence à
s'écouler, la prise en masse du lait, malgré l'addition de doses même
massives de sels présumés anticoagulants.

Il n'en est pas de même si l'on s'adresse, pour retarder la coagulation,
à certains sérums, dont le pouvoir anticoagulant est tel qu'une très
faible dose, ajoutée au lait, suffit pour l'empêcher de se cailler même
à l'ébullition (on sait pourtant avec quelle facilité le lait se caille souvent
lorsqu'on le fait bouillir). A ce point de vue, le sérum de cheval et celui
du veau sont les plus actifs, et le sérum du cheval l'est encore plus que
celui du veau. On peut, d'ailleurs, augmenter considérablement l'activité
d'un sérum en préparant, au préalable, l'animal, par des injections répétées de présure et lui faire acquérir par ce moyen un pouvoir antiprésurant
très élevé.

Lorsqu'on donne à un chien porteur d'une fistule duodénale du lait
mélangé d'un tel sérum, le retard apporté dans la coagulation est manifeste. La majeure partie s'écoule d'abord à l'état liquide, et le restant,
au lieu de former de gros caillots, comme cela se présente au second stade
de la digestion normale, passe sous forme de grains très fins comparables
à ceux que donnent le lait de femme ou le lait d'ânesse à leur sortie du
pylore. Les choses se passent chez l'homme de la même façon que chez
le chien, ainsi que j'ai pu m'en convaincre récemment chez un enfant
de 14 ans, atteint d'occlusion intestinale et à qui on avait momenta-

nément sectionné le jéjunum pour pouvoir l'alimenter. Les deux orifices de l'intestin étaient béants à la partie droite et inférieure de l'abdomen. Rien n'était donc plus facile que de recueillir le lait à sa sortie de l'orifice supérieur et d'examiner l'état physique sous lequel il se présentait. Or, dans ces conditions, tandis que le lait ordinaire passe en caillots assez volumineux, le lait additionné de sérum donne, au contraire, une bouillie très fine où les petits grains de caséine et de beurre mélangés forment, dans la bile et le mucus qui les accompagnent, une émulsion très homogène.

J'ai, d'ailleurs, effectué le dosage des divers éléments du lait ainsi recueilli, et déterminé dans quelles proportions chacun d'eux est digéré et absorbé, dans la première moitié de l'intestin. Ainsi, grâce à l'antagonisme entre le sérum et le suc gastrique, la coagulation, au lieu d'être brusque et de se faire en bloc, est lente et forme, comme cela se produit pour le lait d'ânesse, des flocons légers et faciles à diviser ensuite, dès que l'estomac en commence le brassage.

L'effet des sérums anticoagulants est donc de diminuer notablement le travail qui incombe à l'estomac pendant la digestion. C'est à l'emploi du sérum de cheval que je me suis arrêté. Je me suis servi, dans la plupart de mes expériences, d'un sérum préparé à l'Institut Pasteur, grâce à l'obligeance de mon maître, le docteur Roux. Les chevaux qui le fournissent donnent un sérum doué d'un fort pouvoir anticoagulant et, comme on s'adresse toujours aux mêmes animaux, on peut obtenir un sérum moyen d'une activité constante. Pour présenter toutes les garanties nécessaires, ce sérum doit être évidemment aseptique et la saignée effectuée d'après la méthode habituellement usitée en pareil cas. Sitôt après sa séparation, il est évaporé à sec à l'aide de pompes à vide. Le sérum desséché a l'avantage de se conserver longtemps, en gardant toutes ses propriétés et de pouvoir être ajouté au lait, sous un très faible volume. Il suffit, au moment du besoin, de le faire dissoudre dans le lait déjà stérilisé. En même temps qu'on agit par ce moyen sur la digestion gastrique, il est nécessaire de faciliter la digestion intestinale. C'est un point sur lequel j'ai déjà insisté, lorsque j'ai publié mes premières observations sur ce sujet. J'ai modifié la méthode que j'avais tout d'abord adoptée, dans ce but, et me sers actuellement des sels biliaires, dont l'action cholagogue permet une mise en émulsion très homogène des particules caséino-graisseuses, durant leur parcours dans l'intestin. On connaît aussi leur action activante sur la digestion intestinale.

Enfin, dans quelques cas d'intolérance rebelle pour le lait, où il paraissait nécessaire d'agir en même temps, soit sur la fibre musculaire de l'estomac, pour en exciter les contractions, soit, au contraire, sur l'irritabilité gastrique, si fréquente chez les nourrissons et chez quelques dyspeptiques, le lait, modifié par addition de sérum et de sels biliaires, était administré concurremment avec des amers (colombo, gentiane) ou avec du citrate de sodium dont les propriétés antiémétiques sont bien connues.

De nombreux essais ont été faits, depuis 2 ans, et se poursuivent encore,

*50

sur la digestibilité du lait ainsi modifié. Je ne reproduirai pas ici toutes les observations que j'ai recueillies et me bornerai à les résumer, pour montrer les cas dans lesquels la méthode est indiquée et les résultats qu'elle peut donner.

Nourrissons. — En règle générale, le lait modifié est donné aux enfants, sans aucune addition d'eau, même pour les enfants en bas âge. Dans quelques cas seulement et par mesure de précaution, il a été dilué au quart pour des enfants de moins d'un mois.

Gastro-entérite aiguë. — Les syndromes habituels de la gastro-entérite aiguë s'amendent rapidement, lorsqu'au lieu d'employer la thérapeutique ordinaire (diète hydrique, etc.), on met d'emblée l'enfant au lait de vache modifié. La diarrhée et les vomissements cessent, l'état général s'améliore bientôt et l'enfant rattrape en peu de temps son poids primitif.

Gastro-entérite chronique. — Il en est de même dans la gastro-entérite chronique. Les cas observés concernent des enfants ne digérant pas ou ne digérant plus le lait stérilisé, additionné ou non de citrate de sodium.

Le lait d'ânesse mieux toléré, mais insuffisamment nourrissant, n'empêche pas les petits malades de s'affaiblir progressivement. A partir du moment où intervient le traitement au lait modifié, les changements qui surviennent dans la nature des selles attestent que les digestions s'améliorent et que l'intestin se rétablit (disparition de la diarrhée verte, des grumeaux de caséine non assimilée et des débris muco-membraneux). Un trait qui n'est pas moins caractéristique, c'est l'appétit marqué de l'enfant qui boit son nouveau lait avec avidité (bien que les doses en soient rapidement augmentées), alors qu'il acceptait difficilement les divers régimes auxquels on l'avait déjà soumis. Après 3 semaines ou 1 mois, le rétablissement est complet et l'alimentation ordinaire peut être reprise.

Athrepsie. — Chez des enfants à poids stationnaire, depuis de longs mois, et même en régression de poids, l'emploi du lait au sérum a souvent donné de bons résultats. Alors qu'aucune autre alimentation n'est tolérée, que les divers laits essayés passent à peu près intégralement dans les selles sans être digérés, ce régime semble donner à l'organisme débilité de l'enfant la *poussée* qui permet une mise en marche nouvelle des fonctions de nutrition. Les progrès quelquefois surprenants des enfants ainsi traités étaient enregistrés non seulement par la balance, mais aussi par l'analyse des urines. L'élévation du taux de l'urée montre que l'assimilation se trouve rétablie en peu de temps.

Chez l'un d'eux, par exemple, enfant de 2 ans, le poids, très inférieur à la normale au début du traitement (6,200 kg), passe à 8 kg en 3 mois; l'urée, les chlorures, l s phosphates urinaires tout d'abord à l'état de traces inappréciables s'élèvent au taux normal, du premier au deuxième mois.

Chez un autre enfant de 13 mois, dont le poids avait oscillé longtemps entre 6,500 kg et 7 kg, les pesées accusent 9 kg après 4 mois et la composition de l'urine subit des changements analogues.

Vomissements, selles vertes ou fétides. — Que ces accidents soient dus à l'allaitement maternel ou artificiel, ils cèdent assez vite à l'usage du lait modifié. Il est même assez curieux de voir ces phénomènes disparaître, du jour au lendemain, par l'emploi de doses très faibles. Dans certains cas, par exemple, le lait modifié n'était donné que pour compléter les tétées de la mère; l'enfant n'en prenait tout au plus que 150 ou 200 g dans la journée. Inversement, dans d'autres cas, il constituait à lui seul presque toute la nourriture de l'enfant. La mère, ayant très peu de lait, en donnait à peine 10 à 20 g par tétée. Enfin, il a été donné plusieurs fois, d'une façon exclusive, soit pour remplacer le lait de la mère, qui ne remplissait pas les conditions voulues, soit pour remplacer le lait de vache ou le lait de chèvre, et l'usage en a été généralement continué pendant toute la période de l'allaitement.

En tout cas, qu'il s'agisse d'allaitement mixte ou artificiel après la cessation rapide des accidents (vomissements, selles vertes, etc.), l'accroissement de l'enfant se fait d'une façon continue, et la courbe de poids se rapproche très sensiblement de celle que donne l'allaitement maternel.

Prématurés. — Il en est de même chez les prématurés qui digèrent ce lait sans aucune fatigue, mais pour lesquels on doit toujours le diluer avec le quart de son volume d'eau.

Adultes. — Dans la grande majorité des cas où il a été administré, le lait modifié a été fort bien accepté par les malades, alors que le lait de vache ordinaire était mal toléré, ou n'était pas accepté du tout, et cela quelle que soit la nature de l'affection ayant nécessité l'alimentation lactée (affections du foie, du cœur, urémie, brightisme, fièvre typhoïde, tuberculose, dyspepsies, entéro-colite, etc.).

Dans la grossesse avec albuminurie, c'est également un moyen de faire disparaître les vomissements d'origine lactée.

Conclusions. — De l'ensemble des expériences qui viennent d'être résumées, on peut donc tirer les conclusions suivantes :

1º L'addition d'un sérum anticoagulant au lait de vache abrège considérablement le séjour de la caséine dans l'estomac et lui permet de se présenter à la digestion intestinale non en caillots, mais en petits grains comparables à ceux du lait de femme ou du lait d'ânesse coagulés.

2º Les sels biliaires (taurocholate et glycocholate de sodium) agissant comme cholagogues et comme activants des sucs digestifs intestinaux, exercent aussi une influence très favorable sur la digestion du lait, et, combinés au sérum, permettent son assimilation rapide et intégrale.

3º Le lait ainsi modifié peut, chez les nourrissons, remplacer le lait maternel, chaque fois que l'allaitement par la mère est impossible. Il remplace, en tout cas, avec avantage les laits stérilisés ordinaires et évite aux nourrissons les accidents d'origine gastro-intestinale dus à leur emploi. Lorsqu'avec le lait ordinaire ces accidents se produisent, ils cessent immédiatement par l'emploi du lait modifié. On le donne sans aucune

. addition d'eau, tout.au moins après les deux ou trois premières semaines
qui suivent la naissance. Ce lait convient très bien également aux préma- .
. turés et doit être alors dilué avec le quart de son volume d'eau.

4° Aussi facile à digérer que le lait d'ânesse, puisqu'il en acquiert
dans l'estomac les propriétés physiques, mais d'une valeur alimentaire
beaucoup plus élevée, son emploi est indiqué au cours des divers états
morbides de la première enfance (gastro-entérite aiguë ou chronique,
athrepsie, diarrhée verte, selles fétides, etc.). On comprend qu'en relevant l'état général, il permette de triompher plus aisément de l'infection
. acquise ou en voie de s'établir.

5° Chez les adultes, il permet l'alimentation lactée chaque fois que le
lait ordinaire n'est pas toléré et entraine, du même coup, la cessation des
vomissements et de la diarrhée.

MM. R. DELAUNAY et O. BAILLY,

Établissements Byla (Gentilly).

EXAMEN CRITIQUE DES CONDITIONS D'ESSAI DES PANCRÉATINES MÉDICINALES.

5 *Août.*

615.734.22

Après la pepsine, dont l'emploi en thérapeutique s'est rapidement
généralisé, la pancréatine est à son tour très fréquemment prescrite en
raison de sa triple activité : protéolytique, amylolytique et lipolytique.
Cet emploi a d'autant plus de raison d'être qu'on sait aujourd'hui
inclure la préparation diastasique dans un enrobage qui lui permet de
traverser sans atténuation la cavité stomacale; elle peut alors venir
collaborer à la digestion des protéiques, des amylacés et des graisses
dans l'intestin grêle, et, s'il y a lieu, suppléer, au moins pour une part,
à la sécrétion pancréatique du malade, si celle-ci se trouve insuffisante.
Il est évident que le but thérapeutique poursuivi sera d'autant plus
sûrement atteint que la pancréatine ingérée présentera une activité
diastasique plus élevée. Aussi, diverses Pharmacopées se sont-elles préoccupées d'assurer le contrôle des pancréatines médicinales.

Si nous parcourons les Pharmacopées officielles des principaux États,
nous voyons d'abord que la pancréatine ne se trouve pas mentionnée
dans bon nombre d'entre elles : les Pharmacopées néerlandaise (1905),
belge et autrichienne (1906), suisse et danoise (1907), suédoise (1908),
hongroise (1909), russe et allemande (1910) n'en parlent pas ; il y a là
une lacune qui mériterait d'être comblée. Par contre, les Pharmacopées

actuellement en usage en Angleterre, aux États-Unis d'Amérique, en Espagne, au Japon, en France et en Italie, traitent de la pancréatine et de son mode d'essai.

Nous ne voulons nous occuper ici que de ce qui a trait à la détermination de l'*activité protéolytique* de cette préparation officinale. Le mode de détermination de cette activité varie régulièrement avec les Pharmacopées envisagées. Les variations portent d'abord sur la *matière protéique utilisée* : c'est la *fibrine* essorée ou mieux la *fibrine* sèche dans le Codex français, la fibrine également dans la Pharmacopée italienne; c'est l'*albumine coagulée* dans le Codex espagnol; c'est enfin le *lait* dans les formulaires anglais, japonais et des États-Unis. Mêmes variations dans les caractéristiques adoptées pour apprécier l'activité du ferment : disparition de la coagulabilité par les acides pour le lait; simple dissolution pour l'albumine; absence de précipitation par l'acide nitrique pour l'essai à la fibrine. Enfin, nous reléverions bien d'autres différences en examinant les températures auxquelles s'effectuent les essais de digestion, la durée de ceux-ci, la réaction des milieux, les titres imposés, etc. On avouera que la tendance à l'unification, qui s'est manifestée dans ces dernières années pour les médicaments dits *héroïques*, s'exercerait utilement pour les produits biologiques médicinaux.

Appelés à faire l'essai d'un grand nombre de pancréatines, en particulier suivant la méthode du Codex français, nous avons fait un certain nombre d'observations que nous consignerons dans ce Mémoire. Nos remarques viseront : 1° l'observation du terme de la digestion ; 2° la réaction du mélange; 3° l'influence des phosphates.

I. *Le terme de la digestion.* — On sait que le Codex français maintient pendant 6 heures, à 50°, le mélange :

Pancréatine... 0,20
Eau distillée... 60
Fibrine desséchée..................................... 2,50

Après le temps de digestion prescrit, on filtre : 10 cm³ *de la liqueur obtenue ne doivent pas se troubler à la température ordinaire par l'addition de vingt gouttes d'acide azotique officinal.*

Or, dans les nombreux essais que nous avons exécutés, tant avec des pancréatines préparées par nous-mêmes qu'avec des pancréatines d'origines diverses, nous n'avons jamais vu les liquides rester limpides par addition d'acide nitrique. Les pancréatines essayées avaient été cependant préparées dans les meilleures conditions. Dans tous les cas, il s'est produit un louche plus ou moins marqué, apparaissant généralement après l'addition de la dixième goutte d'acide azotique, et ne s'intensifiant d'ailleurs pas sensiblement par addition des vingt gouttes prescrites. Bien mieux, en augmentant le rapport du ferment à la fibrine, en multipliant par 2 et même par 3 la quantité de pancréatine introduite dans l'essai, nous aboutissons toujours à la production d'un trouble léger. Nous sommes donc amenés à déclarer que les pancréatines commerciales ne sauraient répondre strictement aux exigences du Codex et que le texte de l'essai devrait être changé; on pourrait écrire par exemple : 10 cm³ de la liqueur obtenue *ne doivent pas donner, à la température ordinaire, de* précipité *immédiat* par addition de vingt gouttes d'acide azotique officinal.

II. *La réaction du mélange.* — La digestion de la fibrine s'opère, d'après l'essai du Codex français, en milieu neutre. Or, c'est une notion courante que les actions diastasiques sont sensibilisées par une réaction de milieu déterminé : la pepsine n'agit qu'en milieu acide; la présure a son action favorisée par une certaine acidité. En ce qui concerne la pancréatine, ou plutôt son ferment protéolytique particulier, la trypsine, on admet que si elle agit en milieu neutre ou même acide, son optimum d'activité répond à une alcalinité convenable.

La plupart des auteurs qui effectuent des digestions pancréatiques artificielles additionnent les milieux de 0,5 % de carbonate de soude. Le suc pancréatique lui-même est alcalin, son alcalinité correspondant à une solution N/10 de carbonate de soude d'après Bayliss et Starling.

Dietze, puis Karritz, ont précisé le taux d'alcalinité pour lequel s'établit l'action maxima. On peut donc s'étonner que notre Codex n'ait pas utilisé ces données et n'ait pas introduit une trace d'alcali dans les milieux d'essai. Remarquons, à ce propos, que les Pharmacopées anglaise, japonaise et américaine additionnent d'une petite quantité de bicarbonate de soude le lait destiné à l'essai de la pancréatine.

En examinant comparativement l'activité de pancréatines médicinales dans des milieux acides, neutres, alcalins nous avons vu nettement leur activité aller en croissant, ce qui est conforme à la donnée généralement admise à propos de l'activité propre de la trypsine, et ce qui manifeste l'importance qu'il y aurait à fixer, pour l'essai officinal, un taux convenable d'alcalinité.

Mais ici une remarque importante s'impose : c'est que l'épreuve azotique est parfaitement insuffisante pour juger de la valeur d'une pancréatine : une pancréatine de *titre limite* 50 fournit le *même résultat* qu'une pancréatine de titre supérieur. Nous ne pouvions donc, dans nos recherches, nous borner à l'emploi de l'épreuve nitrique. En nous inspirant des travaux de Sörensen, nous avons apprécié le degré de la protéolyse par le dosage de l'azote aminé, suivant la méthode au formol de cet auteur et par le dosage de l'azote non précipitable par le tanin; nous avons aussi calculé les rapports

$$\frac{\text{Azote titrable au formol}}{\text{Azote total}}$$

et,

$$\frac{\text{Azote non précipité par le tanin}}{\text{Azote total}}.$$

Les essais suivants ont été faits avec les quantités relatives de pancréatine, de fibrine et de liquide inscrites au Codex, mais, pour la commodité des prélèvements destinés aux dosages, le volume total de chaque essai était de 90 cm³ :

EXPÉRIENCE I.

Acidité.	(1) Azote total en milligr.	(2) Azote titrable au formol.	(3) Azote non précipité par tanin.	Rapport $\frac{(2)}{(1)}$	Rapport $\frac{(3)}{(1)}$
Milieu neutre... »	519	205	358	0,395	0,693
Milieu acidifié N/100............	484	167	292	0,345	0,603
par SO^4H^2 N/50.........	396	95	165	0,239	0,416

EXPÉRIENCE II.

Alcalinité.	(1) Azote total en milligr.	(2) Azote titrable au formol.	(3) Azote non précipité par tanin.	Rapport $\frac{(2)}{(1)}$	Rapport $\frac{(3)}{(1)}$
Milieu neutre...... »	519	214	393	0,412	0,757
N/200....	519	224	413	0,431	0,795
N/100....	524	230	428	0,438	0,816
Milieu alcalinisé N/50.....	534	236	436	0,441	0,816
par NaOH N/25.....	534	230	415,8	0,43	0,778
N/20.....	534	189	357	0,354	0,668
N/15.....	519	75	48	0,144	0,092
N/10.....	519	51	43	0,098	0,082

L'examen de ces chiffres montre :

1º Que l'activité protéolytique est maxima quand la réaction alcaline est cinquantième normale;

2º Que cette activité repasse par la valeur qui caractérise le milieu neutre pour un milieu alcalin intermédiaire entre le vingt-cinquième et le vingtième normal;

3º Qu'elle décroît ensuite très brusquement, et devient sensiblement nulle quand la réaction alcaline est N./15.

EXPÉRIENCE III.

Alcalinité.	(1) Azote total en milligr.	(2) Azote titrable au formol.	(3) Azote non précipité par tanin.	Rapport $\frac{(2)}{(1)}$	Rapport $\frac{(3)}{(1)}$
Milieu neutre.... »	519	205	352	0,395	0,678
Milieu alcalinisé N/100....	532	224	378	0,421	0,71
par CO^3K^2 N/50.....	524	233	398	0,445	0,759

Les résultats exprimés dans ces Tableaux peuvent être utilement rapprochés de ceux qu'a publiés Sörensen. Bien qu'effectués dans des conditions différentes puisqu'ils visent uniquement des applications professionnelles, nos essais témoignent de faits de même sens et appelleraient des conclusions identiques.

Pour notre part, nous nous bornons, en restant sur le terrain pharmaceutique, à faire valoir :

1° *L'utilité de l'alcalinisation des milieux;*

2° *La supériorité de titrages basés soit sur la méthode au formol, soit sur la précipitation tannique (et de préférence sur la première);*

3° *Le peu de valeur de l'épreuve nitrique à la fois indécise et imprécise.*

III. *L'influence des phosphates.* — A l'addition d'alcali libre ou de carbonate alcalin dans les milieux en digestion, on pourrait penser substituer l'addition d'un phosphate alcalin. L'action solubilisante que ces phosphates, en particulier le phosphate disodique, exercent sur la fibrine, l'influence qu'ils exercent, d'autre part, sur la diastase elle-même, peuvent inciter à en préconiser l'emploi. Mais, quand il s'agit de phosphates, il importe de préciser, car la réaction de milieu qu'ils créeront variera suivant qu'il s'agira d'un phosphate monobasique, bibasique ou tribasique. A ne considérer qu'un seul indicateur, le premier sera acide à la phénolphtaléine, le deuxième neutre au même réactif et le troisième alcalin. Voyons ce qui se passe avec chacun d'eux en se plaçant ici encore dans les conditions d'un essai officinal :

EXPÉRIENCE IV.

	(1) Azote total en milligr.	(2) Azote titrable au formol.	(3) Azote non précipité par tanin.	Rapport $\frac{(2)}{(1)}$	Rapport $\frac{(3)}{(1)}$
En présence de phosphate mono-sodique, quantité correspondant à 0,225, $P^2 O^5$........	504	170	315	0,337	0,625
En présence de phosphate biso-dique $P^2 O^5 = 0,225$.........	527	208	388	0,394	0,736
En présence de phosphate tri-sodique $P^2 O^5 = 0,225$......	512	189	365	0,359	0,712

On voit très clairement qu'aux doses utilisées, l'optimum d'action s'est produit dans le milieu renfermant du phosphate bisodique tant par le chiffre brut de l'azote dégradé que par le rapport de celui-ci à l'azote total. Nous devons dire que nous nous trouvons sur ce point en contradiction avec MM. Fernbach et H. Schœn (¹), d'après qui le phosphate

---

(¹) *Comptes rendus de l'Académie des Sciences*, 15 mars 1911.

dipotassique est moins favorable à une dégradation de la matière protéique que le phosphate monopotassique; c'est, d'après eux, avec ce dernier que la proportion centésimale de matière qui passe à l'état d'azote amino-amidé est le plus élevée. Nous ne nous proposons pas d'insister autrement sur cette différence entre nos résultats et ceux de ces savants. Nous nous sommes placés dans les conditions de l'essai professionnel, c'est-à-dire dans des conditions de concentrations différentes de celles dans lesquelles opéraient MM. Fernbach et Schœn; ce peut être là l'origine des divergences observées; il n'importait pas moins de les souligner.

Nous ne saurions, sans allonger inutilement ce Mémoire, relater les essais que nous avons faits avec d'autres matières protéiques que la fibrine; ceux-ci ne nous apprendraient d'ailleurs pas de faits nouveaux. Nous nous trouvons donc à résumer cet examen critique en quelques propositions :

1º Les méthodes d'essai des pancréatines officinales sont très variables suivant les Pharmacopées considérées. L'unification de ces méthodes s'impose.

2º La substance protéique dont l'emploi paraît le plus recommandable est la fibrine sèche de porc prescrite par le Codex français.

3º L'épreuve nitrique ne peut jamais être réalisée aussi strictement que l'exige notre Codex; cette épreuve est à la fois indécise et imprécise.

4º Il est souhaitable de voir substituer à cette méthode une technique permettant de mesurer plus exactement la valeur protéolytique de la pancréatine; la méthode de Sörensen paraît être la méthode de choix.

5º Il est utile de fixer la réaction de milieu la plus favorable à la réaction diastasique, d'ajouter, par exemple, une quantité convenable de carbonate alcalin.

6º L'addition de phosphates alcalins ne répondrait à aucune utilité évidente. C'est en présence de phosphate bisodique neutre à la phtaléine, que dans les conditions de l'essai professionnel, la protéolyse s'est montrée le plus avancée.

MM. R. DELAUNAY et BAILLY.

Établissements Byla (Gentilly).

LES PEPSINES FLUIDES.
ÉTUDE DU SÉDIMENT QUI SE PRODUIT DANS CERTAINES D'ENTRES ELLES.

615.734.21

5 Août.

La pepsine n'existe pas seulement dans le commerce sous les formes de pâte, de paillettes et de poudre mentionnées par la dernière édition de la *Pharmacopée française*, mais aussi sous la forme fluide journellement utilisée dans la pratique.

Cette dernière forme ne jouit pas, en général, d'une conservation très facile et il peut y prendre naissance au bout d'un temps plus ou moins long, selon les conditions ambiantes, un précipité assez abondant.

C'est ce précipité que nous avons eu l'occasion d'étudier. Il a été séparé par simple filtration, lavé rapidement à l'alcool et à l'éther, et desséché dans le vide. Nous avons fait les mêmes séries d'opérations avec deux pepsines fluides A et B; nous donnerons dans la suite de cet exposé les résultats d'ailleurs concordants obtenus avec l'une et l'autre; ceux-ci seront désignés par les lettres A et B selon qu'il s'agira de l'une ou de l'autre.

I. *Caractères généraux (solubilité, réactions colorées, pouvoirs rotatoires).* — Le précipité, recueilli et traité comme il vient d'être dit, se présente sous l'aspect d'une poudre presque parfaitement blanche, sans odeur marquée, à peine soluble dans l'eau froide, incomplètement soluble dans l'eau bouillante, soluble, au contraire, en totalité dans les liqueurs acides ou alcalines de suffisante concentration. Cette poudre donne les réactions du biuret et de Millon. La première réaction est *bien peu marquée*, ce qui laisse à penser que le produit ne renferme qu'une très faible proportion de peptides ou des peptides de poids moléculaire très peu élevé. La réaction de Millon est, au contraire, extrêmement intense; elle se produit presque instantanément et à froid. Cette réaction est liée, comme on sait, à la présence d'un noyau aromatique; c'est à la tyrosine que les matières protéiques doivent de donner avec le réactif nitro-mercurique une réaction positive. Nous sommes ainsi conduits à supposer l'existence, dans notre précipité, de tyrosine ou de peptides tyrosiniques.

Nous avons déterminé le pouvoir rotatoire du produit. En solution chlorhydrique, à la concentration de 5 % $(A_D) = -15°$.

II. *Détermination des cendres de l'azote total et de l'azote aminé.* — Le dosage de l'azote total a été effectué par le procédé Kjedhal et celui de l'azote aminé par la méthode de Sörensen; la teneur en cendres a été déterminée par simple calcination au four à moufle à la température du rouge sombre. Les chiffres suivants ont été rapportés à 100 g de précipité :

Précipité analysé.	Az total.	Az aminé.	Cendres.	Rapport $\dfrac{\text{Az aminé}}{\text{Az total}}$.
A	8,940	5,04	3,03	0,56
B	8,625	5,25	2,95	0,61

Si l'on songe que l'on considère aujourd'hui à la suite des travaux de Fischer la presque totalité de l'azote des substances protéiques comme engagée dans des liaisons dites *peptidiques* — CO — Az H — si l'on se rappelle que l'hydrolyse des albuminoïdes se traduit par suite de la fixation de H^2O, sur ces liaisons par leur rupture avec mise en liberté de carboxyles et de groupements aminés primaires :

$$- CO - Az\,H - + H^2O = - Az\,H^2 + - CO^2H$$

et si l'on considère les résultats ci-dessus, le dépôt des pepsines fluides apparaît comme constitué par un produit très avancé de la désagrégation de substances protéiques puisque $\frac{3}{5}$ de l'azote contenu dans ce dépôt y existent sous la forme de groupements AzH^2 et que $\frac{2}{5}$ seulement sont par suite susceptibles d'entrer dans la constitution de liaisons peptidiques. Les travaux de Javillier et Guerithault [1] qui ont appliqué la méthode de Sörensen à la diagnose des peptones commerciales et ceux de Pépin [2] ont montré que le rapport

$$\frac{\text{Az aminé}}{\text{Az total}}$$

a une valeur moyenne voisine de 0,15 dans le cas des peptones pepsiques et de 0,40 dans le cas des peptones pancréatiques du commerce. Ici, ce même rapport plus voisin de l'unité montre qu'il s'agit de peptides moins condensés encore que ceux constituant les peptones même pancréatiques et sa valeur $> 0,5$ permet, en outre, de conclure à la présence d'acides aminés libres dans ce dépôt, cette valeur étant incompatible même avec l'hypothèse d'un *dipeptide* dans la molécule duquel 50 % de l'azote seulement sont susceptibles de détermination quantitative par le procédé Sörensen.

D'ailleurs, si l'on tient compte de la petite proportion de cendres, la faible teneur en azote total envisagée indépendamment de toute autre est un argument de plus en faveur de l'hypothèse ci-dessus. En effet, cette teneur est inférieure à 9 %, tandis que celle des matières protéiques est de 16 %, celle des peptones diverses voisine de 13 % et celle des pepsines extractives supérieure, en général, à 12 %.

III. *Hydrolyse du précipité et examen analytique de la liqueur résultante.* — Nous avons eu recours à l'hydrolyse sulfurique pratiquée au moyen de l'acide à 20 %. Après une ébullition de 8 heures, nous avons dosé dans la liqueur résultante :

1° L'azote ammoniacal par simple distillation dans un appareil d'Aubin d'une quantité donnée de cette liqueur avec un excès de magnésie;

2° L'azote précipitable par l'acide phosphotungstique principalement constitué par la somme :

Az ammoniacal + Az des acides diaminés ou bases hexoniques de Kossel;

3° L'azote des acides monoaminés par application du procédé de Sörensen. — Voici les chiffres obtenus :

---

[1] Javillier et Guerithault, *Bul. Sc. Ph.*, 1910.
[2] Pépin, *Ibid.*

<table>
<tr><td></td><td colspan="2">Résultats
rapportés à 100ᵍ de précipité.</td></tr>
<tr><td></td><td>Précipité A.</td><td>Précipité B.</td></tr>
<tr><td>Az ammoniacal................</td><td>o,3o8</td><td>o,3o8</td></tr>
<tr><td>Az des acides diaminés..........</td><td>1,o44</td><td>o,98o</td></tr>
<tr><td>Az des acides monoaminés.....</td><td>7,233</td><td>7,o55</td></tr>
</table>

Si l'on rapproche ces chiffres des résultats obtenus par Hugounenq et Morel et par nous-mêmes dans l'étude hydrolytique de pepsines extractives, on peut remarquer que le rapport

$$\frac{\text{Az des bases hexoniques}}{\text{Az des acides aminés}}$$

est notablement moins élevé dans le cas du précipité analysé que dans le cas des pepsines extractives. C'est là une nouvelle constatation qui, décelant une scission prononcée de la molécule albuminoïde, plaide encore en faveur d'un produit de désagrégation protéique assez avancé et vient corroborer les résultats précédemment acquis. Suivent les résultats auxquels il vient d'être fait allusion :

Acides aminés résultant de l'hydrolyse fluorhydrique de 100ᵍ de pepsine extractive (Hugounenq et Morel) [1].

Valine...	7,5
Tyrosine......................................	1,7
Alanine.......................................	3,2
Leucine.......................................	11,4
Phénylalanine................................	2,2
Arginine......................................	2
Lysine..	6,5
Pseudohistidine...............................	o,4
Pseudolysine..................................	(?)

Résultats obtenus par nous et rapportés à 100ᵍ de pepsine extractive.

Az ammoniacal................................	o,987
Az des acides diaminés........................	2,933
Az des acides monoaminés.....................	7,620
Tyrosine......................................	4,250

IV. *Recherche et dosage de la tyrosine.* — La recherche de la tyrosine a été effectuée sur le dépôt lui-même et son dosage pratiqué à la fois sur le précipité et sur la liqueur provenant de son hydrolyse sulfurique.

Les résultats obtenus au cours de cette partie du travail nous apparaissent comme particulièrement intéressants.

Pour rechercher la tyrosine dans le précipité, nous avons soumis ce dernier à un traitement par l'eau chaude et la liqueur refroidie et filtrée

---

[1] *Bull. Soc. chim.*, 1908, 4ᵉ série, t. III.

a été additionnée d'une solution de tyrosinase constituée en la circonstance par une macération glycérinée de *Rusula delica*. Il s'est fait en
quelques minutes une coloration rose, puis rouge grenadine qui a viré
très rapidement au noir d'encre, tandis qu'il apparaissait au sein de la
liqueur un abondant précipité de mélanine. Cette expérience paraît nous
autoriser à conclure à la présence de tyrosine libre, les expériences de
G. Bertrand [1] sur un dipeptide à base de tyrosine, la glycyltyrosine,
prouvant que dans le cas de ce peptide la gamme des colorations obtenues
par action de la tyrosinase est différente et qu'il n'apparait pas finalement
de précipité noir.

Les dosages de tyrosine ont été effectués par la méthode de Brown
et Millar [2], dont nous avons préalablement contrôlé la parfaite exactitude en opérant sur de la tyrosine soigneusement préparée et purifiée
par nous-mêmes. On a pratiqué un premier titrage sur la liqueur d'hydrolyse, un second sur la solution dans de l'eau acidulée par HCl du précipité
lui-même et un troisième sur cette dernière solution préalablement traitée
par l'acide phosphotungstique. Les résultats obtenus furent les suivants :

Tyrosine rapportée à 100^g de dépôt dosée :

	a. dans la liqueur d'hydrolyse.	b. directement dans la solution du précipité.	c. dans la solution du précipité traitée par l'acide phosphotungst.
Précipité A...................	$45^g,50$	45^g	$36^g,80$
Précipité B...................	45	$44,50$	$35,25$

Ces chiffres nous permettent de conclure :

1° Que la tyrosine *entre presque pour moitié* dans la constitution du
précipité;

2° Que, si une partie de cette tyrosine paraît exister incontestablement
à l'état de liberté, une autre partie assez importante égale pour le moins
à celle qui est précipitable par l'acide phosphotungstique, se trouve engagée dans la constitution d'un polypeptide, car l'acide phosphotungstique ne précipite pas la tyrosine.

V. *Recherche de la pepsine dans le précipité.* — Nous nous sommes
demandé si le dépôt des pepsines fluides contenait du ferment et dans
quelle mesure. Dès lors, nous avons entrepris plusieurs déterminations
de pouvoir protéolytique en nous conformant strictement aux indications
du *Codex*. Il résulte de nos expériences que le précipité possède une activité
protéolytique relativement élevée.

---

[1] G. Bertrand, *Ann. de l'Inst. Pasteur*, mai 1908.
[2] Brown et Millar, *Journ. chim. Soc.*, 84, 1906, et *Trans. Guinness Research
Laboratory*, 1903.

De ces observations il doit résulter, entre autres faits, que les pepsines fluides, par suite de la formation d'un dépôt, doivent perdre une partie de leur activité protéolytique. C'est, de fait, ce que nous avons constaté. D'ailleurs, indépendamment de cette cause de diminution de titre, on sait que les pepsines, quelles qu'elles soient, s'atténuent avec le temps. C'est pourquoi le pharmacien doit toujours vérifier de loin en loin les pepsines dont il fait usage et, si une pepsine fluide ne présente plus le titre obligatoire, il doit la considérer comme une dilution de la pepsine type et l'employer en conséquence. Il importe d'observer que les précipités dont nous avons fait l'étude se produisent surtout pendant la saison froide. Tous ces faits s'expliquent aisément.

Sous l'influence prolongée du ferment qui se trouve contenu dans un milieu favorable à son action, il y a désagrégation des matières protéiques qui l'accompagnent toujours, lui constituant un substratum dont il est impossible de le séparer. Cette désagrégation est poussée jusqu'à la mise en liberté de tyrosine et paraît porter particulièrement sur la partie tyrosinique de l'édifice albuminoïde. Des peptides peu condensés prennent aussi naissance dont la faible solubilité, diminuée par le refroidissement, provoque la séparation et la précipitation, tandis qu'il y a entraînement d'une partie de l'enzyme par le précipité formé, et cela par un mécanisme tout à fait analogue à celui de la captation des diastases par les précipités insolubles comme le phosphate tricalcique.

Si maintenant on s'étonne que la pepsine puisse pousser si loin l'hydrolyse des matières protéiques, on se souviendra que les pepsines officinales, provenant d'autodigestions de muqueuses renferment certainement d'autres diastases protéolytiques que la pepsine proprement dite, et, en particulier, des protéases endocellulaires de la muqueuse gastrique. Ne sait-on pas, par exemple, qu'on a signalé une érepsine gastrique?

Quelle que soit, d'ailleurs, la diastase qui entre en jeu dans le phénomène que nous avons étudié, il importe d'ajouter qu'au point de vue pratique, nous sommes en mesure d'en éviter, au moins partiellement, les inconvénients et qu'enfin le pharmacien trouvera toujours dans les solutions titrées de pepsine officinale, des préparations dont la stabilité est assurée pour une durée encore plus longue et dont l'emploi est également commode et avantageux.

M. A. SOULIER,

Pharmacien de 1re classe (Le Puy).

NOUVEAUTÉS SUR LES DIASTASES.

5 *Août.*

615.734.24

Beaucoup d'hypothèses ont été conçues sur la nature des diastases. Aucune, jusqu'à ce jour, ne repose sur un fait expérimental vérifié, et aucune n'explique complètement les diverses propriétés des diastases. Voici quelques constatations inédites, dans cet ordre d'idées, jetant un jour nouveau sur ces ferments et expliquant la généralité des fonctions diastasiques. Toutes les parties fraîches ou desséchées, récentes ou anciennes du règne animal ou végétal, exprimées ou pulvérisées, contiennent des particules sphériques, réfringentes, de diamètre variable depuis $\frac{1}{10}$ de μ jusqu'à 1 μ. *Toutes ces particules projetées dans un liquide aqueux s'animent instantanément d'un mouvement brownien continu.*

Pour observer au microscope ce mouvement, il suffit de délayer dans une gouttelette d'eau pure une parcelle du suc ou de la poudre en question. Ces particules browniennes sont surtout remarquables par leur abondance extrême dans les composés à fonction diastasique nettement déterminée, tels que pepsine, papaïne, diastase de l'orge, pancréatine, présure, levures, etc. Ces corpuscules semblent être les principes actifs des diastases. Les expériences suivantes militent en faveur de cette hypothèse :

1° Les diastases sont précipitées de leurs solutions par l'alcool. Ce précipité vu au microscope fourmille de particules à mouvement brownien. La liqueur surnageante évaporée à basse température en donne, à volume égal, une quantité infiniment moindre.

L'explication de cette propriété des diastases d'être précipitées par l'alcool est très simple d'après notre hypothèse. L'alcool fort annihile complètement le mouvement des sphérules browniennes. Celles-ci tombent alors comme tous les précipités au fond du vase renfermant le liquide où elles sont en suspension. Cette dernière affirmation n'est pas une simple fiction de l'esprit. Il suffit d'ajouter une goutte d'alcool absolu sur la préparation diastasique examinée sur la lame porte-objet pour voir disparaître aussitôt le mouvement brownien.

2° En faisant attaquer sur une lamelle quelques fibres de viande par une solution de pepsine on remarque, au bout de 1 heure environ, que les corpuscules browniens de la pepsine se sont fixés sur la viande. On les voit par milliers s'agiter de plus en plus à mesure que la liquéfaction des fibres animales se produit. Là où sur la lame porte-objet il ne se trouve pas de viande, on voit encore quelques particules à mouvement brownien, mais la quantité de celles-ci comparée à celle qui se trouve sur les tissus attaqués est négligeable.

3° L'expérience de Fick qui consiste à verser dans un tube de la présure, puis du lait par-dessus, en évitant soigneusement le mélange des couches, et qui produit une coagulation du lait presque instantanée sur toute la hauteur du tube, ne peut s'expliquer que par la mobilité des corpuscules browniens de la présure. Par leur mouvement rapide, ils diffusent dans toute la couche de lait.

Cette expérience de Fick a été attaquée par Latschumberger. Celui-ci se servit d'une solution glycérinée de présure, et trouva que, seule, une légère couche de lait se coagulait. Mais, ayant repris ce même *modus faciendi*, nous avons remarqué que la glycérine annihilait presque complètement le mouvement brownien des particules mobiles de la présure. De ce fait, seules, les globérules se trouvant à la surface de la glycérine présurée, c'est-à-dire une partie infime, se répandaient dans le lait surnageant.

4° Quand on fait agir la diastase de l'orge germée sur une bouillie d'amidon, on remarque des cellules d'amidon qui n'ont pas été complètement détruites par la chaleur, mais leur volume a considérablement augmenté. Ces cellules, au bout de 3 à 4 heures, se gorgent de corpuscules à mouvement brownien, reconnaissables à leur réfringence et à leur mobilité de peu d'amplitude, il est vrai, mais apparente quand même. Tout autour de ces cellules, le vide en particules browniennes s'est presque fait.

5° Si l'on met dialyser de la diastase de l'orge germée, en plaçant dans le vase extérieur de l'eau pure, au bout de quelques heures on commence à apercevoir quelques corpuscules browniens. Si, à cet instant, on ajoute de l'empois d'amidon à cette eau ayant reçu la dialyse, on obtiendra peu après une réduction de la liqueur de Fehling, réduction qui ira en augmentant d'intensité avec le temps.

En laissant se prolonger la dialyse, le liquide extérieur s'enrichit de plus en plus de corpuscules browniens. Et plus il y en a, plus la liqueur transforme de l'amidon en glucose.

6° La tuberculine test de l'Institut Pasteur de Lille, considérée comme une diastase pure, puisqu'elle provient d'une culture sensiblement pure, vue au microscope, délayée dans une gouttelette d'eau, laisse aussi apercevoir une multitude de ces corpuscules à mouvement brownien.

7° Certaines variétés de diastases filtrées à la bougie de porcelaine ne passent pas. Très probablement, les pores de la bougie filtrante ont un diamètre inférieur à celui des sphérules browniennes dont il vient d'être parlé. En effet, en examinant la liqueur diastasique à la sortie du filtre de porcelaine, on la trouve très peu riche en globules browniens. Quelquefois, on ne peut pas arriver à en déceler.

Provenance de ces particules browniennes. — Les agents des transformations diastasiques dans le végétal et l'animal sont considérés comme siégeant dans la cellule.

Examinons donc une cellule et recherchons si nous y retrouverons la source des globules mobiles?

Inclus dans le protoplasma d'une cellule, nous remarquons des grains ovoïdes pour le plus grand nombre, réfringents, d'une coloration bleu ciel, qui ressemblent étrangement aux particules browniennes citées plus haut. Ce sont les leucites. Si nous brisons la cuticule-enveloppe et que le protoplasma se répande dans un liquide aqueux, nous remarquons immédiatement que les leucites s'animent d'un mouvement brownien continu. Plus de doute, les porteurs de diastases sont ces leucites.

L'expérience a été faite avec quelques cellules de *penicillium glaucum* portées sur la lame porte-objet et déchiquetées par un fil de platine. Un travail qui corrobore cette manière de penser est la Communication présentée par M. Guillermond, le 23 février 1912, à la Société de Biologie de Paris. Sous ce titre : *Notions nouvelles sur la formation de l'amidon dans la cellule végétale*, cet auteur a remarqué que, dans les cellules des plantules d'orge, de ricin, de maïs, de blé, de haricots et de pois, la formation de l'amidon était due à des condriocontes qui ne sont autres que des leucites amylifères renfermés dans le protoplasma.

On a trouvé démesurée l'activité des diastases purifiées comparée à l'activité des cellules productrices de ces mêmes diastases. Or, d'après ce que nous venons de voir, la diastase à l'état libre va chercher le corps à transformer. Son travail est rapide et étendu, car sans cesse les globules browniens se déplacent pour accomplir leurs fonctions. Elle s'attaque aussi bien aux corps solubles qu'aux éléments insolubles. Au contraire, les diastases incluses dans la cellule sont obligées d'attendre que l'hydrolyse leur apporte les composés solubles destinés à transformation. Le travail de l'osmose se fait très lentement et, de plus, la solubilité du corps à diastaser est chose nécessaire.

Ceci nous amène à expliquer le fonctionnement de la zymase de Buchner. Ce savant, en broyant finement les cellules de levure, a obtenu un liquide très actif, provoquant la fermentation alcoolique en l'absence de toute cellule vivante. Buchner détruisait ainsi par un fait expérimental le principe de Pasteur accepté en partie jusqu'alors : *La simultanéité de la fermentation alcoolique avec un développement cellulaire.*

En déchiquetant les cellules de levure alcoolique, Buchner met en liberté les leucites. Ceux-ci aussitôt s'animent du mouvement brownien, leur travail gagne donc en rapidité et étendue. C'est ce qui explique le pouvoir de la zymase de donner une fermentation presque instantanée. Avant d'être libérée de la cellule de levure, la zymase est obligée d'attendre l'hydrolyse de la cuticule pour que le liquide extérieur lui apporte la solution sucrée destinée à devenir alcool. Ou encore le phénomène de la fermentation, pour se produire, sera obligé d'attendre que les leucites émigrent par exosmose ou que quelques cellules arrivées à maturité se brisent, libérant ainsi les diastases.

Cette nouvelle explication du mode d'action des diastases est, d'ailleurs, complètement en accord avec la théorie de Duclaux sur la dissolution des ferments. Ce savant considère les diastases en état d'émulsion et non de solution. Les différents moyens de préparation des diastases sont tous basés sur la théorie des diastases produites par les particules à mouvement brownien. Nous avons déjà vu pourquoi l'alcool précipitait les

ferments diastasiques. Le procédé à précipitation par l'acide phosphorique donne une masse gélatineuse qui englobe et entraîne les globérules
browniens. Pareillement, le procédé au collodion arrive au même but
par les mêmes moyens. Quant au procédé à l'éther, il s'explique en ce que
celui-ci a le pouvoir de produire l'exsudation des cellules. Le liquide
protoplasmique entraîne les diastases qui seront récupérées par l'alcool.

M. M.-A. FAUCON,

Docteur ès Sciences (Montpellier).

EMPLOI DU TÉTRACHLORURE DE CARBONE
POUR L'ESSAI DE QUELQUES POMMADES INSCRITES AU CODEX.

615-12-776

· 2 *Août*.

Différents auteurs ont, à plusieurs reprises, attiré l'attention sur les
avantages que présente l'emploi du tétrachlorure de carbone comme
dissolvant des corps gras. Ce liquide dissout très facilement des quantités
notables de matières grasses, il bout à une température peu élevée (76°,2 C.),
ses vapeurs se condensent très facilement et ne sont pas inflammables (¹).
L'industrie des corps gras a, pendant quelque temps, fait usage du CCl^4,
mais elle semble actuellement renoncer à son emploi pour des raisons
purement économiques; cependant, les propriétés de ce dissolvant en
font un précieux auxiliaire pour l'analyse des matières grasses. Nous
nous sommes proposé d'employer le tétrachlorure de carbone pour
l'essai de quelques pommades inscrites au Codex, les divers excipients
servant à les préparer (axonge, cire, vaseline) étant tous solubles dans
ce dissolvant. Nous décrirons les différentes techniques employées d'après
la solubilité du principe actif dans CCl^4.

I. *Pommade mercurielle à parties égales : dosage du mercure.* — La
pommade mercurielle à parties égales est la seule pommade dont le
Codex prescrit le dosage du principe actif. Le procédé permettant de
doser le mercure dans l'onguent napolitain décrit par le Codex est une
variante du procédé donné par Diéterich dans le *Pharmaceutical Cen-
tralhalle* en 1889. Ce procédé est assez délicat, il nécessite l'emploi de
l'éther chaud dont les vapeurs peuvent s'enflammer et causer des accidents plus ou moins graves; il est nécessaire d'employer également de

---

(¹) Le tétrachlorure de carbone est même employé pour charger certains extinc-
teurs d'incendie.

l'alcool éthylique qui dissout assez mal l'axonge. D'ailleurs, plusieurs auteurs ont étudié et décrit différentes méthodes pour doser le mercure dans l'onguent napolitain; l'un des procédés les plus pratiques est celui décrit par M. le Professeur Fonzes-Diacon, en 1897, bien qu'il nécessite l'emploi d'un appareil à épuisement de Soxhlet.

En faisant usage du tétrachlorure de carbone bouillant pour dissoudre l'axonge de l'onguent mercuriel, on isole le mercure sous forme d'un globule unique, brillant, prêt à être pesé, à l'aide d'appareils très simples et en moins de 20 à 25 minutes.

Voici comment on opère : on prélève 1 g de pommade à essayer dans une capsule de porcelaine à bec et tarée; on verse 20 cm³ environ de CCl_4 et l'on porte à une température voisine de l'ébullition en agitant constamment à l'aide d'un agitateur muni d'un caoutchouc. L'ébullition étant atteinte, on laisse au repos 3 à 4 minutes et l'on décante le liquide. On verse environ 10 cm³ de dissolvant dans la capsule, on chauffe à nouveau et à l'aide de l'agitateur, on frotte énergiquement afin de rassembler le mercure qui se trouve au fond de la capsule sous forme de poudre noirâtre. On laisse déposer, on décante, on lave à nouveau avec 10 cm³ de CCl_4; par agitation, le mercure se rassemble en 3 à 4 gouttelettes qu'on lave à chaud par agitation continue et par décantation à deux reprises différentes, en employant chaque fois 10 cm³ environ de dissolvant. Après ces dernières opérations, le mercure se rassemble en un globule brillant, très propre. Lors du dernier lavage, on aura soin de laisser refroidir la capsule avant de décanter le dissolvant; pour sécher le globule métallique, il suffit de souffler légèrement; le tétrachlorure se volatilise complètement; on évite par là toute élévation de température et le mercure ne s'oxyde pas. On pèse la capsule et le globule. 1 g d'onguent napolitain doit contenir sensiblement 0,500 g de mercure. Si l'onguent mercuriel contenait d'autres substances que de l'axonge et du mercure, il est facile de séparer le globule métallique, de le peser et de rechercher la nature des substances étrangères restées dans la capsule.

II. *Pommade mercurielle faible : dosage du mercure.* — On emploie le mode opératoire précédent en opérant sur 4 g de pommade, le résultat trouvé doit être sensiblement égal à 0,500 g.

III. *Pommade à l'oxyde rouge de mercure.* — Tandis que l'oxyde rouge de mercure est insoluble dans le tétrachlorure de carbone, la vaséline qui constitue l'excipient de cette pommade, se dissout très facilement dans le dérivé perchloré du méthane.

Pour isoler l'oxyde mercurique, on prélève 5 g de pommade à essayer dans une capsule de porcelaine tarée, on dissout le corps gras en le traitant à cinq reprises par le tétrachlorure bouillant. Dans la première opération, on emploie environ 20 cm³ de dissolvant, on décante après avoir laissé reposer quelques minutes. Le liquide recueilli est légèrement coloré en jaune orangé, parce qu'il contient en suspension une très faible quantité d'oxyde rouge dont le poids est pratiquement négligeable. 10 cm³ de dissolvant suffisent dans les quatre derniers lavages et les liquides obtenus sont incolores. Après la dernière opération, on favorise l'évaporation du tétrachlorure par un léger courant d'air. On pèse la capsule dont l'augmentation de poids doit être sensiblement égale à 0,25 g, la pommade à l'oxyde rouge du Codex étant au $\frac{1}{10}$. Après cette pesée, on recherche si le principe actif n'est pas mélangé de substances étrangères.

IV. *Pommade au calomel.* — On sépare le calomel contenu dans la pommade inscrite au Codex en employant la technique décrite pour l'essai de la pommade à l'oxyde rouge. On opère sur 5 g; le résultat trouvé doit être voisin de 0,500 g, la pommade officinale étant au $\frac{1}{10}$; on s'assure ensuite de la pureté du chlorure mercureux.

V. *Pommade à l'iodure de plomb.* — L'iodure de plomb est complètement insoluble dans le tétrachlorure de carbone, mais lorsqu'on traite la pommade à l'iodure de plomb par ce dissolvant, on obtient une dissolution de matières grasses qui présente en suspension le sel métallique. La séparation du principe actif ne se fait qu'au bout d'un temps fort long, le procédé par décantation n'est plus applicable; il faut recueillir l'iodure sur un filtre.

5 g de pommade iodurée sont prélevés dans une capsule à bec tarée; on ajoute 20 à 25 cm³ de tétrachlorure de carbone, on chauffe avec précaution en agitant, on recueille l'iodure insoluble sur un Berzélius taré à texture très serrée. Trois à quatre lavages au tétrachlorure bouillant sont nécessaires pour entraîner tout le principe actif sur le filtre. On lave finalement filtre et précipité avec 10 à 15 cm³ de dissolvant bouillant versés goutte à goutte à l'aide de l'agitateur. On sèche à l'étuve, on laisse refroidir dans un exsiccateur à SO⁴ H², on pèse. 5 g de pommade doivent contenir 0,500 g d'iodure de plomb. Il est dès lors facile de doser l'iodure de plomb dans la substance insoluble qu'on vient d'isoler.

VI. *Pommade à l'oxyde jaune de mercure.* — Ainsi que pour l'essai de la pommade à l'iodure de plomb, le procédé par décantation ne peut être employé. L'oxyde jaune de mercure est obtenu par précipitation sous forme d'une poudre excessivement ténue; il s'ensuit que, dans l'essai de la pommade à l'oxyde jaune, on obtient une dissolution de vaseline, excipient employé dans ce cas, dans le tétrachlorure contenant en suspension une partie du principe actif. D'autre part, l'oxyde jaune possède une densité assez élevée, ainsi que tous les sels de mercure et, même après de nombreux lavages au CCl⁴ bouillant, il reste encore une quantité notable d'oxyde dans la capsule, difficile à recueillir en totalité sur le filtre. Aussi, pour l'essai de la pommade à l'oxyde jaune et dans les cas analogues, employons-nous un mode opératoire un peu différent de celui décrit pour l'essai de la pommade à l'iodure de plomb.

Un filtre Berzélius sans plis, taré, à tenture très serrée, est plié en quatre; on lui donne la forme qu'il doit avoir dans la suite des opérations, on le place sur un support léger, support qu'on peut faire soi-même avec quelques centimètres de fil de fer ou de cuivre, et l'on dispose le tout sur le plateau d'une balance sensible. On pèse 5 g de pommade à essayer dans le filtre, on place le tout dans un entonnoir à filtration rapide et l'on traite la pommade par le tétrachlorure de carbone bouillant qu'on verse goutte à goutte à l'aide d'un agitateur. 40 à 50 cm³ suffisent pour éliminer complètement la vaseline. On laisse évaporer le tétrachlorure de carbone dans l'exsiccateur à $SO^4 H^2$, on pèse. Le résultat doit être voisin de 0,25 g, car la pommade du Codex est au $\frac{1}{10}$. On s'assure de la pureté de l'oxyde de mercure.

La ténuité de l'oxyde jaune est telle, dans la pommade préparée au porphyre, qu'on constate parfois la présence de faible quantité d'oxyde mercurique en suspension dans le tétrachlorure ayant servi à éliminer l'excipient. D'où la nécessité de recueillir le précipité sur un Berzélius à trame très serrée qu'on trouve facilement dans la série des papiers filtres livrés par le commerce et, à défaut, on emploiera un double Berzélius pour séparer le sel mercurique.

VII. *Pommade au sublimé.* — On ne peut isoler le sublimé contenu dans la pommade du Codex en employant le tétrachlorure comme dissolvant, car le titre de cette pommade est très faible ($\frac{1}{1000}$) et la solubilité du chlorure mercurique assez grande pour que le tétrachlorure dissolve à chaud principe actif et excipient. Pour isoler et caractériser le sublimé, il faudra donc s'adresser à une propriété particulière au principe actif autre que l'insolubilité dans le tétrachlorure de carbone.

VIII. *Pommade à l'iodure de mercure.* — La solubilité de l'iodure de mercure dans le tétrachlorure de carbone est suffisamment grande pour que le procédé perde son intérêt pratique; il en est de même pour tous les cas analogues.

IX. *Pommade camphrée : dosage du camphre.* — Le dosage du camphre dans la pommade camphrée du Codex est basé sur la solubilité complète du principe actif et de l'excipient dans le tétrachlorure de carbone et sur la propriété que possède le camphre d'être actif sur le plan de la lumière polarisée. Parmi les méthodes d'essai des médicaments proposées par la Chambre syndicale des Pharmaciens de la Seine, se trouve le dosage polarimétrique du camphre contenu dans la pommade camphrée; le dissolvant employé est l'alcool éthylique absolu, la dissolu ion a lieu dans un ballon jaugé.

En faisant usage du tétrachlorure de carbone, on peut prélever la prise d'essai et faire la dissolution dans une capsule de porcelaine, par conséquent, plus commodément que dans un ballon jaugé dont le col est toujours long et étroit:

On prélève 10 g de pommade à essayer dans une capsule à bec; on ajoute 20 à 30 cm³ de tétrachlorure de carbone et l'on chauffe vers 60° C., afin de favoriser la dissolution des matières grasses.

On verse la solution dans un ballon jaugé de 50 cm³; on rince deux à trois fois la capsule en employant pour chaque lavage 3 à 5 cm³ de dissolvant. On laisse refroidir. On complète le volume jusqu'au trait de jauge, on agite afin de rendre la solution homogène. On filtre et l'on examine au polarimètre Laurent la solution tétrachloro-carbonée contenue dans un tube de 2 dm de longueur.

Après la lecture, on note la température de la solution, on ramène la déviation α à 15°C., au moyen de la relation

$$\alpha''_{15} = \alpha'_t - 0{,}033\,(t - 15).$$

La quantité de camphre contenue dans la prise d'essai de 10 g est donnée
par la relation générale

$$p = \frac{\alpha.v}{l\rho};$$

α est la déviation angulaire ramenée à 15° C.;
V = 50; l = 2 dm;
ρ = le pouvoir rotatoire du camphre à 15° C. dans le cas des dissolutions
peu concentrées = 44°,657.

La déviation angulaire ramenée à 15° C. exprimée en degrés d'arc et fraction
décimale de degré doit être égale à 3°,733, ce qui correspond sensiblement à
20 g de camphre pour 100 g de pommade, titre indiqué par le Codex.

La présence des corps gras dans la solution examinée au polarimètre
n'influe pas d'une façon sensible sur le pouvoir rotatoire spécifique du
camphre; nous nous en sommes assurés par de nombreuses observations.

Conclusions. — En employant une technique variable selon les cas,
le tétrachlorure de carbone permet donc d'isoler rapidement et commodément le principe actif continu dans quelques pommades inscrites
au Codex. Le procédé n'est pas applicable à toutes les pommades officinales, mais celles qui contiennent un principe actif exempt de substances
étrangères et insoluble dans le CCl^4, ou un principe actif complètement
soluble et présentant dans ce cas une propriété physique particulière,
peuvent être essayées avec la plus grande facilité.

M. M.-A. FAUCON.

ÉTUDE DU POUVOIR ROTATOIRE DU CAMPHRE DISSOUS DANS LE TÉTRACHLORURE DE CARBONE. APPLICATION A L'ESSAI DU CAMPHRE DU JAPON.

547.785.22

2 Août.

I. Le tétrachlorure de carbone dissout avec la plus grande facilité des
quantités notables de camphre. Nous avons étudié, en vue de quelques
applications, la variation du pouvoir rotatoire spécifique du camphre
en dissolution tétrachlorocarbonée en fonction du *temps*, de la *concentration* et de la *température.*

Nous avons purifié le dissolvant par distillation fractionnée; la fraction employée dans nos expériences bout à 76°,2 sous la pression de 762,4 mm, possède une densité

$$D_4^{1,5} = 1,5965.$$

et un indice de réfraction

$$n_{15}^D = 1,4611.$$

Le camphre, purifié par cristallisations successives dans le tétrachlorure de carbone rectifié, fond à 178°,8. Nos observations furent faites au polàrimètre Laurent ; nous nous sommes servi d'un tube de 2 dm de longueur muni d'un manchon permettant d'opérer à une température constante et connue grâce à la circulation d'un courant d'eau convenablement chauffée.

Influence du temps. — Nous avons recherché si le camphre dissous dans le tétrachlorure de carbone possédait ou non l'*hémi* ou la *multirotation*. Il résulte de nos mesures que le pouvoir rotatoire du camphre est indépendant du temps qui s'écoule entre le moment de la dissolution et celui de l'observation, le camphre en dissolution tétrachlorocarbonée ne présente ni l'hémi ni la multirotation. Ce fait n'était pas évident *a priori*, car les substances qui présentent cette curieuse propriété possèdent, d'une façon générale, une ou plusieurs fonctions aldéhyde ou cétone dans leur molécule, ou bien encore une fonction dérivée de ces dernières, tel est le cas de certaines oxymes. Le camphre dérivé cétonique des terpènes pouvait présenter l'hémi ou la multirotation ; or, nous avons trouvé que son pouvoir rotatoire atteint sa valeur définitive dès les premiers moments de la dissolution.

Influence de la concentration. — Les résultats de nos mesures forment le Tableau suivant, où :

t^0 est la température d'observation ;

c, le nombre de grammes de camphre dissous dans 100 cm³ de dissolution ;

p, le nombre de grammes de camphre contenus dans 100 g de dissolution ;

q, le nombre de grammes de tétrachlorure contenu dans 100 g de dissolution ;

d_4^t, la densité de la solution à la température t^0, rapportée à la densité de l'eau à 4° ;

α_D, la déviation angulaire observée, exprimée en degrés d'arc et fraction décimale de degré ;

ρ_D, le pouvoir rotatoire spécifique du camphre dissous.

t^0.	c.	p.	q.	d_4^t.	α_D.	ρ_D.
15,2	1,8597	1,1761	98,8239	1,5811	1,666	44,500
15,2	3,7195	2,3707	97,6293	1,5688	3,315	44,560
15,3	7,4390	4,8268	95,1732	1,5411	6,666	44,760
15,3	11,1585	7,3423	92,8292	1,5198	10,013	44,860
15,4	18,500	12,3570	87,6430	1,4919	16,866	45,585
15,5	22,317	15,4000	84,6000	1,4491	20,450	45,817
15,4	29,600	20,9640	79,0360	1,4110	27,683	46,763
15,3	37,195	26,9100	73,0900	1,3529	35,333	47,497
15,3	44,634	34,0180	65,9820	1,3120	43,316	48,524
15,2	52,073	42,8760	57,1240	1,2144	51,500	49,440

Le pouvoir rotatoire spécifique du camphre dissous dans CCl⁴ augmente avec la concentration. Les graphiques qu'on peut tracer avec les nombres ci-dessus, ne s'écartent guère d'une droite dans le cas des solutions les plus concentrées et sont, en fonction de c et de q, exprimées par les équations suivantes :

$$(1) \qquad \rho_{15}^{D} = 43°,56 + 0,1148\,c$$

pour les valeurs de c comprises entre 25 et 55 ;

$$(2) \qquad \rho_{15}^{D} = 56°,65 - 0,12631\,q,$$

pour les valeurs de q comprises entre 90 et 60.

Les courbes représentant la variation de ρ dans le cas des solutions plus diluées ont pour équations

$$(3) \qquad \rho_{15}^{D} = 44°,56 + 0,0134\,c - 0,0003614\,c^{2},$$

quand c varie de 4 à 18 ;

$$(4) \qquad \rho_{15}^{D} = 44°,95 - 0,1168\,q + 0,0006225\,q^{2},$$

quand q varie de 98 à 93.

Ces quatre équations représentent d'une façon satisfaisante la variation de ρ en fonction de la concentration ; les différences entre les valeurs calculées et les valeurs trouvées sont très faibles et sont, en général, inférieures au $\dfrac{1}{10}$ du degré d'arc.

Influence de la température. — Le pouvoir rotatoire spécifique du camphre dissous dans le tétrachlorure de carbone augmente avec la température ; nous avons déterminé cette augmentation entre $+ 12°$ et $40°$ C. pour des solutions de concentrations diverses. Les résultats de nos mesures se trouvent dans les Tableaux suivants ; on a calculé le pouvoir rotatoire ρ_t^{D} en prenant pour coefficient de dilatation du tétrachlorure 0,00123, valeur donnée par I. Pierre :

$1°\quad c = 52,073$ g :

$t°.$	$\alpha_{D}^{t}.$	$\rho_{D}^{t}.$
12	51,23	48,91
20,4	51,90	49,93
25	52,26	50,74
30,4	52,66	51,40
39,5	53,33	52,18

La droite représentant la variation de ρ_{D}^{t} entre 12° et 30° a pour équation

$$\rho_{D}^{t} = 47°,29 + 0,1353\,t.$$

$2°$ $c = 18,59$ g :

$t°.$	$\alpha_D^t.$	$\rho_D^t.$
$°$	$°$	$°$
12,3	16,82	44,98
14,2	16,93	45,43
21,2	17,23	46,54
30,1	17,53	47,95
38,9	17,76	48,80

$$\rho_D^t = 42°,93 + 0,1669\,t.$$

$3°$ $c = 11,158$ g :

$t°.$	$\alpha_D^t.$	$\rho_D^t.$
$°$	$°$	$°$
12,2	9,88	44,03
17,1	10,08	45,29
27,2	10,41	47,22
38,6	10,76	49,51

$$\rho_D^t = 41°,43 + 0,2126\,t.$$

$4°$ $c = 7,439$ g :

$t°.$	$\alpha_D^t.$	$\rho_D^t.$
$°$	$°$	$°$
12,4	6,58	43,89
14,5	6,63	44,56
25,2	6,87	46,73
29,1	6,95	47,48
39,4	7,16	46,47

$$\rho_D^t = 41°,21 + 0,2159\,t.$$

La variation du pouvoir rotatoire sous l'influence de la température dépend de la concentration. L'élévation de 1° C. augmente la déviation angulaire d'une quantité plus grande dans le cas des solutions concentrées que dans le cas des solutions diluées; l'augmentation est également plus grande aux environs de 12° C. qu'aux environs de 40° C.

II. *Application à l'essai polarimétrique du camphre du Japon.* — Après avoir déterminé le sens et la valeur de la variation du pouvoir rotatoire du camphre dissous dans le tétrachlorure de carbone, nous pouvons appliquer les résultats trouvés à l'essai polarimétrique du camphre du Japon. On ne connaît pas de méthode générale permettant de faire l'analyse d'un camphre du commerce. Mais on peut, par l'emploi de différentes méthodes physico-chimiques, rechercher quelles sont les principales substances contenues dans le camphre commercial. Par sublimation, on sépare les substances sublimables des substances fixes et par différence avec la prise d'essai on obtient les substances volatiles qu'on ne peut condenser à la température à laquelle on opère. La détermination du point de fusion de la fraction sublimée permet de savoir si elle est formée de camphre droit pur ou d'un mélange de camphre droit, gauche ou racémique.

Pour doser le camphre droit, le seul officinal, dans un camphre du commerce, on emploiera le procédé suivant :

10 g de camphre grossièrement râpé sont introduits dans un ballon jaugé de 50 cm³; on ajoute 25 à 30 cm³ de tétrachlorure de carbone, on agite, la dissolution s'opère rapidement. On complète le volume à 50 cm³. On rend le liquide homogène par agitation et l'on examine au polarimètre la solution contenue dans un tube de 2 dm de longueur.

Soit t^{o} la température du liquide au moment de l'observation et α_{t} la déviation angulaire exprimée en degrés d'arc et fraction décimale de degré, la déviation à 15° C. est donnée par la relation

$$\alpha^{o}_{15} = \alpha^{o}_{t} - 0,033(t - 15).$$

La déviation angulaire corrigée est introduite dans la formule générale

$$p = \frac{\alpha v}{l \rho}.$$

ρ^{o}_{15} est donné par l'équation (3), p est la quantité de camphre officinal contenu dans la prise d'essai; on rapporte à 100 g de camphre.

Les camphres commerciaux renferment en général de 75 à 77 % de camphre droit.

MM. P. MOREL et P. TOTAIN.

(Paris).

SUR LA PRÉSENCE DE CORPS DE NATURE ALCALOÏDIQUE CHEZ LES MAGNOLIACÉES [1].

58-11.944-31.14

2 Août.

Les plantes de la famille des Magnoliacées trouvent des emplois assez divers. Cette diversité s'explique aisément par celle des principaux éléments chimiques qui entrent dans leur constitution. Les unes, en effet sont des plantes à essence qui jouent actuellement un rôle important dans l'industrie; tel le *Michelia Champaca* L., dont les constituants principaux de l'essence sont le *linalol* et le *geraniol*; telle la *Badiane*, qui est une des principales sources de l'*Anethol*, que contiennent aussi certaines essences de *Magnolia*. Les autres jouissent d'une certaine réputation comme *amers* et fournissent au commerce : l'*écorce de Winter*,

---

[1] Travail du Laboratoire de M. le professeur Perrot.

celle de *Tulipier* et celle de *Magnolia*. Enfin, on a signalé la grande toxicité des fruits de *Sikimi* (Badiane du Japon), qu'on a parfois substitués ou mélangés à ceux de la Badiane vraie (Badiane de Chine, Anis étoilé).

L'un de nous a déjà établi une monographie assez complète des plantes utiles de cette famille (¹) dans un Mémoire manuscrit déposé, en 1911, à la Bibliothèque de l'École de Pharmacie de Paris, et nous avons cru utile de reprendre quelques points obscurs qui nous avaient frappés à cette époque.

C'est sur la présence d'alcaloïdes dans les plantes de cette famille qu'ont porté nos premières investigations, car on la donnait, en somme, comme exceptionnelle jusqu'à une date relativement récente. En effet, en 1888, seulement, Eikman découvrait pour la première fois, croyait-il, un alcaloïde dans une plante de cette famille (²). Il faut cependant ajouter, pour rétablir la vérité, que l'alcaloïde du Tulipier avait été entrevu quelques années auparavant. Bien que, depuis cette époque, on ait signalé la présence de substances alcaloïdiques chez diverses espèces des genres *Liriodendron*, *Magnolia*, *Talauma*, *Manglieta*, *Michelia*, *Illicium*, il n'y a guère que l'alcaloïde toxique du Sikimi qui ait fait l'objet de véritables recherches. Aucun autre n'a été jusqu'ici isolé à l'état défini. C'est ce qui permet l'espoir de recherches nouvelles intéressantes au point de vue chimique et pharmacognosique ; en tout cas, voici nos premiers résultats, quoique bien incomplets :

1° *Liriodendron Tulipifera* L. (*Tulipier de Virginie*). — On sait qu'on emploie fréquemment encore, aux États-Unis, l'écorce de Tulipier et qu'elle a joué un grand rôle, pendant la guerre de l'Indépendance, comme succédané du quinquina, qui fit alors complètement défaut.

En 1832, Emmet en a retiré un corps appelé *liriodendrine*, dont il n'a pas défini la nature, bien qu'il l'ait obtenu aisément à l'état cristallin, dans la liqueur résultant de l'addition d'eau, à une solution alcoolique d'extrait alcoolique de la plante fraîche, lavé à la potasse diluée.

Bouchardat isola de l'écorce sèche, après action de la potasse concentrée, un corps cristallisé qu'il crut être la pipérine, et mit en évidence la présence d'un *alcali végétal*, grâce à l'action de son réactif iodo-ioduré.

L'Oyd, plus tard, bien qu'ignorant le travail de Bouchardat, obtint un corps très impur, qu'il ne put faire cristalliser, mais appela cependant *tulipiférine*.

Nous avons repris cette recherche par la méthode de *Stass*, ainsi légèrement modifiée : épuisement de la plante par l'alcool tartrique ; reprise par l'eau ; filtration ; épuisement de la solution aqueuse tartrique (après alcalinisation à l'ammoniaque) par l'éther, puis par le chloroforme ; distillation des solutions éthérées et chloroformiques ; épuisement du

---

(¹) P. MOREL, *Les Magnoliacées utiles et les* Illicium *en particulier* (*Mémoire manuscrit déposé à la Bibliothèque de l'École supérieure de Pharmacie de Paris, prix Ménier 1911*).

(²) EIKMANN, *Ann. Burtenzorg*, t. VII, 1888, p. 224.

résidu par l'eau acidulée. Nous avons obtenu une solution acide donnant toutes les réactions des alcaloïdes; qui, par évaporation dans le vide sulfurique, a fourni des cristaux de *sulfate de tulipiférine*, et à partir de laquelle il est aisé d'obtenir, après alcalinisation par l'ammoniaque, une solution éthérée d'alcaloïdes, qui, à son tour, abandonne dans le vide sulfurique des cristaux très nets de *tulipiférine*.

2° *Écorce de Magnolia.* — D'après Lloyd, il s'est vendu sous ce nom aux États-Unis, pendant un certain temps, pour l'usage domestique, des écorces d'un certain nombre de Magnolias, parmi lesquels on peut citer : les *M. glauca* L., *M. acuminata* L., *M. umbrella* Lam., *M. grandiflora* L., *M. macrophylla* Michx., toutes plantes originaires du sud-ouest de l'Amérique du Nord. Une étude comparée de l'anatomie des tiges de ces différents Magnolias permet de penser que, seuls parmi eux, les *M. glauca* L., *M. grandiflora* L., *M. macrophylla* Michx., entrent dans la composition des échantillons qu'on rencontre dans les droguiers. Ces écorces constitueraient, comme celle de Tulipier, un actif fébrifuge. Elles se différencient aisément de cette dernière par les caractères anatomiques suivants :

TULIPIER.	MAGNOLIA
Absence de parenchyme cortical dans la drogue.	*Présence de parench.* cort. lacuneux en dedans du périderme.
R. médullaires s'étendant jusqu'à la surface externe de la drogue; quelques-uns s'élargissent énormément.	*R. médullaires* s'élargissant peu vers l'extérieur et s'arrêtant au milieu de la section.
Sclérites localisés dans la partie externe des rayons médullaires élargis.	*Sclérites* répartis dans toute la section, même dans les strates fibreuses du liber.

Des fruits du *Magnolia umbrella* Lam., en 1812, Wallace Procter isola une substance cristalline à laquelle Emmet crut pouvoir plus tard identifier sa *liriodendrine*.

En 1842, Steph. Procter nia cette identité. Il isola, en effet, du *Magnolia grandiflora* L., de la *magnoline* cristallisée qui, pourtant voisine de la *liriodendrine*, s'en distingue cependant très nettement. Et il crut pouvoir affirmer que la substance obtenue par W. Procter en 1812, était, non de la Liriodencrine, mais bien de sa *magnoline*.

L'oyd enfin, en 1886, du *Magnolia glauca* L., retira un glucoside cristallisé qu'il crut identique à la *magnoline*. Il admit, de plus, la présence dans cette espèce d'un alcaloïde, mais il n'en obtint aucune preuve convaincante.

Par la méthode citée plus haut, nous avons pu mettre sûrement en évidence cette présence chez les *M. grandiflora* L., *M. acuminata* L., *M. umbrella* Lam. et *M. glauca* L. Et les solutions chlorhydriques obtenues ont abandonné à l'évaporation quelques cristaux de chlorhydrate d'alcaloïde de formes toutes analogues.

Sur le *Magnolia grandiflora* L., dont nous avons pu obtenir un échantillon plus copieux ([1]), nos recherches ont été faites avec la plante fraîche

---

([1]) Grâce à l'amabilité de M. Robert Croux, ingénieur agronome, pépiniériste à Chatenay, à qui nous sommes heureux d'apporter ici nos très amicaux remerciements.

stérilisée aux vapeurs d'alcool sous pression, par la méthode de MM. Perrot
et Goris. L'extrait alcoolique, obtenu à partir de ce matériel, repris par
l'eau, a donné une solution très faiblement acide, qui supporte sans modification apparente la concentration à l'ébullition, mais qui, sous l'influence de petites quantités d'acide chlorhydrique, dégage instantanément
une odeur désagréable, en même temps qu'elle laisse déposer une masse
résineuse complètement soluble dans la potasse, et totalement insoluble
dans l'eau. L'aspect et les propriétés de cette substance rappellent
beaucoup ceux que les auteurs attribuent à la *magnoline* amorphe (¹).

La liqueur aqueuse acide, d'où s'est précipitée cette masse résineuse,
contient l'alcaloïde du *Magnolia grandiflora* L. Cette liqueur est alors
portée à l'ébullition. On s'assure ainsi que l'alcaloïde, qui était évidemment engagé dans des combinaisons complexes solubles, s'en libère complètement. Puis après neutralisation à l'ammoniaque et sans filtration,
son évaporation est poursuivie au bain-marie jusqu'à consistance sirupeuse. Du carbonate de chaux est incorporé à la masse pour la rendre
compacte. On dessèche à l'étuve et pulvérise. On a ainsi un *extrait, aqueux,
sec, neutre, contenant* l'alcaloïde et se prêtant aisément aux manipulations
que nécessite l'extraction de ce corps. Pour procéder à cette extraction,
il suffit d'ajouter de la chaux à l'extrait pulvérulent et d'épuiser la
poudre ainsi obtenue par l'éther et le chloroforme, au Soxhlet (²).

Les liqueurs éthérée et chloroformique, distillées, laissent un résidu
extractif contenant l'alcaloïde. Ce résidu, repris par l'eau chlorhydrique,
donne immédiatement une solution du chlorhydrate de l'alcaloïde encore
très impure. Néanmoins, elle laisse déjà déposer à l'évaporation des
cristaux de ce sel.

Il ne reste plus alors qu'à procéder à la purification de ces cristaux,
dont nous déterminerons les caractères physiques et chimiques, dès que
nous serons en possession d'une quantité suffisante.

3° *Écorce de Winter*. — Cette drogue est bien connue de tous les
pharmacologistes, car elle a longtemps fait parler d'elle, à cause de son
origine botanique, qui, d'abord mal déterminée, a donné lieu à de nombreuses controverses. Elle est fournie par le *Drymis Winteri* Forst. var. α

(¹) Ce fait pourrait permettre de supposer que la magnoline n'est autre chose
qu'un produit de décomposition d'un glucoside existant dans le Magnolia frais. Il
n'est point sans intérêt de rappeler à ce propos que Emmet a retiré sa liriodendrine
du Tulipier *frais* et que tous les auteurs qui ont essayé d'en reproduire les cristaux,
à partir du Tulipier *sec*, ont échoué et n'ont jamais abouti qu'à la préparation d'une
masse résineuse de propriétés analogues à celle de la magnoline. L'étude de ces corps
est donc à refaire complètement.

(²) L'expérience nous a montré que la chaux devait réagir même dans ces conditions sur le chlorhydrate d'ammoniaque de l'extrait sec (formé lors de la neutralisation de la liqueur aqueuse chlorhydrique) pour donner de l'ammoniaque; car ce
dernier s'est très nettement manifesté à l'odorat. Ces circonstances favorisent évidemment la mise en liberté de l'alcaloïde.

magellanica Eich, arbre originaire des régions tempérées chaudes de l'Amérique du Sud. Sa structure, essentiellement caractérisée par la présence d'îlots scléreux allongés dans les rayons médullaires, alors que son liber est dépourvu de toute fibre, permettra toujours aisément de la reconnaître de ses falsifications ou substitutions possibles.

Sa composition chimique est mal connue, et sauf les recherches de Arata et Canzonari, qui n'ont porté que sur l'essence, on ne connaît, à son sujet, aucun autre travail.

Traitée suivant la méthode de recherche voisine de celle de Stass décrite plus haut, l'écorce de Winter nous a fourni une solution chlorhydrique précipitant par les réactifs des alcaloïdes et laissant déposer deux sortes de cristaux, les uns identiques dans leur forme, à ceux du chlorhydrate de l'alcaloïde des divers *Magnolia;* les autres, moins abondants, formés de prismes épais et courts.

Il semble donc que nous puissions conclure de cette note préliminaire :
que le *Liriodendron* et les divers *Magnolia* contiennent des corps glucosidiques très voisins les uns des autres et dont il faudra déterminer la nature exacte, après extraction, en partant de plantes fraîches ou stabilisées; que le *Liriodendron*, les divers *Magnolia*, et le *Drymis* contiennent, en outre, un ou plusieurs alcaloïdes donnant des sels cristallisables, et dont un, au moins, paraît commun aux *Magnolia* et au *Drymis Winteri*.

M. LE Dr G. DORLÉANS.
(Paris).

INFLUENCE DE LA PURIFICATION SUR LA TOXICITÉ D'UN MÉDICAMENT
(CAS DE LA THÉOBROMINE).

615,711.65

2 Août.

Lorsqu'on administre un médicament donné à un certain nombre d'individus, on constate fréquemment que la tolérance est très différente suivant les malades. On a l'habitude d'attribuer ces effets variables à une susceptibilité particulière des sujets vis-à-vis du médicament employé.

- Parmi les médicaments dont le médecin fait usage journellement, il en est un, la théobromine, qui s'emploie à hautes doses pour stimuler l'élimination urinaire. Or, il arrive que certains médecins sont devenus très prudents dans l'emploi de ce médicament, parce qu'ils ont eu l'occasion de voir des malades incommodés par des doses faibles. Ils sont, d'ailleurs, partagés entre la crainte de nuire à leurs patients et le désir de les faire profiter, autant que possible, de l'action incontestablement bienfaisante de la théobromine dans les cas où il est d'usage de l'employer.

J'ai pensé qu'il était intéressant de chercher à savoir si les différences d'action ainsi constatées ne devaient pas être attribuées au moins autant au médicament qu'aux idiosyncrasies généralement mises en cause.

J'ai procédé de la façon suivante :

1° En premier lieu, j'ai déterminé la toxicité d'un certain nombre d'échantillons de théobromine de bonnes marques, habituellement employées en thérapeutique.

2° J'ai soumis ensuite à des purifications convenables les échantillons de toxicité différente et j'ai essayé le pouvoir toxique des produits successivement obtenus à la suite des opérations de purification.

1° Toxicité d'un certain nombre d'échantillons :

Solution employée :

Théobromine soigneusement desséchée à l'étuve.	1,80
Soude	0,40
Salicylate de soude	1,60
Eau q. s. p. f	100$^{cm^3}$

La solution a été injectée dans la veine marginale de l'oreille du lapin, de façon à obtenir la mort en 10 minutes environ, suivant la méthode de M. le professeur Bouchard.

Résultats obtenus.

Échantillon.	Toxicité par kg.
A	0,36
B	0,18
C	0,32
D	0,37
E	0,22
F	0,23
G	0,23
H	0,15
I	0,32

2° Toxicité après purifications successives.

Le détail de toutes les opérations effectuées ne pouvant trouver place ici je donnerai seulement, à titre d'exemple, les résultats obtenus par la purification d'un échantillon présentant une toxicité de 0,23 par kilogramme d'animal.

Première série d'opérations :

L'échantillon est lavé deux fois à l'alcool bouillant, puis dissous dans la soude. La solution est ensuite traitée par l'acide chlorhydrique de façon à faire précipiter un quart environ du poids de théobromine dissoute au début des opérations.

Toxicité du produit obtenu (A), 0,39 par kilogramme d'animal. Deuxième série :

La liqueur filtrée est traitée de nouveau par l'acide chlorhydrique, de façon à précipiter à nouveau un quart environ du poids de théobromine dissoute au début.

Toxicité du produit obtenu (B), 0,57 par kilogramme d'animal. Troisième série :

La précipitation par l'acide chlorhydrique d'un troisième quart donne un produit (C) dont la toxicité est de 0,34 par kilogramme.

Enfin, les eaux mères étant traitées par l'acide chlorhydrique en excès, tout ce qui reste de théobromine est précipité.

Toxicité du produit obtenu (D), 0,30 par kilogramme d'animal.

Conclusions. — Les déterminations que nous venons d'indiquer établissent jusqu'à quel point l'influence, d'ailleurs bien connue, de la purification sur la toxicité d'un médicament, livré cependant comme pur par le commerce, peut justifier les observations quotidiennes de la clinique. Avant de déclarer que tel malade supporte mal un médicament tel que la théobromine, le praticien devrait donc exiger que le médicament mal toléré fût soumis à une purification rigoureuse.

M. E. COLLARD Fils,

Préparateur à l'École supérieure de Pharmacie (Montpellier).

LES MÉDICAMENTS OPIACÉS DANS LES DIFFÉRENTES PHARMACOPÉES.

615.783.1

5 Août.

Au Congrès de l'Association française réuni à Dijon l'an dernier, j'ai exposé dans ses grandes lignes le sujet d'un travail entrepris sur la comparaison des médicaments opiacés préparés suivant les procédés indiqués par les différentes Pharmacopées. Ce travail a été continué. Voici les principaux résultats obtenus après étude des douze Pharmacopées parues depuis 1902, date de la Conférence de Bruxelles, et de la Pharmacopée britannique, publiée en 1898.

Opium. — Pour l'étude de l'opium il n'y a guère à considérer que les procédés de dosage de la morphine.

Des résultats voisins sont donnés par les procédés dans lesquels l'opium est traité par la chaux et où la précipitation de la morphine se fait au moyen du chlorure d'ammonium. Des résultats voisins sont également obtenus par les méthodes dans lesquelles l'épuisement de l'opium a lieu par l'eau seule, que la précipitation ultérieure de la morphine par l'ammoniaque soit faite en présence d'éther sulfurique ou d'éther acétique. Il est évident que l'épuisement par l'eau ne permettant d'obtenir que la morphine soluble dans ce liquide on aura, par l'emploi des procédés de dosage de ce groupe, des résultats inférieurs à ceux donnés par le traitement à la chaux ; ces résultats sont dans la proportion de 75 % de ceux de l'autre groupe.

Une autre cause de différence dans les nombres trouvés est à signaler. La morphine est dosée, en effet, soit pondéralement, soit volumétriquement. Or, dans les dosages volumétriques, on considère toujours la morphine anhydre, dont le poids moléculaire est 285 ; au contraire, lorsqu'on fait des dosages pondéraux, on dessèche simplement à 100°, température à laquelle la morphine retient une molécule d'eau et le poids moléculaire de cette morphine est 303.

En outre, il y a lieu de signaler la facilité avec laquelle les erreurs peuvent se produire par les méthodes volumétriques, vu la coloration des milieux, coloration qui se mêle à celle des réactifs témoins, au point de rendre difficile l'apparition des teintes caractéristiques.

Extrait d'opium. — La Pharmacopée des États-Unis est la seule à épuiser complètement l'opium : l'action de l'eau y est prolongée jusqu'à ce que le filtrat passe incolore. Les autres Pharmacopées emploient des quantités d'eau différentes, mais toujours inférieures à celle de la Pharmacopée des États-Unis ; le rendement en extrait est donc toujours moindre. Ce rendement variera également selon que l'extrait sera repris ou non par l'eau.

De ce que je viens de dire sur le dosage de la morphine dans l'opium, résulte nécessairement que nous trouverons dans l'extrait toute la morphine que nous avons constatée dans l'opium, si nous n'avons dosé dans l'opium que la morphine soluble, tandis que si notre premier dosage a été fait par un procédé à la chaux, nous ne trouverons qu'une partie de cette morphine. Les résultats analytiques confirment cette manière de voir. L'extrait d'opium desséché à 60° ou à 100° est hygroscopique ; l'extrait ferme perd de l'eau et durcit. Il vaut mieux employer un extrait sec pulvérisé et le conserver en flacons bouchés à l'émeri.

Teinture d'opium. — La teinture d'opium devrait être préparée par percolation avec l'alcool à 70°. Quoiqu'on en ait dit, cette préparation n'offre pas de grandes difficultés : on obtient, par ce procédé, des teintures plus riches que celles obtenues par macération. La morphine ne se dissolvant dans l'alcool que dans la proportion de 75 % environ, il faut donc des opiums de titre assez élevé pour obtenir des teintures à 1 % de morphine.

*52

Les caractères généraux de ces teintures varient dans d'assez grandes limites ; ce fait s'explique par la différence du liquide extracteur, le titre de l'alcool variant de 70° à 35°.

Pour la *teinture d'opium safrané*, il suffit de considérer les procédés de préparation que j'ai signalés l'an dernier, pour se rendre compte des différences qui existent entre les produits obtenus. Le titre de 1 %, demandé par la Convention de Bruxelles, ne peut être atteint qu'en employant une quantité d'opium contenant plus de 1 g de morphine : il faut nécessairement un minimum de 1,30 g. Les quantités respectives des autres produits, safran, cannelle, girofles, ou essences de ces deux derniers corps, modifient la composition quant à ses caractères organoleptiques.

La *poudre d'ipéca opiacée* contient toujours 10 % de poudre d'opium à 10 % de morphine ; mais, comme pour l'opium, on aura des titres différents suivant le procédé analytique employé.

La *teinture d'opium benzoïque* varie également dans ses caractères, tant à cause de l'alcool employé pour sa préparation qu'à cause des proportions très variables des autres corps : camphre, acide benzoïque, essence d'anis.

Il ressort de cet exposé que, selon mes prévisions antérieures, il y a de grandes différences entre des produits portant le même nom et pouvant paraître semblables entre eux, parce qu'ils semblent conformes aux décisions de la Conférence de Bruxelles. Il est donc nécessaire, pour arriver à l'unité de ce groupe de médicaments héroïques, d'avoir des formules uniques préparées et contrôlées par des moyens uniques.

M. L.-G. TORAUDE,

Pharmacien, Asnières (Seine).

SUR L'ÉMANATION DU RADIUM ET SUR QUELQUES FORMES PRATIQUES DE SON UTILISATION THÉRAPEUTIQUE.

546.432 : 615.05-

3 *Août.*

Dans cette modeste Note, nous ne voulons envisager que l'utilisation thérapeutique de l'émanation. Nous nous arrêterons seulement quelques instants sur les généralités dont la connaissance est indispensable à la compréhension du sujet que nous avons choisi et nous indiquerons ensuite nos préférences et nos conclusions.

Parmi les remarquables propriétés du radium, l'une d'elles, sinon la plus caractéristique, est de rendre radioactives les substances avec lesquelles ce corps se trouve en contact. Cette radioactivité a reçu le nom d'*induite*, ce qui veut dire, à proprement parler, *déposée sur*. Comment ce dépôt peut-il se produire ? Tout simplement par l'action d'un gaz, appartenant au groupe des gaz inertes, n'ayant, par conséquent, aucune affinité chimique et dont la place, dans l'échelle de ce groupe, qui comprend l'argon, l'hélium et le néon, est voisine de l'un d'eux : l'argon.

C'est à ce gaz que Pierre Curie a donné le nom d'*émanation*.

L'émanation a toutes les propriétés physiques et obéit à toutes les lois ordinaires des gaz. C'est ainsi qu'on a pu, malgré les difficultés dues aux faibles quantités utilisables, la condenser à — 62°, la solidifier à — 71°, constater la phosphorescence intense qu'elle communique aux récipients de verre qui la contiennent. De même on a pu la diffuser dans les autres gaz et enfin la dissoudre. Sa solubilité dans l'eau est considérable, dix fois plus élevée, par exemple, que celle des gaz O et H. Elle est moindre dans les solutions salines et plus grande dans les corps organiques et dans les corps gras, dans l'alcool et dans les huiles. Enfin, au point de vue physiologique, on a remarqué que l'urine en dissolvait moins que l'eau (0,16 à 26°) et le sérum artificiel moins encore (0,12 à 26°).

Toutes ces propriétés sont à signaler, mais ce qui rend l'émanation plus intéressante encore à nos yeux *et en assure l'utilisation pratique*, c'est sa radioactivité propre.

Cette radioactivité va en décroissant, suivant une loi régulière à laquelle on a donné le nom de *loi des quatre jours*; entendons par là qu'elle décroît de moitié de quatre en quatre jours. Mais en décroissant, elle ne se détruit pas; elle se transforme, se transmute, pour employer l'expression des alchimistes, dont elle éclaire d'un jour nouveau les théories anciennes, et donne naissance à une série de substances radioactives : Radium A, B, C, etc. Cette radioactivité produite par l'émanation est celle qu'on désigne sous le nom de *radioactivité induite*.

Une particularité, propre aux corps ainsi rendus radioactifs, est de produire le rayonnement, dans des conditions identiques au radium lui-même. Le radium, rappelons-le ici, donne naissance à un triple rayonnement : il émet des rayons α corpusculaires et à charge positive, des rayons β également corpusculaires, mais à charge négative, enfin des rayons γ, rayons vibratoires, pulsations de l'éther, comparables à ceux des rayons X. Or, l'émanation par elle-même ne possède que le rayonnement α, tandis que les corps qu'elle a rendus radioactifs, reproduisent les trois rayonnements α, β, γ.

Deux mots encore : nous avons dit que l'émanation perdait moitié de ses propriétés radioactives dans l'espace de quatre jours; il convient d'ajouter que si la source à laquelle est empruntée cette émanation continue à produire, celle-ci s'accumule jusqu'à ce que sa production soit égale à sa destruction. A ce moment, la quantité accumulée se maintient constante : on dit alors qu'on est arrivé à l'équilibre radio-actif. Il faut 1 mois pour atteindre cet équilibre.

Ceci posé, où *peut-on rencontrer l'émanation du radium? Comment peut-on l'obtenir?*

A. On la rencontre :

1° *A l'état naturel*, au griffon de la plupart des sources thermales;

2° *A dose appréciable*, dans l'atmosphère des stations de quelques-unes de ces sources;

3° *A dose fort minime*, au voisinage des minerais radioactifs;

4° On la rencontre enfin dans les boues et les résidus de la fabrication du radium.

B. Pour l'obtenir :

On la recueille : *à l'état de dissolution*, dans l'eau thermale qui a tra-versé les couches profondes des terrains contenant du radium, de l'ura-nium, ou du thorium; *à l'état gazeux*, dans les gaz dégagés spontanément au griffon d'une source radioactive.

On emploie, quand il s'agit de dissolutions, la méthode du barbo-tage; quand il y a lieu de s'adresser aux dégagements gazeux, on a recours à l'élimination de l'acide carbonique par un lait de chaux où tout autre procédé, ce qui permet d'obtenir, en dernier lieu, un faible résidu gazeux contenant la totalité de l'émanation. On peut encore, dans les cas de gaz difficiles à éliminer, absorber l'émanation à l'aide de tubes refroidis contenant du charbon de fibres de coco, adéquat à cet usage, et la libérer ensuite par chauffage.

Lorsque, au contraire, l'émanation est contenue dans l'atmosphère des stations thermales, où elle a, par diffusion dans l'air, déposé sa radioactivité induite sur tous les objets situés à proximité des sources; ou bien, lorsqu'au voisinage des minerais radioactifs, elle s'est dégagée, à dose très faible, il est vrai, mais cependant appréciable, sur des frag-ments non dissous de ces minerais dans lesquels elle est restée incluse, il faut dissoudre et ces objets et ces fragments. La méthode du bar-botage est ensuite appliquée sur ces solutions et l'émanation libérée. Les mêmes procédés sont employés vis-à-vis des boues et des résidus de la fabrication du radium ([1]).

Quelles sont maintenant les propriétés de l'émanation applicables en thérapeutique? Quels en sont les modes d'application actuels? Quelles en seraient à notre avis les formes les plus pratiques? — Le prix élevé du radium, les difficultés de sa manipulation qui demande beaucoup de prudence et de délicatesse, les commodités que présentent au contraire

---

([1]) Nous n'avons pas à considérer ici les méthodes préconisées pour mesurer l'émanation ainsi obtenue; il y faudrait un Chapitre spécial et ce serait sortir de notre sujet.

l'emploi et le bon marché relatif des produits radioactivés par l'émanation du radium, ont, depuis quelques années, déterminé les praticiens à utiliser de préférence ces derniers. Nous n'avons pas malheureusement d'indications très précises, physiques ou biologiques, sur les propriétés et les résultats de l'emploi de l'émanation. Les auteurs ne se sont pas mis d'accord sur les interprétations de leurs observations cliniques et une certaine confusion plane dans les esprits. Un point cependant semble acquis : c'est la dissolution (*in vivo* dans le sang et *in vitro* dans le sérum) de l'acide urique par l'émanation.

Dans une très substantielle étude de M. le Dr Coutard, étude récente puisqu'elle est en date du 29 juin dernier, l'auteur, passant en revue les expériences remarquables de Gudzent, de His et de Mesernitsky, conclut, avec ce dernier, que le rayonnement α de l'émanation provoque *in vitro* la dissolution du monourate de soude. Le tube utilisé par Mesernitsky en contenait une quantité considérable : 3,3 millicuries, soit 26, 40 milligramme-minutes. Il a ainsi établi que la trioxypurine (acide urique) est solubilisée par l'émanation.

L'émanation possède donc la propriété de dissoudre le monourate de soude.

Suivant les travaux de Curie et Danne, et de Rutherford, Soddy et Lœwenthal, son action dans la goutte est indéniable. Sous son influence on constate chez les arthritiques une augmentation des échanges, un accroissement de l'absorption de l'oxygène, une production plus grande de l'acide carbonique. De son côté, Gudzent, en 1908, a établi que l'assimilation purinique était modifiée, que les urates de soude paraissaient solubilisés et que l'émanation dissolvait le monourate et avait une action anti-inflammatoire. His, en 1910, affirmait la disparition de l'acide urique dans le sang. En 1911, sur 100 cas de rhumatisme chronique, il enregistrait 70 améliorations; sur 28 cas de goutte urique, 24 améliorations et, sur 49 autres malades, 37, après un traitement de 1 à 3 mois, n'avaient plus d'acide urique dans le sang. Entre temps Von Noorden et Falta, à Vienne, obtenaient des résultats analogues.

En résumé, on peut dire que l'action de l'émanation est : antiphlogistique et spécifique de la disparition de l'acide urique dans le sang et de la solubilité du monourate de soude. Elle est moins prouvée vis-à-vis des diverses variétés de névralgies et de rhumatismes, les douleurs tabétiques, les troubles circulatoires. Enfin, il y a lieu de signaler, à côté de nombreux insuccès, quelques succès incontestables dans le diabète et l'obésité. Il est bon d'ajouter que les résultats négatifs enregistrés s'expliquent surtout par l'insuffisance des procédés employés.

Ici quelques questions se posent : 1° *Comment l'émanation peut-elle produire de tels effets?*

C'est que l'émanation est un gaz radioactif, capable, par conséquent, de diffuser au travers des parois imperméables, d'imprégner ainsi tout l'organisme et d'abandonner dans les tissus l'énergie considérable qu'elle transporte (Dr Coutard).

2° *Pourquoi l'émanation est-elle préférable au rayonnement directement obtenu du radium ?*

Parce qu'elle utilise 85 °/₀ de l'énergie du radium, là où le rayonnement n'en utilise que 10 %, empruntés aux rayons β et aux rayons γ, tandis que sur les 85 % utilisés par l'émanation, 75 % environ résultent du rayonnement α.

Or, le rayonnement α, si dangereux lorsqu'il est concentré sur un seul point des tissus, devient intéressant par sa diffusion dans l'organisme. Aussi aisément et plus largement que les rayonnements β et γ, il provoque des réactions chimiques irréalisables par tout autre procédé. Cette propriété permet de comprendre que, mis en contact avec les globules rouges, les leucocytes, avec tous les éléments cellulaires de l'économie ou avec ceux des surfaces cutanées, ses actions biologiques soient particulièrement favorables (Dr Coutard). De plus, le dépôt de radioactivité induite, qui fait suite à la destruction de l'émanation, fixe, en tous les points de l'organisme, les corps solides actifs dont les rayonnements α, β, γ, sont progressivement décroissants, ce qui constitue un troisième privilège de l'émanation. D'ailleurs, à considérer les choses de près, il est de toute évidence qu'en thérapeutique, à part celle du rayonnement, toutes les utilisations du radium sont tributaires de celle de l'émanation. Émettre cette vérité, c'est indiquer le terme de notre seconde proposition, c'est-à-dire : *Quels sont les modes d'application de l'émanation ?*

On peut les résumer en les basant sur le Tableau dressé par M. le Dr Coutard, ce qui revient à dire :

Émanation partielle et en petites quantités.

1° Que l'émanation est *partielle* et employée en *petites quantités* dans : les boues radioactives (insolubles); les injections de sels insolubles; les injections de produits insolubles;

Partielle et secondaire.

2° Que l'émanation *partielle* se produit avant et après dans l'ionisation des sels insolubles;

. 3° Qu'elle est *partiellement* respirée dans les bains radioactifs;

4° Qu'elle est *secondairement* respirée dans les bains gazeux d'émanation;

Totale.

5° Qu'elle est *totale* :

Dans les injections et ingestions de sels solubles; dans les eaux radifères (thermales ou non), en boissons ou injections, et dans les injections de produits solubles;

6° Qu'elle est *totale* encore :

Dans les injections et ingestions du liquide radioactif;

Dans l'eau et les produits radioactivés;

Dans les injections radioactives de gaz;

Dans l'inhalation de l'émanation à l'air libre, par tube porté à la bouche.

Ces modes d'application ainsi déterminés, *quelles seraient à notre avis les formes les plus pratiques pour l'usage thérapeutique?* Le bon sens dira que ce sont celles susceptibles d'introduire et de maintenir l'émanation dans l'économie, afin de lui emprunter le plus possible de son rayonnement et d'obtenir tout ce qui pourra être obtenu de radioactivité induite, source immédiate des rayons α, β et γ. Or, nous avons vu que l'émanation du radium suit un processus immuable, c'est-à-dire : 1° qu'elle se désintègre; 2° qu'elle s'accumule jusqu'à équilibre (équilibre radioactif); 3° qu'elle produit de la radioactivité induite. Pour l'utiliser pratiquement en thérapeutique, il est donc indispensable de n'employer que des moyens permettant à ce processus de s'accomplir intégralement. D'où deux modes d'application, suivant qu'on s'adresse :

I. *Au traitement externe;*
II. *Au traitement interne.*

I. *Applications externes.* — Sachant que l'émanation ne traverse pas la peau, mais qu'elle peut, en se désintégrant, produire une radioactivité induite capable de déterminer des radiations pénétrantes, le procédé qui nous a paru le meilleur, le plus simple, le plus efficace et le plus scientifique, pour obtenir le maximum de radioactivité induite, consiste à introduire dans une masse neutre, toujours semblable à elle-même, une quantité de produits radioactifs dont la richesse en émanation, connue par l'analyse, est exactement dosée.

On s'était adressé jusqu'alors aux boues radioactives, résidu de la fabrication industrielle du radium, mais leur application était compliquée, malpropre, inégale, désagréable et même irritante pour la peau. Avec le système que nous proposons et que nous expérimentons depuis 3 ans avec un plein succès, il suffit d'appliquer, après l'avoir plongé dans l'eau chaude, le mélange neutre radioactif préparé avec soin et renfermé dans un tissu protecteur fabriqué spécialement pour cet usage. Aussitôt l'émanation s'échappe, vient se répandre sur la peau avec laquelle elle est en contact direct et produire de la radioactivité induite qui, à son tour, donne naissance à un rayonnement pénétrant les parties profondes (Procédé du Dr Guyenot et L.-G. Toraude). Inutile d'ajouter que ces préparations ne sont utilisables qu'après 1 mois de vieillissement, temps nécessaire au mélange pour arriver à l'équilibre radioactif, et qu'elles doivent être conservées sous une enveloppe protectrice pour éviter toute perte d'émanation.

II. *Traitement interne.* — Il s'agit ici de solubiliser l'acide urique ou, mieux, de transformer le monourate de soude en produits solubles. Cette transformation s'opère, avons-nous dit, par les rayons α de l'émanation quand ceux-ci sont diffusés dans l'organisme. Suivant toujours le processus que nous avons défini, l'émanation commence par se désintégrer au contact des éléments cellulaires, puis s'accumule jusqu'à équilibre radioactif et produit enfin de la radioactivité induite sous forme de rayons α, β, γ, progressivement décroissants, dont le rayonnement imprègne pour ainsi dire l'organisme au milieu duquel il se produit.

Aussi le traitement interne peut-il se pratiquer de deux façons : 1° En plaçant le sujet dans une cabine dont l'atmosphère est chargée d'émanation. En ce cas, les poumons absorbent le gaz radifère et la radioactivité induite se dépose à la surface des téguments. Ce procédé a été rendu pratique par M. Jacques Danne qui a construit dans ce but un appareil producteur d'émanation, dont le contrôle est effectué par l'émanatomètre à lecture directe, gradué en millicuries, dont il est également l'auteur. Rien de plus simple alors que de doser les quantités d'émanation qu'on veut utiliser. Cependant, ce traitement par séjour d'émanation est seulement passager, l'émanation s'éliminant assez vite.

2° Le second procédé consiste tout simplement à faire absorber par voie digestive une dose quotidienne de Ra Br^2, 2 H^2 O, arrivée à l'équilibre radioactif. L'important est de fixer en une solution rigoureusement titrée la quantité voulue de sels de radium et de rendre cette *solution inaltérable*. Cette inaltérabilité est obtenue par un travail de laboratoire assez délicat, mais auquel on parvient vite si l'on procède avec méthode Procédé du Dr Guyenot et L.-G. Toraude). L'émanation agit ici de la façon suivante : elle s'accumule d'abord, puis la quantité éliminée et celle qui se désintègre suivant les lois connues sont compensées par l'apport continu des absorptions successives. L'organisme atteint alors l'équilibre radioactif et la radioactivité induite s'y dépose progressivement. Ce procédé a donné des résultats effectifs et durables dans le traitement de la diathèse arthritique rhumatismale ou goutteuse : il est le complément du traitement externe dont nous avons expliqué plus haut l'application.

En résumé, *les formes pratiques d'utilisation de l'émanation du radium en thérapeutique* sont les suivantes :

1° *Dans le traitement externe.* — Emploi d'un mélange de produits neutres auxquels est incorporée une dose de radium déterminée. L'émanation s'accumule dans ce mélange pour être libérée seulement au moment de l'emploi et à la surface de contact avec la peau (Procédé du Dr Guyenot et L.-G. Toraude)..

2° *Dans le traitement interne.* — *a.* Emploi d'une cabine à atmosphère chargée d'émanation (Appareils de J. Danne).

b. Absorption par voie digestive d'une dose quotidienne de solution titrée de Ra Br^2, 2 H^2 O, *inaltérable* et arrivée à l'équilibre radio-actif. Dans ce cas, l'organisme absorbe : 1° l'émanation contenue dans la dose de solution radifère; 2° l'émanation produite dans l'intérieur de l'organisme par le sel soluble de radium contenu dans la même solution (Procédé du Dr Guyenot et L.-G. Toraude).

M. L. BARTHE.

RECHERCHE TOXICOLOGIQUE DU MERCURE.

3 *Août.*

615.732.6 09

En avril 1906, à Rome, au Congrès international de Chimie appliquée, nous avons fait (¹) une Communication sur la *Recherche toxicologique du mercure;* nous avions indiqué que la méthode de choix pour rechercher et caractériser ce métal, surtout dans les expertises criminelles, constituait à électrolyser le liquide mercuriel, après destruction complète de la matière organique renfermant le métal. Cette dernière opération, quelle que soit la méthode utilisée dans ce but, amène des pertes en mercure. En se servant de la méthode nitro-sulfurique de M. G. Denigès, qui est celle que nous avons suivie, nous avons observé que ces pertes en mercure pouvaient être évaluées à 20 %. Les autres procédés de destruction de matières organiques exposent à des déficits encore supérieurs. Par l'emploi de la méthode Denigès, ceux-ci sont limités et connus d'avance; et le liquide provenant de la destruction intégrale peut être immédiatement électrolysé pour isoler tout le mercure existant. Au contraire, si après la destruction des matières organiques, on précipite le métal à l'état de sulfure, le précipité obtenu est un complexe de sulfure de mercure, de soufre, et de substance organique, qui ne permet pas de le considérer comme sulfure seulement; aussi est-on obligé d'effectuer une nouvelle oxydation de ce complexe, ce qui expose à de nouvelles pertes de mercure. Pour la destruction des viscères, M. le professeur Blarez avec lequel j'ai eu l'occasion de pratiquer des dosages de ce métal, et moi-même, avons reconnu qu'il était préférable, en vue de l'électrolyse ultérieure, de ne pas ajouter de permanganate de potassium aux acides, et de réduire au minimum la quantité d'acide sulfurique nécessaire à la destruction.

(¹) L. BARTHE, *Atti del VI Congreso internaziole di Chimica applicata*, vol. V, p. 18-25.

Quantités de mercure (exprimées en milligr. par kilog. d'organes) trouvées à la suite d'empoisonnements mercuriels.

ORGANES analysés,	1. — BROUARDEL et OGIER. Suicide d'un homme au moyen de nitrate acide de mercure. Mort après 45 jours. (Traité toxicol., 1899, p. 336).	2. — A. BACOVESCO. Empoisonnement après absorption d'une pastille de sublimé de 1g.	3. — J. BARTHE. Janvier 1903. Affaire Marguerite I... Empoisonnement après injection d'un lavement de 10g cyanure de mercure. Mort en moins d'une heure.	4. — BLAREZ, BARTHE et LANDE. Décembre 1903. Affaire Rossol. Empoisonnement par le bichlorure de mercure.	5. — BLAREZ, BARTHE et LANDE. Mars 1905. Suicide d'une femme de 29 ans par absorption de 5g de bichlorure de mercure. Mort après 15 jours.	6. — BLAREZ et BARTHE. Mars 1905. Empoisonnement subaigu d'un chien par le bichlorure de mercure.	7. — BLAREZ et BARTHE. Mars 1905. Empoisonnement chronique d'un chien par le bichlorure de mercure.	8. — BLAREZ. Février 1902. Affaire P..., à Guéret. Empoisonnement par le bichlorure de mercure.	9. — BARTHE. Juin 1910. Affaire femme V..., à Murennes. Mort à la suite d'avortement obtenu au moyen d'injection vaginale de sublimé.
Reins	10,0	7,4	158,0	13,0	7 à 8	3 à 5	2 à 3	5,0	12,0
Foie	5,7	13,7	80,0	3,0	1 à 2	1 à 2	Traces	17,7	7,0
Rate	1,0	1,1	1,0	1 à 2	»	»	»	»	»
Estomac	»	»	»	»	1,0	»	Néant	82,7	»
Intestins	8,1	5,1	8,7	4 à 5	5,0	»	Néant	6,0	Néant
Barbe	»	»	»	40	»	»	»	»	»
Cheveux	»	»	»	»	Néant	»	»	»	»
Ongles	»	»	»	33	»	»	»	»	»
Poumons	Traces	0,4	Traces	Néant	»	»	»	»	»
Cœur	»	0,5	»	»	»	»	Néant	2,0	Néant
Cerveau	1,3	1,2	1,3	Traces	»	»	Néant	»	»
Langue	»	0,4	»	Traces	»	»	»	»	»
Muscles	»	1,1	»	Néant	Néant	Néant	Néant	2,0	»
Dents	»	»	»	Néant	»	»	»	»	»
Utérus	»	»	»	»	»	»	»	»	Traces
Vessie	»	»	»	»	»	»	»	»	1,0

NOTA. — Dans l'empoisonnement (1) la méthode de dosage n'est pas indiquée. — Dans l'empoisonnement (2) le mercure a été dosé à l'état de sulfure. — Dans les affaires (3), (4), (5), (6), (7), (8), (9), le toxique a été dosé à l'état de HgI^2 (par comparaison avec des anneaux de titre connu). Toutefois dans l'affaire (8) le mercure de l'estomac et du foie a été dosé après pesée de l'électrolyte, avant et après l'électrolyse.

Dans ces dernières années on a décrit de nombreux procédés pour rechercher le mercure, il est à remarquer qu'ils ne sont tous que des modifications les uns des autres; aucun d'eux ne nous a paru préférable à celui que nous avions indiqué en 1906. C'est pourquoi nous nous croyons autorisé à revenir sur cette question.

La recherche du mercure dans les liquides organiques, et, en particulier dans l'urine acidulée par l'acide chlorhydrique ou nitrique, par dépôt de ce métal sur du platine, de l'or ou du cuivre (*Zenghelis*, 1904), sur de la limaille de fer après destruction de la matière organique par le permanganate de potassium et l'acide chlorhydrique (méthode de Witz), ou par entraînement du mercure renfermé dans le liquide par de l'alumine formée au sein même de ce liquide (procédé Glaser), est sujette à de nombreuses critiques. Quant aux méthodes décrites récemment et qui ont pour résultat d'entraîner le mercure contenu dans une urine à l'état d'albuminate de mercure (procédé C. Bœning, 1909 et de Zenowsky, d'Odessa), elles me paraissent passibles de ces mêmes critiques de même que la méthode plus étudiée et plus originale de M. Ménière ([1]).

Nous sommes donc amené à penser que le procédé de caractérisation du mercure, dans des conditions particulières, à l'état de biiodure, que nous avons décrit en janvier 1903 à propos de l'affaire Marguerite L... et que M. le professeur Blarez et moi-même avons perfectionné dans ses détails dans l'affaire Massot (décembre 1903), constitue la méthode de choix, à la condition de procéder préalablement à la destruction intégrale de la matière organique, et à l'électrolyse du liquide sulfurique qui contient le mercure.

Nous rappellerons que l'électrolyse ne doit s'effectuer que dans un liquide privé autant que possible de matière organique, et en particulier d'albumine ([2]). Nous avons minutieusement décrit dans ce travail les conditions *optima* pour *isoler* le mercure.

Pour *caractériser* et d'oser *le mercure* recueilli sur l'électrode en or, on déroule celle-ci, et on l'introduit dans un tube de verre vert de 0,10 m de longueur environ, et d'un diamètre intérieur de 0,01 m, à l'extrémité duquel est soudé un second petit tube de verre vert de 0,15 m de longueur et d'un calibre intérieur de 0,002 m. On fait passer dans le tube bien desséché un courant lent et régulier d'acide carbonique et l'on chauffe le premier tube renfermant la lame d'or avec une lampe à alcool ou un bec Bunsen. Le mercure se volatilise à la soudure des deux tubes où il apparaît sous la forme de très fines gouttelettes grises, très visibles à la loupe, ou sous celle d'un anneau grisâtre, terne. A l'aide de la flamme de la lampe à alcool, on le répartit facilement sur une longueur *ad libitum* de 2 à 3 cm après la soudure, et dans le petit tube de verre. Il est

---

([1]) Ménière, *Répertoire de Pharmacie*, 1910, p. 404.
([2]) L. Barthe, *Bulletin des travaux de la Société de Pharmacie de Bordeaux*, 1903, p. 266.

même possible de le limiter aisément du côté de la sortie du gaz acide
carbonique, au moyen d'un morceau de papier à filtrer, enroulé autour
du verre et constamment humecté d'eau froide. Le mercure étant ainsi
localisé, on enlève la lame d'or et l'on place à l'extrémité du plus gros tube
de verre quelques petits cristaux d'iode qu'on sublime très lentement
dans le courant d'acide carbonique qui l'entraîne sur le mercure condensé ;
il se fait du biiodure rouge dont « l'intensité des teintes, comme le dit
Merget, est proportionnelle aux quantités de mercure contenues dans les
solutions essayées ». D'autre part, on établira une échelle de teintes types
en ajoutant à un volume constant de 6o cm³ d'eau distillée renfermant
6 cm³ d'acide sulfurique, des poids de bichlorure de mercure correspondant à des milligrammes ou fractions de milligrammes de mercure.
Après avoir soumis ces solutions à l'électrolyse, dans les conditions précédemment indiquées, on obtient une échelle de teintes dont on rapproche les teintes obtenues avec le mercure provenant des liquides de
destruction. On peut ainsi évaluer $\frac{1}{20}$ de milligramme de mercure.

Cette méthode permet la recherche, le dosage et la caractérisation de
petites quantités de mercure dans une expertise criminelle, trois conditions que l'expert doit remplir. Elle met le chimiste à l'abri de tout
scrupule, puisqu'elle produit d'une façon indiscutable le mercure absorbé
et rien que le mercure. Elle n'est pas plus longue que toutes les méthodes
qui ont été préconisées, et elle les dépasse en sensibilité et en exactitude.
D'ailleurs, pour éviter des recherches inutiles, on pourra, au préalable,
s'assurer sur une portion du liquide de destruction, de la présence du
mercure, au moyen du procédé si sensible de Merget ([1]), réglementé
par M. Sigalas ([2]).

A titre de documents pouvant servir à la toxicologie du mercure et
à la localisation de ce métal dans l'organisme, nous donnons ci-dessus
les quantités de ce toxique retrouvées dans les viscères par les différents
chimistes qui, à notre connaissance, ont été chargés de semblables expertises.

([1]) MERGET, *Mercure*, Bordeaux 1894, p. 20.

([2]) SIGALAS, *Bulletin des travaux de la Société de Pharmacie de Bordeaux*,
1898, p. 52.

M. L. BARTHE.

ÉLIMINATION DE L'ARSENIC ORGANIQUE.

546.19 : 612.015.34

3 Août.

Depuis les récents perfectionnements apportés aux méthodes de recherche et de dosage de l'arsenic *minéral*, on commence à être fixé, en toxicologie, sur l'élimination et la localisation de ce toxique. Mais il n'en est pas ainsi, en ce qui concerne l'élimination de la plupart des composés organiques arsenicaux, entrés depuis quelques années dans la thérapeutique (salvarsan, néo-salvarsan), et il ne semble pas que les résultats analytiques, obtenus par les différents auteurs qui se sont occupés de cette question, en aient fait avancer la solution.

Je ne saurais trop critiquer la hâte et le peu de précision qu'on a apportées jusqu'ici dans la recherche et le dosage de l'arsenic contenu dans ces combinaisons. Les auteurs qui traitent avec autorité, je me hâte de le reconnaître, la partie médicale de la question, semblent apporter moins de souci de l'exactitude à la partie analytique, la plus intéressante cependant au point de vue des conclusions. Parmi les composés organiques de l'arsenic, l'atoxyl est, jusqu'à présent, à ma connaissance du moins, le seul dont l'élimination et surtout la localisation aient été étudiées d'une façon rigoureusement scientifique par M. E. Simonot [1] dans le laboratoire du professeur Denigès. Ces recherches pourraient servir de modèle à ceux qui auraient l'intention d'élucider semblable question à propos d'un autre composé organique de l'arsenic. Mais elles réclament beaucoup de temps passé au laboratoire, une grande compétence de l'analyse chimique et une grande conscience.

Dans mon laboratoire, Chambrelent et Chevrier [2] ont effectué des recherches fort longues sur l'élimination de l'arsenic dans le lait d'une chèvre *salvarsanisée*. Les résultats ont été négatifs. Avant de se servir du réactif de Bougault ou de l'appareil de Marsh, ils avaient eu soin eux aussi, comme il est d'ailleurs nécessaire, de détruire intégralement la matière organique par la méthode nitro-sulfurique, modifiée par Denigès.

Or, dans beaucoup de Mémoires récents sur cette question, on est loin

---

[1] E. Simonot, *Bulletin des travaux de la Société de Pharmacie de Bordeaux*, 1909, p. 470, et *Thèse* pour le doctorat en pharmacie.

[2] Chambrelent et Chevrier, *Comptes rendus Société de Biologie*, 14 juillet 1911, p. 136.

de retrouver la même précision. Dans un travail important qui a paru dans *Paris-Médical*, décembre 1911, on peut lire qu'on se sert du réactif de Bougault avec le lait naturel, et

« On n'a pas trouvé d'arsenic dans un laps de temps compris entre 2 et 4 jours après une injection de salvarsan, soit après plusieurs injections de salvarsan. Ce qui n'empêche pas les auteurs de conclure « que, s'il y a toutefois de l'arsenic, c'est dans une proportion inférieure à 0,002 g par litre de lait, et que l'arsenic n'existe pas dans le lait de chèvre à la dose de $\frac{1}{4}$ de milligramme par litre de ce lait, ou qu'il peut y exister à la dose maximum de $\frac{1}{10}$ de milligramme par litre. »

Nous n'insisterons pas sur l'absence de précision de ces conclusions.

Dans *Deutsch. Medizinische Wochenschrift*, 1911, p. 1520, nous voyons les auteurs d'un autre Mémoire constater la présence de l'arsenic dans le lait de femme, en en prenant 20 à 30 cm³.

« Cette quantité leur a paru toujours suffisante pour constater clairement la présence de l'arsenic au moyen de l'appareil de Marsh. »

Ils ont poursuivi leurs expériences avec le lait de chèvre et dans les mêmes conditions; les résultats furent négatifs.

« Il fallait traiter 100 à 200 cm³ de lait de chèvre pour en trouver autant que dans le lait de femme. »

Enfin, on lit cette autre conclusion :

« Nos arsines peuvent correspondre à $\frac{1}{10}$ de milligramme d'arsenic, ce qui fait plus de $\frac{1}{3}$ de milligramme de salvarsan. Si donc ce $\frac{1}{3}$ de milligramme est contenu dans 25 cm³ de lait, la dose quotidienne de salvarsan sera de 0,010 g environ, ce qui fait que la nourrice absorbera de 0,02 g à 0,04 g de salvarsan ! »

Dans l'*Obstétrique*, n° 4, avril 1911, nous lisons une autre étude rétrospective dans laquelle l'auteur rapporte de nombreux résultats obtenus sur l'élimination du salvarsan.; mais nous regrettons qu'il ne soit pas fait mention des procédés analytiques mis en œuvre. Toutefois, d'après une observation de M. Bar à la Société d'Obstétrique de Paris, en février 1911, l'arsenic fut recherché par le procédé Bertrand dans le lait d'une nourrice *salvarsanisée*. On trouva des traces de cet élément 2 heures après l'injection, et 24 heures après, des traces plus nettes. C'est là, reconnaissons-le, un résultat à enregistrer.

Enfin, dans une récente étude *Sur le salvarsan dans l'organisme*, MM. E. Jeanselme et A. Touraine passent en revue les nombreux travaux d'auteurs étrangers : Greven, Lockmann, Heiden, Navassart, dans lesquels on trouve des résultats contradictoires. C'est probablement ce qui fait dire, dans ce Mémoire, à ces mêmes auteurs, qui ont sans doute compris l'insuffisance de ces travaux au point de vue analytique que :

« Il est à souhaiter que des méthodes simples et pratiques soient vulgarisées pour noter et estimer l'arsenic éliminé. »

Je m'arrêterai là dans ces citations. Les auteurs qu'intéresse l'élimination de l'arsenic doivent être convaincus d'avance qu'il n'existe pas de procédé simple et pratique pour doser l'arsenic organique. Pour le rechercher et le doser dans les molécules ou liquides biologiques qui le renferment, ils doivent, à l'exemple de MM. E. Simonot, Chambrelent et Chevrier, recourir aux méthodes classiques, longues et délicates dans leurs applications.

D'après mes expériences, le réactif de Bougault, si précieux pour la recherche et le dosage de l'arsenic minéral, dont j'ai montré [1] un des premiers l'extrême sensibilité, ne saurait être appliqué directement à la recherche de l'arsenic dans l'urine ou dans le lait de personnes ayant absorbé de l'hectine, du salvarsan.... Il n'agit avec certitude que dans les liquides arsenicaux, privés de matières organiques ou organisées.

Le réactif de Bougault est en effet réduit par l'urine des personnes en état de bonne santé; il donne immédiatement avec ce liquide une couleur rouge brunâtre, bientôt accompagnée d'un précipité abondant de même aspect. Avec les laits de femme, d'ânesse, de vache, il fournit très rapidement une coloration noire intense. Enfin, il réduit également certains composés minéraux [2] en donnant avec eux une teinte brune.

Il demeure donc entendu que le réactif de Bougault ne peut être employé pour la recherche et le dosage de l'arsenic que dans des liquides privés de matière organique, et tous les résultats analytiques obtenus dans des conditions différentes avec le lait et l'urine, doivent être tenus pour inexacts et ne peuvent servir à l'étude de l'élimination ou de la localisation de l'arsenic organique.

MM. L. PLANCHON et A. JUILLET.

(Montpellier).

SUR LA FARINE DE CHATAIGNE.

664.27 + 63.412.0

2 Août.

La farine de châtaigne se répand actuellement beaucoup dans le commerce français après avoir longtemps servi à la nourriture des paysans de certaines régions de la France et spécialement de la Corse où la consommation locale est très considérable et où on la fabrique en faisant sécher sur des claies au-dessus d'un feu continu les châtaignes qu'on

---

[1] L. BARTHE, *Journal de Pharmacie et de Chimie*, 15 juillet 1902, p. 32.
[2] L. BARTHE, *loc. cit.*

décortique ensuite par un battage dans des sacs de toile résistants et dont on achève la dessiccation au four entre 50° et 80°. La farine obtenue par pulvérisation au moulin de ces amandes n'est pas d'une conservation très longue. Elle est d'un blanc gris un peu jaunâtre, finement moucheté de points noirs (débris de tegmen) d'odeur et de saveur spéciales. Les grains d'amidon n'ont pas de forme caractéristique, la description en est d'ailleurs connue. Ils ne dépassent pas 25 μ; le hile en est punctiforme ou étoilé, les stries peu visibles. Au milieu de ces grains sont de nombreux granules de matière grasse.

Cette fécule est très sensible à la potasse et se dissout immédiatement dans les solutions 1 ou 2 de Bellier, un peu moins vite dans le n° 3.

Le point intéressant est ici l'action de l'iode. Nous avions depuis longtemps remarqué, à propos de recherches sur d'autres fécules [1], que la farine de châtaigne traitée par un réactif iodé se décolorait très rapidement, même si la proportion d'iode était assez forte. Cette décoloration portait à la fois sur le liquide et sur le dépôt, et cette propriété bizarre pouvait être communiquée à d'autres fécules : ainsi au mélange de $\frac{1}{10}$ de farine de châtaigne dans de la fécule de pommes de terre.

La cause de cette décoloration devait être recherchée; nous pouvons aujourd'hui conclure qu'elle est due à la présence d'un tannin que l'existence de la matière grasse rend très difficile à éliminer. Il est nécessaire de dégraisser tout d'abord la farine à l'éther. La dissolution du tannin par l'eau n'offre dès lors plus de difficulté et la coloration par l'iode d'une farine de châtaigne ainsi préparée devient normale et persistante. En outre, l'addition d'une certaine quantité de tannin à d'autres fécules (fécule de pommes de terre) leur communique la propriété de se décolorer après traitement par l'iode. Avec 3 % de tannin la décoloration est rapide. Elle se montre encore avec 0,5 %, mais demande alors environ 24 heures pour s'effectuer.

M. J. OLIVIERI,

Pharmacien de 1re classe (Ajaccio).

SUR LA COMPOSITION CHIMIQUE DU « FERULA COMMUNIS ».

58-11.9-34.81

2 Août.

Le *Ferula communis* Lin. a joui autrefois d'une certaine réputation thérapeutique. Les anciens auteurs grecs et latins (Galien, Dioscoride,

---

[1] Louis PLANCHON et Armand JUILLET, *Études de quelques fécules coloniales* (*Ann. Mus. Col.*, Marseille 1909).

Pline) lui attribuaient une action curative surtout comme hémostatique.
Ils signalaient en outre l'action toxique sur divers animaux. Aujourd'hui
la plante est complètement délaissée comme médicament: mais on continue à la considérer dans les campagnes comme vénéneuse.

Nous avons eu l'occasion dernièrement d'entreprendre l'étude pharmacognosique du *Ferula communis*, et nous voulons ici signaler les premiers résultats auxquels l'étude chimique de la plante nous a conduit.

1° *Gomme-résine*. — La plante laisse exsuder sous l'influence de la
piqûre d'un insecte une gomme-résine qui a été soumise à l'étude suivant
la méthode de Tschirch. Elle appartient au groupe des gommes-résines
à *acide salicylique*, se classant ainsi à côté de la gomme ammoniaque.
L'acide salicylique est, en effet, facile à mettre en évidence par le perchlorure de fer dans une digestion aqueuse de la gomme-résine. Le dosage
de cet acide donne 0,12 g par 100. D'autre part, la gomme-résine de
Ferula ne renferme pas d'ombelliférone, pas plus que d'éther du bornéol.
La *résine* est constituée par un éther salicylique d'un résino-tannol. La
gomme, fournissant par hydrolyse du furfurol, est constituée par des
pentosanes. Enfin, à l'analyse, la gomme-résine paraît constituée par :

Pour %.

1. Eau... 6
2. Huile essentielle.. 7,20
3. Résine.. 63,30
4. Gomme soluble... 14,40
5. Bassorine.. 4
6. Sucre... 3
7. Sels (carbonate de potasse, chlorure de sodium). 0,60
8. Acide salicylique....................................... 0,12

La composition du latex ne diffère guère que par la proportion d'eau
de la gomme-résine :

Eau.. 66
Huile essentielle... 2,40
Résine... 23,20
Gomme soluble... 3,92
Gomme insoluble.. 2,20
Sucre... 1
Sels... 0,07
Acide salicylique... 0,03

Il contient de plus une oxydase indirecte qu'on peut mettre en évidence par la teinture de gaïac et l'eau oxygénée.

Cette présence explique que le suc, d'abord blanc, jaunisse puis bru-
nisse rapidement à l'air.

2° *Feuilles*. — L'étude des feuilles (sèches) a prouvé l'existence dans
la plante d'une assez forte proportion d'acide salicylique à l'état libre.

Nous avons identifié l'acide salicylique bien cristallisé, par son point de fusion et ses réactions chimiques. Le dosage dans les feuilles de *Ferula* a donné le résultat suivant : 0,54 g acide salicylique pour $^{00}/_{00}$.

3° *Racines*. — Nous avons constaté dans les racines la présence d'un sucre qui, traité par la phénylhydrazine, a fourni une osazone dont le point de fusion pris au bloc Maquenne est 223°, et correspond à celui de la glucosazone. Nous pouvons donc admettre que la racine de *Ferula communis* contient du glucose; nous supposons que ce glucose provient d'un dédoublement de glucoside par les ferments hydratants de la plante. D'après quelques expériences que nous avons faites, ce glucoside nous paraît être la salicine, ce qui expliquerait la présence de l'acide salicylique dans la plante adulte. Nous essayerons d'élucider ce dernier point pas l'application de la méthode biochimique.

Conclusion. — En résumé, de l'étude chimique qui précède, il découle que la plante contient de l'acide salicylique en assez forte proportion. Cette présence pourrait être la cause de nombreux accidents mortels observés en Corse, en Algérie sur le bétail. L'étude physiologique de l'extrait pourra nous donner des indications précises sur la valeur toxique du *Ferula*.

MM. FONZES-DIACON et BATAILLE.

LES VINS DU ROUSSILLON (ÉTUDE CHIMIQUE).

663.21 + 543.1 (44.89)

3 *Août*.

Vins doux naturels, vins doux naturels de Banyuls, Mistelles. — Le département des Pyrénées-Orientales fournit à la consommation un assez grand nombre d'hectolitres de vins de liqueur.

Il se place même, à ce point de vue, au premier rang de la production française.

Les raisins qui fournissent ces vins sont généralement les fruits des cépages grenache et carignan.

Les vendanges se font lorsque les raisins ont légèrement dépassé leur maturité, c'est-à-dire une vingtaine de jours après celles des cépages communs.

Certains propriétaires pressurent le raisin et ne font fermenter que le jus; d'autres, au contraire, laissent fermenter le moût avec la pulpe après égrappage, et même, pour certains crus, sans égrappage.

Les vins dits *grenache doré* s'obtiennent en foulant et pressurant rapidement, de façon à ne laisser fermenter que le jus ainsi séparé des rafles.

Tous ces vins sont très recherchés, les uns comme vins de dessert, les autres pour la fabrication de vins apéritifs et pour l'usage pharmaceutique (vins médicamenteux).

Les vins de liqueur récoltés en Roussillon se divisent en plusieurs catégories :

1° Les vins doux naturels proprement dits;

2° Les vins doux naturels des crus délimités de Banyuls-sur-Mer, Cosprons, Collioure, etc.;

3° Les vins naturellement liquoreux des mêmes crus.

Il existe aussi des vins réputés, tel le muscat de Rivesaltes et de Salces, mais la production n'en étant pas très importante, nous ne nous occuperons que des premiers cités, d'autant plus que ces vins, dans l'application des règles analytiques, ne se conduisent pas autrement que les autres.

A côté de ces produits, dont l'éloge n'est plus à faire, et qui, par leur finesse et leurs propriétés toniques, ont acquis une réputation mondiale, se classent les *mistelles*, qui feront l'objet d'un Chapitre spécial.

En 1911, il a été fabriqué en Roussillon : 32 424 hl de vins doux naturels; 48 557 hl de mistelles.

1° *Vins doux naturels proprement dits.* — L'article **22** de la loi de Finances du 5 avril 1898 s'exprime ainsi :

« Les vins doux naturels possédant *naturellement* une richesse alcoolique totale, acquise ou en puissance, d'au moins 14°, pourront, à la demande des producteurs et sur justification de leur nature, être maintenus sous le régime des vins ordinaires. »

Les vins doux naturels sont définis par les termes de l'article de loi ci-dessus. Ce sont des vins provenant de cépages spéciaux et assez riches en sucre pour titrer naturellement 14° au minimum, si l'on n'arrêtait pas avant *complet achèvement* la fermentation par une addition d'alcool qui permet de conserver dans le vin une certaine quantité de sucres non transformés. Ces vins sont récoltés à Banyuls et dans la vallée de l'Agly, dans le département des Pyrénées-Orientales, à Lunel, à Frontignan et sur plusieurs points de l'Hérault; enfin dans quelques localités du Gard, des Bouches-du-Rhône, du Var et du Vaucluse. Ces vins sont dits *naturels* par opposition aux moûts vinés ou mistelles n'ayant subi aucune fermentation et dont la richesse alcoolique est due à une addition d'alcool.

Les vins doux naturels sont mutés avec la proportion d'alcool qu'il est d'usage d'employer dans la région, soit 6 l à 10 l d'alcool pur en moyenne par hecto. (Circulaire à M. le Directeur des Pyrénées-Orientales du 15 septembre 1910.) Ils doivent donc avoir une richesse alcoolique totale de 20° minimum. Si ces conditions n'étaient pas remplies, le régime exceptionnel de l'article 22 devrait leur être refusé.

L'alcool destiné au mutage des vins doux naturels doit être employé *avant achèvement de la fermentation* de ces vins, ce qui implique évidemment l'idée que le mutage doit avoir lieu *au cours de la fermentation* des produits (vendanges ou moûts). On ne saurait donc admettre que l'alcool soit versé sur des vendanges fraiches n'ayant encore subi aucune fermentation. (Circulaire 743 du 25 avril 1908.)

2° *Vins doux naturels des crus délimités de Banyuls-sur-Mer, Cosprons, etc.* — Les vins doux de cette région sont régis par la loi précédemment citée. Ils sont privilégiés en ce sens qu'un décret du 18 septembre 1909 a délimité la région qui les produit. Voici les termes de ce décret :

« L'appellation régionale *Banyuls* est exclusivement réservée aux vins récoltés et manipulés sur le territoire des communes de Cerbère, Port-Vendres, Banyuls-sur-Mer et sur la partie de la commune de Collioure voisine des précédentes jusqu'au Ravaner. »

La richesse saccharine des moûts étant, pour les produits de cette région, bien supérieure à 14°, le mutage est moins important et varie suivant les années; en général, il est de 7 à 8 %.

L'opération du mutage est généralement pratiquée deux, trois, quatre et quelquefois même cinq jours après qu'on a mis les premiers raisins dans la cuve, alors, par conséquent, que le moût a subi un commencement de fermentation.

3° *Vins naturellement liquoreux.* — Ce sont ceux qui ont été arrêtés au cours de leur fermentation normale par un concours de circonstances naturelles, dont la principale est l'engourdissement des levures par accumulation de l'alcool produit. Dans le département des Pyrénées-Orientales, ce fait est assez fréquent; le titre alcoolique de ces vins dépasse souvent 15° et leur teneur en sucres réducteurs varie de 30 g à 80 g.

4° *Mistelles.* — Les mistelles sont des produits obtenus par addition d'alcool à des moûts de raisins frais bien moins riches en sucre que ceux qui fournissent les vins doux naturels. Leur densité est supérieure à 9° et inférieure à 15° Baumé. Elles renferment la totalité des sucres du raisin, glucose et lévulose. Elles servent à adoucir des vins secs et entrent dans la fabrication de nombreuses préparations apéritives. Le taux de l'alcool employé au mutage s'élève à 15 % environ, de façon à empêcher la fermentation de s'opérer.

Ayant eu, à différentes reprises, l'occasion de constater que si certains vins, vendus comme vins doux naturels, présentaient bien une richesse alcoolique totale de 20°, ils paraissaient, par contre, provenir de moûts n'ayant pas une richesse saccharine correspondant à 14° d'alcool; nous avons entrepris l'étude analytique de vins doux naturels de Banyuls, dont l'authenticité nous était garantie, dans le but d'établir une méthode qui permettrait de remonter jusqu'à leur origine, afin de vérifier que ces vins provenaient bien de moûts qui, aux termes de la loi, remplissaient les conditions exigées pour servir à la fabrication des vins doux naturels à savoir : une richesse saccharine pouvant donner au moins 14° d'alcool. Il est évident, en effet, que si le législateur a fixé une limite à la richesse saccharine des moûts pouvant donner des vins doux naturels, c'est pour sauvegarder les intérêts de certaines régions privilégiées par la nature de leur sol et la douceur de leur climat, mais, jusqu'ici, la régie, manquant des éléments nécessaires à la distinction de tels produits, laissait circuler, comme vins doux naturels, des liquides dont la richesse saccharine initiale avait pu être inférieure à 14° d'alcool, mais qui présentaient une richesse alcoolique totale d'au moins 20°. Or, les travaux poursuivis par MM. Blarez et Chelle dans le but de définir les conditions auxquelles devaient répondre les vins mi-fermentés servant à édulcorer les vins secs pour les transformer en vins moelleux, ont établi qu'une fermentation de 5° d'alcool correspondait à un $\frac{P}{\alpha}$ au plus égal à 3,5. C'est en prenant pour base de notre raisonnement cette valeur maximum du rapport $\frac{P}{\alpha}$ pour une fermentation de 5°, que nous pensons pouvoir différencier, dans la plupart des cas, les vins doux naturels des mistelles qu'on leur substitue si fréquemment.

En résumé, nous estimons que le rapport $\frac{P}{\alpha}$ *d'un moût suffisamment fermenté pour avoir acquis 5° d'alcool, doit être inférieur ou tout au plus égal à 3,5.*

A. VINS DOUX NATURELS. — Le Tableau suivant donne les résultats de cinq vins doux naturels. Les nᵒˢ 1, 2, 3, 5 ont été pressurés et la fermentation a eu lieu sans la pulpe. Le nᵒ 4 a fermenté avec la pulpe, après égrappage. Les cinq échantillons ont fermenté 18 heures environ et ont été mutés à 8 % d'alcool. Cépage : Grenache et carignan. Rendement : 20 hectos à l'hectare. Région : Tautavel, vallée de l'Agly. Récolte : 1911.

L'examen de ce Tableau montre que : L'extrait réduit oscille entre 20 g et 25 g, sauf pour le nᵒ 4, qui atteint 30 g, mais il est à remarquer que ce vin a fermenté avec sa pulpe. L'acidité volatile variant de 0,30 g à 0,50 g, ce qui indique bien un commencement de fermentation. Les rapports $\frac{P}{\alpha}$ de tous ces vins sont inférieurs à 3,5, surtout pour les nᵒˢ 2. 4, 5, dont le rapport descend à 2,6 environ, ce qui indique une fermentation déjà avancée et notablement supérieure à 5° d'alcool produit. Voici quelques autres observations relatives aux vins doux naturels. Nos recherches ont simplement porté sur l'alcool, les sucres réducteurs et la déviation polarimétrique, de façon à pouvoir établir le rapport $\frac{P}{\alpha}$.

Les moûts qui ont donné les vins ayant servi aux analyses précédentes *sont d'origine certaine* et possédaient une richesse saccharine initiale *égale* ou même légèrement supérieure à 14° d'alcool, soit environ 240 g de glucose et lévulose.

VINS DOUX NATURELS.

ÉLÉMENTS DOSÉS.	1.	2.	3.	4.	5.
Densité à + 15°	1,0388	1,0351	1,0403	1,0426	1,0381
Alcool distillé pour %	13°,6	14°	13°,5	13°,4	13°,5
Extrait sec 100° (10$^{cm^3}$ B. M. 10^b)	152,62	145,30	153,20	138,73	138,20
Sucres réducteurs	131,55	122,30	130,80	168,33	115,50
Sulfates en $SO^4 K^2$	< 1	< 1	< 1	< 1	< 1
Cendres	1,90	2,20	2,15	2,30	1,99
Alcalinité des cendres de $CO^3 K^2$	1,207	1,25	1,173	1,207	1,24
Acidité totale	2,94	3,03	3,13	4,10	3,08
Acidité volatile	0,40	0,37	0,41	0,59	0,35
Déviation polarimétrique	-39^d à +19°	-40^d à +20°	$-34^d,8$ à +22°	$-33^d,5$ à +24°	-38^d à +20
Déviation polarimétrique à + 15° et après correction Blarez	$-43^d,7$	$-44^d,7$	$-44^d,7$	$-40^d,5$	$-43^d,3$
Rapport $\dfrac{P}{\alpha}$	3	2,68	3,21	2,67	2,66
Lévulose	78,93	77,67	77,18	69,34	73,92
Glucose	52,62	44,63	53,62	38,99	41,58

Au moment du mutage, les moûts examinés possédaient encore une moyenne de 130 g de sucres réducteurs représentant 7°,6 d'alcool à produire. Le reste des sucres a été transformé en alcool, cela nous apparaît

VINS DOUX NATURELS.

ÉLÉMENTS DOSÉS.	6.	7.	8.	9.	10.	11.
Alcool vol. pour %	13°,9	14°,4	14°,5	14°	13°,6	14°,2
Sucres réducteurs	128,30	115,80	112	107,50	130,30	122,77
Déviation polarimétriq^{ue} après correction Blarez.	-41^d	$-44^d,5$	$-44^d,2$	$-40^d,5$	$-43^d,8$	$-41^d,8$
Rapport $\dfrac{P}{\alpha}$	3,12	2,6	2,53	26,5	2,97	2,93

à l'examen des proportions respectives du glucose et lévulose données par le rapport $\dfrac{P}{\alpha}$, qui oscille entre 2,6 et 3. Pratiquement, les 110 g de sucre disparus ont produit 6°,5 d'alcool.

B. — Vins doux naturels de Banyuls.

ÉLÉMENTS DOSÉS.	1.	2.	3.	4.	5.	6.	7.	8.
...ol vol. pour %	15°,4	14",5	14",9	15",4	15°	14°,8	15°,2	14",5
...rait sec à 100°	109,87	115,53	135,30	116,28	118,50	132,50	121,80	119,15
...res réducteurs	83,67	87,23	112,50	86,68	83,80	102,40	92,20	85,50
...iation saccharimétrique	-39^d à $+22°$	-40^d à $+20°$	$=43^d$ à $+20°$	$=38^d$ à $+19°$	-39^d à $+17°$	$-44°,5$ à $+15°$	$-39^d,2$ à $+19°$	$-40^d,5$ à $+15°$
...iation saccharimétrique après cor-...ection Blarez	-46^d	$-46^d,6$	$-48^d,9$	$-42^d,7$	$-43^d,6$	$-46^d,5$	-44^d	$-42^d,3$
...port $\frac{P}{\pi}$	1,82	1,91	2,3	2,03	1,91	2,2	2,09	2
...ulose	61,92	62,81	76,50	60,68	60,34	70,66	64,54	59,85
...cose	21,75	24,42	36	26	23,46	31,74	27,66	25,65
...lité totale								

Le n° 1 est un Banyuls rouge 1904. Le n° 2 est un Banyuls rouge 1906. Le n° 3 est un Banyuls doré 1911. Les n°ˢ 4, 5, 6, 7, 8 sont des Banyuls rouges 1911. Cépage : Grenache en majorité avec carignan. Rendement : 15 à 20 hl à l'hectare.

Les 1904 et 1906 ont été mutés à 8 % et les 1911 à 7 % d'alcool pur. L'addition de l'alcool de mutage est pratiquée deux, trois ou quatre jours après que les premiers raisins ont été versés dans la cuve, et par conséquent alors qu'ils ont subi un commencement de fermentation.

De l'examen des analyses faites, il découle : L'extrait réduit oscille de 23 g à 30 g. L'acidité volatile est supérieure à 0,50 g. Les rapports $\frac{P}{\alpha}$ de ces vins sont très inférieurs à 3,5 ; ils descendent à 2 environ.

C. — Vins de Banyuls naturellement liquoreux 1911.

Densité à + 15°..................	1,0236	1,0260
Alcool vol. pour %................	15°,5	15°,2
Extrait à 100°.....................	87,88	93,70
Sucres réducteurs................	56,68	60,30
Cendres..........................	3	3,20
Alcalinité des cendres............	1,311	1,17
Acidité totale....................	5,14	5,20
Acidité volatile..................	0,62	0,58
Déviation polarimétrique..........	— 38ᵈ à + 15°	— 40ᵈ à + 19°
Déviation après correction Blarez...	— 40ᵈ	— 45ᵈ,7
Rapport $\frac{P}{\alpha}$	1,41	1,31
Lévulose.........................	47,56	54,27
Glucose..........................	9,12	6,03

Ces deux échantillons se sont mutés naturellement par suite de l'engourdissement des levures provoqué par accumulation de l'alcool produit.

Dans ces deux échantillons, le rapport $\frac{P}{\alpha}$ descend à 1,4 avec un titre d'alcool acquis s'élevant à 15° minimum. L'extrait sec réduit dépasse 30 g par litre. L'acidité totale de ces vins naturellement liquoreux est nettement supérieure à celle des vins du même terroir ayant subi une addition d'alcool. L'acidité volatile est également supérieure à 0,50 par litre.

Les n°ˢ 1, 2, 3 sont des mistelles de la vallée de l'Agly (Espira) mutées à 15 % d'alcool. Les n°ˢ 4, 5, 6 sont des mistelles commerciales sans origine connue. Ainsi qu'on peut s'en rendre compte par la lecture du Tableau ci-dessus, ces liquides présentent des rapports $\frac{P}{\alpha}$ bien supérieurs à 3,5 ; ces rapports vont de 4,5 pour s'élever à 5,23, ce qui donne sensiblement parties égales de glucose et lévulose. Les rapports 4,5 indiquent bien un léger commencement de fermentation, et c'est en effet ce qui se produit en général. La propriété où se récolte le raisin est quelquefois fort éloignée de la cave; un intervalle de cinq à six heures et quelquefois davantage s'écoule depuis la cueillette jusqu'au moment où le raisin est jeté dans la cuve, et ce laps de temps suffit pour provoquer une transformation partielle du sucre en alcool. La caractéristique des mistelles sera

donc de posséder un rapport $\dfrac{P}{\alpha}$, égal ou supérieur à 4,5 et proche de 5,23.

L'acidité volatile de ces produits est très faible et ne dépasse pas beaucoup 0,10 g par litre. Ainsi que nous l'avons dit plus haut, aux termes de la loi, ne peuvent être considérés comme des vins doux naturels, *que des produits dont la richesse saccharine initiale était au moins égale à 14° d'alcool, tout en ayant une force alcoolique totale, acquise ou en puissance de 20° minimum.*

D. — MISTELLES.

ÉLÉMENTS DOSÉS.	1.	2.	3.	4.	5.	6.
Densité à + 15°..........	1,0602	1,0587	1,0609	1,04482	1,0434	1,0448
Alcool distillé pour %.....	14°,6	15°	15°,1	15°,2	16°,2	15°,4
Extrait sec à 100°........	200,87	211,45	185,40	172,30	184,80	182,96
Sucres réducteurs....... ..	178,57	188	160	147,70	159,83	154,76
Cendres................	2,40	2,30	2,45	2,85	2,90	3,25
Alcalinité des cendres en CO³ K²................	1,173	1,027	1,138	1,38	1,27	1,24
Acidité totale...........	3,33	3,18	3,28	2,79	3,57	3,57
» volatile	0,12	0,07	0,14	0,10	0,15	0,14
Déviation polarimétrique..	—34ᵈ à +22°	—35ᵈ à +20°	—32ᵈ à +20°	—33ᵈ à +15°	—31ᵈ à +15°	—26ᵈ,8 à +17°
Déviation après correction de M. Blarez	—39,3	—39,6	—36,2	—35	—33	—29,5
Rapport $\dfrac{P}{\alpha}$	4,54	4,74	4,41	4;2	4,84	5,24
Lévulose................	93,06	96,82	84	79,75	81,51	dd
Glucose.................	85,51	91,18	76	67,94	78,31	

Rappelons en passant : 1° Que les moûts servant à la fabrication des vins doux naturels sont mutés à 6 % d'alcool pur au minimum et à 10 % au maximum (¹), tandis que, pour les mistelles, le taux de l'alcool ajouté s'élève à 15 %, quantité nécessaire pour arrêter la fermentation;

(¹) On peut admettre pratiquement une moyenne de 10 % d'alcool à 90°.

2° Que le rapport $\frac{P}{\alpha} = 3,5$ est un maximum établi pour caractériser 5°
minimum d'alcool de fermentation : il s'ensuit qu'un rapport $\frac{P}{\alpha}$ inférieur
à 3,5 indique une fermentation plus avancée, et par suite un titre alcoolique en résultant supérieur à 5°.

Ceci étant dit, nous allons essayer, avec les résultats analytiques
d'un vin de liqueur, de remonter à sa constitution primitive avant mutage
et, par là, d'établir si le moût initial pouvait, dans l'esprit de la loi, servir
à la fabrication d'un vin doux naturel, c'est-à-dire avait bien une richesse
saccharine correspondant à 14° d'alcool. Voici un exemple fourni par nos
analyses,

Alcool par distillation	13°,6
Sucres réducteurs P	131,55 g
Alcool correspondant $\frac{P}{17}$ (¹)	7°,73
Déviation saccharimétrique α	—43°,7
Rapport $\frac{P}{\alpha}$	3
Alcool total	21°,33

Le sucre que renferme ce vin correspond à 7°,73 ; or ce vin a été dilué
d'environ 10 % d'alcool à 90°, le sucre qu'il renfermait avant cette dilution correspondait donc à 7°,73 + 0°,773, soit 8°,5 % environ d'alcool.

Pour que le moût initial eût eu une richesse saccharine égale à 14°
d'alcool, il faudrait donc qu'il eût subi une fermentation égale à
14° — 8°,5, soit 5°,5 d'alcool et dans ce cas le rapport $\frac{P}{\alpha}$ devrait être au
moins égal à 3,5. Or, le rapport qui nous est fourni par ce vin est égal à 3,
c'est-à-dire représente un titre d'alcool acquis plus grand que 5°. *Ce
chiffre, par conséquent supérieur à 5°, ajouté à 8°,5 sera très voisin de* 14°,
et nous pourrons, dans ce cas, déduire que le vin examiné est bien un vin
doux naturel.

Autre exemple :

Alcool par distillation	15°,4
Sucres réducteurs P	83,67
Alcool correspondant $\frac{P}{17}$	4°,92
Déviation saccharimétrique α	—46°
Rapport $\frac{P}{\alpha}$	1,82
Alcool total	20°,3

(¹) Par hydratation 100 g de sucre candi donnent 105,253 g de sucre interverti ou
sucre de raisin ; par la fermentation 105,263 g du sucre de raisin forment de l'alcool
(51,11 g), de l'acide carbonique (48,89 g), de la glycérine (3,16 g) et de l'acide succi-
nique (0,67 g).

D'où 100 g de sucre donnent 60,98 g de l'alcool, ce qui revient à dire que 1° d'alcool
est donné par $\frac{1}{0,06098}$, soit 16,40 g de sucre de raisin.

Pratiquement 17 g de sucre donnent 1° d'alcool.

En tenant compte d'une dilution d'environ 10 % d'alcool ajouté, le sucre P correspondrait à $(4°,92 + 0°,492) = 5°,412$, soit $5°,4$. Le reste des sucres disparus pour arriver au minimum $14°$ doit donc avoir été transformé en alcool; c'est bien, en effet, ce qui nous apparaît par la déviation polarimétrique α qui est telle que le rapport $\dfrac{P}{\alpha}$ s'abaisse à $1,82$, valeur correspondante à une fermentation très avancée. Dans ce cas encore, il n'est pas douteux que nous ayons affaire à un vin doux naturel.

Les mêmes calculs se répétant pour tous les vins doux qui nous ont servi de base, donnent des résultats semblables, et cela nous permet d'en déduire que :

« *Toutes les fois qu'un vin de liqueur titrant au moins* $20°$ *d'alcool total présentera un rapport* $\dfrac{P}{\alpha}$ *notablement inférieur à* $3,5$, *on pourra, a priori, conclure à un vin doux naturel.* »

Voici maintenant de nouveaux exemples :

I. — Alcool par distillation.................... $15°,4$
Sucres réducteurs P...................... $154,76$ g
Alcool correspondant $\dfrac{P}{17}$ .... $9°,1$
Déviation saccharimétrique α............ $29^d,5$
Rapport $\dfrac{P}{\alpha}$ .... $5,24$
Alcool total........................... $24°,5$

Avant mutage à 10 % d'alcool, le sucre P correspondait à environ $10°$ d'alcool $(9°,1 + 0°,91)$.

Pour posséder une richesse saccharine initiale de $14°$, le moût aurait dû subir une fermentation égale à $14° — 10°$, soit $4°$ d'alcool, et le rapport $\dfrac{P}{\alpha}$ devrait marquer cette fermentation. La lecture de nos chiffres nous donne un rapport $\dfrac{P}{\alpha}$ égal à $5,24$, c'est-à-dire correspondant à un moût contenant sensiblement parties égales de glucose et lévulose, et n'ayant subi aucune fermentation. Le moût initial n'avait donc pas une richesse de $14°$ et le produit examiné ne saurait être considéré comme un vin doux naturel. D'autre part, le manque de fermentation étant certain, l'alcool titré par distillation est certainement de l'alcool ajouté, et nous pouvons affirmer que nous nous trouvons en présence d'une mistelle mutée à 15 % d'alcool.

II. — Alcool par distillation..................... $14°,5$
Sucres réducteurs P...................... 100 g
Alcool correspondant $\dfrac{P}{17}$ .... $5,8$
Déviation saccharimétrique α............ 20^d
Rapport $\dfrac{P}{\alpha}$ 5
Alcool total........................... $20°,3$

Les quantités de sucres et le titre alcoolique de ce liquide donnent l'impression d'un vin doux naturel, l'alcool total acquis ou en puissance correspond bien à 20°. En tenant compte d'une dilution à 10 %, le sucre P correspondrait environ à 6°,4 d'alcool (5°,8 + 0°,58). Le moût initial, s'il eût une richesse saccharine égale à 14°, aurait dû subir une fermentation correspondant à 14° — 6°,4, soit 7°,6. Or, nous avons un rapport $\frac{P}{\alpha}$ égal à 5, ce qui nous prouve qu'il n'y a pas eu de fermentation.

Le moût initial ne possédait donc pas un minimum de richesse saccharine correspondant à 14°, et nous n'avons pas affaire à un vin doux naturel.

Par ces divers exemples on peut voir le parti qu'on peut tirer de l'emploi judicieux de ce rapport $\frac{P}{\alpha}$. Évidemment, nous ne prétendons pas avoir résolu entièrement le problème, car il peut se trouver des exceptions, mais, d'une façon générale, l'application du rapport $\frac{P}{\alpha}$ nous donnera toujours de précieuses indications. Nous proposons donc d'accepter la donnée suivante : *Lorsque, dans un vin de liqueur, on se trouvera en présence d'un rapport* $\frac{P}{17}$*, oscillant entre 8° et 9° (dilution comprise) et d'un rapport* $\frac{P}{\alpha}$ *au plus égal ou inférieur à 5,3, on pourra conclure que le moût initial avait bien 14° d'alcool en puissance et pouvait, en conséquence, servir à la fabrication de vin doux naturel.*

$$\frac{P}{17} = 9° \text{ avec } \frac{P}{\alpha} = 3,5 \text{ (correspondant à 5°)}$$

$$\frac{P}{17} = 8° \text{ avec } \frac{P}{\alpha} < 3,5 \text{ (supérieur à 5°)}$$

MM. F. JADIN et A. ASTRUC.

PRÉSENCE DE L'ARSENIC DANS LE RÈGNE VÉGÉTAL.

58.11.92 : 546.19

5 Août.

En 1850, Stein démontrait (*Journ. für prakt. Chemie*, t. L, p. 302) que les cendres de Chou (*Brassica oleracea*), de Navet (*Brassica Rapa*), de tubercules de Pomme de terre contiennent des quantités sensibles d'arsenic; en 1851, revenant sur la question (*Journ. für prakt. Chemie*, t. LIII, p. 37), l'auteur trouvait 0,11 d'arsenic pour 10 000 de toile de lin, 2 d'arsenic pour 10 000 de cendres de pailles de Seigle, 3 d'arsenic pour 10000 de cendres d'excréments de vache.

En rappelant les résultats consignés dans ces Mémoires, M. A. Gautier, en 1900, faisait remarquer l'intérêt qu'il y aurait à poursuivre la recherche de l'arsenic dans le règne végétal (*Comptes rendus de l'Académie des Sciences*, t. CXXX, p. 289).

Depuis lors, les recherches minutieuses et patientes de M. A. Gautier et de M. G. Bertrand ont surtout porté sur le règne animal et ont, semble-t-il, définitivement démontré que l'arsenic existe normalement chez l'homme et les animaux, où il est considéré, par la plupart des auteurs, comme faisant partie intégrale du protoplasma au même titre que l'azote, le carbone, le phosphore, etc.

Quant à l'origine de cet arsenic, on admet généralement qu'elle est due, en grande partie, aux aliments fournis par les divers règnes de la nature. Toutefois les aliments végétaux ont été peu étudiés. Les seuls exemples qui, à notre connaissance, aient été publiés comme renfermant de l'arsenic sont le Chou, le Navet, la Pomme de terre, le Blé, l'Oseille (STEIN, A. GAUTIER et P. CLAUSSMANN).

En présence du petit nombre de travaux sur le règne végétal, nous avons pensé qu'il y aurait quelque intérêt à étendre la recherche de l'arsenic à un plus grand nombre de végétaux. A cet effet, nous avons adopté la méthode de destruction des matières organiques de M. A. Gautier, modifiée par M. G. Bertrand (*Ann. de Chim. et Phys.*, 7e série, t. XXIX, 1903, p. 242); l'anneau d'arsenic a été produit dans un appareil de Marsh fonctionnant d'après les indications de M. A. Gautier (*Bull. Soc. chimiq.*, 7e série, t. XXVII, p. 1030) avec la simple modification de forme du flacon producteur d'hydrogène, telle que nous l'avons décrite ailleurs (*Journ. de Pharm. et de Chim.*, 7e série, t. V, p. 233). Tous nos réactifs ont été soigneusement vérifiés et la purification de H^2S, en particulier, a été l'objet de toute notre attention.

Nous avons uniformément opéré en partant de 200 g de matière et en employant les proportions de réactifs indiquées ci-dessous ; la dernière colonne seule exprime en milligrammes la quantité d'arsenic rapportée à 100 g de substance.

Dans une première série de recherches, nous nous sommes astreints à doser l'arsenic dans 36 végétaux servant à l'alimentation de l'homme et appartenant aux familles les plus diverses. Voici les résultats obtenus :

Champignons.

Aliments.	Origine.	Mélange nitro-sulfurique.	SO^4H^2.	Arsenic en milligr. pour.⁰/₀ de mat.
Champignons de couches....	{ Environs de Montpellier }	70	10	0,006
Truffes noires............	Vaucluse	105	13	0,020

Légumes secs.

Aliments.	Origine.	Mélange nitro-sulfurique.	SO⁴H².	Arsenic en milligr. pour % de mat.
Riz....................	Japon	175	26	0,007
Haricots rouges.............	inconnue	210	40	0,025
Haricots blancs..............	»	175	40	0,010
Pois chiches................	»	175	40	0,009
Pois cassés.................	»	135	16	0,026
Lentilles...................	»	175	40	0,010

Légumes frais.

Aliments.	Origine.	Mélange nitro-sulfurique.	SO⁴H².	Arsenic en milligr. pour % de mat.
Artichauts.................	Environs de Montpellier	175	16	0,010
Salsifis...................	»	85	12	0,007
Chicorée..................	»	70	10	0,010
Cardon....................	»	105	13	0,009
Mâche commune ou Doucette.	»	85	13	0,009
Laitue....................	»	70	10	0,023
Épinards..................	»	70	10	0,009
Courge....................	»	105	10	0,009
Fèves.....................	»	140	12	0,020
Petits pois................	»	70	16	0,004
Céleri....................	»	70	10	0,020
Carottes..................	»	70	10	0,005
Radis.....................	»	70	10	0,010
Cresson de fontaine.........	»	70	9	0,012
Chou-fleur................	»	70	10	0,008
Asperges sauvages (pointes)..	Garrigues de Montpellier	105	13	0,010
Poireaux de campagne (*Allium Polyanthum*).............	Champs de vigne	70	10	0,003

Fruits secs (Partie comestible).

Aliments.	Origine.	Mélange nitro-sulfurique.	SO⁴H².	Arsenic en milligr. pour % de mat.
Noix.....................	Lozère	140	16	0,013
Noisettes.................	Larzac	140	16	0,011
Amandes..................	Environs de Montpellier	140	16	0,025
Dattes (var. Déglet-el-Beida).	Algérie	175	26	0,012

Fruits frais (Partie comestible).

Aliments.	Origine.	Mélange nitro-sulfurique.	SO⁴H².	Arsenic en milligr. pour % de mat.
Châtaignes................	Le Vigan	140	26	0,005
Pommes (var. Rainette)......	»	85	13	0,005
Poires (var. Royales)........	Espagne	70	10	0,007
Oranges..................	»	70	8	0,011
Mandarines...............	Blidah	70	9	0,012
Ananas...................	Açores	70	9	0,008
Bananes..................	»	70	10	0,006

D'où nous pouvons conclure que *l'arsenic rencontré dans l'organisme animal doit provenir, en partie tout au moins, des aliments d'origine végétale.* Nous étant alors particulièrement demandé si le terrain n'avait pas une influence prépondérante sur la plus ou moins grande quantité d'arsenic contenue dans les végétaux, nous avons songé à traiter par les méthodes déjà indiquées les plantes parasites et leurs supports.

L'influence du terrain est ici considérablement amoindrie puisqu'il ne supporte pas directement la plante, et si l'analyse démontre dans celle-ci la présence de l'arsenic, il est évident que ce corps, provenant uniquement du végétal parasité qui porte le parasite et lui fournit les matériaux indispensables à son développement, est un des éléments importants et nécessaires pour la cellule : le végétal le prend dès lors partout où il le trouve, d'une manière qui diffère suivant qu'il est directement planté en terre ou qu'il vit sur un hôte intermédiaire; c'est précisément ce que l'expérience confirme. Voici les chiffres exprimant la quantité d'arsenic contenue dans quelques végétaux parasites et que nous avons comparée, autant que cela nous a été possible, avec la teneur des plantes parasitées; suivent également les résultats obtenus avec quelques espèces parasites pour lesquelles nous n'avons pas analysé le support.

Végétaux parasités.

Plantes.	Origine.	Arsenic en milligr. p. %, de matière fraîche.
1. Malus communis Poir. (var. cultivée Rosacées)	Aveyron	0,017
2. Sorbus Aucuparia L. (var. cultivée Rosacées)	Env. de Rennes	0,019
3. Cratœgus monogyna Jacq. (var. cultivée Rosacées)	Lot-et-Garonne	0,025
4. Robinia pseudo acacia L. (Papillonacées).	Env. de Rennes	0,050
5. Quercus palustris Du Roi (Cupulifères)...	Indre	0,006
6. Populus nigra L. (Platanacées)	Env. de Rennes	0,007
7. Abies pectinata D. C. (Conifères)	Aude forêt des Fauges	0,024
8. Juniperus phœnicea L. (Conifères)	Env. d'Hyères	0,012
9. Thymus vulgaris L. (Labiées)	Env. de Montpellier	0,011
10. Cistus monspeliensis L. (Cistinées)	Doscares près Montpellier	0,020
11. Anthemis nobilis L. (Composées)	Montpellier Jardin des plantes	0,012
12. Hedera Helix L. (Araliacées)	(id.)	0,005

Parasites.

Plantes.	Origine.	Arsenic en milligr. p. °/₀ de matière fraîche.
1. Viscum album (Loranthacées) sur Malus...	Aveyron	0,012
2. » » sur Sorbus...	Env. de Rennes	0,011
3. » » sur Cratœgus.	Lot-et-Garonne	0,013
4. » » sur Robinia..	Env. de Rennes	0,012
5. » » sur Quercus.	Indre	0,011
6. » » sur Populus.	Env. de Rennes	0,010
7. « » sur Abies....	Aude forêt des Fauges	0,010
8. Arceuthobium Oxycedri M. Bieb. (Loranthacées) sur Juniperus..............	Env. d'Hyères	0,004
9. Cuscuta Epithymum Murr. (Convolvulacées) sur Thymus...	Env. de Montpellier	0,018
10. Cytinus hypocistis L. (Cytinées) sur Cistus.	Doscares près Montpellier	0,022
11. Phelipœa cærula C. A. Mey (Orobanchées) sur Anthemis...	Montpellier Jardin des plantes	0,013
12. Orobanche Hederæ. Duby (Orobanchées) sur Hedera...	Montpellier Jardin des plantes	0,015
13. Orobanche Rapum Thuill. (Orobanchées) sur Ulex...	Env. de Rennes	0,020
14. Orobanche minor Gutt. (Orobanchées) sur Trifolium...	(id.)	0,013
15. Orobanche var. flavescens (Orobanchées) sur Trifolium...	(id.)	0,004
16. Lathrœa clandestina L. (Orobanchées)....	(id.)	0,006
17. Osyris alba L. (Santalacées)...........	Env. de Montpellier	0,015
18. Rhinanthus minor Ehrh. (Scrofulariacées)	Env. de Rennes	0,008
19. Pedicularis sylvatica L. (Scrofulariacées)	(id.)	0,0015

De ce second Tableau nous croyons pouvoir tirer les conclusions suivantes :

1° *Les plantes parasites comme les végétaux croissant directement dans le sol, contiennent normalement une certaine quantité d'arsenic ;*

2° *Une même espèce végétale (le Gui), quoique vivant en des régions et sur des arbres très différents, contient néanmoins une quantité d'arsenic à peu près identique, bien que celle trouvée pour les supports présente des variations très appréciables ;*

3° *Il est impossible d'établir une proportion quelconque entre la teneur en arsenic du parasite et celle du parasité ;*

4° Par analogie, *il semble que la richesse du sol en arsenic ne paraît pas avoir une influence prépondérante sur la teneur des végétaux en cet élément, et que la plante doit prendre du métalloïde dans les proportions qui lui sont nécessaires, indépendamment de la richesse du milieu.*

A ce point de vue, nos résultats obtenus pour le gui paraissent démonstratifs.

Et de l'ensemble de nos recherches sur la présence de l'arsenic dans les végétaux, nous pensons qu'on peut tirer la conclusion suivante :

5° *La présence de l'arsenic paraît être constante dans le règne végétal; l'arsenic fait partie intégrante de la cellule végétale.*

MM. JADIN et ASTRUC.

RÉPARTITION DU MANGANÈSE DANS LE RÈGNE VÉGÉTAL.

---

2 Août.   546.71 : 58.11.92

Dans deux Notes récentes, MM. Gabriel Bertrand et F. Medigreceanu (*Comptes rendus*, t. CLIV, p. 491 et 1450) démontrent « l'existence constante et la répartition remarquable du manganèse dans les organes (animaux) », et se croient autorisés à « attribuer à ce métal une place importante à côté des autres éléments catalytiques de la matière vivante ».

Or, depuis octobre 1911, poursuivant nos recherches sur l'existence de l'arsenic normal dans le règne végétal, nous avons parallèlement effectué des dosages de manganèse dans tous les exemples étudiés, en suivant la méthode colorimétrique au persulfate de potassium en présence de nitrate d'argent, précisée par M. G. Bertrand. Comme tous les auteurs qui se sont occupés de la présence du manganèse dans le règne végétal (Leclerc, Maumené, Pichard, etc.), nous avons constaté la constance de cet élément dans toutes les plantes soumises à l'expérience; les conclusions de MM. G. Bertrand, et F. Medigreceanu relatives au règne animal nous paraissent devoir être appliquées sans exception au règne végétal. En effet, plus de 80 dosages effectués sur des plantes appartenant à des familles différentes nous ont fourni des quantités variables de manganèse. Les 32 familles étudiées (Champignons, Conifères, Graminées, Broméliacées, Musacées, Crucifères, Légumineuses, Rosacées, Composées, etc.) ont donné des résultats variant, pour 100 g d'organe frais, de 0,04 mg à 20 mg de manganèse, soit encore, pour 100 g d'organe sec, de 0,14 mg à 76,50 mg, ou enfin pour 100 g de cendres, de 4,23 mg à 909,09 mg.

D'où nous pouvons conclure : 1° La présence du manganèse est constante dans le règne végétal.

Parmi les exemples étudiés, il en est un certain nombre qui sont des végétaux cultivés, utilisés par l'homme comme aliments :

	Pour 100 d'organes frais.
	mg mg
Champignons (truffes, morilles, etc.).................	0,44 à 1,57
Légumes secs (riz, haricots, pois, lentilles, etc.).........	0,80 à 1,83
Légumès frais (artichauts, laitue, épinards, asperges, étc.).	0,03 à 1,13
Fruits secs (noix, amandes, dattes, etc.)...............	1,00 à 3,20
Fruits frais (châtaignes, pommes, oranges, bananes, etc.).	0,03 à 0,70

D'où il résulte : 2º La teneur en manganèse des aliments d'origine végétale sert à expliquer, tout au moins en partie, l'origine de ce corps dans l'organisme animal. Ayant dosé le manganèse dans diverses parties d'un même végétal, nous avons constaté que les organes aériens, pourvus de chlorophylle, en contenaient une plus forte proportion que les organes souterrains ou que ceux dépourvus de chlorophylle.

		Pour 100 d'organes	
		frais.	secs.
		mg	mg
Radis.	Parties aériennes.........	0,90	10,14
	» souterraines	0,25	4,52
Navet.	» aériennes.........	1	7,71
	» souterraines	0,16	1,90
Carotte.	» aériennes.........	0,40	2,35
	» souterraines	0,08	0,64
Ciste.	» aériennes.........	12,00	33,18
	» souterraines	16,80	21,61
Salsifis.	» aériennes.........	0,88	8,04
	» souterraines	0,76	2,73
Bananes.	Pédoncule vert..........	0,20	2,70
	Enveloppe.............	0,24	1,93
	Partie comestible........	0,12	0,66

Bien que nous nous proposions d'étendre cette observation à un plus grand nombre d'exemples, nous croyons qu'il n'est pas prématuré de conclure : 3º La comparaison des quantités de manganèse contenues dans les parties aériennes et souterraines d'un même végétal paraît montrer que les organes chlorophylliens sont les plus riches.

Dans les appréciations des auteurs qui nous ont précédés, il existe, pour un même végétal ou pour un même organe, des divergences qui nous avaient frappés. En nous adressant à une plante comme le gui, ne subissant pas l'influence directe du terrain, exigeant des conditions climatériques spéciales, vivant seulement sur des supports différents, cueillie à la même époque, mais dont l'âge nous était inconnu, nous avons acquis la conviction qu'une même plante possède des teneurs en manganèse très différentes pour des raisons qui nous échappent encore. Ainsi :

	1 pour 100 d'organes frais.	Sur le support.
	mg	mg
Gui sur pommier......................	2,50	0,90
» sorbier........................	1,60	4,16
» aubépine......................	1	1
» robinier.......................	1,20	2,10
» chêne.........................	16	3,20
» peuplier.......................	20	8
» sapin	4	5

D'où nous concluons : 4° Dans une même plante riche en chlorophylle, comme le gui, la teneur en manganèse varie cependant dans des proportions notables. Des recherches nouvelles nous paraissent nécessaires pour interpréter rationnellement ce fait.

MM. C. GERBER et H. GUIOL.

ANALYSE BIOCHIMIQUE DES LATEX.

5 *Août.*

58.11.351

Jusqu'à ces dernières années, le latex était généralement considéré comme un produit d'excrétion sans importance pour la nutrition de la plante, chargé de produits inassimilables pour elle, mais très recherchés par l'industrie (caoutchouc, gutta, résines, etc.); aussi était-ce de sa teneur en ces dernières substances que les chimistes se préoccupaient. L'étude longue et difficile des diastases des latex (à laquelle un de nous s'est livré) a modifié considérablement la conception qu'on se faisait de ce suc. Elle a établi, en effet, que le latex joue, chez beaucoup de végétaux, le rôle que le suc pancréatique joue chez les animaux supérieurs et aboutit à la découverte des pancréatines végétales.

Dès lors, les analyses anciennes des latex indiquant leur teneur :

1° En caoutchouc, gutta ou résines;
2° En substances grasses;
3° En hydrates de carbone;
4° En substances protéiques;
5° En cendres,

si consciencieusement qu'elles aient été faites, sont incomplètes. Elles doivent être accompagnées de la recherche qualitative et quantitative des diastases, c'est-à-dire d'une analyse biochimique.

La marche à suivre dans cette analyse biochimique diffère suivant que la substance émulsionnée contenue dans les latex se sépare facilement ou non du liquide émulsionnant. Comme type des premiers, nous prendrons le latex du Figuier et comme type des seconds celui du Mûrier à papier.

Figuier. — Le latex est additionné de 20 % de Na Cl et mis dans une ampoule à décantation à basse température. Il se sépare peu à peu en deux couches : l'une inférieure, transparente; l'autre supérieure, épaisse, crémeuse. Au bout de 24 heures, la séparation est à peu près complète. Le liquide transparent qui contient les diastases est soutiré, puis dialysé à l'eau courante et à basse température pendant 24 heures et enfin évaporé à 40° en grande surface et en faible profondeur. On obtient des paillettes jaune pâle et brillantes qu'on compare à la trypsine Merck tant au point de vue de leur pouvoir caséifiant sur le lait qu'à celui de leur pouvoir saccharifiant sur l'empois d'amidon. Dans un essai, nous avons obtenu 11,2 % de paillettes protéolytiquement deux fois plus actives et amylolytiquement légèrement plus actives que la pancréatine animale.

Mûrier à papier. — Le latex est étendu de 20 fois son volume d'eau distillée, puis porté à 40° pendant 15 minutes. Une coagulation floconneuse se produit et le liquide mis dans une ampoule à décantation se sépare rapidement en une couche inférieure blanche, épaisse formée d'un coagulum α en suspension et une couche supérieure, transparente. La première, soutirée, est jetée sur un filtre qui retient le coagulum α et laisse passer un liquide transparent qui est joint à la seconde couche. L'ensemble des liquides transparents est concentré à 40° en grande surface et en faible profondeur, au cinquième de son volume; puis, il est additionné de deux fois son volume d'alcool à 95°. Il en résulte la formation d'un précipité β qu'on recueille sur un filtre et qu'on essore rapidement. Le dernier liquide filtré contient encore des substances protéiques coagulables par l'alcool fort; il suffit, en effet, d'ajouter un volume d'alcool à 95° égal au sien pour obtenir un précipité γ qu'on peut encore recueillir sur un filtre et essorer rapidement. Ces trois précipités sont comparés entre eux et à la trypsine Merck. Dans un essai, nous avons obtenu pour 100 g de latex :

> Précipité α 18,4
> Précipité β 5,4
> Précipité γ 0,28

De ces trois précipités, un seul β contient en fortes proportions les trois diastases hydrolysantes des graisses, des hydrates de carbone et des substances albuminoïdes et, par suite, mérite le nom de pancréatine. Nous l'avons trouvé protéolytiquement six fois moins actif et amylolytiquement dix fois plus actif que la pancréatine animale.

Georges GUILLAUME,

Docteur en Pharmacie (Issoudun).

SUR LES DANGERS DE L'ACTION OXYDANTE DU PERMANGANATE DE CHAUX SUR CERTAINS CORPS A FONCTION ALCOOLIQUE ET PARTICULIÈREMENT SUR LA CELLULOSE.

546.78 : 547.664

5 *Août.*

On sait que les permanganates sont des oxydants des plus puissants parce qu'ils cèdent leur oxygène avec une grande aisance comme le font du reste toutes les substances très oxygénées. Ils cèdent leur oxygène avec à peu près autant de facilité aux matières organiques qu'aux réducteurs. Cette propriété oxydante envers les matières organiques se manifeste parfois à froid et sans choc avec tant d'énergie qu'il se produit de véritables explosions avec inflammation de matières avoisinantes, d'où un véritable danger pour les manipulateurs et ce qui les entoure, en même temps qu'une cause d'incendie.

Les permanganates ont une action oxydante d'autant plus vive et plus rapide sur les matières organiques qu'ils sont plus solubles dans l'eau. De nombreuses observations ont déjà été faites à ce sujet.

M. Th. La Wall a signalé une cause d'incendie dans la désinfection par le formol et le permanganate de potasse (*Union pharmaceutique*, 1909, p. 84).

Le médecin major Bonnette a signalé à la fin de 1910, dans la *Quinzaine thérapeutique*, une cause d'incendie par le permanganate de potasse et la glycérine. Attaché à un groupe d'artillerie pendant les manœuvres de 1910, ce médecin major avait fait un pansement à un canonnier blessé. Le pansement terminé, le groupe se porte au grand trot vers une position nouvelle, dans la cantine un flacon de glycérine se casse, le produit se répand sur des paquets de permanganate de potasse dans le voisinage de coton hydrophile. Il se produisit une explosion et le coton hydrophile prit feu. Dans la suite, le Dr Bonnette a renouvelé l'expérience dans le laboratoire et a constaté que la réaction atteignait son maximum d'intensité en mélangeant $\frac{2}{3}$ de permanganate de potasse et $\frac{1}{3}$ de glycérine. Cette réaction est commune à tous les permanganates et n'a pas lieu qu'avec la glycérine. Le permanganate de chaux, particulièrement, donne des réactions beaucoup plus rapides et infiniment plus vives. Nous avons remarqué que les corps, avec lesquels cette réaction était très nette, possédaient tous une ou plusieurs fonctions alcooliques, tels que les alcools méthylique, éthylique, amylique, la glycérine, le glucose, le lévulose, la lactose, la manne, le miel, la cellulose, les acides lactique, citrique, tartrique, etc.

Nous n'avons rien obtenu avec le camphre, le menthol, le blanc de baleine. Avec les corps à fonction aldéhydique (sans fonction alcool), nous n'avons obtenu qu'une réaction très faible pouvant malgré tout produire explosion dans certaines conditions. Avec les carbures d'hydrogène, les acides éthers, amines, amides, sans fonction alcool, nous n'avons obtenu aucune déflagration. Elle se produit, malgré tout, avec beaucoup d'autres corps : essence de térébenthine, chloroforme, etc., si l'on vient à ajouter quelques gouttes d'acide sulfurique.

C'est l'action du permanganate de chaux sur la cellulose que nous venons plus particulièrement de signaler; avec cette matière il se produit une inflammation quand le sel, très hygrométrique, a absorbé suffisamment d'eau pour se dissoudre.

Ce qui fait que cette propriété peut être très dangereuse, c'est que la réaction ne se produit pas instantanément comme avec la glycérine ou l'acide lactique avec lesquels elle est particulièrement violente, mais souvent 5 à 10 minutes après le contact avec une solution très concentré de permanganate de chaux, et plusieurs heures après si le sel est sec puisqu'il lui faut le temps d'absorber l'humidité de l'air pour se dissoudre. L'action est particulièrement nette avec du papier non collé, de préférence papier de filtres à sirops ou papier buvard épais ou des tissus légers.

En résumé, l'action oxydante énergique du permanganate de chaux n'est pas sans présenter quelques dangers pour ceux qui manipulent ce sel. Il se produit une réaction déflagrante très vive avec les composés possédant une ou plusieurs fonctions alcooliques.

Avec les produits à fonction aldéhydique seule la réaction est moins vive, mais encore dangereuse.

Avec les autres corps, carbures d'hydrogène, acides, amines, amides, la réaction ne se produit que si l'on met l'acide permanganique en liberté par l'acide sulfurique.

Avec la cellulose, la réaction est particulièrement dangereuse, parce que ce produit, mis en contact avec le permanganate de chaux, ne s'enflamme qu'au bout d'un certain temps.

M. S. COTTON,

Pharmacien de 1re classe (Lyon).

EXTRAIT SEC DE L'URINE.

612.461.17(02)

2 *Août.*

Dans le dosage de l'extrait sec de l'urine, on s'est beaucoup préoccupé d'une cause d'erreur qui résulte de la décomposition de l'urée en carbonate d'ammoniaque volatil. Pour obvier à cet inconvénient, j'ai songé à utiliser la combinaison que le formol contracte avec l'urée, combinaison que j'ai été l'un des premiers à signaler. Elle est absolument fixe, insoluble dans tous les véhicules, supprime à peu près l'odeur de l'urine pendant la dessiccation, empêche son noircissement et abrège beaucoup le temps de dessiccation à l'étuve.

L'aldéhyde formique se combinant de même avec l'ammoniaque retient aussi ce corps s'il s'en est déjà formé par transformation de l'urée, de sorte qu'il ne peut y avoir de perte.

Il me reste à dresser la Table de correction indiquant le poids du formol resté en combinaison et qu'il faut retrancher.

M. S. COTTON.

PROCÉDÉ DE DOSAGE DU CARBONE URINAIRE,

---

2 *Août.*

612.461.17 (02)

Le dosage du carbone urinaire offre, à mon avis, autant d'intérêt que celui de l'azote, l'un représentant le déchet des substances ternaires et l'autre des aliments quaternaires au cours de la digestion, déchets, du reste, encore bien mal connus. Si ce dosage du carbone, tenté depuis longtemps, n'a pas abouti jusqu'ici, c'est qu'il présente des difficultés multiples. Au cours des nombreuses recherches que j'ai dû faire pour circonscrire le problème, j'ai constaté que, des oxydants les plus énergiques, aucun, à lui seul, n'est capable de réaliser ce résultat, vu la nature complexe de l'urine. L'appareil que j'emploie est des plus simples et peut trouver place dans les laboratoires les plus modestes. C'est surtout ce que j'ai cherché à réaliser pour le rendre pratique. Le travail que j'ai entrepris comportera 20 à 25 pages. Mais, pour me conformer au programme du Congrès, je ne donnerai qu'un court résumé pour prendre date, comprenant la manière d'opérer et quelques résultats.

Mode opératoire. — Sur un réchaud à gaz couvert de trois toiles métalliques, je place un ballon à fond plat de 250 cm³ relié à quatre flacons laveurs contenant de l'eau de baryte saturée et bien limpide. Du côté opposé le ballon est également relié à un tube d'oxygène comprimé.

Dans le ballon, j'introduis :

5 cm³ d'urine;

2 g d'acide chromique cristallisé pur;

2 g de nitrate de potasse.

Avant de chauffer, je fais passer un courant d'oxygène pour remplir l'appareil. Sous l'influence du courant, le premier flacon de baryte commence à se troubler, preuve évidente que l'attaque a commencé à froid. A mesure qu'on chauffe, le dégagement d'acide carbonique devient plus abondant et l'opération se termine dans une fusion limpide de chromate de potasse par transformation du nitrate. Ce bain dégage des bulles de gaz qui deviennent de plus en plus fines et cessent lorsque l'attaque est complète.

Pour abréger, je ne citerai qu'un résultat sur une urine naturelle très concentrée :

$$
\begin{array}{lll}
1^o & 5^{cm^3} \text{ d'urine} \dots & \\
& 2^g \quad \text{Acide chromique} \dots & \\
& 2^g \quad \text{Nitrate de potassse} \dots & \left.\right\} \; 13^g,63 \text{ de carbone par litre} \\
& \text{Courant d'oxygène} \dots & \\
2^o & 5^{cm^3} \text{ d'urine} \dots & \\
& 3^g \quad \text{Acide chromique} \dots & \\
& 3^g \quad \text{Nitrate de potasse} \dots & \left.\right\} \; 18^g,491 \text{ de carbone par litre} \\
& \text{Courant d'oxygène} \dots & \\
3^o & 5^{cm^3} \text{ d'urine} \dots & \\
& 6^g \quad \text{Acide chromique} \dots & \left.\right\} \; 9^g,20 \text{ de carbone par litre} \\
& \text{Courant d'oxygène} \dots & \\
\end{array}
$$

Je connais, dès maintenant, la cause de cette insuffisance d'action de l'acide chromique seul.

M. H. MARCHAND.

SUR LES PROPRIÉTÉS PHARMACO-DYNAMIQUES DE LA CHOLESTÉRINE.

547.787.3

2 *Août.*

Dans une Communication à la Société de Biologie en date du 16 décembre 1911 ([1]), MM. Brissemoret et Joanin, étudiant les propriétés pharmaco-dynamiques d'un certain nombre de carbures alicycliques, et de la cholestérine (qui dérive *probablement* d'un de ces carbures) concluaient à une action narcotique de ces différents produits :

« Nous avons constaté », écrivaient-ils notamment, « que la cholestérine (0,07 à 0,15 g) injectée en solution huileuse dans le péritoine de cobayes, provoquait l'apparition de phénomènes d'hébétude et de somnolence *souvent* très marqués. Notre cholestérine avait été extraite de calculs biliaires, mais les résultats ont

([1]) BRISSEMORET et JOANIN, *Sur l'action narcotique des carbures alicycliques et sur les propriétés somnifères de la cholestérine* (*Comptes rendus de la Soc. de Biologie*, 16 décembre 1911).

été contrôlés avec des échantillons de provenances différentes. Il *semble* donc que la cholestérine possède une *certaine* action somnifère. »

Le vague de ces constatations et les conseils de M. le professeur Raphaël Dubois dont on connaît la belle théorie de l'autonarcose carbonique, nous encouragèrent à reprendre ces expériences. Nous plaçant alors rigoureusement dans les mêmes conditions que MM. Brissemoret et Joanin, c'est-à-dire opérant sur des cobayes, injectant dans le péritoine et en solution huileuse de la cholestérine extraite de calculs biliaires, nous entreprîmes à notre tour de rechercher cette action somnifère. Or, les cobayes, injectés par nous à la dose de 0,10 à 0,20 g, présentèrent constamment les mêmes réactions que des cobayes témoins non injectés. Ils couraient, mangeaient et restaient comme eux immobiles à l'occasion; mais de phénomène de somnolence, point! Des lapins injectés de la même façon à la dose de 0,10 à 0,25 g le furent également sans succès.

Ce sont ces premiers résultats que nous avons consignés dans une Communication à la Société de Biologie (séance du 20 avril 1912) [1] et en réponse à laquelle MM. Brissemoret et Joanin écrivirent [2] :

« Faisant table rase de toutes nos expériences antérieures au 16 décembre 1911, nous avons entrepris une nouvelle série de recherches sur onze lots de trois cobayes avec l'aide de nouveaux échantillons de cholestérine retirée de l'œuf, retirée du cerveau de cheval, retirée d'un mélange de cerveaux de différents animaux. Au cours de ce travail de vérification, nous n'avons pas pu établir de rapports entre la dose de cholestérine injectée et le poids de l'animal, l'heure d'apparition, l'intensité, l'évolution des phénomènes pharmacodynamiques ou des phénomènes physiologiques provoqués. Mais la nature de ces phénomènes que nous avons vu apparaître sous l'influence de doses de cholestérine comprises entre 0,075 et 0,50 g ne prête à aucune équivoque, pour quiconque a étudié les effets des hypno-narcotiques sur le cobaye; 400 expériences environ ont été faites par nous sur le cobaye... »,

Nous pourrions faire remarquer qu'il est absolument fondamental en matière de recherches pharmaco-dynamiques d'établir le rapport existant entre la dose de l'agent actif et l'effet provoqué. Tout autre procédé est absolument antiscientifique; mais pour ne pas compliquer la discussion, nous ne relèverons pas toutes les imprécisions qui fourmillent dans les Notes de MM. Brissemoret et Joanin. Qu'il nous suffise de remarquer que tout ce qui précède revenait à dire en somme que, pour apprécier des somnolences de cobayes cholestérinisés, il fallait des facultés d'observation un peu spéciales. N'ayant pas le temps de nous faire l'œil sur 400 animaux de cette espèce, nous avons eu l'idée pour trancher la question définitivement, de nous adresser au chien : animal physiologique

---

[1] H. MARCHAND, *Cholestérine et sommeil* (*Comptes rendus de la Soc. de Biologie*, 20 avril 1912).

[2] BRISSEMORET et JOANIN, *Sur les propriétés pharmaco-dynamiques de la cholestérine* (*Comptes rendus de la Soc. de Biologie*, 31 mai 1912).

par excellence, animal avec lequel nous sommes en contact journalier, dont les états psychiques sont, par conséquent, faciles à interpréter.

Ce sont les résultats de cette nouvelle série d'expériences que nous présentons aujourd'hui. Pour rester dans les conditons premières, nous n'avons employé que de la cholestérine extraite de calculs biliaires ; elle a été dissoute dans l'huile et poussée en injections intrapéritonéales. Résumant tout d'un mot, nous pouvons dire de suite que cette fois, tout aussi bien que la première, nous n'avons pas pu observer de phénomènes de somnolence, mais les animaux injectés ont présenté un ensemble de troubles (troubles moteurs, troubles de l'équilibre, troubles digestifs) qu'il nous a paru intéressant de noter. Parmi plusieurs observations, nous avons choisi deux typiques qui mettront ceci en lumière :

Première observation. — Chien, 5 kg.

9 h 3o m. — Injection de 5 g de cholestérine (soit. 1 g par kilogramme). L'animal urine et perd ses excréments pendant l'opération. Livré à lui-même il se met à marcher péniblement. Les pattes antérieures semblent fonctionner de façon normale, mais celles de derrière sont allongées, raides, et traînent sur le sol. Le polygone de sustentation est élargi par écartement de toutes les pattes les unes des autres. La tête est basse, le cou allongé et rigide, la queue entre les jambes. L'animal refuse toute nourriture (sucre, viande, etc.).

9 h 45 m. — Le chien flageole sur ses jambes de derrière et résiste manifestement au besoin de s'asseoir. Il se déplace peu ou pas.

10 h 3o m. — Réfugié dans un coin, la tête basse, l'air hébété, mais nullement somnolent, le chien est agité de tremblements continus qui le parcourent tout entier de la tête à la queue.

10 h 45 m. — Vomissements abondants.

11 h 15 m. — Tandis que, couché en rond, le chien témoin manifeste une tendance à somnoler, calé sur ses quatre pattes écartées, le chien injecté reste obstinément debout. Son attitude à ce moment est très caractéristique et peut se définir une attitude en arc de cercle. Le nez est, en effet, venu au ras du sol par projection du cou et de la tête en avant; le dos se bombe fortement; les jambes de derrière se raidissent et s'allongent en arrière. L'animal est toujours parcouru de tremblements. Il répond mal aux appels, aux excitations, refuse de marcher et se fait traîner si l'on veut lui faire violence.

11 h 25 m. — De lui-même, le chien essaie de faire quelques pas. Sa démarche est à la fois hésitante (il avance prudemment, en effet, l'une après l'autre chaque patte), lente (il y a comme une décomposition de chaque mouvement en un certain nombre de temps bien séparés) et titubante (toutes les jambes tremblant et flageolant en même temps). Plusieurs essais de ce genre, mais après quelques pas péniblement effectués, l'animal renonce à sa tentative et va reprendre dans un coin son attitude typique, debout et en arc de cercle. On a, de plus, la sensation que la tête lui pèse énormément, le gêne, car il cherche à la caler dans tous les angles, à la reposer sur un support quelconque. Les muscles de la nuque sont donc parésiés comme les autres et n'arrivent plus à maintenir la tête dans sa position normale. Mais les yeux restent grands ouverts... Pendant ce temps le chien témoin, couché en rond, somnole.

14 h. — Maximum de l'effet obtenu. Il y a de la contracture musculaire à ce moment. Le chien se meut (lorsqu'il le tente), les jambes de devant, aussi bien que celles de derrière, raides et allongées. Les rotations ne se font plus qu'au niveau des deux ceintures.

15 h. — Les troubles moteurs commencent à s'amender. L'attitude en arc de cercle est moins nette; de plus, le tremblement a diminué beaucoup d'intensité. Il est remplacé par de l'oscillation. Toujours debout, le chien oscille sur ses quatre pattes comme base, comme s'il éprouvait une sensation de vertige. La tête se balance à l'extrémité du cou et progressivement s'affale vers le sol; les yeux se ferment parfois. Mais ce n'est pas là de la somnolence, car si l'on vient à produire un bruit au voisinage de l'animal (claquement brusque des mains, par exemple) les mêmes phénomènes continuent. Or, dans ces conditions, un animal somnolent devrait se réveiller (tout au moins pour un certain temps plus ou moins long) et les phénomènes en question disparaître un instant pour reprendre de nouveau ensuite.

Fin de l'après-midi. — Amendement progressif de tous les troubles constatés (troubles moteurs, tremblement, vertige, troubles digestifs), mais, quoique atténué, tout ceci persiste le lendemain et plusieurs jours encore. Le chien ne revient vraiment à son état normal qu'une semaine environ après l'injection. Ce sont les phénomènes de vertige qui semblent disparaître le plus rapidement, puis les troubles moteurs et le tremblement, enfin les troubles digestifs. L'animal conserve longtemps de la paresse musculaire, une apparence de fatigue, voire même de souffrance; il effectue le minimum de mouvements et se refuse à tout effort, mais n'est pas somnolent du tout. Trois jours de diète absolue pendant lesquels il refuse obstinément toute nourriture, vomit de la bile; puis il commence à boire un peu d'eau qu'il ne peut garder et rejette peu après; finalement, retour à une digestion normale.

Deuxième observation. — Chien, 3 kg.

10 h. — Injection de 1,5 g de cholestérine (soit 0,5 g par kilogramme). Miction et vomissements immédiats.

11 h. — Phénomènes de paresse musculaire. Le chien a une tendance à rester immobile dans un coin où il prend l'attitude typique debout et en arc de cercle. Les mouvements sont rares et lents, la démarche hésitante. Léger tremblement, mais pas de raideur marquée des pattes. Yeux ahuris, hébétés. Refus de toute nourriture.

11 h 30 m. — La démarche est redevenue presque normale; le chien se promène dans le laboratoire de façon relativement aisée; il ne reprendra plus son attitude en arc de cercle. Vomissements abondants.

14 h. — L'animal s'est couché en rond, la tête allongée sur les pattes antérieures, dans l'attitude du chien qui va dormir; mais les yeux restent ouverts et fixes. A côté, le chien témoin somnole dans la même attitude. Excité, redressé sur ses pattes, le chien injecté fait quelques pas. La démarche est redevenue normale, mais l'animal se recouche bientôt, comme en proie à une grande fatigue. Son camarade excité de la même façon gambade et s'amuse.

15 h. — Phénomènes de vertige. Le chien, qui s'est dressé et refuse obstinément maintenant de se coucher, oscille autour de ses quatre pattes comme base. Il manque de tomber deux ou trois fois. Les muscles de la nuque semblent forte-

ment parésiés, car l'animal appuie sa tête sur tous les supports qu'il trouve
à sa portée (barreau de chaise, tabouret, etc.), mais il a les yeux ouverts et
fixes.

Fin de l'après-midi. — Amendement progressif des phénomènes, comme dans
l'observation précédente, mais de façon beaucoup plus rapide.

Que conclure de tout ceci? Müller qui fit autrefois, chez des chiens
des injections intraveineuses répétées de cholestérine, vit ces animaux
succomber dans le coma après avoir présenté, pendant plusieurs jours,
dit-il, l'aspect et l'allure d'animaux fatigués. Mais nulle part il ne parle
de somnolence. Ne sont-ce pas là des faits qui viennent encore en faveur
de ce que nous avançons? La fatigue, la paresse musculaire semblent
bien être, en effet, la principale caractéristique des animaux cholestérinisés. Dans certains cas, peut-être, elles peuvent en imposer, faire penser
à de la somnolence si l'on s'en tient à un examen superficiel, et ceci
surtout chez des animaux relativement inférieurs comme les cobayes
où les réactions ne sont pas très vives, où les états psychiques sont difficilement interprétables. Mais il suffit d'un examen plus attentif pour
s'apercevoir qu'il n'y a de somnolence dans aucun cas.

Ce terme de somnolence est, d'ailleurs, malheureux et dangereux.
Que dire, en effet, d'un agent *somnifère* qui ne procurerait que de la *somnolence*? Tout ce qu'on pourrait admettre (et MM. Brissemoret et Joanin
l'ont écrit d'ailleurs) (¹), c'est qu'il aurait seulement une *certaine* action
somnifère. Comment alors vouloir construire une théorie du sommeil
sur des bases aussi fragiles, et cela surtout lorsque la production de
cholestérine chez un homme de poids moyen atteint par jour 1 g au plus,
alors que chez des chiens ayant reçu 1 g de cholestérine par kilogramme
aucun phénomène de somnolence (à plus forte raison de sommeil) ne peut
être constaté?

Bien plus sérieuse et plus vraiment scientifique celle-là est la célèbre
théorie de l'autonarcose carbonique énoncée, dès 1896, par M. le professeur
Raphaël Dubois, et qui, à l'heure actuelle, est suffisamment connue
pour qu'il ne nous soit pas nécessaire de la développer. Qu'il nous suffise
de rappeler cependant : 1° que l'acide carbonique est le principal produit
de désassimilation de l'organisme et que sa production est en raison
directe du travail, et particulièrement du travail musculaire; 2° que
chez les mammifères hibernants comme les marmottes, la proportion
d'acide carbonique augmente dans le sang au moment où l'animal va
s'endormir, et continue à s'y accumuler pendant le sommeil hibernal qui
n'est autre chose que le sommeil quotidien plus profond et plus prolongé;
3° que les causes qui favorisent l'accumulation de l'acide carbonique
dans le sang (par exemple, le séjour dans une atmosphère confinée)
provoquent de la somnolence; 4° qu'en faisant respirer à des marmottes

---

(¹) *Loc. cit.*

parfaitement éveillées des mélanges d'acide carbonique et d'air, ou d'acide carbonique et d'oxygène, on obtient une narcose artificielle profonde précédée d'hypothermie, comme dans l'état normal, et que les animaux endormis de cette façon se comportent exactement comme les autres [1]; 5° que, non seulement des mammifères, mais des êtres humains ont été endormis, d'ailleurs, de la même façon dans le laboratoire de M. le professeur Raphaël Dubois.

Il est, d'ailleurs, avéré que si la cholestérine n'a aucune propriété somnifère propre, elle joue par contre, comme nous l'avons déjà écrit quelque part [2], un rôle important dans les variations de la nutrition qui accompagnent les états de veille et de sommeil. On sait, en effet, que pendant le sommeil hibernal de la marmotte, la combustion incomplète des graisses est l'un des facteurs les plus importants de la production de l'acide carbonique. Or, de cette combustion incomplète naissent précisément des éthers de la cholestérine, les lanolines [3], qui vont s'accumuler en grande quantité dans le foie de la marmotte endormie. La production des lanolines est donc concomitante avec les phénomènes de sommeil, mais, nous le répétons, la cholestérine elle-même n'a pas de propriété somnifère propre. Enfin, les lanolines injectées directement se comportent de la même façon.

Discussion : M. Mislawsky. — Je crois qu'il était fort intéressant de faire des expériences destinées à déterminer le point d'application du poison et d'abord étudier l'état d'excitabilité des muscles et des nerfs, en déterminant les seuils d'excitations avant, pendant et après l'intoxication. Je suis d'avis que les vomissements observés par M. Marchand sont d'une origine centrale.

---

[1] R. Dubois, *Étude sur le mécanisme de la thermogénèse et du sommeil* (*Ann. de l'Université de Lyon*, 1896, p. 246-256).

[2] *Loc. cit.*

[3] MM. Brissemoret et Joanin voudraient faire des lanolines un produit pharmaceutique de composition peu précise. Nous ne pouvons que nous étonner de les voir ignorer ce que tout le monde sait, à savoir que les lanolines sont des éthers de la cholestérine.

M. A. BAUDOT,

Docteur en Pharmacie (Dijon),

ET

M. J. DERÔNE,

Pharmacien (Nuits-Saint-Georges).

ÉTUDES LIMNOLOGIQUES DE LA COURTAVAUX (Extraits).

(44-42)

6 *Août.*

La fontaine chaude de la Courtavaux émerge d'un marais situé sur la ligne Nord-Sud qui sépare, dans la Côte-d'Or, la plaine de la montagne. Sa situation géographique la place au centre des vignobles les plus réputés de notre Bourgogne, entre les villes de Nuits et Beaune. Cette coïncidence heureuse, déjà signalée au XVIIe siècle par les propagateurs de l'eau de la Courtavaux, mérite d'être notée. Elle n'est pas la seule : tout proche et formant seuil, le calcaire compact de Comblanchien, qui a donné son nom à une assise importante du Bathonien, est exploité là pour la beauté et la qualité de ses matériaux.

S'il paraît oiseux, *a priori*, de signaler ces coïncidences sans liens apparents, il appartient au chercheur d'en pénétrer le secret, et c'est pourquoi ces considérations, et d'autres analogues, nous ont entraînés au delà de l'étude simple d'une eau anormale dont les similaires existent par ailleurs et qui, prise isolément, n'aurait qu'un intérêt médiocre. Au contraire, l'ensemble des caractères exceptionnels qui caractérisent cette contrée en font, pour ainsi dire, un des points de jonction où se nouent les diversités si nombreuses de notre département.

Disons aussitôt que la température invariable du terrain environnant la fontaine, que le climat de ce terroir, le plus tempéré de Bourgogne, ont favorisé l'éclosion et le développement d'une faune et d'une flore spéciales dont nous identifions avec soin les individus.

De là à un essai de culture il n'y avait qu'un pas, et ce fut là l'effort le plus considérable tenté pendant la campagne 1912. Il fallut encore mettre le terrain en état, aménager les bassins, rechercher les plants, choisir les plus intéressants, et donner à chacun une culture appropriée. Le maire de Dijon voulut bien mettre à notre disposition l'habileté des jardiniers de l'École de Botanique, et le Directeur nous aida de ses conseils autorisés. Les plantes nouvelles y mirent d'ailleurs une parfaite bonne grâce, et nous jouissons actuellement d'un parterre aussi bizarre que varié.

Ces quelques aperçus d'ordre pratique étaient nécessaires avant d'entrer dans notre monographie proprement dite, monographie régionale dont les Chapitres se rapporteront successivement à la Géologie, à l'Archéologie, à l'Histoire, à l'Hydrologie, à la Chimie, à la Physique, à la Botanique, à la Zoologie, à la Biologie. Ce sera donc un ensemble d'études les plus disparates, bien faites pour séduire des pharmaciens pour qui toute science doit être personne connue, aussi bien que tout client variable et changeant. Pour pénétrer plus avant dans la confiance et l'amitié du client, il faut au pharmacien des qualités professionnelles qu'il acquiert lentement; pour pénétrer plus avant dans l'érudition scientifique nécessaire à notre monographie, il faudra aux pharmaciens qui ont voulu s'y consacrer des aptitudes scientifiques en partie effacées, et c'est pourquoi nous faisons appel à vos concours pour nous aider, nous guider, nous compléter, nous critiquer et aussi nous encourager.

Géologie, Hydrologie. — Le marais de la Courtavaux git dans une dépression de 1,5 km de diamètre environ située tout au pied de la Côte, c'est-à-dire le long de cette longue ligne sensiblement Sud-Nord qui sépare dans le département la montagne de la plaine, et qui, en nous plaçant plus spécialement au point de vue géologique, sépare à la surface les terrains secondaires des terrains tertiaires. Ce dénivellement et cette division de terrains répond, d'ailleurs, à un mouvement géogénique assez bien défini, le pli , ou géosynclinal de la Saône, qui a provoqué une chute générale des assises pouvant être évaluée, d'après M. le professeur Collot, à 1200 ou 1300 m, en allant de Semur à la Saône.

La coupe ci après, d'après cet auteur, nous donnera une idée d'ensemble de la disposition géologique du relief du département, de l'Ouest à l'Est (*voir* L. Collot, *Esquisse géologique de la Côte-d'Or*).

En raison de cette disposition, nous avons essayé tout d'abord de supputer quels pouvaient être les bassins extrêmes d'alimentation de notre source. Sa température uniforme de 18° nous a conduits à admettre que, relativement à la température 9° à 11° des sources normales voisines, l'eau de la Courtavaux devait provenir de niveaux situés à 250 m au moins au-dessous du sol d'émergence.

Ceci dit, à quelles assises peuvent correspondre les niveaux d'eau situés à cette profondeur? Si, nous plaçant à l'ouest de la source, c'est-à-dire dans la montagne, nous apprécions la succession des terrains, le point d'émergence correspond à la base du Bathonien, tandis qu'au-dessous, suivant une épaisseur estimée à 150 m se superposent les différentes couches liasiques toutes imperméables, sauf les plus inférieures. C'est donc *parmi ou au-dessous de ces couches infraliasiques* qu'il est raisonnable de rechercher le plan d'eau d'alimentation, à condition toutefois que ces couches, grâce aux accidents de cassures ou d'infléchissement, aient pu se faire jour à l'Occident à un niveau beaucoup plus élevé que le point d'émergence considéré, et que là elles aient pu constituer une surface d'alimentation suffisante. La coupe plus haut citée nous montre qu'il peut en être ainsi, puisque des affleurements infraliasiques, éloignés de 15 à 30 km et maintenus entre les altitudes de 300 à 400 m, nous permettent de concevoir l'arrivée de leurs eaux au point d'émergence de la source, soit à l'altitude de 217 m.

Si, par contre, nous nous plaçons à l'est de la source, c'est-à-dire dans la plaine, un seul document peut nous fournir quelques lumières. Ce document est l'étude de M. Collot sur le sondage pratiqué à Auxonne, près de la Saône. Après avoir traversé 60 à 70 m d'argiles pliocènes et près de 150 m d'Aquitanien, la sonde a atteint le Cénomanien et l'a perforé sur une profondeur de 80 m. Tout porte à croire que la base du Cénomanien était très voisine du point ultime du sondage et, par suite, que le Gault se trouve, sous la Saône, à une profondeur variant entre 290 et 320 m. Disons que le résultat du sondage, au point de vue de la recherche de l'eau, fut négatif et que les 284 m d'argiles sableuses et de calcaires marneux qui descendent de la surface du sol jusqu'aux sables du Gault peuvent être considérés comme imperméables. La Saône passe à 15 et 20 km de la Courtavaux, et en appliquant les données du sondage à notre cas particulier, le plan d'eau alimentant la source devrait se situer parmi le Gault ou au-dessous. Toutefois, remarquons que les affleurements de cette nature sont au moins à 40 km au Nord, et à une altitude de 250 à 300 m seulement, ou mieux qu'il faut aller les chercher jusqu'au centre du Jura.

Ces considérations ont leur importance quant à la nature des couches géologiques établissant des concordances de niveau à la faveur du pli de la Côte. L'étude des eaux profondes de la région est, en outre, liée à la question d'alimentation en eau potable des villes du département situées au bas de la Côte. Les eaux fournies par les assises fissurées Bathonien et du Bajocien se répar-

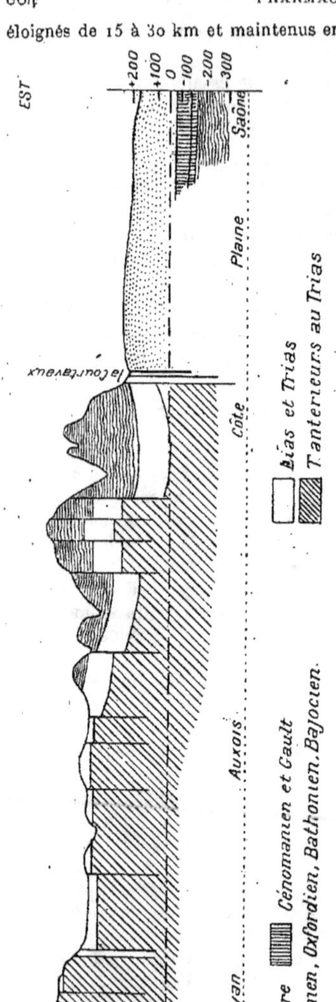

tissent ici, en sources nombreuses et de peu d'importance; elles se mésallient volontiers aux eaux superficielles ou aux résurgences des rivières, et, pour toutes ces raisons, ne peuvent assurer une consommation illimitée. Un examen sérieux du griffon de la Courtavaux est donc tout d'actualité, et c'est pourquoi nous désirons y commencer des travaux de sondage éliminant tout apport d'eaux superficielles. D'ailleurs, les couches géologiques sont aux alentours fortement caractérisées; leurs cassures en surface présentent même une répartition géométrique très nette préparant des hypothèses élégantes de tectonique. Telles sont les raisons d'ordre géologique et hydrologique qui nous encouragent à poursuivre nos recherches en ce lieu intéressant à des points de vue variés, mais concordants. (*A suivre.*)

Biologie. — La douceur du climat, due à la tiédeur, des eaux font de tout le marécage de la Courtavaux un lieu favorable à la vie des animaux ainsi qu'au développement des végétaux. Aussi, la faune et la flore de ce coin privilégié de la Côte-d'Or sont-elles des plus riches.

L'étude du plankton nous révèle l'abondance des animaux et des végétaux inférieurs. Les principaux organismes observés appartiennent aux Amœbiens, héliozoaires, infusoires (nombreux) et autres protozoaires. Dans l'embranchement des Vermidiens, il nous a été permis d'observer des plathelminthes, des vers tels que *polycelis*, *planaria*, *acolosoma*, des oligochètes et de nombreuses espèces d'Hirudinées. Dans les Cœlentérés signalons la présence de l'*Hydra viridissimā*. Un seul prélèvement ne nous a pas fourni moins de 40 organismes microscopiques dont un certain nombre de rotifères, quelques-uns assez rares. A ces organismes, il convient d'ajouter de petits crustacés et nombre d'algues, parmi lesquelles plusieurs oscillaires, des diatomées d'espèces variées.

La Courtavaux donne asile à de nombreuses espèces de mollusques. L'étude en avait déjà été faite par Henri Drouet et l'importance malacologique de cette station ne lui avait pas échappé. Il m'a été donné d'ajouter quelques espèces à son catalogue, entre autres trois lamellibranches. Drouet n'en avait signalé aucun. Je n'entrerai pas dans le détail de cette nomenclature, car elle doit faire partie d'une étude spéciale. Qu'il me suffise de dire que, dans l'espace restreint formé par les sources de la Courtavaux et le marécage, je n'ai pas recueilli moins de 43 espèces ou variétés.

Crustacés. — Neuf espèces de crustacés ont été jusqu'à présent déterminées, parmi lesquelles je citerai le *Cyclopsina staphylinus* (Jurine), des cypris, cyclops, *Daphnia*, *Lynceus*, etc. Un certain nombre d'Acariens, surtout d'hydrachnides, de nombreux arachnides s'offrent à l'étude des spécialistes.

Insectes. — Les insectes m'ont fourni des espèces dont quelques-unes sont assez rares. Les Névroptères, comme on le pense bien, sont nombreux en ce lieu humide et marécageux. Les Hémiptères d'eau également. Là encore, il y a un vaste champ à explorer et l'étude de cette classe n'a encore été qu'ébauchée.

Poissons. — On compte tant dans la source, le marais, que dans les ruisseaux avoisinant dix espèces de poissons. La Truite vit dans le ruisseau contigu de l'Arlot. Rien d'étonnant que, de là, elle remonte quelquefois jusque dans le marais. Mais le fait est rare, car la Truite, quoique pouvant vivre dans une eau à la température de 18°, se plaît et ne prospère que dans une eau froide et courante. L'Anguille remonte jusqu'à la source. Comme espèce spéciale à la région, il faut citer le *Gasterosteus burgundianus* de Blanchard. Cette espèce ne serait, suivant certains auteurs, qu'une variété du *Gasterosteus pungitius* de Linné.

Reptiles. — Les reptiles sont peu nombreux. La Couleuvre d'eau, *Tropino, dotus natrix* et le Lézard des souches, *Lacerta stipium*, sont les seuls ou à peu près qui aient pu s'acclimater dans cette région tourbeuse et humide.

Batraciens. — Au contraire, les Batraciens sont ici nombreux et variés. Plusieurs espèces de *rana*, un anoure rare dans le département, *Bumbinator ignens* y ont été observés, ainsi que des Tritons.

Oiseaux. — Comme il fallait s'y attendre, cette station, par ses arbres, sa verdure, ses bocages et ses eaux, est un refuge de prédilection pour la gent ailée. Sans compter les nombreux Passereaux qu'on trouve dans les environs et qui viennent incidemment à la Courtavaux, j'ai constaté la présence d'une vingtaine d'Oiseaux, la plupart Échassiers ou Palmipèdes. Tous sont assurés d'y trouver une nourriture abondante. Mais je n'ai pas constaté la présence d'espèces rares.

Flore. — La flore de la Courtavaux n'est pas moins intéressante que sa faune. Nombreuses sont les espèces qui prospèrent dans ce milieu tiède et humide. Il s'y rencontre même quelques spécimens qu'on chercherait en vain dans la région.

Pour donner une idée de la végétation, je ne saurais mieux faire que de donner la liste des espèces recueillies au cours d'une herborisation dirigée le 30 mai 1912, dans le marais et aux environs des sources, par M. Genty, directeur du Jardin botanique de Dijon.

SOURCE PRINCIPALE, DITE « FONTAINE GALEUSE » :

Sium angustifolium,
Scrofularia aquatica,
Fontinalis Duriæsi, muscinée méridionale,
Potamogeton crispus,
Potamogeton oppositifolius,
Potamogeton coloratus, alias *P. densus* L. (rare).

FOSSÉ VOISIN :

Callitriche stagnalis,
Chara, sp.
Carex stricta,
Mentha aquatica, forma,
Glyceria fluitans,
Carex hirta,
Carex paludosa.

MARAIS :

Cyperus longus (rare dans la Côte-d'Or),
Carex distans,
Linum catharticum,
Carex Davariana,
Carex glauca,
Carex flava,
Carex paludosa,

Angelica sylvestris,
Centaurea jacea,
Juncus obtusifolius,
Orchis palustris,
Orchis latifolia,
Veronica anagallis,
Samolus valerandi.

SOURCE DITE « ROUISSOIR » :

Poa pratensis,
Bromus commutatus,
Dipsachus sylvestris,
Pastinaca sativa,
Allium vineale,
Geranium dissectum,
Chara fœtida,
Chara elongata,
Juncus obtusifolius, forma,
Myriophyllum spicatum,
Myriophyllum verticillatum,
Equisetum limosum,
Cephalentera ensifolia,
Hydrocharis morsus-ranæ.

Parmi les arbres, on trouve les espèces suivantes : *Salix alba, Salix cinerea, Populus alba, P. nigra, Platanus acerifolia,* etc.

En été, le *Parnassia palustris* fleurit dans le marécage et l'Utriculaire abonde dans les fossés. Diverses lemnes, la Lysimache, etc.

Cette liste, fruit d'une seule herborisation, prouve la richesse végétale de ce coin privilégié.

Des essais ont été faits, et une cinquantaine de plantes indigènes ou exotiques ont été introduites à la station. Dans ce nombre est une douzaine de *Nymphæa* exotiques ou hybridés. Je pense que, grâce à la thermalité des eaux et à la douceur du climat, ces végétaux trouveront là un milieu favorable.

En somme, la station de la Courtavaux, près Nuits, présente, au point de vue scientifique, un intérêt de premier ordre. Des problèmes hydrologiques et géologiques s'y posent dont la solution apporterait un contingent non négligeable à la connaissance du sous-sol de la région. En même temps, ces questions auraient une heureuse répercussion sur l'étude des eaux d'alimentation. Les études biologiques ne pourraient que gagner à être poursuivies dans cette région de la Bourgogne. Les conditions spéciales, qui facilitent la pullulation des individus et la multiplicité des espèces, en font un laboratoire naturel, en même temps qu'un champ d'exploration des plus fertiles.

 PHARMACOLOGIE.

M. Émile RIVIÈRE,

Ancien interne en médecine (Paris).

LES APOTHICAIRES PARISIENS AU SEIZIÈME SIÈCLE.

(Mémoire hors volume.)

ÉLECTRICITÉ MÉDICALE.

M. LE D^r TH. NOGIER,

Professeur Agrégé à la Faculté de Médecine (Lyon),

EMPLOI DES RAYONS X EXTRÊMEMENT PEU PÉNÉTRANTS EN RADIOGRAPHIE.

1er *Août.*

615.849.

On lit dans le gros *Traité de Radiologie* publié sous la direction du professeur Bouchard (p. 691) à propos des corps étrangers ayant pénétré dans l'organisme :

« D'autres corps étrangers peuvent pénétrer par effraction : épines végétales, fragments de bois de toutes sortes, éclats de pierre, etc. Leur force de pénétration est plus faible, leurs rugosités plus grandes, de sorte que, généralement, ils peuvent être retirés sans l'intervention du radiographe. »

Cependant, des corps étrangers, tels que des esquilles de bois, peuvent pénétrer assez profondément dans les tissus pour embarrasser les chirurgiens et pour les engager à réclamer l'aide de la radiographie. Or, c'est là justement que commence la difficulté, le bois est très transparent aux rayons X et la plupart des radiographes admettent qu'il est très difficile, sinon impossible, de le mettre en évidence.

Le Dr Grashey, dans son *Atlas de radiographie chirurgicale*, dont nous avons publié la traduction et l'adaptation françaises (¹), dit textuellement :

« *Holtzsplitter* sind nicht einmal in einem Finger, auch nicht mit ganz weichen Röhren nachwiesbar; Holtz absorbiert die Strahlen ähnlich wie die Weichteile des Körpers, liefert überdies viel Sekundärstrahlen : »

les *éclats de bois*, seraient-ils dans un doigt, ne peuvent être mis en évidence, même avec des ampoules très molles; le bois, en effet, absorbe les rayons comme les parties molles du corps et produit, en outre, beaucoup de rayons secondaires.

(¹) GRASHEY, *Atlas de radiographie chirurgicale*, Édition française par le D^r. Th. Nogier, J.-B. Baillère, éditeur, Paris.

Nous avons voulu voir si cette impossibilité était réelle et nous avons tenté, dans deux cas au moins, de réaliser la radiographie de fins éclats de bois. Après quelques tâtonnements, nous devons dire que nous avons pleinement réussi. Nous avons été guidé dans cette tentative par les recherches que nous avions faites en 1908-1909, au moyen du Grisso-nateur et des ampoules de Grisson, Grissonator-therapie-röhre construits par Bürger. Nous avions pu, dès 1909 ([1]), radiographier des feuilles de fougère séchées, dont l'épaisseur n'était pas de 0,1 mm. Les rayons étaient si peu pénétrants qu'ils ont donné l'image du limbe même de la feuille. Voici, du reste, le cliché de cette feuille. Pour obtenir ces rayons extrêmement mous, mesurant 1° Benoist à peine, nous utilisons les ampoules de Grisson et de Bürger construites spécialement pour radio-thérapie ([2]) et nous relions le pôle positif de la bobine à l'anode et non à l'anticathode. Dans ces conditions, les rayons sont très peu pénétrants. Il est facile de les rendre aussi peu pénétrants qu'on veut, puisque ces ampoules sont munies sur demande d'un osmo-régulateur en palladium. Les clichés que nous présentons montrent les caractères des images données par ces rayons. Elles sont très riches en détails dans les parties molles; on voit les masses musculaires, les tendons et le revêtement cartilagineux des os au niveau des articulations. Par contre, les os ont donné une ombre presque complètement opaque, ce qui n'a rien d'étonnant, vu la faible pénétration des rayons. Ces clichés mettent très nette-ment en évidence ce que nous voulions voir, c'est-à-dire de fins éclats de bois. Mais ce qu'il y a de remarquable et de plus rare, c'est que ces éclats de bois se trouvaient dans l'éminence thénar, c'est-à-dire dans la partie la plus épaisse de la main qui était même épaissie par une menace de phlegmon occasionnée par l'infection. Les épreuves radiographiques ont permis à un habile chirurgien, le Dr Molin, d'extraire partiellement ces éclats de bois; je vous les présente. Après l'opération, nous avons radiographié à nouveau le même sujet en suivant la même technique. Le deuxième cliché montre ce qui reste du bois qui a échappé aux investi-gations chirurgicales les plus minutieuses.

Ce cas et ces clichés prouvent que la radiographie n'a pas encore donné tout ce qu'on peut espérer d'elle. Ils montrent que le *bois* en *minces éclats* peut être décelé à l'intérieur des tissus, même aussi épais qu'une éminence thénar en imminence de phlegmon. Le fait était assez peu commun, croyons-nous, pour être signalé.

([1]) Th. Nogier, *Le Grissonateur* (*Archives d'Électricité médicale*, 10 mai 1909).

([2]) Ces ampoules ont en face de l'anticathode une paroi de verre extrêmement mince qui permet d'obtenir avec elles ce qu'on obtient avec les ampoules à fenêtre en verre de Lindemann.

M. Th. NOGIER.

PRÉCAUTIONS PRATIQUES POUR ÉVITER LES INTERPRÉTATIONS ERRONÉES BASÉES SUR LE SEUL EXAMEN DES RADIOGRAPHIES POSITIVES.

616.072.4

1ᵉʳ *Août.*

Une pratique radiographique déjà longue nous a permis de nous rendre compte de plusieurs faits dont l'importance pratique n'est pas négligeable. Les clients et les Compagnies d'assurances ont l'habitude de considérer, dans la radiographie, non l'acte médical, mais *le seul travail photographique.* Pour eux, le radiographe est un photographe d'essence un peu plus spéciale qui fait une *image* au moyen des rayons X. Aussi, l'image positive résume pour eux tout l'examen; elle est réclamée avec tant d'insistance que beaucoup ne veulent régler les honoraires que lorsqu'ils ont en main ladite image. Dès que l'image est livrée, le client, les agents des Compagnies d'assurances, les avocats, parfois même les médecins, la commentent comme si elle était l'expression exacte de la vérité. Outre que la compétence de ces critiques ou de ces interprétateurs est le plus souvent insuffisante, on ne réfléchit pas même un instant que beaucoup de détails du cliché disparaissent au tirage ([1]). Il est, en effet, impossible de faire venir également bien au tirage des régions d'épaisseurs très différentes (tarse et orteils, par exemple, ou encore articulation tibio-tarsienne et mollet). Tous les détails sont, au contraire, très visibles sur les clichés où l'on juge des moindres nuances *par transparence.*

Il résulte de cette façon un peu particulière d'envisager les choses toute une série d'erreurs ([2]) dont le radiographe n'est pas le moins du monde responsable, mais qui finissent néanmoins par retomber sur lui, ne fût-ce qu'indirectement. Pour éviter de les voir se renouveler, il y a deux procédés : Le *premier*, qui consiste à ne pas livrer d'épreuves positives. Ce procédé est pratiquement inapplicable, à notre avis du moins.

([1]) Les tirages rapides, sur papier au bromure, présentent, à ce point de vue, cet inconvénient au maximum.

([2]) Nous connaissons le cas d'une Thèse de Médecine faite sur les dextrocardies étudiées par la radiographie. Sur les épreuves *positives*, le cœur semblait en effet à droite et ce qu'il y a de plus étonnant, c'est que la Thèse fut reçue.

Nous connaissons aussi le cas de plusieurs corps étrangers, invisibles dans la région oculaire sur l'épreuve *positive* et qui étaient des plus nets sur le cliché.

Nous avons enfin trois fêlures du radius absolument *invisibles* sur de bonnes positives, alors qu'elles étaient indiscutables sur le cliché.

Le *second*, qui consiste à fournir comme d'ordinaire les épreuves positives
en y joignant un *rapport spécial* où est consigné le diagnostic radiologique,
mais en collant au dos de l'épreuve, avant de la livrer, les *observations*
suivantes : 1º l'examen radiographique est un *examen médical* destiné
à éclairer le diagnostic ou à le compléter; 2º les éléments nécessaires au
diagnostic doivent être recherchés *sur le cliché* seul et dans les meilleures
conditions d'éclairage (négativoscope électrique) pour ne laisser échapper
aucun détail. Ils sont consignés sur un *rapport* signé par le médecin
radiographe; 3º les épreuves positives (sur papier), même les meilleures,
sont *toujours bien inférieures* aux clichés. Elles sont *sans valeur* au point
de vue du diagnostic précis; 4º les clichés sont conservés et classés chez
le médecin radiographe.

Cette deuxième façon d'agir concilie les exigences de la clientèle avec
la précision qu'on doit chercher dans les radiographies. Elle met en garde
celui qui n'est pas médecin contre des interprétations hasardeuses; elle
fait, de plus, bien comprendre que toute la radiographie ne se réduit pas
à un acte photographique, qu'elle demande une éducation médicale et
que l'interprétation parfois difficile du cliché est tout autre chose que
l'impression plus ou moins rapide d'une plaque quelconque.

M. Th. NOGIER.

LA PROTECTION INEFFICACE EN RADIOLOGIE (SES DANGERS).

615.849

2 Août.

La toxicité des rayons X, les dangers qu'elle offre pour l'opérateur
et pour l'opéré, pour l'opérateur surtout, nécessitent une protection aussi
parfaite que possible contre ces radiations. Cette protection peut se faire
de deux manières :

1º En arrêtant les rayons X à la source même et en les empêchant de
passer partout où ils ne sont pas utilisés (localisateurs-protecteurs entourant les ampoules, protecteurs hémisphériques en caoutchouc plombeux
(Müller), en verre au plomb (Dean, Drault), en plâtre cérusé ou baryté
(Barjon), en ébonite plombifère (Belot), protecteurs en forme de boîte
opaque entourant l'ampoule de toutes parts;

2º En laissant l'ampoule émettre des rayons dans tous les sens, mais
en protégeant opérateurs et opérés, en les mettant à l'ombre pour ainsi
dire : méthode du lit bas du professeur Bergonié; tabliers et masques en
caoutchouc opaque; revêtements d'écrans et lunettes en verre plombeux;

localisateurs du champ opératoire en lames de caoutchouc opaque, de plomb, d'étain, paravents en plomb, en acier, en verre plombeux.

Il est préférable de *combiner les deux méthodes*, car nous regretterons, avant 10 ans, de n'avoir pas été assez prudents. Les appareils de plus en plus puissants que nous utilisons émettent 3o, 4o, 5o fois plus de rayons que les appareils d'autrefois et amèneront des accidents 3o, 4o, 5o fois plus vite, si nous n'y prenons garde. Il serait même à souhaiter que les pouvoirs publics interviennent et organisent des inspections officielles chez les radiographes et les radiothérapeutes, tout comme il existe des inspections officielles des pharmaciens pour savoir si les précautions voulues sont prises pour éviter des accidents ou des erreurs avec les produits toxiques. Mais, avant tout, dans la défense contre les radiations de Röntgen, il faut que nous puissions compter sur les fabricants des matières premières que nous employons pour nous protéger. Autrement, nous croirions de bonne foi être à l'abri de tout danger, alors qu'il n'en serait rien, et notre confiance précipiterait l'apparition d'accidents graves. Or, plusieurs faits nous prouvent malheureusement que nos appareils de protection ne présentent aucune sécurité et qu'ils sont livrés sans examen, sans contrôle.

Je présente : 1º une calotte protectrice en caoutchouc plombeux qui présente un manque de la composition opaque aux rayons de Röntgen sans que cela puisse se deviner à l'œil; 2º une plaque de verre (vendue pour verre au plomb à un de nos meilleurs constructeurs et placée par lui sur un dispositif de protection) qui n'est que du verre à vitres ordinaire pas du tout opaque; 3º une paire de lunettes vendue pour lunettes protectrices dont l'un des verres est opaque et dont l'autre est transparent.

Nous ne saurions trop nous élever contre ces faits peu connus qui mettent en jeu notre responsabilité vis-à-vis de nos clients et qui mettent en danger notre vie. Comme président de la Section, je vous demande d'exiger à l'avenir pour tous les appareils de protection un *certificat de garantie* délivré par un laboratoire compétent et de refuser tous ceux qui ne présenteraient pas un numéro d'ordre identique à celui du bulletin de contrôle.

M. A. JABOIN,

Docteur en Pharmacie (Paris).

EFFETS THÉRAPEUTIQUES DU RADIUM EMPLOYÉ EN PHARMACOLOGIE.

546.432 : 615.r

1ᵉʳ Août.

Grâce aux études diverses entreprises depuis que nous avons commencé l'étude de la Pharmacologie du radium, il nous est possible de présenter un faisceau solide de faits intéressants. Nous examinerons successivement, en ce qu'ils se rattachent à la Pharmacologie seulement, les effets physiologiques du radium et son utilisation en thérapeutique.

EFFETS PHYSIOLOGIQUES DU RADIUM. — *Élimination de l'émanation.* — L'émanation se diffuse rapidement dans l'organisme. Nous avons constaté qu'elle s'élimine par les poumons, par la peau, et, en faible quantité, par les reins, ce qui a été confirmé depuis en Allemagne.

Élimination du radium ingéré ou injecté. — Nos expériences primitives ont démontré l'innocuité de l'absorption des substances radioactives aux doses médicamenteuses. Les sels solubles de radium s'éliminent rapidement chez les animaux ; l'élimination par l'urine des sels solubles est rapide ; la radioactivité apparaît dès le premier jour chez les animaux injectés. Il en est de même chez l'homme : la radioactivité de l'urine persiste pendant plusieurs jours. Il résulte de nos expériences que le radium ingéré s'élimine de préférence par les matières fécales et dans les cinq premiers jours après l'absorption. Un lapin soumis à cette expérience n'a subi aucun malaise; au contraire, il a augmenté de poids: sacrifié au bout de plusieurs mois, ses organes ne contenaient plus aucune trace de radioactivité.

Fixation du radium. — L'élimination rapide du radium a son inconvénient. C'est pourquoi Dominici eut l'idée de le fixer dans les tissus. Le sulfate de radium que nous avons précipité dans une solution saline isotonique, dont les particules en suspension sont si fines qu'on ne retrouve leur trace qu'au microscope, a servi à MM. Dominici et Faure-Beaulieu pour démontrer son arrêt dans les tissus vivants où il séjourne longtemps sans inconvénient.

M. Wickham, en mai 1909, eut l'idée d'incorporer le radium dans des substances peu absorbantes, telle la vaseline additionnée de paraffine, pour élever le point de fusion. Il a pu injecter et étendre ainsi, sous des tumeurs malignes, une nappe radioactive en permanence. En collaboration avec MM. Dominici et le professeur Petit, d'Alfort, nous nous sommes livrés, depuis plusieurs années, à des expériences sur un cheval, injecté plusieurs fois de 1 mg de sulfate de radium. Une certaine quantité de radium reste en circulation dans l'organisme de l'animal, dégageant de l'émanation qui, diffusant dans le milieu sanguin, se transporte dans toute l'économie. A cette source d'émanation, il faut ajouter celle qui naît des particules, fixées dans les différents tissus pendant de longs mois, qui en sont autant de foyers producteurs. Cette diffusion prolongée d'émanation est logiquement capable d'agir sur la constitution intime des tissus et d'en changer la physiologie, ce qui nous a donné l'idée d'utiliser le sérum sanguin de cheval en thérapeutique.

UTILISATION PHARMACOLOGIQUE DU RADIUM EN THÉRAPEUTIQUE. — Le radium en thérapeutique peut être utilisé de trois manières : 1° émanation; 2° radium lui-même sous ses différentes formes; 3° radium associé à différents produits devenus dès lors radioactifs.

DOSAGE. — Il est nécessaire d'effectuer, en Pharmacologie, le dosage du poids de radium. La teneur en radium donne, en même temps, celle en émanation, puisque 1 mg de radium élément donne à l'équilibre, c'est-à-dire au moment de la production maximum de l'émanation, 1 millicurie d'émanation, comme 1 microgramme dégage 1 microcurie. De même, en 1 minute, 1 mg donne, d'après l'ancienne unité employée, 1 milligramme-minute d'émanation.

L'unité de poids que nous avons adoptée est le *microgramme*. Avec ce procédé de dosage, pas d'ambiguïté : il évite les unités électrostatiques, comme l'unité *Mâche* ou le *volt*, souvent problématiques et toujours compliquées, en usage en Allemagne, variant parfois suivant la capacité électrique de l'appareil, mais qui permettent d'utiliser des chiffres très élevés. Ainsi, 1 milligramme-minute, qui peut être produit au bout de 25 jours par $\frac{1}{12}$ de microgramme de radium, équivaut à 7000 volts et, d'après M. Danne, à 312,8 unités Mache.

1° ÉMANATION. — Dès 1905, nous avons utilisé l'émanation. Des inhalations ont été pratiquées au Laboratoire biologique du radium, et des émanateurs chargés de radium placés dans des chambres de malades. C'est alors qu'en Allemagne, le D^r Lœwenthal a fait des essais biologiques intéressants avec l'émanation du radium, pour le traitement des affections rhumatismales et des inflammations chroniques. Il a insisté sur l'action des faibles quantités d'émanation de radium sur les ferments, et sur les heureux effets de cette émanation sur l'élimination de l'acide urique chez les goutteux et les rhumatisants.

Les expériences analogues de M. Jansen, de Copenhague, datent de la même époque.

Le Dr His, de Berlin, suivi par ses élèves, a étudié les effets de l'émanation sur la goutte et sur l'élimination de l'acide urique, en plaçant les malades dans des chambres d'émanation, les *émanatoria*. De plus, il leur fait boire de l'eau radioactivée, leur donne des bains chargés d'émanation, et aussi des injections de sels de radium. L'émanation obéit à la loi exponentielle de Curie, aussi perd-elle rapidement ses propriétés. Elle peut rendre des services dans la clinique du médecin praticien, mais il est peu pratique d'en généraliser l'emploi en la transportant. Si, au contraire, on ajoute une faible quantité de radium aux substances médicamenteuses, on obtient pratiquement des produits chargés en permanence d'émanation. Ils agissent avec *régularité* partout où celle-ci est efficace, et ont l'avantage de la distribuer à une dose bien déterminée.

2° EMPLOI EXCLUSIF DU RADIUM COMME MÉDICAMENT. — *Ingestion.* — La première application du radium en thérapeutique fut évidemment l'ingestion en solution dans l'eau. C'est ainsi que la radioactivité des eaux minérales fut conservée. C'est aussi avec des solutions titrées de radium que furent traités les premiers malades. M. Dominici obtint de cette façon un résultat heureux dans le traitement d'une tumeur interne.

M. Rénon fait absorber à ses malades de l'eau radifère faible, comme analgésique, pour favoriser l'élimination de l'acide urique et surtout pour relever l'état général.

Injections. — MM. Wickham et Degrais ont fait de nombreuses injections de radium soluble, dès 1906, dans des cas de lupus tuberculeux.

Quant au radium insoluble, les premières expériences furent faites dans le service du professeur Albert Robin par MM. Dominici et Coyon, avec le sulfate de radium.

Les expériences ont donné, d'une façon fréquente, la diminution ou l'atténuation des douleurs accompagnant les tumeurs malignes, la diminution ou la disparition de l'œdème inflammatoire, du lupus ; dans quelques cas, un abaissement notable de la température des malades et presque toujours le relèvement de l'état général de ces malades. Enfin, on a obtenu la régression de néoplasies bénignes, telles que les chéloïdes.

M. Chevrier, chirurgien des hôpitaux de Paris, fit ses expériences sur les *inclusions radifères permanentes et parcimonieuses*. Il a constaté que le radium est un agent modificateur énergique de la nutrition en général, augmentant le nombre de globules rouges, aidant à la résistance de l'organisme et facilitant les décharges uriques. Aussi, son emploi a amélioré et parfois guéri l'anémie, a rendu de grands services au point de vue du relèvement de l'état général des malades et des convalescents, particulièrement après les chocs opératoires. Des résultats très satisfaisants ont été obtenus dans l'anesthésie générale pour combattre la cholémie post-chloroformique. Enfin, dans le rhumatisme blennorrhagique et l'arthrite, les injections intra et péri-articulaires sont extrêmement favorables ; on obtient la disparition rapide et totale de la douleur, la résorption des épanchements et l'on prévient l'ankylose. Elles activent la cicatrisation des plaies, la cicatrisation fibreuse et la cicatrisation osseuse.

MM. Rénon et Marre, en constatant l'action inoffensive des injections de sulfate de radium, les ont employées souvent avec succès dans la pneumonie, les affections pulmonaires et les phénomènes de méningisme, les fièvres typhoïdes, les infections générales à gonocoques avec rhumatisme et les septicémies diverses.

Tout récemment, M. Ledoux-Lebard a recommandé cette méthode d'injection qui mérite à tous les titres, dit-il, d'entrer dans la pratique courante, par exemple pour abolir ou diminuer la douleur dans le cancer.

Ionisation. — C'est le Dr Haret, avec la collaboration de M. Danne et de nous-même, qui étudia la pénétration du radium dans l'organisme.

Le Dr Bertolot i, de Turin, avait traité, pendant la durée de nos expériences, des malades avec l'électrolyse des boues radioactives ; mais, dans son intéressant travail, tout de clinique, il n'avait pas à rechercher la quantité de radium introduite dans l'organisme et n'a constaté par suite que les résultats thérapeutiques obtenus.

La pénétration de l'ion radium a lieu profondément sans que la circulation sanguine ait à intervenir dans le transport. Non seulement les effets ne sont pas nocifs, mais l'ion radium provoque une action sédative manifeste et certaines tumeurs diminuent rapidement sous l'effet de cette nouvelle méthode d'introduction du radium dans l'économie.

Les Drs Wickham et Degrais ont adopté récemment un procédé, en collaboration avec MM. Misset et Gaud, ayant pour but de combiner la méthode des injections sous-cutanées du radium insoluble ou soluble avec la méthode de l'ionisation : c'est l'ionothérapie radique consécutive aux injections solubles et insolubles.

MM. Delherm et Laquerrière, Bruneau de Laborie, Leuillier ont obtenu d'excellents résultats dans des cas d'arthrite et de névralgie.

3° PRODUITS RADIOACTIFS. — L'addition du radium à certains produits radioactifs a donné des résultats dignes d'être remarqués.

Il produit à faibles doses sur les ferments, tels que la pepsine et la pancréatine, une véritable action catalytique.

La quinine radifère, expérimentée en France et à Madagascar (Le Pileur prof. Rigaud, Rangé) a vu ses propriétés très augmentées. De même, pour différents médicaments, comme l'iode, l'essence de santal, etc.

Boues radioactives. — Les boues radioactives, expérimentées d'abord par le Dr Octave Claude, dans le service de M. Launois, par Mme le Dr Favre, se rattachent à cette série de médicaments. Elles ont amélioré ou guéri des rhumatismes chroniques déformants, des rhumatismes gonococciques, des maladies du système nerveux, des affections cutanées et gynécologiques. MM. de Beurmann et Cottin s'en sont servi avec succès dans le traitement des orchites blennorrhagiques. On les emploie en bains ou en applications directes; ce sont des sources locales constantes d'émanation.

Nous venons ainsi de généraliser les applications pharmacologiques du radium. Elles résultent d'études consciencieuses qui ont suffisamment démontré que, si le radium ne peut être employé indifféremment dans le traitement de toutes les maladies, les préparations radifères peuvent rendre de grands services quand on en use méthodiquement. Ainsi, elles sont entrées dans la thérapeutique courante où elles trouveront certainement encore des applications nouvelles.

<hr>

M. TH. NOGIER.

LA RADIOSCOPIE RÉNALE. SES AVANTAGES.

616.61 - 0.124

3 Août.

La radioscopie rénale ne date pas d'hier; nous ne l'avons pas inventée. Tout au plus, pouvons-nous dire que nous l'avons perfectionnée et rajeunie. Dans son rapport au Congrès de l'Association française pour l'Avancement des Sciences, à Angers, en 1903, le Dr Béclère, appréciait ainsi ce procédé d'examen :

« Dans les conditions les plus satisfaisantes, quand il existe une concrétion peu perméable et relativement volumineuse chez un sujet maigre, il devient presque aussi facile de découvrir un calcul dans le rein qu'une balle de revolver dans le poumon, et l'examen radioscopique peut suffire à cette découverte. C'est ainsi qu'à l'une des séances de la Société médicale des hôpitaux, au commencement de cette année (13 février 1903), tous les assistants ont pu voir sur l'écran fluorescent l'image d'un calcul du rein droit chez un homme de 31 ans. Ce calcul, enlevé ultérieurement à l'hôpital de la Pitié, par le Dr Walther, était composé de phosphate de chaux; il avait la forme d'une petite dragée, pesait 1,05 g et mesurait dans ses plus grandes dimensions 16 mm en longueur, 12 mm en largeur et 8 mm en épaisseur. Pour mettre en jeu l'ampoule qui, avant l'opération, en donna l'image *radioscopique*, il ne fut pas besoin d'un générateur très puissant d'énergie électrique, car il suffit d'une machine statique à six plateaux, mue à la main...; mais il fut nécessaire de faire usage d'un diaphragme de plomb. »

Il est assez remarquable de voir qu'une méthode de diagnostic aussi simple soit tombée dans l'oubli, en France tout au moins. En 1910, le Dr Lejeune, de Liège, a très justement attiré de nouveau l'attention sur la *radioscopie rénale*. Il soutient même que tout ce qui se voit, en fait de calculs rénaux à la radiographie, peut également se voir à la radioscopie [1]. Nous-même avons insisté sur cette méthode dans l'Ouvrage que nous avons publié l'an dernier sur les calculs du rein et de l'uretère [2]. Nous avions déjà observé *dix-huit cas* au moment de la publication de cet Ouvrage; actuellement, nous en avons *trente-sept* au total.

La technique que nous avons proposée est nouvelle; elle unit le maximum de précision au maximum de commodité. Elle exige pourtant qu'on possède un cadre clinique du type Guilleminot-Béclère, ou l'appareil dérivé de ce modèle, que nous avons fait construire chez M. Maury. L'avantage de ce dispositif est la très grande stabilité de l'ampoule et la possibilité de faire de la localisation et même de la compression aussi bien de haut en bas ou de bas en haut sur le *malade couché* que d'avant en arrière ou d'arrière en avant sur le *malade debout*. C'est le *seul appareil* qui permette de faire commodément la radioscopie rénale, *le seul* qui permette de pratiquer cet examen dans les *conditions optima*. On verra pourquoi dans un instant.

Pour arriver à de bons résultats, il faut :

1° Se trouver dans une *obscurité absolue;*

---

[1] Dr Lejeune, *La radioscopie appliquée à la recherche des calculs rénaux* (*Journal belge de radiologie*, 1910. p. 255).

[2] D^r Th. Nogier, *La radiographie de précision appliquée à l'examen des voies urinaires*, p. 47. J.-B. Baillère, éditeur.

2° Avoir l'*œil bien accoutumé* à cette obscurité;

3° *Diaphragmer* soigneusement le faisceau de rayons X à l'aide d'un diaphragme-compresseur cylindrique assez étroit;

4° *Comprimer* les parties molles aussi fortement que possible;

5° Disposer enfin d'*un appareil radiogène* puissant.

Voyons rapidement la raison de ces cinq conditions qui doivent être réunies dans toute radioscopie rénale. Il faut se trouver dans une obscurité *absolue* parce que l'image de la région rénale n'est pas une image très brillante et qu'il est nécessaire de ne pas être gêné par la moindre trace de lumière parasite bour bien l'observer. Il faut avoir *l'œil bien accoutumé* à cette obscurité et pour cela, si l'examen doit se faire dans le courant du jour (ce que nous déconseillons) (¹), il faut que le radiologue y séjourne au moins 20 *minutes* avant de commencer l'examen. Les recherches de Parinaud, reprises par Béclère, ont démontré qu'au bout de ce temps la *sensibilité lumineuse* de l'œil devient 220 fois plus grande et que *l'acuité visuelle* devient 88 fois supérieure à ce qu'elle était en entrant dans la salle d'examen (²). Nous reconnaissons que notre adaptation à l'obscurité est bonne lorsque nous distinguons *très nettement* sur un écran au platinocyanure l'ombre d'une lettre en plomb placée contre lui et recevant par derrière les rayons d'un sel de radium d'activité 1 000 000 (³) éloigné de 20 cm.

Il faut *diaphragmer* soigneusement le faisceau de rayons X pour obtenir l'image la plus nette possible et pour éviter la formation trop abondante de rayons secondaires dans l'intérieur des tissus mous. Le diaphragme à employer est un diaphragme *cylindrique* et non un diaphragme tronconique qui donne des résultats beaucoup moins bons pour les raisons que nous avons exposées à plusieurs reprises (⁴). Il faut *comprimer* les parties molles au niveau de la région abdominale et d'une façon aussi énergique que possible pour en réduire l'épaisseur. Cette précaution, indispensable en radiographie rénale, n'est pas nécessaire en radioscopie. Mais cette compression n'est *possible* qu'avec les supports porte-ampoule du type Guilleminot-Béclère lorsqu'on doit, comme c'est le cas ici, examiner le patient dans la station droite. Les autres supports manquent de stabilité malgré leur poids souvent très élevé et ne sont pas pratiques en radioscopie.

La compression se fait, au contraire, de façon *parfaite* et *très énergique* par notre procédé au moyen d'un diaphragme cylindrique d'Albers-

---

(¹) Pour pratiquer l'examen dans les meilleures conditions, nous conseillons de le faire *le soir*, après 8 h en hiver, après 9 h en été. Un client, lorsqu'il s'agit d'examens importants pour sa santé, ne refuse jamais de venir à cette heure un peu tardive.

(²) A. Béclère, *Étude physiologique de la vision dans l'examen radioscopique* (*Archives d'Électricité médicale*, n° 82, 15 octobre 1899).

(³) L'activité du radium pur étant égale à 4 000 000 U.

(⁴) Dʳ Nogier, *La radiographie de précision appliquée à l'examen des voies urinaires*, p. 37, J.-B. Baillère, éditeur.

Schönberg muni de la jante que nous avons imaginée dès 1907 [1] et qui le transforme en *pneumo-compresseur localisateur*. On peut exercer avec cet appareil des pressions de 30, 40 kg et plus au niveau de la région à explorer sans que cette compression soit pénible.

Technique. — Voyons maintenant la technique qui nous a donné les meilleurs résultats.

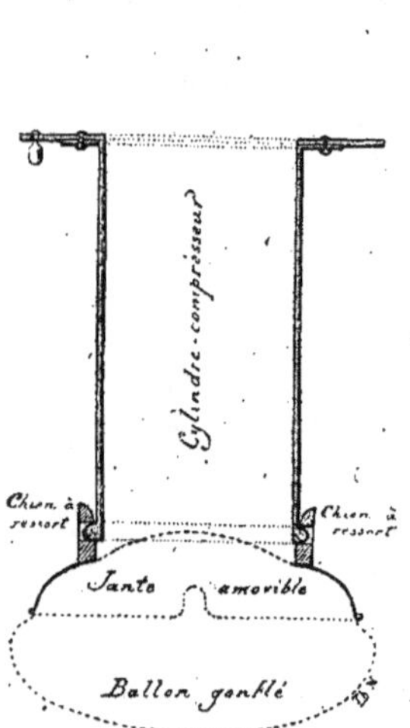

Fig. 1. — Pneumo-compresseur localisateur à jante amovible, du D⁏ Th. Nogier, pour radiographie et radioscopie de précision.

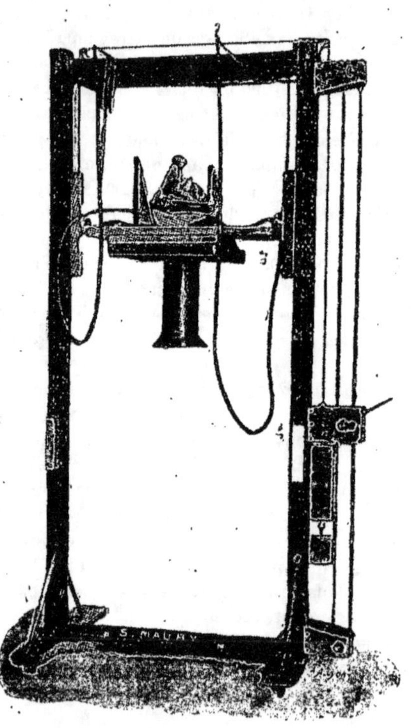

Fig. 2.

Le malade est *purgé* le matin de l'examen à 6 h. Il prend, à 30 minutes d'intervalle, deux grands verres d'eau purgative (Villacabras, par exemple). A partir de 7 h du matin, il se promène lentement dans sa chambre, de façon à favoriser l'action du purgatif. De 8 à 12 h et de 20 en 20 minutes

---

[1] *Voir* sur le *pneumo-compresseur localisateur* à *jante amovible* de Nogier. Société médicale des hôpitaux de Lyon, 31 mars 1908, et le rapport au Congrès de Clermont-Ferrand, août 1908 : *Les erreurs de la radiographie, moyens de les éviter.*

on le prie de prendre une *tasse de thé*, de bouillon d'herbes. A 1 h de l'après-midi, café au lait bien sucré (une tasse à thé, mais sans pain ni biscuits). A 5 h du soir, une tasse à thé de lait aromatisé avec rhum ou vanille. A 7 h du soi , nouveau café au lait bien sucré (une tasse à thé). A 8 h ou 9 h du soir (suivant la saison, examen radioscopique), le malade est dévêtu (¹). On arme alors le cadre de Guilleminot-Béclère du cylindre-compresseur de 25 cm de longueur qu'on dispose *horizontalement*. On règle l'ouverture du diaphragme-iris de façon qu'à l'écran au platino-cyanure de baryum on aperçoive l'image du localisateur appliqué contre lui, sous la forme d'une plage lumineuse très exactement circulaire (²). On abaisse alors le cylindre jusqu'au niveau des fausses côtes du sujet examiné. On arme le cylindre de la *jante amovible* dans laquelle on place le *ballon* de caoutchouc de 20 cm de diamètre servant à la compression (³). On prie alors le sujet de prendre les deux montants du cadre radiolo-gique (⁴) et de s'appuyer *fortement* sur le ballon qui ferme l'extrémité du cylindre localisateur. On déprime de cette façon la paroi abdominale du malade, en *position verticale*. Cette position offre le très grand avan-tage de dégager la région rénale en laissant les viscères descendre dans le petit bassin sous influence de leur propre poids. Chez les personnes un peu obèses le procédé est extrêmement précieux. On place enfin l'écran sur la région dorso-lombaire et l'on examine la région rénale, d'abord avec un *courant faible* dans l'ampoule de façon à apercevoir juste le *cadre osseux* de la région pour voir si la visée est bonne, ensuite avec le *maximum de courant* disponible pendant 4 à 5 secondes, comme si l'on voulait faire une radiographie extra-rapide (⁵). A ce moment, la région rénale s'éclaire magnifiquement sur l'écran et l'on aperçoit très nettement les deux der-nières côtes, les vertèbres dorsales et lombaires et leurs apophyses trans-verses. Si le malade a une *ensellure lombaire* très prononcée, on remplace le grand écran de dimensions 40 × 50 qui sert habituellement en radio-

---

(¹) C'est dire que la température de la salle d'examen sera chauffée, en *hiver* à 20° au moins.

(²) *Sur le centrage du diaphragme-compresseur*, voir Nogier ; *La radiographie de précision appliquée à l'examen des voies urinaires*, p. 28 et 29, J.-B. Baillère, éditeur.

(³) Ce ballon doit être gonflé *très fortement* et être placé dans une housse en toile fine.

(⁴) Le malade fait ainsi lui-même la compression en prenant à droite et à gauche un point d'appui sur les montants du cadre porte-ampoule. C'est ce qui rend l'ap-pareil du type Guilleminot-Béclère *supérieur à tous les autres* pour la radioscopie rénale.

(⁵) Pour éviter d'actionner l'ampoule un temps plus long que ces 4 ou 5 secondes qui sont largement suffisantes pour faire le diagnostic, nous mettons en circuit avec l'appareillage un *déclencheur automatique* que nous avons fait construire par la maison Reiniger, Gebbert et Schall et qui coupe automatiquement le courant après le temps voulu. Ce déclencheur permet de mesurer toutes les poses depuis $\frac{1}{100}$ de seconde jusqu'à 10 secondes.

scopie par un écran allongé de 12 cm de haut sur 20 cm de large qu'on peut mettre très facilement au contact de la peau.

Précautions à prendre. — Pour toute radioscopie, l'opérateur doit prendre les précautions nécessaires pour ne pas recevoir des radiations X. Les écrans qu'on utilisera pour l'examen de la région rénale seront doublés d'un verre au plomb opaque ([1]) de 4 mm d'épaisseur et l'opérateur se munira de bonnes lunettes en verre plombeux.

Il sera bon aussi d'intercaler entre l'ampoule et le sujet une plaque d'aluminium de 0,2 mm qui servira de filtre et arrêtera les rayons trop peu pénétrants. Enfin, il sera utile, au moment de l'examen, de disposer d'un *aide* qui fermera l'interrupteur-déclencheur au moment précis où l'on se trouvera en position d'examen derrière l'écran. De cette façon, on ne risque pas de perdre une partie des 4 à 5 secondes qui sont, nous le répétons, largement suffisantes pour faire le diagnostic de calcul rénal ou urétéral.

Conclusions. — La radioscopie rénale est une méthode d'examen simple et rapide qui mérite d'être appliquée à l'examen des voies urinaires. Elle peut donner des résultats excellents à la condition qu'on examine le malade en *station debout*, qu'on *diaphragme* soigneusement le faisceau de rayons X et qu'on *comprime* les tissus mous pour réduire leur épaisseur. L'emploi d'un cadre clinique du type Guilleminot-Béclère d'un localisateur cylindrique nous semble absolument nécessaire. L'utilisation du *pneumo-compresseur de Nogier* permettra d'exercer une compression énergique sans être douloureuse. L'examen se fera de préférence *la nuit*, de façon que l'œil de l'opérateur soit dans les meilleures conditions pour examiner l'image sur l'écran radioscopique.

M. G. MAINGOT.

L'EXPLORATION RADIOLOGIQUE DU MÉDIASTIN POSTÉRIEUR.

616.27.072

1ᵉʳ Août.

L'exploration radiologique du médiastin postérieur est un acte fécond en résultats dans le diagnostic des affections thoraciques. Les tumeurs, les abcès, les lésions cardio-aortiques, les affections du système lymphatique se traduisent par des ombres suggestives pour qui sait les inter-

---

([1]) Il existe, en effet, des verres dits au *plomb* qui ne sont pas opaques.

préter et les rattacher à leur véritable cause. Il importe donc de mettre
en garde contre les dispositions anatomiques capables de prêter à des
interprétations erronées. L'examen frontal sert peu à l'exploration du
médiastin : il ne renseigne pas sur le diamètre antéro-postérieur de l'espace
rétrocardiaque, il ne permet pas de discerner les ombres noyées dans le
complexus sterno-cardio-vertébral. L'examen sagittal montre un large
espace clair au-dessus du diaphragme et en arrière du cœur. Un peu plus
haut, l'espace clair rétrocardiaque se rétrécit; on dirait que la base du
cœur s'appuie sur la colonne vertébrale, cette apparence est trompeuse;
en position oblique antérieure droite, oblique postérieure gauche chez
l'individu normal, se voit une bande transparente étendue du haut en
bas, en arrière du cœur et désignée sous le nom d'espace *clair médian*.

Certaines dispositions squelettiques (scolioses, par exemple) modifient la visibilité de l'espace clair médian, de même les changements de
volume et de configuration extérieure du cœur. Suivant la situation
du cœur, le diamètre apparent du médiastin postérieur varie dans de
larges mesures. A ce point de vue on doit considérer différents types de
topographie cardiaque, et préciser celui en présence duquel on se trouve.
Tantôt le bord droit du cœur affleure le bord droit de la colonne vertébrale, on dit alors que le *cœur est gauche;* tantôt le bord droit du cœur
déborde le bord droit de la colonne vertébrale sans cependant le déborder
assez pour que le cœur soit au milieu du thorax, on dit alors que le *cœur
est pénémédian;* tantôt le cœur est au milieu du thorax, il est *médian;*
tantôt, enfin, le bord gauche du cœur affleure ou même dépasse en dedans
le bord gauche de la colonne vertébrale, le *cœur est droit.* Or, quand on
passe du cœur gauche au cœur médian, on voit en position oblique
antérieure droite ou oblique postérieure gauche la largeur du médiastin
diminuer jusqu'à ce que l'oreillette gauche projette son ombre sur celle
du vertex. Quand le cœur est droit, c'est en position oblique antérieure
gauche, oblique postérieure droite qu'on doit explorer le médiastin
postérieur.

M. LE Dr GABRIEL REGAD.

Valence (Drôme),

**FAIT CLINIQUE : RADIODERMITE SURAIGUË CONSÉCUTIVE A DEUX
APPLICATIONS TRÈS LÉGÈRES DE RAYONS X (PALUDISME, DY-
SENTERIE, SYPHILIS).**

615.849 + 617.12

3 *Août.*

Le 25 août 1910, M. C. de B.-V. vint nous demander si la radiothérapie pouvait le débarrasser d'éphélides grosses comme des lentilles siégeant à la face

dorsale des deux mains, consécutives à un séjour de 25 ans aux colonies qui ne paraît pas avoir eu sur l'organisme une influence sérieuse. Il n'accuse dans ses antécédents que de rares accès de paludisme et de dysenterie guéris dans la brousse sans complication.

Le 25 août 1910. *première séance*. — 14 minutes sur chaque main (2 ampères, 0,6 milliampères; étincelle équivalente, 7 cm; rayons n° 5 de Benoît; la teinte B de Sabouraud est obtenue en 12 minutes; filtration à $\frac{1.5}{10}$ d'aluminium, ampoule Chabaud grand modèle contenue dans le grand support de Drault; la peau est à 18 cm de l'anticathode). Dose appliquée : environ 4 H.

Le 12 septembre, 17 jours après, le malade ressent une légère démangeaison, les éphélides sont identiques, ni érythème, ni disquamation. Une seconde application est sollicitée, mais refusée. C... part en voyage.

Le 5 octobre, *deuxième séance, 42 jours après la première*. — Irradiation faite dans les mêmes conditions que la première fois. Durée : 10 minutes sur chaque main. Filtration à $\frac{1.5}{10}$ d'aluminium. Quantité reçue : 3 H environ, qui, ajoutée à la première, *donne un total de 7 H*.

Le 22 octobre, 17 jours après la deuxième séance, on observe un érythème simple de la face dorsale des deux mains et quelques phlyctènes très localisées au niveau des dernières phalanges des doigts. Quelques jours après, l'érythème a disparu et les phlyctènes se sont desséchées, mais il s'est produit au niveau de la région dorsale des deux mains deux ulcérations de la dimension d'une pièce de 2 fr n'intéressant que l'épiderme. Le derme est intact. Ces lésions très douloureuses empêchent tout repos. C... entre alors à l'hôpital où il échappe à notre influence, ce qui, du reste, ne modifie guère la situation, ce malade étant d'une indocilité surprenante. A partir de ce moment, le traitement consiste en applications de pommade de Reclus, en cautérisations au nitrate d'argent. Les pansements que le personnel ne peut effectuer avec l'asepsie voulue, grâce à la résistance de l'intéressé qui refuse toute aide intelligente et n'opère qu'à sa guise, ne peuvent préserver les plaies d'une infection secondaire; les lésions s'enflamment, s'élargissent au point de présenter l'aspect suivant relevé par M. le professeur Nogier dans son Rapport d'expert au moment où C... intente contre nous une action judiciaire.

Main droite. — Plaie de 50 mm de long sur 43 mm de large, profonde, anfractueuse, grisâtre, laissant entrevoir les tendons extenseurs du médius; bords saillants, décollés; odeur fétide, désagréable. La peau est alentour lisse, glabre, atrophique, blanchâtre. La main est tuméfiée par un œdème dur, douloureux, les doigts restent en demi-flexion. Le poignet est également un peu tuméfié, mais ses mouvements sont libres.

Main gauche. — Au niveau de l'espace intermétacarpien correspondant aux deuxième et troisième doigts, cicatrice de 25 mm de long sur 14 mm de large; plaie superficielle plus accusée du côté du pouce que de l'annulaire. La peau de la face dorsale de la main est lisse, glabre, atrophique, blanchâtre. La main n'est plus tuméfiée.

Tel est l'état où se trouvait C... le 13 mars 1911, soit environ 7 *mois* après l'apparition de l'érythème consécutif à la dernière séance du 5 octobre 1910.

La gravité des lésions comparée aux doses minimes appliquées nous avait d'autant plus surpris que nous avions, avant tout traitement, fouillé

les antécédents du malade. L'anémie consécutive à un séjour de plus de
25 ans au Tonkin, quelques accès de paludisme et de dysenterie, la
pâleur des poils et des cheveux, la finesse et la blancheur nacrée de la
peau nous avaient conseillé la prudence la plus élémentaire. Malgré
toutes nos questions et celles posées lors de l'expertise, le malade avait
nié avec énergie l'existence d'une syphilis ancienne; l'examen scrupuleux
du sujet à ce point de vue était resté absolument négatif. Il n'y avait
pas de traces de sucre dans les urines. Nous ne pouvions, d'autre part,
incriminer notre technique qui ne nous avait jamais jusqu'alors occasionné
la moindre alerte et ne nous en a pas fourni davantage depuis. Du reste,
dès l'apparition de l'érythème, nous avions fait avec le même tube des
dosages successifs aussi précis que possible qui nous avaient démontré
que la quantité de rayons appliquée était normale.

Nous fûmes d'avis alors que l'existence prolongée sous un climat
anémiant entre tous, que le paludisme, la dysenterie (le malade avait
eu à notre insu deux attaques de cette dernière maladie en cours du
traitement) pouvaient avoir préparé le terrain en diminuant la résistance de l'organisme et facilité l'évolution d'une *infection banale* due à des
pansements sales. Nous avions pensé ensuite à l'*ulcère des pays chauds*.
Cette affection se développe, comme on le sait, chez de vieux coloniaux
à l'occasion des lésions tégumentaires les plus simples; elle présente
à peu près la même marche, le même aspect clinique. En dernière analyse,
nous avions cru avoir affaire à un cas bien net d'*idiosyncrasie*. Cette
opinion fut confirmée par le rapport de M. le professeur Nogier qui, considérant les doses appliquées comme ne pouvant normalement amener
aucune altération des téguments, mit fin à la demande de dommages-
intérêts. Nous avons appris, il y a quelques mois, par le médecin traitant
de C... que les lésions décrites plus haut pouvaient être considérées
comme guéries, mais que son client présentait des symptômes de paralysie générale. Il est mort depuis, après une évolution rapide de cette
dernière maladie. Cette fin nous semble éclairer et fixer définitivement
le diagnostic. Nous avons eu affaire à un ancien syphilitique qui connaissait parfaitement l'existence de la diathèse qu'il nous avait toujours
cachée, comme le prouvent des confidences faites à des amis.

Cette observation, que nous avons suivie avec l'attention qu'on peut
imaginer, nous semble une preuve nouvelle du rôle que joue la syphilis
dans l'apparition d'accidents incompréhensibles consécutifs à une
radiothérapie précise. Elle nous suggère comme corollaire des réflexions
intéressant peut-être seulement les radiologistes isolés comme nous en
face d'une clientèle trop souvent craintive, à l'affût de la situation à
exploiter. Nous sommes désarmés jusqu'au jour où la possibilité de nous
expliquer devant une autorité scientifique indiscutée nous est accordée.
Entre le début des accidents et la date de l'expertise, il se passe un temps
souvent fort long dont malade et médecin pourraient bénéficier. Généralement, le client s'échappe dès qu'il sent qu'il se passe quelque chose
d'anormal. Il demande des conseils à son pharmacien, à des empiriques,

à son médecin. Un jour vient où le spécialiste se rencontre avec son ancien client et se trouve en présence de lésions qui ne rappellent en rien celles du début. Que s'est-il passé dans l'intervalle? Mystère! Et cependant les rayons X ont tout fait!

1° Le traitement de la radiodermite dans l'état actuel de nos connaissances devrait être davantage précisé et vulgarisé. Il serait opportun de faire établir lors d'un Congrès une thérapeutique quasi officielle des accidents attribuables aux rayons X et surtout un tableau des incompatibilités thérapeutiques. Le médecin spécialiste pourrait alors faire accepter au praticien des prescriptions qui auraient l'avantage de ne pas être imaginées par lui seul. On ne pourrait plus invoquer contre lui son inexpérience en la matière : le meilleur compliment qu'on puisse lui faire. Si les conseils du radiologue n'étaient pas suivis, sa responsabilité serait d'autant dégagée; il ne serait plus responsable des écarts thérapeutiques d'un confrère n'ayant pas la moindre idée de la pathogénie des radiodermites. Il serait bon que ce dernier sache ce qu'il faut faire et que le juge sache ce qu'il ne faut pas faire.

2° En présence d'accidents d'allure aussi brutale que ceux que nous venons de relater (les cas graves où le diagnostic de syphilis n'a pu être fait que secondairement sont assez fréquents), le médecin doit songer à une diathèse ancienne insoupçonnée ou cachée. Il a le droit d'instituer dès l'apparition des accidents aigus un traitement antisyphilitique énergique.

3° Il nous paraît utile que l'appréciation de l'influence possible du paludisme, de la dysenterie, de l'anémie aiguë des pays chauds dans la genèse des accidents observés au cours d'un traitement par les rayons X, soit confiée à l'observation des médecins radiologues opérant dans les régions où ces affections se rencontrent journellement avec leur maximum d'intensité.

MM. LES Drs J. REYNARD,

Chirurgien de l'Hôpital Saint-Charles (Lyon),

ET

TH. NOGIER,

Agrégé à la Faculté de Médecine (Lyon).

UN CAS DE REIN MOBILE A CRISES DOULOUREUSES. PYÉLOGRAPHIE. PSEUDO-CALCUL.

---

3 Août.

616.61.0.724.

M. LE Dr J. REYNARD. — Les douleurs par crises dont le rein est le siège ont généralement pour cause la lithiase. Mais les exceptions à cette règle sont nombreuses. On pourrait même dire que, dans toutes les affections du rein, on peut voir ces crises plus ou moins intenses. Ainsi, on les a observées dans le cancer, la tuberculose, les kystes hydatiques, les néphrites, les pyélonéphrites, l'hydronéphrose intermittente, etc. L'observation que nous présentons aujourd'hui est relative à une pseudo-colique néphrétique dans un rein mobile. Le fait en lui-même n'a rien d'exceptionnel et ne mériterait pas l'honneur d'une présentation. Mais cette observation tire son intérêt d'une radiographie au collargol qui devait nous éclairer sur la vraie cause de ces douleurs; et qui, au contraire, nous a induit en erreur en nous faisant croire à un calcul qui n'existait pas. Voici l'observation :

Philomène L..., 36 ans, ménagère. Rien d'intéressant à signaler dans ses antécédents familiaux. Personnellement, bonne santé habituelle. Maladie d'estomac, il y a 4 à 5 ans. Depuis 3 mois, souffre dans le côté droit. La douleur est sourde, continue, entrecoupée de temps à autre par des exacerbations très intenses à maximum lombaire et irradiations sur le trajet de l'uretère.

Jamais d'hématurie ni de sable ou graviers dans ses urines. Le médecin de la malade lui a fait porter une ceinture, mais sans résultats appréciables. *A l'examen clinique*, on trouve un rein droit bas situé, ni tendu, ni douloureux à la palpation. La palpation du trajet de l'uretère ne nous révèle ni douleur spéciale, ni épaissement marqué. Intégrité des organes pelviens au toucher vaginal. Urines claires, normales. L'exploration de la cavité vésicale est négative. L'étude séparée des urines des deux reins montre un fonctionnement également bon.

La première hypothèse qui se présentait à l'esprit en présence de ces accès était : *calcul retenu dans le bassinet*. Cependant, les hématuries font rarement défaut dans ces cas-là; la malade était très affirmative à ce sujet; elle n'avait jamais vu de sang ni graviers dans ses urines. Toutefois, pour écarter nettement ce diagnostic, mon excellent ami, le Dr Nogier, radiographie la malade. Deux épreuves sont prises. La première, simple (c'est-à-dire sans injection préalable de collargol dans le bassinet), fut négative. La deuxième avec pyélographie montrait un bassinet distendu par le collargol, normal comme dimension, mais au milieu de l'ombre du collargol, il y avait une tache qui pouvait faire penser à un calcul visible seulement par ce procédé. D'ailleurs, dans l'une et l'autre hypothèses, calcul ou rein mobile simple, l'intervention s'imposait.

Intervention. — Incision lombaire classique. Le rein placé très bas est extériorisé en le repoussant à travers la paroi abdominale. Le bassinet et l'uretère examinés avec ne montrent ni calcul, ni dilation.

Décapsulation et fixation du rein au moyen de la capsule divisée en quatre pédicules; deux sont attachés à la dernière côte et les deux autres à la paroi lombaire. Sutures en étages de la paroi, drains.

Les suites furent simples. La malade se lève actuellement toute la journée. Elle n'a plus repris de douleurs.

Voilà donc une malade chez laquelle la radiographie au collargol nous a fait croire à un calcul imaginaire. Il était intéressant de signaler cette erreur pour montrer qu'aucune méthode n'a de valeur absolue et qu'il ne faut demander à chacune que ce qu'elle est susceptible de donner.

M. LE Dʳ NOGIER. — J'apporte à la très intéressante Communication du Dʳ Reynard les renseignements complémentaires et les clichés qui doivent l'illustrer.

La malade dont on vient de vous parler présentant un ensemble de signes cliniques qui pouvaient faire penser à un calcul, nous avons décidé de la soumettre à l'examen radiographique. Après cathétérisme de l'uretère fait avec une sonde opaque aux rayons X (Dʳ Reynard), après repérage systématique au carmin imaginé par l'un de nous (Dʳ Nogier), la malade a été radiographiée une première fois. Le cliché développé présentait tous les détails requis pour qu'on pût l'interpréter convenablement. Or, ce cliché ne présente pas trace de calcul. Cependant, comme on a signalé des calculs d'acide urique *pur* très transparents, on pouvait penser à un calcul si transparent que sa trace sur le cliché fût nulle. Le fait était en lui-même assez improbable, car il a été démontré qu'avec une bonne technique, des rayons de pénétration convenable et des localisateurs *cylindriques* (type A. Schönberg) on pouvait fort bien déceler des calculs d'acide urique non visibles avec d'autres localisateurs, les localisateurs tronconiques en particulier. Cependant, pour plus de sûreté, nous décidâmes, le Dʳ Reynard et moi, de faire à la malade une injection de collargol pour obtenir, suivant la méthode de Völker et Lichtemberg, une *pyélographie*. Par cette méthode, ainsi que l'ont signalé les auteurs allemands, on peut arriver à mettre facilement en évidence des calculs d'acide urique *pur*. Le collargol, opaque, entoure le calcul, et l'épaisseur du collargol étant moindre au niveau de ce calcul, on obtient, *sur le cliché*, une image *sombre* du calcul sur un fond plus clair fourni par l'opacité du collargol. Le calcul est ainsi mis en évidence, par contraste, au moyen d'un artifice.

Le cliché qui fut obtenu après injection de collargol montra précisément, ainsi qu'on peut le voir, une tache *sombre* sur un fond plus *clair* au niveau du bassinet. Nous étions donc en droit de conclure que nous nous trouvions en présence d'un calcul *d'acide urique pur* mis ainsi en évidence. Le Dʳ Reynard vient de dire qu'à l'opération cette manière de voir ne fut pas confirmée. La tache opaque au milieu du collargol était donc fournie très probablement par l'extrémité d'une pyramide de Malpighi un peu plus grosse qu'à l'état ordinaire et orientée dans le sens sagittal qui n'avait pas permis au collargol d'emplir uniformément tout le bassinet.

De cette Communication et de cette présentation découlent deux enseignements :

1° On ne considérera, dans la *pyélographie*, comme caractéristiques d'un calcul, que les taches situées loin des calices; celles qui se trouvent situées en particulier au niveau de la naissance de l'uretère;

2° On n'ajoutera pas à la pyélographie une foi aveugle. Malgré sa perfection, cette méthode comporte encore quelques rares aléas et laisse parfois, dans l'incertitude, chirurgien et radiographe. Le cas que nous venons de relater en est un exemple.

M. Th. NOGIER.

EXPLORATEUR DU CHAMP D'IRRADIATION EN RADIOTHÉRAPIE.

615.841

5 *Août.*

Le petit appareil que nous avons imaginé et que nous utilisons depuis plus de 2 ans soit chez nous, soit dans nos recherches avec M. le professeur agrégé Regaud, soit dans notre service de l'hôpital et de la polyclinique Saint-Charles, nous a rendu et nous rend tous les jours les plus grands services. C'est pour ce seul motif que nous tenons à le faire connaître. Tous les radiothérapeutes savent qu'il est assez difficile de se rendre compte, au cours d'une application un peu longue, si le malade s'est déplacé et si le champ d'irradiation ne tombe pas en dehors de la cache métallique découpée qui sert à localiser le champ d'action des rayons X. Pour connaître à chaque instant et en cours de séance les dimensions du champ irradié, nous nous servons d'un *explorateur* spécial. Il est constitué par une pastille de platino-cyanure de baryum (une pastille du chromo-radiomètre de Sabouraud ou de Bordier) portée à l'extrémité d'une pince à longue branche et que nous déplaçons dans le champ exploré.

Nous avions utilisé d'abord comme porte-pastille une pince hémosta-tique à branches aussi longues que possible, mais nous n'avons pas tardé à reconnaître plusieurs inconvénients à ce système. D'abord, la pince est métallique. Reliée au sol par la main de l'opérateur, elle occasionne des décharges latérales entre elle et la paroi de l'ampoule en activité, d'où danger de crever l'ampoule et danger d'étincelles désagréables pour l'opérateur. D'autre part, les branches de la pince ne sont pas assez lon-gues et il faut craindre, avec ce dispositif, de recevoir sur les mains de faibles doses de rayons X au voisinage de l'ampoule, doses dont le total n'est pas négligeable après de nombreuses explorations. Enfin, il faut faire l'obscurité dans la pièce pour juger de la luminescence de la pastille de platino-cyanure.

Nous avons réalisé un explorateur commode et exempt de ces reproches de la façon suivante : à l'extrémité d'une baguette de bambou de 1,10 m de longueur (baguettes que les horticulteurs utilisent comme tuteurs), nous avons fixé, un peu *en avant d'un nœud*, une pince fixe-cravate en métal. La fixation dans le bambou est facile en entaillant d'abord le bois dans un plan parallèle à l'axe au moyen d'un trait de scie. On rabat ensuite à la pince, entre la baguette, les parties de la pince opposées aux mors qui dépassent à droite et à gauche. Entre les mors de la pince ainsi fixée, on serre une petite lame de carton qui porte la pastille de platino-cyanure. Pour pouvoir se servir de l'appareil *sans être obligé de faire l'obscurité* dans la salle de traitement, la pastille est disposée dans une sorte de petite chambre noire en forme de bonnet d'évêque ouvert seulement en arrière dans la direction du manche en bambou. Enfin, *pour protéger* complètement la main de l'opérateur, pendant l'exploration, contre les rayons émis par le verre de l'ampoule ou les parois du localisateur, la partie du bambou opposée à la pince est entourée d'une manchette protectrice tronconique en étain laminé de 1 mm d'épaisseur, qu'on fait tenir avec de petits clous autour d'un bouchon de liège taillé en forme de tronc de cône et qu'on immobilise en coulant sur le bouchon et autour de lui une couche de cire à cacheter les bouteilles (galipot) (¹).

On peut remplacer cette manchette par une large et profonde *coquille d'épée* en acier nickelé, qui est plus élégante et dont le prix n'est pas très élevé (2 à 3 fr). Ainsi constitué, notre explorateur de champ d'irradiation forme un petit appareil complétant l'outillage du radiothérapeute et capable de lui rendre tous les jours les plus grands services. Il joint à sa simplicité l'avantage du bon marché et d'un fonctionnement irréprochable.

<hr>

MM. H. MARQUÈS,

Chef de Laboratoire,

ET

A. PEYRON,

Prosecteur à la Faculté de Médecine (Montpellier).

<hr>

SUR L'ACROMÉGALIE, L'ACROMÉGALO-GIGANTISME ET LEURS FORMES FRUSTES, IMPORTANCE DES DONNÉES FOURNIES PAR LA RADIOGRAPHIE.

<hr>

616.714.0.724

5 Août.

Depuis que P. Marie a individualisé au point de vue nosologique l'acromégalie, les rapports qui unissent ce syndrome aux altérations des

___

(¹) Cette cire sera coulée juste à son point de fusion pour ne pas fondre l'étain dont le point de fusion est peu élevé : 228°.

diverses glandes endormies, l'hypophyse en particulier, continuent à être discutés : 1° *Au point de vue étiologique :* les rapports entre l'acromégalie et le gigantisme ne sont pas encore réglés et l'on se trouve en présence de deux théories. Dans l'une, l'acromégalie et le gigantisme n'ont pas de rapport l'un avec l'autre; dans la deuxième, admise par la majorité des auteurs (Lannoy), le gigantisme serait l'acromégalie de l'adolescence, cette théorie s'appuyant particulièrement sur le fait que la plupart des géants connus ont fini acromégales. De nouvelles recherches et de nouvelles observations sont donc encore nécessaires pour élucider cette question, recherches et observations qui demanderont un temps considérable, puisqu'on se trouve dans l'obligation de suivre les sujets jusqu'à leur mort. 2° *Au point de vue anatomo-pathologique :* durant ces dernières années, l'étude de la tumeur ou de l'hypertrophie de l'hypophyx chez les acromégales est passée au premier plan; mais, ici encore, il y a discordance considérable entre les diverses opinions émises; il est vrai que les faits étudiés par chaque auteur sont en petit nombre. Pour certains (Cagnetto), la lésion hypophysaire n'est pas la cause de l'acromégalie; cette lésion serait secondaire, l'acromégalie étant une maladie générale primitive. Pour d'autres, au contraire, la lésion hypophysaire aurait l'importance primitive, qu'il s'agisse d'hypertrophie simple ou de véritable néoplane maligne de l'hypophyse, il y aurait toujours hypersécration et l'acromégalie ne serait qu'un syndrome d'hyperhypophisme. Les recherches en cours de MM. Alezais et Peyron paraissent favorables à cette théorie. Ces auteurs ont vu que, dans l'acromégalie, d'autres glandes pouvaient être intéressées, mais elles paraissent l'être secondairement, la lésion de l'hypophyse étant primitive. Mais cette question étant encore en cours d'études, ne peut actuellement être résolue. 3° *Au point de vue clinique :* P. Marie a donné une description typique de l'acromégalie; mais, pour constituer ce syndrome, il dut envisager les cas absolument typiques, et il fut amené à dénier toute valeur au côté héréditaire et familial. Nous pensons, qu'à l'heure actuelle, on ne doit pas se borner au type décrit par Marie, et qu'il faut orienter les recherches vers l'étude des formes frustes, incomplètes de l'acromégalie et de l'acromégalo-gigantisme, ainsi que sur leur caractère familial et héréditaire.

Il faut actuellement rechercher les cas où le syndrome est dégradé et où il n'existe que quelques symptômes, les uns physiques, les autres fonctionnels. Nous allons montrer rapidement l'importance de ces cas pour lesquels nous proposons le terme d'*acromégalisme.* En résumé, il apparaît, des quelques considérations qui précèdent, que les frontières de l'acromégalie, ses affinités morbides, les lésions hypophysaires et leurs significations appellent encore de nombreuses investigations qui demanderont un temps considérable.

Notre but, dans cette courte Note, est d'apporter quelques faits montrant l'importance des services que peut rendre la radiographie au cours de ces recherches. Il y a longtemps qu'on a étudié l'acromégalie au point de vue radiographique. C'est ainsi que Béclère a décrit, depuis pas mal d'années, la dilatation des sinus frontaux, l'épaississement des parois crâniennes, la dilatation de la selle turcique, etc., visibles sur les radiographies de crânes d'acromégales. D'autre part, Schloffer a pu, grâce à l'étude comparative de nombreuses radiographies, schématiser en deux types bien distincts l'un de l'autre les modes de dilatation de la selle turcique. Il nous semble cependant qu'il aurait fallu superposer et rapprocher, mieux qu'on ne l'a fait, les données radiographiques des données anatomo-pathologiques et cliniques; et les faits sur lesquels nous attirons l'attention sont les suivants :

1° Dans les cas d'acromégalie typique, c'est-à-dire d'acromégalie ancienne, nettement constituée, la radiographie montre avec la plus grande netteté la dilatation de la selle turcique. Cette dilatation est parfois considérable, ainsi qu'on peut le voir sur la radiographie du crâne d'un acromégale typique.

2° Il est parfois possible d'apercevoir sur le cliché l'ombre de l'hypophyse hypertrophiée.

3° Lorsqu'on se trouve en présence de formes frustes, incomplètes, il est utile, nous dirons même indispensable, de procéder à des radiographies successives des crânes des sujets. Ces radiographies successives rendront de signalés services soit pour le diagnostic, soit pour le pronostic. Nous pouvons, à ce sujet, citer un certain nombre de cas dans lesquels la radiographie nous ayant montré la dilatation de la selle turcique nous a permis d'affirmer le diagnostic d'acromégalie, alors que certains troubles fonctionnels faisaient défaut; et, d'autres cas, dans lesquels des radiographies successives nous ayant montré l'accroissement de la dilatation, nous ont fait prévoir l'exagération des symptômes fonctionnels.

Observation I. — Homme, 60 ans, présentant actuellement le type clinique d'acromégale, facies typique, macroglonie, déformations des mains, etc. Ce malade avait été vu antérieurement, il ne présentait alors que des troubles fonctionnels moyens, et une radiographie de cette époque montra une dilatation moyenne de la selle turcique.

La radiographie actuelle (juillet 1912) montre que la dilatation de la selle turcique est bien plus considérable qu'antérieurement et l'on constate également une exagération très marquée des troubles fonctionnels, à tel point que le malade, souffrant continuellement de céphalée intolérable, est tout prêt à accepter une intervention chirurgicale. Signalons en passant l'intérêt que présentera, au point de vue chirurgical, la radiographie qui pourra donner au chirurgien des renseignements très utiles sur la profondeur du champ opératoire.

Observation II. — Garçon de 8 ans, présentant certaines acromégaliques du visage, typiques. Cependant, la déformation des phalanges en baguette de tambour peut faire penser à une ostéo-arthopathie hypertrophiante pneumique. La radiographie du crâne montre une dilatation de la selle turcique, ce qui est un argument en faveur du diagnostic acromégalie.

Observation III. — Garçon, 21 ans, réformé pour la déformation de ses doigts (baguette de tambour), alors que son facies en fait un acromégale. La radiographie du crâne montre une dilatation de la selle turcique.

Observation IV. — Femme, 23 ans, facies d'acromégale; quelques troubles fonctionnels peu marqués. Radiographie du crâne : pas de dilatation de la selle turcique. Nous nous proposons de prendre des radiographies successives des malades II, III, IV; ces radiographies nous permettront fort probablement d'affirmer ou d'infirmer un diagnostic.

Nous pourrions multiplier les observations, car nous commençons à posséder un nombre assez considérable de documents; mais, afin d'éviter la fantastique énumération de cas à peu près analogues, qu'il nous soit permis d'exposer brièvement les conclusions actuelles auxquelles notre étude nous conduit. A côté des cas typiques d'acromégalie, il est probable qu'il faut faire rentrer dans ce syndrome certains cas complexes que nous rangeons actuellement sous trois groupes :

1° *Acromégalies frustes*. — Malades ayant tous les signes physiques de l'acromégalie, mais sans signes fonctionnels (ou tout au moins très atténués) et inversement, la radiographie montre chez ces malades un développement anormal de la selle turcique;

2° *Acromégalo-gigantisme*. — Géants moyens ou excessifs possédant quelques signes physiques et quelques signes fonctionnels de l'acromégalie chez qui la radiographie a montré une dilatation anormale de la selle turcique;

3° *Acromégalisme*. — Nous désignons ainsi l'ensemble de signes trouvés chez des descendants ou des collatéraux d'acromégales et qui présentent des signes physiques et fonctionnels très atténués. Nous étudions à ce point de vue plusieurs familles dans lesquelles nous avons trouvé des ascendants paternel ou maternel nettement acromégales, et dont les enfants présentent des déformations caractéristiques. Nous allons systématiquement effectuer des radiographies successives des crânes des divers membres de ces familles.

M. LE Dr H. MARQUÈS.

RÉACTION PRÉCOCE PROFONDE APRÈS IRRADIATION RÖNTGEN

615.849

5 *Août.*

Bergonié et Speder nous ont montré récemment qu'en dehors de l'érythème précoce consécutif à une irradiation même faible, il peut exister d'autres manifestations précoces de l'action des rayons X; manifestations que ces auteurs ont classées sous trois groupes :

1° Réactions précoces, superficielles (rougeur, chaleur, tuméfaction des téguments irradiés); 2° réactions précoces générales (frissons, fatigue générale, fièvre, etc.).

« Ces réactions peuvent être observées indifféremment après des applications avec des tubes très durs et très mous, avec des rayons filtrés ou non, avec des doses faibles ou fortes sans qu'on puisse fixer de règle précise; certains malades en ont présenté une, deux ou trois fois qui n'éprouvèrent rien après d'autres séances; certains en ont accusé après toutes les séances; d'autres n'en ont jamais eu. »

Un travail récent de Cérésole nous apprend que la réaction précoce la plus fréquemment observée chez ses malades est due aux glandes salivaires. D'après la statistique de cet auteur, 25 % des malades ayant reçu des irradiations dans la région des glandes salivaires ou dans leur voisinage immédiat donnent là réaction.

« Celle-ci est caractérisée par une tuméfaction bien évidente et bien localisée des glandes salivaires qui se manifeste quelques heures après une séance de rayons X qui peut passer par tous les degrés, du plus faible à un maximum tel que les patients semblent affectés de parotidite épidémique, accompagnée de sécheresse de la bouche et du larynx avec gêne dans la mastication et déglutition qui peuvent devenir difficiles et pénibles. »

Cette réaction précoce des glandes salivaires, ignorée, dès le début de la radiothérapie, a parfois amené les chirurgiens à accuser les rayons X de certains méfaits qui ne leur étaient guère imputables, et à leur attribuer une influence nocive qu'ils sont loin de mériter. Je n'en veux pour preuve que l'observation suivante relatée dans le *Compte rendu de la Société des Sciences médicales de Montpellier* (séance du 26 mai 1905) :

« Il s'agit d'un malade porteur d'un cancroïde ulcéré de la lèvre inférieure et qui, soumis à douze séances de radiothérapie, du 22 octobre au 14 décembre 1904, fut présenté comme guéri à la Société médicale des hôpitaux (séance du 16 décembre 1904).

» L'ulcération épithéliomateuse avait, à ce moment, à peu près complètement disparu, mais il persistait, dans la lèvre, un noyau dur. De plus, dans la région sous-maxillaire gauche, existait un ganglion du volume d'un haricot, dur, très mobile, roulant facilement sous le doigt. Quoi qu'il en soit, les séances de radiothérapie sont reprises le 22 décembre et portent alors, *non plus sur la lèvre*, mais sur *le ganglion sous-maxillaire.*|

» Le lendemain *se produit une tuméfaction énorme de la région sous-maxillaire gauche, soumise à la radiothérapie.* La peau est rouge, tendue et chaude; la gêne de déglutition est telle que le régime liquide est seul possible pendant plusieurs jours. On suspend naturellement les séances de radiothérapie, mais cet état pseudo-inflammatoire n'en persiste pas moins jusqu'à donner le change au médecin traitant, qui, le 2 janvier 1905, pratique une incision au bistouri dans la tumeur, sans qu'il en sorte autre chose qu'un peu de sang.

» Les séances de radiothérapie sont continuées les 25, 28, 31 janvier; à ce moment, la tuméfaction sous-maxillaire a un peu diminué de volume, mais un bourgeon est apparu sur l'incision. Ce bourgeon augmente de volume et c'est en avril 1905 que l'auteur de la Communication voit le malade qui est d'ailleurs renvoyé chez lui avec un traitement palliatif.

» Il nous a paru intéressant, dit l'auteur, de rechercher s'il n'y avait aucun rapport entre l'évolution du mal et le traitement radiothérapique appliqué. »

Et voici ses conclusions :

« Mais il y a dans cette observation quelque chose de plus grave, c'est que le traitement radiothérapique, dès qu'il a été appliqué sur les ganglions envahis, paraît avoir singulièrement activé la marche du néoplasme : c'est, en effet, immédiatement après la reprise des séances sur la région sous-maxillaire que se produit cette énorme tuméfaction latéro-cervicale d'allure presque inflammatoire, puisqu'elle a pu en imposer au médecin traitant qui y a porté le bistouri et qui n'était autre chose qu'une extraordinaire manifestation ganglionnaire de l'infection cancéreuse ayant subi un incroyable coup de fouet. Il nous paraîtrait, certes, bien difficile de ne pas être amené à établir un rapport de cause à effet entre le traitement radiothérapique ganglionnaire et cette véritable adénite cancéreuse survenue immédiatement après sans l'intervention d'aucun autre moyen thérapeutique. »

On oublie l'incision au bistouri.

« Et si, à partir de ce moment, l'évolution du néoplasme a été si rapide, n'est-il pas logique de penser que c'est grâce à ce traitement énergique à coup sûr, puisqu'il est capable de déterminer si rapidement dans des tissus pathologiques de si importantes manifestations. »

Il est hors de doute que si l'observation qui précède eût été communiquée à l'époque actuelle, son auteur, ayant connaissance des travaux de Bergonié, Speder et Cérésole, n'aurait vu dans la tuméfaction énorme de la région sous-maxillaire apparue dès le lendemain de l'irradiation qu'une de ces réactions précoces profondes, dont le mécanisme nous est encore inconnu et aurait été plus réservé dans son jugement si sévère sur la radiothérapie. Aussi m'a-t-il paru intéressant de publier l'observation suivante qui, ajoutée aux travaux déjà parus, contribuera, pour une faible part, à la divulgation de faits encore peu connus.

Un de mes confrères, âgé de 43 ans, blond jouissant jusqu'alors d'une très bonne santé, vient me trouver, le 29 juin 1912, afin de suivre quelques séances de radiothérapie pour légère adénite bacillaire (?) de la région sous-maxillaire gauche : ganglion unique de la grosseur d'une noisette, dur, assez mobile, ayant débuté il y a deux ans, ne gênant en rien le malade, mais augmentant de volume peu à peu très lentement.

Le même jour, à 3 h après-midi, je fais une première séance très faible (localisateur Belot, rayons 6, 7, filtre de 0,5 mm, teinte 0).

Rien de particulier pendant la séance. Le soir, pendant le repas, le malade se plaint d'un peu de gêne à la déglutition et mastication qu'il attribue à la position du cou pendant la séance. Pendant la nuit, il ressent quelques petits frissons, la région irradiée lui paraît chaude, tendue; il peut cependant dormir assez bien; mais, le lendemain matin au réveil, il constate, à son grand étonnement, une tuméfaction énorme de toute la région sous-maxillaire gauche, s'étendant même jusqu'à la région parotidienne.

La peau est rouge, tendue, la déglutition est très pénible. Néanmoins, le malade ne s'effraye pas, et, en effet, peu à peu ces phénomènes disparaissent dans les 48 heures qui suivent, sans laisser le moindre reliquat.

Douze jours après, le 12 juillet 1912, je fais une deuxième séance dans les mêmes conditions, mais un peu moins fortes (pas même la teinte o). La réaction apparut de nouveau dès le lendemain avec la même intensité que lors de la première séance. Une troisième séance, le 25 juillet 1912, fut suivie, elle aussi d'une réaction analogue. Quant au ganglion, il est actuellement beaucoup plus mobile et a diminué de volume.

M. Th. NOGIER.

RADIOPHOTOSCOPE. APPAREIL PERMETTANT L'ESTIMATION EXACTE ET DANS DES CONDITIONS TOUJOURS COMPARABLES DES DOSES DE RAYONS X.

615.841

5 *Août.*

On s'étonnera dans quelques années que les radiothérapeutes aient pu appliquer avec autant de légèreté un agent aussi actif et, par conséquent, aussi délicat à manier à la fois, que les rayons X. Permettrait-on à un pharmacien de vendre les alcaloïdes, de la digitale, de l'aconit, de la belladone et d'autres substances moins toxiques encore sans qu'il eût une balance de précision et sans qu'on eût la certitude qu'il fût apte à s'en servir? Et cependant, aujourd'hui où les installations de rayons X vont se multipliant hors des grands centres, ne voit-on pas des radio-thérapeutes improvisés (ils ne sont pas ici, car ils se garderaient bien de participer aux travaux de notre Section où ils auraient pourtant fort à apprendre), ne voit-on pas des radiothérapeutes appliquer les rayons X sans milliampèremètre, sans spintermètre, à plus forte raison sans chromo-radiomètre quelconque et avec des ampoules sans localisateur. D'où des accidents, de la gravité desquels j'ai été témoin à plusieurs reprises, et qu'on était obligé d'excuser aux yeux du client mécontent pour éviter à des confrères des démêlés avec la justice.

Ceux à qui l'on reproche leur témérité en voulant appliquer sans dosage un agent physique des plus énergiques donnent souvent pour excuse qu'ils n'ont rien à faire d'un *chromoradiomètre*, car ces instruments sont inexacts, et que, fussent-ils exacts, il est très difficile avec eux de faire de bonnes estimations de doses. On pourrait leur répondre qu'ils raisonnent comme un pharmacien qui, manquant de balance de très haute précision, refuserait de faire quelque pesée que ce soit avec son petit trébuchet et délivrerait au petit bonheur les toxiques de son officine. On pourrait leur répondre aussi qu'on apprend en physique la méthode pour faire une pesée *exacte* avec une balance inexacte pourvu qu'elle soit sensible.

Je crois avoir trouvé un petit perfectionnement dans la posologie des rayons X en apportant à notre Section le moyen de faire une estimation exacte et dans des conditions *toujours comparables* des doses appliquées. Je ne fais, du reste, que répondre à la traite tirée sur moi par vous tous l'an dernier, au Congrès de Dijon. Malgré mes efforts, je n'ai pas encore trouvé le moyen pratique de remplacer les chromoradiomètres actuels; je vous apporte aujourd'hui le moyen de les lire. *Apprendre à lire*, c'est déjà quelque chose et quand on sait bien lire, on risque de bien comprendre ce qu'écrit le voisin. J'espère que, désormais, nous serons un peu plus d'accord quand nous parlerons de doses de rayons X puisqu'elles seront évaluées dans les mêmes conditions expérimentales. Mais avant de parler de l'appareil que j'ai imaginé, quelques mots sur les chromoradiomètres sont d'abord nécessaires. Les appareils les plus pratiques pour doser les rayons X sont basés sur le virage du platino-cyanure de Ba (effet Villard); ce sont le radiomètre de Sabouraud, le chromoradiomètre de Bordier et le chromoradiomètre de Holtzknecht. Les deux derniers sont particulièrement séduisants avec leurs teintes multiples permettant d'apprécier non pas une, mais plusieurs doses de rayons X. Mais la difficulté commence au moment de la *lecture* de ces appareils. Il s'agit de comparer la teinte de la pastille de platino-cyanure virée à celle d'une échelle colorée. Or, les rayons émis par la lumière du jour excitent vivement la fluorescence du platino-cyanure de Ba, et cette fluorescence gêne beaucoup l'opérateur pour l'appréciation de la teinte obtenue, car on a, d'une part, une pastille colorée en jaune et *plus ou moins fluorescente* à comparer à une plage colorée *non florescente*. L'an dernier, nous avons signalé avec mon collègue, M. le professeur agrégé Regaud, les erreurs notables que pouvaient commettre, pendant cette lecture, des opérateurs cependant exercés. La lumière du jour est, en effet, tout ce qu'il y a de plus variable. Tous les photographes savent qu'elle varie avec les *heures* de la journée, avec la *saison*, avec la *latitude*. Si le ciel est couvert légèrement, la lumière sera blanchâtre; s'il est découvert, elle sera bleue. Sur le bord de la mer, d'un fleuve, la lumière sera intense; dans une rue, elle sera faible et jaunâtre. Pense-t-on que la lumière distribuée sous le ciel de Londres, à midi, un jour brumeux de décembre, soit la même que celle du ciel de Naples ou du Cap, le même jour, à la même heure? Or, plus la lumière du jour sera pauvre en rayons bleus (jours de pluie, de brouillard, jours d'hiver, lumière des latitudes septentrionales),

plus la teinte de la pastille paraitra foncée. On croira donc avoir appliqué
une dose plus forte que celle que les tissus ont réellement reçus. Il y aura
erreur *en défaut*. Par contre, plus la lumière du jour sera riche en rayons
bleus (jours ensoleillés, jour d'été; lumière des pays de montagne et des
latitudes méridionales), plus la teinte de la pastille tendra à se rapprocher
de la teinte originelle du platino-cyanure. Elle paraîtra plus verte, moins
jaune. On croira donc avoir appliqué une dose plus *faible* que celle que les
tissus ont réellement reçue. Il y aura erreur *en excès* et risque de radiodermite alors qu'on croira de très bonne foi avoir appliqué une dose qui
ne pouvait la déterminer. Il y a plus. Pour les doses faibles (1 à 5 H), la
pastille a peu viré; elle *dévire* très vite à la lumière du jour, de sorte que,
même pendant l'estimation de la dose, la pastille tend à indiquer une dose
de rayons de moins en moins élevée; nouvelle cause d'erreur à ajouter
à la précédente et agissant dans le *même sens*.

Enfin, la comparaison des doses faibles (teintes 0,1, 1,5 du chromoradiomètre de Bordier) avec les teintes étalons est *très délicate* et n'est pas toujours facile à apprécier, surtout à la lumière du jour.

Pour remédier à ces multiples inconvénients nous avions proposé, le
Dr Regaud et moi, de faire les comparaisons à la lumière artificielle. Nous
n'avions pas plus tôt publié nos conclusions que le Dr Ceresole [1], de
Venise, les approuvait pleinement et faisait connaître son procédé de
lecture du chromoradiomètre de Bordier à la lumière artificielle (petite
lampe à la benzine). Le Dr Bordier [2] à son tour reconnaissait le bien-
fondé de nos observations en imaginant un petit appareil permettant
la lecture de son appareil à la lumière du jour, mais à une lumière
atténuée, diffusée et, par conséquent, dans des conditions plus comparables.

Mais, même avec l'appareil préconisé par M. Bordier, nous estimons
que la lecture des chromoradiomètres à la lumière du jour est *défectueuse*:

1° Parce qu'on n'est jamais sûr que cette lumière, soit la même qualitativement en des jours différents;

2° Parce que toute radiothérapie devient impossible avec la fin du jour;

3° Parce qu'il n'est pas logique de faire des mesures précises à un
éclairage *variable* comme qualité (teinte) et comme intensité. Certains
soirs sont très riches en rayons jaunes et rouges, très pauvres en rayons
bleus et violets. A cet éclairage, la teinte de la pastille est complètement
faussée.

Restait donc à renoncer complètement à la lumière du jour pour les
comparaisons des teintes des pastilles de platino-cyanure de baryum
avec l'échelle des chromoradiomètres. C'est ce que nous avons fait et

---

(1) CERESOLE, *Estimation de l'effet Villard à la lumière artificielle* (*Arch.
d'El. méd.*, 10 janvier 1912).

(2) BORDIER, *Facilité d'évaluation des doses faibles soit en lumière artificielle, soit en lumière naturelle par le chromoradiomètre.*

nous avons réalisé un petit appareil que nous avons appelé radiophotoscope, qui permet d'apprécier à la lumière artificielle l'effet Villard
produit par les rayons X.

Voyons d'abord l'appareil et les principes de sa construction; nous envi-
sagerons ensuite le moyen de s'en servir, puis ses avantages. Le radiophotoscope est constitué par une boîte en noyer à peu près cubique qui porte
sur la gauche de la paroi verticale postérieure une fenêtre dans laquelle
vient prendre place l'échelle du chromoradiomètre de Bordier. En avant
de cette échelle, et un peu sur la droite, à une distance *fixe* dans tous les
appareils, se trouve une lampe à filament de charbon de 16 bougies,
110 volts. Cette lampe a la forme *cylindrique* de façon à éclairer bien
également dans toute sa hauteur le chromoradiomètre, elle est *dépolie*,
de façon que l'éclairement soit *très uniforme*. L'œil de l'observateur ne
peut voir cette lampe que lui cache une petite cloison en bois, de façon
à n'être pas gêné dans l'examen du chromoradiomètre. Entre la cloison
qui cache la lampe et le chromoradiomètre peut se déplacer d'avant en
arrière, et inversement, un petit volet portant un verre coloré. Nous
verrons dans un instant son emploi. Sur le socle de l'instrument se
trouve un interrupteur avec 2 m. de fil souple et une prise de courant permettant de brancher l'appareil sur un circuit de lumière à la place de
n'importe quelle lampe à incandescence.

Les *principes* qui nous ont guidés dans la construction du radiophotoscope sont les suivants : 1° éclairer d'abord l'échelle et la pastille avec
une lumière incapable d'exciter la fluorescence du platino-cyanure de
baryum. On fait donc la lecture comme s'il s'agissait du virage d'un sel
non fluorescent ou mieux comme si l'on retirait un instant de la pastille
tout le platino-cyanure non viré.

2° Examiner ensuite cette échelle et la pastille à travers un verre
bleu spécial (bleu-verdâtre) qui redonne à l'échelle, et à la pastille, sensiblement les teintes qu'elles auraient à la lumière du jour, en supprimant
presque totalement la teinte parasite due à la fluorescence.

Nous avons réalisé l'eclairage de l'échelle et de la pastille non pas avec
une lampe à incandescence à filament métallique, la lumière est alors
trop blanche, trop riche en rayons violets et ultraviolets ordinaires, mais
à l'aide d'une *lampe à incandescence* à filament de charbon. On a ainsi
une teinte blanc jaunâtre excellente pour une première lecture et beaucoup plus facile à reproduire exactement que celle d'une bougie ou d'une
lampe à la benzine. Quant au *verre bleu* qui sert à la deuxième lecture
de l'instrument, c'est un verre bleu particulier laissant passer jusqu'à
3341 unités Angström sous une épaisseur de 2 mm les radiations d'une
lampe en quartz à vapeur de mercure, mais pas au delà. Une série de
déterminations spectrographiques nous a montré que, tous les verres
bleus sont loin d'être propres à l'usage auquel nous les employons.
La plupart sont radicalement mauvais. Ceux qui sont transparents
jusqu'à la longueur d'onde 3660 sous une épaisseur de 2,5 mm donnent

une coloration rougeâtre à la pastille et aux teintes du chromoradiomètre qui fausse absolument toute lecture.

Emploi de l'appareil. — L'appareil étant relié à une source de courant continu ou alternatif à 110-115 volts (il peut être étalonné pour des voltages inférieurs), on allume la lampe qu'il renferme.

On tire à fond sur le verre bleu porté par le volet coulissant et l'on aperçoit l'échelle du chromoradiomètre fortement éclairée en lumière jaunâtre. On approche alors la pastille de platino-cyanure de l'échelle de Bordier et l'on fait une *première lecture*.

Comme nous l'avions signalé au Congrès de Dijon, le Dr Regaud et moi, la teinte du platino-cyanure de baryum paraît *beaucoup plus foncée* quand on l'examine à la lumière artificielle. Tout se passe donc comme si l'on avait augmenté la sensibilité de la pastille. A notre radio-photoscope une pastille ayant viré à la lumière du jour jusqu'à la teinte I (5 unités H ou 3,6 unités I) présente exactement la teinte III (14 H ou 10 I). La sensibilité du chromoradiomètre se trouve donc *triplée* pour l'estimation des doses faibles et cette estimation très difficile à la lumière du jour se trouve dès lors grandement facilitée.

Du reste, pour *éviter toute erreur* une *deuxième lecture*, mais en lumière bleue transmise cette fois, va servir de contrôle ou de contre-épreuve. On fait glisser jusqu'au fond de sa coulisse le volet qui porte le verre bleu spécial, et l'échelle du chromoradiomètre semble replacée à la lumière du jour, mais à une lumière qui n'exciterait plus la fluorescence. Cette mise en place du verre bleu étant instantanée, l'opérateur, surpris par ce changement de lumière, éprouve d'abord comme une appréhension de ne pouvoir faire une comparaison de teintes. En réalité, cette appréhension dure à peine quelques secondes et l'on voit que la pastille semble décolorée par rapport à l'échelle. Il faut, dans l'exemple choisi plus haut, la remonter jusqu'en face de la teinte I pour qu'on trouve similitude de coloration.

Pour toutes les doses inférieures à 8 unités H (5,8 unités I), donc pour toutes les *doses faibles*, deux lectures sont *possibles* et ces deux lectures se contrôlent mutuellement. Si dans une lecture en lumière jaune on a trouvé une teinte *plus foncée* que la teinte IV du chromoradiomètre, on passe directement à la lecture *avec verre bleu* qui donnera la teinte vraie obtenue (8 unités H et plus) : *doses fortes*. Un tableau sur papiers de couleur jaune et bleu collé sur la paroi intérieure de la porte de l'instrument permet d'avoir à chaque instant sous les yeux la correspondance des doses pour chaque éclairage.

Avantages de l'instrument. — Malgré sa simplicité, cet appareil a des avantages qu'il est quasi superflu d'énumérer :

1° Éclairage toujours comparable de l'échelle et de la pastille pour toutes les saisons, toutes les expositions, toutes les heures du jour, toutes les latitudes;

2° Possibilité de faire de la radiothérapie précise, même la nuit;

3° Possibilité d'évaluer très exactement les doses de rayons X inférieures à 8 unités H, grâce à la sensibilité triple que prend l'effet Villard quand on l'apprécie en lumière jaune;

4° Possibilité de faire justement pour les doses faibles (les plus délicates à évaluer jusqu'ici), *deux lectures* se contrôlant mutuellement;

5° Possibilité enfin de prolonger, si l'on veut, la comparaison de la pastille et de l'échelle sans crainte de voir la pastille dévirer, la lumière de la lampe à incandescence utilisée pour l'examen étant sans action sur elle, parce qu'elle ne contient pas de rayons ultraviolets.

Garanties. — Les balances, les chronomètres portent un cachet de garantie ou sont acompagnés d'un bulletin de contrôle. Les chromoradiomètre, le seul instrument pratique dont nous disposions pour mesurer l'énergie Röntgen, ne porte avec lui aucune garantie d'exactitude. Celui qui ne possède qu'un seul de ses instruments est exposé à des erreurs très graves (chromoradiomètre par exemple, portant la teinte III sur la fiche IV et la teinte IV sur la fiche III).

Aussi pour éviter de pareilles inexactitudes, de pareilles erreurs, dont les physiciens peuvent s'étonner à bon droit, chaque radiophotoscope doit être muni d'un bulletin de vérification signé, constatant :

1° Que la lampe à incandescence et que le verre bleu employés possèdent bien la coloration voulue (vérifiée au spectrographe à prisme et à lentilles de quartz);

2° Que la correspondance des teintes en lumière jaune et en lumière bleue correspond bien au tableau livré avc l'instrument.

Les radiothérapeutes auront ainsi le maximum de garanties en attendant des procédés de dosage plus parfaits.

Nota. — Un dispositif très simple permet, avec le même instrument, de faire également la lecture du chromoradiomètre d'Holtzknecht si l'on possède cet instrument.

MM. NOGIER et REGAUD.

INFLUENCE DES VARIATIONS DU NOMBRE D'INTERRUPTIONS DU COURANT PRIMAIRE SUR LE RENDEMENT DES BOBINES RUHMKORFF.

615.841

3 Août.

De très grands progrès ont été réalisés depuis quelques années dans l'appareillage radiologique, notamment dans la construction des bobines d'induction. Au lieu des petites bobines d'autrefois qui donnaient avec quelques éléments de pile ou d'accumulateurs une étincelle longue et grêle, nous possédons aujourd'hui des bobines qui fonctionnent sur le courant à 110, 220 volts, fourni par les secteurs industriels et qui donnent des étincelles nourries, chaudes et longues.

Les bobines modernes dites *intensives* se distinguent des bobines anciennes en ce que leur noyau de fer est plus gros et plus long, le fil employé au primaire est de section plus forte ([1]), le fil du secondaire est moins fin. Or, l'énergie électrique disponible dans la décharge secondaire est en rapport avec l'énergie électromagnétique emmagasinée dans le noyau. Pour une aimantation déterminée, elle est donc proportionnelle au volume du noyau. L'hystérésis de ce dernier doit être aussi faible que possible, il faut employer du fer très doux et le faire travailler en deçà du coude de la courbe du magnétisme. Les bobines intensives sont donc capables de donner au secondaire une énergie beaucoup plus grande que les anciennes bobines :

1° Parce que leur enroulement primaire contient plus de cuivre;

2° Parce que le volume de leur noyau est plus considérable.

Le noyau apparaît surtout comme important, car c'est un véritable *magasin d'énergie*. Mais la présence de ce gros noyau dans un circuit de gros fil de cuivre apporte une perturbation considérable dans la durée de l'établissement du courant dans l'enroulement primaire. Les effets de *self-induction* sont très intenses et l'*impédance* ([2]) s'en trouve augmentée. De sorte que le temps nécessaire, dans une bobine *intensive* pour que l'intensité au primaire et la saturation du noyau arrivent à leur maximum est notablement plus long que dans les anciennes. On peut, du reste, comprendre mieux encore ce qui se passe en faisant appel à la notion de *constante de temps de la bobine*. Cette constante répond au quotient du coefficient de self du primaire par sa résistance $\dfrac{L_s}{R}$. On sait, en effet, qu'au moment de la fermeture du courant primaire la self du circuit *primaire* et le courant d'induction du *secondaire* tendent à s'opposer à l'augmentation du flux magnétique et à retarder l'établissement du primaire. En ne tenant compte que du retard apporté par la self-induction du primaire, la formule d'Helmholtz permet de déterminer approximativement la

---

([1]) Plus il y a de cuivre sur le primaire et plus est grande la puissance débitée et aussi la différence de potentiel.

([2]) Rappelons qu'on donne le nom d'*impédance* à la résistance de la bobine modifiée par l'effet de la self-induction. L'impédance, ou *résistance apparente*, est le radical

$$\sqrt{R^2 + \frac{4\,\pi^2\,L_s^2}{T^2}}$$

par lequel il faut diviser la force électromotrice due au champ pour obtenir l'intensité du courant. On remarquera que ce radical est homogène à une résistance et peut s'exprimer en ohms.

durée de variation du *flux de fermeture*. Cette formule donne l'intensité I_t du courant primaire au bout d'un temps t compté à partir du moment de la fermeture du circuit

$$I_t = \frac{E}{R} \left(1 - e^{-\frac{Rt}{L_s}} \right)$$

Dans cette équation, e représente la base des logarithmes népériens ($e = 2,7183$); $\frac{E}{R}$ est l'intensité maxima du courant primaire arrivé à son régime permanent; L_s est le coefficient de self du primaire exprimé en henrys [1]; t est le temps, en *secondes*, séparant le moment considéré du moment de la fermeture du circuit. Théoriquement, le courant n'atteint son intensité normale $\frac{E}{R}$ qu'après un temps infini, mais, comme la valeur de $e^{-\frac{Rt}{L_s}}$ décroît rapidement, ce terme est négligeable devant l'unité après un temps assez court. Cette formule montre que le terme $1 - e^{-\frac{R}{L_s}}$ diminue à mesure que le coefficient de self augmente, de sorte que plus L_s est grand, plus il faut de temps au courant primaire pour prendre son intensité maxima $\frac{E}{R}$. Par contre, à coefficient de self égal, plus la résistance R est grande, plus la durée d'établissement du courant maximum est courte. Chaque circuit de bobine est caractérisé par ce fait qu'il faut toujours le *même temps* au courant primaire pour passer de la valeur zéro à une valeur qui soit une fraction déterminée $\frac{1}{x}$ de la valeur maxima. Chaque bobine peut donc être caractérisée par le temps nécessaire pour faire passer le courant *primaire* de la valeur zéro à la valeur $\frac{1}{x}$ de l'intensité maxima. Or, comme on peut choisir $\frac{1}{x}$ arbitrairement, on adopte toujours la valeur $0,6343$. C'est, en effet, celle pour laquelle l'exposant

$$\frac{Rt}{L_s} = 1.$$

Dans ces conditions

$$(1 - e^{-1}) = 0,6343$$

Le problème se simplifie donc et devient le suivant :

Quel temps faut-il dans une bobine donnée pour que le courant primaire passe de la valeur zéro à la valeur

$$\frac{E}{R} \left(1 - e^{-\frac{Rt}{L_s}} \right) = \frac{E}{R} \times 0,6343$$

---

[1] L'*henry* est l'unité de self qui vaut 10^9 centimètres dans le système C. G. S.

Ce temps est égal à

$$\frac{L_s}{R}\left(\text{puisque } \frac{Rt}{L_s} = 1\right)$$

il est *constant* pour chaque bobine, d'où le nom de *constante de temps* donné à l'expression $\frac{L_s}{R}$.

Dans les bobines nouvelles *intensives*, la constante de temps est plus grande que les anciennes. Les bobines employées dans le Blitzapparat et dans l'Unipuls demandent environ une *seconde* avant que l'intensité maxima du courant primaire soit atteinte.

Il y a plus : la formule de Helmholtz ne tient pas compte du courant d'induction développé au secondaire et qui retarde lui aussi l'établissement du courant primaire. De sorte que les valeurs de la constante de temps ne seront rigoureusement exactes que dans les mêmes conditions expérimentales, secondaire en court circuit par exemple. Si le secondaire n'est pas en court-circuit, la constante de temps prendra une autre valeur plus grande que la première. Or, lorsque nous faisons fonctionner une bobine avec une ampoule *molle*, nous nous rapprochons du cas du secondaire en court circuit. Lorsque nous faisons fonctionner une bobine avec une ampoule *dure*, nous nous rapprochons du cas du secondaire travaillant à circuit ouvert. On peut donc penser théoriquement que le nombre d'impulsions du courant primaire dans l'unité de temps et la vitesse de l'interrupteur qui les détermine doivent avoir une très grande influence sur le fonctionnement du transformateur et des ampoules.

Déjà, Turchini avait attiré l'attention sur ce fait qu'il ne faut pas que les interrupteurs tournent trop vite si l'on veut obtenir un bon rendement en rayons X. Combien le fait est-il plus exact aujourd'hui avec les nouvelles bobines. Nous avons constaté, nous aussi, dans nos recherches, l'influence de la vitesse de l'interrupteur et nous n'avons pas tardé à nous apercevoir que les constructeurs faisaient fausse route en cherchant des interrupteurs à vitesse de plus en plus grande. C'est le contraire qu'il faudrait quasi chercher à obtenir aujourd'hui.

Voici d'abord l'exposé des faits qui nous ont frappé, nous donnerons plus loin le résultat de nos expériences. Avec une ampoule *molle*, nous pouvions augmenter l'intensité en milliampères du courant qui la traversait en augmentant la vitesse de l'interrupteur; avec une ampoule *dure*, au contraire, plus nous augmentions la vitesse de l'interrupteur, plus diminuait le nombre de milliampères au secondaire, la longueur de l'étincelle équivalente et l'intensité au primaire. La constance de ce phénomène nous engagea à faire à la fois sur la question des recherches théoriques et expérimentales. Nous avons dit plus haut ce que la théorie permettait de prévoir; disons tout de suite que les expériences l'ont pleinement justifié. L'appareillage utilisé était ainsi constitué: un transformateur intensif à circulation d'air de Ropiquet, de 40 cm d'étincelle;

un condensateur à capacités variables, un interrupteur intensif de Drault
entraîné par un moteur de Maury et muni d'un compteur de tours à 7 ca-
drans avec remise au zéro facultative pouvant enregistrer 1 million de
tours. Comme diélectrique, de l'hydrogène pur électrolytique; comme
ampoules, des ampoules Müller *Rapid* à osmo-régulateur. L'installation
était complétée par un ampèremètre et un voltmètre apériodiques sur le
circuit primaire, un milliampèremètre de Gaiffe, grand modèle, sur le
circuit secondaire, un spintermètre pointe-plateau (pointe mousse positive et plateau négatif).

I. — *Expériences avec une ampoule molle*
(en faisant varier seulement la vitesse de l'interrupteur).

Milliampères au secondaire.	Étincelle équivalente.	Ampères au primaire.	Tours de l'interrupteur en 100 secondes.
	cm		
2	6	4,25	600
2,5	5,5	3,75	800
3,0	5	3,50	910
3,6	3,5	2,60	1620

On voit l'augmentation de la vitesse de l'interrupteur donner une
augmentation du nombre de milliampères, une diminution du nombre
d'ampères au primaire et une diminution de l'étincelle équivalente au
spintermètre.

II. — *Expériences avec une ampoule dure*
(en faisant varier seulement la vitesse de l'interrupteur).

Milliampères au secondaires.	Étincelle équivalente.	Ampères au primaire.	Tours de l'interrupteur en 100 secondes.
	cm		
1,9	13	3,1	2280
2,5	17	4,25	1334
3,0	18	4,75	1300
4,00	19	6,75	714
0,5	14,5	2,75	2170
1,0	23	4,25	1250

On voit l'intensité en milliampères augmenter au secondaire en même
temps que croît l'étincelle équivalente et le nombre d'ampères au primaire. Le faisceau de rayons X s'enrichit en rayons durs. Le fonctionnement de l'appareillage est optimum pour la production de rayons X
très pénétrants. Les expériences répétées de nombreuses fois nous ont
toujours conduit au même résultat. Ces faits concordent parfaitement
avec la théorie exposée en commençant.

Conclusions. — Toutes les fois qu'on voudra obtenir un rendement aussi élevé que possible d'un appareillage radiologique avec turbine à mercure, il faudra disposer sur le moteur de l'interrupteur d'un rhéostat permettant de faire varier sa vitesse dans de larges limites et de la ramener surtout à un minimum. La vitesse la plus réduite sera particulièrement avantageuse s'il s'agit d'obtenir des rayons pénétrants propres à la filtration avec les bobines nouvelles dites « intensives ».

M. FOVEAU DE COURMELLES,

Directeur de l'*Année électrique* (Paris).

LES NŒVI ET LEUR TRAITEMENT.

6t6.55

3 *Août.*

Le nœvus, tache de vin, n'est pas simplement une pigmentation cutanée et superficielle; c'est souvent tout un rosissement de la peau, de ses couches sous-jacentes, et s'il s'agit du visage, de la joue, des gencives, et même du voile du palais. On comprend donc, en ces conditions, que les autoplasies aient échoué. En effet, on a souvent tenté d'enlever la peau du nœvus plan et de la remplacer par de la peau du sujet empruntée à d'autres régions que le visage. On a pu noter ainsi évidemment des succès, mais assez souvent des échecs.

Dans les nœvi, plans ou angiomateux, nous n'avions jadis que l'électro-lyse mono ou bipolaire. Aujóurd'hui, nous avons le radium introduit dans la thérapeutique médicale, pour la tuberculose cutanée par Danlos, pour la cancérose cutanée ou profonde par nous-même, et pour les nœvi par maints observateurs qui ont suivi, Dominici, Barcat; en outre, Albert Weill, puis Franz Schulz de Berlin, ont montré que les rayons X donnaient à de moindres frais, avec des séances plus courtes, 15 minutes, d'excellents résultats. La difficulté de graduer, de comparer même parfois, les quantités employées, les dangers des brûlures — qui existent aussi avec les sels de radium — ont très restreint les observations radiothéra-piques. Les cures radium-thérapiques au contraire, sont très nombreuses à l'heure présente, et nous-même en pouvons publier un assez grand nombre.

Citons encore l'air chaud, et l'inverse, la neige d'acide carbonique, les lampes photothérapiques et à vapeur de mercure, qui ont donné également de bons résultats.

En 1902, au Congrès d'Électrologie et de Radiologie médicales, de Berne, le professeur Bergonié et moi, vantions les bons effets des petites étincelles

de haute fréquence. J'insistai alors, même sur ce point particulier, qu'il
était bon de faire de l'électrolyse positive, voire bipolaire, pour les nœvi
plans, jusqu'à extinction de son effet, puis alors de finir avec les petites
étincelles de haute fréquence. Mais certains enfants nerveux, timorés se
prêtent peu à ce dernier mode thérapeutique; beaucoup aussi se refusent
à l'électrolyse; d'autres enfin, à cause des appareils qui les effrayent,
se dérobent à l'indolore radiothérapie. Il est évident, comme je l'écris
depuis 1901, que tous ces agents agissent d'autant mieux que la peau est
ouverte : l'ultraviolet a donné des cures rapides après scarification,
qu'il s'agisse de lupus ou de nœvus; les rayons X ou le radium, m'ont
donné après des électrolyses, même insignifiantes, des résultats très
rapides; et dans les nœvi en particulier, le professeur d'Arsonval a présenté
de moi une Communication à l'Institut (Académie des Sciences, juin 1907)

Le radium agit d'ailleurs différemment selon qu'il s'agit de nœvi vasculaires ou pigmentaires. Sans vouloir généraliser, j'ai remarqué que ces
derniers résistaient au radium et cédaient à la petite étincelle de haute
fréquence (*Institut*, novembre 1907). Les angiomes se trouvent très
bien de bonnes électrolyses bipolaires, puis de l'application de sels radifères. On peut d'ailleurs ériger en principe absolu que la peau offre
obstacle au passage des radiations du radium, et que l'ouvrir est toujours
un excellent procédé diminuant de beaucoup la durée et la quantité
nécessaires de sels de radium.

L'électrolyse même insignifiante est souvent refusée par des petites
filles nerveuses, et qui, bien que raisonnables, d'âge au moins, ne se
prêtent pas au raisonnement. On se borne alors à appliquer les sels
radifères, sans filtration, et à attendre le résultat. Il ne faut pas trop
précipiter les séances, sous peine d'avoir des cicatrices, parfois pires que
le mal.

Le radium, aux rayons A, B et C, synthétise en quelque sorte les
rayons cathodiques, les rayons X et ultraviolets aux perméabilités différentes. Les rayons A sont les plus faciles à absorber, de là l'idée du D^r G.
Le Bon, en 1903, de mélanger les sels à un vernis, de faire des *sels collés*,
comme on les a appelés depuis. On met au fond d'une coupelle ce vernis
radifère et on peut l'appliquer à 1 ou 2 mm de la peau. On en colle encore
sur de petits carrés métalliques eux aussi placés au contact de la surface
cutanée. Ces sels sont assez hygrométriques et se décollent facilement de
leur appareil, par les temps de chaleur, et c'est là une perte de radium,
donc d'argent, très appréciable et devenant possible. La coupelle exhaus-
sée de la peau est préférable.

Mais les sels, dans les tubes de verre à leur tour contenus dans des tubes
de métal, cuivre, aluminium, argent, agissent aussi, et très bien. C'est
une question de quantité et de durée. Vu le prix du radium, on ne peut
évidemment multiplier le nombre et la forme de ses tubes, aussi peut-on
utiliser pour les nœvi, même ceux qui servent à d'autres usages, à la
radiumthérapie des fibromes, de cancers profonds. J'emploie ainsi mes

tubes en plaçant au-dessus d'eux une lame de plomb, qui me paraît réfléchir les radiations vers le nœvus sous-jacent.

En France, nous sommes en ce moment quelque peu privilégiés. Jugeons-en par cet extrait sur : *Les eaux minérales de Bath*, par sir William Ramsay, traduction de A. Lepape, in *Gazette des Eaux*, du 13 juillet 1912 :

« On extrait aujourd'hui le radium de la pechblende de Cornouailles dans les usines de la *Radium Corporation*, à Limehouse, Londres E; et sous forme de bromure, on le vend au prix énorme de 504 fr le milligramme. Dans le traitement du cancer et de certaines maladies de la peau, il produit des effets certains et l'on en achète des quantités de 10 à 100 mg, pour l'usage des hôpitaux ou de la médecine privée.

Nous ajouterons que la Société centrale de Produits chimiques qui aida Curie à ses dégrossissements de minerais de pechblende en 1898, s'étant remis à refaire du radium, le vend à 4000 fr le centigramme, ainsi que j'ai pu le constater par mes achats de ces derniers temps, J'avais étudié, avec M. Besson, ingénieur de cette Société, la possibilité d'étaler le sel radifère sur des plans pouvant ensuite former un prisme par exemple, s'enroulant et se déroulant à volonté, s'enfermant ou se sortant de tubes métalliques; ainsi eût-on pu agir en surface ou en volume; mais nous n'avons pu jusqu'ici résoudre le problème. Pour les nœvi, c'eût été d'un grand avantage évidemment.

Ayant fait en médecine du radium, dès la première heure, en ayant signalé l'action analgésique, puis suivi l'évolution, j'ai un peu des sels de radium de toutes intensités, et selon l'étendue du nœvus, la rougeur visible, je gradue ainsi ces intensités. Les *gourmes* des manifestations scrofuleuses, ont souvent augmenté, en certains points, l'épaisseur du tissu vasculaire, aussi je mets, là, par exemple, mon tube le plus actif, à l'activité 1 800 000 (on sait que cette puissance considérée longtemps commé maximum a été dépassée, et même doublée, mais est instable encore et nullement utilisable).

Mes séances sont au minimum de deux heures de durée, mais je préfère, si le malade et l'entourage s'y prêtent, les faire plus longues, 6, 8 heures même, et les renouveler quotidiennement 6 ou 8 jours de suite. Ce sont évidemment des questions d'espèce et d'expérience de la maladie. Je n'ai jamais eu que des brûlures superficielles ou de simples desquamnations, laissant un tissu esthétique parfait. Chaque application est toujours, si possible, précédée d'électrolyse à 2 ou 3 milliampères.

On peut affirmer que le nœvus est aujourd'hui, quelles que soient ses formes, facilement curable par divers procédés, et notamment par le radium sous cette dernière modalité de nature électrique, d'indolore façon.

M. William BENHAM SNOW.

(New York).

LE TRAITEMENT DE L'INFLAMMATION PAR L'ÉLECTRICITÉ ET L'ÉNERGIE RADIANTE.

$617.14 + 615.84$

3 *Août*.

Une étude de la thérapeutique de l'inflammation doit reconnaître deux types distincts qui peuvent être encore subdivisés selon le caractère ou la cause. Les inflammations du type le plus simple, qu'on peut appeler l'inflammation simple, proviennent d'une blessure mécanique ou des dérangements du métabolisme, avec ou sans traumatisme, et ne comptent pas l'infection comme un facteur actif dans le processus. L'autre type, au contraire, est essentiellement dû à quelque infection locale qui partage la nature de l'infection spécifique ou ressemble à l'infection, comme dans les cas de malignité. On peut subdiviser ceux-ci en trois types : 1° des processus inflammatoires circonscrits entraînant une glande ou un processus infectieux à paroi rigide; 2° l'infection générale avec symptômes constitutionnels très marqués avec ou sans lésion localisée; 3° les types de tissus malins, au début localisés et plus tard suivi de métastases.

Telle semble avoir été l'idée de l'esprit médical que la disposition à guérir du processus d'inflammation lorsqu'abandonné à la nature, indique le procédé à suivre thérapeutiquement. En d'autres mots, si la nature demande le repos pour guérir une affection, comme celle d'une articulation foulée ou blessée, le repos est indiqué; ou si le gonflement avec une disposition à la stase était présent, c'était juste qu'il y fût; et, comme il n'y avait aucun moyen capable de le résoudre autrement, la partie était immobilisée, élevée et traitée par des appareils mouillés, ou de lotions ou d'applications de chaleur qui relâchaient les tissus en soulageant la douleur. Quand le pus se formait dans un processus infectieux, la partie devait être abandonnée jusqu'à ce que la fluctuation fût présente et ensuite évacuée. La résolution de la stase ou l'élimination du processus du pus avant la fluctuation n'était pas anticipée. Voilà, en général (au dire, du moins, des manuels médicaux modernes), l'état chirurgical actuel de la question. Des sangles et des bandages pour abréger l'étendue du gonflement ou de la stase, et des procédés opératoires locaux pour détruire l'infection comme dans les furoncles et les anthrax, ou l'énucléation des glandes tuberculeuses, paraissent être, d'après l'enseignement des Manuels modernes, toute l'efficacité du procédé professionnel pour le soulagement des deux sortes d'inflammation.

Pendant la décade passée (1901), l'auteur signala pour la première fois ([1]) le fait que la stase dans l'inflammation simple empêche absolument la restitution complète, favorisant le développement du tissu cicatriciel ou de l'hyperplasie. Il fut alors constaté que l'indication, dans les débuts d'un processus inflammatoire et dans toutes les phases subséquentes, est la résolution ou la dissipation de la condition locale d'infiltration avec stase circulatoire, parce que celle-ci constitue l'obstacle à la réparation du tissu et à la guérison. L'auteur signala alors le fait que la règle précédente qui avait limité l'utilisation de l'électricité au traitement de l'inflammation chronique ou d'une condition chronique de l'inflammation, était une erreur; et que, plus tôt on utilisait un courant électrique de caractère approprié, pour résoudre l'infiltration et ramener la circulation, en déplaçant la stase, plus tôt aurait lieu la restitution.

Ce rapport a été lu devant l'Association électro-thérapeutique à Buffalo, le 25 septembre 1901, et la discussion par les confrères conclut aux prémisses alors présentées et, dès lors, tous ceux qui reconnaissent ces prémisses ont été d'accord que le parti qu'on a pris alors est scientifique.

L'expérience subséquente a confirmé dans tous les cas la justesse de ce principe. Depuis cette présentation de faits, l'auteur et de nombreux autres médecins ont rappelé la même vérité, mais la profession en général s'abstient encore de reconnaître ou de saisir l'idée. Dans un Rapport présenté au onzième Congrès de Physiothérapie à Rome, en 1907 ([2]), l'auteur signala encore une fois ces vues en démontrant la grande étendue d'indication conservée par la même méthode qui avait réussi dans les mains de beaucoup d'observateurs. Encore répéter ces mêmes faits peut sembler superflu, mais le traitement de l'inflammation, comme il est considéré dans cette contribution, doit traiter le sujet au même point de vue.

Les modalités électrostatiques amènent des résultats sur le tissu humain qui sont impossibles à reproduire exactement par aucun appareil inventé à l'heure actuelle. La diffusion du courant dans tout le corps et sa disposition à amener une contraction profondément active des fibres et des tissus, particulière aux modalités statiques, le courant ondulé statique, l'étincelle statique, la décharge statique en brosse et le courant administré avec un tube à vide réuni de la même façon que le courant ondulé statique. Ces modalités ont chacune leur avantage particulier dans les différentes situations et pour les différents types d'infiltration. Elles agissent toutes sur les tissus lors que, proprement administrées pour amener contraction et relâchement successifs, exprimant l'une les fluides et l'autre les débris de la masse des tissus atteints, par les voies

---

([1]) Les effets des modalités électrostatiques sur l'hypérémie et la douleur, publié dans le *Journal de la Thérapeutique avancée* du mois de mars 1902.

([2]) *Le déplacement électromécanique et thermique de la même méthode locale* (*Medical Record*, 18 avril 1908).

de sortie veineuses et lymphatiques et, en même temps, par le même procédé, elles stimulent l'activité des tissus et le flux de sang frais dans les voies naturelles de circulation qui ont été ouvertes par le déplacement de la pression et la dispersion des matériaux infiltrants. En outre, l'activité communiquée aux tissus, au cours de la séance, augmente le métabolisme et accélère le processus de réparation. Que ces résultats soient produits sans irritation et d'une façon qui facilite une condition permanente de circulation avec infiltration et réparation, ceci est démontré dans le traitement de tous les types d'inflammation aiguë et subaiguë non associés à la présence de l'infection. Dans tous les cas où l'infection existe, il est évident qu'une méthode qui contrarie le durcissement est dangereuse. Le procédé est, par conséquent, limité au traitement de l'infiltration non infectée.

Les quatre modalités efficaces sont : 1º le courant ondulé statique; 2º l'étincelle statique; 3º la décharge statique en brosse, et 4º le courant direct de statique à tube à vide introduit par l'auteur. Le courant ondulé statique correspond aux indications les plus nombreuses. Appliqué à la surface au-dessus de la partie à traiter avec une électrode métallique, il produit une activité du tissu qui est distribuée à des profondeurs considérables dans toute une étendue de tissus. L'intensité de l'effet est toujours relative à la longueur de l'étincelle, au caractère de la communication avec le sol, à la grandeur de l'électrode et au caractère du tissu qui est dessous. Au-dessus des longs muscles, un spasme marqué est induit avec une étincelle relativement courte. Une décharge très rapide au spark-gap de 600 par minute produit un spasme musculaire. Au-dessus de l'os, il est contre-indiqué avec raisons évidentes. Appliqué aux tissus glandulaires ou musculaires striés ou non striés, une contraction diffuse est transmise dans toute la substance du tissu atteint. Si elle ne siège pas trop profondément et si un spark-gap relatif à la grandeur de l'électrode est utilisé, le courant suffira pour affecter la masse.

Dans la prostatite, la dysménorrhée et la subinvolution utérine, les effets de ce courant lorsque, appliqué dans le rectum avec une électrode cylindrique et une étincelle de décharge réglée, de 120 à 180 par minute avec un spark-gap voisin de 7 ou 8 cm, il est possible de résoudre l'infiltration et, au cours de quelques séances journalières, de déplacer tout à fait l'infiltration de la partie atteinte. Cette modalité, de même que les autres modalités statiques, relâche en même temps le spasme musculaire, soulageant par là un autre élément de difficulté du processus inflammatoire. Le même procédé et le même plan d'application, celui d'utiliser des électrodes métalliques d'une matière flexible l'emporte sur les autres méthodes dans le traitement de la synovite non infectée, de la névrite, des entorses et des contusions, des congestions non infectées des glandes abdominales, du foie, de la rate ou du pancréas ou de tout autre processus inflammatoire du type décrit.

L'étincelle indirecte de statique appliquée avec ou sans directeur est indiquée pour application aux régions profondes d'infiltration, comme celles des grandes articulations, ou aux tissus indurés au-dessous des muscles profonds comme dans le traitement de la synovite, de la névrite sciatique et dans le but de vaincre un spasme des longs muscles du squelette.

Lorsque, appliquée à la peau ou à la membrane muqueuse, la décharge statique en brosse produit la sensation d'un jet de sable chaud et tire ses caractéristiques particulières de ce que le courant traverse une substance résistante intermédiaire, de préférence un tube en verre d'environ 40 cm de longueur, rempli de glycérine ou une baguette humide (pas mouillée) d'environ 25 cm de longueur. Cette modalité est administrée, le patient assis sur la plate-forme isolée en communication au moyen d'une tige métallique avec le côté négatif de la machine, le positif communiquant avec le sol, les tiges de décharge grandement séparées, et l'électrode munie d'une seconde communication avec le sol. Cette modalité est employée avec grande efficacité pour traiter des entorses superficielles et des contusions, pour résoudre l'infiltration des ulcères variqueux environnnants, pour traiter la phlébite, et l'infiltration indurée, la stase, associée à une blessure traumatique de la peau, et à la suite des opérations lorsque la guérison s'est arrêtée par infiltration aux bords de la coupure. Cette modalité pourrait être de très grande utilité dans ces types de conditions, auxquelles nulle autre méthode n'est tellement efficace. L'effluve statique d'Oudin, administrée par une pointe métallique, ne possède pas ces qualités au même degré et n'en est en aucun sens un équivalent.

Le courant direct à tube à vide, relié de la même façon que le courant ondulé de statique avec substitution des électrodes à vide en verre au lieu des métalliques, possède certains avantages dans le traitement des infiltrations des membranes muqueuses et du tissu qui est dessous. Les électrodes en verre sont adaptées aux cavités spéciales, ce qui facilite le traitement des cavités muqueuses, l'uréthrale, la vaginale, la nasale et la rectale. Le courant administré de cette manière possède un avantage de plus, en ce que l'action des décharges entre la surface à traiter et le verre a des qualités antiseptiques distinctes provenant de l'action actinique des plus hautes fréquences de l'énergie radiante, de l'ozone et des oxydes nitreux produits par la décomposition de l'air au moyen des décharges électriques, dont le caractère stimulant amène l'hyperémie superficielle et détruit toutes les bactéries situées superficiellement. Le principe d'action, nous le répétons, de ces courants statiques, dépend de la compression du tissu induré amenée par la contraction diffuse intrinsèque des tissus atteints; laquelle action, dans les tissus durcis avec une force douce mais positive, exprime l'exsudat par les voies d'élimination, surtout par les lymphatiques. Par un tel procédé actif, les cellules sanguines accumulées et la matière dégénérée et usée sont exprimées des interstices lymphatiques et, en même temps, en abaissant la pression dans les veines et les capillaires, la circulation et le métabolisme se reprennent et la stase est déplacée.

La promptitude avec laquelle un processus inflammatoire est arrêté par ces moyens-là convainc le plus sceptique de leur grande valeur dans le traitement de la stase inflammatoire, et les principes signalés font appel, en général, au jugement et au bon sens de ceux qui veulent rechercher des méthodes nouvelles de traitement. Le traitement de l'inflammation infectieuse ou des processus inflammatoires localisés associés à la présence de germes ou de toxines dans les tissus, surtout de streptocoque, de staphylocoque, de bacilles tuberculeux et de gonocoque, demande une habitude de traitement très différente, excepté dans les phases primitives lorsque la dissipation de l'induration primitive livre les germes à l'action des phagocytes. Dans ce cas-là, il est indiqué une méthode tout à fait unique et différente en principe du traitement de l'inflammation où nulle infection n'est présente. L'auteur dans une Communication précédente (¹) a signalé la méthode employée par lui dans le traitement de ces processus. C'est l'auteur qui a fait mention pour la première fois (²) de la méthode à employer, et qui a fait la proposition, évidente, que : Une hyperémie augmentée, présente dans un champ d'infection, amène une augmentation du nombre de phagocytes et que, quand on emploie des agents-nuisibles à la vitalité et à l'activité des germes, un tel procédé facilite davantage la destruction de l'infection: Bier et ses confrères, dans leurs données au sujet de l'hyperémie, ont négligé d'attribuer beaucoup de résultats à la phagocytose, fait que, au temps de Junod, on n'aurait pu apprécier.

La lumière radiante et la chaleur, projetées pendant longtemps dans un champ d'infection qu'elles peuvent pénétrer, sont capables d'une double façon de diminuer la vitalité et de nuire à l'activité des germes : 1º la lumière éblouissante est défavorable à leur existence; 2º la chaleur extrême qui est produite lorsque l'énergie radiante est changée en unités calorifiques est affaiblissante; toutes les deux diminuent la vitalité des germes et augmentent en même temps l'hyperémie. Le flux de sang augmenté qui entre et sort facilite la destruction des germes par les phagocytes.

Que cette méthode soit efficace et que l'hypothèse soit probablement juste, cela a été démontré par l'auteur et de nombreux autres dans le traitement de l'otite aiguë, des furoncles, des anthrax et des processus tuberculeux locaux. Cependant, pour obtenir des résultats favorables il faut une application prolongée des procédés, des irradiations aussi intenses qu'on pourrait tolérer de 3o à 6o minutes.

Le courant de haute fréquence est un autre agent qui produit un double effet sur les germes : 1º l'action directe sur les germes extérieurs

---

(¹) *Therapeutics of Radiante Light and Heat and Convective Heat.*
(²) *The Journal of Advanced Therapeutics*, March 1907, p. 146.

à la membrane muqueuse qui détruit les germes par l'effet actinique, et les autres effets antiseptiques des décharges du tube à vide, comme on l'a déjà décrit, et 2° l'induction d'une hyperémie profonde.

Puisque les courants de haute fréquence ne produisent pas une contraction des tissus, on peut les employer avec assez d'énergie pour produire beaucoup de chaleur superficielle du courant d'Oudin ou des courants indirects de d'Arsonval; et quand le courant direct de d'Arsonval est employé avec ampérage considérable, une chaleur considérable est produite parce que le grand ampérage traverse, avec induction conséquente d'hyperémie, le champ interpolaire. Avec ces modalités, il est aussi possible, comme on l'a souvent démontré, d'introduire dans les tissus, par l'ionisation, des agents qui exercent un effet antiseptique sur les germes.

La valeur des applications de la haute fréquence avec des tubes à vide a été démontrée par beaucoup d'observateurs dans le traitement de la vésiculite infectieuse, de la vaginite, de l'adénite tuberculeuse, de la prostatite et de nombreuses infections streptococciques, et staphylococciques superficielles, aussi bien que dans l'ulcération et l'infection uréthrale chronique.

Les rayons de Röntgen, on doit l'admettre, possèdent l'action remarquable de stériliser la plupart des formes, sinon toutes les formes de la vie, soit animale ou végétale, d'empêcher la fécondation et la germination, action constatée par la plupart des investigateurs. Il semble, par conséquent, certain que lorsque le rayon X est employé dans les traitements d'une infection locale avec énergie suffisante, il est possible d'arrêter le processus.

Quelle sera la technique la meilleure et la plus efficace à adopter dans les différentes conditions? Voilà la question importante à déterminer.

MM. H. MARQUÈS

ET

L. PECH,

Aide-préparateur à la Faculté de Médecine (Montpellier).

NÉVRITE DU SCIATIQUE, CONSÉCUTIVE A UNE PIQURE SEPTIQUE DU NERF; TRAITEMENT ÉLECTRIQUE.

616.872

5 *Août.*

M... (Claire), 23 ans, entre dans le service d'électrothérapie de l'hôpital suburbain, le 6 octobre 1911.

A la suite d'une piqûre septique du sciatique gauche, faite le 23 juin au cours d'une injection de sérum, la malade se plaint de ne pouvoir se servir comme auparavant de sa jambe gauche.

A l'examen, on constate qu'au repos le pied gauche reste en extension et en adduction et que la face externe de la jambe gauche est anesthésiée.

Les mouvements volontaires des orteils ainsi que la flexion et l'abduction volontaires du pied sont impossibles ; les périmètres de la cuisse et de la jambe gauche sont inférieurs de 2 cm à ceux de la cuisse et de la jambe droite.

L'*examen électrique* montre qu'il existe inexcitabilité complète tant au faradique qu'au galvanique des péroniers, jambier antérieur extenseurs et fléchisseurs des orteils.

Nous instituons le traitement électrique suivant : galvanisation du membre inférieur gauche, 10 milliampères ; 15 minutes ; excitation faradique localisée des muscles encore excitables (trois fois par semaine).

Le 16 octobre, nous voyons réapparaître les mouvements volontaires des orteils.

Le 17 novembre, tous les muscles sont devenus excitables au faradique ; enfin, le 22 décembre, la zone d'anesthésie a disparu, et tous les mouvements volontaires du pied sont possibles.

En janvier 1912, la malade quitte l'hôpital.

Cette observation nous a paru intéressante à signaler, car, étant donné l'état de la malade et les causes de l'affection, on pouvait croire à une névrite ascendante sur laquelle le traitement électrique serait sans résultat ou, du moins, à une dégénérescence complète et incurable de certains rameaux du sciatique.

Heureusement, il n'en a rien été et nous avons pu voir une fois de plus que, dans les cas de névrite soit traumatique, soit infectieuse, un traitement électrique, sérieux, peut amener des résultats inespérés, alors même que l'examen électrique montrerait l'existence de la réaction de dégénérescence à sa période la plus absolue.

MM. H. MARQUÈS ET L. PECH.

LÉSIONS TRAUMATIQUES SIMULTANÉES DU CONE TERMINAL ET DU SCIATIQUE GAUCHE ; TRAITEMENT ÉLECTRIQUE.

617.14 + 615.84

5 *Août.*

B... (Émile), 21 ans, soldat au 2e Génie, est pris sous un éboulement, le 28 mars 1911. On constate une forte contusion à égale distance de la deuxième lombaire et de la crête iliaque gauche, en même temps qu'une blessure pénétrante de la fosse ischio-rectale droite.

Dès le lendemain, on constate de la paralysie des sphincters rénal et vésical et de l'anesthésie des organes génitaux et de la région anale (anesthésie en selle de bicyclette). Une ponction lombaire pratiquée le 1er avril fournit un liquide très clair légèrement teinté en jaune; l'analyse chimique montre que cette coloration est due à une très légère hémorragie.

Le 10 avril, les troubles sphinctériens se sont amendés; les sondages ne sont plus nécessaires, le malade urine seul, mais avec effort; une fois la miction commencée, il lui est impossible de l'arrêter et il n'éprouve aucune sensation De même pour les garde-robes , elles ne se produisent que grâce à l'emploi continu de purges légères, et lorsque le besoin de la défécation se fait sentir, le malade ne peut retenir ses matières. L'anesthésie en selle de bicyclette persiste; enfin, depuis l'accident, le malade n'a plus eu d'érection.

Tel est le tableau clinique des phénomènes dus à la lésion médullaire, et ces phénomènes tels que nous venons de les décrire persistent encore actuellement (juillet 1912). Mais, en même temps, que ces phénomènes d'origine médullaire, le malade présentait d'autres troubles d'origine incertaine; c'était, un commencement d'atrophie des membres inférieurs avec douleurs sur le trajet du sciatique gauche. L'atrophie des membres inférieurs était visible dès le 10 avril, les muscles étaient flasques et le malade ne pouvait se tenir sur ses jambes.

Le 1er mai 1911, le malade est apporté sur un brancard au service d'électrothérapie de l'hôpital suburbain.

L'*examen électrique* nous montre que tous les muscles du membre inférieur gauche sont inexcitables au faradique, mais faiblement excitables au galvanique; la contraction est lente, traînante; du côté droit, il n'existe qu'un léger degré d'hypoexcitabilité.

Nous instituons le traitement électrique suivant : galvanisation des deux membres inférieurs (I = 15 milliampères; D = 15 minutes); excitation faradique localisée des muscles du membre inférieur droit, et excitation galvanique rythmée des muscles du membre inférieur gauche; enfin, pinceau faradique sur la zone d'anesthésie. Assez rapidement, une amélioration s'est produite dès les premières séances, le membre droit est revenu à son état primitif.

Le 1er juin, le malade marche bien, même sans l'aide d'une canne. Le mieux s'est accentué peu à peu, et le malade est sorti de l'hôpital en octobre 1911. Actuellement (juillet 1912), il ne nous signale qu'un peu de faiblesse du membre inférieur gauche qui se fatigue plus vite que le droit. Voilà donc un sujet qui présentait une lésion nette du cône terminal accompagnée de troubles trophiques et moteurs des membres inférieurs d'origine incertaine, chez qui le traitement électrique a pu faire disparaître ces derniers, montrant ainsi leur origine périphérique.

La conclusion pratique à tirer de cette observation est, nous semble-t-il, qu'on ne saurait trop recommander dans des cas semblables, lorsqu'on a des doutes sur l'origine périphérique ou centrale de certains troubles, un traitement électrique qui ne peut, dans aucun cas, être nuisible et peut amener une guérison lorsque les troubles constatés sont d'origine périphérique.

M. LE Dr DELHERM.

(Paris).

L'ÉLECTRODIAGNOSTIC DE LA MYOPATHIE.

616.74

2 *Août.*

La réaction classique dans la myopathie est constituée par une hypo-excitabilité galvanique et faradique simple des muscles. Certains auteurs ont publié quelques cas très rares de réaction de dégénérescence, avec, en particulier, contraction lente du muscle, mais cette réaction a toujours été considérée comme exceptionnelle. Pour notre part, nous l'avons systématiquement recherchée depuis 10 ans, dans le Service des Nerveux, de M. Babinski, sans l'avoir jamais rencontrée. Les recherches de MM. Bourguignon et Huet paraissent avoir apporté l'explication de ces cas de R. D., ou pour mieux dire, de fausse D. R., ainsi que nous allons le montrer dans les lignes suivantes. Ces auteurs ont, en effet, publié à la Société de Neurologie et à la Société française d'Électrothérapie, en 1911, sept observations de myopathiques, qui présentaient sur certains de leurs muscles, et les moins touchés, avec le galvanique une réaction ayant toutes les apparences d'une contraction lente; mais, en y regardant de près disent-ils :

« on s'aperçoit que le relâchement seul est lent et que le seuil de la contraction est vif. Il s'agit, non pas de contraction lente, comme celle de la D. R., mais d'un début de tétanisation. »

Bourguignon et Huet, dans une étude très complète, ont montré toutes les phases par lesquelles passe le muscle du myopathique : la réaction tétanisante se produisant plus particulièrement sur les muscles les moins touchés, sur ceux qui ont une apparence saine, pour arriver par diverses gradations à la réaction classique.

Nous avons eu, depuis ce travail, l'occasion de rencontrer la réaction tétanique sur trois sujets, et c'est le sommaire de l'examen électrique de l'un d'eux, qui fait l'objet de cette Communication.

Il s'agit d'un malade, dont tous les muscles sont extrêmement touchés; aussi bien ceux du visage et du thorax que ceux des membres supérieurs et des membres inférieurs : il est absolument impotent. Le grand pectoral, le trapèze, les muscles de la ceinture, le deltoïde ne se contractent pour ainsi dire pas au faradique et au galvanique. Il est nécessaire de faire passer de 25 à 35 milliampères pour obtenir une contraction brusque. Le triceps et le biceps,

moins atteints, se contractent un peu au faradique, nécessitent seulement
10 milliampères au galvanique et ont une légère tendance au tétanos. Les
extenseurs, moins touchés encore, répondent à 5 milliampères et présentent un
tétanos persistant pendant le passage du courant et un peu après son passage.
Cette réaction est plus marquée à la fermeture au négatif. Au membre inférieur, la réaction tétanique ne se rencontre qu'aux muscles extenseurs communs
et aux muscles extenseurs propres du gros orteil. Il existe aux deux pôles et est
plus marqué au négatif.

Il est à remarquer que, sur les extenseurs des doigts, le tétanos est persistant
et donne une réaction se rapprochant de celle qu'on observe dans la maladie
de Thomsen; mais, dans notre cas, comme dans le cas de Bourguignon, le
tétanos de fermeture au positif n'a pas été supérieur en intensité au tétanos
de fermeture au négatif; ce qui, au contraire, est la règle dans la maladie
de Thomson.

Ainsi donc, la réaction Huet-Bourguignon, semble être tout à fait
particulière au muscle en état de dégénérescence myopathique. Quoique
voisine de la réaction de Thomson, elle est différenciée par certaines
caractéristiques. Il est bien vraisemblable que les cas de R. D. observés
chez les myopathiques étaient des réactions tétanisantes insuffisamment
bien observées.

Il nous paraît intéressant, en tous cas, d'attirer à nouveau l'attention
sur cette réaction, qui peut être très utile, parce que très précoce, pour
dépister une myopathie au début. A notre avis, on devrait la rechercher
d'une façon systématique.

MM. NOGIER et REGAUD.

Agrégés à la Faculté de Médecine (Lyon,).

RECHERCHES SUR LES TRANSFORMATEURS ROPIQUET A REFROIDISSEMENT PAR CIRCULATION D'AIR.

6 *Août.*   615.841

(Résumé).

Les transformateurs électriques actuels ne présentent pas, pour les
usages radiologiques et pour de longues séances, une robustesse suffisante. Les isolants électriques sont, en effet, de mauvais conducteurs de
la chaleur; et la chaleur produite dans le noyau et dans le primaire du
transformateur au cours d'une séance prolongée, se dissipe avec une très
grande lenteur. Aussi, voit-on les isolants fondre lorsque la chaleur est
trop élevée et les transformateurs se *crever*. La rigidité diélectrique va, en
effet, diminuant avec la température.

Au cours de nos expériences, avec 5 à 6 ampères au primaire et des durées de fonctionnement variant de 1 heure à 1 heure 30 minutes, nous avons mis hors de service trois transformateurs du type bobine de Ruhmkorff, l'un de 25 cm d'étincelle, l'autre de 30 cm et le troisième de 40 cm. La détérioration est particulièrement rapide lorsqu'on utilise les bobines pour la radiothérapie *intensive* avec des ampoules radiogènes très résistantes et des rayons très pénétrants.

Devant ces inconvénients, nous avons eu l'idée de séparer en deux parties le transformateur : d'une part, la source calorifique (noyau et enroulement primaire), d'autre part, l'enroulement secondaire dont l'isolement a besoin de rester parfait. Nous pensions à l'aide d'un dispositif semblable :

A. Diminuer l'élévation de température du noyau et du circuit primaire;

B. Faciliter le refroidissement de cette partie du transformateur;

C. Empêcher la propagation par conductibilité de la chaleur du primaire au secondaire et, par suite, conserver au secondaire la perfection de son isolement.

Nous demandâmes à M. Ropiquet, en 1910, de vouloir bien tenter de mettre notre idée à exécution en construisant une bobine où l'on séparerait le primaire du secondaire par un espace annulaire. En ménageant des ouvertures dans le socle de la bobine on créerait ainsi une véritable cheminée d'appel annulaire où l'air circulerait d'autant mieux que la température du circuit primaire serait plus élevée. On aurait ainsi l'avantage de lutter par la convection contre l'élévation de température du noyau, d'empêcher l'échauffement du circuit secondaire par suite de la faible conductibilité calorifique de l'air, d'assurer enfin un isolement plus parfait qu'on ne le réalise d'ordinaire entre le primaire et le secondaire. Après de multiples et sévères expériences portant sur plus d'un an et demi et sur deux transformateurs Ropiquet à circulation d'air, nous pouvons dire que ces appareils supportent admirablement des *séances prolongées* avec 4,5 ampères, 5 ampères et même 6 ampères au primaire en actionnant des ampoules de 17 à 20 cm d'étincelle équivalente. Nous avons même pu leur faire actionner *pendant plus d'une heure* des ampoules Müller *Rapid* ayant 19 à 25 cm d'étincelle équivalente. L'élévation de température du noyau n'a jamais atteint 60°, même après une séance de *deux heures* sans arrêt.

Pour des séances très longues, nous avons imaginé un dispositif d'aération rapide de la cheminée de la bobine avec de l'air *sous pression*. Pour cela, on bouche tous les orifices d'aération de la bobine avec des blocs de bois pleins. L'un d'entre eux est percé d'un orifice dans lequel on enfonce la tuyère d'une soufflerie. Dès que le transformateur chauffe un peu, on actionne la soufflerie. Pour éviter même toute surveillance du transformateur, nous avons même imaginé une *commande automatique* de la soufflerie. On dispose sur le boulon supérieur du noyau un bloc de plomb ou de zinc, qui le moule et qui se met en équilibre de température avec lui. Ce bloc de métal est percé en son centre d'un puits cylindrique où l'on place le réservoir d'un *thermomètre à mercure avertisseur*. On règle ce thermomètre pour 55° par exemple et on l'intercale dans un circuit comprenant un petit relais qui commande le fonctionnement électrique de la soufflerie. Dès que la température du noyau atteint 55°, la soufflerie se met en marche et le noyau se refroidit rapidement. Construits comme nous l'avons indiqué, les transformateurs à air de Ropiquet sont vraiment des transformateurs *intensifs*, et en même temps des transformateurs capables d'un fonctionnement *prolongé* sans le moindre fléchissement de leurs qualités.

M. LE Dr H. BORDIER.

(Lyon).

SUR LE TRAITEMENT RADIOTHÉRAPIQUE DES FIBROMES UTÉRINS. — MOYEN D'ÉVITER LES RÉACTIONS CUTANÉES TARDIVES. — INDICATIONS ET CONTRE-INDICATIONS DU TRAITEMENT.

618.14.00.637 + 615.84

6 *Août.*

Le travail que je présente aujourd'hui a pour principal but d'éviter aux radiothérapeutes des tâtonnements et les très grands désagréments résultant de la production de troubles trophiques cutanés tardifs, survenant plusieurs mois après la fin du traitement. Les réactions tardives, si douloureuses, que nous avons eu à déplorer dans plusieurs cas en France ne doivent plus exister dans l'avenir ; la technique que je vais faire connaître permet de se mettre à coup sûr à l'abri de ces terribles radiodermites ulcéreuses, lointaines et insidieuses que nous ignorions il y a encore peu de temps. C'est pour dénoncer ces redoutables réactions tardives et pour faire connaître le moyen de les éviter que je n'ai pas hésité, malgré la fatigue et la gêne imposées, à accepter l'invitation de la Société royale de Médecine de Londres qui m'a demandé d'aller faire une conférence le 15 mars 1912 sur le traitement radiothérapique des fibromes utérins.

Dans mes premières tentatives de radiothérapie pour fibromyomes, j'ai employé la *méthode des séries* consistant en trois irradiations pour chaque porte d'entrée des rayons, avec un repos de 20 à 25 jours entre chacune des séries. Je faisais alors des irradiations telles que, sous le filtre, la pastille de mon chromoradiomètre était amenée à la teinte O. La méthode des séries est très bonne, je l'ai conservée dans la nouvelle technique que je vais exposer ; mais, d'une part, la dose mesurée par le virage de la pastille à la teinte O sous le filtre, était trop forte pour *pouvoir continuer un grand nombre de fois* les séries, et d'autre part, le nombre de séries qu'on se croyait en droit de pouvoir appliquer par suite de *l'absence sur la peau de toute radiodermite,* ou même souvent d'érythème, *constituait un danger qu'on n'aurait pas pu prévoir d'une façon certaine* a priori. Si, en effet, la peau conservait une intégrité apparente à la suite d'un nombre de séries atteignant 7 ou 8, il ne s'en est pas moins produit des troubles trophiques dont l'apparition s'est faite, dans quelques cas, 6 à 12 mois après la fin du traitement. Ces troubles trophiques ont été bien étudiés et observés aussi par Speder à qui l'on doit être reconnaissant de l'étude qu'il a publiée (*Archives Elect. méd.,* février 1912).

Pour éviter ce très grand désagrément, une technique nouvelle s'imposait, capable de faire rendre au traitement radiothérapique tout ce qu'il peut donner, sans risquer de voir apparaître ces troubles trophiques tardifs. Ce résultat est parfaitement possible : il faut, d'abord, *ne pas pousser le nombre des séries au delà de 4 ou 5 au maximum d'autant plus que l'expérience m'a démontré qu'après ce nombre de séries, on n'obtient rien de plus et que tout l'effet du traitement a été atteint.* La technique à mettre en œuvre doit être telle qu'elle ne puisse pas empêcher une intervention chirurgicale ultérieure, si celle-ci devenait nécessaire, soit par suite d'une erreur de diagnostic, soit pour toute autre raison. En d'autres termes, il faut que la peau de la région médiane de l'abdomen, là où se pratique l'incision du chirurgien, soit peu irradiée. Ce qui domine la technique que je préconise, c'est *la mesure des doses* de rayons X dans chaque irradiation : ces doses s'apprécient facilement à l'aide de mon chromoradiomètre.

La caractéristique de cette technique, c'est que, quelle que soit la porte d'entrée des rayons et quelle que soit l'épaisseur des filtres d'aluminium utilisés, la *quantité* de rayons *incidente,* mesurée *sur* le filtre, *est constante* et toujours égale à 3,6 unités I ou, si l'on veut, à 5 unités H. *Ce qui varie,* suivant les portes d'entrée des rayons et suivant l'ordre des séries d'irradiations, *c'est l'épaisseur du filtre;* par suite, la quantité de rayons absorbée par la peau subit des variations qu'il est facile de régler d'après l'épaisseur de la lame d'aluminium que les rayons ont à traverser avant d'arriver à la peau.

Pour les deux régions latérales ovariennes, la formule de filtration sera la suivante, chaque épaisseur de filtre se rapportant à une même région, par exemple, la région droite :

Formule de filtration.

	Irradiations			Dose totale sous le filtre.
	I. (mm)	II. (mm)	III. (mm)	
Première série......	0,5	0,5	1	7 H
Deuxième »	0,5	1	1,5	6
Troisième »	1	1,5	2	4
Quatrième »	2	2,5	3	3
Cinquième »	2,5	3	3,5	2

Cette formule de filtration s'applique, je le répète, aux irradiations ovariennes, c'est-à-dire latérales. A chaque série, il est possible, sachant que la dose incidente est toujours la même, de connaître la quantité de rayons X qui est transmise à travers le filtre employé, et qui se présente au niveau de la peau pour la traverser et aller agir sur les cellules radio-sensibles situées profondément. Pour cela, je ferai usage des expériences de mon ami, le Dr Guilleminot, et des miennes relativement à l'absorption des différentes épaisseurs d'aluminium. En employant des rayons de fort degré radiochromométrique, comme c'est le cas dans le traitement radiothérapique des fibromyomes, la proportion de rayons transmise par les différents filtres, est celle que je vais vous indiquer. En prenant comme *dose incidente* sur le filtre 3,6 *unités I*, on peut évaluer la quantité transmise par chacun des filtres, ce qui est indiqué dans le Tableau suivant :

Épaisseur du filtre.	Quantité transmise pour cent.	Dose filtrée.
mm		
0,5	55	2 unités I
1	37	1,3
1,5	27	0,77
2	22	0,8
2,5	17	0,6
3	14	0,5
3,5	12	0,43

C'est avec ces nombres que j'ai pu calculer la quantité de rayons que reçoit la peau sous les filtres, à chaque irradiation, et qui est indiquée dans le Tableau de la formule de filtration. Aux nombres précédemment mentionnés, il convient d'ajouter une faible quantité provenant de l'irradiation médiane faite avec 3,5 mm d'aluminium ; sous un tel filtre, la peau reçoit à chaque irradiation, 0,4 H seulement.

L'augmentation croissante dans l'épaisseur des filtres, avec le nombre des séries, n'a pas seulement pour but de diminuer progressivement la quantité de rayons absorbés par les tissus et par la peau ; elle a l'avantage surtout d'augmenter le degré de pénétration des rayons transmis au delà des filtres. Dans ces conditions, on n'observe pas, même après 4 ou 5 séries d'irradiations, la moindre radiodermite abdominale. Tout ce qu'on remarque, c'est une coloration brune de peau.

Il est possible de se rendre compte des quantités de rayons qui ont pénétré à travers les tissus traversés, dans l'épaisseur de la tumeur fibromateuse et jusque dans les ovaires. Les rayons ont d'abord à traverser la peau, puis du tissu cellulaire sous-cutané, du tissu adipeux d'épaisseur variable, des fibres musculaires.

Pendant la première série, la quantité reçue par la peau sous le filtre, est de 7 H : en se rapportant aux coefficients de transmission des tissus traversés, la surface du fibrome reçoit pendant le même temps 4,2 H, et après 4 cm. d'épaisseur dans le fibrome, 0,9 H ont réussi à pénétrer. Après la deuxième série, la dose reçue par la peau est de 6 H ; le calcul montre que le quatrième centimètre d'épaisseur du fibrome a reçu 0,75 H. Après la troisième série, il y a eu 4 H sur la peau et 0,5 H parviennent jusqu'à cette même profondeur de 6 cm, c'est-à-dire après avoir traversé 4 cm du myome. S'il a fallu quatre séries pour le traitement, après la quatrième il y a eu 3 H absorbées par la peau et 0,4 ont pénétré jusqu'au quatrième centimètre de la tumeur. En somme, pendant ces quatre séries, la dose totale absorbée au niveau de la peau est de 20 unités H ; les quantités transmises jusque dans l'épaisseur du fibromyome sont les suivantes : à la surface du fibrome 12 H, après 1 cm, 7,2 H, après 2 cm, 4,8 H ; après 3 cm, 3,6 H, et enfin après le quatrième centimètre, 2,6 H. Ce sont là des quantités qui sont loin d'être négligeables et qui permettent de comprendre, dans une certaine mesure, l'influence des rayons X sur la substance de certains fibromyomes. Demandons-nous encore quelle est la quantité de rayons qui peut parvenir jusqu'aux ovaires : nous supposerons pour cela que l'ovaire se trouve, pour prendre l'exemple de Guilleminot, à 5 cm de la peau ; l'épaisseur de l'ovaire étant de 1,5 cm, sa face postérieure se trouve à 6,5 cm. Guilleminot a constaté qu'à cette profondeur la face antérieure reçoit 25 % de la quantité incidente sur la peau, la face postérieure en recevant 20 %. Si l'on calcule, pour les doses correspondant à chacune de nos séries, la quantité qui est transmise à un plan moyen de l'ovaire, équidistant de ses deux faces, on trouve :

<pre>
        Première série.................................   1,5 H
        Deuxième   »   1,3
        Troisième   »   0,8
        Quatrième   »   0,6
</pre>

Ce Tableau montre qu'on peut se rendre compte des quantités de rayons X que chaque ovaire a reçues après les différentes séries : il suffit, pour cela, d'additionner les doses reçues à chaque série.

L'action des rayons X sur les ovaires a été reconnue microscopiquement ; mais ce qui prouve bien, en outre, cette action presque immédiate, c'est qu'on observe fréquemment pendant le cours du traitement radiothérapique, surtout si l'on a irradié dans la même séance les deux ovaires, des nausées, le soir du traitement ou dans la nuit qui suit.

Indications et contre-indications. — Les *indications* du traitement radiothérapique dépendent des facteurs suivants :

1.° *Age de la malade.* — Comme limite inférieure, on doit admettre 39 ans : en dessous de cet âge, il est préférable que la malade subisse l'intervention chirurgicale, ou qu'elle attende. Comme limite supérieure, il est difficile d'en fixer une. On voit des fibromateuses perdre encore abondamment à 56, 58 ans. D'une façon générale, les chances de succès du traitement radiothérapique seront d'autant plus grandes que la femme n'aura pas encore vu s'établir la ménopause naturelle. Toutefois on pourra espérer obtenir une diminution sensible du fibromyome, si la méno-pause ne remonte pas à plus d'un an ou deux.

2° *Phénomènes hémorragiques.* — Les cas qui fournissent les plus rapides et les plus satisfaisants résultats sont ceux où existent des hémor-ragies abondantes au moment des règles. Chez les femmes qui perdent pendant une dizaine de jours avec caillots, les effets de la radiothérapie sont remarquables, pourvu que la malade soit dans les conditions d'âge indiquées déjà.

3° *Volume du fibromyome.* — Ce sont les tumeurs dont le volume est le moins développé qui, évidemment, constituent les cas les plus favo-rables; cependant, les myomes dont le volume correspond à une grossesse de 5 mois et plus, ceux qui remontent à l'ombilic et même un peu au-dessus, sont également fortement influencés et peuvent régresser dans des proportions très sensibles, pour arriver à présenter, par exemple, le volume d'une petite orange.

4° *Hémorragies de la ménopause.* — Le traitement radiothérapique fournit d'excellents et constants résultats dans les hémorragies de la ménopause : le Tableau déjà indiqué montre, en effet, qu'à cet âge-là, une ou deux séries d'irradiations amèneront le résultat désiré.

Si le traitement radiothérapique a de nombreuses indications, il a aussi des *contre-indications* : les myomes qui présentent des dégénérescences nécrobiotiques, les myomes calcifiés, les myomes kystiques, doivent être réservés à l'intervention chirurgicale : il en est de même des myomes malins, des myomes infectés suppurés, ou gangrenés. Lorsque le fibro-myome présente des complications de salpingite suppurée, ou de pelvi-péritonite périsalpingienne plus ou moins aiguë, le traitement radio-thérapique doit céder le pas au traitement chirurgical. Un utérus fibro-mateux peut devenir le siège de cancer de la cavité du corps, ce qui est d'un diagnostic parfois délicat. Dans les tumeurs annexielles fusionnées, en apparence, avec l'utérus, le diagnostic est, ou peut être difficile, ces tumeurs pouvant être confondues avec un fibrome.

Il y a donc des réserves à faire, relativement aux erreurs de diagnostic possibles et aux complications. Malgré cela, il est évident qu'un grand nombre de cas de fibromyomes sont d'un diagnostic facile certain et « l'on pourra faire bénéficier un grand nombre de malades de ce traite-ment non opératoire » (A. Pollosson).

Après la fin du traitement, on constate d'une façon constante, une amélioration considérable dans l'*état général* des malades. Leur teint se modifie et devient normal, en même temps qu'une sorte de rajeunisse-ment s'observe à peu près chez toutes les fibromateuses traitées.

Dans la ménopause précoce ainsi obtenue, les *vapeurs* durent très peu de temps; ce qui semble bien prouver qu'il n'y a pas d'insuffisance ova-

rienne à la suite de l'action des rayons X. Il faut noter, de plus, que
l'ovaire n'a pas été modifié sensiblement comme glande à sécrétion
interne : ce qui s'explique bien par les lois de la radiosensibilité de Bergonié
et Tribondeau, la couche ovigène est, en effet, d'après ces lois, plus radio-
sensible que le reste de l'ovaire.

La conservation de la fonction glandulaire de l'ovaire permet de comprendre le relèvement et le maintien de l'état général des malades, après
les irradiations.

Les conclusions qui se dégagent des considérations précédentes et de
l'expérience que j'ai acquise en 5 ans de pratique radiothérapique des
fibromes, c'est que le traitement des fibromes utérins par les rayons X
appliqués d'après la technique rectifiée que je viens de faire connaître,
avec les doses indiquées *né fait courir aux malades aucun risque* ni immédiat, ni lointain.

Ce traitement mérite donc de tenir la première place dans la thérapeutique non opératoire des fibromyomes; ses résultats sont absolument
certains, si on le réserve aux cas dont les indications ont été posées précédemment.

ODONTOLOGIE.

M. LE Dr PONT.

Directeur de l'École dentaire (Lyon).

EXTRACTIONS, AU MOYEN D'UN ÉLÉVATEUR SPÉCIAL, DES EXTRÉMITÉS RADICULAIRES FRACTURÉES.

2 *Août.*

617.66

Vous connaissez tous probablement l'histoire de ce professeur qui, examinant un élève, candidat au diplôme de chirurgien-dentiste, lui posa cette question insidieuse :

« Lorsque vous faites des extractions, vous arrive-t-il de casser des dents?

L'élève voulant faire preuve de savoir lui répondit :

« Monsieur, plus jamais, depuis bien longtemps. »

Et le professeur, narquois, s'écria :

« Eh bien, Monsieur, vous êtes plus fort que moi, il m'arrive encore d'en casser quelques-unes... »

Ceci justifie le titre et le choix de cette communication, car il nous arrive à tous de fracturer encore quelques racines et lorsque ces dernières se fracturent dans le voisinage de l'apex, vous savez combien l'opération devient alors compliquée et difficile. Il serait certes aussi téméraire, pour un opérateur, de dire qu'il ne fracture jamais de racines, que de prétendre qu'il peut, au moyen d'un tire-nerf ou d'un Beutelrock quelconque, explorer et nettoyer à fond tous les canaux radiculaires. S'il est facile d'extraire une dent cassée, c'est-à-dire simplement découronnée, il n'en est plus de même, lorsqu'il s'agit d'enlever, dans le fond de l'alvéole une extrémité radiculaire longue à peine de 2 à 3 mm; et cependant, dans certains cas, il est absolument indispensable d'enlever ces petits fragments puisque c'est là, en général, que se localise l'infection.

Il est inutile que j'insiste sur la fréquence des kistes radiculaires qui, tantôt revêtent l'aspect de granulomes, tantôt constituent de véritables kystes remplis d'un liquide muco-purulent ou même franchement purulent. Il est inutile aussi de rappeler la fréquence, dans les racines atteintes de péri-odontite chronique, de cette lésion que Magitot appelait

la nécrose du sommet; enfin, nous savons qu'en laissant ces fragments de
racines infectées, non seulement le malade ne bénéficiera pas au point
de vue de l'état local ou général de notre intervention, mais les symptômes infectieux iront en s'accentuant et en s'aggravant. Les complications les plus redoutables pourront se produire : empyème du sinus
maxillaire, adénites, adéno-phlegmons, angine de Ludwig, souvent mortelle, etc. Nous devons donc par tous les moyens possibles, extraire les
fragments de racines fracturées; ces moyens sont très nombreux, mais
jusqu'ici aucun ne m'avait donné entièrement satisfaction. Quelques
opérateurs, les plus simplistes, prennent un davier ordinaire à racines et,
insinuant les mors entre la muqueuse et l'alvéole, écrasent les parois de
cette dernière et enlèvent ainsi le fragment radiculaire, en même temps,
bien entendu, que de nombreux fragments osseux. Cette pratique, même
si elle est faite avec de petits daviers appropriés, a pour conséquence
d'amener une résorption trop grande et trop rapide de l'alvéole et provoque très souvent des troubles immédiats ou tardifs du côté des dents
voisines. D'autre part, cette méthode est très douloureuse, sinon au
moment de l'intervention, mais dans les jours qui suivent. La plaie met
longtemps à se cicatriser et le malade, pendant une période plus ou moins
longue, expulse des petits séquestres et ne manque pas, chaque fois, de
venir se plaindre à son opérateur.

L'usage des vis, telle que la vis de Morisson, par exemple, peut rendre
de grands services pour les racines de dents antérieures, lorsqu'elles sont
fracturées dans le voisinage du collet, mais ces instruments sont inutilisables pour les autres dents et pour toutes les racines fracturées près de
l'apex, c'est-à-dire pour celles qui nous intéressent plus spécialement
aujourd'hui. Il reste un autre procédé que je n'ai vu décrit nulle part,
mais que j'ai vu employer par quelques opérateurs et qui consiste à
fraiser le fragment radiculaire au moyen d'une fraise ronde montée sur
l'angle ou la pièce à main suivant les cas. Ce procédé est facile, donne
d'assez bons résultats, mais n'est pas toujours accepté par le patient
qui ne voit pas sans terreur survenir la machine à fraiser après le
davier. J'ai pensé que dans ces cas-là, il suffirait d'avoir un élévateur
très long, très effilé et bien tranchant qui, venant s'insinuer entre l'alvéole et les fragments de la racine cassée, amènerait ainsi très facilement
l'expulsion de ces derniers.

J'ai pris le moulage d'un certain nombre d'alvéoles de molaires et de
prémolaires, ces dernières surtout étant le plus souvent en cause; j'ai fait
construire par M. Lépine, d'après ces moulages, un petit élévateur. Je ne
vous le décrirai pas longuement; d'ailleurs, il est fait sur le même type
que l'élévateur spécial pour l'extraction des dents de sagesse et il est basé
sur les mêmes principes que lui. Je m'en sers seulement depuis 6 mois
et j'ai eu l'occasion de l'utiliser trois fois, à ma plus grande satisfaction.
Son emploi est des plus simples. Si la racine a été fracturée depuis longtemps, il est bon d'avoir une radiographie pour se guider et il faut évi-

demment inciser la gencive pour se faire du jour. Tout cela est inutile bien entendu, si l'on opère immédiatement après que la racine a été fracturée, et c'est là encore, une raison de ne pas abandonner à lui-même dans l'alvéole un bout de racine cassée. Puis on fait une hémostase sérieuse, ce qui est facile si l'on a opéré avec une solution renfermant une à deux gouttes par centimètre cube de solution d'adrénaline au $\frac{1}{1000}$, quel que soit l'agent anesthésique employé, cocaïne, novocaïne, stovaïne, etc. Lorsqu'on a bien repéré l'extrémité radiculaire fracturée et qu'on l'aperçoit bien au fond de l'alvéole on insinue l'extrémité très coupante de l'élévateur entre l'os et la racine, on fait ainsi tout le tour de cette dernière, puis on enfonce l'instrument de plus en plus profondément et bientôt brusquement, on a la satisfaction de voir la racine fracturée s'énucléer en quelque sorte spontanément.

M. le Dr A. PONT.

DES CANINES INCLUSES ET DE LEUR TRAITEMENT.

617.64

2 Août.

A part la dent de sagesse il n'y a aucune dent chez l'homme dont l'évolution soit plus anormale que la canine, aussi n'a-t-on pas manqué de dire, comme l'on avait dit pour la dent de sagesse, que cette dent était en voie de régression. On s'est basé sur ce fait que la canine chez la plupart des animaux et des races primitives était une dent de défense. Or si un tel rôle physiologique pouvait être utile à l'homme primitif, il n'en était plus de même pour l'homme civilisé. La fonction de cette dent étant abolie en vertu de la grande loi physiologique, l'organe à son tour devait disparaître peu à peu. Ainsi était expliqué le nombre toujours plus grand des individus dépourvus de canine ou plutôt porteurs de canines incluses et en infra-occlusion. A cette cause tirée de l'anatomie comparée et de l'évolution de la race viennent s'en ajouter d'autres plus positives et moins discutables.

Si l'on veut bien remarquer que la canine permanente vient remplacer la canine temporaire que déjà, non seulement les incisives, mais aussi les prémolaires ont fait leur apparition, il est facile de comprendre que toutes les causes d'atrésie des maxillaires (insuffisance nasale, rachitisme, habitudes vicieuses, etc.) seront une cause d'anomalie de position pour cette dent. Les premiers occupants tiendront toute la place dans l'arcade atrésiée et la canine évoluera totalement d'une façon anormale; cette anomalie pourra aller depuis la simple rotation sur l'axe, jusqu'à l'inclusion totale et permanente en passant par l'antéversion, la rétroversion et l'infra-occlusion. En somme, il n'y a pas tendance à la disparition de la canine, il y a surtout une gêne dans le développement qui empêche a dent de prendre sa place normale dans l'arcade.

J'aurai suffisamment complété l'étiologie de l'inclusion des canines, lorsque j'aurai dit que cette affection n'est pas rare et qu'il n'est pas de praticien qui n'en ait observé sinon publié un certain nombre de cas. Personnellement j'ai eu l'occasion de communiquer l'observation de trois cas de canines incluses dans une séance de la Société d'Odontologie de Lyon et j'ai publié d'autre part, dans le *Monde dentaire*, il y a quelques mois, l'observation d'une canine en infra-occlusion que j'avais placée en occlusion normale au moyen d'un redressement immédiat complété d'une greffe dentaire.

Si, aujourd'hui, j'ai voulu revenir sur cette question, ce n'est pas tant par la rareté du fait mais parce que j'ai pu choisir dans mes observations, certains cas qui ont nécessité un traitement différent et qui, au point de vue thérapeutique, c'est-à-dire au point de vue pratique, me paraissent admirablement résumer la question et la conduite à tenir. Dans une première observation dont je ne donnerai, comme dans les suivantes, que les détails importants :

« Il s'agissait d'une jeune fille de 13 ans qui avait encore sa canine temporaire inférieure gauche. Les parents étaient inquiets non pas tant à cause du du retard de la chute de cette dent mais parce qu'il existait entre le trou moutonnier et la ligne médiane une grosseur du volume d'une noisette qui soulevait légèrement la moitié gauche de la lèvre inférieure et altérait légèrement l'esthétique du visage. La persistance de la canine temporaire, la palpation et l'inspection suffisaient pour affirmer que la grosseur était provoquée par la canine permanente incluse; je fis faire néanmoins une épreuve radiographique, non pas tant pour confirmer le diagnostic que pour voir l'état de la racine, de la couronne et des tissus environnants et surtout la direction de la dent. La dent et la maxillaire ne présentent rien d'anormal, mais la dent, au lieu d'être placée verticalement, avait une direction presque horizontale, la portion cuspidienne étant placée en avant de la ligne médiane. Malgré la difficulté de ce cas, difficulté augmentée par les circonstances relatées plus loin, le traitement orthodontique fut proposé et accepté. Après avoir enlevé la canine temporaire, on fait une légère incision pour mettre à découvert la partie cuspidienne de la couronne. Puis, au moyen d'un foret on pratique dans cette dernière un trou suffisamment profond pour y loger et cimenter une vis du même calibre. L'espace situé entre l'incisive latérale et la première prémolaire, occupé par la canine temporaire était manifestement insuffisant pour permettre d'y loger la canine. Il s'agissait donc de placer un appareil permettant à la fois de ramener la dent à sa place normale dans l'arc et de créer un espace suffisant pour la loger. Ajoutez à cela qu'il s'agissait d'une jeune fille très timorée qui habitait loin de Lyon et ne pouvait venir qu'une ou deux fois par mois. Voici, aussi clairement que possible, l'appareil que je fis construire : deux couronnes en or, soudées entre elles et emboîtant les deux incisives inférieures gauches qui furent reliées par un fil d'or à deux couronnes semblables, emboîtant les deux prémolaires inférieures gauches. Ce fil d'or suffisamment résistant et élastique était légèrement courbé en arc dont la concavité regardait en avant et dont le plan était oblique de haut en bas et d'arrière en avant; la partie moyenne de cet arc était donc légèrement située au-dessus de la ligne cuspidienne des dents inférieures et portait un petit crochet solidement soudé.

L'appareil fut mis en place et n'occasionna aucune gêne; il fut bien toléré.

Un anneau en caoutchouc reliant la vis fixée dans la canine et le crochet scellé sur le fil d'or, réalisa une traction permanente et douce, mais suffisante pour redresser peu à peu la dent incluse. La malade le changeait facilement chaque jour. De plus, lorsqu'elle pouvait venir à mon cabinet, on pinçait fortement le fil d'or de manière à l'allonger et à redresser l'arc. On ramena ainsi peu à peu la dent en bonne position, en même temps qu'on lui préparait une place suffisante pour la loger.

La deuxième patiente dont je veux vous présenter l'observation est une jeune fille de 15 ans habitant Chambéry et présentant dans la fosse canine gauche une tuméfaction dure, arrondie, faisant corps avec le maxillaire et du volume d'une petite cerise. Il s'agissait évidemment de la canine supérieure gauche incluse. Le diagnostic était d'autant plus certain que cette dent n'avait jamais fait son apparition dans l'arcade et l'incisive latérale correspondante était presque en contact avec la première prémolaire supérieure gauche. Cette tuméfaction n'était pas douloureuse à la palpation et n'avait jamais provoqué de troubles; néanmoins, le doigt sentait, en arrière d'un corps dur qui était certainement la couronne de la dent, une surface dépressible donnant l'impression d'un kyste, mais sans crépitation parcheminée.

Fallait-il pour cette malade tenir la même conduite que pour la précédente? Le traitement présentait des difficultés encore plus grandes, mais n'était pas impossible. Il fallait, avant de commencer à faire descendre la canine, faire sa place dans l'arcade et pour cela reculer dans le sens distal les deux molaires et les deux prémolaires supérieures gauches, le traitement s'annonçait donc comme long et compliqué avec des chances d'être refusé par les parents. Toutefois, mon attention fut surtout retenue par les symptômes kystiques que j'ai signalés et qui indiquaient que la dent évoluait non seulement d'une façon anormale, mais aussi dans de mauvaises conditions.

Tout cela étant bien pesé, n'était-il pas inutile et peut-être dangereux d'essayer un traitement conservateur long et pénible. Ne valait-il pas mieux extraire cette canine incluse et rapprocher ensuite légèrement l'incisive latérale de la première prémolaire; c'est ce dernier traitement qui fut adopté. Les parents, d'ailleurs, auxquels j'avais expliqué tout cela n'auraient pu ni voulu accepter le traitement conservateur. Il fallait donc intervenir pour éviter les dangers d'infection qu'on a signalés dans les cas semblables.

L'extraction fut décidée. Après une simple anesthésie locale par injection de stovaïne, on fit une incision horizontale de 2 cm de long dans le milieu de la tumeur. La pointe de la couronne avait seule perforé l'os et était seule visible. On décortiqua la couronne au ciseau et au maillet et il fut ensuite très facile d'extraire la dent avec le davier à canine supérieure. On constata alors l'existence d'une cavité kystique, du volume d'une noisette, siégeant dans la région occupée par la racine et de laquelle s'écoula un liquide séreux, sans pail-

lette de cholestérine. Cette cavité mit plusieurs mois pour se fermer de sorte
que les dents (incisives latérale et prémolaire) avaient été rapprochées depuis
longtemps lorsque la plaie fut guérie. Le résultat esthétique obtenu fut très
satisfaisant.

Dans la troisième observation, il s'agit d'une jeune fille de 12 ans, à laquelle
j'ai fait allusion dans un article précédent intitulé : *A quel âge doit-on commencer
un redressement?*

Cette patiente avait une atrésie des deux maxillaires. En haut, les deux
canines étaient incluses et seule la radiographie pouvait en révéler la présence.
Au maxillaire inférieur les canines montraient seulement leur cuspide et
étaient en infra-occlusion, mais ni l'une, ni l'autre de ces quatre dents n'avait
sa place dans l'arcade; les quatre incisives latérales correspondantes étaient
chacune en contact avec la prémolaire voisine.

Autrefois, dans des cas semblables, on se contentait d'attendre les
événements et lorsque les canines devenaient trop apparentes, on enlevait
la première prémolaire pour repousser à sa place la canine, lorsque tout
simplement on ne se contentait pas d'extraire cette dernière dent elle
même. Les travaux d'Angle et de ses élèves nous montrent les inconvénients d'une pareille façon d'agir; je n'insisterai donc pas. Nous savons,
tous qu'en présence d'un cas semblable, il est de notre devoir de faire
accepter par les parents de l'enfant, le traitement orthodontique qui
consiste à traiter l'atrésie des maxillaires, à donner à l'arcade ses dimensions normales et physiologiques et à faire ainsi la place de la dent en
infra-occlusion. J'ai insisté longuement, il y a plus de 6 ans, sur les services que nous rend à ce point de vue la connaissance de l'indice dentaire;
j'ai publié depuis, dans le *Laboratoire*, des schémas qui simplifient cette
question et permettent de voir, par la simple mensuration du diamètre
disto-mésial des incisives supérieures, le schéma auquel il faut se rapporter.
Nous avons ainsi immédiatement le diamètre et la forme exacte qu'il
faudra donner à l'arcade pour qu'elle soit normale et qu'on puisse y loger
facilement et bien en place toutes les dents en malocclusion.

Dans le cas particulier, les incisives avaient comme somme totale de
leur diamètre 30 mm. Le schéma correspondant indiquait que, dans ce
cas, la distance entre la première prémolaire droite et gauche devait
être normalement de 37,5 mm et entre les premières molaires droites et
gauches de 46 mm. Or, nous avions sur l'arcade un écartement de 30 mm
seulement au niveau des premières prémolaires et de 42 mm au niveau
des premières molaires. Il fallait donc dilater l'arcade de 7,5 mm au
niveau des prémolaires et 6 mm au niveau des molaires. C'est ce qui a
été fait et lorsque l'écartement suffisant a été obtenu, les canines inférieures sont venues petit à petit prendre leur place normale presque
spontanément. Quant aux canines supérieures, elles n'ont pas encore fait
leur éruption, mais un appareil de contention a été placé pour maintenir
libre l'espace occupé sans qu'il soit besoin d'intervenir autrement.

Vous voyez que lorsqu'on agit à temps ces cas, même les plus compliqués, sont guéris facilement et que les canines prennent leur place normale dans l'arcade pour le plus grand bien de l'occlusion et de l'esthétique. Dans le cas contraire, ils nécessitent plus tard des extractions ou des traitements plus compliqués, comme le montrent les deux premières observations ou bien encore provoquent des accidents inflammatoires sérieux parfois même graves comme on le verra maintenant dans l'observation suivante :

Comme quatrième cas d'infra-occlusion, voici maintenant une radiographie :
Il s'agit d'une personne âgée de 63 ans, mère de famille et qui était soignée depuis 1 an pour les phénomènes suivants,

Elle avait un appareil du haut à succion. Dans cette succion, la muqueuse avait bourgeonné et, finalement, la malade avait constaté un gonflement tel qu'elle ne pouvait plus mettre son appareil. Quelques jours après, un abcès s'étant formé, on lui conseilla de ne pas porter son appareil pendant quelque temps, d'appliquer de la teinture d'iode, de faire des gargarismes, etc. A la suite de ce traitement la malade ressentit un petit soulagement. Quelques mois après, on lui fit un nouvel appareil avec une succion un peu plus grande, pensant que c'était l'appareil qui avait sectionné la muqueuse, mais, au bout de 2 mois, les mêmes phénomènes se reproduisirent exactement. Bref, la malade était dans cet état depuis 1 an lorsqu'elle vint me consulter. Après l'avoir interrogée minutieusement, je pus me rendre compte que jamais la canine supérieure gauche n'avait fait éruption et je pensais aussitôt qu'il s'agissait d'infra-occlusion d'une canine avec phénomènes infectieux. Avant de faire un diagnostic ferme je demandai une radiographie. Celle-ci révéla la présence d'une canine et je pus affirmer alors à ma malade qu'il s'agissait bien d'infra-occlusion d'une canine. De plus, l'épreuve montrait nettement qu'il s'agissait d'une canine cariée. Naturellement, en présence d'un cas semblable, il n'y avait pas à hésit r, il fallait extraire la dent. Après une anesthésie à l'éther, je fis placer la malade en position de Ros et, au bout d'une dizaine de minutes, je parvins à saisir la dent et à l'extraire. Cette dent était bien cariée; sa couronne avait une forme et un volume normaux; la racine était relativement petite et légèrement recourbée au voisinage de l'apex. Les suites furent assez longues, car la cicatrisation se fit lentement; d'autre part, la malade était déprimée; elle souffrait depuis longtemps; ce ne fut que 15 jours après l'opération qu'elle put commencer à sortir et la guérison n'était pas encore parfaite au bout de 1 mois.

Enfin, dans la cinquième série de cas d'inclusion des canines je rangerai ceux dans lesquels il ne faut pas intervenir :

Voici, par exemple, la radiographie bucco-dentaire d'une jeune fille de 16 ans qui montre la persistance de la canine temporaire supérieure droite, tandis que la canine permanente correspondante est incluse dans la région palatine.

Je n'insiste pas sur la direction et la position de cette dent; la radiographie indique tout cela nettement et, d'ailleurs, tous ces détails sont secondaires; ce qu'il importe de savoir, c'est la conduite à tenir. Ici, j'estime qu'il vaut mieux s'abstenir. La dent incluse peut rester indéfiniment sans provoquer de troubles, par contre, la canine temporaire est solide, remplit suffisamment son rôle esthétique; rien ne justifie donc le traitement orthodontique long, pénible et dans le cas particulier assez compliqué.

En résumé, si l'absence totale de la canine est exceptionnelle, par contre, ce n'est pas une rareté de la trouver absente dans l'arcade; la dent est alors, soit incluse, soit en infra-occlusion. La cause de cette anomalie a été expliquée par l'évolution et le perfectionnement de la race humaine. La canine étant une dent de défense, son rôle physiologique devient inutile, mais la cause la moins discutable et la plus positive est l'atrésie des maxillaires, la canine permanente étant de toutes les dents de remplacement la dernière à apparaître, elle trouve sa place occupée lorsque l'arcade est trop petite.

Parmi les cas d'infra-occlusion que j'ai pu observer, j'ai choisi cinq observations qui ont nécessité chacune un traitement différent et m'ont paru résumer tout l'intérêt pratique et thérapeutique de cette question.

M. LE Dr PONT.

PROTHÈSE LINGUALE.

$617.928 + 616.314$

2 Août.

J'ai présenté, il y a quelques mois, à la *Société nationale de Médecine de Lyon*, un malade auquel M. Schwartz de Paris avait pratiqué l'amputation de la langue et pour lequel j'avais fabriqué une langue artificielle.

Les cas de prothèse linguale comparativement à la prothèse des maxillaires et du voile du palais sont assez rares pour mériter d'être publiés. De plus, j'ai apporté à la confection des langues artificielles quelques modifications que je décrirai à propos de ce cas. La prothèse linguale est destinée, comme l'indique son nom, à remplacer la langue en totalité ou en partie. Nous ne décrirons pas les appareils qui entourent la langue comme un fourreau, permettant de l'immobiliser et de la panser. Ces appareils sont faciles à construire et à concevoir; ils sont exceptionnellement employés et ne rentrent pas, d'ailleurs, dans le cas de la prothèse restauratrice. A la suite de l'ablation de la langue, le malade présente des troubles de la phonation, de la mastication, de la déglutition et la salive s'écoule continuellement hors de la bouche. Il faut donc faire porter au malade une langue artificielle destinée à rétablir le mieux possible toutes ces fonctions physiologiques. Pour cela, l'appareil doit être mou, dépressible, inoffensif pour les muqueuses, très mobile et de forme et de volume exactement semblables à l'organe naturel.

Construction de l'appareil. — Les conditions que doit remplir l'appareil et que nous venons d'énumérer, concernent les unes l'appareil proprement dit, les autres ses moyens de contention.

Appareils proprement dits. — Pour construire une langue artificielle, voici la technique que nous avons employée dans cette circonstance et qui nous a donné entière satisfaction :

On prend l'empreinte de la mâchoire inférieure et l'on en fait le moulage. Ce dernier nous indique le volume que devra présenter la langue artificielle et l'on façonne tout d'abord cette dernière à la cire. On tire au plâtre en deux parties, un moule creux de cette langue en cire. On tapisse les parois de chaque partie du moule d'une couche de cire de 0,5 mm d'épaisseur et en réunissant et soudant ces deux demi-coquilles de cire, on a la reproduction exacte du futur appareil. On renforce la face de la coquille correspondant à la face inférieure de la langue, et à son centre on noie dans la cire une tige d'or à laquelle est soudé un anneau de même métal. Celui-ci est bien dégagé de la cire et nettement visible au dehors. Dans l'intérieur de la coquille en cire. on coule du plâtre d'albatre très fin et l'on pique avant la prise du plâtre vers l'extrémité antérieure de la langue, une tige d'acier de 1 ou 2 mm de diamètre. Cette tige doit présenter une longueur suffisante pour atteindre le centre du noyau de plâtre et, en même temps, dépasser la cire de 10 à 15 mm.

Cette coquille de cire ainsi remplie de plâtre, munie d'une tige d'acier est alors mise en mouffle comme s'il s'agissait d'un dentier en ayant soin que la part extérieure de la tige d'acier soit à son tour solidement emprisonnée dans le plâtre du mouffle. Puis on fait fondre la cire en plongeant le mouffle dans l'eau chaude et il ne reste plus qu'à remplir le vide occupé autrefois par la cire avec du caoutchouc mou. On fait vulcaniser lentement comme à l'ordinaire et l'on obtient ainsi une langue artificielle en caoutchouc mou. On retire la tige d'acier et, par l'ouverture ainsi obtenue, on fait sortir tout le noyau de plâtre. On remplit aux trois quarts cette poche avec un liquide antiseptique ou simplement avec de l'eau stérilisée puis on obture le trou avec une solution de caoutchouc.

La construction d'une poche en caoutchouc est utile à connaître, non seulement pour la prothèse linguale, mais aussi pour la prothèse du maxillaire supérieur, du voile du palais et pour la prothèse restauratrice en général.

Moyen de contention. — Il faut que l'appareil lingual soit relié à un appareil de prothèse dentaire du maxillaire inférieur, mais la langue artificielle doit pouvoir se déplacer très facilement dans tous les sens et dans tous les plans. Pour cela, voici le dispositif qui rappelle les pivots à rotule de Touvet-Fanton et que j'ai imaginé pour le cas qui nous intéresse :

A la face linguale du dentier inférieur, au niveau de la ligne médiane, et à

2 mm au-dessous du collet des incisives, est fixée une tige d'or de 1 mm de
diamètre et de 1 cm de longueur. Cette tige se dirige horizontalement d'avant
en arrière et son extrémité postérieure, légèrement renflée, est vidée de façon
à former une cavité représentant les trois quarts d'une sphère. Dans cette
cavité vient se loger l'extrémité renflée d'une seconde tige semblable à la première comme dimensions. Cette nouvelle tige se termine à son autre extrémité
par un petit anneau qui est fixé dans l'anneau placé à la face inférieure de la
langue artificielle. Cette dernière est donc reliée solidement au maxillaire
inférieur, mais elle peut se déplacer très facilement à la moindre pression du
moignon lingual ou des muscles du plancher buccal. L'appareil était mou et
dépressible reprend facilement sa forme normale lorsqu'il n'est plus comprimé;
il s'ensuit que la mastication et la phonation sont sensiblement améliorées,
sinon complètement rétablies. Le malade se sert bien de ses appareils qu'il
porte depuis plus de 6 mois et dont il se déclare très satisfait.

M. le Dr A. ANDRÉ,

de l'Université (Pharmacie) (Lyon).

OBSERVATIONS SUR QUELQUES MÉDICAMENTS HÉROIQUES.

615.1 : 616.312

3 *Août.*

La thérapeutique *dentaire* qui suit l'évolution rationnelle de la Chimie
et de la Pharmacie agrandit chaque jour son champ d'action au fur et
à mesure que les propriétés des innombrables médicaments nouveaux
sont étudiées avec soin et appliquées avec méthode. Mais, sans crainte
d'être taxé d'exagération, nous pouvons affirmer que beaucoup d'entre
eux sont tombés dans l'oubli parce que leur étude avait été incomplètement faite et leur application mal conduite. D'autres, au contraire,
déjà les *maîtres* de la thérapeutique médicale, sont devenus et restent
encore les *préférés* de la thérapeutique dentaire. Ceux-ci sont des remèdes
héroïques parce qu'ils ont fait leurs preuves et qu'ils apportent chaque
jour à l'art de guérir leur énergie continue. Quelques-uns sont très *anciens*,
d'autres, plus *nouveaux*, mais, quels qu'ils soient, ils méritent à des points
de vue divers de retenir un instant l'attention du monde dentaire. C'est,
d'ailleurs, dans le but désiré de faire faire un pas à leur thérapeutique
que nous nous sommes proposé de les étudier et d'indiquer ici les résultats de nos investigations personnellement dirigées en ce sens, trop
heureux si nous parvenions à seconder ainsi l'activité intelligente et
raisonnée des chirurgiens-dentistes.

1. Sur la teinture d'iode. — Sans contredit, un des remèdes le plus
souvent utilisés et avec raison, par les dentistes, est la *teinture d'iode*.
Certains en ont reconnu les avantages, peu en ont observé les inconvénients, mais comme ces inconvénients sont sous la dépendance de décompositions chimiques ou en relations étroites avec des phénomènes subsé-
quents, nous pouvons déclarer qu'aucune *incompatibilité thérapeutique*
n'existe pour ce précieux médicament, à condition qu'il soit utilisé
toujours à l'état parfait, c'est-à-dire *pur*. Dans un travail récent, plein d'à-
propos et d'observations personnelles, il nous a été loisible de trouver
une justification de nos dires. Nous voulons parler d'une leçon de clinique faite par le professeur Paul Reclus, leçon relatée dans la *Revue
belge de Stomatologie*, leçon résumée et appréciée techniquement par la
plume autorisée de M. Ch. Fleischmann, dans la *Province dentaire*
publication placée sous la direction du Dr A. Pont. Sans nous
préoccuper de la valeur indiscutée de la teinture d'iode comme microbicide, association de l'iode *caustique* et *antiseptique* avec l'alcool éthylique à 95° au pouvoir *pénétrant, anesthésique* et aussi *antiseptique*, nous
disons qu'il peut exister des susceptibilités spéciales à l'égard de ce produit, mais, en dehors de ces cas fort rares, nous proclamons que les idiosyncrasies déconcertantes qui ont pu dérouter certains expérimentateurs
ne sont, en majeure, partie que la résultante de phénomènes d'ordre
chimique qu'il faut chercher à éviter. Le Dr Paul Reclus indique
lui-même quelques moyens d'y remédier et nous ne ferons que compléter
ses indications sur ce point :

« D'abord, dit-il, il faut employer une teinture d'iode *fraîche*, car si elle est
ancienne, il se forme de l'acide iodhydrique auquel on attribue, sans l'avoir
bien prouvé d'ailleurs, les accidents vésicants quelquefois obtenus.

Pour avoir une teinture d'iode fraîche, continue l'auteur, le moyen le plus
pratique consiste à se procurer de l'iode finement pulvérisé en quantités de
2, 1, 0,5 g et de le dissoudre dans de l'alcool à 95° en proportions déterminées. »

Le Codex français de 1884 donnait pour cette formule la proportion de
·1 g d'iode pour 12 g d'alcool à 90°; celui de 1908 a adopté la formule
internationale en substituant l'alcool à 95° à l'alcool à 90° et en fixant
la proportion de 1 g d'iode pour 10 g d'alcool à 95° (la formule officielle
actuelle contient donc plus d'iode que l'ancienne). Reclus estime que la
proportion de 1 pour 15 est largement suffisante pour satisfaire à tous les
usages auxquels l'art dentaire destine ce médicament. Cette dose, pour
certains opérateurs, serait même un peu forte et mériterait d'être dédou-
blée dans bien des cas. Nous ne voulons pas discuter ces diverses opinions
suggérées par la pratique et nous adopterons la formule de Reclus lui-
même, à savoir 1 g d'iode pour 15 g d'alcool à 95°. Le dentiste moderne
doit donc, d'après les indications ci-dessus, préparer lui-même sa teinture d'iode au moment du besoin, afin d'avoir la certitude de sa pureté,
c'est-à-dire de sa non-décomposition qui le garantira contre tout accident

possible. Cette appréciation est-elle justifiée? La réponse à cette question nous conduit tout droit à l'étude des altérations de la teinture d'iode. Nous la ferons très rapidement. A notre avis, trois corps principaux, en dehors de l'acide iodhydrique, peuvent se rencontrer dans la teinture d'iode. Ce sont : le *chlorure d'iode*, le *bromure d'iode*, *l'iodure de cyanogène*. Ils proviennent, soit d'une défectuosité dans la préparation de l'iode métalloïdique, soit d'une insuffisance de sublimation, c'est-à-dire de purification de ce corps. Tous trois sont éminemment *caustiques* et susceptibles, comme l'acide iodhydrique lui-même, d'amener des vésications suivies de brûlures douloureuses. Et il ne faut pas songer à se débarrasser facilement d'eux, car le seul moyen pratique consiste dans une purification consommée du produit par des procédés qu'on ne peut mettre en œuvre que dans des laboratoires très bien organisés. Dès lors, le plus sûr moyen est de s'adresser à un pharmacien consciencieux, acheteur des meilleures marques industrielles d'iode, marques qu'il aura contrôlées au préalable par un examen précis et une méticuleuse analyse.

Reste alors *l'acide iodhydrique*. Il est établi définitivement par l'expérience que la teinture d'iode peut elle-même se décomposer par réaction intra-moléculaire de son iode sur son alcool éthylique et produire de l'acide iodhydrique en quantité variable suivant des conditions diverses parmi lesquelles il faut faire entrer en première ligne la pureté des deux corps constitutifs et ensuite l'influence de la température et de la lumière. Cette production d'acide iodhydrique est surtout sensible durant le premier mois de la préparation; elle peut parfois se constater après quelques heures et atteindre des chiffres tels que 2, 4, 6, 8 g par litre. La substitution d'alcool méthylique ou dénaturé à l'alcool éthylique pur arrive souvent à doubler ces chiffres. Or, de l'eau distillée additionnée de pareilles quantités d'acide iodhydrique anhydre coagule l'albumine et blanchit la chair musculaire qu'elle a touchée; son action est naturellement encore plus violente sur les muqueuses. Par analogie, la teinture d'iode correspondante est d'une causticité excessive et doit être rejetée comme impropre à tout usage thérapeutique.

Il existe quelques moyens capables d'arrêter la décomposition de la teinture d'iode et d'empêcher la formation d'acide iodhydrique. L'un consiste à lui ajouter, suivant Claret, du borax (borate de soude, tétraborate de soude), l'autre, de l'iodure de potassium ou de sodium (Courtot). Mais ces moyens sont plus ou moins pratiques et le dentiste qui doit préparer sa teinture d'iode extemporanément a besoin d'avoir sous la main des procédés aussi simples que rapides. Ce sont ces procédés que nous nous sommes proposé de lui indiquer.

Doit-il préparer une teinture d'iode qui sera employée sur-le-champ, en totalité ou qu'il ne veut conserver? Dans ce cas, il n'a qu'à se munir d'*ampoules* contenant chacune 0,50 g *d'iode bisublimé pur* et de casser chacune d'elles dans un flacon contenant exactement 7,50 g d'alcool à 95°; la dissolution est *rapide*. Doit-il au contraire préparer une teinture

d'iode qu'il doit conserver, de laquelle il veut avoir la certitude de sa
pureté et surtout de la privation d'acide iodhydrique? Dans ce cas, il
devra se munir d'*ampoules* contenant chacune 0,50 g *d'iode* finement
pulvérisé et intimement associé à du *borate de soude*, puis à procéder
comme ci-dessus. Enfin, en nous basant sur une action de l'iode sur les
iodures que nous avons étudiée tout spécialement, nous avons enfermé
dans une *ampoule* un *liquide* qui ne s'altère pas et qu'il suffit d'ajouter
à 7,50 g d'alcool à 95°. Depuis 1 an, les analyses que nous avons faites
de ce produit nous ont prouvé que la dose d'iode contenue n'a jamais
varié et jamais nous n'avons pu y déceler la présence de l'acide iodhydrique. On peut aussi confectionner avec cette teinture d'iode inaltérable à $\frac{1}{15}$ des *ampoules* contenant juste la dose à employer, 2, 5, 7,50,
15 g, par exemple, et au moment du besoin, briser l'ampoule dans un
petit verre cylindrique sans addition d'aucune sorte. C'est là le procédé
le plus simple, le plus commode et aussi le plus sûr.

Signalons en passant que quelques expérimentateurs ont vanté les
propriétés de l'iode en dissolution dans le chloroforme, la benzine, l'acétone, mais les produits obtenus auxquels on a pu reconnaître quelque
utilité doivent tous aussi être préparés extemporanément. En effet, ces
produits sont plus altérables que la teinture d'iode alcoolique et plus
sujets qu'elle à des décompositions intra-moléculaires profondes qui
rendent leur emploi toujours dangereux. Il ne faut donc les admettre
dans la thérapeutique dentaire que sous la réserve d'une longue observation.

Teinture d'iode décolorée. — Dans certains pays et particulièrement
en Angleterre et aux États-Unis, on utilise une teinture d'iode décolorée
et quelques dentistes français réclament parfois de semblables préparations :

En *Angleterre,* on emploie généralement la formule de Meactindale et Wes-
cott reproduite dans leur formulaire : *The extra Pharmacopeia* (14ᵉ édition),
et qui est la suivante :

<pre>
    Iode.. 2ᵍ,50
    Alcool à 90°................................... 27ᵍ,50
</pre>

Dissoudre à une douce chaleur et ajouter après refroidissement :

<pre>
    Solution forte d'ammoniaque.................. 6ᵍ,25
</pre>

Porter le mélange à la chaleur (soleil ou bain-marie) jusqu'à dissolution et
ajouter :

<pre>
    Alcool à 90°......................... q. s. pour 100ᵍ
</pre>

Aux *États-Unis,* le procédé suivant est le plus fréquemment utilisé :

<pre>
    Iode.....................................)
    Hyposulfite de soude..................... } aa 10ᵍ
    Eau distillée............................)
</pre>

Dissoudre et ajouter :

    Liqueur ammoniacale forte à 28 %..............   5^{cm3}
    Alcool rectifié...........................   q.s. pour 1 litre

En *France*, il vaut mieux se servir de la formule suivante, dont tous les éléments figurent au Codex de 1908 dans des proportions bien déterminées et expérimentées :

    Iode.. $\Big\}$
    Hyposulfite de soude........................... āā 10^g
    Eau distillée..................................

Dissoudre et ajouter :

    Solution d'ammoniaque à 10 % .... 15^g
    Alcool à 95°.................................... 75^g

Conclusions. — 1° La teinture d'iode qui se prête aux meilleurs et aux plus nombreux usages thérapeutiques doit contenir 1 g d'iode pour 15 g d'alcool (P. Reclus).

2° Les altérations rapides de la teinture d'iode, particulièrement la formation d'acide iodhydrique, obligent le dentiste à préparer lui-même extemporanément ce produit.

3° Il peut le faire à l'aide d'ampoules contenant chacune 0,50 g d'iode bisublimé *pur* (exempt de chlorure, de bromure d'iode et d'iodure cyanogène). Chaque ampoule est brisée; son contenu est projeté dans 7,50 g d'alcool à 95° et il s'y dissout en donnant une teinture d'iode fraîche.

4° Si l'on veut conserver la teinture d'iode et la préserver de la formation de l'acide iodhydrique, il faut associer à l'iode finement pulvérisé du borate de soude, faire des ampoules ayant exactement le même dosage et verser le contenu de chacune d'elles dans 7,50 g d'alcool à 95°.

5° Nous avons préparé des ampoules titrées contenant un *liquide inaltérable* qu'il suffit d'ajouter à 7,50 g d'alcool à 95° pour avoir une teinture d'iode qui peut être utilisée immédiatement ou, si elle ne l'est pas, qui se conserve sans aucune altération.

Évidemment, on peut mettre en ampoules de contenances diverses cette teinture d'iode toute préparée et alors la *seule* manipulation à effectuer consiste à briser l'ampoule pour en retirer le produit.

6° Le chloroforme iodé, la benzine iodée, l'acétone iodée sont des préparations qui ont pu rendre quelques services dans des cas bien spéciaux. Il faut se méfier d'elles et les ranger dans la série des produits dangereux.

7° La teinture d'iode décolorée n'est qu'une fantaisie. Nous en avons publié une formule adaptée à notre thérapeutique.

II. *Sur le perborate de soude.* — Les propriétés de l'oxygène et surtout de l'oxygène à l'état naissant ne sont plus à rappeler aujourd'hui, mais ce qu'il est bon de dire, c'est que la thérapeutique dentaire a été la première à les indiquer, à les utiliser, à les perfectionner.

Aussi l'eau oxygénée est venue jouer un rôle considérable dans l'arsenal dentaire; qui dit *eau oxygénée* veut dire *eau productrice d'oxygène*. Mais on sait que, pour conserver à l'eau oxygénée, toute sa teneur en oxygène, il est indispensable de lui garder une acidité persistante qui lui est fournie par son mode de préparation et, si cela ne suffit pas, il faut même lui ajouter un acide.

On s'est naturellement demandé si cette grande acidité ne modifiait pas les propriétés bactéricides de ce corps.

Les premiers expérimentateurs ont soutenu qu'elle répondait à un besoin et qu'elle servait à favoriser la destruction de certains germes; aujourd'hui, avec Stewart de New-York, il faut admettre que l'eau oxygénée acidifiée même légèrement n'agit pas à travers la membrane cellulaire des germes, mais qu'en solution *alcaline*, ladite membrane est attaquée et l'action de l'eau oxygénée se fait sentir. Il faut donc employer de l'eau oxygénée plutôt neutre.

On peut la neutraliser soit directement par addition de soude, soit par du borate de soude (ce dernier en se décomposant laissant de l'acide borique, acide très faible), mais les solutions ainsi neutralisées ou faiblement acidifiées perdent leur oxygène sous la moindre influence et sont, en tous cas, intransportables. Mieux vaut alors utiliser un corps stable producteur d'oxygène. Ces corps sont nombreux et il en est un qui paraît devoir se substituer à tous les autres : le *perborate de soude*.

Le *perborate de soude* représente une poudre blanche, très fixe, qui peut se conserver même à l'air; elle se dissout facilement dans l'eau à laquelle elle communique une réaction faiblement *alcaline*. Cette dissolution est constituée par de l'eau oxygénée chimiquement pure dont les propriétés antiseptiques viennent s'ajouter à celles de l'acide borique *libre*. 1 kg de perborate de soude peut donner environ 80 litres d'*oxygène actif* qui se dégage à l'état naissant sous forme d'eau oxygénée. Nous indiquons ci-après les préparations qu'on peut obtenir avec ce corps :

1° *Eau oxygénée à 2 volumes.* — On l'obtient en dissolvant à *froid* 25 g de perborate de soude dans 1 l d'eau : la solution qui en résulte donne 2 l d'oxygène.

2° *Eau oxygénée à 4 et 5 volumes.* —On dissout dans de l'eau aux températures de 20°, 25°, 35°, 40° qu'il ne faut jamais dépasser, la quantité correspondante de perborate de soude qui augmente avec la température et l'oxygène aussi.

3° *Eau oxygénée à 10 et 12 volumes* :

Perborate de soude....................	170^g
Acide citrique	60^g	Filtrer
Eau bouillie..........................	1 litre

4° *Eau oxygénée à 18 et 20 volumes* :

Perborate de soude..........................	210^g
Acide citrique.................................	105^g
Eau bouillie...................................	1 litre

5° *Eau oxygénée à 150 et 200 volumes.*—On ajoute peu à peu avec précaution et à saturation du perborate à de l'acide sulfurique à 50 %. De suite et après filtration sur du fulmicoton on obtient de l'eau oxygénée à 150 et 200 volumes.

Il ne faut pas oublier qu'une telle préparation doit être maniée avec une extrême prudence et qu'elle ne peut guère se conserver que dans des ampoules paraffinées ; elle attaque fortement l'épiderme des mains en produisant une douleur très vive et une cuisson très persistante.

Conclusions. — 1° L'eau oxygénée doit être *alcaline* pour fournir son maximum d'activité microbicide. Pour cela, il faut l'additionner de borax ; 2° on peut préparer extemporanément de l'eau oxygénée avec du perborate de soude qui, à des doses diverses, cède ce corps à des titres variables ; 3° nous en donnons des formules que nous avons expérimentées.

III. Sur le Gaïacyl. — Le gaïacyl est, comme son nom l'indique, un dérivé du gaïacol répondant exactement à la formule du *gaïacol sulfonate de chaux*

$$\left[C^6 H^3 \begin{array}{l} \diagup OH \\ {-}O\,CH^3 \\ \diagdown SO^3 \end{array} \right]^2 Ca.$$

C'est une poudre d'une nuance mauve ou plutôt gris mauve, très soluble dans l'eau et dans l'alcool, insoluble dans les huiles et qui rappelle comme odeur assez bien celle du gaïacol qui lui a donné naissance. Ce corps est un anesthésique *local* qui mériterait de figurer *parmi les meilleurs.* Il n'est pas toxique, pas caustique, peut s'employer à hautes doses sans aucune crainte et son pouvoir anesthésique ne cède en rien à celui de ses concurrents alcaloïdiques. L'*adrénaline* augmente sa fonction anesthésique.

Nous conseillons les formules suivantes :

I. — *Pour extractions.*

Gaïacyl	$0^{g},05$
Adrénaline	$\frac{1}{20}$ mg
Sérum	$\frac{1}{10}$ cm³

II. — *Pour pulpectomies.*

Gaïacyl	$0^{g},10$
Adrénaline	$\frac{1}{20}$ mg
Sérum	1 cm³

Conclusions. — 1° Le gaïacyl, gaïacol sulfonate de calcium, est un anesthésique local puissant et inoffensif pouvant s'employer à doses élevées ; 2° nous en donnons les formules les plus usuelles.

M. le Dr VICHOT,

Professeur à l'École dentaire (Lyon).

KYSTE DE L'OVAIRE AVEC PRÉSENCE DE DENTS
DANS UNE CLOISON OSSEUSE.

616.993.8

2 *Août.*

Les kystes de l'ovaire sont de trois sortes, les kystes mucoïdes, les kystes dermoïdes et les kystes mixtes.

Les uns ont une paroi fibreuse dont l'épithélium interne est formé de cellules muqueuses : ce sont les kystes mucoïdes. Leur contenu est un liquide filant, sirupeux dont la couleur varie du jaune ambré à la nuance café ou chocolat.

Les autres ont une paroi dont la structure rappelle celle de la peau, la paroi dermoïde revêtue de cellules ectodermiques : ce sont les kystes dermoïdes. Leur contenu est formé par des produits cutanés, matières sébacées ou épidermiques, poils et cheveux auxquels peuvent se combiner des cartilages et des os, des dents où même des parties embryonnaires plus avancées en organisation.

C'est le contenu d'un de ces derniers kystes qui fait l'objet de cette présentation.

La personne porteur de ce kyste était une femme de 35 à 40 ans; elle présentait un kyste de l'ovaire à droite. Après laparotomie, on se trouve en présence d'un kyste de la grosseur d'une tête fœtale inclus dans le ligament large et formé de plusieurs poches. Dans la plus grande, dont la paroi ressemblait à de la peau macérée et était tapissée de cellules ectodermiques, on trouve un paquet de cheveux noirs longs de 3o cm, fortement pelotonnés; des dents apparaissaient dans cette cavité remplie d'un liquide épais jaunâtre. En disséquant la paroi, où étaient implantées les dents, on trouve un fragment osseux d'une forme spéciale et d'un volume relativement considérable.

Cette cloison osseuse, à peu près ronde, de 4 cm de diamètre, présente une concavité ressemblant assez à une voûte palatine fœtale. Presque sur le bord se trouvent implantées quatre dents. Ces dents rappellent un peu la forme des dents temporaires des molaires et des canines, mais cependant l'une d'elles n'a pas de forme bien déterminée. Ce qui est curieux dans ce cas, c'est : 1° le volume de cette formation embryonnaire; 2° sa forme ressemblant assez à une voûte palatine; 3° la position des dents de cette cloison formant comme l'ébauche d'une arcade dentaire.

Deux théories peuvent expliquer la pathogénie de ces kystes : la théorie de l'enclavement de Verneuil et la théorie de la parthénogénèse de Mathias Duval.

Dans la première, au cours du développement embryonnaire par suite, soit d'un pincement, soit d'une adhérence, s'est faite une invagination de l'ectoderme. Dans ce pli cutané emprisonné plus ou moins profondément vont s'accumuler des produits épidermiques ou cutanés : sebum, poils, déchets cornés, etc. Pour les kystes dermoïdes simples à contenu sébacé et pileux, l'hypothèse est admissible; elle cesse de l'être pour les kystes dentigères.

La théorie de la parthénogénèse est d'une plus large application. Un œuf peut subir, en dehors de toute fécondation sexuelle, un commencement de segmentation. Le kyste dermoïde serait le résultat de ce pouvoir de segmentation de l'œuf non fécondé, un ovule, dans l'ovaire du porteur se segmente et arrive à la formation d'une ou deux assises blastodermiques.

Suivant le degré de ce développement, le kyste dermoïde ovarien est constitué, soit par le feuillet cutané seul, ce qui est le plus fréquent; on trouve alors des poils, soit par des éléments issus du feuillet moyen (cartilages, os, etc.), soit ce qui est plus rare, par le feuillet interne (intestin). C'est une dégénérescence de l'ovule. Mais pourquoi cette différenciation dans ce mélange de cellules produisant les unes des poils, les autres des dents? Il semble donc que chaque cellule a un rôle déterminé dans la formation de certains organes.

M. LE Dr VICHOT.

CANINE EN ECTOPIE CHEZ UN HÉRÉDO-SYPHILITIQUE.

617.64

2 Août.

Si toutes les dystrophies dentaires ne reconnaissent pas pour cause la syphilis, nous devons admettre qu'un certain nombre se rencontre chez des hérédo-syphilitiques. Telles sont la dent d'Hutchinson, la dent en tournevis, la position anormale de certaines dents, etc.

Nous avons eu l'occasion de rencontrer à notre clinique de l'École dentaire de Lyon, une malade présentant un cas intéressant d'ectopie palatine d'une canine.

Cette malade, âgée de 27 ans, présentait sur la ligne médiane de sa voûte palatine, une dent profondément atteinte de carie pénétrante. La position et la forme de cette dent étaient assez difficiles à déterminer d'une façon très précise sans le secours de la radiographie qui nous fixa sur ces deux points. Nous avions affaire à une canine située dans la suture intermaxillaire et dirigée d'arrière en avant, de bas en haut et de droite à gauche. Le diagnostic établi, nous avons procédé sans anesthésie générale à l'extraction de cette dent.

Quelle pouvait être la cause de cette ectopie ?

A priori, nous pensons de suite à une hérédité syphilitique, mais avant de nous prononcer catégoriquement, nous avons suivi le plan du professeur Fournier pour sa recherche de l'hérédo-syphilis.

1º *Enquête sur la famille. Ascendants. Polymortalité infantile. Gemellité.* — Chez la mère, pas de manifestations nettes de spécificité. Cependant, avant la naissance de notre malade, elle eut deux fausses couches, puis mort de deux enfants jumeaux nés avant terme. Donc, probabilité de syphilis des parents.

2º *Enquête sur la malade.* — Physionomie générale : habitus extérieur, taille normale; stigmates faciaux : écrasement basal du nez, cependant elle n'a pas le vrai nez en lorgnette.

Triade d'Hutchinson; stigmates auriculaires : écoulements d'oreilles, lésion du tympan, troubles auditifs.

Stigmates oculaires : dans ses commémoratifs, la malade nous dit avoir eu dans l'enfance des maux d'yeux ayant duré plusieurs mois; elle présente un léger strabisme convergent de l'inégalité pupillaire, des troubles de l'accomodation et le signe d'Argyll Robertson.

Stigmates de tares : léger retard dans l'évolution de son système dentaire. Absence de l'incisive latérale supérieure droite. L'atrophie de la première molaire, signalée par Fournier, n'a pu être constatée, ces dents ayant disparu depuis longtemps. À la mâchoire supérieure et à la mâchoire inférieure, échancrure d'Hutchinson très nette sur les incisives centrales. Enfin, grande vulnérabilité des dents restantes. Articulation vicieuse, sorte de désorientation dentaire ogivalité et fissure palatine et absence presque complète de voile de palais.

Stigmates du système locomoteur : hydarthsore chronique du poignet droit avec inflammation d'une bourse séreuse des tendons des fléchisseurs.

Stigmates nerveux : abolition du réflexe pupillaire et du réflexe laryngé. Nervosisme général. D'après ces recherches méthodiques, nous pouvons assurer que nous avons affaire à une hérédo-syphilitique.

MM. M.-J. QUINTERO ET E. CHOUVON.

(Lyon).

LE TARTAR SOLVENT DANS LA CURE DES ABCÈS PYORRHÉIQUES.

617.63

3 *Août.*

Depuis près de 3 ans, nous employons couramment, pour le traitement de la pyorrhée alvéolo-dentaire, un médicament introduit dans la pratique au début de l'année 1909 par le Dr Head de Philadelphie.

Le bifluorure d'ammonium plus communément appelé *Tartar Solvent* se présente sous la forme d'un liquide clair, incolore, d'une odeur nulle, d'une saveur âcre, s'évaporant assez lentement et déposant autour du godet de cire où il est versé un amas de cristaux blanchâtres de forme neigeuse. Cet acide n'a aucune action sur la cire, le caoutchouc, le platine, le bois. Il n'en a pas davantage sur l'émail dentaire, le cément et le péricément. L'émail artificiel est fortement attaqué par lui ainsi que le ciment dentaire. Il fut découvert par Head en faisant des recherches expérimentales sur le pouvoir décalcifiant des acides.

Un jour, il mit dans de l'acide fluorhydrique commercial une dent coupée longitudinalement et recouverte d'une épaisse couche de tartre noir. Le lendemain, il fut tout étonné de trouver cette dent propre et blanche avec l'émail et le cément absolument intacts, mais dont le péricément avait disparu, tandis que la dentine était un peu décalcifiée à la surface. Des expériences répétées confirmèrent ces faits. Un essai sur le patient donna un bon résultat au point de vue de la dissolution du tartre, mais causa une grosse irritation péri-radiculaire. Son effort se porta alors sur les sels de l'acide fluorhydrique et, après une série d'expériences, il prépara une solution de fluorure d'ammonium qui sembla donner exactement ce qu'il désirait, c'est-à-dire un excellent dissolvant du tartre sans aucune action sur l'émail, le cément ou le péricément.

Les médicaments précédemment employés, tels que les acides lactique, sulfurique, chromique, et d'autres avaient pour but de désinfecter les poches pyorrhéïques, stimuler la fonction génératrice des cellules du péricément, mais ils ne pouvaient être utilisés avec succès qu'autant que les dents étaient parfaitement propres et indemnes de calcul sérique. Malgré tout le soin qu'on apporte à un nettoyage, on ne peut jamais être absolument sûr de n'y avoir laissé aucun dépôt.

Le bifluorure d'ammonium, injecté le long de la racine, dissout ces dépôts, les réduit en une pâte molle, facile à enlever, et les gencives n'étant plus irritées, tout rentre dans l'ordre et très rapidement.

L'application du *tartar solvent* peut se faire de deux manières : soit en injection à l'aide de la seringue à abcès n° **33** de White à pointe de platine dans les poches pyorrhéïques, soit en application sur la ligne gingivo-dentaire à l'aide d'un bois de citronnier taillé en biseau très fin, dans les cas plus bénins. Mais, c'est surtout dans les abcès pyorrhéiques que le *tartar solvent* donne le maximum de son énergie curative. Quand certaines poussées inflammatoires interrompant le cours essentiellement chronique de la polyarthrite alvéolo-dentaire aboutissent à des abcès apicaux plus ou moins volumineux, ceux-ci s'ouvrent alors spontanément par des fistules au niveau des dents malades, la muqueuse autour de ces orifices devient molle et saignante, la fétidité de l'haleine augmente et une salivation abondante l'accompagne. Une injection de *tartar solvent* sera alors dans ce cas le médicament de prédilection, injection faite soit par l'orifice interdentaire, soit par la fistule.

Deux années auparavant, une dame, de passage à Lyon, vint nous trouver entre deux trains, pour nous laisser examiner sa bouche. C'était le cas type de la pyorrhée alvéolo-dentaire, gencives nettement tuméfiées, d'une coloration rouge violacée avec leur feston marginal épaissi et fongueux. Entre les dents, les gencives décollées laissaient apercevoir des clapiers alvéolaires remplis de pus. Les de..ts du maxillaire inférieur, et plus particulièrement la canine droite, très chancelante, nous prouvaient par leur sensibilité à la pression, la période d'état de la polyarthrite alvéolo-dentaire. Leur mobilité ne pouvant nous permettre de faire un détartrage soigneux, nous nous contentâmes de traiter simplement les poches pyorrhéïques. Celles-ci ayant été ouvertes et nettoyées avec soin, à l'eau tiède, le champ opératoire fut découvert, les gencives et les tissus environnants dûment protégés à l'aide de serviettes ou rouleaux de coton. Une injection de *tartar solvent* à l'aide de la seringue fut faite dans chacune des poches nettoyées, en prenant bien soin que le liquide ne s'échappât pas au dehors. Après avoir rempli la poche, nous laissâmes 2 ou 3 minutes et fîmes rincer la bouche à l'eau tiède. Une douleur assez vive fut la conséquence immédiate de cette opération, mais elle passa au bout de 15 minutes. Ceci nous apprit dans des cas semblables à faire au préalable un badigeonnage de cocaïne à 5 % dans les poches d'abcès. Nous avons revu cette personne ces jours-ci reconnaissante au possible pour le bien-être que nous lui avons procuré. Ses gencives sont encore enflammées (gingivite tartrique), mais d'abcès et de sensibilité, plus aucune trace.

Cet exemple, cité parmi tant d'autres, nous montre quelle confiance nous pouvons avoir dans ce médicament, s'il est appliqué *judicieusement*. Lorsque le traitement peut se faire normalement, c'est-à-dire en plusieurs séances, on pourra aller plus lentement, entreprendre la guérison des poches l'une après l'autre. Le médicament injecté dans les premières séances a pour but de soulager les douleurs causées par les abcès et de donner un peu plus de fermeté aux gencives. Lorsque les dents sont trop branlantes, il convient de les attacher l'une à l'autre avant de commencer la plus petite extirpation de calculs. Un ou deux jours après la première application, on constatera un progrès sensible, moins d'inflammation, dents plus fermes et diminution de profondeur des culs-de-sac pyorrhéïques. Une seconde fois, le médicament sera appliqué, les dents plus solides sur leur base pourront supporter le détartrage dont la minutie activera plus ou moins la guérison définitive. Après deux ou trois applications soigneusement faites, on sera étonné du progrès de la guérison. Nous avons vu des cas qualifiés désespérés, des dents tellement mobiles qu'on pouvait s'attendre chaque jour à les voir tomber d'elles-mêmes, redevenir fermes, la gencive se resserrer autour' d'elles et reprendre sa couleur rose normale.

L'examen histologique des tissus dentaires et péridentaires ayant été fait par le Dr Head (voir *Cosmos*, février 1909) a montré que le bifluorure d'ammonium ne s'attaque qu'aux dépôts sériques et laisse la dent et les tissus environnants dans toute leur intégrité. L'effet curatif de ce médicament doit être attribué non seulement à son pouvoir dissolvant sur le tartre, mais surtout à son action stimulante sur la membrane péridentaire et probablement sur le tissu gingival lui-même. Cela est si vrai que même dans les cas de gingivite expulsive où il n'y a presque pas de tartre, peu ou pas de pus, simplement déchaussement et mobilité anormale des dents, celles-ci ne tardent pas à se raffermir (à la condition que la résorption alvéolaire ne soit pas trop prononcée), prouvant ainsi l'action stimulante du bifluorure d'ammonium. Son emploi, dans certains cas bien définis tels que les abcès pyorrhéïques, les décollements gingivaux en font un agent de grande valeur. Sa toxicité relative, sa manipulation facile (à la seule condition d'être contenu dans des flacons ou godets de cire), son pouvoir dissolvant sur le tartre en font un médicament de la plus grande utilité pour le traitement de cette maladie encore si peu connue, *la pyorrhée*.

M. SOULARD,

Professeur à l'École dentaire (Lyon).

DE L'ÉTAT MOLÉCULAIRE DES MÉTAUX COULÉS.
SON IMPORTANCE EN PROTHÈSE DENTAIRE.

617.928

5 *Août.*

Le poids spécifique des métaux est variable selon qu'ils seront simplement fondus, coulés par pression, par la force centrifuge, laminés ou martelés, et d'après le titre de l'alliage. En ce qui concerne notre profession, nous n'avons à considérer que l'or et quelque peu l'aluminium. Les autres métaux tels que l'étain et autres alliages fusibles, ne s'emploient qu'en masse, l'état de leur résistance n'étant pas à considérer parce qu'ils agissent seulement comme poids. Néanmoins, nous verrons tout à l'heure que leur état moléculaire est variable et, qu'à ce point de vue, ils seront également intéressants. L'emploi de la presse et de la fronde pour la coulée de l'or a considérablement modifié la technique en prothèse. Cependant l'ancienne méthode d'estampage n'est pas abandonnée et elle compte encore beaucoup de fervents partisans; j'ajouterai même que, dans des cas spéciaux et lorsqu'on veut obtenir de la résistance et de l'élasticité dans une plaque mince, il n'y a encore, jusqu'à présent, que l'or laminé estampé qui puisse donner ce résultat.

Beaucoup de controverses sont venues plaider en faveur d'un procédé favori. Mais, avant d'aborder le sujet que je vais traiter, nous allons d'abord examiner les deux procédés en usage et tâcher de démontrer leurs qualités respectives. La grande qualité de la plaque estampée, la première et la seule, sera sa rigidité ou plutôt son élasticité. Cette supériorité ne lui appartient pas en propre; elle lui est donnée par la plaque d'or laminée. Il est de toute évidence que si cette plaque, au lieu d'être en or laminé, était une feuille d'or coulé et estampé ensuite, le résultat serait tout à fait différent; il se rapprocherait beaucoup, pour ne pas dire exactement, de l'or coulé. La plaque en or coulé n'aura pas de rigidité, c'est là son grand défaut; mais, en revanche, quelle adaptation parfaite au modèle! Quel moulage! et comme les aspérités, les sinuosités de la bouche sont reproduites! Il ne lui manque que la qualité de la plaque laminée estampée; un peu de résistance et d'élasticité. Il semblerait donc, par l'analyse des deux procédés ci-dessus, que, pour être parfaite, une plaque devrait les réunir tous deux. Cela parait impossible au premier examen; cependant, j'ai tenté l'expérience et essayé de donner à une même plaque les qualités inhérentes à chacune des plaques employées dans les deux méthodes. La résistance, l'élasticité, le poids d'un métal sont en rapport avec son état moléculaire, c'est-à-dire que, plus il y aura cohésion des molécules, plus le métal sera résistant, élastique et plus son poids spécifique sera augmenté. C'est donc le tassement moléculaire par le laminage ou le martelage qui donne sa qualité prédominante à la plaque estampée. Il y a impossibilité de donner à la plaque coulée la cohésion moléculaire de la plaque laminée; mais il est possible de lui donner plus de résistance, d'augmenter son poids spécifique et, partant, de la rendre plus élastique.

Je ne parlerai pas des alliages de platine, ce qui sortirait du sujet que je me suis tracé, mais seulement de l'or à o,750, tel que nous le livre le fournisseur. Nous savons que la densité de l'or fondu à o,750 est de 15,89, laminé ou martelé, il est de 16,04, ce qui fait donc une différence de o,15 en plus, ce qui est peu en somme.

Si donc nous voulons donner plus de résistance à notre plaque coulée, nous devrons faire en sorte de lui donner plus de poids sous le même volume, bien entendu. J'ai fait à ce sujet des expériences très concluantes

et je suis heureux de vous en apporter les résultats. A cet effet, je me suis
servi de deux appareils en usage : la presse à pression de vapeur et la
fronde. Pour ce faire, j'ai construit un petit tube creux en métal de 1 cm
de côté, ce qui équivaut approximativement à 1 cm³. J'ai pu faire avec
ce moule une série de petits cubes en cire ayant tous très exactement
les mêmes dimensions. Ces cubes ont été mis en cylindres en même
temps, c'est-à-dire avec le même revêtement, l'un a été coulé avec la
presse, l'autre avec la fronde. J'ai répété ces expériences plusieurs fois,
et le résultat a toujours été le même. J'ai expérimenté également l'aluminium, l'étain, et vous pourrez constater sur ces différents métaux la
différence de poids obtenue par les deux procédés. J'ai constaté que les
métaux légers à grosse cristallisation ne se tassaient pas comme les
métaux lourds à fine cristallisation. Néanmoins, j'ai pu obtenir une
légère différence de poids en faveur de la fronde. Les petits cubes d'or
que je vous présente ont une différence de poids de 1,10 g, ce qui augmente donc de 1,100 kg le poids spécifique de l'or. Les cubes d'étain
ont une différence de 0,10 cg et les cubes d'aluminium, une différence de
0,10 cg.

Le résultat de ces expériences prouve donc qu'on peut modifier la
cohésion moléculaire du métal coulé en augmentant sa densité; d'où il
résultera que le grain sera plus fin, qu'il y aura absence de lacune, plus
grande solidité et plus d'élasticité.

Par l'exposé des résultats ci-dessus, on peut encore reprocher à l'or
coulé de donner des appareils trop lourds, en raison de l'épaisseur que
doivent avoir les plaques pour offrir une certaine résistance; ceci, au
contraire, est précisément en sa faveur, parce qu'il y aura possibilité de
faire des plaques plus minces si nous pouvons obtenir plus de résistance
avec une moindre épaisseur. Les résultats obtenus prouvent encore la
supériorité du coulage à la fronde sur celui de la presse. Peut-on dire qu'on
obtiendrait plus de force de pénétration avec la fronde qu'avec la presse,
je ne le crois pas, car les expériences semblent démontrer le contraire.
Mais, tandis que dans la fronde, la force centrifuge s'exerce seulement sur
le métal en fusion, le fait pénétrer avec force dans le vide, le tasse et en
condense, pour ainsi dire, toutes les molécules; dans la presse, la pression,
tout en paraissant supérieure, ne s'exerce pas seulement sur le métal,
mais tout autour de celui-ci et sur toutes les parois qui sont en contact
avec elle. Les petites plaques d'or que je vais vous présenter vous permettront de conclure sur la valeur de chacune de ces forces.

J'ai voulu essayer sur de petites plaques la résistance de l'or coulé.
J'ai pris des plaques de cire d'égales dimensions et je les ai mises en
revêtement par le procédé employé pour les cubes. Il m'a été impossible
d'obtenir des plaques de même épaisseur. Tandis que les plaques coulées
à la fronde donnaient toujours l'épaisseur de la cire employée, celles
coulées à la presse ont toujours été plus épaisses et, en outre, chargées
de bavures sur les bords : ce qui prouverait que la pression de vapeur

s'exerce non seulement sur l'or, mais aussi sur les parois du moule qu'elle écarte. La méthode de l'or coulé est donc intéressante et nous donne des résultats très satisfaisants. Les travaux de Léger-Dorez nous montrent assez tout ce que nous pouvons obtenir d'elle. C'est donc dans ce but que j'ai apporté tous les soins et toute l'impartialité désirables dans des expériences que j'aurais voulu pousser plus loin avec d'autres appareils. Néanmoins, le problème est posé, la parole est au chercheur qui nous donnera un revêtement suffisamment résistant et un appareil compresseur puissant.

En résumé, les critiques qui ont été faites sur l'or coulé à la vue d'une plaque molle, cassante, avec grosse cristallisation et des lacunes; ces critiques, dis-je, ont perdu aujourd'hui beaucoup de leur valeur, puisque grâce aux connaissances acquises, aux procédés nouveaux et au perfectionnement des appareils employés, nous pouvons transformer en quelque sorte les propriétés physiques de l'or coulé.

Tableau montrant la différence des densités de l'or coulé par l'emploi des deux procédés, presse et fronde.

Cube.		Densité.
1	14,325	14,11 presse
2	15,410	14,96 fronde
3	13,735	14,15 presse
4	14,720	15,28 fronde

Or à 18 K laminé.

Or.	Argent.	Cuivre.	Densité.
750	125	125	15,50

AGRONOMIE.

M. Pierre LARUE,

Docteur de l'Université. Ingénieur agronome (Auxerre).

SUR LES VARIATIONS D'HUMIDITÉ DANS LE SOL EN 1910-1911.

63.112.2

2 *Août.*

L'année 1910 ayant débuté par une imprégnation exceptionnelle du sol qui a conduit aux inondations, nous avons décidé de suivre les variations d'humidité pendant 12 mois.

Pour cela nous avons choisi deux sols différents cultivés en cerisiers, c'est-à-dire aussi peu influencés que possible par la culture sans être toutefois abandonnés, ce pour rendre nos conclusions utilisables, le cas échéant, en agriculture.

Le sol A est situé dans les éboulis marneux du portlandien sur le kimméridien ou kiméridgien à Saint-Bris (Yonne), en côte exposée à l'ouest à la cote d'altitude 115 m. Il renferme 35 à 40 % de calcaire dans le sol jusqu'à o m 3o et 5o % à o m 5o. La proportion de terre fine dépasse les trois quarts dans le sol. La couleur du sol est blanc grisâtre.

Le sol B est constitué par des alluvions anciennes graveleuses provenant des vallées jurassiques affluant à l'Yonne, à Champs, où elles forment terrasse à la cote 115 soit une quinzaine de mètres au-dessus du thalweg. Il renferme 33 % de calcaire en surface, 45 % à o m 3o et 55 % à o m 5o.

La proportion de terre fine dépasse un tiers dans le sol. Elle n'est que d'un quart dans le sous-sol. La couleur de la terre fine est rougeâtre, mais les graviers sont blancs.

Nos échantillons ont été prélevés tous les mois par une sonde donnant des carottes de la grosseur du pouce, ils étaient pesés sur le terrain, séchés à l'air libre et pesés à nouveau au bout d'un mois environ. Le séchage à l'étuve à 100° n'enlevait que très peu d'eau (de l'ordre du centième du poids de la terre) au séchage à l'air libre. Nos résultats sont consignés dans le Tableau suivant où nous avons fait figurer la différenc

entre la chute de pluie et l'évaporation, chiffres fournis par M. David,
météorologiste à Auxerre, à 8 km de Saint-Bris.

Les chiffres sont rendus plus explicites dans le graphique où l'on constate que les courbes se succèdent avec une assez grande régularité.

L'humidité laissée au sol a été beaucoup plus grande dans le mois de
novembre qu'au mois de février, mais l'évaporation était moindre
dans l'hiver précédent que dans l'été d'où différence dans le régime
hydrologique.

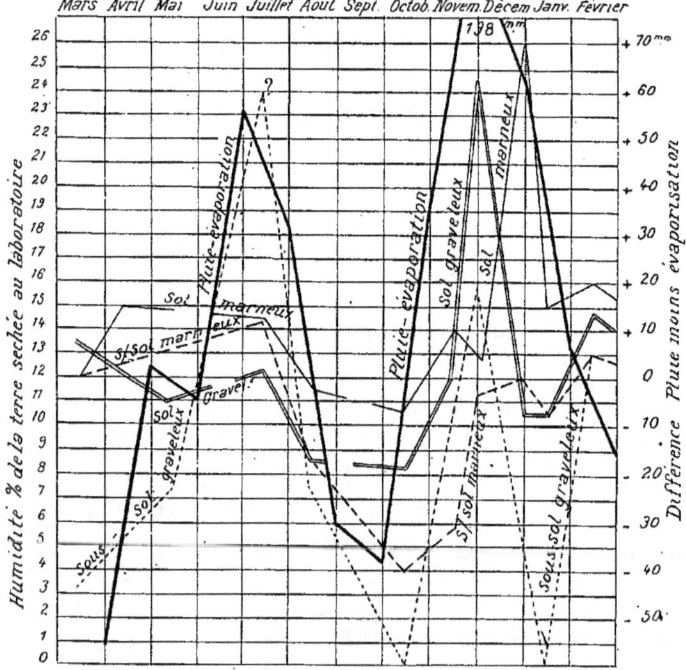

En tout cas, même en février 1910, nous n'avons pas observé sur nos
plateaux calcaires la saturation complète du sol qu'on s'est plu à évoquer.
En vérité le sol arable jusqu'à la profondeur de 1 m subit d'assez faibles
variations d'humidité. C'est un véritable régulateur donnant ou recevant
de l'eau *per ascensum* ou *per descendum* suivant les moments. Le sol
proprement dit (jusqu'à o m 25) est toujours plus humide que le sous-
sol.

Les variations ont été les suivantes :

	Profondeur.	Teneur en humidité, pour 100, de terre séchée.		
		Minima.	Maxima.	Moyenne.
Sol marneux A....	0,20 à 0,25	10	26	14,7
	0,45 à 0,55	4	13	10,4
Sol graveleux B...	0,20 à 0,25	8	24	12,5
	0,45 à 0,55	0	15	8,7

Si l'on compare les deux sols, on constate que la superficie se comporte à peu près de la même façon et la fertilité serait sans doute la même dans la proportion de la terre fine.

Mais le sous-sol est très différent dans les alluvions anciennes il était tellement sec que l'échantillon reprit une fois de l'humidité en « séchant » au laboratoire. Dans cette année exceptionnellement humide, nos terres graveleuses sont donc restées encore trop sèches.

Dans les terres arables moyennes, l'humidité n'a guère dépassé 12 %. On peut donc en inférer qu'en année ordinaire, ce taux oscille autour de 11 % dans les régions calcaires bourguignonnes.

Expériences de Saint-Bris.

Proportion d'eau pour 100 de terre séchée au laboratoire.

Dates des prélèvements.	Pluie.	Évaporation.	Différence.	Marnes kimméridiennes. Profondeur		Alluvions anciennes. Profondeur		Inondations.
				0m,20 à 0m,25.	0m,45 à 0m,55.	0m,20 à 0m,25.	0m,45 à 0m,55.	
	mm	mm	mm	p. 100	p. 100	p. 100	p. 100	
1910. Mars.........	15,5	74	—58	12	12	13,5	3	
» Avril.........	71,7	70	+ 2	15	13,5	12	»	
» Mai..........	81,5	87	— 5	»	»	11	7	
» Juin...........	132,9	77	+56	»	»	»	»	
» Juillet........	118	85	+33	14,5	14,3	12,3	[24?]	
» Août.........	41,9	71	—29	11,5	8,5	8,5	7,5	
» Septembre....	30,2	69	—38	»	»	»	»	
» Octobre......	73,6	38	36	10,5	4	8,3	0	
» Novembre....	217,8	20	198	14	5,5	12	10	Inondation
» 2 décembre...	»	»	»	12,5	11,5	24,5	15,5	
» 31 décembre..	80,3	19	61	26	12	10,5	6,5	
1911. Janvier.......	23	17	6	15	10,5	10,5	0	
» Février.......	17	33	—16	16	13	14,5	13	
Totaux et moyennes.	903mm	660mm	243mm	14,7	10,4	12,5	8,7	

M. Alexandre HÉBERT,

Chef des Travaux chimiques à l'École centrale des Arts et Manfactures (Paris).

SUR LA COMPOSITION DE DIVERS PRODUITS, GRAINES OU TUBERCULES AMYLACÉS OU FÉCULENTS DE L'AFRIQUE OCCIDENTALE FRANÇAISE.

58.11.9

1ᵉʳ Août.

Au cours de sa dernière mission en Afrique occidentale française, M. Aug. Chevalier a rapporté un certain nombre de produits, graines ou tubercules, de nature amylacée ou féculente, qu'il nous a remis pour en déterminer la composition chimique, en apprécier la valeur nutritive et en fixer l'emploi industriel possible. Ce sont ces diverses recherches que nous résumons ici.

GRAINES. — *Maïs blanc du Dahomey.* — Ce maïs nous a été remis sous forme d'épis dont une certaine quantité était malheureusement charançonnés; nous avons pu cependant en trouver quelques-uns intacts sur lesquels nous avons effectué l'analyse. Nous avons séparé dans les épis les glumes et glumelles, les rachis et les graines dont nous avons déterminé la composition. Nos dosages nous ont conduit aux résultats suivants :

	Séchés à l'air.	Séchés à 110°.
Poids moyen d'un épi entier..........	120 g	110 g
Décomposable en glumes et glumelles.	16,6	16,6
» graines............	88,3	78,3
» rachis.............	15,0	15,0

Analyse de la graine séchée et moulue.

	Pour %.	
Humidité restant...............	1,63	
Matières minérales............	1,96	dont 0,49 solubles dans l'eau
Matières grasses...............	3,70	
Matières azotées...............	11,55	dont 0,98 solubles dans l'eau
Sucres réducteurs.............	0,36	
Sucres non réducteurs.........	0,95	
Gommes, tanins, acides végétaux.	0,24	
Amidon......................	76,30	
Cellulose....................	1,36	
Vasculose...................	1,90	
Total.............	99,95	

Cette graine peut donc être comparée, au point de vue de sa valeur, à nos produits indigènes. Elle est d'autant plus intéressante qu'il s'en exporte d'Afrique des quantités importantes dont l'introduction pourrait rendre service à diverses industries.

Voandzeia Poissonni A. Chev. — Ces graines, qui proviennent d'Ouagadougou (Mossi), présentaient la composition ci-dessous :

Humidité	10,38
Matières minérales	4,34
Matières grasses	1,91
Matières azotées	21,41
Sucres réducteurs	Traces
Sucres non réducteurs	0,41
Amidon	48,77
Cellulose	12,74
Total	99,96

Cette graine, riche en matières azotées, renferme moins d'amidon que les graines amylacées de nos pays; elle peut néanmoins être employée au point de vue alimentaire au moins dans les contrées d'origine.

TUBERCULES. — *Ignames.* — Ces tubercules, qui nous ont été envoyés à l'état desséché, provenaient de la Côte d'Ivoire; ils ont donné à l'analyse les résultats suivants :

Humidité	13,80
Matières minérales	2,40
Matières grasses	0,40
Matières azotées	5,75
Sucres réducteurs	1,00
Sucres non réducteurs	1,00
Amidon	73,80
Cellulose	1,25
Vasculose	0,60
Total	100,00

Ces tubercules sont assez comparables comme composition à la pomme de terre. Ceux qui ont été expédiés en Europe ont été trouvés de valeur au moins égale à celle du manioc sec. Le commerce des ignames africains pourrait donc prendre de l'extension comme produit alimentaire sous une forme quelconque.

Diégemtenguéré (Vulg. Mossi). — Les tubercules de cette plante qui nous ont été remis provenaient d'Ouagadougou, dans le Soudan français. Leur poids avait été déterminé à l'état frais, ce qui nous a permis de fixer leur composition exacte à l'état frais et à l'état sec :

	État frais.	État sec.
	pour %	pour %
Eau	57,90	0,00
Matières minérales	2,02	4,80
Matières grasses	0,21	0,50
Matières azotées	4,47	10,62
Sucres réducteurs	Néant	Néant
Sucres non réducteurs	2,69	6,40
Amidon	28,80	68,40
Cellulose	3,85	9,15
Total	99,94	99,87

Cette composition ratifie parfaitement l'emploi de cette plante qui est cultivée au Mossi, dans la boucle du Niger, pour ses tubercules alimentaires.

Moelle d'encephalartos Barteri. — Ce produit est extrait d'une plante de la famille des Cycadacées, dont la tige est pourvue d'une moelle abondante qui possède la composition centésimale suivante :

Humidité	12,80
Matières minérales	2,80
Matières grasses	0,60
Matières azotées	6,43
Sucres réducteurs	10,00
Sucres non réducteurs	1,10
Amidon	60,52
Cellulose	4,25
Vasculose	1,50
Total	100,00

Cette moelle est, comme on le voit, riche surtout en hydrates de carbone : sucres et amidon ; cette richesse justifie parfaitement l'emploi indigène qu'on fait de cette moelle en fabriquant une sorte de pain avec la fécule qu'on en extrait.

M. Alexandre HÉBERT.

ÉTUDE CHIMIQUE DES FRUITS DE SORINDEIA OLEOSA.

58.11.92

1er Août.

I. La matière première de cette étude consistait en fruits séchés au soleil de *Sorindeia oleosa* A. Chev., qui nous avaient été adressés par

M. Auguste Chevalier et qui provenaient d'un arbre commun au Soudan. Ce sont des fruits à noyau entouré de pulpe et de la grosseur d'une cerise; ils ont deux usages et ont été examinés à deux points de vue : 1º la pulpe ou péricarpe du fruit est très sucrée; dans le pays d'origine, on fait fermenter ces fruits pour en obtenir une boisson analogue au cidre; 2º l'amande de la graine proprement dite, qui forme le noyau du fruit, est très oléagineuse; on en extrait de l'huile et l'on en prépare du savon. Il convenait donc de vérifier, d'une part, la nature et la proportion du sucre existant dans la pulpe du fruit; d'autre part, la quantité et les propriétés de la matière grasse contenue dans les amandes.

II. Pour effectuer l'étude chimique de ces fruits aux points de vue qui nous intéressaient, nous avons commencé par séparer les pulpes et les noyaux. A cet effet, 500 g de ces fruits séchés ont été mis en contact avec une quantité d'eau froide suffisante pour les recouvrir; après 24 heures de séjour, ils s'étaient gonflés et étaient d'une consistance telle qu'ils pouvaient être malaxés dans l'eau sans risquer d'écraser les noyaux. Ceux-ci, séparés ainsi des pulpes, ont été desséchés à l'air et mis de côté pour un examen ultérieur. On les a trouvés en proportion de 40 % des fruits secs accusant ainsi 60 % de pulpes.

Les pulpes gonflées ont été épuisées à trois reprises par l'eau froide pour dissoudre toutes les matières solubles et notamment les sucres qui s'y trouvaient. Finalement le résidu a été pressé et le liquide provenant de ce pressurage a été joint aux liqueurs d'épuisement. Celles-ci ont été déféquées par le sous-acétate de plomb et le liquide filtré a été débarrassé de l'excès de plomb par l'hydrogène sulfuré. La solution incolore ainsi obtenue a été concentrée dans le vide au bain-marie à très basse température jusqu'à consistance sirupeuse, puis abandonnée à elle-même. Elle a refusé de cristalliser, malgré tous les subterfuges habituels employés dans ce but : concentrations diverses, reprises par l'alcool, traitement au noir animal, etc. Le sirop réduisait énergiquement la liqueur de Fehling, donnait avec l'acétate de phénylhydrazine une osazone cristallisée en aiguilles groupées en forme d'éventail, fusibles à 200º, et correspondant aux propriétés de la phénylglucosazone, déviait enfin à gauche le plan de polarisation de la lumière, mais cette déviation correspondait à une quantité de sucre réducteur bien plus faible que celle indiquée par le titrage à la liqueur de Fehling. Somme toute, ces caractères répondaient au sucre interverti.

D'autre part, on a trouvé dans une quantité donnée des fruits secs épuisés par l'eau froide comme nous l'avons indiqué, et par titrage à la liqueur de Fehling, une proportion de 22 % de sucres réducteurs et une quantité nulle de sucres non réducteurs. Si nous admettons dans ces fruits, à l'état frais, une teneur en eau égale à 90 ou 95 %, teneur qu'on retrouve généralement dans les fruits de ce genre, la proportion de sucres réducteurs correspondrait à 1,10 ou 2,20 % des mêmes fruits à l'état frais.

Il résulterait de ces expériences que les matières sucrées des fruits de *Sorindeia oleosa* A. Chev. seraient constituées par du sucre interverti, mélange de glucose et de lévulose, ce qui justifierait leur emploi indigène pour la préparation d'une boisson plus ou moins alcoolique, et du genre du cidre, mais qui, en tout cas, ne peut certainement être que très peu riche en alcool.

III. Les noyaux, obtenus comme nous l'avons dit, et qui constituaient 40 % des fruits secs, renferment 24 % de ces mêmes fruits secs en amandes. Celles-ci, après broyage et extraction à la benzine, lui abandonnent une matière grasse dont la proportion atteint 25 % des fruits secs.

La matière grasse obtenue est solide à la température ordinaire, de couleur brunâtre, et présente les constantes suivantes :

Densité à 17°...	0,889
Point de fusion...	16°-17°
Point de congélation...	12°-13°
Indice d'acidité...	4,90
» de saponification...	185,00
» de Reichert...	7,92
» d'Hehner...	91,75
» d'iode...	132,00

La graisse de *Sorindeia oleosa* A. Chev., saponifiée par la soude alcoolique et acidifiée, fournit 92 % environ d'acides gras, jaunâtres, solides à la température ordinaire, fusibles à 39-40°.

La séparation des acides gras saturés et incomplets, effectuée par l'épuisement à l'éther des sels de plomb, a donné 24 % d'acides incomplets liquides, de couleur jaune brunâtre, et 76 % d'acides saturés, solides, colorés en jaune brun, fondant à 44-45°. Ce point de fusion assez bas indique l'existence, dans la graisse étudiée, d'acides gras relativement inférieurs.

L'usage de la graisse de *Sorindeia oleosa* A. Chev. pour la préparation du savon se comprend ainsi parfaitement, cette substance grasse, d'une part, ne paraissant pas comestible, et d'autre part, donnant des acides gras à point de fusion trop bas pour servir à la fabrication de bougies ou même de chandelles.

GÉOGRAPHIE.

M. Paul GIRARDIN,

Professeur de Géographie à l'Université, Fribourg (Suisse).

LE PROJET DE CHEMIN DE FER ENTRE TANANARIVE ET ANTSIRABÉ, ET LE DÉVELOPPEMENT ÉCONOMIQUE DE MADAGASCAR, D'APRÈS M. MALAVIALLE ([1]).

655.11 (691)

2 *Août.*

A propos d'un projet de chemin de fer entre Tananarive et Antsirabé, M. Malavialle, nous présente un tableau géographique et économique complet de Madagascar, cette île grande et massive comme un continent. Comme son Rapport a pour but de justifier un certain nombre de voies de communications nouvelles et d'exécution pressante, il a fait précéder le tableau économique proprement dit, que nous voulons résumer, d'un historique détaillé des moyens de transport à Madagascar, en commençant par les moyens rudimentaires en usage chez les indigènes, par eau, en grandes pirogues à balancier, à voile et à rames, appelées *lakafaria*, et par terre, hommes porteurs, ou *bourjanes* affectés les uns; les *mpilanja*, ou coureurs, au transport des voyageurs en filanzane, les autres, les *mpiadana*, ou marcheurs, au transport des bagages ou des marchandises, sur le dos ou sur les épaules, en paquets de 3o à 8o kg. Puis une deuxième époque est marquée par les voies de communication de création française, pistes muletières, — il y en avait 1900 km en 1910, — routes carrossables, où circulent bœufs porteurs, bourjanes, mulets, ânes, pousse-pousse et charrettes, enfin les automobiles, qui firent baisser d'une manière sensible le prix du transport de la tonne de marchandises; ils furent créés entre Mahatsara et Tananarive sur 25o km, et fonctionnent encore sur trois routes, depuis 1909.

, La troisième période, enfin, fut marquée par la création des chemins de fer.

Un premier tronçon, à voie de 1 m et long de 12 km, fut construit

---

([1]) Rapport sur le projet de loi autorisant la colonie de Madagascar à construire un *Chemin de fer entre Tananarive et Antsirabé*, par M. MALAVIALLE. Chambre des députés, séance du 5 mars 1912, n° 1735. Paris, imp. Martinet, 1912.

entre Tamatave et Ivondro, où commence le fameux canal des Pangalanes,
long de 135 km, entre Ivondro et Brickaville, qui unit la série de lagunes
qui borde la côte. Ces Pangalanes se prolongent d'ailleurs entre Andevo-
rante et Farafangana, sur 540 km. Puis vint le chemin de fer unissant
la capitale à la côte Est, de Tananarive à Brickaville, long de 272 km, et
qui fut commencé le 1er avril 1901, ouvert tout entier à l'exploitation
le 1er octobre 1909, et qu'on songea de suite à continuer de Brickaville
à Tamatave. Le coût de la ligne est évalué à 6 250 000 fr, soit 64 500 fr par
kilomètre (97 km). Grâce à toutes ces voies ferrées, grands furent les progrès
réalisés de 1896, où il fallait 7 jours et 500 fr pour aller en filanzane de
Tamatave à Tananarive, à 1911 : il ne faudra bientôt plus que 15 heures
pour 73 km 360 et 15 fr.

L'objet spécial du Rapport de M. Malavialle est un projet de chemin de
fer entre Tananarive et Antsirabé, au Sud, dont il nous présente, dans
une étude approfondie au point de vue géographique et économique, la
justification technique et financière. Ce projet rentre dans le plan de
grands travaux de M. Picquié, le nouveau gouverneur de Madagascar,
car c'est par lui que se fera la mise en valeur du plateau central et l'exportation de ses denrées (riz, pommes de terre). Il doit desservir la région
la plus peuplée de Madagascar, contenant 1 million d'habitants sur
3 millions en tout, la plus industrieuse, grâce à sa population intelligente
et active, la plus salubre, et qui est destinée à devenir le sanatorium de
l'île.

La ligne, longue de 160 km, ne coûtera que 16 millions, qui seront
_fournis, dans l'économie du projet de l'honorable député, par les res-
sources ordinaires de la colonie.

A la suite de ce projet et pour justifier l'éxécution de la ligne, ainsi que
de travaux secondaires, M. Malavialle a fait en raccourci un tableau
complet de la situation économique de Madagascar, puisé aux sources
les plus autorisées. Pour la commodité de l'exposition, il divise l'île, qui
est un continent en petit, en cinq régions, différentes par le climat et par
le sol :

1° *Le Centre*. — Le Centre est constitué par un plateau central archéen,
long de 800 km, large de 200 km, d'altitude supérieure à 1000 m, et atteignant même 2630 m dans le Tsiafajavona, point culminant du massif
volcanique d'Ankaratra. Ce plateau intérieur s'étend au Nord jusqu'à la
Trouée de Mandritrara et à la vallée de la Sofia, au Sud jusqu'à l'Onilahy.
C'est la forteresse qu'occupent les deux races maîtresses de l'île, les Betsiléo,
les Hova et les Andriana de l'Imérina ou Émyrne. C'en est ausssi le
sanatorium, le climat étant tempéré grâce à l'altitude, et humide suffisamment grâce à l'alternance de deux saisons inverses des nôtres, saison
sèche et fraîche de mai à octobre, l'hiver austral, saison humide et chaude
de novembre à avril, l'été austral. Malheureusement le sol est infertile,
à part les épanchements de basalte qui jalonnent, dans l'île entière, les

oasis cultivables; les terrains anciens se décomposent sous l'action des averses tropicales, et le lessivage des schistes cristallins, gneiss, granite, etc. donne une argile rouge, la trop fameuse latérite, qui se fendille et se dessèche lors de la saison sèche, et les îlots de culture subsistent dans les fonds, où se rassemblent les alluvions et l'eau.

Jusqu'à la colonisation française les indigènes vivaient de la vie pastorale, faisant paître leurs bœufs sur les plateaux qui se couvrent de graminées dans la saison des pluies, et de petites cultures de riz. Ces dernières ont pris un grand développement depuis l'arrivée des Français, ainsi que celles de manioc, et après avoir importé du riz (26 000 tonnes, valant 3 millions, en 1901), ils en exportent aujourd'hui 8 000 tonnes, (pour 1 million, en 1910). Les colons de leur côté se livrent aux cultures européennes, blé, avoine, etc., et pourront bientôt se passer d'importer de la farine d'outre-mer.

2° *Le Sud.* — Comprise entre l'Onilahy et le Mandrare, haute de 300 m en moyenne, et s'élevant jusqu'à 1 200 m au cône volcanique de l'Ivehitsombe, formée de terrains secondaires et non plus primitifs, calcaires bleuâtres et grès rouges, cette région, où des années se passent sans pluie, et qu'habitent les Antandroy et les Mahafales, est déjà désertique. Les fleuves perdent leurs eaux dans ce terrain desséché, qu'ils traversent en de fantastiques cañons. La végétation y est xérophile, plantes grasses, comme le cactus et l'euphorbe, maquis d'herbes traçantes. Pourtant les Mahafales, pasteurs habiles, élèvent des troupeaux de bœufs, de moutons, de porcs sur de maigres pâtis. On peut aussi y tenter l'élevage de l'autruche.

3° *L'Ouest.* — Au fur et à mesure qu'on remonte vers le Nord, les pluies régulières recommencent, le pays se fait plus hospitalier, plus verdoyant, plus peuplé, le long de cette bande littorale qui borde le Plateau Central.

La première vallée qu'on rencontre, sous le Tropique même, celle de l'Onilahy, présente une petite saison de pluies en janvier. Aussi le maquis fait-il place à la savane de graminées piquées de lataniers et d'arbres de Cythère, tandis que les versants maritimes se couvrent de bois taillis, que dominent de loin baobabs et tamariniers. Les Antanones émigrés qui l'habitent sont à la fois des pasteurs et des agriculteurs ; l'estuaire du fleuve et la baie de Tuléar offrent un sûr refuge aux navires européens.

Plus au Nord, entre l'Onilahy et le Mangoky, le climat s'améliore encore, les pluies tombent 2 ou 3 mois par an, et tandis que la zone côtière, avec ses dunes et son maquis de plantes grasses, d'arbres à résine et à gomme, comme le copalier, est inhospitalière, les plaines alluviales de l'intérieur, et les deltas limoneux, riches en palétuviers, sont propres à l'élevage ou aux plantations de riz, de manioc et de pois du Cap. C'est le pays des Sakalaves Vezo (nageurs), hardis marins, pirates à l'occasion.

Au Nord du Mangoky, le grand plateau calcaire de l'Ouest se termine par un rebord qui domine la plaine sakalave, laquelle s'étend jusqu'en face de l'île de Nossi-Bé, entre le Bongo Lava, talus du Massif Central, et le canal de Mozambique. Au milieu de cette plaine s'allonge du Nord au Sud une table calcaire qui la divise en deux bandes, l'une intérieure, l'autre côtière. Le reste de la contrée est formé par des terrains crétacés, tertiaires et quaternaires, fertiles partout où l'on peut arroser. Les pluies ne manquent pas; la saison humide dure de 3 à 4 mois, de novembre à mars.

A l'intérieur c'est un golfe de plaine, la vallée d'Ambalik, dépression tectonique qui s'étend du Nord au Sud, de direction rectiligne, formée par des effondrements à la fin du Secondaire ou au Tertiaire, et comblée, comme la Limagne d'Auvergne, par des alluvions, des grès blancs et des argiles aux couleurs vives. Comme la Limagne, elle serait fertile s'il y pleuvait davantage, mais la pluie, arrêtée par les reliefs côtiers, ne dépasse pas 40 cm par an. Les fleuves ne suivent pas la direction longitudinale de la vallée, mais la traversent transversalement pour gagner directement la mer, et grâce à leur faible pente, ils ouvrent des voies de pénétration facile. C'est aussi le long des fleuves que se concentrent les arbres, en longues *forêts-galeries*, les cultures et les villages. Le pays n'est d'ailleurs peuplé que de rares tribus de Sakalaves, Masikoros ou Machicores, c'est-à-dire de l'intérieur des terres.

Au contraire la côte est favorisée, puisqu'il y pleut en abondance, au moins un temps de l'année. Elle est basse et sablonneuse jusqu'au cap Saint-André, où elle change de direction et de caractère, tourne au Nord-Est, comme le talus du Massif Central, et s'en rapproche progressivement. Elle est bordée de falaises crayeuses, découpée en estuaires qui forment une série de rades profondes et bien abritées; c'est ce que Flacourt appelait le « pays des rades », que fréquentent les pirogues des Sakalaves et les boutres arabes. Le climat est entièrement tropical, avec deux saisons bien tranchées et égales produites par l'alternance régulière des moussons, six mois de pluie, d'octobre à mars, six mois de sécheresse, d'avril à septembre. Cette sécheresse est trop longue pour permettre des prairies permanentes, des cultures sans irrigation, et des forêts autres que les forêts-galeries le long des fleuves; aussi le caractère de la végétation est-il le même que dans toute l'Afrique tropicale, Soudan, Guinée, Zambèze, la savane herbeuse, dévastée par les feux de brousse, où se dressent isolés, les baobabs géants et les tamariniers.

Mais c'est un beau pays d'élevage pour les bœufs zébus, un pays de cultures partout où l'arrosage est possible, dans les deltas ou au bord des rivières, pour les rizières et les plantations tropicales (manioc, maïs, arachides, canne à sucre, café, coton, tabac), un pays de bois précieux pour l'ébénisterie (ébène, palissandre, acajou), fournissant des rafias et des lianes à caoutchouc.

4° *Le Nord.* — C'est une plate-forme calcaire analogue à celle du Sud, ce qui la différencie de l'Ouest malgache. Là aussi les principaux reliefs sont des pitons de trachyte ou de basalte, l'Ambohitra et la Montagne d'Ambre.

Le climat est constamment chaud et humide, à cause de la latitude (12°), et se rapproche du climat équatorial proprement dit; il est malsain pour l'Européen; mais dans cette épaisse terre végétale mélangée de détritus volcaniques, toutes les cultures tropicales réunissent. Les indigènes sont les Antankares, apparentés aux Sakalaves. C'est là que la France assit son protectorat dès 1885.

5° *L'Est.* — C'est le talus oriental du Plateau Central, frangé d'une bande littorale. Il est constitué par un socle de gneiss et de dolérite (basalte) sur lequel reposent les sédiments tertiaires et quaternaires.

Le climat est toujours chaud et humide, par suite de la prédominance des alizés du S.-E., imbibés de vapeur d'eau dans la traversée de l'océan Indien, qui déversent sur le rivage, qu'ils atteignent de plein fouet, jusqu'à 3 m d'eau par an. C'est le domaine des cultures tropicales et équatoriales. Malheureusement le pays, mortel pour l'Européen, sauf dans l'extrême Sud, est habité par des races indigènes abâtardies.

La côte se divise en plusieurs sections, dans lesquelles la baie d'Antongil, seule indentation d'un rivage qui reste rectiligne vers le Sud, forme une coupure naturelle, qui communique avec l'arrière pays par la Trouée de Mandritsara et la vallée de la Sofia. Parallèlement à la côte, le relief s'ordonne en ondulations synclinales et anticlinales : parmi les premières, qui sont des vallées, il faut citer une longue dépression Nord-Sud qui coupe en deux bandes la forêt vierge, et le long de laquelle s'alignent le lac Alastra, grand vivier naturel, prolongé par une série de marais, et la vallée du Mongoro. Ces marais sont habités par de curieuses populations de pêcheurs, les Antrihanaka, dont les ustensiles sont presque tous en roseaux.

La grande forêt vierge tapisse les pentes tournées vers l'Est de sa végétation exubérante, dans laquelle figurent les bois d'ébénisterie ou de teinture (ébénier, palissandre), les arbustes à fibres comme le rafia et le ravenala, ou arbre du voyageur, et que l'on commence à exploiter grâce aux voies de communication. Mais la main-d'œuvre fait défaut. Il y a pourtant, dans cette région de l'Est, des populations laborieuses, telles que ces Bezanozano, dont la position sur les routes a fait des bourjanes aux porteurs réputés, tels que ces Antaimorona, qui passent pour descendre d'une colonie maure ou arabe, et qu'on a appelés les Auvergnats de Madagascar. Chaque année ils remontent vers le Nord et vont chercher de l'ouvrage jusqu'à Diégo-Suarez, où ils s'engagent pour les travaux les plus pénibles pour 17 fr par mois, plus la nourriture.

Au sortir de la forêt sont des terrains d'alluvions qui se prêtent admirablement aux cultures tropicales et même équatoriales, rizières, champs de manioc, vanilleries, cacaoyères, caféeries, plantations de canne à sucre,

de girofliers, de gingembre, de bananiers, d'ylang-ylang (parfum), de
lianes à caoutchouc, de palmiers. Les fleuves qui ont charrié ces alluvions
ont construit en avant de l'ancien rivage une série de lidos, enfermant une
série de lagunes en chapelet qu'on appelle des Ammamalana, et que
relie le célèbre canal des Pangalanes, qui rendra tous les services qu'on
attend de lui lorsqu'on l'aura prolongé au Nord jusqu'à Fénériffe, au
Sud jusqu'à Farafangana.

Tels sont les aspects les plus caractéristiques de la grande île, ses
divisions rationnelles, les races qui l'habitent, les ressources qu'on en
peut tirer et celles qu'on en tire dès maintenant. A l'aide de l'étude de
M. Malavialle, résumons rapidement ces ressources en production minérale et animale, puisque nous venons de parler tout au long de la production végétale.

1° *Production minérale.* — Elle se résume dans des filons de graphite,
des pierres précieuses, qui fournissent à une exportation de 4 millions de
grammes, et surtout d'or, dont on extrait pour une douzaine de millions
tous les ans.

2° *Production végétale*, différente avec toutes les modalités du climat
et du sol, et qui sera la véritable richesse de l'île.

3° *Production animale.* — La principale est celle des bovidés, dont on
distingue deux espèces, le boury, sans cornes et sans bosse, qui est spécial
au Nord, et le zébu à bosse et à cornes, qui se rencontre partout, à l'état
sauvage ou domestique, et sert à tous les usages, bête de somme, de labour,
de trait, de boucherie. L'élevage se fait en pleine liberté, dans la campagne.
Actuellement on évalue la population bovine à plus de 4 millions de têtes.
La viande des zébus est assez savoureuse, mais plus sèche, après cuisson,
que celle de nos animaux de boucherie ; elle ne pourrait passer que comme
de deuxième qualité. Comme le Mozambique est fermé, depuis 1909, au
bétail malgache, et que le Cap, le Transvaal, l'Orange, tout le Sud-Afrique
s'approvisionnent en Australie et en Argentine, il ne reste que l'Europe
comme grand débouché possible aux éleveurs malgaches. Le mouton à poil
et à queue grasse est de qualité inférieure, l'élevage des porcs et des
chevaux se développe lentement, dans la mesure des débouchés qui
s'ouvrent, ainsi que celui des autruches, dans le Sud, qui a pour origine
cinq couples d'autruches du Cap introduits en 1902 à Tuléar.

4° *Industrie.* — Faute de houille, on pourrait croire que l'avenir industriel de l'île est faible, mais la houille blanche des cours d'eau peut
suppléer la houille noire. Pour le moment, des scieries mécaniques, pour
l'exploitation des forêts, des décortiqueries de riz, des usines de conserves
et de viande frigorifiée sont tout ce qui existe là-bas. Ce qui manque le
plus, c'est la main-d'œuvre, qui avait pourtant été organisée par les rois
hovas, et qui existe sur le Plateau Central, sous la forme de véritables
corporations de métiers.

5º *Commerce.* — M. Malavialle donne le tableau du développement du commerce extérieur, depuis 1896. Importations, 14 millions. Exportations, 3, 6; total, 17,61 jusqu'en 1911 (respectivement $44,8 + 47,5 = 92,3$). Depuis 1896, le total des importations a été de 5o3 millions, celui des exportations de 318,5 (total 821,5), mais il ne faut pas oublier que, pendant les premières années, l'entretien du corps expéditionnaire grossissait les importations. Nous ne suivrons pas l'auteur dans son analyse des variations des deux facteurs du commerce, année par année, ni de la nature et de la marche de l'exportation, qui, à partir de 1909, a pris décidément le pas sur l'importation. Les principaux éléments en sont à l'heure actuelle (1911) : l'or (2900 kg valant 8700 000 fr), les peaux brutes, le caoutchouc (5oo tonnes, 4500 000), qui a été l'objet d'une exploitation trop intense, le riz, les bois d'ébénisterie, les bovidés, qui sont tombés de 60 000 têtes en 1902 à 18 000 têtes en 1911. C'est par Tamatave et Majunga que se fait cette exportation. Puis, groupant en une vue synthétique les produits de l'exportation : produits d'origine minérale et extractive, produits de la cueillette, produits de l'élevage et de la culture, l'auteur, dont le but est avant tout pratique, examine avec soin lesquels d'entre eux sont le plus susceptibles de s'accroître et enrichiront le plus vite les colons. Ce sont surtout ceux de l'agriculture et de l'élevage, dont la variété et l'accroissement annuel sont leur garantie d'avenir. Sa conclusion est que Magadascar est sortie de la période de l'exploitation commerciale pure pour entrer dans celle de l'agriculture, qui est l'âge adulte d'une colonie.

On voit, par cet exposé trop rapide, quelles perspectives presque indéfinies de développement s'ouvrent devant notre colonie, pourvu qu'on la dote des travaux de routes, de chemins de fer et d'hydraulique agricole les plus urgents. Reppelons-nous qu'elle fut, parmi nos «vieilles colonies », des premières à recevoir, il y a près de 3 siècles déjà, l'étendard fleurdelisé, et que non seulement Fort-Dauphin, sur la côte méridionale, au centre d'un vrai paradis terrestre, fut occupé par Flacourt et ses compagnons, — on y voit encore les restes du fort français et de l'église où furent massacrés nos colons, — mais que, aux abords de la baie d'Antongil, une série de noms français, Port-Choiseul, Louisbourg, Maransette, Sainte-Marie, etc., rappellent cette occupation lointaine. Ainsi se reprend et se complète l'œuvre de nos devanciers, ainsi se renoue la chaîne des temps. La République française poursuit et réalise la politique coloniale ébauchée par l'ancienne monarchie.

M. Paul GIRARDIN.

L'AVALANCHE DU GLACIER DE SOLLIÈRES
ET LA CRUE GLACIAIRE DU DÉBUT DU XIX⁰ SIÈCLE, EN MAURIENNE.

551.311.1 (44.48)

2 *Août.*

Nous avons signalé déjà le barrage du lac de la Glière par le glacier de Lépenaz, en Tarentaise, en 1818, et la débâcle qui s'ensuivit [1].

C'est un précieux document qui permet de dater, en Savoie, la grande progression des glaciers, il y a 100 ans. Nous avons consacré, d'autre part, une monographie au torrent de l'Envers de Sollières, en Maurienne [2], dont une lave dévastatrice, le 25 septembre 1866, avait formé barrage en travers du cours de l'Arc, qui avait reflué jusqu'à Termignon, formant un lac temporaire. Or, en examinant le terrain, le méandre de l'Arc, en demi-cercle, *vers la rive gauche*, ne peut pas s'expliquer, puisque le torrent de l'Envers débouche sur cette rive et aurait dû rejeter l'Arc toujours plus à droite. Il faut donc qu'une force antagoniste, également intermittente, telle qu'un éboulement, ait agi aussi sur la rive droite, et repoussé parfois l'Arc vers l'Envers, vers la montagne. Cet agent de transport et d'accumulation n'est pas un torrent, c'est un glacier, dont le cône fluvio-glaciaire, aujourd'hui éteint, en forme de patte d'oie et boisé en aunes, reste suspendu sur le versant, sans arriver jusqu'à la rivière. Mais ce glacier, dont il subsiste des traces sous forme de plaques de neige, dominant une puissante moraine frontale, et qu'il ne faut par confondre avec le glacier collé à la Dent Parrachée, dont il est séparé par une arête de calcaires du Trias, a existé, il y a juste un siècle, sous forme d'un glacier suspendu descendant vers la vallée, en vue du village de Sollières l'Endroit, dans le vallon sec situé au-dessus (vallon de Corbassier). En voici la preuve.

Le *Guide de Savoie* de Mortillet parle d'une avalanche qui aurait rasé le clocher de Sollières, sans donner de date. Or, le village est parfaitement à l'abri des avalanches ordinaires, et d'ailleurs le cône fluvioglaciaire dont nous avons parlé répond aux débris d'un torrent issu d'un glacier et disparu avec lui. Ce glacier, nous en avons soupçonné les restes enfouis sous des éboulis de moraine, dans le ravin au-dessus de la position

---

[1] *Voir* Charles Rabot, *Le glacier de Lépenaz, de 1818 à 1847* (Savoie méridionale) (*Annales de Glaciologie*, t. V, 1910-1911, p. 143-148, 1 fig. carte).

[2] Paul Girardin, *Études de cônes de déjections. Le torrent de l'Envers de Sollières, en Maurienne* (*Annales de Géographie*, t. XIX, 1910, p. 193-208).

de la Losa, où aboutit la route militaire d'Aussois, et dont un petit névé subsiste, nous avons pu, cette année, grâce à des traditions locales, en reconstituer l'histoire.

Cette avalanche était une *avalanche de glace*, et pas seulement une avalanche de neige, provenant d'un glacier dont le front s'est brisé et éboulé, donc en voie de progression. Elle s'est produite le 17 février 1814, et a renversé l'ancienne église, sauf le clocher et la sacristie; une grande quantité de neige était tombée cet hiver-là, et peut-être est-ce une avalanche de neige qui fut la cause initiale de la chute de tout le front du glacier. Il descendit avec une vitesse inouïe, entraînant avec lui glace, rochers et arbres, qui obstruèrent longtemps le lit de l'Arc. Les carriers de Sollières ont utilisé pendant des années ces blocs, en les détaillant en *lauzes* pour couvrir les toits.

Ainsi donc les glaciers de la Maurienne étaient en état de maximum, ou près du maximum, en 1814; comme ceux de la Vanoise, qui atteignirent leur plein développement en 1818, la même année que dans le mont Blanc. L'existence de ce glacier du vallon de Sollières, descendant jusque dans la zone de la forêt, est particulièrement instructive; ce sont ses avalanches répétées, car nous avons affaire là à un phénomène à répétition qui, dans la suite des temps, ont dû rejeter l'Arc vers la gauche, et, formant barrage au fond de la vallée, barrage de glace compacte lorsque le glacier s'avançait plus bas, ont dû transformer à plusieurs reprises la plaine de Sollières à Termignon en lac de barrage : ainsi s'expliquent les terrasses d'alluvions anciennes, mises à nu par l'Arc, sous la moraine quaternaire, et qui ont comblé ce petit bassin, le transformant en plaine unie.

<hr>

M. Paul GIRARDIN.

SUR LES INCIDENCES ET LES GLIÈRES DE L'ISÈRE DANS LA COMBE DE SAVOIE.

551.482.2 (44.99)

2 Août.

En s'élevant sur les flancs de l'une ou l'autre chaîne qui dominent le Graisivaudan et la Combe de Savoie, les Bauges ou la chaîne de Belledonne, on a une de ces vues panoramiques si précieuses en Géographie physique, parce qu'elles montrent en connexion les uns avec les autres des faits qui paraissent sans lien lorsqu'on se borne à parcourir le fond de la vallée. Voici ce qu'on peut observer, relativement au dépôt des alluvions, du haut de l'un des cols qui conduisent dans les Bauges (col du Frêne, 956 m.; col de la Tuile, 1035 m) ou des tours de Montmayeur, cols qui dominent la plaine alluviale d'environ 700 m et du haut desquels la rivière se présente comme un mince ruban argenté, visible sur plus de 20 km, du bec d'Arc à Chamousset jusqu'à Fort-Barraux.

En cet endroit le lit de l'Isère a été rectifié et corrigé, sur l'ancien territoire sarde (la frontière passait entre Montmélian et le pont de la Gache), et postérieurement dans le département de l'Isère, et coulé entre des digues distantes de 110 m en amont du confluent de l'Arc, de 130 m en aval. Deux faits caractérisent cette section artificielle du cours de l'Isère et sont dus à l'endiguement : le premier c'est que l'Isère est non seulement une rivière à *fond mobile*, mais une rivière presque *torrentielle*, suivant la classification adoptée, la pente étant égale à 0,0025 ; voici, d'après le profil en long dressé par Dausse, les pentes des tronçons corrigés :

De l'Arly au bec d'Arc : 0,0024 ;

Du bec d'Arc au confluent du Bréda : 0,0016.

La pente de l'Arc au confluent est encore supérieure : 0,0032 entre le pont d'Aiton et le bec d'Arc, c'est-à-dire double exactement de celle des deux cours d'eau réunis, et son influence dans le transport des alluvions sera prédominante. Les dépôts sablonneux et limoneux prennent de suite une teinte noirâtre qui provient des érosions de l'Arvan dans les schistes de la vallée d'Arves.

Le second fait est que le lit corrigé est rectiligne et de largeur uniforme sur de grandes longueurs, comme d'ailleurs celui de l'Arve, et que, du pont de Grésy au confluent du Glandon, il se compose de deux sections en ligne droite, reliées par un léger coude à Saint-Pierre-d'Albigny longues l'une de 9600 m, l'autre de 13 450 m (celle-ci à peine infléchie près d'Arbin). Au contraire, dans les corrections de rivières navigables ou destinées à être rendues telles, la correction respecte autant que possible les sinuosités du lit primitif et ne coupe que les divagations. Le lit rectifié se rapproche d'une sinusoïde. Dans ces cours d'eau, tels que la Garonne, la basse Seine, l'Escaut, les phénomènes d'alluvionnement ont été étudiés dans ces dernières années avec un soin minutieux, en particulier par M. Fargues, au moyen de profils en travers rapprochés et en vue des applications pratiques. Ces cours d'eau sont aussi des cours d'eau à fond mobile, mais où le chenal doit avoir assez de fixité pour se prêter à la navigation ; ce sont des cours d'eau corrigés, mais qui ont gardé entre leurs rives artificielles le dessin en méandres qu'ils avaient quand ils divaguaient dans leurs propres alluvions. Voilà deux différences avec lesquelles il faut compter. Dans ces rivières corrigées à méandres, le dépôt des alluvions se fera tout naturellement là où la vitesse est moindre, c'est-à-dire le long des convexités des rives, tandis que les affouillements auront lieu dans les parties concaves ; ainsi se produira l'alternance classique des « mouilles » et des bancs de sable. Mais entre des digues rectilignes, le long desquelles l'eau glisse avec une rapidité égale, où et comment se produira le dépôt ?

Il est nécessaire, d'autre part, que l'alluvionnement se produise, d'abord parce que la pente s'amortit d'amont en aval, 0,0027 à l'origine des digues, vers l'Arly, 0,0014 au confluent du Breda, et que la vitesse diminue en conséquence; puis à cause de la diminution de la vitesse qui correspond aux variations de débit d'une saison à l'autre. Lors de nos observations, vers la mi-août, la fonte des neiges a cessé, et ce sont des glaciers qui alimentent l'Arc et l'Isère. Le débit est donc intermédiaire entre les grandes eaux de la fin du printemps et du début de l'été (avril-juillet) et les basses eaux de l'automne et de l'hiver. Chaque affluent a sa part dans les hautes eaux : la crue de l'Arly en avril et en mai, celle de l'Isère supérieure commence à la fin de celle de l'Arly et augmente jusqu'à la mi-août, celle de l'Arc commence et finit 15 jours ou 3 semaines plus tôt que celle de l'Isère. L'Isère ne coule donc plus à pleins bords entre ses digues, elle ne remplit qu'une partie du lit, et dépose des matériaux plus ou moins grossiers, galets, graviers, sables et limons, qu'elle affouille et remet en mouvement lors des crues. Ces atterrissements, qu'on appelle des *grèves* en Loire, des *glariers* dans la Suisse romande (Dranse), des *Iscles* dans la Durance, des *Harengs* dans l'Arve, on les nomme ici des *glières*, mot apparenté à glarier. Comment se déposent ces bancs, à un moment de l'année où il y avait encore assez d'eau, et pas trop?

On observe d'abord que ces *glières* ne se font pas face, mais qu'elles alternent régulièrement d'une rive à l'autre, tantôt à droite, tantôt à

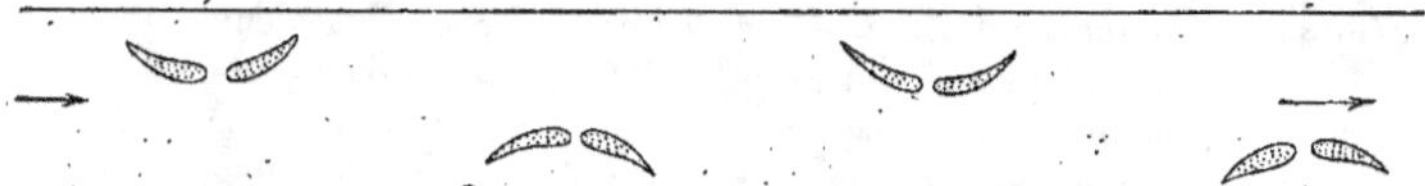

gauche; cette alternance ne souffre pas d'exception : entre le pont de Saint-Pierre-d'Albigny et celui de Montmélian, sur 9400 m, on en compte exactement dix sur la rive droite, dix sur la rive gauche. Celle qu'on trouve immédiatement en amont du premier pont est à droite, celle qui vient en aval du second pont est à gauche. Nous sommes donc bien en présence d'une loi; quand les alluvions cheminent entre des rives parallèles et rectilignes, elles se déposent alternativement sur l'une et l'autre rive.

Le nombre de ces *glières* en indique l'écartement moyen : elles sont à la distance d'environ 1 km l'une de l'autre sur la même rive, de 500 m d'une rive à l'autre. Comme elles ont à peu près la moitié de cette longueur, la plus grande partie des rives reste libre d'alluvions, soit les trois quarts environ de la longueur pour chaque rive.

Leur forme enfin est caractéristique : c'est celle d'une demi-lune effilée dont la convexité est tournée vers le milieu du courant. En ce milieu, la glière s'interrompt d'ordinaire et laisse un passage libre, par lequel pénètre l'eau du courant, plus rapide. Enfin ces dépôts en arc de

cercle ne s'attachent pas absolument aux rives : entre leurs deux extrémités et la rive subsiste une lacune de quelques mètres. Entre la glière
et la digue s'étend un chenal d'eau tranquille. Quant à la disposition des
matériaux, elle obéit aux lois ordinaires du classement par l'eau courante,
des galets gros comme le poing à l'amont, puis des graviers, puis du sable
puis des alluvions fines, noirâtres, provenant de la trituration des schistes
de la vallée d'Arves. Cette forme des glières en demi-lune ouverte en
son milieu se répéte non moins régulièrement que leur situation alter-
nante.

Comment expliquer cette disposition des bancs de sable, et pourquoi
le dépôt des matériaux ne se fait-il pas sous forme d'un cordon étroit
et continu le long de chaque rive, là où l'eau a sa moindre vitesse, en
raison de la résistance offerte par le frottement contre les digues et par
les enrochements?

Comme première explication on pourrait dire que le lit est adapté au
volume d'eau à écouler. En hautes eaux, le volume d'eau est énorme, un
cours rectiligne réalise la pente la plus forte, et par suite la plus grande
vitesse, l'évacuation de l'eau à écouler se fait dans le moindre temps.
On obtient du même coup l'approfondissement du lit, ce à quoi visaient
les travaux de correction; l'érosion l'emporte sur le dépôt.

En basses eaux, la quantité d'eau à évacuer est beaucoup plus petite;
une moindre vitesse est suffisante, et, par suite, une pente moindre; cette
diminution de la pente, le cours d'eau la réalise par l'allongement du
lit; par suite de ces incidences, le lit se trouve allongé de moitié environ.
Par suite de la moindre vitesse, le dépôt l'emporte sur le creusement.

Il y aurait donc adaptation du profil en long du cours d'eau, et par
suite de son développement horizontal, au volume d'eau à écouler. Dans
sa *Topologie*, le général Berthaut se rangerait à cette opinion, à
la suite de Cunit qui est le premier à avoir remarqué le fait que « par
suite d'incidences successives, le chenal des basses eaux sera nécessairement et alternativement porté d'une berge à l'autre. »

Or, des considérations tirées de l'hydraulique montrent qu'il n'y a pas
nécessité que le profil en long change, dans un cours d'eau qui passe des
hautes eaux aux basses eaux, mais seulement le niveau de l'eau, dans
un lit qui peut rester rectiligne.

Un lit rectiligne auquel on impose un débit très faible va le débiter
sans discontinuité à la faveur d'un niveau très bas, parce que la *section*
du cours d'eau va diminuer beaucoup plus vite que le *périmètre mouillé*.
Or, c'est du développement de ce périmètre que dépend le frottement et,
par suite, la résistance des rives au courant et la diminution de vitesse.

Par exemple, un cours d'eau a 10 m de large sur 0,80 m de profondeur;
la section est de 8 m², le périmètre mouillé de 21,60 m.

Le même cours d'eau a 10 m de large, mais sa profondeur n'est plus que
de 0,40 m; la section est deux fois moindre, 4 m²; le périmètre mouillé
est le même, ou à peu près : 20,80 m. Les frottements sont aussi considé-

rables qu'avant; tandis qu'il débite moitié moins d'eau, en supposant la même vitesse.

Comme deuxième explication, il est à croire que ce sont les dépôts eux-mêmes qui provoquent les incidences. Si une rivière coulait clair, et n'était constituée que d'eau pure, rien ne l'empêcherait de couler en ligne droite. Ce sont ses dépôts qui l'obligent à se détourner.

A l'origine de l'incidence, il faudrait savoir si l'eau suit la rive, ou s'il y a réellement *réflexion*. Dans ce cas, l'eau perd de sa vitesse, il se produit des remous, elle abandonne des matériaux, et ces matériaux une fois déposés, du côté opposé à celui où se porte le courant, elle est bien obligée de les contourner. Puis le courant reprend de la vitesse par suite de la pente, et va frapper la berge sur la digue opposée. Ce qu'il faut donc expliquer, c'est la première incidence, soit par la disposition des bancs de sable en travers du courant, soit par un tournant, soit par l'arrivée d'un affluent, soit par l'entrée dans les digues, à l'origine de la correction.

Ces observations pourraient être étendues non seulement aux cours d'eau corrigés de montagne, coulant entre des digues rapprochées et rectilignes, mais aussi, dans une certaine mesure, aux fleuves de plaine, tels que la Loire. En descendant ce fleuve, de Moulins à Montargis, par exemple, on voit le courant venir frapper alternativement l'une et l'autre rive, abandonnant par conséquent ses grèves sur la rive opposée. C'est donc une manière d'être commune à toutes les rivières qui charrient, que de ne pouvoir dessiner leur cours en droite ligne à travers leurs alluvions, mais de présenter un cours brisé par une série d'incidences. Lorsque ces tronçons zig-zagants cessent d'être tendus par le fait des digues qui contiennent le lit entre des limites fixes, on voit les incidences passer aux méandres, et ceux-ci apparaissent donc comme la première caractéristique de l'eau courante qui n'est pas seulement de l'eau.

Elles mettent également en lumière l'importance de la considération du fil de l'eau, c'est-à-dire du filet d'eau le plus rapide, correspondant à la portion du courant la plus profonde (¹). C'est le fil de l'eau qui définit un cours d'eau, et c'est son tracé capricieux à travers les eaux moins rapides, les eaux dormantes, les eaux stagnantes qu'il faut d'abord suivre et déterminer. On verra qu'il ne se confond presque jamais avec l'axe de la rivière, mais que, même dans les cours d'eau tranquilles de la plaine, ou dans ceux qui décrivent en contre-bas d'un plateau en voie de surrection des méandres encaissés, il se déplace d'une rive à l'autre, obéissant à toutes les influences du lit et des rives, et commandant à son tour au creusement du lit, au maintien du chenal et au dépôt des alluvions.

(¹) C'est ce filet d'eau le plus rapide qu'a suivi et dessiné C. Calciati dans le levé à $\frac{1}{10000}$ qui accompagne son étude sur *Les méandres de la Sarine*. Fribourg, Fragnière, 1909, in-8°.

M. Émile BELLOC.

Chargé de missions scientifiques (Paris).

LES RIAS DU LITTORAL ATLANTIQUE D'IBÉRIE.
Aperçu sommaire.

551.48 (46 + 469)

6 *Août.*

Origine et signification du mot Ría. — Certains auteurs, peu familiarisés sans doute avec la terminologie castillane, prétendent appliquer la dénomination de *ría* à des formations analogues, en dehors de l'Ibérie, ce qui est une erreur absolue. Le nom de *ría* appartenant en propre à l'Hispano-Lusitanie, perd toute sa valeur significative hors des pays de langue espagnole et portugaise.

Chacun sait qu'en Espagne comme en Portugal, les rivières et les fleuves, grands ou petits, navigables ou non, portent le nom générique de *río*, mais, aux approches de la côte atlantique ibérienne, leur lit, brusquement élargi, prend le nom féminin de *ría*, synonyme « d'embouchure ». En conséquence, *une ría faisant partie intégrante d'un río ne peut exister sans lui.*

On peut donc affirmer sans crainte qu'il est inopportun, tout au moins, de vouloir étendre cette dénomination au delà de son pays d'origine, et qu'il n'y a aucune raison de diviser et classer ces sortes d'embouchures en : *Rías-Typus, Rías-Küsten, Rías-Inseln, Rías-Hafen,* etc., comme l'avaient proposé M. de Richthofen et ses émules ([1]).

Origine et transformation des Rías. — Contrairement à l'opinion de certains auteurs, l'origine et la transformation des *rías* sont dues à des causes multiples, à des mouvements lents, ininterrompus et superposés.

Parmi les causes primordiales ayant concouru à ce genre de formations, il convient d'envisager, avant toute autre, les mouvements sismiques. C'est à ce genre de phénomènes que les rías ibériennes doivent, en grande partie, leur origine.

En second lieu, il faut tenir compte des soulèvements et des affaissements du sol occasionnés par les forces internes, des pressions latérales, des effondrements et de l'action érosive des mouvements extérieurs. D'autre part, le soleil, maître du monde physique, régulateur des saisons, agent de fécondation et de destruction par excellence, qui déchaîne où

([1]) F. Freiherr von Richthofen, *Führer er für, Forschungsreisende,* Berlin, 1886.

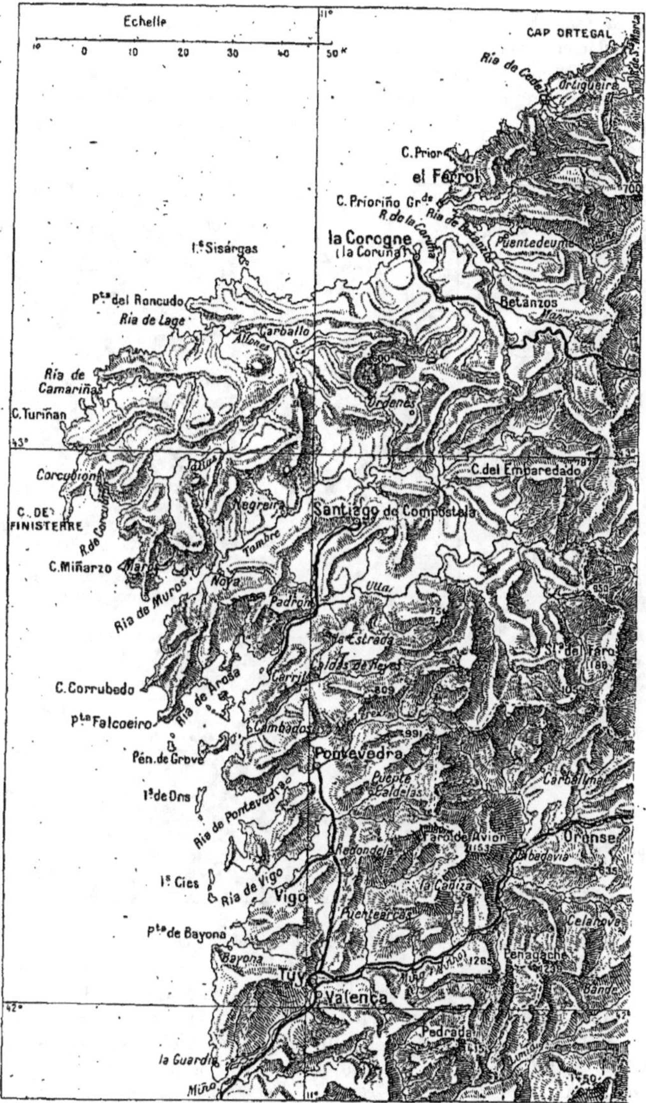

Fig. 1. — Carte d'ensemble des *Rias de Galicia española*.

calme la tempête, est un puissant facteur de démolition. Quant à
l'action glaciaire, elle semble avoir été nulle.

Agissant chacun de son côté, d'une manière continue, ces divers éléments destructeurs du relief terrestre, ont fini par creuser et élargir les
profonds sillons dont les *rías* occidentales et septentrionales d'Ibérie
occupent le fond.

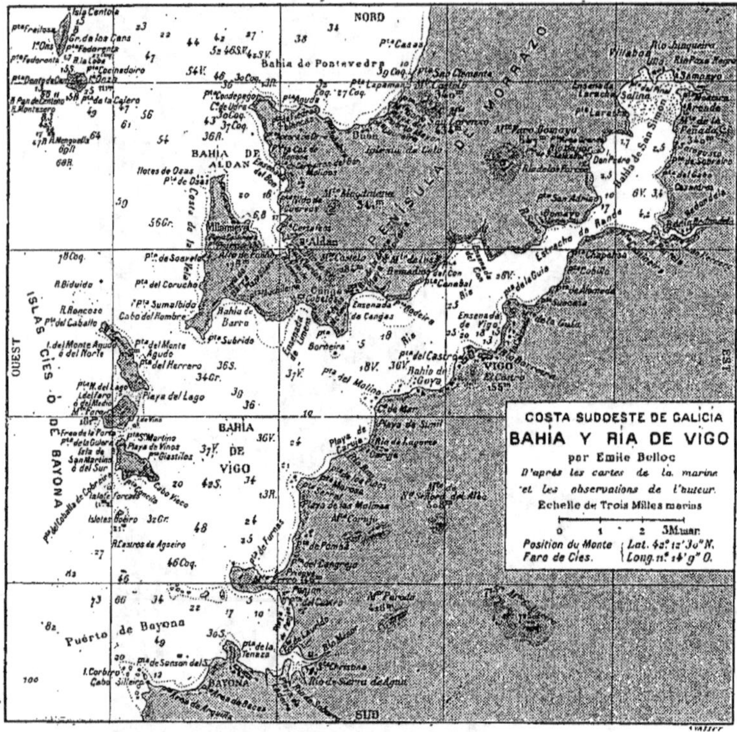

Fig. 2. — Les îles *Cies*. — *Bahia* et *Ria* de Vigo.

Les courants marins et les fortes marées, agents de démolition de premier ordre, paraissent n'avoir exercé, à l'intérieur des rías de Galicia,
qu'une action atténuée. Il en est de même du célèbre *Gulf-Stream*, qui
atteint le littoral ibérien par une simple déviation latérale : mais vers
les parages des *cabos Finisterra, Ortegal* (fig. 1) et de la *Estaca de Vàrez*,
les ouragans périodiquement déchaînés, la mer démontée et les vagues

terribles qui déferlent par gros temps contre les falaises littorales, ont réduit cette zone côtière à un état de délabrement lamentable.

Les Rías de Galícia ([1]). — Ce qui caractérise principalement ces sortes d'embouchures, c'est leur encaissement entre des berges sinueuses, abruptes pour la plupart, surmontées à courte distance de reliefs monta-gneux très élevés, en de certains endroits.

Ces rías, serpentant au fond d'étroites vallées, se prolongent générale-ment en pente douce assez avant sous les flots marins. Leur fond est rare-ment envasé; cependant, la grande *ría de Vigo*, par exemple (*fig.* 2), protégée en quelque sorte par les îles arides et escarpées de Cíes, contre les vents du large et les à-coups de la haute mer, moins exposée que d'autres, par cela même, au brassage incessant occasionné par le flux et le reflux, accumule plus de matières alluviales que sa voisine septen-trionale la *ría de Pontevedra*, et celle *d'Arosa* (*fig.* 1), dont les approches sont encombrées de brisants dangereux.

Le lit des *rías* de Galícia repose plutôt sur un substratum solide, par-semé de quartiers de roches arrachés aux parois encaissantes, recouvert de dépôts cailloux ou arénacés.

Dans la même contrée, d'autres embouchures fluvio-marines du même genre, telle que celle du *Ferrol* (*fig.* 3), outre le sable et le gravier, sont encombrées de débris de coquilles roulées. Vers le haut de ces embou-chures et à l'amont de quelques baies latérales, où les effets des marées se font moins sentir, comme dans les *rías d'Ares*, de *Betánzos*, etc. (*fig.* 1), le limon s'accumule plus facilement.

Ces rías, généralement étroites et très allongées vers l'intérieur des terres, paraissent être en relation directe avec les éléments tectoniques aux dépens desquels elles ont été formées. Leur profondeur, quoique restreinte, par rapport à la longueur de leur profil transversal, est néan-moins assez grande pour permettre l'établissement des ports de pêche, de commerce ou de guerre dans la plupart d'entre elles.

Parallélisme des Rías de Galícia, des montagnes et des fleuves d'Ibérie. — Aucune étude spéciale n'ayant été consacrée, à ma con-naissance, au parallélisme et à l'orientation des rías galiciennes, com-parés aux dispositions similaires des montagnes et des fleuves pénin-sulaires, examinons très brièvement la concordance qu'il peut y avoir entre ces diverses formations naturelles.

A partir du *cabo Prioriño*, dont les escarpements commandent l'entrée de la grande *ría du Ferrol* (*fig.* 3), et limite au Nord la *Bahía* ([2]) *de Coruña* (*fig.* 1), on aperçoit, en allant vers le Sud, un grand nombre d'étroites échancrures, très allongées, entaillant la côte galicienne. Nous

---

([1]) En latin *Gallœcia*.
([2]) *Bahía*, « baie ».

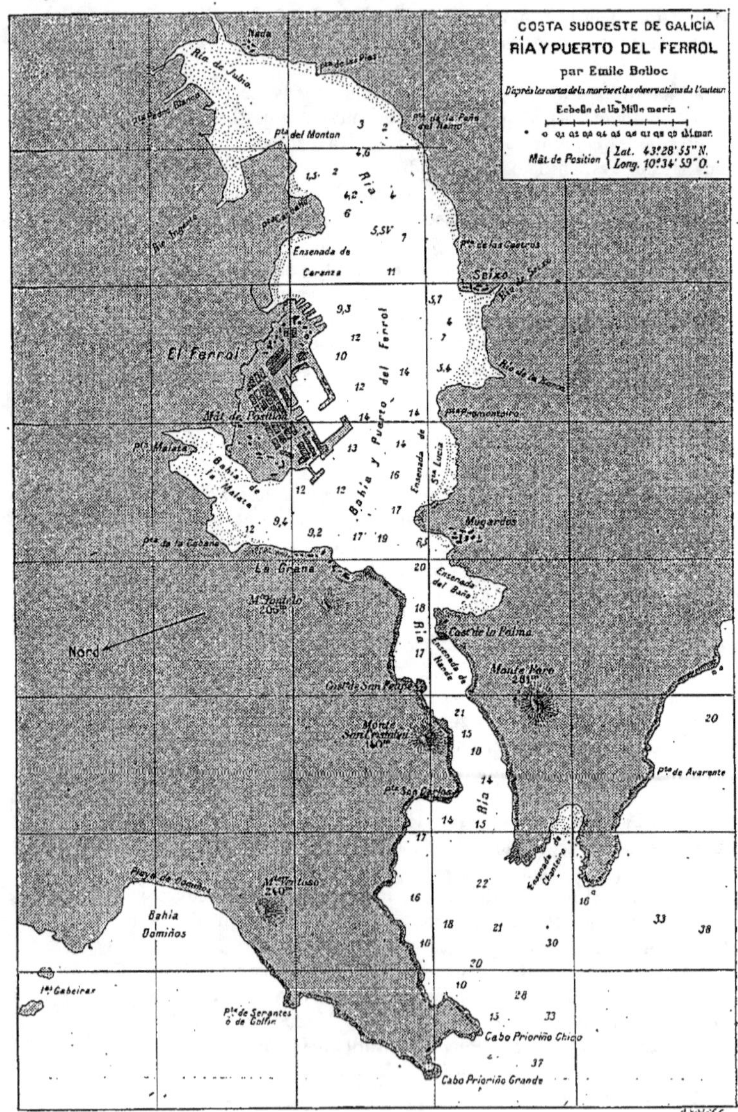

Fig. 3. — Ria, Bahia et Puerto de El Ferrol.

avons dit plus haut que les indigènes ont donné le nom de *rias* à ces profonds sillons où aboutissent des cours d'eau.

Outre leur caractère général, ces sillons terrestres offrent des particu-

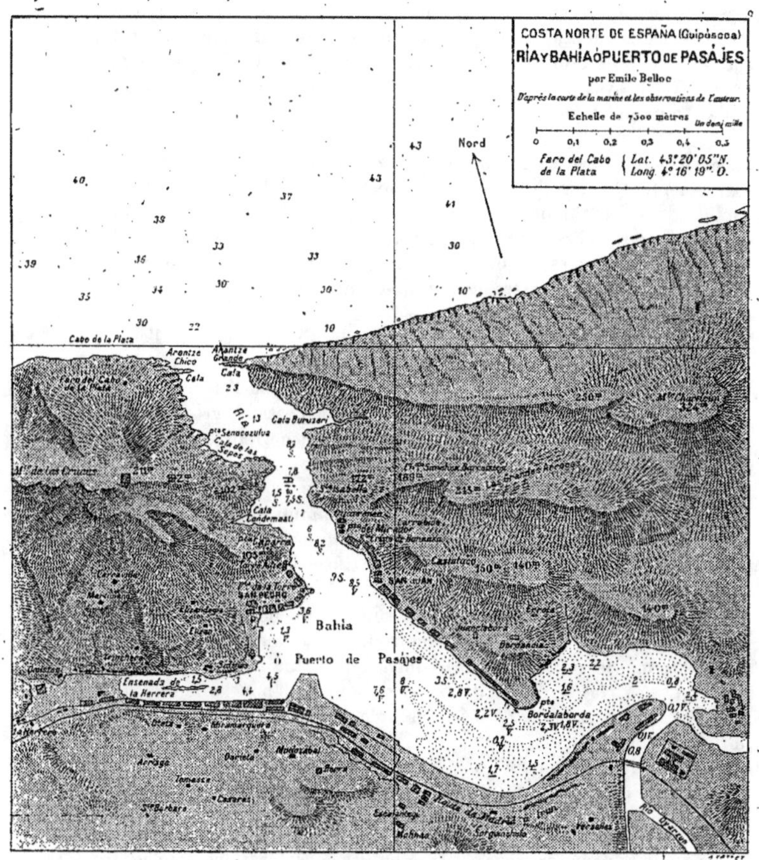

Fig. 4. — *Ria* et *Bahia* de Pasàjes.

larités remarquables. C'est d'abord le parallélisme qu'ils affectent entre eux, et ensuite leur direction oblique par rapport à la ligne actuelle du rivage atlantique. Orientés NE-SO, leur direction concorde avec la disposition des montagnes avoisinantes. Conjointement à ces *rias* on

*62

remarque des formations latérales analogues, moins développées, dont l'orifice est très évasé.

Considérés dans leur ensemble, ces incisions littorales, véritables sillons de fracture, formant des groupements distincts, séparés par des empattements montagneux plus ou moins étendus, constituent un ensemble de faits propres aux parages atlantiques de Galícia, en concordance avec le système orographique et fluvial du territoire péninsulaire, et des hauts reliefs marocains.

Les Rías du nord de l'Espagne. — Comme sa voisine occidentale, la région septentrionale ibérienne est tributaire de l'Atlantique; mais les conditions orographiques et géologiques diffèrent. beaucoup de la précédente, malgré l'abondance des pluies recueillies par le versant nord des Pyrénées cantabriques, les petits fleuves qui aboutissent à sa zone littorale ont un cours trop restreint pour que leur embouchure forme des rías comparables à celles de Galícia.

On y remarque cependant des baies spacieuses comme celle de l'entrée de la Bidassóa ou de Fuenterrabia, l'*Ondarrabía* des Basques; la *ría de Los Pasájes* (fig. 4), autrement dit le *Port des Passages*, dont l'étroit débouché mesure, en moyenne, 160 m de largeur, à marée basse. A vrai dire cette ría est plutôt un goulet donnant accès à un port de refuge absolument sûr contre les tempêtes qui balayent parfois le littoral dangereux du golfe de *Vizcáya*. La célèbre station balnéaire de *San Sebastián*, voisine de *Pasájes*, est une *Concha* qui n'a rien de commun avec les *rías*.

La *ría de Palencia*, la large *Concha de Bilbáo*, où aboutit le *rio Nervión*, la *bahía de Santoña*, et la grande rade fortifiée de *Santander*, sont des embouchures fluviales de même genre.

La côte de *Las Astúrias*, qui fait suite à celle de *Viscáya*, est assez uniforme, bien que percée de plusieurs *rías*, entre autres celle de *Gijón*, qui renferme le port le plus fréquenté du littoral asturien. Au delà s'ouvrent les *rías d'Aviles*, de *San-Esteban*, où débouche le *Nalón*, la *bahía de Luerca* et la *ría de Návia* creusée dans des phyllades noirâtres fortement inclinées.

La *ría de Rivadéo* sépare les *Astúrias* de la *Galícia*, et à la *Punta de la Estaca de Váres*, point le plus septentrional de l'Espagne, on rejoint les grandes rías occidentales d'Ibérie.

En résumé, pour terminer ces trop brèves considérations, fondées sur mes observations personnelles, disons qu'il y a un certain degré de parenté entre les *rías* ibériennes, les *fjords* de Norvège et du Chili; les *friths* de la côte occidentale de l'Islande et du Pays de Galles; les *firths* du littoral extraordinairement déchiqueté de l'Écosse; les *abers* des rivages du Finistère breton, mais que rien n'autorise les géographes à donner le nom de *ría* à ces formations analogues. Cette expression géographique appartenant exclusivement aux pays de langue espagnole et portugaise, est unie par des liens indissolubles au mot *río*. Conséquemment, — redisons-le encore, — une *Ría faisant partie intégrante d'un Río, ne peut exister sans lui.*

M. ÉMILE BELLOC.

BRÈVES CONSIDÉRATIONS SUR QUELQUES NOMS GÉOGRAPHIQUES ESPAGNOLS.

41.2 : 46

5 *Août.*

Des montagnes. — Sous le rapport de la déformation des noms géographiques, l'Espagne n'a rien à envier à ses voisines continentales, notamment dans les régions accidentées.

Parmi les amas montagneux recouvrant, en très grande partie, la péninsule Ibérique, citons premièrement la *Sierra Nevada.* La plus haute cime de ce vaste massif, en même temps que la plus élevée de l'Hispano Lusitanie, porte le nom de *Cerro* (¹) de *Maoulaï-Hassan.* Elle domine l'extrémité méridionale de l'Europe, et s'élève à 3481 mètres au-dessus du niveau moyen des mers.

L'orgine arabe de ce nom de lieu dit, ne fait de doute pour personne, mais les mauvaises transcriptions successives, la prononciation des indigènes et l'indifférence routinière des étrangers ont tellement dénaturé sa forme primitive qu'elle est devenue méconnaissable. C'est ainsi qu'on écrit : *Moulacén, Moulhacén, Moulaçan, Moulhaçan, Moulahaçan*; ou bien *Mulaçan, Mulhaçan, Mulahaçan, Mulacen, Mulhacen, Mulahacen, Mouleihaçan, Mouleylsacen, Muley-Hacen, Muley-Hacan*, etc. En somme, autant d'individus, autant de versions orthographiques différentes.

Tout d'abord, on doit se demander que veut dire *Moula,* occupant à lui seul plus de la moitié du nom? *Moula,* pl. *Moualin,* est synonyme de « maître », ce qui serait impropre dans le cas présent. Quant au vocable *Moulay* ou *Mouley,* cette expression n'existe pas, en *bon* arabe. Bien que *Moulaï, Moulay, Mouleï, Mouley* soient communément employés, en langage vulgaire, pour désigner « le Prince », *Mouleï-Ismaël, Mouley-Hafit, Moulay-Youssef* sont des locutions incorrectes.

En parlant du souverain, du chef suprème, du Sultan, de l'Empereur des Turcs, ou des hauts dignitaires musulmans, le seul qualificatif acceptable est *Maoulaï,* qui signifie « Monseigneur ». Ce titre honorifique, associé à *Hassan,* synonyme de « bon » ou de « bien », a servi à former un nom d'homme, et, par extension, celui du haut relief qui nous occupe en ce moment.

(¹) *Cerro,* s. m., « colline, hauteur, sommet ». On emploie également le mot *Cumbre,* synonyme de « cime, hauteur ».

C'est vers la fin du xv.e siècle que le nom de *l'amir el moumenïn Maoulaï Aboul-Hassan*, dernier roi maure de Granada, fut donné à la cime culminante de l'Ibérie, dont la dénomination véritable est **Maoulaï-Hassan**.

L'infortuné monarque Maoulaï-Hassan, après avoir été détrôné par son fils Boabdil ([1]), se retira à Málaga. Mais Boabdil ne jouit pas tranquillement de son forfait. Vaincu à son tour par les partisans de Ferdinand d'Aragon et d'Isabelle la Catholique, il s'enfuit en Afrique, où il embrassa la cause du roi de Fez et trouva la mort en combattant contre le Sultan du Maroc.

A l'extrémité opposée de la Péninsule, la nomenclature géographique offre également des déformations caractéristiques. Bien qu'étant entièrement situé en plein territoire aragonais, le massif central des Pyrénées a été affublé du nom de *Maladeta*, qui n'a rien à voir avec la langue espagnole. Les habitants du versant méridional de la chaîne pyrénéenne ne connaissent ce vaste empâtement montagneux que sous la dénomination de *Los Montes Malditos*, « les Monts-Maudits ». En tout cas, malgré l'obstination invétérée des auteurs, « Maladetta » avec deux *t* est une hérésie orthographique, la grammaire castillane n'autorisant, en aucun cas, le redoublement de la consonne *t*, qui a toujours le son dur.

Il en est de même du nom de la vallée sauvage qui contourne les Monts-Maudits, au fond de laquelle coule l'eau froide et limpide du *río Esera*. La consonne *s*, en espagnol, se prononçant — sans exception — comme *s* redoublée en français, c'est une erreur absolue d'écrire « Essera » au lieu de *Esera*. Au-dessus de la rive gauche de ce *río* se dressent les pentes abruptes du pic de la Maladeta (3212 m.) où s'ouvre, au pied d'un rocher surplombant, le *gouffre de Tormo*, nom fâcheusement transformé en *Turmon*, ou en *Turmes*; ce qui lui enlève toute la valeur étymologique ([2]).

Mais le vocable le plus outrageusement déformé est appliqué au point le plus élevé des Pyrénées, au *Pic d'Aneto*, qui se dresse à 3404 mètres d'altitude. *Aneto*, village aragonais situé à la base méridionale des Monts-Maudits, a donné son nom à cette cime culminante. Malheureusement, les indigènes du versant septentrional de la chaîne centrale, et plus particulièrement les guides luchonnais, d'*Aneto* en ont fait d'abord *Anétou* puis *Nétou*. Enfin certains auteurs inconscients de leur méfait toponymique, incorporent une *h* malencontreuse au milieu de ce nom déjà si fortement martyrisé, d'où résulte la forme orthographique grotesque de *Néthou!!*

A signaler encore, dans les mêmes parages, mais plus à l'Ouest, un haut relief de 3367 mètres de hauteur, baptisé, par les montagnards français,

---

([1]) *Boabdil* est une forme corrompue d'*Abou-Aba-Allab*. On l'avait aussi surnommé *el Zéguir* ou *cer'ir* « le petit ».

([2]) *Tormo* signifie « rocher culminant, couronnant une masse rocheuse qui le supporte ». Tandis que le mot français *turmes*, ne pourrait venir que de *turma* « testicules » !

Pic des Pouséts, transfiguré en *Pic Posets* (¹) par les touristes. Les gens du pays, sur le territoire duquel ce pic est situé, ne lui connaissent qu'un seul nom : celui de *Punta de Lardana*.

Le *Som de Baccimaille* ou *Grande Facha* (3020 m.) qu'on orthographie également *Bachimaña*, situé aux confins des Hautes-Pyrénées, est aussi une corruption du primitif *Batch-Mala*, « mauvaise vallée ». Quant à la plus haute cime franco-espagnole, la *Peña-Mala*, « mauvais rocher, méchante montagne », nos compatriotes ont trouvé le moyen d'en faire le *Vignemale*, traduction littérale « la mauvaise vigne » ! C'est plutôt original, il faut en convenir, pour une montagne aride, ruinée, rongée par les glaciers et les rigueurs du climat, dont le sommet principal, *la Pique Longue*, s'élève à 3298 mètres d'altitude.

Autres déformations de quelques noms de lieux. — L'*Extremadura* est une division territoriale dont la dénomination est commune à deux provinces : l'une espagnole, l'autre portugaise. Ce nom viendrait, dit-on, de *extrema Durii* (²), parce que c'est la contrée située « le plus au delà du Douro » ! D'autres affirment que « suivant l'opinion commune, ce nom dériverait de *estrema ora*, « extrême frontière » (³), ce qui est, inexact, tout au moins pour le mot *ora* qui n'a jamais été synonyme de « frontière » en castillan. En réalité cette expression topographique est formée de *extrema*, « dernière, extrême, extrémité », et de *frontera*, « limites, confins d'un État » ; d'où la dénomination parfaitement espagnole de **Extrematura**, « frontière » (⁴), qui, rationnellement, devrait s'écrire ainsi. Quant à la forme dénaturée « Estramadure », usitée à l'étranger, mieux vaut ne pas en parler.

D'après une opinion accréditée, l'ancienne principauté de Catalogne (⁵) tirerait son origine du latin *Gatalonia*, ou « colonie des Goths » ! Cenac Montaut prétendait que *Al Mogaouar*, « le voisin » ! qui devint par la suite *Almogavares*, était le nom que les Arabes envahisseurs donnaient aux montagnards catalans qui les combattaient (⁶).

D'autres font remonter le nom d'Andalucia aux Vandales, d'où serait

---

(¹) *Pouséts* est un diminutif pluriel du mot *pouts* « puits », *pozo*, en espagnol, francisé sous la forme ridicule de « Poset ». Si l'on tient absolument à conserver cette dénomination au détriment du nom local *Lardana*, il faut dire *Pic des Pouséts*, « pic des Petits Puits », et non pas *Pic Poset*. La première ascension de cette montagne, en partie formée de roches friables et trouées, fut faite en 1856 par M. Halkett et les guides P. Barrau et Redonnet, de Luchon, soit un Anglais et deux Français, plus qu'il n'en fallait pour dénaturer toute la nomenclature de l'Aragon.

(²) *Dict. de Biog. et d'Histoire*, par Dezobry et Bachelet, t. I, p. 1033.

(³) Voir *Grande Encyclopédie* (Lamirault).

(⁴) Voir *Novisimo Dicc. de la langua Castellana que comprende la última edicion integra del publicato por la Academia española*, p. 429, col. 2. Paris, librería de Garnier Hermanos, 1880, 1 vol. gr. in-4° de 1444 pages.

(⁵) *Principado de Cataluña*, en espagnol ; *Princi. de Catalunya*, en catalan.

(⁶) La transformation dont parle Cenac Montaut (*Hist. des États pyrénéens*, t. III, p. 20, doit avoir été radicale, sans doute, puisque « voisin », en arabe, se traduit par *jar*, pl. *jiran* !

venue l'appellation *Vandalitia*, *Vandalusia*, tandis que leurs contra-
dicteurs affirment que le primitif *Andaloz* ou « pays de l'Ouest »? servit
aux Sarrasins pour changer en *Andalozia*, puis en *Andalucia*, la dénomination de l'ancienne *Bœtica* imposée par les Romains !

Dans la même contrée, une incertitude semblable plane sur l'origine
ethnique des curieuses populations de bohémiens et d' « enjôleurs »
qui habitent, en partie, le Barrio de Triana à Sevilla. On les appelle
Gitanos, prétendant qu'ils sont venus d'Égypte, d'où le nom d'*Egyptanos*
ou d'*Egypcianos* et finalement celui de *Gitanos !* Au Nord de l'Alhambra
de Granada, on peut voir, installés dans des habitations souterraines,
des descendants de ces bohémiens, venus dit-on dans le pays vers le
milieu du XVIᵉ siècle. M. P. Jousset en a donné quelques portraits fort
réussis dans son magnifique Ouvrage sur l'Espagne et le Portugal ([1]).

A propos de la syllabe Gua. — On attribue une origine arabe à la
plupart des noms de fleuves ou de cours d'eau de l'Espagne méridionale.
Les auteurs affirment que la syllabe initiale de *Guadalquivir*, *Guada-
limar*, *Guadalaviar*, *Guadarmena*, etc., ne serait autre que le mot arabe
ouad ou *oued*, synonyme de « rivière ».

En admettant que *gua* soit la corruption pure et simple d'*ouad*, cette
dénomination devrait s'appliquer, exclusivement, aux cours d'eau. Mais
alors, comment expliquer l'énorme quantité de lieux dits, de personnes,
et d'objets divers, dont le nom commence ou finit par *gua* ([2]), dans les
contrées les plus diverses fort éloignées les unes des autres, n'ayant rien
de commun avec les pays musulmans?

Quelle raison probante pourrait-on invoquer pour justifier l'association
de la syllabe *gua* aux noms répandus à profusion dans les pays de langue
espagnole ou portugaise, dont le domaine comprend un espace presque
aussi étendu que l'Europe, si cette syllabe était d'origine arabe?

L'étendard du Prophète a-t-il jamais flotté triomphalement au Brésil,
au Mexique, au Pérou, aux Antilles, au Vénézuela, etc., où abonde
comme préfixe ou suffixe la syllabe *gua*?

Le *rio Guapa* ne coule-t-il pas aux États-Unis? *Gua* ne s'agglutine-t-elle
pas avec le radical dans *Comayagua*, *Nicaragua*, *Paraguay*, *Uruguay*?
L'Etat de *Guatimala* (*Guatemala* des Espagnols) n'est-il pas situé dans
l'Amérique centrale et le *rio Guabis* n'appartient-il pas à l'Amérique du
Sud?

Dans un autre ordre d'idées, le dernier empereur indien du Mexique
ne s'appelait-il pas *Guatemozin*? ([3])

([1]) P. JOUSSET, *L'Espagne et le Portugal illustrés.* Paris, libr. Larousse, 1908.

([2]) Dans quelques noms même cette syllabe est répétée deux fois comme dans
Gualeguay, par exemple.

([3]) *Guatemozin*, — gendre de Montezuma, emprisonné par Fernand Cortes (1521)
après avoir vainement combattu pour l'indépendance de son pays, — est une déformation de *Guauhtemozin* ou mieux de *Guauhtemoc*.

Los Guanches ([1]) étaient les anciens indigènes des Canaries, comme *los Guaranos* sont ceux du Vénézuela (delta de l'Orénoque). Les Indiens de la Costa-Rica septentrionale ([2]) sont connus sous le nom de *Guatussos*, et ceux du Paraguay ([3]) sous celui de *Guayanos*. Les *Guayacourous* ou *Guayacurus* habitent les provinces brésiliennes de *Moto-Grosso* et le *Gran-Chaco* ([4]), etc.

Gua accolée aux noms de fleuves, de rivières et de lieux habités. — Le trop bref exposé ci-dessus démontre sans conteste que la syllabe *gua*, loin d'être exclusivement accolée aux noms de fleuves, de rivières ou de vallées, comme l'*ouad* des Arabes, entre au contraire dans la composition d'un grand nombre d'expressions très diverses. Telles sont, par exemple, les villes, les villages ou les voies d'eau espagnoles dénommées : *Guadalcanal, Guadajos, Guadiz, Guadalope, Guareña, Guadalen, Guadalevin, Guadalhorce, Guadateba, Guadalbullón, Guadiana, Guadiato, Guareña*, etc., dont l'origine castillane ne souffre pas de discussion.

D'après la tradition, les Arabes auraient imposé à l'antique *Arriaca* le nom de *Guadalajara* ([5]), autrement dit *Ouad-al-Hadjara*, ou « vallée d'éboulis », ce qui semble tout au moins contestable.

1° Si les musulmans avaient voulu appliquer à cette province le nom d'un *ouad*, ils n'auraient pas manqué de choisir de préférence celui du *rio Henares* qui arrose la contrée, et, en l'arabisan, ils en auraient fait aisément *Ouad-Henares*, ou *Guadhenares*, au lieu de *Guadalajara*, qui est un nom parfaitement castillan ([6]).

2° Étant donné la fierté native de l'Espagnol, le sentiment profond de sa dignité poussé parfois à l'extrême, le patriotisme exalté qui lui impose de conserver jalousement les traditions nationales, il est peu probable que les hommes de cette race eussent consenti, sans que rien les y oblige, hors de la Métropole, à donner un nom d'origine soit-disant arabe, comme *Guadalajara* ([7]), à une des villes principales de leurs colonies.

Semblable observation est applicable à la capitale de l'État de *Valladolid* ([8]) (Mexique); et à une autre cité de la république de Honduras

---

([1]) On retrouve parfois, aux Canaries, leur dépouille momifiée dans les grottes de ce groupe d'îles volcaniques.

([2]) Bassin du *rio Frio*.

([3]) Rivière Parana.

([4]) Entre la Bolivie et le Rio de la Plata.

([5]) *Guadalajara*, située à 53 km au nord-est de Madrid, est le chef-lieu actuel de l'intendance de même nom.

([6]) Que l'affixe *ajara* revête la forme *ajar, rra*, « tenir avec force », *ajar* « terre semée d'aulx, l'origine du nom n'est pas moins espagnole.

([7]) *Guadalajara*, située à 450 km au nord-ouest de Mexico, est la capitale de l'État de Calisco, près du Rio-Grande de Santiago.

([8]) Naturellement *Valladolid* viendrait de l'arabe *Belad-Oualdi*, ville du gouvernement, disent les auteurs. D'abord, ville se dit *blad* ou *medina* et non pas *belad*.

(Amérique Centrale), appelée aussi *Valladolid*, ou *Comayagua* : remarquons en outre que ce dernier nom est terminé par *gua*.

Le *Turio* des Romains qui prend naissance dans la sierra Albaracin (Montes-Universales) (¹), porte aujourd'hui le nom de *Guadalaviar*, corruption, affirme-t-on, de *Ouad-el-Abiod*, « la rivière blanche »! Pour soutenir cette opinion, il faut beaucoup de bon vouloir. D'abord le synonyme arabe de « blanc » est *abiad'*, et celui de « blanche » est *baïd'a*, dont le pluriel est *bid'*. Ensuite, *aviar* appartient évidemment à la langue castillane. En dehors du sujet qui nous occupe ici, *aviar*, verbe actif espagnol, comporte plusieurs acceptions, entre autres celle de « préparer un voyage ». On le retrouve encore dans *aviador* « celui qui dispose pour un voyage », etc.

Le *Guadalfeo* (²), qui prend sa source dans la Sierra Nevada, ne peut pas répudier son origine espagnole, *feo* voulant dire « laid, difforme, désagréable à la vue, etc. », comp. latin *fœdus*. La ville de *Guadalupe* province de Cáceres (Extremadura), sur les bords du *Guadalupejo*; le village de *Guadalupe*, à 5 km de Mexico; la *Guadalupe* (la Guadeloupe), une des petites Antilles, la sierra de *Guala*, province de Huesca (Aragón); celle de *Guadalbayada* (³) entre Córdoba et Sevilla; le golfe de *Guaiteco* (Chili), et tant d'autres, dont le nom commence *gua*, sont dans le même cas.

Enfin, pour clore la liste, très écourtée, des noms géographiques de ces pays exotiques de langue espagnole et portugaise, où l'Islam n'a jamais pénétré, voici quelques exemples significatifs. Citons d'abord les villes de : *Guatavita, Guacheta, Guaduas*, dans l'Etat de Cundinamarca (Colombia) et le bourg de *Guasca, Guaïra, Guanaro, Guárico* (Vénézuela); *Gualeguay* (⁴), *Guata, Guayehu* (République Argentine); *Guarapava* (province du Parana), *Guarisamay, Guanajualo*, capitale la province de ce nom, (Mexique); *Gualan* (Guatimala); *Guadalope* (Antilles), *Guayquil* (Equateur), etc.

Parmi les cours d'eau américains, on rencontre, au Nord : *Guanagato, Guanaceri, Guanajuato* (Mexique); *Guamacaro, Guaracáhuila; Guanacobo* (Cuba); le *Gualan* (Amérique Centrale). Au Sud, on trouve : *Guatas, Guaviare* ou *Guayavero*, affluent de l'Orénoque (Colombia) *Guacara, Guarico* (Vénézuela); *Guadalupe* (Colombia), *Guapay* ou *Rio-Grande* (Bolivia); *Guaicuhy* ou *Rio-das-Vellas* (branche orientale du San-Francisco); *Guapore* ou *rio Itenez, Guama* (Brazil); *Guapi, Guataga, Guaranda* (Colombia). Citons encore à la Costa-Rica et à Porto Rico, les ríos : *Gua-*

(¹) *Los Montes-Universales* forment le véritable nœud hydrographique de l'Ibérie. C'est, en effet, la crête de ce massif montagneux qui forme la ligne de partage des eaux entre la Méditerranée et l'Océan Atlantique.

(²) En passant dans les localités qu'il arrose, ce cours d'eau prend successivement le nom de : *rio Cadiar, rio Orguira, rio Velenillo* et *rio Motril*.

(³) *Albayada*, s. f. « sorte d'arbrisseau ».

(⁴) Exemple de la syllabe *gua* répétée deux fois dans un même nom.

macaste, *Guanajibo*, *Guanarobo*; *Guayabal*, *Guayama*, *Guayatillo*, *Guayano*, *Guayanica*, etc.

Lés exemples ci-dessus, faciles à multiplier, démontrent manifestement que le vocable arabe *ouad* n'a rien à voir, en tant que forme orthographique tout au moins, avec l'expression espagnole *gua*.

Et, en ce, qui concerne plus particulièrement les voies d'eau, on peut distinguer dans *gua* la trace du mot *agua*. Il ne paraîtra donc pas téméraire d'envisager l'hypothèse qu'*agua*, devenu *gua* par aphérèse, ait pu fournir la substance primordiale du mot *gua*.

En résumé, la toponymie ne doit pas se borner seulement à étudier les origines linguistiques des noms locaux, ou à déterminer leur étymologie savante; elle doit aussi réserver une très large place à la recherche de leur signification primitive qui, le plus souvent, intéresse directement la géographie physique. C'est le moyen le plus sûr de fixer l'orthographie des noms de lieux, d'écarter la création de « monstres toponymiques », qui peuvent égarer l'érudition du linguiste ou de l'historien, et de mettre à la disposition du philologue un champ d'étude soigneusement défriché.

Il est donc extrêmement regrettable de voir certains auteurs n'obéir qu'à leur fantaisie pour fixer la terminologie géographique des pays étrangers. Pourquoi, par exemple, les Allemands écrivent-ils « Spanien » et les Anglais « Spain » pour *España*; les Italiens « *Parigi* », *Genoveva*, pour *Paris*, *Genève*; les Espagnols « *Francia* » pour *France?* Nos compatriotes écrivent « Andalousie, Asturies, Cadix, Cordoue, Galice, Murcie, Valence, Saint-Sébastien, Tage, Xérès, Alcade, Lisbonne... » pour *Andalucia*, *Astúrias*, *Cádiz*, *Córdoba*, *Galicia*, *Murcia*, *Valencia*, *San-Sebastián* *Tajo* ou *Tejo* (Portugal), *Jerez*, *Alcalde*, *Lisboa...*; ou bien encore « Angleterre, Ecosse, Londres, Alger, Arzew, Bône, Mostaganem, etc. », au lieu de : *England*, *Scotland*, *London*, *El Jezaïr*, *Erbiou*, *Anaba*, *Mester'anem*, etc.

En un mot, chacun essayant d'accommoder les noms géographiques étrangers à sa propre langue, crée l'anarchie. Et cependant les noms de lieux sont des documents précieux pour l'histoire et la géographie. Ils sont tout à fait comparables « à un fossile, à une médaille, à une monnaie », a dit avec une parfaite justesse l'éminent professeur du Collège de France, M. Jean Brunhes (¹). Conséquemment, afin de conserver le caractère démonstratif qui rend leur indication décisive, il faut soigneusement les préserver de toute altération.

D'autre part, en résumant devant la Commission de topographie du Club Alpin français l'état de ses remarquables travaux, M. le professeur Paul Girardin s'exprimait ainsi :

« Si la transcription correcte des noms de lieux ne fait pas partie de la topo-

---

(¹) Jean BRUNHES, *La Géographie humaine*, p. 757. Paris, Félix Alcan, éditeur, 1910.

graphie proprement dite, au sens de définition géométrique d'un pays, il serait regrettable que le topographe n'accorde pas à la forme originelle de chaque localité ou lieu dit l'attention qu'elle mérite, et laisse se perdre ou s'altérer les formes anciennes.......... Le nom de lieu est à la fois approprié et expressif, il fait image ...... (¹) ».

L'autorité indiscutable qui s'attache aux travaux de ces savants professeurs suffira-t-elle pour convaincre les écrivains et les géographes? Aura-t-elle assez d'empire sur leur esprit pour triompher de *la routine* qui déshonore l'art délicat et précieux de transcrire correctement les dénominations locales? Malheureusement, selon l'expression imagée et parfaitement justifiée de M. Georges Montorgueil, appliquée à l'erreur historique :

La routine est un « indéracinable chiendent. »

Quoi qu'il en soit, émettons, encore une fois, le vœu : *qu'on recherche, avec le plus grand soin, la signification originelle des noms de lieu; et que l'on conserve scrupuleusement leur physionomie locale et leur forme orthographique nationale.*

<hr>

M. Pierre LARUE,

Directeur de l'Université, Ingénieur agronome et hydrologue (Auxerre).

<hr>

ENTRE YONNE ET LOIRE.
NOTES HYDROLOGIQUES SUR ARLEUF EN MORVAN (NIÈVRE).

<hr>

551.49 (44.36)

2 Août.

Les massifs granitiques du Haut-Morvan séparent le bassin de la Seine (par l'Yonne) de celui de la Loire (par l'Arroux). Cette région est donc autonome au point de vue de l'hydrographie.

TOPOGRAPHIE. — Le pays constitue ce que les géologues appellent une *pénéplaine* parce que le massif ne comporte pas d'abrupts et a été raboté à la suite d'une émersion très ancienne. En réalité, il n'existe pas 1 km², pas même 1 ha de terrain plan. Ce ne sont que des mamelons assez irréguliers, aux sommets boisés où les villages sont répartis ordinairement à mi-côte. L'orientation du massif et des eaux est assez indécise. Il serait possible de faire passer dans la Loire une partie de celles destinées à la Seine. Les Romains auraient ainsi détourné une partie de

<hr>

(¹) Paul GIRARDIN, *Les noms de lieux dans les hautes régions de la Savoie* (*Procès-Verbaux de la Commission de Topographie du Club alpin français*, séance du 8 janvier 1908, p. 4 et suiv. Paris, 1908).

l'Yonne au profit d'Autun. Les sources sont nombreuses. Nous avons eu occasion d'en étudier plusieurs sur le territoire d'Arleuf en vue de leur captage. Nous pensons intéressant de, donner ici les observations que nous avons relevées, apportant des matériaux que d'autres pourront utiliser.

Arleuf est une vaste commune de 6000 ha du canton de Château-Chinon (Nièvre) à la limite de Saône-et-Loire. Elle comporte 42 écarts. Cette seule indication statistique montre que l'on trouve de l'eau partout pour la population. Les vallées y étant à leur naissance sont élevées de 5oo à 6oo m au-dessus du niveau de la mer. Sauf quelques points exceptionnels, les sommets ne dépassent pas 75o m d'altitude. Le col principal de la Croix-Paquelin qu'empruntent le chemin de fer et la route nationale pour changer de versant est à l'altitude de 68o m.

Dans la prairie marécageuse des Malpènes (altitude 66o m), un canal ancien semble indiquer qu'on a voulu conduire vers l'Yonne flottable les eaux qui forment la tête du Touron. Le Touron lui-même, ne coulant pas dans une vallée alluviale, semble un canal destiné à alimenter des étangs dominant l'Yonne à sa sortie d'Arleuf entre Château-Chinon et Corancy (*Bull. Soc. nat. Autun*, t. II, 1907, p. 184). On l'appelle le *canal romain*. On prétend réciproquement que des eaux de l'Yonne étaient conduites dans la cuvette permienne d'Autun.

La commune d'Arleuf possède 2105 habitants dont 15 % seulement groupés au bourg. Il y en avait 3000 au milieu du siècle dernier.

Géologie. — La masse de la roche est constituée par la granulite à mica noir ou la kersantite rappelant, d'après notre professeur M. Vélain, auteur de la Carte géologique de la région, les porphyres granitoïdes de la Loire. Bien qu'assez dure à travailler, cette masse a pu être décomposée dans la suite des temps, laissant en saillie les noyaux les plus durs et les nombreux filons qui la traversent. Ces derniers sont orientés vers le N-NE comme l'axe montagneux étroit qui sépare les bassins. Ils sont généralement constitués par la microgranulite, comportant comme éléments de première consolidation : mica noir, feldspath oligoclase, feldspath orthose, quartz bipyramidé. Le magma de deuxième consolidation, entièrement cristallisé, contiendrait, d'après M. Vélain, des sphérolithes pétrosiliceux radiés, imprégnés de quartz orienté dans une seule direction cristallographique.

Près des Raviers se trouve un pointement de granit. Dans le sud du territoire, les sommets les plus élevés, boisés mais non habités, sont constitués par l'orthophyre à mica noir. On trouve ainsi sur la commune d'Arleuf toute la gamme des roches granitoïdes. M. Marlot y a observé en outre :

« la granulite à grands éléments d'orthose, des tufs de porphyre, des feldspaths en voie de décomposition kaolinique et de la ripidolite (au Montarnu), la diabase et la porphyrit micacée (aux Brenets), des filons de quartz blanc, près du château de la Tourelle ».

Fig. 1. — CARTE D'ARLEUF (Extrait de la Carte d'état-major au $\frac{1}{80000}$).

Le gros pointillé indique la limite des bassins (Seine et Loire), orientés dans l'ensemble suivant la direction générale des filons de la région. Le petit pointillé permet de suivre les limites du territoire d'Arleuf et en même temps des départements de la Nièvre et de Saône-et-Loire. Les petits cercles entourent les sources que nous avons étudiées en 1911-1912.

Toutes ces roches sont plus ou moins injectées de minéraux utiles : fluorine, barytine, galène argentifère, chalcolite et mouchetées de chrysocole, pyrite cuivreuse avec azurite et malachite. (On nous a signalé qu'un puits de Château-Chinon renfermait de l'eau cuivreuse). Les forêts de Montarnu et du Châtelet renfermeraient des filons de pyrites sulfureuses à chapeaux de fer exploitables. Sur les flancs des coteaux, les roches granitiques imperméables, sauf par diaclases peu suivies, se décomposent en formant des *arènes* très perméables entraînées au bas des pentes et dans les poches des versants. Ces amas constituent de véritables réservoirs d'eau dont la capacité est restreinte. Elles seraient désignées dans le pays du terme expressif de *glandes*.

Fort heureusement la nature vient, par de fréquentes pluies, combler les vides. Si par hasard elle l'oublie pendant 2 mois seulement. en été, tout le Morvan meurt de soif. En 1911, les forêts même ont souffert de la sécheresse; le hêtre, essence dominante, a été particulièrement atteint.

Au fond des vallées, sur la pente ralentie par comblement et formant une cuvette, se sont installées des prairies plus ou moins spongieuses et élastiques sinon tourbeuses, et des étangs (*fig.* 2).

Au commencement du XIXᵉ siècle on avait eu l'idée bizarre d'installer le cimetière d'Arleuf en tête de la prairie de la Tournelle. La fréquence des immersions fit abandonner le projet vers 1845 (¹).

Météorologie. — Les stations thermométriques manquant, on admet que la température moyenne du Haut-Morvan est de 9° environ. Ce chiffre doit constituer un maximum pour Arleuf situé près des cols venteux de la ligne de partage. (²).

Pendant l'hiver 1911-1912, époque de nos observations, la température de décembre et janvier a été relativement douce. La neige n'a guère persisté durant ces deux mois qu'aux altitudes de 700 m et plus sur les versants septentrionaux. On nous a déclaré avoir vu la terre geler une fois jusqu'à 0,50 m. Quant aux variations de température particulièrement brusques, elles n'intéressent pas l'hydrologie.

A altitude égale, la végétation est en avance de près de une semaine sur le versant de la Loire exposé au Sud, mais qui n'est occupé par Arleuf que pour ⅕ du territoire à peine.

Les *vents* sont tellement violents à Arleuf que la plupart des murs exposés au Sud-Ouest sont revêtus d'une couverture verticale d'ardoises ou de bardeaux (planches) empêchant la pluie de venir fouetter le mur.

La hauteur moyenne annuelle est de 1,40 m, soit le double des pluies de la région parisienne. En outre la chute est plus abondante en hiver qu'en été, à l'inverse du centre du bassin de Paris. Les mois les plus pluvieux sont juin (180 mm), avril et août (135 mm); les moins plu-

---

(¹) BAUDIAU, *Le Morvan*.
(²) La plupart des documents météorologiques ont été empruntés à l'Ouvrage de M. Levainville sur le Morvan.

vieux : février et septembre (3o mm). Il pleut à Arleuf 18o jours par
an, soit 1 jour sur 2. On est à peu près sûr d'avoir de la pluie en hiver
et tout est disposé pour la recevoir : arènes perméables, rigoles à pente
rapide, vallées tourbeuses. A la naissance des rivières, on ne connaît pas
d'inondations nuisibles aux constructions humaines parce que l'homme
de la campagne n'a pas eu, comme celui des villes, l'idée de lutter contre
la nature. Il est regrettable que la pluie s'accompagne d'un vent si
violent que tout abri mobile et travail des champs devient impossible.

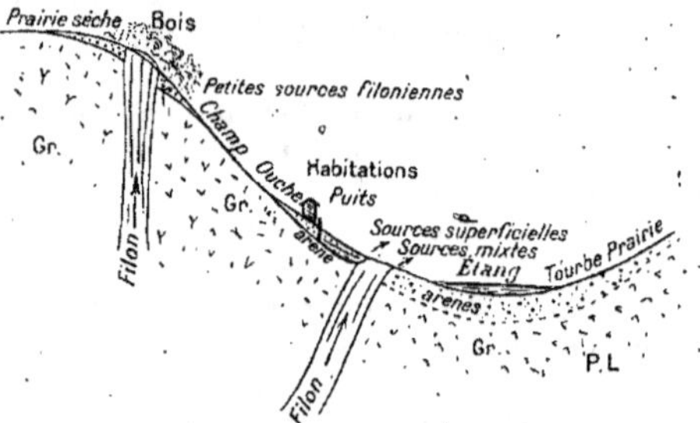

Fig. 2. — Coupe schématique des coteaux d'Arleuf.

Aussi l'émigration temporaire et parfois définitive est-elle la règle. Fort
heureusement les subsistants repeuplent. Les familles de quatre enfants
ne sont pas aussi exceptionnelles que dans les *bons pays* et l'on élève
des pupilles de l'assistance publique.

HYDROLOGIE. — *Nappes et puits.* — Les poches d'arène, profondes au
maximum d'une quinzaine de mètres, constituent des petits bassins assez
indépendants. Les maisons situées en amont des sources d'ailleurs nombreuses peuvent creuser des *puits* pour atteindre la nappe à la surface
du granit sous-jacent (*fig.* 2). La profondeur des puits est donc très
variable. Comme les sources il leur arrive de tarir fréquemment. A Arleuf
et dans les hameaux, les puits servent presque tous à plusieurs ménages.

SOURCES. — *Sources filoniennes.* — D'après les notes qu'a bien voulu
nous communiquer M. Marlot, géologue-prospecteur à Toulon-sur-
Arroux, qui habita Arleuf vers 1900, les sources se rencontrent sur le
territoire d'Arleuf jusque sur les sommets boisés des Montarnus, des
Brenots, du Touron, des Brenets aux extrémités méridionale et septentrionale de la commune. Leur débit est assez régulier. Les nappes auxquelles elles s'alimentent sont assez profondes pour que la constance de la
température provoque des buées en hiver. Lorsque l'origine est filonienne,
les eaux paraissent tièdes en hiver. Ce serait le cas de la *source chaude* près
de la route nationale de Pont-Charrot à Arleuf qui « sort d'un dyke de
quartz blanc massif et d'une masse feldspathique assez pure avec filets

verdâtres, sorte de pegmatite avec d'amourite injectée dans les délits ».
M. Boulle y a constaté une température de 20° au début de juillet 1912.
On aurait trouvé lors de la substruction de la maison voisine des vestiges
de constructions gallo-romaines rapportées à des thermes ?

Tableau des sources étudiées à Arleuf (température moyenne 9°; pluie 1300ᵐᵐ).

Hameau voisin.	Nom de la source.	Origine présumée des eaux.	Débit par minute en litres.	Température.	Observations.
Bourg d'Arleuf...	Fontaine Chambon	Superficielles et demi-profondes	40ˡ à 100ˡ 5 janvier 1912	7°,7 5 janvier 1912	Captée depuis 1882 pour Arleuf
Bourg d'Arleuf...	Fontaine de l'Église	Superficielles et filoniennes	150ˡ 6 janvier 1912	9° 6 janvier 1912	Utilisée pour tous usages
La Tournelle....	Source du Jet d'Eau	Filoniennes	40ˡ à 90ˡ	8°7	Captée pour le château de la Tournelle
Les Raviers......	Source des Meloises	Filoniennes	Peu variable 8ˡ à 10ˡ	Peu variable	A capter pour le hameau
Les Pâquelins....	Petit-Vernet	Filoniennes	Peu variable 14ˡ nov. 1911	8° nov. 1911	A capter pour le hameau
Pont-Charreau...	Source Chaude	Filoniennes	3 filets	20° juill. 1912	Actuellemᵗ simple lavoir

Les deux sources importantes du hameau des Robins seraient également en relation avec le filon plombifère (pyromorphite : phosphate de
plomb) dit de *la Forâtre*. Ce filon serait dirigé vers le Nord-Ouest à peu
près perpendiculairement aux lignes de cassures dominantes et se pro-
longerait jusqu'au hameau de Vouchot, commune de Corancy.

La gangue de barytine et fluorine quartzeuse de ce filon renferme
d'abondantes vacuoles permettant encore la circulation des eaux.

« Il s'est montré aussi de grosses lentilles de quartz résinite ou un peu opa-
linisée au milieu de manganèse terreux dont la position, avec zones d'accroissement, indiquerait un dépôt formé par les eaux dans la cassure. »

Filoniennes aussi sont les sources des Méloises près des Raviers, au
pied d'un pointement de granit et du Petit-Vernet près des Pâquelins,
au milieu des blocs durs de microgranulite. Ces deux sources ont un débit
à peu près constant d'une dizaine de litres à la minute. Elles n'ont pas
tari durant l'été 1911 ; leur température s'écarte peu de 8° à 9°.

Bien que de faible débit, elles sont précieuses :

1° Par la pureté organique de leur eau;

2° Par la constance de leur température;

3° Par la possibilité de les conduire aux hameaux voisins par simple gravitation.

Sources mixtes. — La source de l'Église d'Arleuf, à laquelle vraisemblablement le village doit sa situation, est intarissable, mais elle ne débite que quelques litres en été pour atteindre 150 l au moins en hiver. A cette époque, elle est grossie de l'eau des nappes semi-souterraines et superficielles. Néanmoins sa température hivernale est élevée ; c'est la plus élevée que nous ayons trouvée en janvier 1912 (9°). L'apport des eaux profondes plus ou moins filoniennes y est donc important. Toutefois, comme elle se trouve sous le village, elle est présumée contaminable. Elle est aménagée en abreuvoir et lavoir.

La source du *Jet d'eau* entre le bourg d'Arleuf et le château de la Tournelle participe des mêmes caractères. Ici le filon forme une tête émergeant des arènes au bord de la cuvette d'Arleuf. Il est indiqué sur la Carte géologique comme se rapportant, de même que celui des Pâquelins, à la microgranulite. Le placage d'arènes étant moins épais que sur la source de l'Église, la température était un peu moins élevée (de 0°, 3) lors de notre visite qui fut faite du reste sous le vent et la pluie. La source du Jet d'eau a été captée vers 1908 pour le château de la Tournelle. Elle est entourée de petits suintements superficiels.

Sources superficielles. — Nous désignons ainsi celles qui s'alimentent à une nappe peu profonde, ne dépassant pas la profondeur où la température du sol est constante : 15 à 20 m. Elles sont excessivement nombreuses, mais peu étudiées en général, car leur débit n'est important qu'en hiver, alors que l'on regorge d'eau partout et elles tarissent en été. Telles sont les petites sources des Pâquelins, de la gare d'Arleuf, etc. La *Fontaine-Chambon*, captée pour l'alimentation d'Arleuf, est alimentée par des eaux semi-profondes. En effet sa température doit varier de 3° au moins de part et d'autre de la normale et son débit oscille du simple au quadruple. En hiver il est de 100 l à la minute. Ces eaux doivent suivre des diaclases sous les arènes déposées sur les pentes. Comme l'émergence est éloignée de plusieurs centaines de mètres de la ferme voisine, la contamination n'est pas à craindre. Cette source est précieuse pour Arleuf parce qu'elle domine le village d'une quinzaine de mètres. La Carte d'État-major mentionne à 1 km au Sud, entre les hameaux des Maçons et de la Fosse, la fontaine de la Maison-Canon. Elle doit se trouver dans une situation analogue. Mais nous n'avons pas eu occasion de la visiter. On nous communique une température de 8° sans date (printemps 1912).

Les cours d'eau et étangs. — L'eau des milliers de sourcettes qui débouche à flanc de coteau en hiver ou à la suite des pluies de quelque durée est précieusement canalisée dans des rigoles à niveau pour irriguer des prairies qu'elle réchauffe. Elles aboutissent dans des cuvettes tourbeuses que les efforts de l'homme ne réussissent que difficilement à améliorer. En effet, elles sont barrées par des seuils ; d'où la présence de nombreux étangs dans les longues vallées sinueuses dont l'ensemble constitue un triangle équilatéral ayant pour sommets l'Etang d'Yonne, le Pont-Charrot et le bourg même d'Arleuf. C'est donc sans difficulté que l'homme a pu augmenter la capacité des étangs pour faciliter le flottage. Celui-ci ne commence plus qu'à l'Etang d'Yonne. Encore le petit chemin de fer d'Autun à Château-Chinon emporte-t-il de plus en plus de bûches et l'on cherche aujourd'hui à produire du bois de charpente, des traverses de chemin de fer, des étais de mine et du bois de sciage bien plus que de la moulée à flotter.

Bien que venant de sourcettes dans un bassin relativement peu étendu (quelques kilomètres carrés), les ruisseaux d'Arleuf ne chôment jamais et alimentent des petits moulins dès le deuxième kilomètre à partir du fond des vallées. La pente étant assez forte en aval des seuils, de courts biefs suffisent pour avoir une hauteur de chute suffisante.

Tout ceci s'applique au versant de l'Yonne. Sur le versant de l'Arroux les pentes générales des vallées sont plus fortes à cause de l'effondrement de la cuvette permienne, et les étangs plus rares, ce qui n'empêche pas les tourbes des Malpênes d'être qualifiées de *chtits prés*, prés chétifs.

Qualité des eaux. — Le granit donne des eaux de source neutres à degré hydrotimétrique faible ($1°$ à $4°$). La même pureté se conserve dans les cours d'eau jusqu'à leur sortie du Morvan granitique. Il est curieux de constater que les eaux de source sont très limpides. Par contre, celles des étangs peuvent être légèrement colorées par l'humus des tourbes. La vase est inconnue dans les étangs de granit. Au point de vue piscicole, ce sont des étangs d'alevinage et non d'engraissement. Au début de l'été 1912, leur température était de $14°$ à $17°$. Par suite du renouvellement perpétuel de l'eau des sources, ils ne gèlent pas.

La minéralisation des eaux d'Arleuf paraît insuffisante pour agir sur l'organisme en bien ou en mal. C'est à tort, selon nous, qu'on attribue à l'eau les maladies assez nombreuses qui règnent à Arleuf. Sauf les affections des bronches qui peuvent venir de refroidissements par suite des pluies, il faut estimer avec divers auteurs que la plupart des maladies sont apportées du dehors par les émigrants qui reviennent et les nourrissons de l'Assistance publique.

M. A. JOLY,

Collaborateur au Service de la Carte géologique de l'Algérie (Constantine).

ATTERRISSEMENT DE HAUT NIVEAU DANS LE SUD DU TELL ALGÉRIEN ET QUELQUES PHÉNOMÈNES DE CAPTURE.

551.4 (651)

2 Août.

On remarque en maint endroit dans le sud du Tell algérien des atterrissements anciens qui, par place, forment terrasse à 100, 150 m ou plus au-dessus des eaux actuelles, tandis qu'ailleurs ils tapissent le fond des vallées. En voici deux exemples pris entre mille.

1° *Région de Berrouaguia et de Bogari* (province d'Alger) [1]. — A 15 km au sud-est de Berrouaguia se trouve le cirque de tête de l'Oued Serouane, sous-affluent du Chélif, cirque presque fermé et large de plusieurs kilomètres. A l'Ouest s'élève le Djebel Retal (1238 m), à l'Est le Guantra (1175); ailleurs les bords se maintiennent aux environs de 1050. Le lit de l'Oued, très déclive, va de 850 m vers la tête à 800 à la sortie du cirque. Quantité de ravines étroites et profondément encaissées vont converger vers le lit de l'Oued; entre elles s'allongent des collines et des buttes témoins aux flancs abrupts, aux sommets plats qui atteignent les cotes 950 ou 1000 m. Ces accidents sont constitués par des sables continentaux calcaires ou marneux rougeâtres, épais de 20 à 25 m, intercalés de cailloux et de lentilles ou de plaques calcaires avec une carapace tufocalcaire caverneuse ou concrétionnée pour couronnement, formant parfois corniche au haut des pentes. Le tout repose en discordance sur le Crétacé ou le Tertiaire (Oligocène continental, Miocène marin). On voit aisément que, jadis, les sables ont rempli tout le cirque et que les sommets des collines ne sont que des lambeaux de leur surface primitive. Celle-ci atteignait presque les bords du cirque, les dépassait même par places, par exemple entre Sidi Bou Maaza (1057 m) et le Kef-Teffah (1050 m) par 1000 m d'altitude; elle s'inclinait doucement de partout vers le centre du cirque et continuait vers le sud d'une vallée qui a précédé celle de l'Oued Serouane, perdant rapidement de son altitude absolue et même relative par rapport au fond de la vallée actuelle. Dans cette direction les sables allaient rejoindre les atterrissements analogues de la bordure du Titteri [2];

[1] Consulter les feuilles au $\frac{1}{100000}$ Bogar et Médéa et les feuilles au $\frac{1}{50000}$ Bogar et Berrouaguia de la Carte topographique de l'Algérie, du Service géographique de l'Armée.

[2] *Voir* A. JOLY, *La ligne de partage des eaux méditerranéennes et continentales dans l'Afrique* (*Bull. Soc. de Géogr. d'Oran*, t. XXVII, fasc. 112, 1907), et *Étude sur le Titteri* (*Bull. Soc. de Géogr. d'Alger*, 1er trim. 1906, 2e trim. 1907).

au Nord ils se continuaient jusqu'au pied du chaînon des deux Sabbah
(S. Chergui 1173, S. Rarbi 1242).

Ce chaînon, maintenant tronçonné par une érosion relativement
récente, formait alors de ce côté par 1100 m (au lieu de 1000 comme aujourd'hui) le bord du cirque à 3 km plus au Nord qu'actuellement.

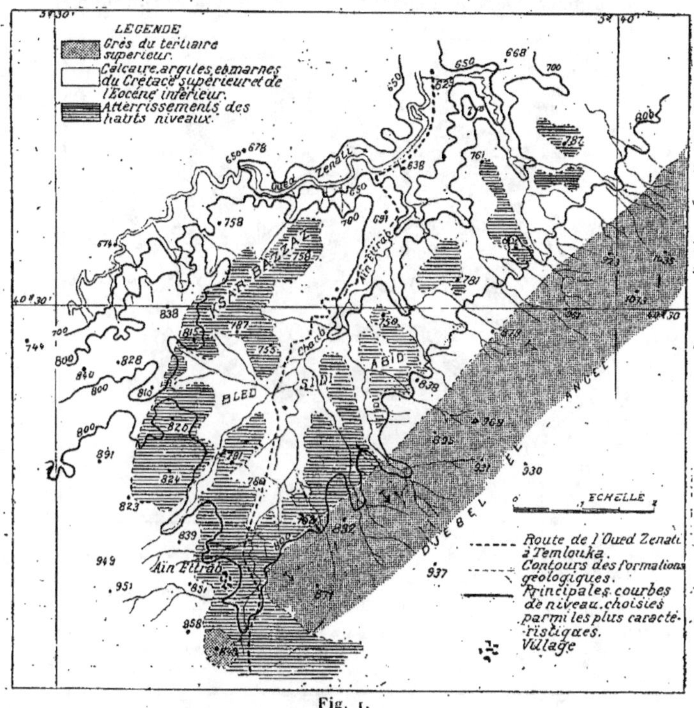

Fig. 1.

Mais la tête de l'Oued Serouane a été captée par l'Oued Ech-Chaïr,
affluent de l'Isser dont les eaux arrivaient plus vite à la mer et tra-
vaillaient par suite davantage. Une partie du cirque de l'Oued Serouane
a probablement aussi été captée (*voir* le croquis joint à cette communication) par un affluent plus direct du Chélif, l'Oued Elhakoum.
Mais la tête d'un tributaire de celui-ci, l'Oued Mellakou, est si voisine de l'Oued Chaïr qu'elle paraît devoir être confisquée par lui dans
un avenir relativement peu éloigné (¹).

____

(¹) C'est déjà un affluent de l'Isser, l'Oued Malah, qui, un peu plus à l'Est, a conquis
un tributaire du Hodna, l'Oued Tafraout. — *Voir* A. JOLY, *Ligne de partage*, etc.

Au point de vue économique, les terrasses de l'Oued Serouane jouent un grand rôle; c'est sur elles presque exclusivement que se groupent les habitations; celles-ci délaissent au contraire les bas-fonds, sans doute à cause du danger des crues en temps d'orages. Des atterrissements analogues se retrouvent en maint endroit, au voisinage, à la tête ou sur le

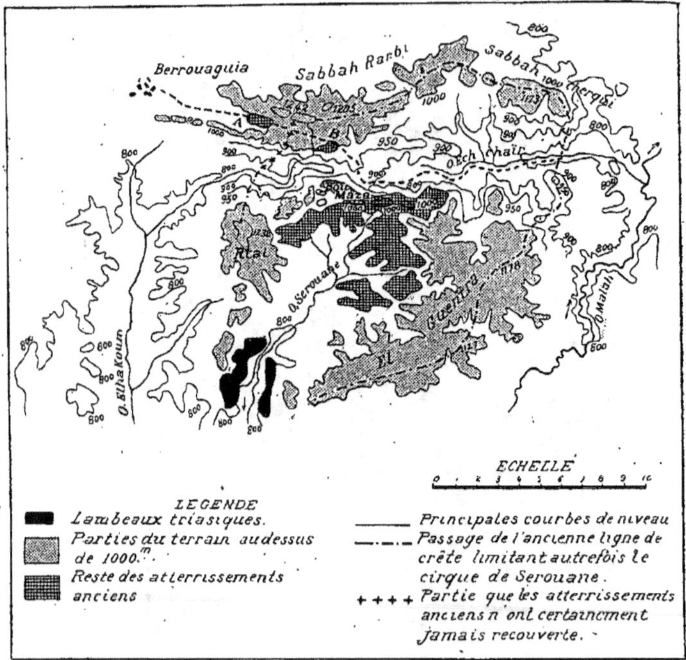

Fig. 2.

lit des cours d'eau (Carrières de l'Oued Zid, par exemple : 10 m de terres calcaires jaunâtres avec carapace calcaire terminale), ou bien en lambeaux de très peu d'épaisseur sur les dos de pays peu élevés; il en est ainsi par exemple sur la route nationale nᵒ 1 (Alger à Lagouat) entre les km 144 (un peu au nord du Camp des Zouaves) et 157 (Oued Elhakoum). Ces lambeaux se distinguent nettement du Crétacé qui les supporte; malgré leur faible étendue, leur faible épaisseur, ils forment, au milieu du Crétacé, les points d'élection de la végétation, pins d'Alep ou broussaille, des refuges pour le gibier et les seules terres cultivables en dehors des vallées assez larges. Très perméables, il est impossible d'y établir des fosses étanches; mais quand ils se développent quelque peu ils constituent, au-dessus du Cénomanien marno-calcaire, des réservoirs naturels et donnent lieu à des suintements ou à de petites sources.

2º *Chaab Aïn Ettrab, au sud de l'Oued Zenati* (province de Constantine). — Au sud du village de l'Oued Zenati, le Chaab A. Ettrab, affluent du cours d'eau dit *Oued Zenati,* présente, surtout vers sa tête, de belles terrasses analogues à celles de l'Oued Sérouane. Elles reposent sur des argiles du Néocrétacé ou de l'Éocène; elles consistent en terres sablo-marneuses, rougeâtres, plus ou moins caillouteuses, coupées de feuillets calcaires ondulés passant vers le haut à une carapace tufo-calcaire plus ou moins nettement formée. Quelques blocs, parfois énormes, sont inclus.

La surface, découpée dans une ancienne plaine continue, atteint 835 ou 840 m d'altitude (fond du Chaab, de 786 à 638; cotes de l'Oued Zenati de 674 à 629). Des ilots de la même formation se retrouvent plus au Nord près du village entre 760 et 800 m. Au Sud les atterrissements franchissent, en se réduisant à une mince pellicule, le col d'Aïn Ettrab qui donne accès à la Plaine de Temlouka; ils se relient aux placages qui, dans cette dernière, nivellent çà et là la surface de l'Éocène et du Crétacé. L'extension de la formation qui nous occupe en d'autres endroits de la vallée de l'Oued Zenati est à étudier ([1]).

3º *Généralités.* — Les atterrissements de haut niveau du Tell méridional de l'Algérie, dont je viens de citer quelques exemples, ont un air de famille qui porte à les considérer comme synchroniques; même situation topographique. Des vallées, ancêtres des vallées actuelles, existaient déjà quand ils se sont déposés puisqu'ils ont pu combler ces vallées anciennes. Mais ces vallées ont été creusées à nouveau depuis jusqu'à un niveau bien plus bas que le niveau primitif. Les atterrissements débordent souvent par-dessus les seuils peu élevés qui séparent les bassins différents; vers la fin de l'époque où ils se sont formés, le pays devait être, grâce à eux, réduit, dans le Tell méridional, à une pénéplaine coupée seulement de grandes arêtes rocheuses. L'image de cet ancien état de choses subsiste encore en quelques parties de l'Atlas saharien, par exemple entre Djelfa et Lagouat.

Les atterrissements de haut niveau se reliaient probablement aux sables à carapace calcaire du Villafranchien des Steppes et des Hautes-Plaines; comme eux ils ont été parfois quelque peu dérangés de leur position d'équilibre par des mouvements de bascule.

([1]) *Cf.* Blayac, *Esquisse géologique du bassin de la Seybouse et de quelques régions voisines,* Alger 1912, p. 444-445.

L'auteur attribue le nombre et l'énormité des blocs inclus dans les atterrissements de haut niveau à l'étranglement de la vallée à l'aval de l'Oued Zenati. Or, si la vallée *actuelle* est encaissée au niveau des eaux actuelles, la même vallée a, sur la même verticale, plusieurs kilomètres de large au niveau des atterrissements anciens.

Ils doivent être synchroniques; ils se sont formés à peu près dans les mêmes conditions, mais dans un pays plus humide, grâce d'abord à un ruissellement intense auquel est dû le transport des cailloux et des blocs jusque dans les bas-fonds d'alors; plus tard les eaux ont dû ruisseler en nappes plus minces et plus tranquilles qui ont permis le dépôt des sables et leur rubéfaction; pendant des intervalles de semi-assèchement des bas-fonds se formaient les boues calcaires aujourd'hui concrétionnées en feuillets et, finalement, la carapace terminale. Les atterrissements de haut niveau du Tell méridional peuvent être mis en parallèle avec les hautes terrasses de l'Isser et les hautes plages de son embouchure (135 à 200 m d'altitude relative) que J.-B. Lamothe rapporte au Pliocène récent [1]. Il devait y avoir, à la fin de celui-ci, une zone semi-montagneuse intermédiaire, comme relief, entre le Tell et les plateaux intérieurs, mais annexe des plateaux au point de vue hydrographique. La ligne de partage des eaux méditerranéennes pouvait être de 15 à 20 km plus au Nord qu'aujourd'hui, ou même davantage en quelques points.

---

[1] J.-B. LAMOTHE, *Note sur les anciennes plages et terrasses du bassin de l'Isser* (département d'Alger), etc. (*Bull. Soc. de Géol. de France,* 3ᵉ série, t. XXVII, 1899, p. 257).

ÉCONOMIE POLITIQUE ET STATISTIQUE.

M. L.-F.-I. GARDÈS,

Notaire honoraire (Montauban).

REPRÉSENTATION PROPORTIONNELLE.

2 Août.

. Le vote par la Chambre des Députés-de la nouvelle loi électorale rend
à peu près inutile la Communication que je me proposais de faire sur un
système de *représentation proportionnelle* plus simple, à mon avis, qu'aucun
autre. Cependant, si j'ai vu adopter quelques-unes des dispositions auxquelles j'avais songé, il en est d'autres, une surtout, dont l'absence me
paraît regrettable et que je veux vous soumettre, dans la pensée que
votre approbation, si je parviens à l'obtenir, pourrait lui donner la
valeur qui lui manque pour être proposée au Sénat.

. Nos législateurs parlent une langue singulière, difficilement intelligible : quotient électoral, méthode de Hondt, méthode des moyennes,
panachage, apparentement, listes bloquées, arrondissementiers, etc., sont
des mots assez mal définis pour qu'on ait pu dire du quotient qu'il est
en réalité un diviseur ! même sans jouer sur les mots.

Certes, je ne veux pas revenir sur chacun des articles votés et chercher la rédaction plus simple et plus claire qu'on pourrait leur donner ; je
risquerais, d'ailleurs, de m'y perdre, n'étant pas certain de l'interprétation qu'il leur faut donner.

Mais, permettez-moi de vous dire quelques mots sur l'utilité qu'il
y aurait d'accorder à l'électeur la FACULTÉ D'ACCUMULER *une ou plusieurs
des voix dont il dispose sur une ou plusieurs têtes.* Le dernier alinéa de
l'article 14 interdit bien à tort cette faculté qui aurait singulièrement
simplifié ou supprimé plusieurs des cinq répartitions prévues par la loi
pour l'attribution des suffrages et des restes.

Au moment du dépouillement du scrutin, on connaît le nombre des
votants ; si l'on en déduit le nombre des bulletins absolument blancs ou
nuls, il reste un autre nombre qui est celui des *bulletins valables.* La loi
devrait déclarer que chaque bulletin compte pour autant de *voix* qu'il
y a de députés à élire dans la circonscription ; le nombre total des voix

que tous les candidats pourraient recueillir serait alors le produit du nombre des députés à élire par celui des bulletins valables. Si donc, chaque bulletin valait le nombre de voix indiqué ci-dessus, pour être élu, il faudrait avoir obtenu autant de voix qu'il y aurait de bulletins valables et l'obtention de ces voix pourrait être directe et personnelle ou résulter de l'attribution des restes.

Par le vote, avec faculté d'accumulation des voix de chaque électeur sur une ou plusieurs têtes, suivant sa fantaisie, on obtiendrait ce résultat que, dans un département où il y aurait 80 000 bulletins de vote valables, 20 000 électeurs disposeraient de 80 000 voix s'il avait quatre députés à élire; par suite, en portant quatre fois le même nom sur leurs bulletins, ils pourraient obtenir un représentant.

Il y a lieu de remarquer que la méthode du quotient conduit à ce même résultat, avec toutefois une moins grande exactitude, puisque le quotient reste fixé à 20 000, qu'il y ait 80 000 bulletins valables ou qu'il y en ait 1, 2 ou 3 de plus, tandis que je demande, pour déterminer l'élection, un nombre de voix exactement égal au nombre de ces bulletins.

Mais là où il importerait surtout de compter, comme je viens de l'indiquer, c'est pour l'utilisation des restes.

Il suffirait de codifier les dispositions suivantes assez claires par elles-mêmes pour que je ne croie pas nécessaire d'entrer dans de plus longues explications : elles formeraient quelques-uns des articles de la nouvelle loi.

1° Chaque électeur dispose d'autant de voix qu'il y a de députés à élire dans sa circonscription. Il dépose un seul bulletin de vote sur lequel un ou plusieurs noms de candidats sont inscrits une ou plusieurs fois, et jusqu'à concurrence du nombre des sièges à pourvoir.

2° Lorsqu'un bulletin contient plus de noms qu'il n'en faut, les derniers ne comptent pas, mais le bulletin est valable pour les autres. Toutefois le bulletin sera déclaré nul pour le tout, s'il est impossible de déterminer l'ordre dans lequel les noms y sont présentés.

3° Lorsqu'il en contient moins, il est rempli en répétant les noms qui y figurent, dans l'ordre où ces noms sont inscrits, et cette répétition est faite aussi souvent qu'il est nécessaire pour compléter le bulletin.

4° Les suffrages donnés à des citoyens dont la candidature n'a pas été déclarée sont nuls, mais n'annulent pas les bulletins qui les renferment; si ces bulletins contiennent au moins un suffrage valable, ils ne sont pas comptés comme bulletins blancs, et sont complétés comme il est dit ci-dessus.

5° Pour l'attribution des sièges, on fait le recensement des voix obtenues par chacun des candidats en présence et le total des voix recueillies par tous les candidats d'une même liste.

6° Chaque liste a droit à autant de députés que le total ainsi obtenu contient de fois le nombre des bulletins valables.

7° Dans chaque liste sont élus tout d'abord ceux qui ont obtenu un nombre de voix égal ou supérieur à ce chiffre.

8° Pour les autres sièges revenant à la liste, la désignation est faite par les candidats qui la composent (cela permet de repêcher les têtes de liste); à défaut d'entente entre eux à cet égard, les sièges sont attribués à ceux qui ont obtenu le plus grand nombre de voix et, en cas d'égalité, aux plus âgés.

9° Cette seconde répartition faite, toutes les voix non utilisées (qui sont exactement en nombre suffisant pour élire un ou plusieurs députés) sont attribuées à la liste qui a obtenu le plus de voix dans le département et qui est ainsi appelée à bénéficier des sièges non distribués. (C'est là la prime à la majorité qui sera plus ou moins importante, comme il est juste, suivant que la majorité sera plus ou moins clairement établie.)

Ce système est simple et parfaitement équitable pour les départements qui ont au moins de six à huit députés à élire, car il permet à toutes les opinions qui comptent d'être représentées : si, faisant balle sur un seul candidat les électeurs d'un parti ne peuvent pas le faire triompher, c'est qu'ils ne forment pas le sixième ou le huitième des votants et que, dès lors, ils n'ont pas besoin d'être représentés.

La seule objection à faire à ce système compréhensible pour tout le monde est relative aux départements ayant fort peu de députés à élire, soit, par exemple, moins de six. Dans ce cas, la minorité ne pourrait guère obtenir la représentation à laquelle elle a droit, même en faisant bloc sur un seul candidat, cette minorité fût-elle presque égale en nombre, à la majorité; en particulier, s'il n'y avait qu'un ou deux députés à élire, il n'y aurait rien de changé au système majoritaire actuel.

Il est vrai que la Chambre a prévu un groupement de listes (l'apparentement intra-départemental, si je puis m'exprimer ainsi). Ces groupements remédieraient en partie à cet inconvénient, mais ils sont immoraux car ils disposent des voix de l'électeur, contre son gré, en faveur de candidats ayant des opinions très éloignées des siennes; de plus, ils permettent des associations monstrueuses.

Il vaudrait mieux, pour l'utilisation des restes après la seconde répartition ci-dessus, seulement pour cela et en vue d'une troisième répartition, réunir un petit département à un ou plusieurs autres, de façon que les départements ainsi groupés aient droit à six ou huit députés au moins.

Les restes de chaque département représentant exactement le nombre de voix nécessaire pour l'élection d'un ou de plusieurs députés, on saurait de suite combien il reste de sièges à pourvoir dans chacun de ces départements et quel en est le total pour le groupement. Les restes de toutes les listes de tous les départements groupés étant totalisés, il suffirait de diviser ce second total par le premier pour avoir le nombre de voix nécessaire à l'élection d'un député. L'addition des restes provenant des listes de même nuance des divers départements du groupe indiquerait alors combien de sièges devraient revenir à cette opinion, et ainsi des autres.

Pour l'attribution des sièges, il serait, dès lors, facile d'y procéder en tenant compte de la nécessité de fournir à chaque département les députés qui lui manquent et de les choisir autant que possible sur la liste du département où les restes, eu égard au nombre des votants, seraient proportionnellement les plus forts; et dans la liste elle-même le choix du député serait déterminé comme il est dit plus haut par une entente entre tous les candidats de la liste, à défaut par le nombre plus grand des voix obtenues et, en cas d'égalité, par le plus grand âge.

Enfin, comme dans les départements non groupés, les restes non utilisés seraient attribués à titre de prime aux listes ayant obtenu la majorité dans le groupe des départements dont ils proviennent.

Une *disposition transitoire* pourrait être adoptée pour rallier à la réforme les députés des départements peu habités, et serait la suivante : Le nombre des députés à élire dans chaque département pourra, à titre transitoire, dépasser le chiffre fixé par la nouvelle loi et s'élever jusqu'au nombre des députés qui la représentent actuellement, moins un, pour les prochaines élections, moins deux pour les suivantes, et ainsi de suite, jusqu'à ce que le nombre des sièges soit réduit à celui fixé par la loi. Mais une pareille disposition augmentant le nombre des députés, il y aurait lieu de porter de 70 000 à 75 000 ou 80 000 le chiffre de la population nécessaire pour avoir droit à un député. On pourrait aussi élever de 20 000 à 35 000 ou 40 000 habitants la fraction de population nécessaire pour faire accorder à un département un député de plus que la règle n'en comporte.

Un exemple fera saisir de suite la simplicité des calculs :

Soit une circonscription ayant droit à sept députés pour l'élection desquels 85 000 bulletins de vote ont été déposés. Les bulletins blancs ou nuls étant au nombre de 1000, il reste 84 000 bulletins valables. Pour être élu, il faut donc avoir obtenu 84 000 voix sur les 84 000 × 7 = 588 000 que représentent les 84 000 bulletins dont il s'agit. La première liste a obtenu un total de 337 000 voix, la seconde 178 000 et la troisième seulement 73 000 ; la division de ces nombres par 84 000 donne les quotients 4, 2 et 0 avec les restes respectifs 1000, 10 000 et 73 000 dont le total est 84 000. Ces restes vont, à titre de prime, à la première liste qui a la majorité, en sorte qu'au lieu d'avoir droit à quatre députés la première liste en aura cinq et la seconde prendra les deux autres. L'équité voudrait bien que les 73 000 voix ne fussent pas perdues et que la prime fût acquise au plus fort reste, mais il ne s'agit pas ici d'une équité sur laquelle certaines contingences doivent l'emporter. On pourrait aussi n'attribuer les sièges restants qu'aux listes ayant obtenu la majorité absolue, et à défaut supprimer les sièges représentés par les restes : ce serait à tous égards un bénéfice pour la France.

Quoi qu'il en soit, si les listes doivent avoir 5, 2 et 0 députés, il reste à désigner les élus de chaque liste.

Supposons que les voix se soient réparties comme suit :

1re liste.		2e liste.		3e liste.	
	Voix.		Voix.		Voix.
A	100 000	a	85 000	α	35 000
B	85 000	b	30 000	β	10 000
C	75 000	c	30 000	γ	2 000
D	30 000	d	18 000	δ	8 000
E	17 000	e	8 000	ε	7 000
F	20 000	f	6 000	φ	6 000
G	10 000	g	1 000	k	5 000
Totaux...	337 000		178 000		73 000

Total général...... 588 000 voix

Sur les cinq députés revenant à la première liste, A et B sont incontestablement élus, puisque chacun d'eux a plus de 84 000 voix; à défaut d'entente entre tous les candidats de cette première liste pour la désignation des trois autres élus, C, D, et F seront élus comme ayant chacun plus de voix que E ou que G.

Quant aux deux députés à prendre sur la seconde liste, l'un d'eux désigné par le nombre de ses voix supérieures à 84 000 est a, l'autre sera désigné par tous les candidats de cette liste, ou sera, à défaut d'entente, le plus âgé de b et de c qui ont obtenu le même nombre de voix.

Nous avons enfin à examiner le cas du groupement de plusieurs départements : soient deux départements dans chacun desquels il y a eu trois listes dont les nuances se correspondent; les restes respectifs provenant de ces départements sont :

$$1\,000 + 10\,000 + 73\,000 = 84\,000 \left. \right\} \text{ réunion } 175\,000.$$
$$2\,000 + 74\,000 + 15\,000 = 91\,000 \left. \right\}$$

Si nous supposons que ces restes doivent servir à l'élection des deux députés restant à désigner, un pour chaque département, nous diviserons 175 000 par 2, ce qui donnera 87 500. Les troisièmes listes ayant respectivement les restes, 73 000 et 15 000, dont le total est supérieur à 87 500, auront droit à un député qui sera pris sur la liste du département ayant fourni le reste le plus fort proportionnellement au nombre des votants. Pour les mêmes motifs, le second député reviendrait à un candidat de la seconde liste de l'autre département si les restes des secondes listes s'élevaient à 87 500; mais ils n'arrivent pas à ce chiffre. Il faudra donc attribuer le siège, à titre de prime, à la première liste de ce dernier département, si ce sont les premières listes qui ont eu la majorité dans l'ensemble des deux départements.

L'attribution est bien un peu plus compliquée dans ce cas que pour les départements importants, mais elle est néanmoins assez simple pour que tout le monde puisse la comprendre et par l'emploi de ce système on supprimerait des alliances que le bon sens et l'honnêteté réprouvent.

En tout cas, on pourrait trouver dans ce qui précède les éléments d'une transaction fort honorable entre les partisans et les adversaires de la représentation proportionnelle.

PÉDAGOGIE ET ENSEIGNEMENT.

M. LE Dʳ GEORGES BEAUVISAGE,

Professeur à la Faculté mixte de Médecine et de Pharmacie de Lyon,
Sénateur du Rhône.

L'HISTOIRE A L'ENVERS. APPLICATION DE LA MÉTHODE ANALYTIQUE

371 : 9

4 Août

L'enseignement de l'histoire, comme bien d'autres d'ailleurs, continue à être donné aux enfants d'après une méthode qui ne leur convient nullement et dont ils ne tirent, pour la plupart, aucun profit.

Cette méthode consiste à partir des temps les plus reculés pour arriver (ou ne pas arriver) jusqu'à nos jours; elle est excellente pour les adultes et les adolescents. Pour eux, elle est logique, rationnelle; dans cet ordre, en effet, se sont succédé les générations d'hommes, et s'est poursuivie l'évolution des civilisations. Dans cet ordre, nous voyons se succéder les événements contemporains. Aussi, pendant de longs siècles, n'est-il venu à l'idée de personne d'utiliser une autre méthode pour enseigner l'histoire.

Pourtant, depuis qu'on a commencé à se préoccuper de la psychologie des enfants et à reconnaître qu'elle n'était pas identique à celle des adultes, ou même des adolescents, certains éducateurs se sont demandé si l'histoire, ainsi comprise, était bien à la portée des enfants, et s'il ne convenait pas d'en ajourner l'enseignement jusqu'à un certain âge.

Jean-Jacques Rousseau avait bien dit, à propos de la géométrie : que c'était notre faute si elle n'était pas à la portée des enfants : « Nous ne sentons pas, disait-il, que leur méthode n'est point la nôtre, et que ce qui devient pour nous l'art de raisonner ne doit être pour eux que l'art de voir. »

On ne peut faire voir, en réalité, les hommes et les choses des temps passés; alors on s'est contenté de les faire voir aux enfants en images, on a multiplié pour eux les gravures dans les livres, et les planches murales dans les classes. Des Sociétés, amies de l'école, ont institué et développé l'enseignement par l'aspect, en vulgarisant les projections lumineuses; on est même allé jusqu'à reconstituer des scènes historiques en projections cinématographiques. Et l'on se figure, en général, que c'est là le dernier mot du progrès dans l'enseignement dit *intuitif*.

Il n'en est rien ! C'est bien, mais c'est tout à fait insuffisant, surtout pour l'enseignement de l'histoire. Celle-ci comporte, en effet, un élément fondamental dont on ne tient pas suffisamment compte : c'est la notion du temps.

Quel sens a-t-elle dans l'esprit des enfants? On ne se l'est peut-être pas assez demandé. On a bien constaté qu'elle n'était ni claire ni intéressante pour les enfants, en ce qui concerne du moins la suite des siècles de l'histoire, et que l'enseignement des dates était une fatigue aussi pénible qu'inutile pour leur mémoire; alors on en est arrivé à enseigner l'histoire sans dates, ou avec un minimum de dates. Je n'hésite pas à déclarer hautement que je considère cette doctrine comme une hérésie, les dates constituant la charpente essentielle de l'histoire : un fait historique, c'est essentiellement un fait unique, spécial et, par conséquent, daté. On a donc fait fausse route, dans une excellente intention, je le reconnais; mais on aurait grand tort de persévérer dans cette voie.

*
* *

Il s'agit donc de concilier des conditions en apparence contradictoires : d'une part, la succession des événements historiques et leur classement dans la durée; d'autre part, la nécessité, tant pour l'agrément que pour le profit de l'enfant, de ne présenter à sa jeune intelligence naissante que des choses concrètes, de nature à impressionner ses sens.

Ce programme n'est pas aussi difficile à réaliser qu'on pourrait le supposer : en effet, le premier jalon de la nouvelle méthode à adopter pour l'enseignement de l'histoire aux enfants est déjà dressé dans nos programmes scolaires. On le trouve dans l'enseignement moral et civique.

L'enseignement moral a pour objet d'inspirer aux enfants le sentiment du devoir sous toutes ses formes : devoirs envers soi-même, devoirs envers les parents, envers les concitoyens, envers les autres hommes. La notion de ces divers devoirs conduit naturellement peu à peu à la conception des idées collectives abstraites de famille, de patrie et d'humanité.

L'enseignement civique a pour but de préciser l'idée de patrie, en apprenant aux enfants comment, dans notre France, les pouvoirs publics sont organisés et comment les citoyens sont reliés à eux par un ensemble de droits et de devoirs.

Morale et instruction civique concourent donc à faire connaître à l'enfant les relations qui existent entre les hommes vivant en société, dans notre temps et dans notre pays : ces relations consistent dans une série d'obligations mutuelles, que la grande règle de solidarité sociale impose à tous, autant pour le bien de chacun, que pour le juste équilibre et la bonne marche de la collectivité.

N'est-ce pas là un point de départ tout indiqué pour l'enseignement de l'histoire? D'abord, cet enseignement moral et civique parle aux enfants de personnes et de choses qui les touchent de près, et pour ce motif, il est de nature à leur offrir un certain attrait et à leur inspirer quelque intérêt. Ensuite, il traite exclusivement de choses actuelles, de l'état social présent, de la France d'aujourd'hui, tous objets à l'état de repos, à l'état statique et, par conséquent, plus accessibles à l'intelligence des enfants que des phénomènes à l'état dynamique, à l'état de mouvement, de déplacement, de succession, de transformation, d'évolution, comme le sont les faits historiques proprement dits (¹).

Enfin, cet enseignement associe, dès le début, l'idée de la société à l'idée de devoir, en éveillant dans le cœur des enfants le sentiment du bien, ce qui est d'ailleurs la seule manière de leur en inspirer la pratique, et ainsi les prépare à juger sainement, par la suite, les faits historiques plus ou moins anciens.

*
* *

Une partie de ces considérations avait frappé un éducateur bien connu, Charles Delon, et l'avait guidé dans la conception d'un travail intitulé : *Simples lectures préparant à l'étude de l'histoire* (²). Cet ouvrage, que je considère comme un petit chef-d'œuvre, était écrit pour les enfants, dans un langage très simple et très accessible à leurs jeunes esprits ; il était publié sous la forme d'un classique d'école primaire. Mais, malgré sa grande valeur, il n'eut pas le succès qu'il méritait, parce qu'il ne correspondait exactement à aucun des compartiments étanches entre lesquels sont réparties les diverses matières dont la liste constitue nos programmes. Était-ce de l'histoire ? Était-ce de la morale ? Était-ce de l'enseignement civique ? Était-ce de la lecture ? On ne pouvait le préciser, puisque c'était tout cela à la fois, et comme on ne savait dans quel compartiment le ranger, on le laissa de côté. Ce fut grand dommage, car ce petit livre eût orienté notre pédagogie dans la bonne direction.

Ce n'est pas, hélas ! le seul méfait qui incombe à cette classification pédagogique synthétique des connaissances humaines, ou, du moins, des disciplines successivement introduites dans les programmes primaires. Elle est viciée à la base, parce qu'elle répugne à l'esprit des enfants autant qu'elle peut être séduisante pour celui des adolescents déjà bien cultivés. L'enfance est, en effet, l'*âge analytique*, ou d'*observation concrète*, tandis que l'adolescence est l'*âge synthétique* ou de *généralisation abstraite*.

L'enfant est incapable de s'assimiler des idées toutes faites et déjà complexes ; il faut qu'il se les soit formées à lui-même par l'observation analytique des *choses*, des objets et des faits. Alors seulement il peut associer ces idées particulières et concrètes, pour faire des comparaisons et porter des jugements qui, peu à peu, meubleront son esprit de quelques idées générales élémentaires.

(¹) Voir à ce sujet *La Méthode d'observation, fondée sur l'arithmétique et la géographie concrètes,* par le Dʳ G. BEAUVISAGE, 3ᵉ édition, Paris, 1904 (Librairies-Imprimeries réunies, rue Saint-Benoît, 7).

(²) Paris, Librairie de l'*Écho de la Sorbonne,* 1876.

Or les disciplines, qui servent de bases aux programmes et en déterminent les compartiments, répondent à une classification abstraite d'idées
générales beaucoup plus élevées, édifiée graduellement au cours des siècles
par l'humanité en progrès; cette classification résulte d'une suite de
méditations abstraites et d'opérations successives d'analyse et de synthèse portant exclusivement sur ces idées-supérieures-inaccessibles aux
enfants.

Ceux-ci ne pouvant se former des idées élémentaires que par
l'intermédiaire de leurs sens, c'est à ces derniers qu'il faut s'adresser pour
les aider dans ce travail. Or les sens leur transmettent des impressions
sensorielles complexes, dont l'analyse ne pourra se faire que graduellement. Et dans ces tableaux complexes qui frappent leurs sens, éveillent
leur curiosité et retiennent leur attention, il y a pour eux l'occasion
d'acquérir simultanément de nombreuses idées particulières, relevant de
disciplines différentes, mais actuellement associées à tel point qu'elles
sont, pour le moment, inséparables.

Le vice fondamental des programmes primaires est donc la séparation
artificielle des diverses disciplines et la méconnaissance de leur interpénétration, dans le domaine accessible à l'intelligence des enfants.

Une brèche a été ouverte dans ces programmes pour l'introduction des
leçons de choses, qui n'en constituent encore qu'une partie, un compartiment, et qui devront les constituer dans leur entier, le jour où l'on voudra
bien se décider à éliminer complètement de l'éducation des enfants
toutes les abstractions auxquelles ils sont naturellement rebelles.

La même chose, le même objet, le même fait, le même tableau pourra
leur fournir des enseignements relevant de la grammaire, de l'histoire,
de la géographie, de l'arithmétique, de la géométrie, des sciences physiques, des sciences naturelles, de l'agriculture, du commerce, de l'industrie, de la morale et donner lieu à des exercices de vocabulaire, d'élocu-
tion, de calcul, d'écriture, de dessin, de modelage ou de divers autres
travaux manuels, enfin de vie sociale.

*
* *

Appliquons maintenant ces données de l'observation au sujet spécial
qui nous occupe : nous devons d'abord constater l'interpénétration de
l'histoire et de la plupart des autres disciplines ou matières des programmes.

Bornons-nous à relever celles qui sont, en l'espèce, absolument fondamentales, qu'il faut avoir abordées et suffisamment pratiquées pour
comprendre les faits historiques et dégager peu à peu de l'ensemble des
choses cette grande synthèse qui s'appelle l'histoire.

Celle-ci comporte l'étude de l'évolution de l'*humanité* dans le *temps*
et dans l'*espace*.

Avant d'aborder l'étude de l'histoire, il est donc nécessaire d'avoir acquis un nombre suffisant d'idées particulières sur l'humanité, sur le temps et sur l'espace.

Dans le domaine de l'humanité, les enfants devront avoir glané çà et là, occasionnellement, des notions sur l'homme en général aux divers points de vue anatomique, physiologique et psychologique et sur les groupes humains actuels, races et peuples, qui peuvent être directement à leur portée ou leur être au moins présentés en images.

Mais je veux insister tout particulièrement sur le temps et l'espace.

*_**

L'étude du temps, c'est la *chronologie*. Faut-il, procédant du général au particulier, commencer par les grandes divisions historiques, les ères, l'ère de Nabonassar et celle des Olympiades, l'ère de la fondation de Rome et l'ère chrétienne, dans le XXe siècle de laquelle nous vivons? Et ensuite dater l'histoire de la France, soit de la conquête de la Gaule par César, soit de l'avènement de Mérovée ou de Clovis Ier? Enfin faut-il continuer la série des siècles, en en omettant quelques-uns de temps en temps, pour aller plus vite?

L'enfant est-il préparé à comprendre quelque chose à un enseignement ainsi présenté? — Non! L'expérience l'a démontré: à part quelques sujets particulièrement bien doués, la masse n'y comprend rien. Quelques bons perroquets retiennent plus ou moins longtemps un certain nombre de dates et de phrases apprises par cœur; ils sont capables de les répéter mot à mot, à l'examen du certificat d'études primaires, et s'empressent ensuite de les oublier.

S'ils ne poussent pas plus loin leurs études, s'ils n'ont pas appris de nouveau l'histoire à l'école primaire supérieure ou au lycée, il ne reste rien, dans leur mémoire, de ces dates anciennes, pas plus que de celles qui leur ont été données pour jalonner de loin en loin l'histoire de France; ils n'ont aucune idée de la durée des siècles, comme ces conscrits qui se figurent que Charlemagne régnait au temps de la jeunesse de leur grand-père.

Pour faire entrer la notion du temps dans l'esprit des enfants, il faut la leur apprendre pratiquement par des exercices de mesure sur des unités qui leur soient plus accessibles que les siècles, ou même les années.

La *journée* doit être le point de départ; la succession des jours et des nuits, le matin, le midi et le soir; la répétition quotidienne de certains actes caractérise les grandes subdivisions de la journée, dont la relation avec la course diurne apparente du soleil doit être soulignée.

Ensuite la notion des *heures* devra devenir familière par l'inspection fréquente du *cadran* de l'horloge. Lentement, l'enfant apprendra à lire les heures, les demies, les quarts, les minutes.

Successivement, les *semaines*, les *mois*, les *phases de la lune*, les *saisons* seront l'objet d'observations, de comparaisons, et de remarques instructives, fréquemment répétées, pendant plusieurs années, au bout desquelles l'enfant finira par concevoir l'idée de ce qu'est une *année*, bissextile ou non, et de ce qu'est un intervalle de 5 ans, de 10 ans.

L'étude du *calendrier* fera suite à celle du cadran; on se gardera toutefois d'insister sur l'épacte, le nombre d'or, et autres indications de comput ecclésiastique, dont l'utilité pratique est nulle.

Plus tard encore, allant du connu à l'inconnu, l'enfant pourra arriver à acquérir une idée approximative de ce que peuvent être un *siècle* et une suite de siècles.

***

L'*étude de l'espace*, envisagée au point de vue spécial de l'histoire, c'est-à-dire des actes accomplis par les hommes à la surface de la terre, consiste essentiellement dans la connaissance de cette surface, dont la description constitue la *géographie*. Comme toute science digne de ce nom, la géographie exige l'emploi d'unités de mesure. Celles-ci sont de deux sortes : les unes, d'origine intrinsèque, et appartenant au système métrique, sont les mesures de longueur et de superficie; elles ont pour point de départ le mètre et le mètre carré. Les autres sont d'origine extrinsèque, cosmographique; elles sont fondées sur certains rapports de la surface de la terre avec son axe de rotation, avec son mouvement diurne et, par conséquent, avec le soleil, qui lui sert de point de repère : ce sont les degrés de latitude et les degrés de longitude, mesures angulaires se rattachant aux coordonnées géographiques, équateur et parallèles d'une part, méridiens d'autre part, et présentant des relations, d'un côté avec les mesures métriques, de l'autre avec les mesures chronologiques.

Doit-on conserver la vieille habitude de commencer l'étude de la géographie par ces données cosmographiques, inintelligibles pour les petits enfants, par la comparaison du système de Képler avec ceux d'Eratosthènes, de Strabon, de Ptolémée et de Tycho-Brahé, par l'exposé des diverses projections cartographiques, bientôt suivi, sans transition, par les cartes du monde connu des anciens, de l'itinéraire des Hébreux dans le désert, des tribus d'Israël et des nomes de l'ancienne Égypte?

Écartons ces cauchemars de l'enfance, laissons de côté toutes ces choses si lointaines dans l'espace comme dans le temps, et commençons donc, dans ce domaine comme dans tous les autres, par faire regarder à l'enfant ce qu'il a sous les yeux, par lui faire toucher et manier ce qu'il a sous la main.

Faisons-lui regarder sa table de travail, disons-lui de dessiner le portrait de cette table, vue d'en haut, et apprenons-lui à le faire. Sur nos indications, il prendra un mètre et mesurera les quatre côtés de sa table, probablement égaux deux à deux, formant quatre angles égaux, et droits. Il reportera tout cela, en plus petit, sur une feuille de papier, de façon que chaque décimètre de la table soit représenté par un centimètre; il ajoutera sur ce tracé rectangulaire, à des distances proportionnelles, les détails susceptibles d'être figurés; quand il aura fini, il pourra embrasser d'un seul coup d'œil la table et l'image de celle ci, bien reconnaissable.

Nous lui dirons alors que ce dessin s'appelle un plan au dixième, ou à l'échelle de 1 cm par décimètre et 1 dm par mètre. Il aura vu, il aura exécuté un dessin, il aura compris! Il sera content et tout prêt à recommencer.

Nous lui procurerons ce plaisir, en lui faisant exécuter le portrait ou plan de plusieurs tables, en mesurant leurs distances, puis de toute la classe, puis de la cour, puis de toute la maison d'école, en employant, pour varier ses plaisirs, de nouveaux instruments comme le double mètre, le décamètre à ruban et la chaîne d'arpenteur.

Et à force de lever des plans et de les dessiner, à des échelles de plus en plus réduites, il arrivera à savoir lire un plan dont il ne pourrait pas embrasser le modèle d'un seul coup d'œil.

Conduit au dehors, dans des promenades, où les préoccupations topographiques se joindront à bien d'autres, il observera et notera tous les accidents de terrain et tous les traits du paysage; il apprendra à les figurer, plus ou moins conventionnellement, sur la Carte géographique de la commune, à échelle plus réduite encore que celle des plans topographiques du début.

Il arrivera bien vite alors à comprendre des cartes géographiques représentant des localités qu'il n'aura pas visitées, des campagnes qu'il n'aura pas parcourues, les cartes du canton, de l'arrondissement, du département, des bassins de fleuves et des massifs de montagnes, enfin de la France tout entière avec ses diverses subdivisions climatériques, économiques, administratives, militaires, universitaires, etc.

Il aura compris tout cela parce qu'il aura bien commencé; il y aura pris goût et sera bien préparé à suivre sur des cartes la description des autres pays du monde, ou à consulter un atlas pour y rechercher la situation de tous les points du globe sur lesquels l'attention publique est appelée par les nouvelles du jour ou la série des événements contemporains.

*
* *

Nous voici tout doucement revenus à l'histoire, non plus à celle de l'antiquité, mais à celle qui se déroule au temps présent, autour de nous, et qui, naturellement, est beaucoup plus intéressante.

Il résulte de ce qui précède que l'enseignement de l'histoire doit s'appuyer à la fois sur la chronologie et sur la géographie : cela ne veut pas dire qu'avant de parler d'histoire aux enfants, il faille attendre qu'ils aient longtemps pratiqué ces deux disciplines. Tout cela sera abordé, sinon simultanément, du moins parallèlement, au cours de la pratique des leçons de choses, lesquelles ne devraient plus être considérées comme un article des programmes primaires, mais comme une méthode, comme la seule méthode pouvant convenir aux petits enfants.

Cette méthode, qu'on a appelée *méthode régressive*, a pour principe de procéder du connu à l'inconnu, en commençant par faire connaître aux enfants le milieu où ils vivent et où ils sont appelés à grandir. Et cela doit se faire, non pas par un enseignement doctrinal, systématique, mais par une éducation suggestive, qui stimule les enfants à la recherche et à la découverte de toutes les vérités que pourra leur fournir le milieu ambiant, en même temps qu'elle les éclaire et les guide dans cette recherche.

Ce n'est pas ici le lieu d'insister longuement sur l'application de cette méthode qui tend à préparer les enfants à la vie par la pratique même de la vie. Je noterai simplement qu'au nombre des glanes que les enfants rapporteront de leurs excursions dans la vie locale se trouveront un grand nombre de choses observées relevant du domaine de ce qu'on appelle aujourd'hui l'*enseignement civique*.

***

Le programme de ce dernier est un peu étroit, ne comprenant que ce qui intéresse spécialement la formation du citoyen, principalement l'organisation et le fonctionnement des pouvoirs publics en France, depuis le Président de la République jusqu'aux gardes champêtres.

Ce programme devrait être d'abord renversé, c'est-à-dire commencer par le garde champêtre de la commune pour aboutir plus tard au Président de la République. Il devrait être ensuite élargi, c'est-à-dire englober toutes les formes d'activité collective des hommes vivant en société, et devenir l'*enseignement social*, quand il s'agira, par la suite, de rassembler méthodiquement, dans un ordre rationnel, pour l'instruction des adolescents, toutes les notions concrètes acquises, petit à petit, au cours de ce que j'ai appelé les excursions dans la vie locale.

Ce que j'ai dit plus haut des commencements de la géographie locale montre bien comment devra se développer, pour les petits, l'enseignement occasionnel de l'histoire locale, en commençant par le tableau de la civilisation actuelle, telle qu'elle se présente aux yeux de l'enfant, dans le village qu'il habite.

Tout ce qui est public devra être l'objet de remarques et de conversations instructives : voies publiques et édifices publics, routes, chemins, rues et places, éclairage public, marchés, fontaines, lavoirs, mairie, fonctionnaires de tout ordre, municipaux et autres à l'occasion.

Les couvertures de cahiers que nous a montrées M. J. Antonin, professeur à l'École pratique de Commerce et d'Industrie de Nîmes, constituent de précieux auxiliaires à cet enseignement de la géographie et de l'histoire locales. Au plan de la commune vient en effet s'ajouter l'exposé de quelques faits qui s'y sont passés autrefois.

De ces faits, il peut rester des traces dans la localité, soit des constructions plus ou moins bien conservées, ou des ruines, ou des objets, artistiques ou non, soit des documents écrits. Il faudra que les enfants *voient* tout cela, qu'ils aient *vu* le fonctionnement des services municipaux, *vu* les actes de l'état civil, et leur propre acte de naissance.

Quand ils auront peu à peu parcouru les diverses communes du canton, visité le chef-lieu de l'arrondissement, et qu'ils auront accumulé une foule de souvenirs concrets, on pourra commencer à leur parler de tout ce qu'ils ne peuvent voir, à cause de l'éloignement dans l'espace et dans le temps.

On rattachera aux faits actuels ceux qui les ont immédiatement précédés. On ne remontera pas, naturellement, le cours de l'histoire d'année en année, mais de période en période, en ne s'écartant que graduellement de l'époque actuelle, qui devra toujours être bien connue.

Ce qui est important, c'est que tous les enfants de France, au sortir de l'école primaire, connaissent suffisamment bien l'histoire contemporaine de notre pays, depuis le xviiie siècle. S'ils n'ont que des idées vagues sur les siècles précédents, ou même pas du tout, il n'y aura pas grand mal. Ils auront du moins bien appris et bien retenu l'essentiel, c'est-à-dire ce qu'il ne devrait pas être permis à un Français d'ignorer.

S'ils ont le temps et les moyens de remonter plus haut dans l'histoire de France et même dans celle des autres nations, tant mieux ! Ils seront mieux préparés à s'y intéresser que par la vieille méthode. Mais, quel que soit le point où ils s'arrêtent en remontant la suite des temps écoulés, ils auront bien mieux compris la relation des effets et des causes, en en commençant l'étude par les événements les plus récents, qui les touchent de près et les intéressent directement.

Mlle Lucie **BÉRILLON**,

Professeur agrégé de Lettres au Lycée Molière (Paris).

L'ÉDUCATION DE L'OUÏE AU POINT DE VUE PHYSIQUE, INTELLECTUEL ET ESTHÉTIQUE.

612.85

2 Août.

On ne saurait nier l'importance de l'éducation de l'ouïe, mais elle est encore trop négligée. L'ouïe et la vue sont les deux sens supérieurs, les fourriers du cerveau : « Nous ne sommes hommes et ne tenons les uns aux autres que par la parole » (Montaigne) et par l'ouïe.

L'éducation scolaire. L'instruction s'est faite jusqu'ici presque exclusivement par l'oreille et reste surtout orale. On considère à tort comme des paresseux les enfants qui voient mal ou entendent mal. Ces défectuosités des sens entraînent l'inattention et beaucoup d'élèves perdent les $\frac{9}{10}$ de ce qu'on enseigne.

Il faut d'abord étudier l'organe de l'audition au point de vue physique. L'hygiène de l'oreille, la surdité, les affections organiques, les causes de l'insuffisance auditive, ses rapports avec l'insuffisance vocale chez les élèves et chez les maîtres.

On compte environ 10 sourds ou mal entendants sur 100 chez les enfants des classes aisées, et 30 sourds ou ayant une insuffisance auriculaire dans les classes pauvres. Les limites inférieure et supérieure pour la perception des sons varient avec l'âge.

Les exercices d'audition dans les écoles maternelles (distinction des bruits divers et des sons), dans les jardins d'enfants, à l'école Montessori. Exemple : La maîtresse écrit au tableau : Silence ! Se tenant derrière les enfants, à quelque distance, elle les appelle un à un par leur nom à voix très basse. Aucun des enfants ne se trompe, chacun se rend à l'appel, sans dire un mot, sur la plante du pied. Tantôt, les enfants lisent le nom sur les lèvres, tantôt ils tournent le dos et entendent le son. Cet exercice est pour eux un véritable jeu. Beaucoup d'enfants sont surtout auditifs, d'autres visuels et moteurs. Il faut exercer harmonieusement tous les sens.

Éducation intellectuelle. — La mémoire auditive comme la mémoire visuelle se développe par l'attention et la concentration.

Eugène Fromentin raconte, dans une lettre, la joie qu'il éprouvait à retrouver à la campagne les divers bruits de la nature dont il avait gardé la mémoire.

Le progrès de la civilisation a été une cause de l'affaiblissement de l'ouïe, comme de l'odorat, dans les villes.

Les sauvages, les chasseurs, les soldats ont besoin d'exercer leur oreille. Les boy scouts.

L'éducation de l'ouïe se fait surtout par la musique.

La mère de Saint-Saëns devina en lui le don d'avenir presque dès le berceau. Tous les bruits qu'il entendait le préoccupaient et il les comparait. On le voyait attentif au son des pendules dont il indiquait sur le clavier les rapports exacts et la note juste. A 7 ans, sa mémoire exercée lui permettait de reproduire en l'harmonisant tout air fredonné devant lui. Il composait de petits morceaux bien accentués et trouvait des rythmes curieux (d'après Louis de Fourcaud). On voit ici le passage de la mémoire à l'imagination créatrice.

On a fait les mêmes observations à propos de la jeunesse de Mozart et de la vocation de Beethoven (Romain Rolland).

Éducation esthétique. — Les joies de l'audition. Le charme de la voix humaine. Le mythe d'Orphée. Succès des orateurs, des cantatrices. Proverbe anglais : « On prend les oiseaux par le bec et les hommes par la parole ». Certains professeurs remarquables ont une voix criarde ou monotone qui éloigne les élèves; d'autres, moins doués, rachètent leur inériorité par une voix bien timbrée et agréable. Il faut mettre la note juste à côté de la note juste, comme le mot juste à côté du mot juste en littérature. Le chant des oiseaux, l'harmonie (Musset), etc. La musique et l'*imagination auditive*. Le rythme de la poésie.

La sensibilité et la susceptibilité auriculaire (Dr *Bérillon*) : L'horreur de Reyer pour le piano, de Nadar pour le son des cloches. Théophile Gautier avait la musique en aversion, mais, dans les derniers temps de sa vie, il ne pouvait faire ses articles qu'au milieu de l'agitation et du bruit de la composition et de l'impression du journal.

Le supplice de la surdité : page émouvante de H. de Rosny dans l'*Impérieuse bonté.*

Les sourds illustres : Boileau, Beethoven, la Condamine, etc.

La psychologie des sourds. Ils sont plus sociables, moins *emmurés* que les aveugles, mais moins sociables que les entendants.

La suppléance du sens de l'ouïe. Histoire de Marie Heurtin, aveugle, sourde et muette qui fut instruite par le toucher.

Les sourds-muets ne pouvant être auditifs deviennent des visuels : ils jonglent avec leurs yeux.

La lecture sur les lèvres, très difficile pour ceux qui entendent, devient aisée pour les sourds. On raconte qu'à une représentation du cinéma des sourds-muets rirent à une scène pathétique, en voyant un personnage prononcer des mots comiques sans lien avec le sujet (il s'agissait d'une opération chirurgicale et l'opérateur fredonnait : « On va lui percer le flanc, rataplan ! »

Devise de Wagner : « Il faut bien consoler les sourds », parce que nous sommes tous des sourds par rapport aux artistes qui nous font entendre ce que nous ne soupçonnions pas.

La photographie de la voix pour les siècles à venir (expériences du Dr Marage à la Sorbonne).

Conclusion. — Nécessité de conserver et d'exercer le sens de l'ouïe pour s'instruire, pour jouir de la société et de l'éloquence de la conversation et pour apprécier le rythme de la poésie et de la musique.

M. H. AMBAYRAC,

Professeur honoraire de l'Université (Nice).

LA MUTUALITÉ FÉMININE SCOLAIRE ET POST-SCOLAIRE.

334.7 : 396

6 *Août.*

M. Ambayrac fait ressortir les avantages matériels et moraux immédiats ou futurs, pouvant résulter de l'Association mutuelle féminine constituée dès l'école et se continuant surtout dans la période post-scolaire. Il cite, à l'appui, la Société de Secours mutuels de Prévoyance et de Retraite *Les Violettes*, établie à Nice parmi les jeunes filles du peuple, fréquentant ou même ayant quitté l'école primaire, sur l'initiative de quelques institutrices dévouées à cette cause.

Les adhérentes, soit de leur propre gré, soit au su et avec, pour les jeunes, le consentement et l'appui de leurs parents ou tuteurs responsables, sont reçues sous deux titres : 1º comme *adolescentes* de 12 à 16 ans; 2º comme *adultes*, au delà, jusqu'à 35 ans.

La Société donne non seulement des indemnités en cas de maladie, mais garantit aussi les soins médicaux et pharmaceutiques, mais, en outre, elle suit la jeune fille jusques et au delà du mariage, par la Prévoyance dotale et la Mutualité maternelle. Elle garantit la sécurité de l'avenir et des soins de la maternité; assure même la retraite pour la vieillesse, en prenant à sa charge les versements exigés par l'État.

La Société mutuelle maintient entre tous ses membres les meilleurs liens de confraternité qui se sont établis à l'école, provoque des habitudes d'ordre, d'économie, de réserve, de haute moralité, en excluant même, s'il y avait lieu, des sociétaires indignes et en même temps donne dans la famille, aux vieilles filles, aux veuves, l'assurance d'un avenir à l'abri du besoin. Telles sont les considérations qui font désirer voir se répandre l'idée de cette mutualité.

La mutualité féminine scolaire et post-scolaire s'administre elle-même suivant des statuts légaux déposés, avec le contrôle de l'État, par les soins d'un Conseil d'administration féminin élu, et de visiteuses choisies par les sociétaires. Elle comporte des assurances de divers ordres :

I. — ASSURANCE-MALADIE (restreinte).

A. — *Adolescentes* (de 12 à 15 ans).

Cotisations.	Indemnités.
0fr,25 par mois	1er mois 0fr,50 par jour; 2e et 3e mois 0fr,25

B. — *Adultes* (au-dessus de 15 ans).

	Cotisations.	Indemnités.
Pour courte maladie	0fr,75 par mois	1er mois 0fr,75 par jour; 2e et 3e mois 0fr,50
	0fr,75 par mois	Soins médicaux et pharmaceutiques
Pour longue maladie et invalidité (après 15 ans)...	1fr,50 par an	Maladie aiguë, 1fr,25 par jour durant 3 ans
		Invalidité, 0fr,50 par jour toute la vie

III. — MUTUALITÉ MATERNELLE.

Cotisation, adhésion collective, 1^{fr} par an.........
Cotisation, adhésion individuelle, 0^{fr},25 par mois...

⎧ Indemnité par naissance : 20^{fr}
⎪ Moitié des honoraires du docteur en cas d'in-
⎨   tervention nécessaire
⎪ 1^{fr},50 par jour pendant 4 semaines, à la condi-
⎩   tion de garder un repos absolu (contrôlé)

II. — ASSURANCE-VIEILLESSE.

La cotisation de 0^{fr},25, versée de 3 à 15 ans, donne approximativement, avec les majorations de l'État :

	Pensions		
	à 55 ans.	à 60 ans.	à 65 ans.
	34,28^{fr}	52,70^{fr}	87,40^{fr}
De 0^{fr},50 à partir de 15 ans, avec cotisation patronale et majoration de l'État...............	152,80	205,80	370,20
Et les deux pensions se totalisent.....	187,08	258,50	457,60

ASSURANCE-VIE ET DÉCÈS.

Appliquée suivant les tarifs spéciaux, selon l'âge, la durée et la prime versée, elle permet d'obtenir 100^{fr} à 3000^{fr} au décès ou à telle époque donnée.

ASSURANCE DOTALE OU TROUSSEAU.

Les versements pouvant varier de 0^{fr},25 à 5^{fr} par mois, placés à intérêts composés de 4,5 °/₀, donnent de quoi constituer une dot au jour même du mariage constaté par l'acte civil, ou, à défaut, un trousseau, par règlement à 25 ans.

La sociétaire bénéficie des répartitions effectuées par la Société. En cas de décès, les héritiers reprennent possession des sommes versées.

Sont obligatoires les Assurances : Maladie et Vieillesse et les frais de gestion de 0^{fr},25 par an.

———

Dr UMBERTO SAFFIOTTI.

(Milan).

———

QU'EST-CE QUE LA PÉDAGOGIE ?

———

3 Août.   37ᵉ

Lorsque les Sciences, avec leur progrès incessant, ont apporté de nouvelles contributions à la solution des problèmes de la vie, l'esprit humain.

sent le besoin de faire une revision générale de ses connaissances. Il s'aperçoit alors que les solutions acceptées et consacrées ne répondent pas aux nouvelles vues, mais en même temps l'esprit traditionnel s'oppose par son inertie à toute rénovation. C'est le cas, en particulier, de la pédagogie : et c'est par cette observation préliminaire que je justifie la demande que je me suis posée : « Qu'est-ce que la pédagogie ? » quoiqu'elle puisse paraître présomptueuse.

Je ne veux pas entrer dans une discussion historique et théorique pour critiquer toutes les définitions qu'on a données de la pédagogie, de l'antiquité jusqu'à nos jours. Du reste, à quoi aboutirait une discussion, même très large et très profonde, à propos des définitions de la pédagogie ? Et, au fond, il ne nous importe pas la définition, à nous : ce qui nous importe, c'est qu'il y a une pédagogie nouvelle ; il nous importe de fixer les bases et la méthode de cette pédagogie nouvelle.

Quelle est donc cette pédagogie nouvelle ? En quoi se distingue-t-elle de la pédagogie ancienne ? Je résume cette différence fondamentale en ce que la pédagogie nouvelle doit être une théorie du concret, du fait pratique, pendant que la pédagogie ancienne est une théorie de l'irréel, du fait abstrait, du fait possible. Il faut avoir de la bonne foi pour croire que la pédagogie traditionnelle nous enseigne à former les individus tels qu'ils *doivent* être : non, elle nous donne seulement une théorie de la *possibilité* de l'éducation. En effet, on ne peut pas prétendre dicter des lois, des impératifs catégoriques en pédagogie, sans connaître tel qu'il est, en réalité, le déterminisme anthropologique, physiologique et psychologique de tel individu concret qu'on veut éduquer. Et là pédagogie traditionnelle considère le *type*, l'individu moyen, abstrait de toute contingence matérielle et, par conséquent, elle est déductive, parce qu'elle ne se pose point la question de savoir quel profit on peut tirer de tel ou tel enfant ; mais elle se pose des principes théoriques, selon lesquels on érige le système pédagogique.

C'est donc la lutte contre l'esprit philosophique en pédagogie que nous voulons et je pense que si nous voulons aboutir à des résultats concrets dans la voie de l'éducation et de l'instruction, à tous les degrés, il faut accentuer avec toute la force de nos convictions, avec toute l'ardeur de notre activité intellectuelle et matérielle, la crise de la pédagogie philosophique, tant plus que, dans ces derniers temps, elle tente de s'imposer, à l'aide des néo-idéalistes, des néo-spiritualistes, qui cherchent aussi leur revanche en philosophie.

Si nous voulons donc que les maîtres accomplissent à l'école une œuvre décidément utile, il faut enseigner toute autre pédagogie, car la pédagogie actuelle des écoles normales et des universités est temps perdu : le jour où le maître entre pour la première fois dans sa propre classe, il se trouve devant une réalité qu'il n'avait jamais considérée et alors il doit faire tout un apprentissage, se confiant à son propre bon sens ; s'il veut appliquer directement les lois pédagogiques qu'il a apprises, il doit faire toute une gymnastique intellectuelle, je dirais tout un acrobatisme intellectuel pour trouver le trait d'union entre la théorie et la pratique.

Si vous convenez que telle doit être l'orientation moderne de la pédagogie, nous allons esquisser rapidement les lignes fondamentales de son plan et de sa méthode. Toute science peut se poser trois questions fondamentales : quoi? comment? pourquoi? c'est-à-dire, en particulier : quel est le sujet qu'on éduque? Comment doit-il être éduqué? Pourquoi doit-il être éduqué?

a. La première question est fondamentale : on ne peut pas ériger une théorie de l'éducation sans connaitre dans sa réalité concrète le matériel d'observation. Cette réalité concrète est l'individu.

Nous devons cette base fondamentale à la psychologie expérimentale. C'est la psychologie expérimentale qui a renouvelé toutes nos connaissances sur le développement psychique de l'enfant, qui a fourni à la pédagogie de nouvelles connaissances, dont on ne peut pas faire abstraction. L'erreur fondamentale de la pédagogie traditionnelle consiste principalement dans l'ignorance de l'existence des différences individuelles et que, par conséquent, il faut avoir des méthodes pédagogiques adaptables individuellement pour chacun des sujets.

Mais la question des différences individuelles n'est pas seulement psychologique; elle est biologique, anthropologique, physiologique, hygiénique et cette position de la question nous amène à y considérer aussi toute déviation pathologique. Nous le voyons dans le fait caractéristique qu'il a fallu constituer une branche très importante de la pédagogie : la pédagogie des anormaux. Naturellement, il sera facile de nous objecter que cette individualisation de la pédagogie est la négation de la pédagogie, spécialement dans sa valeur sociale, car, dit-on, la pédagogie doit former des individus capables de vivre dans la société et d'y porter toutes leurs activités et, par conséquent, elle doit orienter son action selon le type de l'homme social. Mais cette pédagogie ne s'aperçoit pas que la société n'est pas une somme, mais un produit de toutes les différentes activités individuelles et que plus il y a de différences, plus le produit est plus utile, plus efficace pour le progrès social. L'individualisation des méthodes pédagogiques rend le problème de l'éducation plus difficile, il faut l'avouer, mais la difficulté de l'entreprise ne doit pas nous faire renoncer à la vérité du principe.

Ce principe nous oblige à insister sur la nécessité de toute une nouvelle préparation du corps enseignant, qui sort de nos écoles normales avec beaucoup de doctrines philosophiques sur les fins, l'histoire, les principes absolus de l'éducation, mais qui n'a acquis aucune méthode pratique de l'éducation. A côté de cette préparation du corps enseignant, il faut préparer un corps de médecins scolaires, parce qu'il faut toujours insister sur la nécessité des rapports intimes entre la pédagogie et la médecine. Je ne prétends pas, par cela, que les maitres soient des médecins, des psychologues, des hygiénistes : le maître doit être simplement un maître, un éducateur qui doit penser exclusivement à l'école, mais, en même temps, qui doit savoir être un efficace collaborateur du médecin, du psychologue, de l'hygiéniste.

La réforme de l'école normale s'impose et s'impose aussi la création de cours supérieurs pédagogiques, pour les maîtres, qui sortent trop jeunes encore de l'école normale pour avoir la maturité nécessaire à constituer un ensemble de connaissances scientifiques sans tomber dans l'empirisme dangereux et présomptueux.

En conclusion, pour répondre à la première question, il faut organiser un enseignement des Sciences propédeutiques à la pédagogie : l'anthropologie, la physiologie (des organes des sens et du système nerveux tout spécialement) la psychologie expérimentale appliquée à la pédagogie, l'hygiène scolaire (physique et psychique). Toutes ces branches particulières peuvent constituer la *pédologie*, adoptant dans ce sens limité un mot qui a eu beaucoup de succès, mais qui peut nous porter à quelques équivoques, si nous acceptons la portée trop étendue de quelques auteurs étrangers.

b. La deuxième question : comment faut-il éduquer l'enfant? nous pose le problème de la méthode.

Cette méthode doit suivre le principe que j'appelle du *parallélisme psycho-pédagogique* : toute méthode pédagogique doit se conformer aux lois du développement psychologique de l'enfant.

Sur la base des données des sciences propédeutiques de la pédagogie, nous devons adapter notre méthode pédagogique : c'est la tâche de la pédagogie expérimentale. Il y a une confusion à éviter à ce propos, parce que sous ce nom de *pédagogie expérimentale*, quelques auteurs (à citer le plus illustre, celui qui nous a donné cet Ouvrage fondamental de réorganisation de la pédagogie sur la base de la psychologie expérimentale, je parle du professeur Ernst Neumann), quelques auteurs entendent toute la pédagogie moderne. Non, la pédagogie expérimentale n'est pas toute la pédagogie : c'est la recherche et l'étude des méthodes pédagogiques, recherche et étude qui ne doivent pas absorber le temps des maîtres, mais qui doivent être appliquées par les psychologues, les pédagogues, les médecins avec la collaboration intelligente, bien entendu, des maîtres d'école.

Lorsque nous aurons obtenu tout un ensemble d'observations, nous pourrons constituer la nouvelle didactique, qui sera la véritable pédagogie pratique, fondée sur l'expérience.

Cette didactique doit se borner à la formation des individus, intellectuellement et moralement : instruction et éducation.

Mais cette *formation* ne doit pas être purement d'*information*. C'est en vérité dans ces deux mots la question fondamentale : la pédagogie traditionnelle, bien qu'elle le dise toujours, n'est pas *formative*, mais *informative.* Nous le voyons, pour donner un exemple très instructif, dans la méthode employée pour les leçons de choses. On donne aux enfants une masse de connaissances, de notions, mais on ne leur donne pas la capacité d'observer et devant un objet tout à fait inconnu, l'enfant reste inactif : il n'a pas acquis l'aptitude mentale à rechercher et à trouver de sa propre initiative les éléments d'un objet quelconque, il n'a pas acquis l'esprit critique, qui est le fondement de tout progrès, soit dans le développement psychique de l'individu, soit dans le développement des Sciences et de la Société.

M. le Dr Beauvisage nous a bien montré hier qu'il y a trop de mémoire dans la méthode d'aujourd'hui : je dirai qu'il y a trop de mémorisation, d'exercice purement mnémonique dépourvu de tout élément associatif de la pensée. La culture de la mémoire est utile au développement mental de l'enfant, si elle est accompagnée par la culture de l'attention : c'est par l'attention que nous acquérons cet habit mental de l'observation raisonnée, que nous acquérons la personnalité de notre intelligence et de notre volonté.

c. La troisième question : pourquoi doit-on éduquer? est une question générale, si vous voulez, elle est la question philosophique de la pédagogie, ainsi que le même pourquoi est la question philosophique de toute Science.

Cette question se rattache aux doctrines sociales et morales : elle n'est pas pédagogique, mais elle nous pose le problème de la valeur de la pédagogie. Mais, même dans cette question, il faut se faire guider par un principe positif. En effet, si nous avons fondé la théorie de l'éducation par la méthode expérimentale, nous ne pouvons constituer une théorie de la valeur de l'éducation que par une méthode inductive. Ainsi que pour la pédagogie pratique nous nous sommes fondé sur la psychologie individuelle, pour la pédagogie théorique nous devons nous fonder sur l'étude de la sociologie enfantine, soit de la psychologie collective d'une classe, soit de la psychologie sociale de l'enfant, en général.

Nous pourrons alors ériger une théorie intégrale de l'éducation, qui répondra vraiment au fait réel, concret de la nature et de la vie. En résumé, voici en schéma notre plan de la Science de l'éducation :

PÉDAGOGIE.

	anthropologie	
	physiologie	
Objet.......pédologie	psychologie (expér.)	
	pathologie	Méthode
	hygiène (physique et psychique)	expérimentale.
Méthode..	*a.* pédagogie expérimentale	
	b. didactique	
Fin.......	*a.* sociologie enfantine	
	b. théorie de la valeur....................	Méthode inductive.

C'est un plan de travail. A nous tous, qui voulons le progrès physique, intellectuel, moral de nos fils, la tâche de l'exécuter.

M. Henri PENSA,

Président de la Société de l'Enseignement à la caserne.

SOCIÉTÉ DE L'ENSEIGNEMENT A LA CASERNE,
fondée à Lyon en 1906.

374.9 (44.582 Lyon)

3 Août.

Parmi les œuvres d'enseignement postscolaire, il est incontestable que l'enseignement trouve une occasion exceptionnelle de produire d'heureux résultats lorsqu'il est donné à la caserne. Les hommes réunis sont de même âge généralement du même milieu urbain ou rural ; leur intelligence est avivée par une discipline rapide et une vie en commun constante ; leur corps est assoupli par les exercices, leur intelligence n'est pas fatiguée par un surcroît de travail cérébral et leur jeunesse relative n'a pas perdu cette souplesse de raisonnement et de comparaison que les soucis du travail quotidien enlèvent à l'adulte chargé de famille. C'est pourquoi quelques hommes de science, de lettres et de droit, de Lyon, pour la plupart membres des Facultés, secondés par quelques hommes cultivés de cette ville toujours pleine d'initiatives intéressantes, ont fondé, dès 1904, à Lyon une Société d'Enseignement à la caserne, œuvre de divulgation scientifique et pratique.

Les précieux encouragements trouvés près du général Gallieni, alors Gouverneur militaire de Lyon, lors de cette fondation assurèrent la prospérité de cette Société dès ses débuts. L'utilité des conférences proposées aux chefs de corps, prononcées ensuite aux jours par eux choisis devant un auditoire accompagné d'un officier qui leur rend compte du sujet traité et des impressions qu'il rapporte de la conférence est maintenant démontrée : naturellement il faut que la Société, par la désignation de ses conférenciers et par le choix des sujets d'Histoire, de Géographie, de Sciences usuelles, de récentes découvertes, fasse preuve des qualités nécessaires et qui sont nombreuses ; mais le tact des conférenciers, pour la plupart officiers de réserve et la variété des sujets choisis par chacun dans sa spécialité ont donné de très heureux résultats que nous croyons utile de faire connaître pour que, dans tous les grands centres, des groupes intellectuels organisent méthodiquement un enseignement qui, en accroissant la valeur individuelle du soldat et du citoyen, est une œuvre essentiellement patriotique et républicaine.

M. A. LAMBERT,

Directeur de l'Institut Turgot (Roubaix).

SUR LE ROLE DES ÉCOLES DE COMMERCE ET D'INDUSTRIE.

38 + 6 (o71)

3 *Août.*

Bien des personnes pensent que la question de l'apprentissage peut être en grande partie résolue par la diffusion des cours professionnels. Il est certain que ces cours sont appelés à rendre aux travailleurs de grands services, mais nous voudrions montrer qu'ils ne doivent pas rester indépendants les uns des autres, qu'ils doivent être coordonnés, systématisés et rattachés à un centre régulateur des études, qui serait l'école pratique de commerce et d'industrie.

Certains industriels semblent se défier des écoles pratiques; ils pensent que ces écoles sont impuissantes à conjurer la crise de l'apprentissage. Nous ne reviendrons pas sur les critiques faites à ces établissements. Le lecteur pourra consulter sur ce point les rapports documentés que MM. Dron et Labbé ont présenté au Congrès de l'apprentissage de Roubaix (octobre 1911). Nous demandons aux industriels qui méconnaîtraient les services que peut rendre l'école pratique, de visiter l'une de ces écoles et de se rendre compte par eux-mêmes de leur mode de fonctionnement. Le rôle de cette école, c'est de donner l'enseignement théorique (mécanique, dessin, technologie, géométrie) ainsi qu'un enseignement pratique moins étendu qu'à l'atelier, mais méthodique, rationnel, progressif; c'est encore d'enseigner, et le domaine est vaste, tout ce qu'il n'est pas possible d'apprendre à l'atelier. Le rôle de l'atelier, c'est de mettre l'apprenti en contact avec la vie industrielle, faite d'exigences de toutes sortes; c'est d'éveiller en lui le sentiment de la responsabilité, car toute pièce manquée est une perte, c'est de lui prouver la nécessité de la production intensive, de la coordination des efforts; c'est de lui apprendre certains tours de main ou procédés de fabrication, de lui montrer enfin comment on exécute une machine complète, avec ses divers organes.

Donc la vérité, c'est que l'école pratique et les cours professionnels d'une part, les ateliers, les usines, les maisons de commerce, d'autre part, doivent collaborer, tout en gardant leur domaine propre et en se complétant mutuellement. La vérité encore, c'est qu'il serait inadmissible que le programme d'un cours professionnel quelconque soit en désaccord avec le besoin du métier correspondant. Aux traceurs, il faut un cours de traçage; aux tourneurs, un cours technique et pratique sur le tournage et le filetage, etc.

Ce point de vue étant admis, examinons maintenant les rapports de l'école pratique et des cours professionnels. Par qui sont fréquentés ces cours? Dans les grandes villes, ils sont d'abord suivis par les élèves des différentes écoles professionnelles du jour ayant déjà parcouru, ou à peu près, un cycle normal d'études techniques. Serait-il admissible que ces jeunes gens recommencent à y apprendre les notions déjà étudiées à l'école? Évidemment non. Ils sont fréquentés aussi, non seulement par des apprentis ayant moins de 18 ans, mais par des ouvriers et des employés déjà formés et qui désirent étendre leurs connaissances pour améliorer leur situation. C'est ainsi qu'à Roubaix, sur 1056 auditeurs, que les cours industriels ou commerciaux reçoivent, on en compte 434 ayant plus de 18 ans.

A Morlanwez (Belgique), en 1910, la répartition des auditeurs de l'école industrielle était la suivante :

	Pour °/₀
Au-dessous de 12 ans	0,34
De 12 à 14 ans	14,55
De 14 à 18 ans	51,28
De 18 et au-dessus	33,93

Le même fait se reproduira partout, et il faut s'en féliciter, car les travailleurs ne posséderont jamais trop d'instruction technique. Les cours professionnels doivent donc saisir l'apprenti au moment où il sort de l'école primaire, rendue obligatoire jusqu'à 13 ans, et lui fournir le moyen de s'élever progressivement, par des efforts personnels, et un travail persévérant, dans la profession qu'il a librement choisie, en conformité de ses aptitudes. D'une part, en effet, toute profession, quelle qu'elle soit, comporte une hiérarchie, plus ou moins haute, plus ou moins compliquée; d'autre part, les intelligences ne sont ni égales, ni de même nature; enfin, les caractères sont tous différents. C'est dire que partout où le besoin s'en fera sentir, il faudra créer un système rationnel de cours techniques superposés, convenant aux diverses intelligences, approprié aux diverses professions, et permettant à chacun, du manœuvre à l'ingénieur, de l'ouvrier au patron, de se classer à la place qui lui revient, d'après son mérite moral et professionnel. C'est ainsi que l'élite surgira du sein de la masse ouvrière, que les plus travailleurs atteindront le sommet de leur profession, que l'armée du travail trouvera des cadres nombreux, solides et compétents, enfin que, dans la hiérarchie ainsi formée, le droit de commander se justifiera par la différence des qualités morales et du mérite professionnel.

Or, on ne saurait concevoir une systématisation des cours, sans une influence qui systématise. Quelle sera cette influence ?

Le plus souvent, les cours professionnels supérieurs se trouveront dans les centres industriels les plus importants, c'est-à-dire, en général, dans la localité même où est située l'école pratique. Il sera naturel de réunir ces cours dans un même local, et surtout dans un local bien amé-

nagé. Où trouverait-on des salles mieux installées, des ateliers mieux
outillés qu'à l'école pratique ? Bien plus, pourquoi ne pas faire appel
pour enseigner dans les cours, au personnel de cette école? Ce personnel
ne joint-il pas à un sens pédagogique très sûr une instruction technique
très développée? N'a-t-il pas été spécialement préparé en vue de donner
à l'ouvrier ou à l'employé l'instruction professionnelle, à la fois théorique
et pratique, qui lui est nécessaire pour exercer intelligemment sa profession? Ici, du reste, les faits ont parlé d'eux-mêmes. A Roubaix, à
Tourcoing, à Valenciennes, de nombreux cours industriels ont été rattachés à l'école pratique : tous sont en pleine prospérité. Chaque cours
a son programme propre, les cours divers se superposent les uns aux
autres, les apprentis et les ouvriers peuvent les fréquenter pendant plusieurs années. Des cours supérieurs sont réservés aux anciens élèves des
écoles pratiques et aux ouvriers d'élite. Des diplômes d'apprentissage
sont donnés aux meilleurs élèves et sont très recherchés. Dans un même
cours, il n'est pas rare, de voir, assis l'un à côté de l'autre, le père et les
enfants.

Donc, les cours de l'école pratique, qui fonctionneront toujours d'une
façon irréprochable, devront servir de modèles aux autres cours de la
région. En vertu de leur supériorité même, et toutes les fois que la chose
sera possible, ils se recruteront dans ces divers cours. Lorsque les professeurs des cours régionaux, professeurs qui seront des professionnels;
plus rarement des universitaires, éprouveront des hésitations sur l'orientation qu'il convient de donner à leur enseignement, sur la méthode à
suivre pour exposer les diverses questions prévues au programme, sur
l'appropriation à telle ou telle profession des notions théoriques énumérées dans ce programme, pourquoi ne viendraient-ils pas à l'école
pratique prendre des directions, ou y emprunter le matériel destiné à
illustrer leurs leçons, c'est-à-dire à les rendre plus pratiqués, plus claires,
plus instructives, plus attrayantes? Est-ce que l'école pratique bien
comprise ne comprend pas un musée industriel, technologique et commercial, où sont exposés méthodiquement tous les produits de la région,
ainsi que les principaux mécanismes, les organes essentiels des machines
généralement employées dans les divers ateliers régionaux. Il n'y aurait
même que des avantages à ce que certains des cours avoisinant l'école
pratique soient confiés à des professeurs de cette école. Nous voudrions
faire passer sous les yeux du lecteur une carte bien suggestive et qui
montre que l'école de Morlanwez (Belgique) étend son action sur les
30 communes environnantes. A Gand, les 10 écoles industrielles du premier degré qui fonctionnent dans chacun des quartiers de la ville sont
rattachées à l'école industrielle moyenne, et celle-ci à l'école industrielle
supérieure. Si les cours d'une même région étaient de même rattachés
à l'école pratique, la science appliquée descendrait rapidement par
l'intermédiaire des professeurs de l'enseignement technique jusqu'à
l'ouvrier et, inversement, c'est vers cette école que reflueraient les audi-

teurs les plus intelligents des différents cours professionnels sur lesquels
elle étendrait sa bienfaisante action.

Je n'ajouterai plus qu'une dernière considération. Je voudrais montrer
que ceux qui s'occupent de la question de l'apprentissage devraient se
garder de considérer seulement les grandes entreprises. En effet, la petite
industrie des métaux prospère toujours, malgré les circonstances économiques défavorables.

Les résultats statistiques du recensement général de la population
effectué le 4 mars 1906 montrent qu'en 10 ans la proportion des très petits
établissements, agricoles, industriels et commerciaux, occupant de un à
cinq ouvriers, s'est maintenue au taux de 24,6 % du total des établissements. Mais ne nous contentons pas de ce chiffre. Chaque industrie
évolue en effet d'une façon distincte et cette moyenne trop générale pourrait être trompeuse. Il convient de la décomposer.

Le Tableau ci-après, spécial aux industries des métaux, montre que,
dans cette branche, la petite et la moyenne industrie se développent
parallèlement à la grande:

	Nombre des établissements.		Augmentation.	Nombre des salariés en 1906.
	1896.	1906.		
Petite industrie de 1 à 20 salariés....	72591	78073	5482	185277
Moyenne industrie de 21 à 100 ouvriers.	1909	2445	536	108411
Grande industrie plus de 100 ouvriers.	503	752	249	258887
Totaux.........	75003	81270	6267	552575
Travailleurs isolés...................	»	»	»	91717
Population totale active (ouvriers, travailleurs isolés et patrons)........	607771	758377	150606	»

Ainsi, le nombre des établissements a augmenté en 10 ans de 6267
et le nombre des ouvriers et des employés de 150606. Le nombre des
établissements occupant de un à vingt ouvriers a augmenté à lui seul
de 5482. D'ailleurs, c'est bien souvent la grande industrie qui fait surgir
la petite industrie et la moyenne. Les industries de l'automobile et des
cycles, les industries électriques en fourniraient la preuve éclatante.

Les besoins industriels vont donc toujours en croissant et, pour le dire
en passant, c'est une erreur de croire que les écoles d'industrie prépa-
reront trop d'ouvriers qui, se faisant concurrence, feront baisser le taux
des salaires.

Ces statistiques générales, pour toute l'étendue du territoire français,
sont en concordance avec celles du département du Nord, concernant les
industries du travail des métaux (établissements sidérurgiques non
compris) où se trouvent 2778 ateliers avec 49 668 ouvriers. Or, dans ce
département où la grande industrie est cependant développée, on compte
près de 2000 établissements ayant moins de 100 ouvriers et en occupant
ensemble 25 000. La moyenne et la petite industrie occupent autant
d'ouvriers que la grande.

Nous pensons même que, grâce à la construction dans notre pays de nombreux secteurs électriques, cette prospérité ira s'accentuant. La force électrique divisée à l'infini, à la fois souple et commode, contribuera à restaurer, à multiplier les petits ateliers et les ateliers familiaux. Est-ce une utopie? Peut-être le vieux moulin d'autrefois, aujourd'hui délabré, retrouvera-t-il une utilisation nouvelle? Par l'intermédiaire d'une turbine, la chute d'eau actionnera un moteur électrique. Le meunier ne se contentera plus de moudre le grain; il éclairera le village, son moteur fera tourner le ventilateur du maréchal, la scie du menuisier ou la machine à coudre de l'ouvrière; mais alors le meunier devra posséder une éducation technique qui lui permettra de comprendre le fonctionnement de la turbine et du moteur, de tenir sa comptabilité, d'acheter ou de vendre à propos le grain et la farine. Que nous voilà loin des connaissances qui suffisaient au meunier d'autrefois!

Donc, autre époque, autre éducation professionnelle. Or, actuellement, la petite industrie est abandonnée à cela même. La grande industrie lutte avec des capitaux importants, avec les connaissances techniques de ses ingénieurs et directeurs commerciaux; elle dispose d'un outillage perfectionné et assez souvent renouvelé. Le petit industriel, au contraire, utilise souvent un outillage démodé; il ne pratique pas la division du travail et ne possède pas toujours les connaissances techniques et économiques nécessaires pour réussir dans son entreprise. Il ignore les lois sociales, les règles d'hygiène qui régissent sa profession; il n'établit pas mathématiquement son prix de revient, ne suit pas les fluctuations du marché et ne connaît pas toujours la nature de la matière qu'il emploie. Il ne sait pas ce que c'est qu'un inventaire, un bilan, un compte Pertes et Profits. Il lutte avec peine contre ses puissants concurrents. Eh bien! qui lui donnera, comme à l'ouvrier, du reste, la mentalité économique nouvelle qui lui est indispensable. Ce n'est pas l'atelier, où trop souvent règne l'empirisme et la routine. Ce ne peut être que l'école pratique, orientée dans une direction plus nouvelle et plus féconde. Tous les travailleurs devront désormais recevoir méthodiquement une éducation économique appropriée à leur profession, car tous vivent de leur travail et ne doivent avoir en vue qu'un objectif : le bénéfice. Nous aurions beaucoup à dire sur la valeur éducative de la culture générale, mais nous prétendons que lorsque nous avons appris à un homme à gagner largement sa vie, nous lui avons fourni un instrument d'émancipation intellectuelle. Quels sont les ouvriers qui ne lisent pas? Ceux qui ne gagnent pas d'argent, ceux qu'on a dotés d'une éducation surannée, d'une force de travail pratiquement inutilisable. Mais les autres lisent des revues, font des sports, se documentent sur les choses de leur profession et l'on trouve souvent chez eux un bon sens clair, que ne possèdent pas au même degré ceux qui n'ont reçu qu'une éducation purement livresque.

Le rôle économique de l'école pratique est donc de travailler à la diffusion de la petite industrie et de former, non seulement l'ouvrier, mais aussi le petit patron? Ouvriers et petits patrons sont destinés à travailler côte à côte. Ce rôle est à peine ébauché, mais il est immense. Puisqu'il y a des écoles d'agriculture chargées de faire connaître aux agriculteurs les méthodes scientifiques de production, pourquoi l'école pratique ne serait-elle pas chargée d'une mission analogue? Est-ce une utopie de demander que le petit industriel, le petit commerçant reçoivent une éducation professionnelle plus complète et plus moderne? Au reste, sur ce point, la Belgique nous a devancés. A Charleroi, les corporations ont créé des cours, pour petits patrons et ouvriers formés (Meisterkurse). Il y a là une orientation nouvelle à donner à notre enseignement technique du premier degré, et nous croyons que les résultats obtenus seraient éminemment féconds. Tel est le rôle qui semble être dévolu à l'école pratique. En agglomérant autour d'elle les cours professionnels d'une région déterminée, elle deviendra le cœur de l'organisation de l'enseignement technique dans cette région, le centre régulateur qui assurera dans chacun des cours environnants la marche méthodique des études professionnelles. Elle sera vraiment l'école moderne et vivante qui soumettra les travailleurs ouvriers et petits patrons aux méthodes scientifiques d'apprentissage, qui leur inculquera non seulement des connaissances professionnelles et des qualités morales, mais aussi la mentalité économique dont ils ont besoin pour exercer leur profession et pour y réussir.

M. G. KIMPFLIN,

Docteur ès Sciences (Paris).

L'ENSEIGNEMENT DE LA MICROGRAPHIE ET SON UTILITÉ.

578.6

5 Août.

Un récent arrêté ([1]) vient de modifier le programme de l'enseignement secondaire des Sciences naturelles. Il ne s'agit, en l'espèce, ni d'une refonte complète, ni d'un rajeunissement par addition de matières nouvelles, mais au contraire, d'une réduction. L'ancien programme de 1902, dont la charpente est respectée et les grandes lignes maintenues, a été seulement simplifié, écourté, allégé; des coupures ont été faites : la Paléontologie, par exemple, si mal adaptée à cet enseignement, a disparu.

Tout le monde applaudira certainement à cette réforme. On s'habitue, en effet, à cette idée qu'une bonne instruction n'est pas nécessairement

---

([1]) Arrêté ministériel du 4 mai 1912.

une instruction de *touche à tout*; on conçoit qu'un cerveau peut posséder une belle culture sans que cette culture soit encyclopédique; on s'aperçoit enfin qu'à vouloir tout enseigner, on n'enseigne rien. L'important n'est pas d'apprendre beaucoup de choses, mais d'apprendre bien quelque chose.

Or, la difficulté d'apprendre bien quelque chose est peut-être plus grande dans les Sciences naturelles que partout ailleurs.

Il est bien d'émonder des programmes une foule de connaissances qui, l'expérience le prouve, ne laissent aucune trace; mais les modifications de programmes resteront inefficaces si elles ne s'accompagnent d'une modification de méthode. Les Sciences naturelles ne se peuvent enseigner comme les Mathématiques : ici, c'est science de raison et science *faite*, là, science d'observation et science *qui se fait*; la méthode didactique et livresque qui convient ici ne peut donner là que des résultats déplorables. Un enseignement des Sciences naturelles doit être avant tout pratique; l'intérêt de l'élève ne peut être attiré et retenu qu'à cette condition. L'élève doit voir et toucher; mais l'obligation de voir s'impose doublement lorsque la description porte sur des objets microscopiques. Pour ceux-ci, en effet, le débutant ne peut établir de comparaison avec des objets directement accessibles à ses sens, et l'ordre de grandeur lui échappe.

Pourtant l'enseignement de la micrographie n'est pas suffisamment répandu et l'on peut dire que, dans l'enseignement secondaire, il est trop généralement sacrifié.

Il est certain cependant qu'il est attrayant et instructif à bien des égards. Multiplier par des combinaisons optiques sa puissance visuelle est pour l'enfant ou le jeune homme un plaisir; et, mis en présence d'une préparation microscopique, il éprouve un étonnement admiratif, toujours suivi du désir de savoir davantage. Les premiers micrographes connurent cet étonnement, ils surent le faire partager à leurs contemporains et les personnages les plus illustres ne dédaignèrent pas, à cette époque, de s'intéresser aux merveilles qu'avait permis de découvrir l'instrument nouveau. On rapporte que Pierre le Grand, passant devant Delft en 1693, convia Leuwenhœk à lui montrer les microscopes qu'il construisait. Celui-ci, pour satisfaire la curiosité du souverain, dut lui faire voir le mouvement du sang dans la queue d'une anguille. Au XVIIIe siècle, la micrographie était tenue en particulière estime. Grands seigneurs, philosophes, lettrés, tout le monde se piquait de science et peu ou prou tout le monde était micrographe. L'enthousiasme était grand de voir tant de choses insoupçonnées et les espérances immenses qu'une connaissance approfondie de la nature de la lumière n'était pas encore venue limiter. Dans cette société, curieuse des choses de la nature, la micrographie a joué un rôle et l'on peut dire de cette science qu'elle a été pour quelque chose dans la formation de l'esprit du siècle. « Les premiers observateurs, dit M. Gouy à propos du mouvement brownien, à qui il fut donné d'appliquer le microscope aux études d'histoire naturelle, furent saisis de surprise en voyant régner partout le mouvement et la vie. Dans une goutte d'eau, ils virent se mouvoir en tous sens des êtres de formes nouvelles et singulières, et, à côté d'eux, s'agiter aussi et s'animer en quelque sorte les corps dépourvus de vitalité ([1]). »

Ce saisissement subsiste chez l'élève; mais il y a plus : la vision des infiniment petits ouvre à son esprit des horizons nouveaux; l'incite à penser, à comparer, à mesurer, développe son jugement et est susceptible par suite de contribuer largement à la formation de son esprit.

A un autre point de vue, veut-on réfléchir à la place que tient le microscope dans l'outillage scientifique et industriel moderne. De combien de professions est-il l'auxiliaire indispensable?

La Médecine humaine et vétérinaire, la Pharmacie, l'analyse chimique et spécialement l'analyse des substances alimentaires ne sauraient s'en passer. Et à côté de ces professions où l'usage du microscope est plus évident, que d'industries faut-il citer où son usage est courant, bien que moins connu et où il est directement ou indirectement utile. Directement, il sert dans les industries du papier, du coton, du caoutchouc, de la poudre, en métallurgie, en pisciculture, en sériciculture, en brasserie et n'est-ce pas à lui qu'agriculteurs et horticulteurs doivent les plus sérieux progrès touchant les maladies des plantes.

Indirectement, il est susceptible d'une foule d'applications.

Pour nous borner, citons les filières pour la soie artificielle, calibrées à l'aide d'un microscope spécial et la mesure micrométrique des filaments usités pour les lampes électriques.

Tant d'usages devraient réserver au microscope une place qu'il n'occupe pas. Que de gens se privent d'acquérir sur une question des données exactes, faute d'avoir été initiés à son emploi. Peut-être faut-il chercher l'explication de cette défaveur dans une difficulté d'organisation matérielle. Interpréter une préparation, faire saisir le détail des choses n'est pas toujours facile à qui s'adresse à un nombreux auditoire; et il est à craindre que tout le bénéfice de la leçon au microscope soit perdu par quelque accident léger (écrasement ou déplacement de la préparation) qui passera inaperçu au professeur.

A ce point de vue deux instruments viennent d'être construits qui réalisent un sérieux progrès : l'un permet à deux observateurs de regarder en même temps une préparation, c'est le double corps Daufresne-Nachet; l'autre donne à un fort grossissement la vision du relief, c'est le binoculaire stéréoscopique du même constructeur.

Le premier (*fig.* 1 et 2) présente trois particularités; les voici décrites par M. Gaston Bonnier ([2]) :

([1]) GOUY, *Le mouvement brownien* (*Rev. gén. des Sciences*, 15 janvier 1895).

([2]) G. BONNIER, *Comptes rendus de l'Académie des Sciences*, 20 mars 1911.

« 1° *Le double corps.* — Le double corps est constitué par deux tubes coudés munis chacun d'un oculaire et fixés sur les deux côtés d'une boîte triangulaire contenant un prisme à réflexion totale.

Fig. 1. — Deux observateurs regardant au double corps.

Cette boîte, sous laquelle s'adapte l'objectif, est placée à l'extrémité d'un tube semblable au tube des microscopes ordinaires; elle est ainsi

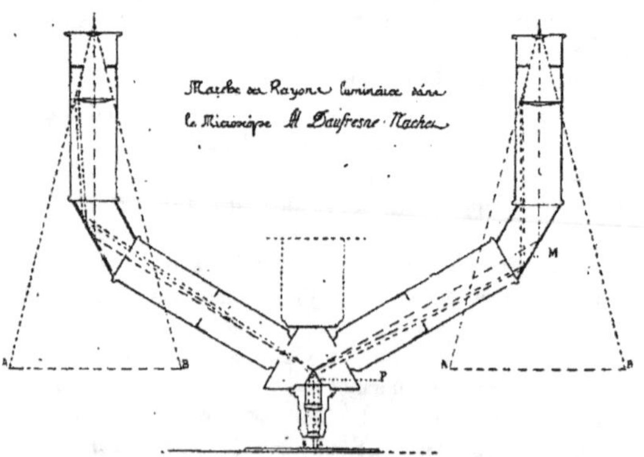

Fig. 2. — Marche des rayons dans le double corps.

mue par la crémaillère pour la mise au point rapide et par la vis micro-métrique pour le mouvement lent.

L'écartement des oculaires, porté au maximum compatible avec la bonne correction des objectifs employés, atteint 25 cm d'un axe à l'autre,

distance suffisante pour que les observateurs ne se gênent pas mutuellement.

2° *Le système de repérage.* — Le repérage est obtenu à l'aide d'un réticule
formé de deux fils d'araignée se croisant à angle droit et fixé au foyer
du verre d'œil de chaque oculaïre. Tout point de la préparation, amené
à l'aide de la platine mobile, à l'intersection des deux fils de l'un des oculaires, est vu nettement à l'intersection des deux fils de l'autre (*fig.* 3).

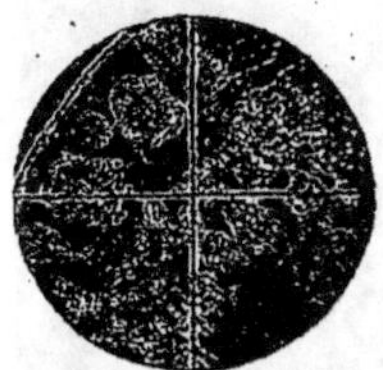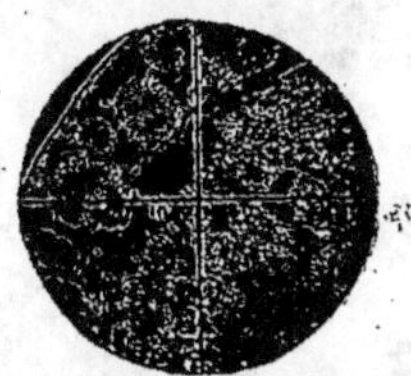

Fig. 3. — Coupe transversale d'une tige de blé vue au double corps.

3° *L'appareil de polarisation.* — Le nouveau microscope peut être transformé en microscope polarisant. Pour que deux observateurs *examinent
en même temps* les effets produits par la lumière polarisée, il fallait nécessairement rendre le nicol polariseur mobile et les deux nicols analyseurs
fixes, à l'inverse de la disposition adoptée dans les microscopes polari-
seurs ordinaires. Le nicol polariseur placé sous l'objet, dans le porte-
diaphragme, peut tourner autour de son axe vertical à l'aide d'un petit
levier qui se manœuvre à la main. »

Dans une observation, le professeur se tient sur l'oculaire de gauche;
l'oculaire de droite étant celui de l'élève. La mise au point se fait sur le
microscope par le professeur; l'autre observateur rectifie cette mise au
point pour sa propre vue au moyen d'une petite crémaillère qui se trouve
sur l'oculaire. De cette façon sont évitées les erreurs de mise au point et
l'on n'a pas à redouter les accidents qui peuvent arriver à une préparation
lorsque cette mise au point est effectuée par des doigts inhabiles.

L'expérience a prouvé que cet instrument rend l'enseignement plus
facile et plus rapide. Le professeur, en effet, ne quittant pas l'oculaire,
s'assure à chaque instant qu'il est suivi et compris, ne faisant plus la
navette de l'oculaire au tableau, il économise son temps; l'élève,
de son côté, n'éprouve plus de difficultés à voir le point d'une préparation
sur lequel son attention est attirée et à en saisir l'interprétation. Il évite
ainsi bien des découragements.

Une question d'une haute importance, surtout pour des débutants, est
celle de la vision du relief. Le micrographe de profession qui a l'œil fait
aux observations microscopiques saisit le relief par un artifice, en faisant
varier le point pour une préparation mince, en superposant dans son
cerveau les images ainsi obtenues et les images données par une suite de

coupes en séries, il se fait une idée de la troisième dimension. Mais l'élève trouve là une difficulté et les explications du professeur ne remplacent pas la chose vue. Il était donc à souhaiter qu'on pût voir le relief au microscope.

Le binoculaire stéréoscopique (*fig.* 4) permet aujourd'hui de réaliser la

Fig. 4. — Le binoculaire stéréoscopique.

chose Il donne une image en relief avec un seul objectif. Cette particularité permet d'atteindre des grossissements relativement considérables et inconnus jusqu'ici pour ce genre d'appareils; tandis, en effet, qu'avec un binoculaire à deux objectifs on ne peut guère espérer dépasser 80 diamètres, on obtient avec celui-ci des grossissements de 400 diamètres, et cependant la réalité du relief est certaine, comme l'a montré Quidor dans une récente Note à l'Académie ([1]). Nous empruntons à cette même Note le schéma ci-dessous qui montre la marche des rayons dans l'appareil.

L'écartement des yeux pour chaque observateur, et par conséquent la fusion des images, est obtenue par rotation des deux boîtes cylindriques contenant les prismes redresseurs. Enfin, une disposition nouvelle des oculaires permet de faire varier la direction des axes optiques dont la réunion se fait à la distance exacte de vision distincte de chaque observateur. Si bien que, non seulement le relief est obtenu, mais encore toute fatigue de la vue est supprimée.

Grâce à ces instruments, l'enseignement de la micrographie rendu plus facile ne peut plus être regardé comme impraticable dans l'enseignement secondaire. L'allégement des programmes supprime, d'autre part, l'excuse qu'on pouvait tirer du manque de temps. Dès lors, on ne saurait négliger un enseignement qui doit être profitable à tous et il est à souhaiter que le plus grand nombre soit familiarisé de bonne heure avec la pratique du microscope.

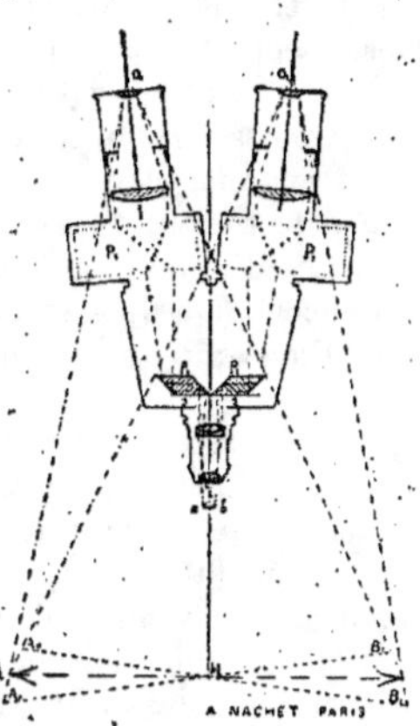

Fig. 5. — Marche des rayons lumineux dans le binoculaire stéréoscopique.

Que l'enseignement des Sciences naturelles s'engage dans cette voie, il y gagnera en intérêt, et son efficacité, tant au point de vue de la culture générale qu'au point de vue pratique de l'utilisation immédiate, ne pourra être mise en doute.

M. Adrien GOBIN,

Inspecteur général honoraire des Ponts et Chaussées (Monte-Carlo).

AVANTAGES DE L'EMPLOI DES TERMES SEPTANTE ET NONANTE DANS LA NUMÉRATION.

511.2

5 Août.

Les termes *septante* et *nonante*, employés à la place de *soixante-dix* et *quatre-vingt-dix*, ont le premier avantage d'être beaucoup plus courts,

---

([1]) Quidor, *Comptes rendus de l'Académie des Sciences*, 1er juillet 1912.

plus simples et conformes aux règles de la formation des autres termes de la numération.

Ces doubles termes, pour désigner les nombres 70 et 90, sont employés concurremment dans les diverses parties de la France; dans la région lyonnaise, septante et nonante étaient autrefois plus employés que soixante-dix et quatre-vingt-dix; c'est le contraire qui existe aujourd'hui, sans que je puisse expliquer la cause de ce changement ([1]). En Belgique, les termes septante et nonante sont exclusivement employés; il en est de même dans tous les pays étrangers où les professeurs de langue française constatent la répulsion que leurs élèves éprouvent pour s'assimiler les termes compliqués de soixante-dix et quatre-vingt-dix, encore employés en France; il y a, à ce sujet, une protestation unanime de la part des étrangers.

Les Sociétés créées pour la *propagation à l'étranger de la langue française*, devraient mettre en garde les professeurs de français contre l'emploi de termes que je puis appeler barbares, comme je vais le prouver plus loin, et qui altèrent la pureté et la clarté de notre langue.

Ce premier inconvénient n'est pas le seul; en voici trois autres qui, au point de vue pratique, ont encore plus d'importance.

Quand on dicte des nombres, soit dans les écoles, pour des exercices de calcul, soit dans les banques, soit dans la comptabilité des maisons de commerce, etc., si l'on énonce des nombres commençant par soixante-dix ou quatre-vingt-dix, neuf fois sur dix, si l'écrivain est habile, il aura écrit le chiffre 6 ou le chiffre 8 quand il connaîtra entièrement le nombre dicté. Il en résulte, dans les écritures, des surcharges de chiffres qui, outre le défaut de netteté, peuvent donner lieu à des confusions et à des erreurs.

Au point de vue pédagogique, je signalerai la difficulté qu'éprouvent les jeunes élèves à comprendre la valeur des termes soixante-dix et quatre-vingt-dix; à la dictée, ils écriront 60 puis 10 pour soixante-dix, et 80 puis 10 pour quatre-vingt-dix ([2]). Quand cette première difficulté sera vaincue, ils en rencontreront une autre, dans les multiplications et les divisions, pour graver momentanément dans leur mémoire, les *retenues*. Quand ces retenues proviendront de nombres commençant par *soixante-dix* ou *quatre-vingt-dix*, le cerveau de l'élève sera d'abord impressionné par les termes *soixante* ou *quatre-vingts*, ce qui le disposera à *retenir* 6 ou 8, et ce ne sera que par un nouvel effort de mémoire qu'il fera la véritable retenue de 7 ou de 9; de là, de nombreuses erreurs de calcul qui retardent les progrès de l'élève.

Dans les correspondances téléphoniques, l'emploi des termes simples

---

([1]) Le *Petit Dictionnaire Larousse* qualifie de vieux les termes *septante* et *nonante*, tandis que le *Grand Dictionnaire*, en traitant de même *septante*, appelle *quatre-vingt-dix* un terme absurde.

([2]) Ne dit-on pas, le plus souvent, soixante-et-dix, et toujours soixante-et-onze; par euphonie.

septante et *nonante* rend l'audition beaucoup plus perceptible; ainsi on confondra facilement soixante-six avec *soixante-dix*, ce qui n'arriverait pas si ce dernier terme était remplacé par *septante*. Aussi, à un appel qui contient les expressions de soixante-dix et quatre-vingt-dix, la téléphoniste, pour éviter toute erreur, répond-elle en répétant le chiffre qu'elle a cru entendre, mais en y employant les termes plus simples et plus clairs de *septante* ou *nonante*. Elle fait ainsi confirmer par l'appelant l'exactitude du chiffre de la communication demandée. L'emploi du téléphone facilitera donc la réalisation de la réforme que je demande, si toutefois l'Administration des Postes, Télégraphes et Téléphones veut bien ne pas l'entraver.

Il paraît, en effet, qu'il existe dans les archives de cette Administration une circulaire qui impose à ses clients l'emploi *exclusif des termes soixante-dix et quatre-vingt-dix*. Le *Petit Journal* du 20 juillet 1912 cite le cas d'un bureau de poste des Vosges qui a refusé d'expédier un mandat-carte portant la mention : *quatorze francs nonante centimes*, en expliquant que les instructions de l'Administration interdisent d'écrire *septante* et *nonante* et n'autorisent que *soixante-dix* et *quatre-vingt-dix*. Il ne faudrait pas que cette interdiction s'étendît aux téléphones où elle apporterait une grande perturbation dans le service. Je puis citer aussi, comme partisan de ce progrès à rebours, un inspecteur primaire qui, visitant une école de filles d'un chef-lieu de canton des environs de Lyon, a reproché à la directrice de se servir des termes septante et nonante et lui a prescrit d'employer les autres dans ses leçons.

Ce sont ces faits récents qui m'ont engagé à soumettre de nouveau, au Congrès de Nîmes, une question que j'avais déjà traitée au Congrès de Cherbourg, en 1905, et qui a fait l'objet d'un vœu de l'Association.

A la suite de ma première communication, notre collègue, M. Henriet, a fait des recherches pour trouver l'origine des expressions *soixante-dix, quatre-vingts et quatre-vingt-dix*. En voici le résultat.

Ces trois termes sont des restes de la numération celtique usitée dans les vallées du Rhône, de la Loire et de la Seine avant la conquête romaine, région où l'on comptait de *vingt en vingt* (numération vicésimale). La numération décimale romaine a, peu à peu, remplacé deux-vingts par *quarante*, deux-vingt-dix par *cinquante*, trois-vingts par *soixante*; mais soixante-dix a continué à être employé concurremment avec *septante*; de même, pour quatre-vingts employé avec *octante*, qui a malheureusement disparu de la langue française; quatre-vingt-dix s'est maintenu avec *nonante*; cinq-vingts a été définitivement remplacé par *cent* ([1]).

On peut donc dire que notre numération parlée n'est pas entièrement décimale puisqu'elle renferme encore des termes de la numération celtique.

([1]) Le nom de l'*Hôpital des Quinze-Vingts*, datant de l'époque de saint Louis, est encore un reste de cette numération celtique.

Il n'est pas inutile de remarquer que, dans la langue provençale, les mots *setanto*, *otanto* et *nonanto* sont toujours employés pour *soixante-dix*, *quatre-vingts* et *quatre-vingt-dix*.

Au Canada, les termes *septante*, *octante* et *nonante* sont seuls employés ; si les autres y ont été introduits par les premiers colons français, ils ont disparu depuis longtemps. Il est probable que le voisinage des Anglais, dont la numération est décimale et emploie des termes simples et rationnels, analogues à *septante*, *octante* et *nonante*, a amené cette élimination.

Il est donc désirable que le terme de *quatre-vingts* d'origine celtique, soit enfin remplacé par *octante*. Les jeunes élèves indiquent souvent cette réforme quand ils disent *huitante* pour quatre-vingts. Enfin, quand il s'agit de l'âge d'une personne, ne dit-on pas *septuagénaire*, *octogénaire*, *nonagénaire ?*

En résumé, je crois que nous devons faire tous nos efforts pour débarrasser la langue française de ces expressions barbares qui présentent tant d'inconvénients et que tous les étrangers repoussent. Nous avons un réel intérêt à réaliser cette réforme ; ce sera l'affaire d'une génération si l'on veut bien s'en occuper dans les écoles primaires.

Je suis convaincu que tous les instituteurs reconnaîtront les avantages de la réforme que je propose et qu'ils me prêteront leur concours pour la propager dans leurs publications et leur enseignement. La langue française leur devra la disparition de termes barbares et une plus grande pureté.

J'espère que l'Académie française et M. le Ministre de l'Instruction publique voudront bien s'occuper aussi de cette question.

———

M. Charles DURANSON,

Secrétaire général de la Société de l'Enseignement à la Caserne.

———

SOCIÉTÉ DE L'ENSEIGNEMENT A LA CASERNE,
fondée à Lyon en 1906.

———

374.9 (44.582 Lyon)

5 *Août.*

En 1904 s'était fondée à Lyon, sous les auspices de l'Œuvre de Propagande scientifique et pratique, une Société ayant pour but de développer l'esprit scientifique chez les adultes pendant leur passage au régiment et de leur inculquer des connaissances utiles au point de vue pratique.

Placée sous le patronage de hautes personnalités lyonnaises, honorée en particulier des encouragements de M. le général de Lacroix, alors

Gouverneur militaire de Lyon, cette Société avait envisagé surtout l'Agriculture et l'Hygiène comme sujets des conférences qui devaient être données devant les militaires dans chacun des régiments de la garnison de Lyon.

En 1904 et 1905, cent cinquante causeries furent ainsi faites par les hommes dévoués qui collaborèrent au succès de l'Œuvre.

En 1906, la circulaire du 28 juillet de M. Étienne, Ministre de la Guerre, prescrivant l'enseignement professionnel à la caserne, vint donner une impulsion nouvelle à l'œuvre entreprise.

Le 24 février 1907, le général Gallieni, qui avait succédé à M. le général de Lacroix, disait en des termes dont notre Association sentait tout le prix, que : « L'Œuvre de Propagande scientifique et pratique s'est proposée de coopérer à la noble mission dévolue à l'Armée, de l'aider à donner aux adolescents qui lui sont confiés la forte empreinte du progrès, d'en faire des hommes au sens élevé de ce mot, des citoyens utiles à la collectivité, capables de tracer droit leur sillon dans le champ que la vie va offrir à leur jeune activité au sortir du régiment; l'assiduité avec laquelle les conférences ont été suivies dans la garnison de Lyon et les excellents résultats qu'il a été possible de constater déjà permettent d'affirmer que l'effort de l'Œuvre n'a pas été vain et d'espérer de son développement progressif un succès plus complet encore ».

Cette flatteuse appréciation d'un des chefs les plus éminents de notre armée ne fut pas étrangère à l'extension prise par la Société de l'Enseignement à la Caserne, à Lyon.

En 1908, et depuis cette époque, le programme des conférences fut élargi. Aux causeries sur l'Hygiène et sur l'Agriculture vinrent se joindre d'autres causeries concernant la Géographie économique et l'Histoire contemporaine. L'évolution sociale, l'évolution mutualiste en particulier, trouva sa place dans le nouveau programme, de même que des sujets généraux relevant des sciences et quelques notions industrielles y trouvèrent la leur.

C'est sur ces bases que se poursuivent actuellement les travaux de la Société.

Les conférences ne sont pas simplement descriptives, elles sont complétées par des projections photographiques sur les sujets traités. L'attention n'est que plus soutenue dans l'auditoire.

Dès le début de chaque hiver, la Société dresse le programme des conférences qu'elle se propose de donner et le soumet au choix des chefs de corps.

Les soldats, qui ne sont nullement tenus d'assister à ces conférences, composent, par une assiduité continue et une attention ininterrompue, un merveilleux public. C'est volontairement qu'ils assistent à ces réunions et pourtant les conférenciers de la Société ont toujours devant eux, au minimum, 250 jeunes gens, souvent 400. Il est vrai que ces réunions se donnent toujours dans la caserne même et jamais au dehors, et que la garnison de Lyon, avec son chiffre imposant de 11 000 à 12 000 hommes, s'y prête tout particulièrement.

Les frais nécessités par le fonctionnement de cette Œuvre sont couverts par des souscriptions volontaires et des subventions.

En résumé, la Société de l'Enseignement à la Caserne, de Lyon, se félicite d'année en année du développement pris par une Œuvre qui honore ceux qui en furent les initiateurs. Elle voit sa tâche facilitée par la bienveillance de l'autorité militaire et, en particulier, par l'accueil extrêmement sympathique qui lui est réservé par les capitaines commandant les écoles régimentaires.

Elle croit avoir bien répondu à l'objet qu'elle s'est proposé : exciter la curiosité intellectuelle des militaires accomplissant leurs deux années de service, leur procurer un délassement passager qui, rompant la monotonie des exercices, est le très bienvenu; et cela grâce à ses conférences.

Elle se réjouit à la pensée qu'en exposant devant ce Congrès, et bien que brièvement, l'œuvre accomplie, elle aura pu suggérer à quelques congressistes le désir de réaliser œuvre semblable dans leurs résidences respectives.

M. LE Dr RAOUL DUPUY.

(Paris).

POUR LES ENFANTS ARRIÉRÉS.

371.93

5 *Août.*

Les enfants *arriérés*, au sens pédagogique, sont des sujets qui, par défaut d'appétence, manque d'attention ou diminution de l'intelligence, sont incapables de suivre les leçons que l'on donne aux élèves normaux. Au dire de nombreux instituteurs, ils ont augmenté dans des proportions redoutables pour l'avenir intellectuel et moral de la race. Non seulement ils deviennent plus tard des inutiles de la vie ou même des pensionnaires d'asiles d'aliénés, mais encore des sujets dangereux, capables de commettre les pires forfaits, car ils ont des impulsions fréquentes et qu'en plus de leur état d'arriération, ils ont de la perversion de l'instinct, du jugement et du sens moral. En effet, nous avons pu nous rendre compte combien il y avait d'arriérés et d'illettrés parmi les jeunes criminels et les prostituées !

Ces enfants arriérés sont-ils la rançon que nous payons à la civilisation et au progrès qui ont détruit l'équilibre de l'évolution, au détriment comme aussi au profit de certains? En tout cas, il est de notre devoir de faire profiter des bienfaits de l'instruction ces êtres tarés ou inférieurs, tout en les séparant des autres enfants qu'ils dissipent et qu'ils retardent.

. C'est pour faire face à cette obligation qu'ont été créées les *classes de perfectionnement* spéciales pour arriérés (loi du 15 avril 1909) qui commencent à s'ouvrir dans de nombreuses villes de France. Ces classes de perfectionnement sont des externats dans lesquels on admet les *apathiques* et les *instables* pour y être éduqués selon des méthodes plus adéquates à leur état mental.

Tout d'abord, le recrutement des élèves est assez délicat. Il est bien difficile, en effet, pour un jury, de les classer en une seule séance uniquement d'après certains *tests*, sans tenir compte des dispositions du moment. D'autre part, les enfants signalés comme arriérés sont souvent des *ignorants* par défaut d'assiduité scolaire, des *paresseux* dont l'optimisme désespère et enfin des *fortes têtes* qu'un maître n'aura pas su prendre ! Ensuite, on rencontre de la part de certaines familles dont l'amour-propre est ridicule, criminel même, de grandes difficultés pour leur faire admettre que leur enfant est inférieur intellectuellement, et, pour notre compte personnel, nous avons vu de nombreux parents se refuser absolument à mettre leur fils complètement gâteux, avec des idiots, disaient-ils ! Il est aussi des directeurs d'écoles timorés, indifférents ou vaniteux, qui affirment n'avoir pas un seul arriéré dans leurs classes !

Nous ne parlerons pas des méthodes pédagogiques employées pour les arriérés. Elles sont parfaites, car leur principe est de tenir constamment en éveil l'esprit de ces débiles, de passer du concret à l'abstrait, de frapper les sens pour atteindre l'intelligence, et de faire une leçon de choses de tous les actes de la vie. Le zèle, la patience et l'abnégation des instituteurs et institutrices chargés de ces élèves sont au-dessus de tout éloge, et c'est avec une profonde admiration que nous les félicitons de la façon dont ils arrivent à se faire obéir et aimer de ces sujets difficiles. Les résultats obtenus sont-ils en rapport avec les efforts qu'ils ont coûtés? Nous ne craignons pas de répondre négativement et il en sera toujours ainsi tant que le médecin ne sera pas appelé à donner son concours permanent à l'éducation de ces malades.

Les arriérés *véritables* sont des *malades corporels* dont nous avons étudié les troubles physiopathologiques. Ces troubles indiquent que l'évolution de ces sujets est retardée et si l'on examine ces enfants d'une façon complète, on est frappé de rencontrer chez eux des manifestations corporelles qui ne sont autres qu'un arrêt ou une perversion de la croissance, véritables reflets de ce que l'on constate intellectuellement.

D'autre part, une étude plus approfondie nous a montré que leur pression artérielle est basse, que leur assimilation est désordonnée en ce sens qu'ils éliminent ou retiennent d'une façon irrégulière les substances constituant les déchets de l'organisme, que leur rein et leur foie sont défectueux (albumine et auto-intoxication) que leur sang est de composition anormale, que leur ossification est retardée.

. Ces diverses constatations ont fait l'objet de Communications à l'Académie des Sciences présentées en notre nom par le professeur Edmond Perrier en janvier, avril et décembre 1912. Il est indéniable que certains arriérés intellectuels ont aussi des arrêts de développement ou des lésions du cerveau, incurables en l'état actuel de la science (thrombose ou rupture artérielles, méningo-encéphalites, sécrétion exagérée du liquide céphalorachidien, etc.). Mais ces cas sont-ils aussi fréquents qu'on l'affirme habituellement? Les causes de l'arriération sont donc des plus variées et les auteurs, qui n'ont pas compris le rôle que devrait avoir le médecin dans l'éducation des anormaux (Binet, par exemple), sont obligés de reconnaître (*voir* les *Enfants anormaux*, p. 151) que, bien souvent, l'examen macroscopique et microscopique du cerveau, pratiqué de la façon la plus minutieuse, ne permet de révéler aucune lésion !

On ne peut donc nier que certaines manifestations psychiques des arriérés aient une origine extra-cérébrale et nous avons été agréablement surpris de lire dans les comptes rendus du dernier Congrès de l'Enfance anormale (Lyon, 1911), les déclarations du professeur Régis, de Bordeaux, qui considère la question du même point de vue que nous. Si l'on étudie les troubles que nous avons énumérés plus haut, on constate qu'ils sont le fait d'une nutrition et d'une circulation défectueuses. Or, ces deux fonctions qui favorisent la croissance sont sous l'influence directe du nerf grand sympathique dont les glandes à sécrétion interne (thyroïde, hypophyse, surrénale, partie interstitielle testiculaire et corps jaune de l'ovaire) paraissent être les relais excito-moteurs. Ces organes dont le rôle était inconnu jadis et qui, pour l'instant, font l'objet de travaux mondiaux semblent avoir une importance capitale sur l'évolution de l'individu et la constitution du sexe. Leur fonctionnement défectueux produit des troubles corporels et psychiques qui sont parfaitement connus. Or, chez les arriérés, on rencontre nombreux de ces mêmes troubles et nous avons pu nous rendre compte qu'ils étaient améliorables quand on traitait ces sujets par l'*opothérapie*, c'est-à-dire en leur faisant absorber des extraits de glandes internes qu'on a prélevées sur les animaux.

Jusqu'alors, on n'a soigné les enfants arriérés qu'avec des extraits thyroïdiens qui ont échoué souvent, car la cause de l'arriération n'est pas seulement une insuffisance thyroïdienne. Pour avoir des résultats plus certains, il faut associer les extraits glandulaires selon les troubles qu'on a constatés. La *polyopothérapie endocrinienne* que nous préconisons donne d'excellents résultats, même dans des cas qui paraissaient désespérés, car le diagnostic différentiel entre l'arriération causée par les glandes internes et celle d'origine cérébrale est habituellement impossible et que, bien souvent, l'état d'arriération est mixte. Seul, le traitement, véritable pierre de touche, est capable de trancher la question.

Les modifications qui se produisent dans l'état corporel intellectuel et sensoriel ont été exposées à l'Académie des Sciences. Elles consistent en l'augmentation de la taille, l'élévation de la pression sanguine, la régularisation des échanges organiques, cependant que l'on constate psychiquement des changements qui portent sur l'idéation, l'attention, la parole, la volonté, l'activité cérébrale, la coordination des idées, etc.

Les enfants arriérés tireraient le plus grand profit de ce traitement. Et pourquoi ne pas leur distribuer des extraits de glandes internes, comme on le fait en Hongrie pour les crétins dont le nombre va en diminuant? Mais, pour qu'un traitement soit profitable, il faudrait remplacer au plus tôt les classes de perfectionnement par des *Écoles autonomes* avec système d'internat, comme le prévoyait la loi de 1909.

Ces écoles autonomes auraient d'abord l'avantage de retirer ces enfants, esprits faibles, du milieu familial. Les parents de ces sujets, étant habituellement anormaux eux-mêmes, ne possèdent pas l'esprit de suite et de justice nécessaire pour élever des enfants et les exemples qu'ils peuvent donner sont souvent le contraire de ce que l'école apprend avec tant de peine. Ces écoles auraient l'immense avantage de pouvoir grouper toute une série d'anormaux et, de ce fait, on pourrait peut-être créer des classes de 10 à 15 élèves pour lesquelles l'*enseignement collectif*, excellent pour l'émulation, serait possible, alors que, dans les classes de perfectionnement, les leçons sont presque individuelles, tant les types d'arriérés sont variés.

Enfin, elles permettraient d'avoir constamment ces enfants sous la main et de leur donner les soins médicaux que nécessite chaque cas en particulier. Ces soins médicaux consistent en absorption de sels minéraux : chaux, phosphates, potasse, soude, manganèse, etc., en administration d'extraits de glandes internes, en frictions, massage, gymnastique rythmée et respiratoire, pratiques hydrothérapiques, etc. En un mot, il serait nécessaire qu'un médecin soit à la tête de ces écoles comme dans les autres pays où elles existent déjà. Ce médecin serait assisté d'un oculiste et d'un spécialiste pour le nez, la gorge et les oreilles, car un enseignement ne peut être efficace que lorsque les troubles oculaires sont corrigés et les végétations adénoïdes opérées ! L'école autonome serait pourvue d'un laboratoire pour les analyses et d'un service d'électricité (radiographie).

Il faut que l'instituteur comprenne que le rôle du médecin est capital dans l'éducation d'un sujet en état de croissance, car l'évolution corporelle nécessite une surveillance aussi importante que l'évolution intellectuelle !

On a multiplié les examens médicaux pour les enfants normaux. On a créé à Bordeaux l'inspection orthopédique pour prévenir les malformations squelettiques des écoliers, on a augmenté le nombre des médecins des écoles, et dans toutes ces améliorations les enfants anormaux ont été oubliés. Si l'on s'en tient au terme de l'article 11 de la loi de 1909, on verra que les arriérés auront au moins une inspection médicale tous les *six mois!* C'est peu. Il est donc indispensable de créer au plus tôt des Écoles autonomes, et en attendant leur ouverture prochaine, *d'instituer un corps régulier de médecins-inspecteurs pour les anormaux*, comme il fonctionne à Lyon, qui feront des visites *fréquentes* dans les écoles déjà existantes.

L'œuvre de ces médecins pour être utile ne devrait pas se borner à quelques conseils. Elle consistera surtout à instituer une thérapeutique, un traitement médical en rapport avec chaque cas d'anomalie. Le rôle de l'instituteur ne serait en rien amoindri, sa tâche ne serait que facilitée et les résultats de son enseignement seraient assurément meilleurs. Mais, si l'on voulait faire une œuvre plus complète, il ne faudrait pas attendre que l'arriéré soit en âge d'être éduqué pour qu'on s'occupe de lui.

Les arriérés, qualifiés de scolaires ou de pédagogiques, ne représentent qu'une partie des anormaux; aussi faudrait-il que, dès la plus tendre enfance, dès que le diagnostic d'arriération est posé, traiter comme il convient chaque sujet dont l'évolution semble entravée ou pervertie. Tout enfant dont la marche, la dentition, la parole, les habitudes de propreté sont retardées est un *suspect* qu'on doit mettre en observation. Si cette mise en observation est possible dans les milieux aisés, il n'en est pas de même dans les classes pauvres.

Aussi doit-on vulgariser l'enseignement de la Puériculture et fonder des *Instituts* dans lesquels seraient *groupés les arriérés de tous âges* et qui comprendraient :

1° Un service d'observation;
2° Une crèche;
3° Une garderie-asile;
4° Une école autonome.

Ces Instituts, en plus de l'intérêt scientifique qu'ils présenteraient, puisqu'ils constitueraient de véritables centres d'étude, auraient l'avantage de séparer les enfants anormaux, dont nombreux ne sont pas des aliénés, des fous avec lesquels on les interne souvent, surtout en province. D'autre part, ils permettraient de traiter de bonne heure ces malades pour lesquels le pronostic est d'autant meilleur que la cure a été plus précoce. Et nous avons la conviction que, si la direction de ces Instituts était donnée à des gens de cœur, on pourrait modifier, améliorer, sinon guérir nombreux de ces enfants anormaux dont le chiffre des connus dépasse 140 000 en France ! Et les inconnus, combien sont-ils ?

M. LE PROFESSEUR RAPHAEL DUBOIS.
(Lyon).

L'ENSEIGNEMENT DE L'HISTOIRE.

---

5 *Août.*

9 (07)

Mon fils avait 10 ans lorsque je le surpris en train de lire un journal qui, comme la plupart des autres, était rempli des exploits de MM. les cambrioleurs, apaches, criminels de toutes sortes. Je lui expliquai que ces lectures étaient mauvaises, dangereuses et il me répondit : « Alors, papa, je n'apprendrai plus l'histoire, car on n'y raconte que des crimes et des batailles ». En réalité, l'enfant avait raison : c'est l'homicide en gros et en détail qui s'étale à toutes les pages. Au point de vue psychologique, il faudrait s'appliquer surtout à faire ressortir, avant tout, ce que l'humanité présente de beau, de juste, de grand, de moral en un mot. Il ne faudrait pas non plus enseigner des erreurs comme celles de l'histoire sainte : que le maître qui vient d'expliquer que le soleil est immobile, fût dans la classe suivante forcé de dire que Josué l'a arrêté; que Jonas a pu vivre plusieurs jours dans le ventre d'une baleine, après une leçon sur la respiration ou l'hygiène ! etc. Tout cela porte une grave atteinte à la morale, à l'intelligence, au jugement de l'enfant.

En général, les livres d'histoire ont un caractère trop abstrait : l'abus des dates est encore beaucoup trop grand. Pour instruire l'enfant, il faut l'amuser. Il ne faut pas lui faire apprendre l'histoire, mais lui raconter des histoires et les lui faire rapporter sous forme de narration.

On a multiplié avec raison les images, mais ce qui est immobile intéresse beaucoup moins que ce qui remue. Si vous contemplez un paysage immobile, mais au sein duquel quelque chose, si peu que ce soit, se met à s'agiter, c'est ce quelque chose qui, aussitôt, attire l'attention. Les images en noir sont moins attractives pour l'enfant que les images coloriées. Il faudrait joindre la couleur au mouvement, c'est-à-dire se rapprocher autant que possible de la réalité.

Le cinématographe peut rendre de très grands services à ce point de vue; on en fait à très bon marché aujourd'hui et les films pourraient circuler d'une école dans une autre. Il faudrait aussi fonder des établissements spéciaux dans les centres assez importants auxquels les maîtres pourraient conduire leurs écoliers. Il faut s'attacher au côté anecdotique, amuser l'enfant, je le répète.

Je ne dis pas qu'il faille lui cacher tous les crimes politiques ou sociaux, tels que l'assassinat d'Henri III, d'Henri IV, les tueries comme celle de la Saint-Barthélemy. Il faudrait, au contraire, les reproduire dans toute leur horreur pour apprendre à l'enfant à quels actes horribles peut conduire le fanatisme qui a engendré les plus grands crimes dont l'Humanité ait eu à souffrir et qui est encore à l'heure actuelle la plus hideuse de nos plaies sociales. Mais n'abusons pas des histoires criminelles et des récits sanglants si nous ne voulons pas voir croître encore le mépris de la vie humaine et la criminalité.

<hr>

M. C. CHABOT,

Professeur à la Faculté des Lettres (Lyon).

<hr>

POUR L'ÉDUCATION PHYSIQUE.

<hr>

371.73

5 *Août.*

Sur l'éducation physique, il semble que la science soit fixée, et même une doctrine officielle, que traduisent avec précision les programmes de notre enseignement public, avec éloquence les discours ou circulaires qui les commentent. Sans doute, les techniciens ne sont pas toujours d'accord sur la valeur de tels ou tels exercices, suédois ou autres; mais, sur l'essentiel, sur le principe, il paraît bien que tous s'entendent, et qu'il n'y ait pas de problème à soumettre à un Congrès d'hommes de science.

Il ne nous manque qu'une chose, c'est d'appliquer la science que nous avons; et c'est beaucoup; pour mieux dire, c'est tout quand il s'agit de l'éducation, qui est tout entière dans l'application. Qu'importe ici la science si les enfants n'en ont pas le bénéfice? Et puisque les Congrès de l'Association française pour l'Avancement des Sciences font une place de plus en plus grande à la pédagogie, ce problème pratique ne paraîtra sans doute pas ici manquer d'importance. L'Association peut faire beaucoup pour le résoudre.

Du reste, il y a bien, là aussi, un objet d'enquête scientifique; et il y a lieu de rechercher : 1° pourquoi une idée si claire et si juste est comme impuissante à sortir de la théorie; 2° comment et par quelle méthode on pourrait vaincre les obstacles qu'elle rencontre.

C'est un fait, un grand fait pédagogique, scolaire en particulier, et par conséquent social : l'éducation physique n'existe pas. Sans doute, il ne s'agit pas de méconnaître le mouvement considérable qui s'affirme depuis quelques années et qui a développé la gymnastique, surtout les sports, et la préparation au service militaire. C'est à l'initiative privée qu'en revient le premier mérite; mais l'action publique l'a encouragée, soutenue, récompensée. Et c'est une œuvre capitale qui nous donne aujourd'hui de belles espérances. Les sports et l'entraînement militaire régénèrent notre race, la sauveront peut-être. Mais elle a besoin d'être sauvée et régénérée. Et cela est grave. Ce qui l'est aussi, c'est que l'école, particulièrement l'école publique, ne s'en inquiète guère autrement qu'en paroles. Nous ne sommes, à ce point de vue, pas plus avancés qu'au temps où Duruy protestait déjà en éloquentes et impérieuses circulaires. On a beaucoup fait pour l'hygiène, et le progrès est remarquable. Mais si l'on distingue de l'hygiène ou dans l'hygiène même l'éducation physique, celle qui fait agir les enfants et met les muscles en mouvement, il faut reconnaître qu'elle est à peu près nulle. Et nous sommes en train de renverser l'ordre normal des choses. Nous réclamons et réalisons progressivement une installation plus hygiénique et des soins plus minutieux pour les enfants affaiblis et en péril. C'est fort bien. Mais il faudrait avant tout songer à les fortifier pour n'être pas obligé de les tant soigner et de les mettre dans du coton. Les médecins imposent à l'opinion le traitement des infirmes et des malades; on organise petit à petit l'inspection médicale ou même, comme à Bordeaux, l'inspection orthopédique. A merveille. Mais, pourquoi attendre d'avoir à soigner, guérir ou redresser? Pourquoi ne pas d'abord garantir ceux qui sont sains des périls de l'école elle-même? Ce serait malgré tout moins cher et plus profitable. Et quelle difficulté nous arrête ! C'est peut-être la seule réforme qui trouve d'accord toutes les doctrines. Car, si chacun peut avoir des raisons différentes de la réclamer, tous conviennent qu'elle est nécessaire; les plus idéalistes en sont souvent les plus décidés partisans. Que manque-t-il donc? Trois choses, qu'il faut travailler méthodiquement à obtenir : *du temps, de l'espace, de la bonne volonté.*

Du temps. — C'est d'abord l'éternelle question de l'allégement des programmes qui se pose. Et il faut qu'elle soit posée hors de l'Université. Car ce n'est pas du dedans que viendra la réforme : cela est impossible. Il est impossible que des professeurs votent une réduction sérieuse de l'enseignement. Les derniers efforts officiels aboutissent à sacrifier une ou deux demi-heures : par jour? non, par semaine. Il faut que l'opinion impose une limitation des heures de classe et d'étude à la mesure d'un travail, aussi intense qu'on voudra, mais raisonnable. Mais ce ne serait rien, ou même cela serait funeste, si l'on ne devait pas employer le loisir ainsi gagné d'abord à l'éducation physique.

De l'espace. — Il en manque dans la plupart des écoles. Il y en a qui n'ont pas de cour de récréation, pas de préau; il n'y a presque nulle part de terrain de jeux. Et il ne faut pas songer à en obtenir partout. Mais déjà il est possible d'obtenir, comme à l'étranger, comme en Angleterre, par exemple, des terrains autour des villes et d'y conduire les enfants. En vérité, la question ne se pose que pour les villes. Mais elle ne s'impose pas comme il faudrait à l'attention des municipalités et de l'État.

De la bonne volonté. — Si l'on en avait assez, tout le reste viendrait du jour au lendemain. Pourquoi manque-t-elle à l'école? Certes, ce n'est faute ni de savoir, ni d'idées théoriques. Mais des habitudes sont prises chez nous qu'il est difficile de vaincre : 1º nous n'attachons guère de prix qu'à l'instruction; la vie moderne ne réclame-t-elle pas une instruction de plus en plus étendue, à laquelle ne suffit déjà pas la scolarité prolongée jusqu'à la fin de l'adolescence? 2º il est beaucoup plus aisé de garder les enfants en classe ou en étude, avec l'obligation du silence et du travail, que de diriger, entraîner ou simplement surveiller leurs jeux. Et l'on redoute la responsabilité des accidents; cela s'explique. Enfin, le personnel manque; mais là n'est pas l'essentiel. Car les professeurs de gymnastique sont de mieux en mieux formés et enseigneraient fort bien la gymnastique si on leur en donnait le temps. Il resterait seulement à en augmenter le nombre, et à former des maîtres qui s'intéresseraient aux jeux et sauraient les organiser.

Décider par une vigoureuse propagande ce zèle des bonnes volontés, voilà la tâche essentielle. Des ligues diverses s'y appliquent, et leur action sera efficace. L'initiative la plus intéressante est celle des petits éclaireurs ou boy-scouts. Mais nous sommes loin du but. Et il faut appeler à l'aide tous ceux qui sont effrayés de la crise de notre race, où la vie faiblit et se décourage de se reproduire.

Dans cette grande entreprise, l'école devrait être au premier rang et conduire le mouvement. Faut-il dire avec les esprits chagrins que si l'on fait quelque chose, c'est malgré elle? Il serait déjà déplorable que ce fût sans elle.

Pour entraîner l'opinion, rien ne serait plus précieux que l'autorité de l'Association française. Et la Section de Pédagogie ne refusera pas sans doute de proposer au vote du Congrès un vœu réclamant une organisation efficace de l'éducation physique dans les écoles de tous les degrés et surtout dans les écoles urbaines.

M. DESNOYERS,

Professeur (Paris).

L'ÉCRITURE DROITE.

---

5 *Août.*

372.51 : 613

Cette question intéresse au plus haut degré la santé des enfants : l'écriture droite inflige aux enfants des attitudes vicieuses et cependant elle est en usage dans les écoles de l'État, malgré les protestations de tous les médecins qui ont étudié sérieusement la question.

Ce n'est pas la première fois que dans nos Congrès on a fait entendre les mêmes protestations. On sait quelle guerre acharnée, d'accord avec les hygiénistes, j'ai livré à l'écriture droite puisque, d'après les études expérimentales des médecins les plus compétents, elle occasionne fatalement des déviations vertébrales et une fatigue musculaire qui peut dégénérer en crampe. Les Pouvoirs publics ont été saisis à plusieurs reprises du danger qu'elle faisait courir aux enfants, et il n'a été rien fait pour écarter ce danger.

Dire que les efforts qui ont été faits contre l'écriture droite ont été nuls, ce ne serait pas exact. Le mouvement en faveur de cette écriture a été enrayé dans certaines villes d'Amérique, d'Angleterre, de Belgique et de Suisse. En France, presque tout l'enseignement libre et quelques écoles communales ont profité de nos sages avertissements; mais dans la plupart de nos écoles publiques et dans les classes primaires des lycées, on y enseigne encore cette écriture droite dont le commerce ne veut pas à cause de sa lenteur.

Nos efforts ont donné des résultats, ce qui justifie le proverbe qui dit « qu'à force de frapper sur la tête du clou, on doit finir par le faire pénétrer». Je dois avouer que notre clou, en la circonstance, a rencontré un terrain d'une résistance incroyable. Même la pression faite près des deux Ministres de l'Instruction publique qui viennent de se succéder, par des parlementaires appartenant au corps médical du Sénat, n'a pu avoir raison de l'inertie gouvernementale.

Je propose, en conséquence, pour frapper peut-être le dernier coup qui donnera le succès, d'émettre un vœu qui serait celui de l'Association et non celui de notre Section, puisqu'elle l'a formulé, il y a 2 ans, à Toulouse.

Ce vœu serait celui-ci : *Après les études expérimentales faites par les hygiénistes sur l'écriture droite et sur l'écriture penchée et très défavorables à l'écriture droite, l'Association française pour l'Avancement des Sciences, pour donner plus de force au vœu de section formulé au Congrès de Toulouse, émet le vœu que l'écriture droite ne soit pas l'écriture habituelle des enfants.*

HYGIÈNE ET MÉDECINE PUBLIQUE.

M. H. DE MONTRICHER,

(Marseille.)

ALLOCUTION DU PRÉSIDENT.

614 (o62

1ᵉʳ Août.

Je veux tout d'abord m'acquitter d'une dette de reconnaissance envers les membres de notre Association qui, au Congrès de Dijon, m'ont fait l'honneur de m'appeler à présider la Section d'Hygiène et de Médecine publique, et parmi eux je salue avec la plus grande déférence mon très éminent prédécesseur, M. le professeur Courmont, qui a bien voulu prendre l'initiative de ma candidature.

Courmont, par sa science profonde, par son labeur infatigable, a largement contribué aux progrès de la Science de l'Hygiène, et notamment de l'Hygiène urbaine, et c'est un peu en m'inspirant de ses travaux que j'ai rédigé le programme de notre Section.

L'Hygiène tient à la Médecine, aux Sciences naturelles et aux Sciences économiques. Aussi, ses applications sont diverses et nombreuses. Il suffit de jeter un coup d'œil sur les programmes des Congrès internationaux d'Hygiène pour juger de l'étendue et de la variété de son domaine : Hygiène urbaine, rurale, alimentaire, industrielle, infantile, militaire, navale.

Il a fallu nous borner, mais le programme de nos travaux n'en est pas moins important, et pour l'illustrer, pour compléter nos discussions par de véritables leçons de choses, le comité local a bien voulu, à mon instigation, organiser une Exposition d'Hygiène annexe de la Section. Le titre de cette exposition en indique le but et la portée, urbaine, rurale et sociale. Elle comprend les éléments indispensables au développement normal de la vie matérielle et morale de l'homme dans les diverses conditions qu'il tient des hommes et des choses qui l'entourent.

Elle a enfin une importance sociale dont les répercussions sont indéfinies, car dans aucun autre domaine le fait social de notre dépen ance mutuelle ne se manifeste avec plus d'évidence.

M. Paul RAZOUS,

Lauréat de l'Institut, Commissaire-Contrôleur au Ministère du Travail (Paris).

LA COLLECTE ET LE TRAITEMENT DES ORDURES MÉNAGÈRES.

628.49

6 *Août.*

Dans un Ouvrage publié en 1911, j'ai développé les questions de *collecte, transport et traitement des déchets urbains.* J'avais d'ailleurs au préalable traité ce sujet dans une Communication faite en 1909 à Lille, au 38e Congrès de l'Association française pour l'Avancement des Sciences. Aussi, dans ce rapport, je me bornerai à signaler rapidement les diverses solutions proposées ou réalisées jusqu'à ce jour et à indiquer les moyens qui semblent à même de donner satisfaction à l'hygiène, tout en n'occasionnant pas des dépenses exagérées.

La collecte telle qu'elle est faite actuellement dans la plupart des villes, c'est-à-dire en vidant les boîtes à ordures dans des voitures qui parcourent les rues, présente plusieurs inconvénients, résultant surtout de la tolérance du chiffonnage, de l'emploi de récipients non fermés, de l'utilisation pour le transport de voitures étanches et à marche trop lente.

Le chiffonnage dans les cours des habitations ou sur les bordures des voies publiques devrait être rigoureusement interdit. Il en résulterait un sérieux progrès au point de vue hygiénique et une économie de temps et de personnel par suite de la suppression du balayage des ordures renversées hors des boîtes. L'emploi des récipients munis d'un couvercle constituerait une charge assez faible pour chaque propriétaire et mettrait à l'abri des mauvaises odeurs l'intérieur des maisons d'habitation comme la voie publique.

Dans les maisons à plusieurs locataires, il y aurait deux types de récipients: le type de grandeur variable ou boîte particulière pour chaque appartement et le type de dimension uniforme, mais beaucoup plus grand que le premier type, dans lequel les locataires videraient leurs boîtes particulières.

Chaque maison aurait, suivant son importance, un ou plusieurs exemplaires du second type. Ces récipients munis d'un couvercle seraient chargés sur des camions automobiles destinés à transporter rapidement les ordures au point d'utilisation et de traitement. En même temps que le camion chargerait les récipients pleins, il laisserait des récipients vides en nombre égal qui, la veille, avaient été emportés pleins. Pour la commodité du chargement les camions automobiles seraient très bas et auraient la forme de deux casiers de bureau appliqués l'un contre l'autre et faisant chacun face à un côté de rue; le jeu de récipients vidés serait placé dans les diverses cases et remplacé au passage des camions devant les diverses maisons par les récipients pleins.

La collecte et le transport étant ainsi réalisés, il y a lieu de procéder à un examen critique des divers modes de traitement et à conclure en faveur des systèmes les moins insalubres et les moins onéreux.

M. de Montricher a consacré à la question d'utilisation agricole des gadoués de Marseille dans les plaines de la Crau une intéressante étude, publiée dans les

Comptes rendus de la 30° Session de l'Association française pour l'Avancement des Sciences. Il établit notamment que l'emploi de la gadoue comme fumure comporte une application de 20 à 25 tonnes par hectare, mais alternée par intervalles de deux à trois années avec d'autres engrais organiques et minéraux. Il en a déduit qu'à raison d'un contingent annuel de 8 tonnes de gadoues par hectare cultivable (contingent fourni par les statistiques de la ville de Paris), il faudrait une surface d'utilisation équivalente à huit fois celle de l'agglomération, soit une ceinture de terrain d'une largeur moyenne égale au diamètre de l'agglomération.

Pour une fumure annuelle de 32 tonnes, correspondant à une fumure normale dans le Midi en terrain pierreux et pauvre, la surface d'utilisation devrait être simplement double de celle de l'agglomération et constituer une bande périphérique d'une largeur moyenne sensiblement équivalente au tiers du diamètre de l'agglomération.

Malheureusement les gadoues brutes, dites *gadoues vertes*, telles qu'elles sortent des tombereaux des rondiers, renferment des boîtes de fer-blanc, des débris de vaisselle, des tessons de bouteilles, qui sont une cause de difficultés, et même de dangers, pour les ouvriers et animaux employés aux travaux du sol.

Aussi les agriculteurs refusent de recevoir sur leur terrain les gadoues dont il s'agit, d'autant plus, comme l'a fait remarquer avec beaucoup de justesse le Dr Henri Henrot, ancien maire de Reims, que la concurrence dans cette ville, comme d'ailleurs dans les autres, pour les engrais chimiques est très grande. Pour éviter ou tout au moins diminuer les refus des propriétaires, on a essayé de réaliser l'emploi agricole après enlèvement des produits inertes ou nuisibles.

Dans un intéressant Rapport au Congrès de l'Association française pour l'Avancement des Sciences tenu à Lille en 1909, M. le Dr Pottevin signale que dans un certain nombre de villes d'Europe, Munich, Amsterdam, la totalité des ordures est soumise à un triage méthodique par des ouvriers : les matières ayant une valeur marchande sont livrées à l'industrie; le reste est utilisé soit comme remblai, soit comme engrais.

L'opération est rémunératrice, mais elle paraît devoir entraîner, pour le personnel, des inconvénients tels qu'un hygiéniste ne saurait la considérer qu'avec la plus grande défiance. La loi française a très sagement réglomenté le travail dans les blanchisseries, où les ouvriers sont exposés à absorber les germes infectieux contenus dans les poussières qui se produisent au moment du triage des linges. Combien ces prescriptions auraient raison d'être plus sévères en ce qui concerne les triages d'ordures !

Une amélioration certaine serait réalisée par l'adoption de procédés de triage effectuant l'opération automatiquement. Et, sur ce point, il y a lieu de signaler le trieur séparateur hydraulique décrit par M. Bonvillain au premier Congrès d'assainissement et de salubrité tenu à Paris en 1895.

Le fonctionnement de cet appareil est basé sur la différence de densité des divers éléments composant les ordures ménagères; toutes les matières végétales sont de moindre densité que l'eau, à l'exception de certaines plantes légumineuses avariées et des épluchures de pommes de terre et de fruits qui, jetées dans l'eau, n'y surnagent pas; les os eux-mêmes et les matières animales surnagent; toutes les matières inertes, au contraire, sont plus denses et s'y enfoncent.

Si donc, dans une cuve pleine d'eau, on jette pêle-mêle les détritus tels qu'ils sont amenés, les matières végétales et animales, c'est-à-dire presque toutes les matières fertilisantes, restent à la surface, où elles peuvent facilement être recueillies avec un râteau, tandis que les matières inertes et les cendres mélangées de toutes les épluchures et de quelques légumes s'enfoncent, plus ou moins rapidement, suivant leurs densités.

Si maintenant, à mi-profondeur de la cuve, on a eu soin de disposer une toile métallique à mailles convenables, occupant toute la section, les cendres seules et les poussières en suspension pourront la traverser pour aller se déposer au fond, tandis que les matières inertes et les matières végétales plus denses que l'eau resteront sur la toile.

On aura ainsi, et sans travail, séparé les ordures en trois éléments bien distincts. :

1° Matières végétales et matières animales;

2° Matières inertes et matières végétales plus denses que l'eau;

3° Cendres et poussières.

Pour récupérer les matières végétales plus denses que l'eau et qui représentent encore un élément très important des gadoues, M. Bonvillain avait imaginé de précipiter ces matières mélangées aux matières inertes dans un courant d'eau ascendant où les premières, plus légères, sont facilement emportées par le courant, pendant que les autres s'enfoncent.

Le trieur séparateur de M. Bonvillain avait été étudié de façon à rendre continues les diverses opérations ci-dessus et à permettre d'enlever, au fur et à mesure de leur séparation, les matières flottantes d'une part, les matières végétales plus denses et les matières inertes d'une autre, et enfin les cendres de façon à laisser constamment libre la masse d'eau pour recevoir d'autres matières.

Les ordures ménagères desquelles les cendres d'une part, et les papiers, déchets de bois et cuirs, vaisselle cassée, balayures, chiffons, vieux métaux d'autre part, ont été séparés par triage préalable ou par triage après collecte, subissent dans plusieurs villes des États-Unis un traitement par la vapeur (procédés Arnold, Merz, Simonin, Beaston).

A cet effet, les épluchures de fruits et de légumes sont introduites avec les déchets de viande dans des autoclaves énormes ou digesteurs pouvant contenir 10 tonnes de matières; celles-ci y sont soumises pendant 8 heures environ à l'action de la vapeur sous une pression qui croît continuellement de 2 à 6 kg par centimètre carré. Après quoi, elles sont comprimées sous des presses hydrauliques, puis séchées, déchiquetées et tamisées dans des trommels chauffés soit au moyen d'air chaud, soit de vapeur; le produit pulvérulent, de couleur brun foncé, qui en sort est un engrais assez apprécié, imputrescible et de conservation pratiquement indéfinie; le refus, constitué surtout par des matières minérales et des os, est trié à nouveau pour que les os en soient séparés; il est utilisé comme matériaux de remblayage.

Le liquide qui s'écoule des presses circule dans des caisses à compartiments en chicane qui séparent la graisse; le liquide dégraissé est filtré et concentré par évaporation dans des appareils à multiple effet du genre de ceux qu'on emploie en sucrerie : le produit final est mélangé au premier engrais obtenu pour constituer un engrais plus riche que celui-ci. Les graisses sont vendues aux savonneries et aux stéarineries. Quelquefois, elles sont extraites plus complètement par un traitement à l'essence de pétrole. 100 kg d'épluchures de légumes et déchets de viande fournissent en moyenne, d'après une étude publiée dans la *Revue scientifique* du 7 novembre 1908, 3 kg de graisse, 9 kg d'engrais et 3 kg de matières minérales et os.

Au point de vue de l'hygiène, l'incinération constitue la meilleure de toutes les méthodes de traitement. Dans l'Ouvrage indiqué plus haut, j'ai mentionné les installations d'incinération des villes de Brünn, Kiel, Bruxelles et j'ai donné les descriptions des systèmes de fours et foyers utilisés habituellement (foyer Alexis Godillot, fours Meldrum, four Herbertz, four Horsfall). Parmi les diverses installations que j'ai étudiées, celles imaginées par la Société française des fours à coke et de matériel de mines paraissent intéressantes.

Il y a lieu de signaler, comme type particulier d'incinération, le type portatif système Rikett qu'une compagnie américaine a obtenu de faire circuler dans certains quartiers de New-York. Cet incinérateur est destiné à supprimer les transports de boîtes à ordures. Son emploi dans les écoles, les hôpitaux, les casernes est tout indiqué. On peut, d'ailleurs, l'y installer à poste fixe, ainsi que dans les gros pâtés de maisons qui, par le nombre de leurs locataires, constituent de véritables casernes.

L'appareil consiste en une sorte de moufle porté à très haute température par des brûleurs à essence ou à alcool. On charge les ordures par le haut et l'on enlève les cendres par le bas; la combustion est rapide, complète et sensiblement fumivore en raison de la chaleur intense développée.

Afin d'éviter les odeurs qui ne manquent pas de se dégager, les promoteurs conseillent l'application d'un ingénieux moyen qui consiste à raccorder la cheminée de l'appareil avec un orifice aboutissant dans une des cheminées de l'immeuble ou du pâté de maisons dans lequel l'*incinerator* vient faire sa besogne : les gaz et les fumées sont ainsi lancés à une grande hauteur.

L'incinération sur place a l'avantage d'éviter des transports coûteux, mais comme en général les incinérateurs portatifs ne seront pas à marche continue et que pour réaliser la combustion des ordures il faut au moment de l'allumage ajouter une certaine quantité de charbon, il y aura à faire entrer en sérieuse ligne de compte la dépense de charbon.

Le prix de revient de l'incinération varie d'un pays à l'autre, mais est toujours fort élevé. En France, surtout, les dépenses qu'occasionne ce mode de traitement sont considérables, ainsi que l'expliquait M. Herriot, maire de Lyon, aux conseillers municipaux de cette ville.

« Nous avons fait, leur disait-il, une expérience avec les ordures ménagères de notre ville, mais les immondices n'ont chez nous qu'un pouvoir combustible minime et leur mélange avec du charbon, pour rendre leur incinération possible, entraînerait une dépense très considérable.

» A Paris, les usines chargées de brûler les gadoues reçoivent de la ville une subvention de 2 fr par tonne incinérée, alors que la municipalité n'alloue comme indemnité, aux usines de broyage, qu'une somme de 0,36 fr par tonne ! Cette différence montre combien les ingénieurs estiment onéreux pour les concessionnaires le mode de traitement par combustion. »

Brûler les gadoues, c'est d'ailleurs anéantir une matière d'une réelle valeur que les engrais chimiques ne sauraient remplacer et qui n'est dédaignée que parce qu'elle est mal présentée. C'est ce qui explique pourquoi toutes les grandes sociétés d'agriculture et tous les syndicats importants s'élèvent contre l'incinération et demandent qu'on traite les ordures ménagères par un procédé qui permette de les utiliser comme engrais.

Mais il ne faut pas, d'autre part, perdre de vue que si les gadoues sont surtout composées de détritus organiques riches en principes fertilisants, on y trouve également une certaine quantité de matières, telles que les papiers, qui ne présentent aucun intérêt pour la culture et qui possèdent au contraire un pouvoir calorifique relativement élevé. Broyer la totalité des gadoues pour les enfouir dans les champs, c'est donc fatalement perdre toute une catégorie de substances qui pourraient être utilisées comme combustibles.

La méthode économique consiste, par suite, d'abord à retirer des ordures ménagères tout ce qui est particulièrement humide ou susceptible d'être employé comme engrais, puis à brûler le reste.

Il ne peut être contesté, à l'heure actuelle, que la destruction par le feu de la totalité des ordures ménagères soit le procédé de débarras pour les villes le plus conforme à la stricte hygiène.

Malheureusement, la combustion des ordures ménagères de certaines localités serait extrêmement difficile et très onéreuse. Aussi, le procédé de l'avenir paraît consister dans un triage préalable, automatique, basé sur les procédés physiques permettant la séparation des divers corps solides de densités différentes. Ce triage effectué en appareil clos, permettant la récupération des matières ayant quelque valeur, serait complété par l'incinération des autres matières.

J'avais pendant longtemps, avec beaucoup d'autres hygiénistes, estimé qu'en période d'épidémie les usines d'incinération devraient pouvoir brûler la totalité des ordures ménagères. Théoriquement et scientifiquement, cette conclusion est logique, mais, pratiquement, elle présente une difficulté provenant de la dépense énorme à laquelle conduirait l'agencement d'usines d'incinération dans les grandes villes. Aussi l'hygiéniste ne doit pas pousser aussi loin ses exigences et se contenter d'obtenir en temps d'épidémie, comme en temps ordinaire, l'incinération des matières non utilisables.

Quant aux matières utilisables dont la séparation d'avec l'ensemble des gadoues pourrait être réalisée soit par trieur hydraulique, soit par des courants d'air plus ou moins puissants projetés par des ventilateurs, il serait nécessaire en temps d'épidémie de les désinfecter pour leur enlever toute nocivité. Cette désinfection s'obtiendrait par l'application d'antiseptiques tant pour le lavage des boîtes à ordures que pour l'aseptisation du courant d'eau ou des courants d'air séparateurs.

Discussion : M. VAUDREY fait remarquer que cette Communication est plutôt un intéressant historique qui signale les lacunes actuelles, émet des desiderata, mais malheureusement n'indique pas de solution. A son avis, le choix du système, incinération totale ou traitement mixte par le broyage incinération, est surtout une question de lieu et d'espèce. S'il ne tient compte que de ses préférences, tout hygiéniste choisira l'incinération intégrale, alors que s'il se double d'un agriculteur, voire même amateur et d'un économiste d'un administrateur municipal, il ira vers le traitement simple. Ainsi, si les ordures proviennent de régions froides, houillères, comme le Nord, par exemple, les gadoues contenant surtout des cendres et suies de charbon, auront une grande puissance calorifique et une faible valeur comme engrais. Il en sera exactement le contraire dans le Midi. De cette considération importante, on doit donc tenir compte dans le choix du système, si l'on veut s'éviter des mécomptes dans les résultats ultérieurs de l'application.

Personnellement, en homme pratique, M. Vaudrey préfèrerait le traitement mixte qui donne toute satisfaction à l'agriculture, mais pour donner égale satisfaction à l'hygiène, il désirerait qu'aucune usine de broyage ne puisse être installée sans l'adjonction d'un dispositif stérilisateur, par la chaleur ou tout autre procédé sérieux, de la gadoue broyée dès sa production. Une telle installation existe déjà à Toulon où elle donne de bons résultats, une autre est en voie d'installation à Boulogne-sur-Mer. Aussi M. Vaudrey manifeste-t-il sa surprise de voir que malgré ces garanties que donne le progrès actuel à l'hygiène, on tolère encore aux environs de Paris, à Vitry et à Romainville, de véritables foyers d'infection comme les usines de broyage de ces localités qui traitent les ordures d'un certain nombre d'arrondissements de la capitale. La Section pourrait exprimer son désir de voir cesser au plus tôt un tel état de choses qui est des plus dangereux à la santé publique.

Voilà, dit M. Vaudrey, l'observation principale que je tenais à faire à la Communication de M. Razous, en ce qui concerne l'évacuation des ordures ménagères. Mais reprenant l'exposé du rapporteur, je tiens à faire reconnaître que malgré tous les efforts des hygiénistes, on n'a pu encore arriver à Paris à la suppression tant désirée du chiffonnage. Longtemps encore malheureusement, je le crains, les contingences politiques nous imposeront la tolérance de cette condamnable pratique. On avait bien essayé le chiffonnage à l'usine de Vitry, mais comme il fallait aux chiffonniers faire plusieurs kilomètres aller et retour pour exercer leur industrie, on n'a pu obtenir la généralisation de cette excellente mesure.

En ce qui concerne la collecte, il serait évidemment désirable que de la maison la poubelle soit installée sur le véhicule et emportée au lieu de traitement. Mais un simple examen pratique de la question montre que le service serait doublé (enlèvement et retour des boîtes, qu'il faudrait peut être avoir en double), qu'on transporterait chaque poids en poids mort et inutile de plusieurs centaines de kilos, ce qui serait très onéreux, trop onéreux.

Il apparaît donc qu'à l'heure actuelle le seul perfectionnement avantageux à réaliser est, en dehors de l'emploi dans les maisons de récipients hermétiques appropriés, l'utilisation de véhicules, à marche rapide, de camions automobiles, partout où cela est possible pour l'enlèvement immédiat et le transport au loin des ordures ménagères.

On a parlé aussi de la possibilité d'un triage rationnel des ordures dans les maisons, et de leur classement éventuel en trois catégories, par exemple, comme cela a été fait en Allemagne. Mais c'est mal connaître notre esprit insouciant et frondeur qui n'admettrait pas une contrainte que nos voisins caporalisés acceptent plus aisément. Puis il n'est pas bien démontré, en fin de compte, que cette méthode ait été suivie partout. Enfin, pour obtenir le concours indispensable du public, il faut faire son éducation hygiénique et personne ne me démentira lorsque j'affirmerai qu'il y a encore beaucoup à faire, dans cet ordre d'idées, en notre beau pays.

M. Razous, rapporteur, répond à M. Vaudray, que la solution à laquelle il est arrivé est parfaitement réalisable et qu'il espère une fois ses expériences complètement terminées apporter dans un prochain Congrès de l'Association des indications très précises sur les installations possibles et les dépenses qui en résulteraient pour les villes.

Vœu. — La Section d'Hygiène et de Médecine publiques émet le vœu que le chiffonnage dans les cours des maisons et les rues soit interdit. Elle estime que les procédés d'évacuation journalière et rapide ainsi que de traitement des ordures ménagères doivent varier avec les circonstances particulières. Elle considère qu'il y a lieu en certains cas de chercher à obtenir des Compagnies de Chemins de fer des tarifs municipaux avantageux -pour le transport des déchets urbains.

<hr>

M. LE Dr A. ROCHAIX,

Chef de travaux, chargé d'un cours complémentaire d'Hygiène
à la Faculté de Médecine (Lyon).

L'ÉPURATION DES EAUX DESTINÉES A L'ALIMENTATION PUBLIQUE.

2 *Août.*   663.63

Jusqu'à ces dernières années, les collectivités qui recherchaient un procédé pratique de purification de leurs eaux de boisson trouvaient suffisants ceux qui clarifiaient l'eau, la débarrassaient de la plupart de leurs germes et, d'une manière à peu près permanente, du colibacille. Aujourd'hui les hygiénistes se montrent plus exigeants. On cherche à obtenir et à ne lancer dans les canalisations du service privé que de l'eau parfaitement épurée, se rapprochant de la stérilisation absolue.

C'est ce principe qui a guidé la Commission nommée par le Conseil d'Hygiène publique et de Salubrité de la Seine en 1909 pour le choix des procédés de purification de l'eau de la Marne, destinée à parer à la pénurie trop fréquente des eaux de source qui alimentent Paris. C'est ce principe qui guide actuellement les Commissions de toutes les grandes villes qui ont à faire un choix dans les nombreux procédés d'épuration actuellement préconisés.

Ces procédés sont très nombreux. Il n'entre pas dans mes intentions de les passer tous en revue. Je me contenterai d'étudier rapidement les principaux, parmi les plus connus, les plus pratiques et les plus efficaces. Actuellement, pour la purification en grand de l'eau d'alimentation, on peut faire appel à la filtration, à la stérilisation par l'ozone ou à l'action bactéricide des rayons ultraviolets.

I. — FILTRES A SABLE.

Nous mettrons tout d'abord à part les *dégrossisseurs* (Puech, Maignen, etc.). Ce ne sont pas des appareils qui ont la prétention de fournir de l'eau potable. Comme leur nom l'indique, ce sont des appareils de *dégrossissage, de préfiltration.*

Cette préfiltration produit une épuration déjà appréciable, les expériences effectuées depuis longtemps déjà à l'Observatoire de Montsouris, en 1899, sur des dégrossisseurs Puech, montrent que ces appareils sont capables de donner un coefficient d'épuration bactérienne atteignant 80 %. A Nantes, Rappin a obtenu avec les mêmes dégrossisseurs un coefficient de 85 à 90 %.

Mais leur but essentiel est de débarrasser l'eau de ses impuretés physiques, de servir de préface, soit à la filtration proprement dite, soit aux autres procédés de stérilisation de l'eau. Réduits à ce rôle, ces appareils rendent les plus grands services.

Quant aux *filtres* proprement dits, on peut actuellement les diviser en trois catégories :

1º *Filtres à sable simples.*

Le type des filtres simples est classique. C'est le *filtre à sable lent* ou *anglais*, déjà employé en Angleterre depuis 1829, mais bien connu depuis sa mise en pratique à Hambourg, à la suite de l'épidémie de choléra de 1892, d'où le nom de *filtre de Hambourg*, qu'on lui donne encore quelquefois.

On sait que, dans ces appareils, la filtration se fait moins par le sable lui-même que par une mince membrane, dite *biologique*, constituée par un feutrage d'algues, de diatomées, etc., qui se forme au bout de quelques heures à la surface du sable.

La filtration est très lente. Chaque mètre carré de surface filtrante ne laisse pas passer plus de 3 m³ d'eau par jour.

Les résultats bactériologiques sont bons. A Hambourg, l'eau de l'Elbe, extrêmement polluée, ne renferme plus que 15 à 50 microbes par centimètre cube en moyenne.

Mais pour obtenir une semblable épuration bactérienne, il faut une surveillance très étroite. Les défauts de ces filtres sont d'ailleurs nombreux : installation exigeant beaucoup de surface; installation en plein air (influence de la température, gel, etc.); personnel d'entretien très coûteux (ingénieurs, chimistes, bactériologistes); nettoyage compliqué; débit lent; fragilité de la membrane biologique; amorçage lent (24 heures au plus).

En un mot, un filtre à sable lent exige une installation compliquée et coûteuse, dont seule une très grande ville peut s'offrir le luxe.

2º *Filtres à sable avec adjonction de coagulants ou d'antiseptiques.*

Le principe de ces filtres est de faire séjourner l'eau dans des bassins ou des récipients où la substance coagulante précipite les matières solides minérales, organiques ou vivantes. L'eau ainsi clarifiée, déjà purifiée, parfois même légèrement aseptisée par le pouvoir bactéricide de la substance ajoutée, est alors livrée au filtre à sable, qui ne constitue donc que la seconde série des appareils nécessaires à la purification de l'eau. L'excès de substance ajoutée se dépose rapidement à la surface du sable, forme une membrane chimique, qui rend la filtration plus parfaite.

Les plus connus, parmi ces filtres, sont :

A. *Filtres-américains.* — Ces filtres ont vu le jour en Amérique, où la nature limoneuse de beaucoup de fleuves a fait plus spécialement rechercher un moyen de clarifier l'eau avant de la filtrer.

Le coagulant est ici le *sulfate d'alumine* qu'on ajoute à l'eau dans la proportion de 22 g par mètre cube (Bitter). La durée de contact doit être de 6 heures environ.

Le débit est plus considérable que celui des filtres anglais, il atteint 120 m³ par mètre carré de surface filtrante et par 24 heures.

L'épuration bactérienne est considérable. D'après Bitter, qui s'est livré à une étude très complète de ces filtres, la réduction bactérienne est en moyenne de $\frac{1}{1000}$ à la fin de la première heure et les bactéries aquatiles qui subsistent ne dépassent pas 50 par centimètre cube.

Au point de vue chimique, l'acide sulfurique provenant de la décomposition du sulfate d'alumine se combine avec la chaux, quand elle existe, forme du sulfate de chaux, ce qui augmente légèrement la dureté de l'eau.

Le *nettoyage* est très simplifié dans le système américain; il ne nécessite que 5 à 10 *minutes*. Le colmatage nécessaire au bon fonctionnement de l'appareil est obtenu 30 à 40 *minutes* après le nettoyage, lequel ne demande qu'un personnel très restreint et *sans éducation spéciale*. Le nettoyage doit se faire toutes les 24 *heures*.

Le mécanisme du filtre américain est très simple et se prête soit à la filtration des eaux d'un immeuble (13 m³ par jour), soit à la filtration d'une très grande ville.

B. *Filtres au ferro-chlore*. — Ce sont des filtres où la substance préalablement mélangée à l'eau a été choisie pour être à la fois coagulante et antiseptique. Le procédé consiste à traiter les eaux par le produit de la réaction (ferro-chlore) qui s'établit lorsqu'on met en présence deux solutions diluées, d'une part d'hypochlorite de chaux ou de soude et d'autre part d'un sel ferrique.

Par son débit considérable (80 m³ à 180 m³ par mètre carré de surface filtrante et par 24 heures), le filtre, système Duyk-Howatson, rentre dans la catégorie des filtres rapides.

Les résultats bactériologiques sont excellents. MM. Miquel et Albert Lévy, dans l'installation de Howatson à Montsouris, ont obtenu une réduction microbienne presque complète :

NATURE de l'eau.	DOSE des réactifs.		NOMBRE DE GERMES par centimètre cube.			ESPÈCES IMPORTANTES.		
	Hypochlorure de chaux.	Perchlorure de fer.	Avant l'appareil.	Après l'appareil.	Après le réservoir.	Avant l'appareil.	Après l'appareil.	Après le réservoir.
Seine..........	5ᵍ	30ᵍ	1869	moins de 1	moins de 1	coli	pas de coli	pas de coli
Seine..........	4	20	1428	4	4	id.	id.	id.
Seine..........	3	15	2120	10	88	id.	id.	id.
Eau de source.	1	10	260	stérile	stérile	id.	id.	id.
Eau de source.	0,75	10	195	moins de 1	moins de 1	id.	id.	id.
Eau de source.	0,50	8	250	13	67	id.	id.	id.

A Lectoure, M. Bonjean a obtenu les résultats suivants : l'eau renfermant 21 000 germes au centimètre cube ne renferme plus, 21 jours après l'ensemencement, que 16 germes au centimètre cube, et l'on n'y trouve que des germes inoffensifs, sans aucun coli.

Au point de vue chimique, on trouve dans l'eau épurée par ce procédé de l'oxygène dissous en plus grande quantité, ce qui est un résultat favorable et d'ailleurs prévu. Quant au fer et au chlore, on n'en trouve que des traces infinitésimales.

Les filtres au ferro-chlore donnent donc d'excellents résultats, tant au point de vue chimique que bactériologique. Le débit est considérable. Le mécanisme en est simple et ne nécessite pas de personnel suffisamment éduqué.

Actuellement, les villes de Lectoure (Gers), de Middelkerke (Belgique), de L'Arbresle (Rhône), etc., utilisent ces filtres avec satisfaction.

C. *Filtres au fer.* — On met en contact du fer (2,50 g à 3 g par mètre cube), avec l'eau à épurer dans de grands cylindres appelés *revolvers*, animés d'un mouvement de rotation. La durée de ce contact est d'environ 3 minutes et demie.

Le fer, malgré la faible quantité dissoute dans l'eau, agit comme coagulant : on constate, en effet, une diminution des matières organiques dissoutes, dès le séjour de l'eau dans le revolver; il se produit un feutrage, formé en grande partie de ces sels de fer gélatineux, dans les couches les plus superficielles du filtre (la teinte du sable montre nettement ce dépôt de fer sur les filtres).

Le personnel nécessaire à l'entretien est très réduit : il est de 8 hommes ou de 10 au maximum pour des installations de 50 000 m³ à 60 000 m³ par jour.

Au point de vue du *débit*, ces filtres donnent plus de 4 m³ d'eau épurée par mètre carré. A Villefranche-sur-Mer, on atteint couramment 7 m³ à 8 m³.

Les *résultats bactériologiques* sont médiocres. A Choisy-le-Roi par exemple, d'après les chiffres du *Bulletin municipal officiel* de la ville de Paris, en 1904, on a trouvé dans l'eau sortant de ces filtres un chiffre de bactéries variant de 100 à 2600 microbes au centimètre cube.

Les *résultats chimiques* sont excellents. L'azote nitreux, nitrique et ammoniacal est toujours réduit à zéro ou à des traces absolument négligeables.

Ces filtres, en somme, sont inférieurs aux précédents.

3° *Filtres à sable non submergés.*

Les filtres à sable non submergés s'opposent nettement aux précédents par ce fait que le sable n'est à aucun moment recouvert par l'eau; l'eau coule goutte à goutte sur le sable sans jamais le submerger, sans jamais le recouvrir, s'écoulant à son travers aussi vite qu'elle y arrive. La couche supérieure du sable est toujours à l'air. Supposons une pluie fine arrosant un terrain sablonneux qui absorberait à mesure l'eau tombée, nous aurons le schéma du filtre non submergé.

L'oxydation peut se faire d'une façon intense. En outre, l'absence de pression évite le cheminement de l'eau entre le sable et les parois du filtre, eau qui, dans les filtres submergés, passe non filtrée.

Ces filtres, construits par Miquel et Mouchet sur ces principes posés par Janet dès 1901, ont été établis dans un certain nombre de villes, à Châteaudun, à Rouen, à Alger, à Laghouat, à Oudjda, etc.

Le *débit* est comparable à celui des filtres submergés. A Rouen, il est de 4 m³ à 5 m³ d'eau par mètre carré.

Les résultats *bactériologiques* sont excellents, comme le démontrent les Tableaux ci-dessous :

RÉSUMÉ des recherches bactériologiques faites du 21 novembre 1905 au 15 mai 1906 par le Laboratoire du Conseil supérieur d'hygiène de France (Dr G. Pouchet, directeur). — Filtre d'expérience de 16 m² en sable fin de Fontainebleau, débit 2,5 m³ par mètre carré et par 24 heures.

DATES des prélèvements.	EAU BRUTE.		EAU FILTRÉE.	
	Nombre de germes par centimètre cube.	Recherches sur 110 cm³ des espèces suspectes.	Nombre de germes par c. cube.	Recherche sur 110 cm³ des espèces suspectes.
21 nov. 1905..	1498	Bact. putrides, Colibac.	4	Néant
27 nov. 1905..	1918	id.	6	id.
14 janv. 1906..	300	id.	3	id.
5 févr. 1906..	1130	id.	2	id.
12 févr. 1906..	970	id.	3	id.
19 févr. 1906..	1029	id.	4	id.
26 févr. 1906..	1481	id.	3	id.
5 mars 1906 .	1368	id.	5	id.
12 mars 1906..	601 + 330 moisiss.	id.	4	id.
19 mars 1906..	1137 + 710 moisiss.	id.	5	id.
26 mars 1906..	138 + 157 moisiss.	id.	2	id.
2 avril 1906..	293	Néant	4	id.
9 avril 1906..	413	id.	4	id.
18 avril 1906..	304 + 2100 moisiss.	id.	5	id.
24 avril 1906..	238	Colibacille	1	id.
1er mai 1906..	273	id.	2	id.
8 mai 1906..	356	id.	3	id.
15 mai 1906..	575	Bact. putrides, Colibac.	2	id.

En 1910, M Bonjean, dans son enquête effectuée à Marseille sur les installations d'essai d'épuration des eaux destinées à cette ville, indique la présence de 10 à 50 germes par centimètre cube, dans l'eau provenant de filtres à sable non submergé, installés par MM. Puech et Chabal.

Au point de vue *chimique*, l'eau subit des modifications notables. L'oxygène dissous est augmenté et, dans les eaux profondément contaminées, on note une diminution considérable de la matière organique et des chlorures, et la disparition des nitrites et de l'ammoniaque (Combaud).

Au point de vue *économique*, les frais d'entretien et de fonctionnement doivent être des plus minimes, bien que le manque de documents à ce sujet ne nous permette pas de citer de chiffres.

En somme, ces filtres sont très recommandables pour les faibles agglomérations où l'on ne peut disposer de capitaux suffisants pour assurer une surveillance et un entretien coûteux.

Résumé des recherches bactériologiques faites du 7 janvier au 9 avril 1907 par le Laboratoire de Bactériologie de la ville de Paris (Dʳ Miquel, directeur). — Filtre d'expérience de 16 m² en sable de la Loire tamisé à la maille de 1,5 mm, débit croissant de 2,5 m³ à 5 m³ par mètre carré et par 24 heures.

DATES des prélèvements.	EAU BRUTE.		EAU FILTRÉE.		DÉBIT du filtre par mètre carré et par 24 heures.
	Nombre de germes par cent. cube.	Recherche sur 80 cm³ du colibacille.	Nombre de germes par cent. cube.	Recherche sur 80 cm³ du colibacille.	
					m³
7 janv. 1907....	1065	Colibacille	37	Néant	2,500
15 janv. 1907....	5320	id.	40	id.	2,500
22 janv. 1907....	2355	id.	15	id.	2,500
29 janv. 1907....	1545	id.	8	id.	3
5 févr. 1907....	545	id.	3	id.	3,500
11 févr. 1907....	1064	id.	24	id	3,500
18 févr. 1907....	118	id.	6	id.	4
5 mars 1907....	415	id.	0	id.	4
12 mars 1907....	2770	id.	5	id.	4
19 mars 1907....	565	id.	3	id.	4,500
26 mars 1907....	1875	id.	2	id.	4,500
3 avril 1907....	1455	id.	1	id.	5
9 avril 1907....	575	id.	13	id.	5

4° *Conclusions.*

D'une façon générale, la filtration des eaux par le sable constitue un bon procédé d'épuration. C'est à lui qu'on doit les merveilleux résultats obtenus à Hambourg et dans nombre d'autres villes. Cependant, on a tendance, de nos jours, à ne plus s'en contenter. On fait remarquer que la filtration au sable, même la plus parfaite, n'élimine par la totalité des bactéries, et que parmi celles qui restent, il peut s'en trouver de dangereuses, lesquelles se multiplient encore dans les conduites et les réservoirs Le but à atteindre est donc d'assurer une stérilisation complète de l'eau. Or, il se trouve actuellement des procédés d'épuration qui, dans certaines conditions, donnent des résultats presque parfaits et assurent en tout cas une destruction complète des germes dangereux. Ces procédés sont la stérilisation par l'ozone ou par les rayons ultraviolets.

II. Stérilisation de l'eau par l'ozone.

Qu'il s'agisse de l'un ou l'autre de ces agents stérilisants, une opération préalable s'impose dans la majorité des cas : c'est la *clarification.*

L'ozone et les rayons ultraviolets ne présentent, en effet, leur maximum d'efficacité que si on les met en présence d'eau très limpide.

La clarification s'obtient par la préfiltration ou le dégrossissage au moyen des appareils que nous avons mentionnés. L'eau dégrossie a abandonné ses impuretés physiques, ainsi d'ailleurs qu'une bonne partie de ses microbes. Il ne reste plus qu'à la soumettre à l'action de l'ozone ou des rayons ultraviolets pour achever sa stérilisation.

La possibilité de l'épuration des eaux par l'ozone est connue depuis long-temps : c'est en 1893 que la première installation industrielle fut faite par Tyndall et Schueller, à Oudshorn. Ce procédé s'est depuis lors considérablement répandu et il est actuellement employé en France par un certain nombre de villes, entre autres Paris (usine de Saint-Maur), Chartres, Lille, Cosne, Nice, etc.

La méthode générale consiste à mélanger intimement de l'air fortement ozonisé avec l'eau à stériliser. L'eau se charge ainsi d'ozone, qui, antiseptique puissant, détruit les bactéries de l'eau.

Les trois grands procédés en présence sont :

1º Le procédé Tindal-De Frise (Saint-Maur);
2º Le procédé Abraham et Marmier (Lille, Cosne);
3º Le procédé Otto (Nice).

Le procédé Tindal-De Frise donne à Saint-Maur d'excellents résultats. Les analyses d'Ogier et Bonjean, Lévy et Miquel, Besançon, Lacomme, accusent une réduction microbienne de 99,8 %.

Le procédé Abraham et Marmier a fait l'objet à Lille, en 1899, de l'étude d'une Commission comprenant MM. Staesbrome, Busine, Bourriez, Calmette et Roux. Voici ses conclusions : « Le procédé Abraham et Marnier est d'une efficacité incontestable et susceptible d'être appliqué à de grandes quantités d'eau; il donne toutes les garanties qu'on est en droit d'exiger d'appareils vraiment industriels; il stérilise tous les microbes des eaux (sauf quelques *Bacillus subtilis*, ce qui est sans importance); il n'entraîne aucune modification chimique ou physique qui puisse nuire à l'eau. »

L'eau brute contenait 1517 microbes au centimètre cube, l'eau ozonisée n'en contenait plus que 0,03 (*B. subtilis*).

A Cosne, d'après le rapport de MM. Cornil et Roux, en 1906, l'eau avant traitement contenait 4383 colonies au centimètre cube et après, moins de 31 microbes (*B. subtilis* et *B. mesentericus*). Le *B. coli* qui existait dans l'eau de la Loire n'a jamais été retrouvé après ozonisation.

Quant au procédé Otto, un rapport de Loir et Fernbach (28 juin 1900), sur un appareil d'étude fonctionnant à Paris (expériences sur 200 litres) est entièrement favorable. Celui d'Ogier et Bonjean (1904) l'est également. A Nice, le fonctionnement a été parfait aux essais de l'usine (Barlet, Beumat et Pilatte), et ultérieurement les résultats ont été identiques.

D'une façon générale, la stérilisation par l'ozone donne des résultats parfaits. Dans son rapport adressé à la ville de Paris, en 1909, le Dr Roux, directeur de l'Institut Pasteur, s'exprimait ainsi : « Votre rapporteur a fait partie des Commissions chargées de contrôler les résultats obtenus à Lille, à Cosne et à Chartres. Il a été étonné du degré de purification qui a pu être atteint par l'emploi de l'ozone. La destruction des microbes peut être complète, même celle des bactéries sporulées comme le *Bacillus subtilis*, qui compte parmi les plus résistants aux divers agents. Dans maints essais, on pouvait ensemencer plusieurs centimètres cubes d'eau ozonisée sans obtenir de cultures microbiennes. »

A Marseille, au cours des essais d'épuration, deux systèmes ont été employés, le système Siemens-De Frise, et le système Otto. Dans les deux cas, les résultats ont été éxcellents.

Procédé Siemens-De Frise.

	Bactéries par cm² dans		Colibacilles par litre dans	
	Eau brute.	Eau épurée.	Eau brute.	Eau épurée.
Juin 1ʳᵉ quinzaine....	6.250	19	1.000	0
» 2ᵉ »	11.791	19.5	1.200	0
Juillet 1ʳᵉ quinzaine....	6.964	4.5	1.640	0
» 2ᵉ »	3.171	1.7	2.130	0
Octobre 1ʳᵉ quinzaine....	9.400	3	7.150	0
» 2ᵉ »	8.417	2.5	3.830	0
Moyenne générale.......	7.665	8.4	2.820	0

Système Otto.

	Bactéries par cm² dans		Colibacilles par litre dans	
	Eau brute.	Eau épurée.	Eau brute.	Eau épurée.
Juin 1ʳᵉ quinzaine....	6.265	8	1.000	0
» 2ᵉ »	11.798	10	1.200	0
Juillet 1ʳᵉ quinzaine....	6.966	7.3	1.440	0
» 2ᵉ »	2.877	3.9	1.180	0
Octobre 1ʳᵉ quinzaine....	9.320	4	7.410	0
» 2ᵉ »	6.022	3	4.050	0
Moyenne générale.......	7.206	6	2.710	0

En résumé, le coefficient de réduction est avec le premier procédé de 99,90 %, et avec le procédé Otto de 99,5 %, et dans les deux, le coefficient de réduction du colibacille est de 100 %.

Quant à la composition chimique, elle est très peu modifiée. Les matières organiques diminuent légèrement, l'oxygène dissous est un peu augmenté. Quant à l'ozone, il s'échappe très rapidement, et il n'est pas à craindre que l'eau soumise à l'action de ce gaz possède une saveur désagréable. Il ne se forme pas non plus d'eau oxygénée.

Les résultats obtenus par les procédés à l'ozone sont donc des plus satisfaisants, mais on est obligé de leur adresser un reproche sérieux : l'irrégularité du débit en ozone par les machines électriques sous les influences les plus diverses, atmosphériques ou autres. Une surveillance étroite s'impose et, comme le faisaient remarquer MM. Courmont et Lacomme dans leur rapport sur la *stérilisation par l'ozone des eaux urbaines*, présenté en 1907 au Congrès de Berlin :

1º Des enregistreurs doivent fonctionner sans interruption ;

2º Des analyses bactériologiques fréquentes doivent contrôler les résultats ;

3º Les frais de surveillance et de contrôle ne peuvent être supportés que par une installation assez importante.

Cette dernière conclusion nous montre que les procédés de stérilisation par l'ozone, qui donnent des résultats parfaits au point de vue de l'épuration des eaux, ne peuvent être utilisés que dans les grandes villes. C'est le cas de Paris, qui fait construire en ce moment une usine de stérilisation par l'ozone, qui sera la plus importante construite jusqu'ici.

III. Stérilisation de l'eau par les rayons ultraviolets.

C'est le 22 février 1909 que MM. Courmont et Nogier montrèrent les premiers, dans une Note à l'Académie des Sciences, la possibilité de stériliser l'eau potable par les rayons ultraviolets. Ils avaient fait construire un tonneau métallique de 0,30 m de rayon, d'une capacité de 110 litres environ, dans l'axe duquel était suspendue une lampe en quartz à vapeur de mercure, rectiligne. L'eau très contaminée, contenant jusqu'à un million de colibacilles par centimètre cube, arrivait au réservoir et était exposée à l'action de la lampe fonctionnant à 135 volts et 4 à 9 ampères. La stérilisation était absolument complète, en quelques secondes, une minute au maximum. L'eau ne renfermait plus un seul microbe.

Ces résultats furent confirmés avec des dispositifs identiques ou analogues par Miquel, qui montra la destruction complète du *mesentericus*, par Mlle Cernovodeanu et V. Henri, par Vallet, etc.

Mais l'utilisation de l'action bactéricide des rayons ultraviolets ne tarda pas à sortir du domaine du laboratoire pour entrer dans la pratique industrielle.

Des stérilisateurs domestiques furent construits, expérimentés et donnèrent d'excellents résultats. Ces appareils peuvent se diviser en deux catégories : ceux dont la lampe stérilisante est *immergée*, ceux dont la lampe *n'est pas immergée*.

Avec les premiers, on obtient de l'eau immédiatement stérile, alors qu'avec les seconds il faut attendre 10 minutes après la mise en marche. Les appareils à lampe immergée utilisent au maximum toutes les radiations émises. Ils évitent, par suite de l'immersion de la lampe, l'élévation de la température du quartz et, par conséquent, son altération.

Le premier point est capital au point de vue l'hygiène. Il est nécessaire que de l'appareil ne sorte que de l'eau complètement stérile, pour que la sécurité soit absolue. Il ne faut pas que la cuisinière ou le militaire, par exemple, soient obligés d'attendre 10 minutes avant d'utiliser ou de boire de l'eau.

Ainsi, l'expérience acquise avec les appareils ménagers nous permet de formuler quelles conditions doivent remplir ceux qui sont destinés à stériliser l'eau destinée aux grandes villes.

Jusqu'ici on n'a procédé, à ce point de vue, qu'à quelques essais, qui, d'ailleurs ont été des plus intéressants.

A Choisy-le-Roi, la Compagnie générale des eaux a soumis l'appareil « Nogier-Triquet », à lampes immergées, à des essais prolongés. Le coefficient d'épuration atteint a été de 99,83 % ; 99,85 % ; 99,87 %. A Neuilly-sur-Marne, l'appareil de MM. Urbain, Scal et Feige (lampe non immergée) a donné aussi de bons résultats. A Marseille, la Société Westinghouse Cooper Hewitt a fait construire des appareils à lampes non immergées. Le coefficient de réduction microbienne totale a été de 99,91 % et de réduction colibacillaire de 99,91 % avec un débit de 300 m³ par lampe et par jour. Dans d'autres essais, avec un débit de 500 m³, la réduction totale a été de 99,96 % et le colibacille a été complètement détruit.

Ces essais montrent que tous les appareils à ultraviolet expérimentés sont capables de stériliser de grandes masses d'eau. Mais il nous semble, d'après ce que nous avons dit précédemment, que l'immersion des lampes est seule capable de donner de l'eau immédiatement stérile (c'est un point important au point de vue hygiénique pur). Elle paraît également devoir donner le meilleur rendement économique, en permettant d'utiliser toutes les radiations émises et d'éviter l'échauffement et par suite l'usure des lampes.

En somme, la possibilité de la stérilisation de l'eau en grand par les rayons ultraviolets est actuellement un fait acquis. Mais seule, l'observation prolongée pendant plusieurs années d'une installation à demeure, nous permettra de juger, au point de vue pratique, ce procédé, qui paraît être cependant celui de l'avenir.

IV. Conclusions.

Pour conclure en deux mots, les filtres ne donnent pas une épuration absolument complète au point de vue bactérien. Actuellement, seuls, deux procédés, l'ozonisation et la stérilisation par les rayons ultraviolets, après préfiltration dans la majorité des cas, permettent d'obtenir une épuration absolue et de fournir aux agglomérations urbaines une eau potable irréprochable.

M. GALLOT,

Maison Gaiffe (Paris).

LA STÉRILISATION DES EAUX PAR LA LAMPE COOPER-HEWITT AUX CONFINS ALGÉRO-MAROCAINS.

628.16 + 621.327.3

2 *Août.*

Il y a 14 mois, la maison Gaiffe fournissait au service de santé du corps d'occupation des Confins algéro-marocains une installation radiologique de campagne.

La source de courant électrique nécessaire à l'alimentation des appareils était un groupe électrogène à essence de deux chevaux, dont la dynamo donnait à la vitesse de régime 10 ampères sous 110 volts.

Pour l'utilisation plus complète de ce groupe qui, pour la radiologie, ne devait pas pratiquement marcher plus de 1 à 2 heures par jour, la maison Gaiffe y a adjoint un stérilisateur d'eau de la Société des rayons ultraviolets exploitant les brevets Cooper-Hewitt. Le stérilisateur était du type B^2 débitant 600 l à l'heure. M. le médecin-major Tanton, chargé du Service de chirurgie à l'hôpital militaire d'Oudjda, nous a écrit et confirmé verbalement, il y a quelques semaines, que le fonctionnement de l'installation a été de tous points satisfaisant depuis le début.

Je passe naturellement tout ce qui a trait au fonctionnement radiologique qui n'intéresse pas la Section d'Hygiène, pour ne vous parler que de la partie stérilisation.

Tout d'abord, contrairement aux craintes que nous avions sur la résistance mécanique de la lampe, cette dernière a supporté admirablement tous les cahots d'un transport difficultueux dans ces régions. Dès son arrivée à Oudjda, elle fut aussitôt mise en fonctionnement à son régime électrique 110 volts, 3,5 ampères avec des débits d'eau variant de 400 à 800 l par heure; le médecin-major fit successivement dix prélèvements, chaque prélèvement réparti dans 10 tubes de culture.

Dans *chacun* des trois premiers prélèvements, deux tubes ont cultivé et huit sont restés stériles, les deux premiers n'ayant commencé à cultiver que les troisième, quatrième et même seulement le cinquième jour.

Changeant alors sa technique, après le troisième prélèvement, le major a commencé par stériliser à vide son récipient, en allumant la lampe 5 minutes avant de faire écouler l'eau. Dans les sept prélèvements qui ont suivi avec un débit moyen d'eau de 800 l à l'heure *tous les tubes sont restés stériles.*

En présence de ces résultats, il s'est, depuis lors, servi de l'eau ainsi stérilisée pour la boisson du détachement et des malades, pour la préparation des potions et également pour le lavage aseptique des mains du chirurgien et le *pansement des blessés* sans jamais avoir eu un cas d'infection.

Le prix de revient de l'eau ainsi stérilisée dans ces régions serait, sans compter d'amortissement, de 0,09 fr le mètre cube, alors que dans les mêmes conditions, le mètre cube d'eau stérilisé par ébullition coûterait 0,40 fr.

Le filtrage préalable des eaux se faisait au moyen des filtres ordinaires mis à la disposition du corps d'occupation.

Je n'ai pas à insister sur l'importance de cette expérience... en campagne, loin de tout secours, étant donné que les hommes se refusent énergiquement à boire les eaux bouillies ou stérilisées chimiquement, et que le plus redoutable ennemi que nous ayions à combattre dans nos guerres coloniales sont les maladies infectieuses. C'est pourquoi j'ai tenu à vous décrire brièvement la première installation transportable de stérilisation d'eau par les rayons ultraviolets mise à la disposition d'un corps d'armée en campagne.

Discussion : M. le Dr FOVEAU DE COURMELLES. — L'ozone et l'ultraviolet sont les deux seuls procédés pratiques et sûrs. L'ozone exige un outillage plus complexe, un brassage et des manœuvres compliquées; il a été longtemps le meilleur procédé. L'ultraviolet est plus abiotique, c'est le stérilisateur par excellence : l'eau en couche mince est de suite débarrassée de ses bacilles. La stérilisation doit se faire le plus près de l'utilisation, car les sources amenées de loin se contaminent en route. Les municipalités doivent donc adopter au plus vite les procédés physiques, les plus rapides et les plus sûrs, et sont moins dispendieux que des canalisations longues et douteuses.

M. Gallot dit que M. Victor Henry dans ses Communications indique que :

1º La durée des lampes peut atteindre jusqu'à 2000 et quelquefois même 7000 heures, sans perte de pouvoir abiotique ; il ajoute que la vie des lampes n'est abrégée que par les rentrées accidentelles d'air, mais que la fabrication se perfectionnant chaque jour, ces accidents ne seront plus qu'une exception infime.

2º Sur l'application à bord des navires, M. Gallot dit qu'elle est possible si l'on adopte une suspension à la cardan, et si l'on ne fait pas fonctionner la lampe sur un voltage inférieur à 110 volts.

3º M. Gallot indique que la quantité de rayons ultraviolets émis par la lampe à vapeur de mercure étant proportionnelle à la température, il y a donc intérêt à ne pas immerger ou à refroidir la lampe.

Le Dr Buffon (Nice) indique que l'épuration des eaux d'une grande ville est surtout nécessaire lorsqu'il s'agit d'eaux superficielles. Une eau de source ou de nappe souterraine ne devrait pas avoir besoin de stérilisation si elle était bien protégée des souillures superficielles.

Mais malheureusement, très souvent, les eaux ainsi dénommées ne sont pas des eaux souterraines ; elles perdent, par suite, les qualités *physiques* de limpidité qui devraient les différencier des eaux superficielles ; dans ce cas, on doit les ranger dans la même catégorie que les eaux de rivière et de torrent, et leur stérilisation comporte des indications spéciales.

Le Dr Buffon apporte l'expérience faite ces dernières années sur les eaux de Nice, toutes traitées par l'ozonation ; ces eaux sont divisées en deux groupes.

Le premier groupe, composé des eaux de la rivière la Vsubie, est stérilisée par l'ozonation après passage dans les dégrossisseurs et filtres à sable ; l'épuration par l'ozone s'est toujours montrée parfaite toutes les fois que l'eau a été au préalable dégrossie et filtrée.

Le deuxième groupe comprend des eaux dites *eaux de source* ou de *nappe souterraine ;* ces eaux ne sont pas filtrées avant ozonation ; or, lorsqu'elles ne sont pas absolument claires, l'ozonation n'a pas donné de bons résultats et la présence de bactéries putrides a pu être constatée à la sortie de l'usine.

L'ozonation comporte donc la nécessité d'avoir des eaux limpides.

Le Dr Buffon demande d'établir la définition du terme *clarifié* lorsqu'il s'applique à une eau destinée à l'alimentation. « Après discussion, la section décide d'appeler *clarifiée* une eau qui permet la lecture des caractères d'imprimerie par vision opérée à travers un tube contenant une largeur de 5 m d'eau à observer ».

A la suite de l'exposé de M. le Dr Buffon, adjoint au maire de Nice, M. Armand Puech fait observer qu'il est impossible de stériliser l'eau soit par l'ozone ou par les rayons ultraviolets si l'eau n'est pas limipide *en tout temps*. Il faut donc que l'eau soit dégrossie, préfiltrée et filtrée afin que les crues n'aient aucune influence sur la transparence de l'eau. Ce résultat est possible. Mais tant qu'on ne l'aura pas réalisé, il est inutile de penser à tout procédé de stérilisation. Par conséquent, le point capital est, avant tout, la filtration.

M. LE COUPPEY de la FOREST,

Ingénieur au Corps des Améliorations agricoles,
Auditeur au Conseil supérieur d'Hygiène publique de France,
Collaborateur de la Carte géologique de la France (Paris).

ÉPURATION DES EAUX D'ÉGOUT.

628.36

Août.

L'épuration des eaux d'égout a déjà été traitée plusieurs fois devant notre Association : Reims en 1907, Clermont-Ferrand en 1908, ont vu après les savants et documentés rapports de nos collègues, MM. Calmette, Rolants et Bezault, surgir de vives discussions qui, analogues à beaucoup d'autres, n'ont pas réussi à mettre d'accord les partisans des divers procédés en présence.

Mais Clermont a entendu proclamer et adopter la motion qu'aucune discussion ne serait utile dans un avenir prochain, chacun devant y apporter les mêmes arguments.

Quatre années seulement nous séparent de Clermont, et la question revient devant vous. Est-ce à dire que, depuis 1908, elle ait fait des progrès étonnants? Ce ne sera malheureusement pas déflorer le présent rapport que de déclarer dès maintenant que tel n'est pas le cas. Pourquoi ressusciter alors ce sujet ?

C'est apparemment que le flot montant des eaux résiduaires et la pollution croissante des cours d'eau, transforment cette question de l'épuration des eaux d'égout, en un problème qui sollicite à chaque instant l'hygiéniste. Celui-ci veut faire quelque chose, ne sait que faire, et désire connaître à tout moment ce qui a pu être trouvé par ses Collègues.

Quels sont donc les différents procédés d'épuration d'eau d'égout qui se trouvent en présence, qui rencontrent de pareils défenseurs, ou de tels adversaires, et qui motivent une si grande indécision de la part des hommes chargés de les appliquer.

Les traités d'Hygiène et de Génie sanitaire parleront des procédés chimiques, des procédés mécaniques et des procédés biologiques, et pour chacun d'entre eux, établiront des subdivisions multiples. Nous-mêmes, nous avons dû sacrifier à cette habitude historique, lorsque nous avons présenté un Rapport au nom d'une Commission de la Société de Médecine publique et de Génie sanitaire. Mais, à tout bien considérer, ne sont véritablement appliqués et ne sont vraiment opposés, si ce n'est opposables, à l'heure actuelle, que deux procédés essentiellement biologiques :

L'épuration sur sol naturel;

L'épuration sur lits artificiels.

Jusqu'en 1900, l'*épuration sur sol naturel* était seule connue ou tout au moins pratiquée; on l'appelait l'*épandage*. Sa rivale naquit alors, et se développa hâtive et adroite : elle s'empara du mot *épuration*, le transforma en y ajoutant l'épithète d'*intensive* et se l'attribua. Bientôt, il sembla à des esprits même quelque peu avertis que l'*épuration intensive* allait supplanter toujours et partout l'*épandage*.

Mais si les épandeurs avaient rencontré parfois des terrains peu propices, avaient maintes fois manqué des superficies nécessaires à leur œuvre et avaient quelquefois dû rejeter des eaux en **rivière** sans essayer de les améliorer, les épurateurs à dose intensive durent constater que les flots d'eau d'égout sont parfois irréguliers, que les boues sont maintes fois encombrantes, et que l'intensité de l'épuration, c'est-à-dire sa rapidité, est quelquefois exclusive de sa qualité.

Les uns et les autres, rapprochés par ces malheurs divers, ne se considérèrent plus comme aussi étrangers : bientôt, ils se réclamèrent de la commune origine de leurs procédés : l'action biologique. Et, dans ses Instructions générales du 5 janvier 1910, relatives à la construction des égouts, à l'évacuation et à l'épuration des eaux d'égout, le Conseil supérieur d'Hygiène publique de France consacra cette manière de voir et adopta les termes d'*épuration biologique naturelle par le sol*, et d'*épuration par procédé biologique artificiel*.

Les deux seuls procédés en présence doivent donc être dénommés :

L'épuration sur sol naturel ;

L'épuration sur lits artificiels.

L'*épuration sur sol naturel*, en tant qu'emploi des eaux d'égout pour l'irrigation, remonte à la plus haute antiquité ; mais on n'y a eu recours d'une façon méthodique pour l'épuration de ces eaux, que depuis 40 ans en Angleterre, et depuis un temps quelque peu moindre en France et en Allemagne.

L'épuration sur sol naturel comprend la filtration intermittente et l'utilisation agricole.

Préconisée par l'ingénieur **anglais Bailey**-Denton, la filtration **intermittente** se propose de pratiquer l'épuration des eaux d'égout, indépendamment de l'utilisation agricole des matières fertilisantes que ces eaux renferment. Le sol apparaît seulement dans ce cas comme une sorte de filtre naturel. Si l'on observe des intermittences suffisantes entre les irrigations successives et si l'on retourne fréquemment le sol, ce procédé donne des résultats extrêmement satisfaisants. Toutefois, il est peu répandu.

A plusieurs reprises, le Service de l'assainissement du département de la Seine a entrepris des expériences sur ce procédé : il est à souhaiter que ces expériences soient poursuivies et multipliées, car l'irrigation intermittente, ne sacrifiant pas l'épuration aux besoins de la culture, paraît *a priori* très tentante. Elle présente, en outre, l'avantage de se rapprocher des conditions naturelles de destruction des résidus de la vie organique, de même qu'en matière d'alimentation d'eau potable, les filtres à sable *non submergé* ont pour eux d'imiter ce que fait la nature pour l'élaboration des sources.

L'utilisation agricole, au contraire, a joui d'une plus grande faveur ; beaucoup de villes de la Grande-Bretagne, les villes de Paris et de Reims en France, celles de Berlin, Breslau, Fribourg en Allemagne, n'ont pas hésité à l'appliquer en grand, mais ce procédé nécessite des superficies beaucoup plus considérables encore que le précédent, si l'on veut à chaque instant épurer les eaux d'égout uniquement sur les cultures qui peuvent, sans trop de préjudices, être irriguées. Ce procédé n'est applicable que, à faible distance des agglomérations urbaines, on dispose de terrains suffisamment vastes, assez peu coûteux, d'une constitution homogène, d'une assez grande profondeur, et d'une perméabilité régulière.

Les surfaces nécessaires pour que l'épuration soit convenablement efficace varient, dans chaque cas particulier, suivant la situation du sol et le climat. Elles sont, en outre, influencées par le choix et la répartition des cultures.

L'établissement d'un champ d'épuration sur sol naturel, au voisinage de puits ou de nappes d'eau souterraines, servant à l'alimentation et insuffisamment protégés contre les infiltrations superficielles, constitue un danger si l'opération est irrégulièrement ou mal dirigée. Ce danger peut parfois ne se révéler qu'à la longue, au bout même de plusieurs années; ce fait se produit notamment quand des eaux imparfaitement épurées traversent au-dessous du terrain irrigué des calcaires peu fissurés : à la longue, ces eaux fortement chargées en acide carbonique agrandissent les fissures à l'origine imperceptibles de la roche calcaire, pénètrent dans ces fissures agrandies, les suivent de plus en plus, et vont ressortir, plusieurs années après le début de l'irrigation, vers des puits ou des sources éloignés de nombreux kilomètres.

L'*épuration sur lits artificiels* est née de la difficulté même de trouver des étendues suffisantes de terrains homogènes et perméables. Cette difficulté conduisit naturellement à l'idée de constituer de toutes pièces des sols appropriés à l'épuration, en créant des lits artificiels perméables, capables de réaliser les mêmes effets biologiques que le sol naturel. On peut alors n'employer que des superficies beaucoup moindres pour épurer un même volume d'eau d'égout.

Les eaux d'égout, avant d'être admises sur les lits artificiels, subissent, en général, un traitement préalable (décantation, passage dans une fosse septique, précipitation chimique, etc.). Mais la fosse septique dans laquelle certains premiers phénomènes de transformation se produisent, ne peut, en aucun cas, être considérée par elle seule comme un procédé complet d'épuration des eaux d'égout. Ces lits artificiels sont, d'ailleurs, conçus d'après divers principes. Tantôt ce sont des lits de contact où l'eau séjourne pendant un certain nombre d'heures, qui s'égouttent ensuite lentement et qui s'aèrent avant de recevoir une nouvelle dose d'eau d'égout. Tantôt, ce sont des lits sur lesquels les eaux d'égout sont déversées en pluie de manière continue, et qu'elles traversent lentement sans stagnation : ils prennent alors la désignation de *lits percolateurs*.

Depuis un certain nombre d'années, les procédés d'épuration sur les lits artificiels ont pris une très grande extension. Bien conduits, ils améliorent grandement les eaux d'égout à traiter en réduisant dans des proportions connues, les matières en suspension, ainsi que la matière organique et l'ammoniaque en dissolution.

Mais il importe, pour que l'épuration s'accomplisse d'une manière satisfaisante :

1° Que les eaux soient grossièrement décantées avant de pénétrer dans la fosse septique, pour éviter l'encombrement trop rapide de cette dernière, par des corps étrangers insolubles (sables, scories, cendres, etc.);

2° Qu'elles soient débarrassées aussi parfaitement que possible de toute matière en suspension, **avant distribution sur les lits filtrants**;

3° Qu'elles soient distribuées régulièrement et uniformément sur toute la surface de ces lits filtrants.

Ces deux procédés, épuration sur sol naturel et épuration sur lits artificiels, sont-ils opposables l'un à l'autre?

Dans toutes les assemblées scientifiques, de nombreuses discussions se sont élevées à ce sujet.

De multiples études ont été publiées en France sur la matière, traduisant, expliquant, commentant les travaux parus à l'étranger. Mais aucun t-avail origi.al n'a pu, en dehors de ceux du Dr Calmette, être fait en France sur des installations françaises, car nos installations sur sol naturel ne sont que deux (Paris et Reims), et nos installations sur lits artificiels, quoique un peu plus nombreuses, n'ont donné lieu à aucune é.ude de détail, parce qu'encore trop jeunes.

Étant donnée la difficulté d'interprétation des résultats scientifiques et surtout des résultats économiques des installations étrangères, il paraîtrait plus qu'hasardeux de vouloir établir une comparaison entre certaines de nos installations françaises et certaines des installations étrangères. Tout au plus, pourrait-on essayer de comparer entre elles certaines installations étrangères des divers types.

Cette comparaison a été faite, notamment par la Commission royale anglaise : elle semble montrer que l'épuration sur sol naturel est le procédé qui, pour le traitement des eaux d'égouts des villes, fournit, en général, les résultats les plus parfaits, avec le minimum de dépenses.

Il est évident qu'avec certains sols ce procédé peut assurer un effluent beaucoup plus pur que l'effluent obtenu par les lits artificiels et même parfois, à certains jours, un effluent excessivement pur. Mais une telle pureté n'est pas nécessaire. Le seul but qu'on doive se proposer, c'est d'obtenir un effluent qui ne souille pas le cours d'eau dans lequel on le déverse, et ce résultat peut être obtenu au moyen de lits artificiels bien construits et bien conduits.

D'autre part, l'exactitude de la deuxième partie de la proposition ci-dessus, celle qui a trait au minimum de dépenses est moins évidente : car trop de facteurs doivent entrer en jeu.

Il ne semble pas, par suite, que les procédés d'épuration sur sol naturel doivent primer, chaque fois qu'il s'agit d'une ville, les procédés d'épuration sur lits artificiels.

Bien au contraire, dans chaque cas particulier, il semble qu'il faille se livrer à une étude serrée de la question et rechercher quel est le procédé le plus à recommander, étant donnée la qualité qu'on devra exiger de l'effluent suivant l'espèce, et étant données les dépenses de première installation et les dépenses d'exploitation.

Telle est donc la conclusion à laquelle nous arrivons pour le choix du mode du procédé d'épuration qu'il conviendra d'adopter, quand il s'agira d'une ville d'une certaine importance.

Où le problème devient autrement plus difficile : c'est quand il s'agit d'une petite ville ou d'une commune rurale. Nous ne pouvons admettre pour aucune agglomération, si petite soit-elle, la liberté, ni même la possibilité de contaminer les cours d'eau et les nappes souterraines en y envoyant ses eaux résiduaires. Nous le pouvons d'autant moins que nous étions dernièrement secrétaire au Ministère de l'Agriculture de la Commission qui a élaboré et rédigé le projet de loi, actuellement déposé par le Gouvernement sur le Bureau des Chambres, projet de loi *sur la conservation et contre la pollution des eaux.*

Mais que pourront faire ces communes ?

Elles mettront à l'étude un projet d'assainissement. Admettons que ce projet bénéficie dans la plus large mesure des subventions instituées par la loi du 15 juin 1907, sur le prélèvement de 15 % opéré sur les jeux. Admettons même que les mesures législatives projetées en ce moment, augmentent notablement ce prélèvement et permettent de subventionner deux ou trois fois plus largement l'exécution des projets d'assainissement des communes rurales ou des petites villes. Admettons que les projets soient mis à exécution avec leurs champs d'épuration sur sols naturels ou leurs massifs d'épuration sur lits artificiels et avec toutes leurs installations accessoires.

Que deviendront ces ouvrages une fois exécutés? Quels sacrifices pourront consentir pour leur exploitation les 314 villes de 5000 à 10 000 habitants et les quelques milliers de communes de 1000 à 5000 habitants que la France possède et dont plus de la moitié aurait besoin de travaux d'assainissement.

Presque aucune ne pourrait en consentir et aucune n'en consentira.

Or, les installations d'épuration sur sol naturel ou sur lits artificiels ont pareillement besoin d'un entretien et d'une surveillance continus, sous peine de dégénérer en un temps très rapide.

L'assainissement des petites villes et des grosses communes rurales, l'épuration de leurs eaux d'égout, la mise en œuvre et l'entretien de leurs installations d'épuration, telle est pour le médecin hygiéniste, pour l'ingénieur sanitaire, pour l'administrateur, une question préoccupante entre toutes, dont la solution ne nous paraît pas encore même entrevue dans le lointain et tel serait le sujet d'intérêt pratique que nous serions heureux de voir discuter à la suite de ce rapport, s'il nous était permis de formuler un vœu.

Discussion : M. Louis-F. DAVID croit qu'on amènera difficilement les communes à s'entendre pour la construction d'une station centrale commune d'épuration en raison de l'énorme réseau des canalisations nécessaires pour y amener les eaux usées.

Ce ne sera possible que dans le cas de communes à noyaux agglomérés excentriques et assez rapprochés entre eux pour constituer presque une agglomération urbaine avec des vides un peu grands qu'il faut espérer voir se remplir plus tard.

Pour une commune un peu étendue et ainsi livrée à ses ressources, il faudra concentrer tous les efforts sur le noyau aggloméré seul auteur de nuisances appréciables, seul à même par ses conditions sanitaires déjà améliorées d'apprécier les bienfaits de l'hygiène, et seul capable de payer ces bienfaits à leur prix et disposé à ne les payer que pour lui seul.

Pour ces communes, la seule solution possible est la solution provisoire d'un dégrossissage, moins onéreux d'installation et d'exploitation qu'une véritable épuration, suffisant pendant longtemps pour réduire raisonnablement sa nuisance, et que si on l'opère par un système permettant l'emploi de petites unités, d'appareils de petite dimension, permet d'appliquer à chacun des points nocifs un remède proportionné à son importance tout en réservant l'avenir.

M.   and Puech fait observer que dans la nomenclature des procédés, le rapporteur en a oublié un qui a été approuvé par le Conseil supérieur d'Hygiène publique de France, pour la ville de Lunéville, le procédé économique Puech-Chabal Il consiste justement à réaliser à la fois la condition première réclamée avec insistance par M. Le Couppey à savoir l'élimination préalable

des matières en suspension et le meilleur mode d'épuration : l'épandage sur
sol naturel.

M. DE MONTRICHER fait remarquer que le procédé indiqué par M. Puech
pourra être très heureusement utilisé pour le traitement des eaux des petites
agglomérations rurales.

M. VAUDREY fait remarquer que la proposition de réseaux d'égouts inter-
communaux est à retenir, et que la création de tels services d'assainissement
dans des villes très rapprochées les unes des autres serait des plus avantageuses,
tant au point de vue économique que pratique. Ce genre de solution inter-
communale des problèmes techniques a déjà été réalisé avec succès pour les
abattoirs, pour les distributions d'eau, les services d'éclairage public et l'est
couramment pour les transports en commun.

A l'appui de ce qui précède, M. Vaudrey cite plusieurs exemples de grandes,
moyennes et petites villes se trouvant dans ces conditions favorables : Roubaix,
Tourcoing (qui a déjà un service d'eau commun), Mézières, Charleville, Mohont,
Lagny, Thorigny, Pomponne. Ces localités ne présentent entre elles aucune
solution de continuité. A titre de contraste, M. Vaudrey rapproche l'exemple
de Villeneuve-Saint-Georges (dont on exécute en ce moment l'assainissement),
et il montre que dans cette seule commune on ne peut assainir en même temps
que le centre de l'agglomération, celui d'un écart important, Villeneuve-Triage,
à 3 km, alors qu'à Lagny, Thorigny, Pomponne, dont la population totale est
à peu près équivalente, on peut assainir les trois communes à beaucoup moins
de frais.

M. DE MONTRICHER,

Ingénieur civil (Marseille).

STATION D'ÉPURATION DES EAUX D'ÉGOUT (AIX-EN-PROVENCE).

628.33

2 *Août.*

Le système comprend quatre échelons : 1° élimination des sables et
matières lourdes; 2° décantation du sewage frais et dissociation des
matières organiques; 3° oxydation de l'effluent sur lits percolateurs à
sprinklers; 4° décantation finale.

I. Les eaux accèdent à une première chambre ou collecteur de 1,50 m sur
4,50 m, avec déversoir cylindrique pour eaux d'orage. Elles sont recueillies
ensuite dans une chambre à quatre compartiments munis de deux grilles
qui se relèvent mécaniquement; la plus grande profondeur de 2,70 m est
à la partie antérieure. Les vases accumulées sont extraites par divers
procédés, si le terrain s'y prête.

II. A la sortie de la chambre à sable les eaux sont recueillies dans un caniveau collecteur de 4,80 m de longueur, 1,80 m de largeur et de 0,70 m de hauteur, d'où se branchent six tuyaux de 120 mm conduisant aux six bassins préparateurs, par le moyen d'un caniveau circulaire régnant sur une partie du pourtour de chacun d'eux. Les six bassins préparateurs sont constitués par des cylindres de 6 m de diamètre sur 4,50 m de hauteur surmontant un cône renversé de 2,70 m de hauteur. Le volume total est de 916,02 m³; le séjour moyen des eaux est de 4 heures 25 minutes. Il est, en raison des variations de débit, de 3 heures au minimum et de 18 heures au maximum.

Un dispositif spécial permet l'extraction des boues.

L'ensemble des six bassins préparateurs circulaires est divisé en deux groupes de trois bassins disposés symétriquement par rapport à l'axe de l'installation. Chaque groupe affecte la forme de trois cercles tangents. Au centre de chaque groupe un puisard recueille les eaux des trois bassins voisins. Ces puisards sont pourvus de régulateurs de débit (siphons à genouillères), dont l'orifice est maintenu à une hauteur constante sous le liquide par un flotteur qui suit les fluctuations du débit.

III. Les deux tuyaux alimentés par les régulateurs de débit aboutissent à deux bassins triangulaires de 10 m de côté, placés aux centres des deux groupes de trois lits percolateurs de 21 m de diamètre, disposés symétriquemeut de part et d'autre de l'axe de l'installation. De petits bassins triangulaires de 2 m de côté sont disposés dans les grands; c'est par le fond de ceux-ci que l'eau provenant des bassins préparateurs accède et se répand dans le bassin extérieur où les siphons automatiques correspondant à chaque lit percolateur alimentent les sprinklers de manière à les faire fonctionner 2 minutes avec intervalles de 4 minutes. Le pouvoir oxydant des couches filtrantes est accru par une couche de carbo-ferrite. La surface totale des lits est de 2078,21 m². Sur la demi-circonférence de chaque lit est disposée une rigole de 0,20 m à 0,30 m pour drainer les eaux épurées. Une légère pente est ménagée vers l'axe, les eaux drainées sont écoulées par le moyen de tuiles rangées parallèlement sur le radier de chaque lit.

Les eaux sortant des lits à percolateurs subissent une décantation finale dans deux bassins cylindro-coniques (analogues aux préparateurs) avec appareil extracteur des boues et un collecteur aval où est branché l'aqueduc d'évacuation à la rivière de l'Arc.

M. Louis-F. DAVID,

Ingénieur civil des Mines,
Directeur de la Compagnie Claricite (Paris).

DU DÉGROSSISSAGE DES EAUX RÉSIDUAIRES D'ÉGOUT.

628.33

2 Août.

Si la question de l'assainissement n'a pas encore fait les progrès auxquels on serait en droit de s'attendre, étant donnée son importance toujours croissante, c'est, nous semble-t-il, parce que le problème a été incomplètement posé.

A côté du point de vue de l'hygiéniste qui a signalé le mal et qui a indiqué en gros la marche à suivre pour le combattre, on a trop négligé celui de l'ingénieur, qui aura à s'inspirer de ses travaux, pour atténuer le mal dans la mesure que lui permettent les ressources dont il dispose. A première vue, l'ingénieur constate dans les eaux usées la présence de deux éléments nuisibles : les impuretés solides et les impuretés liquides. Or, il est habitué à voir toutes les opérations de l'industrie converger vers la séparation de ces deux éléments. Il ne compte plus les procédés qui ont pour but d'arriver à la décantation d'un liquide, tenant en solution le produit définitif, ou à la précipitation de matières solides industriellement utilisables.

Ces habitudes, il les transporte dans le domaine de l'assainissement, et il comprend mal qu'on veuille appliquer à deux produits aussi différents que les solides et les liquides, un seul et même procédé d'élimination, alors surtout que la première en date des méthodes d'épuration, l'épuration chimique, que rien ne pourra remplacer pour beaucoup d'eaux résiduaires industrielles, procède précisément par précipitation et décantation.

A cette préoccupation, on oppose deux arguments principaux. Le premier consiste à dire :

« Les matières solides ne sont pas des matières solides stables. Sous l'influence de la fermentation *septique*, elles se liquéfient en grande partie. »

A cela nous répondons :

« Seulement en grande partie, mais non en totalité. De sorte qu'en fin de compte, il y a toujours des impuretés solides et des impuretés liquides, dont le traitement ultérieur restera subordonné aux caprices de cette fermentation dont l'action sur ces matières solides est encore trop mal connue pour pouvoir prédire à coup sûr et le pourcentage de destruction de ces matières, et la proportion des éléments de leur décomposition. »

Une deuxième objection, qui a beaucoup plus de valeur et à laquelle nous nous proposons de répondre plus spécialement ici, consiste à dire, et à dire très justement :

« Vous n'avez pas le droit de dire qu'on peut séparer les impuretés, contenues dans les eaux résiduaires, en matières solides et en matières liquides : cette distinction a le tort de ne pas tenir compte des matières à l'état intermédiaire, c'est-à-dire des *matières colloïdales*, matières qui ont, surtout dans le cas des eaux d'égout, une importance telle qu'on peut presque dire que ces eaux ne se composent que de deux éléments : l'élément liquide et l'élément colloïdal, l'élément colloïdal à tous ses états. |

» D'abord les matières traversant la membrane de parchemin du colloïdeur. Puis celles qui, arrêtées par le colloïdeur, traversent le papier-filtre. Ensuite, celles qui sont arrêtées par le papier filtre; mais sont si ténues qu'elles ne se déposent dans aucun bassin de sédimentation. Et enfin les matières grasses, celles qui frappent tout d'abord l'attention et qui sont en réalité un mélange de liquides et de solides, ne contenant le plus souvent que moins de 1 % d'extrait sec avec plus de 99 % d'eau. Et parmi ces matières colloïdales, il y a un groupe particulièrement gênant pour la séparation des matières solides, celui des matières grassses, visqueuses, qui se trouvent dans les eaux à l'état intermédiaire entre la dissolution et la suspension, à l'état d'émulsion caractérisée par le mouvement vibratoire brownien de leurs molécules.

» La quantité de ces graisses que contiennent les eaux résiduaires des villes est évaluée par M. le Dr Schreiber, Membre de l'Institut royal d'Essais et d'Études pour les adductions d'eau potable et pour l'élimination des eaux usées de Berlin, à 3,65 kg de graisses par habitant de la ville de Berlin et par an.

» D'après les expériences de Bechold, la teneur en graisse des eaux résiduaires de Francfort-sur-Mein, se monte à 3,58 kg par habitant et par an, soit également environ 10 g par habitant et par jour.

» D'après Georges W. Fuller (*Sevage disposal*, 1912), la graisse représentait par habitant et par jour en moyenne :

	g		g	
	19 contre		93 de matières en suspension	
A Chicago (Ill.).........	23	»	141	»
Waterbury (Conn.)......	26	»	165	»
Colombus (Ohio)........	27	»	215	»
Philadelphie (Pens.).....	28	»	189	»
Gloversville (N. Y.)......	48	»	406	»

» Ces matières grasses empêchent ou retardent la sédimentation des matières fines, qu'elles enrobent, et encrassent les préfiltres ou autres appareils, plus encore qu'elles n'obstruent les fosses septiques, où elles se saponifient en grande partie grâce à l'ammoniaque de la fermentation septique, plus encore qu'elles ne colmatent les champs d'épandage et les lits bactériens, sur lesquels elles se désagrègent à l'air en donnant de fines écailles qui s'incorporent au sel, ou s'échappent, matières inertes, et définitivement minéralisées, dans les effluents imputrescibles des stations biologiques.

» Vous, au contraire, vous n'obtenez d'un côté que des eaux moins impures qu'il vous faudra toujours finir par épurer, et d'un autre côté et surtout des boues terriblement encombrantes. N'oubliez pas que 93 g de matières solides en suspension représentent, diluées à 99 % d'eau, 9,300 kg de boues par jour et par tête d'habitant; soit pour une ville de 10 000 habitants, 93 tonnes, neuf wagons de chemin de fer. Que ferez-vous de ces neuf wagons ? Irez-vous les déverser au loin, ou essayerez-vous de les vendre comme engrais sur la base de leur valeur fertilisante ?

» Vous savez, par une longue série de mécomptes, que ces boues, longues à se dessécher, à se désodoriser, à se résorber, constituent une nuisance qui va en s'aggravant, en provoquant des protestations, qui vous obligeront un jour à y mettre fin. Vous savez aussi que ces boues sont un engrais mal équilibré, de composition variable, dont le manque de stabilité et l'excessive dilution de l'unité fertilisante interdisent les transports à longue distance, et qu'enfin elles exigent des espaces énormes, pour les emmagasiner pendant la plus grande partie de l'année, pendant la presque totalité de l'année, alors que l'agriculteur n'achète que pendant de courtes périodes, et des produits rigoureusement définis, stables, de composition constante, d'un maniement facile et d'une concentration maxima. Vous voyez donc que l'avantage, indiscutable en théorie, qu'il y a à séparer deux groupes de matières bien définies et parfaitement distinctes, disparaît dans la pratique, quand on a affaire à un magma de produits complexes, évoluant par gradations insensibles entre un liquide clair et le flot boueux que sont trop souvent vos eaux résiduaires. »

D'abord, nous pensons que cette objection, parfaitement fondée d'ailleurs, prouve non pas l'impossibilité d'une séparation, ou si l'on préfère, d'un *dégrossissage* préalable, mais seulement l'intérêt que présenterait un bon procédé de clarification.

L'intérêt de ce dégrossissage et la possibilité qu'il y a de réaliser d'une manière efficace résultent d'un tableau publié par M. le docteur Hermann Salomon, à l'occasion de l'Exposition internationale d'Hygiène de Dresde, que M. le docteur Imbeaux reproduit dans son article sur le génie sanitaire de l'Exposition de Dresde (*Revue d'Hygiène et de Police sanitaire*, 20 avril 1912, p. 385), et par lequel on voit que sur 241 villes d'Allemagne de plus de 5000 habitants, qui ont un réseau d'égoût et qui épurent, 116 se contentent d'une simple épuration mécanique.

Ceci posé, de cette objection, retenons ensuite l'aveu que les matières colloïdales enrobent les matières solides. Aussi bien que la sédimentation, elles retardent donc l'action des procédés d'épuration, et lorsqu'on croira envoyer à la rivière des eaux soi-disant imputrescibles, on n'évacuera en réalité qu'un liquide imputrescible dans les conditions spéciales de concentration et de composition chimique où il se trouve en ce moment. Mais, dès que disparaît la *rapidité* de l'effluent, condition indispensable d'une bonne dilution des matières usées, dès que dans les bras morts, les anses, et dans tous les points de vitesse moindre du courant, des matières encore putrescibles se sépareront du liquide plus mobile dont la composition avait un instant arrêté leur évolution, la teneur en nitrates qui empêche la putréfaction ou fermentation des produits quaternaires, et la concentration en produits de l'activité biologique, dont l'antagonisme a mis fin à l'activité bactérienne, ayant toutes deux diminué par ce départ entre les liquides et les colloïdes, on verra reprendre de plus belle et la fermentation putride et l'activité bactérienne. Il y a donc danger à lâcher dans la rivière des produits dont on n'a pas, *de visu*, constaté la fin de l'évolution, et pour avoir laissé se produire le mal au loin, on n'aura fait que reculer la zone où il exerce ses ravages.

Un bon dégrossissage, au contraire, a l'avantage de n'évacuer que des produits, sinon parvenus au terme de leur évolution, du moins possédant des possibilités d'évolution, connues, limitées et acceptées, et de conserver sous les yeux les matières suspectes dont on pourra, grâce à leur encombrement, au moins cent fois moindre que celui des eaux usées, conduire l'évolution, par un procédé approprié et constamment contrôlé, vers un terme final qui sera un acte voulu, organisé et définitif (enfouissement, incinération, etc.), au lieu de laisser aller ces matières où elles voudront, devenir ce qu'elles pourront.

Un bon dégrossissage sera d'ailleurs, dans beaucoup de cas, suffisant au moins pendant de longues années, au cours desquelles on aura tout le loisir d'étudier le programme technique et financier d'une épuration définitive d'eaux de composition et de quantité parfaitement déterminées, par une communauté consciente de la nécessité qu'il y a à supprimer une nuisance, dont elle souffre autant que les riverains d'aval et prête à constituer les ressources nécessaires à cet effet. Il ne faut pas perdre de vue que le dégrossissage, surtout si l'on emploie des procédés comportant la construction de petites unités, permet d'opérer par petites installations, éventuellement de types tout à fait différents, éparpillées partout où le besoin s'en fait sentir et construites successivement, dans la mesure où le permettent les crédits d'entretien des villes.

Ces installations donneront non seulement des eaux d'une clarification connue, mais encore, ce qui a trop manqué jusqu'à présent, des quantités connues de ces eaux clarifiées; la caractéristique de l'assainissement est, en effet, trop souvent la facilité avec laquelle les prévisions varient du simple au double et quelquefois au décuple entre elles, sans parler de la marge qui existe entre elles et la réalité, et cela pour la raison bien simple qu'il faut qu'un réseau d'égouts existe pour connaître la qualité et la quantité d'eau qu'il enverra à la station d'épuration, qui sera, elle, forcément, qu'on le veuille ou non, une station centrale d'un type unique, dépourvue en un mot de l'élasticité, qui caractérise un bon dégrossissage. De plus, il ne faut pas se laisser hypnotiser par la teneur en eau et par le volume de ces boues. Certes, il est énorme, et, dans certains cas, nous reconnaissons l'encombrement de 1 kg d'extrait sec qui se majore et de la quantité d'eau contenue dans ses pores, et de la masse énorme de gaz qui imprègne le tout, et c'est ce qui explique, en passant, pourquoi certaines boues en fermentation, véritables écumes, peuvent n'avoir que 70 ou 80 %

d'eau, et pourtant être plus encombrantes que des boues plus riches en eau et moins riches en gaz. Mais d'abord, il n'y a pas que le volume, il y a la consistance. Il ne faut pas oublier qu'un mélange decharbon, finement pulvérisé, avec son poids d'eau est liquide autant que du lait qui contient 87 °/₀ d'eau, alors que, par contre, un concombre qui tient 95 °/₀ d'eau a pourtant la consistance qu'on sait. Ensuite, on peut dire qu'un procédé qui sépare du magma des eaux d'égout dont la téneur en matières suspendues ne s'évalue qu'en dix-millièmes, un concentré à $\frac{1}{100}$ de ces matières constitue un progrès. Or, ce progrès est réalisé par un grand nombre de systèmes et d'appareils, tous excellents, dont la plupart jouissent d'une légitime réputation. Il en est cependant un moins connu que les autres dont je m'occupe depuis 3 ans et qui m'a semblé mériter de retenir l'attention. C'est l'appareil Kremer dont des plans détaillés ont figuré à cette Exposition de Nîmes de notre Association.

L'appareil Kremer procède d'un principe tout à fait nouveau. Au lieu de séparer les boues par filtration, liquéfaction ou par décantation, il les sépare *par précipitation*. Le principal obstacle à la séparation des matières en suspension dans l'eau est, nous l'avons dit, la présence dans ces eaux des matières visqueuses, colloïdales, qui, en augmentant la densité de l'eau et en enrobant les fines particules en suspension, gênaient beaucoup la séparation des matières solides. Un séjour prolongé et suffisant dans les fosses septiques facilite la dissolution de ces matières colloïdales. Les dimensions suffisantes, données aux appareils de décantation, permettent de réduire assez la vitesse de circulation des eaux pour neutraliser l'action retardatrice de ces matières colloïdales. Mais ces deux solutions ont l'inconvénient de recourir à des moyens précisément opposés aux lois qui régissent la circulation des eaux d'égout. Les eaux d'égout sont une gêne, il faut s'en débarrasser le plus rapidement possible. De plus, l'eau est un fluide dont l'état naturel est le mouvement; donc, toute solution consistant à augmenter le séjour (dans les fosses septiques), à ralentir la vitesse (dans les bassins de décantation) des eaux d'égout, sont des solutions incompatibles avec la nature même de l'eau.

L'appareil Kremer, lui, au contraire, s'inspire de principes basés sur les propriétés essentielles des liquides en mouvement. Il opère par remous provoqués par des chicanes ingénieusement conçues. Avant même de se rendre compte de l'action des remous, on conçoit comment, dans une eau en mouvement, il est facile de réaliser d'une manière permanente ces remous et comment, par un simple jeu de vannes, on puisse accélérer ou diminuer la marche des eaux, de manière à obtenir des remous en harmonie avec la constitution des eaux.

On sait déjà que l'effet de ces remous est de détruire l'état de pseudo-solution des matières colloïdales en suspension. On se rend compte que ces remous, tout comme l'ébullition, le frottement, le contact des matières minérales, ont pour effet de détruire l'état de pseudo-solution, ou, si l'on préfère, l'état d'émulsion dû aux mouvements vibratoires browniens

des matières colloïdales en suspension. Et de fait, qu'il y ait là un barat-
tage des cellules grasses, ou un phénomène analogue à celui de la formation des caillots dans un anévrisme, qui préparent les voies à l'action de
la pesanteur, on constate que ces matières, figées par ces remous, viennent
flotter à la surface, tandis que dans le liquide ainsi dégraissé il se produit,
non pas une décantation, mais une véritable précipitation des matières
en suspension. Cette utilisation de la vitesse permet de réduire considérablement le séjour de l'eau dans un appareil. Un appareil de 25 m²
d'encombrement peut passer par jour 1600 à 1800 m³ qui n'y séjournent
que pendant 1 heure à 1 heure 30 minutes. On est loin des longs séjours
dans les fosses septiques, ou des lentes circulations dans les encombrants
bassins de décantation. {

Le deuxième principe sur lequel est basé l'appareil Kremer est dans la
séparation absolue des boues du milieu du liquide. Au lieu de réincorporer,
ouvertement ou non, ces boues aux eaux, par dissolution ou par liquéfaction, l'appareil Kremer envoie l'eau clarifiée dans un endroit et les
boues dans un autre. La séparation se trouve donc immédiate, définitive,
sincère. Il ne faut pas perdre de vue, en effet, que la séparation des boues,
réalisée d'une manière si intéressante par les fosses septiques et les appareils qui en utilisent le principe, se fait en substituant à une pollution
physique des eaux, une pollution chimique, puisque l'action des fosses
septiques a pour résultat de dissoudre les matières en suspension. Ces
matières dissoutes sont plus nuisibles encore que les matières solides, et
ce n'est qu'après qu'elles auront été détruites, brûlées, oxydées sur les
filtres bactériens, qu'elles seront pratiquement inoffensives.

A première vue, on serait tenté de croire que les boues accumulées au
fond de l'appareil, par contact avec le liquide en mouvement pourraient
être entraînées soit à l'état solide, soit par le brassage avec le liquide, à l'état
solution ou plutôt de *remise en solution*. De même, l'écume grasse de
surface, qui perd ses gaz et voit ainsi s'augmenter sa densité, perd sans
cesse une partie de ses éléments qui descendent vers la couche de fond
et risquent d'être entraînés par le courant liquide qu'ils traversent. Ces
dangers théoriques sont de peu d'importance dans la pratique. Théoriquement, en ce qui concerne le premier, faisons remarquer que la section
de l'étroit cylindre à boues qui termine l'appareil et qui se trouve réduite
par le tuyau d'évacuation des boues n'est, dans le type normal de 4 m
sur 4 m de dimensions intérieures, que le trente-deuxième ($\frac{1}{32}$) de la
section totale de la chambre de clarification. En ce qui concerne le risque
d'entraînement des matières de l'une et l'autre couche, faisons remarquer
que les dimensions des parties de l'appareil ont été précisément calculées
pour réduire au minimum la vitesse de l'eau dans la zone de dépôt et de
circulation des boues.

Pratiquement, on pare au danger, ainsi réduit, par l'écumage de la
couche de surface et par la vidange du cylindre à boues, aussi souvent
que le besoin s'en fait sentir. Dans notre installation à la station biolo-

gique de Fond-de-Vaux à Méry-Pierrelaye près Pontoise, nous trouvons
suffisant de faire cette séparation tous les deux jours. A Lille, au contraire,
où l'on reçoit des quantités considérables de débris d'abattoirs et surtout
de panses de ruminants remplies de fourrages mal digérés, qui foisonnent
et qui ne se tassent pas, on est obligé de vider le cylindre à boues jusqu'à
six fois dans une journée de travail de 10 heures. Cette manœuvre du
cylindre à boues donne de la valeur du procédé un critérium tangible,
et de l'efficacité de son application un contrôle journalier, qui valent
mieux que toutes les statistiques du monde, basées sur l'analyse de
produits prélevés dans des conditions souvent douteuses et ayant eu
tout le temps d'évoluer entre le moment de la prise d'essai et celui de son
étude au laboratoire.

La troisième caractéristique de l'appareil Kremer est son élasticité
qui résulte et de son fonctionnement et de ses faibles dimensions. En ce
qui concerne son fonctionnement, j'ai obtenu à Lille des résultats excellents, des résultats reconnus comme très satisfaisants par M. le professeur
Calmette dans le septième Volume de ses *Recherches sur l'épuration biologique et chimique des eaux d'égout*, Paris 1912, page 121, sur des quantités
d'eau représentant 1200 m³ par jour avec le même appareil qui traite
600 m³ à Weimar et que je me propose d'installer à Bruxelles où il ne
sera pas soumis à la dure épreuve de la clarification à lui tout seul des
eaux de l'abattoir d'une ville de 200 000 habitants. L'appareil de Lille
a encore bien marché à un régime de 1800 m³; il n'a pas été poussé plus
loin. De plus, ses faibles dimensions qui amènent toute installation un
peu importante à se composer de plusieurs unités de cet appareil, permettent de mettre toute l'installation en service pendant les 10 à 14 heures
de grande eau, et sans nuire à la clarification d'arrêter pendant les autres
14 à 10 heures, un certain nombre d'unités superflues, qu'on pourra
réparer, visiter, nettoyer, entretenir. On pourra aussi, en forçant le
travail d'une seule de ces unités, faire des essais comparatifs, permettant
de ne décider qu'à coup sûr des modifications pour les installations à
venir.

Un quatrième élément intéressant de l'appareil Kremer est la nature des
boues qu'il produit. Le profond cylindre par lequel il se termine et dans
lequel s'emmagasinent les boues, permet de comprimer ces dernières au
point qu'elles ne contiennent à la sortie de l'appareil que 90 °/₀ d'eau au
plus, alors que les autres boues fraîches contiennent 98 à 99 % de liquide.
Au premier abord, l'esprit ne conçoit pas très bien l'avantage énorme
pourtant qui résulte de ces quelques unités en moins; mais il suffit, pour
s'en pénétrer, de réfléchir qu'une boue de 98 à 99 °/₀ d'eau, représente une
masse de $\frac{98}{2} = 49$ à $\frac{99}{1}$ kg d'eau pour 1 kg de matières sèches. Ces boues,
cinq ou dix fois moins volumineuses que les boues ordinaires, ont
de plus, du fait de la séparation des matières colloïdales, la faculté de
se dessécher, de fermenter, en un mot d'évoluer rapidement de manière

à réduire au minimum la durée de la nuisance qu'elles occasionnent aux voisins, tout en donnant à chaque instant un contrôle visuel sinon du rendement du dégrossissage, du moins de sa nécessité. On pourra, en effet, épiloguer à perte de vue, analyses en main, sur la teneur des eaux à l'endroit et à la sortie; mais on ne pourra pas nier la quantité des boues qu'il envoie à la fosse à boues au lieu de les laisser continuer à compliquer l'épuration ou à polluer les effluents.

M. AUREGGIO,

Ex-Vétérinaire principal de l'Armée, en retraite à Lyon.

ALIMENTATION CARNÉE DES POPULATIONS URBAINES ET RURALES, DES SOLDATS EN GARNISON, EN MANŒUVRE ET EN CAMPAGNE. SALUBRITÉ DES VIANDES ET PRODUITS DE CHARCUTERIE PAR L'INSPECTION GÉNÉRALE EN FRANCE, DES ABATTOIRS, TUERIES COMMUNALES, ÉTABLISSEMENTS DE VENTE DES PRODUITS CARNÉS, DESTINÉS A L'ALIMENTATION PUBLIQUE. ABATTOIRS RÉGIONAUX INDUSTRIELS, LEUR DANGER AU POINT DE VUE DE L'ÉLEVAGE NATIONAL. RAVITAILLEMENT DES ARMÉES EN MANŒUVRE, EN CAMPAGNE, AU MOYEN DES VIANDES FRAICHES, FRIGORIFIÉES ET CONGELÉES DU BŒUF DEMI-SALÉ ET DES CONSERVES DE VIANDES.

614.317

3 *Août.*

Les Mémoires sur l'inspection sanitaire des tueries et abattoirs et sur les fraudes des aliments d'origine carnée, destinés à l'alimentation des populations civiles et militaires que j'ai communiqués de 1906 à 1908, à la dix-neuvième Section de l'Association française, et à diverses Sociétés savantes, font ressortir, en 1912, l'urgence de soumettre partout, en France, les viandes à un contrôle sévère de salubrité. Cela a été fait dans l'armée, d'après le vœu suivant, adopté en 1907 par la dix-neuvième Section d'Hygiène, présidée par notre regretté collègue, Dr S. Arloing (à la suite de mon Rapport sur les fraudes), à savoir :

« qu'une législation spéciale réglemente la répression des fraudes et qu'une vigoureuse surveillance soit exercée sur la fourniture des viandes aux troupes ».

Ce vœu a été transmis le 17 août 1907, au Ministre de la Guerre, par son représentant au Congrès de Reims, M. le colonel du Génie Mathelin.

On connaît les événements sensationnels qui se sont produits en avril 1908, à propos des fournitures des viandes aux troupes de l'Est, semblables aux fraudes nombreuses et graves que j'avais constatées depuis 1896, au cours de mes inspections inopinées dans les régiments des

8e, 13e, 14e et 15e Corps d'armée et signalées dans mes Rapports au Ministre de la Guerre. En 1903, j'ai adressé aux membres du Parlement et à l'Administration de la Guerre un nouveau Mémoire sur les fraudes dans l'alimentation carnée et exposé l'urgence d'une loi sur l'inspection des tueries, seule capable de faciliter la disparition de la viande dite *à soldats* et des produits frauduleux de charcuterie. Sur ma demande les préparations de charcuterie ont été interdites par circulaire ministérielle du 29 mai 1908 et le 27 mars 1911 le Ministre a fait connaître que les cantines peuvent vendre de la charcuterie.

Les méfaits récents des charognards me font regretter que l'interdiction de 1908 ne soit pas maintenue dans l'intérêt de la santé des soldats qui trouveront dans les cantines des produits de charcuterie si souvent nocifs.

La nécessité de contrôler les viandes des animaux sacrifiés dans les tueries, est donc, depuis longtemps, réclamée dans l'intérêt de l'hygiène publique. Elle a été remise en évidence en 1911 (Société des Sciences vétérinaires de Lyon en 1908) par les révélations à la Société des Sciences de M. Forgeot, vétérinaire départemental, des actes frauduleux qu'il a constatés, dans l'Ain, en 1910-1911. En provoquant l'importante Communication de M. Forgeot sur les *fraudes des charognards*, mon intention était de faire ressortir que les fraudeurs, en matière de viandes et produits de charcuterie, existent partout en France et plus particulièrement dans les campagnes, où les tueries ne sont pas inspectées régulièrement.

Considérant que les soldats sont avec la classe ouvrière les principaux clients des charognards, j'ai signalé le danger au Ministre de la Guerre et obtenu, en 1908, l'*exclusion* dans les fournitures militaires du *veau, des saucissons et autres produits manipulés de charcuterie.*

On ne saurait trop mettre en garde les populations ouvrières, qui consomment ces produits, surtout depuis que la crise de la viande les oblige à acheter des saucisses, viandes hachées et autres mélanges à bon marché. (Les fraudes de boucherie et de charcuterie, par Aureggio : Société des Sciences vétérinaires de Lyon, séances des 21 et 13 juillet 1911.)

Cette citation met en relief l'importance et l'opportunité des arrêtés du maire de Lyon, M. Herriot, en date du 26 février 1912, réorganisant l'*inspection sanitaire du clos d'équarrissage* de Lyon, par un vétérinaire, qui devra visiter inopinément l'établissement, tenir un registre d'entrée, s'assurer de la déclaration des maladies contagieuses et *veiller* à ce qu'*aucune viande des animaux amenés ne soit livrée à la consommation.* Celui du 3 janvier 1913 réglemente l'emploi des déchets des abattoirs et de la fabrication des saucissons à Lyon.

De plus, le décret du 15 avril 1912, portant règlement d'Administration publique pour l'application de la loi du 1er août 1905 sur les fraudes, donne, en son titre II, les dispositions spéciales aux viandes, produits de charcuterie, conserves alimentaires, etc. Malgré les louables efforts de notre dix-neuvième Section des Sociétés et Associations vétérinaires de de France, on attend toujours le vote des lois qui assurent l'inspection généralisée des viandes, et, réglementant les motifs de saisies, comme cela existe en Allemagne et en Belgique.

A Lyon, une Commission composée du !Dr Rollet, professeur à la Faculté de Médecine de Saint-Cyr; Cornevin et Galtier, professeurs à l'École vétérinaire de Lyon; de Quivogne et d'Aureggio, rapporteurs, a été nommé en 1883 à l'effet de présenter au maire de Lyon un Rapport sur les motifs de saisie des viandes dans les abattoirs.

La liste des cas de saisie fut reproduite dans l'article 17 de l'arrêté du 28 juillet 1884, du maire de Lyon. L'exemple fut suivi par de nombreuses villes : Montpellier, Givors, Dijon, Bar-le-Duc, etc. Le règlement lyonnais de 1884, avec les modifications prescrites par les lois des 28 juillet 1888, 28 septembre 1896, 11 [février 1909, est encore en vigueur en 1912; il ne sera modifié que vers 1914, pour l'inauguration des nouveaux abattoirs de la Mouche-Lyon, qui serviront d'abord à une exposition internationale urbaine suivant le projet du maire-sénateur Herriot.

Nous renvoyons les lecteurs que ces [questions importantes d'hygiène publique intéressent aux travaux ci-dessous, aux Mémoires de l'Association de 1906 à 1908 et aux Rapports des vétérinaires départementaux de la Seine-et-Marne, de la Meuse, de l'Allier où MM. Rossignol, Laurent et Peron ont consigné d'utiles indications sur l'inspection des tueries qu'ils ont organisées après de nombreuses années de lutte. Le décret du 29 novembre 1911 a créé l'inspection des services départementaux des épizooties et celle des Services d'inspection sanitaire des animaux et des viandes à la frontière sous le titre d'*Inspection des services sanitaires*. Par arrêté du 30 novembre 1911, le savant professeur Leclainche a été nommé inspecteur général de service sanitaire pour le territoire français.

Après avoir assuré la qualité de l'alimentation carnée par une inspection sévère générale, il y a lieu d'envisager la question économique, le prix des viandes destinées à la consommation des populations et leur utilisation par les armées en garnison, en manœuvres et en campagne.

L'entrée en France des viandes frigorifiées provenant de nos colonies est une solution qui a été proposée au moment où a surgi, en France, l'angoissant problème de la vie chère. On a aussi préconisé la création d'abattoirs régionaux industriels, comme suit :

ABATTOIRS RÉGIONAUX INDUSTRIELS.

La Société nationale d'Agriculture, dans la séance du 22 mai 1912, a adopté les conclusions du Rapport présenté par la Commission instituée pour étudier les modifications à apporter à l'organisation des abattoirs. 1°, 2°, 3°; 4°.........

5° « *Que la construction d'abattoirs industriels*, dans les principaux centres de production de bétail, est désirable tant dans l'intérêt de l'agriculture que dans celui de la consommation et du *ravitaillement des troupes ;*

6° » *Que la création de ces abattoirs* est de nature à diminuer considérablement ou même à faire *disparaître* les risques de propagation des *maladies conta-*

gieuses du bétail et à éviter les pertes dues aux risques et aux fatigues des longs transports des animaux vivants;

7° » *Que l'organisation de ces abattoirs,* entraînant comme conséquence une modification des habitudes commerciales, il y ,aura lieu, dans un délai que fixera le législateur, de transformer les marchés annexés aux abattoirs des grandes villes en marchés d'approvisionnement, fermés à toute réexpédition de bétail vivant. »

MM. Viger et Sebline maintiennent leurs observations relativement à l'établissement d'abattoirs industriels qui créeront une concurrence par trop désavantageuse aux villes pourvues d'abattoirs et présenteront le danger de constituer un véritable monopole du commerce de bétail, conséquence d'un trust inévitable entre les abattoirs industriels. MM. Girard et de Lapparent formulent également des réserves en ce qui concerne les conclusions présentées par la Commission sous les numéros 5, 6 et 7 du Rapport. Dans un Mémoire sur la vente du bétail de boucherie au sixième Congrès de la Mutualité et de la Coopération agricole, communiqué le 30 octobre 1912, à la Société nationale d'Agriculture, M. Rollin conclut que les grands abattoirs régionaux aboutiraient à un trust qui serait funeste à la fois aux producteurs et aux consommateurs.

Au deuxième Congrès national du froid, les 22, 23, 24 et 25 septembre 1912, à Toulouse, la question pressante des abattoirs régionaux a été traitée amplement, ainsi que les ressources et avantages que procureront au commerce de la boucherie et aux armées les annexes frigorifiques de ces grands établissements : en 1907, je signalais les dangers que faisaient courir à notre élevage, les projets des Sociétés américaines et françaises de créer des abattoirs régionaux en France. En effet, à la Chambre des Députés (séance du 15 novembre 1907), les députés Quesnel, Adigard, Berry, Suchetet et Jourde ont signalé les tentatives d'accaparement du bétail et la création d'abattoirs régionaux pour les Américains à Graville-Sainte-Honorine, à 3 km du Havre; d'autres dans l'Orne et jusqu'aux portes de Bordeaux et de Paris. Le Ministre de l'Agriculture, d'accord avec les Ministres du Commerce et de la Justice, considérant que cet accaparement porterait une atteinte considérable aux intérêts des éleveurs français, s'y sont opposés et un projet de ésolution a été voté pour assurer l'exécution de l'article 419 du Code pénal. Cette décision parlementaire de 1907 était à rappeler à la suite du sensationnel Rapport de 1912 à la Société nationale d'Agriculture du *professeur Moussu, sur les abattoirs régionaux industriels* (séances des 22 mai 1912 et du 15 janvier 1913).

Après avoir exposé les dangers qui menacent l'élevage national par la création des abattoirs régionaux industriels, il faut proclamer bien haut les bienfaits de la *dissémination,* sur tout le territoire français de *nombreux abattoirs,* ayant, bien entendu, l'annexe urgente et indispensable d'un frigorifique. Les frigorifiques annexes des abattoirs seront proportionnées à l'importance, aux exigences des régions d'élevage et de leur situation à proximité *des frontières* (Albums *Aureggio* édités par la Société de photochromogravure à Lyon).

Ravitaillement en viande des armées. — De tout temps, les chefs d'armée ont dû se préoccuper avant tout de ravitailler leurs troupes ou de choisir des terrains d'opérations où elles pourraient vivre. Aujourd'hui, avec les masses considérables mobilisées, ce ne sont plus des milliers de rations qu'il s'agit de trouver sur place, c'est par millions qu'il faudra en amener de l'arrière, en usant des chemins de fer, des voitures, des automobiles surtout, qui n'existaient pas alors. Des modifications profondes ont donc été apportées ces derniers temps à l'organisation des services de l'arrière par l'emploi des convois automobiles pour le transport de la viande, des parcs à bétail, aux armées en campagne. Le sous-intendant militaire Laurent a démontré l'amélioration apportée au *ravitaillement en viande fraîche* par l'emploi d'automobiles supprimant les troupeaux en marche à la suite des armées (Ouvrage édité en 1912 par l'éditeur Lavauzelle).

Le projet du budget de la guerre pour l'année 1913, déposé par M. *Clémentel*, est particulièrement instructif à propos de l'utilisation aux manœuvres et en campagne de la viande refroidie ou frigorifiée; voici ce qu'il écrit :

« L'administration de la guerre s'est préoccupée depuis plusieurs années de modifier nos procédés d'alimentation en viande et de les mettre en harmonie avec le progrès de la technique moderne. Pour cela, il y avait lieu de faire état, non seulement des facilités et de la souplesse de fonctionnement que procure la traction automobile, mais encore des progrès que l'industrie alimentaire réalisait dans la conservation des viandes abattues : demi- alage, frigorification, etc.

» La création de nos usines frigorifiques de l'Est, destinées à produire de la *viande congelée, pour les places fortes,* ne résolvait pas la question du ravitaillement des formations de campagne; il était prudent, en effet, de ne pas faire état de ces usines pour la production de la viande destinée aux troupes en dehors de ces places. » (Commission sénatoriale de l'armée du 13 novembre 1912.)

M. Clémentel rappelle les expériences de juillet 1910 et 1911 de l'Administration de la Guerre, pour l'utilisation des viandes réfrigérées par les frigorifiques de nos places fortes de l'Est. Sous les températures élevées de l'été de 1911, le ravitaillement du 6e corps d'armée fut assuré par de la viande refroidie, provenant des usines de Toul et de Verdun.

800 q de cette viande expédiés à ces troupes, par chemin de fer, par automobiles et par voitures furent consommés de 46 à 54 heures après leur sortie des chambres froides.

M. Clémentel fait justement observer dans son Rapport qu'on devra s'assurer, en vue du ravitaillement, des troupes en campagne, d'une durée de conservation de 72 heures, entre le moment de la sortie des chambres froides et le moment de la consommation. Ces expériences de l'Administration de la Guerre répondent bien aux demandes faites depuis plusieurs années, par le Dr Chapuis, à la Chambre et au Sénat (séance du 19 juin 1911) et aux préoccupations des spécialistes des Congrès nationaux du froid, de Lyon en 1909 et de Toulouse en 1912.

A ce propos, l'intendant général Defait, délégué du Ministre de la Guerre, a rappelé récemment au Congrès de Toulouse, qu'il existe une usine frigorifique militaire à Verdun, depuis 1894, et que les usines de Toul, Épinal, Belfort, créées depuis, renferment les perfectionnements les plus récents pour la fabrication des viandes frigorifiées. On se préoccupe, d'autre part, de mettre à profit les établissements frigorifiques privés. Les troupes en campagne recevront donc, autant que possible, de la viande fraîche provenant des ressources locales et des centres d'abat, dont la fixité est de plusieurs jours et, à défaut de viande fraîche, de la viande frigorifiée. Au cours des grandes manœuvres de 1912, en Touraine, le Ministre de la Guerre, M. Millerand, s'est renseigné sur cette importante question du ravitaillement en viande. Voici, à ce sujet, le communiqué officiel fait à la presse :

« L'intendance ravitaillera les troupes en viande au moyen de convois automobiles dans les neuvième et dixième corps. La viande distribuée sera, soit de la viande refroidie, provenant des usines frigorifiques militaires, soit de la viande fraîche, provenant des animaux abattus au jour le jour, dans les parcs de bétail. On a renoncé à l'ancien système, qui consistait à faire suivre les unités de troupeaux; les bêtes qu'on abattait, fatiguées par la marche, ne donnaient qu'une viande inférieure. »

Ces citations répondent bien aux nouvelles critiques mal fondées de M. Moussu à la Société nationale d'Agriculture du 15 janvier 1913.

Bœuf demi-salé et conserves de viandes. — Il faut prévoir que les distributions des viandes frigorifiées ne pourront pas toujours être faites aux troupes en campagne; c'est pourquoi l'Administration de la Guerre a expérimenté, dès 1900, l'emploi du bœuf demi-salé (Congrès national du froid, à Lyon 1909, Toulouse, 1912, et Société vétérinaire de Lyon, séance du 2 juillet 1910, par Aureggio) qui a sur la viande frigorifiée l'avantage d'être fabriqué sur place avec des moyens simples et rapides, d'éviter les transbordements coûteux et de résister aux changements de température. Les essais d'utilisation de la viande demi-salée, qui avaient été effectués depuis 1900, ont été continués en 1907; une Commission a été réunie à Paris, des officiers des différents corps d'armée qui, en présence d'une Commission composée de fonctionnaires de l'intendance, de médecins, vétérinaires et pharmaciens militaires, ont assisté, à l'usine Billancourt, aux opérations du demi-salage, et la viande ainsi préparée a été mise en consommation dans différents régiments de la garnison de Paris. Les résultats ont été satisfaisants; il a été reconnu que la viande demi-salée peut se conserver environ 3 semaines sans rien perdre de ces qualités nutritives.

De 1907 à 1912, des exercices de préparation et de mise en consommation de viande demi-salée ont été faits qui en démontrent la qualité et les services qu'on peut en attendre. Les instructions de 1911 portaient sur la distribution, la préparation culinaire et la consommation de la viande demi-salée distribuée en morceaux ou en sacs pleins (*Alimentation des armées par le bœuf demi-salé*, par CHOMEL, vétérinaire militaire. Répertoire Laquerrière, du 15 septembre 1906). Après le dessalage des morceaux à l'eau courante, on peut consommer la viande demi-salée en soupe avec légumes et en rôti.

Elle permet de ménager les approvisionnements en *viande* de conserve. Cette dernière sera toujours un précieux aliment de guerre, d'autant plus que sa confection depuis plusieurs années est l'objet d'une surveillance sévère par les vétérinaires et officiers d'administration. En campagne, il est prescrit d'utiliser d'abord les ressources locales, puis on constitue des troupeaux de réserve dans les parcs de bétail, afin d'assurer l'approvisionnement des troupes en viandes fraîches. Ce système, combiné aux procédés de viande de conserve, bœufs demi-salés, viandes frigorifiées et congelées, assureront à nos armées en campagne une alimentation saine et réconfortante, gage précieux de victoire.

La *guerre des Balkans* présente des leçons militaires d'une actualité de premier ordre. En ce qui concerne le ravitaillement, on peut bien le dire, c'est à l'organisation parfaite des armées alliées et grâce à l'abondance de *leurs approvisionnements* qu'elles ont pu réaliser de magnifiques raids à travers l'Épire, la Thessalie et la Macédoine en 1912. Au contraire, les soldats turcs, malgré leur bravoure, mouraient de faim et ne sentaient pas derrière eux cette organisation de l'*intendance* qui permet aux troupiers, après une longue marche ou après la bataille, de trouver, avec le repos, la nourriture suffisante pour réparer les forces.

Dans mes précédentes Communications, je disais aux détracteurs de notre organisation du ravitaillement en viande en cas de guerre que :

« c'est à la France que les Puissances ont emprunté l'organisation rationnelle de cet important service en campagne, qui s'amél ore sans cesse grâce aux progrès des indu tri s automobiles et frigorifiques. »

C'est donc avec une grande satisfaction que j'ai lu dans le *Matin* du 8 novembre 1912, que :

« l'intendance des alliés balkaniques qui fait l'admiration du monde a été formée à l'école française ».

En effet, les intendants Bulgares. Grecs, Serbes et Monténégrins venaient depuis 1907, au stage de l'intendance à Paris, recevoir les leçons des int ndants f ançais. Un sous-intendant français a fait partie de la M ssion française qui a p océdé à la réorganisation de l'armée hellénique sous la direction du général Eydoux.

Ces citations montrent b en que notre ravitaillement des armées en campagne, une des préoccupations les plus lourdes de la tactique mo-

derne, *tout en étant toujours perfectible*, est présentement dans de suffisantes bonnes conditions pour répondre aux exigences de la mobilisation des armées françaises.

M. LE Dr Adrien LOIR,

Directeur du Bureau d'Hygiène (Le Hâvre).

LAIT CONDENSÉ ET DIARRHÉE D'ÉTÉ.

---

3 *Août.*   614.324

Le contrôle du lait au moment de sa production n'est pas encore établi,
son transport se fait par des charrettes non refroidies, son battage en
temps de chaleur, ses transvasages multiples en font un liquide sale
lorsqu'il arrive à la bouche de l'enfant. Au point de départ, les mains
sales des trayeuses, les pis de vache jamais lavés, les seaux insuffisamment nettoyés, enfin, au point d'arrivée dans nos grandes villes, des épi-
ceries qui servent de laiteries sans qu'aucune précaution soit prise pour
éviter la contamination du lait, tout contribue à souiller ce liquide. Un
échantillon de lait est-il mouillé et fortement mouillé, le marchand est
condamné. Mais si le lait, d'apparence superbe, contient d'abominables
saletés intangibles et invisibles, on est désarmé, la mort des enfants
vient, et le marchand de lait ne se doute pas que c'est lui qui l'a donnée.
Souvent ce lait est apporté dans les « Gouttes de lait ». Au moment d'une
épidémie de fièvre aphteuse sur les troupeaux, on ne peut pas se montrer
très difficile sur la qualité du lait employé. Peut-on, dans les « Gouttes
de lait », se servir du lait condensé comme de lait ordinaire? Dans nos
grandes villes, bien des mères ou des nourrices refusent, du reste, pour
des raisons diverses, de se servir de lait fourni par cette œuvre admirable
de la Goutte de lait. Elles préfèrent s'adresser à l'épicier ou au laitier
dont la boutique est à côté de leur demeure.

Le lait stérilisé, en bouteilles, est d'un prix élevé, trop élevé pour être
recommandé dans les familles pauvres. Que faire? Avons-nous le droit,
avons-nous le devoir de parler d'un moyen d'avoir du lait propre qui est
à la disposition de tous : *le lait condensé?* Le lait condensé, en d'autres
termes, est-il dangereux comme beaucoup de médecins se l'imaginent
ou a-t-il des avantages sérieux?

C'est là une question pratique d'hygiène de la plus haute importance;
pour moi je la résous par l'affirmative. Je n'ignore cependant pas qu'il
existe dans le monde médical une aversion contre le lait condensé. Pour

le prouver, je copie textuellement une communication du Dr Nicolas, médecin en Nouvelle-Calédonie, faite à la Société de Pathologie exotique, à l'Institut Pasteur, le 10 avril dernier. Il ose à peine dire qu'il a constaté qu'en Nouvelle-Calédonie le lait condensé donne de bons résultats lorsqu'il est employé pour l'alimentation des enfants du premier âge:

« Presque tous les Traités de Pathologie infantile font une large place au biberon et au lait stérilisé ou bouilli, parmi les causes des affections gastro-intestinales des nouveau-nés, ainsi que dans la pathogénie du scorbut et du rachitisme. Nier cette influence en France et dans la plupart des autres contrées serait une hérésie et, même mieux, une preuve d'ignorance.

» Cette précaution oratoire est en effet nécessaire pour oser venir déclarer ici que c'est le contraire qui est la règle en Nouvelle-Calédonie.

» Je puis fournir à l'appui de cette remarque l'appoint de 55 enfants vivants de plus d'un an, et beaucoup d'entre eux grands et vigoureux, élevés exclusivement au biberon et au lait condensé.

» Au début de mon séjour sur la Grande-Terre, je fis immédiatement campagne contre cette pratique. Plusieurs fois je prédis aux mères entêtées toutes les calamités, mais les mères avaient le sourire, et un an, deux ans après, on me montrait triomphalement et ironiquement un magnifique bébé.

» Au bout de trois ans d'observations, je fais mon *mea culpa*, et force m'est de reconnaître qu'en Calédonie, dans la brousse, les familles nombreuses sont la règle, l'usage du biberon et du lait condensé, chose courante, et que, pourtant, la mortalité *infantile est très faible*. »

Les faits observés par M. Nicolas en Calédonie se présentent en France exactement de même. J'en donnerai un exemple en citant une partie d'un article que je viens de faire paraître dans le numéro du 11 mai 1912 du *Bulletin médical :*

« Lors de la grande mortalité infantile d'août et septembre 1911 au Havre, le chiffre global des décès a atteint un maximum auquel il n'était jamais arrivé depuis plus de 30 ans, c'est-à-dire depuis la fondation du bureau d'hygiène, même pendant les épidémies les plus meurtrières de choléra et de fièvre typhoïde. Au mois d'août 1911, la mortalité infantile a été, en effet, de 211 sur 398 décès, alors qu'au mois d'août 1910 elle était seulement de 109 sur 294 décès.

» Dans ces conditions, l'administration municipale, qui désirait vivement améliorer la situation sanitaire, songea à faire afficher les précautions à prendre. Elle me demanda, notamment, de recommander que les enfants ne sortissent pas après 10 h du matin afin d'éviter la grande chaleur. J'objectai que les mères ou les nourrices sont occupées aux soins du ménage au moins jusqu'à cette heure-là, et que ne plus laisser sortir leurs enfants après 10 h équivaudrait à ne pas les faire sortir du tout. J'ajoutai que, dans notre région, la véritable cause de cette mortalité infantile considérable n'était point affaire directe de soleil et de chaleur, mais bien une question d'alimentation, donc une question de *lait*. Il fallait le prouver, et pour tâcher d'y parvenir je décidai de faire une sérieuse enquête personnelle. Elle eut lieu en août et septembre, et je dois dire tout de suite que ses résultats ne laissèrent pas que de me surprendre beaucoup.

» Mes investigations portèrent sur les milieux qui payent le plus fort tribut à la mortalité infantile : les enfants protégés par la loi Roussel. Les femmes qui ont en garde ces enfants âgés de moins de 2 ans sont, on le sait, faiblement rétribuées et souvent peu soigneuses. Quelques-unes cependant sont très propres. Or, entrant chez une de ces dernières, je trouvai un enfant très malade d'entérite. Le médecin traitant l'avait condamné. Il s'agissait pourtant d'un bébé élevé au lait de vache. Le lait était apporté tous les jours en bouteilles cachetées.

» Chez plusieurs autres femmes, je trouvai également des enfants dans le même état pitoyable; quelques-uns étaient morts depuis la veille. Et partout, à mes questions sur le mode d'alimentation, il fut répondu qu'on employait du lait de vache apporté de la campagne; que toutes les précautions avaient été prises; qu'on avait fait bouillir le lait au moment de l'arrivée; qu'on avait tenu le biberon très proprement; que la tétine était mise dans l'eau entre les tétées, etc. Tout, du reste, dans ces maisons, paraissait en bon état de propreté. Néanmoins, quand je poussais un peu plus loin l'interrogatoire, il m'était également et toujours répondu que les jours de grande chaleur on avait de la difficulté à conserver le lait sans le voir se cailler à la fin de la journée.

» Mon enquête a porté sur 28 enfants; 20 étaient âgés de moins de 1 an; les autres n'avaient pas 18 mois; 8 de ceux âgés de moins de 1 an sont morts, et tous dans les mêmes conditions d'alimentation que je viens de signaler.

» Je le répète, ces enfants étaient placés chez des nourrices soigneuses.

» Or, après avoir vu, dans cette sorte de milieux, un de ces petits sur le point de mourir, j'allais souvent dans d'autres maisons portant sur mes notes « maison sale, nourrice peu soigneuse ». Et j'étais tout étonné de trouver des enfants en bonne santé. A mes questions : « A-t-il eu de la diarrhée? A-t-il été malade? » on me répondait toujours négativement. Or, ces enfants bien portants étaient élevés *au lait condensé.*

» Au moment où je me rendis ainsi compte des résultats donnés par le lait condensé, j'étais peu partisan de ce mode d'alimentation. Pourquoi ? Je ne saurais le dire; probablement parce que je me trouvais dans l'état d'esprit de beaucoup de médecins qui ont une prévention contre ce système de nourriture des jeunes enfants, sans avoir vérifié si elle était justifiée. On me dit que pour alimenter rationnellement un enfant, il faut employer du *lait vivant.* Il est bien entendu que le lait de la mère ou d'une nourrice au sein sera toujours, et de beaucoup, le meilleur ; mais, lorsqu'à son défaut, on se sert de lait bouilli ou stérilisé, il ne s'agit plus de lait vivant, et cependant il est certain que ces laits bouillis ou stérilisés, employés dans de bonnes conditions, donnent de bons résultats. »

Je n'étais pas, jusqu'au mois d'août dernier, partisan du lait condensé, mais les faits que j'ai eu devant les yeux étaient tellement probants, bien qu'en désaccord avec mes idées antérieures, qu'ils m'ont convaincu. Il me semblait que j'avais découvert quelque chose de nouveau, et j'en fis part à M. le Dr Metton-Lepouzé, inspecteur de l'Assistance publique, dans la Seine-Inférieure. Il me répondit que tous les pédiatres connaissent la valeur du lait condensé dans l'alimentation infantile et qu'il priait M. le Dr de Welling, président de la Société protectrice de l'enfance, à Rouen, de m'envoyer des documents à ce sujet. Ce qui eut lieu. J'ai, en ce moment (juin 1912), vingt et un enfants de moins de 1 an en surveillance ; ils se portent bien ; un est au sein, un à l'appareil Budin, trois à la Goutte de lait, huit au lait de l'épicier ou au lait cacheté, huit au lait condensé. J'ai retrouvé onze enfants âgés de 4 à 12 ans qui ont été élevés au lait condensé et sont tous en bon état de santé.

Pourquoi le lait condensé est-il meilleur que le lait de vache du commerce dans les grandes villes ?

La réponse est facile.

L'hygiène du lait est inconnue ou méconnue. Je suppose une nourrice, même soigneuse, recevant du lait le matin. Elle le fait bouillir, le verse ensuite dans un vase qu'elle met de côté et, à chaque tétée, elle va y puiser l'aliment du bébé. Or, par les temps chauds, ce lait se conserve difficilement jusqu'à la fin de la journée. Il tourne souvent, au grand étonnement de la nourrice, mais elle se dit qu'il doit être bon quand même *puisqu'il a bouilli*. Elle en est tellement persuadée que, même lorsque le lait commence à cailler, elle continue à l'employer. La vérité est que ce lait a été apporté de la campagne sans précautions, sans avoir été refroidi. Son altération a déjà commencé pendant ce voyage, et la preuve, c'est que souvent il tourne au moment où on le fait bouillir. Comment un pareil lait pourrait-il faire un bon aliment ?

C'est pour remédier à ces graves défectuosités que Budin a imaginé son appareil ; mais il est compliqué et pratique seulement pour les personnes qui peuvent consacrer un certain temps au nettoyage soigneux des bouteilles. Les *Gouttes de lait* remplacent avantageusement auprès de la clientèle populaire, l'appareil de Budin, mais si leur lait n'est pas accepté par une nourrice, pour une raison ou pour une autre, il faut, à mon avis, proscrire l'usage du lait ordinaire, même cacheté, et le remplacer par le lait condensé.

Je n'ignore pas, comme je le disais plus haut, que le lait condensé n'est pas précisément en honneur auprès du corps médical français. Mais encore faudrait-il savoir sur quels faits précis s'appuie la suspicion dont il est l'objet. Existe-t-il, dans notre littérature médicale, des observations probantes contre le lait condensé, envisagé individuellement et employé comme il doit l'être ? Je n'en ai pas trouvé. Dans le *Traité des maladies de l'enfance*, de Grancher et Comby, on lit pourtant ceci sous la signature de M. Comby :

« Aucune des substances simples ou complexes, que nous venons de passer en revue, ne peut prétendre à remplacer le lait de femme ni même le lait de vache. Employées prématurément, elles conduisent rapidement les nourrissons à la dyspepsie, à la gastro-entérite, à l'athrepsie, etc. Le seul *abus* du lait condensé et des aliments artificiels a fait naître en Allemagne, en Hollande, en Angleterre, aux États-Unis, une maladie scorbutique que notre collaborateur, sir Thomas Barlow a bien voulu décrire pour cet Ouvrage. Il y a donc un véritable danger à employer *avec excès et intempestivement* les substances alimentaires autres que le lait frais. »

Bien que le lait condensé soit mis ici, à tort suivant nous, sur le même plan que les autres aliments de conserve, on remarquera, par les mots que nous avons soulignés en italique, que la critique d'ensemble de M. Comby vise l'*abus*, l'*excès*, l'emploi *intempestif*. Il est clair qu'on doit éviter tout cela.

Voilà le lait condensé mis directement en cause et confondu avec les autres aliments de conserve. Voyons maintenant l'article de Sir Thomas Barlow, intitulé : *Scorbut infantile*, et publié dans le même volume.

« Considérons maintenant, écrit Sir Thomas Barlow, la question de l'alimentation.

» Dans le groupe que nous avons décrit, il n'y a pas un seul cas où la maladie soit survenue chez un enfant nourri au sein. Dans la grande majorité des cas, lorsque des détails complets ont pu être obtenus, on trouve que ces enfants avaient été nourris avec ce qu'on peut appeler des *aliments conservés*. En première ligne viennent les différentes *spécialités* alimentaires à l'usage des enfants, qu'on prépare en ajoutant de l'eau à certaines poudres. Viennent ensuite les différentes préparations de lait concentré et les spécialités alimentaires à base de lait concentré. Enfin, viennent les cas dans lesquels on a donné, durant les dernières périodes du premier âge, du lait frais, additionné ou non de spécialités alimentaires, mais toujours extrêmement dilué. »

On remarquera que, dans cette critique du lait condensé, il est encore confondu avec les « autres spécialités alimentaires ». Or, le lait condensé est du *lait*, la farine lactée est du pain grillé trempé dans du lait et pulvérisé, il en est de même des autres préparations alimentaires.

C'est peut-être même à cette confusion entre la farine lactée et le lait condensé qu'est due la répugnance qu'on éprouve vis-à-vis du lait condensé. Bien des accidents mis sur le compte du lait condensé sont dus à la farine lactée. La confusion qui existe entre ces deux produits est, du reste, semble-t-il, entretenue par certains industriels qui font le lait condensé et la farine lactée. Ce dernier produit se vend 1,30 fr la boîte, il rapporte beaucoup; le lait condensé se vend 0,65 à 0,70 fr la boîte, donnant environ 2 l de lait; le bénéfice sur chaque boîte n'est pas très élevé et les industriels préfèrent vendre la farine lactée. J'ai trouvé au Havre une coopérative qui vend d'après son catalogue du lait condensé à 1,30 fr la boîte, ce lait condensé n'est autre chose que de la farine lactée. Lorsque j'arrive chez une nourrice et que je ne peux pas me faire présenter la boîte de lait condensé pour une raison ou une autre (elle vient d'être jetée, par exemple), je demande le prix de la boîte et je sais de suite si l'enfant est au lait condensé ou à la farine lactée. Si l'on s'en tient à l'affirmation de la nourrice, elle vous parle toujours de lait condensé.

C'est là une question d'hygiène pratique qu'il faut connaître et à laquelle il faut faire attention.

Je le répète, je n'ai pu trouver des observations précises établissant la nocuité du lait concentré, employé comme il doit l'être et dans les circonstances qui justifient son emploi.

En revanche, de nombreuses observations plaident en sa faveur.

Dans un Rapport sur le fonctionnement de la « Société protectrice de l'enfance, de Rouen », en 1891, M. le Dr de Welling, président, s'exprimait en ces termes :

« Les résultats obtenus ont confirmé toutes nos espérances, et depuis dix ans que nous employons le lait condensé, nous n'avons plus observé dans notre clientèle un seul cas de décès par la diarrhée chez les enfants élevés de la sorte. Il arrive même très rarement qu'ils soient atteints d'une diarrhée légère et sans aucune gravité.

» Nous savons que bien des préventions existent contre ce mode d'alimentation, surtout chez les personnes qui n'ont jamais eu l'occasion de l'employer, mais les raisonnements les plus compl'qués ne pou ront détruire les résultats obtenus par une longue pratique dans d'autres pays, et par un certain nombre de médecins en France, et par nous, à Rouen, et qui se traduisent par une mortalité de zéro pour la diarrhée.

» Nous avons vu élever ainsi des enfants qui ne le cédaient en rien aux plus beaux nourrissons élevés au sein par les meilleures Bourguignonnes, ainsi qu'il vous sera facile d'en juger par les enfants élevés au lait condensé qui sont présents ici.

» La Société protectrice de l'enfance, qui a pour but essentiel de diminuer la mortalité des nouveau-nés, répandra en conséquence, dans la mesure de ses ressources, le lait condensé pour ses petits protégés, puisqu'il est reconnu qu'avec quelques boîtes on peut les empêcher de mourir de la diarrhée. Ce sauvetage de l'enfance se réduit, en somme, à une simple question d'argent. »

Le Rapport auquel est empruntée cette citation est, nous l'avons dit, de 1891. Depuis cette époque, la « Société protectrice de l'enfance » continue à donner du lait condensé. Or, voici un extrait du dernier Rapport sur le fonctionnement de cette Société :

« En 1910, le lait condensé a été donné à 54 enfants, dont 12 enfants jumeaux ; il a été constaté parmi ces enfants 1 décès par athrepsie, 2 par broncho-pneumonie, et 1 par méningite tuberculeuse, ce qui donne une mortalité générale de 7,4 %. Depuis 1894, le lait condensé a été distribué à 657 enfants, parmi lesquels il s'est produit 55 décès, ce qui donne la propor-

tionde 8 % ; 21 de ces enfants sont décédés de la diarrhée, ce qui donne la proportion de 3 %. »

M. le Dr Flamain, ancien interne des hôpitaux de Paris, chirurgien
en chef à la Maternité de Châlons-sur-Marne, qui a prescrit le lait condensé
pendant plus de 20 ans avec le plus grand succès, fait part de son expérience dans les termes suivants :

« Si donc j'avais une formule à donner pour l'élevage des enfants, je dirais :
toutes les fois qu'on le peut, il faut élever les enfants au sein. Dans le cas contraire, on est autorisé à essayer le lait de vache du mois de novembre au mois
de juillet chez les enfants qui naissent en hiver. Chez ceux qui naissent au printemps et en été, le lait condensé est seul permis, et du 1er juin au 1er novembre,
tous les nourrissons sans exception, même ceux d'hiver, doivent être élevés au
lait condensé.

» Malgré les notabilités françaises et surtout étrangères que certains critiques opposent au lait condensé, je conserve intacte ma conviction. A mon
avis, la question est mal posée. Quand on serre de près ce sujet, on arrive à
énoncer la proposition suivante : tous les ans, pendant les mois d'août et de
septembre, il meurt en France de diarrhée verte 20000, 30000 ou 40000
enfants selon les années. Cette diarrhée est occasionnée uniquement par le lait
de vache même bien administré. Le lait condensé, au contraire, peut prévenir cette maladie, et, par conséquent, sauver la plupart de ces enfants.

» La question consiste donc à vérifier si les faits sont bien conformes à
l'énoncé de cette proposition. »

Même ouvertes, les boîtes de lait condensé se conservent bien. J'ai
en ce moment, dans mon laboratoire, plusieurs boîtes ouvertes depuis
plus de 2 mois; elles ne bougent pas. Mis au contact de l'air, le lait condensé se recouvre, au bout de quelques jours, en se desséchant, d'une
légère couche de cristallisation de sucre, mais les moisissures même
n'apparaissent pas. Au moment de sa fabrication, le lait condensé est
versé dans les boîtes de fer-blanc, ces boîtes sont soudées, elles ne sont
pas stérilisées ensuite par la chaleur; le sucre seul joue le rôle d'antiseptique. Ce lait n'est donc pas chauffé; ses albumines ne sont pas portées
à des températures élevées.

Conclusions. — En somme, le lait condensé est du lait auquel a été
ajouté du sucre; il ne contient que ce corps en plus du lait ordinaire.

Il ne faut pas confondre le lait condensé avec les autres produits qu'on
trouve dans le commerce conservés comme succédanés du lait.

Le lait condensé n'est pas dangereux lorsqu'il est employé dans l'alimentation des enfants du premier âge. Le lait condensé donne le moyen
d'avoir du lait propre.

Qu'on fasse l'emploi, pendant quelques années, de lait condensé au
point de vue spécial de la diarrhée d'été, et qu'on en examine ensuite
les résultats. Ces deux éléments, lait condensé et diarrhée d'été, sont
inséparables, et toute discussion qui prendra une autre base risquera de
ne pas aboutir.

M. ÉMILE CACHEUX,

Ingénieur des Arts et Manufactures.

BUREAUX ALLEMANDS DE CONSULTATIONS RELATIVES AUX LOGEMENTS.

728 : 613 (43)

3 *Août*.

En vue de réagir contre la propagation des maisons bâties sans tenir compte des règlements de l'hygiène et de la bonne construction, il a été créé, dans ces derniers temps, en Allemagne, des bureaux de consultations relatives aux logements (*bauberatungstelle*). Ces bureaux ont pour objet d'examiner les plans des maisons à construire, d'indiquer les modifications qu'il y aurait lieu d'y apporter concernant l'aspect extérieur, la distribution des logements, les appareils de chauffage, et d'assainissement, l'économie apportée dans les constructions, de façon en un mot à appliquer aux petites constructions les principes qui doivent guider un bon architecte expérimenté lorsqu'il se charge de la construction d'une maison dont le prix est limité. On ne se rend pas compte, en général, de la difficulté qu'on rencontre lorsqu'on construit une habitation à bon marché, suivant les règles de l'art, moyennant un prix de revient qui ne dépasse pas la somme qu'on peut consacrer au logement d'un ouvrier, ou d'un petit employé. Dans notre pays un certain nombre d'architectes s'occupent spécialement de la construction de petites maisons, le besoin de bureau de logement ne se fait pas aussi vivement sentir qu'en Allemagne, néanmoins l'étude des plans des habitations dont nous avons eu à nous occuper, soit en qualité de membre du jury des concours organisés par le Comité des habitations à bon marché de la Seine, soit comme expert chargé de rapports relatifs à la délivrance du certificat de salubrité, nous a démontré que beaucoup d'entre eux auraient pu être modifiés, d'une façon profitable pour les propriétaires, s'ils avaient été soumis à l'examen de Comités analogues aux bureaux allemands de logements.

L'organisation des bureaux de logements diffère beaucoup, tantôt ils ont une existence officielle et les plans des nouvelles constructions ne peuvent être mis à exécution que lorsqu'ils ont été approuvés par eux; tantôt ce sont des institutions privées qui se bornent à donner des conseils aux constructeurs d'habitations à bon marché. Ces conseils sont ordinairement suivis, surtout quand ils sont donnés à des propriétaires auxquels on fait remarquer que les ornements dont on agrémente les façades de leurs maisons coûtent fort cher et sont d'un goût douteux. Lorsque les propriétaires sont assistés par leurs architectes ou quand ils donnent à ces derniers la mission de les représenter, pour répondre aux observations qu'on leur adresse, les conseils des bureaux, non officiels, sont plus rarement suivis ; mais dans ce cas, ces derniers font intervenir les Commissions d'hygiène ou les autorités chargées de protéger l'aspect architectural des cités, et ils obtiennent, en général, gain de cause. On voit, d'après ce que nous venons d'exposer, que le rôle des Comités est très délicat et que leurs membres doivent être choisis avec soin, pour qu'ils soient considérés par les propriétaires comme des conseillers et non comme des auxiliaires de la police. Hâtons-nous de dire que les membres des bureaux, officiels ou privés, sont des hommes d'une notoriété indiscutable et qu'ils usent largement de la faculté qui leur est accordée de s'adjoindre des spécialistes lorsqu'ils ont des problèmes particuliers à résoudre, concernant soit le chauffage, soit l'assainissement, soit n'importe quel problème relatif à la petite construction.

Les conseils des bureaux sont gratuits lorsqu'ils sont donnés verbalement ; lorsqu'ils sont accompagnés de Mémoires et de dessins, ils peuvent être rémunérés ; mais, dans ce cas, le prix réclamé au propriétaire ne doit pas dépasser le montant des dépenses causées par sa demande.

Les bureaux collectionnent des plans de maisons et des documents qui les concernent en vue de les mettre gratuitement à la disposition des propriétaires et des constructeurs. Certains bureaux ont aménagé des salles de travail où les intéressés peuvent travailler sous la direction de spécialistes. Il peut arriver que, lorsque des plans ne sont pas approuvés par le bureau, que ce dernier accepte, quand on.lui en fait la demande, de faire les modifications nécessaires, mais ce sont, en général, les architectes qui se chargent de ce travail. Néanmoins, comme on a reproché aux bureaux de faire une concurrence désastreuse aux architectes, plusieurs d'entre eux ne fournissent des renseignements qu'aux constructeurs patentés.

En présence des résultats obtenus par les bureaux, on cherche à les propager le plus possible en Allemagne et à leur donner un caractère officiel. Une première conférence a été organisée, par la Société philanthropique de Westphalie, entre bureaux de logements, en vue d'étudier la meilleure forme à leur donner et la marche à suivre pour les propager. A la suite de cette conférence, plusieurs bureaux ont été créés.

Comme exemple de bureau officiel, nous citerons celui de Düsseldorf, qui est dirigé par un ingénieur architecte de la ville. Le bureau dépend de la police qui lui remet les plans des maisons à construire et ne les approuve qu'après avis du bureau. Les plans sont envoyés sous enveloppes spéciales au bureau, qui doit donner son avis dans le délai d'un mois. Le propriétaire et son architecte sont convoqués, s'il y a lieu, pour répondre aux observations du bureau. Le bureau ne se charge pas du remaniage des plans, il se contente d'indiquer par des croquis les défectuosités de ceux qu'on soumet à son examen. Il est recommandé aux membres du bureau d'agir à l'égard des propriétaires avec beaucoup de tact et d'employer beaucoup de patience pour arriver à corriger les fautes contre le goût, relevées dans les plans à approuver. Pour remplir leur mission, les membres du bureau se servent utilement d'une importante collection d'ouvrages d'architecture dont les planches donnent de belles façades d'habitations à bon marché et de maisons collectives à petits logements.

Les façades mises à la disposition du public sont soit originales, soit améliorées par les architectes du bureau. Le bureau surveille l'exécution des travaux de façon à empêcher la modification des plans qu'il a approuvés. Pendant l'espace de 2 ans, le bureau a examiné plus de mille plans et il a fait modifier la plupart d'entre eux. Le monde du bâtiment se sert beaucoup du bureau de logements dont l'action s'étend, non seulement sur le territoire de la ville de Düsseldorf, mais encore sur celui des communes voisines. Le 8 décembre 1911, une deuxième conférence de bureaux de logements fut réunie à Berlin sous la présidence de M. le professeur Albrecht en vue d'étudier la question de savoir s'il y avait lieu de faire dépendre les bureaux de la police ou de les laisser indépendants. Pour faciliter la discussion le Comité d'organisation avait organisé une exposition de documents relatifs au fonctionnement des bureaux et aux résultats acquis par eux. Après une discussion très intéressante, le président déclara que, dans les campagnes, l'union entre la police et les bureaux était nécessaire, mais que dans les villes d'une certaine importance le travail en commun de la police et des bureaux n'était pas reconnu indispensable par l'unanimité des congressistes et que, par suite, on ne pouvait pas recommander dans tous les cas, le rattachement des bureaux de logements à la police.

Le développement des bureaux de logements en Allemagne a été facilité par la publication d'une brochure intitulée : *Organisation et fonctionnement des bureaux de logements*. Cette brochure est due au Comité créé par la Société philanthropique pour propager les bureaux de logements; elle fut envoyée, par les soins du Ministre de l'Intérieur prussien, à tous les présidents des œuvres officielles d'assistance, avec prière de faire tous leurs efforts pour mettre à exécution, dans les provinces et districts, les mesures proposées par le Comité des bureaux de logements.

Si nous voulions suivre en France une marche analogue à celle qui a été employée en Allemagne pour agir sur le goût des travailleurs, nous nous heurterions à des difficultés dont la pratique seule peut faire apprécier l'importance. Lorsque nous avons commencé à nous occuper de la construction d'habitations ouvrières, on nous a accusé d'avoir travaillé pour l'aristocratie de la misère, parce que nous mettions en vente au prix de 6000 fr des maisons composées de trois pièces et cuisine, avec jardin de 100 m, clos de murs. Ces maisons étaient vendues à prix coûtant, qui ne comprenait pas d'honoraires d'architecte vu que j'avais fourni à un entrepreneur général les plans et devis des constructions. Ces maisons ont été faites industriellement; elles étaient solides, mais sans cachet artistique; un architecte qui les aurait construites isolément ne les eût pas livrées à moins de 8000 fr et actuellement à 10 000 fr. Aujourd'hui, grâce à la loi du 12 avril 1906, on peut obtenir de l'argent au taux de 3 %, et quand on se contente de retirer le même intérêt de ses capitaux, on peut louer avec promesse de vente des habitations individuelles à bon marché d'un prix de revient pouvant atteindre 15 000 fr. Lorsqu'un architecte est chargé de construire une maison valant plus de 10 000 fr, il peut lui donner un certain cachet artistique; malheureusement, les habitations dont le Comité de la Seine doit s'occuper ont le plus souvent une valeur inférieure à 10000 fr et, pour les faire bénéficier des avantages de la loi du 12 avril 1906, il faut une grande expérience de la construction des petites maisons. En vue de faciliter le travail des constructeurs, le Comité de patronage des habitations à bon marché de la Seine a formé une collection des meilleurs types d'habitations à bon marché, soit collectives, soit individuelles, qu'il y a lieu de propager. Le Comité s'est adjoint deux architectes qui ont la mission d'examiner les plans des maisons, pour lesquelles les propriétaires veulent obtenir un certificat de salubrité et ils sont tenus de donner leur avis, non seulement en ce qui concerne la salubrité, mais encore au sujet de tout ce qui pourrait être contraire, dans l'exécution des plans, aux règles de la bonne construction et motiver un refus de certificat.

M. P.-V. VAUDREY,

Ingénieur sanitaire (Paris).

SUR L'INTERPRÉTATION ERRONÉE DONNÉE, DANS CERTAINS CAS, AUX PRESCRIPTIONS DU CONSEIL SUPÉRIEUR D'HYGIÈNE PUBLIQUE DE FRANCE, EN CE QUI CONCERNE L'ÉVACUATION DES EAUX USÉES.

628.3 : 351.77 (44.39)

5 Août.

Ceci n'a pas la prétention d'être une Communication scientifique, mais seulement un simple exposé, au moyen d'un exemple pris dans la pratique, de la situation difficile qui peut être faite à certaines villes par une interprétation erronée de la réglementation, excellente en elle-même, de l'évacuation des eaux usées des agglomérations.

Personne d'entre vous n'ignore que, pour pouvoir envoyer dans un cours d'eau à courant suffisamment rapide les eaux d'égout d'une ville, il faut que le débit de ce cours d'eau soit au moins 50 fois supérieur à la quantité d'eaux usées qu'il doit recevoir de l'agglomération.

Si le cours d'eau n'est pas à courant suffisamment rapide ou si son débit est dans une proportion inférieure à celle qui vient d'être indiquée avec la quantité des eaux résiduaires à éliminer, on doit recourir à d'autres moyens d'évacuation précédée de l'épuration, et abandonner le rejet, le plus simple, le plus pratique et le plus économique qui existe.

Il faut alors envisager l'épuration mécanique (épandage sur sol perméable) ou l'épuration chimique (traitement par la chaux et autres désinfectants) ou encore l'épuration biologique (travail bactérien).

Or, tous ces modes d'élimination exigent non seulement des installations très coûteuses, mais ils sont surtout très onéreux de fonctionnement normal, d'entretien et de surveillance.

On comprend alors aisément pourquoi les Municipalités se montrent généralement réfractaires à ces applications d'épuration artificielle surtout. Et l'échec lamentable des fosses septiques, base de l'épuration biologique, n'est pas pour changer actuellement leur manière de voir.

Stimulées par l'Administration préfectorale, agissant sous la poussée de la Direction de l'Hygiène publique au Ministère de l'Intérieur, dont les efforts tenaces et convaincus sont au-dessus de tout éloge, les Municipalités recherchent, les unes avec le désir d'aboutir, les autres, il faut bien l'avouer, avec l'intention de n'en rien faire, les moyens de réaliser sérieusement ou apparemment leur assainissement.

Il est naturel que celles qui veulent sincèrement arriver à une solution satisfaisante fixent leur choix sur le moyen le plus simple et le moins coûteux; c'est pourquoi le rejet à la rivière est généralement pour elles le procédé le plus commode, n'entraînant aucune charge financière annuelle qui les oblige à créer de nouvelles ressources correspondantes, toujours mal vues des électeurs.

Ce cas s'est présenté dernièrement pour une station estivale des Vosges très appréciée : Gérardmer, dont la population normale de 6000 habitants environ triple pendant la belle saison. A qui connaît la configuration de cette agglomération et son régime exceptionnel, unique même en ce pays, d'alimentation en eau potable, le rapport ci-après, établi par le distingué hygiéniste et compétent technicien qu'est M. l'agent voyer inspecteur Obriot, paraîtra de la plus rigoureuse exactitude. Qu'on en juge.

Le réseau d'égouts de la ville de Gérardmer se compose d'un collecteur de 2 m × 1 m, sur 1100 m de longueur; d'un égout de 1,50 m × 0,80 m sur 1214 m; de branchements divers de 1,50 m × 0,80 m et 1,25 m × 0,80 m, sur 628 m, ainsi que de tuyaux en ciment de 0,50 m de diamètre sur 240 m.

La longueur totale du réseau est de 3182 m.

Les égouts proprement dits sont en maçonnerie de granit avec joints lissés à l'intérieur et radier en pierre de taille ayant une flèche de 0,02 m à 0,05 m. La partie au-dessus de ce radier cintré est ovoïde.

Les travaux ont été exécutés de 1900 à 1909.

On a employé le système unitaire, c'est-à-dire que tout le réseau reçoit à la fois les eaux ménagères, les vidanges et les eaux fluviales.

Actuellement, 93 maisons seulement y déversent leurs eaux usées et les matières de vidanges.

La caserne d'infanterie (1500 habitants) y déverse également toutes ses eaux, mais actuellement le Génie militaire fait construire des fosses septiques qui assureront déjà l'épuration partielle des eaux de cette collectivité.

Les égouts qui nous occupent ont des pentes variables, mais toujours suffisantes pour assurer l'écoulement rapide et continu de l'eau et des matières qui y sont jetées.

Ces pentes sont au minimum de 0,002 par mètre sur 522 m seulement; elles atteignent 0,036 m par mètre sur une bonne partie du parcours et notamment à l'extrémité vers la rivière de la Jamagne, dans laquelle les eaux se déversent.

Pendant toute l'année, une eau abondante circule dans ces égouts; les jaugeages exécutés à la sortie, en août et septembre dernier, ont accusé un débit de 2000 litres à la minute.

En temps de pluie et en hiver, le volume atteint 5000 ou 6000 litres pendant ces mêmes laps de temps.

En sécheresse, le débit des égouts n'est pas inférieur à 1500 litres à la minute.

C'est à l'extrémité du collecteur, sur la rive droite de la Jamagne, que la ville de Gérardmer aurait l'intention, sur le vœu émis par le Comité supérieur d'Hygiène publique de France, de créer son bassin d'épuration.

Mais de l'étude approfondie qui a été faite sur le régime des eaux de l'égout et de la rivière, des constatations souvent répétées dans le lit même de cette dernière, en aval du point de déversement, des doutes se sont élevés sur l'opportunité de l'établissement d'un très coûteux bassin d'épuration.

Ce qui confirme l'idée émise, ce sont les termes et l'esprit de la Circulaire ministérielle du 12 juillet 1909. Cette Circulaire, en effet, n'établit pas de règle fixe pour l'assainissement des villes; elle admet « que l'épuration est satisfaisante et que l'eau peut être évacuée sans inconvénient quand elle ne renferme aucune matière en suspension susceptible de se déposer sur les bords ou dans les lits des rivières, ni aucune matière en solution capable, soit de fermenter en dégageant des gaz nauséabonds, soit d'intoxiquer les êtres vivants ou végétaux ».

La Circulaire dit aussi « que, hormis des cas très exceptionnels, la pureté bactériologique ne saurait être exigée » et « qu'on pourra tolérer l'évacuation d'un affluent incomplètement épuré, légèrement putrescible, lorsque cet affluent ne renfermera pas un excès de matières en suspension et lorsqu'il sera déversé dans un cours d'eau à grand débit (d'un volume au moins 50 fois plus considérable); on s'assurera alors que l'eau de la rivière ou du fleuve a une composition chimique ou bactériologique sensiblement égale, dans des échantillons prélevés en amont et en aval, à quelques centaines de mètres du point de déversement ».

De ce qui précède, on peut donc tirer les conclusions suivantes :

La ville de Gérardmer peut réaliser assez facilement son assainissement beaucoup plus aisément et plus économiquement que nombre d'autres villes, si l'on tient compte de la pente suffisante dont elle dispose pour les égouts et la proximité de la Jamagne qui constitue, par son courant rapide, presque torrentueux, un excellent moyen d'évacuation des eaux usées.

La seule difficulté très réelle est la quantité énorme des eaux dont il s'agit de se débarrasser et qui est due uniquement au mode d'alimentation des habitants par des sources particulières dont le débit ne peut pas être limité selon les besoins comme le permettrait une distribution d'eau publique au compteur.

On peut, dans les conditions actuelles, évaluer à 500 ou 600 litres minimum par habitant et par jour les eaux rejetées dans les égouts, alors que, dans le second cas, on n'aurait à envisager qu'un maximum de 150 litres.

Si le mode d'alimentation en eau de la ville avait permis d'étudier ce dernier cas, on eût pu recourir, les eaux usées ayant la concentration suffisante, à l'épuration biologique comme mode de traitement le plus économique de ces eaux. Or, par suite de la dilution excessive des eaux d'égout, on ne peut escompter aucune épuration satisfaisante, et l'on doit rechercher une autre solution. D'un autre côté, étant données les fortes gelées de l'hiver qui atteignent et dépassent même 20°, il ne faut pas songer à des appareils distributeurs automatiques. Il ne faut pas songer non plus à un épandage sur le pré, la disposition des lieux ne le permet pas.

Ainsi donc, les autorités en matière d'hygiène qui auront étudié de près le cas spécial à Gérardmer pour les raisons ci-dessus indiquées ne sauraient exiger l'épuration des eaux d'égouts par la méthode biologique.

La méthode chimique, excellente pour les eaux résiduaires industrielles, est aussi inapplicable à Gérardmer, en considération de l'énorme quantité d'eaux à traiter ; elle serait impossible, tant à cause de son prix que de la quantité considérable de boues que donne la précipitation par la chaux.

Disons de suite qu'aucune industrie ne déverse actuellement ses résidus à l'égout.

Toutefois, en prévision d'une organisation ultérieure d'un service public de distribution d'eau à Gérardmer, qui limiterait, comme je l'ai déjà dit, la production d'eaux usées à traiter et permettrait l'épuration biologique, on peut expérimenter cette méthode par l'abattoir, par les casernes, par un grand hôtel, par un établissement industriel ou une collectivité, dont les eaux résiduaires sont beaucoup plus chargées qu'ailleurs et pourraient ainsi s'épurer en des fosses septiques et lits bactériens installés spécialement à une certaine distance de l'agglomération, à l'abri des gelées.

Mais, pour l'épuration des eaux sortant de l'égout, la plus simple et la plus adéquate à la situation spéciale de Gérardmer est le rejet direct et sans traitement dans la Jamagne.

On pourra objecter, en s'appuyant sur la Circulaire ministérielle du 12 juillet 1909 citée plus haut, que le débit de la rivière n'est pas 50 fois plus considérable, mais seulement de 15 à 20 fois aux plus basses eaux que celui de l'émissaire du collecteur. A cela il sera répondu, sans contradiction valable, que la dilution des eaux usées est quatre ou cinq fois plus importante que celle des eaux normalement évacuées des égouts et traitées ailleurs.

En outre, le courant de la Jamagne est à tel point rapide qu'au bout de quelques centaines de mètres, les matières organiques suspendues dans les eaux des égouts de Gérardmer sont complètement désagrégées et leur nocuité a à peu près totalement disparu.

Des échantillons prélevés à deux ou trois endroits fourniront d'ailleurs par l'analyse la preuve indiscutable de ce qui précède.

On peut d'ores et déjà s'en rendre compte en remarquant qu'à 200 ou 300 m de l'émissaire, les aspérités du lit de la Jamagne ne retiennent plus de résidus solubles.

Comme dernier argument en réponse à l'objection prévue, nous ferons valoir qu'à 2 km du point de déversement des égouts dans la Jamagne, cette rivière se jette dans la Vologne; que le débit de ces deux cours d'eau est alors 5o fois plus considérable que le débit de l'égout lui-même et permet le déversement direct des eaux résiduaires; que la Vologne, depuis sa rencontre avec la Jamagne, coule jusqu'à Granges avant de trouver une agglomération de petite importance et qu'il lui faut descendre jusqu'à Épinal pour traverser une ville considérable; que pendant ce parcours de plus de 5o km a totalement disparu la nocuité des matières organiques, si jamais il en existait encore au confluent de la Jamagne et de la Vologne.

Ce Rapport, d'une précision et d'une sincérité indiscutables, montre donc :

Que l'épandage est impossible à Gérardmer, tant par la configuration et la nature du sol que par l'absence de terrains disponibles;

Que l'épuration biologique est également impraticable, à cause surtout de la concentration insuffisante des eaux, qui ne permettrait pas leur fermentation.

En ce qui concerne l'épuration chimique, si elle devait donner pratiquement de bons résultats, on les constaterait déjà à l'usine voisine des feutres, qui infeste une partie de la vallée, en aval heureusement, et qu'on n'a pas pu amener, jusqu'ici, malgré de multiples protestations et efforts, à une épuration satisfaisante de sa quantité, faible pourtant, d'eaux résiduaires.

Nous sommes donc ramenés fatalement au seul moyen praticable, techniquement et économiquement, à Gérardmer : le rejet à la rivière. Voyons maintenant si, en tenant compte de la réglementation existante et en l'interprétant le plus intelligemment et le plus rationnellement possible, nous pouvons satisfaire, par ce procédé, aux conditions générales qu'elle fixe pour l'évacuation des eaux usées.

En comptant sur une population agglomérée de 6ooo habitants en temps normal, avant la saison, nous obtenons :

$$6oo \times 6ooo = 3\,6oo\,ooo \text{ litres ou } 36oo \text{ mètres cubes,}$$

alors que, dans toute autre ville, nous aurions seulement à évacuer :

$$15o \times 6ooo = 9co\,ooo \text{ litres ou } 9oo \text{ mètres cubes.}$$

Si nous estimons le débit normal de la Jamagne, à ce moment-là, à 8oo litres à la seconde, c'est-à-dire à 69 12o mètres cubes, nous trouverons la proportion suivante :

$$\frac{\text{eaux usées}}{\text{eaux de rivière}} = \frac{1}{19,2} \text{ dans le premier cas, ou } \frac{1}{76,8} \text{ dans le deuxième cas,}$$

puisque nous avons reconnu que les eaux d'égout actuelles de Gérardmer étaient quatre fois plus diluées que celles de la moyenne des autres villes de France qui ont servi de base au Conseil supérieur d'Hygiène publique de France pour la fixation des règles à observer et des chiffres à atteindre dans les études de projets d'assainissement.

Or, le chiffre de $\frac{1}{50}$ étant indiqué comme une proportion satisfaisante, notre $\frac{1}{77}$ (en arrondissant) apparaîtra donc aux hygiénistes impartiaux plus que suffisant pour permettre d'obtenir l'approbation de la plus haute autorité technique en la matière.

Ce qu'il faut surtout faire entrer en ligne de compte, c'est la dilution des eaux usées et la rapidité du cours d'eau qui doit les recevoir, pour juger de la possibilité du rejet. Or, l'une et l'autre sont des plus satisfaisantes, comme on l'a vu, et permettent de répondre entièrement aux exigences formulées.

Il est donc pour nous hors de doute que, son attention étant appelée sur ce cas particulier, le Conseil supérieur d'Hygiène publique de France, après constatation des faits qui précèdent, n'hésitera pas un seul instant à approuver le projet de la Municipalité de Gérardmer, ville dont l'état sanitaire a d'ailleurs toujours été excellent et qui pourrait très bien éviter encore longtemps la réalisation de tels travaux, indispensables dans d'autres villes moins favorisées, si elle ne voulait montrer ses bonnes dispositions à appliquer la loi.

Si, contrairement à notre attente, le veto du Conseil supérieur était maintenu, la Municipalité de Gérardmer n'aurait plus qu'une ressource : attendre qu'on lui impose un programme, puisqu'elle ne peut ni ne veut sciemment, dans l'intérêt de ses administrés, courir à un échec certain.

M. P. VAUDREY.

LE CONTROLE DE LA CONSOMMATION DE L'EAU ET SES RAPPORTS AVEC L'HYGIÈNE.

3 *Août.*

628.17

Les besoins en eau potable et en eau de lavage ou industrielle croissent de jour en jour dans les villes, en raison surtout du développement de l'hygiène et du bien-être des diverses classes de la population.

La loi du 15 février 1902 a beaucoup aidé à cette transformation qu'on voudrait voir encore plus rapide et surtout plus efficace.

Aussi, les quantités d'eau qui, il y a quelques années, paraissaient devoir satisfaire encore pendant longtemps les besoins des agglomérations, sont-elles jugées un peu partout, aujourd'hui, notoirement insuffisantes et l'on se préoccupe sérieusement de les augmenter. Pour cela, on est obligé d'aller chercher des sources à de grandes distances, de les

capter, d'édifier des usines élévatoires, d'aménager des stations d'épuration, de filtration, de stérilisation, qui sont très coûteuses, non seulement
d'installation, mais aussi de fonctionnement et d'entretien journalier.
Tel est, par exemple, le cas de la ville de Nîmes qui, comparée à d'autres,
nous paraît cependant privilégiée puisque la Municipalité n'a pas hésité,
dans l'intérêt de la santé publique, à dépenser des sommes considérables
pour augmenter l'approvisionnement en eau potable de sa ville, lequel
est aujourd'hui de 22 000 m³ pour une population de 80 000 habitants,
soit 275 litres par jour et par habitant, alors que la moyenne adoptée
actuellement pour l'étude des nouveaux projets de distribution d'eau
est de 150 litres par jour et par habitant.

Comme il n'est pas possible à toutes les Administrations communales
d'engager de semblables dépenses, d'autant que les subventions du Pari
mutuel deviennent malheureusement de moins en moins importantes,
de plus en plus rares et que, d'autre part, des questions d'égale urgence
les sollicitent souvent avec un droit de priorité, ces Administrations se
sont préoccupées d'assurer aux abonnés une meilleure répartition de
l'eau, d'éviter le plus possible le gaspillage, les pertes le long des conduites
ou aux appareils de fontainerie, etc. C'est ici que nous espérons vous
intéresser quelque peu en vous présentant en nature, à l'appui d'une
description peut-être un peu trop rapide, la plupart des appareils dont
l'emploi est à recommander dans les services d'eau.

Pour terminer cette entrée en matière, nous devons ajouter que les
Administrations de distribution d'eau doivent toujours s'efforcer, dans
leur intérêt comme dans celui du public, de réaliser le service constant.
Car si le gaspillage, les pertes ou toutes autres causes les obligent à
fermer, à certaines heures du jour et de la nuit, les robinets-vannes pour
reconstituer l'appovisionnement des réservoirs, ce qui rend le service
intermittent, les manœuvres auxquelles on est obligé de recourir pour
l'ouverture, la fermeture fatiguent incontestablement, malgré toutes
les précautions prises, les canalisations comme les appareils de fontainerie, de robinetterie, etc. La cause en est à l'action néfaste des coups de
bélier provoqués par ces opérations dont la pratique, nous le répétons,
est à éviter le plus possible, sinon toujours.

L'une des installations les plus indispensables est celle d'un bon système de contrôle à distance des niveaux des réservoirs.

L'appareil que vous avez sous les yeux est le *Guetteur*, système électrique breveté de votre serviteur et qui a été primé, il y a 9 ans, à l'occasion du Congrès d'Angers, par l'Association française pour l'Avancement
des Sciences.

Le *Guetteur* a ceci de particulièrement remarquable que, pratiquement,
il ne peut être influencé par les perturbations telluriques ou atmosphériques, grâce à l'isolement absolu de son transmetteur de la source
d'énergie électrique et de la ligne, auxquelles il n'est relié que pendant
la très courte période de fonctionnement, qui correspond à quelques

dixièmes de seconde et se produit rarement d'ailleurs, vu la capacité importante des réservoirs, généralement. ·

En outre, ses contacts, platine dans mercure, sont inoxydables, avec durée réglable. Grâce à l'adjonction d'un relais spécial doublement polarisé et qui permet la marche par inversion de courant, le fonctionnement du Guetteur est plus sûr à un fil qu'à deux ou trois fils, tout en étant plus économique.

Ce système, qui procure une sécurité absolue aux Administrations de distribution d'eau, est très apprécié des techniciens et praticiens ; on en trouve de nombreuses applications dans le monde entier.

Lorsqu'on ne peut, vu la dépense, la faible distance ou toute autre cause, appliquer le Guetteur, on a la faculté d'installer un simple avertisseur électrique de Plein et Vide (ou contacts intermédiaires). Voici un modèle très robuste, préféré par les Compagnies de Chemins de fer et les grands établissements industriels ou hospitaliers.

Lorsque la distance ne dépasse pas 50 ou 100 m, l'Hydromètre à cloche d'air (transmetteur pneumatique avec poche en caoutchouc pour éviter la dissolution de l'air en contact avec l'eau et la condensation dans le tube) donne de bons résultats. Enfin, l'adjonction au récepteur d'un ingénieux petit dispositif (tube à étoupe ou éponge) protège l'indicateur à cadran ou l'enregistreur contre les coups de bélier.

Pour contrôler la quantité totale d'eau refoulée par les pompes ou amenée par gravité, comme celle distribuée par la conduite principale ou d'autres secondaires, on se sert de compteurs de grands volumes. Le compteur de Lord Kelvin (Sir William Thomson, le grand savant anglais décédé ces dernières années) avec intégrateur est le système le plus remarquable, le plus parfait, parce que tout à fait complet, qui existe. On en trouve une application modèle à Avranches, sur une conduite de 250 mm, et cette installation est l'orgueil du service.

La moyenne des pertes d'eau étant de 17 %, et atteignant quelquefois le double, il fallait rechercher un moyen pratique et peu coûteux de les supprimer dans toute la mesure possible. L'*Hydrophone* que voici répond entièrement à ce but et aujourd'hui il y en a plusieurs milliers en emploi courant dans tous les pays. On sait que toute fuite de conduite sous pression est accompagnée d'un sifflement plus ou moins aigu, selon l'importance de la perte, la pression, etc. Le fontainier promène sa canne hydrophone le long de la conduite, pose le bout sur les robinets de service et ausculte ainsi la canalisation en se rapprochant insensiblement du point où se trouve la perte, c'est-à-dire là où le bruit est le plus fort On ouvre alors une tranchée et l'on aveugle la fuite. Certains fontainiers acquièrent si rapidement la pratique de cet appareil (qu'on utilise toujours la nuit, lorsque les bruits extérieurs ont cessé) qu'ils se contentent souvent, pour rechercher les pertes qui leur sont signalées, d'appliquer la canne sur la terre nue !

*70

Les bornes-fontaines, quelle que soit leur robustesse, finissent toujours par fuir, avec les robinets ordinaires. Si l'on n'a pas un système anti-gaspilleur, on peut les rendre telles en y adaptant, soit de ces robinets fermant seuls, soit de ces autres à débit limité. Nous cherchons mieux encore.

Ayant passé ainsi en revue, aussi rapidement que possible, la question du contrôle général d'un service d'eau, nous nous occuperons de la deuxième partie, de beaucoup la plus importante ; elle est le corollaire indispensable de la première et constitue la base de la régularité du service : nous voulons parler du contrôle de la distribution de l'eau à domicile.

Ici, nous avons présenté les appareils utilisés dans les trois modes de distribution : 1° le robinet libre ; 2° le robinet de jauge (plusieurs modèles classiques ou perfectionnés) ; 3° le compteur.

Dans les publications scientifiques, et notamment dans l'*Édilité technique*, nous avons étudié, ces dernières années, cette importante question sous tous ses aspects. Nous avons montré, en toute sincérité, avec quantité de preuves à l'appui et d'une manière irréfutable, croyons-nous, qu'on ne pouvait plus aujourd'hui, devant les besoins en eau toujours croissants et exigeant son utilisation sans gaspillage, en continuer la fourniture au robinet libre.

Par suite de la variabilité du débit du robinet de jauge, à certains endroits, en diverses conditions, son obstination éventuelle ou son écoulement excessif dû tant à la nature des eaux, des pressions, etc., qu'à l'arbitraire quelquefois de modestes fontainiers-cantonniers, on a dû abandonner ce système de contrôle, dont le principe seul est idéal (débit *théoriquement* constant jour et nuit), mais dont le fonctionnement pratique ne répond plus au progrès ni aux exigences de l'hygiène.

Le compteur s'impose donc aujourd'hui, par suite de l'insuffisance, de la défaillance des deux systèmes précédents, à l'attention des Administrations de distribution d'eau, soucieuses d'une répartition équitable et économique de l'eau disponible pour le service privé.

On a employé jusqu'ici divers systèmes de compteurs, sans jamais se soucier beaucoup de leur valeur propre à telle ou telle application ; de là les nombreux insuccès qui ont fait que, pendant plusieurs années, les services municipaux ou concessionnaires ont renoncé à l'emploi de ces appareils.

Pourtant, ces derniers temps, grâce aux perfectionnements réalisés dans la construction des compteurs de vitesse, les plus pratiques et les moins coûteux d'achat et d'entretien, les Administrations sont revenues de leur appréciation défavorable et effectuent maintenant de sérieux essais et même de nombreuses installations.

On peut, sincèrement, affirmer que partout où le prix du compteur n'entre pas sérieusement en ligne de compte et permet de choisir un assez fort calibre, 15 ou 20 mm par exemple, là où les eaux sont très pures et les pressions considérables, le système à piston est tout indiqué. Mais là où les pressions sont variables, les eaux chargées et où le prix réduit est un facteur important, le compteur de vitesse est le seul pratique. Malgré l'ingéniosité de cértains compteurs mixtes, dits à *disque*, les résultats de leur emploi ont été tellement défavorables dans la plupart des villes qu'ils tendent de plus en plus à disparaître des services d'eau, ce qui nous permettra de les négliger. Si nous examinons la situation de cette ville de Nîmes, si hospitalière, nous remarquons que les compteurs de volume et de vitesse y sont également employés. Les premiers sont reconnus d'un entretien onéreux ; quant aux seconds, d'un système anglais datant de plus de 30 ans, s'ils sont d'un entretien plus facile, ils occasionnent des pertes énormes à la ville en raison de leur incorrection générale d'enregistrement, de leur manque de sensibilité, etc.

Voici un type de compteur peu coûteux, créé spécialement pour les eaux chargées, les pressions et débits variables, d'une grande sensibilité et d'une grande durabilité, le seul qui ait résisté à l'oxydation causée par les eaux de l'Afrique du Nord, dont il a gardé le nom : Système africain (initiales *S. A.*). En raison de l'intérêt pratique et économique qu'il présente pour les hygiénistes, nous examinerons, de façon plus détaillée, sa construction et son fonctionnement.

L'eau arrive par le raccord d'entrée, traversé la boîte à crépine destinée à retenir les corps étrangers et gagne le fond de la bâche du compteur. Elle pénètre ensuite dans la chambre du moulinet par les petits trous inférieurs qui se trouvent sur toute la périphérie, met en marche le moulinet et sort par les trous correspondants de la parti supérieure pour se diriger vers l'orifice de sortie et de là vers les robinets de service.

Le moulinet étant mis en mouvement, commande directement par son pignon, le premier engrenage de la minuterie duquel dépendent naturellement tous les autres et l'enregistrement a ainsi lieu automatiquement.

On remarquera l'extrême simplicité de cet appareil et l'on comprendra aisément pourquoi, étant sans frottement aucun, sans presse-étoupe, il marche aussi sûrement, sans surveillance, nettoyage, entretien ou réparation.

Tous les hydrauliciens savent que c'est surtout la nature chargée des eaux qui, en France, a été la cause de l'insuccès final des compteurs à piston et surtout à disque. En voici l'explication technique : ces compteurs de volume ou dits tels sont à frottement constant, nécessaire pour assurer l'étanchéité qui, si elle est absolue, garantit leur exactitude ; en outre, ils compriment l'eau entre le dispositif moteur, piston ou disque, et son logement ; il en résulte donc que les eaux calcaires, siliceuses et autres se déposent dans le compteur, ce qui aboutit à un arrêt plus ou moins rapproché de l'appareil, surtout lorsque les eaux entraînent avec elles des grains de sable, etc., qui se logent facilement entre les organes précités et les coincent, les arrêtent définitivement.

Au contraire, le moulinet marchant à grande vitesse, brasse, agite, dilue l'eau, tient ses précipités en suspension, en forçant l'eau à s'écouler telle qu'elle est entrée. La décantation est ainsi évitée, et, comme le moulinet tourne librement sans aucun frottement, on ne peut redouter ni l'arrêt, ni l'usure; donc, pas d'entretien.

Les compteurs à piston ou à disque comme les compteurs à turbine secs étant à presse-étoupe comprennent trois ou quatre plans superposés : dispositif moteur, train d'engrenages intermédiaire, presse-étoupe, minuterie, alors que le S. A. humide, à moulinet, ne se compose intérieurement que d'un mécanisme (dispositif moteur, c'est-à-dire le moulinet et son arbre) et d'une minuterie. Cette extrême simplicité est [la meilleure garantie de sa sensibilité et de sa durabilité sans entretien.

On observera aussi que les types secs, surtout les systèmes à disque, perdent rapidement leur sensibilité au bout d'un certain temps de fonctionnement, ce qui rend leur enregistrement inexact. Le type humide n'a pas cet inconvénient et après avoir débité plusieurs milliers de mètres cubes, la correction de son enregistrement n'est pas sensiblement altérée. Il suffit, d'ailleurs, si l'on ne veut pas user de la ressource des directrices de réglage, de relever légèrement le pivot, opération qui ne demande que 2 ou 3 minutes et se fait sans frais, pour rétablir la précision du début.

Cette vérification en est, comme le nettoyage éventuel, rendue très facile, grâce à la commodité du démontage qui peut être opéré par le premier venu en moins de 1 minute, vu qu'il n'y a ni vis, ni boulons oxydables; on dévisse le raccord de tête, on enlève le verre, puis son joint et, l'appareil étant retourné, tout l'intérieur se dégage de la bâche (car le compteur est complet, sans la boîte, ce qui le rend facilement interchangeable). Pour aborder toutes les pièces de l'appareil, il suffit d'enlever la chambre du moulinet en introduisant une lame de tournevis dans une petite mortaise et en exerçant une légère pression : on a alors devant soi le moulinet, son arbre et son pivot, ainsi que les directrices de réglage. Pour visiter la minuterie, c'est aussi simple. On resserre les bouts d'une rondelle-ressort qui maintient le cadran à sa place et l'on peut tirer à soi la minuterie. On a donc sous les yeux tout le compteur démonté, faisant seulement attention, pour la bonne remise en place, à deux ergots qui doivent servir de points de repère pour la chambre du moulinet et pour l'intérieur complet lui-même qui viendra affleurer exactement la partie supérieure de la bâche.

Les mécanismes ou intérieurs étant essayés séparément, les services d'eau peuvent en constituer une petite réserve pour le remplacement éventuel d'un appareil détérioré ou son nettoyage, sans interrompre le mesurage chez l'abonné, ce qui arrive avec les entretoises, prenant exactement la place du compteur et se substituant à lui, en cas de besoin, pour assurer la continuité de la distribution.

Mais il nous semble nous être laissé entraîner trop loin dans la présentation d'un appareil, si intéressant qu'il soit.

Il était utile, toutefois, de montrer que l'emploi d'un appareil aussi pratique, évitant le gaspillage et, par suite, permettant le service constant, est le meilleur auxiliaire des principes d'hygiène appliquée et donne là solution avantageuse d'un problème économique dont la solution s'impose avec urgence.

Afin de permettre aux Administrations de se prononcer sur la question en toute connaissance de cause, le constructeur leur offre gratuitement ses appareils à l'essai. C'est là, croyons-nous pour elles, la meilleure garantie et elles ne doivent pas hésiter à en profiter.

M. Armand PUECH,

Inventeur des dégrossisseurs Puech [Le Thoré, près Mazamet (Tarn)].

FILTRATION DES GRANDS VOLUMES D'EAU.

628.33

2 *Août*

C'est en 1829 que, pour rendre potables les eaux de la Tamise, Simpson imagina de les faire passer à travers un lit de sable fin d'une épaisseur de 0,80 m à 1 m, à la vitesse de 2 à 3 m par 24 heures. L'exemple de cette bienfaisante découverte fut suivi, comme à la lettre, par de nombreuses villes d'Angleterre, d'Allemagne et d'Amérique. Depuis lors, jusqu'en 1900, c'est-à-dire pendant 70 ans, l'art de filtrer les eaux resta tel que l'avait montré l'inventeur anglais.

C'était partout d'immenses réservoirs (2000 à 3000 m²) garnis, en partant du bas, de couches superposées de cailloux de grosseur décroissante et finalement recouvertes de sable. Au-dessus du sable s'étalait une lame d'eau de 0,60 à 0,80 qui, en s'écoulant de haut en bas, laissait à la surface du sable ses impuretés de différentes tailles, les grosses, les moyennes les petites, toutes pêle-mêle.

Avec cet état de choses, qui dure encore dans beaucoup de villes, une théorie singulière s'établit, d'après laquelle le véritable agent de l'épuration serait, non pas le sable, mais une sorte de limon, qui, après quelques jours de marche, vient en recouvrir la surface. Dans ce milieu fourmillant de bactéries, celles-ci s'entre-dévorent au fur et à mesure de leur arrivée sur le filtre. Elles ne le traversent pas.

J'avoue n'avoir jamais très bien compris le phénomène. Que deviennent donc, après la bataille, les bactéries victorieuses et pourquoi ne traversent-elles pas le sable, comme l'auraient fait celles qu'elles ont dévorées? Certains disent plus simplement que la vase, venant insensiblement colmater la surface du sable, modère le courant de l'eau et qu'ainsi, les microbes sont moins exposés à être entraînés dans les profondeurs de la couche, et de là dans la canalisation. Mais cette explication aurait le malheur de sortir du domaine de la biologie *Horresco referens*.

Quoi qu'il en soit de l'aventure, les précis d'hygiène ont donné à cette pellicule gélatineuse le nom significatif de *membrane biologique* et la maxime, qui a peut-être cours encore, est celle-ci : « Point de membrane, point d'épuration ».

Cette sentence était basée sur ce fait qu'au début du fonctionnement d'un filtre, l'eau qui en sort n'est jamais bonne. Il faut attendre que le filtre soit *mûr*, c'est-à-dire le moment où la surface du sable se trouve entièrement salie, soit environ 8 jours. J'ajouterai que cette membrane est tellement souveraine qu'elle arrête non seulement les microbes, mais encore l'eau. Et, en effet, s'il faut attendre 8 jours pour réduire les microbes, 8 jours de plus suffisent pour réduire le débit. Il reste donc peu de microbes, mais il reste aussi peu d'eau.

Énumérons les inconvénients d'un tel procédé, car il y a plus que celui-là :

1° On perd une semaine à avoir de l'eau bonne à boire.

2° Une fois que la membrane est au point, elle s'épaissit forcément très vite par l'apport incessant des détritus contenus dans l'eau brute, puisqu'elle seule a mission d'en retenir la totalité. Le filtre s'encrasse, il ne donne plus un débit suffisant.

3° Il faut alors, au bout de 15 jours de fonctionnement par exemple, mettre le filtre à sec pour enlever cette pellicule devenue carapace presque imperméable.

4° Après cette abrasion, nouvelle perte de temps pour la formation d'une nouvelle membrane, de sorte que, à force de faire et de défaire, le filtre ne travaille utilement que 15 jours sur 30, d'où le besoin pour un volume donné d'une double étendue de filtres.

5° Les frais d'entretien suivent la progression des nettoyages.

6° Les volumes d'eau rejetés au moment de chaque mise à sec et pendant tout le temps nécessaire à la formation de la membrane, sont considérables.

7° Le sable perdu au moment de chaque nettoyage représente aussi une valeur appréciable.

8° Enfin, et par-dessus tout, l'épuration se trouve compromise par ces manœuvres fréquentes et obligatoires : Duclaux a dit que la première condition de sécurité pour un filtre est de « travailler tranquillement ».

Cette série de griefs était imputable à tous les filtres dits *filtres anglais* quand M. Bechmann, directeur du service des Eaux de la Ville de Paris, obtint du Conseil municipal de faire, dans l'installation filtrante d'Ivry, un essai du procédé Puech.

C'est réellement à partir de cette date (1900) qu'un changement se produit dans la conception du filtrage, non certes pour diminuer la valeur du procédé anglais, mais, au contraire, pour en développer tous les avantages et le consacrer définitivement comme la manière la plus sûre d'obtenir de l'eau potable. Il est très facile de s'en rendre compte par l'analyse de la filtration multiple que nous appellerons *procédé français*. Chez nous, au lieu d'aller au but d'une seule traite, nous procédons par étapes. C'est ainsi que l'eau brute n'est pas envoyée directement sur le sable fin, mais d'abord sur une couche de 3o cm de graviers de la grosseur d'une noix et à une vitesse variant de 100 à 150 m³ par mètre carré et par 24 heures, suivant la nature de l'eau. Ce premier coup d'écumoire retient tout ce qui ne peut pas passer dans les interstices des graviers occupant le premier compartiment.

L'effluent qui en résulte est amené sur un deuxième compartiment, juxtaposé au premier et garni d'une couche de 0,3o m de gravier plus fin que le précédent, de la grosseur d'une noisette par exemple, et à la vitesse de 75 à 8o m par 24 heures. Au sortir de ce deuxième couloir, l'eau se trouve allégée d'une partie des souillures échappées au premier. Elle passe aussitôt sur une troisième couche de gravillon de la grosseur de grains de maïs et à la vitesse de 3o à 35 m : nouvelle rétention. L'effluent de ce troisième couloir est encore amené sur un quatrième, garni de très fins gravillons (tête d'épingle) dans lequel la vitesse de filtration tombe à 15 ou 20 m.

Au sortir de ces quatre passages, essentiellement méthodiques comme on le voit, le pourcentage d'élimination atteint 75, 8o, jusqu'à 9o %. En vertu du même principe, il y a intérêt à pousser plus loin cette préparation, avant de pénétrer dans le filtre finisseur. Pour cela, on établit à la sortie du quatrième dégrossisseur un premier filtre à sable, appelé *préfiltre*, qui marche à la vitesse de 10 à 15 m. Dans ce cinquième passage, la rétention microbienne est encore plus avancée. Arrivée sur le filtre à sable fin, l'eau se trouve débarrassée de la presque totalité des produits de contamination. Il reste à peine quelques microbes à réduire par le filtre anglais. Pendant que, suivant l'ancien principe, il fallait salir le filtre pour lui assurer des vertus épuratrices, nous le gardons le plus longtemps possible, au contraire, à l'abri de toute pollution.

Qu'en résulte-t-il? C'est que la boue ne vient plus obstruer les pores si fins du sable et qu'alors la masse entière peut librement concourir au but final. L'eau, constamment claire, chemine à travers les innombrables canalicules de cette masse et laisse, dans ce parcours, le peu de microbes qui restent. Dans ces conditions, le colmatage ne survient qu'avec une lenteur extrême. La période de fonctionnement est considérablement allongée. Protégé par les écrans successifs que représentent les dégrossisseurs et le préfiltre, le filtre finisseur remplit la condition rigoureuse, la condition *sine qua non* de l'épuration : « Il travaille tranquillement ». Aussi, à la sortie finale, l'épuration atteint presque l'absolu, 99,99 % des bactéries ont disparu. Ce résultat est obtenu en tout temps, c'est-à-dire à partir du moment où la couche de sable est suffisamment lavée, soit dès la mise en service de l'installation. 'Pour avoir de l'eau potable, il n'est plus nécessaire d'attendre la formation de la membrane, déjà nommée.

Le seul moment d'arrêt sera celui où le débit aura diminué au point de gêner le service, c'est-à-dire au bout de 6 mois ou de 1 an, quelquefois plus, suivant la nature des eaux ou suivant l'importance donnée aux appareils préfiltreurs. Pour redonner au filtre toute sa valeur, il suffira de racler légèrement la surface du sable et l'on remettra aussitôt en route. Au bout de 24 heures, l'eau pourra être livrée à la consommation, sans attendre la formation d'aucune sorte de membrane.

Comme les analyses officielles ont maintes fois prouvé ce que nous avançons, nous avons pu démontrer au Congrès de Berlin (septembre 1907) que, loin d'être indispensable, la membrane est une gêne réelle et nous avons conclu que l'épuration doit procéder beaucoup plus de la mécanique que de la biologie. Sans doute, il se passe, à la surface ou dans l'intérieur de ces couches filtrantes, des phénomènes bactériens, mais ces phénomènes sont vraiment trop lents et trop délicats pour donner toutes les garanties nécessaires, en l'espèce. A nos yeux, l'efficacité de la méthode réside à peu près tout entière dans les tamisages appropriés à travers graviers, gravillons, gros sable, sable fin. Nous opérons pour l'eau par une série de tamis comme on le fait pour le fer avec des laminoirs successifs. Le principe est absolument le même. Il s'agit pour l'eau comme pour le fer de multiplier les surfaces de contact. Ce n'est pas du premier coup que d'une barre d'acier on tire des aiguilles à coudre.

Par cet exposé, on touche la différence des deux procédés. Le filtre anglais présente une constitution pour ainsi dire immuable. Il est le même dans toutes les circonstances, que l'eau à filtrer soit claire ou qu'elle soit devenue trouble. Par suite, son débit ne peut jamais être constant. Comment le serait-il avec les variations fréquentes causées dans l'état d'un cours d'eau par les pluies, par la fonte de neiges, par les industries. Le filtre est forcé de se colmater souvent et quelquefois très brusquement. Comme la surface seule travaille, il est difficile qu'une couche de sable de 2 à 3 cm d'épaisseur à peine, pare à tous ces brusques changements et assume pour longtemps, à elle seule, le rôle entier de l'épuration.

Le mode français est autrement logique. A ces à-coups répétés contre lesquels ne peut pas lutter la finesse du sable, il oppose la triple cuirasse des graviers, des gravillons, du gros sable. Leurs pertuis de plus en plus serrés fournissent des actions de contact en rapport avec les matières véhiculées par l'eau. Tous les interstices, toutes les cavités qui figurent dans chaque couche sont aptes à fixer et à emmagasiner les divers résidus. Or, l'ensemble des couches représente une hauteur totale de 1,50 m. Les surfaces de contact qui en résultent, comparées à celles que fournit une couche de 2 à 3 cm de sable, font saisir la différence de rendement des deux systèmes. En proportionnant la grosseur des éléments filtrants à la dimension des matières à retenir, on a le moyen, de gouverner comme l'on veut, la marche de l'installation. Suivant les cas, on peut faire varier non seulement la grosseur du gravier, mais encore l'épaisseur des couches, le nombre de couloirs. A l'inverse de l'anglais, l'appareil français est malléable.

Outre ces avantages techniques, les avantages économiques ne sont pas moindres. En effet, l'adjonction à ces filtres anglais de dégrossisseurs et de préfiltres n'augmente pas les frais de premier établissement, mais, au contraire, les diminue, parce que pour une même surface et dans un même temps, nous pouvons débiter un plus gros volume. Quant aux frais d'entretien, ils sont presque insignifiants, comparés à ceux des filtres anglais. Cela tient à ce que les nettoyages des dégrossisseurs et des préfiltres, pour si fréquents qu'ils soient, se font mécaniquement, sans main-d'œuvre. Depuis 10 ans, les nombreuses applications de ce système multiple ont pleinement confirmé les données fournies par le raisonnement. Des eaux d'origine et d'état les plus divers ont été traitées; la Seine, le Rhône, la Loire, la Tamise, l'Elbe, le Nil, les sources du Néez, à Pau, la fontaine de Vaucluse à l'Isle-sur-Sorgues, et nombre d'autres rivières en France et à l'Étranger.

Pour citer des exemples topiques, il est bien certain que, sans le secours de la filtration multiple, les eaux, puisées dans la Seine après la traversée de Paris à Suresnes, n'auraient jamais pu être pratiquement filtrées. Il eût fallu des étendues de filtres anglais tellement considérables et un entretien si coûteux que l'entreprise eût été prohibitive, financièrement parlant. Ces eaux, contenant parfois plusieurs millions de bactéries par centimètre cube, sont devenues, chose qui paraît incroyable, plus pures que les meilleures eaux de source de Paris. Il suffit pour s'en convaincre de parcourir dans le *Bulletin officiel* de la Ville de Paris, les tableaux d'analyses publiées chaque semaine par le laboratoire municipal. C'est à un dégrossissage et à une préfiltration très poussée, précédant les filtres anglais, qu'on doit ce succès.

Pareil résultat a été obtenu à Magdebourg où les filtres à sable en fonctionnement allaient devenir inutilisables. L'eau de l'Elbe était, en effet, chargée au point que les nettoyages s'imposaient tous les jours. Aussitôt que les *Puech-Chabal* ont été appliqués, les filtres finisseurs ont pu marcher 6 mois sans aucun arrêt.

Mais les preuves les plus intéressantes de la valeur du procédé au point de vue de la santé publique, sont fournies par les statistiques de morbidité et de mortalité typhiques. En février 1909, à Cherbourg, la population civile, ainsi que les soldats logés dans la caserne du Val-de-Saire, située dans l'intérieur de la ville, n'ont pas eu un seul cas de fièvre typhoïde, tandis que sur les 8378 hommes des casernes de l'arsenal, situées hors de la ville, 283 soldats étaient malades et 51 mouraient. La raison de ce contraste était simplement que les premiers buvaient de l'eau de la rivière *La Divette* filtrée et que les seconds la buvaient non filtrée.

Un fait analogue a été constaté dans les huit communes de la presqu'île de Gennevilliers. Avant la filtration d'eau de Seine puisée à Suresnes, on comptait 21 décès par 100 000 habitants. Après, on n'en comptait plus que 12 (Communication de M. le professeur Vincey, à la Société des Ingénieurs civils, le 4 juin 1909).

Voici qui est plus récent (juin 1911). Un Rapport de M. de Lassence, maire de la ville de Pau, établit qu'après un an de fonctionnement de l'installation filtrante de Guindalos, il ne s'est pas produit un seul cas de fièvre typhoïde, à l'hôpital de Pau, alors que pendant les quatre années précédentes où l'on buvait de l'eau de source brute, la moyenne annuelle avait été :

Année.	Cas.
1906	66
1907	129
1908	163
1909	103

Ces quelques données justifient l'appréciation de M. Imbeaux que nous trouvons dans la *Revue d'Hygiène* du 20 mars 1912, à propos de l'Exposition de Dresde :

« Faire durer les filtres fins le plus longtemps possible, et cela en préfiltrant, en dégrossissant l'eau autant que faire se peut, en avant d'eux; c'est là tout le secret du système Puech-Chabal qui paraît avoir atteint le plus haut degré de perfection. »

Le célèbre ingénieur spécialiste résume dans ces quatre lignes tout ce que nous venons de raconter en six pages.

ERRATA.

Volume des Notes et Mémoires du *Congrès de Dijon*, 1911.

1° page 1079, à la fin, ajouter :

Une pareille unité ne peut être qu'une monnaie de compte, car il paraît...

2° page 1085, à la fin :

Supprimer le barème Indo-Chine et le remplacer par :

piastre	monos		mono	piastre
1	10		1	$\frac{1}{10}$

Brochure des résumés du *Congrès de Nîmes*, 1912.

Page 238, à la fin de l'article : Adrien Gobin, 3ᵉ ligne, en remontant, *lire* conformes, *au lieu de* uniformes.

TABLE DES MATIÈRES.

TABLE ANALYTIQUE.

50150   Paris. — Imp. GAUTHIER-VILLARS, 55, quai des Grands-Augustins.